EUROPA-FACHBUCHREIHE
für Bauberufe

Peschel · Kickler · Lindau · Mentlein · Schulzig · Trutzenberg

Tabellenbuch Bautechnik

Tabellen – Formeln – Regeln – Bestimmungen

Bearbeitet von Lehrern und Ingenieuren an berufsbildenden Schulen und Fachhochschulen

Lektorat: Peter Peschel

15. Auflage 2019

VERLAG EUROPA-LEHRMITTEL · Nourney, Vollmer GmbH & Co. KG
Düsselberger Straße 23 · 42781 Haan-Gruiten

Europa-Nr.: 42519

Autoren des Tabellenbuches Bautechnik

Peschel, Peter	Oberstudiendirektor a.D.	Göttingen
Kickler, Jens	Dr.-Ing., Professor	Hannover
Lindau, Doreen	Studienrätin	Braunschweig
Mentlein, Horst	Dr.-Ing., Professor	Lübeck
Schulzig, Sven	Oberstudienrat	Kassel
Trutzenberg, Tobias	Studiendirektor	Essen

Lektorat

Peter Peschel

Für die Zusammenarbeit im Kapitel Mathematik danken wir Herrn StR Stefan Rappe (Göttingen).
Für die Zusammenarbeit im Kapitel Bauphysik/Bautenschutz danken wir Frau Dipl.-Ing. Eva Hornhardt (Wuppertal).

Bildbearbeitung

Zeichenbüro des Verlags Europa-Lehrmittel, Ostfildern

Diesem Buch wurden die neuesten Ausgaben der DIN-Blätter sowie andere Bestimmungen und Richtlinien zugrunde gelegt (Redaktionsschluss 31.05.2018). Verbindlich sind jedoch nur die DIN-Blätter und jene Bestimmungen selbst.

Die DIN-Blätter können von der Beuth-Verlag GmbH, Burggrafenstraße 6, 10787 Berlin, bezogen werden.

Das vorliegende Werk wurde mit aller gebotenen Sorgfalt erarbeitet. Dennoch übernehmen Autoren, Herausgeber und Verlag für die Richtigkeit von Fakten, Hinweisen und Vorschlägen sowie für eventuelle Satz- und Druckfehler keine Haftung.

15. Auflage 2019

Druck 5 4 3 2 1

Alle Drucke derselben Auflage sind parallel einsetzbar, da sie bis auf die Behebung von Druckfehlern untereinander unverändert sind.

ISBN 978-3-8085-4277-4

Alle Rechte vorbehalten. Das Werk ist urheberrechtlich geschützt. Jede Verwertung außerhalb der gesetzlich geregelten Fälle muss vom Verlag schriftlich genehmigt werden.

© 2019 by Verlag Europa-Lehrmittel, Nourney, Vollmer GmbH & Co. KG, 42781 Haan-Gruiten
http://www.europa-lehrmittel.de

Satz: PER MEDIEN & MARKETING GmbH, 38102 Braunschweig
Umschlag: Blick Kick Kreativ KG, 42653 Solingen
Druck: Himmer GmbH, 86167 Augsburg

Vorwort

Das „Tabellenbuch Bautechnik" erweitert die bewährte Europa-Fachbuchreihe für Bauberufe. Es kann jedoch seines eigenständigen Charakters wegen sowohl allein als auch in Verbindung mit anderen Lehrbüchern in der Aus- und Weiterbildung sowie in der beruflichen Praxis verwendet werden. Es enthält sowohl Tabellen, Formeln, DIN-Normen, Regeln und Bestimmungen von Behörden und Institutionen als auch viele Stoffwerte und Konstruktionsgrößen.

Die Auswahl der Inhalte dieser Sammlung erfolgte unter weitgehender Berücksichtigung der Bundesrahmenlehrpläne für die Bauberufe und wurde auf der Grundlage der neusten Ausgaben aller einschlägigen deutschen und europäischen Regelwerke bearbeitet. Überall dort, wo die **neue Normengeneration** (Europäisches Regelwerk, Eurocode EC) in Deutschland anwendbar ist, wurde bereits eine in den einzelnen Kapiteln auf die Anwender abgestimmte neue Struktur gewählt.

Das „Tabellenbuch Bautechnik" eignet sich als Nachschlagewerk für Auszubildende sowie Schülerinnen und Schüler der Berufsschule, der Berufsfachschule, der Berufsaufbauschule, der Fachoberschule, der Berufsoberschule und der beruflichen Gymnasien. Es ist darüber hinaus auch als Informationsquelle bei praktischen Ausbildungsmaßnahmen, bei der Fortbildung in Polier- und Meisterschulen/Technikerschulen, an Berufsakademien und Fachhochschulen sowie in der Berufspraxis geeignet.

Das Tabellenbuch ist eingeteilt in die Abschnitte

Mathematik	1
Naturwissenschaften	2
Statik und Lastannahmen	3
Technisches Zeichnen/Bauzeichnen	4
Bauphysik/Bautenschutz	5
Technologie der Baustoffe	6
Bautechnik und Baukonstruktion	7
Baubetrieb	8

Das Inhaltsverzeichnis am Anfang des Tabellenbuches wird durch Teilinhaltsverzeichnisse, Normenverzeichnisse und Literaturangaben vor jedem Hauptkapitel ergänzt.

Ein schneller Zugriff wird durch das bewährte Daumen-Griffregister ermöglicht. Großer Wert wurde auf die Übersichtlichkeit der Darstellung gelegt. Neben dem Inhaltsverzeichnis hilft ein umfangreiches **Sachwortverzeichnis** mit über **2200 Begriffen** beim schnellen Finden einzelner Fakten. Verweise sind durch ein Dreieck ▶ mit Seitenzahl gekennzeichnet.

Die vorliegende 15. Auflage wurde aktualisiert und nochmals erweitert.

Neu aufgenommen wurden u. a. die Teilkapitel:

Darstellung von Diagrammen (Kapitel 1), Statistik (Kapitel 1), Sinnbilder für die Oberflächenbehandlung und das Schweißen (Kapitel 4), Darstellung von Fenster und Türen (Kapitel 4), Dünnbetonmörtel (Kapitel 6), Holz als Handelsware (Kapitel 6), Homogenbereiche (Kapitel 7) und Schalung von Sichtbetonflächen (Kapitel 8).

Überarbeitet und erweitert wurden die Teilkapitel:

Baulicher Schallschutz, planerische Grundlagen für Treppen, Ausführungen zur Planung, Zubereitung und Verarbeitung von Innen- und Außenputzen, Plandaten zu Grundflächen und Rauminhalte.

Allen, die durch ihre Anregungen zur Fortentwicklung des Tabellenbuches beigetragen haben – insbesondere den genannten Baufirmen, Institutionen und Verlagen –, sei an dieser Stelle herzlich gedankt.

Für Anregungen zur Weiterentwicklung, Verbesserungsvorschläge und Fehlerhinweise sind wir weiterhin dankbar. Sie können dafür unsere Adresse **lektorat@europa-lehrmittel.de** nutzen.

Göttingen, im Frühjahr 2019   Autoren und Verlag

Inhaltsverzeichnis

1	**MATHEMATIK**	**7**
1.1	Zeichen, Begriffe und Tafeln	8
1.2	Rechenarten	14
1.3	Prozentrechnung und Zinsrechnung	19
1.4	Längen und Winkel	20
1.5	Flächen	21
1.6	Körper	24
1.7	Geometrie	27
1.7.1	Rechtwinklige Dreiecke	27
1.7.2	Winkelfunktionen	28
1.7.3	Schiefwinklige Dreiecke	29
1.7.4	Steigung	32
1.7.5	Strahlensätze und Ähnlichkeiten	33
1.8	Gleichungen und Ungleichungen	34
1.9	Taschenrechner und DV-Grundlagen	37
1.10	Funktionen	40
1.11	Differenzialrechnung	44
1.12	Integralrechnung	45
1.13	Folgen und Reihen	47
1.14	Statistik	48
2	**NATURWISSENSCHAFTEN**	**49**
2.1	Physikalische Größen, Einheiten und Formelzeichen	50
2.2	Physikalische Grundlagen	52
2.3	Gleichförmige und beschleunigte Bewegung	54
2.4	Arbeit, Energie, Leistung und Wirkungsgrad	56
2.5	Einfache Maschinen	57
2.5.1	Hebel	57
2.5.2	Feste und lose Rollen	58
2.5.3	Seilwinde	58
2.5.4	Schiefe Ebene, Schraube und Keil	59
2.6	Wärmelehre	60
2.7	Elektrotechnik	62
2.8	Chemie	65
2.8.1	Elemente	66
2.8.2	Chemische Verbindungen	68
2.8.3	Chemie des Wassers	69
2.8.4	Säuren, Laugen und Salze	70
2.8.5	Ausblühungen	71
2.8.6	Elektrolyse	71
2.8.7	Gemische, Gemenge	72
2.8.8	Wichtige chemische Reaktionen	73
2.8.9	Chemische Berechnungen	74
3	**STATIK UND LASTANNAHMEN**	**75**
3.1	Kräfte und Momente	77
3.2	Gleichgewichtsbedingungen	79
3.3	Statische Systeme	80
3.4	Flächen, Schwerpunkte und Flächenmomente	88
3.5	Sicherheitskonzept	90
3.6	Spannungen und Festigkeiten	91
3.7	Formänderungen, Steifigkeiten und Stabilität (Knicken)	94
3.8	Lastannahmen	97
3.8.1	Wichte von Baustoffen und Bauteilen	97
3.8.2	Eigenlasten für Dächer	100
3.8.3	Nutzlasten	101
3.8.4	Eigen- und Nutzlast, Trennwandzuschlag	103
3.8.5	Windlasten	103
3.8.6	Schneelasten	106
4	**TECHNISCHES ZEICHNEN/ BAUZEICHNEN**	**107**
4.1	Normschrift	109
4.2	Zeichengeräte und Materialien	111
4.3	Bemaßung	113
4.4	Bauzeichnungen	116
4.5	Symbole in verschiedenen Bauzeichnungen	121
4.6	Grundkonstruktionen	133
4.7	Darstellende Geometrie	141
4.8	Dachausmittlung	148
4.9	Treppen	154
5	**BAUPHYSIK/BAUTENSCHUTZ**	**161**
5.1	Dämmstoffe, Dichtungsstoffe und Sperrstoffe	163
5.2	Wärmeschutz	168
5.2.1	Physikalische Grundlagen	168
5.2.2	Wärmetechnische Mindestanforderungen	169
5.2.3	Wärmebrücken	174
5.2.4	Anforderungen an den Wärmeschutz im Sommer	175
5.3	Energieeinsparverordnung (EnEV)	176
5.4	Feuchteschutz und Tauwasserschutz	188
5.4.1	Bauliche Schutzmaßnahmen	188
5.4.2	Klimabedingter Feuchtigkeitsschutz	191
5.4.3	Feuchteschutztechnische Rechenwerte	192
5.4.4	Feutcheschutztechnische Berechnungen	196
5.4.5	Schimmelbildung	200
5.5	Schallschutz	202
5.6	Brandschutz	209
	Hauptnorm für den Brandchutz	209
	EURO-Klassen für Baustoffe	211
	Konstruktionsbeispiele	214
	Feuerschutzabschlüsse	217

Inhaltsverzeichnis

6	TECHNOLOGIE DER BAUSTOFFE	219
6.1	Natürliche Gesteine	221
6.2	Künstliche Steine	224
6.2.1	Ziegel und Klinker	224
6.2.2	Kalksandsteine	227
6.2.3	Mauersteine aus Beton, Betonsteine	229
6.2.4	Porenbetonsteine	230
6.2.5	Hüttensteine	230
6.2.6	Gipsplatten (Wandbauplatten)	231
6.2.7	Dachsteine und Dachziegel	232
6.3	Fliesen, Platten und Pflastersteine	233
6.3.1	Keramische Fliesen und Platten	233
6.3.2	Natursteinplatten	234
6.3.3	Betonwerksteinplatten	234
6.3.4	Asphaltplatten	234
6.3.5	Pflastersteine	235
6.3.6	Bordsteine	236
6.3.7	Kanalklinker	236
6.4	Bindemittel	237
6.4.1	Zemente	237
6.4.2	Baukalke	240
6.4.3	Calciumsulfat-Binder	241
6.4.4	Baugipse	242
6.5	Gesteinskörnungen	243
6.5.1	Arten und Anforderungen	244
6.5.2	Eigenschaften und Anforderungen	245
6.5.3	Alkali-Empfindlichkeit	246
6.5.4	Kornzusammensetzung für Betone	247
6.5.5	Wasseranspruch	250
6.5.6	Mehlkorngehalt	250
6.6	Mörtel	251
6.6.1	Mauermörtel	251
6.6.2	Putzmörtel	253
6.6.3	Estrichmörtel	255
6.6.4	Dünnbettmörtel und Klebstoffe	256
6.6.5	Spezialmörtel	257
6.7	Beton	258
6.7.1	Einteilung des Betons in Klassen	259
6.7.2	Beton nach Expositionsklassen	259
6.7.3	Konsistenzklassen des Frischbetons	261
6.7.4	Druckfestigkeitsklassen Festbeton	262
6.7.5	Wasserzementwert	262
6.7.6	Feuchtigkeitsklassen und Rohdichteklassen	263
6.7.7	Standardbetonrezepte	263
6.7.8	Betonzusätze	265
6.7.9	Betonzusammensetzung Mischungsentwurf	265
6.7.10	Betonprüfungen	267
6.7.11	Verantwortlichkeiten	268
6.7.12	Nachbehandlung von Beton	268
6.7.13	Betonüberwachung	269
6.7.14	Transportbeton	270
6.7.15	Betondeckung der Bewehrung	271
6.8	Stahl, Betonstahl und Baumetalle	272
6.8.1	Eisenwerkstoffe	272
6.8.2	Betonstähle	273
6.8.3	Betonstahlmatten	275
6.8.4	Nichteisenmetalle	277
6.9	Holz	278
6.9.1	Aufbau des Holzes und Bauholzarten	278
6.9.2	Eigenschaften	280
6.9.3	Bauschnittholz und Konstruktionsvollholz	282
6.9.4	Holzwerkstoffe	288
6.9.5	Holzschutz	293
6.10	Kunststoffe	296
6.11	Befestigungssysteme	298
6.11.1	Befestigungstechnik	298
6.11.2	Befestigungs-Systemplan	300
6.11.3	Befestigungen am Bauwerk	302
6.12	Bauglas, Glas	304
6.13	Ungebundene Schichten im Verkehrswegebau	306
6.14	Bitumige Stoffe	307
6.14.1	Bitumen	307
6.14.2	Teer und Pech	309
6.14.3	Asphalt	309
6.14.4	Dachpappen, Dachbahnen und Dichtungsbahnen	311
6.15	Anstrichstoffe	312
6.16	Gefahrstoffe im Bauwesen	314
7	BAUTECHNIK UND BAUKONSTRUKTION	319
7.1	Mauerwerksbau	321
7.1.1	Maßordnung im Hochbau	321
7.1.2	Gemauerte Wände	322
7.1.3	Charakteristische Druckfestigkeiten	323
7.1.4	Vereinfachte Bemessungsmethode für tragende Mauerwände	324
7.1.5	Kelleraußenwände	327
7.1.6	Nichttragende innere Trennwände	328
7.1.7	Statische und konstruktive Maßnahmen	329
7.1.8	Außenmauerwerk	332
7.1.9	Sonderbauteile aus Mauerwerk	334
7.1.10	Mauerwerk aus Naturstein	336
7.1.11	Mauerwerksverbände	337
7.1.12	Ziegeldecken – Deckensysteme	339
7.1.13	Hausschornsteine	341
7.2	Betonbau, Stahlbetonbau und Spannbetonbau	342
7.2.1	Übersicht und Zuordnung	342

Inhaltsverzeichnis

7.2.2	Bemessung auf Druck – unbewehrter Beton	343
7.2.3	Bemessung für Biegung	344
7.2.4	Bemessung für Querkraft	346
7.2.5	Allgemeine Bewehrungsregeln	348
7.2.6	Querschnittstafeln für Balken- und Plattenbewehrung	357
7.2.7	Konstruktionshinweise für Balken und Platten	359
7.2.8	Bemessen und Bewehren	362
7.2.9	Spannbetonbau	373
7.3	**Holzbau**	**374**
7.3.1	Einstufungen im Holzbau	374
7.3.2	Festigkeitswerte	376
7.3.3	Bemessungsregeln	377
7.3.4	Querschnittswerte	379
7.3.5	Versatze	380
7.3.6	Zimmermannsmäßige Holzverbindungen	381
7.3.7	Holzkonstruktionen	383
7.3.8	Verbindungsmittel	389
7.4	**Dächer/Flachdächer**	**397**
7.4.1	Planungsgrundlagen für Dachdeckungen	398
7.4.2	Dachflächenfenster	400
7.4.3	Dachabdichtungen	401
7.4.4	Dachrinnen und Regenfallrohre	404
7.5	**Stahlbau**	**405**
7.5.1	Rechenverfahren	405
7.5.2	Profiltabellen	407
7.5.3	Schraubenverbindungen	408
7.5.4	Schweißverbindungen	410
7.5.5	Knicken	411
7.6	**Fertigteilbau**	**412**
7.7	**Rohrleitungsbau**	**414**
7.7.1	Versorgung	414
7.7.2	Entsorgung	420
7.8	**Geotechnik, Bodenmechanik und Grundbau**	**427**
7.8.1	Baugrunderkundung	427
7.8.2	Bodenklassifikation	430
7.8.3	Bodenkennwerte	434
7.8.4	Korngrößenverteilung	436
7.8.5	Verdichtungsprüfungen	439
7.8.6	Flächengründungen	440
7.8.7	Gebäudesicherung, Bodenaushubgrenzen, Unterfangung	442
7.8.8	Erddruck	443
7.9	**Straßenbau**	**444**
7.9.1	Einteilung der Straßen	444
7.9.2	Linienführung	445
7.9.3	Querschnitte	446
7.9.4	Höhenplan	448
7.9.5	Querneigung	449
7.9.6	Straßenoberbau und Fahrbahnaufbau	450
7.9.7	Mengenberechnung im Erdbau	455
7.10	**Wasserbau und Hydraulik**	**456**
7.10.1	Hydrostatik	456
7.10.2	Hydrodynamik	458
7.10.3	Flüssigkeitsbewegung in vollen Rohren	458
7.10.4	Gerinnehydraulik	459
7.10.5	Bemessung von Rohren für Freigefälleleitungen	460
8	**BAUBETRIEB**	**461**
8.1	**Vermessung und Bauabsteckung**	**462**
8.1.1	Vermessungsgeräte	462
8.1.2	Grundlagen	463
8.1.3	Lagemessungen	464
8.1.4	Zeichen im Vermessungswesen	465
8.1.5	Höhenmessungen	467
8.1.6	Koordinatenberechnungen	469
8.1.7	Polygonzugberechnung	469
8.1.8	Gebäudeabsteckung	470
8.1.9	Bogenabsteckung	471
8.2	**Kostengliederung, Grundflächen und Rauminhalte**	**473**
8.2.1	Kosten von Hochbauten	473
8.2.2	Grundflächen und Rauminhalte	476
8.2.3	Wohnungen und Wohnflächen	479
8.2.4	Wohnflächenverordnung	480
8.3	**Baurecht**	**481**
8.3.1	Baugesetzbuch	481
8.3.2	Elemente des Baurechts	482
8.3.3	Landesbauordnungen	484
8.3.4	Baunutzungsverordnung und Planzeichenverordnung	484
8.3.5	Kataster und Grundbuch	486
8.3.6	Auswahl wichtiger Rechtsbegriffe	486
8.4	**Baustoffbedarf und Arbeitszeitbedarf**	**487**
8.5	**Kalkulation**	**489**
8.6	**Bauvertragsrecht**	**492**
8.7	**Bauplanung**	**497**
8.8	**Schalungsbau und Gerüstbau**	**501**
8.8.1	Schalungsbau	501
8.8.2	Gerüstbau	505
8.9	**Baugruben**	**509**
8.10	**Baustellenabsicherung**	**512**
Quellen – Anschriften – Internetadressen		**514**
Sachwortverzeichnis		**515**

IN DEN UMSCHLAGSEITEN

Umwandlung von Gleichungen
Physikalische Größen

Inhaltsverzeichnis

1 MATHEMATIK

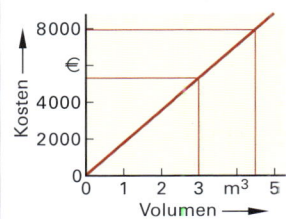

1.1	**Zeichen, Begriffe und Tafeln**		8
	▪ Zahlenwerte	▪ Konstanten	
	▪ Umwandlungstabellen	▪ Auf- und Abrunden	
	▪ Winkelfunktionswerte	▪ Kreisabschnittswerte	
1.2	**Rechenarten**		14
	▪ Grundrechenarten	▪ Klammerregeln	
	▪ Bruchrechnung	▪ Dreisatz	
	▪ Potenzen	▪ Wurzeln	
	▪ Zahlenmengen		

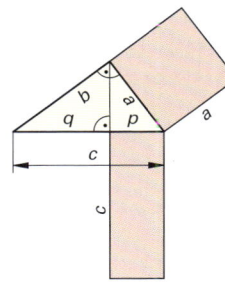

1.3	**Prozentrechnung und Zinsrechnung**		19
	▪ Grundwert	▪ Prozentwert	
	▪ Prozentsatz	▪ Kapital und Zinsen	
1.4	**Längen und Winkel**		20
	▪ Längenteilungen		
	▪ Winkel und Winkeleinteilung		
1.5	**Flächen**		21
	▪ Viereck	▪ Dreieck	
	▪ Vieleck	▪ Kreis	
	▪ Kreisteile	▪ Ellipse	
1.6	**Körper**		24
	▪ Gerade Körper	▪ Spitze Körper	
	▪ Runde Körper	▪ Reguläre Polyeder	
	▪ Rampe		

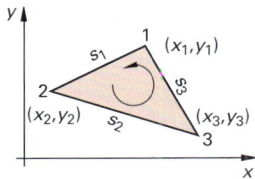

1.7	**Geometrie**	27
1.7.1	Rechtwinklige Dreiecke	27
1.7.2	Winkelfunktionen	28
1.7.3	Schiefwinklige Dreiecke	29
1.7.4	Steigung	32
1.7.5	Strahlensätze und Ähnlichkeiten	33

1.8	**Gleichungen und Ungleichungen**		34
	▪ Äquivalenzumformung	▪ Ungleichungen	
	▪ Beträge	▪ Lineare Gleichungen	
	▪ Quadratische Gleichungen		
	▪ Lineare Gleichungssysteme		

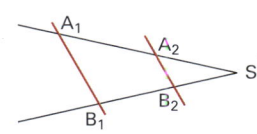

1.9	**Taschenrechner und DV-Grundlagen**		37
	▪ Grafikfähiger Taschenrechner		38
1.10	**Funktionen**		40
	▪ Koordinatensystem	▪ Lineare Funktionen	
	▪ Quadratische Funktionen		
	▪ Polynomfunktionen und Nullstellenberechnung		
	▪ Trigonometrische Funktionen		
	▪ Logarithmusfunktionen	▪ Exponentialfunktionen	
	▪ Diagramme mit quantitativer Darstellung		
	▪ Diagramme mit qualitativer Darstellung		

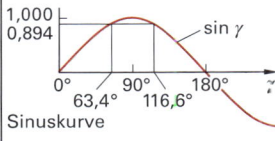

Sinuskurve

1.11	**Differenzialrechnung**		44
	▪ Ableitung einer Funktion	▪ Ableitungsregeln	
1.12	**Integralrechnung**		45
	▪ Integrationsregeln		
	▪ Integrale elementarer Funktionen		
1.13	**Folgen und Reihen**		47
1.14	**Statistik**		48

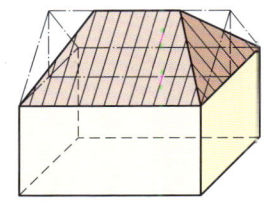

1 MATHEMATIK

1.1 Zeichen, Begriffe und Tafeln

Technische und naturwissenschaftliche Zusammenhänge werden meist in ihrer kürzesten Form durch Formeln beschrieben. Basisgrößen, Basiseinheiten und die Vorsätze vor Einheiten werden in der DIN 1301 benannt, allgemeine Formelzeichen werden *kursiv* geschrieben und in DIN 1304 festgesetzt.

Mathem. Zeichen	Sprechweise	Mathem. Zeichen	Sprechweise	Mathem. Zeichen	Sprechweise
=	gleich	Σ	Summe von, Summe aller	$L, M, \ldots$	Menge $L, M, \ldots$
$\neq$	ungleich	Π	Produkt von, Produkt aller	$x \in M$	x ist Element von M
:=	definitionsgemäß gleich	$\sqrt{}$	Quadratwurzel aus	$x \notin M$	x ist nicht Element von M
$\approx$	ungefähr gleich	$\sqrt[n]{}$	n-te Wurzel aus	$L \subset M$	L ist Teilmenge von M
$\ldots$	usw., bis	$n!$	n-Fakultät	$L \cup M$	L vereinigt mit M
$\triangleq$	entspricht	$\binom{n}{k}$	n über k	$L \cap M$	L geschnitten mit M
<	kleiner als	lim	Limes von $\ldots$	$L \setminus M$	L vermindert um M
$\leq$	kleiner oder gleich	$f(x)$	f (Funktion) von x	$A \Leftarrow B$	wenn A, dann B
>	größer als	y'	Ypsilon-Strich	$A \Leftrightarrow B$	A genau dann, wenn B
$\geq$	größer oder gleich	$\int \ldots dx$	Integral über $\ldots dx$	$\neg, \wedge, \vee$	nicht, und, oder
$\gg$	sehr groß gegen	Δx	Delta-x	$\overline{AB}$	Strecke
$\ll$	sehr klein gegen	%	Prozent	$\overset{\frown}{AB}$	Bogen
$\simeq$	asymptotisch gleich	‰	Promille	$\overrightarrow{AB}, \vec{a}$	Vektor
$\sim$	proportional	π	pi (= 3,14159$\ldots$)	g	Gerade
$\equiv$	kongruent zu	e	e (= 2,71828$\ldots$)	⋆	Winkel
$\perp$	senkrecht auf	∞	unendlich	⌐, ⌐	rechter Winkel, gemessen
$\parallel$	parallel zu	$\mathbb{N}^*$,	Menge der natürlichen,	m	Steigung
$\|x\|$	Betrag von x	$\mathbb{Z}, \mathbb{Q}$	ganzen, rationalen und	P, Q	Punkte
+	plus	$\mathbb{R}$	reellen Zahlen	x, y, z	Koordinaten
–	minus	$\{\ldots\}$	Menge der Elemente $\ldots$	l	Länge
$\times, \cdot$	mal	$\emptyset, \{\}$	leere Menge	A	Fläche
:, /	durch, geteilt durch			V	Volumen

Römische Zahlen

I =	1	XL =	40		
II =	2	L =	50		
III =	3	LX =	60		
IV =	4	LXX =	70		
V =	5	LXXX =	80		
VI =	6	XC =	90		
VII =	7	C =	100		
VIII =	8	CCC =	300		
IX =	9	CD =	400		
X =	10	D =	500		
XI =	11	DCCC =	800		
XIV =	14	CM =	900		
XIX =	19	XM =	990		
XX =	20	IM =	999		
XXI =	21	M =	1000		

Deutsches Alphabet

A	a	B	b	C	c	D	d	E	e	F	f
G	g	H	h	I	i	J	j	K	k	L	l
M	m	N	n	O	o	P	p	Q	q	R	r
S	s	T	t	U	u	V	v	W	w	X	x
Y	y	Z	z								
Ä	ä	Ö	ö	Ü	ü	(End-)s	ß	ch	sch	ck	

Große Zahlen

10^6	= Million
10^9	= Milliarde
10^{12}	= Billion
10^{18}	= Trillion
10^{24}	= Quadrillion
10^{30}	= Quintillion
10^{36}	= Sextillion

Griechisches Alphabet

A α	B β	Γ γ	Δ δ	E ε	Z ζ	H η	Θ ϑ		
Alpha	Beta	Gamma	Delta	Epsilon	Zeta	Eta	Theta		
I ι	K $\varkappa$	Λ λ	M μ	N ν	Ξ ξ	O o	Π π		
Iota	Kappa	Lambda	My	Ny	Xi	Omikron	Pi		
P ϱ	Z ς	T τ	Y υ	Φ φ	X χ	Ψ ψ	Ω ω		
Rho	Sigma	Tau	Ypsilon	Phi	Chi	Psi	Omega		

1.1 Zeichen, Begriffe und Tafeln

Umwandlungstabellen

Längeneinheiten $1\ km = 1000\ m$

⇒	× 10	× 10	× 10	
1 m	10 dm	100 cm	1000 mm	
0,1 m	1 dm	10 cm	100 mm	
0,01 m	0,1 dm	1 cm	10 mm	
0,001 m	0,01 dm	0,1 cm	1 mm	
	: 10	: 10	: 10	⇐

Flächeneinheiten $1\ km^2 = 1\ 000\ 000\ m^2$

⇒	× 100	× 100	× 100	
1 m²	100 dm²	10 000 cm²	1 000 000 mm²	
0,01 m²	1 dm²	100 cm²	10 000 mm²	
0,0001 m²	0,01 dm²	1 cm²	100 mm²	
0,000001 m²	0,0001 dm²	0,01 cm²	1 mm²	
	: 100	: 100	: 100	⇐

Volumeneinheiten $1\ km^3 = 1\ 000\ 000\ 000\ m^3$

⇒	× 1000	× 1000	× 1000	
1 m³	1000 dm³	1 000 000 cm³	1 000 000 000 mm³	
0,001 m³	1 dm³	1000 cm³	1 000 000 mm³	
0,000 001 m³	0,001 dm³	1 cm³	1000 mm³	
0,000 000 001 m³	0,000 001 dm³	0,001 cm³	1 mm³	
	: 1000	: 1000	: 1000	⇐

Zeiteinheiten

(Jahr)	1 a = 365 d	(Tag)	1 d = 24 h	(Minute)	1' = 60"
(Monat)	1 m = (1/12) a	(Stunde)	1 h = 60'	(Sekunde)	1" = (1/60)'

Umrechnung Winkeleinheiten $180° \triangleq 200^{gon}$

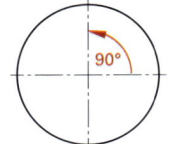

Grad (°; auch Altgrad, Taschenrechneranzeige: DEG von englisch Degree)
Vollkreis = 4 × 90° = 360°
Unterteilungen: 1° = 60' (Minuten, Winkel-Minuten)
 1' = 60" (Sekunden, Winkel-Sekunden)
Umrechnungen: $1,4° = 1° + 0,4° \cdot \frac{60'}{1°} = 1° + 24' = 1°24'$
 $1°24' = 1° + 24' \cdot \frac{1°}{60'} = 1° + 0,4° = 1,4°$

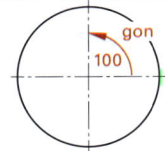

Gon (^{gon}; auch Neugrad, Taschenrechneranzeige: GRAD) ▶ S. 37
Vollkreis = 4 × 100^{gon} = 400^{gon}
Umrechnungen: $1^{gon} = \frac{360°}{400^{gon}} \cdot 1^{gon} = 0,9°$
 $1,4^{gon} = 1,4^{gon} \cdot 9°/10^{gon}$ $1,26° = 1,26° \cdot 10^{gon}/9°$
 $= 1,26°$ $= 1,4^{gon}$

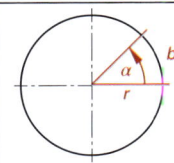

Radiant oder Bogenmaß (rad, Taschenrechneranzeige: RAD) ▶ S. 37
Definition $\alpha = \frac{\hat{b}}{r}$
Vollkreis $\alpha = 2\pi = 6,28 ...$
Umrechnungen: 1 rad = 180°/π = 57,296°
 1° = π/180° = 0,0175 rad
 1^{gon} = π/200^{gon} = 0,0157 rad

Besondere Längeneinheiten

1 Zoll (")	= 2,54 cm
1 inch	= 1 Zoll
1 mile	= 1609 m
1 mil	= 0,0245 mm
1 ft	= 0,3048 m (foot)
1 yd	= 0,9144 m (yard)

Besondere Flächeneinheiten

1 km²	= 100 ha
1 ha	= 100 a
1 a	= 100 m²
1 Morgen	= 25 a
1 sq in	= 6,452 cm²
1 sq ft	= 0,0929 m²

Besondere Volumeneinheiten

1 hl	= 100 l
1 barrel	= 1,59 hl
1 gallone	= 4,546 l
1 l	= 1 dm³
1 cu in	= 16,39 cm³ (cubic inch)

1.1 Zeichen, Begriffe und Tafeln

Interpolation

Tabellen z.B. enthalten immer nur eine Auswahl von einander zugeordneten Zahlen- oder Funktionswerten (der Funktionswert y_1 wird dem Argument x_1 zugeordnet).

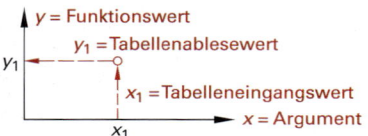

Werte zwischen zwei Tabelleneingangswerten lassen sich durch **lineare Interpolation** bestimmen. Dabei wird vereinfacht vorausgesetzt, dass der Zuwachs der Tabellenablesewerte (y-Werte, Funktionswerte) proportional zum Zuwachs der Tabelleneingangswerte (x-Werte, Argumente) erfolgt.

$$y = y_0 + \frac{y_1 - y_0}{x_1 - x_0} \cdot (x - x_0)$$

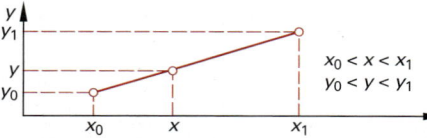

Bei steigender Tendenz der Tabellenwerte ist der Bruch $(y_1 - y_0)/(x_1 - x_0)$ positiv, bei fallender Tendenz negativ.

Beispiel

Gesucht ist der Wasseranspruch w für die Körnungsziffer $x = 4{,}50$, Konsistenz F3 ▶ S. 250.

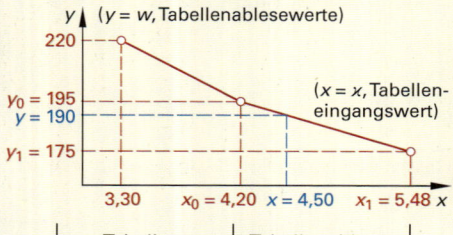

Tabellen-eingangswert x	Tabellenablesewert w in l/m³
$x_0 = 4{,}20$	$y_0 = 195$
$x_1 = 5{,}48$	$y_1 = 175$

$$y = 195 + \frac{175 - 195}{5{,}48 - 4{,}20} \cdot (4{,}50 - 4{,}20) = \mathbf{190}$$

Der Wasseranspruch für die Körnungsziffer $x = 4{,}50$ beträgt 190 l/m³.

Aufrunden und Abrunden

Aufrunden: Die letzte Ziffer einer gerundeten Zahl ist um 1 zu erhöhen, wenn die nächste Ziffer der nichtgerundeten Zahl 5 oder größer ist.
Abrunden: Die letzte Ziffer einer gerundeten Zahl bleibt unverändert, wenn die nächste Ziffer der nichtgerundeten Zahl kleiner als 5 ist.

Beispiele

$\pi = 3{,}14159265\ldots$ wird durch

3,1416	aufgerundet auf Zehntausendstel,
3,142	aufgerundet auf Tausendstel,
3,14	abgerundet auf Hundertstel,
3,1	abgerundet auf Zehntel.

Signifikante Stellen

Im Bauwesen genügt häufig eine Bestimmung von Zahlenwerten auf drei Stellen genau (Rechenschiebergenauigkeit). Dabei wird nach den vorgenannten Regeln auf- oder abgerundet.

Beispiele

Bei drei signifikanten Stellen wird:

3,14159…	zu 3,14	143,257	zu 143
344 600	zu 345 000	4 339 111	zu 4 340 000

Zehnerpotenzen

0,001	=	10^{-3}	1000	=	10^3
0,01	=	10^{-2}	100	=	10^2
0,1	=	10^{-1}	10	=	10^1
1	=	10^0	1	=	10^0

1 000 000	= 10^6	=	1 Million
10 000 000	= 10^7	=	10 Millionen
100 000 000	= 10^8	=	100 Millionen
1 000 000 000	= 10^9	=	1 Milliarde

Beispiele

$10^4 = 10 \cdot 10 \cdot 10 \cdot 10 = 10000$
$10^{-4} = 0{,}0001$ 1 ist die vierte Stelle hinter dem Komma.

Vorsätze vor Einheiten

10^{-1}	Dezi	(d)	1 Dezimeter	= (1/10) m = 10 cm
10^{-2}	Centi	(c)	1 Zentimeter	= (1/100) m = 1 cm
10^{-3}	Milli	(m)	1 Millimeter	= (1/1000) m = 1 mm
10^{-6}	Mikro	(μ)	1 Mikrometer	= 1-millionstel Meter
10^{-9}	Nano	(n)	1 Nanometer	= 10^{-9} m
10^{-12}	Pico	(p)	1 Picometer	= 10^{-12} m

1.1 Zeichen, Begriffe und Tafeln

Trigonometrische Funktionen ▶ S. 28

φ in Grad	0° ... 45° sin φ	0° ... 45° tan φ		φ in Grad	0° ... 45° sin φ	0° ... 45° tan φ	
0	0,0000	0,0000	90	45	0,7071	1,0000	45
1	0,0175	0,0175	89	46	0,7193	1,0355	44
2	0,0349	0,0349	88	47	0,7314	1,0724	43
3	0,0523	0,0524	87	48	0,7431	1,1106	42
4	0,0698	0,0699	86	49	0,7547	1,1504	41
5	0,0872	0,0875	85	50	0,7660	1,1918	40
6	0,1045	0,1051	84	51	0,7771	1,2349	39
7	0,1219	0,1228	83	52	0,7880	1,2799	38
8	0,1392	0,1405	82	53	0,7986	1,3270	37
9	0,1564	0,1584	81	54	0,8090	1,3764	36
10	0,1736	0,1763	80	55	0,8192	1,4281	35
11	0,1908	0,1944	79	56	0,8290	1,4826	34
12	0,2079	0,2126	78	57	0,8387	1,5399	33
13	0,2250	0,2309	77	58	0,8480	1,6003	32
14	0,2419	0,2493	76	59	0,8572	1,6643	31
15	0,2588	0,2679	75	60	0,8660	1,7321	30
16	0,2756	0,2867	74	61	0,8746	1,8041	29
17	0,2924	0,3057	73	62	0,8829	1,8807	28
18	0,3090	0,3249	72	63	0,8910	1,9626	27
19	0,3256	0,3443	71	64	0,8988	2,0503	26
20	0,3420	0,3640	70	65	0,9063	2,1445	25
21	0,3584	0,3839	69	66	0,9135	2,2460	24
22	0,3746	0,4040	68	67	0,9205	2,3559	23
23	0,3907	0,4245	67	68	0,9272	2,4751	22
24	0,4067	0,4452	66	69	0,9336	2,6051	21
25	0,4226	0,4663	65	70	0,9397	2,7475	20
26	0,4384	0,4877	64	71	0,9455	2,9042	19
27	0,4540	0,5095	63	72	0,9511	3,0777	18
28	0,4695	0,5317	62	73	0,9563	3,2709	17
29	0,4848	0,5543	61	74	0,9613	3,4874	16
30	0,5000	0,5774	60	75	0,9659	3,7321	15
31	0,5150	0,6009	59	76	0,9703	4,0108	14
32	0,5299	0,6249	58	77	0,9744	4,3315	13
33	0,5446	0,6494	57	78	0,9781	4,7046	12
34	0,5592	0,6745	56	79	0,9816	5,1446	11
35	0,5736	0,7002	55	80	0,9848	5,6713	10
36	0,5878	0,7265	54	81	0,9877	6,3138	9
37	0,6018	0,7536	53	82	0,9903	7,1154	8
38	0,6157	0,7813	52	83	0,9925	8,1444	7
39	0,6293	0,8098	51	84	0,9945	9,5144	6
40	0,6428	0,8391	50	85	0,9962	11,4301	5
41	0,6561	0,8693	49	86	0,9976	14,3007	4
42	0,6691	0,9004	48	87	0,9986	19,0811	3
43	0,6820	0,9325	47	88	0,9994	28,6363	2
44	0,6947	0,9657	46	89	0,99985	57,2900	1
45	0,7071	1,0000	45	90	1,0000	∞	0
	cos φ	cot φ	φ		cos φ	cot φ	φ
	45° ... 90°		in Grad		45° ... 90°		in Grad

1.1 Zeichen, Begriffe und Tafeln

Bestimmungsstücke eines Kreisabschnitts ▶ S. 23

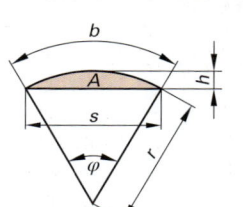

- r Halbmesser
- b Bogenlänge
- h Bogenhöhe
- s Sehnenlänge
- A Fläche des Kreisabschnitts
- φ Bogenmaß
- $\varphi°$ Zentriwinkel (in Grad) ▶ S. 13

$$b = r \cdot \pi \cdot \frac{\varphi°}{180°} \qquad s = 2 \cdot r \cdot \sin\left(\frac{\varphi}{2}\right)$$

$$h = 2 \cdot r \cdot \sin^2\left(\frac{\varphi}{4}\right) \qquad A = \frac{r^2}{2} \cdot \left(\pi \cdot \frac{\varphi°}{180°} - \sin\varphi\right)$$

$$A \approx \frac{2}{3} \cdot s \cdot h \qquad r = \frac{s^2}{8 \cdot h} + \frac{h}{2}$$

Da oft nur der Kreisabschnitt gegeben ist und weder der Radius r noch der Mittelpunktswinkel φ bekannt sind, hilft die Näherungsformel für den Flächeninhalt des Kreisabschnittes mit der Stichhöhe h und Sehne s. Die Näherung ist besonders gut, wenn $\varphi°$ klein ist.

φ in Grad	$\frac{b}{r}$	$\frac{h}{r}$	$\frac{s}{r}$	$\frac{A}{r^2}$	φ in Grad	$\frac{b}{r}$	$\frac{h}{r}$	$\frac{s}{r}$	$\frac{A}{r^2}$
10	0,1745	0,0038	0,1743	0,00044	50	0,8727	0,0937	0,8452	0,05331
11	0,1920	0,0046	0,1917	0,00059	51	0,8901	0,0974	0,8610	0,05649
12	0,2094	0,0055	0,2091	0,00076	52	0,9076	0,1012	0,8767	0,05978
13	0,2269	0,0064	0,2264	0,00097	53	0,9250	0,1051	0,8924	0,06319
14	0,2443	0,0075	0,2437	0,00121	54	0,9425	0,1090	0,9080	0,06673
15	0,2618	0,0086	0,2611	0,00149	55	0,9599	0,1130	0,9235	0,07039
16	0,2793	0,0097	0,2783	0,00181	56	0,9774	0,1171	0,9389	0,07417
17	0,2967	0,0110	0,2956	0,00217	57	0,9948	0,1212	0,9543	0,07808
18	0,3142	0,0123	0,3129	0,00257	58	1,0123	0,1254	0,9696	0,08212
19	0,3316	0,0137	0,3301	0,00302	59	1,0297	0,1296	0,9848	0,08629
20	0,3491	0,0152	0,3473	0,00352	60	1,0472	0,1340	1,0000	0,09059
21	0,3665	0,0167	0,3645	0,00408	61	1,0647	0,1384	1,0151	0,09502
22	0,3840	0,0184	0,3816	0,00468	62	1,0821	0,1428	1,0301	0,09958
23	0,4014	0,0201	0,3987	0,00535	63	1,0996	0,1474	1,0450	0,10428
24	0,4189	0,0219	0,4158	0,00607	64	1,1170	0,1520	1,0598	0,10911
25	0,4363	0,0237	0,4329	0,00686	65	1,1345	0,1566	1,0746	0,11408
26	0,4538	0,0256	0,4499	0,00771	66	1,1519	0,1613	1,0893	0,11919
27	0,4712	0,0276	0,4669	0,00862	67	1,1694	0,1661	1,1039	0,12443
28	0,4887	0,0297	0,4838	0,00961	68	1,1868	0,1710	1,1184	0,12982
29	0,5061	0,0319	0,5008	0,01067	69	1,2043	0,1759	1,1328	0,13535
30	0,5236	0,0341	0,5176	0,01180	70	1,2217	0,1808	1,1472	0,14102
31	0,5411	0,0364	0,5345	0,01301	71	1,2392	0,1859	1,1614	0,14683
32	0,5585	0,0387	0,5513	0,01429	72	1,2566	0,1910	1,1756	0,15279
33	0,5760	0,0412	0,5680	0,01566	73	1,2741	0,1961	1,1896	0,15889
34	0,5934	0,0437	0,5847	0,01711	74	1,2915	0,2014	1,2036	0,16514
35	0,6109	0,0463	0,6014	0,01864	75	1,3090	0,2066	1,2175	0,17154
36	0,6283	0,0489	0,6180	0,02027	76	1,3265	0,2120	1,2313	0,17808
37	0,6458	0,0517	0,6346	0,02198	77	1,3439	0,2174	1,2450	0,18477
38	0,6632	0,0545	0,6511	0,02378	78	1,3614	0,2229	1,2586	0,19160
39	0,6807	0,0574	0,6676	0,02568	79	1,3788	0,2284	1,2722	0,19859
40	0,6981	0,0603	0,6840	0,02767	80	1,3963	0,2340	1,2856	0,20573
41	0,7156	0,0633	0,7004	0,02976	81	1,4137	0,2396	1,2989	0,21301
42	0,7330	0,0664	0,7167	0,03195	82	1,4312	0,2453	1,3121	0,22045
43	0,7505	0,0696	0,7330	0,03425	83	1,4486	0,2510	1,3252	0,22804
44	0,7679	0,0728	0,7492	0,03664	84	1,4661	0,2569	1,3383	0,23578
45	0,7854	0,0761	0,7654	0,03915	85	1,4835	0,2627	1,3512	0,24367
46	0,8029	0,0795	0,7815	0,04176	86	1,5010	0,2686	1,3640	0,25171
47	0,8203	0,0829	0,7975	0,04448	87	1,5184	0,2746	1,3767	0,25990
48	0,8378	0,0865	0,8135	0,04731	88	1,5359	0,2807	1,3893	0,26825
49	0,8552	0,0900	0,8294	0,05025	89	1,5533	0,2867	1,4018	0,27675
50	0,8727	0,0937	0,8452	0,05331	90	1,5708	0,2929	1,4142	0,28540

1.1 Zeichen, Begriffe und Tafeln

Zahlentabellen

Grad – Gon – Rad (Bogenmaß) ▶ S. 9

Grad	Rad	Gon	Rad	Rad	Grad	Gon
1	0,0175	1	0,0157	0,1	5,73	6,37
2	0,0349	2	0,0314	0,2	11,46	12,73
3	0,0524	3	0,0471	0,3	17,19	19,10
4	0,0698	4	0,0628	0,4	22,92	25,46
5	0,0873	5	0,0785	0,5	28,65	31,83
6	0,1047	6	0,0942	0,6	34,38	38,20
7	0,1222	7	0,1100	0,7	40,11	44,56
8	0,1396	8	0,1257	0,8	45,84	50,93
9	0,1571	9	0,1414	0,9	51,57	57,30
10	0,1745	10	0,1571	1,0	57,30	63,66
20	0,3491	20	0,3142	1,2	68,75	76,39
30	0,5236	30	0,4712	1,4	80,21	89,13
40	0,6981	40	0,6283	1,6	91,67	101,9
50	0,8727	50	0,7854	1,8	103,1	114,6
60	1,0472	60	0,9425	2,0	114,6	127,3
70	1,2217	70	1,0996	2,2	126,1	140,1
80	1,3963	80	1,2566	2,4	137,5	152,8
90	1,5708	90	1,4137	2,6	149,0	165,5
100	1,7453	100	1,5708	2,8	160,4	178,3
120	2,0944	125	1,9635	3,0	171,9	191,0
140	2,4435	150	2,3562	3,2	183,3	203,7
160	2,7925	175	2,7489	3,4	194,8	216,5
180	3,1416	200	3,1416	3,6	206,3	229,2

Konstanten (gerundet)

Größe	Zahlenwert	Größe	Zahlenwert
π	3,141593	e	2,718282
2π	6,283185	e^2	7,389056
3π	9,424778	e^3	20,085537
$\pi:3$	1,047198	$\sqrt{e}$	1,648721
$\pi:4$	0,785398	$\sqrt[3]{e}$	1,395612
$\pi:180$	0,017453	e^π	23,140693
π^2	9,869604	$e^{2\pi}$	535,491656
π^3	31,006277	$e^{\pi/2}$	4,810477
$\sqrt{\pi}$	1,772454	$e^{-\pi}$	0,043214
$\sqrt[3]{\pi}$	1,464592	$1:e$	0,367879
$1:\pi$	0,318310	$1:e^2$	0,135335
$180:\pi$	57,295780	$\sqrt{1/e}$	0,606531
$1:\pi^2$	0,101321	e^e	15,154262
$\sqrt{1/\pi}$	0,564190	π^e	22,459158
$\ln \pi$	1,144730	$\ln 10$	2,302585
$\lg \pi$	0,497150	$\lg e$	0,434294
$\sqrt{2}$	1,414214	$\sqrt{3}$	1,732051
$\sqrt{5}$	2,236068	$\sqrt{6}$	2,449490
$\sqrt{7}$	2,645751	$\sqrt{10}$	3,162278

Normalverteilung ▶ S. 48

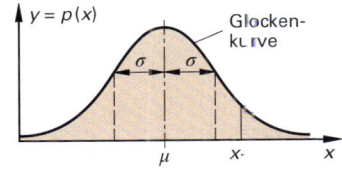

Durch Transformation mit $z = (x-\mu)/\sigma$ erhält man die normierte Normalverteilung für $\mu = 0$ und $\sigma = 1$. Für diese normierte Normalverteilung gibt es Tabellenwerte.

z	p(z)	F(z)	z	p(z)	F(z)
0,0	0,3989	0,5000	1,1	0,2179	0,8643
0,1	0,3970	0,5398	1,2	0,1942	0,8849
0,2	0,3910	0,5793	1,3	0,1714	0,9032
0,3	0,3814	0,6179	1,4	0,1497	0,9192
0,4	0,3683	0,6554	1,5	0,1295	0,9332
0,5	0,3521	0,6915	1,6	0,1109	0,9452
0,6	0,3332	0,7257	1,7	0,0940	0,9554
0,7	0,3123	0,7580	1,8	0,0790	0,9641
0,8	0,2897	0,7881	1,9	0,0656	0,9713
0,9	0,2661	0,8159	2,0	0,0540	0,9772
1,0	0,2420	0,8413	3,0	0,0044	0,99865

Statistische Sicherheit, Vertrauensgrenzen

Werte der t-Verteilung nach DIN 1319, Teil 3; DIN 13119; $(1-\alpha)$ = Vertrauensniveau

n	1-α = 90 %		1-α = 95 %		1-α = 99,73 %		
	t	t/√n	t	t/√n	t	t/√n	obere Vertrauensgrenze
2	6,31	4,43	12,71	8,98	235,80	166,70	
3	2,92	1,63	4,30	2,48	19,21	11,09	$x_o = \bar{x} + \dfrac{t}{\sqrt{n}} \cdot s$
4	2,35	1,18	3,18	1,59	9,22	4,61	
5	2,13	0,95	2,78	1,24	6,62	2,96	untere Vertrauensgrenze
6	2,02	0,82	2,57	1,05	5,51	2,25	
10	1,83	0,58	2,26	0,71	4,09	1,29	$x_u = \bar{x} - \dfrac{t}{\sqrt{n}} \cdot s$
50	1,68	0,24	2,01	0,28	3,16	0,45	
100	1,66	0,17	1,98	0,20	3,08	0,31	
200	1,65	0,12	1,97	0,14	3,04	0,21	

1 MATHEMATIK

1.2 Rechenarten

Grundrechenarten

Rechenart	a	b	c
Addition	Summand	Summand	Summenwert
Beispiel	$a + b = c$		
Subtraktion	Minuend	Subtrahend	Differenzwert
Beispiel	$a - b = c$		
Multiplikation	Faktor	Faktor	Produktwert
Beispiel	$a \cdot b = c$		
Division	Dividend	Divisor	Quotientenwert
Beispiel	$a : b = c$		

Sonstige Rechenarten

Rechenart	a	b	c
Potenzierung	Basis	Exponent	Potenzwert
Beispiel	$a^b = c$		
Radizierung	Radikand	Wurzelexponent	Wurzelwert
Beispiel	$\sqrt[b]{a} = c$		
Logarithmierung	Logarithmand	Basis	Logarithmuswert
Beispiel	$\log_b a = c$		

Addition und Multiplikation

Kommutativität	$a + b = b + a$ $a \cdot b = b \cdot a$
Assoziativität	$(a + b) + c = a + (b + c)$ $(a \cdot b) \cdot c = a \cdot (b \cdot c)$
Distributivität	$(a + b) \cdot c = a \cdot c + b \cdot c$ $a \cdot (b + c) = a \cdot b + a \cdot c$

Stufen der Rechenarten

Stufe 1	Addition, Subtraktion
Stufe 2	Multiplikation, Division
Stufe 3	Potenzierung, Radizierung, Logarithmierung

Beispiele Addition, Subtraktion

$a + 0 = 0 + a = a$
$a + (b - c) = a + b - c$
$a - (b + c) = a - b - c$
$a - (b - c) = a - b + c$
$a - 0 = a$ aber $0 - a = -a$
$a + (-b) = a - b$
$a - (-b) = a + b$
$-(a + b) = -a - b$
$-(a - b) = -a + b = b - a$

Beispiele Multiplikation

- Schreibweise: $a \cdot b = ab$, $2 \cdot a = 2a$
  $(a) \cdot (b) = (b) \cdot (a)$, $ab = ba$
  $abc = acb = bac = bca = cab = cba$
  $a \cdot 0 = 0 \cdot a = 0 a = 0$
  $a \cdot 1 = 1 \cdot a = 1 a = a$
- Gleiche Vorzeichen ergeben plus, ungleiche Vorzeichen ergeben minus:
  $(+a)(+b) = (-a)(-b) = +ab = ab$
  $(+a)(-b) = (-a)(+b) = -ab$

Rechenregeln ohne Klammern

Gleichstufige Rechenarten werden von links nach rechts ausgeführt.

Beispiel $8 - 2 + 3 \quad = 6 + 3 \quad = 9$

Bei ungleichstufigen Rechenarten wird die Rechenart höherer Stufe zuerst ausgeführt.

Beispiel $8 - 2 \cdot 3 \quad = 8 - 6 \quad = 2$
$20 : 5 + 3 \cdot 7 \quad = 4 + 21 \quad = 25$
$14 + 3 \cdot 2^3 \quad = 14 + 3 \cdot 8 = 38$

Klammerregeln

Die Rechnung innerhalb einer Klammer wird stets vor der Rechnung außerhalb der Klammer ausgeführt.

Beispiel $(2 + 9) \cdot 6 \quad = 11 \cdot 6 = 66$

Bei mehrfacher Klammerung werden von innen nach außen runde, eckige und geschweifte Klammern benutzt. Die Klammern werden von innen nach außen aufgelöst.

Beispiel $2 \cdot \{3 + 4 \cdot [26 - 2 \cdot (3 + 4)] : 3\} =$
$2 \cdot \{3 + 4 \cdot [26 - 2 \cdot 7] : 3\} \quad =$
$2 \cdot \{3 + 4 \cdot 12 : 3\} \quad =$
$2 \cdot 19 \quad = 38$

Auflösen der Klammer mit **PLUS (+)** vor der Klammer ⇒ Klammer kann entfallen.

Auflösen der Klammer mit **MINUS (−)** vor der Klammer ⇒ Klammer kann entfallen, wenn alle Vorzeichen in der Klammer umgekehrt werden.

Faktor vor der Klammer mit Summanden ⇒ Jeder Wert in der Klammer wird mit dem Faktor multipliziert.

Beispiele $(a - b) c = c (a - b) = ac - bc$
$(a + b)(c + d) = ac + ad + bc + bd$
$(a - b)(c + d) = ac + ad - bc - bd$
$(a + b)(c - d) = ac - ad + bc - bd$
$(a - b)(c - d) = ac - ad - bc + bd$

1.2 Rechenarten

Bruchrechnung

Rechenart, Rechenoperation	Formeln und Rechenregeln	Beispiele
Erweitern	Multiplikation von Zähler und Nenner mit gleicher Zahl. Wert bleibt gleich. $$\frac{a}{b} = \frac{a}{b} \cdot \frac{n}{n} = \frac{a \cdot n}{b \cdot n}$$	$$\frac{2}{3} = \frac{2}{3} \cdot \frac{7}{7} = \frac{2 \cdot 7}{3 \cdot 7} = \frac{14}{21}$$
Kürzen	Division von Zähler und Nenner durch die gleiche Zahl. Wert bleibt gleich. $$\frac{a}{b} = \frac{a}{b} : \frac{n}{n} = \frac{a : n}{b : n}$$	$$\frac{14}{21} = \frac{14}{21} : \frac{7}{7} = \frac{14 : 7}{21 : 7} = \frac{2}{3}$$
Hauptnenner (HN) bestimmen	Der Hauptnenner ist das kleinste gemeinsame Vielfache (KgV) der Nenner. Berechnung durch Zerlegung der Nenner in Primfaktoren.	Hauptnenner (HN) von $\frac{1}{4}; \frac{2}{5}; \frac{1}{6}; \frac{1}{30}$ $4 = 2 \cdot 2$ $5 = 5$ $6 = 2 \cdot 3$ HN $= 2 \cdot 2 \cdot 5 \cdot 3 = 60$ $30 = 2 \cdot 3 \cdot 5$
Addition gleichnamige Brüche	$$\frac{a}{b} + \frac{c}{b} = \frac{a+c}{b}$$	$$\frac{5}{8} + \frac{3}{8} = \frac{5+3}{8} = \frac{8}{8} = 1$$
ungleichnamige Brüche	$$\frac{a}{c} + \frac{c}{d} = \frac{a \cdot d}{b \cdot d} + \frac{c \cdot b}{d \cdot b} = \frac{(a \cdot d) + (c \cdot b)}{b \cdot d}$$ oder nach vorheriger Ermittlung des Hauptnenners.	$$\frac{2}{3} + \frac{1}{5} = \frac{2 \cdot 5}{3 \cdot 5} + \frac{1 \cdot 3}{5 \cdot 3} = \frac{10}{15} + \frac{3}{15} = \frac{13}{15}$$ $$\frac{1}{4} + \frac{2}{5} + \frac{1}{6} + \frac{1}{30} = \frac{15}{60} + \frac{24}{60} + \frac{10}{60} + \frac{2}{60} = \frac{51}{60}$$
Subtraktion gleichnamige Brüche	$$\frac{a}{b} - \frac{c}{b} = \frac{a-c}{b}$$	$$\frac{5}{8} - \frac{3}{8} = \frac{2}{8} = \frac{1}{4}$$
ungleichnamige Brüche	$$\frac{a}{c} - \frac{c}{d} = \frac{a \cdot d}{b \cdot d} - \frac{c \cdot b}{d \cdot b} = \frac{(a \cdot d) - (c \cdot b)}{b \cdot d}$$ oder nach vorheriger Ermittlung des Hauptnenners.	$$\frac{2}{3} - \frac{1}{5} = \frac{2 \cdot 5}{3 \cdot 5} - \frac{1 \cdot 3}{5 \cdot 3} = \frac{10}{15} - \frac{3}{15} = \frac{7}{15}$$ $$\frac{1}{4} - \frac{2}{5} + \frac{1}{6} - \frac{1}{30} = \frac{15}{60} - \frac{24}{60} + \frac{10}{60} - \frac{2}{60} = -\frac{1}{60}$$
Multiplikation Bruch mit Zahl	$$\frac{a}{b} \cdot n = \frac{a \cdot n}{b}$$	$$\frac{3}{8} \cdot 5 = \frac{3 \cdot 5}{8} = \frac{15}{8} = 1\frac{7}{8}$$
Bruch mit Bruch	$$\frac{a}{b} \cdot \frac{c}{d} = \frac{a \cdot c}{b \cdot d}$$	$$\frac{3}{8} \cdot \frac{2}{5} = \frac{3 \cdot 2}{8 \cdot 5} = \frac{6}{40} = \frac{3}{20}$$
Division Bruch durch Zahl	$$\frac{a}{b} : n = \frac{a}{b \cdot n}$$	$$\frac{3}{8} : 5 = \frac{3}{8 \cdot 5} = \frac{3}{40}$$
Bruch durch Bruch	$$\frac{a}{b} : \frac{c}{d} = \frac{a}{b} \cdot \frac{d}{c} = \frac{a \cdot d}{b \cdot c}$$	$$\frac{3}{8} : \frac{2}{5} = \frac{3}{8} \cdot \frac{5}{2} = \frac{15}{16}$$
Umwandeln gemeiner Bruch in Dezimalzahl	übliches Teilen des Zählers durch den Nenner	$\frac{8}{3} = 8 : 3 = 2{,}66\ldots = 2{,}\overline{6}$ $\frac{3}{8} = 3 : 8 = 0{,}375$ $8 : 3 = 2{,}66..$ $-\;6$ 20 periodische -18 Wiederholung 20
Umwandeln endliche Dezimalbrüche reinperiodische Dezimalbrüche unreinperiodische Dezimalbrüche	Erweitern mit 10, 100, 1000 usw., ggf. anschließend kürzen Rechnung gemäß Beispiel für unreinperiodische Dezimalbrüche	$0{,}375 = \frac{0{,}375 \cdot 1000}{1000} = \frac{375}{1000} = \frac{3 \cdot 125}{8 \cdot 125} = \frac{3}{8}$ $0{,}\overline{3} = \frac{3}{9}$ $0{,}\overline{42} = \frac{42}{99}$ $x = 2{,}3\overline{42}$ $1000 \cdot x = 2342{,}\overline{42}$ $x = \frac{2319}{990}$ $\underline{-\;10 \cdot x = -23{,}\overline{42}}$ $\phantom{x = \frac{2319}{990}}$ $990 \cdot x = 2319{,}00$
Vorzeichenregeln beim Dividieren	$(+a) : (+b) = +a : b = +\frac{a}{b}$ $b \neq 0$ $(+a) : (-b) = -a : b = -\frac{a}{b}$ $b \neq 0$ $(-a) : (-b) = +a : b = +\frac{a}{b}$ $b \neq 0$	$(+3) : (+8) = +3 : 8 = +\frac{3}{8}$ $(+3) : (-8) = -3 : 8 = -\frac{3}{8}$ $(-3) : (-8) = +3 : 8 = +\frac{3}{8}$
Division durch 0	Eine Division durch 0 ist unzulässig. $+\infty$ bzw. $-\infty$ sind keine reellen Zahlen.	

1.2 Rechenarten

Dreisatzrechnung

Verhältnisse beim Dreisatz	direkter Dreisatz	indirekter Dreisatz
1. Aussagesatz	$x \Rightarrow y$	$x \Rightarrow y$
2. Einheitssatz	$1 \Rightarrow \dfrac{y}{x}$	$1 \Rightarrow y \cdot x$
3. Schlusssatz	$x_1 \Rightarrow \dfrac{y \cdot x_1}{x}$	$x_1 \Rightarrow \dfrac{y \cdot x}{x_1}$

Dreisatz mit geradem Verhältnis (direkt oder proportional)

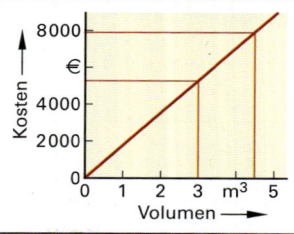

Beispiel 4,50 m³ Eichenholz kosten 7875,00 €. Wieviel kosten 3,00 m³ Eichenholz?

1. 4,50 m³ Eichenholz kosten 7875,00 €
2. 1,00 m³ Eichenholz kostet $\dfrac{7875{,}00\ €}{4{,}50\ m^3}$
3. 3,00 m³ Eichenholz kosten $\dfrac{7875{,}00\ € \cdot 3{,}00\ m^3}{4{,}50\ m^3} = 5250{,}00\ €$

Dreisatz mit umgekehrtem Verhältnis (indirekt oder antiproportional)

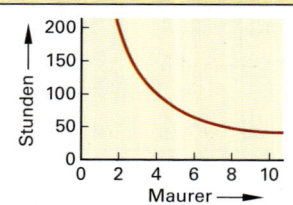

Beispiel 5 Maurer benötigen für eine Montagearbeit 80 Stunden. Wie lange dauert die Montage, wenn 8 Maurer zur Verfügung stehen?

1. 5 Maurer benötigen 80 h
2. 1 Maurer benötigt $5 \cdot 80$ h
3. 8 Maurer benötigen $\dfrac{5 \cdot 80\ h}{8} = 50\ h$

Zusammengesetzter Dreisatz (doppelter Dreisatz)

Es werden 3 Größen gegenübergestellt. Die gesuchte Größe wird stufenweise errechnet. In jeder Stufe wird nur eine Größe verändert.

Beispiel 6 Zimmerer verlegen bei 8-stündiger Arbeitszeit pro Tag 240 m² Parkett. Wie viel m² Parkett verlegen 5 Zimmerer bei einer Arbeitszeit von 9 h/Tag?

1. Dreisatz: 6 Zimmerer verlegen in 8 h 240 m²

1 Zimmerer verlegt in 8 h $\dfrac{240\ m^2}{6}$

5 Zimmerer verlegen in 8 h $\dfrac{240\ m^2 \cdot 5}{6}$

2. Dreisatz: 5 Zimmerer verlegen in 1 h $\dfrac{240\ m^2 \cdot 5}{6 \cdot 8}$

5 Zimmerer verlegen in 9 h $\dfrac{240\ m^2 \cdot 5 \cdot 9}{6 \cdot 8} = 225\ m^2$

Verhältnisgleichung, Proportionen

Zwei Verhältnisse mit gleichen Werten können gleichgesetzt und als Gleichung geschrieben werden. Das Verhältnis (eine Proportion) kann auch als Bruchgleichung geschrieben werden.

Außenglieder
$a : b = 3 : 4$ oder $\dfrac{a}{b} = \dfrac{3}{4}$
Innenglieder   Bruchgleichung

Eine Verhältnisgleichung kann als Produktengleichung geschrieben werden.

$a : b = 3 : 4$ oder $3 \cdot b = 4 \cdot a$

Innenglied × Innenglied = Außenglied × Außenglied

1.2 Rechenarten

Potenzen

Definition (Sprechweise: a hoch n)	$a^n = a \cdot a \cdot a \cdot \ldots \cdot a$ n Anzahl der Faktoren
Spezialfälle (für $a \neq 0$ und $n \in \mathbb{N}^*$)	$a^1 = a;\ a^0 = 1$ $1^n = 1;\ 0^n = 0$
Potenzen mit negativen Exponenten	$a^{-1} = \frac{1}{a};\ a^{-n} = \frac{1}{a^n}$
Vorzeichen beim Potenzieren (für $n \in \mathbb{N}^*$)	$(+a)^n = +a^n$ für alle n $(-a)^n = +a^n$ für gerade n $(-a)^n = -a^n$ für unger. n
Summe und Differenz von Potenzen	$2a^3 + 3a^3 - a^3 = 4a^3$ $3a^4 + 4a^2 - 2a^2 = 3a^4 + 2a^2$
Produkt von Potenzen	$a^m \cdot a^n = a^{m+n}$ $a^n \cdot b^n = (a \cdot b)^n$ $(a^m)^n = a^{m \cdot n}$
Quotient von Potenzen	$a^m : a^n = a^{m-n}$ $a^m : c^m = (a:c)^m$

Fakultät, Binomialkoeffizient

Fakultät: $n! = 1 \cdot 2 \cdot 3 \cdot \ldots \cdot n$. Es gilt $0! = 1$
Binomialkoeffizient:
$\binom{n}{k} = \frac{n!}{k!(n-k)!}$ mit $0 \leq k \leq n$

Binomische Formeln

1. binomische Formel	$(a+b)^2 = a^2 + 2ab + b^2$
2. binomische Formel	$(a-b)^2 = a^2 - 2ab + b^2$
3. binomische Formel	$(a+b)(a-b) = a^2 - b^2$

Höhere Potenzen

$(a+b)^3 = a^3 + 3a^2b + 3ab^2 + b^3$
$(a-b)^3 = a^3 - 3a^2b + 3ab^2 - b^3$
$(a \pm b)^n = a^n \pm \binom{n}{1}a^{n-1}b + \binom{n}{2}a^{n-2}b^2$
$ \pm \binom{n}{3}a^{n-3}b^3 + \ldots \pm \ldots$

Spezialfälle

$a^3 + b^3 = (a+b) \cdot (a^2 - ab + b^2)$
$a^3 - b^3 = (a-b) \cdot (a^2 + ab + b^2)$
$a^4 - b^4 = (a^2 + b^2) \cdot (a^2 - b^2)$
$a^n - b^n = (a-b) \cdot (a^{n-1} + a^{n-2}b + a^{n-3}b^2$
$ + \ldots + ab^{n-2} + \ldots + b^{n-1})$

Wurzeln

Definition (für $a \geq 0$ und $n \in \mathbb{N}^*$)	$\left(\sqrt[n]{a}\right)^n = a$ $\sqrt{a} = \sqrt[2]{a}$
Darstellung mit Bruchpotenzen (für $a \geq 0$)	$\sqrt[n]{a} = a^{\frac{1}{n}}$ $\sqrt[n]{a^m} = a^{\frac{m}{n}} = \left(\sqrt[n]{a}\right)^m$ $\sqrt[n]{\sqrt[m]{a}} = \sqrt[n]{a^{\frac{1}{m}}} = a^{\frac{1}{m \cdot n}}$
Produkte von Wurzeln (für $a \geq 0$ und $b \geq 0$)	$\sqrt[n]{a}\ \sqrt[n]{b} = \sqrt[n]{ab}$ $\sqrt[n]{a^m}\ \sqrt[n]{a^q} = a^{\frac{m+q}{n}}$
Eindeutigkeit von Wurzeln (für $a \geq 0$)	$\sqrt[n]{a^n} = a$ $\sqrt[n]{4} = +2$ $\sqrt[3]{27} = +3$

- Wurzeln positiver Radianten sind positiv.
- Wurzeln negativer Radikanden sind für den reellen Zahlenbereich nicht definiert.
  $\sqrt{-5}$ nicht definiert
- Wurzel aus null ist gleich null:
  $\sqrt{0} = 0$

Beispiel (Hinweis auf ± Zeichen)

Sei $x^2 = 3$
$x = \pm\sqrt{3} = \pm 1{,}7321\ldots$
(nicht $x = \sqrt{3} = \pm 1{,}7321\ldots$)

Logarithmen

Definition	$\log_b a = c$, wenn $b^c = a$ für $b > 0$ und $a > 0$
Brigg'scher (dekadischer) Logarithmus	$\lg a = \log_{10} a$
natürlicher Logarithmus (logarithmus naturalis)	$\ln a = \log_e a$ mit $e = 2{,}71828\ldots$
Spezialfälle	$\lg 1 = 0;\ \ln 1 = 0$ $\log_b 1 = 0;\ \log_b b = 1$ $\lg 10 = 1;\ \ln e = 1$
Logarithmengesetze (für alle Basen $b > 0$)	$\log(ac) = \log a + \log c$ $\log \frac{a}{c} = \log a - \log c$ $\log(a^n) = n \log a$ $\log \sqrt[n]{a} = \frac{1}{n} \log a$
Umrechnungen	$\ln a = \ln 10 \cdot \lg a$ $\lg a = \lg e \cdot \ln a$ $\lg e = M = 0{,}4343\ldots$ $\ln 10 = \frac{1}{M} = 2{,}3026\ldots$ $b^{\log_b a} = a$ $\log_b(b^n) = n$

1.2 Rechenarten

Zahlenmengen, Verknüpfungen

Für einige Zahlenmengen, die in der Mathematik eine besondere Bedeutung haben, hat man eigene Symbole gebildet.

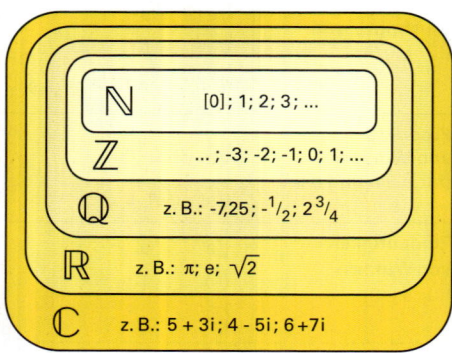

- ℕ: [0]; 1; 2; 3; ...
- ℤ: ... ; -3; -2; -1; 0; 1; ...
- ℚ: z. B.: -7,25; $-\frac{1}{2}$; $2\frac{3}{4}$
- ℝ: z. B.: π; e; $\sqrt{2}$
- ℂ: z. B.: 5 + 3i; 4 - 5i; 6 + 7i

ℕ ⊂ ℤ ⊂ ℚ ⊂ ℝ ⊂ ℂ

ℕ*, ℤ*, ℚ*, ℝ* sind Zahlenmengen ohne Null.

Die Menge, die keine Elemente enthält, heißt **leere Menge** und wird mit ∅ oder { } bezeichnet.

Die Lösungsmenge wird mit 𝕃 benannt.

Symbol	Zahlenmenge	Menge aller ...
ℕ	Natürliche Zahlen	positiven ganzen Zahlen
ℤ	Ganze Zahlen	positiven und negativen ganzen Zahlen
ℚ	Rationale Zahlen	endlichen und periodischen Dezimalzahlen
ℝ	Reelle Zahlen	endlichen und unendlichen Dezimalzahlen
ℂ	Komplexe Zahlen	imaginäre Einheit $i^2 = -1$

Die nicht in ℚ liegenden Zahlen von ℝ heißen **irrationale Zahlen (unendliche, nicht periodische Dezimalzahlen)**, z.B. die Kreiszahl π = 3,141592..., die Euler'sche Zahl e = 2,71828..., $\sqrt{2}$ = 1,4142...

Zahlenmengen heißen abgeschlossen bzgl. ihrer Rechenoperationen, wenn das Ergebnis wieder in derselben Zahlenmenge liegt.

Symbol	Abgeschlossenheit	Beispiel
ℕ	+, ·	2 + 5 = 7
𝔹	+, ·, :	1/2 + 1/5 = 7/10
ℤ	+, ·, −	2 − 5 = −3
ℚ	+, −, ·, :	2 : 5 = 2/5
ℝ	+, −, ·, :	$\sqrt{5} \cdot \sqrt{2} = \sqrt{10}$

Priorität der Verknüpfungen

Treten in einem Ausdruck (Aussage, Term) unterschiedliche Verknüpfungen auf, so werden die Verknüpfungen höherer Priorität vor denen geringerer Priorität abgearbeitet. Bei Verknüpfungen gleicher Priorität erfolgt die Abarbeitung von links nach rechts.

Es gelten die Klammerregeln.

Priorität	Verknüpfung
hoch	Potenzierung, Radizierung, Logarithmierung, Funktionen
↓	·, : (Punktrechnung)
	+, − (Strichrechnung)
	>, ≥, =, ≤, <, ≠ (relationale Operatoren)
	¬ (nicht)
	∧ (und)
	∨ (oder)
niedrig	⇒, ⇔

Aussagen

A, *B*, *C*, ... sind Leerstellen für **wahre** (w) oder **falsche** (f) Aussagen.

Beispiele

- *A* = Deutschland liegt in Europa! (w)
- *B* = 12 ist eine Primzahl! (f)
- *C* = Es regnet! (w oder f)
- *D* = Die Erde wird nass! (w oder f)
- *E* = Aus *C* folgt *D*! (w)
- *F* = b > grün (keine Aussage)

Aussagenverknüpfungen

¬	Negation	¬ *A*	nicht *A*
∧	Konjunktion	*A* ∧ *B*	*A* und *B*
∨	Disjunktion	*A* ∨ *B*	*A* oder *B*
⇒	Implikation	*A* ⇒ *B*	aus *A* folgt *B* (wenn *A*, dann *B*)
⇔	Äquivalenz	*A* ⇔ *B*	*A* genau dann, wenn *B*

Eine **Tautologie** ist eine aussagenlogische Verknüpfung, die nur den Wahrheitswert w annehmen kann.

Axiome (ursprünglich Sätze), die unmittelbar einleuchten, brauchen nicht bewiesen zu werden und dienen als Grundlage der Beweisführung.

Wahrheitstafel

A	*B*	¬ *A*	*A* ∧ *B*	*A* ∨ *B*	*A* ⇒ *B*	*A* ⇔ *B*
w	w	f	w	w	w	w
w	f	f	f	w	f	f
f	w	w	f	w	w	f
f	f	w	f	f	w	w

1 MATHEMATIK

1.3 Prozentrechnung und Zinsrechnung

Prozentrechnung

Rechnen mit reinem Grundwert

- Prozent % $\triangleq$ 1/100
- Grundwert G
- Prozentwert PW
- Prozentsatz p (%)

$$G = \frac{PW \cdot 100\,\%}{p}$$

$$PW = \frac{G \cdot p}{100\,\%}$$

$$p = \frac{PW \cdot 100\,\%}{G}$$

Beispiel
Eiche hat einen tangentialen Schwindverlust von 8,9 %. Um wie viel mm schwindet ein Seitenbrett mit einer Breite b = 320 mm?

Lösung
$$PW = \frac{320\,\text{m} \cdot 8{,}9\,\%}{100\,\%} = 28{,}48\,\text{mm}$$

Rechnen mit vermindertem Grundwert

- Verminderter Grundwert G_{min}

Verminderter Grundwert	Prozentwert (PW)
100 % – p %	p %
100 % = Grundwert (G)	

$$G_{min} = G - PW$$

$$G = \frac{G_{min} \cdot 100\,\%}{100\,\% - p}$$

Beispiel
Ein Kunde bezahlt wegen mangelhafter Arbeit 10 % des Bruttopreises weniger und überweist 16 500,00 €. Wie hoch war der Bruttopreis?

Lösung
$$G = \frac{16\,500{,}00\,\text{€} \cdot 100\,\%}{100\,\% - 10\,\%} = 18\,333{,}33\,\text{€}$$

Rechnen mit vermehrtem Grundwert

- Vermehrter Grundwert G_{mehr}

Grundwert (G)	Prozentwert (PW)
100 %	p %
100 % + p % = vermehrter Grundwert	

$$G_{mehr} = G + PW$$

$$G = \frac{G_{mehr} \cdot 100\,\%}{100\,\% + p}$$

Beispiel
Ein Arbeiter erhält nach der Lohnerhöhung von 3,5 % einen Stundenlohn von 13,40 €. Errechnen Sie den vorherigen Lohn.

Lösung
$$G = \frac{13{,}40\,\text{€} \cdot 100\,\%}{100\,\% + 3{,}5\,\%} = 12{,}95\,\text{€}$$

Zinsrechnung

- Kapital K (€)
- Zinsen Z (€)
- Zinssatz p (%/Jahr)
- Laufzeit t (Jahre)
- 1 Zinsjahr 360 Tage
- 1 Zinsmonat 30 Tage

Kapital	Z

Mit dem Zinssatz werden die Zinsen für ein Jahr berechnet.

$$K = \frac{Z \cdot 100\,\%}{p \cdot t}$$

$$Z = \frac{K \cdot p \cdot t}{100\,\%}$$

$$p = \frac{Z \cdot 100\,\%}{K \cdot t}$$

$$t = \frac{Z \cdot 100\,\%}{K \cdot p}$$

Beispiel
Ein Betrieb erhält einen Kredit über 40 000,00 € mit Zinssatz von 8,5 %.
a) Berechnen Sie die Zinsen.
b) Wie hoch wäre der Zinssatz, wenn bei gleicher Laufzeit 3700,00 € Zinsen anfallen würden?

Lösung (Berechnung für ein Jahr)
$$Z = \frac{40\,000{,}00\,\text{€} \cdot 8{,}5\,\%}{100\,\%} = 3400{,}00\,\text{€}$$

$$p = \frac{3700{,}00\,\text{€} \cdot 100\,\%}{40\,000{,}00\,\text{€}} = 9{,}25\,\%$$

Zinseszinsrechnung

Die Zinsen werden dem Kapital am Jahresende zugerechnet und mitverzinst.

- Anzahl der Jahre n

Kapital nach n Jahren:

$$K_n = K \cdot \left(1 + \frac{p}{100}\right)^n$$

Beispiel
Ein Zimmerer legt 5000,00 € festverzinslich mit p = 4,5 % an. Wie hoch ist sein Kapital nach 10 Jahren?

Lösung
$$K_{10} = 5000{,}00\,\text{€} \cdot \left(1 + \frac{4{,}5\,\%}{100\,\%}\right)^{10} =$$
$$K_{10} = 7764{,}85\,\text{€}$$

1.4 Längen und Winkel

Längenteilung

Teilen der Gesamtlänge in gleiche Abstände

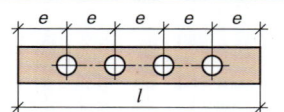

$$e = \frac{l}{n+1}$$

$$z = n + 1$$

l	Gesamtlänge, Teilungsstrecke
e	Länge der Abstände
n	Anzahl der Teilungselemente
z	Anzahl der Abstände

Teilen der Gesamtlänge in gleiche Abstände mit Randabstand

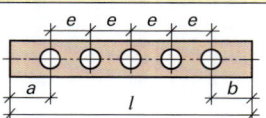

$$e = \frac{l - (a + b)}{n - 1}$$

a, b	Randabstände
l	Gesamtlänge, Teilungsstrecke
e	Länge der Abstände
n	Anzahl der Teilungselemente

Teilen der Gesamtlänge in gleiche Abstände mit Unterbrechungen

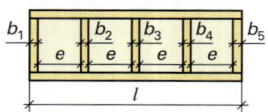

$$e = \frac{l - (b_1 + \ldots + b_n)}{n - 1}$$

$b_1, \ldots, b_n$	Unterbrechungen
l	Gesamtlänge, Teilungsstrecke
e	Länge der Abstände
n	Anzahl der Teilungselemente

Winkel

Winkelarten

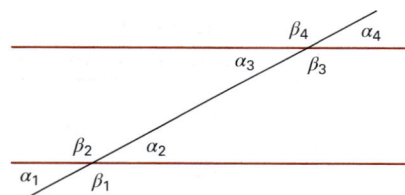

Scheitelwinkel sind gleich groß.
Scheitelwinkel liegen am Winkelscheitel einander gegenüber.

$\alpha_1 = \alpha_2$ | $\alpha_3 = \alpha_4$

Wechselwinkel sind gleich groß.
Wechselwinkel an geschnittenen Parallelen liegen dem Winkel auf der anderen Seite gegenüber.

$\alpha_1 = \alpha_4$ | $\beta_1 = \beta_4$

Stufenwinkel sind gleich groß.
Stufenwinkel liegen auf der anderen Stufe der gleichen Seite der Geraden.

$\alpha_1 = \alpha_3$ | $\beta_1 = \beta_3$

Nebenwinkel ergänzen sich zu 180°.
Nebenwinkel sind Nachbarwinkel auf derselben Seite der Parallelen.

$\alpha_1 + \beta_1 = 180°$ | $\alpha_4 + \beta_4 = 180°$

Winkeleinheiten

Zwei von einem Punkt ausgehende Halbgeraden bilden einen Winkel. Die Benennung erfolgt mit griechischen Buchstaben α, β, γ.

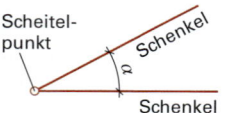 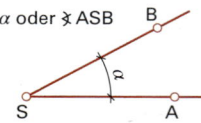

Die Einheiten der Winkel sind Grad (°), Minuten (′) und Sekunden (″). Es gelten dieselben Regeln wie bei den Zeiteinheiten.

Umrechnung	1° = 60′	1′ = 60″

$0{,}56666° = 0{,}56666° \cdot 60′/\text{je } 1° \rightarrow 34′$
$21′ = 21′ : 60′/\text{je } 1° \rightarrow 0{,}35°$

Winkelbenennungen

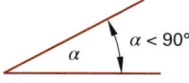

Spitzer Winkel · Rechter Winkel (R)

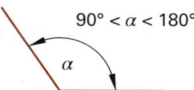 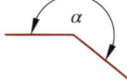

Stumpfer Winkel · Überstumpfer Winkel

1 MATHEMATIK

1.5 Flächen

Quadrat 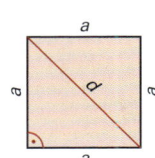	A	Fläche	$A = a \cdot a = a^2$
	a	Seitenlänge	$U = 4 \cdot a$
	d	Diagonalenlänge	$d = \sqrt{2} \cdot a \approx 1{,}414 \cdot a$
	U	Umfang	
Rechteck 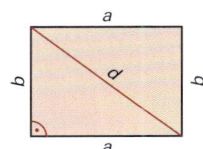	A	Fläche	$A = a \cdot b$
	a	Länge (Grundlinie)	(Fläche = Grundlinie mal Höhe)
	b	Breite (Höhe)	$U = 2 \cdot (a + b)$
	d	Diagonalenlänge	$d = \sqrt{a^2 + b^2}$
	U	Umfang	
Dreieck 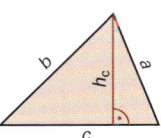	A	Fläche	$A = \tfrac{1}{2} \cdot c \cdot h_c$
	a, b, c	Seitenlängen	(Fläche = $\tfrac{1}{2}$ mal Grundlinie mal Höhe)
	c	Grundlinie	
	h_c	Höhe	
	U	Umfang	$s = \tfrac{1}{2} \cdot (a + b + c)$
	s	halber Umfang	$U = a + b + c = 2 \cdot s$
	▶ S. 22, 27 … 30		**Heron'sche Formel:**
			$A = \sqrt{s \cdot (s-a) \cdot (s-b) \cdot (s-c)}$
Rhombus, Raute 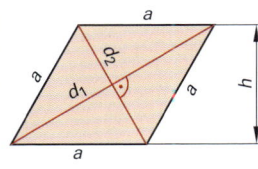	A	Fläche	$A = a \cdot h$
	a	Seitenlänge (Grundlinie)	$A = \tfrac{1}{2} \cdot d_1 \cdot d_2$
	h	Höhe	
	d_1, d_2	Diagonalenlängen	$a = \tfrac{1}{2} \cdot \sqrt{d_1^2 + d_2^2}$
	U	Umfang	$U = 4 \cdot a = 2 \cdot \sqrt{d_1^2 + d_2^2}$
	$d_1 \perp d_2$		
Parallelogramm 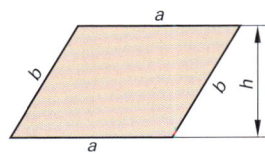	A	Fläche	$A = a \cdot h$
	a, b	Seitenlängen	(Fläche = Grundlinie mal Höhe)
	a	Grundlinie	$U = 2 \cdot (a + b)$
	h	Höhe	
	U	Umfang	
Trapez 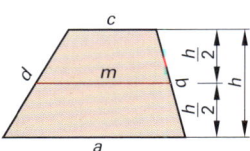	A	Fläche	$A = m \cdot h = \dfrac{a+c}{2} \cdot h$
	a, b, c, d	Seitenlängen	
	m	mittlere Länge	
	h	Höhe	$m = \dfrac{a+c}{2}$
	U	Umfang	
	Flächenschwerpunkt ▶ S. 89		$U = a + b + c + d$

1.5 Flächen

Rechtwinkliges Dreieck			
	A	Fläche	$A = \frac{1}{2} \cdot a \cdot b = \frac{1}{2} \cdot c \cdot h$
	a, b	Katheten	Satz des Pythagoras: $a^2 + b^2 = c^2$
	c	Hypotenuse	Sätze des Euklid:
	p, q	Hypotenusenabschnitte	$a^2 = p \cdot c$ (Kathetensatz)
			$b^2 = q \cdot c$ (Kathetensatz)
	h	Höhe	$h^2 = p \cdot q$ (Höhensatz)
	U	Umfang	$U = a + b + c$

Gleichschenkliges Dreieck			
	A	Fläche	$A = \frac{1}{2} \cdot c \cdot h$
	s	Schenkellänge	$A = \frac{1}{4} \cdot c \cdot \sqrt{4 \cdot s^2 - c^2}$
	c	Grundlinie	
	h	Höhe	$h = \frac{1}{2} \cdot \sqrt{4 \cdot s^2 - c^2}$
	U	Umfang	$U = 2 \cdot s + c$

Gleichseitiges Dreieck			
	A	Fläche	$A = \frac{1}{2} \cdot a \cdot h = \frac{\sqrt{3}}{4} \cdot a^2 \approx 0{,}433 \cdot a^2$
	a	Seitenlänge	
	h	Höhe	$h = \frac{\sqrt{3}}{2} \cdot a \approx 0{,}866 \cdot a$
	U	Umfang	
		Flächenschwerpunkt	$U = 3 \cdot a$

Unregelmäßiges Vieleck			
	A	Fläche	$A = A_1 + A_2 + \ldots + A_m$
	A_i	Teilflächen ($i = 1, 2, \ldots, m$)	
	s_i	Seitenlängen ($i = 1, 2, \ldots, n$)	$U = s_1 + s_2 + \ldots + s_n$
	n	Anzahl der Ecken	
	m	Anzahl der Teilflächen	
	U	Umfang	▶ S. 23

Regelmäßiges Vieleck			
	A	Fläche	$A = \frac{1}{2} \cdot n \cdot a \cdot r$
	a	Seitenlänge	
	R	Umkreisradius	$R = \frac{1}{2} \cdot \sqrt{a^2 + 4\,r^2}$
	r	Inkreisradius	
	n	Anzahl der Ecken	$U = n \cdot a$
	U	Umfang	

Regelmäßige n-Ecke (Vielecke) — Konstruktion ▶ Kapitel 4.6

n	$\frac{A}{a^2}$	$\frac{A}{R^2}$	$\frac{A}{r^2}$	$\frac{a}{R}$	$\frac{a}{r}$	$\frac{R}{a}$	$\frac{R}{r}$	$\frac{r}{a}$	$\frac{r}{R}$
3	0,4330	1,2990	5,1962	1,7321	3,4641	0,5774	2,0000	0,2887	0,5000
4	1,0000	2,0000	4,0000	1,4142	2,0000	0,7071	1,4142	0,5000	0,7071
5	1,7205	2,3776	3,6327	1,1756	1,4531	0,8507	1,2361	0,6882	0,8090
6	2,5981	2,5981	3,4641	1,0000	1,1547	1,0000	1,1547	0,8660	0,8660
7	3,6339	2,7364	3,3710	0,8678	0,9631	1,1524	1,1099	1,0383	0,9010
8	4,8284	2,8284	3,3137	0,7654	0,8284	1,3066	1,0824	1,2071	0,9239
9	6,1818	2,8925	3,2757	0,6840	0,7279	1,4619	1,0642	1,3737	0,9397
10	7,6942	2,9389	3,2492	0,6180	0,6498	1,6180	1,0515	1,5388	0,9511
12	11,196	3,0000	3,2154	0,5176	0,5359	1,9319	1,0353	1,8660	0,9659
15	17,642	3,0505	3,1883	0,4158	0,4251	2,4049	1,0223	2,3523	0,9781
16	20,109	3,0615	3,1826	0,3902	0,3978	2,5629	1,0196	2,5137	0,9808
20	31,569	3,0902	3,1677	0,3129	0,3168	3,1962	1,0125	3,1569	0,9877

1.5 Flächen

Dreieck mit Koordinaten	A Fläche ▶ S. 464 s_i Seitenlängen $(i = 1, 2, 3)$ (x_i, y_i) Koordinaten der Eckpunkte $(i = 1, 2, 3)$ U Umfang Eckpunktenummerierung im Gegenuhrzeigersinn	$A = \frac{1}{2} \cdot [(x_1 \cdot y_2 - x_2 \cdot y_1)$ $\quad + (x_2 \cdot y_3 - x_3 \cdot y_2)$ $\quad + (x_3 \cdot y_1 - x_1 \cdot y_3)]$ $s_1 = \sqrt{(x_2 - x_1)^2 + (y_2 - y_1)^2}$ $s_2 = \sqrt{(x_3 - x_2)^2 + (y_3 - y_2)^2}$ $s_3 = \sqrt{(x_1 - x_3)^2 + (y_1 - y_3)^2}$ $U = s_1 + s_2 + s_3$
n-Eck mit Koordinaten	A Fläche ▶ S. 464 s_i Seitenlängen (x_i, y_i) Koordinaten der Eckpunkte $(i = 1, 2, ..., n)$ U Umfang Eckpunktenummerierung im Gegenuhrzeigersinn	**Gauß'sche Flächenformeln:** $A = \frac{1}{2} \Sigma\, y_i \cdot (x_{i-1} - x_{i+1})$ $A = \frac{1}{2} \Sigma\, x_i \cdot (y_{i+1} - y_{i-1})$ (für $i = 1$ ist $i - 1 = n$ zu setzen) (für $i = n$ ist $i + 1 = 1$ zu setzen) $s_i = \sqrt{(x_{i+1} - x_i)^2 + (y_{i+1} - y_i)^2}$ $U = s_1 + s_2 + ... + s_n$
Kreis	A Fläche ▶ S. 88 r Radius (Halbmesser) d Durchmesser U Umfang M Kreismittelpunkt	$A = \pi \cdot r^2 = \frac{1}{4} \pi \cdot d^2$ $d = 2 \cdot r$ $U = 2 \cdot \pi \cdot r = \pi \cdot d$
Kreisring	R Außenradius r Innenradius s Kreisringdicke ▶ S. 88	$A = A_{\text{Außenkreis}} - A_{\text{Innenkreis}}$ $A = (R^2 - r^2) \cdot \pi$ $s = R - r$
Kreisausschnitt(-abschnitt)	A Fläche (Kreisausschnitt) r Radius s Sehnenlänge b Bogenlänge ▶ S. 12 φ Zentriwinkel im Bogenmaß (Radiant, Einheit: 1 rad) $\varphi°$ Zentriwinkel im Altgradmaß	$A = \frac{1}{2} \cdot b \cdot r$ $b = \varphi \cdot r = \frac{\varphi°}{180°} \cdot \pi \cdot r$ $s = 2 \cdot r \cdot \sin\left(\frac{\varphi}{2}\right) = 2 \cdot \sqrt{h \cdot (2 \cdot r - h)}$ $\varphi° = \frac{b \cdot 180°}{\pi \cdot r}$
Ellipse	A Fläche a großer Achshalbmesser b kleiner Achshalbmesser e Brennpunktabstand U Umfang F Brennpunkte	$A = \pi \cdot a \cdot b$ $e = \sqrt{a^2 - b^2}$ $U \approx \pi \cdot (a + b)$ $U = \pi \cdot (a + b) \cdot \left(1 + \frac{1}{4}\lambda^2 + \frac{1}{64}\lambda^4 + ...\right)$ mit $\lambda = \frac{a - b}{a + b}$
Quadratische Parabel	A Fläche b Bogenlänge a, h Achsabschnitte S Scheitelpunkt	$A = \frac{2}{3} \cdot a \cdot h$ $b = \frac{1}{2} \cdot \left[\sqrt{a^2 + 4 \cdot h^2} +\right.$ $\left. \quad + a \cdot \ln\left(\lambda + \frac{1}{\lambda} \cdot \sqrt{1 + \lambda^2}\right)\right]$ mit $\lambda = \frac{2 \cdot h}{a}$

1 MATHEMATIK

1.6 Körper

Körper	Abbildung	Bezeichnungen		Formeln
Würfel	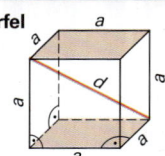	A Grundfläche V Volumen O Oberfläche a Seitenlänge d Raumdiagonale		$A = a^2$ $V = A \cdot a$ $V = a^3$ $O = 6 \cdot a^2$ $d = \sqrt{3} \cdot a$ $d \approx 1{,}732 \cdot a$
Quader, Prisma	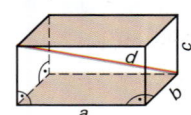	A Grundfläche V Volumen O Oberfläche a, b, c Seitenlängen d Raumdiagonale	$V_{\text{Gerade Körper}} = \text{Grundfläche} \times \text{Höhe}$	$A = a \cdot b$ $V = A \cdot c$ $V = a \cdot b \cdot c$ $O = 2 \cdot (a \cdot b + b \cdot c + c \cdot a)$ $d = \sqrt{a^2 + b^2 + c^2}$
Zylinder	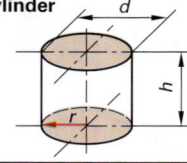	A Grundfläche V Volumen M Mantelfläche O Oberfläche r Radius d Durchmesser h Höhe		$A = \pi \cdot r^2$ $V = A \cdot h$ $V = \pi \cdot r^2 \cdot h$ $M = 2 \cdot \pi \cdot r \cdot h$ $O = 2 \cdot \pi \cdot r \cdot (r + h)$ $d = 2 \cdot r$
Hohl- zylinder	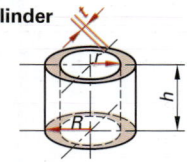	A Grundfläche V Volumen O Oberfläche R Außenradius r Innenradius t Wanddicke h Höhe		$A = \pi \cdot (R^2 - r^2)$ $V = A \cdot h$ $V = \pi \cdot h \cdot (R^2 - r^2)$ $V = \pi \cdot h \cdot t \cdot (R + r)$ $t = R - r$ $O = 2 \cdot \pi \cdot h \cdot (R + r) + 2 \cdot \pi \cdot (R^2 - r^2)$ $O = 2 \cdot \pi \cdot (R + r) \cdot (h + t)$
Pyramide	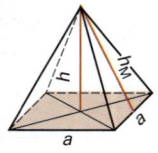	V Volumen A Grundfläche U Grundumfang h_M Mantelhöhe O Oberfläche M Mantelfläche h Höhe a Seitenlänge	$V_{\text{Spitzer Körper}} = \tfrac{1}{3} \text{Grundfläche} \times \text{Höhe}$	$V = \tfrac{1}{3} \cdot A \cdot h$ $M = \tfrac{1}{2} \cdot U \cdot h_M$ $A = a^2$ $O = M + A$ $U = 4 \cdot a$
Tetraeder	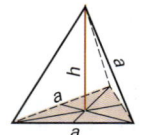	V Volumen A Grundfläche a Seitenlänge h Höhe M Mantelfläche O Oberfläche		$V = \tfrac{\sqrt{2}}{12} \cdot a^3 \approx 0{,}118 \cdot a^3$ $O = \sqrt{3} \cdot a^2 \approx 1{,}732 \cdot a^2$ $M = \tfrac{3}{4} \cdot O \approx 1{,}299 \cdot a^2$ $A = \tfrac{1}{4} \cdot O \approx 0{,}433 \cdot a^2$ $h = \tfrac{\sqrt{6}}{3} \cdot a \approx 0{,}816 \cdot a$
Kegel	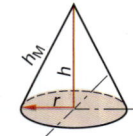	V Volumen A Grundfläche r Radius h Höhe h_M Mantelhöhe M Mantelfläche O Oberfläche		$A = \pi \cdot r^2$ $V = \tfrac{1}{3} \cdot A \cdot h = \tfrac{\pi}{3} \cdot r^2 \cdot h$ $M = \pi \cdot r \cdot h_M$ $O = \pi \cdot r \cdot (h_M + r)$ $h_M = \sqrt{r^2 + h^2}$ $h = \sqrt{h_M^2 - r^2}$

1.6 Körper

Prismatoid und Keil ($d=0$) **(Obelisk)** 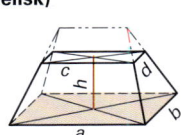	V	Volumen	$V = \dfrac{h}{6} \cdot [a \cdot b + c \cdot d + (a+c) \cdot (b+d)]$	
	a, b	Seitenlängen der Grundfläche	$A_0 = a \cdot b$	
	c, d	Seitenlängen der Deckfläche	$A_1 = c \cdot d$	
	h	Höhe	**Sonderfall Keil/Walmdach:** $d = 0$	
	A_0	Grundfläche	$V = \dfrac{1}{6} \cdot h \cdot b \cdot (2 \cdot a + c)$	
	A_1	Deckfläche		
Rampe 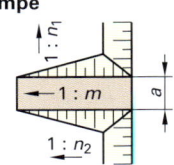 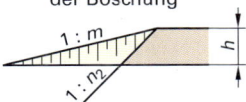	$1 : m$	Steigung der Rampe	$V = \dfrac{h^2}{6} \cdot \left(3 \cdot a + 2 \cdot n_1 \cdot h \cdot \dfrac{m - n_2}{m} \right) \cdot (m - n_2)$	
	$1 : n_1$	Steigung der Böschung	für $n_2 = 0$ (z.B. lotrechte Wand)	
			$V = \dfrac{h^2}{6} \cdot (3 \cdot a + 2 \cdot n_1 \cdot h) \cdot m$	
Pyramidenstumpf 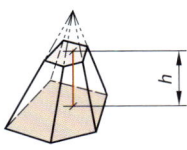	V	Volumen	$V = \dfrac{h}{3} \cdot (A_0 + A_1 + \sqrt{A_0 \cdot A_1})$	
	A_0	Grundfläche	$V \approx \dfrac{h}{2} \cdot (A_0 + A_1)$	
	A_1	Deckfläche		
	h	Höhe	$A_m = \dfrac{1}{4} \cdot (A_0 + A_1 + 2 \cdot \sqrt{A_0 \cdot A_1})$	
	A_m	ist der zur Grundfläche parallele Querschnitt in halber Höhe	$V = \dfrac{h}{6} \cdot (A_0 + A_1 + 4 \cdot A_m)$	
Kegelstumpf 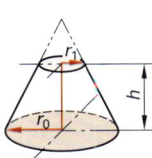	V	Volumen	$V = \dfrac{1}{3} \cdot \pi \cdot h \cdot (r_0^2 + r_0 \cdot r_1 + r_1^2)$	
	r_0	Radius der Grundfläche	$h_M = \sqrt{(r_0 - r_1)^2 + h^2}$	
	r_1	Radius der Deckfläche		
	h	Höhe	$M = \pi \cdot h_M \cdot (r_0 + r_1)$	
	h_M	Mantelhöhe	$O = \pi \cdot (r_0^2 + r_1^2 + h_M \cdot r_0 - h_M \cdot r_1)$	
	M	Mantelfläche	Mantelfläche = Oberfläche – Deckfläche – Grundfläche	
	O	Oberfläche		
Kugel 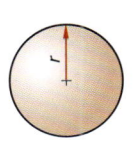	V	Volumen	$V = \dfrac{4}{3} \cdot \pi \cdot r^3$	
	O	Oberfläche	$V \approx 4{,}189 \cdot r^3$	
	r	Radius	$O = 4 \cdot \pi \cdot r^2$	
	d	Durchmesser	$d = 2 \cdot r \qquad d = \sqrt[3]{\dfrac{6 \cdot V}{\pi}}$	
Kugelabschnitt 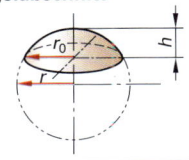	V	Volumen	$V = \dfrac{1}{3} \cdot \pi \cdot h^2 \cdot (3 \cdot r - h)$	
	M	Mantelfläche (Kugelkappe)	$M = 2 \cdot \pi \cdot r \cdot h$	
	O	Oberfläche	$O = \pi \cdot (h^2 + 2 \cdot r_0^2)$	
	h	Höhe	$O = \pi \cdot (4 \cdot r \cdot h - h^2)$	
	r	Kugelradius	$r_0 = \sqrt{h \cdot (2 \cdot r - h)}$	
	r_0	Radius der Grundfläche		
Kugelausschnitt 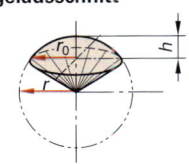	V	Volumen	$V = \dfrac{2}{3} \cdot \pi \cdot r^2 \cdot h$	
	O	Oberfläche		
	h	Höhe	$O = \pi \cdot r \cdot (2 \cdot h + r_0)$	
	r	Kugelradius	$r_0 = \sqrt{h \cdot (2 \cdot r - h)}$	
	r_0	Ausschnittradius		

1.6 Körper

Reguläre Polyeder (platonische Körper)

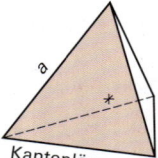
Kantenlänge a
Tetraeder

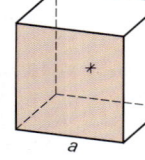
Hexaeder (Würfel)

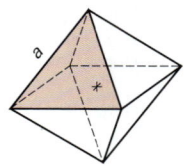
Oktaeder

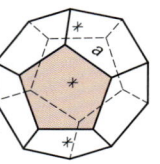
Dodekaeder

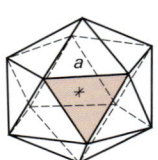
Ikosaeder

Bezeichnung	Volumen	Oberfläche	Radius der umbeschriebenen Kugel	Anzahl der		
				Flächen f	Kanten k	Ecken e
Tetraeder	$0{,}1179\,a^3$	$1{,}7321\,a^2$	$0{,}6124\,a$	4	6	4
Hexaeder	a^3	$6\,a^2$	$0{,}8660\,a$	6	12	8
Oktaeder	$0{,}4714\,a^3$	$3{,}4641\,a^2$	$0{,}7071\,a$	8	12	6
Dodekaeder	$7{,}6631\,a^3$	$20{,}6457\,a^2$	$1{,}4013\,a$	12	30	20
Ikosaeder	$2{,}1817\,a^3$	$8{,}6603\,a^2$	$0{,}9511\,a$	20	30	12

* Schwerpunkt $e + f - k = 2$

Rotationssymmetrische Körper

Fass (Tonnenkörper)

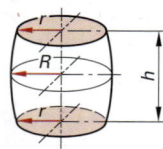

h Höhe
R Radius in der Mitte
r Radius der Grund- und Deckfläche

Parabelbogen als Erzeugende
$V = \dfrac{1}{15} \cdot \pi \cdot h \cdot (8 \cdot R^2 + 4 \cdot R \cdot r + 3 \cdot r^2)$

V Volumen
Kreisbogen als Erzeugende
$V \approx \dfrac{1}{6} \cdot \pi \cdot h \cdot (r^2 + 4 \cdot R^2 + r^2)$
(Kepler'sche Fassregel)

Torus

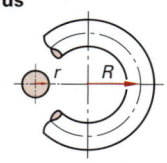

V Volumen
O Oberfläche
R Achsradius
r Querschnittsradius

$V = 2 \cdot \pi^2 \cdot R \cdot r^2$
$O = 4 \cdot \pi^2 \cdot R \cdot r$

Kugelschicht

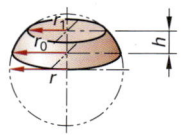

Rotationsparaboloid

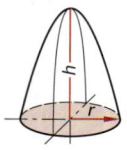

V Volumen
r Radius der Grundfläche
h Höhe

$V = \dfrac{1}{2} \cdot \pi \cdot r^2 \cdot h$

V Volumen
M Mantelfläche
O Oberfläche
h Höhe
r Kugelradius
r_0 Radius der Grundfläche
r_1 Radius der Deckfläche

Allgemeiner Rotationskörper

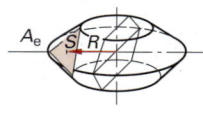

V Volumen
A_e Erzeugendenquerschnitt
S Schwerpunkt des Erzeugendenquerschnitts
R Schwerpunktsabstand von der Rotationsachse
$V = 2 \cdot \pi \cdot R \cdot A_e$
(Guldin'sche Formel)

$V = \dfrac{1}{6} \cdot \pi \cdot h \cdot (3 \cdot r_0^2 + 3 \cdot r_1^2 + h^2)$
$M = 2 \cdot \pi \cdot r \cdot h$
$O = \pi \cdot (2 \cdot r \cdot h + r_0^2 + r_1^2)$
$r = \dfrac{1}{2 \cdot h} \cdot \sqrt{4 \cdot h^2 \cdot r_0^2 + (r_0^2 - r_1^2 - h^2)^2}$

1 MATHEMATIK

1.7 Geometrie

1.7.1 Rechtwinklige Dreiecke

Bezeichnungen

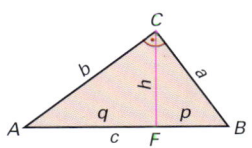

a, b	Katheten
c	Hypotenuse
A, B, C	Eckpunkte
h	Höhe
p, q	Hypotenusen-abschnitte

$\triangle ABC \sim \triangle FBC \sim \triangle FCA$

Die dem rechten Winkel (1 R = 90°) gegenüberliegende Seite heißt Hypotenuse. Die beiden anderen Seiten heißen Katheten. Bezogen auf die an der Hypotenuse liegenden Winkel heißt die gegenüberliegende Kathete Gegenkathete und die anliegende Kathete Ankathete.

Satz des Pythagoras

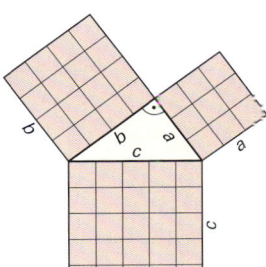

Im rechtwinkligen Dreieck ist die Summe der Flächeninhalte der Quadrate über den Katheten gleich dem Flächeninhalt des Quadrats über der Hypotenuse:

$$a^2 + b^2 = c^2$$

$$a = \sqrt{c^2 - b^2}$$

$$b = \sqrt{c^2 - a^2}$$

$$c = \sqrt{a^2 + b^2}$$

Pythagoräische Zahlentripel

a	b	c
3	4	5
5	12	13
7	24	25
8	15	17
9	40	41
11	60	61
12	35	37
13	84	85
20	21	29

Pythagoräische Zahlentripel sind ganzzahlige Seitenverhältnisse für rechtwinklige Dreiecke.

Kathetensatz (Euklid)

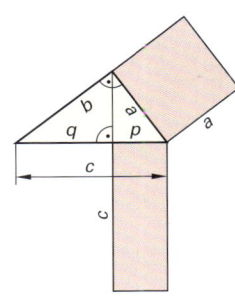

Im rechtwinkligen Dreieck ist der Flächeninhalt des Quadrats über einer Kathete gleich dem Flächeninhalt des Rechtecks aus der Hypotenuse und dem anliegenden Hypotenusenabschnitt:

$$a^2 = c \cdot p$$

$$b^2 = c \cdot q$$

$$a^2 + b^2 = c \cdot (p + q) = c^2$$

Beispiel

In einem rechtwinkligen Dreieck mit $a = 15$, $b = 20$ und $c = 25$ sind die Hypotenusenabschnitte gesucht.

$$p = \frac{a^2}{c} = \frac{15^2}{25} = 9$$

$$q = \frac{b^2}{c} = \frac{20^2}{25} = 16$$

$$c = p + q$$

$$c = 9 + 16 = 25$$

$$15^2 + 20^2 = 25 \cdot (9 + 16) = 25^2$$

Höhensatz (Euklid)

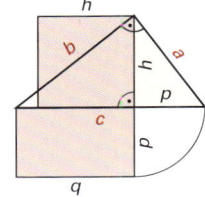

Im rechtwinkligen Dreieck ist der Flächeninhalt des Quadrats über der Höhe gleich dem Flächeninhalt des Rechtecks aus den Hypotenusenabschnitten:

$$h^2 = p \cdot q$$

$$p = \frac{a^2 + c^2 - b^2}{2c}$$

$$q = \frac{b^2 + c^2 - a^2}{2c}$$

Satz des Thales

Über dem Durchmesser eines Kreises als Grundlinie ist jedes Dreieck, dessen Spitze auf dem Kreisbogen liegt, ein rechtwinkliges Dreieck.
Der Sehnentangentenwinkel ist halb so groß wie der Mittelpunktswinkel über demselben Bogen.

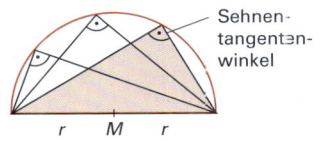

Sehnentangentenwinkel

1.7 Geometrie

1.7.2 Winkelfunktionen

Winkelfunktionen im rechtwinkligen Dreieck ▶ S. 11

Bezeichnungen	Trigonometrische Funktionen			
c Hypotenuse, a Gegenkathete von α, b Ankathete von α	Sinus = $\frac{\text{Gegenkathete}}{\text{Hypotenuse}}$		$\sin \alpha = \frac{a}{c}$	$\sin \beta = \frac{b}{c}$
	Kosinus = $\frac{\text{Ankathete}}{\text{Hypotenuse}}$		$\cos \alpha = \frac{b}{c}$	$\cos \beta = \frac{a}{c}$
c Hypotenuse, a Ankathete von β, b Gegenkathete von β	Tangens = $\frac{\text{Gegenkathete}}{\text{Ankathete}}$		$\tan \alpha = \frac{a}{b}$	$\tan \beta = \frac{b}{a}$
	Kotangens = $\frac{\text{Ankathete}}{\text{Gegenkathete}}$		$\cot \alpha = \frac{b}{a}$	$\cot \beta = \frac{a}{b}$

Winkelfunktionen am Einheitskreis

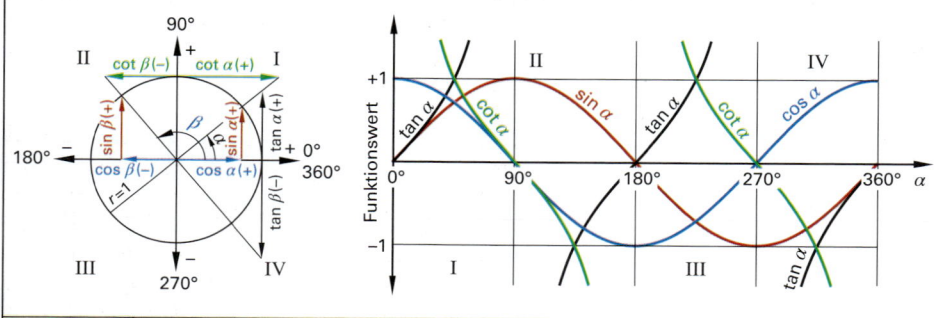

	0°	30°	45°	60°	90°	180°	270°	360°
sin	0	1/2	$1/2\sqrt{2}$	$1/2\sqrt{3}$	1	0	−1	0
cos	1	$1/2\sqrt{3}$	$1/2\sqrt{2}$	1/2	0	−1	0	1
tan	0	$1/3\sqrt{3}$	1	$\sqrt{3}$	∞	0	∞	0
cot	∞	$\sqrt{3}$	1	$1/3\sqrt{3}$	0	∞	0	∞

Beziehung zwischen den Funktionen für gleiche Winkel

$\sin^2 \alpha + \cos^2 \alpha = 1$	$\tan \alpha \cdot \cot \alpha = 1$	$\tan \alpha = \frac{\sin \alpha}{\cos \alpha}$	$\cot \alpha = \frac{\cos \alpha}{\sin \alpha}$
$\sin (90° - \alpha) = \cos \alpha$	$\cos (90° - \alpha) = \sin \alpha$	$\tan (90° - \alpha) = \cot \alpha$	$\cot (90° - \alpha) = \tan \alpha$
$\sin (180° - \alpha) = \sin \alpha$	$\cos (180° - \alpha) = \cos \alpha$	$\tan (180° - \alpha) = -\tan \alpha$	$\cot (180° - \alpha) = -\cot \alpha$

Beispiel

Ermittlung der Funktionswerte für Winkel über 90° nach folgendem Beispiel:

$\sin 140° = \sin (180° - 140°) = \sin 40°$
$\sin 140° = 0{,}642788$

$\tan 140° = \tan (180° - 140°) = -\tan 40°$
$\tan 140° = -0{,}839100$

Beispiel

$\sin 115° \, 10' = \sin (180° - 115° \, 10')$
$ = \sin 64° \, 50'$
$ = 0{,}9051$

Schreibweisen

$\sin^2 \alpha = (\sin \alpha)^2$
$\sin 2\alpha = 2 \cdot \sin \alpha \cdot \cos \alpha$

1.7 Geometrie

1.7.3 Schiefwinklige Dreiecke

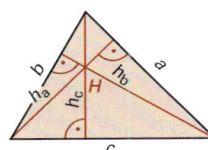

Winkelsumme
$\alpha + \beta + \gamma = 180°$

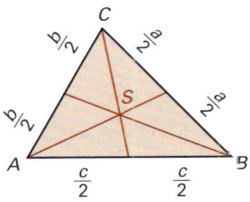

Höhen
$h_a : h_b : h_c = \dfrac{1}{a} : \dfrac{1}{b} : \dfrac{1}{c}$

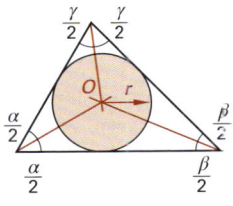

Seitensätze
$a + b > c$
$b + c > a$
$a + c > b$

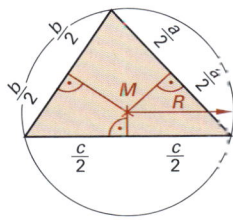

a, b, c	Seiten des Dreiecks
α, β, γ	Winkel im Dreieck (den Seiten a, b, c gegenüber)
A	Flächeninhalt
h_a, h_b, h_c	den Seiten des Dreiecks zugeordnete Höhen
R	Radius des umbeschriebenen Kreises (Umkreis)
r	Radius des eingeschriebenen Kreises (Inkreis)

Die **Höhen** eines Dreiecks schneiden sich in einem Punkt (Höhenschnittpunkt H).

Die **Seitenhalbierenden** eines Dreiecks schneiden sich in einem Punkt. Es ist der Flächenschwerpunkt S der Dreiecksfläche.

Der Schwerpunkt ist von den Seitenmitten halb so weit entfernt wie von den gegenüberliegenden Ecken. Der Schwerpunkt teilt die Seitenhalbierenden im Verhältnis 2 : 1.

Schwerpunktkoordinaten
Mit $A(x_A/y_A)$, $B(x_B/y_B)$ und $C(x_C/y_C)$ folgt für $S(x_S/y_S)$ ⇒

$x_S = \dfrac{x_A + x_B + x_C}{3}$

$y_S = \dfrac{y_A + y_B + y_C}{3}$

Die **Winkelhalbierenden** eines Dreiecks schneiden sich in einem Punkt. Es ist der Mittelpunkt O des Inkreises.

Die **Mittelsenkrechten** eines Dreiecks schneiden sich in einem Punkt. Es ist der Mittelpunkt M des Umkreises.

Euler-Gerade
In jedem Dreieck liegen der Höhenschnittpunkt H, der Schwerpunkt S und der Schnittpunkt M der Mittelsenkrechten auf einer Geraden, der sogenannten Euler-Geraden.

Flächenformeln
Heron'sche Formel
$A = \sqrt{s \cdot (s-a) \cdot (s-b) \cdot (s-c)}$
mit $s = \dfrac{1}{2} \cdot (a + b + c)$

$A = \dfrac{1}{2} \cdot a \cdot b \cdot \sin \gamma$

$A = \dfrac{1}{2} \cdot a^2 \cdot \dfrac{\sin \gamma \cdot \sin \beta}{\sin \alpha}$

Sinussatz
$\dfrac{a}{\sin \alpha} = \dfrac{b}{\sin \beta} = \dfrac{c}{\sin \gamma}$

Kosinussatz
$a^2 = b^2 + c^2 - 2 \cdot b \cdot c \cdot \cos \alpha$
$b^2 = c^2 + a^2 - 2 \cdot c \cdot a \cdot \cos \beta$
$c^2 = a^2 + b^2 - 2 \cdot a \cdot b \cdot \cos \gamma$

Radienbestimmung
$R = \dfrac{a}{2 \cdot \sin \alpha} = \dfrac{b}{2 \cdot \sin \beta} = \dfrac{c}{2 \cdot \sin \gamma}$

$r = \dfrac{2 \cdot A}{a + b + c} = \dfrac{a \cdot b \cdot c}{2 \cdot R \cdot (a + b + c)}$

Bestimmung fehlender Stücke

- Drei Seiten sind gegeben: a, b, c

$\cos \alpha = \dfrac{b^2 + c^2 - a^2}{2 \cdot b \cdot c} \Rightarrow \alpha$

$\cos \beta = \dfrac{c^2 + a^2 - b^2}{2 \cdot c \cdot a} \Rightarrow \beta$

$\cos \gamma = \dfrac{a^2 + b^2 - c^2}{2 \cdot a \cdot b} \Rightarrow \gamma$

- Zwei Seiten und der eingeschlossene Winkel sind gegeben: a, b, γ

$c = \sqrt{a^2 + b^2 - 2 a \cdot b \cdot \cos \gamma}$

$\sin \alpha = \dfrac{a}{c} \cdot \sin \gamma$

$\sin \beta = \dfrac{b}{c} \cdot \sin \gamma$

$A = \dfrac{1}{2} \cdot a \cdot b \cdot \sin \gamma$

- Zwei Seiten und ein gegenüberliegender Winkel sind gegeben: a, b, α mit $a > b$ ▶ S. 30/31

$\sin \beta = \dfrac{b}{a} \cdot \sin \alpha$

$\gamma = 180° - \alpha - \beta$

$c = \sqrt{a^2 + b^2 - 2 a \cdot b \cdot \sin \gamma}$

Für den Fall $a < b$ können zwei Lösungen existieren: eine (Doppel-)Lösung oder keine Lösung.

1.7 Geometrie

Beispiele Berechnung schiefwinkliger Dreiecke

1. Grundaufgabe SSS

alle Seiten bekannt

Gegeben: $a = 3{,}35$ m,
$b = 2{,}50$ m,
$c = 5{,}00$ m

Gesucht: Winkel α, β, γ und Fläche A

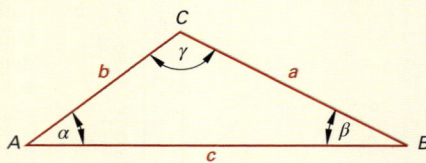

Winkel α: $\quad \cos \alpha = \dfrac{b^2 + c^2 - a^2}{2 \cdot b \cdot c} = \dfrac{2{,}50^2 + 5{,}00^2 - 3{,}35^2}{2 \cdot 2{,}50 \cdot 5{,}00} = 0{,}801 \Rightarrow \alpha = 36{,}8°$

Anmerkung: α erhält man mithilfe des Taschenrechners, wenn man nach Berechnung des Wertes 0,801 die Tasten [INV] + [COS] bzw. [SHIFT] + [COS] drückt.

$\cos \beta = \dfrac{c^2 + a^2 - b^2}{2 \cdot c \cdot a} = \dfrac{5{,}00^2 + 3{,}35^2 - 2{,}50^2}{2 \cdot 5{,}00 \cdot 3{,}35} = 0{,}895 \Rightarrow \beta = 26{,}5°$

$\cos \gamma = \dfrac{a^2 + b^2 - c^2}{2 \cdot a \cdot b} = \dfrac{3{,}35^2 + 2{,}50^2 - 5{,}00^2}{2 \cdot 3{,}35 \cdot 2{,}50} = -0{,}449 \Rightarrow \gamma = 116{,}7°$

Winkelprobe: $\alpha + \beta + \gamma = 36{,}8° + 26{,}5° + 116{,}7° = 180{,}0°$

Umfang U: $\quad U = a + b + c = 3{,}35 + 2{,}50 + 5{,}00 = 10{,}85$ m $\quad\quad s = \dfrac{U}{2} = \dfrac{10{,}85}{2} = 5{,}425$ m

Fläche A: $\quad A = \sqrt{s \cdot (s-a) \cdot (s-b) \cdot (s-c)} = \sqrt{5{,}425 \cdot (5{,}425 - 3{,}35) \cdot (5{,}425 - 2{,}50) \cdot (5{,}425 - 5{,}00)} =$
$A = 3{,}74$ m²

2. Grundaufgabe SWS

zwei Seiten und eingeschlossener Winkel bekannt

Gegeben: $b = 2{,}50$ m,
$\alpha = 36{,}8°$,
$c = 5{,}00$ m

Gesucht: Seite a, Winkel β, γ und Fläche A

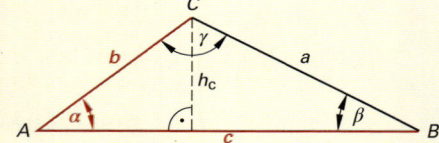

Seite a: $\quad a = \sqrt{b^2 + c^2 - 2 \cdot b \cdot c \cdot \cos \alpha} = \sqrt{2{,}50^2 + 5{,}00^2 - 2 \cdot 2{,}50 \cdot 5{,}00 \cdot \cos 36{,}8°} = 3{,}35$ m

Winkel β: $\quad \sin \beta = \dfrac{b}{a} \cdot \sin \alpha = \dfrac{2{,}50}{3{,}35} \cdot \sin 36{,}8° = 0{,}447 \quad\quad \Rightarrow \beta = 26{,}6°$

Winkel γ: $\quad \sin \gamma = \dfrac{c}{a} \cdot \sin \alpha = \dfrac{5{,}00}{3{,}35} \cdot \sin 36{,}8° = 0{,}894 \quad\quad \Rightarrow \gamma = 116{,}6°$

Anmerkung: Die üblichen Taschenrechner zeigen, wenn man für 0,894 die „Invers-Sinus-Funktion" aufruft, den Wert $\gamma^* = 63{,}4°$ an.

Die Sinusfunktion hat aber zwei Lösungen.
γ beträgt:
$\gamma = 180° - \gamma^* = 180° - 63{,}4° = 116{,}6°$

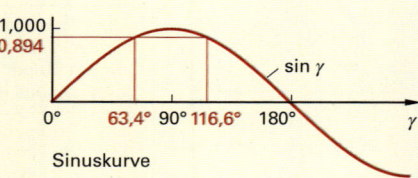

Sinuskurve

Winkelprobe: $\alpha + \beta + \gamma = 36{,}8° + 26{,}5° + 116{,}7° = 180{,}0°$

Höhe h_c: $\quad h_c = b \cdot \sin \alpha = 2{,}50 \cdot \sin 36{,}8° = 1{,}50$ m

Fläche A: $\quad A = \dfrac{1}{2} \cdot b \cdot c \cdot \sin \alpha = \dfrac{1}{2} \cdot 2{,}50 \cdot 5{,}00 \cdot \sin 36{,}8° = 3{,}74$ m² $\quad\quad$ oder

$\quad\quad\quad\quad A = \dfrac{1}{2} \cdot c \cdot h_c = \dfrac{1}{2} \cdot 5{,}00 \cdot 1{,}50 = 3{,}75$ m²

Anmerkung: Die Zahlenabweichungen bei der Fläche und zur 1. Grundaufgabe basieren auf Abweichungen infolge des Rundens.

1.7 Geometrie

Beispiele Berechnung schiefwinkliger Dreiecke

3. Grundaufgabe WSW

Seite und beide benachbarten Winkel sind bekannt

Gegeben: $c = 5{,}00$ m,
$\alpha = 36{,}8°$,
$\beta = 26{,}6°$

Gesucht: Winkel γ, Strecken a und b, Fläche A

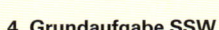

Winkel γ: $\gamma = 180° - \alpha - \beta = 180° - 36{,}8° - 26{,}6° = 116{,}6°$

Strecke a: $a = c \cdot \dfrac{\sin \alpha}{\sin \gamma} = 5{,}00 \cdot \dfrac{\sin 36{,}8°}{\sin 116{,}6°} = 3{,}35$ m

Strecke b: $b = c \cdot \dfrac{\sin \beta}{\sin \gamma} = 5{,}00 \cdot \dfrac{\sin 26{,}6°}{\sin 116{,}6°} = 2{,}50$ m

Fläche A: $A = \dfrac{1}{2} \cdot c^2 \cdot \dfrac{\sin \alpha \cdot \sin \beta}{\sin \gamma} = \dfrac{1}{2} \cdot 5{,}00^2 \cdot \dfrac{\sin 36{,}8° \cdot \sin 26{,}6°}{\sin 116{,}6°} = 3{,}75$ m²

4. Grundaufgabe SSW

zwei Seiten und gegenüberliegender Winkel sind bekannt

Bei dieser Aufgabe gibt es, wenn $a < c$ ist, drei Fälle:

Fall I:	Doppel-Lösung (vgl. Zeichnung)
Fall II:	Eine Lösung, wenn b genau die Tangente an dem Kreis mit dem Radius a darstellt $\Rightarrow$ rechtwinkliges Dreieck.
Fall III:	Keine Lösung. Wenn a zu kurz oder α zu groß ist, gibt es keinen Schnittpunkt mit b.

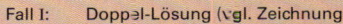

I: Gegeben: $a = 3{,}35$ m, $c = 5{,}00$ m,
$\alpha = 36{,}8°$ $\Rightarrow$ führt zu Fall I

Gesucht: Seite b, Winkel β und γ, Fläche A

Winkel γ: $\sin \gamma = \dfrac{c}{a} \cdot \sin \alpha = \dfrac{5{,}00}{3{,}35} \cdot \sin 36{,}8° = 0{,}894 \Rightarrow \gamma_1 = 63{,}4°, \quad \gamma_2 = 116{,}6°$
    siehe Abb. Vorseite

Winkel β: $\beta_1 = 180° - \alpha - \gamma_1 = 180° - 36{,}8° - 63{,}4° = 79{,}8°$

$\beta_2 = 180° - \alpha - \gamma_2 = 180° - 36{,}8° - 116{,}6° = 26{,}6°$

Strecke b: $b_1 = a \cdot \dfrac{\sin \beta_1}{\sin \alpha} = 3{,}35 \cdot \dfrac{\sin 79{,}8°}{\sin 36{,}8°} = 5{,}50$ m

$b_2 = a \cdot \dfrac{\sin \beta_2}{\sin \alpha} = 3{,}35 \cdot \dfrac{\sin 26{,}6°}{\sin 36{,}8°} = 2{,}50$ m   Fläche vgl. 2. oder 3. Grundaufgabe

II: Gegeben: $a = 3{,}00$ m, $c = 5{,}00$ m, $\alpha = 36{,}8°$ (abweichend von der Zeichnung)

Winkel γ: $\sin \gamma = \dfrac{c}{a} \cdot \sin \alpha = \dfrac{5{,}00}{3{,}00} \cdot \sin 36{,}8° = 0{,}998 \approx 1 \Rightarrow \gamma = 90°$

Winkel β: $\beta = 180° - \alpha - \gamma = 180° - 36{,}8° - 90° \Rightarrow \beta = 53{,}2°$

Strecke b: $b = c \cdot \dfrac{\sin \beta}{\sin \gamma} = 5{,}00 \cdot \dfrac{\sin 53{,}2°}{\sin 90°} = 4{,}00$ m

Dieses ist das bekannte rechtwinklige Dreieck mit $a = 3{,}00$ m, $b = 4{,}00$ m, $c = 5{,}00$ m

III: Gegeben: $a = 2{,}50$ m, $c = 5{,}00$ m, $\alpha = 36{,}8°$ (abweichend von der Zeichnung)

$\sin \gamma = \dfrac{c}{a} \cdot \sin \alpha = \dfrac{5{,}00}{2{,}50} \cdot \sin 36{,}8° = 1{,}198 > 1 \Rightarrow$ Widerspruch $\Rightarrow$ keine Lösung

Bei der Aufgabe mit $a > c$ gibt es genau eine Lösung mit $\gamma < \alpha$. Die Rechnung entspricht dem Fall I.

1.7 Geometrie

1.7.4 Steigung

- Unter der Steigung einer Geraden versteht man den Quotienten aus der Höhe h und der Länge l der Projektion der Strecke auf die Horizontale.
- Eine negative Steigung heißt auch Gefälle.
- Der Begriff Neigung tritt z.B. bei Hausdächern auf und ist dort mit dem Steigungswinkel α der Dachfläche identisch.
- Bei Schiffen und anderen Fahrzeugen wird mit Neigung der Winkel einer Bezugsachse zu seiner ursprünglich vertikalen Richtung bezeichnet (Schlagseite).

$h = \dfrac{l}{n}$	$l = h \cdot n$	$n = \dfrac{l}{h}$	$m = \tan \alpha$	$\tan \alpha = \dfrac{h}{l}$	$\tan \alpha = \dfrac{1}{n}$

$p = \dfrac{h}{l} \cdot 100\,\%$ $\qquad m = \dfrac{h}{l}$

$h = \dfrac{p \cdot l}{100\,\%} \qquad l = \dfrac{h}{p} \cdot 100\,\%$

$s^2 = h^2 + l^2 \qquad s = \sqrt{h^2 + l^2}$

- m Steigung (Steigungsverhältnis)
- n Verhältniszahl der Steigung
- p Prozentsatz der Steigung
- h Höhe (Höhenunterschied)
- l Länge der Projektion der Strecke auf die Horizontale

(Dreieck: s Hypotenuse, $1 : n$ oder %, α Steigungswinkel, l Länge, h Höhe)

Beispiel
Ein Baufahrzeug überwindet auf einer konstant geneigten Straße nach zwei Kilometern Fahrt einen Höhenunterschied von 150 m.

$s = 2000$ m, $\quad h = 150$ m, $\quad l = \sqrt{s^2 - h^2}$, $\quad l = \sqrt{(2000\,\text{m})^2 - (150\,\text{m})^2} = 1994$ m

Steigung $m = \dfrac{150\,\text{m}}{1994\,\text{m}} = 1 : 13{,}3$ $\qquad$ Verhältniszahl $n = \dfrac{1994\,\text{m}}{150\,\text{m}} = 13{,}3$

Prozentsatz der Steigung p $\qquad\qquad$ Steigungswinkel $\tan \alpha$

$p = \dfrac{h}{l} \cdot 100\,\% \Rightarrow p = \dfrac{150}{1994} \cdot 100\,\% = 7{,}5\,\%$ $\qquad$ $\tan \alpha = \dfrac{h}{l} \Rightarrow \tan \alpha = \dfrac{150}{1994} = 0{,}075 \Rightarrow \alpha = 4{,}3°$

Beispiel
Ein symmetrisches Kehlriegeldach hat eine Stützweite von $l = 12{,}00$ m und eine Höhe von $h = 4{,}50$ m. In Höhe von $h_u = 2{,}70$ m ist der Kehlriegel angeordnet. Alle Maße sind Systemmaße.

Zu berechnen sind die Dachneigung und die fehlenden Systemabmessungen.

Steigung $m = \dfrac{l}{l/2} \qquad m = \dfrac{4{,}50}{12{,}00/2} = 0{,}75$

$\tan \alpha = 0{,}75 \quad \Rightarrow \quad$ Dachneigung $\alpha = 36{,}9° \qquad h_u = 2{,}70$ m $\quad h_o = 4{,}50\,\text{m} - 2{,}70\,\text{m} = 1{,}80$ m

Sparrenlänge $s = \sqrt{h^2 + (l/2)^2} \qquad s = \sqrt{4{,}50^2 + 6{,}00^2} \qquad s = 7{,}50$ m

Fehlende Abmessungen mithilfe der Strahlensätze ▶ S. 33

1. Strahlensatz: $\quad \dfrac{s_o}{s} = \dfrac{h_o}{h} \quad \Rightarrow \quad s_o = \dfrac{h_o \cdot s}{h} \quad \Rightarrow \quad s_o = \dfrac{1{,}80\,\text{m} \cdot 7{,}50\,\text{m}}{4{,}50\,\text{m}} = 3{,}00$ m

$\qquad\qquad\qquad \dfrac{s_u}{s_o} = \dfrac{h_u}{h_o} \quad \Rightarrow \quad s_u = \dfrac{h_u \cdot s_o}{h_o} \quad \Rightarrow \quad s_u = \dfrac{2{,}70\,\text{m} \cdot 3{,}00\,\text{m}}{1{,}80\,\text{m}} = 4{,}50$ m

oder $\qquad\qquad \dfrac{s_u}{s} = \dfrac{h_u}{h} \quad \Rightarrow \quad s_u = \dfrac{h_u \cdot s}{h} \quad \Rightarrow \quad s_u = \dfrac{2{,}70\,\text{m} \cdot 7{,}50\,\text{m}}{4{,}50\,\text{m}} = 4{,}50$ m

2. Strahlensatz: $\quad \dfrac{l_k}{l} = \dfrac{h_o}{h} \quad \Rightarrow \quad l_k = \dfrac{h_o \cdot l}{h} \quad \Rightarrow \quad l_k = \dfrac{1{,}80\,\text{m} \cdot 12{,}00\,\text{m}}{4{,}50\,\text{m}} = 4{,}80$ m

1.7 Geometrie

1.7.5 Strahlensätze und Ähnlichkeiten

1. Strahlensatz: Werden zwei Strahlen von Parallelen geschnitten, so verhalten sich die Abschnitte auf dem einen Strahl wie die gleich liegenden Abschnitte auf dem anderen Strahl.

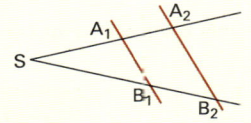 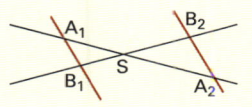

$$\frac{\overline{SA_1}}{\overline{SA_2}} = \frac{\overline{SB_1}}{\overline{SB_2}}$$

$$\frac{\overline{SA_1}}{\overline{A_1A_2}} = \frac{\overline{SB_1}}{\overline{B_1B_2}}$$

2. Strahlensatz: Werden zwei Strahlen von Parallelen geschnitten, so verhalten sich die Abschnitte auf den Parallelen zueinander, wie die vom Scheitel S aus gemessenen zugehörigen Strahlenabschnitte.

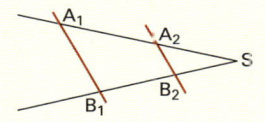 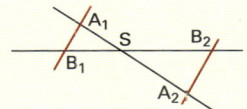

$$\frac{\overline{A_1B_1}}{\overline{A_2B_2}} = \frac{\overline{SA_1}}{\overline{SA_2}}$$

$$\frac{\overline{A_1B_1}}{\overline{A_2B_2}} = \frac{\overline{SB_1}}{\overline{SB_2}}$$

Hauptähnlichkeitssatz für Dreiecke

- Dreiecke sind ähnlich, wenn sie in zwei Winkeln übereinstimmen.
- Die Flächeninhalte ähnlicher Flächen verhalten sich zueinander wie die Quadrate der Längen gleich liegender Strecken.

Goldener Schnitt ▶ Kap. 4.6

M Major
m minor

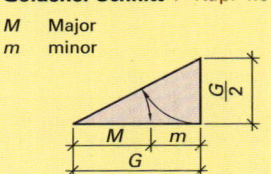

$G : M = M : m$

$M = \frac{G}{2} \cdot (\sqrt{5} - 1)$

$M \approx G \cdot 0{,}618$

$m \approx M \cdot 0{,}618$

$m \approx G \cdot 0{,}382$

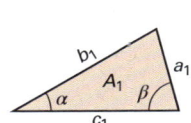 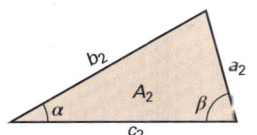

$$\frac{A_1}{A_2} = \left(\frac{a_1}{a_2}\right)^2 \qquad \frac{A_1}{A_2} = \left(\frac{b_1}{b_2}\right)^2 \qquad \frac{A_1}{A_2} = \left(\frac{c_1}{c_2}\right)^2$$

Beispiel

Eine in 60 cm Abstand vom Auge aufrecht gehaltene Daumenspitze verdeckt gerade den Blick auf einen 1200 m entfernten Kirchturm. Wie hoch ist der Kirchturm („über den Daumen gepeilt"), wenn die Daumenspitze ca. 2,5 cm hoch ist?

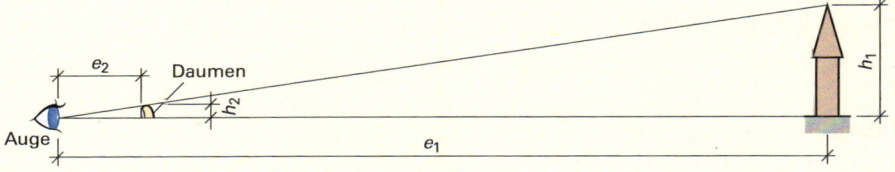

2. Strahlensatz $\frac{h_1}{h_2} = \frac{e_1}{e_2} \Rightarrow h_1 = \frac{0{,}025 \text{ m} \cdot 1200 \text{ m}}{0{,}60 \text{ m}} = \mathbf{50\ m}$

alternativ:
$h_1 : h_2 = l_1 : l_2$ oder
$h_1 : l_1 = h_2 : l_2$ oder
$h_2 \cdot l_1 = h_1 \cdot l_2$

Der Kirchturm hat eine Höhe von ca. 50 m.

1 MATHEMATIK

1.8 Gleichungen und Ungleichungen

Definitionen

- Terme $T_1, T_2, \ldots$ sind Zahlen (Konstanten), Variablen und Verknüpfungen derselben nach den Rechenregeln.

Beispiele
$7, \quad x, \quad 4-3, \quad x+3, \quad y-x,$
$4 \cdot x, \quad 4x, \quad 4a + 3b^2 - 2ab + 5$

- Gleichungen sind Aussageformen, die durch Verbindung zweier Terme mit einem Gleichheitszeichen entstehen: $T_1 = T_2$

Beispiele
$6 - x = 4 + x^2, \quad x = 4 + y, \quad x^2 - 4x + 9 = 5$

- Gleichungen, die nur Konstanten enthalten, sind Aussagen. Sie sind entweder wahr (Identitäten) oder falsch.

Beispiele
$3 = 7 - 4$ (wahr),
$5 \cdot (7 + 2) \cdot (8 - 6) = 55$ (falsch)

- Gleichungen mit Variablen sind nur dann wahr, wenn die Variablen durch Elemente der Lösungsmenge ersetzt werden.

Äquivalenzumformungen

Äquivalenzumformung heißt jede Umformung einer Gleichung (Ungleichung) in eine andere Gleichung (Ungleichung) mit gleicher Lösungsmenge.
Hierfür gelten folgende Regeln:

① Einsetzen äquivalenter Terme (Klammerauflösung, Zusammenfassung usw.):
$4(x+2) = 7 - 5 \Leftrightarrow 4x + 8 = 2$

② Addition oder Subtraktion gleicher Terme auf beiden Seiten einer Gleichung (Ungleichung):
$4x + 2y = 3y + 2 \Leftrightarrow 4x + 2y + z = 3y + 2 + z$

③ Multiplikation oder Division gleicher positiver Terme auf beiden Seiten einer Gleichung (Ungleichung).

④ Multiplikation oder Division gleicher negativer Terme auf beiden Seiten einer Gleichung (Ungleichung) bei gleichzeitiger Änderung des Verbindungszeichens:
$>$ in $<$, $\geq$ in $\leq$, $<$ in $>$, $\leq$ in $\geq$,
$=$ bleibt $=$, $\neq$ bleibt $\neq$

⑤ Vertauschung der Terme auf beiden Seiten einer Gleichung (Ungleichung) bei gleichzeitiger Änderung der Verbindungszeichen wie in Regel ④.

Bestimmungsgleichungen

- Bestimmungsgleichungen sind Zahlengleichungen mit einer Variablen. Sie sind entweder algebraisch oder transzendent (z.B. $y = \sin x$).

- Algebraische Gleichungen haben die Form
$a_0 + a_1 x + a_2 x^2 + a_3 x^3 + \ldots + a_{n-1} x^{n-1} + a_n x^n = 0$
für natürliche Zahlen n ($n \in \mathbb{N}^*$). Sie heißen Gleichungen n-ten Grades für $a_n \neq 0$.
$a_0, a_1, \ldots, a_n$ heißen Koeffizienten.

Ungleichungen

- Ungleichungen sind Aussageformen, die durch Verbindung zweier Terme mit einem der nachstehend aufgeführten Zeichen entstehen: $>, \geq, \neq, \leq, <$

- Ungleichungen, die nur Konstanten enthalten, sind Aussagen.

Beispiel für eine Aussage
$7 + 3 \cdot 6 > 4$
$\Leftrightarrow \quad 25 > 4 \qquad$ (wahr)

Beispiel für eine lineare Ungleichung
$5x - 4 \leq 2x + 2 \qquad | +4$
$5x \leq 2x + 6 \qquad | -2x$
$3x \leq 6 \qquad | :3$
Lösung $\qquad x \leq 2$
Lösungsmenge $\qquad \mathbb{L} = \{x \in \mathbb{R} \mid x \leq 2\}$

Betrag/Betragsungleichungen

Definition $\quad |a| = \begin{cases} a & \text{für } a \geq 0, \\ 0 & \text{für } a = 0 \\ -a & \text{für } a < 0. \end{cases}$

Gleichungen, bei denen die Variable in Betragsstrichen eingeschlossen ist, werden als Betragsgleichungen bezeichnet.

Rechenregeln

$\lvert -a \rvert$	$= \lvert a \rvert$	$\lvert a \cdot b \rvert$	$= \lvert a \rvert \cdot \lvert b \rvert$
$\lvert a + b \rvert$	$\leq \lvert a \rvert + \lvert b \rvert$	$\lvert a + b \rvert$	$\geq \lvert a \rvert - \lvert b \rvert$
$\lvert a - b \rvert$	$\leq \lvert a \rvert + \lvert b \rvert$	$\lvert a - b \rvert$	$\geq \lvert a \rvert - \lvert b \rvert$

Beispiel
$|x - 6| \geq 10$
$x - 6 \geq 10 \;\lor\; x - 6 \leq -10 \quad | +6$
$\quad x \geq 16 \qquad x \leq -4$
$\mathbb{L}_1 = \{x \in \mathbb{R} \mid x \geq 16\}$
$\mathbb{L}_2 = \{x \in \mathbb{R} \mid x \leq -4\}$
$\mathbb{L} = \mathbb{L}_1 \cup \mathbb{L}_2 = \{x \in \mathbb{R} \mid x \geq 16 \lor x \leq -4\}$

1.8 Gleichungen und Ungleichungen

Gleichungen 1. Grades (lineare Gleichungen)

Normalform: $ax + b = 0$
Konstanten: a, b mit $a \neq 0$
Variable: x

Lösung: $x = -\dfrac{b}{a}$

Lösungsmenge: $\mathbb{L} = \left\{-\dfrac{b}{a}\right\}$

Lineare Gleichungen haben genau eine Lösung.

Beispiel

$4(x+1) - 1 = 15 + 8x$	Klammer lösen
$4x + 4 - 1 = 15 + 8x$	$-8x$
$4x + 4 - 1 - 8x = 15$	-15
$4x + 4 - 1 - 8x - 15 = 0$	Zusammenfassen
$-4x - 12 = 0$	$\cdot(-1)$
$4x + 12 = 0$	

Lösung: $x = -3$
Lösungsmenge: $\mathbb{L} = \{-3\}$

Gleichungen 2. Grades (quadratische Gleichungen)

Normierte Form: $x^2 + px + q = 0$
Konstanten: p, q
Variable: x

Diskriminante: $D = \left(\dfrac{p}{2}\right)^2 - q$

$D > 0$ zwei reelle Lösungen
$D = 0$ eine reelle Lösung (Doppellösung $x_1 = x_2$)
$D < 0$ keine reelle Lösung $x \notin \mathbb{R}$

Lösungen (p,q-Formel):

$$x_{1,2} = -\dfrac{p}{2} \pm \sqrt{\left(\dfrac{p}{2}\right)^2 - q}$$

- Quadrieren einer Gleichung erhöht die Lösungsmenge:
  $x + 4 = 5 \qquad \mathbb{L} = \{1\}$
  $(x+4)^2 = 25 \qquad \mathbb{L} = \{-9, 1\}$

- Lösung quadratischer Gleichungen mit $q = 0$:
  $x^2 + px = 0 \Rightarrow x(x+p) = 0 \Rightarrow \mathbb{L} = \{0, -p\}$

- Lösung quadratischer Gleichungen mit $p = 0$ und $q \leq 0$:
  $x^2 + q = 0 \quad \Rightarrow \quad x^2 = -(-q)$ (weil $q \leq 0$)
  $\mathbb{L} = \{+\sqrt{-q}, -\sqrt{-q}\}$

- Lösung quadratischer Gleichungen mit $D = 0$:
  $x^2 + px + \left(\dfrac{p}{2}\right)^2 = 0 \Rightarrow x_1 = x_2 = -\dfrac{p}{2}$
  $\mathbb{L} = \left\{-\dfrac{p}{2}\right\}$

Beispiel

$3x^2 + 4x - 4 = 5 - 2x$	$+2x - 5$
$3x^2 + 6x - 9 = 0$	$: 3$
$x^2 + 2x - 3 = 0$	Normierte Form

$x_1 = -\dfrac{2}{2} + \sqrt{\left(\dfrac{2}{2}\right)^2 - (-3)}$

$x_1 = -\dfrac{2}{2} + \sqrt{4} = 1 \qquad x_2 = -\dfrac{2}{2} - \sqrt{4} = -3$

Gleichungen 3. Grades (kubische Gleichungen)

Normalform: $x^3 + ax^2 + bx + c = 0$
reduzierte Form: $y^3 + 3py + 2q = 0$

mit $y = x + \dfrac{a}{3}$; $\quad 3p = -\dfrac{a^2}{3} + b$

und $2q = \dfrac{2a^3}{27} - \dfrac{ab}{3} + c$

Diskriminante: $D = p^3 + q^2$

$D > 0$ eine reelle Lösung:

$y = \sqrt[3]{-q + \sqrt{D}} + \sqrt[3]{-q - \sqrt{D}}$

(cardanische Formel)

$D \leq 0$ drei reelle Lösungen:

$\left(\text{mit } \varphi \text{ aus } \cos\varphi = \dfrac{-q}{\sqrt{-p^3}}\right)$

$y_1 = 2\sqrt{-p} \cdot \cos\left(\dfrac{\varphi}{3}\right)$

$y_2 = -2\sqrt{-p} \cdot \cos\left(\dfrac{\varphi}{3} + 60°\right)$ (für $D = 0$ ist $y_2 = y_3$ Doppellösung)

$y_3 = -2\sqrt{-p} \cdot \cos\left(\dfrac{\varphi}{3} - 60°\right)$

Zugehörige Lösung der Normalform:

$x_1 = y_1 - \dfrac{a}{3}; \quad x_2 = y_2 - \dfrac{a}{3}; \quad x_3 = y_3 - \dfrac{a}{3}$

Gleichungen 4. Grades oder höheren Grades ▶ S. 41

Normalform: $x^n + b_{n-1}x^{n-1} + \ldots + b_1 x + b_0 = 0$

Gleichungen 4. oder höheren Grades sind nur in Sonderfällen algebraisch lösbar. Ist eine Lösung x_1 bekannt (z.B. durch Probieren), so lässt sich die Gleichung durch Polynomdivision um 1 Grad reduzieren:

$(x^n + b_{n-1}x^{n-1} + \ldots + b_1 x + b_0) : (x - x_1) =$
$= x^{n-1} - \ldots + c_1 x + c_0$

Beispiel

$(x^4 - x^3 - 7x^2 + 5x - 6) : (x - 3) = x^3 + 2x^2 - x + 2$
$\underline{-(x^4 - 3x^3)}$
$\qquad 2x^3 - 7x^2 \qquad\qquad -x^2 + 5x$
$\qquad \underline{-(2x^3 - 6x^2)} \qquad \underline{-(-x^2 + 3x)}$
$\qquad\qquad\qquad\qquad\qquad\qquad 2x - 6$
$\qquad\qquad\qquad\qquad\qquad \underline{-(2x - 6)}$
$\qquad\qquad\qquad\qquad\qquad\qquad\qquad 0$

1.8 Gleichungen und Ungleichungen

Lineare Gleichungssysteme

Ein lineares Gleichungssystem (LGS) ist ein System von zwei oder mehreren linearen Gleichungen mit mindestens zwei Variablen.

Ein solches System zu lösen, heißt, die Variablen so zu bestimmen, dass diese alle Gleichungen des Systems gleichzeitig erfüllen.

Übliche Lösungsverfahren sind das Einsetzverfahren, das Gleichsetzungsverfahren, das Additionsverfahren sowie das auf dem Additionsverfahren basierende Gauß'sche Eliminationsverfahren, das ein Gleichungssystem in eine Dreiecks- bzw. Diagonalgestalt bringt.

Beispiel
System aus zwei Gleichungen mit zwei Variablen. Eine der beiden Gleichungen wird nach einer Variablen aufgelöst und der erhaltene Term wird in die andere Gleichung für diese Variable eingesetzt (Einsetzungsverfahren).

$6x + 3y = 9$ und $-2x + y = 7$
$\quad\quad\quad\quad\quad\quad\quad\quad\quad y = 7 + 2x$

→ Term für y einsetzen
$6x + 3 \cdot (7 + 2x) = 9$

→ Gleichung nach x auflösen

$x = -1$ und $y = 5$

Beispiel
System aus zwei Gleichungen mit zwei Variablen. Beide Gleichungen werden nach der gleichen Variablen aufgelöst und anschließend gleichgesetzt (Gleichsetzungsverfahren).

$x = 4y - 2$ und $x - 3y = 5$
$\quad\quad\quad\quad\quad\quad\quad\quad x = 5 + 3y$

→ Terme gleichsetzen
$4y - 2 = 5 + 3y$

→ Gleichung nach y auflösen

$y = 7$ und $x = 26$

Beispiel
System aus zwei Gleichungen mit zwei Variablen. Durch Addition bzw. Subtraktion der beiden Gleichungen wird eine Variable eliminiert. Falls erforderlich müssen die Gleichungen vorher mit geschickt gewählten Zahlen multipliziert werden (Additionsverfahren).

$3x + y = 5$ und $2x - 2y = 6$
$6x + 2y = 10$

→ Addition der beiden Terme
$6x + 2y = 10$
$2x - 2y = 6$
$\overline{}$
$8x \quad\quad = 16$

$x = 2$ und $y = -1$

Beispiel
System aus drei Gleichungen mit drei Variablen. Durch wiederholtes Anwenden des Additionsverfahrens wird das gegebene System so umgeformt, dass jede Gleichung eine Variable weniger enthält als die vorhergehende. Ausgehend von der letzten Zeile werden die Werte für die Variablen berechnet und jeweils in die darüberliegende Zeile eingesetzt (Gauß'sches Eliminationsverfahren).

$\begin{array}{rcr} x + 2y + 6z &=& 9 \\ -y + z &=& 5 \\ -2y - 4z &=& -8 \end{array} \Big| \cdot (-2) \oplus$

$\begin{array}{rcr} x + 2y + 6z &=& 9 \\ -y + z &=& 5 \\ -6z &=& -18 \end{array}$ ← Wert für z berechnen

$\begin{array}{rcr} x + 2y + 6z &=& 9 \\ -y + z &=& 5 \\ z &=& 3 \end{array}$ ← Wert für z einsetzen und Wert für y berechnen

$\begin{array}{rcr} x + 2y + 6z &=& 9 \\ y &=& -2 \\ z &=& 3 \end{array}$ ← Werte für y und z einsetzen und Wert für x berechnen

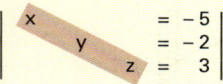
$\begin{array}{rcr} x &=& -5 \\ y &=& -2 \\ z &=& 3 \end{array}$ Ablesen der Lösungsmenge

Sonderfall
System aus zwei Gleichungen mit zwei Variablen. Eine Gleichung ist quadratisch, eine ist linear. Das Einsetzungsverfahren führt zum Ziel.

$x^2 + y^2 = 25$ und $x + y = 7$
$\quad\quad\quad\quad\quad\quad\quad\quad\quad x = 7 - y$

→ Term für x einsetzen
$(7 - y)^2 + y^2 = 25$

→ Gleichung nach y auflösen
$y = 4$ oder $y = 3$
$x = 3$ oder $x = 4$

Sonderfall
System aus zwei Gleichungen mit zwei Variablen. Beide Gleichungen sind reinquadratisch. Das Additionsverfahren führt zum Ziel.

$9x^2 - 2y^2 = 18$ und $5x^2 + 3y^2 = 47$
$27x^2 - 6y^2 = 54$ $\quad\quad$ $10x^2 + 6y^2 = 94$

→ Addition der beiden Terme
$27x^2 - 6y^2 = 54$
$10x^2 + 6y^2 = 94$
$\overline{}$
$37x^2 \quad\quad = 148$

$x = 2$ oder $x = -2$
$y = 3$ oder $y = -3$

1 MATHEMATIK

1.9 Taschenrechner und DV-Grundlagen

Taschenrechner

Mit einem Taschenrechner lassen sich Zahlenterme berechnen. Die Terme dürfen Verknüpfungen nach den Grundrechenarten und – je nach Ausstattung des Taschenrechners – auch nach Rechenarten höherer Stufe sowie Funktionen enthalten.

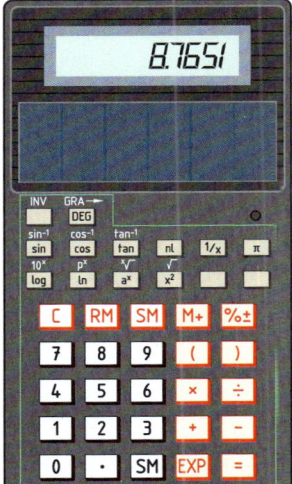

Anzeigefeld

Solarzellen

Bedienfeld
Funktionstasten

| sin | Funktionswert von $\sin\alpha$ |
| INV sin | Winkelangabe von $\sin\alpha$ |

Rechentasten

| C | Löscht die Eingabe |

Zifferntasten

Beispiele

Prozent 6 % von 300 =

Eingabe	Taste	Anzeige
300	x	300
6	%	0.06
	=	18

Allgemeine Potenz $7{,}62^{-0{,}8} =$

Eingabe	Taste	Anzeige
7.62	y^x	7.62
.8	+/–	– 0.8
	=	0.19698

Trigonometrische Funktionen sin 30° = tan 60° =

Eingabe	Taste	Anzeige
30	SIN	0.5
60	TAN	1.7321

Umkehrfunktionen (Arcus) arc sin 0.7716 =

Eingabe	Taste	Anzeige
0.7716	SIN^{-1}	50.49779

Umwandlung in Grad/Minuten/Sekunden
50.49779   DMS   50° 29′ 52″

Hinweis: Vor der Durchführung von Berechnungen mit Winkeln bzw. zu Winkelfunktionen muss geprüft werden, ob der Altgradmodus am Taschenrechner eingestellt ist (▶ S. 9).

DEG	Winkelangabe in Altgrad (Grad)
GRA	Winkelangabe in Neugrad (Gon)
RAD	Winkelangabe im Bogenmaß

DV-Grundlagen

DV bedeutet Einsatz von Hard- und Software zur Lösung von Aufgaben.

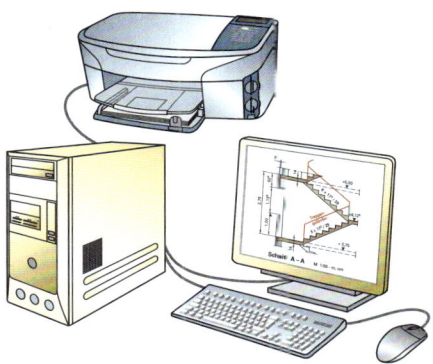

PC mit Tastatur, Monitor, Maus und Drucker, erweiterbar mit Flachbettscanner, Lichtgriffel, Digitalisierungsgerät, Lesestift und Lautsprecher

Bildschirmgrößen (Farbbildschirm)
17-Zoll-Diagonale   43,18 cm
19-Zoll-Diagonale   48,26 cm
22-Zoll-Diagonale   55,88 cm

Datenverarbeitungsanlage (DVA)

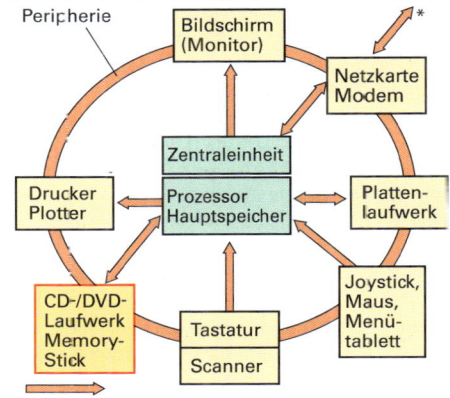

* Verbindung der DVA mit anderen Rechnern (Server, Internet)

1.9 Taschenrechner und DV-Grundlagen

Grafikfähiger Taschenrechner

Ein grafikfähiger Taschenrechner (GTR) verfügt über die Funktionen eines standardmäßigen Taschenrechners.
Darüber hinaus besitzt er Grafiktasten, Tasten für fortgeschrittene Funktionen sowie besondere Bedienungselemente, die eine grafisch-numerische Funktionsuntersuchung ebenso ermöglichen wie das numerische Berechnen von Ableitungen und Integralen.
Auch das Lösen polynomialer Gleichungen und linearer Gleichungssysteme ist möglich. Ein grafikfähiger Taschenrechner ist außerdem programmierbar.

Grafiktasten

Y	Editor zum Definieren von Funktionen für Graphen und Tabellen
WINDOW	Editor zur Einstellung des Grafikfensters
ZOOM	Editor zum Vergrößern bzw. Verkleinern des Bildausschnitts im Grafikfenster
TRACE	Cursor zum Bewegen einer Markierung entlang eines Funktionsgraphen, die Cursorkoordinaten werden im Grafikfenster angezeigt
GRAPH	Taste zum Darstellen von Funktionsgraphen im Grafikfenster

Tasten für fortgeschrittene Funktionen

STAT	Aufruf des Menüs für statistische Berechnungen
MATRIX	Aufruf des Matrix-Menüs
PRGM	Aufruf des Programmeditors

Besondere Bedienungselemente

fMin/fMax	Bestimmen lokale Minimal- und Maximalwerte an Funktionsgraphen
nDerive	Bestimmt numerisch die Ableitung einer Funktion
fnInt	Bestimmt numerisch das Integral einer Funktion bei gewählten Grenzen
solver	Gleichungslöser
zero	Bestimmt die Nullstellen einer Funktion
intersect	Bestimmt die Schnittpunkte zweier Funktionsgraphen
value	Bestimmt den Funktionswert an einer gegebenen Funktionsstelle
dy/dx	Bestimmt numerisch die Tangentensteigung in einem Punkt
LinReg	Bestimmt für Datenpunkte eine Regressionsgerade

Beispiel Funktionsgraph zeichnen

```
Plot1 Plot2 Plot3
\Y₁=X^3-2X
\Y₂=
\Y₃=
WINDOW
 Xmin=-3
 Xmax=3
 Xscl=1
 Ymin=-3
 Ymax=3
 Yscl=1
```

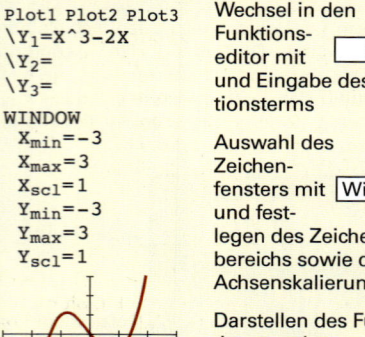

Wechsel in den Funktionseditor mit y= und Eingabe des Funktionsterms

Auswahl des Zeichenfensters mit Window und festlegen des Zeichenbereichs sowie der Achsenskalierung

Darstellen des Funktionsgraphen im Grafikfenster mit Graph

Beispiel Lösen eines Gleichungssystems

```
x + 3y +  z = 2
2x + 4y + 2z = 6
3x +  y +  z = 8
```

Aufrufen des Matrix-Menüs mit Matrix und Auswählen des Editors

```
[A] [[1 3 1 2]
    [2 4 2 6]
    [3 1 1 8]]
```

Aufstellen der erweiterten Koeffizientenmatrix [A] durch Eingeben der Koeffizienten der Gleichungen

```
rref([A])
    [[1 0 0  2]
     [0 1 0 -1]
     [0 0 1  3]]
Lösungsmenge
  x    =  2
  y    = -1
  z    =  3
```

Umformen der erweiterten Koeffizientenmatrix [A] in eine Diagonalgestalt durch Aufrufen des rref-Befehls (red uced row-echelon form) im Matrix-Menü

Beispiel Lösen einer quadratischen Gleichung

```
0 = x² + x - 2
EQUITATION SOLVER
eqn:0=X^2+X-2
```

Aufrufen des Gleichungslösers mit Solver und Eingabe der Gleichung

```
X^2+X-2=0
X=2
```

Eingabe eines Schätzwertes für eine mögliche Lösung. Aktivieren des Gleichungslösers

```
X^2+X-2=0
▪X=.99999999999…
```

Ablesen der ersten Lösung

```
X^2+X-2=0
X=-1
```

Eingabe eines zweiten Schätzwertes. Aktivieren des Gleichungslösers

```
X^2+X-2=0
▪X=-2.000000000…
```

Ablesen der zweiten Lösung

1.9 Taschenrechner und DV-Grundlagen

Computer

Betriebssoftware		Anwendersoftware	
Betriebssysteme: z.B. MS-DOS© UNIX©, LINUX©	Übersetzer- programme: Compiler, Interpreter	Textverarbeitung (Word) Tabellenkalkulation (Excel) Datenverwaltung (Navi, Maps) CAD-Programme FEM-Programme Mobile Apps	Programmier- sprachen: z.B. Fortran, C, Pascal, Basic, JAVA, HTML, Assembler BIM-gestützte Projektabwicklung (Building Information Modeling)
Grafische Betriebs- erweiterungen (Benutzeroberflächen): z.B. WINDOWS 10	Organisations- programme: z.B. Linker, Treiber Cloud-Lösung		
Dienstprogramme: z.B. Editor, Debugger			

Codierung

Informationseinheit 1 Bit (engl.: Binary Digit) Dualziffer

Strom fließt nicht = 0
oder
Strom fließt = 1

Ein Bit besteht aus der Ziffer **0** und **1** (Dualsystem).
1 Byte = 8 Bit
1 kB = 2^{10} Byte = 1 024 Byte
1 MB = 2^{10} kB = 1 048 576 Byte
1 GB = 2^{10} MB = 1 073 741 824 Byte
Mit einem Byte können 256 = 2^8 Zeichen codiert werden.

Glossar

Bluetooth	drahtlose Datenübertragung	ISDN	(engl.: Integrated Services Digital Network) internationaler Standard für digitale Datennetze
Browser	Programm zur Darstellung von Internetseiten		
CD	Compact Disk zur Speicherung großer Datenmengen	LAN	(engl.: Local Area Network) auf ein Gebäude beschränktes lokales Computernetz
CPU	(engl.: Central Processing Unit) Mikroprozessor mit Rechen- und Leitwerk, RAM und ROM	Notebook (Laptop)	tragbarer PC mit Bildschirm im aufklappbaren Deckel
Dateien (Files)	mit Namen versehene abrufbare Einheiten auf Datenträgern, die sortierte Datenmengen enthalten	Online	mit dem Internet verbunden
		Plotter	grafisches Ausgabegerät
		RAM	(engl.: Random Access Memory) Direktzugriffsspeicher. Schreib- und Lesespeicher. Teil der CPU
Desktop	die Arbeitsfläche eines Computers mit grafischer Benutzeroberfläche		
Domain	Teilnetze im Internet. z.B. .de als Endung (für Deutschland)	ROM	(engl.: Read Only Memory) Nur-Lese-Speicher. Teil der CPU
Drucker	Ausgabegerät für Texte	Router	Gerät zum Verbinden lokaler Netzwerke an andere Netze
DSL	Digital Subscriber Line; Hochgeschwindigkeits-Internetverbindung	Scanner	grafisches Eingabegerät
		Schnittstelle	Anschluss für Peripheriegeräte an den PC (Hardwareschnittstelle).
E-Mail	elektronische Post. Einrichtung innerhalb des Internets zum Empfangen und Senden		
		Slots	freie Steckplätze für den Einbau weiterer Karten (Sound, Grafik)
Festplatte	starre Magnetscheibe zur Daten- und Programmspeicherung, die i.A. fest in ein Laufwerk eingebaut ist	Software	Sammelbezeichnung für alles in einer EDV speicherbare geistige Gut
Glasfaser	werden zur optischen Datenübertragung verwendet, hohe maximale Bandbreite (Signalverarbeitung)	Spam	unerwünschte E-Mail
		USB	(engl.: Universal Serial Bus) serielle Schnittstelle
Hardware	Sammelbezeichnung für alle physikalischen Bestandteile einer EDV	Viren	eingeschleuste Programme zur Schädigung der Software
HTML	(engl.: HyperText Markup Language) Format für Internetseiten	WLAN	(engl.: Wireless LAN) drahtloses Lokales Netzwerk
Internet	weltweite Kommunikationsmöglichkeit über Router, Telefonleitung und Provider mit anderen Anwendern	WWW	(engl.: World Wide Web) weltweites Netz, Internet

1.10 Funktionen

Mathematische Beschreibung

Funktionen sind eindeutige Zuordnungen, die jedem Element der Menge D (Definitionsmenge, Ausgangsmenge) genau ein Element der Menge W (Zielmenge, Bildmenge, Wertemenge) zuweist.

Schreibweise und Bezeichnung

$f: x \mapsto f(x), \quad x \in D, \quad f(x) \in W$

Variable x : Argument Urbild
$\mapsto$: Zeichen für Zuordnung
$f(x)$: Funktionswert an der Stelle x, Bild von x
$\in$: Element von; wie $f(x) \in W$

$W = \{f(x) \mid x \in D\}$

Die Gleichung $y = f(x)$ des Schaubildes der Funktion heißt Funktionsgleichung.
$P_3(-4/2)$ Punkt Nr. 3, mit $x = -4$ und $y = +2$
Punkte können auch mit A, B, C,... benannt werden

Graph

Die Darstellung der Paarmenge
$$\{(x, y) \mid x \in G \land y = f(x)\}$$
in einem rechtwinkligen Koordinatensystem ist der Graph einer Funktion.

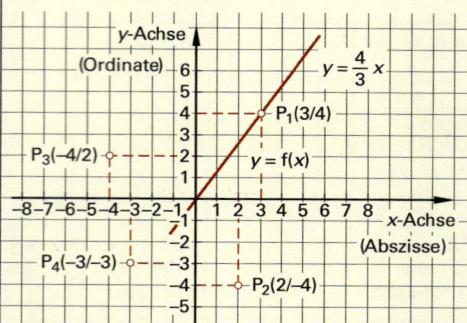

Lineare Funktion (ganzrationale Funktion 1. Grades)

$f: x \mapsto mx \quad | \quad f(x) = mx \quad | \quad y = mx$
Ursprungsgerade mit Steigung m

$f: x \mapsto mx + b \quad | \quad f(x) = mx + b$
Gerade mit Steigung m und y-Achsenabschnitt b

Normalform der Geradengleichung
$y = mx + b$ mit $P_1(x_1/y_1)$ und $P_2(x_2/y_2)$

mit $m = \dfrac{y_2 - y_1}{x_2 - x_1} = \dfrac{\Delta y}{\Delta x}$

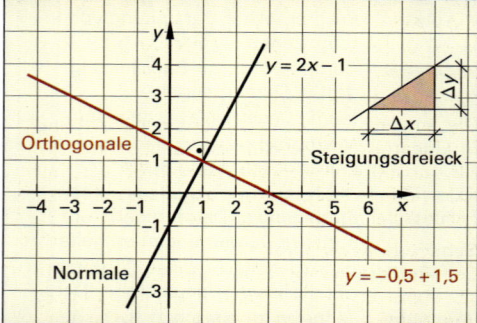

Quadratische Funktion (ganzrationale Funktion 2. Grades)

$f: x \mapsto f(x) \quad | \quad f(x) = ax^2$ mit $D = \mathbb{R}$

ist gegenüber der Normalparabel
gestreckt, wenn $|a| > 1$
gestaucht, wenn $|a| < 1$
nach unten geöffnet, wenn $a < 0$

Scheitelform der Parabel
$f(x) = a(x - b)^2 + c$

$f: x \mapsto x^2 + c$ Scheitelpunkt $S(0 \mid c)$
$f: x \mapsto (x - b)^2$ Scheitelpunkt $S(b \mid 0)$
$f: x \mapsto (x - b)^2 + c$ Scheitelpunkt $S(b \mid c)$

Allgemeine Form der Parabel
$f(x) = ax^2 + bx + c$ oder
$f(x) = a_2 x^2 + a_1 x + a_0$

Parabelscheitel $\quad S\left(\dfrac{-a_1}{2 a_2} \middle| \dfrac{-a_1^2}{4} + a_0\right)$

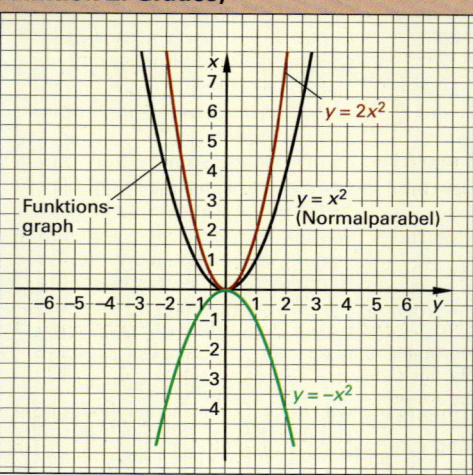

1.10 Funktionen

Polynomfunktionen

$f: x \mapsto a_0 + a_1 x + a_2 x^2 + \ldots + a_n x^n$ mit den Konstanten $a_0, a_1, \ldots, a_n \in \mathbb{R}$ und $a_n \neq 0$ heißt Polynomfunktion n-ten Grades. Dabei ist $n \in \mathbb{N}$

ungeraden Grades   geraden Grades

Nullstellenberechnung

Polynomdivision
Die Anwendung des Verfahrens der Polynomdivision (▶ S. 35) ist sinnvoll für
$f(x) = a_n x^n + a_{n-1} x^{n-1} + \ldots + a_0$. Sind die Koeffizienten a ganzzahlig und werden ganzzahlige Nullstellen x_N gesucht, sind diese Teiler von a_0.

Faktorisieren
Die Anwendung des Verfahrens des Faktorisierens ist sinnvoll für $f(x)$ ohne a_0, also
$f(x) = a_n x^n + a^{n-1} x^{n-1} + \ldots + a_1 x$ z.B. für
$f(x) = 4x^3 + 16x^2 - 9x$ gilt $f(x) = x(4x^2 + 16x - 9)$
$x_{N1} = 0$, $(x^2 + 4x - 2{,}25) = 0$ folgt $x_{N2} = 0{,}5$, $x_{N3} = -4{,}5$

Zerlegung in Linearfaktoren
Die Anwendung des Verfahrens der Zerlegung in Linearfaktoren ist sinnvoll für $f(x)$ ohne a_0, z.B. für $f(x) = x^5 - x^3$ gilt $f(x) = x^3(x^2 - 1)$ mit $f(x) = x^3(x-1)(x+1)$ $x_{N1} = x_{N2} = x_{N3} = 0$ (Dreifachnullstelle), $x_{N4} = +1$, $x_{N5} = -1$

Substitutionsverfahren
Bei biquadratischen Funktionen (Gleichungen), z.B. $f(x) = x^4 + x^2 - 2$, kann $x^2 = z$ gesetzt werden. Mit $z^2 + z - 2 = 0$ folgt $z_{N1} = 1$ und $z_{N3} = -2$ mit Rücksubstituieren folgt $x = \pm\sqrt{z} = \pm\sqrt{1}$
$x_{N1} = +1$, $x_{N3} = -1$, $x_{N2} = x_{N4} \notin \mathbb{R}$

Rationale Funktionen

$f: x \mapsto \dfrac{g(x)}{h(x)}, \qquad y = f(x) = \dfrac{g(x)}{h(x)}$

g und h sind Polynomfunktionen.
Der Quotient f heißt rationale Funktion.

Beispiele
$f(x) = \dfrac{1}{x} \qquad f(x) = \dfrac{x}{1+x} \qquad f(x) = \dfrac{x^2 - 1}{x + 1}$

Eine rationale Funktion heißt echt gebrochen, wenn der Grad des Nennerpolynoms größer ist als der Grad des Zählerpolynoms, sonst heißt die rationale Funktion unecht gebrochen.
An den Nullstellen des Nennerpolynoms ist die rationale Funktion nicht definiert.

Elementare Polynomfunktionen

- **Konstante Funktion**
  $f: x \mapsto a_0 \qquad y = f(x) = a_0$
- **Proportionale Funktion**
  $f: x \mapsto a_1 x \qquad y = f(x) = a_1 x$
- **Lineare Funktion**
  $f: x \mapsto a_1 x + a_0 \qquad y = f(x) = a_1 x + a_0$
- **Potenzfunktion**
  $f: x \mapsto a_n x^n \qquad y = f(x) = a_n x^n$

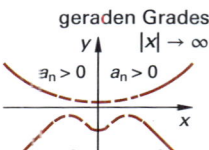

Steigungsdreieck

Wurzelfunktionen

$f: x \mapsto \sqrt[n]{x}$ mit $n \in \mathbb{N}^*$

Wurzelfunktionen sind Umkehrfunktionen bzw. inverse Funktionen zu den Potenzfunktionen.

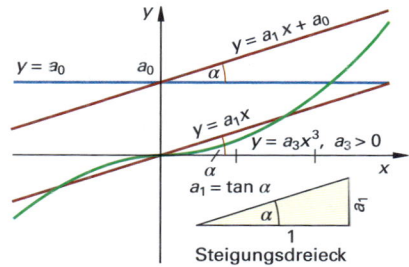

Exponentialfunktionen

$f: x \mapsto a^x, \quad y = a^x$ mit $a > 0$

Für $a > 1$ steigt die Funktion mit wachsendem x kontinuierlich an (streng wachsend).

Für $a < 1$ fällt die Funktion mit wachsendem x kontinuierlich ab (streng fallend).

Für $a = 1$ ist die Funktion konstant.

Die spezielle Exponentialfunktion

$\tilde{f}: x \mapsto e^x, \qquad y = \exp x = e^x$

mit der **Euler'schen Zahl** $e = 2{,}718\,281\,828\ldots$ hat in der Mathematik eine besondere Bedeutung.

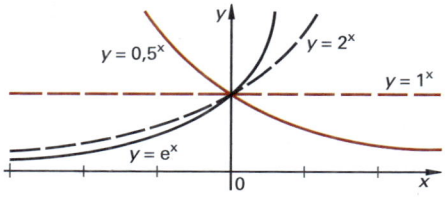

1.10 Funktionen

Trigonometrische Funktionen

Trigonometrische Funktionen sind Winkelfunktionen ▶ S. 28. x ist die Winkelangabe im Bogenmaß.

$f: x \mapsto \sin x$ Sinusfunktion
$f: x \mapsto \cos x$ Kosinusfunktion
$f: x \mapsto \tan x$ Tangensfunktion
$f: x \mapsto \cot x$ Kotangensfunktion

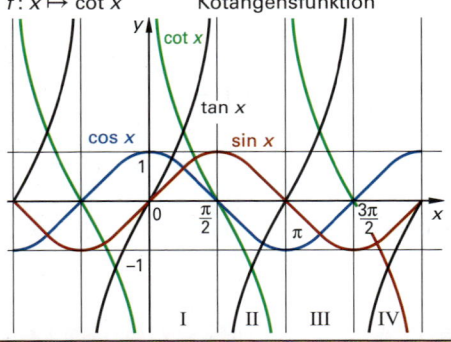

Hyperbelfunktionen

Hyperbelfunktionen lassen sich an der gleichseitigen Hyperbel mit der reellen Halbachse 1 darstellen (ähnlich wie die trigonometrischen Funktionen am Einheitskreis), z. B.:

$f: x \mapsto \sinh x$ Hyperbelsinusfunktion

$$\sinh x = \frac{e^x - e^{-x}}{2} \qquad \cosh x = \frac{e^x + e^{-x}}{2}$$

$$\tanh x = \frac{\sinh x}{\cosh x} \qquad \coth x = \frac{\cosh x}{\sinh x}$$

Tabellenwerte

(x)	e^x	$\sinh(x)$	$\cosh(x)$	$\ln(x)$	$\lg(x)$
0,0	1,000	0,000	1,000	-	-
0,1	1,105	0,100	1,005	-2,303	-1,000
0,2	1,221	0,201	1,020	-1,609	-0,699
0,3	1,350	0,305	1,045	-1,204	-0,523
0,4	1,492	0,411	1,081	-0,916	-0,398
0,5	1,649	0,521	1,128	-0,693	-0,301
0,6	1,822	0,637	1,185	-0,511	-0,222
0,7	2,014	0,759	1,255	-0,357	-0,155
0,8	2,226	0,888	1,337	-0,223	-0,097
0,9	2,460	1,027	1,433	-0,105	-0,046
1,0	2,718	1,175	1,543	0,000	0,000
1,5	4,482	2,129	2,352	0,405	0,176
2,0	7,389	3,627	3,762	0,693	0,301
2,5	12,182	6,050	6,132	0,916	0,398
3,0	20,086	10,018	10,068	1,099	0,477
3,5	33,115	16,543	16,573	1,253	0,544
4,0	54,598	27,290	27,308	1,386	0,602
4,5	90,017	45,003	45,014	1,504	0,653
5,0	148,413	74,203	74,210	1,609	0,699

Arkusfunktionen

Arkusfunktionen sind Umkehrfunktionen bzw. inverse Funktionen zu den trigonometrischen Funktionen. Sie heißen auch zyklometrische Funktionen. Bei der Umkehrung wird die Bildmenge der trigonometrischen Funktion zur Ausgangsmenge der zugeordneten Arkusfunktion. Zur Erfüllung der Eindeutigkeit ist diese Menge auf ein Intervall zu beschränken.

Trigonometrische Funktion	Arkusfunktion (Umkehrfunktion)
$y = \sin x$, $-\frac{\pi}{2} \leq x \leq +\frac{\pi}{2}$	$y = \arcsin x$, $-1 \leq x \leq 1$
$y = \cos x$, $0 \leq x \leq \pi$	$y = \arccos x$, $-1 \leq x \leq 1$
$y = \tan x$, $-\frac{\pi}{2} \leq x \leq +\frac{\pi}{2}$	$y = \arctan x$, $x \in \mathbb{R}$
$y = \cot x$, $0 \leq x \leq \pi$	$y = \text{arccot } x$, $x \in \mathbb{R}$

Mit der Beschränkung auf die Intervalle gilt
① $y = \arcsin x$ ③ $y = \arctan x$
② $y = \arccos x$ ④ $y = \text{arccot } x$

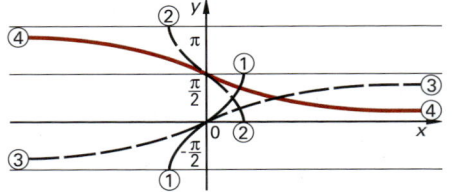

Logarithmusfunktionen

Logarithmusfunktionen sind Umkehrfunktionen zu den Exponentialfunktionen ▶ Vorseite.

$f: x \mapsto \log_a x$ mit $x > 0, a > 0$ und $a \neq 1$

Es gilt die Aussage
$$y = \log_a x \Leftrightarrow x = a^y$$

Die Umkehrfunktion zur speziellen Exponentialfunktion heißt natürlicher Logarithmus:
$$y = \ln x \Leftrightarrow x = e^y$$

Die Umkehrfunktion zur Exponentialfunktion mit der Basis $a = 10$ heißt Brigg'scher oder dekadischer Logarithmus:
$$y = \lg x \Leftrightarrow x = 10^y$$

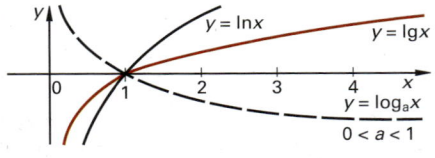

1.10 Funktionen

Funktionen und grafische Darstellungen

Diagramme mit quantitativer Darstellung

- **Diagramme mit Netzlinien**
  Die Achsen erhalten eine bezifferte Teilung (Skale).
- **Skalen**
  Die Achsen werden durch von unten lesbare Zahlenwerte beziffert. Die negativen Werte werden mit einem Minuszeichen versehen. Die Zahlen bei den Netzlinien werden an den linken und an den unteren Rand außerhalb des Koordinatensystems geschrieben.
- **Größenangaben**
  Formelzeichen oder Namen der Größen sitzen am Beginn der Pfeile außerhalb des Diagramms. Diese sollen ohne Drehen des Diagramms gelesen werden können. Namen können an der senkrechten Achse von rechts lesbar sein.
- **Einheiten**
  Die Zeichen für die Einheiten stehen zwischen den beiden letzten Zahlen am rechten Ende der Abszisse bzw., am oberen Ende der Ordinate. Bei Platzmangel kann die letzte Zahl entfallen.
- **Kombinierte Angaben**
  Für Größenangaben und Einheiten können auch Brüche (Größe/Einheit) an den Pfeilanfang geschrieben werden.
  Die Einheiten können auch mit dem Zusatz „in" an das Formelzeichen oder den Namen der Größe anschließen.
- **Kurvenschar**
  Sind mehrere Kurven in einem Diagramm, so wird jede Kurve mit ihrem Parameter versehen.
- **Teilung der Achsen**
  Die Achsen können unterschiedlich geteilt sein, z.B. Nullpunkt und ein Teilbereich weggelassen oder das Netz unterbrochen sein. Bei logarithmischer Teilung müssen die Zehnerpotenzen angegeben werden. Für dazwischen liegende Werte reicht eine verkürzte Zahlenangabe.
- **Säulendiagramm** (auch Stabdiagramm, Balkendiagramm)
  Die Säulen stehen senkrecht auf der x-Achse, die Breite der Säulen ist bedeutungslos, die Größenangaben sind an der y-Achse abzulesen.
- **Kreisdiagramm** (auch Kuchendiagramm, Tortendiagramm)
  Der gesamte Kreis wird in Segmente geteilt, zur Veranschaulichung werden Prozentangaben und verschiedene Farben für die Kreisausschnitte verwendet.
- **Liniendiagramm** (auch Kurvendiagramm)
  Eine graphische Darstellung des funktionellen Zusammenhangs zweier (2D-Darstellung) oder dreier (3D-Darstellung) Merkmale in Linienform.

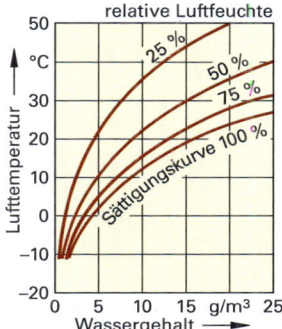

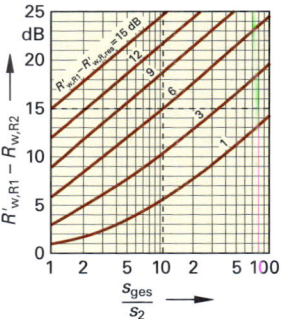

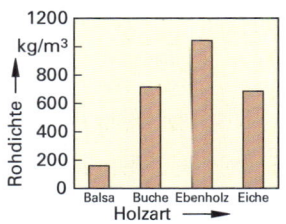

Linienbreiten
Netz : Achsen : Kurven
= 1 : 2 : 4

Übersichtsdiagramme/Diagramme mit qualitativer Darstellung

Sie zeigen nur den charakteristischen Verlauf voneinander abhängiger Größen. Das Koordiantensystem erhält keine Teilung; beide Achsen müssen jedoch linear geteilt sein.
An einer Achse kann eine Veränderliche als Funktion einer anderen Veränderlichen geschrieben werden.
Bei mehreren Kurven können zur Unterscheidung Beschriftungen, verschiedene Linienarten und Farben verwendet werden.
Koordinaten wichtiger Punkte dürfen angegeben werden und durch Kreise in der Kurve gekennzeichnet sein.

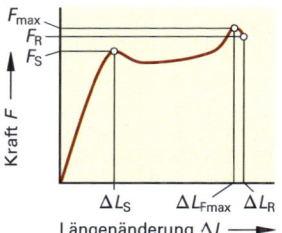

1.11 Differenzialrechnung

Ableitung einer Funktion

Die Differenzialrechnung behandelt die Ableitung von Funktionen.

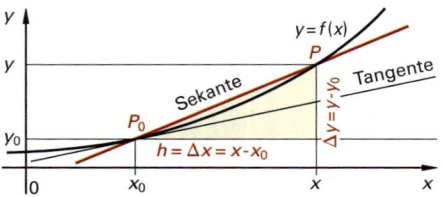

Die Steigung der Sekante, welche durch die Punkte $P_0 (x_0, y_0)$ und $P (x, y)$ einer Funktion $y = f(x)$ geht, heißt **Differenzenquotient**:

$$m = \frac{f(x) - f(x_0)}{x - x_0} = \frac{y - y_0}{x - x_0} = \frac{\Delta y}{\Delta x}$$

Rückt der Punkt $P (x, y)$ immer näher an den Punkt $P_0 (x_0, y_0)$ heran, so wird im Grenzübergang ($x \to x_0$ bzw. $\Delta x \to 0$) – sofern sich dieser bilden lässt – aus der Sekante eine Tangente im Punkt P_0 mit der **Tangentensteigung**:

$$m = \lim_{h \to 0} \frac{f(x_0 + h) - f(x_0)}{h} = \frac{dy}{dx}\bigg|_{x_0} = y'(x_0)$$

Die Tangentensteigung m entspricht der Ableitung der Funktion $y = f(x)$ an der Stelle x_0.

Eine Funktion heißt differenzierbar (ableitbar), wenn sie an jeder Stelle bzw. für jedes Element ihrer Ausgangsmenge eine **Ableitung** besitzt.

$$y' = f'(x) = \frac{dy}{dx} = \lim_{h \to 0} \frac{f(x + h) - f(x)}{h}$$

$y' = f'(x)$ heißt Ableitung der Funktion f.

$\frac{dy}{dx}$ wird auch **Differenzialquotient** genannt.

Beispiele
Gesucht ist die Ableitung der Funktion $y = f(x) = 0,5x^2$

$$y' = \lim_{h \to 0} \frac{(0,5x + h)^2 - (0,5x)^2}{h}$$
$$= \lim_{h \to 0} \frac{0,25x^2 + hx + h^2 - 0,25x^2}{h}$$
$$= \lim_{h \to 0} (x + h) = x$$

Die Ableitung der Funktion $y = 0,5x^2$ ist $y' = x$.

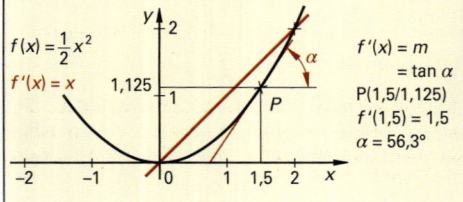

$f(x) = \frac{1}{2}x^2$
$f'(x) = x$
$f'(x) = m = \tan \alpha$
$P(1,5/1,5)$
$f'(1,5) = 1,5$
$\alpha = 56,3°$

Funktion y	Ableitung y'	Funktion y	Ableitung y'
a_0	0	$\sin x$	$\cos x$
x	1	$\cos x$	$-\sin x$
x^2	$2x$	$\tan x$	$1 + \tan^2 x$
x^n	nx^{n-1}	$\cot x$	$-1 - \cot^2 x$
$\frac{1}{x}$	$-\frac{1}{x^2}$	$\arcsin x$	$\frac{1}{\sqrt{1-x^2}}$
$\frac{1}{x^n}$	$-\frac{n}{x^{n+1}}$	$\arccos x$	$-\frac{1}{\sqrt{1-x^2}}$
$\sqrt{x}$	$\frac{1}{2\sqrt{x}}$	$\arctan x$	$\frac{1}{1+x^2}$
$\sqrt[n]{x}$	$\frac{1}{n\sqrt[n]{x^{n-1}}}$	$\text{arccot } x$	$-\frac{1}{1+x^2}$
a^x	$a^x \ln a$	$\log_a x$	$\frac{1}{x \ln a}$
e^x	e^x	$\ln x$	$\frac{1}{x}$

Ableitungsregeln

Für Funktionen f, g, h und Konstanten a, b, c:

Begriff	Funktion	Ableitung
konstanter Faktor	$y = a \cdot f$	$y' = a \cdot f'$
Summe Differenz	$y = g \pm f$	$y' = g' \pm f'$
Produktregel	$y = g \cdot h$	$y' = g' \cdot h + g \cdot h'$
Quotientenregel	$y = \frac{g}{h}$	$y' = \frac{g' \cdot h - g \cdot h'}{h^2}$
Kettenregel	$y = f(x) = g(u) = g(h(x))$ mit $u = h(x)$ und $f = g \circ h$ $y' = \frac{dy}{dx} = \frac{dy}{du} \cdot \frac{du}{dx}$	
höhere Ableitung	$y'' = (y')'$	

Kurvendiskussion

Die Funktion $y = f(x)$ sei hinreichend oft differenzierbar und als Graph darstellbar.

Nullstellen x_N $f(x_N) = 0$
Maximum x_M $f'(x_M) = 0 \wedge f''(x_M) < 0$
Minimum x_M $f'(x_M) = 0 \wedge f''(x_M) > 0$
Sattelpunkt x_S $f'(x_S) = 0 \wedge f''(x_S) = 0$
Wendepunkt x_W $f''(x_W) = 0 \wedge f'''(x_W) \neq 0$
monoton wachsend, wenn für alle $x \in \mathbb{D}$ gilt: $f'(x) \geq 0$
monoton fallend, wenn für alle $x \in \mathbb{D}$ gilt: $f'(x) \leq 0$

1 MATHEMATIK

1.12 Integralrechnung

Unbestimmte Integrale

Definition durch Umkehrung der Differenziation:
$(F(x) + C)' = f(x) \Leftrightarrow \int f(x)\,dx = F(x) + C$

- $f(x)$ heißt Integrand
- $F(x)$ heißt Stammfunktion von $f(x)$
- C heißt Integrationskonstante
- $F(x) + C$ heißt unbestimmtes Integral von $f(x)$

$F(x) + C$ mit beliebiger Konstante C bildet die Menge aller Stammfunktionen, die $f(x)$ als Ableitung besitzen.

Integrationsregeln

Für Funktionen f, g, h und Konstanten c, C

- Konstanter Faktor $\int cf\,dx = c\int f\,dx$
- Summe/Differenz
  $\int (g \pm h)\,dx = \int g\,dx \pm \int h\,dx$
- Partielle Integration
  $\int g\,h'\,dx = g\,h - \int g'\,h\,dx$
- Substitution
  $\int f(x)\,dx = \int f(g(u))\,g'(u)\,du$
  mit $f(x) = f(g(u))$ und $x = g(u)$
- Logarithmische Integration
  $\int \frac{f'}{f}\,dx = \ln|f(x)| + C$
- Umkehrung des Integrationsweges
  $\int_a^b f(x)\,dx = -\int_b^a f(x)\,dx$
- Zerlegung des Integrationsweges $a < b < c$
  $\int_a^c f(x)\,dx = \int_a^b f(x)\,dx + \int_b^c f(x)\,dx$

Integrand $f(x)$	Integral $\int f(x)\,dx$	Definitionsbereich	
c	cx	–	
x^n	$\dfrac{x^{n-1}}{n+1}$	$x > 0,\ n \in \mathbb{R} \wedge n \neq -1$ oder $x \in \mathbb{R} \wedge n \in \mathbb{N}$	
$\dfrac{1}{x}$	$\ln|x|$	$x \neq 0$	$x \in \mathbb{R}$
$\sqrt{x}$	$\dfrac{2}{3}\sqrt{x^3}$	$x \geq 0$	$x \in \mathbb{R}$
a^x	$\dfrac{a^x}{\ln a}$	$a > 0 \wedge a \neq 1$	$x \in \mathbb{R}$
$\ln x$	$x \ln x - x$	$x > 0$	$x \in \mathbb{R}$
$\sin x$	$-\cos x$	–	$x \in \mathbb{R}$
$\cos x$	$\sin x$	–	$x \in \mathbb{R}$
$\tan x$	$-\ln|\cos x|$	$-\dfrac{\pi}{2} < x < +\dfrac{\pi}{2}$	$x \in \mathbb{R}$
$\cot x$	$\ln|\sin x|$	$0 < x < \pi$	$x \in \mathbb{R}$

Bestimmte Integrale

Riemann-Integral

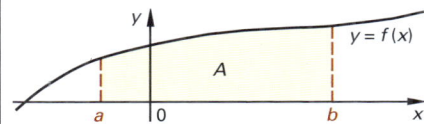

Zur Berechnung der Fläche A, die der Graph der Funktion f mit der x-Achse zwischen a und b einschließt, wird das bestimmte Integral

$$I = \int_a^b f(x)\,dx = F(b) - F(a)$$

gelöst. a heißt untere und b obere Integrationsgrenze. Mit

$[a, b] := \{x \mid x \in \mathbb{R} \wedge a \leq x \leq b\}$

wird das abgeschlossene Intervall bezeichnet, über dem das bestimmte Integral zu berechnen ist. Ist $f(x)$ im Intervall $[a, b]$ nicht negativ, so ist mit $A = I$ der Flächeninhalt bestimmt.

Nach Riemann wird das Intervall $[a, b]$ in n gleiche Teilintervalle mit der Länge $\Delta x = (b - a)/n$ zerlegt.

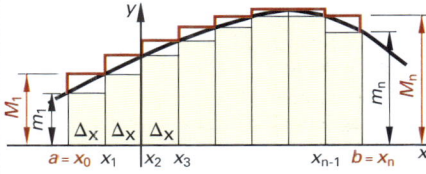

Die durch die obere Treppenlinie begrenzte Fläche heißt Obersumme

$$S_n = \sum_{k=1}^{n} M_k\,\Delta x$$

und die durch die untere Treppenlinie begrenzte Fläche heißt Untersumme

$s_n = \sum_{k=1}^{n} m_k\,\Delta x$. Es gilt $s_n \leq I \leq S_n$.

Im Grenzübergang $n \to \infty$ gilt für stetige Funktionen

$S = I = s = \int_a^b f(x)\,dx$.

Im Bereich negativer Funktionswerte $f(x) < 0$ ergeben sich negative Flächeninhalte.

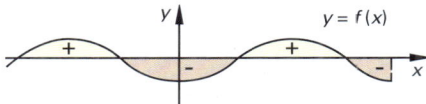

Für bestimmte Integrale verschwindet die Integrationskonstante, ansonsten gelten auch die Integrationsregeln wie für unbestimmte Integrale.

1.12 Integralrechnung

Rechenregeln	Anwendungsformeln

Rechenregeln

$\int (ax+b)^n dx = \dfrac{(ax+b)^{n+1}}{a(n+1)}$ für $n \in \mathbb{Z}$, $n \neq -1$

$\int \sqrt{x^2 \pm a^2}\, dx = \dfrac{x}{2}\sqrt{x^2 \pm a^2} \pm \dfrac{a^2}{2}\ln\left|x + \sqrt{x^2 \pm a^2}\right|$

$\int \sqrt{a^2 - x^2}\, dx = \dfrac{x}{2}\sqrt{a^2 - x^2} + \dfrac{a^2}{2}\arcsin\dfrac{x}{a}$

$\int x^n \ln x\, dx = \dfrac{x^{n+1}}{n+1}\ln x - \dfrac{x^{n+1}}{(n+1)^2}$ für $n \neq -1$ und $x > 0$

$\int \dfrac{\ln x}{x}\, dx = \dfrac{1}{2}(\ln x)^2$

$\int e^x\, dx = e^x$

$\int \sin^2 x\, dx = -\dfrac{1}{4}\sin 2x + \dfrac{x}{2}$

$\int \sin x \cdot \cos x\, dx = \dfrac{1}{2}\sin^2 x$

$\int \tan^2 x\, dx = \tan x - x$

■ **Bogenlänge** $\quad s = \int_a^b \sqrt{1 + y'^2}\, dx$

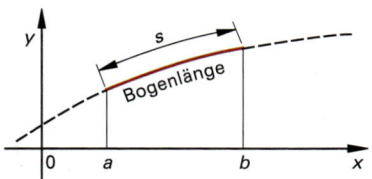

■ **Fläche** $\quad A = \int_a^b y\, dx$

■ **Flächenschwerpunkt** $\quad x_s = \dfrac{1}{A}\int_a^b xy\, dx$

$\quad y_s = \dfrac{1}{2A}\int_a^b y^2\, dx$

■ **Rotationskörper** bei Rotation des Graphen einer Funktion $f(x) \geq 0$ um die x-Achse:

Volumen $\quad V = \pi \int_a^b y^2\, dx$

Mantelfläche $\quad M = 2\pi \int_a^b y\sqrt{1 + y'^2}\, dx$

Es ist jeweils $y = f(x)$ zu setzen.

■ **Trägheitsmoment** einer Fläche A

Satz von Steiner: $I = I_s + a^2 \cdot A$ ▶ S. 89

I_s Trägheitsmoment in Bezug auf den Schwerpunkt (Flächenmoment 2. Grades)

a Abstand Bezugsachse zum Schwerpunkt

$I_x = \int y^2\, dA$, $\quad I_y = \int x^2\, dA$

Anwendungsformeln

Beispiel

Es wird die Fläche unter der Halbwelle einer Sinusfunktion berechnet.

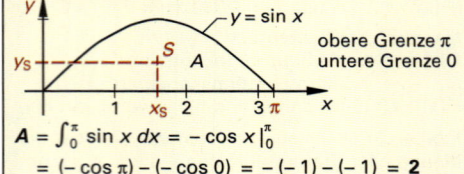

obere Grenze π
untere Grenze 0

$A = \int_0^\pi \sin x\, dx = -\cos x\big|_0^\pi$
$= (-\cos\pi) - (-\cos 0) = -(-1) - (-1) = \mathbf{2}$

Beispiel

Wie groß ist die Fläche zwischen $x_1 = 0$ und $x_2 = +3$, die von der Funktion $f(x) = 0{,}25 \cdot x^2$ und der x-Achse begrenzt wird.

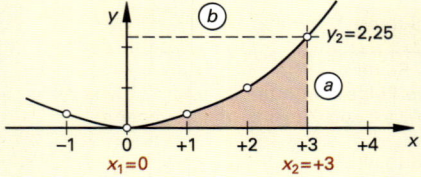

$A = \int_a^b y \cdot dx = \int_{x_1}^{x_2} y\, dx = \int_0^3 \dfrac{1}{4}x^2\, dx = \dfrac{1}{4}\cdot\dfrac{1}{3}\cdot x^3\Big|_0^3$

$= \dfrac{1}{4}\cdot\dfrac{1}{3}\cdot\left[x_2^3 - x_1^3\right] =$

$A = \dfrac{1}{4}\cdot\dfrac{1}{3}\cdot\left[3^3 - 0^3\right] = \dfrac{1}{4}\cdot\dfrac{1}{3}\cdot 27 = \dfrac{9}{4}$

Für die Fläche, die von einer quadratischen Parabel und den Rechteckseiten a und b eingeschlossen wird, gilt die Flächenformel

$A = 1/3 \cdot (a \cdot b)$ $\quad a$ entspricht dem y-Wert
$\qquad\qquad\qquad\qquad b$ entspricht dem x-Wert

■ **Konstanter Faktor und Summe**

$\int (x^2 + 4\sin x)\, dx = \dfrac{1}{3}x^3 - 4\cos x + C$

■ **Partielle Integration**

$\int \underset{g}{\sin x} \cdot \underset{h'}{\cos x}\, dx = \underset{gh}{\sin^2 x} - \int \underset{g'}{\cos x} \cdot \underset{h}{\sin x}\, dx$

Ergebnis: $\int \sin x \cdot \cos x\, dx = \dfrac{1}{2}\sin^2 x + C$

■ **Substitution** $\quad \int (\tan x + \tan^3 x)\, dx$

$x = \arctan u, \quad u = \tan x, \quad dx = \dfrac{1}{1+u^2}\, du$

$\int (\tan x + \tan^3 x)\, dx = \int \dfrac{u + u^3}{1 + u^2}\, du =$

$\qquad\qquad\qquad\qquad\qquad = \int u\, du = \dfrac{1}{2}u^2 + C$

Rücksubstitution mit $u = \tan x$
$\dfrac{1}{2}u^2 + C \Rightarrow \dfrac{1}{2}\tan^2 x + C$ (Ergebnis)

1 MATHEMATIK

1.13 Folgen und Reihen

Definition der Folgen

n sei eine natürliche Zahl und a_n ein Element der Menge M, dann ist die Abbildung

$$f: \begin{cases} \mathbb{N}^* \to M \\ n \mapsto a_n \end{cases}$$

eine Folge. Eine Folge ist danach eine Abbildung der Menge der natürlichen Zahlen in eine abzählbare Menge M. Hier werden nur Zahlenmengen $M \subset \mathbb{R}$ betrachtet.

Schreibweise für Folgen: $(a_n) = a_1, a_2, a_3, \ldots$
Bildungsgesetz: $a_n = f(n)$
Folgenglied: a_n mit $n \in \mathbb{N}^*$
Endliche Folgen: $a_1, a_2, \ldots, a_n$
Grenzwert einer Folge: $a = \lim_{n \to \infty} a_n$

Definition der Reihen

Als Reihe zu einer Folge (a_n) wird die zugeordnete Folge der Partialsummen (s_n) bezeichnet. Sie wird auch Summenfolge genannt.

$(s_n) = s_1, s_2, s_3, \ldots$ mit
$s_1 = a_1$
$s_2 = a_1 + a_2$
$s_3 = a_1 + a_2 + a_3$ usw.

Auch $\sum_{i=1}^{\infty} a_i$ wird als Reihe bezeichnet:

Endliche Reihe: $s_n = \sum_{i=1}^{n} a_i = a_1 + a_2 + \ldots + a_n$

Grenzwert einer Reihe: $s = \lim_{n \to \infty} s_n = \lim_{n \to \infty} \sum_{i=1}^{n} a_i$

Eigenschaften der Folgen und Reihen

Eine Folge (Reihe) heißt konvergent, wenn sie einen Grenzwert $|a| < \infty$ ($|s| < \infty$) besitzt, sonst heißt sie divergent.

Eine reelle Zahlenfolge (a_n) heißt streng monoton fallend (monoton fallend), wenn für alle $n \in \mathbb{N}$ gilt: $a_n > a_{n+1}$ ($a_n \geq a_{n+1}$).

Eine Folge (Reihe) heißt alternierend, wenn $a_n \cdot a_{n+1} < 0$ für alle $n \in \mathbb{N}^*$ gilt.
Eine Folge heißt Nullfolge, wenn $a = 0$ ist.

Summenformel:
$1 + 2 + 3 + 4 + \ldots + n = \dfrac{n \cdot (n+1)}{2}$

Leibnizkriterium: Eine alternierende Reihe ist konvergent, wenn die zugehörige Folge (a_n) die Bedingung $|a_n| > |a_{n+1}|$ für alle n erfüllt.

Wichtige Folgen

Zahlenfolge	Bildungsgesetz a_n Grenzwert a
$1, 2, 3, 4, 5, \ldots$	$a_n = n$, divergent
$2, \sqrt{2}, \sqrt[3]{2}, \sqrt[4]{2}, \ldots$	$a_n = \sqrt[n]{2}$, $a = 1$
$\left(\frac{2}{1}\right)^1, \left(\frac{3}{2}\right)^2, \left(\frac{4}{3}\right)^3, \left(\frac{5}{4}\right)^4, \ldots$	$a_n = \left(1 + \frac{1}{n}\right)^n$ $a = e = 2{,}718\ldots$
$1, \sqrt{2}, \sqrt[3]{3}, \sqrt[4]{4}, \sqrt[5]{5}, \ldots$	$a_n = \sqrt[n]{n}$, $a = 1$
$1, 1, 2, 3, 5, 8, 13, \ldots$ Fibonacci-Folge	$a_n + a_{n+1} = a_{n+2}$ (divergent)
$x, \dfrac{x^2}{2!}, \dfrac{x^3}{3!}, \dfrac{x^4}{4!}, \ldots$	$a_n = \dfrac{x^n}{n!}$, $a = 0$ für $x \in \mathbb{R}$
$x, x^2, x^3, x^4, \ldots$	$a_n = x^n$, $a = 0$ für $|x| < 1$
$a_n = \dfrac{5n^3 + 2n^2 - 4}{3n^3 - n + 2}$	$a = \dfrac{5}{3}$

Wichtige Reihen

$\dfrac{\pi}{4} = 1 - \dfrac{1}{3} + \dfrac{1}{5} - \dfrac{1}{7} + - \ldots$

$e = 1 + \dfrac{1}{1!} + \dfrac{1}{2!} + \dfrac{1}{3!} + \ldots$

$e^x = 1 + \dfrac{x}{1!} + \dfrac{x^2}{2!} + \dfrac{x^3}{3!} + \ldots$

$\ln(1-x) = \dfrac{x}{1} - \dfrac{x^2}{2} + \dfrac{x^3}{3} - \dfrac{x^4}{4} + \ldots \qquad -1 < x \leq 1$

$\dfrac{1}{2} \ln \dfrac{1+x}{1-x} = x + \dfrac{x^3}{3} + \dfrac{x^5}{5} + \dfrac{x^7}{7} + \ldots \qquad -1 < x < 1$

$\sin x = x - \dfrac{x^3}{3!} + \dfrac{x^5}{5!} - \dfrac{x^7}{7!} + \ldots$

$\cos x = 1 - \dfrac{x^2}{2!} + \dfrac{x^4}{4!} - \dfrac{x^6}{6!} + \ldots$

$\tan x = x + \dfrac{x^3}{3} + \dfrac{2x^5}{15} + \dfrac{17x^7}{315} + \ldots \qquad x < \dfrac{\pi}{2}$

$\arcsin x = x + \dfrac{x^3}{2 \cdot 3} + \dfrac{3x^5}{2 \cdot 4 \cdot 5}$
$\qquad\qquad + \dfrac{3 \cdot 5 x^7}{2 \cdot 4 \cdot 6 \cdot 7} + \ldots \qquad |x| < 1$

$\arctan x = x - \dfrac{x^3}{3} + \dfrac{x^5}{5} - \dfrac{x^7}{7} + \ldots \qquad |x| < 1$

$\arccos x = \dfrac{\pi}{2} - \arcsin x$

$\text{arc cot } x = \dfrac{\pi}{2} - \arctan x$

Beispiele

$(a_n) = 1, 2, 3, 4, 5, \ldots$ divergente Folge

$(a_n) = 1, \dfrac{1}{2}, \dfrac{1}{3}, \dfrac{1}{4}, \ldots$ konvergente Folge

$(a_n) = 1, -\dfrac{1}{2}, \dfrac{1}{3}, -\dfrac{1}{4}, \ldots$ alternierende Folge

$s = 1 - \dfrac{1}{2} + \dfrac{1}{3} - \ldots$ alternierende Reihe

1 MATHEMATIK

1.14 Statistik

Viele Messwerte erfordern eine statistische Auswertung. Beispiele sind Festigkeitsprüfungen mehrerer Probekörper der gleichen Betonmischung, Verdichtungsprüfungen an mehreren Punkten einer gleichartig hergestellten Fläche oder die Auswertung von Geschwindigkeitsmessungen am gleichen Straßenquerschnitt. Die statisch auszuwertenden Messwerte müssen stets aus einer Grundgesamtheit stammen. Zu unterscheiden ist die Auswertung aller (oder einer großen Anzahl $n \to \infty$; $n \approx > 200$) von Messwerten oder die Auswertung nur weniger Messwerte einer Stichprobe.

Mittelwert (arithmetischer Mittelwert für $n \to \infty$)	Standardabweichung σ der Grundgesamtheit für $n \to \infty$
$\mu = \frac{1}{n} \cdot (x_1 + x_2 + x_3 + \ldots x_n) = \frac{1}{n} \cdot \sum_{i=1}^{i=n} x_i$	$\sigma = \sum_{i=1}^{i=n} \sqrt{\frac{(x_i - \mu)^2}{n}}$ Im Bereich $\mu \pm \sigma$ liegen 68,3 % aller Messwerte.

μ arithmetischer Mittelwert | $x_1, x_2, \ldots$ Messwerte | n Anzahl der Messwerte

Normalverteilung

Die graphische Darstellung der ∞-vielen Messergebnisse ergibt die Normalverteilung in Form einer Glockenkurve (Gauß'sche Normalverteilung). Die x-Achse enthält die Messwerte, die y-Achse die statische Wahrscheinlichkeit $p(x)$ für das Auftreten des Messwertes x.

$$p(x) = \frac{1}{\sigma \cdot \sqrt{2 \cdot \pi}} \cdot e^{-\frac{(x-\mu)^2}{2 \cdot \sigma^2}}$$

$$F(x_1) = \frac{1}{\sigma \cdot \sqrt{2 \cdot \pi}} \cdot \int_{-\infty}^{x_1} e^{-\frac{(x-\mu)^2}{2 \cdot \sigma^2}} dx$$

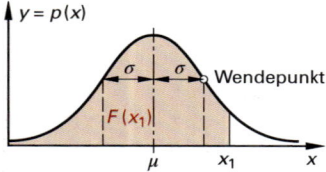

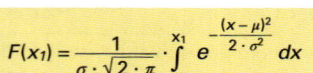

Durch Transformation mit $z = (x-\mu)/\sigma$ erhält man die normierte Normalverteilung für $\mu = 0$ und $\sigma = 1$. Für diese normierte Normalverteilung gibt es Tabellenwerte ▶ S. 13.

Mittelwert $\bar{x}$ einer Stichprobe (n endlich)

$$\bar{x} = \frac{1}{n} \cdot (x_1 + x_2 + x_3 + \ldots x_n) = \frac{1}{n} \cdot \sum_{i=1}^{i=n} x_i$$

Standardabweichung s einer Stichprobe

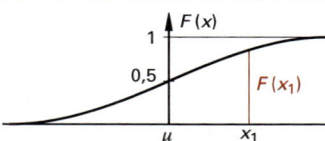

z	0,0	1,0	2,0	3,0
$p(z)$	0,399	0,242	0,054	0,0044
$F(z)$	0,500	0,841	0,977	0,9986

$$s = \sum_{i=1}^{i=n} \sqrt{\frac{(x_i - \bar{x})^2}{n-1}}$$

Statistische Sicherheit, Vertrauensgrenzen

Die Frage, ob wenige Messwerte einer Stichprobe eine Aussage ermöglichen, ob mit einer vorgegebenen statistischen Sicherheit ein Mindestwert eingehalten wird, führt zur t-Verteilung.

Werte der t-Verteilung
$(1 - \alpha)$ = Vertrauensniveau ▶ S. 13

n	$1 - \alpha = 95\%$	
	t	$t/\sqrt{n}$
2	12,71	8,98
3	4,30	2,48
4	3,18	1,59
5	2,78	1,24
6	2,57	1,05
10	2,26	0,71

Anmerkung: Die DIN 1045-2 hat z. Z. eine abweichende Anforderung.

Beispiel

Gewährleisten die 3 Druckfestigkeitsprüfungen mit einer statistischen Sicherheit von 95 % einen Mindestwert von 37 N/mm²?
Würfel 1: $x_1 = 39{,}8$ N/mm² Würfel 2: $x_2 = 38{,}4$ N/mm²
Würfel 3: $x_3 = 40{,}3$ N/mm²
Mittelwert: $\bar{x} = \frac{1}{3} \cdot (39{,}8 + 38{,}4 + 40{,}3) = 39{,}5$ N/mm²
Standardabweichung der Stichprobe:
$$s = \sqrt{\frac{[(39{,}8 - 39{,}5)^2 + (38{,}4 - 39{,}5)^2 + (40{,}3 - 39{,}5)^2]}{3 - 1}} = 0{,}985$$
untere Vertrauensgrenze
$$x_u = 39{,}5 - \frac{4{,}30}{\sqrt{3}} \cdot 0{,}985 = 39{,}5 - 2{,}4 = 37{,}1 \text{ N/mm}^2$$
Mit einer statistischen Sicherheit von 95 % unterschreitet der Mittelwert der Druckfestigkeit nicht den Wert von 37,1 N/mm².

Inhaltsverzeichnis

2 NATURWISSENSCHAFTEN

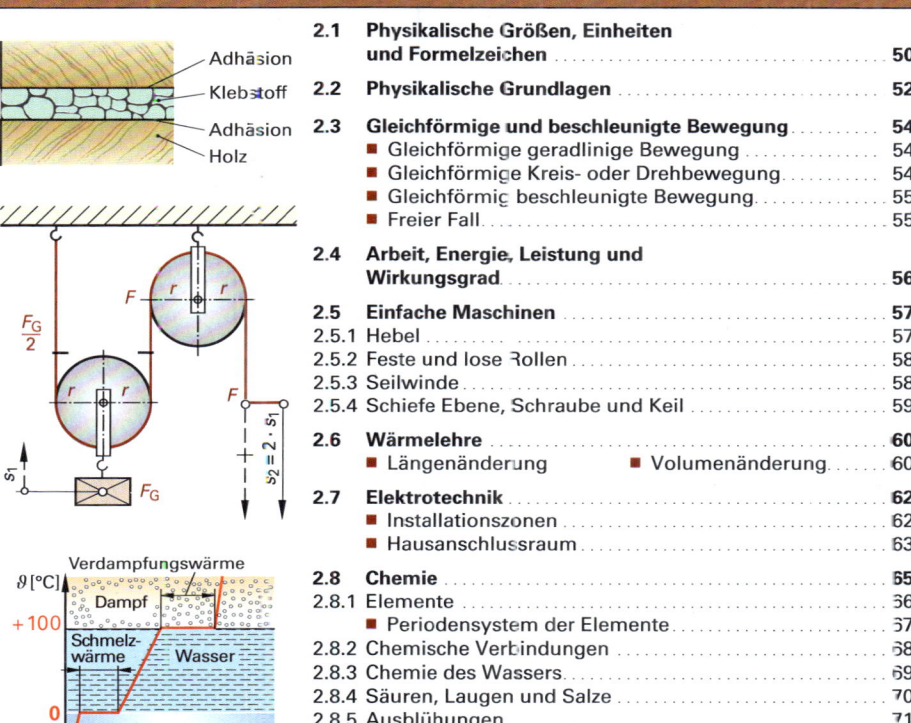

2.1	Physikalische Größen, Einheiten und Formelzeichen	50
2.2	Physikalische Grundlagen	52
2.3	Gleichförmige und beschleunigte Bewegung	54
	■ Gleichförmige geradlinige Bewegung	54
	■ Gleichförmige Kreis- oder Drehbewegung	54
	■ Gleichförmig beschleunigte Bewegung	55
	■ Freier Fall	55
2.4	Arbeit, Energie, Leistung und Wirkungsgrad	56
2.5	Einfache Maschinen	57
2.5.1	Hebel	57
2.5.2	Feste und lose Rollen	58
2.5.3	Seilwinde	58
2.5.4	Schiefe Ebene, Schraube und Keil	59
2.6	Wärmelehre	60
	■ Längenänderung ■ Volumenänderung	60
2.7	Elektrotechnik	62
	■ Installationszonen	62
	■ Hausanschlussraum	63
2.8	Chemie	65
2.8.1	Elemente	66
	■ Periodensystem der Elemente	67
2.8.2	Chemische Verbindungen	68
2.8.3	Chemie des Wassers	69
2.8.4	Säuren, Laugen und Salze	70
2.8.5	Ausblühungen	71
2.8.6	Elektrolyse	71
2.8.7	Gemische, Gemenge	72
2.8.8	Wichtige chemische Reaktionen	73
2.8.9	Chemische Berechnungen	74

Literatur und Normen

Nestle u.a.: Fachmathematik Bautechnik, Verlag Europa-Lehrmittel, Haan-Gruiten
Arndt: Formellexikon, Verlag Europa-Lehrmittel, Haan-Gruiten
Schülerduden: Verlag Bibliographisches Institut, Mannheim/Wien/Zürich
Heywang/Schmiedel/Süss: Physik für technische Berufe, Handwerk und Technik, Hamburg
Nestle u.a.: Grundstufe Bautechnik, Verlag Europa-Lehrmittel, Haan-Gruiten
Ignatowitz: Chemie für Schule und Beruf, Verlag Europa-Lehrmittel, Haan-Gruiten
Benedix: Bauchemie, Teubner, Stuttgart
Vogler: Haustechnik, Teubner, Stuttgart
Böge: Technologie/Technik, Vieweg, Braunschweig
Hübschmann, Links, Hitzel: Tabellen zur Chemie, Verlag Europa-Lehrmittel, Haan-Gruiten
Bierwerth u.a.: Formeln der Technik, Verlag Europa-Lehrmittel, Haan-Gruiten

DIN 1301: 2010-10	Einheiten, Teil 1: Einheitennamen, -zeichen
DIN 1302: 1999-12	Allgemeine mathematische Zeichen und Begriffe
DIN 1304: 1994-03	Allgemeine Formelzeichen
DIN 1306: 1986-06	Dichte, Teile 1: Begriffe, Angaben
DIN 1313: 1998-12	Größen
DIN 1338: 2011-03	Formelschreibweise und Formelsatz
DIN 18015: 2013-09	Elektrische Anlagen in Wohngebäuden
DIN 40900: 1988-03	Grafische Symbole für Schaltungsunterlagen
DIN EN 60617: 1997-08	Grafische Symbole für Schaltpläne (ersetzt DIN 40900 und DIN 40717)
DIN VDE 0100-410	Schutzmaßnahmen: Schutz gegen elektrischen Schlag

2 NATURWISSENSCHAFTEN

2.1 Physikalische Größen, Einheiten und Formelzeichen

Physikalische Grundgrößen

Physikalische Größe ▶ S. 51	Formel-zeichen	SI-Einheit Name	SI-Einheit Zeichen	Beispiele
Länge	l, s	Meter	m	Basisgröße Länge
Masse	m	Kilogramm	kg	Basiseinheit Meter
Zeit	t	Sekunde	s	1 m = 10 dm
Stromstärke	I	Ampere	A	= 100 cm
Temperatur	ϑ, T	Kelvin	K	= 1000 mm
Stoffmenge	n	Mol	mol	1 mm = 1000 µm
Lichtstärke	I_v	Candela	cd	1 km = 1000 m

Abgeleitete physikalische Grundgrößen

Kraft	F	Newton	$1\ N = 1\ kg \cdot m/s^2$	Masse · Beschleunigung
Arbeit, Energie	W, E	Joule	$1\ J = 1\ N \cdot m = 1\ W$	Kraft · Weg
Leistung	P	Watt	$1\ W = 1\ J/s$	Arbeit/Zeit
Drehmoment	M	–	$1\ N \cdot m$	Weg · Kraft (Vektor)
Impuls, Kraftstoß	$\Delta p, I$	–	$1\ N \cdot s = 1\ kg \cdot m/s$	$F \cdot \Delta t = m \cdot \Delta v$
Mech. Spannung	σ, p	Pascal	$1\ Pa = 1\ N/m^2$	Kraft/Fläche
Elek. Spannung	U	Volt	$1\ V = 1\ W/A$	Leistung/Stromstärke
Elek. Widerstand	R	Ohm	$1\ \Omega = 1\ V/A$	Spannung/Stromstärke
Elek. Ladung	Q	Coulomb	$1\ C = 1\ A \cdot s$	Stromstärke · Zeit
Geschwindigkeit	v	–	m/s	Weg/Zeit
Beschleunigung	a	–	m/s^2	Geschwindigkeit/Zeit
Ruck	r	–	m/s^3	Beschleunigung/Zeit
Dichte	ϱ	–	kg/m^3	Masse/Volumen
Wichte	γ	–	N/m^3	Gewicht/Volumen
Frequenz	f	Hertz	$1\ Hz = 1/s$	Zyklen/Zeit
Lichtstrom	Φ_v	Lumen	lm	Lichtstärke · Raumwinkel
Beleuchtungsstärke	E	Lux	$1\ lx = 1\ lm/m^2$	Lichtstrom/Fläche
Wärmestrom	Φ	Watt	$1\ W = 1\ J/s$	Wärmemenge je Zeit
Wärmeleitfähigkeit	λ	–	$W/(m \cdot K)$	Wärmestrom je Länge je Temperaturunterschied
Wärmedurchlass-widerstand	R	–	$\dfrac{m^2 \cdot K}{W}$	
Spezifische Wärme-kapazität	c	–	$\dfrac{kJ}{kg \cdot K}$	Wärmemenge je Masse und je Kelvin

SI-Vorsätze zur Bezeichnung von Vielfachen der SI-Einheiten

Name	Deka	Hekto	Kilo	Mega	Giga	Tera	Peta	Exa	Zetta	Yotta
Zeichen	da	h	k	M	G	T	P	E	Z	Y
Faktor	10^1	10^2	10^3	10^6	10^9	10^{12}	10^{15}	10^{18}	10^{21}	10^{24}

SI-Vorsätze zur Bezeichnung von Teilen der SI-Einheiten

Name	Dezi	Zenti	Milli	Mikro	Nano	Piko	Femto	Atto	Zepto	Yocto
Zeichen	d	c	m	µ	n	p	f	a	z	y
Faktor	10^{-1}	10^{-2}	10^{-3}	10^{-6}	10^{-9}	10^{-12}	10^{-15}	10^{-18}	10^{-21}	10^{-24}

2.1 Physikalische Größen, Einheiten und Formelzeichen

Definitionen der SI-Basiseinheiten

Einheit	ursprüngliche und heutige Definitionen
1 Meter	ursprünglich: 1/10 000 000 Abstand Pol bis Äquator
	heute: Strecke, die das Licht im Vakuum innerhalb von 1/299792458 s durchläuft. Der Zahlenwert entspricht der Lichtgeschwindigkeit in m/s.
1 Kilogramm	ursprünglich: Masse von 1 dm^3 Wasser bei 4 °C
	heute: Masse eines 1889 in Frankreich hergestellten Platin-Iridium-Zylinders
1 Sekunde	ursprünglich: Mittlere Tageslänge/(24 · 60 · 60)
	heute: 9192631770-fache der Periodendauer der Strahlung des Nuklids 133 Cäsium
1 Kelvin	Basis absoluter Nullpunkt ▶ S. 60, 168
1 Ampere	erzeugt in parallelen Leitern im Abstand von 1 m eine Kraft von 2 · 10^{-7} N/m
1 Mol	Stoffmenge von 6,022 · 10^{23} Teilchen eines Stoffes
1 Candela	ursprünglich: Lichtstärke einer definierten Kerze
	heute: Lichtstärke von 1/60 cm^2 eines schwarzen Körpers bei 2042 K

Beispiele für die Angabe von physikalischen Größen

Physikalische Größen werden stets durch Zahl und Einheit angegeben.

Physikalische Größe: Länge l = 200 m

Zahlenwert von l: $\{l\}$ = 200

Einheit von l: $[l]$ = 1 m

1 km = 1 Kilometer = 10^3 m = 1000 m

1 kN = 1 Kilonewton = 10^3 N = 1000 N

1 MPa = 1 Megapascal = 10^6 Pa = 1 000 000 Pa

1 ns = 1 Nanosekunde = 10^{-9} s = 0,000 000 001 s

aber: 1 km^2 = 1 km · 1 km = 10^3 m · 10^3 m = 10^6 m^2

Schrittweise Umrechnung physikalischer Größen

$$1 \text{ kW·h} = 1 \text{ kW·h} \cdot \frac{1000 \text{ W}}{kW} \cdot \frac{3600 \text{ s}}{1 \text{ h}} = 3\,600\,000 \text{ W·s}$$

$$1 \text{ m/s} = 1 \text{ m/s} \cdot \frac{1 \text{ km}}{1000 \text{ m}} \cdot \frac{3600 \text{ s}}{1 \text{ h}} = 3{,}6 \text{ km/h}$$

$$1 \text{ kN/cm}^2 = 1 \frac{kN}{cm^2} \cdot \frac{1000 \text{ N}}{1 \text{ kN}} \cdot \frac{cm^2}{100 \text{ mm}^2} = 10 \text{ N/mm}^2$$

$$1 \text{ MPa} = 10^6 \frac{N}{m^2} = 10^6 \frac{N}{m^2} \cdot \frac{1 \text{ m}^2}{10^6 \text{ mm}^2} = 1 \frac{N}{mm^2}$$

$$1 \text{ d (Tag)} = 24 \text{ h} \cdot \frac{60 \text{ min}}{1 \text{ h}} \cdot \frac{60 \text{ s}}{1 \text{ min}} = 86\,400 \text{ s}$$

$$1{,}3 \text{ h} = 1 \text{ h} + 0{,}3 \text{ h} \cdot \frac{60 \text{ min}}{1 \text{ h}} = 1 \text{ h } 18 \text{ min}$$

Umrechnungen zwischen alten, gebräuchlichen und SI-Einheiten

Krafteinheiten   1 kp (Kilopond) = 9,81 N

Bei den üblichen Sicherheiten im Bauwesen genügt es, die Fallbeschleunigung mit g = 10 m/s^2 anzusetzen. Daraus folgt:

1 kp ≈ 10 N	⇒	1 N ≈ 0,1 kp		
1 kp/cm^2	⇒	0,1 N/mm^2		
1 N/mm^2	⇒	10 kp/cm^2	⇒	100 Mp/m^2
10 kN/m^2	⇒	0,1 kp/cm^2		

Leistung

1 PS (Pferdestärke) = 0,736 kW

1 kW = 1,359 PS

Einheiten für Wärmemenge, Arbeit und Energie

1 cal (Kalorie) = 4,187 J = 4,187 Nm = 4,187 Ws

1 kcal/h = 1,163 Watt

Druckeinheiten

1 bar = 0,1 MPa = 0,1 N/mm^2 = 0,1 MN/m^2

1 MPa = 10 bar = 1 N/mm^2 = 1 MN/m^2

1 atm = 1 normal Atmosphäre = 1,013 · 10^5 Pa = 1013 hPa

1 at = 1 technische Atmosphäre = 10 mWS (Wassersäule)

1 mWS = 9,81 · 10^3 N/m^2 ≈ 10^4 N/m^2 = 10^4 Pa

Masseeinheiten

1 Pfd. = 0,5 kg (1 Pfund)

1 Ztr. = 50 kg (1 Zentner)

1 dz = 100 kg (1 Doppelzentner)

1 t (Tonne) = 1000 kg

Einheiten für Strecken, Flächen und Winkel ▶ S. 9

2 NATURWISSENSCHAFTEN

2.2 Physikalische Grundlagen

Masse

$m = V \cdot \varrho$

Die Masse m eines Körpers beschreibt die Eigenschaft, die sich sowohl in Trägkheitswirkungen als auch in der Anziehung auf andere Körper äußert. Sie ist ortsunabhängig. Die Masse kann aus dem Volumen V und der Dichte ϱ berechnet werden. Einheiten: Kilogramm kg, Gramm g, Tonne t

Beispiel

Bohle aus Eiche
$V = 0{,}12$ m³, $\varrho_R = 800$ kg/m³
$m = V \cdot \varrho_R$
$m = 0{,}12$ m³ $\cdot$ 800 kg/m³ = 96 kg

Dichte   Werte ▶ S. 98 ff

$\varrho = \dfrac{m}{V}$

Die Dichte ϱ eines Stoffes ist der Quotient aus Masse m und Volumen V. Wegen der Wärmeausdehnung ist die Dichte temperaturabhängig. Bei porigen Stoffen und Haufwerken sind unterschiedliche Volumina zu beachten.
Einheiten: 1000 kg/m³ = 1 kg/dm³ = 1 g/cm³

ϱ	Dichte, Reindichte	für feste porenfreie Stoffe, Flüssigkeiten, Gase; z. B. Metalle, Wasser, Luft
ϱ_m	Rohdichte	für porige Stoffe; Volumen ohne von außen zugängliche Hohlräume
ϱ_R	Raumdichte	für porige Stoffe; Volumen einschließlich aller Hohlräume
ϱ_S	Schüttdichte	für lose aufgeschüttete Kornmenge; z. B. lose aufgeschütteter Sand
γ	Wichte	$\gamma = \varrho \cdot g$ $g = 9{,}81$ m/s² (Fallbeschleunigung)

Kraft   ▶ S. 77

$F = m \cdot a$

Newton'sches Gesetz

Die Kraft F (engl.: force) ist eine nicht sichtbare physikalische Größe. Kräfte verursachen Wirkungen, und zwar Beschleunigungen und Formänderungen. Die Beschleunigung a (engl.: acceleration), die ein Körper erfährt, ist der einwirkenden Kraft F proportional und erfolgt in der Kraftrichtung.

Beispiel

Ein Fahrzeug mit der Masse m von 1500 kg wird durch eine Antriebskraft F von 3000 N angetrieben. Wie groß ist die Beschleunigung?

$$a = \dfrac{F}{m} \Rightarrow a = \dfrac{3000 \text{ N}}{1500 \text{ kg}} = \dfrac{3000 \text{ kg} \cdot \text{m/s}^2}{1500 \text{ kg}} = 2{,}0 \text{ m/s}^2$$

Gewichtskraft   ▶ S. 100

$F_G = m \cdot g$

Durch die Erdanziehung wird auf die Masse eines Körpers eine Gewichtskraft F_G hervorgerufen. Die Gewichtskraft F_G ist das Produkt aus Masse m des Körpers und der Fallbeschleunigung $g = 9{,}81$ m/s².

Reibung

Coulomb'sches Gesetz

$F_R = \mu \cdot F_N$

Rollreibung

$F_{RR} = \dfrac{f \cdot F_N}{r} = \mu_{RR} \cdot F_N$

Bei einer Bewegung tritt in der Berührungsfläche ein Widerstand auf, die Reibungskraft F_R. Sie ist abhängig von der senkrecht zur Berührfläche wirkenden Kraft F_N und der materialabhängigen Reibungszahl μ.

Haft- und Gleitreibung   Rollreibung

F_R	Reibungskraft
F_N	senkrecht zur Berührungsfläche wirkende Kraft
μ	Reibungszahl
F_{RR}	Rollreibungskraft
μ_{RR}	Rollreibungszahl
r	Radius

Werkstoffpaarung	Haftreibungszahl $\mu_R >$	Gleitreibungszahl μ	Rollreibungszahl μ_{RR}
Stahl auf Stahl	0,2 … 0,3	0,1 … 0,2	0,001 … 0,002
Stahl auf Beton	0,3 … 0,5	0,2 … 0,3	
Holz auf Holz	0,5 … 0,6	0,3 … 0,5	
Reifen auf Asphalt	–	0,2 … 0,6	0,015 … 0,020

2.2 Physikalische Grundlagen

Kohäsion (Zusammenhangskraft)

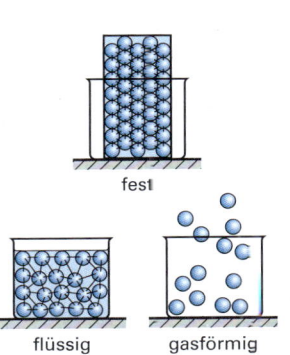

Die Anziehungskräfte zwischen den Molekülen eines Stoffes werden als Kohäsion bezeichnet. Die Größe dieser Molekularkräfte ergibt den Zusammenhang eines Stoffes oder Körpers und damit auch seine Zustandsform (Aggregatzustand). Diese lassen sich durch Energiezufuhr oder Energieentzug ineinander überführen ▶ S. 60.

Feste Stoffe: Große Kohäsion – Moleküle befinden sich in einer bestimmten Anordnung innerhalb eines Stoffes. Durch äußere Krafteinwirkung verformen sich diese Körper oder dehnen sich bei Wärmezufuhr aus.

Flüssige Stoffe: (Flüssigkeiten) Geringe Kohäsion – Moleküle können ihren Platz innerhalb eines Körpers ändern.

Gasförmige Stoffe: (Gase) Keine Kohäsion – Moleküle streben auseinander (Expansion).

Adhäsion (Anhangskraft)

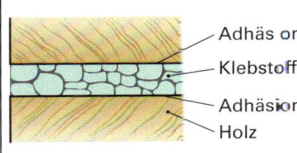

Die Anziehungskräfte der Moleküle verschiedener Stoffe wird als Adhäsion bezeichnet. Dadurch können Körper aus verschiedenen Stoffen aneinander haften.

Beispiele
- Klebstoffe auf Fügeteilen
- Lacke auf Holzoberflächen
- Putz auf Untergrund

Die Anhangskraft wirkt nicht zwischen allen Stoffen.

Oberflächenspannung

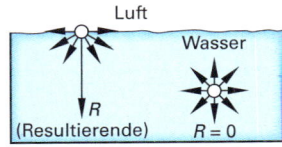

Die Kohäsionskräfte zwischen den Molekülen an der Oberfläche einer Flüssigkeit wirken verstärkt nach innen und verkleinern dadurch die Oberfläche.

Große Kohäsion einer Flüssigkeit bewirkt auch eine große Oberflächenspannung.

Die Oberflächenspannung beeinflusst die Benetzungs- und Fließfähigkeit einer Flüssigkeit, z.B. Klebstoff in Leimfuge.

Kapillarität (Haarröhrchenwirkung)

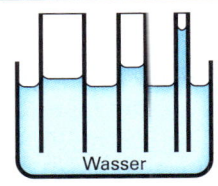

Das Verhalten von Flüssigkeiten in Kapillaren und feinen Poren von Körpern wird als Kapillarität bezeichnet.

Die kapillare Steighöhe hängt von der Wechselwirkung zwischen der Kohäsion der Flüssigkeit, der Adhäsion der verschiedenen Stoffe und den Kapillardurchmessern bzw. den Porengrößen ab.

Die Kapillarität ist die Ursache für das Aufsteigen von Wasser in Baukörpern und in feinkörnigen Böden.

Viskosität (Zähigkeit)

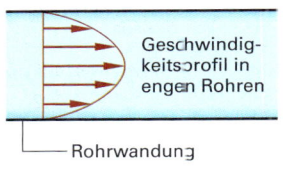

Die Viskosität ist ein Maß für den inneren Widerstand einer Flüssigkeit. Diese Widerstandskraft entsteht durch Reibung zwischen den bewegten Molekülen als Folge von Kohäsionskräften.

Flüssigkeiten mit hoher Viskosität (Klebstoffe) sind zähflüssig, mit niedriger Viskosität (Wasser) dünnflüssig. Die Viskosität ist temperaturabhängig, mit steigender Temperatur nimmt sie ab ▶ S. 458.

2.3 Gleichförmige und beschleunigte Bewegung

Gleichförmig geradlinige Bewegung

Die gleichförmig geradlinige Bewegung beschreibt die Bewegung eines Körpers mit konstanter Geschwindigkeit auf einer geraden Strecke.

$$v = \frac{s}{t} \qquad t = \frac{s}{v}$$

$$s = v \cdot t$$

v Geschwindigkeit in m/s
s Wegstrecke in m
t Zeitspanne in s

Umrechnungen

1 h = 60 min = 60 · 60 s = 3600 s

1 km/h = $\frac{1000 \text{ m}}{3600 \text{ s}} = \frac{1}{3{,}6}$ m/s

1 m/s = 3,6 km/h

Beispiel

Ein Fahrzeug fährt vom Anfang einer Straße mit einer Geschwindigkeit von 54 km/h. Welche Strecke legt es in 4,0 Minuten zurück?

v = 54 km/h = 54 km/h · $\frac{1 \text{ m/s}}{3{,}6 \text{ km/h}}$ = **15 m/s**

t = 4,0 min = 4,0 min · 60 s/min = **240 s**

$s = v \cdot t \quad \Rightarrow \quad s$ = 15 m/s · 240 s = **3600 m**

Die Abhängigkeiten zwischen der zurückgelegten Strecke, der Geschwindigkeit und der Zeit sind in den Diagrammen dargestellt.

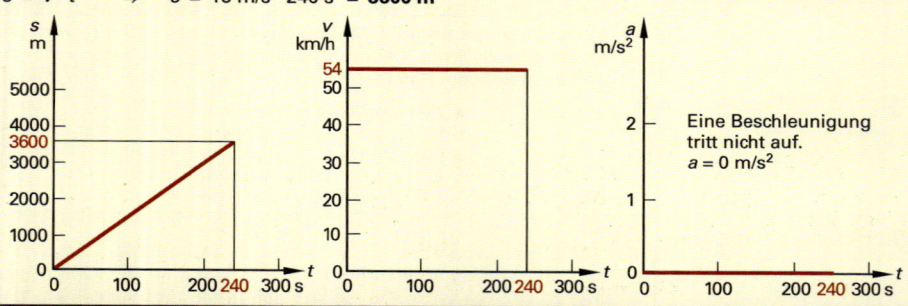

Eine Beschleunigung tritt nicht auf.
$a = 0$ m/s²

Gleichförmige Kreis- oder Drehbewegung

Die gleichförmige Kreis- oder Drehbewegung beschreibt die gleichmäßige Drehung von Kreisen um eine Achse (Rad, Kreissägeblatt usw.). Bei der Drehbewegung weisen die von der Achse weiter entfernten Punkte eine größere Umfangsgeschwindigkeit als die näher liegenden Punkte mit einer kleineren Umlaufbahn auf. Alle kreisenden Punkte haben die gleiche Umlaufzeit und die gleiche Drehzahl (Anzahl der Umdrehungen in der Zeiteinheit).

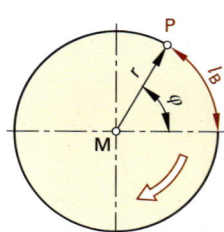

$$F_z = \frac{m \cdot v^2}{r}$$

$$F_z = m \cdot \omega^2 \cdot r$$

$$n = \frac{1}{t_u}$$

t_u Umlaufzeit in s
n Drehzahl in 1/s oder Hertz (Hz)
v Umfangsgeschwindigkeit in m/s
ω Winkelgeschwindigkeit in 1/s
φ Drehwinkel in Bogenmaß
l_B Bogenlänge in m
r Abstand (Drehachse – Punkt) in m
F_z Zentrifugalkraft in N
m Masse in kg

$$v = 2 \cdot \pi \cdot r \cdot n \qquad \varphi = \omega \cdot t$$

$$\omega = 2 \cdot \pi \cdot n \qquad l_B = \varphi \cdot r$$

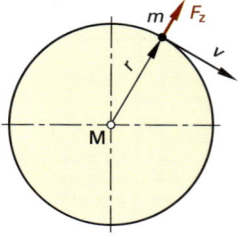

Drehbewegung

2.3 Gleichförmige und beschleunigte Bewegung

Gleichmäßig beschleunigte Bewegung

Die gleichmäßig beschleunigte Bewegung beschreibt die Bewegung eines Körpers mit gleichmäßig zunehmender Geschwindigkeit auf einer geraden Strecke. Die Beschleunigung a ist der Quotient aus der Geschwindigkeitsänderung und der dazu benötigten Zeit. Eine Abnahme der Geschwindigkeit bezeichnet man als Verzögerung, die Beschleunigung bekommt dann einen negativen Wert.

$$a = \frac{v_e - v_o}{t}$$

$$v_e = v_o + a \cdot t$$

$$s = \frac{v_o + v_e}{2} \cdot t$$

$$v_e = \sqrt{v_o^2 + 2 \cdot a \cdot s}$$

$$s = v_o \cdot t + \frac{a \cdot t^2}{2}$$

a Beschleunigung in m/s²
v_e Endgeschwindigkeit in m/s
v_o Anfangsgeschwindigkeit in m/s

Beispiel
Ein Fahrzeug bewegt sich vom Zeitpunkt $t_o = 0$ s aus dem Stand $v_o = 0$ m/s mit einer Beschleunigung $a = 1,8$ m/s². Wie groß ist die zurückgelegte Strecke und die Geschwindigkeit nach 15 s?

$v_e = v_o + a \cdot t \quad \Rightarrow \quad v_e = 0 + 1,8 \text{ m/s}^2 \cdot 15 \text{ s} = 27 \text{ m/s} \triangleq \mathbf{97{,}2 \text{ km/h}}$

$s = v_o \cdot t + \frac{a \cdot t^2}{2} \quad \Rightarrow \quad s = 0 + \frac{1,8 \text{ m/s}^2 \cdot (15 \text{ s})^2}{2} = \mathbf{202{,}5 \text{ m}}$

$s = \frac{v_o + v_e}{2} \cdot t \quad \Rightarrow \quad s = \frac{0 \text{ m/s} + 27 \text{ m/s}}{2} \cdot 15 \text{ s} = \mathbf{202{,}5 \text{ m}}$

Die Abhängigkeiten zwischen der zurückgelegten Strecke, der Geschwindigkeit, der Beschleunigung und der Zeit sind in den Diagrammen dargestellt.

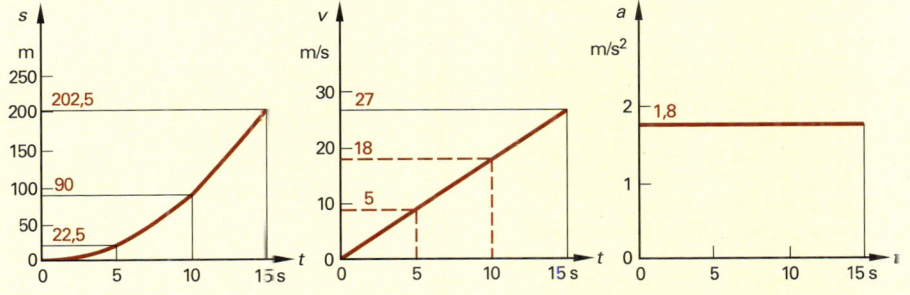

Freier Fall

Der freie Fall ist die gleichmäßig beschleunigte Bewegung eines Körpers durch die Anziehungskraft der Erde (ohne Luftwiderstand). Die Fallbeschleunigung bezeichnet man mit g, die Anfangsgeschwindigkeit beträgt $v_o = 0$. Durch die Anziehungskraft der Erde erhält jede Masse ihre Gewichtskraft. Im Bauwesen wird vereinfacht mit $g = 10$ m/s² gerechnet.

$$v = g \cdot t$$

$$s = \frac{g}{2} \cdot t^2$$

g Fallbeschleunigung 9,81 m/s²
s Strecke in m
v Geschwindigkeit in m/s
t Zeit in s

$$F_G = m \cdot g$$

F_G Gewichtskraft in N
m Masse in kg

$$g = 9{,}81 \text{ m/s}^2 \approx 10 \text{ m/s}^2$$

Beispiel
Wie groß ist die Gewichtskraft eines Sackes Zement von 50 kg Masse?

$F_G = m \cdot g \quad \Rightarrow \quad F_G \approx 50 \text{ kg} \cdot 10 \text{ m/s}^2 = 500 \frac{\text{kg} \cdot \text{m}}{\text{s}^2} = \mathbf{500 \text{ N}}$

2 NATURWISSENSCHAFTEN

2.4 Arbeit, Energie, Leistung und Wirkungsgrad

Arbeit

Die Arbeit W (englisch: work) ist das Produkt aus der aufgewendeten Kraft und der Länge der Strecke, um die ein Körper verschoben bzw. angehoben wurde. Die unten angegebene Formel gilt nur, wenn die Kraft konstant ist und in Richtung der Strecke zeigt.

Die Arbeit ist eine Energieform wie z.B. auch die Wärme. Zwischen den Energieformen kann ein Austausch stattfinden. Die Größen Arbeit, Energie und Wärmemenge haben dieselbe Einheit Joule (J).

1 J = 1 W·s = 1 N·m   W·s Wattsekunde;   N·m Newtonmeter

$$W = F \cdot s$$

W Arbeit in N·m
F Kraft in N
s Wegstrecke in m

Beispiel

Ein Bauarbeiter trägt einen Sack Fertigmörtel (30 kg) in das 1. Obergeschoss ($h = 2{,}75$ m). Die Arbeit W ist zu berechnen.

$m = 30$ kg   → $F_G = 300$ N
$W = F_G \cdot s$
$W = 300$ N · 2,75 m
$W = 825$ N·m
$W = \mathbf{825\ J}$

Energie

Als Energie E bezeichnet man das Vermögen, Arbeit zu verrichten. Mechanische Energie kann als potenzielle Energie (= Energie der (Höhen-)Lage sowie Federenergie) und kinetische Energie (= Energie der Bewegung) auftreten. Außerdem gibt es Wärme-, Kern-, Schall-, chemische, magnetische und elektrische Energie. Bei physikalischen Vorgängen geht Energie nicht verloren, sondern wird nur in eine andere Form umgewandelt. Einheiten wie Arbeit.

$$E_p = F_G \cdot s$$

Potenzielle Energie

$$E_k = \frac{m}{2} \cdot v^2$$

Kinetische Energie

Beispiel

Wie groß ist die kinetische Energie eines Fahrzeugs von 1000 kg Masse mit einer Geschwindigkeit von 108 km/h?

$v = 108$ km/h = 30 m/s
$E_k = \dfrac{1000\ \text{kg}}{2} \cdot (30\ \text{m/s})^2$
$E_k = 450\,000$ kg·m²/s²
$E_k = \mathbf{450\,000\ N\cdot m}$

Leistung

Die Leistung P (englisch: power) beschreibt die in einem bestimmten Zeitraum geleistete Arbeit. Die Einheit für die mechanische und elektrische Leistung ist das Watt (W).

$$P = \frac{W}{t}$$

$$P = \frac{F \cdot s}{t}$$

$$P = F \cdot v$$

P Leistung in W
W Arbeit in N·m
F Kraft in N
s Wegstrecke in m
t Zeitspanne in s
v Geschwindigkeit in m/s

1 W = 1 $\dfrac{J}{s}$ = 1 $\dfrac{N\cdot m}{s}$

0,736 kW = 1 PS (alte Einheit)

Beispiel

Ein Arbeiter zieht mithilfe einer festen Rolle zwei Sack Zement (50 kg) 11 m hoch und benötigt dafür 29 Sekunden. Die Leistung soll berechnet werden.

$m = 50$ kg   → $F_G = 500$ N
$P = \dfrac{F_G \cdot s}{t} = \dfrac{500\ \text{N} \cdot 11\ \text{m}}{29\ \text{s}}$
$= 189{,}7\ \dfrac{N\cdot m}{s} = 189{,}7$ W
$\approx \mathbf{190\ W}$

Wirkungsgrad

Der Wirkungsgrad ist ein Maß für das Verhältnis aus der abgegebenen Leistung und der zugeführten Leistung bzw. Energie; die Verhältniszahl η ist immer kleiner als 1.
Der Wirkungsgrad kann auch in Prozent angegeben werden, z.B. $\eta = 0{,}25$ oder $\eta = 25\ \%$.

$$\eta = \frac{P_{ab}}{P_{zu}}$$

$$\eta = \frac{W_{ab}}{W_{zu}}$$

η Wirkungsgrad, ohne Einheit
P_{ab} abgegebene Leistung in W
P_{zu} zugeführte Leistung in W
W_{ab} abgegebene Arbeit in N·m
W_{zu} zugeführte Arbeit in N·m

Beispiel

Eine Motorwinde mit einer Leistung von 10 kW zieht eine Palette mit Steinen ($F_G \approx 5000$ N) in 15 s in eine Höhe von 7,50 m. Der Wirkungsgrad ist zu berechnen.

$P_{ab} = \dfrac{5000\ \text{N} \cdot 7{,}50\ \text{m}}{15\ \text{s}}$
$P_{ab} = 2500\ \dfrac{N\cdot m}{s} = 2{,}5$ kW
$\eta = \dfrac{2{,}5\ \text{kW}}{10\ \text{kW}} = \mathbf{0{,}25}$

2.5 Einfache Maschinen

2.5.1 Hebel

Der **Hebel** ist ein starrer, drehbar gelagerter Körper. Man unterscheidet je nach Lage des Drehpunktes (Dp) einarmige und zweiarmige Hebel. Den Abstand vom Drehpunkt bis zum Angriffspunkt der Kraft F bzw. Last F_G nennt man Kraft- bzw. Lastarm jeweils senkrecht zur Kraftrichtung gemessen. Das Produkt aus der Größe der Kraft und der Länge des dazugehörigen Hebelarmes bildet das Moment ▶ S. 78. Ist die Drehwirkung der Kraft im Gegenuhrzeigersinn, so ist das Moment positiv, andernfalls negativ. Je nach Kraftrichtung um den Drehpunkt entstehen

linksdrehende (positive) Momente $+\hat{M}$ und rechtsdrehende (negative) Momente $-\hat{M}$.

Kraftschema beim einarmigen Hebel   **Kraftschema beim zweiarmigen Hebel**

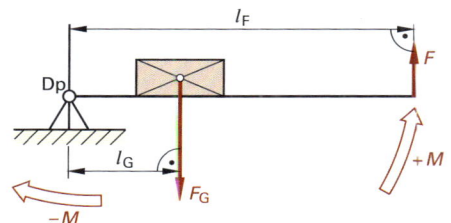 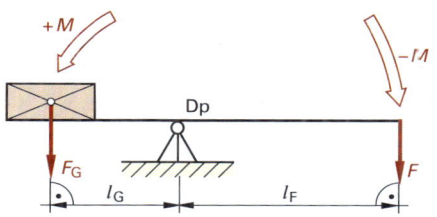

Das **Hebelgesetz** bestimmt den Zustand des Gleichgewichts am Hebel. Am Hebel herrscht Gleichgewicht, wenn die Summe aller linksdrehenden Momente gleich der Summe aller rechtsdrehenden Momente ist, d.h., die Summe aller Momente ist gleich null.

Berechnung der Drehmomente (Hebelgesetz):

$$F \cdot l_F = F_G \cdot l_G$$

$F \cdot l_F = M_1 \qquad F_G \cdot l_G = M_2 \qquad M_1 = M_2$

$$+\hat{M} = -\hat{M} \Rightarrow \Sigma M = 0$$

Kraftschema beim Winkelhebel

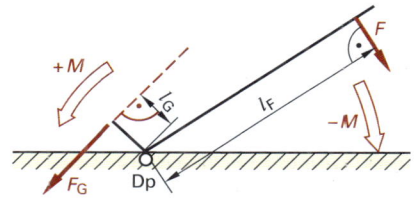

F	Kraft in N	l_G	Lastarm in m
l_F	Kraftarm in m	M_1	Kraftmoment in N·m
F_G	Last in N	M_2	Lastmoment in N·m

Maschinen mindern die Kraft oder den Weg. Arbeit wird nicht vermindert.

Beispiel

Eine Schubkarre wird mit sechs Säcken Zement je 25 kg beladen. Die Kraft, die zum Anheben aufgewendet werden muss, soll in kN berechnet werden.

$m = 6 \cdot 25\ kg = 150\ kg \Rightarrow F_G = 1500\ N$
$l_G = 0{,}45\ m; \quad l_F = 0{,}45\ m + 0{,}95\ m = 1{,}40\ m$

$F \cdot l_F = F_G \cdot l_G$

$F = \dfrac{F_G \cdot l_G}{l_F}$

$F = \dfrac{1{,}5\ kN \cdot 0{,}45\ m}{1{,}40\ m}$

$F = 0{,}482\ kN$

Zum Anheben der Schubkarre muss eine Kraft $F > 0{,}482\ kN$ aufgewendet werden.

Gesucht: F

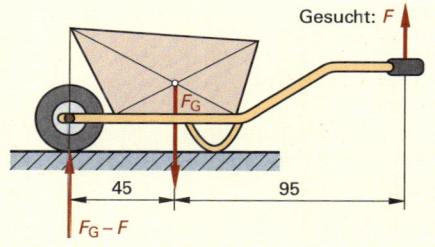

2.5 Einfache Maschinen

2.5.2 Feste und lose Rollen

Die feste und die lose Rolle bestehen aus einer um ihre Mittelachse drehbaren Scheibe, die eine umlaufende Führungsnut für das Zugseil besitzt. Bei beiden Maschinen findet das Hebelgesetz seine Anwendung; der Hebelarm entspricht dem Radius der Scheibe. Berechnung des Kraftaufwandes und des Seilweges:

an der festen Rolle

$$F \cdot r = F_G \cdot r$$
$$F = F_G$$
$$s_1 = s_2$$

an der losen Rolle

$$F \cdot 2r = F_G \cdot r$$
$$F = \frac{F_G}{2}$$
$$s_1 = \frac{s_2}{2}$$

am Flaschenzug (Kombination von festen und losen Rollen)

$$F = \frac{F_G}{n}$$
$$s_1 = \frac{s_2}{n}$$

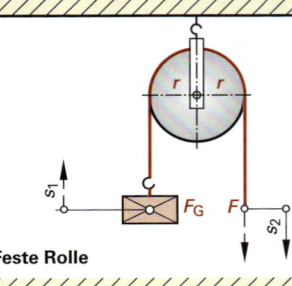

Feste Rolle

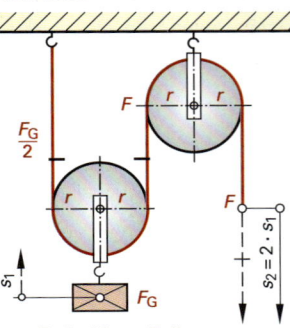

Lose Rolle / feste Rolle

Beispiel

Der Kraftaufwand einer festen Rolle, einer losen Rolle und eines Flaschenzuges mit 4 Rollen soll miteinander verglichen werden; die Last F_G ist immer 0,15 kN.

Feste Rolle $F = F_G = $ **0,15 kN**

Lose Rolle $F = \frac{F_G}{2}$ Flaschenzug $F = \frac{F_G}{n}$

$F = \frac{0,15 \text{ kN}}{2}$ $F = \frac{0,15 \text{ kN}}{4}$

$F = $ **0,075 kN** $F = $ **0,0375 kN**

Die Reibungswiderstände sind nicht berücksichtigt worden.

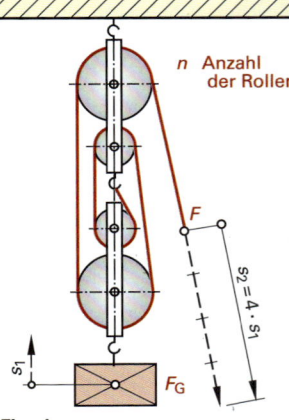

n Anzahl der Rollen

Flaschenzug

2.5.3 Seilwinde

Die Seilwinde ist eine Rolle bzw. Trommel, die mittels Antrieb über die Mittelachse das Zugseil schraubenförmig aufrollt. Diese Drehbewegung wird bei der Seilwinde mit Vorgelege (Bauwinde) auf eine Rolle bzw. Trommel mit größerem Durchmesser übertragen. Berechnung der Kraft:

an der Seilwinde

$$F = \frac{F_G \cdot r_2}{r_1}$$
$$F_G = \frac{F \cdot r_1}{r_2}$$

an der Seilwinde mit Vorgelege

$$F = \frac{r_2 \cdot r_4 \cdot F_G}{r_1 \cdot r_3}$$
$$F_G = \frac{r_1 \cdot r_3 \cdot F}{r_2 \cdot r_4}$$

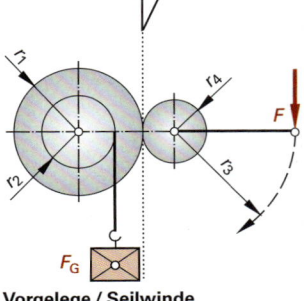

Vorgelege / Seilwinde

Beispiel

Eine Bauwinde ($r_1 = 20$ cm, $r_2 = 10$ cm, $r_3 = 36$ cm, $r_4 = 6$ cm) wird mit einer Kraft von 200 N angetrieben. Die Last ist zu berechnen.

$F_G = \frac{r_1 \cdot r_3 \cdot F}{r_2 \cdot r_4}$

$F_G = \frac{20 \text{ cm} \cdot 36 \text{ cm} \cdot 200 \text{ N}}{10 \text{ cm} \cdot 6 \text{ cm}}$ $F_G = 2400 \text{ N} = $ **2,4 kN**

2.5 Einfache Maschinen

2.5.4 Schiefe Ebene, Schraube und Keil

Die **schiefe Ebene** dient zum Transport eines Körpers in eine bestimmte Höhe. Der Kraftaufwand ist wesentlich geringer als beim Hochheben; dafür ist ein längerer Weg notwendig. Mithilfe des Kräfteparallelogramms ▶ S. 77 zerlegt man die Gewichtskraft in die entsprechenden Teilkräfte.

Berechnung der Kraft parallel zur Fahrbahn

$$F = \frac{F_G \cdot h}{s}$$

F Schubkraft in N
s Kraftweg in m
h Hubhöhe in m
F_G Gewichtskraft in N

Beispiel
Über einen 4,00 m langen Steg, der eine Höhe von 0,80 m überbrückt, soll eine Schubkarre (F_G = 650 N) geschoben werden. Die Schubkraft ist zu berechnen.

F_G = 650 N, h = 0,80 m, s = 4,00 m

$$F = \frac{650\ N \cdot 0{,}80\ m}{4{,}00\ m} \Rightarrow F = \mathbf{130\ N}$$

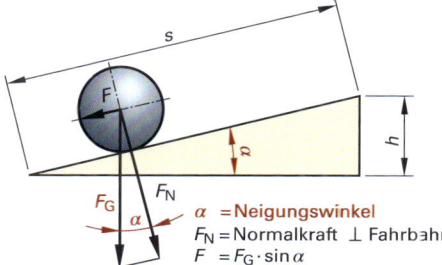

α = Neigungswinkel
F_N = Normalkraft ⊥ Fahrbahn
$F = F_G \cdot \sin \alpha$

Kraftübersetzung bei der schiefen Ebene

Die **Schraube** ist eine um einen Zylinder gewickelte schiefe Ebene. Die umlaufend steigende bzw. fallende Linie, die Schraubenlinie, entspricht dem Gewinde. Die in der Achse wirkende Kraft lässt sich mithilfe des Hebelgesetzes berechnen.

Berechnung der Vortriebskraft

$$F_2 = \frac{F_1 \cdot U}{h}$$

$$F_2 = \frac{F_1 \cdot d \cdot \pi}{h}$$

F_1 Drehkraft in N
F_2 Vortriebskraft in N
U Umfang in mm
h Ganghöhe in mm
d Durchmesser in mm

Beispiel
Eine Schraube mit 1,5 mm Ganghöhe soll mit einem Schraubenschlüssel von 125 mm Länge durch eine Handkraft von 50 N angezogen werden. Die Vortriebskraft ist zu berechnen.

F_1 = 50 N, h = 1,5 mm,
d = 2 · 125 mm = 250 mm

$$F_2 = \frac{F_1 \cdot d \cdot \pi}{h}$$

$$F_2 = \frac{50\ N \cdot 250\ mm \cdot \pi}{1{,}5\ mm} \Rightarrow F_2 = \mathbf{26{,}2\ kN}$$

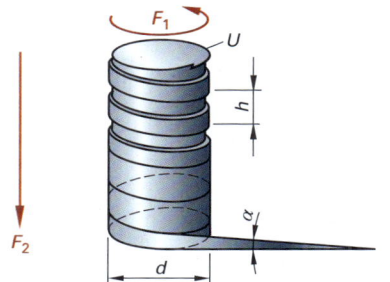

Kraftübersetzung bei der Schraube

Der **Keil** ist die älteste Maschine überhaupt; seine trennende Wirkung ist abhängig vom Keilwinkel und von den Reibungskräften an den Keilseitenflächen.

Berechnung der spaltenden Kraft

$$F = \frac{F_N \cdot h}{s}$$

F Spaltkraft in N
h Keilhöhe in mm
s Keilseitenlänge in mm

Beispiel
Mit einem Stecheisen soll ein Stück Holz (Kohäsionskraft = 60 N) abgetrennt werden. Das Eisen ist 1,8 mm dick und die Fase ist 15 mm lang. Die Spaltkraft ist zu berechnen.

F_N = 60 N, h = 1,8 mm, s = 15 mm

$$F = \frac{60\ N \cdot 1{,}8\ mm}{15\ mm} \Rightarrow F = \mathbf{7{,}2\ N}$$

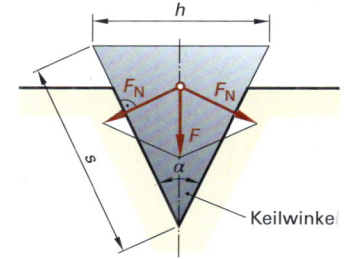

Kraftübersetzung beim Keil

2.6 Wärmelehre

Temperaturen

Wärmedurchgang ▶ S. 168

Die Temperaturen werden in Kelvin (K) oder Grad Celsius (°C) gemessen. Die Kelvinskala geht von der tiefstmöglichen Temperatur, dem absoluten Nullpunkt, die Celsiusskala vom Schmelzpunkt des Eises aus.

Temperaturunterschiede werden in Kelvin angegeben, z.B. $\Delta\vartheta = \vartheta_1 - \vartheta_2 = 45\,°C - 20\,°C = 25\,K$.

Nach DIN 1304-1:1994-03 wird die thermodynamische Temperatur mit dem Formelzeichen θ ausgewiesen und für die Celsiustemperatur °C das Formelzeichen ϑ verwandt.

$$T\,[K] = \vartheta\,[°C] + 273$$

Fahrenheit-Temperatur ϑ_F (nur noch in England und USA üblich)

$\vartheta_F = 32 + \vartheta_C \cdot \dfrac{9}{5}$ [°F] $\vartheta_C = (\vartheta_F - 32) \cdot \dfrac{5}{9}$ [°C]

Die Einheiten K und °C sind international gültige SI-Einheiten.

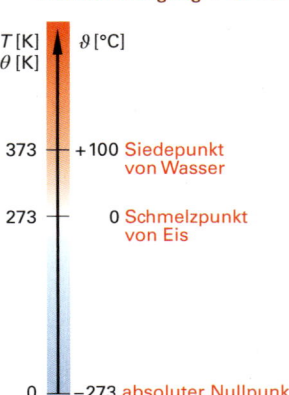

373	+100 Siedepunkt von Wasser
273	0 Schmelzpunkt von Eis
0	−273 absoluter Nullpunkt

Aggregatzustände, Schmelz- und Siedepunkte

Die Übergangstemperatur vom festen Zustand zum flüssigen Zustand ist der Schmelzpunkt. Die Übergangstemperatur vom flüssigen Zustand zum gasförmigen Zustand ist der Siedepunkt. Insbesondere der Siedepunkt hängt stark vom Luftdruck ab, der deshalb beim normalen Luftdruck angegeben wird. Der Schmelzpunkt ist nur bei chemisch reinen Stoffen genau definiert. Gemenge erweichen allmählich, wie beispielsweise Bitumen, Kunststoffe, Gesteine.

Wärmemenge Q ist eine besondere Form der Energie. Einheit: Joule (1 J = 1 W·s = 0,239 cal).

Wärmestrom Φ bezeichnet die Wärmemenge, die in einer Sekunde durch einen Baustoff strömt.
$\Phi = Q/t$ Einheit: Watt (1 W = 1 J/s = 1 N·m/s).

Längenänderungen

Die meisten Stoffe dehnen sich bei Erwärmung aus und ziehen sich bei Abkühlung zusammen.

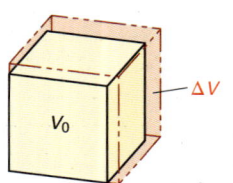

$$\Delta l = \alpha_\vartheta \cdot l_0 \cdot \Delta\vartheta$$

Δl Längenänderung

α_ϑ Längenausdehnungskoeffizient in $\dfrac{1}{K}$ oder $\dfrac{1}{°C}$ ▶ S. 61

l_0 ursprüngliche Länge

$\Delta\vartheta$ Temperaturänderung (+ Erwärmung, − Abkühlung)

Beispiel
Wie groß ist insgesamt die Längenänderung einer Stahlbrücke mit $l_0 = 1400\,m$, bei einer Erwärmung von 10 °C auf 40 °C?

$\Delta\vartheta = 40\,°C - 10\,°C = 30\,K$

$\Delta l = \alpha_\vartheta \cdot l_0 \cdot \Delta\vartheta =$
$= 0{,}000\,012\,\dfrac{1}{K} \cdot 1400\,m \cdot 30\,K$
$= 0{,}50\,m$

Volumenänderungen

$$\Delta V = \gamma_\vartheta \cdot V_0 \cdot \Delta\vartheta$$

ΔV Volumenänderung

γ_ϑ Volumenausdehnungskoeffizient in $\dfrac{1}{K}$ oder $\dfrac{1}{°C}$

V_0 Ausgangsvolumen

$\Delta\vartheta$ Temperaturänderung (+ Erwärmung, − Abkühlung)

Beispiel
Wie groß ist die Ausdehnung von Benzin in einem 8000-l-Tank bei einer Erwärmung von 10 °C auf 30 °C?

$\Delta\vartheta = 30\,°C - 10\,°C = 20\,K$

$\Delta V = \gamma_\vartheta \cdot V_0 \cdot \Delta\vartheta =$
$= 0{,}0011\,\dfrac{1}{K} \cdot 8000\,l \cdot 20\,K$
$= 176\,l$

2.6 Wärmelehre

Wärmemenge für Temperaturänderungen, spezifische Wärmekapazität c

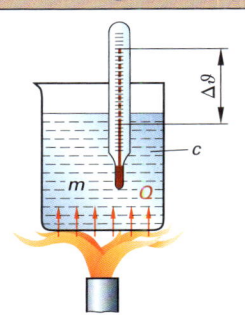

Die spezifische Wärmekapazität c gibt die Wärmemenge an, die notwendig ist, um 1 kg eines Stoffes um 1 K ($\triangleq$ 1 °C) zu erwärmen.

$$Q = c \cdot m \cdot \Delta\vartheta$$

Q Wärmemenge in kJ
c spezifische Wärmekapazität in kJ/(kg·K)
m Masse in kg
$\Delta\vartheta$ Temperaturänderung in K

Beispiel
Welche Wärmemenge braucht ein Dachdecker, um 25 kg Bitumen von 20 °C auf 130 °C zu erwärmen?
$\Delta\vartheta$ = 130 °C − 20 °C = 110 °C
     = 110 K
$Q = c \cdot m \cdot \Delta\vartheta$ =
  = 2,09 · 25 · 110 = 5700 kJ

Wärmemenge beim Schmelzen und Verdampfen

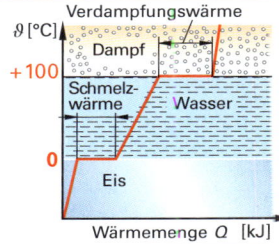

Das Schmelzen und Verdampfen erfordern eine Wärmezufuhr, ohne dass dabei die Temperatur steigt.

$$Q = q \cdot m \qquad Q = r \cdot m$$

Q Wärmemenge in kJ
q spezifische Schmelzwärme
r spezifische Verdampfungswärme in kJ/kg

Die spezifische Schmelz- und Verdampfungswärme von Wasser ist im Vergleich zu anderen Stoffen sehr groß.

q_{Wasser} = 334 kJ/kg
r_{Wasser} = 2256 kJ/kg

Wärmeentstehung durch Verbrennen

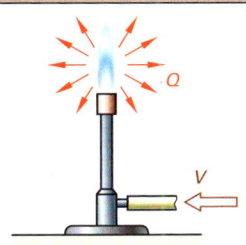

Der spezifische Heizwert eines Stoffes ist die Wärmemenge, die bei vollständiger Verbrennung von 1 kg eines Stoffes entsteht.

$$Q = H \cdot m$$

Q Wärmemenge in kJ
H spezifischer Heizwert kJ/kg
m Masse in kg

Beispiel
Welche Wärmemenge entsteht bei der Verbrennung von 3,0 kg Heizöl?
$Q = H \cdot m$
  $\triangleq$ 42 000 · 3,0 = 126 000 kJ

Wärmetechnische Stoffwerte

Stoff	Schmelz-temperatur °C	Siede-temperatur °C	Zünd-temperatur °C	Längenausdehnungskoeffizient $\alpha_\vartheta \left[\frac{1}{K} \text{ oder } \frac{1}{°C}\right]$	Volumenausdehnungskoeffizient $\gamma_\vartheta \left[\frac{1}{K} \text{ oder } \frac{1}{°C}\right]$	spezifische Wärmekapazität c [kJ/(kg·K)]	spezifischer Heizwert H [kJ/kg]
Wasser H_2O	0	100	−	−	0,00018	4,18	−
Sauerstoff O_2	−219	−183	−	−	0,00367	0,91 (p = const)	−
Kohlendioxid CO_2	−57	−78	−	−	0,00373	0,82 (p = const)	−
Benzin	−30 ... −50	25 ... 150	200	−	0,0011	2,02	42 000
Heizöl	≈ −10	> 175	220	−	0,00096	2,07	41 000...43 000
Eisen Fe	1536	3070	−	0,000012	−	0,47	−
Ziegel	−	−	−	0,000006	−	≈ 0,9	−
Beton	−	−	−	0,000011	−	1,0	−
Porenbeton	−	−	−	0,000008	−	1,0	−
Bitumen	−	−	> 250	−	0,00061	2,09	−
Asphalt	−	−	(> 250)	−	−	≈ 0,9	−

2 NATURWISSENSCHAFTEN

2.7 Elektrotechnik

Ohm'sches Gesetz

Elektrizität ist eine Energieart, die aufgrund der Bewegungen von elektrisch geladenen Teilchen (Elektronen) zwischen den Metallatomen entsteht. Die elektrische Energie lässt sich in Wärme- und Lichtenergie, magnetische oder chemische Energie umwandeln. Das Ohm'sche Gesetz beschreibt die Abhängigkeiten zwischen den elektrischen Grundgrößen.

- **Stromstärke I in Ampere**
  Sie beschreibt die Größe des Elektronenflusses in einer bestimmten Zeit.
  Beispiel: $U = 220$ V; $R = 44\ \Omega\ \Rightarrow\ I = 220$ V/44 $\Omega = 5$ A

  $$I = \frac{U}{R}$$

- **Spannung U in Volt**
  Sie beschreibt den Ladungszustand von Elektroden. Nach Verbindung durch einen elektrischen Leiter fließt Strom.
  Beispiel: $I = 5$ A; $R = 44\ \Omega\ \Rightarrow\ U = 5$ A $\cdot 44\ \Omega = 220$ V

  $$U = I \cdot R$$

- **Elektrischer Widerstand R in Ohm**
  Er gibt Auskunft über die Reibungsverluste beim Transport der Elektronen durch die verschiedenen Materialien.
  Beispiel: $U = 220$ V; $I = 5$ A $\Rightarrow\ R = 220$ V/5 A = 44 Ω

  $$R = \frac{U}{I}$$

Der **spezifische Widerstand** ϱ (Materialkonstante) ist der Widerstand eines bestimmten Leiters von 1 m Länge und 1 mm² Querschnittsfläche. Der Kehrwert des spezifischen Widerstands ist die elektrische Leitfähigkeit; sie wird bestimmt durch das Material und die Temperatur.

Berechnung des Widerstandes:
- R Widerstand in Ω (Ohm)
- A Querschnittsfläche des Leiters in mm²
- l Länge des Leiters in m
- ϱ spezifischer Widerstand in $\frac{\Omega \cdot mm^2}{m}$

$$R = \frac{l \cdot \varrho}{A}$$

elektrischer Strom	elektrische Leistung	elektrische Arbeit
$I = \dfrac{U}{R}$	$P = U \cdot I$	$W = P \cdot t$
A (Ampere)	W (Watt)	W·s (Wattsekunde)

Schaltzeichen für die Elektroinstallationen

Symbol	Bedeutung	Symbol	Bedeutung
⊖	Leiter oberirdisch	⊤	Leiterverbindung
≡	Leiter im Erdreich	⊖	Abzweigdose
∕∕∕	Leiter auf Putz	⊓	Hausanschlusskasten
∕∕∕	Leiter im Putz	⊔⊔⊔⊔	Verteiler
∕∕∕	Leiter unter Putz	⬓	Sicherung, allgemein
∕∕∕₃	Leitung mit 3 Leitern	⊥	Schukosteckdose
♂	Schalter, allgemein	▯	Zähler
⋎	Serienschalter	✕	Leuchte, allgemein
⋎	Wechselschalter	▼	Notleuchte
✕	Kreuzschalter	⊢⊢⊢ 40W	Leuchtenband
◎	Taster	E	Elektrogerät, allgem.

Die **Schaltzeichen** (nach DIN 40900/DIN EN 60617) werden vom Fachingenieur in die Grundrisse eingetragen.

Warnhinweis: Ströme über 0,09 Ampere und Spannungen über 50 Volt sind lebensgefährlich.

Installationszonen
(Auszug nach DIN 18015-3)

Wohnräume (Maße in cm)

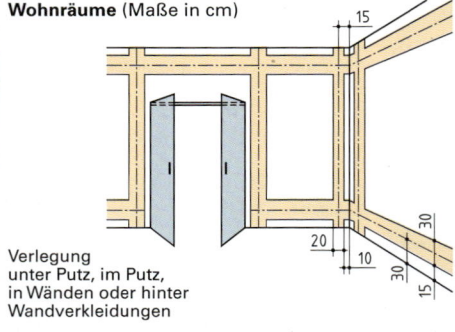

Verlegung unter Putz, im Putz, in Wänden oder hinter Wandverkleidungen

Küchen, Hausarbeitsräume (Maße in cm)

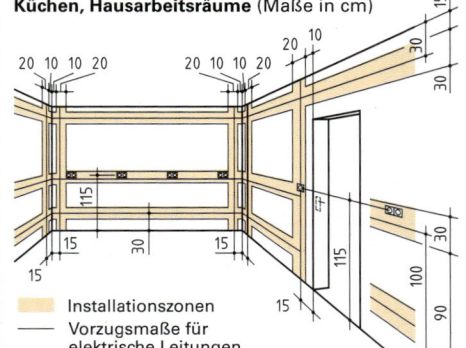

▨ Installationszonen
— Vorzugsmaße für elektrische Leitungen

2.7 Elektrotechnik

Hausanschlussraum
mit Schutzpotenzialausgleich

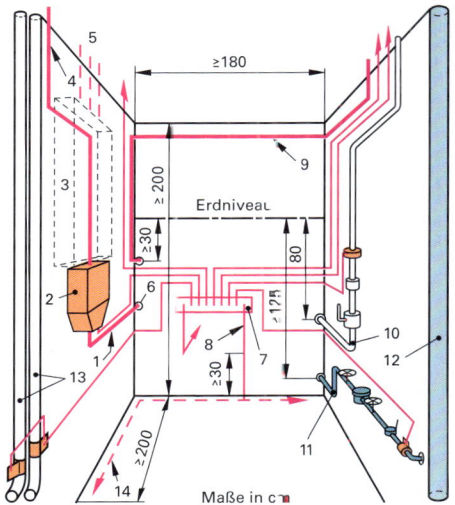

1 Hauseinführungsleitung
2 Hausanschlusskasten
3 Platz für Zählerschrank
4 Hauptleitung
5 Ableitungen von Messeinrichtungen zu den Stromkreisverteilern
6 Kabelschutzrohr
7 Haupterdungsschiene mit Verbindungsleitungen
8 Anschlussfahne des Fundamenterders
9 Hausanschlussleitung für Fernmeldeeinrichtung
10 Hausanschlussleitung für Gas
11 Hausanschlussleitung für Wasser
12 Abwasserrohr
13 Heizungsrohr
14 Fundamenterder

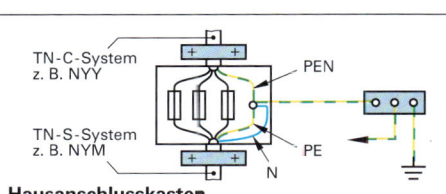

Hausanschlusskasten

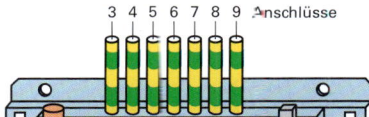

Haupterdungsschiene (Potenzialausgleich)
① Fundamenterder   ② Blitzschutzanlage

Stromkreisverteiler
in Wohngebäuden

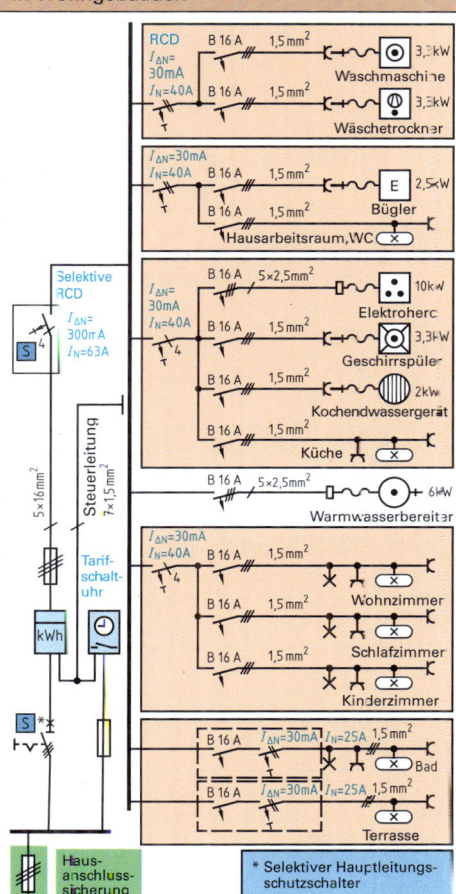

* Selektiver Hauptleitungsschutzschalter

Überstrom-Schutzeinrichtungen sind LS-Schalter, Energiebegrenzungsklasse 3, Schaltvermögen min. 6 kA.

Leitungen für feste, geschützte Verlegung mit Mindestquerschnitt von 1,5 mm² Kupfer oder 2,5 mm² Aluminium (DIN VDE 0100 Teil 520).

Anzahl der Stromkreise (DIN 18015-2)

Wohnfläche mit m²	Anzahl der Stromkreise für Beleuchtung und Steckdosen
bis 50	2
über 50 bis 75	3
über 75 bis 100	4
über 100 bis 125	5
über 125	6

Eigene, zusätzliche Stromkreise sind vorzusehen:
- für Verbraucher mit Anschlusswerten über 2 kW
- für Keller und Bodenräume.

2.7 Elektrotechnik

Hauptstromversorgung

Bildzeichen für IP-Schutzarten

Bildzeichen	Schutzart	IP-Schutzart	Bildzeichen	Schutzart	IP-Schutzart
💧	tropfwassergeschützt	IP 31	💧💧	wasserdicht	IP 67
💧	regengeschützt	IP 33	💧💧...bar	druckwasserdicht	IP 68
△	spritzwassergeschützt	IP 54	✳	staubgeschützt	IP 5x
△△	strahlwassergeschützt	IP 55	▦	staubdicht	IP 6x

x = fehlende Kennziffer

Schutzklassen (DIN EN ISO 7010:2012-10)

Schutzklasse	I	II	III
Kennzeichen	⏚	▢	◇
Schutzmaßnahme	Schutzleiter	Schutzisolierung	Schutzkleinspannung
Beispiele	Elektromotoren	Leuchten, Haushaltsgeräte	Kleingeräte bis 50 V

GS „Geprüfte Sicherheit" Sicherheitszeichen zum Maschinenschutzgesetz

VDE VDE-Prüfzeichen

Zählernischen

Außenkante Zählerschrank — Außenkante Zählernische
Zählerschrank, 2100 max., OKFF, Leitungsschlitz
Zählerschrank, 200 min., 400 min., b, h (mm)

Anzahl der Zählerplätze nach DIN 43870[1]	Mindestmaße Nische in mm			
	Breite b	Tiefe t teilversenkt	Tiefe t vollversenkt	Höhe h[2]
1	325	140	225	975
2	575	140	225	1 125
3	825	140	225	1 275
4	1 075	140	225	oder
5	1 325	140	225	1 425

[1] Die Anzahl der Zählerplätze legt der Fachplaner fest.
[2] abhängig von der Anzahl der Zählerplätze.

Für alle in der Planung vorgesehenen besonderen Geräte mit einem Anschlusswert von ≥ 2 kW ist ein eigener Stromkreis anzuordnen, auch wenn sie über Steckdosen angeschlossen werden.
Nach VDE-AR-N 4101:2011-08 und DIN 18015-1:2013-09 ist der Einbau von Zählerplätzen in Nischen im Treppenhaus zu bevorzugen (VDI-Gesellschaft Technische Gebäudeausrüstung – Heizungs-, Klima-, Haustechnik).

CEE-Steckvorrichtung (gebräuchlich)

Spannung 50 V … 750 V
Nennströme 16 A, 32 A, 63 A, 125 A
Lage des Schutzkontaktes nach Stellung des Stundenzeigers, z.B. 6 h,
je nach Spannung und Frequenz

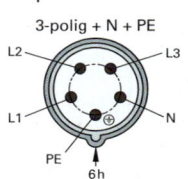

2-polig + PE (PE 6h) — 3-polig + N + PE (L2, L3, L1, N, PE 6h)

Drehstromsteckvorrichtung

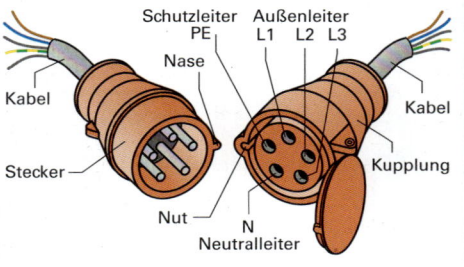

Schutzleiter PE, Außenleiter L1 L2 L3, Nase, Kabel, Stecker, Nut, Neutralleiter N, Kupplung, Kabel

2.8 Chemie

Die Chemie ist die Wissenschaft, die sich mit dem Aufbau (Synthese) bzw. mit der Zerlegung (Analyse) von Stoffen und deren veränderbaren Eigenschaften befasst. Die genaue Kenntnis über die Materialbeschaffenheit, die Beständigkeit und die Verträglichkeit ist für die Herstellung und Verwendung der Baumaterialien besonders wichtig.

Chemische Grundbegriffe

Analyse		Zerlegung einer chemischen Verbindung (auch Feststellen ihrer Zusammensetzung), z.B. $2\ H_2O \rightarrow 2\ H_2 + O_2$
Atom	▶ S. 66	Kleinstes, chemisch nicht weiter zerlegbares Teilchen eines Elements
Base (Lauge) ▶ S. 70		Verbindungen, die in Lösung Hydroxidionen bilden können. Lauge ist die Lösung einer Base in Wasser.
Chemie		Die Chemie befasst sich mit der Synthese oder mit der Analyse von Stoffen und deren veränderbaren Eigenschaften.
Chemische Verbindung ▶ S. 68		Aus verschiedenen Elementen aufgebauter Stoff, der andere Eigenschaften als seine Elemente hat
Dispersion		Gemenge, bei denen die Stoffe im Lösungsmittel nicht gelöst, sondern nur verteilt sind
Element (Grundstoff)	▶ S. 66	Stoff, der sich chemisch nicht mehr zerlegen lässt. Es gibt 92 natürliche und 26 durch Atomumwandlung künstlich hergestellte Elemente.
Gemenge, Gemische ▶ S. 72		Mischung verschiedener Stoffe in beliebigen Mengenverhältnissen (ohne dass diese sich chemisch verbinden)
Legierung ▶ S. 72		Erstarrte Lösungen von Metallen, die im geschmolzenen Zustand ineinander gelöst werden.
Lösung ▶ S. 72		Eine Flüssigkeit, in der ein oder mehrere Stoffe in feinster Verteilung als Einzelmoleküle vorhanden sind
Makromolekül		Sehr große Moleküle, die aus vielen Monomeren aufgebaut sind
Mol ▶ S. 74		Die Basiseinheit der Stoffmenge ist das Mol, Einheitszeichen mol. Das Mol ist nach DIN 1301 die Stoffmenge eines Systems, das aus ebenso vielen Einzelteilchen besteht, wie Atome in 0,012 kg des Kohlenstoffnuklids ^{12}C enthalten sind. 1 Mol eines Stoffes enthält $6,022 \cdot 10^{23}$ Teilchen
Molekül		Aus mehreren Atomen aufgebaute kleinste Einheit einer chemischen Verbindung oder Atomgruppe
Oxidation		■ Verbinden eines Stoffes mit Sauerstoff ■ Elektronenabgabe eines Atoms oder Ions
pH-Wert ▶ S. 74		Der Wert gibt an, wie stark eine Lösung sauer oder basisch ist. Destilliertes Wasser hat einen pH-Wert = 7 (neutral).
Reduktion		■ Sauerstoffentzug ■ Elektronenaufnahme eines Atoms oder Ions
Reine Stoffe		Reine Stoffe bestehen ausschließlich aus Atomen oder Molekülen ein und desselben Stoffes, wie z.B. Eisen Fe oder Wasser H_2O.
Salz ▶ S. 70		Verbindungen, die positive Metallionen oder NH_4-Ionen und negative Säurerest-Ionen enthalten
Säure	▶ S. 70	Verbindungen, die positive Wasserstoffionen abspeichern können
Synthese		Herstellung (Aufbau) einer chemischen Verbindung, z.B. $4\ Al + 3\ O_2 \rightarrow 2\ Al_2O_3$
Wertigkeit		■ Zahl der Elektronen, die ein Atom beim Verbinden mit anderen Atomen aufnehmen oder abgeben kann ■ Zahl der Wasserstoffatome, die ein Atom binden oder ersetzen kann

2.8 Chemie

2.8.1 Elemente

Elemente (Grundstoffe) sind ursprünglicher Natur. Elemente lassen sich nicht mehr in andere Stoffe zerlegen. Ihr kleinstes Bauteil ist das **Atom**. Verbinden sich mindestens zwei Elemente miteinander, so entsteht eine **chemische Verbindung**; ihr kleinstes Bestandteil nennt man **Molekül**.

Atomaufbau chemischer Elemente

Proton	Kernbaustein mit der Masse von $1,6725 \cdot 10^{-24}$ g und positiver elementarer Ladung	Rutherford-Bohrsches Atommodell Beispiel: Aluminium
Neutron	Kernbaustein mit der Masse von $1,6748 \cdot 10^{-24}$ g und ohne elektrische Ladung	Elektronenhülle — Atomkern
Elektron	Teilchen der Atomhülle mit der Ruhemasse von $9,1089 \cdot 10^{-28}$ g und negativer Elementarladung	Symbol: Protonenzahl — 13 Atommassenzahl — 27 **Al** — chemisches Zeichen

Wichtige Elemente im Bauwesen (vgl. PSE ▶ Folgeseite)

Element	Internationales Symbol	Bezeichnung	Erscheinungsform, Vorkommen, Eigenschaften	Ordnungszahl
Wasserstoff	H	Hydrogenium	farbloses, geruchloses, brennbares Gas, leichtestes Element; a) künftig: Wasserstoff als Energiespeicher b) in Wasser H_2O	1
Kohlenstoff	C	Carboneum	fester Stoff, in drei Formen: Diamant, Grafit, Ruß; als Reduktionsmittel; in Kalkstein ($CaCO_3$)	6
Stickstoff	N	Nitrogenium	farb- und geruchloses Gas, nicht brennbar; frei in der atmosphärischen Luft (ca. 78 Vol.-%); Abwässer; Salpeter	7
Sauerstoff	O	Oxygenium	farb- und geruchloses Gas; frei in der atmosphärischen Luft (ca. 21 Vol.-%); in Gesteinen und Wasser, Ozon (O_3)	8
Natrium	Na	Natrium	sehr weiches, leicht brennbares Metall; reaktionsstark; in Steinsalz (NaCl = Natriumchlorid)	11
Magnesium	Mg	Magnesium	leichtes, brennbares Metall, sehr witterungsbeständig; in Mineralien, z.B. Dolomit; in Leichtmetalllegierungen	12
Aluminium	Al	Aluminium	leichtes, zähfestes Metall; hochwitterungsbeständig; in Mineralien; Baumetall; nicht mörtelbeständig	13
Silizium	Si	Silicium	fester, schwer brennbarer Stoff, säurefest; in Verbindung mit Sauerstoff in Gesteinen, z.B. Quarz	14
Phosphor	P	Phosphorum	fester, leicht brennbarer, giftiger Stoff; selbst entzündbar; gebunden in Salzen, z.B. Phosphate, Abwässer	15
Schwefel	S	Sulfur	fester, gelber Stoff; wasserunlöslich; gebunden in Sulfiden, z.B. Eisenkies, und in Sulfaten, z.B. Gips	16
Chlor	Cl	Chlorum	grünliches, stechend riechendes Gas; wasserlöslich; gebunden in Steinsalz (NaCl); Salzsäure (HCl)	17
Kalium	K	Kalium	sehr weiches, leicht brennbares Metall; reaktionsstärker als Natrium; nur in gebundener Form in Kalisalz	19
Calcium	Ca	Calcium	Metall; in Calziumhydroxid ($Ca(OH)_2$); in Mineralien, z.B. Kalkstein ($CaCO_3$)	20
Eisen	Fe	Ferrum	weiches, sprödes Schwermetall; magnetisch; gebunden in Eisenerzen, z.B. Roteisenstein (Fe_2O_3); Gusseisen; Stahl	26
Nickel	Ni	Nicolum	Schwermetall, magnetisch; nur gebunden in Nickelerzen, z.B. Gelbnickelkies (NiS); Legierungen; Vernickeln	28
Kupfer	Cu	Cuprum	hellrotes, halbedles Metall; gebunden in Erzen, z.B. Kupferglanz (Cu_2S); guter Stromleiter	29
Zink	Zn	Zincum	sprödes Schwermetall; gebunden in Erzen, z.B. Zinkblende (ZnS); Baumetalle; Legierungen, z.B. Messing	30
Zinn	Sn	Stannum	weiches Schwermetall; gebunden in Zinnerz, z.B. Zinnstein (SnO_2); Verzinnen; Legierungen, z.B. Bronze	50
Blei	Pb	Plumbum	weiches, verformbares Schwermetall; giftig; gebunden in Erzen, z.B. Bleiglanz (PbS); Baumetall, Legierungen	82

2.8 Chemie

Periodensystem der Elemente

Das Periodensystem der Elemente (PSE)

Legende:
- **Ordnungszahl** (= Protonenzahl)
- **Kurzzeichen**; kursive Schrift: künstliches Element
- **Elementname**
- **Relative Atommasse** — Zustand bei 273 K (0°C) und 1,013 bar: fest: Schwarze Schrift; flüssig: Braune Schrift; gasförmig: Blaue Schrift
- ( ) Klammer: stabilstes Isotop
- rote Schrift: alle Nuklide radioaktiv

Beispiel: 94 *Pu* Plutonium (244)

Periode	Hauptgruppen 1 IA	2 IIA	Nebengruppen 3 IIIB	4 IVB	5 VB	6 VIB	7 VIIB	8 VIIIB	9 VIIIB	10 VIIIB	11 IB	12 IIB	Hauptgruppen 13 IIIA	14 IVA	15 VA	16 VIA	17 VIIA	18 VIIIA
1	1 H Wasserstoff 1,008																	2 He Helium 4,002
2	3 Li Lithium 6,941	4 Be Beryllium 9,012											5 B Bor 10,81	6 C Kohlenstoff 12,011	7 N Stickstoff 14,007	8 O Sauerstoff 15,999	9 F Fluor 18,998	10 Ne Neon 20,1797
3	11 Na Natrium 22,99	12 Mg Magnesium 24,305											13 Al Aluminium 26,982	14 Si Silicium 28,085	15 P Phosphor 30,974	16 S Schwefel 32,06	17 Cl Chlor 35,45	18 Ar Argon 39,948
4	19 K Kalium 39,098	20 Ca Calcium 40,078	21 Sc Scandium 44,956	22 Ti Titan 47,867	23 V Vanadium 50,942	24 Cr Chrom 51,996	25 Mn Mangan 54,938	26 Fe Eisen 55,845	27 Co Cobalt 58,933	28 Ni Nickel 58,693	29 Cu Kupfer 63,546	30 Zn Zink 65,38	31 Ga Gallium 69,732	32 Ge Germanium 72,630	33 As Arsen 74,922	34 Se Selen 78,971	35 Br Brom 79,904	36 Kr Krypton 83,798
5	37 Rb Rubidium 85,468	38 Sr Strontium 87,62	39 Y Yttrium 88,906	40 Zr Zirconium 91,224	41 Nb Niob 92,906	42 Mo Molybdän 95,95	43 *Tc* Technetium (98)	44 Ru Ruthenium 101,07	45 Rh Rhodium 102,906	46 Pd Palladium 106,42	47 Ag Silber 107,868	48 Cd Cadmium 112,414	49 In Indium 114,818	50 Sn Zinn 118,710	51 Sb Antimon 121,760	52 Te Tellur 127,60	53 I Iod 126,904	54 Xe Xenon 131,293
6	55 Cs Cäsium 132,905	56 Ba Barium 137,33	57 La Lanthan 138,905	72 Hf Hafnium 178,49	73 Ta Tantal 180,948	74 W Wolfram 183,84	75 Re Rhenium 186,207	76 Os Osmium 190,23	77 Ir Iridium 192,217	78 Pt Platin 195,084	79 Au Gold 196,967	80 Hg Quecksilber 200,592	81 Tl Thallium 204,38[1]	82 Pb Blei 207,2	83 *Bi* Bismut 208,980	84 Po Polonium (209)	85 At Astat (210)	86 Rn Radon (222)
7	87 Fr Francium (223)	88 Ra Radium (226)	89 Ac Actinium 227,028	104 *Rf* Rutherfordium (267)	105 *Db* Dubnium (268)	106 *Sg* Seaborgium (271)	107 *Ns* Bohrium (272)	108 *Hs* Hassium (270)	109 *Mt* Meitnerium (276)	110 *Ds* Darmstadtium (281)	111 *Rg* Roentgenium (280)	112 *Cn* Copernicium (285)	113 *Uut* Ununtrium (284)	114 *Fl* Flerovium (289)	115 *Uup* Ununpentium (288)	116 *Lv* Livermorium (293)	117 *Uus* Ununseptium (288)	118 *Uuo* Ununoctium (288)

Lanthanoide:

| 58 Ce Cer 140,116 | 59 Pr Praseodym 140,907 | 60 Nd Neodym 144,242 | 61 *Pm* Promethium 145 | 62 Sm Samarium 150,36 | 63 Eu Europium 151,964 | 64 Gd Gadolinium 157,25 | 65 Tb Terbium 158,925 | 66 Dy Dysprosium 162,500 | 67 Ho Holmium 164,930 | 68 Er Erbium 167,259 | 69 Tm Thulium 168,934 | 70 Yb Ytterbium 173,054 | 71 Lu Lutetium 174,967 |

Actinoide:

| 90 Th Thorium 232,030 | 91 Pa Protactinium 231,030 | 92 U Uran 238,029 | 93 *Np* Neptunium 237 | 94 *Pu* Plutonium (244) | 95 *Am* Americium (243) | 96 *Cm* Curium (247) | 97 *Bk* Berkelium 247 | 98 *Cf* Californium (251) | 99 *Es* Einsteinium (252) | 100 *Fm* Fermium (257) | 101 *Md* Mendelevium (258) | 102 *No* Nobelium (259) | 103 *Lr* Lawrencium (262) |

Farbcode:
- Nichtmetalle
- Halbmetalle
- Leichtmetalle
- Schwermetalle
- Edelmetalle
- Halogene
- Edelgase

2.8 Chemie

2.8.2 Chemische Verbindungen

Eine chemische Verbindung besteht mindestens aus zwei Elementen, die sich durch eine chemische Reaktion, bei der Energie zugeführt oder freigesetzt wird, zu einem neuen Stoff mit anderen Eigenschaften verbindet, z.B. Branntkalk + Wasser ⟶ Kalkhydrat + Wärme. Dieser Vorgang lässt sich auch mit einer **chemischen Gleichung** darstellen: $CaO + H_2O$ ⟶ $Ca(OH)_2$ + **Energie**. Die Gleichung enthält die chemischen Formeln der Elemente und Verbindungen, die an der chemischen Reaktion beteiligt sind.

Elektronenpaarbindungen	Ionenbindung	Metallbindung
Nichtmetall + Nichtmetall	Metall + Nichtmetall	Metall + Metall
CH_4	NaCl	
Die Bindungspartner sind auf ihrer Außenschale nicht voll mit Elektronen besetzt. Durch Überlagerung von gemeinsamen Elektronen findet ein Ausgleich und damit eine Bindung statt.	Durch Abgabe bzw. Aufnahme von Elektronen entstehen Ionen. Durch die entgegengesetzten Ladungen zwischen den Ionen bilden sich Anziehungskräfte in allen Richtungen und damit Kristalle.	Metalle haben im festen Zustand frei bewegliche Elektronen (Elektronengas). Die Metallbindung beruht auf der Anziehung zwischen den positiven Atomrümpfen und dem Elektronengas. Es bilden sich Kristalle.

Gewerbliche Benennung	Chemischer Name/chemische Formel der chemischen Verbindung		Kurzbeschreibung der Eigenschaften bzw. der Verwendung
Acetylen	Ethin	C_2H_2	Angenehm riechendes, brennbares Gas; Brenngas zum Schweißen und Brennschneiden.
Bitumen	Gemisch aus mehreren Kohlenwasserstoffen mit mehr als 30 C-Atomen		Weicher bis zähfester Stoff; Gewinnung bei der Destillation von Erdöl; **Klebemasse und Abdichtungsstoff, mit Trägerstoffen als Dachpappe.**
Ethylen	Ethen	C_2H_4	Farbloses, brennbares Gas; Nebenprodukt bei der Erdöldestillation; Kohlenwasserstoff; an der Synthese einiger Kunststoffe beteiligt, Polyethylen.
Formaldehyd	Methanal	HCHO	Farbloses, stechend riechendes Gas, gesundheitsschädlich; Methanoloxid; Ausgangsstoff für Kunststoffe, Klebstoffe; wässrige Lösung = Formalin.
Gips	Calciumsulfat – Doppelhydrat	$CaSO_4 \cdot 2\,H_2O$	Ablagerungsgestein, nicht wetterbeständig; Rohstoff zur Herstellung von dem Bindemittel Stuckgips durch Erhitzen; mit Trägerstoff als Gipskartonplatten.
Kalkstein Branntkalk Kalkhydrat	Calciumcarbonat Calciumoxid[1] Calciumhydroxid	$CaCO_3$ CaO $Ca(OH)_2$	Rohstoff für hydraulische Bindemittel; durch Brennen entsteht CaO, das durch Löschen mit Wasser zu dem Bindemittel Kalkhydrat wird; Mörtel, Steine.
Kohlendioxid Kohlensäure Kohlenmonoxid	Kohlenstoffdioxid[1] Kohlensäure Kohlenstoffmonoxid[1]	CO_2 H_2CO_3 CO	Geruchloses Gas, Bestandteil der Luft, 0,03 % Vol.-%. Wässrige Lösung des CO_2, schwache Säure. Geruchloses, farbloses, sehr giftiges Gas.
Natronlauge	Wässrige Lösung von Natriumhydroxid	$NaOH + H_2O$	Stark ätzende Lauge; wird zum Reinigen, Ätzen und Beizen verwendet.
Rost	Eisenoxid[1]	Fe_2O_3	Poröser Stoff; wird durch Feuchtigkeit stark gefördert; Kalklauge schützt Eisen bzw. Stahl vor **Rostbildung**; Schutz durch Anstriche, Verzinken.
Salzsäure	Wässrige Lösung des Chlorwasserstoffes	$HCl + H_2O$	Stechend riechende, klare bis gelbe Säure, stark ätzende Dämpfe; Entfernen von Ausblühungen mit verdünnter Salzsäure; Ätzen und Beizen von Metallen.
Schweflige Säure	Schweflige Säure Schwefelsäure	H_2SO_3 H_2SO_4	Schwach ätzende Säure; u.a. als Rückstand in Rauchgasen, verbindet sich mit der Luftfeuchtigkeit; Bauschäden: **Ausblühungen, Versottung von Schornsteinen.**

[1] Ein **Oxid** ist eine Sauerstoffverbindung; der chemische Vorgang heißt Oxidation.

2.8 Chemie

2.8.3 Chemie des Wassers

Wasser (H₂O) ist die verbreitetste chemische Verbindung in der Natur. Wasser bedeckt in verschiedenen Arten und Erscheinungsformen ungefähr ³/₄ der Erdoberfläche. Chemisch reines Wasser ist eine farblose, geruch- und geschmacklose Flüssigkeit mit einer Dichte von $\varrho = 1$ g/cm³ (bei + 4 °C). Im Bauwesen benötigt man Wasser als Hilfs- oder Werkstoff. Wasser kann zu Bauschäden führen.

⊕ Transportmittel für Wärme; Verdünnungsmittel für Säuren, Farben, Dispersionen und Bindemittel; chemisches Reaktionsmittel für Bindemittel; Reinigungsmittel.
⊖ Schadensverursacher durch Kapillarität; Kondenswasserbildung, Frostwirkung; Lösungsmittel für Gase (CO₂, SO₂); Transportmittel für Salze; Korrosionsbeschleuniger.

Im natürlichen Wasser sind verschiedene Salze gelöst; man unterscheidet bestimmte Härtebereiche:
- **Hartes Wasser** enthält größere Mengen an Calcium- und Magnesiumsalzen.
- **Weiches Wasser** ist ein an Erdalkalisalzen armes Wasser ▶ S. 414.

Härte	Gesamthärte		
	in mmol/l	in °dH	
weich	bis 1,5	bis 7,3	Die früher gültige Härteeinheit Deutscher Härtegrad (°dH) ist nicht mehr zulässig.
mittel	1,5 … 2,5	7,3 … 14	1 °dH = 0,179 mmol/l Die **Wasserhärte** in den Wasserwerken wird durch besondere Testlösungen und Testpapiere (Indikatoren) bestimmt.
hart	2,5 … 3,8	14 … 21,3	Die Härtebereiche laut Wasch- und Reinigungsmittelgesetz (WRMG) von 2007 sind etwas abweichend von der links stehenden Tabelle geregelt ▶ S. 414.
sehr hart	> 3,8	21,3	

Die Einheit der Wasserhärte wird in Millimol (mmol) Calciumkationen pro l Wasser angegeben.

Ion ist ein elektrisch geladenes Atom oder Molekül, das eine verschieden große Anzahl positiver (Protonen) und negativer (Elektronen) Ladungsträger besitzt.

Kationen sind positiv geladene, **Anionen** negativ geladene Ionen.

pH-Wert ▶ S. 74

Der **pH-Wert** (lat.: potentia hydrogenii = Kraft des Wasserstoffes) ist eine Maßzahl für den Gehalt einer Flüssigkeit (Wasser, Lauge, Säure, wässrige Salzlösung) an Wasserstoffionen. Mit dem pH-Wert lässt sich der Grad einer Säurewirkung (sauer) oder einer Laugenwirkung (basisch) darstellen. Reines Wasser ist neutral. Der pH-Wert wird nur für verdünnte Säuren und Laugen bis zu einer Konzentration von 1 mol/l verwendet. Anmachwasser für Mörtel und Beton sollte einen pH-Wert zwischen 6 und 8 aufweisen, da sonst mit schadensauslösenden chemischen Reaktionen zu rechnen ist.
Vergleicht man die Verfärbung des Indikators mit einer Farbskala, so lässt sich der pH-Wert ablesen. Zum Beispiel färbt neutrales Lackmuspapier sich durch Säure rot und durch Lauge blau.
Weitere Indikatoren: Phenolphthalein, Methylorange.

Äquivalentgewicht val oder eq	pH-Wert	Wirkung	Flüssigkeit
Die Wasserhärte wird im Wesentlichen durch die Ionen der Alkalielemente **Natrium (Na)** und **Kalium (K)** sowie die der Erdalkalielemente **Magnesium (Mg)** und **Calcium (Ca)** bestimmt. Chemisch gesehen sind Na und K einwertig, Mg und Ca zweiwertig. Um diese Tatsache quantitativ zu berücksichtigen, wird das **Äquivalentgewicht**, ausgedrückt in **val** oder (neuerdings) in **eq**, berechnet. Das Äquivalentgewicht eines Stoffes wird als **Molgewicht geteilt durch Wertigkeit** definiert.	0, 1, 2, 3	stark	Salzsäure, Schwefelsäure, schweflige Säure
	4, 5, 6	schwach	sauer — Essigsäure, Kohlensäure
	7	neutral	Wasser
	8, 9, 10	schwach	basisch — Salmiaklauge
	11, 12, 13, 14	stark	Kalklauge, Natronlauge

Zustandsformen des Wassers

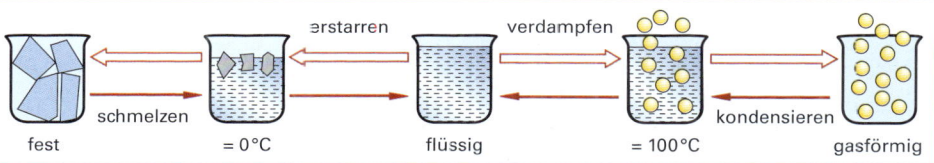

fest = 0 °C — schmelzen / erstarren — flüssig — verdampfen / kondensieren — = 100 °C — gasförmig

2.8 Chemie

2.8.4 Säuren, Laugen und Salze

Säuren

Säuren entstehen, wenn sich ein Nichtmetalloxid in Wasser (sauerstoffhaltige Säure) oder sich ein Halogenwasserstoff in Wasser (sauerstofffreie Säure) löst. **Halogene** sind die Elemente F, Cl, Br und I. Die Stärke einer Säure ist durch den Gehalt einer Lösung an Wasserstoff-Ionen bestimmt.

Säuren im Bauwesen	Entstehung, Herstellung	Eigenschaften, Verwendung
Schweflige Säure H_2SO_3	Bei der Verbrennung schwefelhaltiger, fossiler Brennstoffe, wie Steinkohle, Braunkohle und Eröle, wird Schwefeldioxid (SO_2) freigesetzt, das sich mit der Feuchtigkeit (H_2O) aus der Luft chemisch verbindet; es entsteht eine schweflige Säure.	Giftig, ätzend, greift Metalle wie Eisen, Zink, Aluminium an; bildet unter Umständen mit den Bindemitteln wasserlösliche Salze, die zu Bauschäden oder Ausblühungen führen können. Schweflige Salze zersetzen Kalkstein.
Schwefelsäure H_2SO_4	Durch Oxidation des SO_2 entsteht Schwefeltrioxid (SO_3), das in Wasser gelöst die Schwefelsäure bildet. Ungenügende Dämmung eines Rauchrohres kann zu Kondenswasserbildung im Schornstein führen, die dadurch entstehende Säurenbildung zerstört die Innenflächen des Zuges (**Versottung**).	
Kohlensäure H_2CO_3	Rauchgase, die Kohlendioxid (CO_2) enthalten, verbinden sich mit der Luftfeuchte.	Kohlensäurehaltiges Wasser zersetzt kalkhaltige Bindemittel.
Salzsäure HCl	Industrielle Herstellung	Verdünnte Form (1 : 20) zum Reinigen (Absäuern) von Klinkern und zum **Entfernen von Ausblühungen** – danach gut mit Wasser abspülen

Laugen

Laugen entstehen, wenn Metalloxide mit Wasser reagieren. Durch Eindampfen der Laugen erhält man die Metallhydroxide, das sind Feststoffe, sog. Basen; in Wasser gelöst entstehen wieder Laugen. Alkalimetalle bilden direkt mit Wasser eine Lauge. Laugen reagieren basisch oder alkalisch. Die Stärke einer Lauge ist durch den Gehalt einer Lösung an Hydroxid-Ionen bestimmt.

Laugen im Bauwesen	Entstehung, Herstellung	Eigenschaften, Verwendung
Kalklauge $Ca(OH)_2$	Branntkalk (CaO) wird mit Wasser gelöscht, es entsteht die wässrige Lösung des Calciumhydroxides = Kalklauge $Ca(OH)_2$. Weiterverwendung als Bindemittel im Mörtel.	Ätzende, schwache Lauge, die Zink und Aluminium angreift. Stahl wird durch die alkalische Wirkung des Zementes vor Oxidation (Rosten) geschützt.

Salze

Salze entstehen
- wenn sich ein Metall mit einem Säurerest verbindet oder
- durch Neutralisation von einer Säure und einer Lauge oder
- durch Einwirken einer Säure auf ein Metall bzw. Metalloxid.

In Wasser gelöste Salze bilden bei der Verdunstung Kristalle, die bei Feuchtigkeitsaufnahme ihr Volumen vergrößern. Diese Volumenvergrößerung führt in Bauteilen bzw. Baustoffen zur Rissbildung oder sogar zu Absprengungen. **Ausblühung** ▶ S. 71

Salze im Bauwesen	Entstehung, chemische Gleichung	Eigenschaften, Vorkommen
Chloride	Calciumchlorid $\quad CaCO_3 + 2\,HCl \rightarrow CaCl_2 + H_2O + CO_2$	Im Mörtel mit Frostschutzmittel, Sprengwirkung
Karbonate	Calciumcarbonat $\quad Ca(OH)_2 + CO_2 + H_2O \rightarrow CaCO_3 + 2\,H_2O$	Kalkstein, Marmor, Ausblühungen (Kalkfahnen)
Nitrate	Calciumnitrat $\quad Ca(OH)_2 + 2\,HNO_3 \rightarrow Ca(NO_3)_2 + 2\,H_2O$ (+ 4 H_2O = sogenanntes Mauersalpeter)	Starke Ausblühungen und Zersetzungen
Silikate	Calciumsilikat $\quad H_2SiO_3 + Ca(OH)_2 \rightarrow CaSiO_3 + 2\,H_2O$ (vereinfacht)	Wasserbindend, Abbinden von Zement und Kalk
Sulfate	Calciumsulfat $\quad CaCO_3 + H_2SO_4 \rightarrow CaSO_4 + CO_2 + H_2O$ (+ 2 H_2O = sogenanntes Sulfattreiben)	Herauslösen von Bindemitteln oder Sprengwirkung

2.8 Chemie

2.8.5 Ausblühungen

Ausblühungen sind Salze ▶ S. 70, die sich sichtbar auf den Oberflächen von Beton, Mauerwerk und Putz ablagern. Die schädlichen Salze entstehen meist durch Verbindung der im Regenwasser gelösten Säuren ▶ S. 70 mit im Boden oder Bauteil enthaltenen Stoffen. Häufig gelangen aber auch wasserlösliche Salze durch aufsteigende Bodenfeuchtigkeit in die Bauteile oder es werden die in Baustoffen enthaltenen Salze durch die Feuchtigkeit gelöst. Im Bauteil gelangt die salzhaltige Feuchtigkeit durch Kapillarität ▶ S. 53 an die Außenfläche, die Feuchtigkeit verdunstet, das Salz kristallisiert aus und schlägt sich als weißer bis grauer Überzug nieder. Die Salzkristallbildung kann mit einer Volumenvergrößerung verbunden sein; diese kann zur Zerstörung des Bauteils führen. Man unterscheidet Carbonat-, Sulfat- und Nitratausblühungen.
Bauschäden durch Ausblühungen können durch sorgfältiges Sperren und Abdichten des Bauwerkes gegen Feuchtigkeit vermieden werden ▶ S. 191 ff.

Arten von Ausblühungen

Carbonatausblühung (Salze der Kohlensäure)	Sulfatausblühung (schwefelsaure Salze)	Nitratausblühung (Salze der Salpetersäure)
Eindringende kohlensäurehaltige Feuchtigkeit reagiert chemisch mit dem wasserunlöslichen Calciumcarbonat im Baustoff. Es entsteht das wasserlösliche Calciumhydrogencarbonat, das an die Außenflächen des Bauteils gelangt. Das Wasser verdunstet und Kalkausblühungen entstehen. Die Dichte des Baustoffes und damit seine Festigkeit nehmen ab.	Eindringende schwefelsaure Feuchtigkeit reagiert chemisch mit dem wasserunlöslichen Calciumcarbonat im Baustoff. Es entsteht das wasserlösliche Calciumsulfat (Gips), das an die Außenflächen des Bauteiles gelangt, unter Anlagerung von Hydratwasser auskristallisiert und durch eine achtfache Volumenvergrößerung zu Absprengungen am Bauteil bzw. am Baustoff führt.	Eindringende stickstoffhaltige Feuchtigkeit (Dünger, Jauche) bildet mit Sauerstoff die Salpetersäure, die chemisch mit dem Calciumcarbonat im Baustoff reagiert. Es entsteht Calciumnitrat, das unter Anlagerung von Hydratwasser auskristallisiert und durch Volumenvergrößerung zu Absprengungen und allmählich zur Zerstörung des Baustoffes bzw. des Bauteiles führt.
Absäuern, Feuchtigkeitszufuhr z.B. durch einen Silikonanstrich unterbinden.	Oberflächliche Ausblühungen abbürsten und weiteres Eindringen von Feuchtigkeit verhindern.	Gegen eindringende Feuchtigkeit abdichten und Bauteile ggf. sanieren.

2.8.6 Elektrolyse

Unter **Elektrolyse** versteht man die chemische Umsetzung in einer elektrisch leitenden Flüssigkeit (Elektrolyt) durch die Wirkung des elektrischen Stromes. Fließt Strom durch einen Elektrolyt, so werden am Pluspol (Anode) negativ geladene und am Minuspol (Kathode) positiv geladene Teilchen (Ionen) angezogen. **Elektrolyte** sind die wässrigen Lösungen der Säuren, Laugen und Salze. Die elektrische Leitfähigkeit von wässrigen Lösungen beruht auf der Bewegung und Entladung ihrer Ionen an den Elektroden. Die Stromleitung erfolgt durch Ionenwanderung.

Technische Anwendung:
Wichtige chemische Grundstoffe, z.B. Wasserstoff, elementare Halogene und unedle Metalle, wie Kalium, Natrium oder Aluminium, werden durch die Elektrolyse gewonnen. Die elektrolytische Abscheidung von Metallen aus ihren wässrigen Lösungen wird in der Technik zum Verkupfern, Vernickeln (Galvanisieren) eingesetzt. Weiterhin dient dieses Verfahren zum Aufbringen einer korrosionsbeständigen und verschleißfesten Aluminiumoxid-Schicht auf Werkstücke desselben Werkstoffes (Eloxieren). Der Name **Eloxal**-Verfahren ist eine Abkürzung von **el**ektrisch **ox**idiertem **Al**uminium.

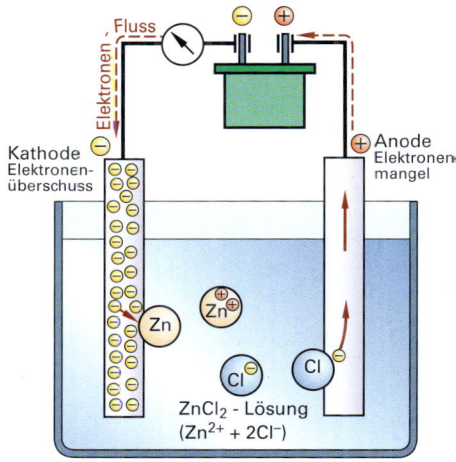

Elektrolyse (schematisch)

Elektrolyse (griech. lyein = auflösen) ist eine unter Ionenentladung ablaufende Zerlegung einer chemischen Verbindung durch den elektrischen Strom (Gleichstrom).

2.8.7 Gemische, Gemenge

Gemische sind Mischungen verschiedener Stoffe in beliebigen Mengenverhältnissen. Die Eigenschaften von Gemengen unterschiedlicher Stoffe hängen von deren Aggregatzustand sowie von der Größe der einzelnen Teilchen ab. Für manche dieser Gemenge gibt es spezielle Fachworte.

Kombination Aggregatzustände	Zerteilung	molekular homogen 10^{-10} m bis 10^{-9} m	kolloidfein 10^{-8} m bis 10^{-5} m	grob 10^{-5} m bis 10^{-3} m
fest	mit fest	Legierungen z.B. Messing, Bronze	z.B. farbige Gläser	Gesteine wie Granit
	mit flüssig	Mischkristalle z.B. Gipsstein $CaSO_4 \cdot H_2O$	Gel z.B. Zementgel	wassergesättigte Steine
	mit gasförmig	Gasmoleküle in Metallen z.B. CO im Stahl	nicht relevant	Porenbeton
flüssig	mit fest	(echte) Lösungen z.B. Salzlösung	Suspension, Gel z.B. Schlamm	wassergesättigter Boden
	mit flüssig	(echte) Lösungen z.B. Essig	Emulsion, z.B. Milch, Bitumenemulsion	gebrochene Bitumenemulsion
	mit gasförmig	(echte) Lösungen z.B. Mineralwasser, CO_2 in H_2O	Schaum	Sprudel = CO_2-Blasen im Wasser
gasförmig	mit fest	nicht möglich	Aerosol z.B. Rauch	Kornhaufwerke z.B. Sand, trocken
	mit flüssig	nicht möglich	Aerosol z.B. Nebel	z.B. Regen
	mit gasförmig	Luft $N_2 + O_2 + Ar + CO_2$	nicht möglich	nicht möglich

Größenverhältnisse, Abmessungen

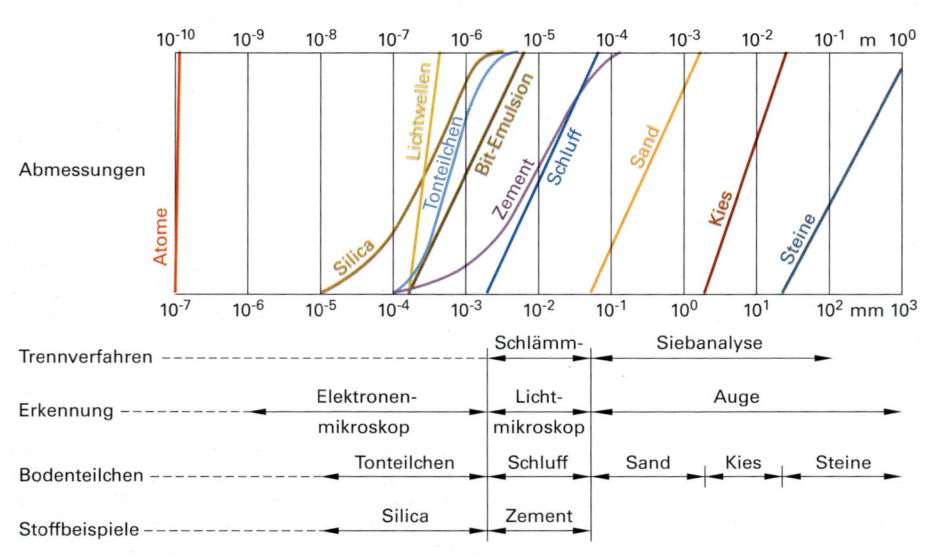

2.8.8 Wichtige chemische Reaktionen

Herstellen und Abbinden von Kalk

Brennen: $CaCO_3 + Energie \rightarrow CaO + CO_2$ — Calciumcarbonat $CaCO_3$
Löschen: $CaO + H_2O \rightarrow Ca(OH)_2 + Energie$ — Calciumoxid CaO
Abbinden: $Ca(OH)_2 + CO_2 \rightarrow CaCO_3 + H_2O + Energie$ — Calciumhydroxid $Ca(OH)_2$

Zusammensetzung des Zementes

Klinkermineral	chemische Formel	Kurzzeichen	Anteil am Portlandzementklinker
Tricalciumsilikat	$3\,CaO \cdot SiO_2$	C_3S	ca. 63 %
Dicalciumsilikat	$2\,CaO \cdot SiO_2$	C_2S	ca. 16 %
Tricalciumaluminat	$3\,CaO \cdot Al_2O_3$	C_3A	ca. 11 %
Calciumaluminatferrit oder	$4\,CaO \cdot Al_2O_3 \cdot Fe_2O_3$ $2\,CaO \cdot (Al_2O_3, Fe_2O_3)$	C_4AF C_2AF	ca. 8 %

Zementreaktionen mit Wasser, Hydratation

Nach der Zugabe von Wasser bildet sich zunächst ein Zementgel aus Calcium-Silikat-Hydraten (abgekürzt CSH), das im Laufe der Zeit in einen festen Zementstein übergeht.

$2\,(3\,CaO \cdot SiO_2) + 6\,H_2O \rightarrow 3\,CaO \cdot 2\,SiO_2 \cdot 3\,H_2O + 3\,Ca(OH)_2$

$2\,(2\,CaO \cdot SiO_2) + 4\,H_2O \rightarrow 3\,CaO \cdot 2\,SiO_2 \cdot 3\,H_2O + Ca(OH)_2$

$3\,CaO \cdot Al_2O_3 + 6 \cdot H_2O \rightarrow 3\,CaO \cdot Al_2O_3 \cdot 6\,H_2O$

$4\,CaO \cdot Al_2O_3 \cdot Fe_2O_3 + 2\,(CaO \cdot H_2O) + 10\,H_2O \rightarrow 3\,CaO \cdot Al_2O_3 \cdot 6\,H_2O + 3\,CaO_3 \cdot Fe_2O_3 \cdot 6\,H_2O$

Rostschutz, Karbonatisierung des Betons

Während der Zementreaktion entsteht Calciumhydroxid $Ca(OH)_2$ und erzeugt im Zementstein einen pH-Wert von etwa 12,4. Diese basische Reaktion bewirkt einen sicheren Rostschutz des Stahls. Im Laufe der Zeit reagiert das Calciumhydroxid mit dem Kohlendioxid der Luft $Ca(OH)_2 + CO_2 \rightarrow CaCO_3 + H_2O$. Diese Reaktion = Karbonatisierung führt zur Abnahme des pH-Wertes. Unter einem pH-Wert von etwa 9,5 geht der Rostschutz verloren.

Indikator	sauer pH < 7	neutral pH = 7	basisch pH > 7
Lackmus	rot (ab pH < 6)	violett	blau
Phenolphthalein	farblos	farblos	rot (ab pH 8,5)
Methylorange	rot (ab pH < 4,4)	orangegelb/gelb	gelb

Alkali-Kieselsäure-Reaktion

Bei der Alkali-Kieselsäure-Reaktion reagieren Alkalien (z.B. NaOH, KOH), die von außen eingetragen werden oder auch im Zement enthalten sein können, mit Feuchtigkeit und amorpher Kieselsäure (SiO_2) aus den Gesteinskörnungen. Diese amorphe Kieselsäure kommt vor allem in Opalsandsteinen, Flinten und Grauwacken vor. Die Reaktion ist infolge der Wassereinlagerung mit einer Volumenzunahme verbunden.

$2\,NaOH + SiO_2 + n \cdot H_2O \rightarrow Na_2SiO_3 \cdot (n+1)\,H_2O$

Sulfat-Reaktion

Zur Regelung der Erstarrungsgeschwindigkeit wird dem Zement etwa 3 Masse-% Gipsstein ($CaSO_4 \cdot 2\,H_2O$) oder Anhydrit ($CaSO_4 \cdot \frac{1}{2}\,H_2O$) zugegeben. Wird der Sulfatgehalt vergrößert, dann kann sich Ettringit bilden. Die Reaktion zu Ettringit wird als Sulfattreiben bezeichnet und ist mit einer Volumenzunahme verbunden, die zu einer Zerstörung des Zementsteines führen kann.

$3\,CaO \cdot Al_2O_3 + 3\,CaSO_4 + 32\,H_2O \rightarrow 3\,CaO \cdot Al_2O_3 \cdot 3\,CaSO_4 \cdot 32\,H_2O$ Ettringit

2.8.9 Chemische Berechnungen

Für chemische Reaktionen gilt das Gesetz der Massenkonstanz. Die Massenverhältnisse entsprechen den Atommassen. Da es unzweckmäßig ist, mit den sehr kleinen Atommassen zu rechnen, rechnet man mit der Stoffmenge von $6{,}022 \cdot 10^{23}$ Teilchen, der **Avogadro'schen Zahl** N_A. Die Stoffmenge, die N_A Teilchen enthält, nennt man 1 Mol. Bei chemischen Berechnungen verwendet man die Atommassen des Periodensystems der Elemente in g (PSE ▶ S. 67). Die Volumen der Reaktionsprodukte müssen jedoch nicht mit den Volumen der Ausgangsstoffe übereinstimmen.

Beispiel Molare Masse von Wasser H_2O
2 x Atommasse Wasserstoff + 1 x Atommasse Sauerstoff = Molekülmasse Wasser
$2 \times 1{,}00797 + 1 \times 15{,}9994 = 18{,}01534$ Molare Masse von Wasser: 18,01534 g/mol

Beispiel Chemische Berechnung mit gerundeten Werten
$CaCO_3 \rightarrow CaO + CO_2$
$40 + 12 + (3 \cdot 16) \rightarrow 40 + 16 + 12 + (2 \cdot 16)$ (Die genauen Atommassen enthält
$= 100 \rightarrow = 56 + 44$ das Periodensystem ▶ S. 67.)
Beim Brennen von Kalk enthält man aus
100 g (kg, t) Kalkstein 56 g (kg, t) Branntkalk und 44 g (kg, t) Kohlendioxid.

Lösungskonzentrationsangaben

Lösungskonzentrationen (Gehaltsgrößen nach DIN 1310) werden in % oder in molaren Konzentrationen angegeben. Eine Lösung ist n-prozentig, wenn sie in 100 g Lösung n Gramm der gelösten Komponente enthält.
20 %ige Kochsalzlösung meint 20 g NaCl in 100 g Lösung.
1 molare Lösung meint 1 Mol Salz in 1 l Lösung.

Beispiel Herstellung einer 1 molaren Kochsalzlösung
1 Mol Kochsalz NaCl = 22,9898 g Na + 35,453 g Cl $\cong$ 57,443 g Kochsalz
1 Mol NaCl in 1 l Lösung $\cong$ 57,443 g NaCl in 1 l Lösung
Herstellung: 57,443 g NaCl in etwa $1/2$ l Wasser auflösen. Anschließend Lösung auf 1 l auffüllen.

Beispiel
Wie viel g NaOH werden benötigt, um 250 g einer 15 %igen Natronlauge herzustellen?

$$m(NaOH) = \frac{w(NaOH)}{100\,\%} \cdot m(Lös) = \frac{15\,\%}{100\,\%} \cdot 250 = 37{,}5 \text{ g}$$

Es werden 37,5 g NaOH und 212,5 g Wasser benötigt.

pH-Wert ▶ S. 69

Reines neutrales Wasser hat eine Ionenkonzentration von 10^{-7} OH^--Ionen und 10^{-7} H^+-Ionen, d.h. auf 10 Millionen Moleküle Wasser ist 1 Molekül in H^+ und OH^--Ionen zerfallen. Das Ionenprodukt von $10^{-7} \cdot 10^{-7} = 10^{-14}$ gilt für alle wässrigen Lösungen.
Als pH-Wert gilt der *negative Exponent* der H^+-Ionen-Konzentration; also für reines Wasser +7.
Bei Säuren wird die H^+-Ionen-Konzentration größer mit pH-Werten < 7.
Bei Laugen wird die OH^--Ionen-Konzentration größer, die H^+-Ionen-Konzentration geringer und der pH-Wert steigt auf Werte zwischen 7 und 14.

Beispiel Berechnung des pH-Wertes einer Lösung von 1 g $Ca(OH)_2$ in 1 l Wasser
1 Mol $Ca(OH)_2$ = 40,08 g + 2 · (15,9994 g + 1,00797 g) = 74,09 g (Atommassen siehe PSE ▶ S. 67)

$$1 \text{ g } Ca(OH)_2/l = \frac{1 \text{ g } Ca(OH)_2/l}{74{,}09 \text{ g/mol}} = 0{,}013 \text{ mol } Ca(OH)_2/l$$

Da $Ca(OH)_2$ in Ca^{2+} und $2 \cdot OH^-$ zerfällt, enthält die Lösung $2 \cdot 0{,}013 = 0{,}026$ OH^--Ionen je l.
$_{10}\log 0{,}026 = -1{,}6$.
Die Lösung hat demnach einen pOH^--Wert von $-1{,}6$ und somit einen pH^+-Wert von $14 - 1{,}6 = 12{,}4$
→ starke Alkalität.

Inhaltsverzeichnis

3 Statik und Lastannahmen

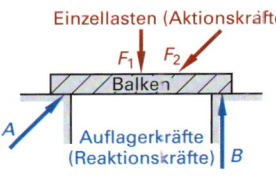

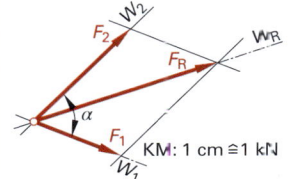

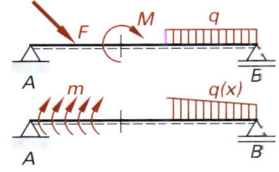

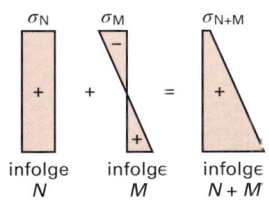

3.1	**Kräfte und Momente**	**77**
	■ Darstellung einer Kraft	77
	■ Kräftemaßstab	77
	■ Lageplan, Kräfteplan	77
	■ Addition und Subtraktion von Kräften	78
	■ Seileck-Verfahren	78
3.2	**Gleichgewichtsbedingungen**	**79**
	■ Arten des Gleichgewichts	79
	■ Lagerungsarten	79
3.3	**Statische Systeme**	**80**
	■ Fachwerkbinder	81
	■ Schnittgrößen	82
	■ Zustandslinien	82
	■ Cremona-Plan	83
	■ Statisch bestimmte Träger	86
	■ Statisch unbestimmte Träger	86
	■ Zweifeldträger	87
3.4	**Flächen, Schwerpunkte und Flächenmomente**	**88**
3.5	**Sicherheitskonzept**	**90**
	■ Gebrauchstauglichkeit	90
	■ Tragfähigkeit	90
3.6	**Spannungen und Festigkeiten**	**92**
	■ Beispiele	93
3.7	**Formänderungen, Steifigkeiten und Stabilität**	**94**
	■ Knicken	94
	■ Durchbiegung	95
3.8	**Lastannahmen**	**97**
3.8.1	Wichte von Baustoffen und Bauteilen	97
3.8.2	Eigenlasten für Dächer	100
3.8.3	Nutzlasten	101
3.8.4	Eigen- und Nutzlast, Trennwandzuschlag	103
3.8.5	Windlasten	103
3.8.6	Schneelasten	106

Sicherheitskonzept nach Eurocode 0 (EC 0), DIN EN 1990 (Darstellung für Holzbau, EC 5)

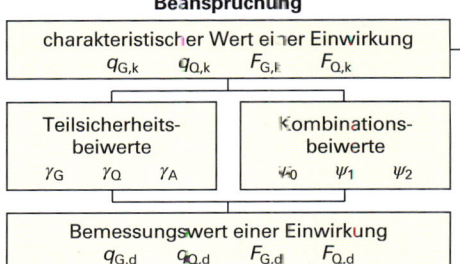

3 STATIK UND LASTANNAHMEN

Eurocodes (EC) als Ersatz für nationale Normen

Für das Bauen mit Stahlbeton, Spannbeton, Stahl, Holz, Mauerwerk usw. sind in den letzten Jahren Bemessungs- und Konstruktionsregeln auf das Sicherheitskonzept mit Teilsicherheitsbeiwerten europaweit umgestellt worden. Die Lastannahmen (Einwirkungen) wurden überarbeitet und angepasst. Heute stehen entsprechende europäische Normen zur Verfügung, die durch Nationale Anhänge (NA) für nationale Besonderheiten erweitert und bauaufsichtlich zugelassen wurden.

Eurocode DIN	Titel (Ausgabedatum: Jahr – Monat)	zurückgezogene nationale DIN
EC 0 EN 1990/NA	**Grundlagen der Tragwerksplanung** (2010-12 und A1 2012-08)	1055-100
DIN EN 1990 enthält die grundlegenden bauartübergreifenden Regelungen und basiert auf der Methode der Teilsicherheitsbeiwerte. Dabei werden die folgenden Grenzzustände unterschieden: ■ Tragfähigkeit ■ Gebrauchstauglichkeit ■ Gewährleistung der Dauerhaftigkeit		
EC 1 EN 1991-1-1/NA EN 1991-1-2/NA EN 1991-1-3/NA EN 1991-1-4/NA	**Einwirkungen auf Tragwerke** (2010-12) 1 Wichten, Eigengewicht und Nutzlasten 2 Brandeinwirkungen auf Tragwerkwerke 3 Schneelasten 4 Windlasten	1055-1 // 1055-3 — 1055-5 1055-4
EC 2 EN 1992-1-1/NA EN 1992-1-2/NA	**Bemessung und Konstruktion von Stahlbeton- und Spannbetontragwerken** (2011-1, 2010-12 und 2013-04) 1 Allgemeine Bemessungsregeln und Regeln für den Hochbau 2 Tragwerksbemessung für den Brandfall	1045-1 —
EC 3 EN 1993-1-1/NA EN 1993-1-2/NA EN 1993-1-8/NA	**Bemessung und Konstruktion von Stahlbauten** (2010-12 und A1 2013-01) 1 Allgemeine Bemessungsregeln und Regeln für den Hochbau 1 Tragwerksbemessung für den Brandfall 1 Bemessung von Anschlüssen	18800-1 und 2 18801/18808 18808/18914
EC 4	**Bemessung und Konstruktion von Verbundtragwerken aus Stahl und Beton** (2010-12 und 2013-06)	18800-5
EC 5 EN 1995-1-1/NA EN 1995-1-2/NA	**Bemessung und Konstruktion von Holzbauten** (2010-12) 1 Allgemeine Regeln und Regeln für den Hochbau 1 Tragwerksbemessung für den Brandfall	1052 Berichtigung 1 —
EC 6 EN 1996-1-1 /NA EN 1996-1-2/NA EN 1996-2/NA EN 1996-3/NA	**Bemessung und Konstruktion von Mauerwerksbauten** (2013-02 und 2013-07) 1 Allgemeine Regeln für bewehrtes und unbewehrtes Mauerwerk 1 Tragwerksbemessung für den Brandfall ■ Planung, Auswahl der Baustoffe und Ausführung von Mauerwerk ■ Vereinfachte Berechnungsmethoden für unbewehrte Mauerwerksbauten	1053-3 // 1053-100 — 1053-1 // 1053-3 1053-1 // 1053-100
EC 7 EN 1997-1/NA EN 1997-2/NA	**Entwurf, Berechnung und Bemessung in der Geotechnik** (2009-09 und A1 2013-04) 1 Allgemeine Regeln ■ Erkundung und Untersuchung des Baugrunds	1054 Berichtigung 1...4 4020
EC 8	**Auslegung von Bauten gegen Erdbeben** (2013-05)	4149
EC 9	**Bemessung und Konstruktion von Aluminiumtragwerken** (2013-05)	4113-1/A1 4113-2 und 4113-3

3 STATIK UND LASTANNAHMEN

3.1 Kräfte und Momente

Bestimmungsstücke einer Kraft

Eine **Kraft** ist ein **Vektor**, d. h. eine gerichtete Größe. Sie ist bestimmt durch:

- **Betrag**
- **Richtung**
- **Angriffspunkt**

Der **Betrag** besteht aus **Zahlenwert** und **Einheit**. Die **Richtung** ist durch **Wirkungslinie** und **Richtungssinn** bestimmt. Die Wirkungslinie ist eine Gerade, auf der der Angriffspunkt liegt. Der **Angriffspunkt** einer Kraft darf für Berechnungen auf ihrer **Wirkungslinie** beliebig verschoben werden (Axiom der Linienflüchtigkeit).

Kräfte können nur anhand ihrer Wirkungen erkannt und gemessen werden. Sie sind die Ursache einer Bewegungsänderung oder einer Formänderung eines Körpers.

Darstellung einer Kraft

Eine Kraft wird durch eine Strecke mit Pfeilspitze dargestellt. Die Pfeilspitze zeigt die Richtung der Kraft an. Der Betrag der Kraft entspricht der Länge der Strecke multipliziert mit dem Kräftemaßstab. Die **Einheit** der Kraft ist **1 Newton (1 N)**.

Der **Kräftemaßstab** (KM) hat die Einheit 1 N/m. Die Darstellung 1 cm ≙ 100 kN bzw. $M_K = 100$ kN/cm bedeutet: Ein Zentimeter der Darstellung einer Kraft entspricht hundert Kilonewton seines Betrages.

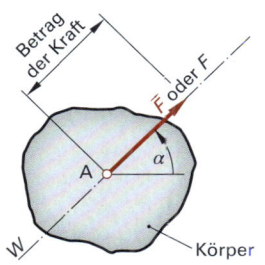

$\vec{F}$ Kraft
F Betrag der Kraft
A Angriffspunkt
W Wirkungslinie
α Richtungswinkel

KM: 1 cm ≙ 100 kN	oder $\frac{100\ kN}{}$
	oder $M_k = 100$ kN/cm

Bezeichnung einer Kraft

Eine Kraft wird mit F und mehrere Kräfte werden mit F_1, F_2, ... bezeichnet. Eine resultierende Kraft – auch Resultierende genannt – erhält die Bezeichnung F_R oder als Teilresultierende z.B. der Kräfte F_1 und F_2 die Bezeichnung $F_{1,2}$ (siehe Kräfteparallelogramm).

Lageplan und Kräfteplan (Krafteck)

Im **Lageplan** sind der Körper und die ihn angreifenden Kräfte mit Angriffspunkten und Wirkungslinien maßstäblich einzutragen.

Im **Kräfteplan** – auch **Krafteck** genannt – werden die Kräfte durch Parallelverschieben aus dem Lageplan maßstäblich aneinandergefügt. Dabei ist der Durchlaufsinn (Verlauf der Pfeilspitzen), nicht jedoch die Reihenfolge der Kräfte zu beachten.

Der Kräfteplan dient der Ermittlung des **Kräftegleichgewichts** und ist mit einem **Kräftemaßstab** zu versehen.

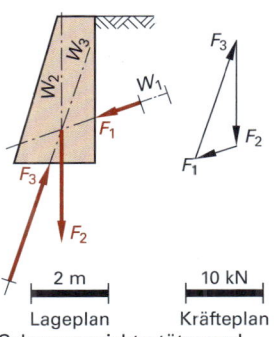

Schwergewichtsstützwand

Kräfteparallelogramm

$-\cos \gamma = \cos \alpha$

Axiom vom Kräfteparallelogramm

Greifen zwei Kräfte in einem Punkt an, so lassen sie sich in ihrer Wirkung durch eine statisch äquivalente Kraft ersetzen. Die Ersatzkraft heißt Resultierende und wird durch das nebenstehend dargestellte **Kräfteparallelogramm** zeichnerisch ermittelt. Die rechnerische Ermittlung erfolgt mit folgenden Formeln:

$$F_R = \sqrt{F_1^2 + F_2^2 + 2\,F_1 \cdot F_2 \cdot \cos \alpha}$$

$F_H = F \cdot \cos \alpha$	$F_V = F \cdot \sin \alpha$
$F = \sqrt{(F_H)^2 + (F_V)^2}$	$\tan \alpha = F_V / F_H$

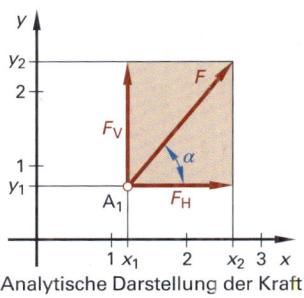

Analytische Darstellung der Kraft

77

3.1 Kräfte und Momente

Addition und Subtraktion von Kräften

Bei der grafischen **Addition von Kräften** wird ein Kräfteplan erstellt. Die aneinanderzufügenden Kräfte heißen **Teilkräfte**.
Der Vektor (die Kraft), welcher durch geradlinige Verbindung des Anfangspunktes mit dem Endpunkt der Vektorkette (Kraftkette) und einer Pfeilspitze im Endpunkt entsteht, entspricht der Vektorsumme und heißt **Resultierende**.
Eine Kraft wird subtrahiert, indem eine entgegengesetzt gerichtete Kraft gleichen Betrages addiert wird.

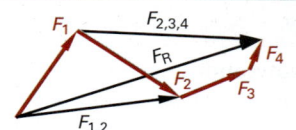

Addition von Kräften

Zerlegung einer Kraft

Eine Kraft lässt sich in der Ebene eindeutig in zwei voneinander verschiedene Richtungen zerlegen. Die Wirkungslinien der gesuchten Teilkräfte werden dabei im Kräfteplan parallel an den Anfangs- und Endpunkt der gegebenen Kraft verschoben. Die Schnittpunkte der verschobenen Wirkungslinien sind – wie beim Kräfteparallelogramm – Anfangspunkt bzw. Endpunkt der Teilkräfte. Im Lageplan müssen sich die Wirkungslinien der Kraft und ihrer Teilkräfte in einem Punkt schneiden.

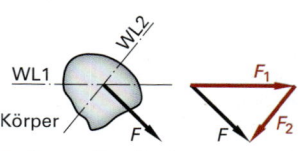

Zerlegen einer Kraft

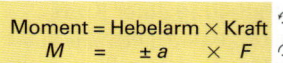

Moment einer Kraft (ebenes Kräftesystem)

Das **Moment** einer Kraft in Bezug auf einen **Punkt (Drehpunkt)** ist gleich dem Produkt aus **Hebelarm** und **Betrag** der Kraft. Der Hebelarm ist der (kürzeste) Abstand der Wirkungslinie vom Drehpunkt. In einem ebenen Kräftesystem ▶ S. 79 lassen sich die Momente mehrerer Kräfte um einen gemeinsamen Drehpunkt addieren (Momentensatz).

Ist die Drehwirkung der Kraft im Gegenuhrzeigersinn, so ist das Moment positiv, andernfalls negativ.

Mit M wird das Moment einer Kraft F um den Drehpunkt D bezeichnet. Die Einheit des Moments ist ein Newtonmeter (1 Nm).

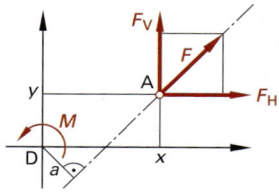

D (0, 0)   Drehpunkt
A (x, y)   Angriffspunkt
M_D Moment von F um D
F, F_V, F_H Kraft
a Hebelarm

Moment eines Kräftepaares

Ein **Kräftepaar** besteht aus zwei gleich großen, aber entgegengesetzten Kräften auf **parallelen Wirkungslinien**. Das mit **Drehkraft** bezeichnete Moment ist gleich dem Produkt aus dem Abstand der Wirkungslinien und dem Betrag einer der Kräfte. Es gilt die gleiche Vorzeichenregelung wie für das Moment einer Kraft. Kräftepaare mit gleichem Moment sind statisch äquivalent. Die Summe der Momente der Einzelkräfte ist für jeden Drehpunkt gleich und entspricht dem Moment des Kräftepaares.

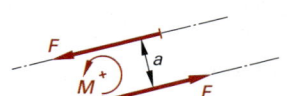

Kräftepaar mit $M = a \cdot F$

Seileck-Verfahren

Das Seileckverfahren dient zur Ermittlung der Resultierenden mehrerer in einer Ebene verlaufenden Einzelkräfte. Arbeitsgänge:

- Grafische Addition der Kräfte und Resultierende ermitteln.
- Vom beliebigen Punkt Q Polstrahlen zu Kräften legen.
- Polstrahlen ausgehend von Punkt S (beliebiger Punkt auf Wirkungslinie von Kraft F_1) abtragen.
- Wirkungslinie der Resultierenden geht durch Punkt P.

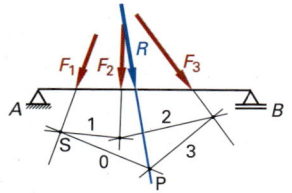
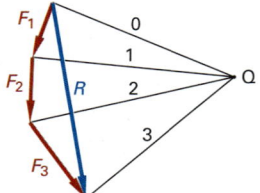

3 STATIK UND LASTANNAHMEN

3.2 Gleichgewichtsbedingungen

Notwendigkeit des Gleichgewichts
Körper ohne **Gleichgewicht** erfahren eine Beschleunigung. Für die Standfestigkeit ruhender Körper (Statik) ist die Erfüllung des Gleichgewichts eine notwendige Bedingung.

Arten des Gleichgewichts
Für die Standfestigkeit ruhender Körper (Statik) ist das Gleichgewicht eine notwendige Bedingung.

Das **Kräftegleichgewicht** ist erfüllt, wenn die Resultierende aller an einem Körper angreifenden Kräfte gleich NULL ist. Das Krafteck im Kräfteplan schließt sich dann.

Ist zusätzlich das resultierende Moment bzgl. eines frei wählbaren Drehpunktes gleich NULL, so ist auch das **Momentengleichgewicht** erfüllt.

Zur rechnerischen Ermittlung des Kräftegleichgewichts in der Ebene werden alle an einem Körper angreifenden Kräfte in **Vertikalkomponenten** (Teilkräfte in y-Richtung) und **Horizontalkomponenten** (Teilkräfte in x-Richtung) zerlegt.

Zentrales Kräftesystem
In einem zentralen **Kräftesystem** schneiden sich die Wirkungslinien aller Kräfte in einem Punkt. Für diesen Punkt verschwindet das resultierende Moment, sodass nur noch das Kräftegleichgewicht zu überprüfen ist.

Aktionskräfte und Reaktionskräfte
Alle von außen auf einen Körper einwirkenden Kräfte heißen **Aktionskräfte**, z.B. **Gewichtskräfte, Lasten** (nach europäischen Normen **Einwirkungen**).

Reaktionskräfte sind Zwangskräfte und heißen **Auflagerkräfte** oder **Auflagerreaktionen**. Sie führen zur Einschränkung der Bewegungsmöglichkeit eines Körpers.

Die Reaktionskräfte (A, B) stellen sich so ein, dass sie mit den Aktionskräften (F_1, F_2) die Gleichgewichtsbedingungen erfüllen.

Freimachen eines Körpers/Schnittprinzip
Alle Körper, die den freizumachenden Körper berühren, werden gedanklich weggenommen und durch Kräfte gleicher Wirkung ersetzt. Die dabei auftretenden und zunächst unbekannten Kräfte heißen Reaktionskräfte und müssen mit den verbleibenden Aktionskräften die Gleichgewichtsbedingungen erfüllen. Auch Teile eines Körpers können freigemacht (gedanklich freigeschnitten) werden. Die an der Schnittstelle auftretenden Reaktionen heißen Schnittgrößen ▶ S. 81.

> **Gleichgewichtsbedingungen**
>
> $\Sigma V = 0$ oder $\Sigma F_V = 0$
>
> $\Sigma H = 0$ oder $\Sigma F_H = 0$
> (Kräftegleichgewicht)
>
> $\Sigma M = 0$ oder $\Sigma M_D = 0$
> (Momentengleichgewicht)

V, F_V Sammelbezeichnung für Vertikalkräfte
H, F_H Sammelbezeichnung für Horizontalkräfte
M, M_D Sammelbezeichnung für Momente um einer Drehpunkt D

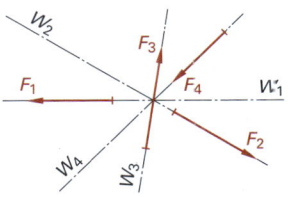

Zentrales Kräftesystem

Aktions- und Reaktionskräfte

Lagerungsarten und Lagerungssymbole

In der Statik ebener Stabwerke (Holzbalken, Stahlträger usw.) werden Auflager durch Symbole dargestellt. Es gibt feste, bewegliche und eingespannte Lager.

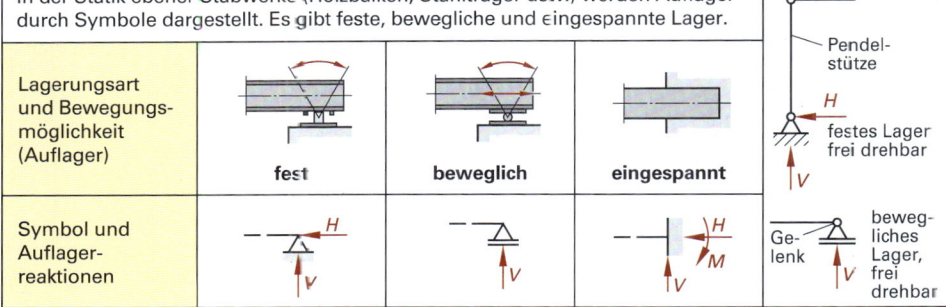

3 STATIK UND LASTANNAHMEN

3.3 Statische Systeme

Zur Berechnung der Standsicherheit eines Bauwerks werden **statische Systeme** verwendet. Sie stellen eine Idealisierung der tragenden Konstruktion des Bauwerks dar. Für statische Systeme können unter der Einwirkung von Kräften und unter Verwendung von Rechenverfahren der Statik **Auflagerreaktionen**, **Schnittgrößen** und **Formänderungen** bestimmt werden. Diese Größen dienen dazu, mit den Verfahren der Festigkeitslehre die Beanspruchbarkeit und die Gebrauchstauglichkeit der tragenden Teile eines Bauwerks zu bestimmen.

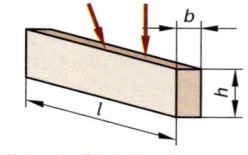

Balken als Stab $b \ll l$
$h \ll l$

Stäbe
Stäbe sind linienförmige Elemente. Ihre Abmessungen in zwei Richtungen (Querschnitt) sind klein gegenüber der dritten Richtung (Länge). Zu den Stäben gehören **Balken, Träger** und **Stützen**.

Scheiben, Platten und Schalen
Scheiben, **Platten** und **Schalen** sind flächenförmige Elemente. Ihre Abmessung in einer Richtung (Dicke d) ist klein gegenüber den anderen beiden Richtungen. **Scheiben** und **Platten** sind ebene Elemente. Bei den Scheiben (z.B. freitragende Wände) wirken alle angreifenden Kräfte nur in der Ebene der Scheibe. Bei den Platten wirken alle angreifenden Kräfte senkrecht zur Plattenebene. **Schalen** sind gekrümmte Flächenelemente.

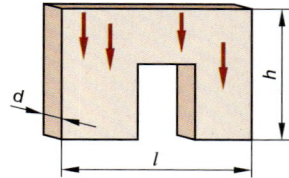

Wand als Scheibe $d \ll l$
$d \ll h$

Stabwerke
Stabwerke sind aus Stäben zusammengesetzte statische Systeme. Die Stäbe können durch Biegung, Normalkräfte (Druck, Zug) und Querkräfte beansprucht werden. Bei ebenen Stabwerken liegen alle Stäbe in einer Ebene und werden auch nur – wie bei Scheiben – in dieser Ebene durch Kräfte beansprucht.

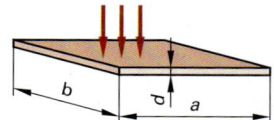

Geschossdecke als Platte $d \ll a$
$d \ll b$

Fachwerke
Fachwerke sind ebene Stabwerke, bei denen die Stäbe aufgrund ihrer besonderen Anordnung und geraden Form nur durch **Normalkräfte** beansprucht werden. Die Punkte im statischen System, an denen zwei oder mehrere Stäbe zusammenlaufen, heißen **Knoten**. Statt der tatsächlich vorhandenen biegesteifen Verbindung der Stäbe in den Knoten wird idealisierend ein **Vollgelenk** angenommen. Ein Fachwerk mit dieser Idealisierung heißt auch **Gelenkfachwerk**.

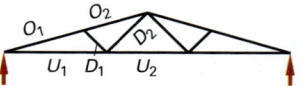

Dreiecksbinder (Satteldach)
z.B. l bis 30,0 m und $h \geq l/10$

Die Fachwerkbinder werden meistens als **Einfeldträger** verwendet. Vor Beginn der Berechnungen muss das Bindersystem festgelegt werden. Mit **System** wird das Netz der Achsen (Schwerpunktlinien) der einzelnen Stäbe (Höhe h) benannt. Die oberen Stäbe bilden den Obergurt. Die unteren Stäbe bilden den Untergurt. Zwischen Obergurt und Untergurt sind als Dreieckssystem die Füllstäbe eingebaut, die entweder als Vertikalstäbe oder Diagonalstäbe angeordnet sind.

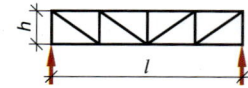

Balkenbinder (Parallelbinder)
z.B. l bis 30,0 m und $h \geq l/12$
z.B. aus BSH l bis 20,0 m

Ein Fachwerk ist statisch bestimmt, wenn gilt:
$s = 2 \cdot k - 3$ (s Anzahl der Stäbe, k Anzahl der Knoten).

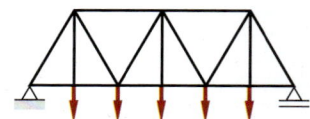

Brücke als Fachwerk
z.B. l bis 60,0 m und $h \geq l/12$

Gelenkrahmen (Fachwerkrahmen)
Als Rahmen bezeichnet man eine idealisierte Konstruktion, deren Stäbe neben Zug und Druck auch Biegung übertragen können. Senkrechte Rahmenstäbe heißen **Stiele**, waagerechte Stäbe **Riegel**. Für Vollwandbinder aus Holz gelten folgende Faustformeln:
Kantholzrahmen mit $l = 15$ m bis $l = 30$ m und Binderhöhe $h \geq l/12$
Brettschichtholz mit $l = 25$ m bis $l = 60$ m und Binderhöhe $h \geq l/12$

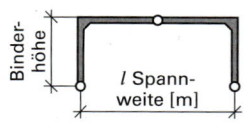

Dreigelenkrahmen

3.3 Statische Systeme

Darstellung gängiger Formen von Fachwerkbindern (mit überschlägigen Abmessungen)

Statisches System	Binderform	Spannweite l [m]	Binderhöhe h	Binderabstand [m]	Dachneigung [°]
Dreieckförmiger Binder		7,5 bis 30	$h \geq l/10$	4,00 bis 10,00	12 bis 30
Dreieckförmiger Binder		7,5 bis 20	$h_m \geq l/10$	4,00 bis 10,00	12 bis 30
Trapezförmiger Binder		7,5 bis 30	$h \geq l/12$	4,00 bis 10,00	3 bis 8
Trapezförmiger Binder		7,5 bis 30	$h_m \geq l/12$	4,00 bis 10,00	3 bis 8
Parallelbinder		7,5 bis 60	$h \geq l/12$ bis $l/15$	4,00 bis 10,00	–
Parallelbinder		7,5 bis 60	$h \geq l/12$ bis $l/15$	4,00 bis 10,00	–

Darstellung gängiger Formen von Fachwerkrahmen (mit überschlägigen Abmessungen)

Statisches System	Binderform	Spannweite l [m]	Binderhöhe h	Binderabstand [m]	Dachneigung [°]
Dreigelenkrahmen		Kantholzrahmen 15,00 bis 30,00	$h = l/12$	Kantholzrahmen 4,00 bis 6,00	bis 20
Dreigelenkrahmen		Rahmen mit Stützen aus Brettschichtholz 25,00 bis 50,00	$h = l/12$	Weitgespannte Rahmen 6,00 bis 10,00	bis 20
Dreigelenkrahmen einhüftig		10,00 bis 20,00	$h = l/12$	4,00 bis 6,00	3 bis 8
Zweigelenkrahmen		Kantholzrahmen 15,00 bis 40,00	$h \geq l/12$	Kantholzrahmen 4,00 bis 6,00	3 bis 8
Zweigelenkrahmen		Rahmen mit Stäben aus Brettschichtholz 25,00 bis 60,00	$h \geq l/12$	Weitgespannte Rahmen 6,00 bis 10,00	3 bis 8

Darstellung von Vollhol- bzw. Brettschichtholzbinderformen mit Spannweiten von 5,00 m bis 35,00 m

Statisches System	Binderform	Dachneigung Binderhöhe	Statisches System	Binderform	Dachneigung Binderhöhe
Einfeldträger satteldachförmig		3° bis 8° $l/16$ bis $l/30$	Einfeldträger Pultdach		8° bis 12° $l/18$ bis $l/25$
Einfeldträger geknicktes Satteldach		≤ 12° $l/16$ bis $l/30$	Einfeldträger parallel		– $l/17$

3.3 Statische Systeme

Bezeichnung am ebenen Stabwerk

Art	Beispiel	Bedeutung
Zahlen	1, 2, 3, ...	Stäbe
Groß-buchstaben	A, B, C, ...	Auflager, Eckpunkte, Knotenpunkte
	A, C	Vertikale Kräfte
	H_A, H_B	Horizontalkräfte
	F	Einzellast
	M, M_A, ...	Momente
Klein-buchstaben	g	Eigenlast
	q	Nutzlast, Verkehrslast
	w	Windlast
	s	Schneelast
	m	Gleichstreckenmoment

Zur Festlegung der Vorzeichen für die Biegebeanspruchung wird eine frei wählbare Seite an jedem Stab durch Strichelung als gestrichelte Zone (Kennfaser) gekennzeichnet (siehe Bild).

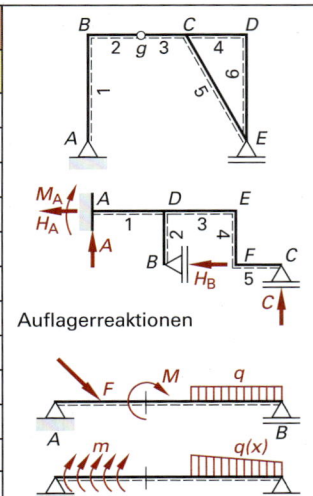

Auflagerreaktionen

Belastung (Einwirkungen)

Schnittgrößen

Um die Belastungen in Bauteilen entlang ihres Verlaufs zu bestimmen, werden Schnittgrößen (**Normalkraft N, Querkraft V** und **Biegemoment M**) berechnet. Zur Erfassung der Kräfte im Innern des Stabes wird an der zu untersuchenden Stelle ein gedachter Schnitt quer zur Stabachse geführt.

Einfeldträger mit Schnitt an der Stelle S	Schnittflächen (Schnittufer)	Koordinaten und Vorzeichen (DIN 1080)
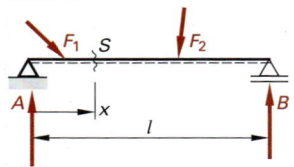	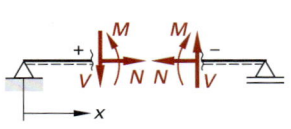	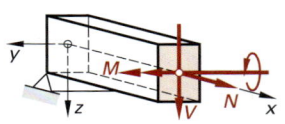
	Schnittufer mit positiven Schnittgrößen M, N und V (vormals Q)	Stabkoordinaten und Schnittgrößen am positiven Schnittufer

Zustandslinien

Schnittgrößen sind von der Lage des Schnittes und damit von der Stabkoordinate x abhängig.

Werden die Schnittgrößen getrennt nach **Querkraft V, Normalkraft N** und **Biegemoment M** in das statische System eingetragen, so ergeben sich die **Zustandslinien**.

Positive Schnittgrößen werden auf der Seite der gestrichelten Zone angetragen und bei mehrfarbiger Darstellung durch eine grüne Linie gekennzeichnet.

Negative Schnittgrößen werden gegenüberliegend angetragen und durch eine rote Linie gekennzeichnet.

Zur Bestimmung der **Auflagerreaktionen** (A, B) über **Gleichgewichtsbedingungen** am statisch bestimmten ebenen Stabwerk gilt (Summe der Horizontalkräfte, Summe der Vertikalkräfte, Summe der Momente):

$\Sigma H = 0$ $\Sigma V = 0$ $\Sigma M_D = 0$ (D beliebiger Drehpunkt)

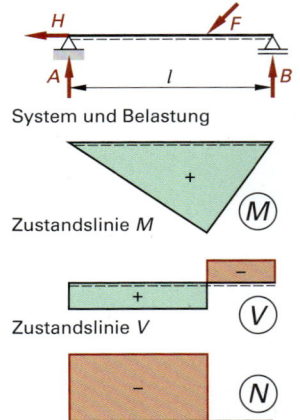

System und Belastung

Zustandslinie M

Zustandslinie V

Zustandslinie N

3.3 Statische Systeme

Cremona-Plan

Der Cremona-Plan dient zur grafischen Ermittlung der Stabschnittkräfte in ebenen, statisch bestimmten Fachwerken. Um ein geschlossenes Kräftepolygon zu erzeugen, muss an jedem Knoten des Fachwerks Gleichgewicht herrschen.

① Auflagerkräfte bestimmen
(z.B. Seileck-Verfahren ▶ S. 78).
② An einem Knoten (z.B. Auflager) zwei unbekannte Stabkräfte ermitteln.
Der Betrag der Stabkraft ergibt sich aus der Länge der Linien (Kräftemaßstab).
Aus dem Umlaufsinn des Kräftepolygons ergibt sich die Richtung der Kräfte am betrachteten Knoten.
③ In gleicher Weise werden die Kräfte der weiteren Knoten grafisch ermittelt.
Kräfte müssen immer in der Reihenfolge eines bestimmten Umfahrungssinns für alle Knoten gleich gezeichnet werden.
④ Alle Kräftepolygone werden überlagert, sodass jede Stabkraft nur einmal aufgezeichnet wird.

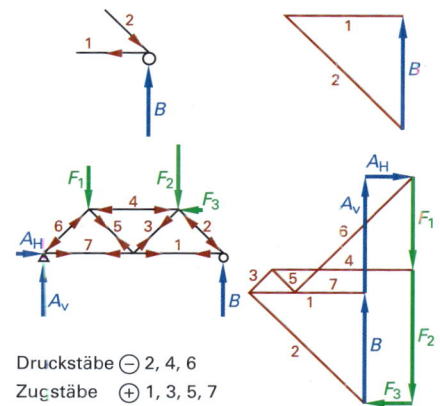

Druckstäbe ⊖ 2, 4, 6
Zugstäbe ⊕ 1, 3, 5, 7

Beispiel

Der nebenstehend dargestellte Einfeldträger mit Kragarm ist durch zwei Einzelkräfte belastet. Es sind die Auflagerreaktionen zu berechnen und die Zustandslinien zu zeichnen.
$l = 6$ m, $l_k = 2$ m, $F_1 = 3$ kN, $F_2 = 4$ kN.

Mit den Gleichgewichtsbedingungen $\Sigma M_A = 0$, $\Sigma M_B = 0$ und $\Sigma H = 0$ lassen sich die Auflagerreaktionen bestimmen.

$\Sigma H = 0 = -H_A + F_2 \qquad H_A = F_2 \qquad \mathbf{H_A = 4\ kN}$

$\Sigma M_A = 0 = l \cdot B - (l + l_k) \cdot F_1 \quad B = \dfrac{6\ m + 2\ m}{6\ m} \cdot 3\ kN \quad \mathbf{B = 4\ kN}$

$\Sigma M_B = 0 = -l \cdot A - l_k \cdot F_1 \quad A = \dfrac{-2\ m}{6\ m} \cdot 3\ kN \quad \mathbf{A = -1\ kN}$

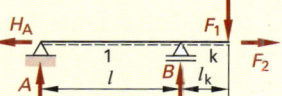

System und Belastung

Durch Schneiden und Freimachen lassen sich an dem Teilkörper mit den Gleichgewichtsbedingungen $\Sigma H = 0$, $\Sigma V = 0$ und $\Sigma M_x = 0$ die Schnittgrößen bestimmen.

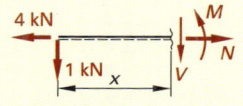

Schnittgrößen im Feld

- Für das **Feld 1** ergibt sich:
$\Sigma H = 0 = -H_A + N \qquad N = H_A \qquad \mathbf{N = 4\ kN}$
$\Sigma V = 0 = -A + V \qquad V = A \qquad \mathbf{V = -1\ kN}$
$\Sigma M_x = 0 = -x \cdot A + M \qquad M = x \cdot A \qquad \mathbf{M = x \cdot (-1\ kN)}$

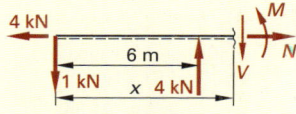

Schnittgrößen im Kragarm

- Für den **Kragarm k** ergibt sich:
$\Sigma H = 0 = -H_A + N \qquad N = H_A \qquad \mathbf{N = 4\ kN}$
$\Sigma V = 0 = -A - B + V \qquad V = A + B \qquad \mathbf{V = 3\ kN}$
$\Sigma M_x = 0 = -x \cdot A - (x - l) \cdot B + M$
$M = -l \cdot B + x \cdot (A + B) \qquad \mathbf{M = -24\ kN + x \cdot (3\ kN)}$

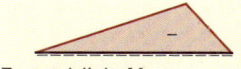

Zustandslinie M

Der Verlauf der Querkraft und der Normalkraft ist im Feld 1 und im Kragarm jeweils konstant. Das Biegemoment ist jeweils linear veränderlich und hat am Auflager A ($x = 0$) und am Kragarmende ($x = 8$ m) den Wert 0 kNm. Über dem Auflager B ($x = 6$ m) hat M_B den Wert:

$M_B = (6\ m) \cdot (-1\ kN) = -24\ kNm + (6\ m) \cdot (3\ kN) \quad \mathbf{M_B = -6\ kNm}$

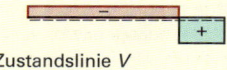

Zustandslinie V

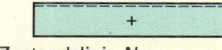

Zustandslinie N

3.3 Statische Systeme

Beispiel

Für die Sparren eines Pfettendaches ▶ S. 385 sind die Lastannahmen durchzuführen. Die daraus resultierenden Auflagerreaktionen A, B und H_A sowie die Zustandslinien der Schnittgrößen N, V und M sind dargestellt (Standort des Wohngebäudes in der Region Hannover).

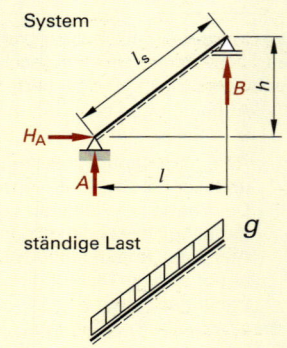

System:

Stützweite l = 4,0 m   Sparrenabstand e = 0,8 m
Dachhöhe h = 3,0 m
$l_s = l^2 + h^2$ $l_s = \sqrt{(4{,}0\text{ m})^2 + (3{,}0\text{ m})^2} = 5{,}0$ m
                     Sparrenlänge l_s = 5,0 m
$\tan \alpha = h/l = 0{,}75$ Dachneigung $\alpha = 36{,}9°$
$\sin \alpha = h/l_s = 0{,}60$ $\cos \alpha = l/l_s = 0{,}80$

Belastung / charakteristische Einwirkungen: ▶ S. 97 ... S. 106
(D Dachfläche, G Grundrissprojektion)

Eigenlast nach DIN EN 1991-1-1/NA

Betondachsteine inkl. Lattung	0,50 kN/m² D
Sparrengewicht (geschätzt)	0,07 kN/m² D
Unterspannbahn (geschätzt)	0,01 kN/m² D
Unterschalung (geschätzt)	0,12 kN/m² D
ständige Last	g_k = **0,70 kN/m² D**

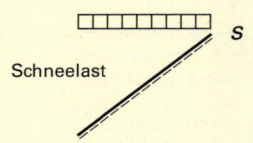

Schneelast nach EC 1, DIN EN 1991-1-3/NA   ▶ S. 106
(Zone 2, Höhe ≤ 285 m über NHN)
s_k = 0,85 kN/m²
μ_1 = 0,8 (60 − 36,9)/30 = 0,616
⇒ s_i = 0,85 · 0,616 ≅ **0,52 kN/m²**

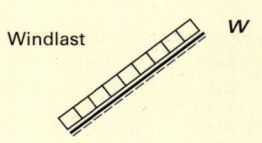

Winddruck nach EC 1, DIN EN 1991-1-4/NA   ▶ S. 104
Windzone (WZ II) q_p = 0,5 kN/m²
Luvseite (Wind von links)
mittlerer Bereich (G und H)
$w = c_{pe} \cdot q_p$
G ⇒ $c_{pe,1}$ = 0,7   für α = 36,9°
H ⇒ $c_{pe,1}$ = 0,4   (für 30°) $\Big\}$ 0,49 (für 36,9°)
       = 0,6   (für 45°)
w (G) = 0,7 · 0,5 = 0,35 kN/m²
w (H) = 0,49 · 0,5 = 0,25 kN/m²

Berechnung der Bemessungslasten
$E_d = 1{,}35 \cdot G_{k,j} \oplus 1{,}5 \cdot Q_{k,1} \oplus 1{,}5 \cdot \psi_{0,2} \cdot Q_{k,2}$
maßgebende Lastkombination der Einwirkungen
LK: $G \oplus S \oplus W$
g_d = 1,35 · g_k = 1,35 · 0,7 = 0,95 kN/m²
s_d = 1,5 · s_k (hier s_1) = 1,5 · 0,52   = 0,78 kN/m²
w_d = 1,5 · 0,6 · w_k = 1,5 · 0,6 · 0,35 = 0,32 kN/m²
                         = 1,5 · 0,6 · 0,25 = 0,23 kN/m²

Windlast Hinweis:
w_H = 0,34 kN/m² auf einer Dachhöhe h = 3,00 m
w_V = 0,34 kN/m² auf einer Stützweite l = 4,00 m

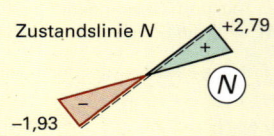

Hinweis:

- Zur Vereinfachung werden die Auflagerreaktionen (A_V = 4,14 kN, A_H = 0,69 kN, B_V = 4,65 kN) und die Schnittgrößen (siehe Grafik) auf einen Sparrenabstand von a = 1,0 m bezogen (z.B. g_d = 0,95 kN/m).
- Für die Windlast wird der höhere Wert konstant über die gesamte Sparrenlänge angesetzt.

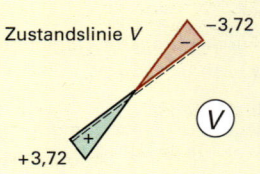

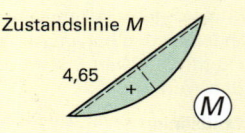

Der Verlauf der **Zustandslinien** für Quer- und Normalkräfte ist bei dem Beispiel linear, der Verlauf der Zustandslinie für die Momente parabelförmig mit dem Maximum in Feldmitte.

3.3 Statische Systeme

Beispiel

Für einen Einfeldträger mit Kragarm sind unter Berücksichtigung feldweise veränderlicher Gleichstreckenlasten die Extremwerte der Auflagerreaktionen und der Biegemomente zu bestimmen.

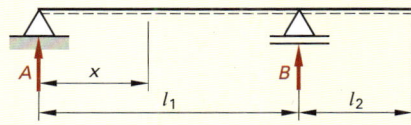

System: Feldlänge $l_1 = 4$ m (4,00 m)
Kragarmlänge $l_2 = 1$ m (1,00 m)

Belastung: ständige Last $g_d = 2$ kN/m
Verkehrslast $q_d = 3$ kN/m

Bemessungseinwirkung $r_d = g_d + q_d = 5$ kN/m

Lastkombinationen:

Kombination 1: Volllast für max B und min M_B

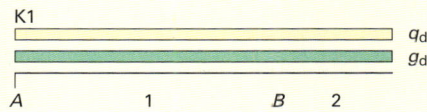

ΣM_A: $r_d \cdot (l_1 + l_2)^2/2 - \max B \cdot l_1 = 0$
max $B = r_d \cdot (l_1 + l_2)^2/(2 \cdot l_1)$
max $B = 5 \cdot (4 + 1)^2/(2 \cdot 4)$ = **15,63 kN**

ΣM_{Br}: $r_d \cdot (l_2^2/2) + \min M_B = 0$
min $M_B = -r_d \cdot l_2^2/2$
min $M_B = -5 \cdot 1^2/2$ = **−2,50 kNm**

Kombination 2: Verkehrslast nur in Feld 1 für max M_B, max A und max M_1

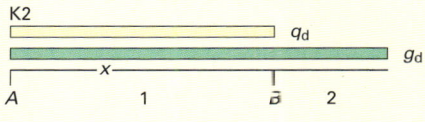

$x = \max A/r_d \quad x = 9{,}75/5 = 1{,}95$ m

ΣM_{Br}: $r_d \cdot (l_2^2/2) + \max M_B = 0$
max $M_B = -g_d \cdot l_2^2/2$
max $M_B = -2 \cdot 1^2/2$ = **−1,00 kNm**

ΣM_{B1}: $-r_d \cdot l_1^2/2 - M_B + \max A \cdot l_1 = 0$
max $A = r_d \cdot l_1/2 + \max M_B/l_1$
max $A = 5 \cdot 4/2 + (-1{,}0)/4$ = **9,75 kN**

ΣM_{x1}: max $A \cdot x - r_d \cdot x^2/2 - \max M_1 = 0$
max $M_1 = \max A \cdot x - r_d \cdot x^2/2$
max $M_1 = 9{,}75 \cdot 1{,}95 - 5 \cdot 1{,}95 \cdot 1{,}95/2$
max M_1 = **9,51 kNm**

Kombination 3: Verkehrslast nur auf dem Kragarm für min A und min M_1

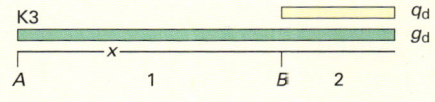

$x = \min A/g_d \quad x = 3{,}37/2 = 1{,}685$ m

ΣM_{B1}: $-r_d \cdot l_1^2/2 - M_B + (\min A) \cdot l_1 = 0$
min $A = g_d \cdot l_1/2 + \min M_B/l_1$
min $A = 2 \cdot 4/2 + (-2{,}5)/4$ = **3,37 kN**

ΣM_{x1}: min $A \cdot x - g_d \cdot x^2/2 - \min M_1 = 0$
min $M_1 = \min A \cdot x - g_d \cdot x^2/2$
min $M_1 = 3{,}37 \cdot 1{,}685 - 2 \cdot 1{,}685^2/2$
min M_1 = **2,84 kNm**

ΣM_A: $g_d \cdot (l_1 + l_2)^2/2 - \min B \cdot l_1 = 0$
min $B = g_d \cdot (l_1 + l_2)^2/(2 \cdot l_1)$
min $B = 2 \cdot (4 + 1)^2/(2 \cdot 4)$ = **6,25 kN**

Kombination 4: nur ständige Last für min B

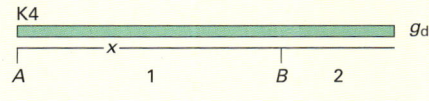

wie K1 nur statt $r_d \rightarrow g_d$ einsetzen

Hinweis: Alle Schnittgrößen und Lagerreaktionen ohne Fußzeiger sind Bemessungsgrößen.

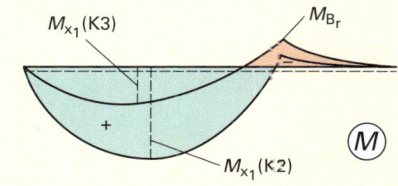

Zustandslinien M für Kombinationen 2 und 3

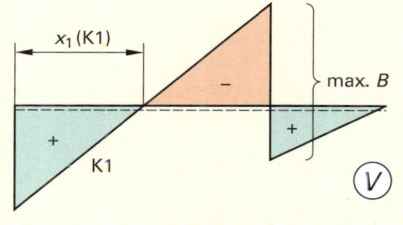

Zustandslinie V für Kombination 1

3.3 Statische Systeme

Statisch bestimmte Träger (Kragarm und Einfeldträger) — Zweifeldträger ▶ S. 87

Nr.	System und Belastung	Auflagerkräfte	Biegemomente	Durchbiegung
		q Variable für Streckenlast F Variable für Einzellast	E Elastizitätsmodul I Flächenmoment 2. Grades	
1	Kragarm mit Streckenlast q	$A = q \cdot l$	$M_A = -\dfrac{q \cdot l^2}{2}$	$f = \dfrac{q \cdot l^4}{8\,E \cdot I}$
2	Kragarm mit Dreieckslast	$A = \dfrac{q \cdot l}{2}$	$M_A = -\dfrac{q \cdot l^2}{6}$	$f = \dfrac{q \cdot l^4}{30\,E \cdot I}$
3	Kragarm mit Einzellast F am Ende	$A = F$	$M_A = -F \cdot l$	$f = \dfrac{F \cdot l^3}{3\,E \cdot I}$
4	Einfeldträger mit Streckenlast q	$A = B = \dfrac{q \cdot l}{2}$	$\max M = \dfrac{q \cdot l^2}{8}$ in Feldmitte	$\max f = \dfrac{5\,q \cdot l^4}{384\,E \cdot I}$ $\max f = \dfrac{M \cdot l^2}{9{,}6\,E \cdot I}$
5	Einfeldträger mit Einzellast F in Feldmitte	$A = \dfrac{F}{2}$ $B = \dfrac{F}{2}$ mit $a = b = l/2$	$\max M = \dfrac{F \cdot l}{4}$ in Feldmitte	$\max f = \dfrac{1}{48} \cdot \dfrac{F \cdot l^3}{E \cdot I}$ $\max f = \dfrac{1}{12} \cdot \dfrac{M \cdot l^2}{E \cdot I}$
6	Einfeldträger mit Einzellast F	$A = F(1-\alpha)$ $B = F \cdot \alpha$ mit $\alpha = \dfrac{a}{l}$	$\max M = F \cdot l \cdot \alpha (1-\alpha)$ bei $x = a$	$\max f = \dfrac{F \cdot l^3}{27\,E \cdot I} \cdot$ $\cdot \alpha \sqrt{3(1-\alpha^2)^3}$ für $\alpha \leq 0{,}5$ bei $x = \dfrac{1}{3} l\sqrt{3(1-\alpha^2)}$

Statisch unbestimmte Träger (Einfeldträger mit ein- und beidseitiger Einspannung)

Nr.	System und Belastung	Auflagerkräfte	Biegemomente	Durchbiegung
7		$A = \dfrac{3\,q \cdot l}{8}$ $B = \dfrac{5\,q \cdot l}{8}$	$M_B = -\dfrac{q \cdot l^2}{8}$ $\max M = \dfrac{9\,q \cdot l^2}{128}$ bei $x = 0{,}375\,l$	$\max f = \dfrac{2\,q \cdot l^4}{369\,E \cdot I}$ bei $x = 0{,}4215\,l$
8		$A = \dfrac{F}{2}(1-\alpha)^2(2+\alpha)$ $B = \dfrac{F}{2}(3-\alpha^2)\,\alpha$ mit $\alpha = \dfrac{a}{l}$	$M_B = -\dfrac{F \cdot l}{2}(1-\alpha)\cdot\alpha$ $\cdot(2-\alpha)$ $M_1 = \dfrac{F \cdot l}{2}\alpha \cdot (1-\alpha^2) \cdot$ $\cdot(2+\alpha)$	$f = \dfrac{F \cdot l^3}{12\,E \cdot I}(1-\alpha)^3 \cdot$ $\cdot (3+\alpha)\,\alpha^2$ bei $x = a$
9		$A = B = \dfrac{q \cdot l}{2}$	$M_A = M_B = -\dfrac{q \cdot l^2}{12}$ $\max M = \dfrac{q \cdot l^2}{24}$ in Feldmitte	$\max f = \dfrac{q \cdot l^4}{384\,E \cdot I}$ in Feldmitte
10		$A = F(1-\alpha)^2(1+2\alpha)$ $B = F \cdot \alpha^2 (3-2\alpha)$ mit $\alpha = \dfrac{a}{l}$	$M_A = -F \cdot l \cdot \alpha(1-\alpha)^2$ $M_B = -F \cdot l \cdot \alpha^2 (1-\alpha)$ $M_1 = 2\,F \cdot l \cdot \alpha^2 (1-\alpha)^2$	$\max f = \dfrac{2\,F \cdot l^3}{3\,E \cdot I} \cdot$ $\cdot \dfrac{\alpha^2 (1-\alpha)^3}{(3-2\alpha)^2}$ für $\alpha \leq 0{,}5$ bei $x = 1/(3-2\alpha)$

3.3 Statische Systeme

Zweifeldträger (mit Gleichstreckenlast, EI ist konstant)

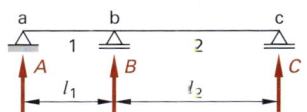

Momente = Tafelwert · $q · l_1^2$

Kräfte = Tafelwert · $q · l_1$

$l_1 : l_2$	M_b	M_1	M_2	A	V_{bl}	V_{br}	C
1 : 1,0	−0,125	0,070	0,070	0,375	−0,625	0,625	0,375
1 : 1,1	−0,139	0,065	0,090	0,361	−0,639	0,676	0,424
1 : 1,2	−0,155	0,060	0,111	0,345	−0,655	0,729	0,471
1 : 1,3	−0,174	0,053	0,133	0,326	−0,674	0,784	0,516
1 : 1,4	−0,195	0,047	0,157	0,305	−0,695	0,839	0,561
1 : 1,5	−0,219	0,040	0,183	0,281	−0,719	0,896	0,604
1 : 1,6	−0,245	0,033	0,209	0,255	−0,745	0,953	0,646
1 : 1,7	−0,274	0,026	0,237	0,226	−0,774	1,011	0,689
1 : 1,8	−0,305	0,019	0,267	0,195	−0,805	1,069	0,731
1 : 1,9	−0,339	0,013	0,298	0,161	−0,839	1,128	0,772
1 : 2,0	−0,375	0,008	0,330	0,125	−0,875	1,188	0,813

- l_1 ist immer die kleinere Stützweite.
- M_1 und M_2 sind die größten Feldmomente in dem jeweiligen Feld.
- $B = V_{br} - V_{bl}$
- Z.B. für $l_1 : l_2 = 1 : 1,3$ gibt LK1 max $M_1 = 0,053 · q_1 · l_1^2 + 0,099 · q_3 · l_1^2$

$l_1 : l_2$	M_b	M_2	$V_{bl} = A$	V_{br}	C	M_b	M_1	A	V_{bl}	$V_{br} = C$
1 : 1,0	−0,063	0,096	−0,063	0,563	0,438	−0,063	0,096	0,438	−0,563	0,063
1 : 1,1	−0,079	0,114	0,079	0,622	0,478	−0,060	0,097	0,441	−0,560	0,054
1 : 1,2	−0,098	0,134	0,098	0,682	0,518	−0,057	0,098	0,443	−0,557	0,047
1 : 1,3	−0,119	0,156	−0,119	0,742	0,558	−0,054	0,099	0,446	−0,554	0,042
1 : 1,4	−0,143	0,179	−0,143	0,802	0,598	−0,052	0,100	0,448	−0,552	0,039
1 : 1,5	−0,169	0,203	−0,169	0,863	0,638	−0,050	0,101	0,450	−0,550	0,033
1 : 1,6	−0,197	0,229	−0,197	0,923	0,677	−0,048	0,102	0,452	−0,548	0,030
1 : 1,7	−0,228	0,257	−0,228	0,984	0,716	−0,046	0,103	0,454	−0,546	0,027
1 : 1,8	−0,260	0,285	−0,260	1,045	0,755	−0,045	0,104	0,455	−0,545	0,025
1 : 1,9	−0,296	0,316	−0,296	1,106	0,794	−0,043	0,104	0,457	−0,543	0,023
1 : 2,0	−0,333	0,347	−0,333	1,167	0,833	−0,042	0,105	0,458	−0,542	0,021

Qualitative Momentenverläufe für die Lastkombination (LK)

LK1 = $q_1 + q_3$;   LK2 = $q_1 + q_2$;   LK3 = $q_1 + q_2 + q_3$

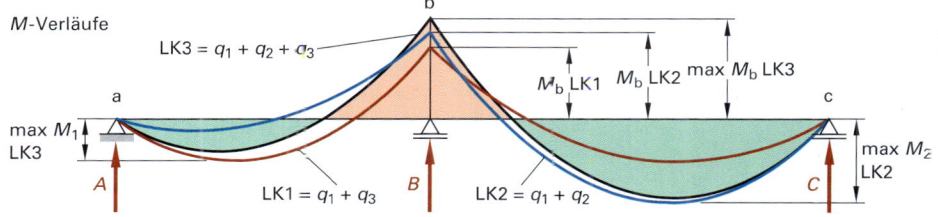

Hinweis: Durchlaufende Träger finden am häufigsten im Stahlbetonbau Anwendung ▶ S. 365. Im Stahlbau haben entsprechende Stoßverbindungen und das Schweißen zu vermehrten Anwendungen geführt. Im Holzbau kommen Zweifeldträger eher selten vor.

3 STATIK UND LASTANNAHMEN

3.4 Flächen, Schwerpunkte und Flächenmomente

Einzelquerschnitte

S Schwerpunkt, A Fläche, I_y, I_z, I_{yz} Flächenmomente 2. Grades (früher: Trägheitsmomente), W_y Widerstandsmoment

Nr.	Querschnitt	e	A	I_y	I_z	I_{yz}	W_y
1	Rechteck $b \times h$	$\dfrac{h}{2}$	$b \cdot h$	$\dfrac{b \cdot h^3}{12}$	$\dfrac{h \cdot b^3}{12}$	0	$\dfrac{b \cdot h^2}{6}$
2	Quadrat (auf Spitze)	$\dfrac{\sqrt{2} \cdot h}{2}$	h^2	$\dfrac{h^4}{12}$	$\dfrac{h^4}{12}$	0	$\dfrac{\sqrt{2} \cdot h^3}{12}$
3	Gleichschenkliges Dreieck	$\dfrac{2 \cdot h}{3}$	$\dfrac{b \cdot h}{2}$	$\dfrac{b \cdot h^3}{36}$	$\dfrac{h \cdot b^3}{48}$	0	$W_{yo} = \dfrac{b \cdot h^2}{24}$
4	Rechtwinkliges Dreieck	$\dfrac{2 \cdot h}{3}$	$\dfrac{b \cdot h}{2}$	$\dfrac{b \cdot h^3}{36}$	$\dfrac{h \cdot b^3}{36}$	$-\dfrac{h^2 \cdot b^2}{72}$	$W_{yu} = \dfrac{b \cdot h^2}{12}$
5	Kreis	r $\dfrac{d}{2}$	$\pi \cdot r^2$ $\dfrac{\pi \cdot d^2}{4}$	$\dfrac{\pi \cdot r^4}{4}$ $\dfrac{\pi \cdot d^4}{64}$	$\dfrac{\pi \cdot r^4}{4}$ $\dfrac{\pi \cdot d^4}{64}$	0	$\dfrac{\pi \cdot r^3}{4}$ $\dfrac{\pi \cdot d^3}{32}$
6	Halbkreis	$\left(1 - \dfrac{4}{3\pi}\right) \cdot r$ $0{,}5756\, r$	$\dfrac{\pi \cdot r^2}{2}$ $\dfrac{\pi \cdot d^2}{8}$	$\left(\dfrac{\pi}{8} - \dfrac{8}{9\pi}\right) \cdot r^4$ $0{,}1098\, r^4$	$\dfrac{\pi \cdot r^4}{8}$ $\dfrac{\pi \cdot d^4}{128}$	0	$W_{yo} = 0{,}1907\, r^3$ $W_{yu} = 0{,}2586\, r^3$
7	Viertelkreis	$\left(1 - \dfrac{4}{3\pi}\right) \cdot r$ $0{,}5756\, r$	$\dfrac{\pi \cdot r^2}{2}$ $\dfrac{\pi \cdot d^2}{16}$	$\left(\dfrac{\pi}{16} - \dfrac{4}{9\pi}\right) \cdot r^4$ $0{,}0549\, r^4$	$\left(\dfrac{\pi}{16} - \dfrac{4}{9\pi}\right) \cdot r^4$ $0{,}0549\, r^4$	$-\left(\dfrac{4}{9\pi} - \dfrac{1}{8}\right) \cdot r^4$ $-0{,}0165\, r^4$	$W_{yo} = 0{,}0953\, r^3$ $W_{yu} = 0{,}1293\, r^3$
8	Kreisring	R $\dfrac{D}{2}$	$\pi \cdot (R^2 - r^2)$ $\dfrac{\pi}{4} \cdot (D^2 - d^2)$	$\dfrac{\pi}{4} \cdot (R^4 - r^4)$ $\dfrac{\pi}{64} \cdot (D^4 - d^4)$	$\dfrac{\pi}{4} \cdot (R^4 - r^4)$ $\dfrac{\pi}{64} \cdot (D^4 - d^4)$	0	$\dfrac{\pi}{4R} \cdot (R^4 - r^4)$ $\dfrac{\pi}{32D} \cdot (D^4 - d^4)$

Achtung: Spiegelungen der Querschnitte Nr. 4 und Nr. 7 um die z-Achse und der Querschnitte Nr. 4 und Nr. 7 um die y-Achse führen für I_{yz} zum Vorzeichenwechsel. Durch eine Spiegelung um die y-Achse werden W_{yo} und W_{yu} vertauscht.

3.4 Flächen, Schwerpunkte und Flächenmomente

Schwerpunktabstände Trapez

Der Abstand x_S und y_S des Gesamtschwerpunktes S wird rechnerisch mithilfe des Momentensatzes ▶ S. 77 ermittelt.

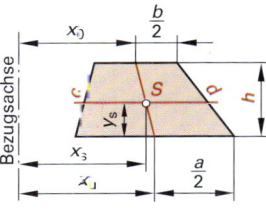

Schwerpunktabstände

$$y_s = \frac{h}{3} \cdot \frac{a+2b}{a+b}$$

$$x_s = x_u - \frac{x_u - x_o}{3} \cdot \frac{a+2b}{a+b}$$

Zeichnerisch lässt sich der Schwerpunkt des Trapezes mittels „verschränkter" Diagonalen bestimmen.

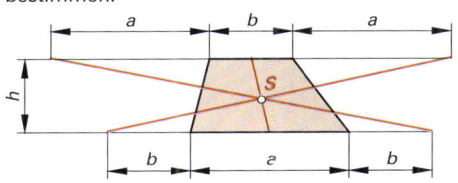

Zusammengesetzte Querschnitte

Fläche (Summe aller Teilflächen)
$$A = \sum_{i=1}^{n} A_i$$

Flächenmoment 1. Grades
$$\bar{S}_y = \sum_{i=1}^{n} A_i \, \bar{z}_{S_i}$$
$$\bar{S}_z = \sum_{i=1}^{n} A_i \, \bar{y}_{S_i}$$

Schwerpunktkoordinaten
$$\bar{y}_S = \frac{\bar{S}_z}{A} \qquad \bar{z}_S = \frac{\bar{S}_y}{A}$$

Trägheitsradius
$$i_y = \sqrt{\frac{I_y}{A}} \qquad i_z = \sqrt{\frac{I_z}{A}}$$

Flächenmomente 2. Grades (Satz von Steiner)
$$I_y = \sum_{i=1}^{n} (I_{y_i} + A_i \cdot z_{S_i}^2)$$
$$I_z = \sum_{i=1}^{n} (I_{z_i} + A_i \cdot y_{S_i}^2)$$

(Deviationsmoment)
$$I_{yz} = \sum_{i=1}^{n} (I_{yz_i} - A_i \cdot y_{S_i} \cdot z_{S_i})$$

Mit dem Fußzeiger i werden die Einzelquerschnitte benannt. Es sind $\bar{y}_{S_i}$ und $\bar{z}_{S_i}$ die Schwerpunktkoordinaten der Einzelquerschnitte. Es gilt
$$y_{S_i} = \bar{y}_{S_i} - \bar{y}_S \quad \text{und} \quad z_{S_i} = \bar{z}_{S_i} - \bar{z}_S.$$

Beispiel

Für den dargestellten zusammengesetzten Querschnitt sind die Querschnittswerte zu bestimmen. Abmessungen der Einzelquerschnitte i

$i = 1 \rightarrow b = 1{,}0$ cm, $h = 2{,}0$ cm
$i = 2 \rightarrow b = 3{,}0$ cm, $h = 4{,}0$ cm (ohne Loch)
$i = 3 \rightarrow r = 0{,}5$ cm (Loch als negative Fläche)

Querschnittswerte der Einzelquerschnitte i

$I_{y1} = \dfrac{1{,}0 \text{ cm} \cdot (2{,}0 \text{ cm})^3}{12} \qquad I_{y1} = 0{,}67 \text{ cm}^4$

$I_{z1} = \dfrac{2{,}0 \text{ cm} \cdot (1{,}0 \text{ cm})^3}{12} \qquad I_{z1} = 0{,}17 \text{ cm}^4$

$I_{y2} = \dfrac{3{,}0 \text{ cm} \cdot (4{,}0 \text{ cm})^3}{12} \qquad I_{y2} = 16{,}00 \text{ cm}^4$

$I_{z2} = \dfrac{4{,}0 \text{ cm} \cdot (3{,}0 \text{ cm})^3}{12} \qquad I_{z2} = 9{,}00 \text{ cm}^4$

$I_{y3} = - \dfrac{\pi (0{,}5 \text{ cm})^4}{4} \qquad I_{y3} = -0{,}05 \text{ cm}^4$

$I_{z3} = I_{y3} = -0{,}05 \text{ cm}^4$

i	A_i	$\bar{y}_{S_i}$	$A_i \bar{y}_{S_i}$	$\bar{z}_{S_i}$	$A_i \bar{z}_{S_i}$	y_{S_i}	z_{S_i}	$A_i y_{S_i}^2$	I_{z_i}	$A_i z_{S_i}^2$	I_{y_i}	$A_i y_{S_i} z_{S_i}$	I_{yz_i}
-	cm²	cm	cm³	cm	cm³	cm	cm	cm⁴	cm⁴	cm⁴	cm⁴	cm⁴	cm⁴
1	2,00	0,50	1,00	1,00	2,00	-1,70	-0,85	5,78	0,17	1,45	0,67	2,89	0
2	12,00	2,50	30,00	2,00	24,00	0,30	0,15	1,08	9,00	0,27	16,00	0,54	0
3	-0,79	2,50	-1,96	2,00	-1,57	0,30	0,15	-0,07	-0,05	-0,02	-0,05	-0,04	0
-	13,21	-	29,04	-	24,43	-	-	6,79	9,12	1,70	16,62	3,39	0

$\bar{y}_S = \dfrac{29{,}04 \text{ cm}^3}{13{,}21 \text{ cm}^2} = 2{,}20 \text{ cm}, \qquad \bar{z}_S = \dfrac{24{,}43 \text{ cm}^3}{13{,}21 \text{ cm}^2} = 1{,}85 \text{ cm}$

$I_y = 16{,}62 \text{ cm}^4 + 1{,}70 \text{ cm}^4 = \mathbf{18{,}32 \text{ cm}^4}, \quad I_z = 9{,}12 \text{ cm}^4 + 6{,}79 \text{ cm}^2 = \mathbf{15{,}91 \text{ cm}^4}, \quad I_{yz} = 0 - 3{,}39 \text{ cm}^4 = \mathbf{-3{,}39 \text{ cm}^4}$

3.5 Sicherheitskonzept

Grenzzustand der Gebrauchstauglichkeit (GZG)

Zustände, bei deren Überschreitung die festgelegten Nutzungsanforderungen nicht mehr erfüllt sind. Mit dem Nachweis der Gebrauchstauglichkeit (z.B. der Durchbiegung) ist rechnerisch zu zeigen, dass Verformungen das Erscheinungsbild oder die beabsichtigte Nutzung des Bauwerkes (z.B. der Geschossdecke) nicht beeinträchtigen.

$$E_d \leq C_d$$

Mit C_d wird der Nennwert des Gebrauchstauglichkeitskriteriums benannt. Die entsprechenden Werte werden in den baustoffspezifischen Normen festgesetzt.

Einwirkungskombinationen für die Gebrauchstauglichkeit

Charakteristische Kombinationen

$$E = \sum_{j \geq 1} G_{k,j} \oplus Q_{k,1} \oplus \sum_{i > 1} \psi_{0,i} \cdot Q_{k,i}$$

Quasi-ständige Kombinationen

$$E = \sum_{j \geq 1} G_{k,j} \oplus \sum (\psi_{2,i} \cdot Q_{k,i})$$

Mit G_k wird die Größe der ständigen Einwirkung, mit Q_k wird die Größe der veränderlichen Einwirkung benannt.

mit E_d als Bemessungswert der Auswirkung einer Einwirkung

Grenzzustand der Tragfähigkeit (GZT)

Zustände, die mit dem Einsturz oder mit ähnlichen Arten des Tragwerksversagens verbunden sind. Mit dem Nachweis der Tragfähigkeit ist rechnerisch zu zeigen, dass der Verlust des statischen Gleichgewichts, eine übermäßige Verformung und der Bruch des Tragwerks während der definierten Lebensdauer des Bauwerks nicht eintreten.

Es ist nachzuweisen (der Tragwiderstand wird nach baustoffspezifischen Normen festgesetzt).

$$E_d \leq R_d$$

mit E_d als Bemessungswert der Beanspruchung
mit R_d als Bemessungswert des Tragwiderstandes bzw. der Beanspruchbarkeit

Einwirkungskombinationen für die Tragfähigkeit

Ständige und vorübergehende Bemessungssituation (Grundkombination)

$$E_d = \sum_{j \geq 1} \gamma_{G,j} \cdot G_{k,j} \oplus \gamma_{Q,1} \cdot Q_{k,1} \oplus \sum_{i>1} \gamma_{Q,i} \cdot \psi_{0,i} \cdot Q_{k,i}$$

Außergewöhnliche Bemessungssituation

$$E_d = \sum_{j \geq 1} \gamma_{G,A,j} \cdot G_{k,j} \oplus \gamma_{Q,A,1} \cdot \psi_{1,i} \cdot Q_{k,1} \oplus \sum \gamma_{Q,A,i} \cdot \psi_{0,i} Q_{k,i}$$

γ Teilsicherheitsbeiwerte
ψ Kombinationsbeiwerte
$\oplus$ ... in Kombination mit ...

Teilsicherheitsbeiwerte (EC 0, DIN EN 1990/NA)

Für die Tragwerksplanung werden verschiedene Grenzzustände der Tragfähigkeit unterschieden. Im Grundsatz gelten die Werte für die ständige bzw. veränderliche Einwirkung. Teilsicherheitsbeiwerte für Baustoffe γ_M und Vorspannung γ_P sowie für die Bemessungssituationen in der Geotechnik sind den jeweiligen Bemessungsnormen zu entnehmen.

Nachweissituation	ständige Einwirkung γ_G	veränderliche Einwirkung γ_Q	Baugrund γ_G	γ_Q	Stahlbetonfertigteile γ	Verlust der Lagesicherheit γ_G
günstig	1,0	0	1,0	0	1,15	0,9 (stabil)
ungünstig	1,35	1,5	1,0	1,3	1,15	1,1 (destabil)

Kombinationsbeiwerte ψ_0, ψ_1 und ψ_2 (EC 0, DIN EN 1990/NA)

Einwirkungen			ψ_0	ψ_1	ψ_2
Kategorie A, B:	Wohnräume, Aufenthaltsräume, Büroräume	Nutzlast $Q_{k,1}$ auf Decken	0,7	0,5	0,3
Kategorie C, D:	Versammlungsräume, Verkaufsräume		0,7	0,7	0,6
Kategorie E:	Lagerräume		1,0	0,9	0,8
Schneelasten $Q_{k,2}$	Orte bis 1000 m ü. NHN		0,5	0,2	0
	Orte über 1000 m ü. NHN		0,7	0,5	0,2
Windlasten $Q_{k,3}$			0,6	0,2	0
Temperatureinwirkungen $Q_{k,4}$			0,6	0,5	0

3.5 Sicherheitskonzept

Einwirkungen und Grundkombinationen

- **Einwirkungen** sind Lasten, Temperatureinflüsse und Zwangsverformungen (z.B. Stützensenkungen). Die Lastannahmen werden im Sinne der DIN und des Eurocodes als charakteristische Größen der Einwirkungen (Fußzeiger k) bezeichnet.
- Statt der Einzellastfälle wird unterteilt in die Lastgruppe aller **ständigen Einwirkungen** G, die Lastgruppen der **veränderlichen Einwirkungen** Q (z.B. Verkehrslast, Wind- und Schneelast) sowie die **außergewöhnlichen Einwirkungen** F_A (z.B. Anprall-Lasten).
- G_k bezeichnet die charakteristische Größe aller ständigen Einwirkungen. Besteht die ständige Einwirkung nur aus einer Gleichstreckenlast, so kann auch g_k in kN/m oder kN/m^2 verwendet werden.
- $Q_{i,k}$ (i = 1, 2, ...) bezeichnet die charakteristische Größe der veränderlichen Einwirkungen i. Für Verkehrslast, Schneelast und Windlast können bei Gleichstreckenlasten die Bezeichnungen q_k, s_k und w_k verwendet werden.
- Die charakteristischen Größen der Einwirkungen (bisher Einzellastfälle) werden mit **Teilsicherheitsbeiwert** γ multipliziert und ergeben in der Überlagerung in den Grundkombinationen Bemessungseinwirkungen, die zur Ermittlung von Bemessungsschnittgrößen herangezogen werden.
- Werden mehrere veränderliche Einwirkungen kombiniert, so dürfen diese mit einem **Kombinationsbeiwert** ψ abgemindert werden.

Zeichen und Begriffe

Große lateinische Buchstaben		Kleine lateinische Buchstaben		Indizes	
E	Elastizitätsmodul	a	Abstand, Auflagerbreite	b	Verbund | s Stahl
F	Kraft	b	Breite	c	Beton, Druck, Kriechen
M	Moment	c	Betondeckung	d	Bemessungswert
N	Längskraft	d	statische Nutzhöhe; Durchmesser	k	charakteristisch
V	Querkraft			vorh	vorhanden
A_c	Betonquerschnitt	f	Festigkeit	ind	indirekt
A_s	Betonstahl	h	Höhe, Bauteildicke	erf	erforderlich
G	ständige Einwirkung	s	Abstand, Stababstand	max	maximaler Wert
I	Flächenmoment 2. Grades	l	Länge, Stützweite	min	minimaler Wert
Q	Verkehrslast	x	Höhe der Druckzone	t	Zug
A_N	Querschnittsfläche netto	z	Hebelarm der inneren Kräfte	y	Fließ-, Streckgrenze

Zusammengesetzte Formelzeichen (Auswahl)			
M_{Rd}	Bemessungswert des aufnehmbaren Moments	f_{ctm}	Mittelwert der zentrischen Zugfestigkeit des Betons
M_{Ed}	Bemessungswert des einwirkenden Biegemoments	$f_{ck,cube}$	charakteristische Würfeldruckfestigkeit des Betons
N_{Rd}	Bemessungswert der aufnehmbaren Normalkraft	f_{cm}	Mittelwert der Zylinderdruckfestigkeit des Betons
N_{Ed}	Bemessungswert der einwirkenden Normalkraft	d_s	Stabdurchmesser der Betonstahlbewehrung
		c_V	Verlegemaß der Bewehrung
R_d	Bemessungswert des Tragwiderstands	f_{tk}	charakteristischer Wert der Zugfestigkeit des Betonstahls
V_{Ed}	einwirkende Bemessungsquerkraft	$f_{tk,cal}$	charakteristischer Wert der Zugfestigkeit des Betonstahls für die Bemessung
V_{Rd}	Querkrafttragwiderstand		
γ_c	Teilsicherheitsbeiwert für Beton	f_{yd}	Bemessungswert der Streckgrenze des Betonstahls
γ_s	Teilsicherheitsbeiwert für Betonstahl		
ε_c	Dehnung des Betons	f_{yk}	charakteristischer Wert der Streckgrenze des Betonstahls
ε_{cu}	rechnerische Bruchdehnung des Betons		

Beispiel Lagesicherheit $A_{d,dst} < A_{d,stb}$ am Auflager A

Für den skizzierten Einfeldträger mit Kragarm ist die Lagesicherheit am Auflager A nachzuweisen.

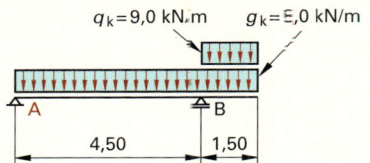

$q_k = 9{,}0$ kN/m $g_k = 8{,}0$ kN/m

Hinweis: Es handelt sich um einen Sonderfall für $E_{d,dst} < E_{d,stb}$ für die Auflagerkraft A.

$E_{d,dst}$ destabilisierende Einwirkung
$E_{d,stb}$ stabilisierende Einwirkung

$A_{d,dst} = (1{,}1 \cdot 8{,}0 \cdot 1{,}50^2/(2 \cdot 4{,}50)) + (1{,}5 \cdot 9{,}0 \cdot 1{,}50^2/(2 \cdot 4{,}50))$
$A_{d,dst} = 5{,}6$ kN   müsste kleiner oder gleich $A_{d,stb}$ sein
$A_{d,stb} = 0{,}9 \cdot 8{,}0 \cdot 4{,}50/2 = 16{,}2$ kN   Nachweis erfüllt

3.6 Spannungen und Festigkeiten

Spannungen

Die **Spannung** ist eine abgeleitete Größe. Wirkt eine Kraft auf eine Fläche, so wird der Quotient aus Kraft F pro Flächeneinheit A als Spannung bezeichnet. Ihre Komponente senkrecht zur Angriffsfläche heißt Normalspannung σ, die in der Ebene der Fläche liegende Komponente Schubspannung τ.

A Querschnittsfläche

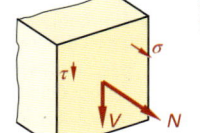

Spannung gleich Kraft durch Fläche $\quad \sigma = \dfrac{N}{A}$

Einheit der Spannung

$1\,\text{Pa} = 1\,\dfrac{N}{m^2} \qquad 1\,\dfrac{MN}{m^2} = 1\,\dfrac{N}{mm^2} = 1\,\text{MPa} \qquad 1\,\dfrac{kN}{cm^2} = 10\,\text{MPa}$

- N Normalkraft
- V Querkraft
- σ Normalspannung
- τ Schubspannung

Beanspruchungsarten

	Zug/Druck	Biegung	Schub
Art	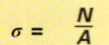 Normalspannungsverteilung σ infolge N	Normalspannungen σ infolge M	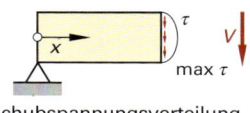 Schubspannungsverteilung infolge V
Spannung	Zug-/Druckspannung $\sigma_{z/d} = N/A$ Druckspannungen sind negativ.	Biegespannung $\sigma_b = M_b/W$ M_b Biegemoment W Widerstandsmoment	Schubspannung $\tau = \dfrac{V \cdot S_y}{I_y \cdot b}$ (allgemeine Formel)

Aufgrund äußerer Belastungen ergeben sich in einem Querschnitt innere Kräfte. Diese inneren Kräfte werden als Schnittgrößen (Moment M, Normalkraft N, Querkraft V) bezeichnet. Diese Schnittgrößen werden in Spannungen umgerechnet.

$\max \tau = 1{,}5\,\dfrac{V}{A}$

im Rechteckquerschnitt

Spannungen im Balkenquerschnitt (vereinfachte Annahme)

Die **Normalkraft N** ruft bei jeder Querschnittsform eine im Querschnitt gleichmäßig verteilte **Normalspannung σ_N** hervor.
Zugkräfte (+) erzeugen Zugspannungen (+). Druckkräfte (−) erzeugen Druckspannungen (−).
Die **Querkraft V** ruft im Rechteckquerschnitt eine parabolisch verteilte **Schubspannung τ** hervor. Am oberen und unteren Querschnittsrand verschwinden die Spannungen. Im Schwerpunkt des Querschnitts sind die Schubspannungen maximal.
Ist der Querschnitt nicht rechteckig, so sind die Schubspannungen infolge Querkraft nach allgemeiner Formel zu berechnen.
Das **Biegemoment M** ruft im Querschnitt eine über die Höhe linear verteilte **Normalspannung σ_M** hervor. Die Normalspannung verschwindet in der Schwerpunktsfaser und ist in den Randfasern betragsmäßig am größten. Die Randfasern werden durch die Koordinaten z_u (> 0) und z_o (< 0) beschrieben.
Zur Berechnung der Normalspannung infolge Biegung in den Randfasern werden **Widerstandsmomente W_u** und **W_o** nach nebenstehender Formel berechnet.
Für doppeltsymmetrische Querschnitte gilt $W_o = W_u = W$ und für die Randfaserspannung $\sigma_o = -\sigma_u$.

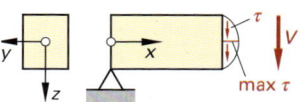

Schubspannung infolge V

$\sigma = \dfrac{M}{I_y} \cdot z$ allgemeine Formel

$W_o = -\dfrac{I_y}{z_o} \qquad W_u = \dfrac{I_y}{z_u}$

$\sigma_o = -\dfrac{M}{W_o} \qquad \sigma_u = \dfrac{M}{W_u}$

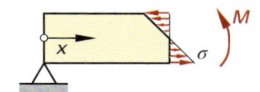

Normalspannungen σ infolge M

3.6 Spannungen und Festigkeiten

Festigkeiten

Für den Nachweis der **Tragfähigkeit** und **Gebrauchstauglichkeit** eines Bauwerks ist die tragende Konstruktion auf
- Grenzzustand der Tragfähigkeit (GZT), Materialfestigkeiten
- Grenzzustand der Gebrauchstauglichkeit (GZG), Durchbiegungen
- Systemversagen, Biegedrillknicken, Stabilität, Knicken, Kippen

zu untersuchen. Der Nachweis der statischen Festigkeit ist geführt, wenn keine der in den Tragwerksteilen auftretenden Spannungen die aufnehmbaren Beanspruchbarkeiten überschreiten. Die Beanspruchbarkeiten werden durch entsprechende Normen festgesetzt. Aus den charakteristischen Festigkeitswerten f_k können die Bemessungswerte f_d ermittelt werden, indem der jeweilige charakteristische Wert durch den Sicherheitsbeiwert γ_M geteilt wird.

Die sich aus den Schnittgrößen und den Querschnittswerten ergebenden Spannungen (α_d, τ_d) werden den vom Baustoff und vom Sicherheitskonzept abhängenden Beanspruchbarkeiten (f_d) gegenübergestellt. Die Bedingungen lauten:

$\sigma_d \leq f_d$ $\tau_d \leq f_d$ $S_d/R_d \leq 1$

Spannungsüberlagerung

Spannungen aus Biegung und Normalkraft sind zu überlagern.

$$\sigma = \frac{N}{A} + \frac{M}{I_y} \cdot z$$

für die Randfaser mit $z = \pm \frac{h}{2}$

$$\sigma = \frac{N}{A} \pm \frac{M}{W}$$

σ_N σ_M σ_{N+M}

infolge N — infolge M — infolge $N + M$

- N Normalkraft (Druck- oder Zugkraft)
- M Moment (Biegemoment)
- A Querschnittsfläche (wirksame Querschnittsfläche)

Beispiel

Für den dargestellten Querschnitt unter Normalkraft- und Querkraftbeanspruchung sind die Normalspannung σ_N und die maximale Schubspannung τ zu ermitteln.

$N = 300$ kN, $V = 100$ kN   Querschnittswerte $A_i = b_i \cdot h_i$, $A = \sum_{i=1}^{3} A_i$, $I_{yi} = \frac{b_i \cdot h_i^3}{12}$, $S_{yi} = A_i \cdot z_{S_i}$

$$I_y = \sum_{i=1}^{3} I_{yi} + \sum_{i=1}^{3} (A_i \cdot z_{S_i}^2), \quad S_y = \sum_{i=1}^{3} S_{yi}$$

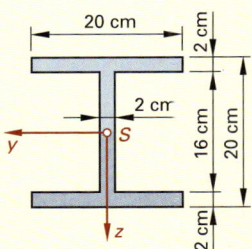

i	A_i	z_{S_i}	$A_i z_{S_i}^2$	I_{yi}	i	A_i	z_{S_i}	$A_i z_{S_i}$
–	cm²	cm	cm⁴	cm⁴	–	cm²	cm	cm³
1	40	–9,0	3240	13	2 u	16	4	64
2	32	0	0	683	3	40	9	360
3	40	9,0	3240	13				
–	112	–	6480	709	–	–	–	424

$A = 112$ cm³, $I_y = 709$ cm⁴ $+ 6480$ cm⁴ $= 7189$ cm⁴, $S_y = 424$ cm³

Normalspannung $\sigma_N = \frac{N}{A}$ $\sigma_N = \frac{300 \text{ kN}}{112 \text{ cm}^2} = 2{,}68$ kN/cm² (konstant im Querschnitt)

Schubspannung $\tau = \frac{V_z \cdot S_y}{I_y \cdot b}$ $\tau = \frac{100 \text{ kN} \cdot 424 \text{ cm}^3}{7189 \text{ cm}^4 \cdot 2 \text{ cm}} = 2{,}95$ kN/cm² (Maximum in Schwerpunkthöhe)

Beispiel

Ein Einfeldträger (Balken auf zwei Stützen) unter Gleichstreckenlast soll sich nicht mehr als $l/300$ seiner Stützweite durchbiegen. Das mindestens erforderliche Flächenmoment 2. Grades ist zu ermitteln.

$l = 6{,}00$ m, $q = 1{,}0$ kN/m, $E = 210000$ N/mm² (Stahl)

Nach der Durchbiegungsformel ▶ S. 85 ist $f = \frac{5 q \cdot l^4}{384 E \cdot I}$.

Danach folgt durch Umrechnung

$I = \frac{5 q \cdot l^4}{384 E \cdot f}$ und mit $f \leq \frac{l}{300}$ schließlich $I \geq \frac{1500 \, q \cdot l^3}{384 \, E}$

erf $I = \frac{1500 \cdot 0{,}01 \text{ kN/cm} \cdot (600 \text{ cm})^3}{384 \cdot 21000 \text{ kN/cm}^2}$ **erf $I = 402$ cm⁴**

Alternativrechnung:

Mit $M = 1{,}0$ kN/m $\cdot (6{,}00$ m$)^2/8 = 4{,}50$ kNm gilt ▶ S. 95

erf $I = 14{,}9 \cdot M \cdot l = 402$ cm⁴

Ein Träger mit einem Flächenmoment 2. Grades von mindestens **402 cm⁴** ist erforderlich.

3.7 Formänderungen, Steifigkeiten und Stabilität

Dehnung eines Stabes

Wird ein Stab gezogen, so vergrößert sich seine Länge. Der Quotient aus der Längenänderung Δl und der Ausgangslänge l heißt **Dehnung** ε. Bei linearelastischem Baustoffverhalten ist die Dehnung proportional zur Zugspannung.
Der Proportionalitätsfaktor heißt **Elastizitätsmodul** E. Das Produkt $E \cdot A$ heißt **Dehnsteifigkeit**.

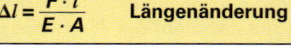

$$\varepsilon = \frac{\Delta l}{l} \qquad \sigma = \frac{F}{A}$$

$\sigma = E \cdot \varepsilon$ **Hooke'sches Gesetz**

$\Delta l = \dfrac{F \cdot l}{E \cdot A}$ **Längenänderung**

Beispiel
Dehnungsberechnung eines Stahlstabes

Ein Fachwerkstab in einer Brückenkonstruktion wird auf Zug mit 500 kN belastet. Es soll die resultierende Verlängerung des Stabes ermittelt werden.

Gegeben: l = 5,00 m, S 235, E = 210000 N/mm², gleichschenkliger Winkel 100 x 10 aus Tabelle S. 408: A = 19,2 cm²

$\Delta l = \dfrac{F \cdot l}{E \cdot A} = \dfrac{500 \text{ kN} \cdot 500 \text{ cm}}{21000 \text{ kN/cm}^2 \cdot 19,2 \text{ cm}^2} = 0{,}392 \text{ cm} \sim 4 \text{ mm}$

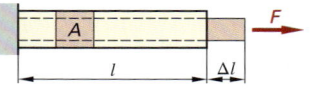

Biegung eines Balkens

Wird ein Balken z.B. durch Einzellasten und Gleichlasten beansprucht, ergeben sich im Balkeninneren Biegebeanspruchungen (Biegemomente). Weiterhin krümmt sich der Balken, die entstehende Krümmung $\varkappa$ ist der Kehrwert des Krümmungsradius. Als Biegesteifigkeit eines Balkens wird das Produkt aus $E \cdot I$ bezeichnet. Die Biegesteifigkeit ist ein Kennwert für die Verformbarkeit eines Biegebalkens (Beispiel ▶ S. 96).

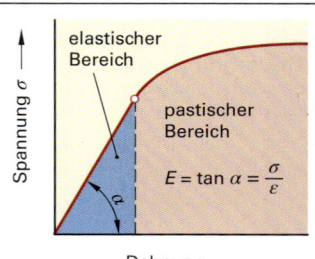

Biegeknicken von Stäben (allgemeine Erläuterung)

Bei Stäben, die überwiegend durch Druckkraft belastet werden und deren Querschnitte im Verhältnis zu Höhe relativ schlank sind, kommt es ab einer gewissen Last zu einem plötzlichen seitlichen Ausweichen (Knicken bzw. Biegedrillknicken). Die Knicklasten lassen sich in Abhängigkeit vom Material entsprechend der Euronormen berechnen. Grundlage dieser Berechnungen sind die Euler'schen Knickformeln bzw. die Euler'sche Knicklast. Da diese Formeln die Materialfestigkeiten nicht berücksichtigen, sind diese nur im linearelastischen Bereich anwendbar (z.B. Knicken im Holzbau, $\lambda > 100$).
Um die Berechnung dieser Knicklast möglichst einfach zu halten, wird der Knicknachweis in Form einer Abminderung der Beanspruchbarkeiten geführt.
Diese Abminderungen erfolgen im Holzbau über den Faktor k_c (vgl. Kapt. 7.3.3) und im Stahlbau über den χ-Beiwert (vgl. Kapt. 7.5.5). Die Abminderungsfaktoren werden unter Berücksichtigung der Materialkennwerte, der Knicklängen und der Querschnittswerte in Abhängigkeit der Knickrichtung ermittelt.
Die Knicklänge (l_{ef} od. L_{cr}, frühere Bezeichnung l_y) wird auf der Grundlage der Eulerfälle ermittelt. Der Querschnittskennwert bei Knicken wird als Trägheitsradius (i_y oder i_z) bezeichnet und wird aus dem Flächenträgheitsmoment 2. Grades und der Fläche des Querschnitts berechnet. Der Index kennzeichnet die Drehachse beim Biegeknicken. Aus der Knicklänge und dem Trägheitsradius wird die sogenannte Schlankheit λ, bzw. die bezogene Schlankheit $\bar{\lambda}$, (vgl. Kapt. 7.5.6) ermittelt. Mit Kenntnis der Schlankheit kann der Abminderungsfaktor aus einer Tabelle abgelesen oder rechnerisch bestimmt werden.

Eulerfälle

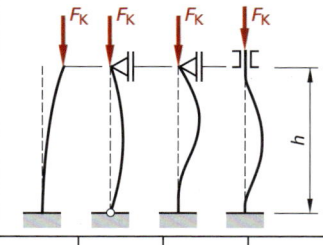

Fall 1	Fall 2	Fall 3	Fall 4
$l_{ef} = 2\,h$	$l_{ef} = h$	$l_{ef} = \dfrac{h}{\sqrt{2}}$	$l_{ef} = \dfrac{h}{2}$

Fall 1:
unten eingespannt; oben frei

Fall 2:
Normalfall:
unten und oben gehalten

Fall 3:
unten eingespannt; oben gehalten

Fall 4:
unten und oben eingespannt

Normalfall (Fall 2)

Euler'sche Knicklast $\qquad F_{ki} = \dfrac{\pi^2 \, E \cdot I}{l_{ef}^{\,2}}$

3.7 Formänderungen, Steifigkeiten und Stabilität

Durchbiegung

Nr.	System und Belastung	Stahl ($E = 210\,000$ N/mm²)				Holz ($E = 10\,000$ N/mm²)[1]			
		erf I (cm⁴)			f	erf I (cm⁴)			f
Die Nummerierung entspricht den statischen Systemen auf der Seite 81.		$l/200$	$l/300$	$l/500$		$l/150$	$l/300$	$l/500$	
1		23,8	35,7	59,5	42	375	750	1250	2,0
2		19,1	28,6	47,7	52,2	300	600	1000	2,5
3		31,8	47,6	79,5	31,5	500	1000	1668	1,5
4		9,91	14,9	24,8	101	156	313	520	4,8
(5)		7,95	11,9	19,9	126	125	250	418	6,0
7		4,12	6,19	10,3	243	65	130	216	11,6
(8)		4,73	7,10	11,8	211	74,5	149	250	10,1
9		2,98	4,47	7,45	336	46,9	93,8	156	16,0
(10)		3,97	5,95	9,92	252	62,5	125	208	12,0
Formelansatz		■·$M·l$	■·$M·l$	■·$M·l$	$\dfrac{l^2 \cdot \max \sigma}{h \cdot ■}$	■·$M·l$	■·$M·l$	■·$M·l$	$\dfrac{l^2 \cdot \max \sigma}{h \cdot ■}$

I in cm⁴; f in cm; $M = \max |M|$ in kN·m; $\max \sigma$ in N/mm²; l in m; h in cm; ■ Tabellenwert

[1] Die Werte für Holz sind mit dem Faktor 10 000 N/mm²/$E_{0,mean}$ abzumindern ▶ S. 376.

3.7 Formänderungen, Steifigkeiten und Stabilität

Beispiel Tragfähigkeit und Gebrauchstauglichkeit

In dem nachfolgenden Beispiel werden die Nachweise des **GZT** (Grenzzustand der Tragfähigkeit) einschließlich des Stabilitätsversagens (Knicknachweis, Bezeichnung nach EC Biegedrillknicken) geführt. Weiterhin werden die Nachweise des **GZG** (Grenzzustand der Gebrauchstauglichkeit) geführt. Um den Zusammenhang zu der Gleichung der Längenänderung zu verdeutlichen, wird diese Berechnung ebenfalls dargestellt.

Der Sparren eines Flachdaches soll bzgl. des GZT und des GZG nachgewiesen werden:
$l = 4{,}50$ m; $g_k = 0{,}5$ kN/m²; $s_k = 0{,}85$ kN/m² (Höhe über 1000 m NHN); $F_k = 5{,}0$ kN;
Balkenabstand $a = 0{,}80$ m; Holzfestigkeitsklasse C24; Abmaße $h = 20$ cm, $b = 8$ cm;
NKL1 und KLED mittel $\Rightarrow k_{mod} = 0{,}8$ und $k_{def} = 0{,}6$ ▶ S. 375

Lastkombination: $g + s + F$

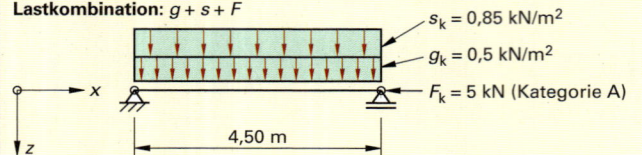

$A = 160$ cm²
$W_y = 533$ cm³
$I_y = 5333$ cm⁴
$i_z = 2{,}31$ cm

| Streckenlast pro Sparren: | $g_k = 0{,}80 \cdot 0{,}5 = 0{,}4$ kN/m | $s_k = 0{,}80 \cdot 0{,}85 = 0{,}68$ kN/m |
| | $= 0{,}004$ kN/cm | $= 0{,}0068$ kN/cm |

Bemessungslast ▶ S. 90 $q_d = 1{,}35 \cdot 0{,}4 + 1{,}5 \cdot 0{,}68 = 1{,}56$ kN/m $F_d = 1{,}5 \cdot 0{,}7 \cdot 5$ kN $= 5{,}25$ kN

max M_d = $1{,}56 \cdot 4{,}50^2/8 = 4{,}05$ kNm = 405 kNcm $k_m = 0{,}7$ Bei Knicken mit Biegung um
max V_d = $1{,}56 \cdot 4{,}50/2 = 3{,}51$ kN   unterschiedliche Achsen ist die Biege-
max N_d = $-5{,}25$ kN   spannung mit $k_m = 0{,}7$ zu multiplizieren.

Nachweis der Tragfähigkeit GZT ▶ S. 377   Druck und Biegung (Biegedrillknicken); LK $g \oplus s \oplus F$

$$\frac{\sigma_{c,0,d}}{k_{c,z} \cdot f_{c,0,d}} + k_m \cdot \frac{\sigma_{m,y,d}}{f_{m,d}} \leq 1{,}0 \qquad \sigma_{c,0,d} = 8{,}4/160 = 0{,}0525 \text{ kN/cm}^2$$

$f_{c,0,d} = 12{,}9$ N/mm² $\triangleq 1{,}29$ kN/cm²

$l_{ef} = 4{,}50$ m $\triangleq 450$ cm   ▶ S. 94, Eulerfall 2 $i_z = 2{,}31$ cm

$\lambda_z = \dfrac{l_{ef}}{i_z} = 450/2{,}31 = 194{,}8$ $k_c = 0{,}089 - (0{,}089 - 0{,}073) \cdot \dfrac{(194{,}8 - 190)}{(210 - 190)} = 0{,}085$

$\sigma_{m,y,d} = \dfrac{405}{533} = 0{,}76$ kN/cm² $f_{m,d} = 14{,}8$ N/mm² $\triangleq 1{,}48$ kN/cm²
$f_{v,d} = 1{,}23$ N/mm² $\triangleq 0{,}123$ kN/cm²

Nachweis   Schubnachweis

$\dfrac{0{,}0525}{0{,}085 \cdot 1{,}29} + 0{,}7 \cdot \dfrac{0{,}76}{1{,}48} = 0{,}89 \leq 1{,}0$ $\dfrac{1{,}5 \cdot V_d/A}{f_{v,d}} = \dfrac{1{,}5 \cdot \frac{3{,}51}{160}}{0{,}123} = 0{,}26 \leq 1{,}0$

Nachweis der Gebrauchstauglichkeit GZG ▶ S. 377
Charakteristische Kombination (vereinfachter Nachweis der Anfangsdurchbiegung)

$W_{inst} = W_{inst,G} + W_{inst,Q} \leq \dfrac{l}{300}$ $w = \dfrac{5 \cdot q \cdot l^4}{384 \cdot E \cdot I}$ ▶ S. Vorseite

$W_{inst,G} = \dfrac{5 \cdot 0{,}004 \cdot 450^4}{384 \cdot 1100 \cdot 5333} = 0{,}36$ cm, $W_{inst,Q} = \dfrac{5 \cdot 0{,}0068 \cdot 450^4}{384 \cdot 1100 \cdot 5333} = 0{,}62$ cm

$W_{inst} = 0{,}36 + 0{,}62 = 0{,}98$ cm $\leq \dfrac{450 \text{ cm}}{300} = 1{,}5$ cm

Quasi ständige Kombination (vereinfachter Nachweis der Enddurchbiegung)

$W_{fin} = W_{inst} + W_{inst,G} \cdot k_{def} + W_{inst,Q} \cdot \psi_2 \cdot k_{def} \leq \dfrac{l}{150}$

$W_{fin} = 0{,}98 + 0{,}36 \cdot 0{,}6 + 0{,}62 \cdot 0{,}2 \cdot 0{,}6 = 1{,}27$ cm $\leq \dfrac{450 \text{ cm}}{150} = 3$ cm

Berechnung der Längenänderung ▶ S. 94, 274

$\Delta l = \dfrac{F \cdot l}{E \cdot A} = \dfrac{5 \cdot 450}{1100 \cdot 160} = 0{,}013$ cm   Dehnung (Stauchung) $\varepsilon = \dfrac{\Delta l}{l_0}$ und $\sigma = \dfrac{F}{A}$

3 STATIK UND LASTANNAHMEN

3.8 Lastannahmen

Kräfte, die von außen auf ein Bauteil einwirken, werden **Lasten** – nach Eurocode 1 (EC 1) "Einwirkungen" – genannt. Man unterscheidet:

- Eigenlasten des Bauwerks
- Vorspannung
- Erddruck, Flüssigkeitsdruck

} ständige Lasten
ständige Einwirkungen G

- Ausbaulasten mit unbestimmten Einbauorten
- Lasten aus Schnee, Wind
- Lasten aus Personen, Fahrzeugen, Möbeln

} nicht ständige Lasten
Verkehrslasten/Nutzlasten
veränderliche Einwirkungen Q

Gesamtlast = ständige Lasten + Verkehrslasten
alt: $q = g + p$ neu: $r = g + q$ (Last je Länge oder Fläche)   in kN/m oder kN/m²
$Q = G + P$ $R = G + Q$ (Einzellasten; auch N oder F)   in N, kN oder MN

3.8.1 Wichte von Baustoffen und Bauteilen

Die Tabelle beinhaltet zur Ermittlung der Eigenlasten die Werte von charakteristischen Wichten und Flächenlasten (EC 1, DIN EN 1991-1-1/ehemals DIN 1055-1).

Nr.	Lagerstoffe, Baustoffe, Bauteile	Reibungs-winkel °	Wichte γ_k kN/m³	Nr.	Lagerstoffe, Baustoffe, Bauteile		Wichte γ_k kN/m³
Stapelgüter, Metalle, Lagerstoffe				**Holz und Holzwerkstoffe**			
1.1	Aktengerüst, Schrank m. Inh.	–	6	3.1	Nadelholz, allgemein		5
1.2	Bücher, Akten geschichtet	–	8,5	3.2	Laubholz (Buche, Eiche)	D30/D40	7
1.3	Aluminium	–	27			D60	9
1.4	Blei	–	114			D70	11
1.5	Kupfer-Zink-Legierung	–	85	3.4	Spanplatten (DIN 68761, 68763)		6
1.6	Gusseisen	–	72,5	3.5	Baufurniersperrholz (DIN 68705) (DIN 68705-5)		6 8
1.7	Kupfer	–	89	3.6	Holzfaserplatten, mittelharte MB (DIN EN 316)		7
1.8	Messing	–	85				
1.9	Nickel	–	89	3.7	Holzfaserplatte, harte HB (DIN EN 316) $\varrho \geq 900$ kg/m³		10
1.10	Stahl	–	78,5				
1.11	Zink (1.12 gestrichen)	–	72	**Beispiel**			
1.13	Zinn (1.14 gestrichen)	–	74	Für die dargestellte Plattenbalkendecke ist die Lastannahme zu treffen.			
1.15	Blähton, Blähschiefer	30	15				
1.16	Flugasche als Füllstoff	25	10	① 0,005 m · 3 kN/m³ = 0,015 kN/m²			
1.17	Gips, gemahlen	25	15	② 0,03 m · 22 kN/m³ = 0,660 kN/m²			
1.18	Glas in Tafeln	–	25	③ 0,04 m · 0,4 kN/m³ = 0,016 kN/m²			
1.19	Glas als Acrylglas	–	12	④ 0,09 m · 25 kN/m³ = 2,250 kN/m²			
1.20	Hochofenschlacke	40	17	⑤ 0,034 m · 25 kN/m³ = 0,850 kN/m²			
1.21	Hochofenschlacke, granuliert	30	13	Σ 3,791 kN/m²			
1.22	Hüttenbims	35	9	Ansatz für den Stahlbetonbalken ⑤:			
1.23	Kalk	25	13	$\dfrac{(0{,}12\text{ m} + 0{,}22\text{ m}) \cdot 0{,}5 \cdot 0{,}15\text{ m}}{0{,}75\text{ m}} = 0{,}034\text{ m}$			
1.24	Kalk als Luftkalk	25	6				
1.25	Kies und Sand, trocken	35	i.M. 18	Für die Lastannahme sind als gleichmäßig verteilte Flächenlast aus Eigenlast $g = 3{,}8$ kN/m² anzunehmen.			
1.26	Kies und Sand, nass	35	i.M. 20				
1.27	Ziegelschotter, -sand, -splitt	35	15				
Mauerwerk aus natürlichen Steinen							
2.1	Basalt, Diorit, Gabbro, Melaphyr		29				
2.2	Diabas, Schiefer		29				
2.3	Granit, Porphyr, Syenit		28				
2.4	Grauwacke, Sandstein		27				
2.5	Kalkstein, Dolomit, Marmor		28				
2.6	Kalkkonglomerat, Travertin		26				
2.7	Gneis, Granulit, Amphibolit		30				

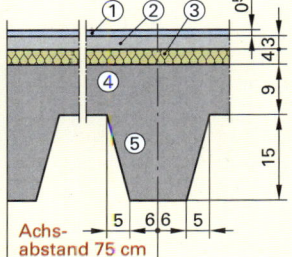

Achsabstand 75 cm

3.8 Lastannahmen

Nr.	Lagerstoffe, Baustoffe, Bauteile	Rohdichte kg/m³	Wichte γ_k kN/m³	Nr.	Lagerstoffe, Baustoffe, Bauteile	Rohdichte kg/m³	Wichte γ_k kN/m³
	Beton, Mörtel und Putz				**Mauerwerk aus künstlichen Steinen**		
4.1	Normalbeton (DIN 1045) Stahlbeton Schwerbeton		24 25 > 26	5.4	Vollklinker (DIN 105) getrennt nach Ziegelrohdichte	1800 2000 2200	18 20 22
4.2	Leichtbeton (DIN 1045) Stahlleichtbeton		5 … 20 9 … 21	5.5	Hochlochklinker (DIN 105)	≥1800	18
4.3	Porenbeton, gehärtet (DIN 4223) getrennt nach Rohdichteklassen	400 500 600 700	5,2 6,2 7,2 8,4	5.6	Vollziegel, Lochziegel (DIN 105) Ziegelrohdichte	1200 1400 1800 2000	14 15 18 20
4.4	Leichtbeton mit haufwerksporigem Gefüge (DIN 4232) und porigen Zuschlägen (DIN 4226) getrennt nach Rohdichte	1000 1400 1600 1800	10 14 16 18	5.7	Leichtlochziegel Typ A und Typ B (DIN 105) getrennt nach Ziegelrohdichte	700 800 900 1000	9 10 11 12
				5.8	Kalksandsteine (DIN 106) getrennt nach Steinrohdichte	1000 1200 1400 1600 1800 2000 2200	12 14 15 17 18 20 22
4.5	Leichtbeton (DIN 4219) mit Zuschlägen aus porigem Gefüge Stahlleichtbeton (DIN 1045) getrennt nach Rohdichte	1000 1100 1200 1400	10 11 12 14				
4.6	Anhydritmörtel Anhydritestrich		18 22	5.9	Hüttensteine (DIN 398) getrennt nach Steinrohdichte	1000 1200 1400 1600 1800	12 14 15 17 18
4.7	Drahtputz (Rapitz) mit Gipsmörtel		17				
4.8	Gipsmörtel ohne Sand, Gipsputz		12				
4.9	Kalkmörtel (Mauer- und Putzmörtel)		18	5.10	Porenbeton-Plansteine PP (DIN 4165) getrennt nach Rohdichte mit Dünnbettmörtel oder Leichtmörtel	350 400 450 500 550 600 700 800	4 4,5 5 5,5 6 6,5 8 8,5
4.10	Kalkgipsmörtel, Gipssandmörtel		18				
4.11	Kalkzement- und Kalktrassmörtel		20				
4.12	Luftporenputz, Leichtputz		15				
4.13	Zementestrich		22				
4.14	Zementmörtel, Zementputz		21				
	Wandbauplatten		kN/m²	5.11	Porenbeton-Blocksteine (DIN 4165) getrennt nach Rohdichte	500 600 700 800	7 8 9 10
4.21	Drahtputz mit Kalk-, Gipsmörtel, ca. 30 mm		0,60				
4.22	Rohrdeckenputz (Gips) insgesamt 20 mm		0,30	5.12	Lochsteine aus Leichtbeton (DIN 18149) getrennt nach Rohdichte	600 700 800 1000	8 9 10 12
4.23	Gipskalkputz auf Holzwolle-Leichtbauplatte insgesamt 35 mm insgesamt 45 mm		0,35 0,45	5.13	Hohlblocksteine aus Leichtbeton (DIN 18151) 2K/3K/4K getrennt nach Rohdichte	500 600 700 800 900 1000	7 8 9 10 11 12
4.24	Wärmedämmputzsystem (WDPS) insgesamt 20 mm insgesamt 60 mm insgesamt 100 mm		0,24 0,32 0,40				
4.25	Gipskalkputz auf Putzträger (Ziegeldrahtgewebe, Streckmetall) insgesamt 30 mm		0,50	5.14	Vollsteine und Vollblöcke aus Leichtbeton (DIN 18152) getrennt nach Rohdichte Vollsteine/Vollblöcke	600 700 800 900 1000 1200	8 9 10 11 12 14
4.26	Gips-Wandbauplatte je cm Dicke		0,09				
	Mauerwerk aus künstlichen Steinen (einschließl. Mörtelfugen)						kN/m³
5.1	Steinrohdichte kg/m³	500	600	700	800	900	1000 1200 1400 1600 1800 2000 2100 2200 2400
5.2	Wichte in kN/m³ Normalmörtel	7	8	9	10	11	12 14 16 16 18 20 21 22 24
5.3	Wichte in kN/m³ Leicht-/Dünnbettmörtel	6	7	8	9	10	11 13 15 16 18 20 21 22 24

3.8 Lastannahmen

Nr.	Lagerstoffe, Baustoffe, Bauteile	Rohdichte kg/m³	Wichte γ_k kN/m³
Wandbauplatten			
6.1	Faserzementplatten (DIN EN 494)	2000	20
6.2	Leichtbauplatten aus Leichtbeton (DIN 18162) und Hohlwandplatten aus Leichtbeton (DIN 18148) getrennt nach Rohdichte	600 / 800 / 900 / 1000 / 1200	8 / 9 / 10 / 11 / 13
6.3	Leichtbauplatten aus Gips (DIN 18163) mit Hohlräumen und Füllstoffen getrennt nach Rohdichte	600 / 750 / 900 / 1200	6 / 7,5 / 9 / 12
6.4	Porenbeton-Bauplatten (Pp) (DIN 4166) getrennt nach Rohdichte	500 / 600 / 700	6 / 7 / 8
6.5	Gipskartonplatten; GKB, GFK, GKBi (DIN 18180, DIN EN 520)	700 / 900	7 / 9
6.6	Glasbaustein-Wände (DIN 4242, 18175)	–	12,5
6.7	Porengips-Wandbauplatten	–	7
6.8	Ständertrennwände aus Gipskartonplatten mit Mineralwollausfachung einfache Beplankung doppelte Beplankung	– / –	kN/m² 0,35 / 0,50
6.9	Wärmedämmverbundsystem WDVS aus 15 mm Oberputz und Schaumkunststoff bewehrt	–	kN/m² 0,24 / 0,30
Fußbodenbeläge und Wandbeläge			kN/m³
7.1	Asphaltbeton, Asphaltestrich		24
7.2	Betonwerksteinplatten, Terrazzo		24
7.3	Estriche, Anhydritestrich		22
7.4	Kunstharzestrich		22
7.5	Magnesiaestrich		22
7.6	Bodenfliesen im Mörtelbett		22
7.7	Wandfliesen im Mörtelbett		19
7.8	Kunststoffböden		15
7.9	Linoleum		13
7.10	Teppichböden		3
7.11	Sporthallen-Elastikboden		12
7.12	Sporthallen-Schwingboden		30
7.13	Glasfliesen, Glasmosaik, Glasplatten		25
7.14	Asphaltbeläge als Asphaltmastix Gussasphalt Stampfasphaltplatten		18 / 23 / 22
7.15	Gummibeläge		15
7.16	Korkplatten (n.g.)		2
7.17	Fertigparkett (n.g.)		6

Nr.	Baustoffe, Bauteile			Wichte γ_k kN/m³	
Decken und horizontale Dachdecken (n.g.)					
8.1	Gewölbte Decken bis 2 m Stützweite			24	
8.2	Schaum- und Porenbetonplatten			6,2	
8.3	Stahlbetonplatten (DIN 1045)			25	

8.4 Stahlbetonrippendecken mit Hohlkörper aus **Leichtbeton** (DIN 4158) mit einer 5 cm dicken Betondruckplatte — Last kN/m²

Rippenabstand	0,50 m		0,625 m	
Betonrohdichte g/cm³	1,4	2,3	1,4	2,3
Deckendicke 17 cm	2,95	3,58	2,77	3,36
19 cm	3,14	3,75	2,99	3,63
21 cm	3,71	4,38	3,42	4,13
23 cm	3,79	4,48	3,50	4,16
25 cm	3,87	4,55	3,57	4,24

8.5 Stahlbetonrippendecken mit statisch mitwirkenden Zwischenbauteilen aus **Ziegeln** (DIN 4159) o. Betondruckplatte — Last kN/m²

Rippenabstand	0,50 m			0,625 m		
Ziegelrohdichte g/cm³	0,6	0,8	1,0	0,6	0,8	1,0
Deckendicke 14 cm	1,43	1,68	1,92	1,35	1,60	1,85
19 cm	1,92	2,25	2,58	1,81	2,15	2,50
24 cm	2,50	2,91	3,32	2,35	2,77	3,20
29 cm	3,07	3,56	4,05	2,88	3,39	3,91
34 cm	3,58	4,16	4,74	3,37	3,96	4,57

8.6 Stahlbetonrippendecken mit statisch mitwirkenden Zwischenbauteilen aus **Deckenziegeln** (DIN 4160) und einer 5 cm dicken Betondruckplatte — Last kN/m²

Rippenabstand	0,50 m	
Ziegelrohdichte g/cm³	0,6	0,9
Deckendicke 19 cm	2,55	2,95
21,5 cm	2,80	3,25
24,0 cm	3,05	3,55
26,5 cm	3,40	4,00
29,0 cm	3,65	4,30

8.7 Stahlsteindecken mit Deckenziegeln (DIN 4159) — Last kN/m²

Ziegelrohdichte g/cm³	teilvermörtelt			vollvermörtelt		
	0,6	0,8	1,0	0,6	0,8	1,0
Deckendicke 11,5 cm	1,26	1,45	1,65	1,45	1,60	1,85
14 cm	1,50	1,75	2,00	1,80	1,95	2,20
16,5 cm	1,90	2,15	2,40	2,20	2,40	2,65
19 cm	2,15	2,45	2,80	2,55	2,80	3,05
24 cm	2,75	3,10	3,50	3,20	3,55	3,90
29 cm	3,35	3,80	4,25	4,05	4,45	4,85

(n.g.) nicht genormt

3.8 Lastannahmen

Nr.	Lagerstoffe, Baustoffe, Bauteile	Wichte γ_k kN/m³	Nr.	Baustoffe, Bauteile	Wichte γ_k kN/m³
Sperr-, Dämm- und Füllstoffe			**Sperr-, Dämm- und Füllstoffe**		
9.1	Bimskies, geschüttet	7	9.8	Faserstoffe nach DIN V 18165 T1 und T2	1
9.2	Blähglimmer, geschüttet	2	9.10	Polystyrolgranulat	6,4
9.3	Blähperlite	1	9.11	Polyurethan-Ortschaum	1
9.4	Blähschiefer, Blähton	15	9.12	Schaumkunststoffplatten nach DIN V 18164	1
9.5	Faserstoffe, geschüttet	2	9.13	Holzwoll-Leichtbauplatten nach DIN 1101 $d \leq 100$ mm $d > 100$ mm	6 4
9.6	Hanfscheben, bituminiert	2			
9.7	Hochofenschaumschlacke	14			

3.8.2 Eigenlasten für Dächer

Die Tabelle beinhaltet die zur Ermittlung der charakteristischen Eigenlasten notwendigen Wichten (Auszug aus EC 1/DIN 1055-1) für 1 m² geneigte Dachfläche ohne Sparren, ohne Pfetten und ohne Mörtel. Bei Vermörtelung sind 0,1 kN/m² Zuschlag zu wählen.

Nr.	Dachdeckung	Last g_k kN/m²	Nr.	Dachdeckung	Last g_k kN/m²
10	**Dachziegel, Betondachsteine, Glasdachsteine** (DIN 456)		**13**	**Metalldeckung einschließlich Pappunterlagen**	
10.1	Betondachsteine, Glasdachsteine mit mehrfacher Fußverrippung und hochliegendem Längsfalz ≤ 10 St/m² tiefliegendem Längsfalz > 10 St/m²	0,50 0,55	13.1	Aluminium 0,7 mm, 24 mm Schalung	0,25
			13.2	Verzinktes Falzblech, 24 mm Schalung	0,30
			13.3	Kupferdach 0,7 mm mit 24 mm Schalung	0,35
10.2	Biberschwanzziegel, Biberschwanz-betondachsteine, Glasdachsteine als Spließdach einschl. Schindeln Doppeldach, Kronendach	0,60 0,75	13.4	Zinkdach und Leisten, 24 mm Schalung	0,30
			13.5	Wellblechdach mit Befestigung	0,25
			14	**Faserzement-Dachplatten einschließlich Lattung** (DIN EN 494)	
10.3	Falzziegel, Falzpfanne, Flachdachpfanne	0,55	14.1	Deutsche Deckung, 24 mm Schalung	0,40
10.4	Großformatige Pfannen	0,50	14.2	Doppeldeckung Doppeldeckung mit Schalung	0,38 0,48
10.5	Kleinformatiger Biberschwanzziegel	0,95	14.3	Waagerechte Deckung Waagerechte Deckung mit Schalung	0,25 0,35
10.6	Hohlpfanne mit Pappdocken	0,55			
10.7	Krempziegel, Hohlpfanne	0,45	14.4	Faserzement-Wellplatten	0,20
10.8	Mönch und Nonne mit Vermörtelung	0,90	14.5	Faserzement-Kurzwellplatten	0,24
			15	**Dachabdichtungen einschließlich Klebemasse** (verlegt)	
10.9	Strangfalzziegel	0,60	15.1	Ausgleichsschicht, lose verlegt	0,03
11	**Schieferdeckung einschließlich Pappunterlagen**		15.2	Bitumen-Dachabdichtung, einlagig	0,04
11.1	Altdeutsche Deckung auf 22 mm Schalung einfache Deckung doppelte Deckung	0,50 0,60	15.3	Dachabdichtung, zweilagig, $d \leq 5$ mm	0,13
			15.4	Dachabdichtung, dreilagig, $d = 5$ mm	0,17
			15.5	Glasvlies-Bitumendachbahn	0,05
11.2	Engl. Schieferdeckung mit Schalung	0,55	15.6	Dampfsperre	0,07
12	**Sonstige Deckungen**		15.7	Kunststoffbahnen, lose Dampfsperre	0,02
12.1	Schindeldach einschl. Lattung	0,25	15.8	Oberflächenschutz 5 cm dicke Kiesschüttung	1,00
12.2	Sprossenlose einschalige Verglasung	0,27	15.9	Kiespressung je cm Dicke	0,20
12.3	Kunststoffwellplatten	0,04	15.10	Schutzbahnen	0,08
12.4	Schablonendeckung auf Lattung	0,45	15.11	Polyestergewebe	0,01

3.8 Lastannahmen

3.8.3 Nutzlasten

Lotrechte gleichmäßig verteilte Nutzlasten (Auszug aus EC 1, DIN EN 1991-1-1)

Kategorie		Nutzung	Beispiele	q_k kN/m²	Q_k kN
A	A1	Spitzböden	Für Wohnzwecke nicht geeigneter, aber zugänglicher Dachraum bis 1,80 m lichter Höhe.	1,0	1,0
	A2	Wohn- und Aufenthaltsräume	Räume mit ausreichender Querverteilung der Lasten, Räume und Flure in Wohngebäuden, Bettenräume in Krankenhäusern, Hotelzimmer einschl. zugehöriger Küchen und Bäder.	1,5	–
	A3	(z.B. Holzbalkendecke)	Wie A2, aber ohne ausreichende Querverteilung der Lasten.	2,0	1,0
B	B1	Büroflächen, Arbeitsflächen, Flure	Flure in Bürogebäuden, Büroflächen, Arztpraxen, Stationsräume, Aufenthaltsräume einschl. der Flure, Kleinviehställe.	2,0	2,0
	B2		Flure in Krankenhäusern, Hotels, Altenheimen, Internaten usw.; Küchen u. Behandlungsräume einschl. Operationsräume ohne schweres Gerät.	3,0	3,0
	B3		Wie B2, jedoch mit schwerem Gerät.	5,0	4,0
C	C1	Räume, Versammlungsräume und Flächen, die der Ansammlung von Personen dienen können (mit Ausnahme von unter A, B, D und E festgelegten Kategorien)	Flächen mit Tischen; z.B. Schulräume, Cafés, Restaurants, Speisesäle, Lesesäle, Empfangsräume.	3,0	3,0
	C2		Flächen mit fester Bestuhlung; z.B. Flächen in Kirchen, Theatern oder Kinos, Kongresssäle, Hörsäle, Versammlungsräume, Wartesäle.	4,0	4,0
	C3		Frei begehbare Flächen; z.B. Museumsflächen, Ausstellungsflächen usw. und Eingangsbereiche in öffentlichen Gebäuden und Hotels, nicht befahrbare Hofkellerdecken.	5,0	4,0
	C4		Sport- und Spielflächen; z.B. Tanzsäle, Sporthallen, Gymnastik- und Kraftsporträume, Bühnen.	5,0	7,0
	C5		Flächen für große Menschenansammlungen; z.B. in Gebäuden wie Konzertsälen, Terrassen und Eingangsbereiche sowie Tribünen mit fester Bestuhlung.	5,0	4,0
D	D1	Verkaufsräume	Flächen von Verkaufsräumen bis 50 m² Grundfläche in Wohn-, Büro- und vergleichbaren Gebäuden.	2,0	2,0
	D2		Flächen in Einzelhandelsgeschäften und Warenhäusern.	5,0	4,0
	D3		Flächen wie D2, jedoch mit erhöhten Einzellasten infolge hoher Lagerregale.	5,0	7,0
E	E1	Fabriken und Werkstätten, Ställe, Lagerräume und Zugänge, Flächen mit erheblichen Menschenansammlungen	Flächen in Fabriken und Werkstätten mit leichtem Betrieb und Flächen in Großviehställen.	5,0	4,0
	E2		Lagerflächen, einschließlich Bibliotheken.	6,0	7,0
	E3		Flächen in Fabriken und Werkstätten mit mittlerem oder schwerem Betrieb, Flächen mit regelmäßiger Nutzung durch erhebliche Menschenansammlungen, Tribünen ohne feste Bestuhlung.	7,5	10,0
T	T1	Treppen und Treppenpodeste	Treppen und Treppenpodeste der Kategorie A und B1 ohne nennenswerten Publikumsverkehr.	3,0	2,0
	T2		Treppen und Treppenpodeste der Kategorie B1 mit erheblichem Publikumsverkehr, B2 bis E sowie alle Treppen, die als Fluchtweg dienen.	5,0	2,0
	T3		Zugänge und Treppen von Tribünen ohne feste Sitzplätze, die als Fluchtweg dienen.	7,5	3,0
Z		Zugänge, Balkone, Podeste u.Ä.	Dachterrassen, Laubengänge, Loggien usw., Balkone, Ausstiegspodeste	4,0	2,0

Nutzlasten sind die veränderlichen und beweglichen Einwirkungen auf das Bauteil (z.B. Personen, Einrichtungsgegenstände, unbelastete leichte Trennwände, Lagerstoffe, Maschinen und Fahrzeuge).

Waagerechte Nutzlasten, Horizontallasten (Auszug aus EC 1, DIN EN 1991-1-1)

Belastete Flächen nach Kategorie		Horizontale Nutzlast q_k in **kN/m**
A, B, F, H, T1, Z	Gleichmäßig verteilte Nutzlasten in Höhe des Handlaufes, max. 1,20 m hoch; keine Überlagerung mit der Windlast notwendig.	0,5
C1 bis C4, D, E1 und E2, G, K, T2, Z		1,0
C5, E3, T3		2,0

3.8 Lastannahmen

Lotrechte gleichmäßig verteilte Nutz- und Einzellast für Dächer

Die charakteristischen Werte gleichmäßig verteilter Nutzlasten für Dächer beziehen sich auf die Grundrissprojektion des Daches. Die Aufwandsfläche für Q_k umfasst ein Quadrat mit der Seitenlänge von 5 cm. Zwischenwerte sind linear zu interpolieren. Eine Überlagerung der Einwirkungen der Kategorie H mit den Schneelasten ist nicht erforderlich. Für die Begehungsstege, die Teile eines Fluchtweges sind, ist eine Nutzlast von 3 kN/m² anzusetzen.

Kategorie	Nutzung	Dachneigung	q_K in kN/m²	Q_k in kN
H	Nicht begehbare Dächer außer für Erhaltungs- und Reparaturmaßnahmen	$\alpha < 20°$	0,75	1,0
		$\alpha > 40°$	0	1,0

Bei Dächern ist in der Mitte der Sparren, Pfetten oder Obergurte von Fachwerken unter Außerachtlassung der Schnee- und Windlasten eine Einzellast von 1 kN anzunehmen.

Bei Dachlatten sind zwei Einzellasten von je 0,5 kN in den äußeren Viertelpunkten der Stützweite anzunehmen. Bei Sparrenabständen $l \leq 1,00$ m (0,80 m; 0,70 m) und Dachlatten 40 mm/60 mm (30 mm/50 mm; 24 mm/48 mm) ist kein Nachweis erforderlich.

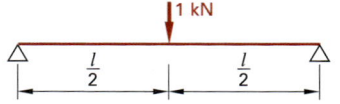

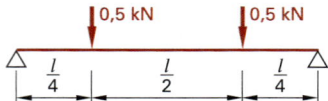

Lastenverteilung für Eigenlasten g_k, Windlasten w_k und Schneelasten s_k

Eigenlast g_k	Winddruck w_k	Schneelast s_k
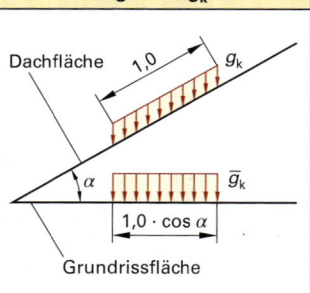	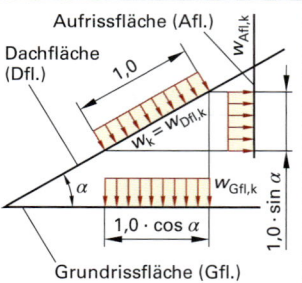	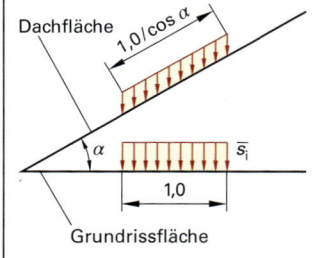

Die Lasten werden üblicherweise in kN/m² angegeben. Lasten mit Querstrich ($\bar{g}_k$, $\bar{s}_i$) sind auf die Grundfläche bezogen.

bezogen auf 1 m² (Dach-)Fläche:

$g_{\perp,k} = g_k \cdot \cos \alpha$ in kN/m² Dfl.
$g_{\parallel,k} = g_k \cdot \sin \alpha$ in kN/m² Dfl.

bezogen auf 1 m² Grundrissfläche:

$\bar{g}_k = g_k / \cos \alpha$ in kN/m² Gfl.

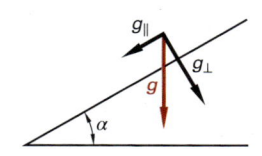

bezogen auf 1 m² (Dach-)Fläche:

$w_{Dfl,k} = w_k$ in kN/m² Dfl.

bezogen auf 1 m² Grundrissfläche:

$w_{Gfl,k} = w_k$ in kN/m² Gfl.

bezogen auf 1 m² Aufrissfläche:

$w_{Afl,k} = w_k$ in kN/m² Afl.

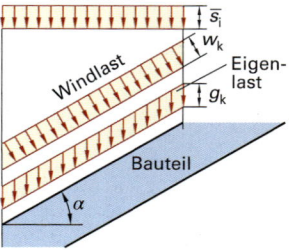

bezogen auf 1 m² (Dach-)Fläche:

$s_{\perp,k} = \bar{s}_i \cdot \cos^2 \alpha$ in kN/m² Dfl.
$s_{\parallel,k} = \bar{s}_i \cdot \sin \alpha \cdot \cos \alpha$ in kN/m² Dfl.

bezogen auf 1 m² waagerechter Projektion der Dachfläche (oder Grundrissfläche):

$\bar{s}_i = \mu_i \cdot s_k$

$$w_{Afl} = \frac{w \cdot \sin \alpha}{1{,}0 \cdot \sin \alpha} = w$$

$$w_{Gfl} = \frac{w \cdot \cos \alpha}{1{,}0 \cdot \cos \alpha} = w$$

$$w_e = c_{pe} \cdot q$$

Bei Schneelasten entspricht die Grundrissfläche der waagerechten Projektion der Dachfläche.

3.8 Lastannahmen

3.8.4 Eigen- und Nutzlast, Trennwandzuschlag

Die charakteristischen Werte der Eigenlasten eines Bauwerks sind aus den Wichten, Rechenwerten und Flächenlasten der Baustoffe zu ermitteln. **Eigenlast** ist die Summe der ständig vorhandenen unveränderlichen Einwirkungen. Unbelastete leichte Trennwände bis zu einer Höchstlast von 5 kN/m dürfen bei ausreichender Querverteilung der Deckenlasten durch einen Trennwandzuschlag bei der Nutzlast berücksichtigt werden.

| Trennwände bis zu einer Last von 3 kN/m | 0,8 kN/m² | Bei Nutzlasten von 5 kN/m² und mehr ist |
| Trennwände bis zu einer Last von 5 kN/m | 1,2 kN/m² | kein Trennwandzuschlag erforderlich. |

Nutzlast ist die veränderliche und bewegliche Einwirkung auf das Bauteil. Lasten von beweglichen Trennwänden sind als Nutzlasten anzunehmen. Windlasten sowie Schneelasten werden als Nutzlast gesondert berechnet. Die Lasten aus losen Kiesschüttungen auf Decken und/oder Dächern sowie Bodenanschüttungen gegen Außenwände im Kellergeschoss sind veränderliche Einwirkungen.

3.8.5 Windlasten (EC 1, DIN EN 1991-1-4/NA)

Bauwerke sind auf Windlasten in Richtung ihrer Hauptachsen zu untersuchen. Gemäß Nationalem Anhang (NA) ist Deutschland in vier Windzonen eingeteilt. Eine genaue örtliche Zuordnung steht im Internet unter www.dibt.de. Die Werte gelten in einer Höhe von 10 m im ebenen, offenen Gelände.

Es besteht zwischen der Windgeschwindigkeit (v) und dem zugehörigen Geschwindigkeitsdruck folgender Zusammenhang:

$$q = v^2/1600$$

mit v in m/s und q in kN/m²

Regelfall
- Baukörper ist allseitig umschlossen, d.h. es ist kein Innendruck anzusetzen.
- Der Böengeschwindigkeitsdruck kann vereinfacht nach Tafel auf Seite 105 bestimmt werden.

Basiswindgeschwindigkeitsdrücke bis 10,00 m über Grund				Windzonenkarte ▶ S. 105
Windzone	WZ I	WZ II	WZ III	WZ IV
Windgeschwindigkeit $v_{b,0}$ in m/s	22,5	25,0	27,5	30,0
Geschwindigkeitsdruck $q_{b,0}$ in kN/m²	0,32	0,39	0,47	0,56

Die Windlastzone IV umfasst das Gebiet der Deutschen Bucht; in der Windlastzone II sind oberhalb 800 m besondere Überlegungen erforderlich; in der Windlastzone I ist oberhalb 800 m ein Erhöhungsfaktor (0,2 + Höhe/1000) zu berücksichtigen. Die Kombinationsregeln zum Nachweis der Tragfähigkeit und zum Nachweis der Gebrauchstauglichkeit sind einzeln aufzustellen.

Regelfall: Die auf Seite 105 angegebenen Werte für den Böengeschwindigkeitsdruck q_p gelten für Bauwerke bis zu einer Höhe von 25 m (Vereinfachtes Verfahren) sowie mit vertikalen Wänden und mit rechteckigem Grundriss. Der Geschwindigkeitsdruck wird über die gesamte Wandhöhe in gleichbleibender Größe angesetzt. Der Wert z_e bzw. z_i für die Bezugshöhe bleibt unberücksichtigt. Für höhere Bauwerke sowie für Bauwerke auf den Nordseeinseln mit mehr als 10 m Höhe ist der Böengeschwindigkeitsdruck nach DIN EN 1991-1-4/NA zu berechnen (hier nicht näher ausgeführt).

Ermittlung des Winddrucks

Grundsätzlich wird zwischen dem an der Außenfläche und dem an der Innenfläche eines Bauwerks angreifenden (wirkenden) Winddruck unterschieden.
Winddrücke können außenseitig auf Bauwerksoberflächen als auch auf innenliegende Oberflächen wirken, wenn die Gebäudehülle durchlässig ist.

Winddruck an Außenflächen $w = c_{pe} \cdot q_p(z_e)$	Winddruck an Innenflächen $w = c_{pi} \cdot q_p(z_i)$

c_{pe}, c_{pi} Aerodynamischer Beiwert
z_e, z_i Bezugshöhe

q_p Geschwindigkeitsdruck gemäß Windzone

$$c_{pe} = \begin{cases} c_{pe,1} & \text{für } A \leq 1 \text{ m}^2 \\ c_{pe,1} + (c_{pe,10} - c_{pe,1}) \cdot \log A & \text{für } 1 \text{ m}^2 < A \leq 10 \text{ m}^2 \\ c_{pe,10} & \text{für } A > 10 \text{ m}^2 \end{cases}$$

$c_{pe,1}$ Außendruckbeiwert für $A \leq 1$ m²
$c_{pe,10}$ Außendruckbeiwert für $A > 10$ m²
A Lasteinzugsfläche

3.8 Lastannahmen

Wände von Baukörpern mit rechteckigem Grundriss

Außendruckbeiwert c_{pe}

Bereiche	A		B	
h/d	$c_{pe,10}$	$c_{pe,1}$	$c_{pe,10}$	$c_{pe,1}$
1 (z.B. EFH)	−1,2	−1,4	−0,8	−1,1
= 5	−1,4	−1,7	−0,8	−1,1
≤ 0,25	−1,2	−1,4	−0,8	−1,1

Bereiche	D		E = C	
h/d	$c_{pe,10}$	$c_{pe,1}$	$c_{pe,10}$	$c_{pe,1}$
1 (z.B. EFH)	+0,8	+1,0	−0,5	−0,5
= 5	+0,8	+1,0	−0,5	−0,7
≤ 0,25	+0,8	+1,0	−0,3	−0,5

d ist die Tiefe des Baukörpers in Windrichtung.
$e = b$ oder $2h$, der kleinere Wert ist maßgebend.

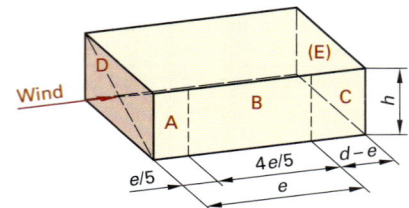

Zwischenwerte dürfen interpoliert werden.
$h/d > 5$ hier nicht definiert.

Pultdächer, Satteldächer, Walmdächer

Die Dächer sind in Bereiche einzuteilen. Die Windströmrichtung wird traufseitig $\theta = 0°$ und giebelseitig $\theta = 90°$ ausgewiesen. Die Beiwerte $c_{pe,1}$ gelten (vereinfacht) bis 10 m² Bezugsfläche, die Beiwerte $c_{pe,10}$ für größere Flächen.

Außendruckbeiwert c_{pe} für Pultdächer, Satteldächer und Walmdächer

Neigungs-winkel α	+ Anströmrichtung $\theta = 0°$						− Ausströmrichtung $\theta = 90°$			
	F		G		H		I		J	
	$c_{pe,10}$	$c_{pe,1}$	$c_{pe,10}$	$c_{pe,1}$	$c_{pe,10}$	$c_{pe,1}$	$c_{pe,10}$	$c_{pe,1}$	$c_{pe,10}$	$c_{pe,1}$
−45°	−0,6		−0,6		−0,8		−0,7		−1,0	−1,5
−30°	−1,1	−2,0	−0,8	−1,5	−0,8		−0,6		−0,8	−1,4
−15°	−2,5	−2,8	−1,3	−2,0	−0,9	−1,2	−0,5		−0,7	−1,2
−5°	−2,3	−2,5	−1,2	−2,0	−0,8	−1,2	−0,6 / +0,2		−0,6 / +0,2	
5°	−1,7	−2,5	−1,2	−2,0	−0,6	−1,2	−0,6 / +0,2		−0,6 / +0,2	
15°	−0,9 / +0,2	−2,0 / +0,2	−0,8 / +0,2	−1,5 / +0,2	−0,3 / +0,2		−0,4		−1,0	−1,5
30°	−0,5 / +0,7	−1,5 / +0,7	−0,5 / +0,7	−1,5 / +0,7	−0,2 / +0,4		−0,4		−0,5	
45°	+0,7	+0,7	+0,7	+0,7	+0,6		−0,2		−0,3	
60°	+0,7	+0,7	+0,7	+0,7	+0,7		−0,2		−0,3	
75°	+0,8	+0,8	+0,8	+0,8	+0,8		−0,2		−0,3	

Hinweise zur Tabelle

- Für die giebelseitige Anströmrichtung gilt max. $c_{pe} = -2,5$.
- Bei einem Neigungswinkel zwischen +15° und +30° ändert sich der Druck schnell zwischen positiven und negativen Werten.
- Für **Pultdächer** gelten nur die Werte ab 5° für die Bereiche F, G, H.
- Für **Walmdächer** gelten nur die Werte ab 5° für die Bereiche F, G, H.
- Zwischenwerte dürfen interpoliert werden, sofern das Vorzeichen nicht wechselt.
- Die Anströmrichtung zur Giebelseite ergibt bei Pult- und Satteldächern negative Beiwerte.
- Bei Walmdächern ergeben sich die Bereiche G und F ebenso bei der Stirnseite.

Einteilung der Dachflächen für Pult-, Sattel- und Walmdächer

Beim Pultdach wird die Windströmrichtung auf die niedrige Traufe bezogen.

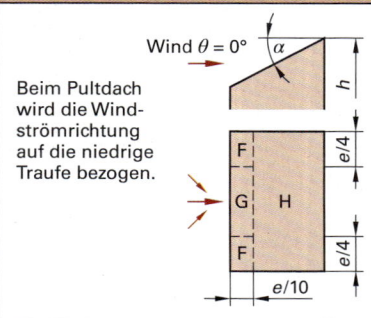
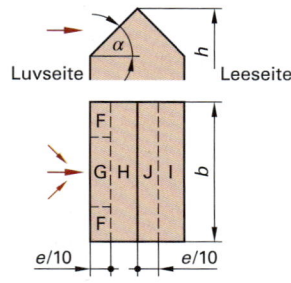
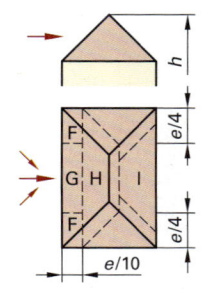

3.8 Lastannahmen

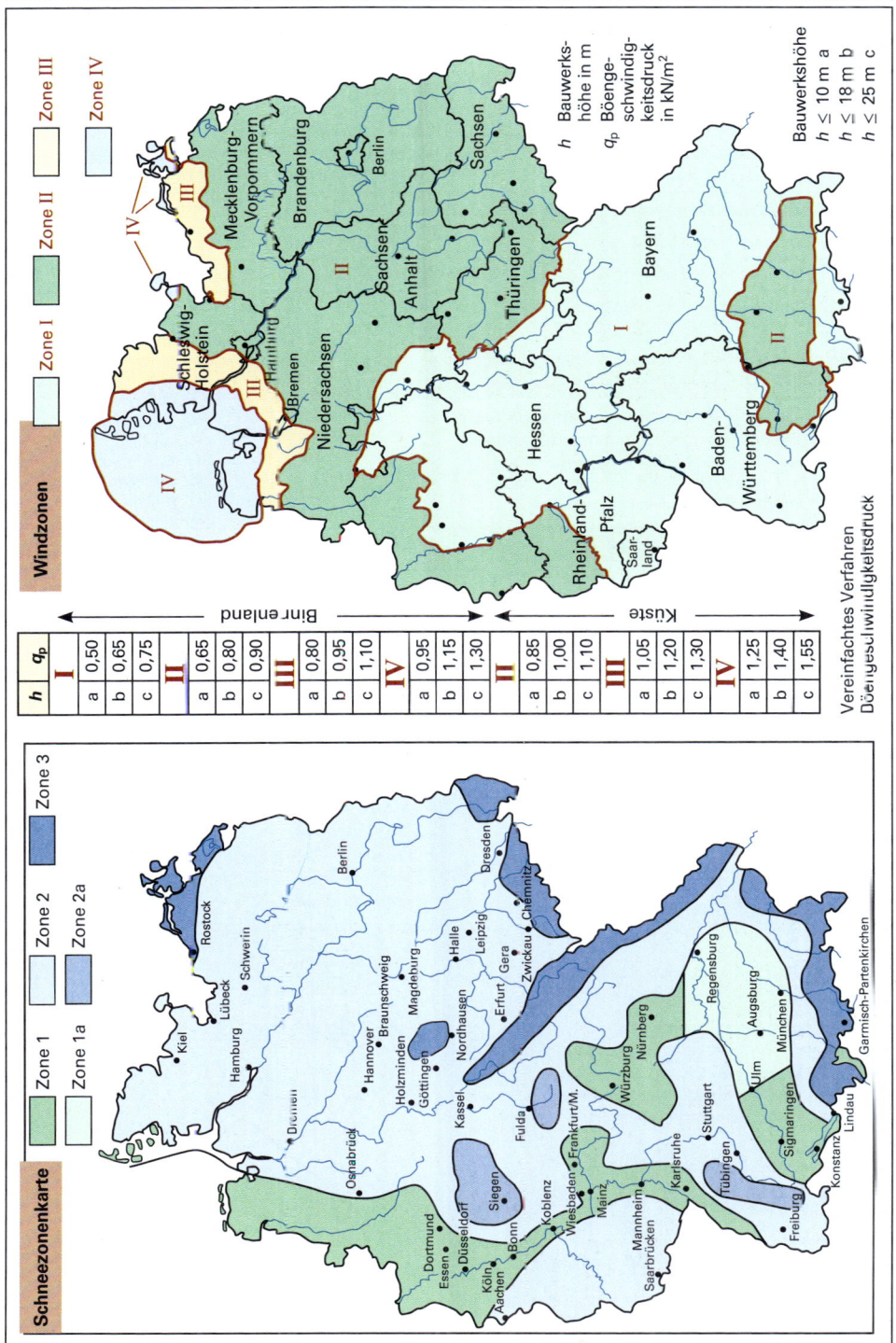

3.8 Lastannahmen

3.8.6 Schneelasten (EC 1, DIN EN 1991-1-3/NA)

Der charakteristische Wert der Schneelast s_k auf dem Boden ist in Abhängigkeit von der Schneelastzone ▶ S. 105 und der Geländehöhe NHN zu berechnen. Schreibweisen: m NHN oder m ü. NHN. Besonderheiten in den Schneelastzonen, z.B. im Oberharz, in Reit im Winkel und im Fichtelgebirge sind bei den örtlichen Behörden zu erfragen. Die festgelegten Rechenwerte sind dann als außergewöhnliche Einwirkungen zusätzlich zu berücksichtigen. Die Norm gilt für Bauwerksstandorte bis 1500 m ü. NHN. Der Sonderfall der Norddeutschen Tiefebene wird nicht weiter betrachtet.

Charakteristischer Wert der Schneelast s_k bei einer Geländehöhe h in m				
Schneelastzone	Sockelbetrag s_k		Formelansatz für s_k in kN/m²	Faktor
Zone 1 | 1a	≥ 0,65 kN/m²	für h ≤ 400 m NHN	$0{,}19 + 0{,}91 \cdot ((h+140)/760)^2$	1a | 1,25
Zone 2 | 2a	≥ 0,85 kN/m²	für h ≤ 285 m NHN	$0{,}25 + 1{,}91 \cdot ((h+140)/760)^2$	2a | 1,25
Zone 3	≥ 1,10 kN/m²	für h ≤ 255 m NHN	$0{,}31 + 2{,}91 \cdot ((h+140)/760)^2$	—

Schneelast auf Dächern

Die Schneelast s_i auf Dächern ist abhängig von der Dachneigung α und der charakteristischen Schneelast und bezieht sich auf einen Quadratmeter der Grundrissprojektion der Dachfläche. Die Last ist lotrecht wirkend anzunehmen.

$$s_i = \mu \cdot s_k$$

μ Formbeiwert der Schneelast
s_i in kN/m² lotrechter Grundrissprojektion
s_k charakteristische Schneelast

Formbeiwerte für flache und geneigte Dächer			
α	0° ≤ α ≤ 30°	30° < α < 60°	≥ 60°
μ_1	0,8	0,8 (60° − α)/30°	0
μ_2	0,8 + 0,8 α/30°	1,6	—

Bei Tonnendächern, Höhensprüngen im Dachbereich, Schneeüberhang an der Traufe, Schneefanggitter und Schneeanhäufungen sind besondere Nachweise und Maßnahmen notwendig.

μ_2 maßgebend bei gereihten Satteldächern

Es gelten folgende Lastbilder. Bei Lastfällen für symmetrische und unsymmetrische Satteldächer ist der ungünstigste für die Bemessung maßgebend.

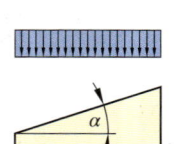
Pultdächer

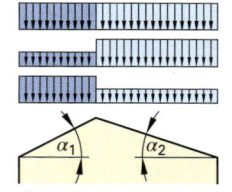
Satteldächer

a) beidseitig volle Schneelast $s_i = \mu_1 \cdot s_k$
   ohne Windlast,
   ohne Windeinfluss

b) links halbe Schneelast $s_i = 0{,}5 \cdot \mu_1 \cdot s_{k(\alpha 1)}$
   rechts volle Schneelast $s_i = \mu_1 \cdot s_{k(\alpha 2)}$
   plus Windlast

c) links volle Schneelast $s_i = \mu_1 \cdot s_{k(\alpha 1)}$
   rechts halbe Schneelast $s_i = 0{,}5 \cdot \mu_1 \cdot s_{k(\alpha 2)}$
   plus Windlast

Beispiel

Standort des Gebäudes: 355 m NHN, Schneelastzone 2a, Dachneigung des Gebäudes $\alpha = 40°$

Berechnung für den Lastfall (a)

Die Lastfälle (b) und (c) sind auszuführen für Tragwerke, wie Sparren- und Kehlbalkendächer, wenn diese gegenüber ungleicher Lastverteilung besonders nachgewiesen werden müssen.

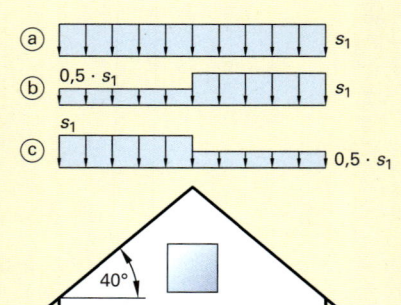

$s_k = 1{,}25 \cdot \left[0{,}25 + 1{,}91 \cdot \left(\dfrac{350+140}{760}\right)^2 \right]$
$\quad = 1{,}30$ kN/m² > 1,06 kN/m²

Formbeiwert μ_1:
$\mu_1 = 0{,}8 \cdot (60° - \alpha)/30° = 0{,}8 \cdot (60° - 40°)/30° = 0{,}533$

Schneelast auf dem Dach:
$s_i = \mu_1 \cdot s_k = 0{,}533 \cdot 1{,}30$ kN/m² $= 0{,}70$ kN/m²

4 TECHNISCHES ZEICHNEN/BAUZEICHNEN

- Zeichennormen und Normebenen ... 108
- 4.1 **Normschrift** ... 109
- 4.2 **Zeichengeräte und Materialien** ... 111
  - Papierformate ... 111
  - Faltung der Zeichnungen ... 112
  - Schriftfeld ... 112
- 4.3 **Bemaßung** ... 113
  - Rohbaumaße ... 113
  - Kurzzeichen und Symbole ... 113
  - Bemaßungsbestandteile ... 114
  - System der Bemaßung ... 115
- 4.4 **Bauzeichnungen** ... 116
  - Arten und Inhalt der Bauzeichnungen ... 116
  - Maßstäbe ... 116
  - Linienarten und Linienbreiten ... 117
  - Schraffuren für Bauteile ... 118
  - Schraffuren für Holz/Holzwerkstoffe ... 119
- 4.5 **Symbole in verschiedenen Bauzeichungen** ... 121
  - Lageplan ... 121
  - Entwässerungszeichnungen ... 122
  - Abkürzungen und Symbole ... 125
  - Oberflächenzeichen ... 126
  - Sinnbilder für Schweißen und Löten ... 127
  - Darstellungssymbole für Fenster und Türen ... 128
  - Bauaufnahmezeichnung   ■ Positionspläne ... 129
  - Bewehrungszeichnungen ... 130
- 4.6 **Grundkonstruktionen** ... 133
  - Streckenteilungen ... 133
  - Winkel ... 134
  - Goldener Schnitt ... 134
  - Regelmäßige Vielecke ... 135
  - Eirund, Oval, Ellipse ... 137
  - Bogenanschlüsse, Bogenkonstruktionen ... 138
- 4.7 **Darstellende Geometrie** ... 141
  - Rechtwinklige Parallelprojektion ... 141
  - Isometrie, Dimetrie, Kavalierprojektion ... 142
  - Zentralprojektion ... 143
  - Pyramiden- und Kegelschnitte ... 145
  - Durchdringungen ... 147
- 4.8 **Dachausmittlung** ... 148
  - Dachformen ... 148
  - Dachausmittlung gleich/ungleich geneigter Dächer ... 149
  - Dachausmittlung bei ungleich hohen Traufen ... 150
  - Wahre Längen und Flächen, Dachausmittlung ... 151
- 4.9 **Treppen** ... 154
  - Grundlagen ... 154
  - Schrittmaßformel ... 154
  - Darstellungssymbole für Treppen ... 155
  - Maßliche Anforderungen ... 156
  - Berechnung gerader Treppen ... 156
  - Verziehen von Treppen ... 157
  - Treppen-Lichtraumprofil ... 159
  - Treppengeländer und Treppenhandläufe ... 160

4 TECHNISCHES ZEICHNEN/BAUZEICHNEN

Zeichnungsnormen und Normebenen

Grund-, Fachgrund- und **Fachnormen**
Für das Zeichnungswesen gilt z.B. **DIN 406** „Maßeintragungen in Zeichnungen" als Zeichnungsgrundnorm, **DIN 919** „Technische Zeichnungen für Holzverarbeitung, Grundlagen" und **DIN 1356** „Bauzeichnungen" als Zeichenfachgrundnorm. Falls in einer Grundnorm Alternativen aufgeführt werden, regelt die Fachgrundnorm die Anwendung für das jeweilige Gewerk.

Internationale Normungsebene
ISO – International Organization for Standardization

Europäische Normungsebene		
Europäische Ausgabe einer unveränderten Norm	CEN Comité Européen de Normalisation	Eigenständige EN-Norm Eurocode 0 bis 9 (zur Bemessung konstruktiver Bauteile)
EN ISO		EN, EC 0 bis EC 9

Nationale Normungsebene			
Nationale deutsche Ausgabe einer unveränderten EN-ISO-Norm	DIN Deutsches Institut für Normung e.V.	Nationale deutsche Ausgabe einer unverändert übernommenen EN-Norm	Nationale deutsche Ausgabe einer unverändert von ISO übernommenen Norm
DIN EN ISO		DIN EN	DIN ISO

Europäische Normen (DIN-EN-Norm)
Europa-Normen werden vom Europäischen Komitee für Normung **(CEN/CENELEC)** herausgegeben. Deutschland ist über das DIN beteiligt. Europäische Normen sind jeweils mit nationaler Ausprägung (NA) in das nationale Normenwerk zu übernehmen, nationale Normen zum gleichen Thema sind zurückzuziehen.

Internationale Normen (ISO-Norm)
ISO-Normen werden durch die Internationale Normenorganisation (ISO) entwickelt, um durch die Beseitigung technischer und normativer Handelshemmnisse den internationalen Waren-, Güter- und Dienstleistungsverkehr zu erleichtern. Eine Norm der ISO kann ohne Überarbeitung in das nationale Normenwerk übernommen werden. **IEC** steht für elektronische Normung.

Restnorm (RN)
Restnormen enthalten zusätzliche Festlegungen und ergänzen die europäischen Normen.

Anwendungsnorm (AN)
Anwendungsnormen geben an, unter welchen Bedingungen Produkte angewendet/verwendet werden können.

Merkblätter
Merkblätter werden von Fachverbänden und Berufsgenossenschaften herausgegeben.

DIN 30: 2002-04
Technische Zeichnungen – Zeichnungsverfahren

DIN 199-1: 2002-03
Technische Produktdokumentation
– CAD-Modelle, Zeichnungen und Stücklisten
– Teil 1: Begriffe

DIN 406-10: 1992-12
Technische Zeichnungen; Maßeintragung;
Begriffe, allgemeine Grundlagen

DIN 406-11: 1992-12
Technische Zeichnungen; Maßeintragung

DIN 406-12: 1992-12
Eintragung von Toleranzen für Längen und Winkelmaße; ISO 406:1987, modifiziert

DIN 919-1: 2014-08
Technische Zeichnungen; Holzverarbeitung

DIN 919-1 Beiblatt 1: 1991-06
Technische Zeichnungen; Anwendungsbeispiele

DIN 1356-1: 1995-02
Bauzeichnungen – Teil 1: Arten, Inhalte und Grundregeln der Darstellung

DIN 1356-6: 2006-05 – Bauaufnahmezeichnungen

DIN EN ISO 128-20: 2002-12
Technische Zeichnungen
– Allgemeine Grundlagen der Darstellung
– Linien, Grundregeln

DIN ISO 128-24, 1999-12
Technische Zeichnungen, Linien in Zeichnungen

DIN ISO 128: 2002-05
Technische Zeichnungen
– Teil 30: Grundregeln für Ansichten
– Teil 40: Grundregeln für Ansichten und Schnitte
– Teil 50: Grundregeln für Flächen in Schnitten

DIN ISO 4069: 1984-08
Zeichnungen für das Bauwesen, Darstellung von Flächen in Schnitten und Ansichten

DIN ISO 5455: 1979-12
Technische Zeichnungen; Maßstäbe

DIN ISO 5456: 1998-04
Technische Zeichnungen – Projektionsmethoden

Literatur
Peschel, Peter u.a.; Technische Kommunikation, Verlag Europa-Lehrmittel, 4. Auflage 2009
Krämer, Franz; Grundwissen des Zimmerers, Bruderverlag, 9. Auflage 2006
Steinmüller, Armin u.a.; Tabellenbuch Metallbautechnik, Verlag Europa-Lehrmittel, 10. Auflage 2018

4 TECHNISCHES ZEICHNEN/BAUZEICHNEN

4.1 Normschrift

Die Schriftzeichen können vertikal und kursiv, im Winkel von 15° rechtsseitig geneigt, angeordnet werden. Folgende Nennhöhen (Höhe der Großbuchstaben) sind festgelegt: **2,5 – 3,5 – 5,0 – 7,0 – 10,0 – 14,0 und 20,0 mm**. Die Höhe c der Kleinbuchstaben ist der unten abgebildeten Tabelle zu entnehmen. Groß- und Kleinbuchstaben sind in gleichbleibender Linienbreite d zu schreiben. Die Linienbreite ist im Verhältnis zur Nennhöhe zu wählen.

- Linienbreite $d = h/14$ Schriftform A
- Linienbreite $d = h/10$ Schriftform B

Die wichtigsten Anforderungen an die Beschriftung von Bauzeichnungen sind:

- Lesbarkeit
- Eindeutigkeit
- Eignung für verschiedene Reproduktionsverfahren

Normschrift
- Grundregeln nach DIN EN ISO 3098-1
- Schriftform B – vertikal nach DIN EN ISO 3098-2
- Griechische Schriftzeichen nach DIN EN ISO 3098-3:2000-05

Die Normschrift lässt sich mit der Schablone, mit dem Schreibautomaten oder auch frei Hand gut darstellen. Aufgrund der Anforderung der Norm heißt es:

Die Normschrift wird gezeichnet!

Alpha Beta Gamma Delta Epsilon   Omega

Hinweis: Erfolgt die Zeichenarbeit mit der CAD-Technik, sind die Möglichkeiten der Beschriftung äußerst vielfältig. Texte und Maßzahlen können in beliebiger Schriftform, Schrifthöhe und Buchstabenbreite linksbündig, zentriert oder rechtsbündig eingefügt werden.

Um das Auge für die vorgeschriebenen Größenverhältnisse der Buchstaben zu schulen, empfiehlt es sich zur Einübung, die Schriftzeichen auf DIN-A4-Blätter mit vorgezeichneten Hilfslinien und mit Hilfsnetzen zu zeichnen.

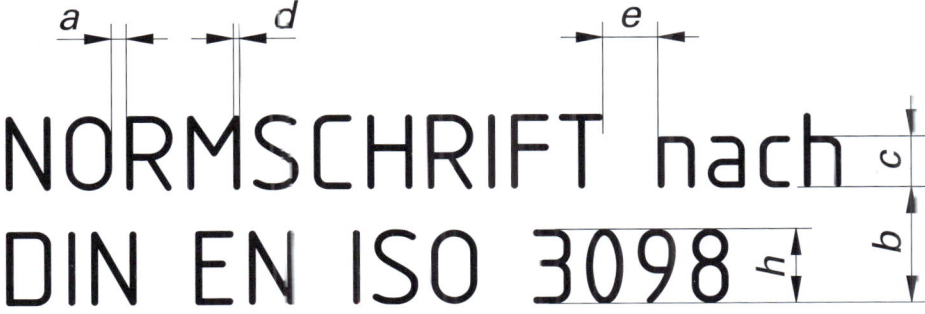

Schriftabmessungen (B) im Verhältnis zu h						
Schriftmerkmale	Verhältnis	Maße in mm				
Schrifthöhe	h	$10/10\ h$	2,5	3,5	5	7	10
Höhe der Kleinbuchstaben	c_1	$7/10\ h$	1,8	2,5	3,5	5	7
Ober- und Unterlänge	c_2	$3/10\ h$	0,75	1,05	1,5	2,1	3
Linienbreite	d	$1/10\ h$	0,25	0,35	0,5	0,7	1
Abstände zwischen Schriftzeichen	a	$2/10\ h$	0,5	0,7	1	1,4	2
zwischen Grundlinien	b_2	$15/10\ h$	3,75	5,25	7,5	10,5	15
bei nur Großbuchstaben	b_3	$13/10\ h$	3,25	4,55	6,5	9,1	13
zwischen Wörtern	e	$6/10\ h$	1,5	2,1	3	4,2	6

Schriftgrößen (DIN EN ISO 3098) in mm: 2,5; 3,5; 5; 7; 10; 14 und 20

Schriftgrößen in technischen Zeichnungen bei Verwendung von Klein- und Großbuchstaben mind. 3,5 mm

Exponenten, Toleranzangaben, Indizes einen Schriftsprung kleiner, z.B.: bei 3,5 mm Schriftgröße $\Rightarrow$ 2.5 mm

Schnittangaben einen Schriftsprung größer, z.B.: bei 3,5 mm Schrifthöhe $\Rightarrow$ 5 mm

Positionsnummern doppelte Schrifthöhe, z.B.: bei 3,5 mm Schrifthöhe $\Rightarrow$ 7 mm

Die Tabelle zeigt die Schriftabmessungen für die Schriftform B.

4.1 Normschrift

Schriftmuster

Schriftform A mit $d = {}^h/_{14}$
vertikal

ABCDEFGHIJKLMNOP
QRSTUVWXYZ
aabcdefghijklmnopq
rstuvwxyz
[(!?.,;"-=+x··√%&)]ø
1234567890IVX
ÄÖÜäöüß±□

Schriftform B mit $d = {}^h/_{10}$
vertikal

ABCDEFGHIJKLMNO
PQRSTUVWXYZ
aabcdefghijklmnop
qrstuvwxyz
[(!?.,;"-=+x··√%&)]ø
1234567890IVX
ÄÖÜäöüß±□

kursiv

ABCDEFGHIJKLMNO
PQRSTUVWXYZ
aabcdefghijklmnop
qrstuvwxyz
[(!?.,;"-=+x·√%&)]ø
1234567890IVX
ÄÖÜäöüß±

kursiv

ABCDEFGHIJKLMN
OPQRSTUVWXYZ
aabcdefghijklmno
pqrstuvwxyz
[(!?.,;"-=+x·√%&)]ø
1234567890IVX
ÄÖÜäöüß±

Die Beschriftung kann nach Schriftform A (Engschrift) oder Schriftform B erfolgen (vgl. DIN EN ISO 3098-1:2015-06 Grundregeln und DIN EN ISO 3098-2:2000-11 Ziffern, Zeichen und lateinisches Alphabet). Die vertikale Schriftform B wird bevorzugt verwendet. Für Beschriftungen von Hand nimmt man üblicherweise für Großbuchstaben 7 mm, für Kleinbuchstaben 5 mm und für deren Unter- bzw. Oberlängen 2 mm an.

4 TECHNISCHES ZEICHNEN/BAUZEICHNEN

4.2 Zeichengeräte und Materialien

Zeichenarbeit oder Zeichnungsträger	6H	5H	4H	3H	2H	H	F	HB	B	2B	3B	4B	5B
Vorzeichnen auf Transparentpapier													
Maßlinien ausziehen auf Transparentpapier													
Zeichnung ausziehen auf Transparentpapier													
Beschriftung auf Transparentpapier													
Vorzeichnen auf Zeichenkarton													
Maßlinien auf Zeichenkarton													
Zeichnung ausziehen auf Zeichenkarton													
Beschriftung auf Zeichenkarton													
Freihandzeichnen													

Empfohlene Härtegrade bei Zeichenminen in Bezug auf die Zeichenaufgabe und den Zeichnungsträger.

Papierformate nach DIN EN ISO 216

Format Reihe A DIN	unbeschnittenes Blatt Kleinstmaß mm	beschnittenes Blatt Fertigmaß mm	Rand vom Fertigmaß mm
2 A0	1230 × 1720	1189 × 1682	10
A0	880 × 1230	841 × 1189	10
A1	625 × 880	594 × 841	10
A2	450 × 625	420 × 594	10
A3	330 × 450	297 × 420	5
A4	240 × 330	210 × 297	5

Für die Qualität einer Zeichnung sind Beschaffenheit des Zeichnungsträgers, der Zeichengeräte und Zeichenhilfen mitentscheidend.

Weißes Zeichenpapier ist als Einzelblatt in den DIN-Formaten A4 bis A0 erhältlich. Darüber hinaus sind unbeschnittene Blätter im Handel, d.h., sie werden erst nach Fertigstellung der Zeichnung auf ein DIN-Format geschnitten. Weißes Zeichenpapier findet für Bleistift- und Tuschezeichnungen gleichermaßen Verwendung.

Transparentpapier hat aufgrund seiner besonderen Eigenschaften hohe Reiß- und Bruchfestigkeit, Radierfestigkeit sowie einwandfreie Lichtpausfähigkeit und ist für Tuschezeichnungen besonders geeignet.

Lineal und Zeichenwinkel
Wegen ihrer relativ hohen Maßbeständigkeit sind Zeichengeräte aus Kunststoff zu empfehlen. In klarer oder getönter Ausführung sind sie mit und ohne Millimetereinteilung erhältlich. Es werden stets zwei Zeichenwinkel benötigt, um durch deren Kombination häufige Winkelgrößen aufzutragen.

Filzstifte
Filzstifte bieten vielfältige Ausdrucksmöglichkeiten. Sie sind in vielen Farbnebabstufungen und mit Spitzen unterschiedlichster Breite erhältlich.

Gruppe	Art und Bezeichnung	Ausführung und Verwendung
Zeichnungsträger	Zeichenkarton	nicht transparent, 150 g/m² bis 300 g/m², rauh (Bleistiftzeichnung), glatt (Tuschezeichnung)
	Transparentpapier	transparent, lichtpausfähig, 80/85 g/m² und 90/95 g/m², matt, (Bleistiftzeichnung), glatt (Tuschezeichnung)
	Folien	hochtransparent, nur für Spezialtusche
	Triplexpapier	mit Kunststoffolie verstärktes Transparentpapier, einreißfest, Dokumentzeichnungen
Minenzeichengeräte	Feinminenstifte	Druckbleistifte für bestimmte Linienbreiten in mm 0,3/0,5/0,7/0,9, Minenhärtegrad 2H bis 2B
	Fallminenstifte	Minenhalter für lose Minen, Härtegrade 6H bis 6B
Minenspitzer	Minenspitzdose	für Fallminenstifte
Radiermittel	Bleiradierer	Kunststoff Zeichengummi
	Tuscheradierer Zeichenbesen	für Transparentpapier zum Entfernen der Radierreste
Tuschezeichner	Tuschefüller	für Linienbreiten in mm 0,13/0,18/0,25/ 0,35/0,5/0,7/1,0/1,4 und 2,0 nachfüllbar oder Patronen.
	Zeichentusche	für Transparentpapier, für Folie
Zirkel	Schnellverstellzirkel	mit Bleieinsatz mit Tuscheeinsatz mit Verlängerung
	Stechzirkel	Abtragen von Teilungen
	Nullenzirkel	für kleine Kreise
Zeichenunterlage	Zeichenbrett Zeichenplatte	für Aufnahme des Zeichnungsträgers
Zeichenschiene	Reißschiene	mit oder ohne Maßteilung
Zeichendreieck	Zeichendreieck (mit Griff)	45°/45°/90°, 30°/90°/60° Techniker-Dreieck
Schablonen	Schriftschablonen	für verschiedene Schriftarten und Schriftgrößen
	Kreisschablonen Ellipsenschablone	für Tusche und Bleistift
	Kurvenschablone	Burmestersatz
Maßstäbe	Präzisionsmaßstab	Flachlineal, Flach- und Dreikantreduktionsmaßstab

4.2 Zeichengeräte und Materialien

Faltung der Zeichnungen auf DIN-A4-Format

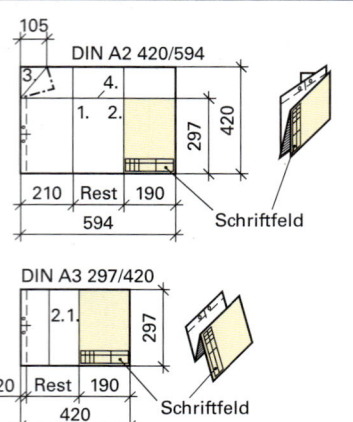

Schriftfeld

Technische Zeichnungen und Textdokumente erhalten in der unteren rechten Ecke ein Schriftfeld. Dadurch gibt das Schriftfeld die Leselage des Dokuments an. Schriftfelder sind in DIN EN ISO 7200 genormt. Sie sind hier auf ein Mindestmaß begrenzt. Andere Datenfelder wie Maßstäbe und Toleranzen werden, wenn nötig, außerhalb des Schriftfeldes angegeben. Es werden Schriftfelder in Kompaktform und Schriftfeld mit zusätzlicher Zeile mit Personennamen unterschieden. Sie enthalten folgende Eintragungen:

Feld 1: Feld für Name oder Zeichen der Firma, der die Zeichnung gehört.
Feld 2: Kurzzeichen der Abteilung, die für den technischen Inhalt verantwortlich ist (max. 10 Zeichen).
Feld 3: Name oder Kurzzeichen der verantwortlichen Kontaktperson (max. 20 Zeichen).
Feld 4: Name oder Kurzzeichen des technischen Zeichners (max. 20 Zeichen).
Feld 5: Name oder Kurzzeichen der genehmigenden Person (max. 20 Zeichen).
Feld 6: Zeichnungsart (max. 25 (30) Zeichen).
Feld 7: Benennung des dargestellten Werkstücks, Bauteils o.Ä. (max. 2 x 25 Zeichen).
Feld 8: Dokumentstatus, wie: freigegeben, noch Entwurf usw. (max. 20 Zeichen).
Feld 9: Zeichnungsnummer, Sachnummer (max. 16 Zeichen).
Feld 10: Spalte für Änderungsvermerke.
Feld 11: Ausgabedatum sowie Gültigkeitsdatum der Norm (max. 10 Zeichen).
Feld 12: Sprache (en – Englisch; de – Deutsch).
Feld 13: Blattnummer, bei mehreren Blättern ist die Anzahl darunter einzutragen (Beispiel 1/5, Blatt 1 von 5 Blättern, max. 4 Zeichen).
Feld 14: Feld für zusätzliche Klassifikationen oder Schlüsselwörter.
Blau: Feldbezeichnung erforderlich.

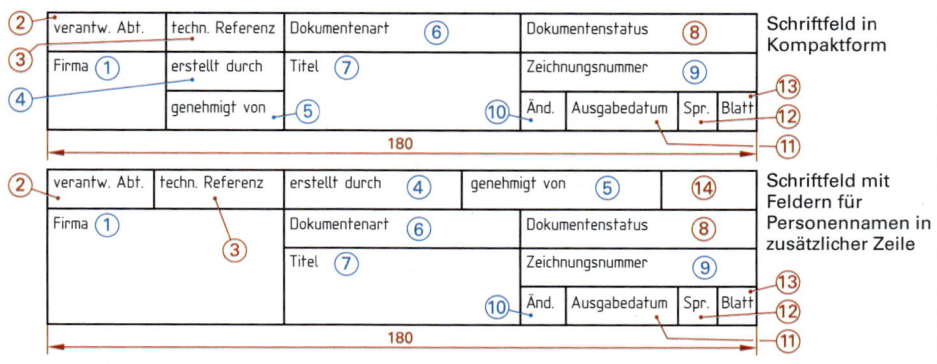

4 TECHNISCHES ZEICHNEN/BAUZEICHNEN

4.3 Bemaßung

Die tatsächlichen Abmessungen eines Bauteils müssen ohne zeitintensive Berechnung aus der Zeichnung zu entnehmen sein. Ausführungsfehler am Bauteil werden vermieden, wenn die zur Herstellung erforderlichen Maße eindeutig und übersichtlich angeordnet sind. Die Bemaßungsregeln für Bauzeichnungen sind in der DIN 1356 zusammengefasst. Darüber hinausgehende Regelungen ergeben sich nach DIN 406. Im Allgemeinen sind im Mauerwerksbau Rohbaumaße anzugeben.

Rohbaumaße in m (DIN 4172)

Achtelmeter am (Kopfzahl)	Pfeilermaß in m	Anbaumaß in m	Öffnungsmaß in m
0,5	0,0525	0,0625	0,0725
1	0,115	0,125	0,135
1,5	0,1775	0,1875	0,1975
2	0,24	0,25	0,26
2,5	0,3025	0,3125	0,3225
3	0,365	0,375	0,385
3,5	0,4275	0,4375	0,4475
4	0,49	0,50	0,51
4,5	0,5525	0,5625	0,5725
5	0,615	0,625	0,635
5,5	0,6775	0,6875	0,6975
6	0,74	0,75	0,76
6,5	0,8025	0,8125	0,8225
7	0,865	0,875	0,885
7,5	0,9275	0,9375	0,9475
8	0,99	1,00	1,01

Kurzzeichen und Symbole

Zur Verbesserung der Lesbarkeit von technischen Zeichnungen, zur Übersichtlichkeit und zur Vereinfachung der Bemaßung sind fachübergreifende Kurzzeichen und Symbole zu bevorzugen.

Symbol	Bedeutung	Symbol	Bedeutung
ø 52	Durchmesser 52 mm	⌢26	Bogenmaß 26 mm
□52	Quadrat Seitenlänge 52 mm	(26)	Hilfsmaß
14/8	Rechteck, Breite/Höhe 14 cm/8 cm	27	nicht maßstäblich
R 26	Radius 26 mm	d=27	(Material-) Dicke 27 cm
⌇	ringsum	√	vgl. ▶ S. 126 Oberflächenbeschaffenheit
◿14%	Neigung 14 %		

Bemaßungsbestandteile

Die Bemaßung ist grundsätzlich unter dem Bauteil und neben der rechten Bauwerkskante anzuordnen. Bei komplexen Bauwerken ist die Einhaltung dieser Regel nicht möglich, sodass eine andere übersichtliche Anordnung der Maße zu wählen ist. Maßlinien innerhalb des Bauteils sind so anzuordnen, dass die Fläche im mittleren Bereich der Räume für weitere Angaben frei bleibt.

I.d.R. sind mehrere parallel verlaufende Maßlinien notwendig. Auf der dem Bauteil nächstliegenden Maßlinie sind die kleinsten Teilmaße anzugeben. Die äußerste Maßlinie kennzeichnet die Außenmaße des Bauteils bzw. des Bauwerks.

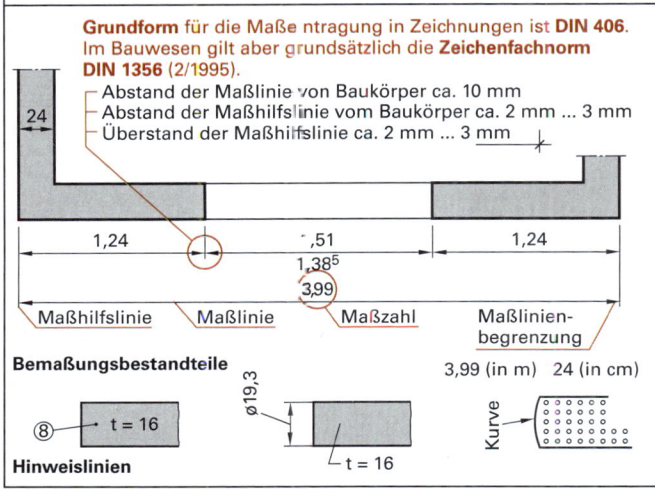

Grundform für die Maßeintragung in Zeichnungen ist DIN 406. Im Bauwesen gilt aber grundsätzlich die Zeichenfachnorm DIN 1356 (2/1995).
- Abstand der Maßlinie vom Baukörper ca. 10 mm
- Abstand der Maßhilfslinie vom Baukörper ca. 2 mm ... 3 mm
- Überstand der Maßhilfslinie ca. 2 mm ... 3 mm

Bemaßungsbestandteile: Maßhilfslinie, Maßlinie, Maßzahl, Maßlinienbegrenzung, 3,99 (in m) 24 (in cm), Kurve, Hinweislinien

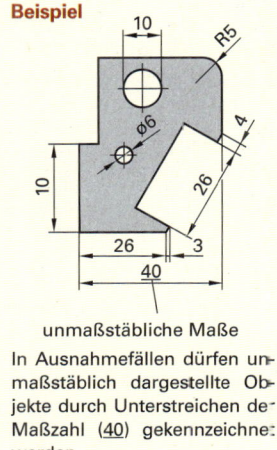

Beispiel

unmaßstäbliche Maße

In Ausnahmefällen dürfen unmaßstäblich dargestellte Objekte durch Unterstreichen der Maßzahl (40) gekennzeichnet werden.

4.3 Bemaßung

Bemaßungsbestandteile

Maßhilfslinien und Maßlinien sind als schmale Volllinien zu zeichnen. Maßlinien verlaufen stets parallel und in einem Abstand von 10 mm zur Außenkante des Baukörpers. Der Abstand der Maßlinien untereinander beträgt 7 mm.

Maßbegrenzungen liegen im Schnittpunkt von Maßlinie und Maßhilfslinie; sie können
- als Kreis
- als kurzer Strich unter 45° von links unten nach rechts oben
- als Maßpfeil } nach DIN 406, 12/1994 möglich
- als Punkt } nach DIN 1356, 2/1995 Ausnahme

gezeichnet werden. Die Verwendung von Maßpfeilen ist weniger gebräuchlich, da sehr arbeitsintensiv. Für die Maßbegrenzung bei Kreisbögen sind Maßpfeile alternativ zu verwenden.

Maßzahlen sind über und parallel zur Maßlinie anzuordnen. Darüber hinaus sind Maßzahlen:
- von unten oder von rechts lesbar (oder in Leselage des Schriftfeldes nach DIN 406 Vereinfachung)
- nicht durch Maßlinien zu kreuzen oder zu berühren
- für Maße ≥ 1 m als Meterangabe (z.B. 1,25); für Maße unter einem Meter als Zentimeterangabe (z.B. 99) einzutragen
- ohne Maßeinheit einzutragen
- bei Platzmangel unmittelbar rechts neben der Maßhilfslinie anzuordnen
- bei zwei dicht aneinanderliegenden Maßen einmal links unten und einmal rechts oben einzutragen
- Anstelle des Punktes darf auch ein Komma gesetzt werden.

Umfang und Anordnung von Maßangaben

Art, Umfang und Anordnung von Maßangaben sind abhängig vom Zweck bzw. der Art der Bauzeichnung. In Ausführungszeichnungen sind wesentlich umfangreichere Maßangaben zugeordnet als z.B. in Entwurfszeichnungen.

Höhenmaße
Geschosshöhen, Brüstungshöhen und Durchgangshöhen sind grundsätzlich zwischen den Kanten zu kennzeichnen. Die Höhenangabe besteht aus Höhenkote, entsprechendem Pfeil und Maßbegrenzungslinie.

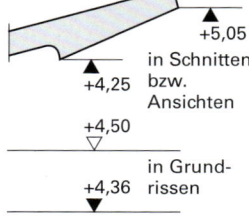

Wand- und Deckenöffnungen
Die Breite von Türen, Fenstern und sonstigen Öffnungen wird über, die Höhe unter die Maßlinie bzw. die Achslinie geschrieben (z.B. 1,51/1,38[5]; also 1,51 m breit und 1,385 m hoch).

Maßbegrenzungen

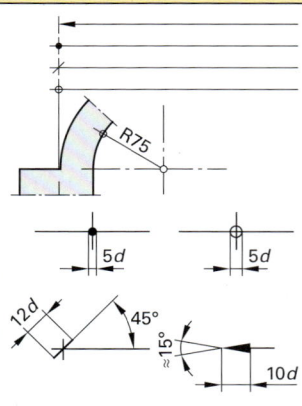

d: Linienbreite der schmalen Volllinie

Schreibrichtung von Maßen

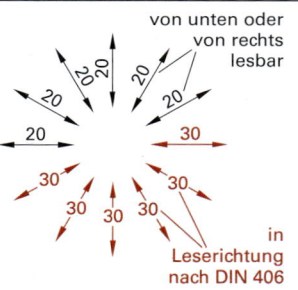

Anordnung der Maßzahlen

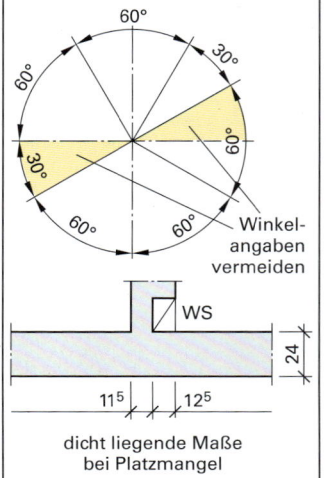

dicht liegende Maße bei Platzmangel

4.3 Bemaßung

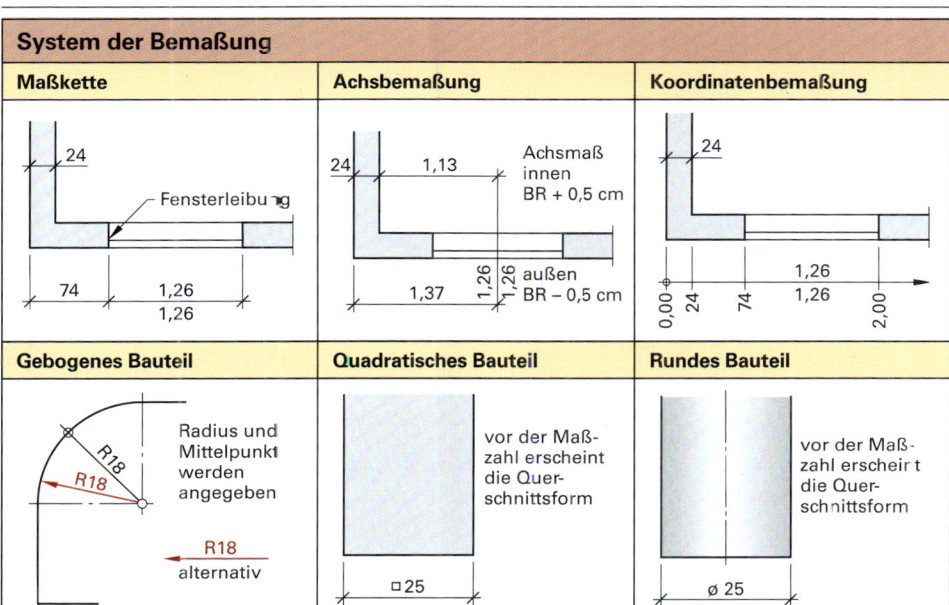

Das System der Maßeintragung nach DIN 1356 in Bauzeichnungen unterscheidet sich gegenüber der Zeichnungsgrundnorm DIN 406/DIN ISO 128-22 und der Zeichenfachnorm im Holzbau DIN 916. Die im Bauwesen verwendeten Maßeinheiten werden i. d. R. hinter dem Maßstab angegeben (z. B. M 1:50 – cm, m). Höhenmaße können auch ohne Maßlinien in Zeichnungen durch Höhenmarken (Höhenkoten) angegeben werden.

4 TECHNISCHES ZEICHNEN/BAUZEICHNEN

4.4 Bauzeichnungen

Arten und Inhalt der Bauzeichnungen

Bauzeichnungen für Entwurf und Bauvorlage (DIN 1356)		Üblicher Maßstab
Lagepläne	Darstellung des Baukörpers in den örtlichen Gegebenheiten	1 : 1000 1 : 500
Vorentwurfszeichnungen	Raumaufteilung, Bauglieder sowie Eingliederung des Baukörpers in die Örtlichkeit in vorläufiger Anordnung und Abmessung	1 : 500 1 : 200
Entwurfszeichnung	Darstellung der Bauaufgabe in genauen Abmessungen	1 : 100
Zeichnungen für die Bauvorlage (Bauantragszeichnungen)	Lageplan sowie Entwurfszeichnungen, ergänzt durch Zeichnungen gemäß Vorschriften der zuständigen Baugenehmigungsbehörde	Maßstab je nach Erfordernis und Bauvorlagenverordnung

Bauzeichnungen für die Bauausführung (DIN 1356)		Üblicher Maßstab
Ausführungszeichnungen	Enthalten alle für die Bauausführung erforderlichen Maße und Angaben	1 : 50
Teilzeichnungen (Detailzeichnungen)	Darstellung von Teilbereichen des Baukörpers/Bauteils in allen Einzelheiten der Konstruktion (Sondermaßstab 1 : 25)	1 : 20 1 : 5 1 : 10 1 : 1
Sonderzeichnungen	Darstellung besonderer Konstruktionselemente (z.B. Lüftungsschächte, Klima-, Heizungs- und Sanitäranlage)	Maßstab je nach Erfordernis
Abrechnungszeichnungen	Enthalten die für die Abrechnung notwendigen Angaben (i.d.R. dienen auch die oben genannten Bauzeichnungen diesem Zweck)	Maßstab je nach Erfordernis
Bestandszeichnungen	Darstellung eines vorhandenen Baukörpers/Bauteils	Maßstab je nach Erfordernis

Maßstäbe (DIN ISO 5455)

Der Maßstab 1 : n gibt an, in welchem Verhältnis die Abmessungen des Originals (**Originalmaße**) in der Zeichnung (**Zeichnungsmaße**) wiedergegeben werden sollen. Die Verhältniszahl n verdeutlicht, welches Vielfache bzw. welcher Teil des Zeichnungsmaßes dem Originalmaß entspricht.

Verhältniszahl, Originalabmessungen (Originalmaß) und die Abmessungen der Abbildung (Zeichnungsmaß) stehen in folgender Beziehung zueinander:

Originalmaß = Zeichnungsmaß × Verhältniszahl

Verhältniszahl = $\dfrac{\text{Originalmaß}}{\text{Zeichnungsmaß}}$

Zeichnungsmaß = $\dfrac{\text{Originalmaß}}{\text{Verhältniszahl}}$

Je geringer die Verhältniszahl, desto größer die Aussagekraft der Zeichnung.

Maßstäbe nach DIN ISO 5455 und DIN 1356.

Beispiel

1 : 2 Verhältniszahl 2
Die Originalmaße sind zweimal so groß wie die Zeichnungsmaße.

1 : 1 Verhältniszahl 1
Originalmaß Die Originalmaße sind genauso groß wie die Zeichnungsmaße.

1 : 0,5 Verhältniszahl 0,5
Die Originalmaße sind 0,5-mal so groß wie die Zeichnungsmaße.

Beispiel

Wirkliche Länge 1,24 m

Maßstab 1 : 20 – m, cm

Länge in der Zeichnung

$\dfrac{1240 \text{ mm}}{20} = 62 \text{ mm}$

1 cm in der Bauzeichnung sind 20 cm in der Wirklichkeit bzw. 1 mm entspricht 20 mm.

4.4 Bauzeichnungen

Linienarten und Linienbreiten

Linien werden in der Zeichnungsgrundnorm **DIN EN ISO 128-20** (früher DIN 15), DIN EN ISO 10628 und in der Fachnorm DIN 1356 Bauzeichnungen festgelegt. Nachfolgende Ausführungen beziehen sich auf die DIN 1356.

In Bauzeichnungen sind die Linienarten nach folgender Tabelle zu verwenden. Die Linienbreiten **breit, mittelbreit und schmal** stufen sich nach dem Verhältnis **2 : 1 : 0,7** und entsprechen den Anforderungen der Mikroverfilmung (vgl. Liniengruppe III).

Werden die Linien nicht in Tusche, sondern in Bleistift gezogen, so sollen die Breiten annähernd eingehalten werden. Es ist im Sinne der Anschaulichkeit zweckmäßig, die angegebenen Linienbreiten zu verwenden. Für Blattgrößen DIN A4 und DIN A3 sind folgende Linien empfohlen:

Breite Linien 0,5 mm – in Ausnahmefällen 0,7 mm

Schmale Linien 0,25 mm – in Ausnahmefällen 0,35 mm

Überdecken sich in einer Zeichnung zwei oder mehrere Linien verschiedener Art, ist folgende Reihenfolge einzuhalten:

① Sichtbare Kanten oder Umrisse
② Verdeckte Kanten oder Umrisse
③ Schnittebenen
④ Mittellinien
⑤ Schwerelinien
⑥ Maßhilfslinien

Linienbreiten für grafische Darstellungen können etwa im Verhältnis

Netz : Achsen : Kurven = 1 : 2 : 4

gezeichnet werden. ▶ S. 43

Normhinweis:
Ausführungen von Linien mit CAD-System nach DIN EN ISO 128-21.

Linienarten nach DIN 1356	Anwendungsbereich		Linienbreiten in mm			
		Maßstab	≤ 1 : 100		≥ 1 : 50	
		Liniengruppe	I	II	III[1]	IV[2]
Volllinie	Begrenzung von Schnittflächen		0,5	**0,5**	**1,0**	1,0
Volllinie	Sichtbare Kanten und sichtbare Umrisse von Bauteilen, Begrenzung von Schnittflächen von schmalen oder kleinen Bauteilen		0,25	**0,35**	**0,5**	0,7
Volllinie	Maßlinien, Maßhilfslinien, Hinweislinien, Lauflinien, Begrenzung von Ausschnittdarstellungen, vereinfachte Darstellungen		0,18	**0,25**	**0,35**	0,5
Strichlinie	Verdeckte Kanten und verdeckte Umrisse von Bauteilen		0,25	**0,35**	**0,5**	0,7
Strichpunktlinie	Kennzeichnung der Lage der Schnittebenen		0,5	**0,5**	**1,0**	1,0
Strichpunktlinie	Achsen		0,18	**0,25**	**0,35**	0,5
Punktlinie	Bauteile vor bzw. über der Schnittebene		0,25	**0,35**	**0,5**	0,7
Maßzahlen 1...	Schriftgröße		2,5	**3,5**	**5,0**	7,0

[1] Die Liniengruppe I ist nur dann anzuwenden, wenn eine Zeichnung mit der Liniengruppe III angefertigt, im Verhältnis 2 : 1 verkleinert wurde und die Verkleinerung weiterbearbeitet werden soll. In der Zeichnung mit der Liniengruppe III ist dann die Schriftgröße 5,0 mm zu wählen.

[2] Die Liniengruppe IV ist für Ausführungszeichnungen anzuwenden, wenn eine Verkleinerung z.B. vom Maßstab 1 : 50 in den Maßstab 1 : 100 vorgesehen ist und die Verkleinerung den Anforderungen der Mikroverfilmung zu entsprechen hat. Die Verkleinerung kann dann ggf. mit den Breiten der Liniengruppe I weiterbearbeitet werden.

4.4 Bauzeichnungen

Schraffuren für Baustoffe und Bauteile

Für die Kennzeichnung der verschiedenen Baustoffe bzw. Bauteile wurden die in der folgenden Tabelle zusammengestellten Schraffuren und farblichen Darstellungen festgelegt. Die Kennzeichnung erfolgt wahlweise als Schraffur (Schwarzweißdarstellung) oder durch farbiges Anlegen der Schnittflächen.

Baustoffe bzw. Bauteile (Schraffuren nach DIN ISO 128-50 ▶ S. 120)		Darstellungsart DIN 1356: 1995-02	
		schwarzweiß	farbig
Beton	unbewehrt		olivgrün
	bewehrt, ohne Darstellung der Bewehrung		blaugrün
Betonfertigteile	ohne Darstellung der Bewehrung		violett
Mauerwerk	künstlicher Stein		braunrot
	natürlicher Stein		blaugrau
Mörtel und Putz			weiß
Erdreich	aufgefüllt		—
	gewachsen		—
Holz	Hirnholz quer zur Faser		braun
	Längsholz längs zur Faser		braun
Stahl			schwarz
Sperrstoffe	gegen Feuchtigkeit		schwarzweiß
Dämmstoffe	zur Wärme- und Schalldämmung		grau
Alte Bauteile	im Schnitt		blaugrau
Neue Bauteile	im Schnitt		nach Baustoff
	in der Ansicht	—	gelb lasiert
Abzubrechende Bauteile	im Schnitt		gelb
	in der Ansicht		gelb umrandet
Abzutragender Boden			gelb umrandet

Hinweise:

Nach DIN 1356: 1995-02 sind nur die Kennzeichnungen der Schnittflächen für Boden (Erdreich), Kies, Sand, Beton (unbewehrt), Beton (bewehrt, Stahlbeton), Mauerwerk, Holz (quer zur Faser), Holz (längs zur Faser), Metall (Stahl), Mörtel und Putz, Dämmstoffe, Abdichtungen (Sperrstoffe), Dichtstoffe als Schraffur in Abstimmung mit DIN 201 (alt) festgelegt. Die neue DIN ISO 128-50: 2002-05 findet in der Baupraxis kaum Anwendung. Die links aufgeführten Darstellungsarten und Farben ergeben sich aus der alten DIN 1356: 1974-07 und der Praxis. Weitere Darstellungsarten zur Kennzeichnung von Baustoffen und Bauteilen sind auf den Seiten ▶ S. 120 und 125 aufgeführt, vermessungstechnische Zeichen und Symbole auf der Seite ▶ S. 121.
Die Darstellung von Bauteilen in Zeichnungen für Holzbearbeitung erfolgt nach DIN 919.

Schraffuren
Vollholz und Plattenwerkstoffe nach DIN 919 ▶ Folgeseite

	Vollholz Hirnholz
	Vollholz Längsholz
	Trägerplatten allgemein
TPY 16 EI 0,7 X	Kurzzeichen Nenndicke in mm
St (19) X	Furnierte oder beschichtete Platten
	x Hirnholz → Längsholz
	Vollholz nicht verleimt

Art der Furnierung (Holzart) bzw. Beschichtung (Dekor) ist durch Kurzzeichen der Holzart oder Beschichtung anzugeben.

4.4 Bauzeichnungen

Schraffuren für Holz, Holzwerkstoffe und Verbundplatte (DIN 919: 2014-06)

Werkstoffe werden durch Schraffuren symbolisch gekennzeichnet. Schraffiert werden nur geschnittene Werkstücke. Maßzahlen und Beschriftungen in den Schnittflächen sind bei der Schraffur auszusparen. Der Abstand der Schraffurlinien ist der Größe der Querschnittsfläche anzupassen. Holz und Holzwerkstoffe werden freihändig schraffiert (Ausnahme Computerzeichnungen). Vollholz wird als Hirnholz unter 45° und als Längsholz parallel zum Faserverlauf des Holzes schraffiert. Bei verleimten Werkstücken werden die Hirnholzflächen in gleicher Richtung, aber mit unterschiedlichen Abständen schraffiert, bei nicht verleimten wird die Schraffurrichtung gewechselt.

Holzwerkstoffe

Materialien: Lagenwerkstoffe wie Furniersperrholz und Furnierschichtholz, Verbundwerkstoffe wie Stab- und Stäbchensperrholz, Span- und Faserwerkstoffe sowie Holzwerkstoffe mit Kunststoff beschichtet. Symbolisch werden hier die Leistenteilungen des Stabsperrholzes im Schnitt dargestellt. Abstand der Schraffurlinien ca. halbe Plattendicke. Beschriftungen, Symbole und Begleitlinien geben das Material und die Modifizierung an.

Hinweis: Im deutschsprachigen Raum können zum besseren Verständnis bei Kunden und Beschäftigten die Kurzzeichen der in der DIN aufgeführten Handelsnamen verwendet werden (z.B. EI für Eiche, FI für Fichte).

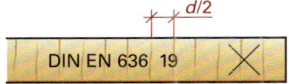

Stabsperrholz 19 mm dick, roh, Hirnholzkante (Kreuz-Symbol)

Stabsperrholz 19 mm dick, Eiche furniert, Furnierkante

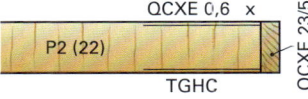

Nachträglich mit HPL-Platten beschichtete Spanplatte, 19 mm roh

Stabsperrholz 19 mm dick, roh, Längsholzkante (Pfeil-Symbol)

Furniersperrholz 6 mm dick, beidseitig in Eiche furniert

Spanplatte 22 mm dick, furniert, Hirnholz, Anleimer angeleimt

Mit Kunststoff beschichtete Holzwerkstoffe kommen fertig in den Handel oder werden nachträglich beschichtet. Die Linien an der Materialbeschriftung geben an, ob die Holzwerkstoffe einseitig, zweiseitig, dreiseitig oder vierseitig beschichtet sind.
Das eingeschriebene Plattenmaß ist Rohmaß. Die Bemaßung berücksichtigt die nachträgliche Furnierung. Das Außenmaß ist einzuhalten, deshalb steht das Innenmaß in Klammern.

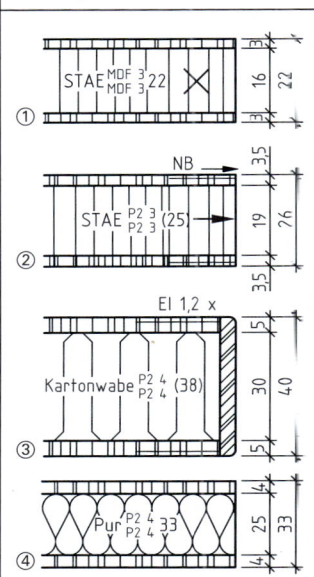

Verbundplatten

Verbundplatten mit wabenförmiger oder schaumförmiger Mittellage werden mit einer besonderen Schraffur dargestellt. Decklagen sind Holzwerkstoffe, Kunststoff- und Metallplatten.

① Verbundplatte mit 16 mm dicker Stäbchenmittellage und 3 mm dicken MDF-Decklagen. Die Mittellage zeigt im Schnitt Hirnholz.

② Verbundplatte mit 19 mm dicker Stäbchenmittellage und 3 mm dicken Spanplattendecks, die mit Nussbaum (NB ≙ JGRG) furniert sind. Mittellage zeigt im Schnitt Langholz.

③ Verbundplatte mit Mittellage aus 30 mm hohen Kartonwaben und 4 mm dicken Spanplattendecks, die mit Eiche (EI ≙ JGRG) furniert sind. Die Plattenkante erhält einen Anleimer.

④ Verbundplatte mit 25 mm dicker PUR-Schaummittellage und 4 mm dicken Spanplattendecks.

Hinweis
Die bei den Platten genannten Maße sind die Rohmaße der Platten. Bei den in der Zeichnung angeschriebenen Maßen handelt es sich um die Dicke der furnierten Situation.

4.4 Bauzeichnungen

Schraffuren in Tiefbau- und Straßenbauzeichnungen

Ausgewählte Symbole für Erd- und Tiefbauzeichnungen[1]		Bodenarten[2]	
	Asphaltdeckschicht	Hydraulisch gebundene Tragschicht	Steine, Blöcke
	Asphalttragdeckschicht	EPS-Beton	Kies[3]
	Asphaltbinderschicht	Fahrbahndecke aus Beton	Sand[3]
	Asphalttragschicht	Frostschutzschicht (frostunempfindliches Material)	Schluff
	Verfestigung	Pflaster mit Pflasterbettung	Ton
	Schottertragschicht	Betonsteinpflaster	Torf
	Kiestragschicht	Natursteinpflaster	Lehm

[1] nach RStO (Richtlinien für die Standardisierung des Oberbaues von Verkehrsflächen)
[2] nach DIN 4023   [3] auch nach DIN 1356

Schraffuren für Werkstoffe

In einer technischen Zeichnung unterscheidet man Ansichtsflächen und Schnittflächen. Die Schnittdarstellung erfolgt nach **DIN 6**. Führt ein gedachter Schnitt durch ein Werkstück bzw. Bauteil, sind diese Flächen zu schraffieren (oder farblich anzulegen), hohle Räume bleiben frei. Eine Schraffur kann aus Linien, Rastern, Punkten oder geometrischen Figuren bestehen. Treffen Schnittflächen mehrerer Teile zusammen, so sind die Schraffurlinien entgegengesetzt (unter 45° bzw. 135°) anzuordnen und außerdem die Abstände der Schraffur in den verschiedenen Schnittflächen zu variieren. Die Grundschraffur nach DIN 6 und DIN ISO 128-50 (früher DIN 201) für Schnittflächen ist werkstoffunabhängig als schmale Volllinie unter 45° zum Bauteil anzuordnen, schmale Schnittflächen sind zu schwärzen.

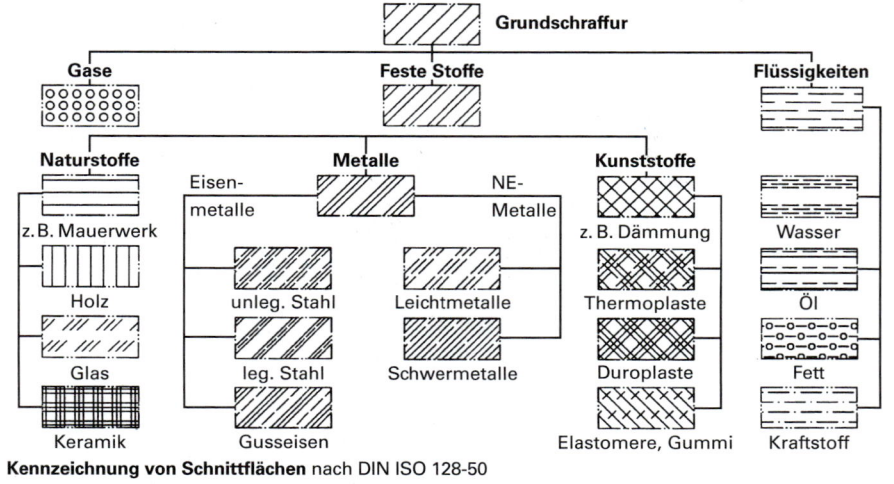

Kennzeichnung von Schnittflächen nach DIN ISO 128-50

4 TECHNISCHES ZEICHNEN/BAUZEICHNEN

4.5 Symbole in verschiedenen Bauzeichnungen

Lageplan

Der Lageplan gibt Auskunft über die Lage des Bauwerks in seiner Umgebung, über die Beschaffenheit des Geländes und über Besonderheiten der Nachbargrundstücke. Der amtliche Lageplan ist i. d. R. von einem vereidigten Fachmann für Vermessung, einem öffentlich bestellten Vermessungsingenieur oder einer gleichgestellten Behörde auf Grundlage der amtlichen Katasterkarte (Flurkarte) zu erstellen. Als Ergänzung zu den abgebildeten Symbolen (▶ Kapitel 8.3.4) wird der Lageplan durch schriftliche Angaben vervollständigt:

- Maßstab (1:500 oder 1:200)
- Lage des Grundstücks zur Himmelsrichtung
- Straßenbezeichnung, Hausnummer, Eigentümer sowie Grundstücksbezeichnung (Gemarkung, Parzelle z.B. 102/1)
- Flächenmaß und katastermäßige Grenzen
- Äußere Abmessungen der neuen und vorhandenen Bauwerke
- Abstände der neuen und vorhandenen Bauwerke zu den Nachbargrundstücken sowie zu öffentlichen Verkehrs- und Grünflächen, Wäldern und Gewässern

- Bestimmungen des Bebauungsplans über die zulässige Nutzung des Grundstücks
- Nutzungsangabe der nicht überbauten Flächen, insbesondere Hof- und Garageneinfahrten, Kfz-Stellplätze, Gartenland usw.
- Flächen, deren Nutzung durch Baulasten vorbestimmt wurden
- Lage von Versorgungsleitungen (Gas, Wasser, Elektrizität)
- Unter Naturschutz stehende Baum- oder Gebäudebestände

Vermessungstechnische Zeichen ▶ S. 466

Lageplan M 1 : 500 – m
(Abbildung verkleinert)

4.5 Symbole in verschiedenen Bauzeichnungen

Entwässerungszeichnungen

Im Gegensatz zur Darstellung von Versorgungsleitungen für Frischwasser und Elektrizität ist für die Erteilung der Baugenehmigung die Kennzeichnung der Entsorgungsleitungen erforderlich. Entwässerungszeichnungen sind als Sonderzeichnungen einzustufen ▶ S. 123, 124 und 421. Grundriss, Schnitt und Ansicht werden durch die Darstellung der Leitungsführung ergänzt. Regen- und Schmutzwasserleitungen sind unter Verwendung der entsprechenden Symbole einzutragen. Mindestmaßstab für den Entwässerungsplan 1 : 500, zusätzliche Erläuterungen in der Baubeschreibung und in Bauzeichnungen im Maßstab 1 : 100 möglich. Durch diese Darstellungsform erfolgt der Nachweis gegenüber der Bauaufsichtsbehörde, dass die geplante Entsorgung des Gebäudes den städtischen Tief- und Kanalbaugegebenheiten angemessen zur Ausführung kommt.

Ausgewählte Symbole in Entwässerungszeichnungen (DIN 1986-100:2016-12)

Bauteil des Entwässerungssystems	Darstellung im Grundriss	Darstellung im Schnitt	Bauteil des Entwässerungssystems	Darstellung im Grundriss	Darstellung im Schnitt
Regenwasserleitung DR: Druckleitung	— — DR — —	| | DR | |	Reinigungsschacht mit geschlossenem Durchfluss		
Schmutzwasserleitung DS: Druckleitung	— DS —	| DS |			
Mischwasserleitung	— · — · —	| · | ·	Reinigungsschacht mit offenem Durchfluss		
WerkstoffWechselleitung			Ablauf mit Rückstauverschluss		
Rohrendverschluss			Kellerablauf mit Rückstauverschluss		
Reinigungsrohr				Fallleitung ○	Geruchverschluss
Querschnittsänderung der Rohrleitung	100 / 125	|100 |125	Bidet		
Bodenablauf	ohne mit Geruchverschluss	ohne mit Geruchverschluss	Urinalbecken		
Schlammfang	—(S)—	[S]	Doppelspüle		
Fettabscheider	—(F)—	[F]	Waschbecken		
Benzinabscheider	—(B)—	[B]	Klosettbecken		
Heizölabscheider	—(H)—	[H]	Dusche		
Heizölsperre ohne Rückstauverschluss	H Sp	H Sp	Badewanne		
Lüftungsleitung mit und ohne Dunsthaube	– – – – –	||||	Waschtisch, Handwaschbecken		

122

4.5 Symbole in verschiedenen Bauzeichnungen

Entwässerungszeichnungen

Dargestellt ist die Entwässerung eines Einfamilienhauses. Vollständig werden die Unterlagen für das Baugenehmigungsverfahren erst durch eine Ergänzung der Darstellung in Schnitt und Grundriss. Die Einmessung der einzelnen Bauteile des Entwässerungssystems erfolgt in vertikaler und horizontaler Richtung durch Summierung der Abstände. Als Ausgangspunkt wird der tiefste Punkt des Systems gewählt; getrennt für vertikale und horizontale Einmessung.

Rohr-Nennweiten (DN-Angaben) ▶ Kapitel 7.7 sind stets in mm anzugeben und dürfen ohne Durchmesserzeichen und Einheitsangabe verwendet werden.

Entwässerungsgrundriss

Normhinweise

- DIN EN 752-1: 2017-07 (D) Entwässerungssysteme außerhalb von Gebäuden

  Teil 1: Allgemeines und Definitionen; Deutsche Fassung

  Teil 4: Hydraulische Berechnung und Umweltschutzaspekte

- DIN 1986-100: 2016-12 Entwässerungsanlagen für Gebäude und Grundstücke

- DIN 4095 (zurückgezogen) Merkblatt 2018-01 Dränung (Drainage)
  ▶ Kapitel 5.4

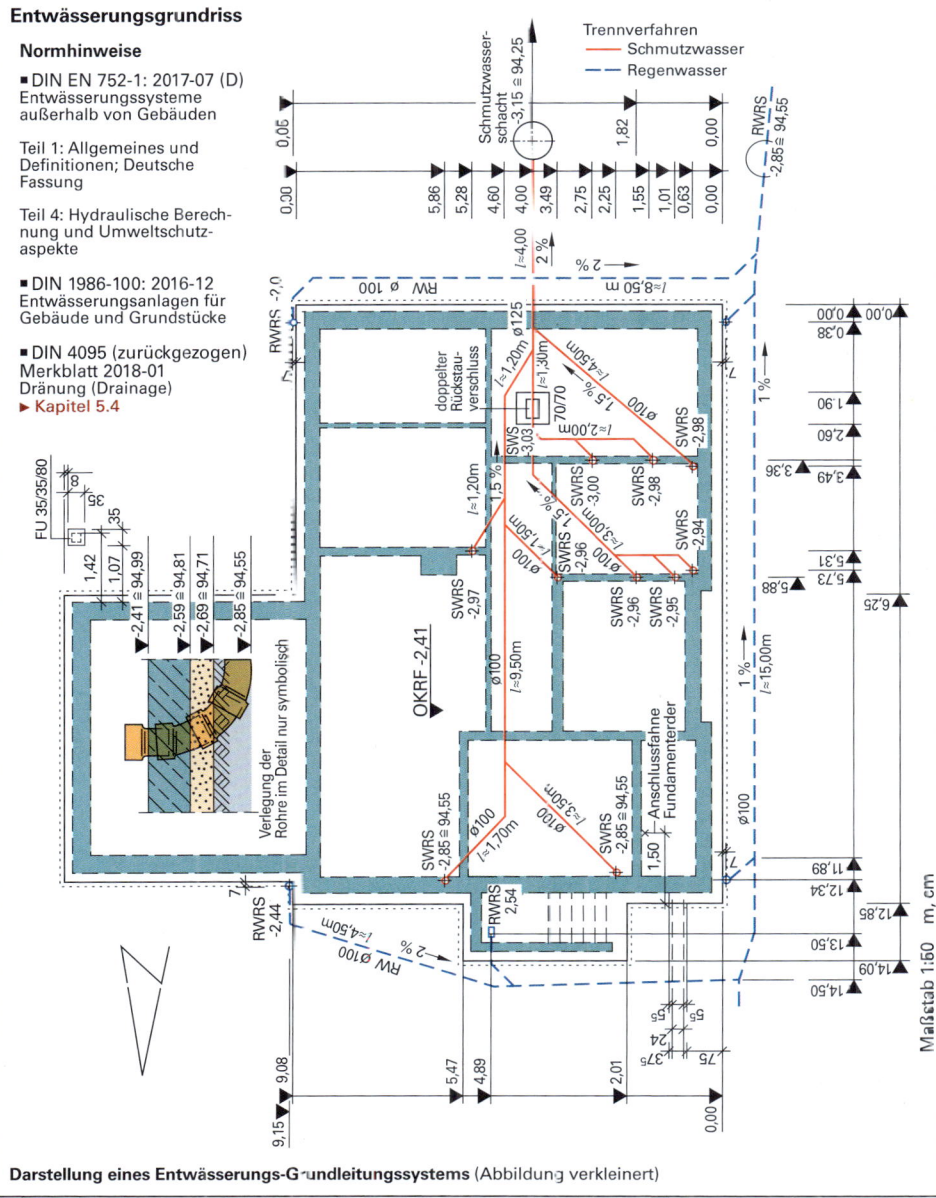

Darstellung eines Entwässerungs-Grundleitungssystems (Abbildung verkleinert)

4.5 Symbole in verschiedenen Bauzeichnungen

Entwässerungszeichnungen

Das abgebildete Schnittschema enthält die nach DIN 1986 geforderten Sinnbilder und Zeichen für Entwässerungsgegenstände und Rohrleitungen ▶ Kapitel 7.7. Dargestellt ist der Verlauf der Entwässerungs- und Fallleitungen getrennt nach Schmutz- und Regenwasser sowie die Kontrolleinrichtungen und Schächte. Farbliche Kennzeichnung: BLAU.

Entwässerungsschnitt

a) die Leitung kann unmittelbar über Dach geführt oder
b) an die indirekte Nebenlüftung zurückgeführt werden

4.5 Symbole in verschiedenen Bauzeichnungen

Ausführungszeichnungen (Hochbau)

Abkürzungen

Um Bauzeichnungen übersichtlich zu gestalten, können häufig vorkommende Begriffe abgekürzt werden.

		OKFF	Oberkante Fertigfußboden	WS	Wandschlitz
				DD	Deckendurchbruch
		EG	Erdgeschoss	DA	Deckenaussparung
		KG	Kellergeschoss	HKN	Heizkörpernische
		UG	Untergeschoss	BA	Bodenablauf
RFB	Rohfußboden	OG	Obergeschoss	KS	Kontrollschacht
FFB	Fertigfußboden	Stg	Steigung (auch STG)	BRH	Brüstungshöhe
OK	Oberkante	FHT	Feuer hemmende Tür	mNN	m über Normalnull
UK	Unterkante	RD	Rauchdicht	mHN	m über Höhennormal
Roll	Rollladen	WD	Wanddurchbruch	NHN	Normalhöhennull

Symbole für Abdichtung und Dämmung ▶ Kapitel 5.1 und 6.14.4

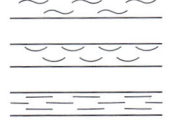

Dämmstoff aus Steinfaser
Dämmstoff aus Glasfaser
Dämmstoff aus Holzfaser
Dämmstoff aus Torffaser
Schaumkunststoff
Kork
magnesitgebundene Holzwollplatten
zementgebundene Holzwolleplatten
Gipsbauplatten

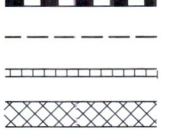

Abdichtung, allgemein
Voranstrich
Klebemassen und Deckaufstrich
Spachtelmasse
nackte Pappe/bit. Dichtungsbahn
Dichtungsbahn mit Einlage aus Rohfilzpappe
Dichtungsbahn mit Einlage aus Gewebe
Dichtungsbahn mit Einlage aus Metallfolie
Dichtungsbahn mit Einlage aus Kunststofffolie
thermoplastische Kunststofffolie

Symbole für Verbindungsmittel ▶ S. 392

| Außen-sechskant | Innen-sechskant | Längsschlitz | Außensechs-rund (Torx) | Innensechs-rund (Torx) | Phillips-Kreuzschlitz | Pozidriv-Kreuzschlitz |

Schrauben (Kopfarten) versenkt oben u. oben unten unten

  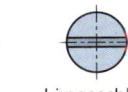       

8 10 12 14 16 18 20 22 24 27 30 33 36 33 36

Rohnietdurchmesser (Stahl)

M8 M10 M12 M14 M16 M18 M20 M22 M24 M27 M30 M33 M36

Schrauben

- ⊖ Dübel ø <80 mm   ⊖ Dübel ø 80 mm bis 100 mm   ⊖ Dübel ø >100 mm
- ◇ Dübel und Bolzen (mit Angabe des ø)   ● Stabdübel, Nägel

Dübel besonderer Bauart

Hinweis: Die Rechtsvorschriften der Bundesländer enthalten konkrete – nicht einheitliche – Forderungen für Zeichen, Symbole und Farben. Die Kennzeichnungen, Zeichen, Symbole und Schraffuren ersetzen keinesfalls die genaue Werkstoffangabe. Insbesondere infolge vermehrter CAD-Darstellungen werden die Verbindungsmittel gem. **DIN ISO 5261** als Kreis (○ ⊙) und/oder Punkt ● dargestellt.

4.5 Symbole in verschiedenen Bauzeichnungen

Oberflächenzeichen

Mit Oberflächenzeichen kann in technischen Zeichnungen der Endzustand der bearbeiteten Oberfläche angegeben werden. In DIN EN ISO 1302 sind das **Grundsymbol (1)** und die Symbole für **materialabtragende Bearbeitung (2)** und **materialauftragende Bearbeitung (3)** zu unterscheiden. Wortangaben für Fertigungsverfahren (auf der Hinweislinie) und besondere Zeichen können die Oberflächenzeichen ergänzen.

Beispiele

a Grundsymbol mit Wortangabe
b Symbol für materialabtragende Bearbeitung, parallel zur Faser mit Angabe des Fertigungsverfahrens
c Symbol für abtragende Bearbeitung, durch Schleifen (240er) rechtwinklig zur Faser
d Symbol für abtragende Bearbeitung, durch Kreuzschliff (180er Schleifpapier)
e Symbol für abtragende Bearbeitung, durch Schleifen (240er) in mehrfacher Richtung
f Symbol für auftragende Bearbeitung

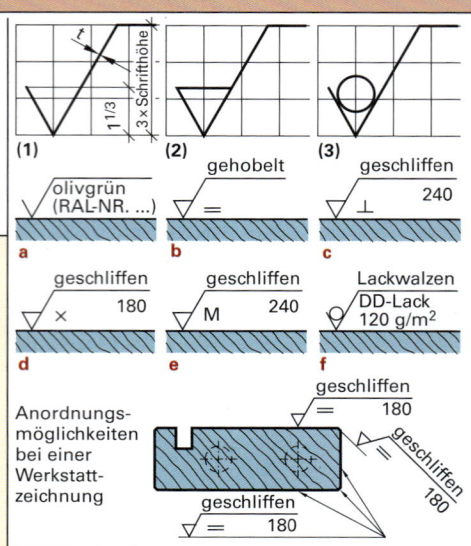

Darstellung der Symbole

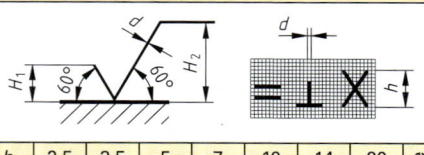

h	2,5	3,5	5	7	10	14	20
d	0,25	0,35	0,5	0,7	1,0	1,4	2,0
H_1	3,5	5	7	10	14	20	28
H_2	8	11	15	21	30	42	60

Schrifthöhe in mm

Zusätzliche Angaben

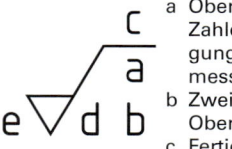

a Oberflächenkenngröße mit Zahlenwert in μm, Übertragungscharakteristik/Einzelmessstrecke in mm
b Zweite Anforderung an die Oberflächenbeschaffenheit
c Fertigungsverfahren
d Sinnbild für die geforderte Rillenrichtung
e Bearbeitungszugabe in mm

Sinnbilder für Schweißen und Löten (DIN EN ISO 2553:2014-04) ▶ S. 127, S. 410

Sinnbild
Das Sinnbild kennzeichnet die Nahtform. Es steht vorzugsweise senkrecht auf der Bezugs-Volllinie, bei Bedarf auf der Strichlinie.

Bezugslinie
Sie besteht aus der Bezugs-Volllinie und der Bezugs-Strichlinie. Die Bezugs-Strichlinie verläuft parallel zur Bezugs-Volllinie oberhalb oder unterhalb dieser. Bei symmetrischen Nähten entfällt die Bezugs-Strichlinie.

Pfeillinie
Sie verbindet die Bezugs-Volllinie mit dem Stoß. Bei unsymmetrischen Nähten (z. B. HV-Naht) zeigt sie auf das Teil, an dem die Nahtvorbereitung vorgenommen wird.

Gabel
In ihr können bei Bedarf zusätzliche Angaben gemacht werden, wie Verfahren, Prozess, Arbeitsposition, Bewertungsgruppe, Zusatzwerkstoff

Stoß
Lage der zu verbindenden Teile zueinander.

a4 Nahtdicke a = 4 mm (Höhe des gleichschenkligen Dreiecks)

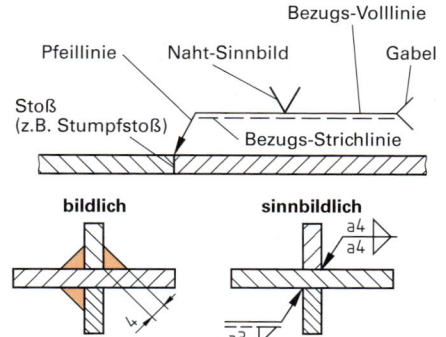

4.5 Symbole in verschiedenen Bauzeichnungen

Sinnbilder für Schweißen und Löten
Darstellung in Zeichnungen (Grundsinnbilder) (DIN EN ISO 2553)

Nahtart/Sinnbild	Darstellung bildlich	Darstellung sinnbildlich	Nahtart/Sinnbild	Darstellung bildlich	Darstellung sinnbildlich
I-Naht			V-Naht		
Y-Naht			HY-Naht		
Bördelnaht			HV-Naht		
Lochnaht					
U-Naht			Stirnnaht		
HU-Naht			Steilflankennaht		
Kehlnaht ringsum verlaufend			Kehlnaht Baustellennaht mit 3 mm Nahtdicke		
Kehlnaht			Bolzenschweißverbindung		

127

4.5 Symbole in verschiedenen Bauzeichnungen

Vereinfachte Darstellung (DIN 1356) (Auswahl)

Aussparungen deren Tiefe kleiner als die Bauteiltiefe ist

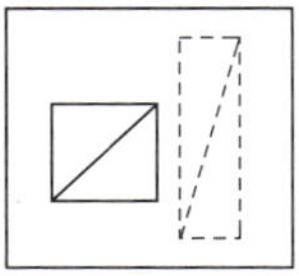

ANSICHT

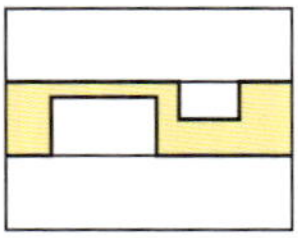

GRUNDRISS

Aussparungen deren Tiefe gleich der Bauteiltiefe ist

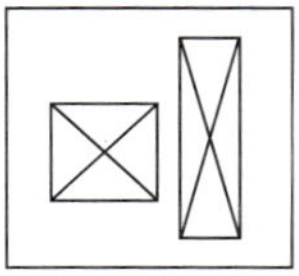

ANSICHT

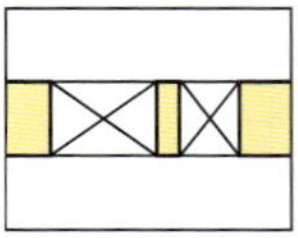

GRUNDRISS

Türen und Fenster in der Ansicht

Drehflügel nach innen geöffnet	 Hebe-Dreh-Flügel 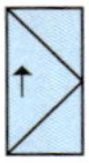
Kippflügel	 Schwingflügel nach außen geöffnet 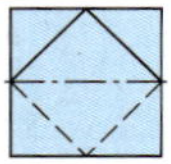
Klappflügel	 Wendeflügel 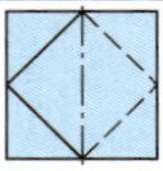
Dreh-Kipp-Flügel	 Schiebeflügel, vertikal 

Türen im Grundriss

Drehflügel, einflügelig, DIN links	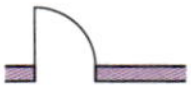
Drehflügel, zweiflügelig	
Drehflügel, zweiflügelig gegeneinander schlagend	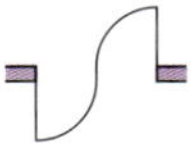
Pendelflügel, einflügelig	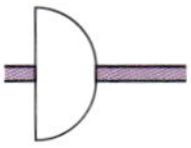
Hebe-Dreh-Flügel	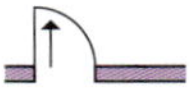
Drehtür	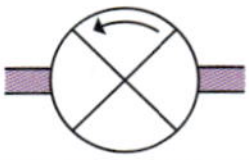
Schiebeflügel 	Hebe-Schiebe-Flügel 

Türblatt
DIN 18101:2014-08 Türen für den Wohnungsbau

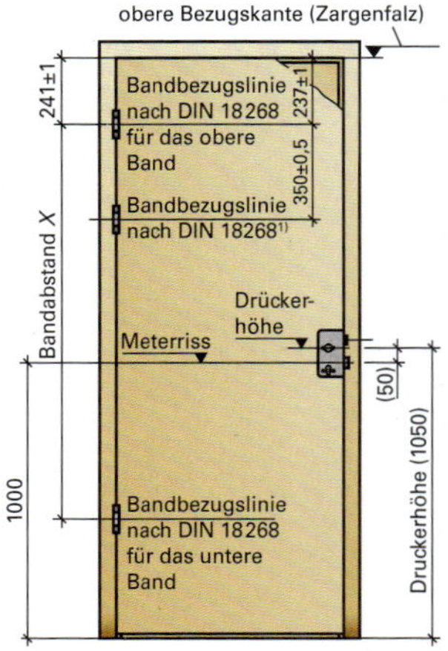

Fenstermaße (▶ S. 204)

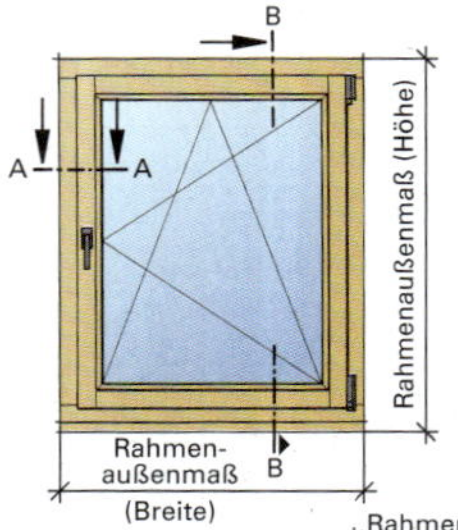

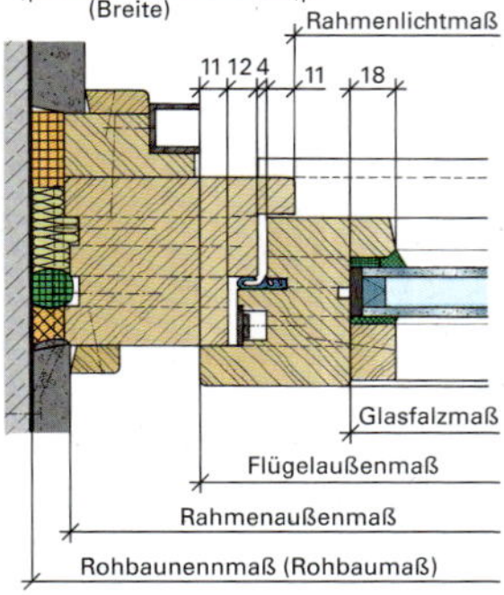

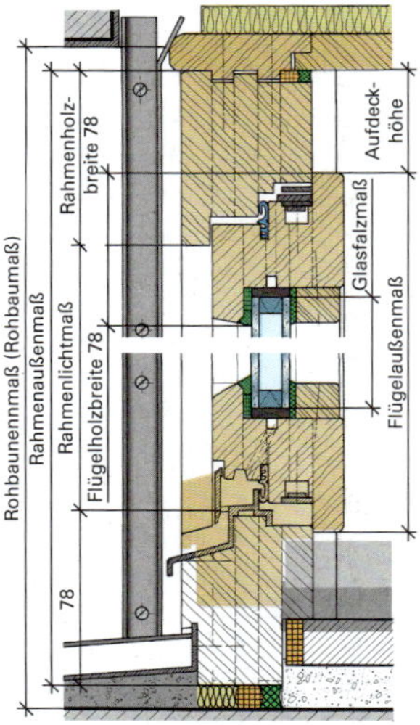

DIN EN 14351-1:2016-12 Fenster und Außentüren, Produktnorm, Leistungseigenschaften

Türbreitenmaße	Türhöhenmaße
Wandöffnungen	Wandöffnungen
875 mm	1875 mm
1000 mm	2000 mm
1125 mm	2125 mm
	2250 mm

4.5 Symbole in verschiedenen Bauzeichnungen

Bauaufnahmezeichnung (DIN 1356-6: 2006-05)

Zu den Bauaufgaben im Bestand zählen beispielsweise Renovierungen, Sanierungsmaßnahmen, Umbau- und Ergänzungsmaßnahmen, Umnutzungen, Baubestandsbewertungen, Dokumentation von Denkmälern sowie Orts- und Stadtbildanalysen.

- **Informationsdichte I**
  - Erstellung von Grundrissen, Ansichten und Schnitten; M 1:100, aufgrund eines zerstörungsfreien Aufmaßes, Bauschäden werden nicht aufgenommen.
- **Informationsdichte II**
  - Grundlage der Genehmigungsplanung; M 1:50, möglichst als Aufbau auf die Aufmaßdaten der Informationsdichte I, Darstellung von Bauschäden, fotografische Dokumentation.

Symbole und vereinfachte Darstellung von Abriss und Wiederaufbau (DIN 1356 und DIN ISO 7518)

Bestehender, abzureißender Teil	Schließen einer Öffnung im bestehenden Bauwerk	Neue Öffnung im bestehenden Bauwerk	Wiederherstellen eines bestehenden Bauwerkes nach Abriss eines damit verbundenen Bauwerkes
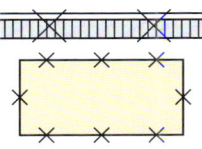	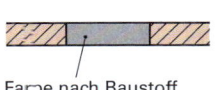 Farbe nach Baustoff	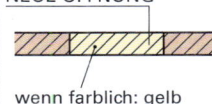 NEUE ÖFFNUNG wenn farblich: gelb	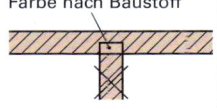 Farbe nach Baustoff

Abkürzungen und Schadensschlüssel (nach DIN 1356-6 und DIN 18702)

Bauteil (B)	Abk.	Nr.	Schadensschlüssel	Nr.	Schadensschlüssel
rekonstruiertes	RB	01	Löcher	14	Abnutzung
mit Markierung	BM	02	Druckstellen	15	Salze/Ausblühungen
Abriss	ABF	03	Leckage	16	Oxidation/Lochfraß
Altlast	AL	04	Kratzspuren	17	chemische Schäden
Bauschäden	BS	05	Risse/Spalten	18	Farbveränderung
ermitteltes Maß	EM	06	Brüche	19	Versottung
unsicheres Maß	UM	07	Hohlräume/Blasen	20	Frost
Orientierungsmaß	OM	08	Abplatzungen	21	Wasser/Feuchtigkeit
temporäres Maß	TM	09	Ablösungen	22	Brand/Hitze
historisches Maß	HM	10	Verformungen	23	Sturm
Sicherungsmaß	SM	11	Erosion	24	Schimmel/Pilze
Wiederverwendung	WV	12	Versandung	25	Fäulnis
zerstörtes Bauteil	zerst	13	Auswaschung	26	Insektenbefall
vorhandene Daten	DOK_I	**33**	besondere Schäden	**34**	Umweltschäden
		33 und 34 nur in Verbindung mit anderen Schadensschlüsseln			

Positionspläne

▶ S. 130 Abbildung

Für die statische Berechnung werden die einzelnen tragenden Bauteile mit Angabe der Positionsnummern in einer Bauzeichnung (Regelmaßstab M 1:100) ausgezeichnet. Notwendige Angaben:
- Hauptmaße
- Deckendicke und Spannrichtung
- Baustoffe
- Querschnittsabmessungen

Stockwerk beschreibt den Raum, der durch den Abstand zwischen zwei aufeinanderfolgenden Ebenen, begrenzt durch Fußböden, Decken und Wände – einschließlich der Bauteildicken –, begrenzt wird.

Treppen werden den Stockwerken zugeordnet.

Ebenen beschreiben den Übergang zwischen zwei aufeinanderfolgenden Stockwerken.

Fußböden werden von unten nach oben in Übereinstimmung mit den Stockwerken ausgezeichnet.

Stützen, Platten, Wände und Balken erhalten eine Hauptbezeichnung nach Buchstaben und eine Zusatzbezeichnung durch Zahlen.

Stützen (Columns) **C 201** (Stockwerk 2, Stütze 1)
Platten (Slabs)   **S 305** (Stockwerk 3, Platte 5)
Wände (Walls)   **W 004** (Stockwerk 0, Wand 4)
Balken (Beams)   **B 111** (Stockwerk 1, Balken 11)

4.5 Symbole in verschiedenen Bauzeichnungen

Bewehrungszeichnungen

Die Stahleinlagen im Beton nennt man Bewehrung. Damit der Bauausführende und der Prüfstatiker die Lage der Bewehrung genau erkennen können, wird sie üblicherweise in die Längs- und Querschnitte der stabförmigen Bauteile (Balken, Stützen) und in die Ansichten und Draufsichten der flächigen Bauteile (Wände, Decken) eingezeichnet und vermaßt. Zusätzlich werden Stahllisten oder Mattenlisten angefertigt. Einzel- und Teillängen sowie notwendige Einbaumaße sind auf der Zeichnung anzugeben. Weiterhin sind bei komplexen Bauteilen zusätzlich die Biegeformen der Bewehrungsstäbe eindeutig auf die Positionsangaben zu beziehen. Dabei darf die zeichnerische Darstellung unmaßstäblich erfolgen. Grundlage der Darstellung von Bewehrungselementen bildet die **DIN EN ISO 3766**. Die in den Tabellen auf Seite 126 und 127 abgebildeten Symbole zeigen einen Auszug; in der Praxis werden oft selbst gewählte Symbole verwendet. Auf nationaler Ebene ist der NATG-F.6 »Dokumentation im Bauwesen« zuständig.

Positionspläne

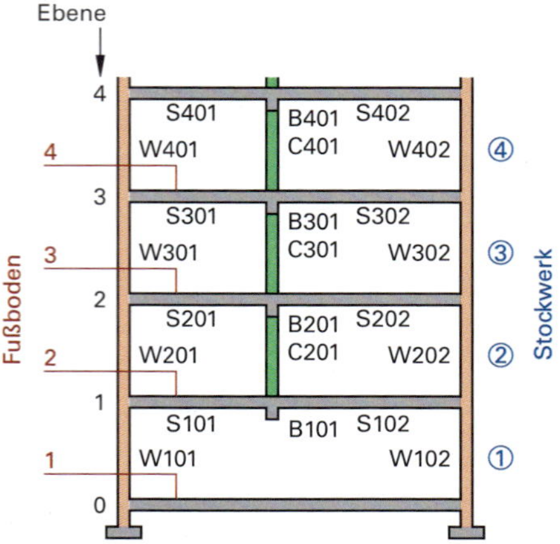

Beispiele für die Bezeichnung von Stützen, Platten, Wänden und Balken

Tragrichtung von Platten

- zweiseitig
- auskragend
- dreiseitig
- vierseitig
- allseitig frei aufgelagert
- eingespannte Seite

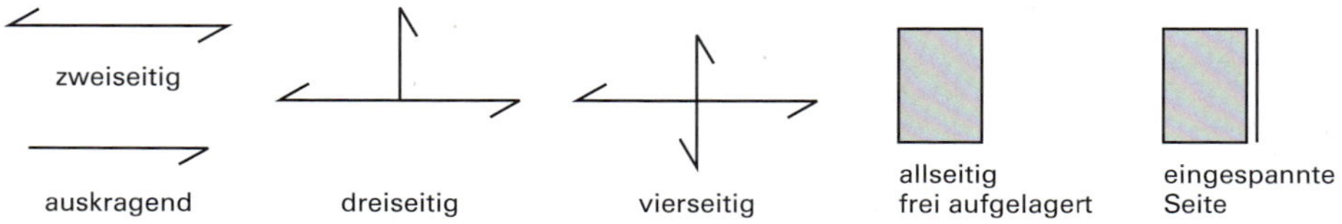

Positionsangaben ständig erforderlicher Angabenbestandteil

Bewehrungsstäbe ⑩ 9 ⌀14 B500B

- Positionsnummer
- Anzahl der Stäbe
- Stabdurchmesser
- Stahlsorte/Duktilität (neue Benennung)

Positionsangaben ggf. erforderlicher Angabenbestandteil

BSt IV S -15- V -95-

- Einzellänge
- Lage des Stabes
- Abstand zwischen den Stäben
- Stabstahl
- Betonstahlsorte (alte Benennung)

Geschweißte Betonstahlmatten (Lagermatten)

2   101   Q257A

- Anzahl (n > 1)
- Positionsnummer
- Mattenbezeichnung

BSt 500 M

- Mattenstahl
- Betonstahlsorte (alte Benennung)
- Streckgrenze in N/mm²

Geschweißte Betonstahlmatten (Listenmatten)

2   150 · 6,5 d / 5,0 — 4/4
    250 · 5,5

- Doppelstab
- Stabdurchmesser, Randbereich
- Anzahl der Einzelstäbe am linken/rechten Rand
- Angaben zur Längsrichtung
- Angaben zur Querrichtung
- Stabdurchmesser, Innenbereich
- Stababstand in mm
- Positionsnummer

4.5 Symbole in verschiedenen Bauzeichnungen

Symbole für Bewehrungszeichnungen (in Anlehnung an DIN EN ISO 3766)

Bewehrungsstäbe	Ansicht	Schnitt	Gruppen gleicher Bewehrungsstäbe	
allgemein	———	•	Bewehrungsstäbe gleicher Positionsangabe bilden Gruppen und können bei Darstellung mindestens eines Bewehrungsstabes und einer dünnen, sich über den Verlegebereich der Stabgruppe erstreckenden Gruppenlinie gekennzeichnet werden. Um einen dem Verlegebereich zugehörigen Bewehrungsstab zu kennzeichnen, ist der Schnittpunkt von Bewehrungsstab und Gruppenlinie durch einen Kreis zu markieren. (6) Stückzahl 100 Stababstand in mm im angegebenen Bereich	Bewehrungsstab ④ 20 ø15 - 150 — Positionsnummer — Verlegebereich (6) - 100
die bereits auf anderer Zeichnung dargestellt und positioniert wurden	- - - - -	○		
mit Endhaken als Winkelhaken als Rundhaken				
mit zusätzlicher Markierung der Stabenden durch Positionsnummern (ohne Kreis)	5 ... 5 / 1` ... 11			
mit gleicher Positionsangabe				
die rechtwinklig aus der Zeichenebene abgebogen sind		×		
die rechtwinklig aus der Zeichenebene aufgebogen sind		•		
mit Aufbiegung < 90° die Knickkanten werden durch Querstriche markiert; der unten liegende Stabteil in mittelbreiter Volllinie gezeichnet			Bewehrungsstäbe sind bei flächigen Bauteilen (z.B. Wänden, Decken) unmittelbar durch die Positionsangabe zu kennzeichnen. Bei Abweichungen von dieser Regelung ist in jedem Falle eine innerhalb der jeweiligen Zeichnung einheitliche Anordnung anzustreben. Angaben zur Bewehrung stabförmiger Bauteile (z.B. Balken, Stützen) sind entlang einer Bezugslinie anzuordnen, die den Zusammenhang mit der Bewehrung herstellt. **Jeder Stabvariante ist eine neue Positionsangabe zuzuordnen**: Positionsnummer in einem Kreis, Anzahl, Durchmesser, Gesamtlänge.	

Hinweis aus der Praxis: In der Praxis werden die Teilmaße der Bewehrung in cm angegeben und mit Spiegelstrichen eingekleidet, z.B. statt 300 dann –30–.

300 — Achsmaß — 475 — Außenmaß — 2880 — Achsmaß — 475 — 45° — 350 — 700
Außenmaß — Außenmaß — Außenmaß
⑩ 9 ø14 B500B, l = 4,83 m, s = 20 cm (200 mm)

Betonstahlmatten

Einzelmatten	allgemein	vereinfacht	achsenbezogen
Draufsicht →			
Schnitt →	• • • • •		

Gruppen gleicher Bewehrungsmatten	allgemein	vereinfacht	achsenbezogen
Draufsicht →	101 ... l_s	2 \ 101 ... l_s	101 ... 101 ... l_s
l_s Länge der Übergreifungsstöße in Verlegerichtung			
101 Positionsnummer			
Schnitt →	• • •• •• • •		

4.5 Symbole in verschiedenen Bauzeichnungen

Symbole für Bewehrungszeichnungen

Darstellungsstufen bei Bewehrungszeichnungen stabförmiger Bauteile

Unter Einhaltung der genannten Mindestanforderung ist die **Vereinfachung der Bewehrungsdarstellung** für stabförmige und flächige Bauteile in der Praxis in zwei Stufen möglich.

Darstellungsstufe 1

Maßstäbliche Darstellung der Bewehrung in maßstäblichen Schnitten des Bauteils und mit maßstäblichem Stahlauszug mit vollständiger Bemaßung. Zum Biegen der Bewehrung ist der Stahlauszug erforderlich.

Eine Liste über die erforderliche Stahlmenge sowie die verschiedenen Biegeformen kann auch gesondert erstellt werden. Darstellung in üblichen Maßstäben des Hochbaus.

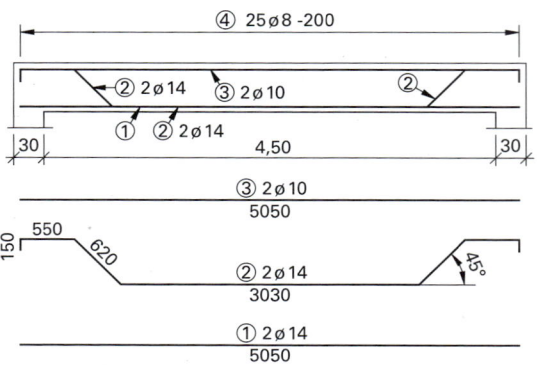
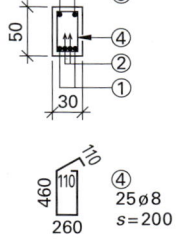

Bauteillängen in m, cm
Baustahl Teillängen in mm
Baustahl Gesamtlänge in m

Legende:
C30/37
XC1
B500A

$c_{nom,bü} = c_v = 2{,}0$ cm

Darstellungsstufe 2

Maßstäbliche Darstellung der Bewehrung in maßstäblichen Schnitten wie Darstellungsstufe 1 aber **ohne** maßstäblichen Stahlauszug. Der Stahlauszug wird ersetzt durch eine bemaßte Darstellung der Biegeform als Ergänzung zur Positionsangabe oder in der Stahlliste.

Darstellungsstufen bei Bewehrungszeichnungen flächiger Bauteile

Einzelmatten	Mattengruppen	Achsen von Mattengruppen
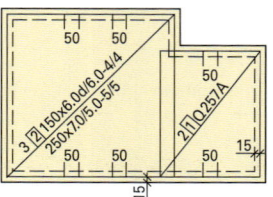		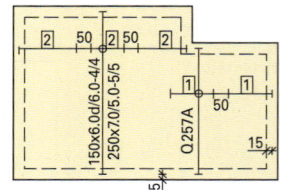
Bei der herkömmlichen Darstellung werden die Umgrenzungslinien der einzelnen Matten gezeichnet und mit einer von links unten nach rechts oben verlaufenden Diagonalen versehen.	Eine Vereinfachung tritt ein, indem nur die Umgrenzungslinien des Bereiches gezogen werden, indem Matten gleicher Position verlegt sind. Der Gesamtbereich wird mit einer Diagonalen versehen.	Die rationellste Darstellung beschränkt sich auf die Kennzeichnung der Achsen (Länge und Breite) von Mattengruppen.

Geschweißten Betonstahlmatten wird die Mattenbezeichnung bzw. die den Mattenaufbau kennzeichnenden Daten entlang einer Diagonale zugeordnet. Bei achsenbezogener Darstellung ist die Mattenkurzbezeichnung in Mattenlängsrichtung anzuordnen, die den Mattenaufbau in Längs- und Querrichtung kennzeichnenden Daten entlang der Bewehrungsrichtung. Die Übergreifungslänge l_0 muss auf der Zeichnung angegeben werden.

Jeder Mattenvariante ist eine neue Positionsangabe zuzuordnen: Positionsnummer in einem Rechteck oberhalb der Diagonalen, Mattenanzahl, Kurzbezeichnung, Mattengröße, z.B. 2 [1] Q257A.

4 TECHNISCHES ZEICHNEN/BAUZEICHNEN

4.6 Grundkonstruktionen

Geometrische Grundkonstruktionen

Mit den Grundgebilden Punkt (z.B. A, B, C, M), Gerade (z.B. g, a, b, c) und Ebene (z.B. Π, E, Σ) sowie Winkel (z.B. α, β, χ) und Strecke (z.B. s, r, d) lassen sich geometrische Grundkonstruktionen durchführen.

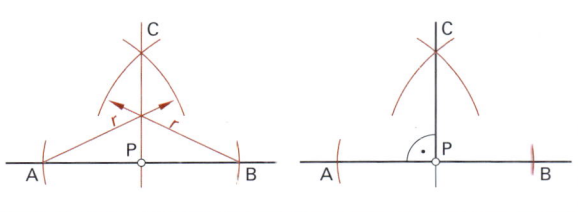

Errichten eines Lotes in Punkt P
Von Punkt P aus mit Kreisbogen die Punkte A und B auf der Geraden festlegen. Mit Radius r von Punkt A und Punkt B aus Kreisbögen geschlagen, ergibt Punkt C. Die Senkrechte kann von Punkt P aus durch den Punkt C errichtet werden.

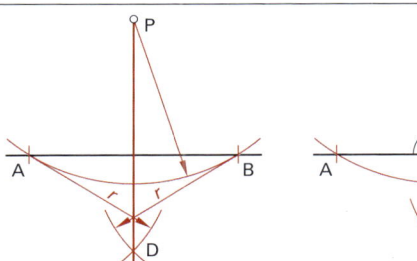
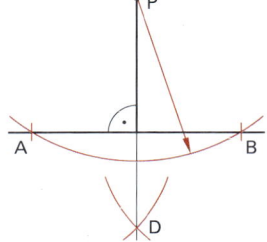

Fällen eines Lotes von Punkt P auf eine Gerade
Ein Kreisbogen, von Punkt P aus geschlagen, schneidet die Gerade an zwei Stellen. Kreisbögen mit r um Punkt A und Punkt B geschlagen ergeben Punkt D.
Die Strecke $\overline{PD}$ steht senkrecht auf der Geraden.

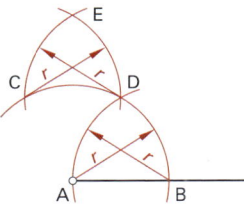
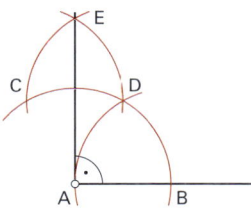

Senkrechte im Endpunkt einer Strecke errichten
Mit beliebigem Radius Kreisbogen um A schlagen. Zirkelöffnung nicht verändern und mit Kreisbögen die Punkte B, C, D und E markieren. Durch Verbinden der Punkte A und E erhält man die Senkrechte im Endpunkt A.

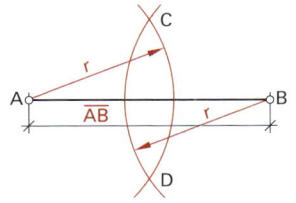
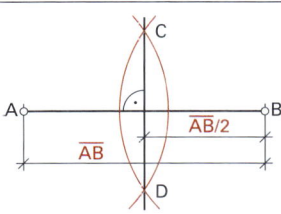

Halbieren der Strecke $\overline{AB}$
Um Punkt A und Punkt B Kreisbogen mit der Zirkelöffnung r so schlagen, dass sich diese in C und D schneiden. Die Verbindungslinie der Punkte C und D halbiert die Strecke $\overline{AB}$ und steht senkrecht auf dieser Seite (Errichten der Mittelsenkrechten).

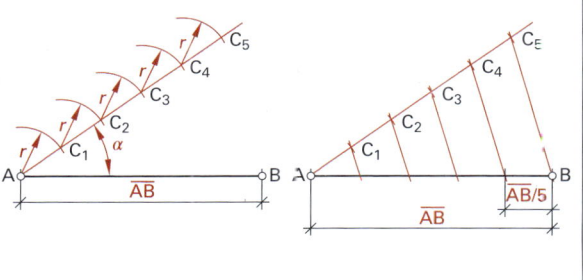

Strecke in mehrere gleiche Streckenabschnitte teilen
An Punkt A einen Winkel zwischen 30° bis 45° antragen. Durch Abtragen der Teilstücke r (hier fünf) mit dem Zirkel auf den rechten Schenkel des Winkels α erhält man die Punkte C_1 bis C_5. Punkt C_5 mit Punkt B verbinden. Die Parallelen zu der Strecke $\overline{BC_5}$ durch die Punkte C_4, C_3, C_2, C_1 teilen die Strecke $\overline{AB}$ in die geforderten fünf gleichen Teile.

4.6 Grundkonstruktionen

Geometrische Grundkonstruktionen

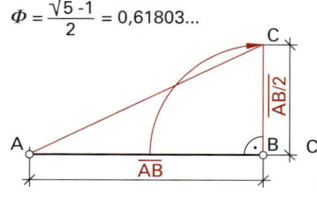 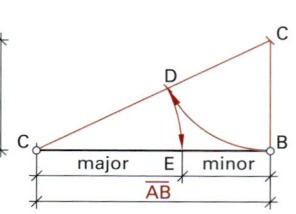

Strecke im Verhältnis 3 : 4 : 5 teilen
An Punkt A einen Winkel zwischen 30° und 45° antragen. Durch Abtragen der Teilstrecken r_1 = 3 Teile, r_2 = 4 Teile, r_3 = 5 Teile erhält man die Punkte C_1, C_2, C_3. Punkt C_3 mit Punkt B verbinden. Die Parallelen durch die Punkte C_1 und C_2 zu der Strecke $\overline{BC_3}$ teilen die Strecke $\overline{AB}$ in dem vorgegebenen Verhältnis.

minor : major = major : (minor + major)
in Zahlen: 5 : 8 ≅ 8 : 13 ≅ 0,62

$$\Phi = \frac{\sqrt{5}-1}{2} = 0{,}61803...$$

▶ S. 33

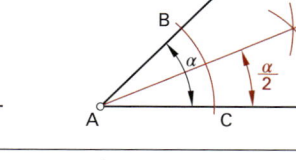

Strecke im Verhältnis des Goldenen Schnittes teilen
Strecke $\overline{AB}$ halbieren. Im Punkt B lotrecht die Strecke $\overline{AB}/2$ errichten, ergibt Punkt C. Um Punkt C mit der Strecke $\overline{BC}$ Kreisbogen geschlagen, ergibt Punkt D. Um Punkt A mit der Strecke $\overline{AD}$ Kreisbogen geschlagen, ergibt Punkt E. Die Streckenabschnitte $\overline{AE}$ und $\overline{EB}$ verhalten sich im Goldenen Schnitt.

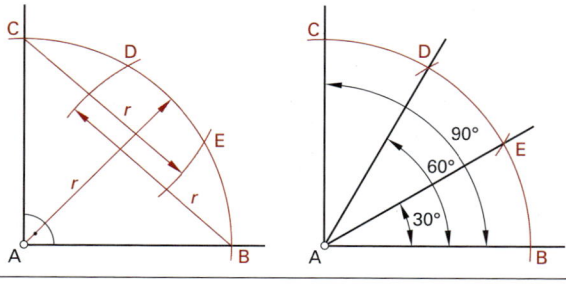

Winkel halbieren
Durch beliebig großen Kreisbogen um Scheitelpunkt A die Punkte B und C auf den Schenkeln markieren. Der Schnittpunkt der gleichgroßen Kreisbögen um B und C ergibt D. Die Verbindung $\overline{AD}$ halbiert den Winkel.

Rechten Winkel dritteln
Kreisbogen um den Scheitelpunkt A mit beliebig großem Radius geschlagen legt die Punkte B und C fest. Mit unveränderter Zirkelöffnung jeweils von Punkt B und C aus die Schnittpunkte D und E auf dem Kreisbogen markieren. Die Verbindung von A nach D und A nach E teilt den rechten Winkel in drei gleichgroße Teile.

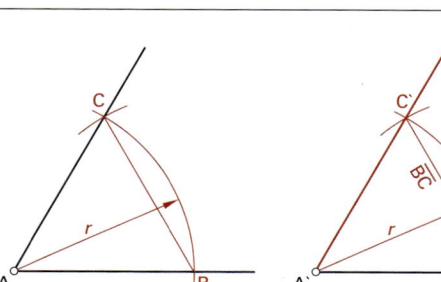

Winkel übertragen
Ein um Scheitelpunkt A des gegebenen Winkels geschlagener Kreisbogen mit beliebigem Radius schneidet die Schenkel in B und C. Mit unveränderter Zirkelöffnung um Punkt A' den Kreisbogen des neu abzutragenden Winkels markieren. Dadurch entsteht Schnittpunkt B'. Strecke $\overline{BC}$ in den Zirkel nehmen und von B' so antragen, dass C' entsteht. Den Schenkel A'C' zeichnen.

4.6 Grundkonstruktionen

Regelmäßige Vielecke ▶ S. 22, 23

Bei regelmäßigen Vielecken sind alle Seiten gleich lang und alle Peripheriewinkel gleich groß. Sie lassen sich in so viel gleichschenklige Dreiecke einteilen, wie das Vieleck Seiten hat. Alle Dreiecke sind kongruent (deckungsgleich). Regelmäßige Vielecke lassen sich durch einen Kreis umschreiben.

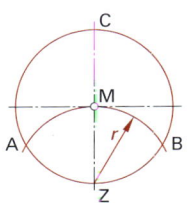
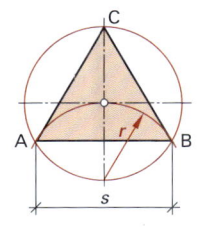

$s = \sqrt{3} \cdot d/2$

Gleichseitiges Dreieck
Um den Mittelpunkt M mit dem Halbmesser r einen Kreis geschlagen, ergibt durch Schneiden der Mittelachse die Punkte Z und C. Von Z mit gleichem Halbmesser r Kreisbogen geschlagen, ergeben die Punkte A und B. Die Verbindung der Punkte A, B und C ergibt das gleichseitige Dreieck.

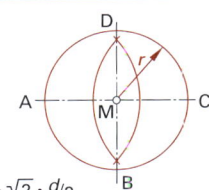
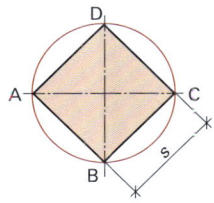

$s = \sqrt{2} \cdot d/2$

Regelmäßiges Viereck (Quadrat)
Achsenkreuz zeichnen. Um M mit Radius r den Umkreis geschlagen, ergibt die Punkte A und C sowie B und D. Die Punkte miteinander verbunden bilden ein Quadrat.

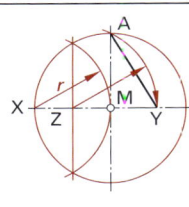
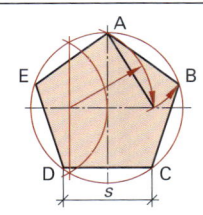

$s = \overline{AY} \approx 0{,}588 \cdot d$

Regelmäßiges Fünfeck
Halbmesser $r = \overline{MX}$ halbiert, ergibt den Punkt Z. Um Punkt Z von Punkt A aus einen Kreisbogen geschlagen, ergibt Punkt Y. Die Strecke AY ist die Länge der Fünfeckseite, die auf dem Umkreis mit dem Zirkel abzutragen ist.

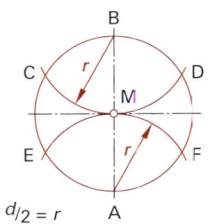
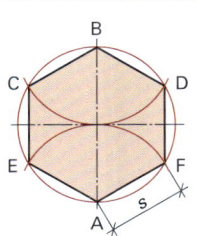

$s = d/2 = r$

Regelmäßiges Sechseck
Kreisbögen mit dem Halbmesser r um A und B ergeben weitere Schnittpunkte C und D sowie E und F. Durch Verbinden der Punkte erhält man ein regelmäßiges Sechseck.

Sechseckseite s = Radius des Kreises r

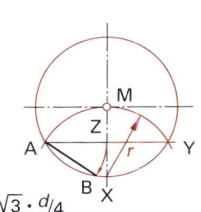
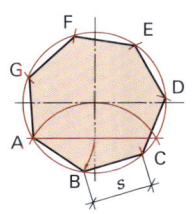

$s \approx \sqrt{3} \cdot d/4$

Regelmäßiges Siebeneck
Die Siebeneckseite $\overline{AZ}$ entspricht ungefähr der halben Dreiecksseite des gleichseitigen Dreiecks (siehe oben).

Beispiel Siebeneck nach Tabelle auf Seite 22

$R = 1$ cm, $n = 7$
$a = s = 0{,}8678 \cdot 1$ cm $= 0{,}8678$ cm
vgl. $U = 2 \cdot \pi \cdot R$ mit $U = 6{,}283$ cm
und $n \cdot s = 6{,}0718$ cm $< U$

4.6 Grundkonstruktionen

Regelmäßige Vielecke ▶ S. 22, 23

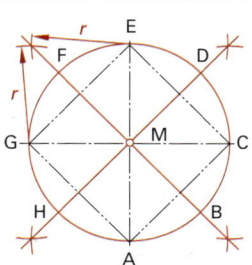 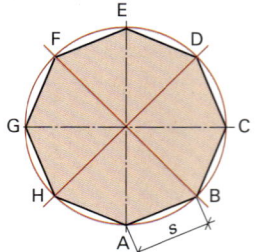

Regelmäßiges Achteck
Die Schnittpunkte der Mittelachsen mit dem Umkreis A, C, E und G sind die Eckpunkte eines Quadrats. Durch Errichten der Mittelsenkrechten auf den Quadratseiten erhält man auf dem Umkreis die zusätzlichen Eckpunkte des gleichmäßigen Achtecks B, D, F und H.

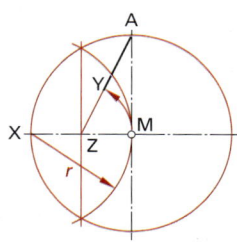 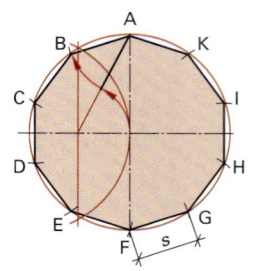

Regelmäßiges Zehneck
Halbmesser $r = \overline{MX}$ halbiert, ergibt Punkt Z. Punkt Z mit Punkt A verbinden. Um Punkt Z von Punkt M aus einen Kreisbogen geschlagen, teilt $\overline{AZ}$ so, dass sich von Punkt A aus die Zehneckseite ergibt. Diese ist auf dem Umkreis abzutragen. Das regelmäßige Zehneck lässt sich auch aus dem regelmäßigen Fünfeck entwickeln, indem man auf den Fünfeckseiten die Mittelsenkrechten errichtet.

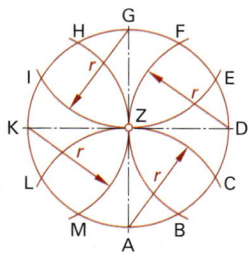 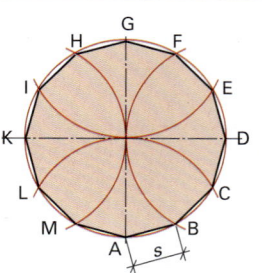

Regelmäßiges Zwölfeck
Um den Schnittpunkt der Mittelachsen mit dem Umkreis A, D, G und K Kreisbögen mit dem Halbmesser r geschlagen, ergeben sämtliche Eckpunkte des regelmäßigen Zwölfecks A, B ... M.

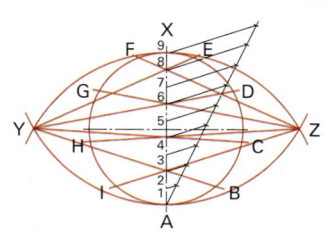

Allgemeine Vieleckkonstruktion
Durchmesser $d = \overline{AX}$ in so viele Teile teilen, wie das Vieleck Ecken haben soll (hier neun Teile). Um A und X Kreisbögen mit dem Durchmesser geschlagen, ergibt die Punkte Y und Z. Die von diesen Punkten über jeden zweiten Teilungspunkt hinausgezogenen Geraden schneiden den Umkreis und ergeben somit die Eckpunkte des gewünschten regelmäßigen Vielecks (hier Neuneck).

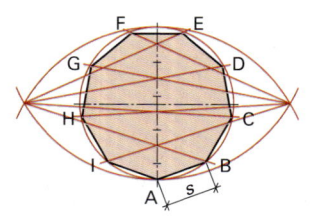

Beispiel Neuneck nach Tabelle auf Seite 22
$R = 1$ cm, $n = 9$
$a = s = 0{,}684 \cdot 1$ cm $= 0{,}684$ cm
vgl. $U = 2 \cdot \pi \cdot R$ mit $U = 6{,}283$ cm
und $n \cdot s = 6{,}156$ cm $< U$

4.6 Grundkonstruktionen

Eirund, Oval, Ellipse

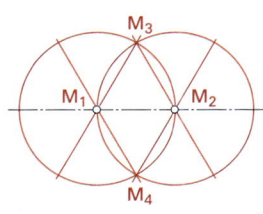 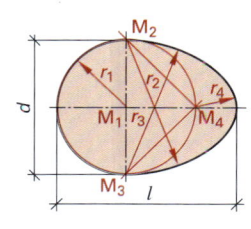

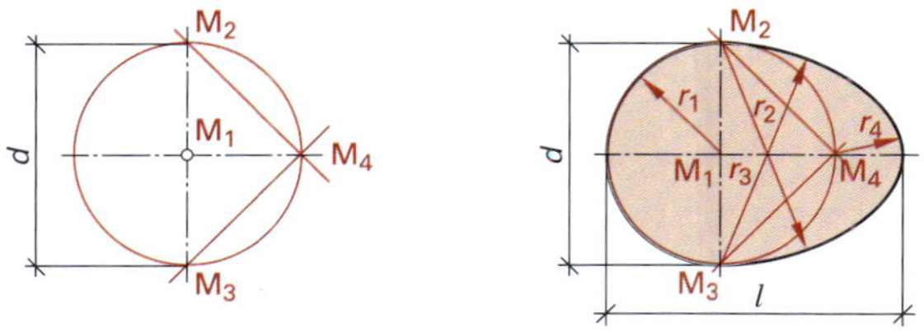

Eirund

Die Schnittpunkte der Mittelachsen mit dem Kreis ergeben die Einsatzpunkte M_2, M_3 und M_4 zum Zeichnen der Bogenstücke des Eirunds. Die Verbindungsgeraden der Punkte M_2 und M_4 bzw. M_3 und M_4 ergeben die Wechselpunkte der Bogenstücke.

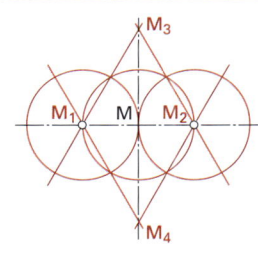 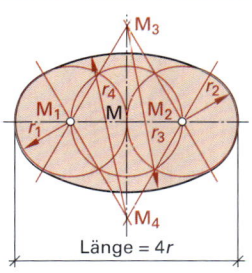

Oval mit zwei Kreisen

Zwei Kreise so zeichnen, dass sich jeweils Umfang des einen Kreises und Mittelpunkt des anderen Kreises schneiden. Die Schnittpunkte der Kreislinien sind die Mittelpunkte M_3 und M_4 der flachgebogenen Bogenstücke. Die Geraden durch die Mittelpunkte geben den Wechsel zwischen den Bogenstücken an. Die Länge des Ovals beträgt $3r$, die Breite des Ovals ergibt sich.

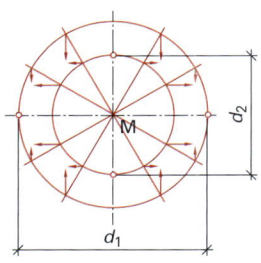 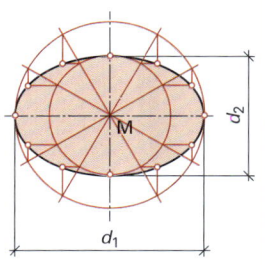

Oval mit drei Kreisen

Drei Kreise so zeichnen, dass sich jeweils Mittelpunkte und Kreislinien schneiden. Die Verbindungsgeraden der Schnittpunkte der Kreise mit den Mittelpunkten M_1 bzw. M_2 ergeben die Mittelpunkte M_3 und M_4 für die flachgebogenen Bogenstücke und die Wechselpunkte der Ovalbögen. Die Länge des Ovals beträgt $4r$, die Breite des Ovals ergibt sich.

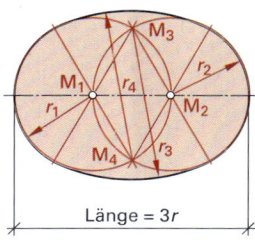 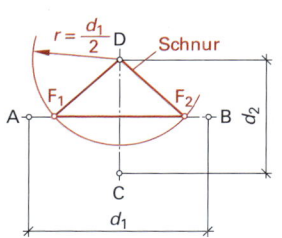

Ellipsenkonstruktion

Zwei Kreise mit den Durchmessern der kleinen und großen Achse zeichnen. Beliebig viele Durchmesser durch M ziehen. Durch die Schnittpunkte der Durchmesser mit dem großen Kreis senkrechte, durch die Schnittpunkte mit dem kleinen Kreis waagerechte Linien ziehen. Durch die Schnittpunkte der waagerechten und der senkrechten Linien geht der Umfang der Ellipse.

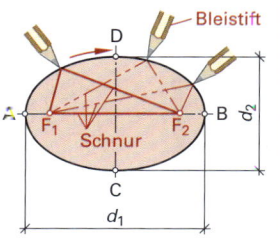

Ellipsenkonstruktion mit Schnur

Das Achsenkreuz mit d_1 und d_2 zeichnen, ergibt die Punkte A, B, C und D. Von C oder D einen Kreisbogen mit $d_1/2$ zur großen Achse geschlagen, markiert die Brennpunkte F_1 und F_2. Eine nicht dehnbare dünne Schnur über die Punkte F_1, D und F_2 spannen. Durch Führen eines Bleistifts an der Innenseite der Schnur entlang kann die Ellipse gezeichnet werden.

4.6 Grundkonstruktionen

Bogenanschlüsse   ▶ Kapitel 8.1

Karnies, liegend

Zwei Kreisbögen mit unterschiedlichen Radien werden so miteinander verbunden, dass sie eine Karnieslinie ergeben. Der Abstand der Mittelpunkte ist die Summe der Radien r_1 und r_2, die beim sogenannten Karnies eine gemeinsame Mittelachse haben.

Karnies, stehend

Der Anschluss zweier Kreisbögen mit unterschiedlichen Radien bei versetzten Mittelpunkten ergibt einen stehenden Karnies. Die Länge der Verbindungslinie der beiden Mittelpunkte M_1 und M_2 ist die Summe der Radien r_1 und r_2. Auf der Verbindungsgeraden der beiden Mittelpunkte liegt der Wechsel der Bogenanschlüsse.

Einhüftiger Bogen

In Punkt A ein Lot errichtet, ergibt den Punkt C. Das Lot halbieren, ergibt Punkt D. Um Punkt C die Strecke D/2 auf die obere Kante abgetragen, ergibt den Punkt B. Die Strecke $\overline{AB}$ schneidet die Halbierungslinie in Punkt Z. Um Punkt Z Kreisbögen geschlagen mit $\overline{DZ}$ ergibt Punkt Y, mit $\overline{AZ}$ den Punkt X. Auf der Verbindungsgeraden $\overline{XY}$ liegen die Mittelpunkte M_1 und M_2.

Ecken abrunden

a) Parallelen zu den Schenkeln des Winkels im Abstand von r ergeben den Schnittpunkt M, den Mittelpunkt für die Abrundung der Ecke mit dem Radius r.
b) Einmessen der Anschlusspunkte von E aus bis A und A'.
Die Senkrechte und Winkelhalbierende schneiden sich im Mittelpunkt M des Abrundungskreises.

Bestimmung des Kreismittelpunktes

In einer vorhandenen kreisrunden Platte soll der Kreismittelpunkt bestimmt werden. In die Fläche zwei Sehnen einzeichnen, die zueinander einen Winkel α zwischen 45° und 90° bilden. Die Sehnen $\overline{AB}$ und $\overline{BC}$ halbieren und die Mittelsenkrechten errichten. Der Schnittpunkt der Mittelsenkrechten ist der Mittelpunkt der Kreisfläche.

4.6 Grundkonstruktionen

Bogenkonstruktionen

Rundbogen
Die Kämpferlinie $\overline{AB}$ halbiert, ergibt Punkt M, den Einsatzpunkt für das Zeichnen des Rundbogens mit r = Strecke $\overline{AM}$ und $\overline{BM}$.

Stichbogen/Segmentbogen
Auf der Kämpferlinie $\overline{AB}$ die Mittelsenkrechte errichten. Hierauf die Stichhöhe abgetragen, ergibt den Scheitelpunkt S. Die Punkte A und B mit S verbinden. Die Mittelsenkrechten auf den Strecken $\overline{AS}$ und $\overline{BS}$ schneiden sich im Punkt M, dem Einsatzpunkt zum Zeichnen des Stichbogens mit $r = \overline{MS}$.

Gotischer Bogen
Mit der Spannweite um Punkt A und um Punkt B einen Kreisbogen mit $r = \overline{AB}$ geschlagen, ergibt den Scheitelpunkt S. Die Verbindung der Punkte A, B, S ergeben ein gleichseitiges Dreieck.

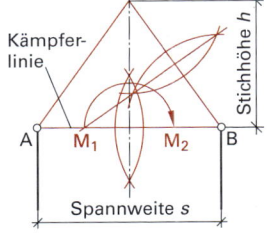
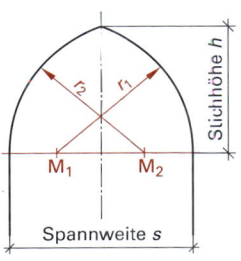

Gotischer Bogen, gedrückt
Auf der Kämpferlinie $\overline{AB}$ ein Mittellot errichten. Hierauf die Stichhöhe abgetragen, ergibt den Scheitelpunkt S. Die Stichhöhe muss kleiner als die Spannweite, aber größer als die halbe Spannweite sein. Die Mittelsenkrechte auf der Strecke $\overline{BS}$ schneidet die Kämpferlinie und ergibt den Einsatzpunkt M_1 zum Zeichnen des Bogens mit r_1.

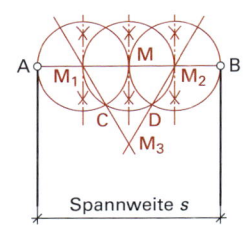
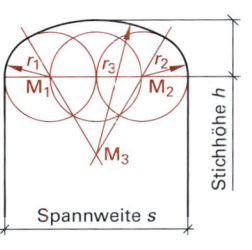

Korbbogen mit drei Grundkreisen
Kämpferlinie in vier Teile geteilt, ergibt die Mittelpunkte M_1, M und M_2 für die drei gleich großen Grundkreise. Die Gerade durch die Punkte M_1 und C, dem Schnittpunkt der Kreislinien, bzw. durch die Punkte M_2 und D ergibt den Punkt M_3 und die Wechselpunkte der Korbbogenlinie. Die Stichhöhe ergibt sich aus der Konstruktion.

4.6 Grundkonstruktionen

Bogenkonstruktionen

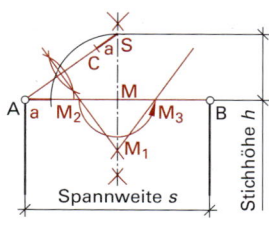
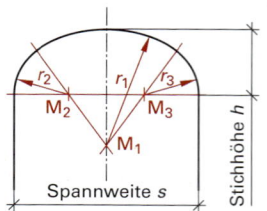

Korbbogen mit 3 Einsatzpunkten
Die Achsendifferenz a durch Kreisbogen um M mit der Höhe $\overline{MS}$ ermitteln und von S aus auf der Verbindungsgeraden $\overline{AS}$ abtragen, ergibt Punkt C. Auf $\overline{AC}$ die Mittelsenkrechte errichtet, ergibt die Punkte M_2 und M_1 sowie den Wechselpunkt der Bogenanschlüsse. M_2 um M nach rechts übertragen, ergibt M_3.

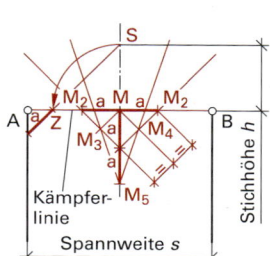
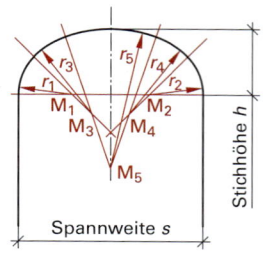

Korbbogen mit 5 Einsatzpunkten
Auf der Kämpferlinie $\overline{MS}$ abgetragen, ergibt Punkt Z. Durch Zeichnen der Verbindungsgeraden über den Punkt Z hinaus, erhält man die Strecke a. Strecke a von Punkt M aus auf der Kämpferlinie und zweimal auf dem Mittellot unter der Kämpferlinie abgetragen, ergibt die Einsatzpunkte M_1, M_2 und M_5. Die Einsatzpunkte M_3 und M_4 liegen in den Halbierungspunkten der Grundlinie des rechtwinkligen Dreiecks mit den Katheten a.

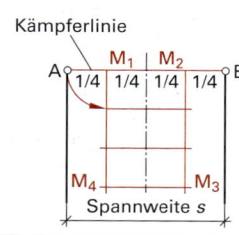
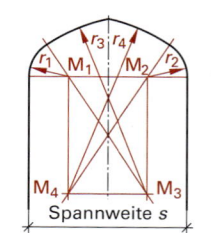

Kielbogen
Durch die Vierteilung der Spannweite erhält man die Einsatzpunkte M_1 und M_2, durch dreimaliges Abtragen der Viertelteilung unter die Kämpferlinie die Einsatzpunkte M_3 und M_4. Die Kreisbögen wechseln an den Verbindungsgeraden M_1 mit M_3 und M_2 mit M_4 sowie an der Symmetrieachse des Bogens.

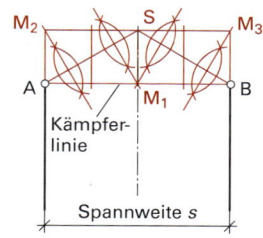
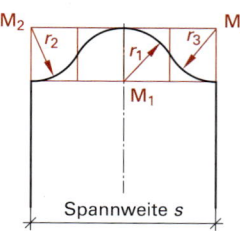

Karniesbogen
Scheitelpunkt S mit Widerlagerpunkt A und B verbinden. Durch Vierteilung der Kämpferlinie und Scheitellinie werden durch die Verbindungslinien auch die Strecken $\overline{AS}$ und $\overline{BS}$ geteilt. Durch Errichten der Mittellote auf den Teilstrecken $\overline{AS}$ und $\overline{BS}$ erhält man die Einsatzpunkte M_1, M_2 und M_3 zum Zeichnen des Karniesbogens.

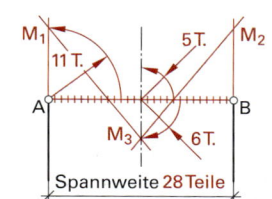
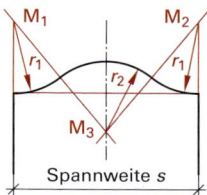

Flacher Karniesbogen
Die Kämpferlinie in 28 Teile teilen. Davon 11 Teile über Auflagerpunkt A bzw. B hinaus senkrecht abtragen, ergibt die Einsatzpunkte M_1 und M_2. Auf der Symmetrieachse 6 Teile nach unten abgetragen, ergibt den Einsatzpunkt M_3, nach oben abgetragen, den Scheitelpunkt des Karniesbogens.

4.7 Darstellende Geometrie

Rechtwinklige Parallelprojektion

Den Ausführungszeichnungen im Bauwesen liegt eine Darstellungsweise (rechtwinklige Parallelprojektion) zugrunde, die das gesamte Bauwerk bzw. Bauwerksteile (Körper) in seinen wesentlichen Ansichten zeigt (nach **DIN ISO 5456-1 ... 4** früher nach **DIN ISO 128**-30 bzw. DIN 5 und DIN 6).

Ausgangspunkt dieser Darstellungsweise ist die Stellung des Körpers in einer gedachten Raumecke. Als Annahme gilt, dass der Körper von allen Projektionsebenen den gleichen Abstand einnimmt.

Die Ansichten des Körpers ergeben sich, indem der Betrachter durch Verlängerung des Sehstrahls (Projektionslinie) die Eckpunkte auf der jeweiligen Projektionsebene markiert und dem Original entsprechend verbindet. Der Projektionsstrahl trifft die Eckpunkte des Körpers sowie die Oberfläche der Projektionsebene stets senkrecht.

Durch Klappen der Projektionsebenen aus der dreidimensionalen Darstellung in eine zweidimensionale Zeichenebene erfolgt gleichzeitig eine Überlagerung der Projektionsstrahlen; die Projektionsstrahlen erscheinen als Konstruktionslinien. Die so jedem Eckpunkt zugeordneten Projektionsstrahlen werden auf den Projektionsebenen für Vorderansicht und Seitenansicht sowie Draufsicht zum Schnitt gebracht und markieren dort die Lage des jeweiligen Eckpunktes. Das endgültige Bild entsteht durch – dem Original entsprechende – Verbindung der markierten Punkte; die Nummerierung der verdeckt liegenden Eckpunkte wird eingeklammert.

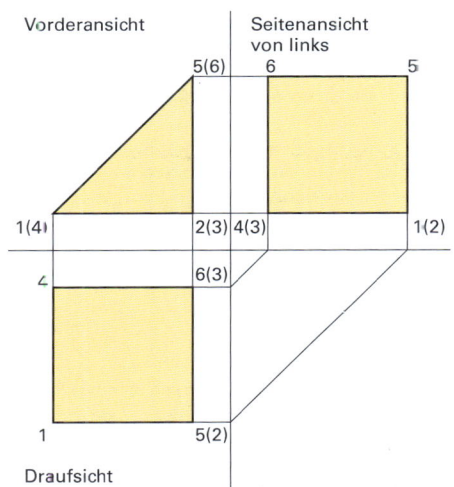

Konstruktion fehlender Ansichten

Dreitafelprojektion

Bezogen auf die Vorderansicht sind die anderen Ansichten folgendermaßen angeordnet:

- **Die Draufsicht liegt unterhalb.**
- **Die Seitenansicht von links liegt rechts.**
- **Die Untersicht liegt oberhalb.**
- **Die Rückansicht darf links oder rechts liegen.**
- **Die Seitenansicht von rechts liegt links.**

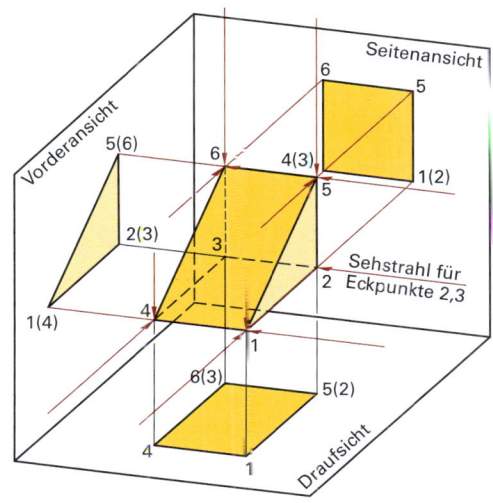

Dreidimensionale Raumecke

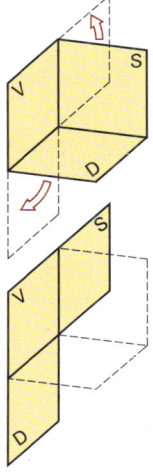

Klappung der Projektionsebenen zur eindimensionalen Zeichenebene

4.7 Darstellende Geometrie

Isometrie, Dimetrie, Kavalierprojektion

Die zeichnerische Darstellung von Baukörpern in einer Ebene, der Projektionsebene, wird als Projektion bezeichnet. Die Darstellungsverfahren der isometrischen Projektion, dimetrischen Projektion und rechtwinkligen Parallelprojektion werden unter dem Oberbegriff **Schrägbild** (nach **DIN ISO 5456-3**, früher DIN 5) zusammengefasst. Bei allen Verfahren entsteht ein räumliches Gebilde. Das Bild verdeutlicht die Dreidimensionalität des Bauteils. Dem Betrachter wird die Vorstellung gerade bei komplexen Bauteilen wesentlich erleichtert.

Die im Original parallel verlaufenden Körperkanten bilden auch in der zeichnerischen Darstellung parallele Linien.

Bei isometrischer und dimetrischer Darstellungsweise wird der Standort so gewählt, dass der Blick des Betrachters auf eine senkrechte Körperkante gerichtet ist. Deren untere Ecke bildet den Ansatzpunkt für das Schrägbild.

Soll ein Körper in rechtwinkliger Parallelprojektion dargestellt werden, so blickt der Betrachter zunächst auf eine Körperfläche des Bauteils, deren untere waagerechte Kante den Ansatzpunkt für die zeichnerische Darstellung bildet.

Isometrische Projektion (Isometrie)	Dimetrische Projektion (Dimetrie)	Kavalierprojektion (Kavalierperspektive)
Rechtwinklige axonometrische Projektion		Schiefwinklige axonometrische Projektion
Winkel zur Waagerechten: $\alpha = 30°$	Winkel zur Waagerechten: $\alpha = 7°$, $\beta = 42°$	Winkel zur Waagerechten: $\alpha = 45°$ alternativ $\alpha = 30°$
Hauptansichtsfläche: wird verändert	**Hauptansichtsfläche:** wird verändert	**Hauptansichtsfläche:** bleibt unverändert
Körperhöhe H: nicht verkürzt — 1	**Körperhöhe H:** nicht verkürzt — 1	**Körperhöhe H:** nicht verkürzt — 1
Körperlänge L: nicht verkürzt — 1	**Körperlänge L:** nicht verkürzt — 1	**Körperlänge L:** nicht verkürzt — 1
Körpertiefe T (Dicke): nicht verkürzt — 1	**Körpertiefe T** (Dicke): verkürzt um $1/2$ — 1/2	**Körpertiefe T** (Dicke): verkürzt um $1/3$ bei 45° alternativ um $1/2$ — 2/3
Achsenverhältnis Ellipsen kleine Achse : große Achse 1 : 1,7 (Würfel)	**Achsenverhältnis Ellipsen** Vorderfront 9 : 10 Seitenansicht 1 : 3	**Körpertiefe T** (Dicke): keine Verkürzung bei 30° — 1

4.7 Darstellende Geometrie

Zentralprojektion (Zentralperspektive, DIN EN ISO 5456-4: 2002-12)

Von allen räumlichen Darstellungen entspricht die Zentralprojektion (auch Zentralperspektive genannt) am ehesten der fotorealistischen Darstellung. Während bei den axonometrischen Projektionen (Isometrie, Dimetrie) parallele Körperkanten parallel bleiben, gehen die Projektionsstrahlen bei der Zentralprojektion durch einen festen Punkt 0, berühren die Ecken und Kanten des Körpers, treffen dann auf die Projektionsebene π und bilden dort den Gegenstand ab. Die Bildpunkte werden mit A', B', C' oder A*, B*, C* usw. bezeichnet.

Zentralprojektion mit einem Fluchtpunkt (Einpunktmethode, Frontalperspektive mit Horizont in Augenhöhe)

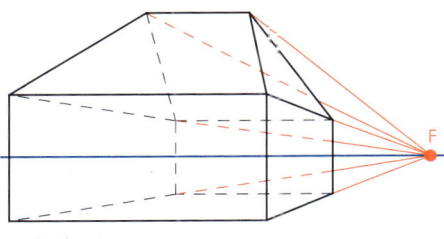

— Horizont

Zentralprojektion mit drei Fluchtpunkten (Dreipunktmethode)
Die Projektionsebene ist geneigt. Durch die Lage der Fluchtpunkte lassen sich unterschiedliche Eindrücke von einem Bauteil erzielen. Die Bildebene ist dem Betrachter zugeneigt oder vom Betrachter weggeneigt. Der Augpunkt ist direkt vor der Gebäudeecke gewählt.

Zentralprojektion mit zwei Fluchtpunkten (Zweipunktmethode, Fluchtpunktperspektive)
Vogelperspektive mit Horizont über Augenhöhe oder Froschperspektive mit Horizont unter Augenhöhe, Übereckperspektive mit allgemeiner Lage der Fluchtpunkte F1 und F2

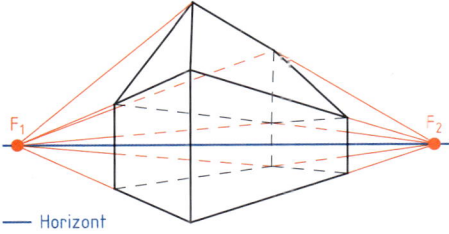

— Horizont

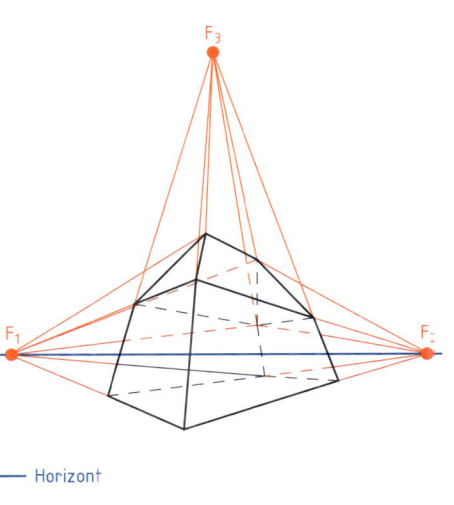

— Horizont

- **Bildebene π**: Bei der konstruierten Perspektive ist die Bildebene vor dem „Augpunkt O" anzuordnen. Liegt sie zwischen Augpunkt und Objekt, wird das Objekt kleiner abgebildet, liegt sie hinter dem Objekt, erscheint das Objekt größer. Liegt die Bildebene am Gegenstand, so wird die an der Bildebene anliegende Kante in wahrer Größe abgebildet. Bei einer sogenannten Netzhaut-Perspektive kann die Bildebene auch als konvex gekrümmte Fläche gezeichnet werden.
- **Standpunkt**: Der Standpunkt liegt vom Objekt etwa die 1,5-fache größte Ausdehnung des Objekts oder der Horizonthöhe entfernt. Eine weitere Entfernung vom Objekt lässt das Objekt ausdruckslos erscheinen, ein zu naher Standpunkt verzerrt die Perspektive des Objekts.
- **Augpunkt O**: Der Augpunkt liegt über dem Standpunkt. In ihm treffen sich alle Sehstrahlen.
- **Sehstrahlen**: Die Sehstrahlen bilden das Strahlenbündel, das vom Objekt in den Augpunkt gelangt. Sehstrahlen geben den Bildausschnitt an. Der Öffnungswinkel des Strahlenbündels darf nicht mehr als 50° betragen. In der Mitte des Strahlenbündels liegt der Hauptsehstrahl.
- **Horizont**: Er liegt auf der Augenhöhe des Betrachters. Sie sollte bei kleinen Objekten (z.B. Möbeln) 1,50 m und bei Räumen im allgemeinen 1,60 m betragen. Da i.d.R. die Senkrechten in der Perspektive senkrecht gezeichnet werden, darf der Horizont nicht zu hoch liegen.
- **Fluchtpunkt**: Die Fluchtpunkte liegen auf dem Horizont. Die jeweils parallel im oder am Objekt in die Tiefe verlaufenden Linien treffen in einem Fluchtpunkt zusammen.
- **Messpunkt**: Messpunkte sind Hilfspunkte für die vereinfachte Konstruktion der perspektivischen Breitenteilung. Messpunkte liegen auch auf dem Horizont.

4.7 Darstellende Geometrie

Zentralprojektion (Zentralperspektive, DIN EN ISO 5456-4: 2002-12)

Zentralperspektive (Verkleinerung)

Je nach Lage der Projektionsebene π ergeben sich unterschiedlich große Perspektiven.
- Projektionsebene im Hintergrund → größere Perspektive
- Projektionsebene im Vordergrund → kleinere Perspektive (hier beispielhaft ausgeführt)

Der Hauptstrahl der Zentralperspektive trifft senkrecht auf die Ansichtsfläche. Waagerechte Linien bleiben in der Frontalansicht waagerecht, senkrechte Linien bleiben senkrecht.

Die Abbildung zeigt das Prinzip der Zentralperspektive, wobei das zu zeichnende Objekt vereinfacht parallel zur Bildebene π auf der Grundebene Σ steht.

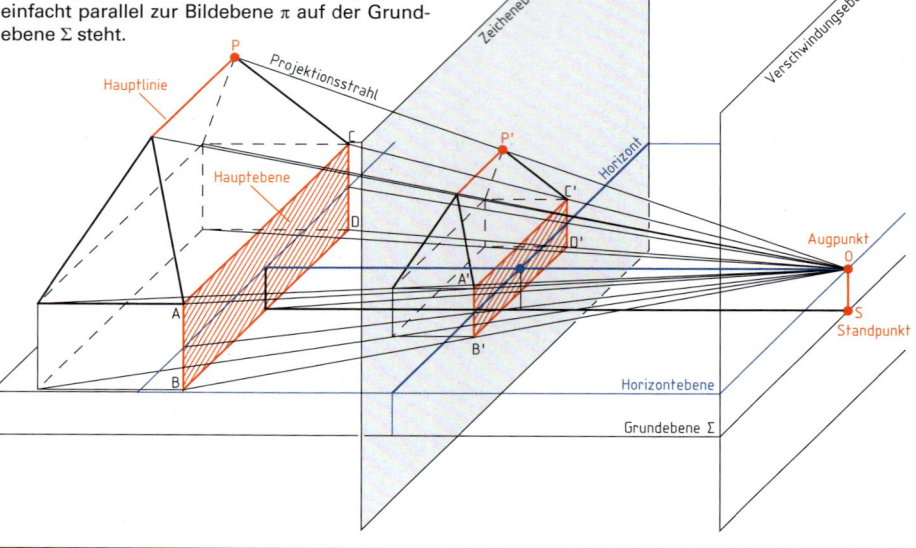

Zentralperspektive mit zwei Fluchtpunkten (Eckperspektive)

In der Abbildung ist das Objekt bei allgemeiner Lage stark verzerrt. Die mit SPQR gekennzeichnete Fläche erfährt in der Abbildung S`P`Q`R` eine starke Veränderung, sodass Form und Größe des Viereckes keine Ähnlichkeit mehr aufweisen.

4.7 Darstellende Geometrie

Pyramiden- und Kegelschnitte

Beim Zeichnen von Pyramiden- und Kegelschnitten ist grundsätzlich von der gesamten Figur (Pyramide, Kegel) auszugehen. So ist zunächst die Draufsicht ohne die Schnittlinie und erst dann darüber die Vorderansicht mit der geplanten Schnittlinie darzustellen. Die Seitenansicht wird i.d.R. aus Draufsicht und Vorderansicht konstruiert.

Sechseck-Pyramide schräg zur Längsachse geschnitten

Durch den schrägen Schnitt erscheint keine der seitlichen Kanten in der Vorderansicht als wahre Länge. In der Seitenansicht zeigen die beiden äußeren Kanten jedoch ihr Originalmaß, weil sie parallel zur Zeichenebene verlaufen.

Die Ziffern 1, 2, 4 und 5 markieren in der Vorderansicht auf den äußeren Bauteilkanten die seitlichen Eckpunkte der Schnittfläche mit den Körperkanten; direkte Projektion auf die entsprechenden Körperkanten in Draufsicht und Seitenansicht ist möglich.

Auf den mittleren Bauteilkanten befinden sich die Eckpunkte 3 und 6. Ihre Fixierung in der Seitenansicht wird durch direkte Projektion auf die entsprechende Körperkante möglich. Durch Fortführung dieser Projektionslinien in die Draufsicht und denen aus der Vorderansicht lassen sich in deren Schnittpunkten die Endpunkte 3 und 6 des Baukörpers mit der Schnittfläche in der Draufsicht bilden. Die Seitenansicht bietet die Möglichkeit, die wahren Längen der Körperkanten direkt mit dem Zirkel abzugreifen und so die Mantelfläche zu erstellen.

Durch die Fortführung der Schnittebene auf die Grundlinie ergibt sich ein Drehpunkt, um den die Punkte 1 bis 6 in die Draufsicht projiziert werden. Nach entsprechender Verbindung ergibt sich die **wahre Größe** der Schnittfläche.

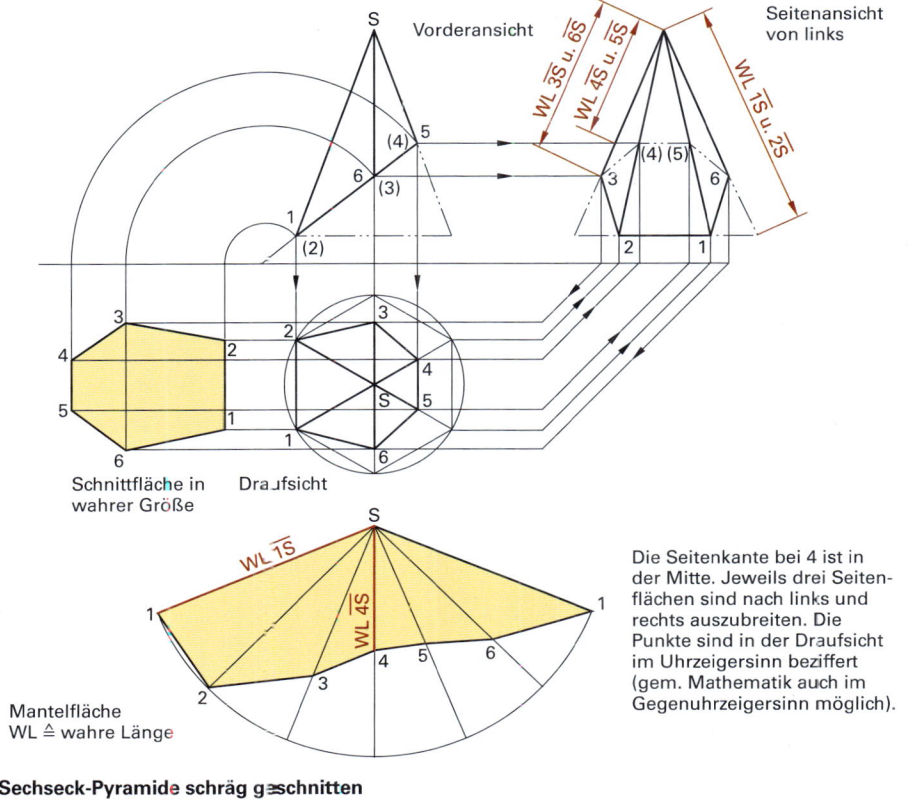

Die Seitenkante bei 4 ist in der Mitte. Jeweils drei Seitenflächen sind nach links und rechts auszubreiten. Die Punkte sind in der Draufsicht im Uhrzeigersinn beziffert (gem. Mathematik auch im Gegenuhrzeigersinn möglich).

Mantelfläche
WL ≙ wahre Länge

Sechseck-Pyramide schräg geschnitten

4.7 Darstellende Geometrie

Kegel schräg zur Drehachse geschnitten

Alle zur Zeichenebene parallel verlaufenden Bauteilkanten erscheinen in wahrer Länge. Der erste Arbeitsschritt ist die Teilung des Kreisumfangs (Draufsicht) in 12 gleiche Segmente. Ausgehend von den auf dem Außenkreis entstehenden Teilpunkten sind Hilfsschnitte durch den Mittelpunkt S und Mantellinien in Vorderansicht und Seitenansicht zu zeichnen.

Aus der Vorderansicht werden die Schnittpunkte, welche Schnittebene und Mantellinie bilden (1 bis 12), auf die entsprechenden Hilfsschnittlinien in die Draufsicht projiziert. Das Bild der Seitenansicht entsteht durch direkte Projektion der Teilpunkte 1 bis 12 auf die dazugehörigen Mantellinien. Die Mantelfläche entsteht, indem mit der Mantelhöhe als Radius zunächst ein Kreisbogen gezeichnet und vom Mittelpunkt aus senkrecht bis zum Kreisbogen eine Mantellinie geführt wird. Sechs gleiche Abstände, die der Entfernung der Teilpunkte des äußeren Kreises entsprechen, werden auf dem Kreisbogen jeweils nach links und rechts abgetragen. Die Verbindungslinien dieser markierten Punkte mit dem Mittelpunkt S ergeben die Mantellinien, auf denen dann die dazugehörigen wahren Längen aufzutragen sind. Die wahre Länge der Mantellinie kann in der Vorderansicht abgegriffen werden.

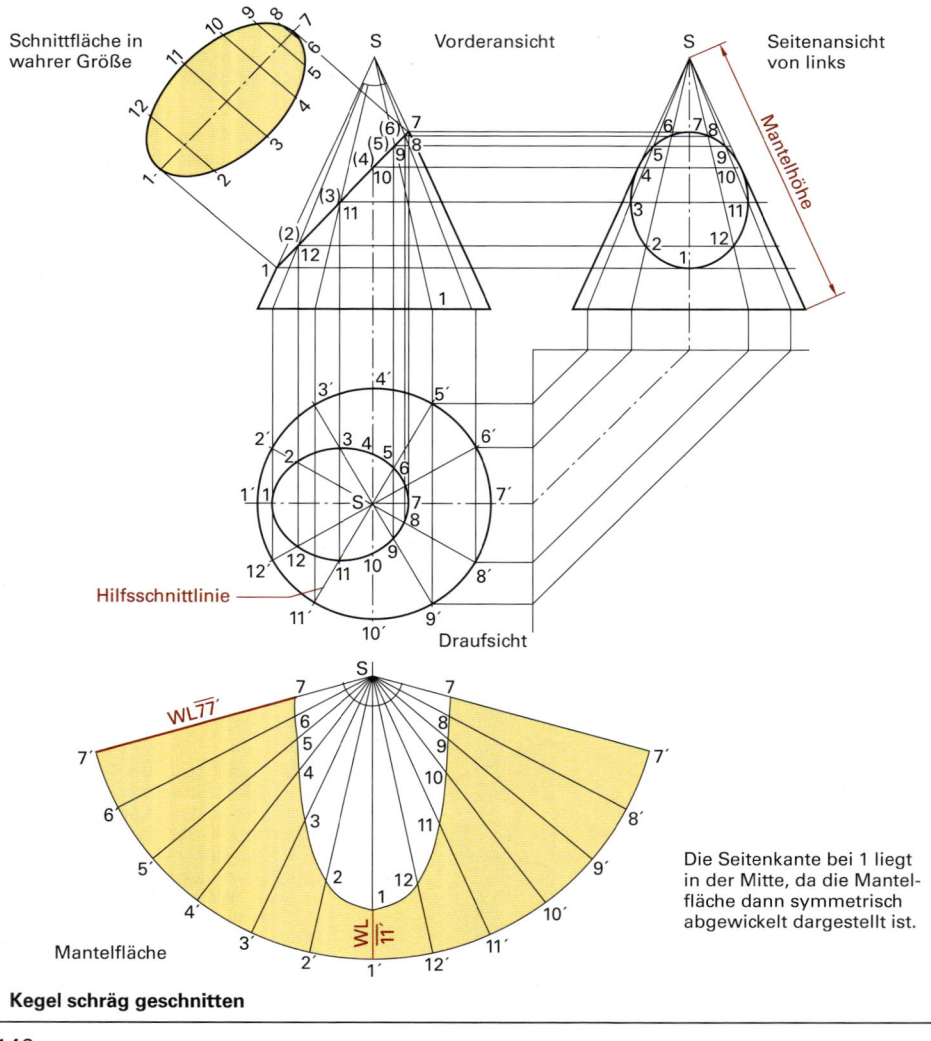

Die Seitenkante bei 1 liegt in der Mitte, da die Mantelfläche dann symmetrisch abgewickelt dargestellt ist.

Kegel schräg geschnitten

4.7 Darstellende Geometrie

Durchdringungen

Prinzipiell sind zu unterscheiden:
- **Durchdringungen ebenflächiger, eckiger Körper (Prisma, Pyramide)**
- **Durchdringungen ebenflächiger Körper mit krummlinigen Körpern (Zylinder, Kegel)**

Die Nahtlinie zwischen sich durchdringenden Körpern heißt Durchdringungslinie.

Durchdringen sich **ebenflächige, eckige Körper**, so ergeben sich geradlinige Durchdringungslinien. Die Endpunkte der Körperkanten, die sich auf der ebenen Oberfläche des zu durchdringenden Körpers als Eckpunkte der Durchdringungslinie markieren, können zeichnerisch ohne Hilfsschnitte ermittelt werden.

Bei Durchdringungen **ebenflächiger mit krummlinigen Körpern** ergeben sich krummlinige Durchdringungslinien (Durchdringungskurve). Zur Ermittlung ihres Verlaufs sind mehrere Hilfsschnitte, d.h. senkrecht durch das Gebilde gedacht verlaufende Schnittlinien erforderlich. Die Hilfsschnitte ermöglichen die Ermittlung mehrerer Durchdringungspunkte, die nach Verbinden die Form der Durchdringungskurve ergeben.

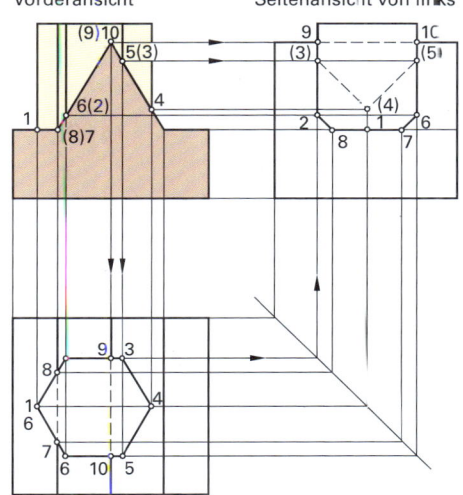

Durchdringung ebenflächiger Bauteile

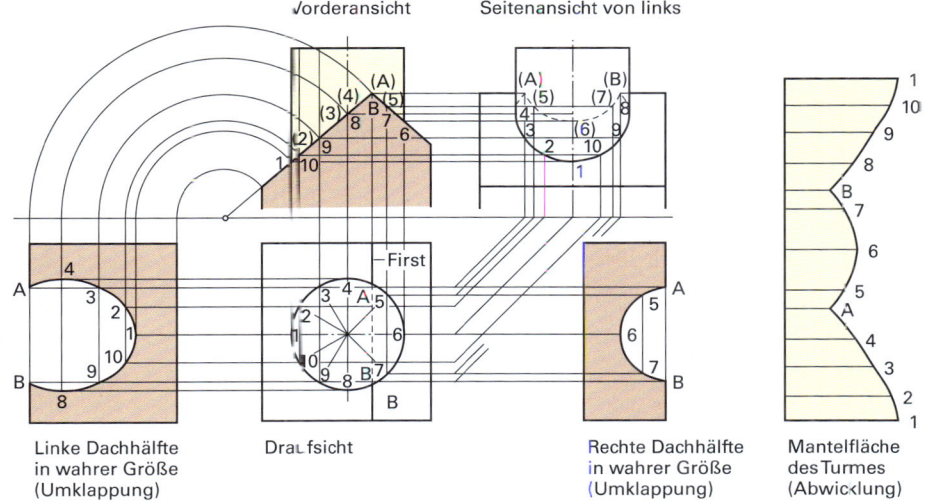

Durchdringung eines ebenflächigen Bauteils mit einem gekrümmten Bauteil

Durch Einteilung der krummlinig begrenzten Flächen in gleich große Teile werden die Hilfsschnittebenen festgelegt. In der Abbildung ist die linke Hälfte des Turms in sechs und die rechte Hälfte in vier Segmente eingeteilt, da die Durchdringungskurve links länger ist als rechts. A und B werden durch die Firstlinie bestimmt. Hilfsschnitte sind demnach in diesem Beispiel vom Mittelpunkt M zu den Teilpunkten 1 bis 10 geführt.

- Folgende Schnittverfahren sind üblich: Schnitte über eine Hilfskugel, Schnitte mit Mantellinien, waagerechte Scheibenschnitte, senkrechte Scheibenschnitte.
- Durchdringungspunkte werden oft als ° (kleiner Kreis) dargestellt. Bei Verschmelzungen entfällt dieser kleine Kreis.

4 TECHNISCHES ZEICHNEN/BAUZEICHNEN

4.8 Dachausmittlung

Dachformen
Dächer ▶ Kapitel 7.4

Die jeweilige Dachform eines Hauses wird durch die Anzahl, Form und Lage der Dachflächen zueinander bestimmt. Das heutige Angebot an Deckungs- und Dichtungsstoffen ▶ S. 164, 231 und 311 lässt viele Varianten der ursprünglichen Dachformen zu.

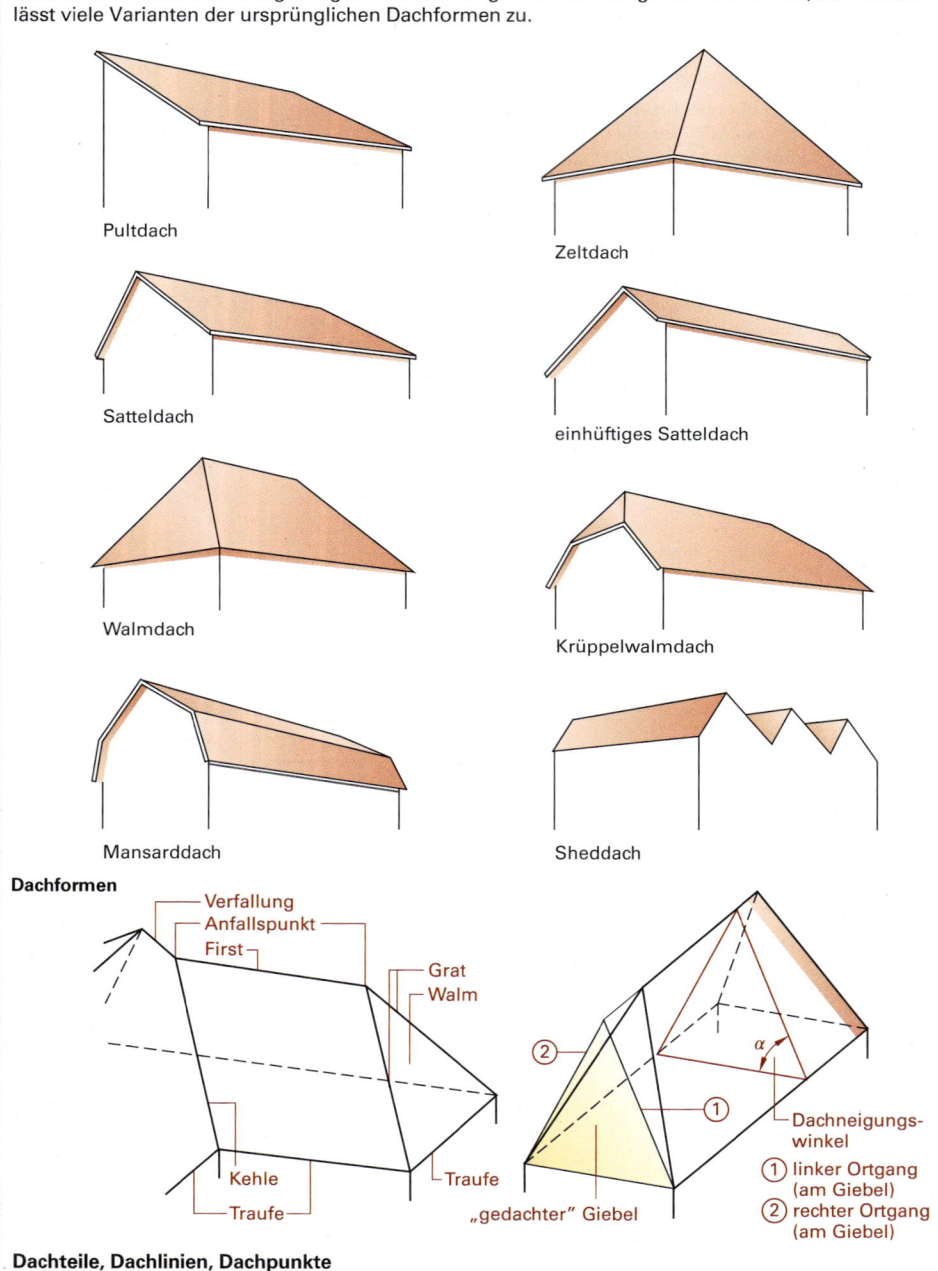

Pultdach

Zeltdach

Satteldach

einhüftiges Satteldach

Walmdach

Krüppelwalmdach

Mansarddach

Sheddach

Dachformen

- Verfallung
- Anfallspunkt
- First
- Grat
- Walm
- Kehle
- Traufe
- Traufe
- „gedachter" Giebel
- Dachneigungswinkel α
- ① linker Ortgang (am Giebel)
- ② rechter Ortgang (am Giebel)

Dachteile, Dachlinien, Dachpunkte

4.8 Dachausmittlung

Dachausmittlung gleich-/ungleich geneigter Dächer

Gleich geneigtes Walmdach ggWD ($\alpha = 30°$) ($\alpha_{HD} = 30°$, $\alpha_{WD} = 60°$)	Ungleich geneigtes Walmdach uggWD
Profil	Profil

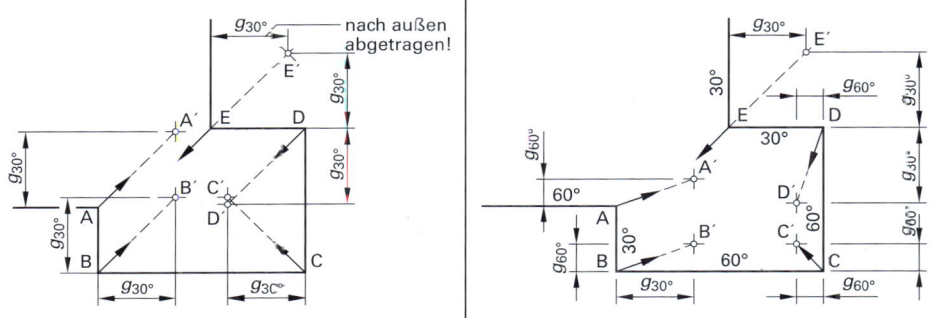

Die **Richtungslinien** gehen von den Traufeckpunkten A, B, C, D, E aus: Die Traufparallelen werden im Abstand $g_{30°}$ für das ggWD und $g_{30°}$ und $g_{60°}$ für das uggWD gezeichnet und zum Schnitt gebracht.

Zusammenführung: Walmflächen schließen (AP$_1$) und die angrenzenden Traufen (○) zum Schnitt bringen. Von diesen virtuellen Traufschnittpunkten (vTS) die Richtungslinien wie oben konstruieren und zum erstmöglichen Schritt bringen. Anmerkung: Bei parallelen Traufen liegt der Schnittpunkt (vTS) im Unendlichen, die Dachlinie (First) verläuft dann parallel zu den Traufen (AP$_1$, AP$_2$).

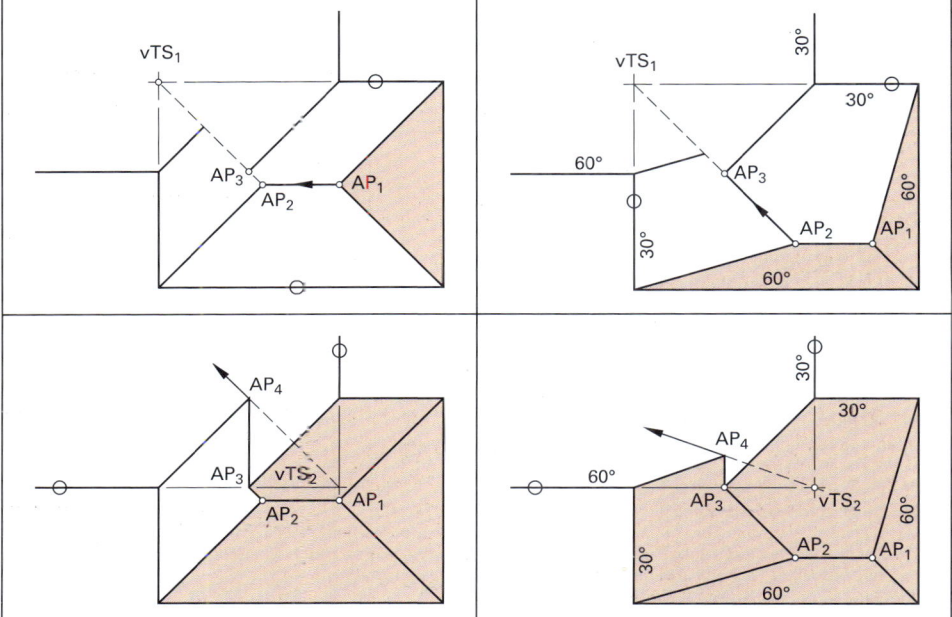

149

4.8 Dachausmittlung

Dachausmittlung bei ungleich hohen Traufen

Gleich geneigtes Walmdach ggWD (α = 60°) mit ungleich hohen Traufen: ± 0,000 m, + 1,000 m	Gleich geneigtes Walmdach ggWD (α = 40°) mit ungleich hohen Traufen: ± 0,000 m, – 1,000 m
Hilfsprofil (im Maßstab) M 1:100	Hilfsprofil (im Maßstab) M 1:100

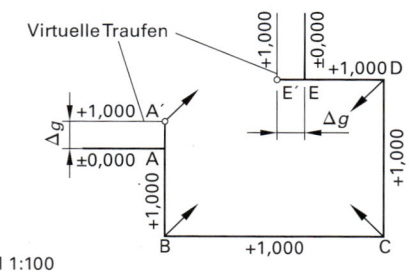

Nur am Übergang ungleich hoher Traufen „verschiebt" sich der Traufeckpunkt (TE) um das Maß Δg aus dem Hilfsprofil ⇒ (Trauf-)Linien **gleicher Höhe** werden zum Schnitt gebracht.

Die Traufen ± 0,000 m werden virtuell um Δg auf die Höhe + 1,000 m verschoben und die Traufen bzw. Höhenlinien zum Schnitt TE A′ und TE E′ gebracht. Die höher liegende Traufe wird verlängert.	Die Traufen – 1,000 m werden virtuell um Δg auf die Höhe ± 0,000 m verschoben und die Traufen bzw. Höhenlinien zum Schnitt TE A′ und TE E′ gebracht. Die höher liegende Traufe wird verlängert.

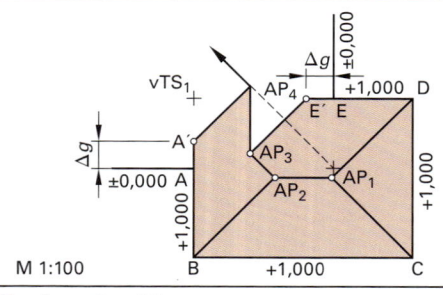
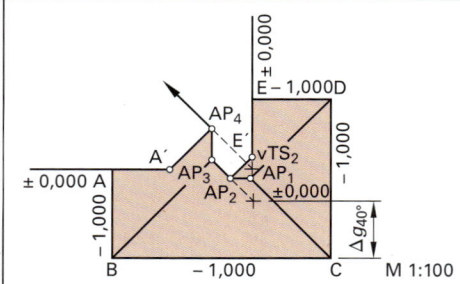

Die Ausmittlung erfolgt dann wie auf S. 153 beschrieben. (Trauf-)Linien gleicher Höhe zum Schnitt bringen.

Regeln zur Ausmittlung

- **Ⓐ** Das **Profil** dient der Ermittlung der Grundmaße g bzw. Δg.
- **Ⓑ** **Grate** sind Verschneidungslinien zweier Dachflächen, deren Traufen sich in einer ausspringenden Ecke (TE) schneiden.
- **Ⓒ** **Kehlen** sind Verschneidungslinien zweier Dachflächen, deren Traufen sich in einer einspringenden Ecke (TE) schneiden.
- **Ⓓ** Beim **ggWD** verlaufen die Grate und Kehlen in Richtung der Winkelhalbierenden (gleiches Grundmaß g an beiden Traufen).
- **Ⓔ** Beim **uggWD** verlaufen die Grate und Kehlen (bei rechtwinkligen Grundrissen) im Grundwinkel $\bar{\alpha}$ (tan $\bar{\alpha}$ = tan α_{HD}/tan α_{WD}) ⇒ ungleiche Grundmaße an beiden Traufen.
- **Ⓕ** **Firstlinien** sind Verschneidungslinien gegenüberliegender Hauptdachflächen ⇒ bei parallelen Traufen (waagerechter First) verlaufen sie ebenfalls parallel zu den Traufen,
  ⇒ bei nicht parallelen Traufen (steigender/fallender First) verlaufen sie durch den Schnittpunkt der (verlängerten) virtuellen Traufen (vTS) und dem zugehörigen Anfallspunkt AP.
- **Ⓖ** **Verfallungen** sind steigende oder fallende Firste.

$$\bar{\alpha} = arc \frac{\tan \alpha_{HD}}{\tan \alpha_{WD}}$$

4.8 Dachausmittlung

Wahre Längen und Flächen

Die Idee besteht darin, dass ein Dreieck aufgespannt wird mit der Kathete **Höhe h** (vertikaler Abstand zwischen Firstpunkt FP und Traufpunkt TP), der Kathete **Gratgrundlinie g_g** (Projektion des Grates auf den Grund) und der Hypotenuse **Gratlinie g_s** (Länge des Gratsparrens). Das so konstruierte Dreieck ist das/entspricht dem **Gratprofil**.

Konstruktion der Gratlinie im Profil (Normalprofil)	Konstruktion der Gratlinie über dem Grund

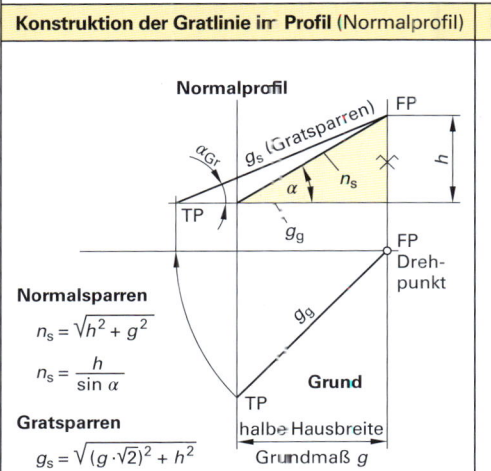 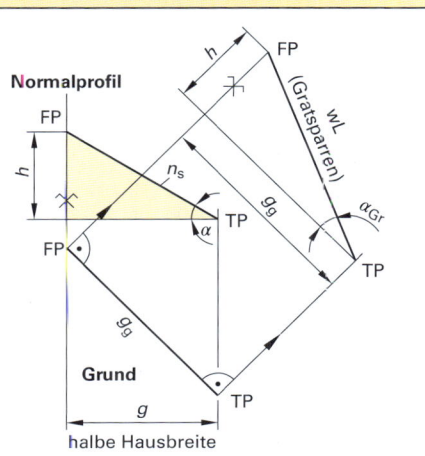

Normalsparren

$n_s = \sqrt{h^2 + g^2}$

$n_s = \dfrac{h}{\sin \alpha}$

Gratsparren

$g_s = \sqrt{(g \cdot \sqrt{2})^2 + h^2}$

Dachgrundriss mit der Konstruktion der wahren Flächen – Seitenansicht

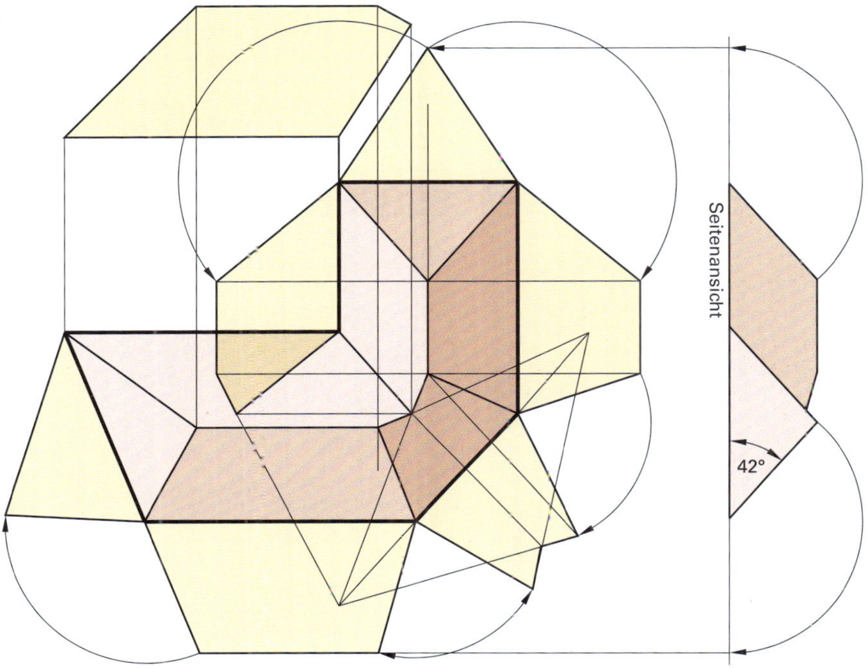

4.8 Dachausmittlung

Zusammenfassung

Gleiche Dachneigung und gleiche Traufhöhe
- gleiche Traufhöhe, rechtwinklige Grundrisse
- gleiche Traufhöhe, schräge Grundrisse

Grundsatz: Die zugehörige Verschneidungslinie liegt in der Winkelhalbierenden. Parallele Traufen haben parallel dazu in der Mitte eine Verschneidungslinie (First).
Verfahren: Die Traufen der entsprechenden Dachflächen verschneiden und die Winkelhalbierende bilden.

Unterschiedliche Dachneigungen
Treffen Dachflächen mit unterschiedlicher Dachneigung aufeinander, so ist die Verschneidungslinie nicht mehr in der Winkelhalbierenden. Die Richtung der Verschneidungslinien ist über die Höhenlinien zu ermitteln. Dazu ist das Profil aufzuzeichnen.

Unterschiedliche Traufhöhen
Für die einzelnen Dachflächen ist zuerst eine gemeinsame Ausgangshöhe zu bilden. Je nach Dachgeometrie sind die niedrigen Traufhöhen nach oben bzw. die höher gelegenen Traufhöhen nach unten zu verschieben. Die Grundmaße sind aus dem Profil zu ermitteln.

Das **Profil** dient der Ermittlung der Grundmaße. **Grate** sind Verschneidungslinien in einer ausspringenden Ecke. **Kehlen** sind Verschneidungslinien in einer einspringenden Ecke. **Firstlinien** sind Verschneidungslinien gegenüberliegender Dachflächen. **Verfallungen** sind steigende oder fallende Firste.

Dachausmittlung – Ermittlung der Dachlinien in der Draufsicht

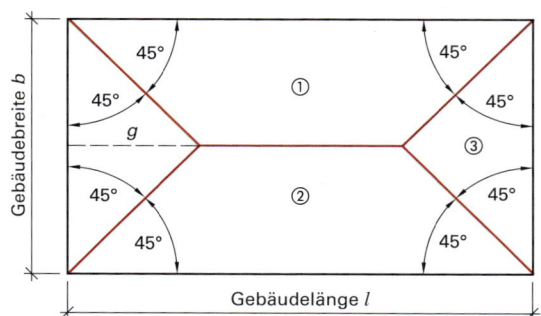

gleiche Neigung aller Dachflächen z.B. $\alpha = 42°$

Dachfläche
$$A_{Dach} = \frac{A_{Grund}}{\cos \alpha}$$

Normalsparrenlänge
$$n_s = \sqrt{h^2_{Dach} + g^2}$$

$$n_s = \frac{g}{\cos \alpha} \quad \text{mit } g = b/2$$

Dachausmittlung – räumliche Darstellung der Konstruktion

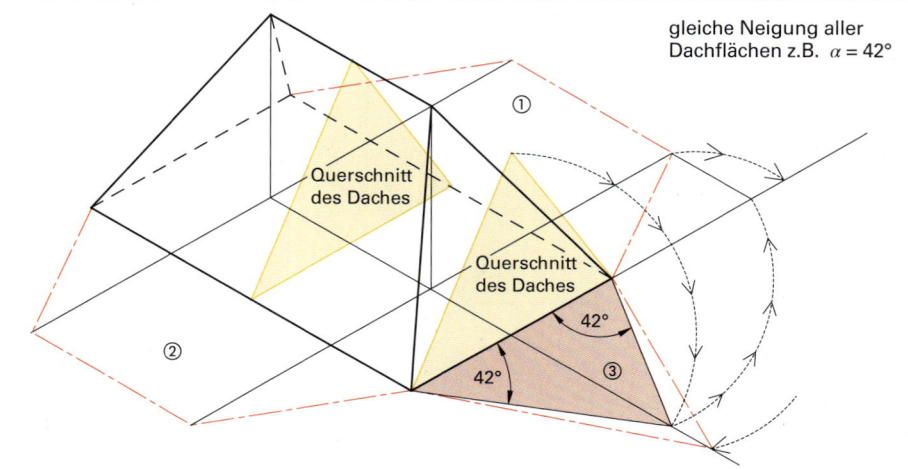

gleiche Neigung aller Dachflächen z.B. $\alpha = 42°$

4.8 Dachausmittlung

Beispiel Ausgemittelte Dachfläche mit ungleich hohen Traufen

Die Traufeckpunkte (TE_1 und TE_2 im Grund) ergeben sich als Schnittpunkte der Konstruktion, die von den Schnittpunkten S_1 und S_2 (in der Ansicht) in die Dachmitte verlaufen, mit den verlängerten (höher liegenden) Traufen a_1 und a_2.

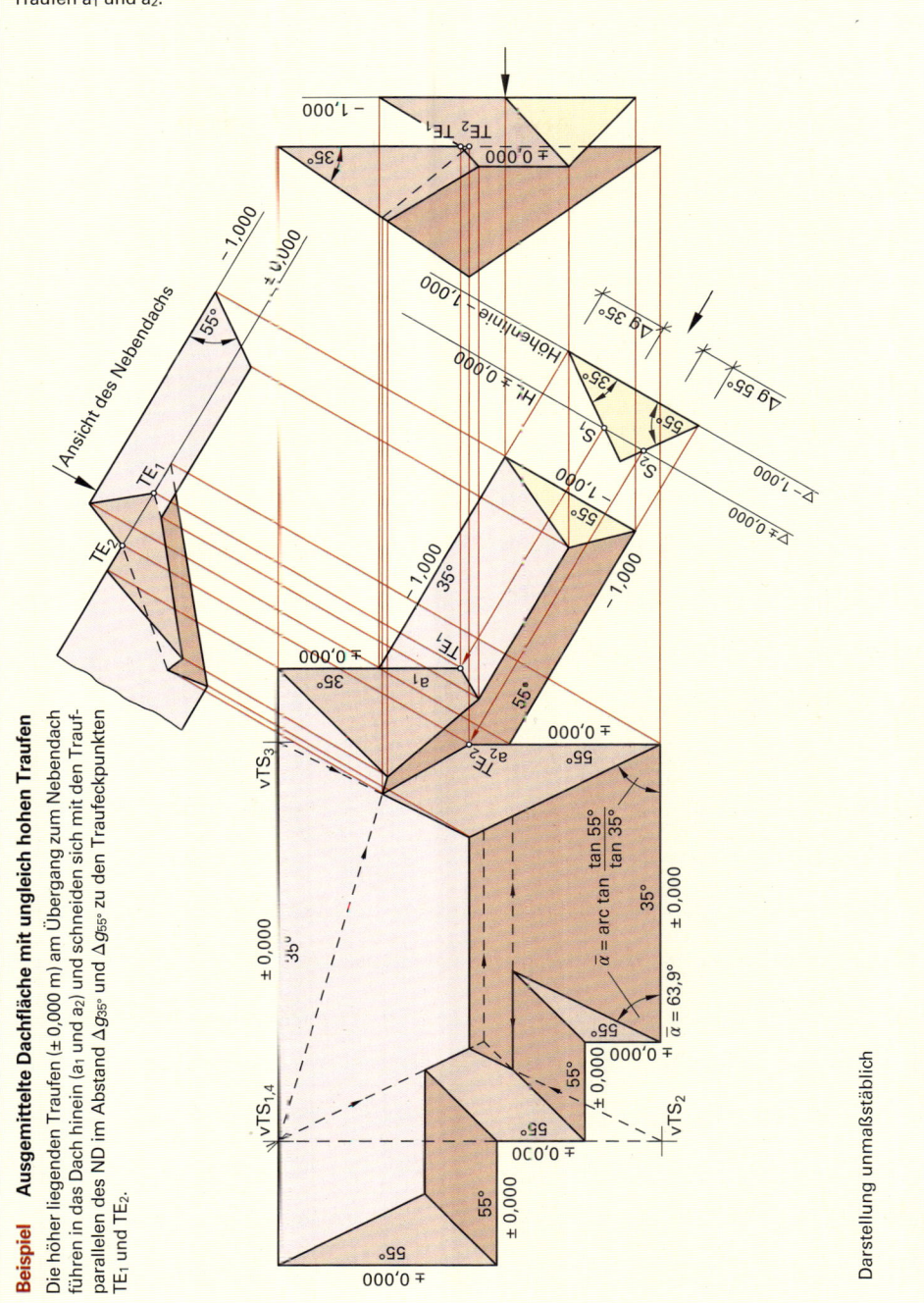

Beispiel Ausgemittelte Dachfläche mit ungleich hohen Traufen

Die höher liegenden Traufen (± 0,000 m) am Übergang zum Nebendach führen in das Dach hinein (a_1 und a_2) und schneiden sich mit den Traufparallelen des ND im Abstand $\Delta g_{35°}$ und $\Delta g_{55°}$ zu den Traufeckpunkten TE_1 und TE_2.

Darstellung unmaßstäblich

4.9 Treppen

Grundlagen
▶ S. 101, 369

Bequemlichkeit und Sicherheit beim Begehen einer Treppe sind vom Steigungsverhältnis (dem Verhältnis von Auftrittsbreite a zur Steigungshöhe s) und der Treppenneigung abhängig. Dem Steigungsverhältnis ist eine durchschnittliche Schrittlänge von 63 cm zugrunde gelegt. Anzahl der Steigungen n und Steigungshöhe s richten sich nach dem zu überwindenden Höhenunterschied. Als Orientierung für die Planungsmaße sollten die gewählten Abmessungen in allen Fällen der Schrittmaßformel und der Gehsicherheitsformel entsprechen. Gebäudetreppen sind nach DIN 18065: 2015-03 auszuführen.

Schrittmaßformel (DIN 18065)
2 Steigungen + 1 Auftritt = 59 cm bis 65 cm
2 s + a = 63 cm (üblich)

Gehsicherheitsformel (Empfehlung)
Auftrittsbreite + Steigung = 46 cm (± 1 cm)
a + s = 46 cm (üblich)

Bequemlichkeitsregel (Empfehlung)
Auftrittsbreite − Steigung = 12 cm
a − s = 12 cm

$$\text{Steigungsverhältnis} = \frac{\text{Steigungshöhe}}{\text{Auftrittsbreite}}$$

$$\text{Anzahl der Steigungen } n = \frac{\text{Geschosshöhe}}{\text{Steigungshöhe}}$$

Anzahl der Auftritte = Anzahl der Steigungen − 1
Lauflänge = Anzahl der Auftritte × Auftrittsbreite

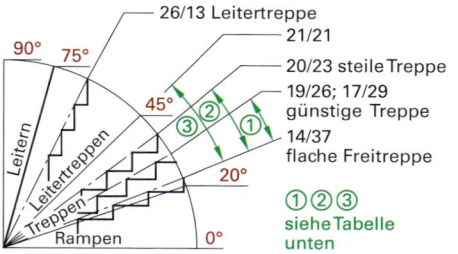

- 26/13 Leitertreppe
- 21/21
- 20/23 steile Treppe
- 19/26; 17/29 günstige Treppe
- 14/37 flache Freitreppe
- ①②③ siehe Tabelle unten

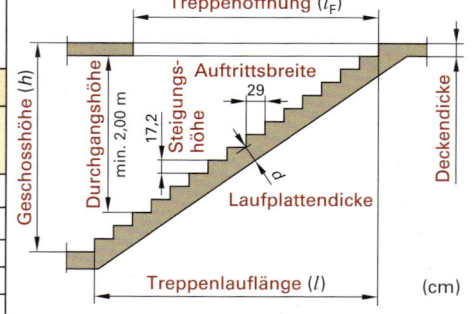

Richtwerte für Wohnhaustreppen

Geschosshöhe (h)	Steigungsanzahl (n)	Steigungshöhe (s) cm	Auftrittsanzahl ($n-1$)	Auftrittsbreite (a) cm	Lauflänge (l) m
2,25 m Kellertreppen	12	18,7	11	25	2,75
	13	17,3	12	26	3,12
	14	19,6	13	23,9	3,11
2,75 m	15	18,3	14	26,5	3,71
	16	17,2	15	28,5	4,32

Maßliche Anforderungen (DIN 18065) (Fertigmaße im Endzustand)
Maße in cm

Gebäudeart	Treppenart		min. nutzbare Laufbreite	Steigung s min.	Steigung s max.	Auftritt a min.	Auftritt a max.
Grenzmaße für Gebäude und Wohngebäude im Allgemeinen	baurechtlich notwendige Treppen	①	100	14	19	26	37
	baurechtlich nicht notwendige (zusätzliche) Treppen	③	50	14	21	21	37
Grenzmaße für Wohngebäude bis 2 Wohnungen und innerhalb von Wohnungen	baurechtlich notwenige Treppen	②	80	14	20	23	37
	baurechtlich nicht notwendige (zusätzliche) Treppen	③	50	14	21	21	37

Durch die Toleranzen dürfen die angegebenen Minimal- und Maximalmaße nicht unterschritten und/oder überschritten werden. Bei notwendigen Treppen ist sicherzustellen, dass die Maße im fertigen Zustand den Transport von Personen durch den Rettungsdienst erlauben.

4.9 Treppen

Treppen – Vereinfachte Darstellung (DIN 1356: 1995-02)

einläufige Treppen	Treppenlauf gerade einläufige Treppe Draufsicht	oberstes Geschoss	2,97 / 1,00 — 12 Stg 17/27 — 1,00
	Treppenlauf horizontal geschnitten mit darunterliegendem Lauf	Normalgeschoss	2,97 / 1,00 — 12 Stg 17/27 — 1,00
	Treppenlauf horizontal geschnitten mit Darstellung oberhalb der Schnittebene	unterstes Geschoss	2,97 / 1,00 — 12 Stg 17/27 — 1,00
zweiläufige Treppen	Treppenlauf zweiläufig gegenläufige Treppe mit Zwischenpodest	dreiläufige Treppe	dreiläufige U-Treppe mit zwei Zwischenpodesten
	Treppenlauf horizontal geschnitten mit darunterliegendem Lauf	gewendelte Treppe	1 Antritt (Antrittsstufe) — 11 Austritt (Austrittsstufe) — z. B. Wendeltreppe, Spindeltreppe, Bogentreppe aus gleichen keilförmigen Stufen, mit 11 Steigungen
	Treppenlauf horizontal geschnitten mit Darstellung oberhalb der Schnittebene	Rampe	z. B. barrierefreie Erschließung bei flacher Neigung bis max. 6 % Steigung, ohne Quergefälle, bei mehr als 6 m Rampenlänge ist ein Zwischenpodest mit $l \geq 1{,}50$ m notwendig

4.9 Treppen

Berechnung gerader Treppen

Geschosshöhe =
Lichte Geschosshöhe
+ Dicke der Decke
+ Fußbodenaufbau EG
− Fußbodenaufbau UG

Schrittmaßformel $2s + a = 63$ mm

Die Zahl der Auftritte ist um 1 kleiner als die Zahl der Steigungen. Das optimale **Steigungsverhältnis** ergibt bei einer Steigung von 17 cm und einem Auftritt von 29 cm einen Steigungswinkel von 30°.

Bezeichnung an Stufen

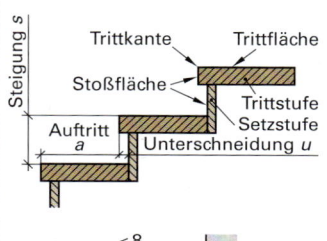

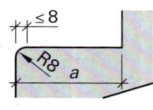

Der Auftritt wird gemessen von der Vorderkante einer Stufe zur Vorderkante der nachfolgenden Stufe, bis zu einer Tiefe des Kantenprofils von maximal 8 mm (R 8). Ansonsten wird der Auftritt bis zur Profiltiefe gemessen.

Podestflächen: Am An- bzw. Austritt von Treppenläufen sowie bei längeren Treppenläufen nach mehr als 18 Steigungen erforderlich.

Podestlänge $= (a + 2s) + a$

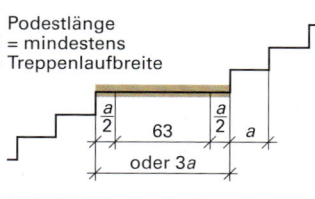

Die lichte **Treppendurchgangshöhe** muss mindestens **200 cm** betragen.

Geschosshöhe in cm	Anzahl der Steigungen	Steigung s cm	Anzahl der Auftritte	Auftrittsbreite a cm	Treppenlauflänge Grundmaß cm	Grundmaßbereich cm
272	14	19,43	13	24,14	314	288 … 342
	15	18,13	14	26,73	374	343 … 403
	16	17,00	15	29,00	435	404 … 465
273	14	19,50	13	24,00	312	286 … 341
	15	18,20	14	26,60	372	342 … 401
	16	17,06	15	28,88	433	402 … 463
275	14	19,64	13	23,72	308	284 … 339
	15	18,33	14	26,34	369	340 … 399
	16	17,19	15	28,62	429	400 … 461
279	15	18,60	14	25,80	361	333 … 390
	16	17,44	15	28,13	422	391 … 451
	17	16,41	16	30,18	483	452 … 515
280	15	18,67	14	25,67	359	331 … 388
	16	17,50	15	28,00	420	389 … 449
	17	16,47	16	30,06	481	450 … 513
281	15	18,73	14	25,53	357	329 … 386
	16	17,56	15	27,88	418	387 … 447
	17	16,53	16	29,94	479	448 … 511
290	15	19,33	14	24,33	341	313 … 369
	16	18,13	15	26,75	401	370 … 430
	17	17,06	16	28,88	462	431 … 494
291	15	19,40	14	24,20	339	311 … 368
	16	18,19	15	26,63	399	369 … 428
	17	17,12	16	28,76	460	429 … 492
292	15	19,47	14	24,07	337	309 … 366
	16	18,25	15	26,50	398	367 … 426
	17	17,18	16	28,65	458	427 … 490
293	15	19,53	14	23,93	335	307 … 364
	16	18,31	15	26,38	396	365 … 425
	17	17,24	16	28,53	456	426 … 488
300	16	18,75	15	25,50	338	353 … 411
	17	17,65	16	27,71	443	412 … 472
	18	16,67	17	29,67	504	473 … 538
301	16	18,81	15	25,38	381	351 … 410
	17	17,71	16	27,59	441	411 … 471
	18	16,72	17	29,56	502	472 … 536
302	16	18,88	15	25,25	379	349 … 408
	17	17,76	16	27,47	440	409 … 469
	18	16,78	17	29,44	501	470 … 535
305	16	19,06	15	24,88	373	343 … 402
	17	17,94	16	27,12	434	403 … 463
	18	16,94	17	29,11	495	464 … 529
306	16	19,13	15	24,75	371	341 … 400
	17	18,00	16	27,00	432	401 … 461
	18	17,00	17	29,00	493	462 … 527
307	16	19,19	15	24,63	396	339 … 398
	17	18,06	16	26,88	430	399 … 459
	18	17,06	17	28,89	491	460 … 525

4.9 Treppen

Verziehen von Treppen

Funktionalität und Bauweise eines Gebäudes fordern oft eine Abweichung von geradlinig verlaufenden Treppen. Auf alle von der Grundform (einläufig gerade Treppe) abweichenden Planungen sind ebenfalls die genannten Richtwerte und Planungsgrößen anzuwenden.

> DIN 18065 legt die **Toleranzen** für *s* und *a* mit maximal ± 0,5 cm fest. Bei gewendelten Treppen darf davon abgewichen werden.

Wird es erforderlich, eine Treppe durch Verziehen der Stufen zu wendeln, ergibt sich eine kreisbogenförmige Krümmung der Lauflinie. Die Auftrittsbreite erfährt weder im geraden Teilbereich der Lauflinie noch im gekrümmten eine Reduzierung. Keilförmige Auftritte ergeben sich im gewendelten Treppenbereich durch unterschiedliche Abmessungen an Innen- und Außenwange.

Die Stufen sind so zu verziehen, dass ein gleichförmiger Übergang entsteht. Um symmetrische Anordnung zu erzielen, sollte die Anzahl der zu verziehenden Stufen ungerade sein. Bei **viertelgewendelten Treppen** sind i.d.R. 7 Stufen, bei **halbgewendelten Treppen** 13 Stufen zu verziehen. Je größer die Anzahl der verzogenen Stufen, desto sicherer wird die Benutzung der Treppe.

DIN 18065 legt die **Anforderungen** fest:

- In Wohngebäuden mit bis zu zwei Wohnungen müssen Wendelstufen an der schmalsten Stelle der Innenwange einen Auftritt von $a' \geq 50$ mm, in allen übrigen Gebäuden einen Auftritt von $a' \geq 100$ mm aufweisen.
- Gemessen wird das Sehnenmaß, unabhängig ob Bogen- oder Winkelausführung vorliegt.
- Im geraden Teil eines gewendelten Treppenlaufes dürfen höchstens bis zu einer Länge von 3,5 Auftritten verzogene Stufen angeordnet werden.

Arbeitsschritte (zeichnerisches Verziehen)

- Umrisse der Treppe, Lauflinie, Treppenachse und Eckstufe einzeichnen
- Von der Eckstufe aus nach links und rechts die Auftrittsbreiten auf der Lauflinie antragen und nummerieren
- Vorder- und Hinterkante der Eckstufe verlängern ergibt den Punkt A auf der Treppenachse.
- Erste und letzte gerade Steigungslinie (2 und 11) festlegen und verlängern ergibt Punkt F.
- Strecke $\overline{AF}$ im Verhältnis 1 : 2 : 3 : 4 ... teilen ▶ S. 133 beim Verziehen von 9 Stufen mit 10 dazugehörigen Steigungslinien; **Anzahl der Teile** entspricht der Anzahl verzogener Steigungslinien, plus erste und letzte gerade Steigungslinie der Draufsicht.

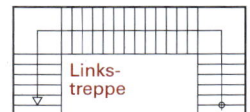
dreiläufige abgewinkelte Treppe mit Zwischenpodesten

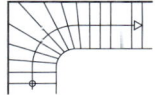
einläufige viertelgewendelte Treppe

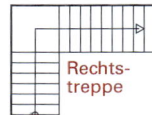
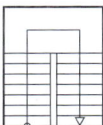
zweiläufige gewinkelte bzw. gegenläufige Treppe mit Zwischenpodest (links Viertelpodest, rechts Halbpodest)

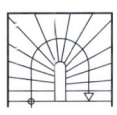
einläufige halbgewendelte Treppe

Wendeltreppe (volle Wendelung, Spindeltreppe)

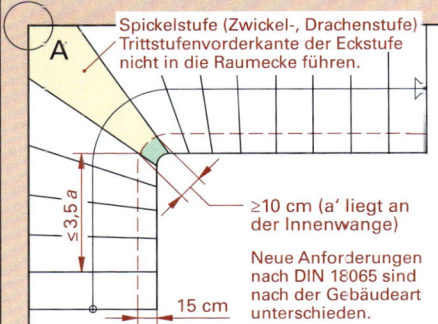
In der Praxis bewährte Konstruktion: Einläufige viertelgewendelte Treppe mit 15 Steigungen und 14 Auftritten

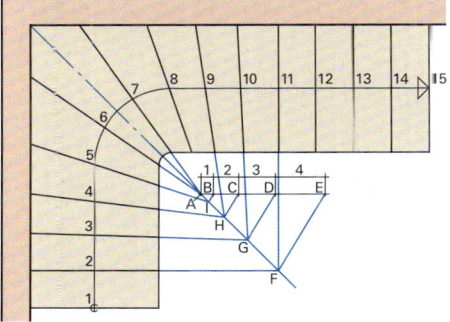
Konstruktives Verziehen einer einläufig viertelgewendelten Treppe nach der Verhältnismethode

4.9 Treppen

Verziehen von Treppen

Trittstufenverziehen nach der Winkelmethode

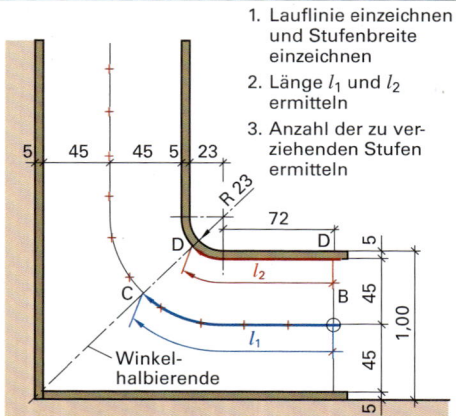

1. Lauflinie einzeichnen und Stufenbreite einzeichnen
2. Länge l_1 und l_2 ermitteln
3. Anzahl der zu verziehenden Stufen ermitteln

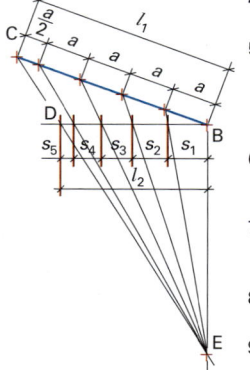

4. Aufriss für das Verziehen erstellen
5. l_2 auftragen (horizontale Achse), im Punkt B im ∢≈20° die Linie l_1 auftragen
6. auf A die Stufenanzahl und Breite auftragen
7. Punkt C mit Punkt E (durch Punkt D) verbinden
8. Stufenkante auf l_2 auftragen
9. Maße l_2 auf den Aufriss übertragen
10. Maße l_2 mit den Punkten auf der Lauflinie (Maße von l_1) verbinden
11. es ergibt sich die Stufenkante

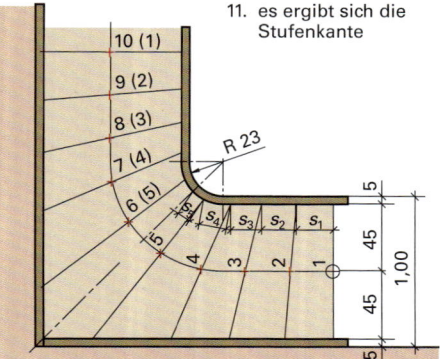

Trittstufenverziehen nach der Kreismethode

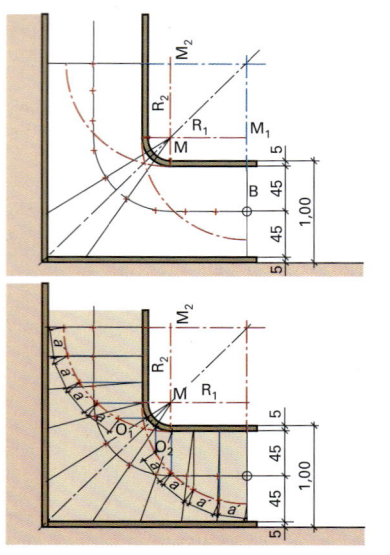

1. wie bei der Winkelmethode 1 … 4 ▶ vgl. links
5. die Schnittpunkte M_1 und M_2 markieren (Verlängerung der ersten und letzen geraden Stufe)
6. von den Punkten M_1 und M_2 je einen Viertelkreis schlagen
7. die Sprickelschnittpunkte am Krümmling werden auf die Bögen gelotet (Ende des Viertelkreises)
8. Bogenteillänge durch die Anzahl der Stufen teilen und einzeichnen
9. die Punkte winklig zur Wangeninnenseite loten
10. diese Punkte mit den Punkten auf der Lauflinie verbinden und nach außen verlängern
11. es ergibt sich die Stufenkante

Rechnerische Verziehung

y Faktor, der die Art der Wendelung angibt:
  bei viertelgewendelten Treppen 1
  bei halbgewendelten Treppen 2
  bei dreiviertelgewendelten Treppen 3
  bei voll gewendelten Treppen 4

b Abstand der Lauflinie von der Innenkante der Freiwange oder der 15-cm-Hilfslinie

a Auftrittsbreite einer nicht verzogenen Stufe

a' schmalste Auftrittsbreite in cm

m Anzahl der zu verziehenden Stufen

Schmalste Auftrittsbreite a'

$$a' = a - \frac{y \cdot b \cdot \pi}{m + 1} \quad \text{(Maße in cm)}$$

4.9 Treppen

Beispiel für die Berechnung gewendelter Treppen

Eine viertelgewendelte Treppe in einem Einfamilienhaus mit 14 Steigungen wird als Winkeltreppe ausgeführt. Es sind die Stufen 2 bis 8 zu verziehen. Die auszugleichende Differenz zwischen der Lauflinienlänge und der Innenwangenlänge entspricht der Differenz der Viertelkreise von Lauflinie und Innenwange:

$$\Delta l = \frac{\pi \cdot 2 \cdot r_g}{4} - \frac{\pi \cdot 2 \cdot r_i}{4} = \frac{\pi}{2}(r_g - r_i)$$

$$\Delta l = \frac{\pi}{2}(50 \text{ cm} - 15 \text{ cm}) = 55 \text{ cm} \qquad \frac{\Delta l}{16} = 3{,}44 \text{ cm}$$

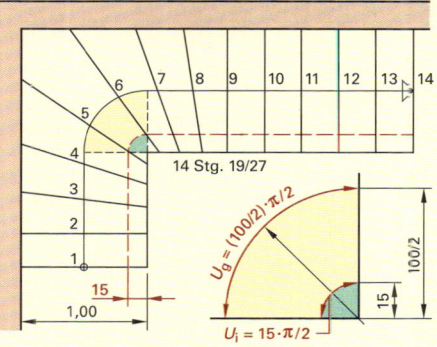

Stufe	Verjüngung um	
	einzeln	zusammen
5	4 Teile	4 Teile
4 und 6	je 3 Teile	6 Teile
3 und 7	je 2 Teile	4 Teile
2 und 8	je 1 Teil	2 Teile
7 Stufen verzogen		**16 Teile**

Die **Stufe 5** wird um $4 \cdot 3{,}44$ cm von 27 cm auf **13,2 cm** Randbreite verkürzt; die anderen Stufen entsprechend weniger verzogen (vgl. Formel ▶ S. 158).

$$a' = 27{,}0 \text{ cm} - \frac{1 \cdot 50{,}0 \text{ cm} \cdot \pi}{7+1} = 7{,}4 \text{ cm}$$

Konstruktion nach DIN zulässig.

Treppen-Lichtraumprofil, Maße und Benennung (DIN 18065)

Gehbereiche, Lauflinie

Die lichte Treppendurchgangshöhe richtet sich nach der Landesbauordnung bzw. der DIN.
Bei nutzbaren Laufbreiten bis 100 cm hat der Gehbereich eine Breite von 2/10 der Laufbreite und liegt im Mittelbereich der Treppen, Krümmungsradien der Begrenzungslinien des Gehbereiches müssen mindestens 30 cm betragen.
Bei Laufbreiten über 100 cm (außer Spindeltreppen) beträgt die Breite des Gehbereiches 20 cm. Der Abstand des Gehbereiches von der inneren Begrenzung der Laufbreite beträgt 40 cm.
Der Auftritt ist in der Lauflinie zu messen. Im Krümmungsbereich der Lauflinie ist der Auftritt gleich der Sehne, die sich durch die Schnittpunkte der gekrümmten Lauflinie mit den Stufenvorderkanten ergibt.
Die Lauflinie kann vom Planer bei Treppen mit gewendelten Läufen frei innerhalb des Gehbereiches gewählt werden. Sie ist stetig und hat keine Knickpunkte. Ihre Richtung entspricht der Laufrichtung der Treppe. Krümmungsradien der Lauflinie müssen mindestens 30 cm betragen. Nach höchstens 18 Stufen soll ein Zwischenpodest eingeplant werden.

Treppen-Lichtraumprofil

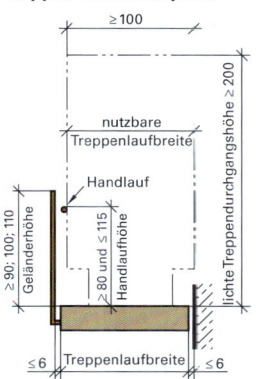

① Gebäude allgemein

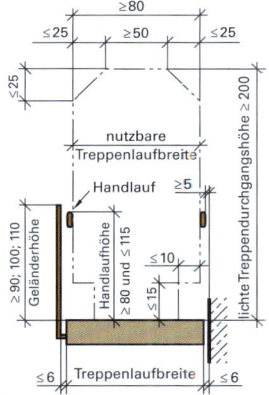

② Wohngebäude bis zu 2 Wohnungen und innerhalb von Wohnungen

Nutzbare Treppenlaufbreite (Gebäude allgemein)

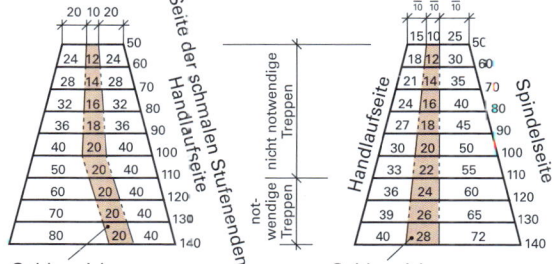

Diagramm des Gehbereichs für gewendelte Treppen

Diagramm des Gehbereichs für Spindeltreppen

4.9 Treppen

Beispiel Treppenhaus

Grundriss (Ausschnitt) M 1:50 - m, cm
Grundriss mit Lauflinie bei 2 Etagen

Schnitt A–A M 1:50 - m, cm

Treppengeländer und Treppenhandläufe (DIN 18065 und LBO)

Treppengeländer sind als Abschluss freier Treppen vorgeschrieben und bestehen aus **Handlauf** und **Geländerfüllung**. Die lotrechte Höhe des Handlaufes muss mindestens 90 cm betragen, gemessen von der vorderen Kante der Trittstufe. Senkrechte Geländerfüllungen dürfen einen lichten Abstand von 12 cm nicht überschreiten. In Treppenneigung verlaufende Geländerfüllungen dürfen untereinander einen maximalen Abstand von 12 cm nicht überschreiten.
Ein Treppengeländer mit $H > 115$ cm benötigt einen gesonderten, tieferliegenden Handlauf.

Handlaufunterbrechungen bei gewendeten Treppen
weiterführender Handlauf ①; mindestens auf gleicher Höhe mit ankommendem Handlauf ②; generell sollen Handläufe durchgehend ausgeführt werden.

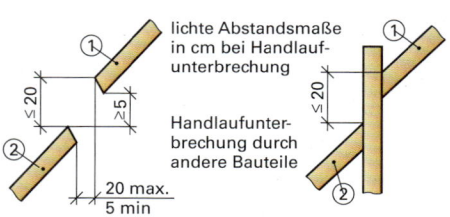

lichte Abstandsmaße in cm bei Handlaufunterbrechung

Handlaufunterbrechung durch andere Bauteile

Gebäudearten		Absturzhöhe	Treppengeländerhöhe H
Gebäude allgemein	Gebäude, die nicht der Arbeitsstättenverordnung unterliegen	≤ 12 m	≥ 90 cm[1]
	Arbeitsstätten	≤ 12 m	≥ 100 cm[2]
	für alle Gebäudearten	> 12 m	≥ 110 cm
Wohngebäude mit bis zu 2 Wohnungen und innerhalb von Wohnungen		≤ 12 m	≥ 90 cm
		> 12 m[3]	≥ 110 cm[2]

[1] nach Bauordnungsrecht
[2] nach Arbeitsstättenrecht (ASR A1.8)
[3] bei Treppenaugenbreite < 20 cm gelten die Anforderungen nach dem Bauordnungsrecht

Alle Treppen mit mehr als 3 Stufen müssen an freien Stellen mit Geländer versehen sein.

Maßliche Anforderungen

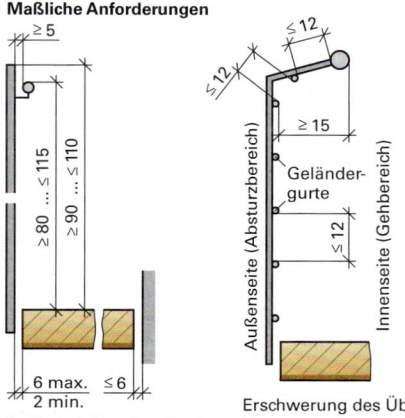

Geländerhöhe, Handlaufhöhe und seitliche Abstände

Erschwerung des Überkletterns bei waagerechten Geländergurten

Inhaltsverzeichnis

5 BAUPHYSIK/BAUTENSCHUTZ

Polyurethan (PUR/PIR)-Hartschaum
Flachdachdämmplatte Typ DAA dh
(DIN 4108-10)
mit Mineralvlieskaschierung

Format:
1200 x 600 mm (Außenmaß)
1185 x 585 mm (Einbaumaß)
6 Platten:
Außenmaß: 4,32 m²
Einbaumaß: 4,16 m²

Bemessungswert Wärmeleitfähigkeit λ = 0,028 W/(m·K) (WLS 028, nur für D)	Dicke
Brandklasse: B2 (DIN 4102)	**80** mm

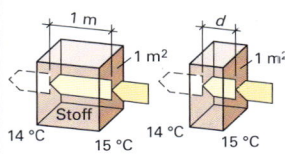

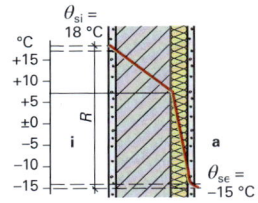

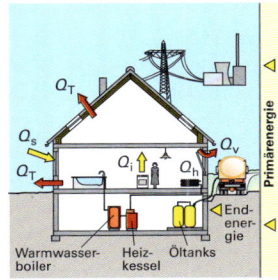

Mensch – Umwelt – Gesundheit – Behaglichkeit	162
5.1 Dämmstoffe, Dichtungsstoffe und Sperrstoffe	**163**
■ Herstellungsnorm ■ Brandverhalten	163
■ Güteüberwachung	163
■ Anorganische und organische Dämmstoffe	164
■ Bitumenhaltige Abdichtungsstoffe	164
■ Kunststoffdichtungsbahnen	164
■ Abdichtungsmaterialien ■ Dampfsperren	164
■ Anwendungsgebiete von Dämmstoffen	164
■ Wärmeschutztechnische Rechenwerte	165
■ Wärmedämmstoffe	167
5.2 Wärmeschutz	**168**
5.2.1 Physikalische Grundlagen	168
5.2.2 Wärmetechnische Mindestanforderungen	169
■ Luftschichten ■ Temperaturverlauf	170
■ Einzelbauteile ■ Beispiele	171
5.2.3 Wärmebrücken	174
5.2.4 Anforderungen an den Wärmeschutz im Sommer	175
5.3 Energieeinsparverordnung EnEV	**176**
■ Ausführung des Referenzrahmens	177
■ Anlagenaufwandszahl	179
■ Zusammenstellung der Berechnungsgrößen	181
■ Vergleich EnEV 2009 zu EnEV 2014	182
■ Energieausweis für Neubauten	184
5.4 Feuchteschutz und Tauwasserschutz	**188**
5.4.1 Bauliche Schutzmaßnahmen	188
■ Außenwasser ■ Innenwasser	188
■ Bauwerksabdichtungen ■ Drainage	189
5.4.2 Klimabedingter Feuchtigkeitsschutz	191
■ Feuchteschutztechnische Grundlagen	191
5.4.3 Feuchteschutztechnische Rechenwerte	192
5.4.4 Feuchteschutztechnische Berechnungen	196
■ Diffusionsberechnungen	197
■ Glaser – Diagramm	197
■ Beweisführung nach dem Glaser-Verfahren	198
5.4.5 Schimmelbildung	200
■ Definition ■ Biologische Voraussetzung	200
■ Ursachen ■ Methoden der Probenahme	201
5.5 Schallschutz	**202**
■ Schallschutztechnische Grundbegriffe	202
■ Außenlärmpegel und Baulärm	203
■ Schalldämmung bei Fenstern/Decken/Wänden	204
■ Anforderungen an den baulichen Schallschutz	205
■ Bewertetes Schalldämm-Maß	207
5.6 Brandschutz	**209**
■ Baustoff- und Feuerwiderstandsklassen	209
■ Gebäudeklassen	210
■ Klassifizierungen, Brandwände	211
■ Brandverhalten von Betonbauteilen	212
■ Brandverhalten von gemauerten Wänden	212
■ Brandverhalten von Stahlbauteilen	213
■ Brandverhalten von Holzbalkendecken	214
■ Brandverhalten von nichttragenden Wänden	215
■ Feuerschutzabschlüsse	217
■ Flucht- und Rettungswege	218

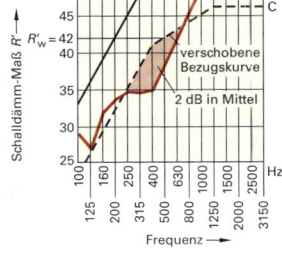

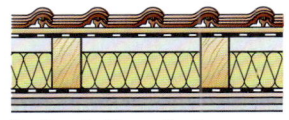

Dachkonstruktion mit unterer Beplankung aus Gipsplatten

5 BAUPHYSIK/BAUTENSCHUTZ

Wärmeschutz dämmen	DIN 4108-2: 2013-02	Mindestanforderungen an den Wärmeschutz
	DIN 4108-Bbl. 2: 2006-03	Wärmeschutz, Wärmebrücken
	DIN EN ISO 10211: 2008-04	Wärmebrücken
	DIN EN ISO 12567: 2010-02	Wärmetechnisches Verhalten von Fenstern und Türen
	DIN EN ISO 13788: 2013-05	Wärme- und feuchtetechnisches Verhalten, Berechnungsverfahren
Wärmedämmstoffe EnEV	DIN EN ISO 6946: 2008-04	Berechnungsverfahren Wärmedurchlasswiderstand
Feuchtigkeitsschutz	DIN 4108-3: 2014-11	Klimabedingter Feuchteschutz
	DIN 4108-4: 2013-02	Wärme- und feuchtetechnische Werte
	DIN EN 12524 zurückgezogen	Baustoffe, wärme- und feuchtetechnische Bemessungswerte
	DIN EN 13162: 2015-03	Wärmedämmstoffe für Gebäude, Mineralwolle
sperren, abdichten Abdichtungsmittel Abdichtungsstoffe	DIN EN 13163: 2015-04	Wärmedämmstoffe für Gebäude, aus expandiertem Polystyrol (EPS)
Schallschutz Akustik	DIN 4109: 2016-07/2018-01	Schallschutz im Hochbau
	DIN ISO 9613-1: 1999-10	Akustik, Dämpfung des Schalls
	DIN 18005-1: 2002-07	Schallschutz im Städtebau
	Bundesimmissionsschutzgesetz	16. BImSchV
dämmen, absorbieren Schallabsorption Schalldämmung	DIN EN ISO 10140-1,2,3,4,5	Akustik
	DIN 4109-Bbl.: 2010-12	Ausführungsbeispiele
	DIN 18041: 2004-05	Hörsamkeit in Räumen
	VDI-Richtlinie: 1987-10	Schallschutz von Außenbauteilen
Brandschutz Landesbauordnungen	Bauregelliste A, B	Deutsches Institut für Bautechnik
	Sonderheft 31	Deutsches Institut für Bautechnik
	DIN 4102-Normreihe	Brandverhalten von Baustoffen und Bauteilen, Begriffe, Anforderungen
	DIN EN 13501-2: 2016-02	Klassifizierung von Brandverhalten
	Musterbauordnung MBO	Ergänzende Anforderungen
Ausführungsbeispiele	Durchführungsanforderungen	spezifische Anforderungen veröffentlicht unter: www.is-argebau.de

Wirkung der bauphysikalischen Einflüsse auf den Menschen

Schallschutz	Brandschutz	Wärmeschutz im Sommer
Wärmeschutz im Winter	*Mensch*	Feuchteschutz
Unfallverhütungsvorschriften	Bauchemie	Gefahrstoffe im Bauwesen

Raumklimakomponenten

Temperatur der Umschließungsflächen	Luftbewegung	Kleidung, Tätigkeitsgrad
Luftfeuchtigkeit	*Behaglichkeit*	Licht, Beleuchtung
Heizungsflächen	Luftqualität CO_2-Gehalt	Lärm, Schallschutzakustik

Die **Behaglichkeit** ist eine wesentliche Größe bei der Optimierung des Raumklimas an Arbeitsplätzen in Büros, Praxen, öffentlichen Gebäuden und Produktionswerkstätten. Dabei sind gesetzliche Vorschriften einzuhalten, u.a. um eine möglichst hohe Zufriedenheit bei den Mitarbeitern zu erreichen. Die Behaglichkeit in Wohnungen ist nicht geregelt. Es gibt keinen thermischen Raumzustand, mit dem zeitgleich alle anwesenden Personen zufrieden sind, da die Empfindungsmechanismen für Wärme und Kälte verschieden sind.

Behaglichkeit kann mithilfe folgender Begriffe thematisiert werden:
Raumtemperatur, Luftfeuchte, Oberflächentemperatur, Fußwärme, ungleichseitige Wärmebelastung, Speicherfähigkeit der raumumschließenden Bauteile des Gebäudes, Zugluft, Wasseraufnahmefähigkeit der raumumschließenden Bauteile des Gebäudes.

5 BAUPHYSIK/BAUTENSCHUTZ

5.1 Dämmstoffe, Dichtungsstoffe und Sperrstoffe

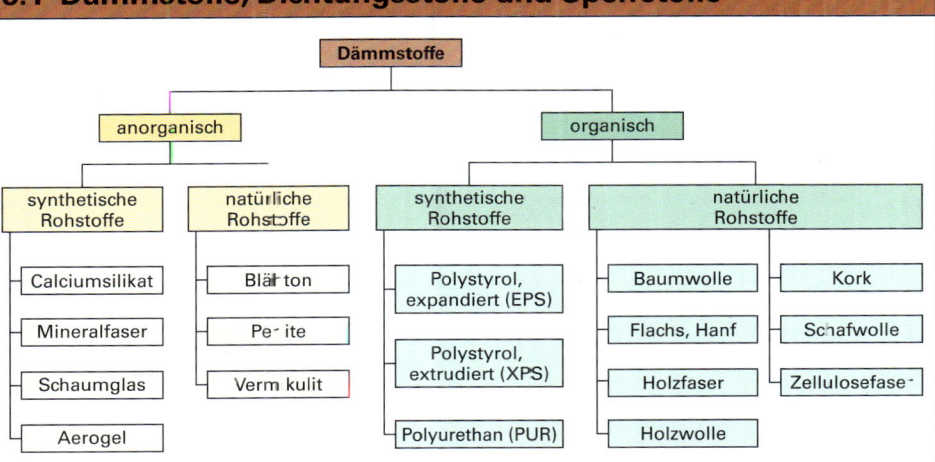

In der Bautechnik und in der Holztechnik dürfen nur genormte oder bauaufsichtlich zugelassene Dämm-, Dichtungs- und Sperrstoffe verwendet werden. Die Baustoffe sind auszuzeichnen:

- Herstellungsnorm
- Baustoffklasse hinsichtlich Brandverhalten
- Güteüberwachung

Baustoff	Verwendung	Eigenschaften Brandverhalten	Bestandteile Herstellungsnorm
Anorganische Dämmstoffe		A_1, A_2 nicht brennbar	B brennbar
Blähperlit $\mu = 3 ... 5$	Leichtzuschlag für feuerdämmende Ummantelung	hitze-, alterungs-, säurebeständig, **porig**, A1, B1, B2	Abfallglimmer
Schaumglas Foamglas dampfdicht	Wärmedämmung, Feuchtigkeitsschutz, Dachdämmung	unbrennbar, korrosionsbeständig, **porig** A1 (ohne Kaschierung)	aufgeschäumtes Glas [DIN 18174]
Mineralische und pflanzliche Faserdämmstoffe $\mu = 1 ... 2$ μ Wasserdampf-Diffusionswiderstandszahl	als loser Füllstoff zum Ausstopfen von Hohlräumen zur Wärmedämmung, als trittfeste Platten zur Wärme- und Trittschalldämmung unter schwimmendem Estrich, Wanddämmung	schallschluckend, wärmedämmend, nicht brennbar, fäulnisfest, **faserig** A1 oder A2 oder B1 Dickenabweichung bis 15 mm beachten	dünne Fasern aus geschmolzenem Glas, Mergel, Hochofenschlacke [DIN 18165] [DIN 18165-2 neu] [ ] Norm zurückgezogen
Organische Dämmstoffe			
Polystyrol-Hartschaum (PS) (einschl. Extruder- und Partikelschaum) (Schaumkunststoffe) $\mu = 20/250$	Wärmedämmung, Trittschalldämmung, Dachdämmung	maßhaltig, verrottungsfest, entflammbar oder schwer entflammbar, wasserabweisend, **porig** B1	aus Rohöl und Treibmitteln zu Platten geformt [DIN 18164] [DIN 18164-2 neu]
Polyurethan-Hartschaum (PUR) $\mu = 40/200$	Flachdachwärmedämmung	elastisch bei Temperaturschwankungen, alterungsbeständig, **porig** B1 oder B2	mit oder ohne beidseitig gasdiffusionsdichte Deckschichten [DIN 18164]
Polyisocyanurat (PIR)	Sanierungsbaustoff, Dachdämmung	ähnlich dem Polyurethan	Hartschaumplatte
Korkdämmstoffe (Korkplatten) $\mu = 5 ... 10$	Dachdämmung, Körperschalldämmung, Wanddämmung	fäulnisfest, elastisch, oft imprägniert, **faserig** B2	zu Granulat gemahlene Korkrinde [DIN 18161]
Holzwolle-Leichtbauplatten (Holzfaserplatten) $\mu = 2/5$	Wärmedämmung, verlorene Schalung, Putzträger	saugend, schwer entflammbar, schallschluckend, nicht wetterfest, biegefest B1 (ab 25 mm Dicke)	Nadelholzwolle und mineralisches Bindemittel DIN 1101 DIN EN 13168
Mehrschichtige Leichtbauplatten (Verbundbauplatten) $\mu = 20/50$	Vorsatzschale, leichte Trennwände, Putzträger	saugend, schwer entflammbar, nicht wetterbeständig B1	Kern aus Schaumkunststoff mit ein oder zwei Holzwolle-Leichtbauplatten DIN 1104, DIN 18184

5.1 Dämmstoffe, Dichtungsstoffe und Sperrstoffe

Baustoff	Verwendung und Eigenschaften	Bestandteile Herstellungsnorm
Bitumenhaltige Abdichtungsstoffe		
reines Bitumen Bitumen mit Kunststoff Bitumen mit Füllstoff Der Ausdruck „bituminöse Stoffe" soll zukünftig nicht mehr verwendet werden. Neuer Begriff: bitumige Stoffe.	senkrechte Abdichtungen nach DIN 18195 und bei Decken und Dächern	durch Destillation von Erdöl
	als **Lösung oder Emulsion** entweder als Voranstrich einmal kalt und zweimal heißflüssiger Deckanstrich oder als Voranstrich einmal kalt und dreimal kaltflüssiger Deckanstrich	
	als **Spachtelmasse** einmal Voranstrich und zweimal Spachtelmasse	
nackte Bitumenbahnen Bitumendachbahnen (einschließlich Dichtungsbahnen)	als **fabrikfertige Bitumenbahnen** einmal Voranstrich und eine Lage Bahn mit heißer Klebemasse aufbringen, bei nackten Bitumenbahnen ein zusätzlicher Bitumenanstrich	Rohfilzpappe, Quadratmetergewicht 333 g/m² oder 500 g/m² [DIN 52128], DIN 52129, [DIN 52130 und DIN 18190]
Bitumenschweißbahnen	können im Schweißverfahren aufgebracht werden	Jutegewebe oder Glasgewebe mit Bitumen getränkt [DIN 52131]
Abdichtungen mit Kunststoffdichtungsbahnen		
Ethylencopolymerisat-Bitumen (ECB)	senkrechte Abdichtungen nach DIN 18195 und bei Dächern	[DIN 16729]
PVC-Weichbahnen	bitumenverklebe oder mechanisch eingebrachte Bahnen	[DIN 16735]
Polyisobutylen-Bahnen (PIB)	Wandflächen (auch Dachflächen) heiß vorstreichen und mit heiß zu verarbeitender Klebemasse im Flämmverfahren aufbringen, Warm- oder Quellschweißen, geschlossene Außenhaut	[DIN 16735]
Abdichtungsmaterialien		
bauaufsichtlich zugelassene mineralische **Dichtungsschlämme**	senkrechte Abdichtung nach DIN 18195	bauaufsichtliche Zulassung lieferfirmenabhängig
	streich- oder spachtelfähige Masse wird auf geeignete Grundierung oder Voranstrich aufgetragen	
Sperrmörtel	als Sperrputz wasserabweisend und dicht	DIN 18550
Sperrbeton	Beton mit hohem Wassereindringwiderstand, dessen Wirkung durch geeignete Zusammensetzung, gute Verarbeitung und Verwendung von Betonzusatzmitteln als WU-Beton definiert ist	DIN 1045-2, [DIN 4117], DIN 1047
Mauerwerk	als Ersatz für eine o.g. Abdichtung im Bereich der sichtbaren Außenwand (Sockel)	DIN EN 1996-1-1/NA, DIN 105 KMz in Mörtelgruppe III
Bitumendachbahnen Dichtungsbahnen für Bauwerksabdichtungen	waagerechte Abdichtungen nach DIN 18195	Trägerbahn aus Rohfilzpappe, Jutegewebe oder Kunststofffaser, auch Aluminium- oder Kupferfolien
	die Auflageflächen sind mit Mörtel der Mörtelgruppe II oder III abzugleichen	
Dampfsperren		
Vaporex normal, bituminiert, besandet, $\mu = 31\,200$	bei innenseitiger Wärmedämmschicht in Feuchträumen aufkleben mit Kunstharzkleber	Fertigung in Bahnen oder Planen. Durch Schmelzprozesse von Glas, Kunststoff, Bitumen oder Metall entstandene dichte Stoffe. Dampfsperren sind Schichten mit $s_d \geq 100$ m. PE-Folien mit $d = 1,2$ mm und $\mu \geq 100\,000$. Al-Folien mit $d = 1,0$ mm sind praktisch dampfdicht. **Hilfsstoffe** aus Ölpapier, Rohglasvlies, Vliese aus Chemiefasern, PE-Folie und Lochglasvlies-Bitumenbahnen werden für Trennschichten und Trennlagen verwandt.
Vaporex super	Sperrschicht aus Aluminiumfolie und zwei Kunststofffolien, bituminiert und besandet, bei Räumen, die hohe Raumluftfeuchte erwarten lassen und für die gleichzeitig Dampfdichtheit zu fordern ist	
Nepa-Dampfbremse PVC-Folie	im Fertighausbau und bei Leichtbaukonstruktionen, kleben, einspannen oder nageln, alterungsbeständig	
Polyethylenfolie	bei Dächern, Decken und Außenwänden, kleben einspannen oder nageln, alterungsbeständig	
Aluminiumfolie	bei Dächern und Außenwänden, praktisch dampfdicht, einlagig aufkleben, oft als Kaschierung auf Wärmedämmmatten, alterungsbeständig	

5.1 Dämmstoffe, Dichtungsstoffe und Sperrstoffe

Wärmeschutztechnische Rechenwerte

Rechenwerte der Wärmeleitfähigkeit von Baustoffen, Bauteilen und Luftschichten nach DIN 4108-4, DIN EN 12524 und DIN EN 10456. Bemessungswerte sind auch den technischen Produktspezifikationen, den Landesbauordnungen oder der Bauregelliste A Teil 1 zu entnehmen. Es ist jeweils der für die Baukonstruktion ungünstigste Wert einzusetzen. Bzgl. der μ-Werte ist ▶ Kapitel 5.4.2 zu beachten.

Nr.	Baustoff, Bauteil	Rohdichte ϱ kg/m³	Wärmeleitfähigkeit λ W/(m·K)	μ
1	**Stapelgüter, Metalle, Lagerstoffe**			
1.1	Aluminium	2800	160	pdd[1]
1.2	Blei	11300	35	pdd[1]
1.3	Kupfer	8900	380	pdd[1]
1.4	Messing	8400	120	pdd[1]
1.5	Nickel	8900	59	pdd[1]
1.6	Stahl	7800	50	pdd[1]
1.7	Zink	7200	110	pdd[1]
1.8	Boden, feucht	≤1800	1,50	50
1.9	Lehmbaustoff [1] pdd: praktisch dampfdicht	500 / 700 / 1000	0,14 / 0,21 / 0,35	5/10
1.10	Naturglas, Floatglas	2500	2,00	pdd[1]
1.11	Kunststein	1750	1,30	40/50
1.12	Blähperlite	≤100	0,06	9
1.13	Blähglimmer	≤100	0,07	3
1.14	Blähton, Blähschiefer	≤400	0,16	3
1.15	Hüttenbims	≤600	0,13	3
1.16	Schaumlava	≤1200	0,22	3
2	**Putz-, Mauermörtel und Estrich**			
2.1	Zementmörtel	(2000)	1,60	15/35
2.2	Mauernormalmörtel NM	(1800)	1,20	15/35
2.3	Dünnbettmauermörtel DM	(1600)	1,00	15/35
2.4	Leichtmörtel LM 36	≤1000	0,36	15/35
2.5	Leichtmörtel LM 21	≤700	0,21	15/35
2.6	Leichtmauermörtel	400 / 700 / 1000	0,14 / 0,25 / 0,38	5/20
2.7	Zementestrich	2000	1,40	15/35
2.8	Magnesia-Estrich	1400 / 2300	0,47 / 0,70	15/35
2.9	Anhydrit-Estrich	2100	1,2	15/35
2.10	Kalk-, Kalkzementputz	(1800)	1,00	15/35
2.11	Kalkgipsputz	(1400)	0,70	10
2.12	Gipsputz	(1200)	0,51	10
2.13	Kunstharzputz	(1100)	0,70	50/200
3	**Fußbodenbeläge**			
3.1	Korkfußboden	>400	0,065	20/40
3.2	Kunststofffußboden (PVC)	1500	0,23	1000
3.3	Filzunterlage	120	0,05	10000
3.4	Teppichboden	200	0,06	5
3.5	Linoleum	1200	0,17	800/1000
3.6	Asphaltmastix	2000	0,70	50000

( ) – Werte dienen nur zur Ermittlung der flächenbezogenen Masse

Zusätzliche Werte – aber nicht nach DIN 4108 festgelegt

Spanplatten
Flachpressplatte DIN EN 312
Strangpressplatte DIN EN 312
Plattentypen V 20, V 100, V 100 G
$\lambda = 0{,}13$ W/(m·K) $\mu = 50/100$
$\lambda = 0{,}29$ W/(m·K)   (Platteneber e)

Bau-Furniersperrholz
nach DIN EN 635
Plattentypen BFU 20, 100, 100 G
$\lambda = 0{,}15$ W/(m·K) $\mu = 50/400$

Holzfaserplatten
harte Platten $\lambda = 0{,}17$ W/(m·K)
$\varrho = 900$ kg/m³ ... 1100 kg/m³
poröse Platten
$\lambda = 0{,}06$ W/(m·K) $\varrho = 300$ kg/m³
$\lambda = 0{,}07$ W/(m·K) $\varrho = 400$ kg/m³
nach DIN EN 316 $\mu = 5$
λ in WLG 040 bis 070

Formelzeichen
Wasserdampfdiffusionswiderstandszahl μ
Rohdichte ϱ
Wärmeleitfähigkeit λ
Temperaturdehnzahl α_ϑ
Elastizitätsmodul E

Erläuterungen
Temperaturdehnzahl mm/(m·K)
- wird auch Längenausdehnungskoeffizient genannt
- hier in mm pro Meter Länge und einer Temperaturdifferenz von 1 K ≙ 1 °C angegeben

Elastizitätsmodul N/mm²
- nur in den DIN-Vorschriften der jeweiligen Baustoffe angegeben
- bei Holz (DIN 1052, EC 5) ist parallel ∥ und quer ⊥ zur Faser zu unterscheiden
- bei Mauerwerk ist die Steinart, Steinfestigkeit und die Mörtelgruppe zu berücksichtigen

Rohdichte kg/m³
- kg/m³ volumenbezogen
- dient zur Ermittlung der flächenbezogenen Masse in kg/m²

Wärmeleitfähigkeitsgruppe
- WLG 025, entspricht 0,025 W/(m·K)
- Abstand in 0,005er Schritten

5.1 Dämmstoffe, Dichtungsstoffe und Sperrstoffe

Nr.	Baustoff, Bauteil	Rohdichte ϱ kg/m³	Wärmeleitfähigkeit λ W/(m·K)	μ	Nr.	Baustoff, Bauteil	Rohdichte ϱ kg/m³	Wärmeleitfähigkeit λ W/(m·K)	μ
4	**Beton, Betonbauteile**				**6**	**Mauerwerk** (Fortsetzung)			
4.1	Leichtbeton, Beton	1800 2000 2400	1,15 1,35 2,00	60/100 60/100 80/130	6.6	Hüttensteine	1000 1200 1400 1600	0,47 0,52 0,58 0,64	70/100
4.2	Stahlbeton	2400	2,3 ... 2,5	80/130	6.7	Porenbeton, Plansteine	350 450 550 650	0,11 0,15 0,18 0,21	5/10
4.3	Leichtbeton mit geschl. Gefüge (Zwischenwerte können interpoliert werden)	800 1000 1200 1400 1600 2000	0,39 0,49 0,62 0,79 1,00 1,60	70/150	6.8	Betonsteine, Hohlblöcke in NM λ bei Leichtbaumörtel LM 36 verringern um 0,03 W/(m·K)	450 500 550 650 1400 1600	0,28 0,30 0,31 0,34 ≤ 0,72 0,76	5/10
4.4	Porenbeton, dampfgehärtet	400 500 600 700 1000	0,13 0,15 0,19 0,22 0,31	5/10	6.9	Betonsteine, Vollblöcke in NM λ bei Leichtbaumörtel LM 36 verringern um 0,03 W/(m·K)	450 500 600 700 800 1000	0,18 0,20 0,22 0,25 0,27 0,32	5/10
5	**Leichtbeton** mit haufwerksporigem Gefüge				**7**	**Dichtungsbahnen, Abdichtungsstoffe** ▶ S. 311			
5.1	Leichtbeton, nicht porige Zuschläge	1600 1800 2000	0,81 1,10 1,40	3/10 3/10 5/10	7.1	Bitumendachbahn	1200	0,17	10000
5.2	Leichtbeton, porige Zuschläge ohne Quarzsand	600 800 1000 1200 1400 1600	0,22 0,28 0,36 0,46 0,57 0,75	5/15	7.2	Nackte Bitumenbahn	1200	0,17	2000/ 20000
					7.3	Kunststoffdachbahn	–		50000
5.3	Leichtbeton aus Blähton	500 700 900 1000 1400 1600	0,16 0,23 0,30 0,35 0,55 0,68	5/15	7.4	Glasvlies-Bitumendachbahn	–	0,17	50000/ 75000
					7.5	Kunststoffdachbahn ECB	–		70000/ 90000
6	**Mauerwerk** einschließlich Mörtelfugen				7.6	Kunststoffdachbahn PVC-P	–		10000/ 30000
6.1	Vollklinker, Hochlochklinker	1800 2000 2200	0,81 0,96 1,20	50/100	7.7	PTFE-Folie $d \geq 0,05$ mm	–		10000
6.2	Vollziegel, Hochlochziegel, Füllziegel	1200 1400 1600 1800	0,50 0,58 0,68 0,81	5/10	7.8	PE-Folie $d \geq 0,05$ mm	–		50000
					7.9	PP-Folie $d \geq 0,05$ mm	–		1000
6.3	Hochlochziegel mit Lochung A, B λ bei Leichtbaumörtel verringern um 0,05 W/mK	550 600 650 700 800 900 1000	0,32 0,33 0,35 0,36 0,39 0,42 0,45	5/10	**8**	**Holz und Holzwerkstoffe/Gipsbauplatte**			
					8.1	Konstruktionsholz	500 700	0,13 0,18	20/50 50/200
					8.2	Sperrholz	300 500 700	0,09 0,13 0,17	50/150 70/200 90/220
6.4	Wärmedämmziegel WDz oder LD-Ziegel	550 650 750 850	0,19 0,20 0,22 0,23		8.3	Zementgebundene Spanplatte	1200	0,23	30/50
					8.4	Spanplatte	300 600 900	0,10 0,14 0,18	10/50 15/50 20/50
6.5	Kalksandsteine	1000 1200 1400 1600 1800 2000 2200	0,50 0,56 0,70 0,79 0,99 1,10 1,30	5/10 15/25	8.5	OSB-Platte	650	0,13	30/50
					8.6	Holzfaserplatten einschl. MDF	250 400 600	0,07 0,10 0,14	3/5 5/10 12/20
					8.7	Gipsbauplatte	800	0,25	4/10

5.1 Dämmstoffe, Dichtungsstoffe und Sperrstoffe

Wärme- und feuchteschutztechnische Bemessungswerte (Wärmedämmstoffe)

Die Wärmedämmstoffe sind nach DIN EN 13162 bis DIN EN 13171 aufgelistet. Der λ-Nennwert wird in Stufen von 0,001 W/(m·K) angegeben und mit einem Sicherheitswert von 1,2 multipliziert (Nennwert λ × Sicherheitswert 1,2 = Bemessungswert λ_D). Die Dämmfähigkeit wird durch die Wärmeleitgruppe (WLG) ▶ S. 165 oder die Wärmeleitstufe (WLS) gekennzeichnet. Für die noch vorhandenen (wenigen) deutschen Produktnormen gilt weiterhin WLG = Bemessungswert.

Nr.	Dämmstoff	Nennwert λ W/(m·K)	Bemessungswert λ_D	μ
D1	Mineralwolle (**MW**) nach DIN EN 13162	0,030 0,031 ... 0,050	0,036 0,037 ... 0,060	1
D2	Expandierter Polystyrolschaum (**EPS**) nach DIN EN 13163	0,030 0,031 ... 0,050	0,036 0,037 ... 0,060	20/100
D3	Extrudierter Polystyrolschaum (**XPS**) nach DIN EN 13164	0,026 0,027 ... 0,040	0,031 0,032 ... 0,048	80/250
D4	Polyurethan-Hartschaum (**PUR**) nach DIN EN 13165	0,020 0,021 ... 0,040	0,024 0,025 ... 0,048	40/200
D5	Phenolharz-Hartschaum (**PF**) nach DIN EN 13166	0,020 0,021 ... 0,035	0,024 0,025 ... 0,042	10/60
D6	Schaumglas (**CG**) nach DIN EN 13167	0,038 0,039 ... 0,055	0,046 0,047 ... 0,066	dampfdicht
D7	Holzwolleplatten (**WW**) nach DIN EN 13168	0,060 0,061 ... 0,100	0,072 0,073 ... 0,120	2/5
D8	(**WW-C**) Holzwolle-Mehrschichtplatten mit expandiertem Polystyrolschaum (**EPS**) nach DIN EN 13163	0,030 0,031 0,032 0,033 ... 0,050	0,036 0,037 0,038 0,040 ... 0,060	20/50
D9	(**WW-C**) Holzwolle-Mehrschichtplatten mit Mineralwolle (**MW**) nach DIN EN 13162	0,030 0,031 0,032 ... 0,050	0,036 0,037 0,038 ... 0,060	1
D10	Blähperlit (**EPB**) nach DIN EN 13169	0,045 0,046 ... 0,065	0,054 0,055 ... 0,078	5
D11	Expandierter Kork (**ICB**) nach DIN EN 13170	0,040 0,041 ... 0,055	0,049 0,050 ... 0,067	5/10
D12	Holzfaserdämmstoff (**WF**) nach DIN EN 13171	0,032 0,033 ... 0,060	0,043 0,044 ... 0,072	5

Produkteigenschaft	Kurzzeichen	Beschreibung
Druckbelastbarkeit	dk	keine Belastbarkeit
	dg	geringe Belastbarkeit
	dm	mittlere Belastbarkeit
	dh	hohe Belastbarkeit
	ds	sehr hohe Belastbarkeit
	dx	extrem hohe Belastbarkeit
Wasseraufnahme	wk	keine Anforderung
	wf	durch flüssiges Wasser
	wd	durch flüssiges Wasser und/oder Diffusion
Zugfestigkeit	zk	keine Anforderung
	zg	geringe Anforderung
	zh	hohe Anforderung
schalltechnische Eigenschaften	sk	keine Anforderung Zusammendrückbarkeit
	sh	erhöht
	sm	mittel
	sg	gering
Verformung	tk	keine Anforderung
	tf	Stabilität unter Feuchte und Temperatur
	tl	Last und Temperatur

Anwendungsgebiete ▶ S. 171

Decke und Dach	DAD	Außendämmung von Dach oder Decke, vor Bewitterung geschützt, Dämmung unter Deckung
	DAA	Außendämmung unter Abdichtungen
	DUK	Außendämmung, der Bewitterung ausgesetzt (Umkehrdach)
	DZ	Zwischensparrendämmung, zweischaliges Dach, nicht begehbare, oberste Geschossdecken
	DI	Innendämmung der Decke (unterseitig) oder des Daches, Dämmung unter den Sparren/Tragkonstruktion, abgehängte Decke usw.
	DEO	Innendämmung der Decke oder Bodenplatte (oberseitig) unter Estrich ohne Schallschutzanforderungen
	DES	Innendämmung mit Schallschutzanforderungen
Wand	WAB	Außendämmung der Wand hinter Bekleidung
	WAA	Außendämmung der Wand hinter Abdichtung
	WAP	Außendämmung der Wand unter Putz
	WZ	Dämmung von zweischaligen Wänden
	WH	Dämmung von Holzrahmen- und Holztafelbauweise
	WI	Innendämmung der Wand
	WTH	Dämmung zwischen Haustrennwänden mit Schallschutzanforderungen
	WTR	Dämmung von Raumtrennwänden

5 BAUPHYSIK/BAUTENSCHUTZ

5.2 Wärmeschutz

Der **Wärmeschutz im Hochbau** soll unter Berücksichtigung wechselnder klimatischer Einflüsse
- für das Wohlbefinden der Menschen in den Wohngebäuden sorgen,
- die Bewirtschaftungskosten (Heizkosten) der Bauten mindern und
- Feuchtigkeitsschäden (z.B. Schimmel) infolge von Tauwasser (Kondenswasser-Niederschlag) an den Innenseiten der Außenwände verhindern.

Für unsere Gesundheit ist das physische Wohlbefinden (Behaglichkeit) eine wichtige Voraussetzung. Primäre Faktoren sind dabei die Lufttemperatur, relative Feuchte, Luftbewegung und Oberflächentemperatur der anschließenden Raumteile. Die Behaglichkeitsfaktoren eines Menschen sind abhängig vom individuellen Wärmehaushalt und von der Art der Tätigkeit. Wohl fühlt sich der Mensch bei einer:

- Raumtemperatur von 20 °C bis 22 °C
- Oberflächentemperatur der Raumbegrenzung von 16 °C bis 20 °C
- geringen Luftbewegung von 0 cm/s bis 20 cm/s
- relativen Luftfeuchtigkeit von 30 % bis 70 %

5.2.1 Physikalische Grundlagen (DIN 4108/DIN EN ISO 7345/DIN ISO 6946)

Temperatur θ

Temperaturen werden in Kelvin (K) oder Grad Celsius (°C) gemessen.

θ_i Temperatur der Rauminnenteile in °C
θ_a Temperatur der Raumaußenteile in °C
$\Delta\theta$ Temperaturdifferenz 1 K $\triangleq$ 1 °C

0	+273	+373	Kelvin
−273°	0°	100°	Celsius

Wärmemenge Q

Wärme entsteht mechanisch, chemisch, elektrisch oder durch Atomspaltung. Die Einheit für die Wärmemenge ist Joule (J), wobei im Bauwesen Wattsekunde (Ws) und Kilowattstunde (kWh) verwendet werden.

$Q = c \cdot m$ c spezifische Wärmekapazität
$1\,J \triangleq 1\,W\cdot s$ m Masse des Bauteils

Der Wärmestrom fließt stets von der höheren zur niedrigeren Temperatur. Wärme will immer zur kalten Seite.

Wärmeleitfähigkeit λ in $\frac{W}{m\cdot K}$

Dies ist die Wärmemenge Q, die in einer Sekunde einer Quadratmeter einer einen Meter dicken Stoffschicht beim Dauerzustand der Beheizung hindurchgeht, wenn die Temperaturdifferenz der beiden Oberflächen 1 °C beträgt.

Die Wärmeleitfähigkeit λ (Lambda) ist entscheidend von der Stoffdichte abhängig. Die Rechenwerte λ_R sind in den Tabellen für wärmeschutztechnische Rechenwerte ▶ S. 159 f. angegeben.

Je kleiner die Wärmeleitfähigkeit (Wärmeleitzahl, WLG, WLS), desto besser der Wärmeschutz.

Wärmestrom Φ in W

$\Phi = U \cdot A \cdot \Delta\theta$ A Fläche in m²

$\Delta\theta = \theta_i - \theta_e$ Temperaturdifferenz in Kelvin (Celsius)

Wärmedurchlasswiderstand R in $\frac{m^2\cdot K}{W}$

Eine Baukonstruktion wird i.d.R. beurteilt nach dem Wärmedurchlasswiderstand. Dabei ist die Wärmedämmung eines Bauteils bestimmt durch die Baustoffdicke d und den Wert λ_R.

$R = \dfrac{d}{\lambda_R}$ wobei d in m einzusetzen ist

$R = \dfrac{d_1}{\lambda_1} + \dfrac{d_2}{\lambda_2} + \ldots + \dfrac{d_n}{\lambda_n}$ oder $R = \Sigma \dfrac{d_i}{\lambda_i}$

für mehrere Baustoffschichten mit $i = 1, 2, 3, \ldots, n$

Wärmeübergangswiderstände R_{si}, R_{se} in $\frac{m^2\cdot K}{W}$

Unter Berücksichtigung der Luftbewegung am Bauteil werden die Wärmeübergangswiderstände auf der inneren Bauteiloberfläche und der äußeren Bauteiloberfläche beschrieben. Die Rechenwerte sind nach DIN 4108 vorgegeben.

Wärmedurchgangswiderstand R_T in $\frac{m^2\cdot K}{W}$

$R_T = R_{si} + R + R_{se}$

Wärmedurchgangskoeffizient U in $\frac{W}{m^2\cdot K}$

Der U-Wert ergibt sich aus dem Wärmedurchlasswiderstand und den Wärmeübergangswiderständen.

$$U = \frac{1}{R_{si} + R + R_{se}} = \frac{1}{R_T}$$

Der mittlere Wärmedurchgangskoeffizient U_m für ein Bauteil ergibt sich entsprechend den nebeneinanderliegenden Bauteilbereichen zu:

$$U_m = \frac{U_1 \cdot A_1 + U_2 \cdot A_2 + \ldots U_n \cdot A_n}{\Sigma A}$$

$$U_{m, W+F} = \frac{U_W \cdot A_W + U_F \cdot A_F}{A_W + A_F}$$

ΣA ist die Summe aller Teilflächen

U_W Außenwandbereich U_F Fensterbereich
A_W Außenwandfläche A_F Fensterfläche

Je kleiner der U-Wert, desto besser die Wärmedämmung.

5.2 Wärmeschutz

5.2.2 Wärmetechnische Mindestanforderungen

Bei Temperaturunterschieden zwischen dem beheizten Gebäudeinneren und dem unbeheizten Gebäudeäußeren bzw. der winterlichen Außenluft kommt es zur Wärmeübertragung durch die Umfassungsbauteile. Diese Wärmeübertragung ist durch ausreichend große Widerstände bzw. kleine Wärmeleitfähigkeiten zu begrenzen. Die inneren Bauteiloberflächen sollen behaglich warm sein und frei von gesundheitsschädlichem Tauwasser. Für den winterlichen Wärmeschutz werden an die Außenbauteile eines Bauwerks Mindestanforderungen definiert. Danach dürfen die Anforderungen der Tabelle für den **Wärmedurchlasswiderstand R** nicht unterschritten werden.

Alle nationalen Regelwerke benutzen die internationalen Symbole.

Der Heizenergieverbrauch eines Gebäudes wird durch eine Vielzahl von Einflüssen bei der baulichen Gestaltung und der Gebäudenutzung bestimmt. Der bauliche Wärmeschutz ist die sicherste und nachhaltigste Maßnahme des energiesparenden Bauens.

Bei Erfüllung der Tabellenwerte und der Lüftungsrandbedingungen nach DIN 1946-6: 2009-05 (Lüftung von Wohnungen) ist zu erwarten, dass sich im Gebäude ein hygienisches Raumklima einstellt und Tauwasserfreiheit sichergestellt sowie das Risiko der Schimmelbildung verringert ist.

Mindestwerte der Wärmedurchlasswiderstände R für wärmeübertragende Bauteile (mit einer flächenbezogenen Gesamtmasse von ≥ 100 kg/m²) (DIN 4108-2)

Bauteile		Wärmedurchlasswiderstand R	m²·K/W
Außenwände einschl. Nischen und Brüstungen unter Fenstern, Fensterstürzen und Wärmebrücken			1,20
Wände von Aufenthaltsräumen gegen Bodenräume, Durchfahrten, offene Hausflure, Garagen			1,20
Wohnungstrennwände, Wände zu fremdgenutzten Räumen			0,07
Treppenraumwände zum Treppenraum	mit Innentemperaturen $\theta \leq 10$ °C, aber Treppenraum frostfrei		0,25
	mit Innentemperaturen $\theta \geq 10$ °C, z.B. in Verwaltungsgebäuden, Geschäftshäusern, Unterrichtsgebäuden, Hotels, Gaststätten und Wohngebäuden		0,07
Wände von Aufenthaltsräumen, die an das Erdreich grenzen			1,20
Wohnungstrenndecken, Decken zwischen fremden Arbeitsräumen		allgemein	0,35
Decken unter ausgebauten Dachräumen mit gedämmten Dachschrägen und Abseitenwänden		in zentralbeheizten Bürogebäuden	0,17
Decken unter nicht ausgebauten Dachräumen, Decken unter belüfteten Räumen zwischen Dachschrägen und Abseitenwänden bei ausgebauten Dachräumen, wärmegedämmten Dachschrägen			0,90
Decken und Dächer, die Aufenthaltsräume nach oben gegen die Außenluft abgrenzen, Decken und Dächer unter Terrassen, Umkehrdächer			1,20
Kellerdecken, Decken gegen abgeschlossene, unbeheizte Hausflure			0,90
Decken, die Aufenthaltsräume nach unten gegen die Außenluft abgrenzen, z.B. über Garagen, Durchfahrten und belüfteten Kriechkellern			1,75
Unterer Abschluss nicht unterkellerter Aufenthaltsräume, wenn unmittelbar an das Erdreich (bis zu einer Raumtiefe von 5 m) oder über einem nicht belüfteten Hohlraum an das Erdreich grenzend			0,90

Mindestwerte der Wärmedurchlasswiderstände R für leichte Bauteile (mit einer flächenbezogenen Gesamtmasse von < 100 kg/m², sowie für Rahmen und Skelettbauarten) (DIN 4108-2)

Bauteile		Wärmedurchlasswiderstand R	m²·K/W
Außenwände, Decken unter nicht ausgebauten Dachräumen und Dächern (< 100 kg/m²)			1,75
Rahmen und Skelettbauarten	im Gefachbereich		1,75
	für das gesamte Bauteil im Mittel (R_m)		1,00
Rollladenkästen			1,00
Deckel von Rollladenkästen			0,55
Nichttransparenter Teil der Ausfachung von Fensterwänden und Fenstertüren	bei > 50 % der Gesamtausfachungsfläche		1,20
	bei < 50 % der Gesamtausfachungsfläche		1,00

Grundsatz: Der Mindestwärmeschutz muss an jeder Stelle des Bauteils vorhanden sein. Dies gilt insbesondere für Nischen, Brüstungen, Fensterstürze und Rohrkanäle. Werden die Anforderungen der Tabellen bereits von einer oder mehreren Schichten erfüllt, erübrigt sich ein weiterer Nachweis.

5.2 Wärmeschutz

Wärmeübertragung ebener Bauteile

Wärmeübergangswiderstände treten an den Bauteiloberflächen auf. Es wird unterschieden zwischen äußerem Wärmeübergangswiderstand R_{se} (unbeheizte Seite) und innerem Wärmeübergangswiderstand R_{si} (beheizte Seite).

- Nach DIN EN ISO 6946 darf vereinfacht mit $R_{si} = 0{,}13$ m²·K/W und $R_{se} = 0{,}04$ m²·K/W gerechnet werden.
- Bei innen liegenden Bauteilen ist zu beiden Seiten mit demselben Wärmeübergangswiderstand R_{si} zu rechnen.
- Der äußere Wärmeübergangswiderstand R_{se} zum Erdreich (abwärts) beträgt $R_{se} = 0$.
- Luftschichten sind nach unterstehender Tabelle zu berücksichtigen.
- Wenn die Dämmung im Dachbereich bis zum Fußpunkt heruntergezogen wird, können eine Abseitenwand und der zugehörige Dachraum unberücksichtigt bleiben.
- Als horizontale Richtung des Wärmestromes gilt die Richtung von ± 30° zur horizontalen Ebene (vgl. Abbildung). Wärmestrom aufwärts/abwärts für Decken und Dächer mit einer Neigung < 60°, Wärmestrom horizontal für Wände und Decken ≥ 60°.
- Als Berechnungswerte werden unterschieden: Berechnung für den Wärmeschutz (rote Werte), Berechnung für den Feuchteschutz (Tauwasser) (grüne Werte) und Berechnung, um Schimmel (Wärmebrücken) (blaue Werte) zu verhindern.

Wärmeübergangswiderstände	Wärmeschutz DIN EN ISO 6946			Wärmebrücken DIN 4108-2	
	aufwärts	horizontal	abwärts	beheizte Räume	unbeheizte Räume
R_{si} in m²·K/W	0,100	0,125	0,167	0,250	0,167
R_{se} in m²·K/W	0,043	0,043	0,043	0,043	0,043
Wärmeübergangswiderstände	**Tauwasser DIN 4108-3**				
	aufwärts	horizontal	abwärts		
R_{si} in m²·K/W	0,125	0,125	0,167		
R_{se} in m²·K/W	0,043	0,043	0,043		
R_{si} an belüfteter Luftschicht	0,083	0,083	0,083		
R_{se} an das Erdreich	0	0	0		

Decken, Treppen und Dächer — Wärmestrom aufwärts/abwärts, Neigung 0° bis < 60°:
aufwärts $R_{si} = 0{,}100$, $R_{se} = 0{,}043$
abwärts $R_{si} = 0{,}167$, $R_{se} = 0{,}043$

Wände und Dächer — Wärmestrom horizontal, Neigung 60° bis 90°:
horizontal $R_{si} = 0{,}125$, $R_{se} = 0{,}043$

Luftschichten

- **Ruhende Luftschichten** bezeichnen Luftschichten, die nicht mit der das Bauteil umgebenden Luft in Verbindung stehen.

Wärmedurchlasswiderstand R_g in m²·K/W ruhender Luftschichten (DIN EN ISO 6946)

Dicke der Luftschicht in mm	Richtung des Wärmestromes		
	aufwärts	horizontal	abwärts
0	0,00	0,00	0,00
5	0,11	0,11	0,11
7	0,13	0,13	0,13
10	0,15	0,15	0,15
15	0,16	0,17	0,17
25	0,16	0,18	0,19
50	0,16	0,18	0,21
100	0,16	0,18	0,22
300	0,16	0,18	0,23

Zwischenwerte können interpoliert werden.
Die Werte unter „horizontal" gelten auch für einen Wärmestrom von ± 30° zur horizontalen Ebene.

- Bei Außenbauteilen mit **stark belüftetem** Gefachebereich erbringen die Bauteile zwischen der Luftschicht und der Außenluft keinen wesentlichen Anteil zum Wärmeschutz. Sie werden beim rechnerischen Ansatz nicht berücksichtigt. Hier ist $R_{se} = R_{si} = 0{,}125$ m²·K/W.
- **Schwach belüftet** ist eine Luftschicht, wenn die Verbindungsöffnungen 1500 mm²/m² nicht übersteigen. Für solche Luftschichten darf für den Wärmedurchgangswiderstand R_g die Hälfte des entsprechenden Tabellenwertes angesetzt werden, allerdings nur bis zum maximal regulären Tabellenwert 0,15 m²·K/W.
- Bei **zweischaligem Mauerwerk** nach DIN EN 1996-1-1/NA dürfen Luftschicht und Vorsatzschale in die Berechnung mit einbezogen werden. Die Luftschicht (Hinterlüftung) wird als ruhend eingestuft, wenn die Verbindungsöffnung 500 mm²/m nicht überschreitet. Empfohlen wird, Luftschicht und Vorsatzschale nicht zu berücksichtigen und mit $R_{se} = R_{si} = 0{,}125$ m²·K/W zu rechnen.

5.2 Wärmeschutz

Einzelbauteile

- Bei Fußbodenheizungen gehen nur die Schichten unterhalb der Estrichplatte in die Berechnung ein.
- Bei ausgebauten Dachräumen ist die Wärmedämmung in den Abseiten bis zum Dachfußpunkt zu führen.
- Genügt beim ausgebauten Dachgeschoss die obere Geschossdecke den Mindestanforderungen mit $R = 0{,}90$ m²·K/W bzw. $R = 1{,}75$ m²·K/W, ist ein weiterer Wärmeschutznachweis des Daches nicht gefordert.
- Holzwolle mit $d < 15$ mm darf zur Berechnung von R nicht berücksichtigt werden.

Temperaturverlauf

Durch ein Bauteil mit der Fläche $A = 1{,}00$ m² fließt bei einer beidseitig angrenzenden Luftschicht mit θ_{Le} (Temperatur der Luftschicht außen) bzw. θ_{Li} (Temperatur der Luftschicht innen) ein Wärmestrom der Dichte q (in W/m²).

$$q = U \cdot (\theta_{Li} - \theta_{Le}) \qquad \Delta\theta = q \cdot d/\lambda$$

Daraus ergeben sich die Oberflächentemperaturen auf der Innenseite θ_{oi}, auf der ersten, zweiten bis n-ten Schicht $\theta_1, \theta_2 \ldots \theta_n$ und auf der Außenseite θ_{oe}.

$\theta_{oi} = \theta_{Li} - R_{si} \cdot q \qquad \theta_1 = \theta_{oi} - (d/\lambda_1) \cdot q$
$\theta_2 = \theta_1 - (d/\lambda_2) \cdot q \qquad \theta_3 = \theta_2 - (d/\lambda_3) \cdot q$
$\theta_{oe} = \theta_n - R_{se} \cdot q$

Indizes: L Luftschicht   i innen (interior)
e außen (exterior)   s Oberfläche (surface)

Rippen und Gefache

- Die Rippenhöhe ist in Abhängigkeit von der Anordnung der Dämmschicht (Dämmhöhe) zu berücksichtigen. Das heißt der Sparren darf nur in der Dicke der Dämmschicht wärmetechnisch berücksichtigt werden ▶ S.173.

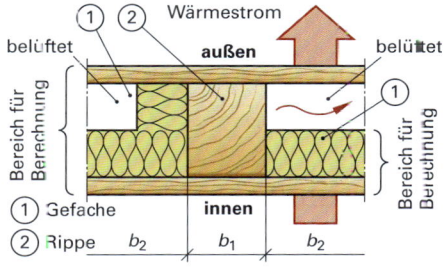

① Gefache ② Rippe $b_2 \quad b_1 \quad b_2$

Abdichtungen

- Bei der Berechnung des Wärmedurchlasswiderstandes werden nur die Schichten von innen nach außen bis zur Bauwerksabdichtung berücksichtigt (z.B. beim Flachdach). Davon ausgenommen sind Dämmschichten, die beim Umkehrdach auf der Dachhaut liegen, sowie Perimeterdämmungen.
- Im Erdreich liegende äußere Wärmedämmschichten, z.B. aus extrudiertem Polystyrol oder Schaumglas, werden als sog. Perimeterdämmung (Boden **PB**, Wand **PW**) bezeichnet und bei der U_G-Wert-Ermittlung dann voll angerechnet, wenn diese Dämmung nicht ständig im Grundwasser liegt. Die Dämmplatten müssen dicht gestoßen, im Verbund gelegt und mit Bitumenkleber angeklebt werden.

Beispiel Einschalige Massivwand

Der Wärmedurchgang durch eine einschalige massive Außenwand ist zu berechnen. Der vorhandene Wärmedurchlasswiderstand ist mit dem geforderten Mindestwert zu vergleichen, der vorhandene Wärmedurchgangskoeffizient mit dem zulässigen Maximalwert. Die Außentemperatur beträgt -5 °C, die Innentemperatur $+20$ °C. Der Temperaturverlauf ist grafisch darzustellen. Die Wanddicke beträgt 24 cm, als Baustoff wurden Leichtlochziegel mit einer Rohdichte von 1000 kg/m³ ausgewählt.

Masse des Bauteils $m = 0{,}24$ m $\cdot \dfrac{1000 \text{ kg}}{\text{m}^3} \Rightarrow m = 240$ kg/m² > 100 kg/m²

Wärmedurchlasswiderstand (Wärmedämmwert) $R = \dfrac{0{,}24 \text{ m}}{0{,}45 \frac{\text{W}}{\text{m}\cdot\text{K}}} \Rightarrow$ vorh. $R = 0{,}53 \dfrac{\text{m}^2\cdot\text{K}}{\text{W}} < 1{,}20 \dfrac{\text{m}^2\cdot\text{K}}{\text{W}}$

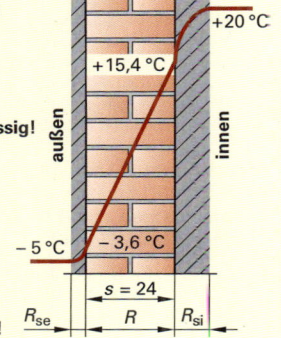

- **Der erforderliche Mindestwert ist unterschritten; Konstruktion nicht zulässig!**

Berechnung des Wärmedurchgangskoeffizienten U

$R_{si} = 0{,}13 \dfrac{\text{m}^2\cdot\text{K}}{\text{W}}$ und $R_{se} = 0{,}04 \dfrac{\text{m}^2\cdot\text{K}}{\text{W}}$ (gerundete Werte)

vorh $R_T = 0{,}13 \dfrac{\text{m}^2\cdot\text{K}}{\text{W}} + 0{,}53 \dfrac{\text{m}^2\cdot\text{K}}{\text{W}} + 0{,}04 \dfrac{\text{m}^2\cdot\text{K}}{\text{W}}$

vorh $R_T = 0{,}70 \dfrac{\text{m}^2\cdot\text{K}}{\text{W}} \Rightarrow U = 1/R_T = 1{,}43 \dfrac{\text{W}}{\text{m}^2\cdot\text{K}} > 0{,}45 \dfrac{\text{W}}{\text{m}^2\cdot\text{K}}$ nach EnEV

- **Der zulässige Maximalwert ist überschritten, Konstruktion nicht zulässig!**
- **Verbesserungsvorschlag:** mindestens 14 cm WDVS mit WLG 035

5.2 Wärmeschutz

Fenster

Fenster bzw. Fenstertüren bestehen aus Rahmen und Verglasung. Für Fenster- und Türrahmen werden Holz, Aluminium und Kunststoff verwendet. Die Verglasung besteht meist aus einer Doppelverglasung, auch Wärmeschutzverglasung oder Warmglas genannt. Einfachverglasungen dürfen nicht mehr eingebaut werden. Bei der Anwendung der DIN EN ISO 10077-1 ist zu beachten, dass sie den Bemessungs-wärmedurchgangskoeffizienten von Verglasung, Fenster und Fenstertüren (DIN 4108-4) entsprechen müssen. Bei der Änderung von Bauteilen oder Erneuerung von Fenstern und Fenstertüren darf der $U_{max} = 1{,}3$ W/(m²·K) nicht überschritten werden. Beim Ersatz der Verglasung darf deren U-Wert 1,1 W/(m²·K) nicht überschreiten.

Wärmedurchgangskoeffizient U_w für Fenster (DIN 4108-4: 2013-02)
Flächenanteil des Rahmens in % der Gesamtfensterfläche (Auswahl)

Art der Verglasung	U_g W/(m²·K) ↓ U_f →	20 % der Gesamtfläche U_w in W/(m²·K)								30 % der Gesamtfläche U_w in W/(m²·K)							
		1,0	1,4	1,8	2,2	2,6	3,0	3,4	5,0	7,0	1,0	1,4	1,8	2,2	2,6	3,0	3,4	5,0	7,0
Einscheiben-verglasung	5,8	4,8	4,9	5,0	5,1	5,2	5,2	5,3	5,4	6,0	4,4	4,5	4,6	4,7	4,8	5,0	5,1	5,2	6,1
Zwei-scheiben-Isolier-verglasung	2,9	2,7	2,8	2,8	3,0	3,1	3,1	3,2	3,3	3,8	2,5	2,6	2,7	2,9	3,0	3,1	3,2	3,3	4,1
	2,7	2,5	2,6	2,7	2,8	2,9	3,0	3,1	3,1	3,6	2,3	2,5	2,6	2,7	2,9	3,0	3,1	3,2	4,0
	2,5	2,4	2,4	2,5	2,7	2,5	2,8	2,9	3,0	3,5	2,2	2,3	2,4	2,6	2,5	2,8	3,0	3,1	3,9
	2,3	2,2	2,3	2,4	2,5	2,4	2,7	2,7	2,8	3,3	2,1	2,2	2,3	2,5	2,4	2,7	2,8	3,0	3,8
	2,1	2,0	2,1	2,2	2,3	2,2	2,5	2,6	2,7	3,1	1,9	2,0	2,2	2,3	2,3	2,6	2,7	2,8	3,6
	1,9	1,9	2,0	2,1	2,3	2,3	2,4	2,5	2,6	3,1	1,8	1,9	2,1	2,3	2,4	2,5	2,5	2,7	3,6
	1,7	1,8	1,9	1,9	2,1	2,2	2,3	2,3	2,4	2,9	1,7	1,8	1,9	2,1	2,2	2,4	2,5	2,6	3,4
	1,5	1,6	1,7	1,8	1,9	2,0	2,1	2,2	2,3	2,7	1,5	1,7	1,8	2,0	2,1	2,2	2,3	2,5	3,3
	1,3	1,5	1,5	1,6	1,8	1,9	1,9	2,0	2,1	2,6	1,4	1,5	1,6	1,8	2,0	2,1	2,2	3,3	3,1
	1,1	1,3	1,4	1,5	1,6	1,7	1,8	1,9	1,9	2,4	1,3	1,4	1,5	1,7	1,8	1,9	2,1	2,2	3,0
Drei-scheiben-Isolier-verglasung mit 30 % Fenster-rahmen-anteil	1,2	1,3	1,4	1,5	1,7	1,8	1,9	2,1											
	1,1	1,2	1,3	1,5	1,6	1,7	1,9	2,0											
	1,0	1,1	1,3	1,4	1,5	1,7	1,8	1,9											
	0,9	1,1	1,2	1,3	1,4	1,6	1,7	1,8											
	0,8	1,0	1,1	1,3	1,4	1,5	1,7	1,8											
	0,7	0,9	1,1	1,2	1,3	1,5	1,6	1,7											
	0,6	0,9	1,0	1,1	1,2	1,4	1,5	1,6											
	0,5	0,8	0,9	1,0	1,2	1,3	1,4	1,6											

Index f — engl. frame, früher R
Index g — engl. glazing, früher V
Index w — engl. window, früher F

Material des Abstandhalters ψ_G in W/(m·K)
Aluminium $\psi_G = 0{,}08$
Edelstahl $\psi_G = 0{,}053 \ldots 0{,}11$
Kunststoff/Holz $\psi_G = 0{,}045 \ldots 0{,}08$
Vom Hersteller angegebene Nennwerte sind zu prüfen.

Rechnerische Ermittlung des Wärmedurchgangskoeffizienten U_w

$$U_w = \frac{A_f \cdot U_f + A_g \cdot U_g + l_G \cdot \psi_G}{A_f + A_g}$$

A_f — Fläche Fensterrahmen
U_f — Wärmedurchgangskoeffizient Fensterrahmen
A_g — Fläche der Verglasung
U_g — Wärmedurchgangskoeffizient Glas
l_G — Länge Verglasungsdichtung
ψ_G — Wärmedurchgangskoeffizient Abstandhalter (MIG)
ψ_{BW} — Wärmedurchgangskoeffizient Einbaudämmung
A_w — Fensterfläche $A_w = A_f + A_g$

Berücksichtigung der Wärmebrücken ψ_{BW}
- Erhöhung für die gesamte wärmeübertragende Umfassungsfläche A pauschal: ▶ S. 183
  $\Delta U_{BW} = 0{,}10$ W/(m²·K)
- Erhöhung für die gesamte wärmeübertragende Umfassungsfläche A bei Anwendung der aufgeführten Details nach DIN 4108 Beiblatt 2:
  $\Delta U_{BW} = 0{,}05$ W/(m²·K)

Wärmebrücken an einem Fenster

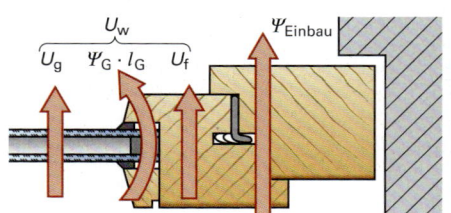

Zur Ermittlung des Jahres-Primärenergiebedarfes eines Gebäudes nach EnEV 2014 wird der Wärmedurchgangskoeffizient U_w der Fenster benötigt. Die Formel zeigt das vereinfachte Nachweisverfahren.

U_f-Werte: Die Profilhersteller sind verpflichtet, die Wärmedurchgangskoeffizienten ihrer Produkte bekanntzugeben. Typische Werte sind:

Holz- und Kunststoffrahmen: $U_f = 1{,}0 \ldots 2{,}5$
Metallrahmen thermisch getrennt: $U_f = 1{,}8 \ldots 4{,}0$

5.2 Wärmeschutz

Beispiel Dachaufbau

Der Wärmedurchlasswiderstand für das in der unten stehenden Skizze dargestellte Dachgeschoss ist an der ungünstigsten Stelle und im Mittel zu berechnen und mit den Mindestanforderungen zu vergleichen.

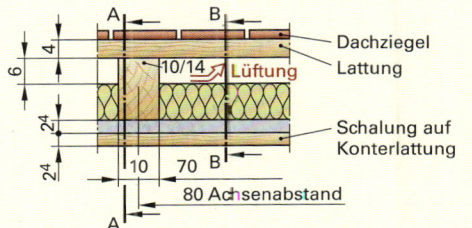

Rippenbereich A – A   vorh R = 0,80 m²·K/W < erf R = 1,20 m²·K/W
Gefachebereich B – B   vorh R = 2,47 m²·K/W > min R = 1,75 m²·K/W

Der Mittelwert R_m nach DIN 4108 ist eingehalten.
Der Rippenanteil beträgt 12,5 %, der Gefacheanteil 87,5 %.

Mittelwert $U_{m,D}$ über R_T und dann $U_{m,D} = U_A \cdot 12{,}5\,\% + U_B \cdot 87{,}5\,\% \rightarrow U_{m,D} = 0{,}467$ W/(m²·K)
Mittelwert R_m für Rahmen und Skelettbauten $\rightarrow R_m = 2{,}261$ m²·K/W > $R_{m,\,mind}$ = 1,00 m²·K/W
Referenzwert U_{Dach} = 0,20 W/(m²·K) nach EnEV 2014 nicht erreicht.

Bauteil	Dicke [m]	Rohdichte [kg/m³]	Masse [kg/m²]	Wärmeleitzahl $\lambda\left[\dfrac{W}{m \cdot K}\right]$	Wärmedurchlasswiderstand $R\left[\dfrac{m^2 \cdot K}{W}\right]$	
					A	B
Dachziegel, Lattung und Konterlattung sowie Dampfsperren	werden nicht in Ansatz gebracht, belüftet vgl. DIN EN ISO 6846					
Wärmeübergangswiderstand	R_{se} nach DIN EN ISO 6946				0,04	0,04
Mineralfaserdämmstoffe 035	0,08	100	8	0,035	–	2,29
Kantholz (nur wärmetechn. Höhe)	0,08	600	48	0,13	0,62	–
Schalung	0,024	600	14,4	0,13	0,18	0,18
Wärmeübergangswiderstand	R_{si} nach DIN EN ISO 6946				0,10	0,10
$R(A)$ = 0,80; $R(B)$ = 2,47;				ΣR_T	0,94	2,61

Beispiel Einfamilienhaus mit Flachdach

Gebäudegeometrie	Konstruktionshinweise	Berechnungen vorh R_T und vorh U
Außenwände West 40,6 m² Nord 29,4 m² Ost 40,0 m² Süd 35,0 m²	1,5 cm Kalkputz 24,0 cm KS (ϱ = 1,4 t/m³) 6,0 cm Faserplatten 035 4,0 cm Luftschicht 11,5 cm Vollklinker Außenmauerwerk nach DIN EN 1996-1-1/NA	$R_T = 0{,}125 + \dfrac{0{,}015}{0{,}87} + \dfrac{0{,}24}{0{,}70} + \dfrac{0{,}06}{0{,}035} + 0{,}18 + \dfrac{0{,}115}{0{,}96} + 0{,}043$ = 2,542 m²·K/W U_W = 0,393 W/(m²·K) > 0,28 W/(m²·K) (Referenzwert) Nachbesserung empfohlen: Mauerwerk oder Dämmmaterial verändern.
Kellergeschossdecke 200,0 m²	4,5 cm Zementestrich 3,0 cm Dämmplatte 045 16,0 cm Stahlbeton C30/37 6,0 cm Dämmplatte 030	$R_T = 0{,}17 + \dfrac{0{,}045}{1{,}4} + \dfrac{0{,}03}{0{,}045} + \dfrac{0{,}16}{2{,}10} +$ $+ \dfrac{0{,}06}{0{,}030} + 0{,}17 = 3{,}115$ m²·K/W U_G = 0,321 W/(m²·K) < 0,35 W/(m²·K) (Referenzwert)
Dachgeschossdecke 200,0 m² (Flachdach) **Volumen** 590,0 m³	1,5 cm Gipsputz 16,0 cm Stahlbeton C30/37 – Dampfsperre 12,0 cm Dämmplatte 035 – Dichtungsbahn – Kiesschüttung	$R_T = 0{,}13 + \dfrac{0{,}015}{0{,}70} + \dfrac{0{,}16}{2{,}10} + \dfrac{0{,}12}{0{,}035} + 0{,}04$ = 3,696 m²·K/W U_D = 0,271 W/(m²·K) > 0,20 W/(m²·K) (Referenzwert) Nachbesserung empfohlen: z.B. 18,0 cm statt 12,0 cm Dämmplatte 035.
Hauseingangstür und Fenster Nord 12,0 m² + 4,0 m² Süd 16,0 m²		Vollholztür mit U = 1,7 W/(m²·K) lt. Ausschreibung Fenster mit U = 1,30 W/(m²·K) lt. Ausschreibung

5.2 Wärmeschutz

5.2.3 Wärmebrücken

Fehlender oder falsch ausgeführter Wärmeschutz kann zu Bauschäden führen. Die sichtbaren Bauschäden oder auch die indirekten Schäden können dann besonders groß sein, wenn der Feuchteschutz am Bauwerk nicht beachtet wurde. Wärmeschutz und Feuchteschutz sind daher eng verbunden. Da sich Wärmeschutzmaßnahmen nachträglich nur mit wirtschaftlich hohem Aufwand verwirklichen lassen, ist es wichtig, bei der Grundrissgestaltung und Bauplanung einen optimalen Wärmeschutz zu berücksichtigen.

Als **Stufen des Wärmeschutzes** werden unterschieden:

- Mindestwärmeschutz im Winter, Wärmeschutz im Sommer, Mindestmaßnahme nach DIN 4108
- erhöhter Wärmeschutz, verbesserter Mindestwärmeschutz entsprechend der Energieeinsparverordnung
- optimaler Wärmeschutz, Wärmeschutzstufe mit einem hohen Maß an Behaglichkeit, der auch unter wirtschaftlichen Aspekten rentabel ist
- Höchstwärmeschutz, Maßnahmen, die voll einer Energieverknappung vorbeugen und den Anforderungen eines sinnvollen Umweltschutzes entsprechen

Wärmebrücken

- werden oft fälschlicherweise Kältebrücken genannt.
- sind einzelne, lokal begrenzte Schwachstellen in den Außenwänden (z.B. Drahtanker).
- haben eine wesentlich geringere Wärmedämmung als die benachbarten Flächenteile.
- sind häufig Ursache von Bauschäden, da die Wärmeverluste die Möglichkeiten zur Tauwasserbildung vergrößern.
- sind zu vermeiden, wenn das gesamte Bauwerk umhüllend gedämmt wird.
- werden in der EnEV im vereinfachten Verfahren mit $\Delta U_{WB} = 0{,}10$ W/(m²·K) (pauschal) berücksichtigt.

Definition: Eine Wärmebrücke ist ein Teil einer Gebäudehülle, an der der ansonsten normal zum Bauteil auftretende Wärmestrom deutlich verändert wird. Unter den Bedingungen der DIN 4108-3 muss zur Vermeidung von Schimmelbildung an Wärmebrücken stets eine Temperatur an der Bauteilinnenoberfläche von mindestens $\theta_{si} = 12{,}6\ °C$ eingehalten werden.
DIN 4108, Beiblatt 2 zeigt Lösungsbeispiele, die dieses Kriterium erfüllen. Der Nachteil von Wärmebrücken besteht darin, dass einerseits über relativ kleine Flächen viel Wärmemenge zur kalten Außenluft geführt wird und andererseits, dass sich bereits an der Bauteiloberfläche Tauwasser bildet.

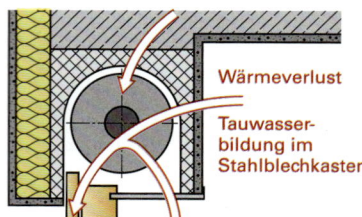

Rollladenkasten mit Wärmebrücke
konstruktions- bzw. materialbedingte Wärmebrücke (WB) (weitere Beispiele: Fensterbank, Stürze, Mischmauerwerk, Anker als Vorsatzschalen u.a.m.)

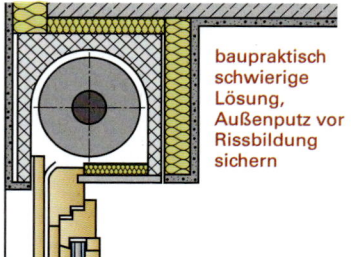

Rollladenkasten ohne Wärmebrücke

$f_{Rsi} \geq 0{,}7$ (dimensionslos)
$f_{Rsi} = (\theta_{si} - \theta_e)/(\theta_i - \theta_e)$

Gefordert wird an der ungünstigsten Stelle einer Wärmebrücke $f_{Rsi} \geq 0{,}7$. Die Anforderung steht mit der Mindestanforderung an die innere Oberflächentemperatur des Bauteils von $\theta_{si} = 12{,}6\ °C$ in direktem Zusammenhang ▶ S. 177.

Diese Tauwasserbildung führt zu Bauschäden, wie Zersetzung, Ausblühung, Abspaltung, Abplatzungen, und zu gesundheitlichen Schäden infolge Schimmelpilze.

Geometrische Wärmebrücke	Konvektive Wärmebrücke	Materialbedingte Wärmebrücke
■ an den Außenecken (Übergang kalte/warme Fläche), die kalte Fläche ist größer als die warme Fläche ■ an den Fensteranschlüssen (Fensteranschlüsse sind nicht geeignet, Tauwasser entlang der Profile und Glasfalze sicher zu verhindern)	■ Rohrdurchbrüche ■ Risse in der Gebäudehülle **Beispiele** ■ bei Heizkörpernischen ■ Fensterleibung ■ an Rollladenkästen ■ Balkonplatten ■ an Kellerdecken	■ im Holztafelbau im Rippenbereich (Konstruktionsholz) ■ bei vorgehängten Fassadenplatten im Verankerungsbereich (Schrauben) ■ bei einbindenden Betondecken ohne Stirndämmung ■ Fachwerkverband ■ Fußpunkt von Außenwänden

5.2 Wärmeschutz

5.2.4 Anforderungen an den Wärmeschutz im Sommer

DIN 4108-2 und die EnEV 2014 fordern gleicherweise bei Gebäuden den Nachweis für die Begrenzung des Sonneneintragskennwertes S. Dieser Wert S ist abhängig vom Gesamtenergiedurchlassgrad g aller Fenster A_{Wj} des Raumes und von den Abminderungsfaktoren F_c für Sonnenschutzvorrichtungen und der Raumgröße A_G. Der Höchstwert S_{zul} darf nicht überschritten werden.

Die Klimazonen, sommerkühl (Region A, z.B. Mittelgebirge, Voralpenland, Küstengebiete, max θ_i = 25°), **gemäßigt (B, 26°)** und **sommerheiß (C,** südlich von Main und Mosel, **27°)** sind der DIN 4108-2, Bild 3, zu entnehmen.

		g-Werte
mit $S_{vorh} = \Sigma(A_{Wj} \cdot g_{totalj})/A_g$	Doppelverglasung ohne Beschichtung	0,85
$S_{vorh} \leq S_{zul}$ mit $S_{zul} = \Sigma S_x$	mit einer Infrarot reflektierenden Schicht	0,62
	mit zwei Infrarot reflektierenden Schichten	0,62
	Dreifachverglasung ohne Beschichtung	0,62
mit $g_{total} = g \cdot F_c$	mit zwei Infrarot reflektierenden Schichten	0,52

Sonnenschutzvorrichtung (Anhaltswerte)	Abminderungsfaktoren F_c	
Sonnenschutzvorrichtung (muss fest installiert sein)	$g \leq 0,40$ zweifach	$g > 0,40$ drei-/zweifach
Ohne Sonnenschutzvorrichtung	1,00	1,00
Innenliegend oder zwischen den Scheiben		
weiß oder hoch reflektierende Oberflächen mit geringer Transparenz	0,65	0,70/0,65
helle Farben oder geringe Transparenz	0,75	0,80/0,75
dunkle Farben oder höhere Transparenz	0,90	0,90/0,85
Außenliegend		
Fensterläden, Rollläden, $3/4$ geschlossen	0,35	0,30
Fensterläden, Rollläden, geschlossen	0,15	0,10
Jalousie und Raffstore, drehbare Lamellen		
Jalousie und Raffstore, drehbare Lamellen, 45° Lamellenstellung	0,30	0,25
Jalousie und Raffstore, drehbare Lamellen, 10° Lamellenstellung	0,20	0,15
Markise, parallel zur Verglasung	0,30	0,25
Vordächer, Markisen allgemein, freistehende Lamellen	0,55	0,50

Einflussgrößen Sonneneintragskennwert S_x

Nachtlüftung ⇓ Bauart		Klimazonen		
		A	B	C
ohne	leicht	0,071	0,056	0,041
	mittel	0,080	0,067	0,054
	schwer	0,087	0,074	0,061
erhöht	leicht	0,098	0,088	0,078
	mittel	0,114	0,103	0,092
	schwer	0,125	0,113	0,101
hohe	leicht	0,128	0,117	0,105
	mittel	0,160	0,152	0,143
	schwer	0,181	0,171	0,160

Passive Kühlung	
bei leichter Bauart	+0,02
bei mittlerer Bauart	+0,04
bei schwerer Bauart	+0,06
alternative Sonnenschutzverglasung $g \leq 0,4$	+0,03
Fensterneigung 0° ≤ Neigung ≤ 60°, gegenüber der Horizontalen	$-0,035 \cdot f_{neig}$
Nord-, Nordost- und Nordwest orientierte Fenster, Neigung > 60°	$+0,10 \cdot f_{nord}$

Grundsätzlich ist der sommerliche Wärmeeingang abhängig von folgenden Faktoren:
- Stand des Gebäudes
- Wärmespeicherfähigkeit der umschließenden Bauteile
- Orientierung des Gebäudes und der Fenster nach der Himmelsrichtung
- Gesamtenergiedurchlass der Fenster
- Lüftung in den Räumen (Nachtlüftung)
- Neigung der Dachschrägen und der Dachflächenfenster
- Bauart der Innenbauteile
- Wärmeleiteigenschaften der Wände

Auf einen Nachweis kann verzichtet werden, wenn:
- der auf die Gebäudenutzfläche (Netto-Grundrissfläche) A_{NGF} bezogene Fensterflächenanteil f_{AG} < 35 % beträgt,
- der von Nordwest über Süd bis Nordost ermittelte Fensterflächenanteil f_{AG} < 10 % beträgt,
- alle anderen Nordorientierungen der Fensterflächenanteile f_{AG} < 15 % betragen,
- für alle Orientierungen die horizontalen und bis 60° geneigten Fensterflächenanteile $f_{AG} \leq 7$ % betragen.

Die Netto-Grundrissfläche A_{NGF} eines Raumes wird mit den lichten Raummaßen ermittelt, die Fensterflächen mit den Rohbaumaßen der Fensteröffnungen. Bei den Fenstern wird ein Rahmenanteil von maximal 30 % angenommen.

5 BAUPHYSIK/BAUTENSCHUTZ

5.3 Energieeinsparverordnung (EnEV)

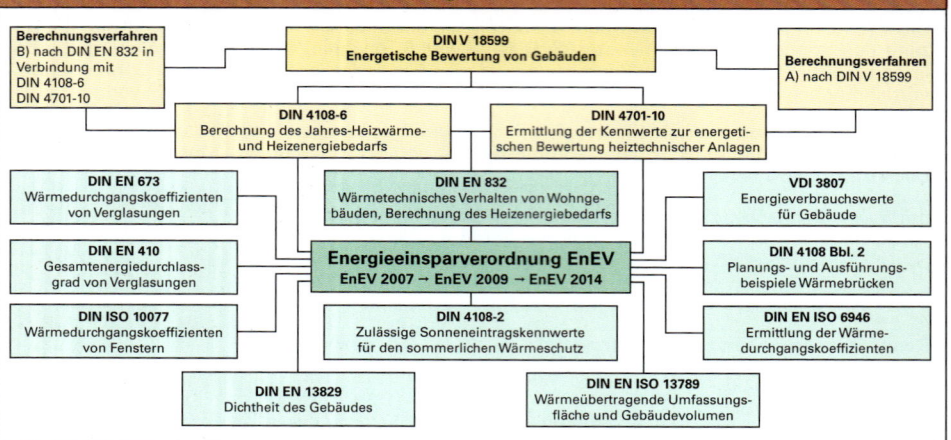

Höchstwerte nach EnEV 2007

Zu errichtende Wohngebäude sind so auszuführen, dass der Jahres-Primärenergiebedarf für Heizung, Lüftung und Wasseraufbereitung sowie die spezifischen auf die wärmeübertragende Umfassungsfläche bezogenen Transmissionswärmeverluste die **Höchstwerte** nach untenstehender Tabelle nicht überschreiten. Das Berechnungsverfahren nach dem vereinfachten Jahresbilanz-Verfahren ist auf ► S. 181 und 182 dargestellt.

Höchstwerte des Jahres-Primärenergiebedarfs und des Transmissionswärmeverlustes (nach EnEV) $Q''_{p,vorh} \leq Q''_{p,zul}$

Verhältnis A/V_e	Q''_p in kW·h/(m²·a) bezogen auf die Gebäudenutzfläche		Transmissionswärmeverlust H'_T in W/(m²·K)
	Wohngebäude mit fossiler Warmwasserbereitung[1]	Wohngebäude mit Warmwasserbereitung aus elektrischem Strom	Nichtwohngebäude mit einem Fensterflächenanteil ≤ 30 % und Wohngebäude
≤ 0,2	66,00 + 2600/(100 + A_N)	83,80[2]	1,05[3]
0,3	73,53 + 2600/(100 + A_N)	91,33	0,80
0,4	81,06 + 2600/(100 + A_N)	98,86	0,68
0,5	88,58 + 2600/(100 + A_N)	106,39	0,60
0,6	96,11 + 2600/(100 + A_N)	113,91	0,55
0,7	103,64 + 2600/(100 + A_N)	121,44	0,51
0,8	111,17 + 2600/(100 + A_N)	128,97	0,49
0,9	118,70 + 2600/(100 + A_N)	136,50	0,47
1	126,23 + 2600/(100 + A_N)	144,03	0,45
≥ 1,05	130,00 + 2600/(100 + A_N)	147,79	0,44

Zwischenwerte:
[1] $Q''_p = 50{,}94 + 75{,}29 \cdot A/V_e + 2600/(100 + A_N)$ in kW·h/(m²·a)
[2] $Q''_p = 68{,}74 + 75{,}29 \cdot A/V_e$ in kW·h/(m²·a)
[3] $H'_T = 0{,}3 + 0{,}15 / (A/V_e)$ in W/(m²·K)
und bei einem Fensteranteil > 30 %
$H'_T = 0{,}35 + 0{,}24 / (A/V_e)$ in W/(m²·K)

Definition der Bezugsgrößen A, A_N und V_e

Die wärmeübertragende **Umfassungsfläche A** des Gebäudes ist mit den Abmessungen der äußeren Begrenzungsflächen des beheizten Gebäudeteils zu berechnen.

Das **Gebäudevolumen V_e** wird mit den Außenmaßen der fertigen, wärmeübertragenden Umfassungsfläche ermittelt. Darin sind alle Räume inbegriffen, die entweder direkt oder indirekt durch Raumverbund (z.B. Flure, Dielen) beheizt werden.

Die **Gebäudenutzfläche A_N** in m² wird wie folgt ermittelt:

$$A_N = 0{,}32 \cdot V_e$$

A_N ist eine über das Volumen und die Geschosshöhe h_G hergeleitete Größe.
2,50 m < h_G < 3,00 m

Fensterflächenanteil

$$f_{AG} = A_W / A_{NGF}$$

mit A_W Fensterfläche;
A_{NGF} Netto-Grundrissfläche

5.3 Energieeinsparverordnung

Höchstwerte nach EnEV 2009 und 2014

Der Höchstwert des Jahres-Primärenergiebedarfs Q_p eines zu errichtenden Wohngebäudes ist der auf die Gebäudenutzfläche bezogene Jahres-Primärenergiebedarf eines Referenzgebäudes.

Vier Aspekte bestimmen die Qualität der Energieeffizienzhäuser	Planungshinweise zur Gebäudeform
■ Die Gebäudeform ■ Die Wärmedämmwerte ■ Die Wärmebrücken mindernde Architektur ■ Die Luftdichtheit	■ Kompakter Baukörper ■ Vermeidung von Vor- und Rücksprüngen ■ Einfache Dachformen, Verzicht auf Erker und Gauben ■ Süd-/Westorientierung der Fensterflächen

Referenzgebäude

■ Gleiche Ausrichtung   ■ Gleiche Nutzfläche   ■ Gleiche Geometrie   ■ Gleiche Nutzung

Der zulässige Transmissionswärmeverlust H'_T ist grundsätzlich von den Referenzgebäuden nach untenstehender Grafik abhängig. Das Berechnungsverfahren nach dem Monatsbilanz-Verfahren nach DIN 4108-6 kann vereinfacht dargestellt durchgeführt werden. Sinnvoll ist die Verwendung eines EDV-gestützten Nachweisverfahrens (z.B. Ziegel EnEV-Nachweisprogramm 2012) oder des Diagrammverfahrens nach Beiblatt 1 der DIN 4701-10. Bundes- und Landesministerien stellen in Zusammenarbeit mit dem Fraunhofer Institut für Bauphysik ein Internettool „EnEVeasy" zur Verfügung.

RMH/Baulücke Erweiterungen	Gebäude, freistehend $A_N > 350$ m²	DHH/REH einseitig angebaut	Gebäude, freistehend $A_N \leq 350$ m²
$H'_T = 0{,}65$ W/(m²·K)	$H'_T = 0{,}50$ W/(m²·K)	$H'_T = 0{,}45$ W/(m²·K)	$A_N > 350$ m² $H'_T = 0{,}50$ W/(m²·K) $H'_T = 0{,}40$ W/(m²·K)

Anforderungen an zu errichtende Wohngebäude

Im Sinne der Energieeinsparverordnung (2007, 2009 wie 2014) sind

- **Gebäude mit normalen Innentemperaturen** solche Gebäude, die auf eine Innentemperatur von mindestens 19 °C und jährlich mehr als 4 Monate beheizt werden.
- Wohngebäude solche Gebäude, die ganz oder überwiegend zum Wohnen genutzt werden, auch Wohn-, Alten- und Pflegeheime; Nachweisverfahren ist nach EnEV 2014 das Monatsbilanz-Verfahren.
- Wohngebäude solche Gebäude, deren Fensterflächenanteil 30 % der Umfassungsfläche nicht überschreiten.
- **Gebäude mit niedrigen Innentemperaturen** solche Gebäude, die auf eine Innentemperatur von mindestens 12 °C und weniger als 19 °C und jährlich mehr als 4 Monate beheizt werden.
- **Gebäude im Altbestand** mit normalen Innentemperaturen bei Sanierung, Erweiterung und Ausbau nach dem Bauteilverfahren mit normalen Innentemperaturen unter Beachtung der maximalen Wärmedurchgangskoeffizienten zu berechnen.

Beispiel Lage der Systemgrenzen

Die beheizte Umfassungsfläche A wird nach DIN EN ISO 13789 ermittelt und umschließt alle Räume, die beheizt werden. Die durchschnittliche Geschosshöhe h_G eines Wohngebäudes wird mit mindestens 2,50 m und höchstens 3,00 m angenommen.

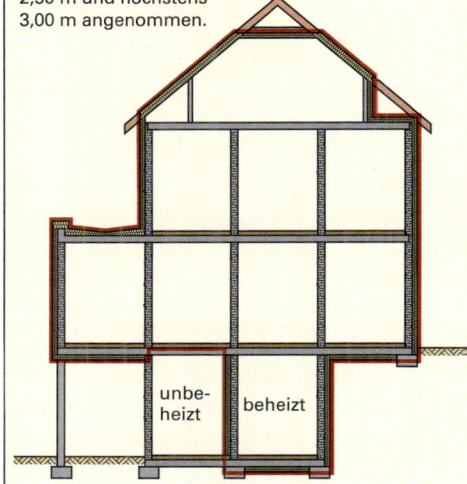

5.3 Energieeinsparverordnung

Ausführung des Referenzgebäudes (Neubau, Wohngebäude)

Höchstwerte der Wärmedurchgangskoeffizienten U in W/(m²·K)

Bauteil/System Innentemperatur ≥ 19 °C		erstmaliger Einbau, Ersatz oder Erneuerung ab 05/2014	
		Anforderungen nach EnEV 2009	
Außenwand, Geschossdecke gegen Außenluft	Wärmedurchgangskoeffizient in W/(m²·K)	U = 0,28	U = 0,21
Außenwand gegen Erdreich, Bodenplatte, Wände und Decken zu unbeheizten Räumen	Wärmedurchgangskoeffizient	U = 0,35	U = 0,30
Dach, oberste Geschossdecke, Wände zu Abseiten	Wärmedurchgangskoeffizient	U = 0,20	U = 0,20
Fenster, Fenstertüren	Wärmedurchgangskoeffizient	U = 1,30	U = 1,30
	Gesamtenergiedurchlass	$g_\perp$ = 0,60 (Verglasung)	
Dachflächenfenster	Wärmedurchgangskoeffizient	U = 1,40	U = 1,40
	Gesamtenergiedurchlass	$g_\perp$ = 0,60 (Verglasung)	
Lichtkuppeln/Glasdächer	Wärmedurchgangskoeffizient	U = 2,70	U = 2,00
	Gesamtenergiedurchlass	$g_\perp$ = 0,64 (Verglasung)	
Außentüren	Wärmedurchgangskoeffizient	U = 1,80	U = 1,80
Wärmebrückenzuschlag		ΔU_{WB} = 0,05 W/(m²·K)	

Luftdichtheit der Gebäudehülle ■ Die Luftwechselzahl n gibt an, wie oft das vorhandene Netto-Raumvolumen in einer Stunde mit der Außenluft ausgetauscht wird, z.B. n_{50} ≤ 3,0 m³/(m³·h). ■ Nassverputztes Mauerwerk mit mindestens einer verputzten Oberfläche ist grundsätzlich luftdicht.	Bemessungswert n_{50} Berechnungsverfahren B nach DIN EN 13829 bei einer Druckdifferenz von 50 Pa (Blower-Door-Test)
Sonnenschutzvorrichtung	Soweit hier Sonnenschutzverglasung zum Einsatz kommt, ist bei Fenstern, Türen und Dachflächenfenstern $g_\perp$ = 0,35 anzusetzen.

Heizungsanlage	**Referenzausführung/Wert (Maßeinheit)**

■ Wärmeerzeugung durch Brennwertkessel (verbessert), Heizöl EL. Aufstellung:
  – für Gebäude bis zu 500 m² Gebäudenutzfläche innerhalb der thermischen Hülle
  – für Gebäude mit mehr als 500 m² Gebäudenutzfläche außerhalb der thermischen Hülle

■ Auslegungstemperatur 55 °C/45 °C, zentrales Verteilsystem innerhalb der wärmeübertragenden Umfassungsfläche, innen liegende Stränge und Anbindeleitungen, Pumpe auf Bedarf ausgelegt (geregelt, Δp konstant), Rohrnetz hydraulisch abgeglichen, Wärmedämmung der Rohrleitungen

■ Wärmeübergabe mit freien statischen Heizflächen, Anordnung an normaler Außenwand, Thermostatventile mit Proportionalbereich 1 °C

Warmwasserbereitung	**Referenzausführung/Wert (Maßeinheit)**

■ zentrale Warmwasserbereitung mit Heizungsanlage
■ Solaranlage (Kombisystem mit Flachkollektor) entsprechend den Vorgaben nach DIN V 18599-8: 2011-12
■ Speicher, indirekt beheizt (stehend), gleiche Aufstellung wie Wärmeerzeuger, Auslegung nach DIN V 4701-10: 2003-08 als
  – kleine Solaranlage bei A_N < 500 m²
    (bivalenter Solarspeicher)
  – große Solaranlage bei A_N ≥ 500 m²
■ Verteilsystem innerhalb der wärmeübertragenden Umfassungsfläche, innen liegende Stränge, gemeinsame Installationswand, Wärmedämmung der Rohrleitungen
	EnEV2014 schreibt die Wärmedämmung von Wärmeverteilungs- und Warmwasserleitungen sowie Armaturen vor.

	Innendurchmesser d ≤ 22 mm Dicke d. Dämmschicht ≥ 20 mm
	Innendurchmesser 22 mm < d ≤ 35 mm ⇒ 30 mm Dicke d. Dämmschicht 30 mm
	Innendurchmesser d > 35 mm Dicke d. Dämmschicht ≥ Innen-⌀

5.3 Energieeinsparverordnung

Anlagenaufwandszahl e_p

In der DIN 4701-10/11: 2012-07 (Energetische Bewertung heiztechnischer Anlagen) werden Heizanlagen grafisch im Diagrammverfahren, Tabellenverfahren und im detaillierten Verfahren erfasst. Abhängig von der beheizten Nutzfläche A_N und dem Jahres-Heizwärmebedarf ist die Anlagenaufwandszahl zu ermitteln. Wichtig ist daher eine Verwendung produktspezifischer Kennwerte. Die Grafik zeigt Vergleichswerte von Anlagen bei 150 m² bis 500 m² Gebäudenutzfläche bei einem mittleren Jahres-Heizwärmebedarf von q = 60 kW·h/(m²·a).

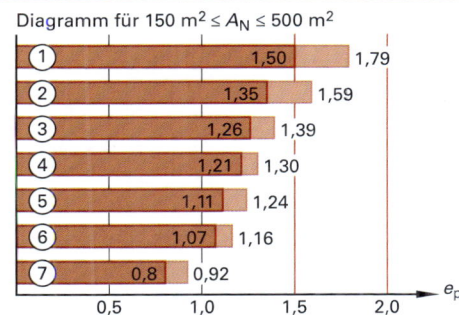

Diagramm für 150 m² ≤ A_N ≤ 500 m²

Indizes: L Lüftungsanlage, H Heizungsanlage,
NT Niedrigtemperatur(-kessel)
TW Trinkwasser(-erwärmung)
BW Brennwert(-kessel)

① NT-Kessel + TW-Speicher, HK 70/55 °C außerhalb thermischer Hülle, Zirkulation
② wie ① jedoch BW statt NT-Kessel
③ wie ② innerhalb thermischer Hülle
④ wie ③ ohne Zirkulation
⑤ wie ③ mit Lüftungseinlage
⑥ wie ② mit solarer Wasseraufbereitung
⑦ Erdreich-/Wärmepumpe + TW-Speicher Fußbodenheizung 35/28 °C

Anhaltswerte für die Anlagenaufwandszahl

Niedertemperatur-Kessel 70/55 °C mit Horizontal-Verteilung und Kesselaufstellung im Keller	1,4 … 2,0
Niedertemperatur-Kessel 70/55 °C komplett im beheizten Bereich aufgestellt (NT-Kessel)	1,3 … 1,8
Brennwert-Kessel 55/45 °C komplett im beheizten Bereich aufgestellt	1,2 … 1,6
Brennwert-Kessel 55/45 °C komplett im beheizten Bereich aufgestellt und solare Trinkwassererwärmung	1,1 … 1,15
BW-Kessel 55/45 °C komplett im beheizten Bereich aufgestellt und Lüftungsanlage mit Wärmerückgewinnung	1,15 … 1,5

Vorteil des Diagrammverfahrens
Das Ergebnis der energetischen Anlage ist ohne Rechnung direkt verfügbar.

Nachteil des Diagrammverfahrens
Da nur eine begrenzte Anzahl von Diagrammen zur Verfügung stehen, können nicht alle Varianten betrachtet werden. Im Beiblatt Nr. 1 der DIN 4701-10 sind ca. 80 Diagramme enthalten. Die im Rahmen der Bereitstellung des Energieträgers auftretenden Verluste sind berücksichtigt. Die Erzeugeraufwandszahl ist der Kehrwert des Nutzungsgrades.

Diagramm für Niedrigtemperaturkessel 70 °C/55 °C
mit gebäudezentraler Trinkwassererwärmung, Verteilung außerhalb thermischer Hülle

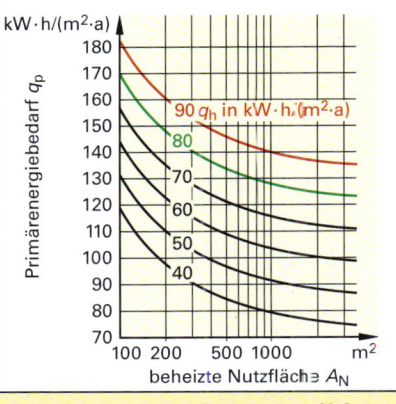

$$\text{Aufwandszahl } e_p = \frac{\text{verbrauchte Primärenergie}}{\text{erzeugte Nutzenergie}}$$

$$\text{Aufwandszahl } e_p = \text{Erzeugeraufwandszahl} \cdot \text{Primärenergiefaktor } f_p$$

Energiekennwerte – Brennwert – Heizwert – Primärenergiefaktoren

Brennstoff	Heizwert H_i	Brennwert H_s	H_s/H_i	Taupunkt	Tauwasser	f_P
Heizöl EL	10,08 kW·h/l	10,68 kW·h/l	~ 1,06	bei ~ 47 °C	~ 0,9 l/l	1,1
Erdgas LL	8,83 kW·h/l	9,78 kW·h/l	~ 1,11	bei ~ 57 °C	~ 1,5 l/m³	1,1
Erdgas E	10,35 kW·h/l	11,46 kW·h/l	~ 1,11	bei ~ 57 °C	~ 1,6 l/m³	1,1

Sinkt die Temperatur der Verbrennungsgase unter die Taupunkttemperatur, bildet sich Kondenswasser.

5.3 Energieeinsparverordnung

Anlagenaufwandszahl e_p

Tabellenwerte für häufige Anlagentypen (DIN 4701-10)

Niedertemperaturkessel 70 °C/55 °C
Verteilung außerhalb der thermischen Hülle; mit Zirkulation, zentral, keine Lüftungsanlage

A_N in m²	100	150	200	300	500	750	1 000	1 500	2 500	5 000	10 000
q_h in kW·h/(m²·a)	\multicolumn{11}{l}{Anlagenaufwandszahl e_p (primärenergiebezogen)}										
40	2,29	2,01	1,87	1,73	1,61	1,55	1,51	1,48	1,45	1,43	1,41
50	2,13	1,89	1,77	1,65	1,55	1,49	1,47	1,44	1,41	1,39	1,37
60	2,01	1,80	1,70	1,59	1,50	1,46	1,43	1,41	1,38	1,36	1,35
70	1,92	1,74	1,65	1,55	1,47	1,43	1,40	1,38	1,36	1,34	1,33
80	1,85	1,69	1,60	1,52	1,44	1,40	1,38	1,36	1,34	1,33	1,31
90	1,79	1,64	1,57	1,49	1,42	1,39	1,37	1,35	1,33	1,31	1,30

Brennwert-Kessel 55 °C/45 °C
Verteilung außerhalb der thermischen Hülle; mit gebäudezentraler Trinkwasserversorgung

A_N in m²	100	150	200	300	500	750	1 000	1 500	2 500	5 000	10 000
q_h in kW·h/(m²·a)	\multicolumn{11}{l}{Anlagenaufwandszahl e_p (primärenergiebezogen)}										
40	2,11	1,86	1,74	1,61	1,50	1,45	1,42	1,39	1,36	1,34	1,33
50	1,96	1,75	1,64	1,53	1,44	1,40	1,37	1,35	1,33	1,31	1,29
60	1,85	1,67	1,57	1,48	1,40	1,36	1,34	1,32	1,30	1,28	1,27
70	1,76	1,60	1,52	1,44	1,37	1,33	1,31	1,29	1,28	1,26	1,25
80	1,70	1,55	1,48	1,41	1,34	1,31	1,29	1,27	1,26	1,24	1,23
90	1,64	1,51	1,45	1,38	1,32	1,29	1,27	1,26	1,25	1,23	1,22

Wärmepumpe mit gebäudezentraler Trinkwasserversorgung 35 °C/28 °C
Verteilung außerhalb der thermischen Hülle; Wärmepumpe außerhalb der thermischen Hülle

A_N in m²	100	120	150	170	200	250	300	350	400	450	500
q_h in kW·h/(m²·a)	\multicolumn{11}{l}{Anlagenaufwandszahl e_p (primärenergiebezogen)}										
40	1,32	1,26	1,20	1,17	1,13	1,10	1,07	1,05	1,04	1,03	1,02
50	1,22	1,17	1,12	1,09	1,06	1,03	1,01	1,00	0,98	0,97	0,97
60	1,15	1,10	1,06	1,04	1,01	0,98	0,97	0,95	0,94	0,94	0,93
70	1,09	1,05	1,01	0,99	0,97	0,95	0,93	0,92	0,91	0,91	0,90
80	1,05	1,01	0,98	0,96	0,94	0,92	0,91	0,90	0,89	0,88	0,88
90	1,01	0,98	0,95	0,93	0,92	0,90	0,89	0,88	0,87	0,86	0,86

Niedertemperaturkessel 70 °C/55 °C
Verteilung innerhalb thermischer Hülle
mit Zirkulation, zentral; keine Lüftungsanlage

A_N in m²	q_h in kW·h/(m²·a)					
	40	50	60	70	80	90
	\multicolumn{6}{l}{Anlagenaufwandszahl e_p}					
100	1,64	1,57	1,52	1,48	1,45	1,42
120	1,60	1,54	1,49	1,45	1,42	1,40
150	1,55	1,49	1,45	1,42	1,39	1,37
170	1,53	1,47	1,43	1,40	1,38	1,36
200	1,50	1,45	1,41	1,38	1,36	1,35
250	1,47	1,42	1,39	1,37	1,35	1,33
300	1,44	1,40	1,37	1,35	1,33	1,32
350	1,43	1,39	1,36	1,34	1,33	1,31
400	1,42	1,38	1,36	1,34	1,32	1,31

Brennwert-Kessel 55 °C/45 °C
Verteilung innerhalb thermischer Hülle
mit Zirkulation, zentral; keine Lüftungsanlage

A_N in m²	q_h in kW·h/(m²·a)					
	40	50	60	70	80	90
	\multicolumn{6}{l}{Anlagenaufwandszahl e_p}					
100	1,56	1,49	1,43	1,40	1,36	1,34
120	1,52	1,45	1,41	1,37	1,34	1,32
150	1,46	1,41	1,36	1,33	1,31	1,29
170	1,44	1,39	1,35	1,32	1,30	1,28
200	1,41	1,36	1,33	1,30	1,28	1,26
250	1,39	1,34	1,31	1,29	1,27	1,25
300	1,36	1,32	1,29	1,27	1,25	1,24
350	1,35	1,31	1,28	1,26	1,25	1,23
400	1,34	1,30	1,28	1,26	1,24	1,23

5.3 Energieeinsparverordnung

Nachweisverfahren nach EnEV 2014

Mit der WSVO 1995 wurde die Berechnung des Jahres-Heizwärmebedarfs durch Bilanzierung der Wärmeverluste infolge von Wärmetransmission und Lüftung unter Berücksichtigung der internen Wärmegewinne eingeführt. Die EnEV geht über den Nachweis des Heizwärmebedarfs hinaus, indem eine zusätzliche Berechnung des Jahres-Heizenergiebedarfs und des dafür benötigten Jahres-Primärenergiebedarfs verlangt wird. Seit Inkrafttreten der EnEV 2009 stehen dazu zwei Berechnungsverfahren zur Verfügung, zum einen nach DIN V 4108-6 und DIN 4701-10, zum anderen nach DIN V 18599. Zwei Bereiche sind zu unterscheiden:

Berechnung des Jahres-Heizwärmebedarfs zur energetischen Bewertung der Bautechnik

$$H_T = \Sigma (F_{xi} \cdot U_i \cdot A_i) + \Delta U_{WB} \cdot A \quad \text{in W/K}$$

$$H'_T = H_T / A < 0{,}75 \cdot H'_{T,ref} \quad \text{in W/(m}^2\cdot\text{K)}$$

- A_i Fläche des Bauteils in m² (insgesamt die wärmeübertragende Umfassungsfläche)
- U_{WB} Wärmebrückenzuschlag in W/(m²·K)
- U_i U-Wert der Bauteile in W/(m²·K)
- F_{xi} Temperaturkorrekturfaktor ▶ S. 182

$$H_V = 0{,}34 \cdot n \cdot V \quad \text{in W/K}$$

- V Beheiztes Volumen ▶ S. 182
- n gemäß Dichtheitsprüfung ▶ S. 182
- e_p Anlagenaufwandszahl (Anlagetechnik, gem. DIN 4701-10, Bbl. 1, Primärenergiefaktoren f_p eingerechnet) ▶ S. 180
- A_{WF} Wohnfläche nach WFlVO.
  $A_{WF} = A_{NF}/1{,}35$ bis zu 2 Wohnungen
  $A_{WF} = A_{NF}/1{,}2$ sonst

Die Nutzfläche A_{NF} nach DIN 277 wird nur bei Umbau oder Erweiterung benötigt.82

- $A_{W,i}$ Fensterflächen in m²
- g_i Gesamtenergiedurchlassgrad ▶ S. 182

Berechnung des Jahres-End- und Primärenergiebedarfs (inklusive der Anlagentechnik)

$$Q_P = (Q_h + Q_w) \cdot e_p < 0{,}75 \cdot Q_{p,ref} \quad \text{in kW·h/a}$$

$$Q_h = (H_T + H_V) - \eta \cdot (Q_S - Q_i) \quad \text{in kW·h/a}$$

$$Q_w = q_w \cdot A_N \quad \text{in kW·h/a}$$

Q_w Jahres-Warmwasserheizbedarf
mit $q_w = 12{,}5$ kW·h/(m²·a) pauschal[1]
mit $q_w = 12$ kW·h/(m²·a) für EFH[2]
mit $q_w = 16$ kW·h/(m²·a) ab ZweiFH[2]
[1] nach DIN 4701-10, EnEV   [2] DIN V 18599

η Ausnutzungsgrad der Energiegewinnung (i.d.R $\eta = 0{,}95$) ▶ S. 182

$$Q_i = q_i \cdot A_{WF} \cdot t \quad \text{in kW·h/a}$$

$q_i = 5$ W/m² bei EFH, $q_i = 6$ W/m² sonst

$$Q_S = 0{,}024 \cdot (t_M \cdot I_i) \cdot [F_f \cdot F_S \cdot F_C] \cdot g_i \cdot A_{W,i}$$

in kW·h/a

(vgl. 0,024 · 24 h = 0,567 pauschal ▶ S. 182)

- $(t_M \cdot I_i)$ Anzahl der Tage im Monat, Strahlungsintensität je nach Himmelsrichtung und Referenzort der Region
- F_f Rahmenanteil Fenster 30 % → 0,7
- F_S Verschattungsfaktor, i.d.R. → 0,9
- F_C Abminderung Sonnenschutz → 1,0

Bauteilverfahren (BT-Verfahren)

Dieses Berechnungsverfahren gilt nur für Gebäude im Bestand. Die Anlagentechnik wird bei diesem Berechnungsverfahren nicht berücksichtigt. Die Außenbauteile, bei denen eine Änderung, ein Ausbau oder eine Erweiterung vorgenommen wird, dürfen die **U-Werte** gemäß Tabelle auf Seite 172 nicht überschreiten. Alternativ ist nachzuweisen, dass das geänderte Wohngebäude insgesamt den Jahres-Primärenergiebedarf Q_p des Referenzgebäudes ▶ S. 178 und den Höchstwert des Transmissionswärmeverlustes H'_T um nicht mehr als 40 % überschreitet.

Monatsbilanz-Verfahren (MB-Verfahren)

Der Jahres-Heizwärmebedarf wird aus der Summe der monatlichen Bilanzen der Wärmeverluste und Wärmegewinne ermittelt. Dazu gibt die DIN V 4108-6 für Deutschland 15 Referenzregionen (Klimaregionen) mit monatlichen Außentemperaturen und Sonneneinstrahlungen nach orientierten Gebäudeflächen vor. Diese Werte sind hier nicht aufgeführt. Zudem ist der nach dem EnEV-2014-Verfahren berechnete Jahres-Primärenergiebedarf des Referenzgebäudes für Neubauten mit dem Faktor 0,75 (Reduzierung) zu multiplizieren. Auf Seite 182 ist ein Struktogramm zur Ermittlung des Jahres-Primärenergiebedarfs, als vereinfachtes Verfahren ohne genaue Ermittlung der Strahlungsintensität und der Außentemperaturen in den Referenzorten der 15 Regionen, dargestellt.

5.3 Energieeinsparverordnung

Vereinfachtes Jahresbilanz-Verfahren nach EnEV

Jahres-Primärenergiebedarf Q_p

Der Jahres-Primärenergiebedarf ist vereinfacht wie folgt zu ermitteln:

$$Q_{p,\text{vorh}} = (Q_h + Q_w) \cdot e_p$$

Q_h Jahres-Heizwertbedarf in kW·h/a
Q_w Zuschlag für Warmwasser in kW·h/a
e_p Anlagenaufwandszahl ▶ S. 179

Nach EnEV 2014 ist der maximal zulässige Primärenergiebedarf für Neubauten ab dem 01.01.2016 mit dem Faktor 0,75 zu multiplizieren.

Warmwasserbereitung Q_w

Als Nutz-Wärmebedarf für die Warmwasserbereitung Q_w mit $q_w = 12{,}5$ kW·h/(m²·a) gilt:

$$Q_w = q_w \cdot A_N$$

Transmissionswärmeverlust H_T

Die Berechnung des Transmissionswärmeverlustes erfolgt gemäß DIN 4108 aus den Wärmedurchlasskoeffizienten U_i, der Bezugsfläche A_i und dem Temperaturkorrekturfaktor F_{xi}.

$$H_T = \Sigma (F_{xi} \cdot U_i \cdot A_i) + 0{,}05 \cdot A \qquad H'_T = H_T/A$$

Beheiztes Volumen

Bei Gebäuden bis 3 Vollgeschossen gilt:
$$V = 0{,}76 \cdot V_e$$

In allen übrigen Fällen:
$$V = 0{,}80 \cdot V_e$$

Wärmebrücken

Die Wärmebrücken sind besonders zu berücksichtigen und nachzuweisen. Im vereinfachten Fall gilt für die gesamte wärmeübertragende Umfassungsfläche:

$$\Delta U_{WB} = 0{,}05 \text{ W/(m}^2\cdot\text{K)}$$

Lüftungswärmeverlust H_V

Der Lüftungswärmeverlust ermittelt sich nach folgender Formel:

mit Dichtheitsprüfung $n = 0{,}6$
ohne Dichtheitsprüfung $n = 0{,}7$
mit Undichtheiten $n = 1{,}0$

$$H_V = 0{,}34 \cdot n \cdot V$$

Solare Wärmegewinne Q_S

Die solaren Wärmegewinne werden nach der Orientierung der Fensterflächen, der solaren Einstrahlung und dem Gesamtenergiedurchlassgrad berechnet.

$$Q_S = \Sigma (I_j \cdot 0{,}567 \cdot A_{W,i} \cdot g_i)$$

Dachflächenfenster mit einer Neigung ≥ 30° sind hinsichtlich der Orientierung wie senkrechte Fenster zu berechnen.

Temperaturkorrekturfaktoren F_{xi}

Wärmestrom nach außen über Bauteil	Temperaturkorrekturfaktor F_{xi}	
Fenster, Außenwand	F_W, F_{AW}	1,0
Dach (als Systemgrenze)	F_D	1,0
Oberste Geschossdecke (Dachraum nicht ausgebaut)	F_{DG}	0,8
Abseitenwand (Drempelwand)	F_u	0,8
Wände und Decken zu unbeheizten Räumen	F_u	0,5
Wände und Decken zu niedrig beheizten Räumen	F_{nb}	0,35
Unterer Gebäudeabschluss Kellerdecke/-wände zu unbeheiztem Keller; Fußboden auf Erdreich; Keller gegen Erdreich	F_G	0,45 … 0,7
Glasvorbau	F_u	0,5 … 0,8

Solare Einstrahlung I_j nach Orientierung

Südost bis Südwest	270 kW·h/(m²·a)
Nordwest bis Nordost	100 kW·h/(m²·a)
Übrige Richtungen	155 kW·h/(m²·a)
Dachflächenfenster mit Neigung < 30°	225 kW·h/(m²·a)

Die Fläche der Fenster A_i mit der Orientierung j (Süd, West, Ost, Nord und horizontal) ist nach den lichten Fassadenöffnungsmaßen zu ermitteln.

Interne Wärmegewinne Q_i

Die internen Wärmegewinne in kW·h/a werden pauschal gerechnet.

$$Q_i = A_N \cdot 22 \text{ kW·h/(m}^2\cdot\text{a)}$$

Jahres-Heizwärmebedarf Q_h

Unter Berücksichtigung der Heizgradtage gilt der Faktor $f_{Gt} = 66$ für die Berechnung des Heizwärmebedarfes in kW·h/a.

$$Q_h = 66 \cdot (H_T + H_V) - 0{,}95 \cdot (Q_S + Q_i)$$

Gesamtenergiedurchlassgrad g

Die Energiedurchlässigkeit von Verglasungen wird durch den Energiedurchlassgrad g ausgedrückt; z.B. 0,58 bedeutet, dass 58 % der auf die Verglasung auftretenden Wärmeenergie hindurchgeht. Niedrige Energiedurchlassgrade sind anzustreben und i.d.R. den Produktspezifikationen oder der Bauregelliste zu entnehmen.

g-Werte üblicher Fenstergläser (Richtwerte)

Einfachverglasung	$g = 0{,}87$
Doppelverglasung	$g = 0{,}80 … 0{,}85$
Wärmeschutzverglasung	$g = 0{,}58 … 0{,}62$
Dreifachverglasung	$g = 0{,}52 … 0{,}62$
Sonnenschutzverglasung	$g = 0{,}35 … 0{,}55$

5.3 Energieeinsparverordnung

Monatsbilanz-Verfahren nach DIN 4108-6/DIN 4701-10/EnEV

Doppelhaushälfte — Referenzgebäude $H'_T = 0{,}45$ W/(m²·K)
Vereinfachte Darstellung — Beheiztes Volumen $V_e = 518{,}03$ m³ | $A_N = 0{,}32 \cdot V_e = 165{,}77$ m²

Transmissionswärmeverlust H_T $H_T = \Sigma (A \cdot U \cdot F_x) + H_{WB}$

Bauteil und Orientierung	A in m²	U in W/(m²·K)	F_x (ohne Einheit)	H_T
Außenwand Nord	29,14	0,28	1,0	8,159 W/K
Außenwand Ost/West	60,26	0,28	1,0	16,873 W/K
Außenwand Süd	27,01	0,28	1,0	7,563 W/K
Gaube Ost/West	3,24	0,28	1,0	0,907 W/K
Fenster Nord	2,94	1,3	1,0	3,822 W/K
Fenster Ost/West	10,20	1,3	1,0	13,26 W/K
Fenster Süd	16,10	1,3	1,0	20,93 W/K
Haustür Nord	3,57	1,8	1,0	6,426 W/K
Dach unmittelbar an Außenluft	41,02	0,2	1,0	8,204 W/K
Geschossdecke zum gedämmten Dach	61,37	0,25	0,5	10,740 W/K
Bodenplatte unmittelbar an Erdreich	95,86	0,35	0,5	16,776 W/K
ΣA	350,71		$A_i \cdot U_i \cdot F_x$	113,66 W/K
Wärmebrückenzuschlag H_{WB} (Anwendung nach Beiblatt 2, DIN 4108)	$H_{WB} = 0{,}05$ W/(m²·K) $\cdot A$			17,536 W/K
				131,200 W/K

Lüftungswärmeverlust H_V

Luftvolumen V	Gebäude bis zu 3 Vollgeschossen	$V = 0{,}76 \cdot V_e$	393,703 m³
	Gebäude über 3 Vollgeschosse	$V = 0{,}80 \cdot V_e$	---
Luftdichtheit H_V	$n_{50} \leq 3{,}0$ h⁻¹ (ohne Dichtheitsprüfung)	$0{,}7 \cdot 0{,}34 \cdot V$	93,701 W/K
	$n_{50} \leq 1{,}5$ h⁻¹ (mechanische Abluftanlage)	$0{,}55 \cdot 0{,}34 \cdot V$	---
Hüllflächenfaktor (vgl. Tabelle Seite 176, EnEV 2007)		$A/V_e = 0{,}677$	---

Solare Wärmegewinne Q_S $Q_S = A \cdot g \cdot F_F \cdot F_S \cdot F_C \cdot 0{,}024 \cdot t_M \cdot I$

Transparente Bauteile		Opake Bauteile vernachlässigt				
Bauteil und Orientierung		A in m²	g	F_F	F_S	F_C	Q_S
Fenster Nord	$0{,}024 \cdot t_M \cdot I$	2,94	0,62	0,7	0,9	1,0	
Fenster Ost/West	$0{,}024 \cdot t_M \cdot I$	10,20	0,62	0,7	0,9	1,0	
Fenster Süd	$0{,}024 \cdot t_M \cdot I$	16,10	0,62	0,7	0,9	1,0	
Interne flächenspezifische Wärmegewinne		$Q_i = A_N \cdot q_i \cdot t$		mit $q_i = 5$ W/m²			828,85 kW·h/a
Wärmekapazität $C_{wirk} = c \cdot \varrho \cdot d/2 \cdot A$		Massive Bauweise		50 W·h/(m³·K) $\cdot V_e$			25,9 kW·h/K

Jahres-Heizwärmebedarf Q_h mit EDV-mäßiger Berücksichtigung bzgl. η und t)

Absolut	$Q_h = H_T + H_V + \eta (Q_S + Q_i)$	in kW·h/Jahr	8170 kW·h/a
Pro m² A_N	$Q''_h = q'_h = Q_h/A_N$		49,28 kW·h/(m²·a)
Anlagenaufwandszahl (aus Tabelle Seite 180, BW 55°/45°)		$e_p = 1{,}31$	

Primärenergiebedarf Q''_p

| $Q''_{p,vorh} \leq Q''_{p,zul}$ | vorhanden | $Q''_{p,vorh} = e_p \cdot (Q''_h + 12{,}5)$ | 80,9 kW·h/(m²·a) |
| | zulässig | $Q''_{p,zul}$ (aus Tabelle Seite 177 mit $A/V_e = 0{,}6$) | 105,9 kW·h/(m²·a) |

Transmissionswärmeverlust $H'_{T,vorh}$

| $H'_{T,vorh} \leq H'_{T,ref}$ | vorhanden | $H'_{T,vorh} = H_T / A$ | 0,37 W/(m²·K) |
| | zulässig | $H'_{T,ref}$ (aus Grafik Seite 177) | 0,45 W/(m²·K) |

Für die Doppelhaushälfte wird ein Transmissionsverlust von $H'_T = 0{,}32$ W/(m²·K) errechnet, der unter dem zulässigen Wert liegt.

5.3 Energieeinsparverordnung

Ausstellung von Energieausweisen
Die Berechtigung zur Ausstellung von Energieausweisen für neue Gebäude ist im Landesrecht, für bestehende Gebäude in § 21 EnEV geregelt. Benötigt wird i.d.R. eine einschlägige Ausbildung oder einschlägige Zusatzqualifikationen.

Einschlägige Ausbildung
Diplom, Bachelor, Master in den Fachrichtungen:
Architektur, Bauingenieurwesen, Technische Gebäudeausrüstung, Physik, Bauphysik, Verfahrenstechnik, Maschinenbau, Gebäudemanagement

Einschlägige Zusatzqualifikation
Energiesparendes Bauen
Energieberater (mit Fortbildungszertifikat)
öffentlich bestellter Sachverständiger
(Schornsteinfegermeister, Zimmerermeister)

ENERGIEAUSWEIS für Wohngebäude
gemäß den §§ 16 ff. Energieeinsparverordnung (EnEV)

Gültig bis: max. 10 Jahre   Registriernummer vom DiBZ   **1**

Gebäude

Gebäudetyp	
Adresse	
Gebäudeteil	
Baujahr Gebäude	
Baujahr Anlagentechnik	**Gebäudefoto (freiwillig)**
Anzahl Wohnungen	
Gebäudenutzfläche (A_N)	

Anlass der Ausstellung des Energieausweises:
☐ Neubau   ☐ Modernisierung (Änderung / Erweiterung)   ☐ Sonstiges (freiwillig)
☐ Vermietung / Verkauf

Hinweise zu den Angaben über die energetische Qualität des Gebäudes

Die energetische Qualität eines Gebäudes kann durch die Berechnung des **Energiebedarfs** unter standardisierten Randbedingungen oder durch die Auswertung des **Energieverbrauchs** ermittelt werden. Als Bezugsfläche dient die energetische Gebäudenutzfläche nach der EnEV, die sich in der Regel von den allgemeinen Wohnflächenangaben unterscheidet. Die angegebenen Vergleichswerte sollen überschlägige Vergleiche ermöglichen (**Erläuterungen – siehe Seite 4**).

☐ Der Energieausweis wurde auf der Grundlage von Berechnungen des **Energiebedarfs** erstellt. Die Ergebnisse sind auf **Seite 2** dargestellt. Zusätzliche Informationen zum Verbrauch sind freiwillig.

☐ Der Energieausweis wurde auf der Grundlage von Auswertungen des **Energieverbrauchs** erstellt. Die Ergebnisse sind auf **Seite 3** dargestellt.

Datenerhebung Bedarf/Verbrauch durch   ☐ Eigentümer   ☐ Aussteller

☐ Dem Energieausweis sind zusätzliche Informationen zur energetischen Qualität beigefügt (freiwillige Angabe).

Hinweise zur Verwendung des Energieausweises

Der Energieausweis dient lediglich der Information. Die Angaben im Energieausweis beziehen sich auf das gesamte Wohngebäude oder den oben bezeichneten Gebäudeteil. Der Energieausweis ist lediglich dafür gedacht, einen überschlägigen Vergleich von Gebäuden zu ermöglichen.

Aussteller

....
Datum   Unterschrift des Ausstellers

5.3 Energieeinsparverordnung

Gegenüber der EnEV 2009 sind die Anforderungen in der EnEV 2014 erhöht worden. Die Umsetzung der Verordnung soll stärker überprüft werden. Mietern und Käufern muss für das Objekt ein Energieausweis vorgelegt werden. In das Formblatt werden Angaben zur Nutzung erneuerbarer Energien zur Deckung des Wärme- und Kältebedarfs aufg und des Erneuerbare-Energien-Wärmegesetzes (EEWärmeG) aufgenommen.

ENERGIEAUSWEIS für Wohngebäude

gemäß den §§ 16 ff. Energieersparverordnung (EnEV)

Berechneter Energiebedarf des Gebäudes

Energiebedarf

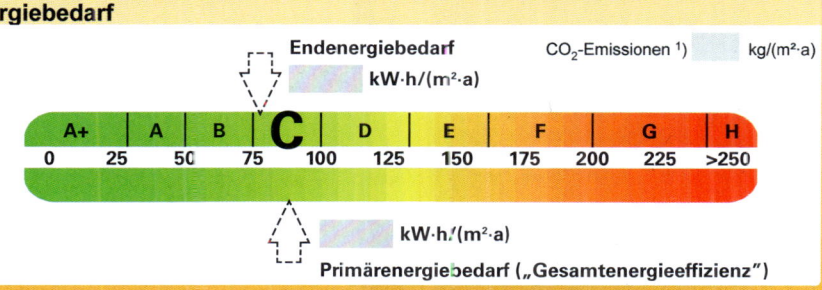

Nachweis der Einhaltung des § 3 oder § 9 Abs. 1 EnEV [2]

Primärenergiebedarf		Energetische Qualität der Gebäudehülle	
Gebäude Ist-Wert	kW·h/(m²·a)	Gebäude Ist-Wert H_T'	W/(m²·K)
EnEV-Anforderungswert	kW·h/(m²·a)	EnEV-Anforderungswert H_T'	W/(m²·K)

Endenergiebedarf

Energieträger	Jährlicher Endenergiebedarf in kWh/(m²·a) für			Gesamt in kWh/(m²·a)
	Heizung	Warmwasser	Hilfsgeräte [3]	

Sonstige Angaben

Einsetzbarkeit alternativer Energieversorgungssysteme
☐ nach § 5 EnEV vor Baubeginn geprüft
Alternative Energieversorgungssysteme werden genutzt für:
☐ Heizung ☐ Warmwasser
☐ Lüftung ☐ Kühlung
Lüftungskonzept
Die Lüftung erfolgt durch:
☐ Fensterlüftung ☐ Schachtlüftung
☐ Lüftungsanlage ohne Wärmerückgewinnung
☐ Lüftungsanlage mit Wärmerückgewinnung

Vergleichswerte Endenergiebedarf

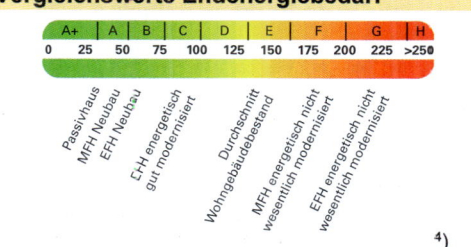

[4]

Erläuterungen zum Berechnungsverfahren

Das verwendete Berechnungsverfahren ist durch die Energieeinsparverordnung vorgegeben. Insbesondere wegen standardisierter Randbedingungen erlauben die angegebenen Werte keine Rückschlüsse auf den tatsächlichen Energieverbrauch. Die ausgewiesenen Bedarfswerte sind spezifische Werte nach der EnEV pro Quadratmeter Gebäudenutzfläche (A_N).

[1] freiwillige Angabe
[2] nur in den Fällen des Neubaus und der Modernisierung auszufüllen
[3] ggf. einschließlich Kühlung
[4] EFH – Einfamilienhäuser, MFH – Mehrfamilienhäuser

5.3 Energieeinsparverordnung

Die EnEV erlaubt bei nicht oder unvollständig vorhandenen Daten von bestehenden Wohngebäuden, die fehlenden Daten durch eine vereinfachte Datenermittlung zu beschreiben. Mindestanforderungen an eine korrekte Datenermittlung sind:

- Prüfung der Bestandspläne oder Aufmaß des untersuchten Gebäudes
- Fotografische Dokumentation des untersuchten Gebäudes
- Feststellung der beheizten Gebäudebereiche
- Ermittlung der wärmeübertragenden Umfassungsfläche
- Feststellung aller unterschiedlicher Bauteilaufbauten
- Ermittlung zur Anlagentechnik für Heizung und Warmwasser

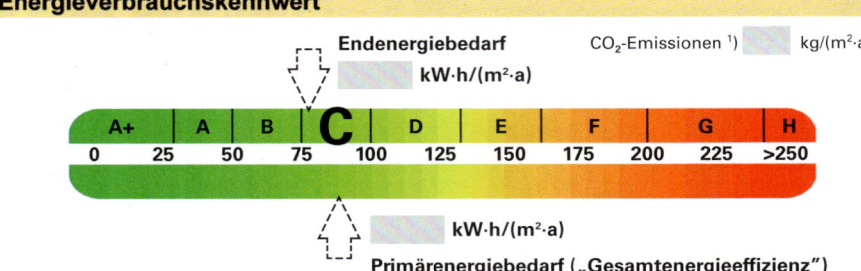

Verbrauchserfassung – Heizung und Warmwasser

Energieträger	Zeitraum		Energie-verbrauch [kW·h]	Anteil Warmwasser [kW·h]	Klima-faktor	Energieverbrauchskennwert in kW·h/(m²·a) (zeitlich bereinigt, klimabereinigt)		
	von	bis				Heizung	Warmwasser	Kennwert
								Durchschnitt

Vergleichswerte Endenergiebedarf

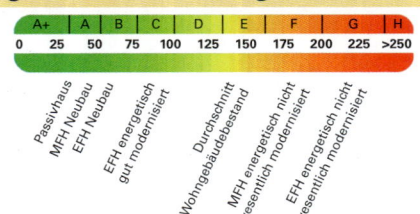

Die modellhaft ermittelten Vergleichswerte beziehen sich auf Gebäude, in denen die Wärme für Heizung und Warmwasser durch Heizkessel im Gebäude bereitgestellt wird.

Soll ein Energieverbrauchskennwert verglichen werden, der keinen Warmwasseranteil enthält, ist zu beachten, dass auf die Warmwasserbereitung je nach Gebäudegröße 20 – 40 kWh/(m²·a) entfallen können.

Soll ein Energieverbrauchskennwert eines mit Fern- oder Nahwärme beheizten Gebäudes verglichen werden, ist zu beachten, dass hier normalerweise ein um 15 – 30 % geringerer Energieverbrauch als bei vergleichbaren Gebäuden mit Kesselheizung zu erwarten ist.

Erläuterungen zum Verfahren

Das Verfahren zur Ermittlung von Energieverbrauchskennwerten ist durch die Energieeinsparverordnung vorgegeben. Die Werte sind spezifische Werte pro Quadratmeter Gebäudenutzfläche (A_N) nach Energieeinsparverordnung. Der tatsächliche Verbrauch einer Wohnung oder eines Gebäudes weicht insbesondere wegen des Witterungseinflusses und sich ändernden Nutzerverhaltens vom angegebenen Energieverbrauchskennwert ab.

5.3 Energieeinsparverordnung

Einhaltung der EnEV
Entweder die EnEV wird konsequent beachtet und eingehalten oder der Bauherr beantragt eine Befreiung bei der zuständigen Bauaufsichtsbehörde. Für die Einhaltung der EnEV-Vorschriften ist zunächst der Bauherr verantwortlich. Daneben stehen die beteiligten Planer und Ausführenden in ihrem Zuständigkeitsbereich mit in der Verantwortung.

ENERGIEAUSWEIS für Wohngebäude
gemäß den §§ 16 ff. Energieeinsparverordnung (EnEV)

Erläuterungen

Energiebedarf – Seite 2
Der Energiebedarf wird in diesem Energieausweis durch den Jahres-Primärenergiebedarf und den Endenergiebedarf dargestellt. Diese Angaben werden rechnerisch ermittelt. Die angegebenen Werte werden auf der Grundlage der Bauunterlagen bzw. gebäudebezogener Daten und unter Annahme von standardisierten Randbedingungen (z. B. standardisierte Klimadaten, definiertes Nutzerverhalten, standardisierte Innentemperatur und innere Wärmegewinne usw.) berechnet. So lässt sich die energetische Qualität des Gebäudes unabhängig vom Nutzerverhalten und der Wetterlage beurteilen. Insbesondere wegen standardisierter Randbedingungen erlauben die angegebenen Werte keine Rückschlüsse auf den tatsächlichen Energieverbrauch.

Primärenergiebedarf – Seite 2
Der Primärenergiebedarf bildet die Gesamtenergieeffizienz eines Gebäudes ab. Er berücksichtigt neben der Endenergie auch die so genannte „Vorkette" (Gewinnung, Verteilung, Umwandlung) der jeweils eingesetzten Energieträger (z. B. Heizöl, Gas, Strom, erneuerbare Energien etc.). Kleine Werte signalisieren einen geringen Bedarf und damit eine hohe Energieeffizienz und eine die Ressourcen und die Umwelt schonende Energienutzung. Zusätzlich können die mit dem Energiebedarf verbundenen CO_2-Emissionen des Gebäudes freiwillig angegeben werden.

Endenergiebedarf – Seite 2
Der Endenergiebedarf gibt die nach technischen Regeln berechnete, jährlich benötigte Energiemenge für Heizung, Lüftung und Warmwasserbereitung an. Er wird unter Standardklimabedingungen errechnet und ist ein Maß für die Energieeffizienz eines Gebäudes und seiner Anlagentechnik. Der Endenergiebedarf ist die Energiemenge, die dem Gebäude bei standardisierten Bedingungen unter Berücksichtigung der Energieverluste zugeführt werden muss, damit die standardisierte Innentemperatur, der Warmwasserbedarf und die notwendige Lüftung sichergestellt werden können. Kleine Werte signalisieren einen geringen Bedarf und damit eine hohe Energieeffizienz.
Die Vergleichswerte für den Energiebedarf sind modellhaft ermittelte Werte und sollen Anhaltspunkte für grobe Vergleiche der Werte dieses Gebäudes mit den Vergleichswerten ermöglichen. Es sind ungefähre Bereiche angegeben, in denen die Werte für die einzelnen Vergleichskategorien liegen. Im Einzelfall können diese Werte auch außerhalb der angegebenen Bereiche liegen.

Energetische Qualität der Gebäudehülle – Seite 2
Angegeben ist der spezifische, auf die wärmeübertragende Umfassungsfläche bezogene Transmissionswärmeverlust (Formelzeichen in der EnEV: H'_T). Er ist ein Maß für die durchschnittliche energetische Qualität aller wärmeübertragenden Umfassungsflächen (Außenwände, Decken, Fenster etc.) eines Gebäudes. Kleine Werte signalisieren einen guten baulichen Wärmeschutz.

Energieverbrauchskennwert – Seite 3
Der ausgewiesene Energieverbrauchskennwert wird für das Gebäude auf der Basis der Abrechnung von Heiz- und ggf. Warmwasserkosten nach der Heizkostenverordnung und/oder auf Grund anderer geeigneter Verbrauchsdaten ermittelt. Dabei werden die Energieverbrauchsdaten des gesamten Gebäudes und nicht der einzelnen Wohn- oder Nutzeinheiten zugrunde gelegt. Über Klimafaktoren wird der erfasste Energieverbrauch für die Heizung hinsichtlich der konkreten örtlichen Wetterdaten auf einen deutschlandweiten Mittelwert umgerechnet. So führen beispielsweise hohe Verbräuche in einem einzelnen harten Winter nicht zu einer schlechteren Beurteilung des Gebäudes. Der Energieverbrauchskennwert gibt Hinweise auf die energetische Qualität des Gebäudes und seiner Heizungsanlage. Kleine Werte signalisieren einen geringen Verbrauch. Ein Rückschluss auf den künftig zu erwartenden Verbrauch ist jedoch nicht möglich; insbesondere können die Verbrauchsdaten einzelner Wohneinheiten stark differieren, weil sie von deren Lage im Gebäude, von der jeweiligen Nutzung und vom individuellen Verhalten abhängen.

Einteilung in Energieeffizienzklassen

A+	A	B	C	D	E	F	G	H
<30	<50	<75	<100	<130	<160	<200	<250	≥250

Endenergie in kW·h/(m²·a)

5 BAUPHYSIK/BAUTENSCHUTZ

5.4 Feuchteschutz und Tauwasserschutz

5.4.1 Bauliche Schutzmaßnahmen

Jedes Bauwerk muss durch bauliche Maßnahmen vor dem Eindringen von Wasser und Feuchtigkeit geschützt werden. Ständig feuchte Baustoffe verlieren ihre Festigkeit und Wärmedämmfähigkeit. Wasser ▶ S. 69, 414 und Feuchtigkeit sammeln sich im Erdreich und fallen im Bauwerksinneren an. Man unterscheidet Außenwasser und Innenwasser.

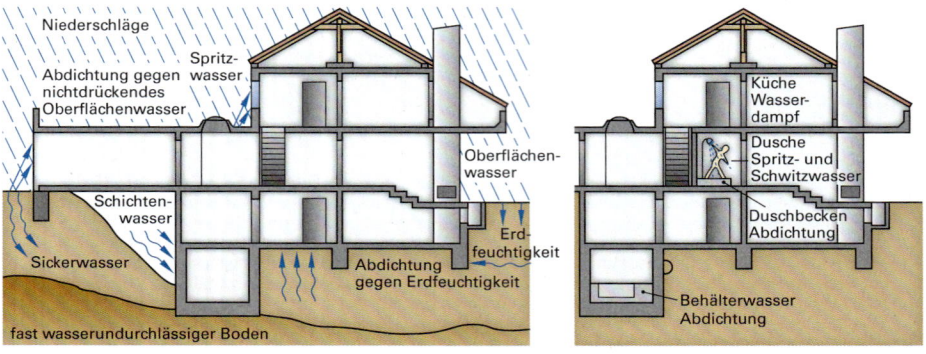

Außenwasser — **Innenwasser**

Nichtdrückendes Wasser bezeichnet das Niederschlagswasser, das im Erdreich versickert, und die aufsteigende Feuchtigkeit aus dem Grundwasser. Gegen aufsteigende Feuchtigkeit sind waagerechte und gegen seitlich einwirkende Feuchtigkeit sind senkrechte Sperrschichten anzuordnen, vgl. auch Baumaterialien, Dichtungsbahnen ▶ S. 165, 189 und 311.

Drückendes Wasser beinhaltet alles Schichtenwasser, das sich zwischen bindigen oder sonst wasserundurchlässigen Bodenschichten sammelt und auf Bauteile einen Druck ausübt. Bauteile, die durch drückendes Wasser gefährdet sind, müssen eine wasserdruckhaltende Abdichtung (schwarze Wanne) oder eine aus wasserundurchlässigem Beton hergestellte Wanne (weiße Wanne) erhalten.

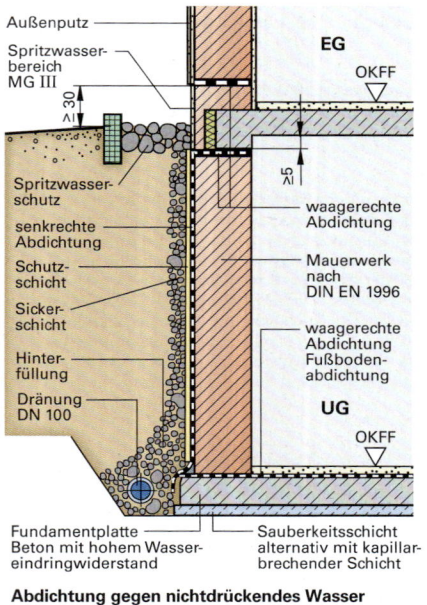

Abdichtung gegen nichtdrückendes Wasser

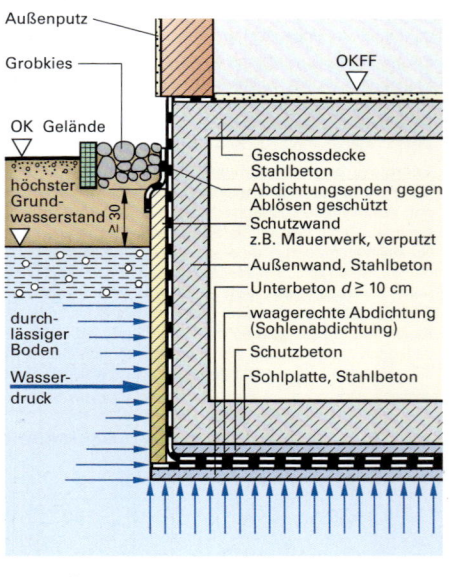

Abdichtung gegen drückendes Wasser

5.4 Feuchteschutz und Tauwasserschutz

Bauwerksabdichtungen (DIN 18195: 2011-03)

Bauwerksabdichtungen werden benötigt bei nicht wasserdichten Bauwerken oder Bauteilen, die auf Bodenfeuchte, nichtdrückendes Wasser, von außen drückendes Wasser und von innen drückendes Wasser beansprucht werden. Die **DIN 18195 „Bauwerksabdichtungen"** regelt in 10 Teilen u.a.: (1) Grundsätze, Zuordnungen der Abdichtungsarten, (2) Stoffe – auch DIN 1045 und DIN EN 1992, DIN 1053 und DIN EN 1996, DIN 18550, (3) Untergrund und Verarbeitung, (4) Abdichtungen gegen Bodenfeuchte, (5) Abdichtung gegen nichtdrückendes Wasser auf Deckenflächen, (6) Abdichtung gegen von außen drückendes Wasser, (7) Abdichtung gegen von innen drückendes Wasser.
Die **DIN 4108-3** beschreibt u.a. die Belastung der Bauteile durch Schlagregen in mm/m² pro Jahr. Die Beanspruchungsgruppen I, II und III sind unter Berücksichtigung der regionalen klimatischen Bedingungen festgelegt. **I gering** < 600 mm; **II mittel** 600 mm ... 800 mm; **III stark** > 800 mm.
Die Schlagregenbeanspruchung wird auch in DIN EN 998-1 (Putzmörtel) geregelt ▶ S. 253.

Anforderungen an den Untergrund
Abdichtungen dürfen nur auf Bauwerksflächen aufgebracht werden, die frostfrei, fest, eben, frei von Nestern und Rissen, Graten und Verunreinigungen sind. Nicht verschlossene Vertiefungen größer als 5 mm sind mit Mörtel zu verschließen.

Schutzschichten
Die Abdichtungen sind durch Schutzschichten gegen mechanische Beschädigungen zu schützen. Senkrechte Abdichtungen werden durch Noppenbahnen, Wellbahnen, Wärmedämmplatten oder Dränplatten geschützt. Waagerechte oder leicht geneigte Abdichtungen erhalten mindestens 5 cm dicken Schutzestrich oder werden durch Gummigranulatmatten (ca. 6 mm), zweilagige synthetische Vliesbahnen (ca. 300 kg/m²) oder Kunststoffdichtungsbahnen geschützt.

Abdichtungsstoff ▶ Kapitel 6.14.4	Anwendungsbereich	Verarbeitungshinweise für Abdichtungen gegen Bodenfeuchtigkeit
Bitumen-Voranstrichmittel	Abdichtung von Außenwänden	1 × kaltflüssiger Voranstrich bei Deckaufstrichmittel oder bei Bitumenbahnen
Bitumen- und Polymerbitumenbahnen	Abdichtung von Außenwänden horizontale Abdichtung der Bodenplatte mit Schutzschicht	1 × Voranstrich mindestens eine Lage mit Klebemasse aufkleben
Kunststoff- und Elastomer-Dichtungsbahnen	Abdichtung von Außenwänden horizontale Abdichtung der Bodenplatte mit Schutzschicht	1 × Voranstrich mindestens eine Lage PIB-Bahnen mit Aufstrich aus Bitumenklebemasse, im Schweißverfahren
Elastomer-Dichtungsbahnen mit Selbstklebeschicht	Abdichtung von Außenwänden horizontale Abdichtung der Bodenplatte mit Schutzschicht	1 × Voranstrich Dichtungsbahn aufkleben, Überlappung verschweißen
Klebemassen und Deckaufstrichmittel	Abdichtung von Außenwänden	1 × Voranstrich und 2 × heißflüssiger Deckanstrich
Asphaltmastix und Gussasphalt	horizontale Abdichtung der Bodenplatte mit Schutzschicht	Feuchtigkeitsbrücken im Bereich der Putzflächen vermeiden
bitumenverträgliche Kunststoffdichtungsbahnen aus Ethylen-Vinyl-Acetat-Terpolymer (EVA)	Abdichtung von Außenwänden	wie Kunststoffdichtungsbahnen, sowohl mit Bitumenklebemasse als auch im Schweißverfahren aufzukleben
kunststoffmodifizierte Bitumendickbeschichtung (KBM)	Abdichtung von Außenwänden horizontale Abdichtung der Bodenplatte mit Schutzschicht	2 Arbeitsgänge frisch in frisch, Gesamtdicke mindestens 3 mm Trockenschicht
kaltselbstklebende Bitumendichtungsbahnen (KSK)	Abdichtung von Außenwänden horizontale Abdichtung der Bodenplatte mit Schutzschicht	1 × Voranstrich mindestens eine Lage

Feuchtigkeitsbeanspruchungsklassen für den Innenbereich		
A01	**Wandflächen,** die nur zeitweise mit Spritzwasser beansprucht werden	
A02	**Waagerechte Flächen,** die nur zeitweise mit Spritzwasser beansprucht sind	
B0	**Außenbauteile,** mit nichtdrückender Wasserbeanspruchung	
0	Wand- und Bodenflächen, die nur zeitweise und geringfügig durch Spritzwasser beansprucht werden	
Abdichtungsstoffe: Polymerdispersionen, Reaktionsharzbeschichtungen, Kunststoff-Mörtel-Kombinationen		

5.4 Feuchteschutz und Tauwasserschutz

Bauwerksabdichtungen (DIN 18195)

Bauwerke werden gemäß DIN 18195-1 durch Grundwasser, Stauwasser, Schichtenwasser, Sickerwasser, Haftwasser, Kapillarwasser und Niederschläge sowie Brauchwasser in Innenräumen ▶ Abbildung S. 188 beansprucht. **Bodenfeuchte** (Kapillarwasser, Haftwasser, nicht stauendes Sickerwasser) ist als Mindestbeanspruchung immer anzusetzen. In DIN 18195-4: 2011-12 sind die Abdichtungsmaßnahmen gegen Bodenfeuchte geregelt. Bei der Planung von Abdichtungsarbeiten sind folgende Arten zu unterscheiden:

- Horizontalsperre (waagerechte Querschnittsabdichtung) unter und innerhalb der Wand
- Horizontale (waagerechte) Abdichtung von Bodenplatten
- Vertikale (senkrechte) Abdichtung an erdberührten Wänden (Umfassungswände, außen)
- Sperrschichten im Sockelbereich (als Spritzwasser-Schutzzone)

Die folgenden Prinzipskizzen sind Empfehlungen und gehen geringfügig über Mindestanforderungen nach DIN 18195-4 hinaus. Darüber hinaus wird empfohlen, die senkrechten Abdichtungen und die Abdichtungen, die nicht sofort nach der Anordnung durch andere Bauteile abgedeckt werden, durch Schutzschichten nach DIN 18195-10 (senkrecht: expandierte oder extrudierte Polystyrolhartschaumplatten, Noppenbahnen mit Gleitschicht, Schaumglasplatten; waagerecht: 5 cm dicker Schutzestrich) zu schützen.

Abdichtung bei Bodenfeuchte/ nicht stauendes Sickerwasser	Abdichtung eines nicht unterkellerten Bauwerks, erhöhte Anforderung und abgedichtete Platte
a) Dichtung mit Bitumenbahnen einschließlich KMB b) Dichtung auf Zementbasis/durch wasserundurchlässigen Beton (WU-Beton) unter Verwendung von Arbeitsfugenbändern	a) Bodenplatte mit freitragender, nicht auf dem Boden aufliegender Decke, Zwischenraum mit Querbelüftung b) Bodenplatte als Stahlbetonplatte auf der kapillarbrechenden Schicht aus grobkörnigem Material, vor dem Betonieren mit PE-Folie abgedeckt

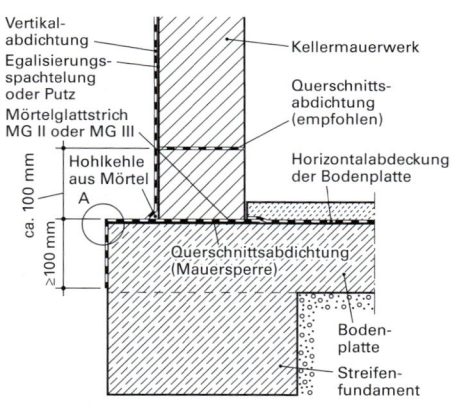
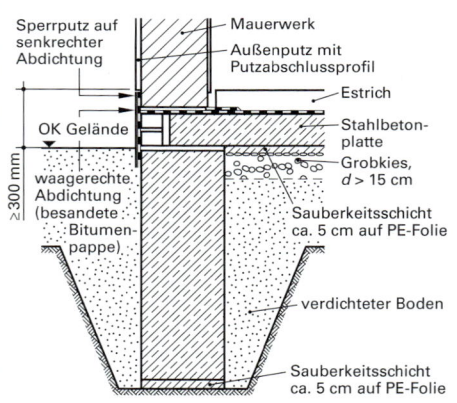

Wand-/Bodenanschlüsse/Innenecken – Detail A	Ausführungshinweise
a) aus kunststoffmodifiziertem Mörtel oder Zementmörtel b) mittels Ab-/Ausrundung bei Bitumenbahnen auf vorgestrichenen Wandflächen einlagig aufgeklebt c) Dreikantleiste bei Beschichtung mit kunststoffmodifizierten Bitumen-Dickbeschichtungen (KMB)	■ **Waagerechte Abdichtungen in und unter Wänden** Die einlagig einzubauenden Bahnen dürfen nicht aufgeklebt werden und müssen sich mindestens 200 mm überdecken. Die Überdeckungen dürfen miteinander verklebt werden. Bei horizontalen Abdichtungen in Wänden muss die Abdichtung durch den ggf. vorhandenen Innenputz geführt werden. Bei Wänden aus Beton sind die Fundamente und Wände aus BU-Beton herzustellen. ■ **Senkrechte Abdichtungen** Aufbau: Voranstrich, Klebemasse, Abdichtung, Deckaufstrichmittel, Schutzschicht (gegen mechanische Beschädigungen)

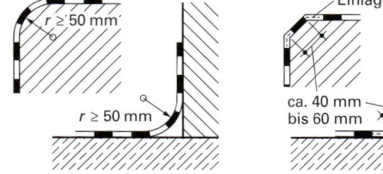

5.4 Feuchteschutz und Tauwasserschutz

Drainage (Dränung) (DIN 4095: 1990-06, Beiblatt Dränung: 2017-01)

Durch Dränung sollen die Bodenschichten entwässert werden (die zu erwartende Wasserbeanspruchung wird reduziert), damit erdberührte Bauteile nicht durch zeitweise drückendes Wasser beansprucht werden. Dauerhaft drückendes Wasser kann durch Dränung nicht abgeleitet werden.

Ringdrainage vor Wänden entlang der Fundamente unterhalb der Fundamentüberstände.

Flächendrainage unterhalb der gesamten Bodenplatte, z.B. aus Betonkies mit der Sieblinie B32 mindestens 30 cm dick oder Kies der Körnung 4/32 auf Filtervlies.

Dränleitungen bestehen aus geschlitzten flexiblen Kunststoff-Rippenrohren DN 100 oder aus gelochten bzw. geschlitzten Betonrohren, Faserzementrohren, Tonrohren oder Kunststoffrohren mit Filtervliesummantelung. Gefälle 0,5 % bis 1,0 %.

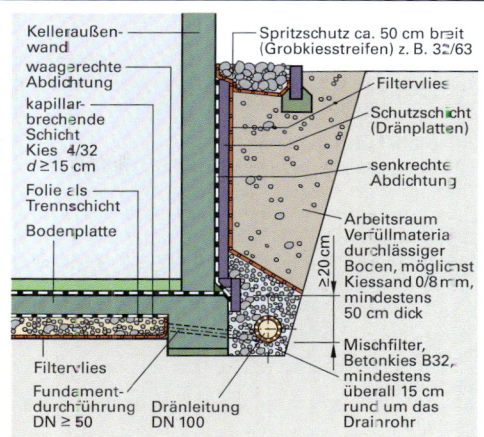

5.4.2 Klimabedingter Feuchtigkeitsschutz

Aufgrund klimatischer Bedingungen finden Umwandlungen zwischen Wasserdampf und Wasser statt.
Tauwasserbildung kann nur verhindert werden, wenn die Raumtemperatur/Oberflächentemperatur eines Bauteils größer als die Taupunkttemperatur ist. Damit Feuchtigkeit und Tauwasser im Bauwerk keinen Schaden anrichten, sind folgende Punkte zu beachten:
- konstruktiver Schutz vor Feuchtigkeit (Schlagregenschutz)
- horizontale und vertikale Abdichtung
- Einbau von trockenen Baumaterialien (Baustellenorganisation) und hinreichendes Auslüften der Materialfeuchte von Putzen, Estrichen, Farbanstrichen etc.
- Dampfsperren und Dampfbremsen
- Wärmebrücken vermeiden
- Nutzerfeuchtigkeit hinreichend hinauslüften

Tauwasserbildung/Kondenswasserausfall
- kann die Standsicherheit des Gebäudes und die Konstruktion und damit den Wärmeschutz beeinträchtigen.
- kann hinter Schränken, Bildern und Einbauten, welche direkt an der Innenseite der Außenwände platziert sind, entstehen, weil an dieser Stelle der innere Wärmeübergangswiderstand durch die erschwerte Hinterlüftung erhöht wird (von $R_{si} = 0,13$ auf $R_{si} = 0,25$).
- findet als Sommerkondensation in Räumen mit niedrigen Bauteiltemperaturen statt.
- kann zu Schimmelbildung in Räumen mit niedrigen Innentemperaturen führen, wenn Luft mit entsprechend höherer Luftfeuchtigkeit hineingelüftet wird.
- kann durch das Absenken der relativen Luftfeuchtigkeit in Innenräumen verhindert werden.

Feuchteschutztechnische Größen

Größe	Kurzzeichen	Zusammenhang	Einheit
Sättigungsdruck	p_s		
Teildruck im Raum	p_i	$p = \dfrac{F}{A}$	1 N/m² = 1 Pa
Teildruck im Freien	p_e		
Feuchte: Luft, absolut Luft, relativ	φ	$\varphi = \dfrac{W}{W_s} = \dfrac{p}{p_s}$	1 %
Wasserdampf-Diffusionsstromdichte	g_i	$g_i = \dfrac{p_i - p_e}{Z}$	kg/(m²·h)
Wasserdampf-Diffusionswiderstandszahl	μ	Stoffkennwert	1
diffusionsäquivalente Luftschichtdicke	s_d	$s_d = \mu \cdot d$	m
flächenbezogene Wassermasse	m		kg/m²
Tauwassermasse	$m_{W,T}$	$m_{W,T} = t_T \cdot (g_i - g_e)$	
verdunstende Wassermasse	$m_{W,V}$	$m_{W,V} = t_V \cdot (g_i + g_e)$	
Dauer der Tauperiode	t_T	2160 Std.	h
Dauer der Verdunstungsperiode	t_V	2160 Std.	h
Wasserdampf-Diffusionsdurchlasswiderstand	Z Z_i Z_e	gebunden in m²·h·Pa/kg	

5.4 Feuchteschutz und Tauwasserschutz

5.4.3 Feuchteschutztechnische Rechenwerte

Luftfeuchte
Luft enthält Wasser in gasförmigem Zustand in Form von Wasserdampf. Je höher die Temperatur ist, umso mehr Feuchtigkeitsmengen können von der Luft aufgenommen werden.

Absolute Luftfeuchte $m_{W, vorh}$
Die Höchstmasse an Wasserdampf (Sättigungsmenge) wird ausgedrückt in g Wasserdampf je kg trockener Luft oder g Wasserdampf je m³ feuchter Luft. Die tatsächlich vorhandene Wasserdampfmenge in der Luft wird als absolute Luftfeuchte (g/m³) bezeichnet.

Lufttemperatur ϑ_L in °C	−20	−10	0	+10	+20	+30
Sättigungsmenge c_s in g/m³	0,88	2,14	4,84	9,39	17,29	30,36

Relative Luftfeuchte φ
Die relative Luftfeuchte φ ist das Verhältnis von tatsächlich vorhandener Dampfmenge $m_{W, vorh}$ zu der bei der Lufttemperatur maximal möglichen Dampfsättigungsmasse $m_{W,s} = c_s$.

$$\varphi = \frac{m_{W, vorh}}{m_{W,s}} \cdot 100\% = \frac{p_{W, vorh}}{p_s} \cdot 100\%$$

Wasserdampf
Wasserdampf ist Wasser in gasförmigem Zustand und hat das Bestreben, sich gleichmäßig zu verteilen und durch Bauteile zu diffundieren.

Wasserdampfdiffusion
Durch Wasserdampfdruckgefälle bedingte Wanderung von Wasserdampf durch Bauteile.

Diffusionswiderstand
Rechenwert in m aus der Dicke der Sperrschicht (Dampfsperre, Dampfbremse) mal Diffusionswiderstand μ.

Wasserdampfdiffusionsäquivalente Luftschichtdicke s_d in m, d in m, μ ohne Einheit.

$$s_d = \mu \cdot d$$

Tauwasser W_T ($m_{W, T}$)
Tauwasser ist die Feuchtigkeit, die sich an oder in Bauteilen niederschlägt, wenn sich die Luft unter ihren Taupunkt abkühlt.

Taupunkttemperatur
Taupunkttemperatur ist die Temperatur, bei der die Luftfeuchte durch Abkühlung ihren Sättigungsgehalt erreicht (100 %). Wird diese Taupunkttemperatur noch unterschritten, dann scheidet sich aus der Luft Feuchtigkeit aus (Tauwasser, Kondenswasser).

Wasserdampf-Diffusion und Tauwasserbildung

Tauwasserbildung auf der inneren Oberfläche von Bauteilen kann durch ausreichenden Wärmeschutz vermieden werden. Für Räume mit Lufttemperaturen zwischen 18 °C und 22 °C und einer relativen Luftfeuchtigkeit zwischen 50 % und 70 % benennt die DIN 4108-2 die Mindestwerte für die Wärmedurchlasswiderstand.

Als Wasserdampfdiffusion wird die Eigenbewegung des Wasserdampfes durch Baustoffe (einschließlich Dämmstoffe) bezeichnet.
Ursache für die Wasserdampfdiffusion sind unterschiedliche Wasserdampfdrücke p_i (Fußzeiger i: Innenluft, interior, intern) und p_e (Fußzeiger e: Außenluft, exterior, extern) auf der Innenseite und der Außenseite des Bauteils.
Der Wasserdampf strömt von der Seite des höheren Dampfdrucks in Richtung des Druckgefälles. Der Wasserdampfdruck ist abhängig von der Temperatur (Formelzeichen θ oder ϑ bei °C) und der relativen Luftfeuchte (Formelzeichen φ).

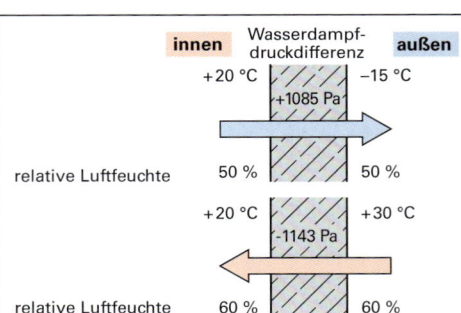

Luftzustand						Differenz	
außen			innen			$p_i - p_e$	
θ [°C]	φ [%]	p_e [Pa]	θ [°C]	φ [%]	p_i [Pa]	[Pa]	
−15	50	83	20	50	1168	+ 1085	Wasserdampf von außen nach innen
−5	50	200	20	50	1168	+ 968	
15	70	1192*	20	70	1636	+ 444	
15	100	1704	20	50	1168	− 536	$p_i - p_e > 0$
20	50	1168*	20	50	1168	± 0	
30	60	2545	20	60	1402	− 1143	Wasserdampf von innen nach außen

*) ▶ S. 199 gleichgesetzt mit 1200 Pa, „Klimabdingungen"

5.4 Feuchteschutz und Tauwasserschutz

Wasserdampf-Diffusionswiderstandszahlen μ (DIN 4108-4 und DIN EN 12524)

Putz, Estrich, Mörtel	
Kalkmörtel, Kalkzementmörtel, Zementmörtel, Leichtmörtel/-Estrich	15/35
Kalkgipsmörtel, Gipsmörtel, Anhydritmörtel/-Estrich	10
Wärmedämmputzsysteme	5/20

Großformatige Bauplatten	
Stahlbeton	80/130
Normalbeton	60/100
Leichtbeton	70/150
Mauerwerk (VZ, HLZ, KSV, P=)	5/10
Vollklinker, Hochlochklinker	50/100
Mauerwerk mit KSV (ab 1600 kg/m³)	15/25
Leichtbeton (haufwerksporiges Gefüge)	3/10

Holz	
Fichte, Kiefer, Tanne, Buche, Eiche	50
Sperrholz, Flachpressplatten	50/100
Holzfaserplatten, MDF	12/50

Bauplatten	
Porenbeton-Bauplatten, Wandbauplatten aus Leichtbeton/aus Gips	4/10
Sperrholz 300	50/150
Sperrholz 700	90/220
OSB-Platte	30/50

Wärmedämmstoffe	
Holzwolle-Leichtbauplatten	2/5
Korkdämmstoffe	5/10
Mineralische und pflanzliche Faserdämmstoffe	1
Schaumkunststoffe PUR	40 ... 200
Schaumglas CG	dampfdicht

Abdichtungsbahnen	
Bitumendachbahnen	10 000/80 000
PVC-Folien $d \geq 0{,}1$ mm	20 000/50 000
PE-C $d \geq 0{,}1$ mm	100 000
Alu-Folie $d \geq 0{,}05$ mm	dampfdicht

Beispiel Wasserdampfdiffusionsäquivalente Luftschicht

Materialien: Vollholz Kiefer $d = 24$ mm, Bitumendachbahn $d = 1{,}2$ mm, Außenwand aus Stahlbeton $d = 18$ cm, Gipsbauplatte $d = 25$ mm

Kiefer	$s_d =$	$50 \cdot 0{,}024$ m	$\Rightarrow$	$s_d = $ **1,20 m**
Stahlbeton	$s_d =$	$30 \cdot 0{,}180$ m	$\Rightarrow$	$s_d = $ **1,44 m**
Gipsplatte	$s_d =$	$4 \cdot 0{,}025$ m	$\Rightarrow$	$s_d = $ **0,10 m**
Bitumendachbahn	$s_d =$	$10000 \cdot 0{,}0012$ m	$\Rightarrow$	$s_d = $ **12,00 m**

Die Bitumendachbahn erzielt den größten Wert und setzt dem diffundierenden Wasserdampf den größten Widerstand entgegen.

Ungünstiger Wert μ: Vor der Tauwasserebene der kleinere Wert, nach der Tauwasserebene der größere.

Feuchteschutztechnische Rechenwerte

Die DIN 4108 unterscheidet zwischen den Normalfällen und den Sonderfällen. Bei den in der Tabelle aufgeführten Normalfällen ist kein Nachweis der Tauwasserbildung erforderlich, da bei üblicher Nutzung der Räume und Einhaltung der Wärmeschutzvorgaben Schäden vermieden werden können.

Mauerwerk
- einschalig, beidseitig verputzt o. verblendet
- zweischalig nach DIN EN 1996 mit oder ohne Wärmedämmung
- einschalig mit raumseitiger Wärmedämmung $s_d \geq 0{,}50$ m
- einschalig mit außenseitiger Wärmedämmung und Außenputz $s_d \geq 4{,}0$ m
- einschalig mit außenseitiger Wärmedämmung und hinterlüfteter Bekleidung

Großformatige Platten
- Porenbeton, Kunstharzputz außen $s_d \geq 4{,}0$ m
- Normalbeton, gefügedichter Leichtbeton
- Beton oder Leichtbeton mit außenseitiger Wärmedämmschicht mit Außenputz oder hinterlüfteter Bekleidung

Holztafelbauart
- mit Innendämmung (über Fachwerk und Gefache aus Holzwolle-Leichtbauplatten nach DIN 1101)
- mit Außendämmung (über Fachwerk und Gefache) mit $s_d > 2$ m oder hinterlüfteter Außenwandverkleidung

Nichtbelüftete Dächer
- einschalige Dächer aus Porenbeton ohne Dampfsperre
- Dächer mit Dampfsperre $s_d \geq 100$ m unter oder in der Wärmedämmschicht
- Umkehrdächer mit dampfdurchlässiger Auflast, z.B. aus Kies

Belüftete Dächer
- mit einer Dachneigung $< 5°$ und unterhalb der Dämmung eine diffusionshemmende Schicht mit $s_d \geq 100$ m
- mit einer Dachneigung $\geq 5°$
  a) Höhe des freien Zwischenraums über der Wärmedämmung mindestens 2 cm
  b) Lüftungsquerschnitt (Bezug Dachfläche)
     Traufe 2 ‰ mindestens 200 cm²/m
     First 0,5 ‰ mindestens 50 cm²/m
  c) Bauteilschichten unterhalb der Belüftungsschicht mit $s_d \geq 2$ m

- **Hinweis**
  Bauteilschicht: $s_d \leq 0{,}5$ m diffusionsoffen
  $0{,}5$ m $< s_d$ diffusionshemmend
  $s_d \geq 1500$ m diffusionsdicht

5.4 Feuchteschutz und Tauwasserschutz

Wasserdampf-Sättigungsmenge c_s der Luft in Abhängigkeit von der Temperatur θ_L

θ_L in °C	c_s g/m³	θ_L in °C	c_s g/m³	θ_L in °C	c_s g/m³	θ_L in °C	c_s g/m³	θ_L in °C	c_s g/m³
−20	0,88	−10	2,14	0	4,84	10	9,4	20	17,3
−19	0,96	−9	2,33	1	5,2	11	10,0	21	18,3
−18	1,05	−8	2,54	2	5,6	12	10,7	22	19,4
−17	1,15	−7	2,76	3	6,0	13	11,4	23	20,8
−16	1,27	−6	2,99	4	6,4	14	12,1	24	21,8
−15	1,38	−5	3,24	5	6,8	15	12,8	25	23,0
−14	1,51	−4	3,51	6	7,3	16	13,6	26	24,4
−13	1,65	−3	3,81	7	7,8	17	14,5	27	26,8
−12	1,80	−2	4,13	8	8,3	18	15,4	28	27,2
−11	1,98	−1	4,47	9	8,8	19	16,3	29	28,7
−10	2,14	0	4,84	10	9,4	20	17,3	30	30,0

Taupunkttemperatur θ_s der Luft in Abhängigkeit von der Lufttemperatur θ_L in °C und der relativen Luftfeuchte φ

Lufttemperatur θ_L	Taupunkttemperatur θ_s in °C bei einer relativen Luftfeuchte von												
	30 %	35 %	40 %	45 %	50 %	55 %	60 %	65 %	70 %	75 %	80 %	85 %	90 %	95 %
30 °C	10,5	12,9	14,9	16,8	18,4	20,0	21,4	22,7	23,9	25,1	26,2	27,2	28,2	29,1
29 °C	9,7	12,0	14,0	15,9	17,5	19,0	20,4	21,7	23,0	24,1	25,2	26,2	27,2	28,1
28 °C	8,8	11,1	13,1	15,0	16,6	18,1	19,5	20,8	22,0	23,2	24,2	25,2	26,2	27,1
27 °C	8,0	10,2	12,2	14,1	15,7	17,2	18,6	19,9	21,1	22,2	23,3	24,3	25,2	26,1
26 °C	7,1	9,4	11,4	13,2	14,8	16,3	17,6	18,9	20,1	21,2	22,3	23,3	24,2	25,1
25 °C	6,2	8,5	10,5	12,2	13,9	15,3	16,7	18,0	19,1	20,3	21,2	22,3	23,2	24,1
24 °C	5,4	7,6	9,6	11,3	12,9	14,4	15,8	17,0	18,2	19,3	20,3	21,3	22,3	23,1
23 °C	4,5	6,7	8,7	10,4	12,0	13,5	14,8	16,1	17,2	18,3	19,4	20,3	21,3	22,2
22 °C	3,6	5,9	7,8	9,5	11,1	12,5	13,9	15,1	16,3	17,4	18,4	19,4	20,3	21,2
21 °C	2,8	5,0	6,9	8,6	10,2	11,6	12,9	14,2	15,3	16,4	17,4	18,4	19,3	20,2
20 °C	1,9	4,1	6,0	7,7	9,3	10,7	12,0	13,2	14,4	15,4	16,4	17,4	18,3	19,2
19 °C	1,0	3,2	5,1	6,8	8,3	9,8	11,1	12,3	13,4	14,5	15,5	16,4	17,3	18,2
18 °C	0,2	2,3	4,2	5,9	7,4	8,8	10,1	11,3	12,5	13,5	14,5	15,4	16,3	17,2
17 °C	−0,6	1,4	3,3	5,0	6,5	7,9	9,2	10,4	11,5	12,5	13,5	14,5	15,3	16,2
16 °C	−1,4	0,5	2,4	4,1	5,6	7,0	8,2	9,4	10,5	11,6	12,6	13,5	14,4	15,2
15 °C	−2,2	−0,3	1,5	3,2	4,7	6,1	7,3	8,5	9,6	10,6	11,6	12,5	13,4	14,2
14 °C	−2,9	−1,0	0,6	2,3	3,7	5,1	6,4	7,5	8,6	9,6	10,6	11,5	12,4	13,2
13 °C	−3,7	−1,9	−0,1	1,3	2,8	4,2	5,5	6,6	7,7	8,7	9,6	10,5	11,4	12,2
12 °C	−4,5	−2,6	−1,0	0,4	1,9	3,2	4,5	5,7	6,7	7,7	8,7	9,6	10,4	11,2
11 °C	−5,2	−3,4	−1,8	−0,4	1,0	2,3	3,5	4,7	5,8	6,7	7,7	8,6	9,4	10,2
10 °C	−6,0	−4,2	−2,6	−1,2	0,1	1,4	2,6	3,7	4,8	5,8	6,7	7,6	8,4	9,2

Zusätzliche Forderungen

An den Berührflächen nicht wasseraufnahmefähiger Schichten dürfen höchstens 0,5 kg Tauwasser je m² auftreten, z.B. zwischen Luftschicht und Klinkervorsatzschale.

Die während der Wintermonate (Tauperiode) anfallende Kondensatmenge $m_{W,T}$ darf nur ein bestimmtes Maß erreichen:

- für Wände und Dächer maximal 1 kg/m²
- für Holz, maximale Zunahme um 5 Masse-% nach DIN 68800
- für Holzwerkstoffe (Stabsperrholz-, Furniersperrholz-, Spanplatten) maximale Zunahme um 3 Masse-%
- Holzwolle-Leichtbauplatten nach DIN 1101 und Mehrschicht-Leichtbauplatten nach DIN EN 1368 sind von der %-Regelung ausgenommen. Die anrechenbare Wärmeleitfähigkeit wird i.d.R. mit $\lambda = 0{,}15$ W/(m·K) angesetzt, wenn die Gesamtdicke zwischen 10 mm und 25 mm beträgt.
- Bezüglich der Schimmelbildung ist bei $\varphi \geq 80$ % Vorsicht geboten; auch ohne Tauwasserbildung.

5.4 Feuchteschutz und Tauwasserschutz

Feuchteschutztechnische Rechenwerte

Tauwasserbildung auf Bauteiloberflächen hängt von dem Wasserdampfgehalt der Luft und von der Temperatur der angrenzenden Flächen ab. Je höher die Lufttemperatur, desto mehr Feuchtigkeit kann die Luft aufnehmen. Die Luft kann jedoch bei einer bestimmten Temperatur ϑ_L nur eine bestimmte Wasserdampfmenge f aufnehmen: **100 % Wasserdampf $\triangleq$ der Sättigungsmenge c_s.** Die **relative Luftfeuchte** φ errechnet sich aus dem Verhältnis der tatsächlich vorhandenen **(absoluten) Luftfeuchte** zur Sättigungsmenge.

$$\text{relative Luftfeuchte in \%} = \frac{\text{absol. Luftfeuchte}}{\text{Sättigungsmenge}} \cdot 100\ \%$$

Kühlt sich die Luft nun so weit ab, dass die relative Luftfeuchte 100 % beträgt, dann wird bei weiterer Abkühlung Wasserdampf kondensiert. Er schlägt sich an den kalten Umgebungsflächen als Tauwasser nieder. Die Temperatur, bei der dies geschieht, heißt Taupunkttemperatur ϑ_s, kurz **Taupunkt**.

Entsprechende Wärmedämmung der Außenbauteile verhindert, dass die Oberflächentemperatur der Bauteilinnenseiten unter der Taupunkttemperatur der angrenzenden Luft liegt.

Innenwandtemperatur

$$\vartheta_{si} = (1 - U \cdot R_{si}) \cdot (\vartheta_i - \vartheta_e) + \vartheta_e$$
$$\text{Mindestwert } \vartheta_{si} \geq 12{,}6\ °C$$

Tauwasserbildung bei 53 % relativer Luftfeuchte

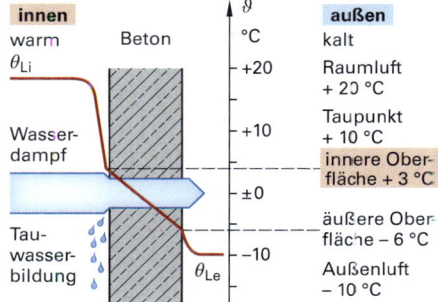

Bei unzureichender Ausführung der Wärmedämmung kann es an den Innenseiten der Außenwände zu Tauwasserbildung kommen.

Im Vergleich zur Luft setzen Bauteile dem Wasserdampfdruck einen hohen Widerstand entgegen. Ein Maß für die Wasserdampfdurchlässigkeit eines Baustoffes ist die Wasserdampfdiffusionswiderstandszahl μ. Die meisten der verwendeten Baustoffe müssen weder wasser- noch wasserdampfdicht sein. Der Feuchtaustausch zwischen der Raumluft (innen) und der Außenluft erfolgt über die Bauteile wie Außenwände, Fenster, Türen und Bauteilfugen.

Freie Lüftung

Traditionell erfolgt Lüftung über Fenster, Türen, Fugen und Schächte. Die Schachtlüftung wird für innen liegende Räume (Sanitärräume, Küchen) angewandt. Eine Weiterentwicklung der Schachtlüftung (ohne Einsatz von Ventilatoren) sind Ventilator gestützte Abluftsysteme in Kombination mit Außenluftdurchlässen (auch für Wohn- und Schlafräume).

Fugenlüftung
Der Luftwechsel über Fugen ist von den Wetterbedingungen abhängig. Zufällige Undichtheiten sichern keine systematische Lüftung. Zudem verursachen Undichtheiten Feuchteschäden in Bauteilen, schlechten Schallschutz und hohe Wärmeverluste. Vgl. Luftdichtheit / Dichtungsprüfung.

Fensterlüftung
Der Luftwechsel über geöffnete Fenster ist je nach Größe der Fenster, der Dreh- oder Kippstellung, der Anordnung von Innentüren und der Fenster in der Fassade abhängig. Um einen mindestens 0,5-fachen Luftwechsel pro Stunde zu erreichen, müssen Fenster regelmäßig zwischen 5 Minuten und 15 Minuten zur Querlüftung ganz geöffnet sein. Diese Notwendigkeit einer durchgehenden Querlüftung ist aufgrund des Nutzerverhaltens nicht realistisch (Berufstätigkeit, Einbruchsschutz, Kinder, Haustiere). Nächtliche Kippstellungen für Fenster im Schlafräumen sind grundsätzlich geeignet (Risiken: Zugerscheinung, Lärmbelästigung). Die nachstehende Tabelle zeigt Näherungswerte (Quelle: BM für Raumordnung, Bauwesen und Städtebau).

Fensterstellung	Luftwechsel pro h	notwendige Lüftung pro Tag	
Türen und Fenster geschlossen	0,1- bis 0,3-fach	1 × abends	≥ 90 min
Fenster gekippt	0,8- bis 4,0-fach	1 × mittags	≥ 45 min
Fenster gekippt, Rollladen zu	0,3- bis 1,5-fach	1 × morgens	≥ 45 min
Fenster offen (weit geöffnet)	1,0- bis 10-fach	2 ×	≥ 35 min
Vollständige Querlüftung	weit über 10-fach	4 ×	≥ 30 min

5.4 Feuchteschutz und Tauwasserschutz

5.4.4 Feuchteschutztechnische Berechnungen

Wasserdampfsättigungsdruck p_s in Abhängigkeit von der Temperatur ϑ

Wasserdampfsättigungsdruck p_s in Pa

Temperatur in °C	,0	,5	,9
30	4241	4364	4464
29	4003	4120	4216
28	3778	3889	3980
27	3563	3669	3756
26	3359	3460	3542
25	3166	3261	3340
24	2982	3073	3147
23	2808	2894	2964
22	2642	2724	2791
21	2486	2563	2626
20	2337	2410	2470
19	2196	2266	2323
18	2063	2129	2182
17	1937	1999	2050
16	1817	1878	1924
15	1704	1760	1806
14	1598	1650	1693
13	1497	1547	1587
12	1402	1449	1487
11	1312	1356	1393
10	1227	1269	1303
9	1147	1187	1219
8	1072	1109	1140
7	1001	1036	1065
6	935	967	994
5	872	903	928
4	813	842	866
3	757	785	807
2	705	731	752
1	656	680	700
0	611	633	652
–0	611	586	567
–1	562	539	521
–2	517	496	479
–3	475	456	441
–4	437	419	405
–5	401	384	371
–6	368	353	341
–7	338	323	312
–8	309	296	286
–9	283	271	262
–10	259	248	239

Zwischenwerte können interpoliert werden.

Berechnung des Tauwasserausfalls (Glaser-Diagramm, Diffusionsdiagramm) (DIN 4108)

Klimabedingungen für das Perioden-Bilanzverfahren

- Tauperiode t_c = 90 d = 2160 h = 7,776 · 10^6 s
  ca. Dezember bis Februar, 90 Tage

Temperatur	Rel. Luftfeuchtigkeit	Wasserdampfteildruck
innen 20 °C	50 %	1 168 Pa
außen –5 °C	80 %	321 Pa

- Verdunstungsperiode t_{ev} = 90 d = 2160 h = 7,776 · 10^6 s
  ca. Juni bis August, 90 Tage

Wasserdampf-teildruck	Innenklima	Außenklima	$p_i = p_e =$ 1200 Pa
Sättigungs-dampfdruck	für Aufenthaltsräume		
Decken		unter nicht ausgebauten Dachräumen	1700 Pa
Dächer		die gegen Außenluft abschließen	2000 Pa
Wände		die gegen Außenluft abschließen	1700 Pa

- Der s_d-Wert von ruhenden Luftschichten ist konstant mit 0,01 m anzusetzen.

Berechnungsgang

- Temperaturverlauf für das Bauwerk bestimmen
- dazu gehörende Wasserdampfsättigungsdrücke p_s in Pa gemäß Tabelle ermitteln
- Diffusionswiderstände (▶ S. 192) berechnen
- äquivalente Luftschichten s_d maßstabsgerecht darstellen (▶ S. 198)
- Wasserdampfsättigungsdrücke p_s pro Schicht und die außen und innen vorhandenen Wasserdampfteildrücke p_a und p_i antragen

Hauptforderung nach DIN 4108-3

$$m_{W,V} > m_{W,T}$$

Die zusätzlichen Forderungen (▶ S. 193) sind ebenfalls einzuhalten.

Formeln

$$m_{W,T} = t_T (g_i - g_e)$$

$$m_{W,V} = t_V (g_i + g_e)$$

$$g_i = \frac{p_i - p_{sw}}{Z_i}$$

$$g_e = \frac{p_{sw} - p_e}{Z_e}$$

Für die obenstehenden Formeln g_i und g_e ist bei der Verdunstungsperiode die gegenläufige Diffusionsstromrichtung zu beachten (also zum Raum $p_{sw} - p_i$ bzw. $p_{sw} - p_e$).

$$Z = 1{,}5 \cdot 10^6 (\mu_1 \cdot d_1 + \mu_2 \cdot d_2 + \ldots + \mu_n \cdot d_n)$$

bei mehrteiligen Bauteilen aus der Dicke der Bauteile und der Wasserdampf-Diffusionswiderstandszahl

5.4 Feuchteschutz und Tauwasserschutz

Diffusionsberechnung (DIN 4108-3) (Glaser-Verfahren)

Das dargestellte Berechnungsverfahren und die grafische Auswertung gelten als rechnerische Modellierung der Tauwasserbildung trotz grundsätzlicher Mängel. Einerseits kann bei hinreichendem Nachweis Tauwasser und Schimmelbildung entstehen, andererseits muss bei misslungenem Nachweis nicht automatisch Schaden durch Tauwasser entstehen. Die für das Berechnungsverfahren angenommenen Klimabedingungen gelten bundesweit. Vier Fälle sind zu unterscheiden:

	Tauperiode	Verdunstungsperiode
Fall 1: Bauteil ohne Tauwasser (die Sättigungslinie p_s wird nicht berührt)	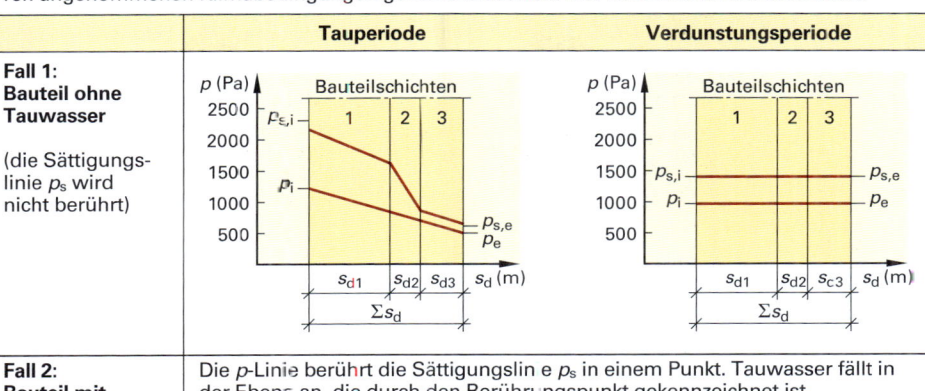	
Fall 2: Bauteil mit Tauwasser	Die p-Linie berührt die Sättigungslinie p_s in einem Punkt. Tauwasser fällt in der Ebene an, die durch den Berührungspunkt gekennzeichnet ist. (▶ Beispiel S. 198)	
Fall 3: Bauteil mit Tauwasser in zwei Ebenen (die p-Linie berührt die Sättigungslinie in der Ebene 1 + 2 und der Ebene 3 + 4)	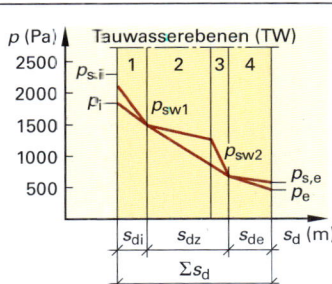	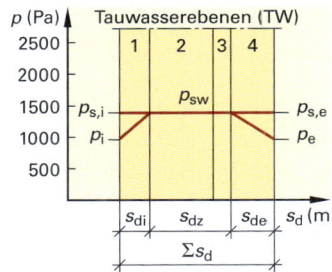
	s_{di} von innen bis zur Tauwasserebene	s_{de} von der Tauwasserebene bis zur Außenseite
	Für den Tauwasseranfall in zwei Ebenen gelten die Formeln: $$g_z = \frac{p_{sw1} - p_{sw2}}{Z_z} \quad \text{und} \quad m_{W,T1} = t_T \cdot (g_i - g_z), \quad m_{W,T2} = t_T \cdot (g_z - g_e)$$	
Fall 4: Bauteil mit Tauwasser in einem Bereich (die p-Linie berührt die Sättigungslinie in der Ebene 1 + 2 und der Ebene 3 + 4 und ist zwischen diesen Punkten mit der p_s-Linie identisch)	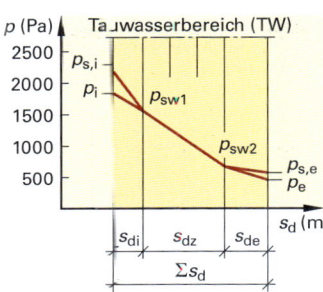	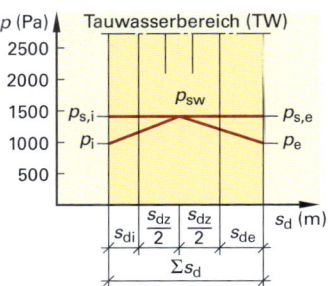
	Für den Tauwasserbereich in einem Bereich gelten die Formeln: $$g_i = \frac{p_i - p_{sw1}}{Z_i} \quad \text{und} \quad g_e = \frac{p_{sw2} - p_e}{Z_e}$$	

5.4 Feuchteschutz und Tauwasserschutz

Beispiel Bewertung des Feuchteschutzes für eine Außenwand in Leichtbauweise

- In der Tauperiode wird das Bauteil 90 Tage lang folgenden konstanten Bedingungen ausgesetzt: Außenluft – 5 °C und 80 % Luftfeuchtigkeit, Raumluft 20 °C und 50 % Luftfeuchtigkeit. Die dabei anfallende Tauwassermenge darf 1,0 kg/m² nicht übersteigen, für Holzbauteile maximale Zunahme um 5 Masse-%, bei Holzwerkstoffen maximal um 3 Masse-%.

- Anstelle von Temperaturen und Luftfeuchtigkeiten für die Verdunstungsperiode schreibt die DIN 4108-3 Wasserdampfdrücke vor. Für die Raum- und Außenluft betragen die Dampfdrücke 1200 Pa, das wird erreicht mit 50 % Luftfeuchtigkeit bei 20 °C, aber auch mit 70 % Luftfeuchtigkeit bei 15 °C. Für Bereiche, in denen Tauwasser entstanden ist, werden 1700 Pa bzw. 2000 Pa (bei Dächern) angesetzt. Dies entspricht ca. 15 °C bzw. 17,5 °C bei einer relativen Feuchte von 100 %.

- Für die Berechnung des Feuchteschutzes nach DIN 4108-3 ist auch die Temperaturverteilung relevant. Somit werden nicht nur die Wärmeleitfähigkeiten benötigt, sondern auch die Wärmeübergangswiderstände. Für den Feuchteschutz, die Temperatur- und die Feuchteverteilung werden standardmäßig R_{si} = 0,25 m²·K/W und R_{se} = 0,04 m²·K/W aus DIN 4108-3 verwendet.

- Änderungen gegenüber der alten DIN 4108-3: 2007-06:
  Außenentemperatur: jetzt – 5 °C statt bisher – 10 °C
  Dauer der Tauperiode: jetzt 90 Tage statt bisher 60 Tage
  Klima der Verdunstungsperiode bisher konstant 12 °C und 70 %. Neu ist die Vorgabe des Sättigungsdampfdruckes. Die Änderungen für die Tauperiode bewirken, dass relativ dampfdichte Bauteile schlechter bewertet werden, weil dort die Länge der Tauperiode ausschlaggebend ist, und dass diffusionsoffene Bauteile besser bewertet werden, weil die höhere Außentemperatur Kondensation stark reduziert.

DIN 4108-3: 2014-11

- **Wandaufbau und Temperaturverlauf**
  vgl. Zeichnung: Gefache U = 0,22 W/(m²·K) bei 74 %
  Rippenbereich U = 0,56 W/(m²·K) bei 26 %
  Mittelwert aus Balken- und Gefachanteil R_m = 3,28 m²·K/W
  $R_{T,m}$ = 0,25 + 0,019/0,13 + 3,28 + 0,019/0,13 + 0,043
  $R_{T,m}$ = 3,865 m²·K/W U_m = 0,26 W/(m²·K)
  Temperaturbereich – 5 °C bis + 20 °C vgl. Abbildung

- **Diffusionswiderstände/äquivalente Luftschicht**
  OSB-Platte innen   30 · 0,019 m = 0,57 m
  Dämmschicht   1 · 0,16 m = 0,16 m
  OSB-Platte außen   50 · 0,019 m = 0,95 m

- **Diffusionsberechnung mit dem Glaser-Verfahren**
  Im Glaser-Diagramm für die Tauperiode ist eine direkte Verbindung von p_i = 1170 Pa mit p_e = 321 Pa ohne Durchkreuzen der Dampfsättigungskurve nicht möglich. Es wird eine Tangente von p_i und p_e an die Dampfsättigungskurve gelegt. Der Tangentenpunkt wird mit p_{sw} benannt.

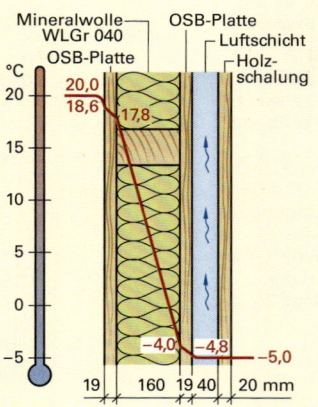

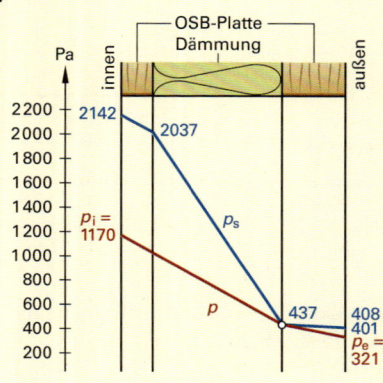

Glaser-Diagramm: Tauperiode

- **Rechenwerte Tauperiode**

$$g_i = 2 \cdot 10^{-10} \cdot \frac{1170 - 437}{0,57 + 0,16}$$

$$= 2008,2 \cdot 10^{-10} \text{ kg/(m}^2\cdot\text{s)}$$

$$g_e = 2 \cdot 10^{-10} \cdot \frac{437 - 321}{0,95}$$

$$= 244,2 \cdot 10^{-10} \text{ kg/(m}^2\cdot\text{s)}$$

$$m_{W,T} = (2008,2 - 244,2) \cdot 10^{-10} \cdot$$
$$\cdot 7776 \text{ s} \cdot 10^6 = 1371 \text{ g/m}^2$$

$$u = 3\% \cdot 0,019 \text{ m} \cdot 650 \text{ kg/m}^2$$
$$= 0,371 \text{ kg/m}^2$$

$$m_{W,T} \approx 1,37 \text{ kg/m}^2 > 0,371 \text{ kg/m}^2$$

Konstruktion unzulässig
Vorschlag: PE-Folie innen einbauen

5.4 Feuchteschutz und Tauwasserschutz

Beispiel Feuchteschutztechnische Berechnung für ein zweischaliges Mauerwerk aus Kalksandsteinen mit Dämmung und hinterlüfteter Vorsatzschale (DIN 4108-3: 2014-11)

- **Wandaufbau und Temperaturverlauf**

  $R_T = 3{,}86$ m²·K/W und
  $U = 0{,}26$ W/(m²·K)

  Bei zweischaligem Mauerwerk nach DIN EN 1996-1-1/NA dürfen Luftschicht und Vorsatzschale nach DIN EN 6946 in die Berechnung mit einbezogen werden. Alternativ wird empfohlen, die Luftschicht mit Vorsatzschale nicht zu berücksichtigen und mit $R_{se} = R_{si} = 0{,}125$ m²·K/W zu rechnen.

- **Äquivalente Luftschicht**

Innenputz	10 · 0,015 m =	0,15 m
KSL	5 · 0,240 m =	1,20 m
Dämmschicht	1 · 0,100 m =	0,10 m
Luftschicht	1 · 0,040 m =	0,04 m
KHLz	100 · 0,115 m =	11,50 m

  Von der Innenfläche bis zur Tauwasserebene ist der kleinere μ-Wert einzusetzen, da der trockene Baustoff dem einströmenden Wasserdampf einen geringeren Widerstand entgegensetzt.

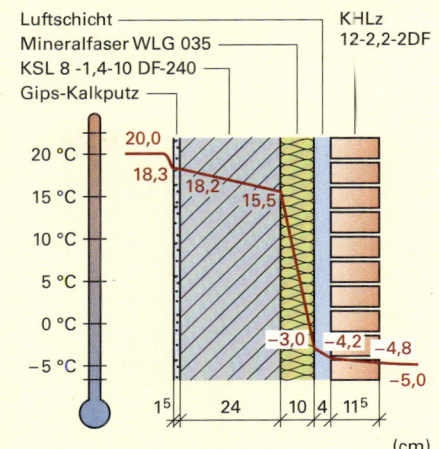

- **Diffusionsberechnung (Glaser-Verfahren)**

  Im Glaser-Diagramm für die Tauperiode ist eine direkte Verbindung von $p_i = 1170$ Pa mit $p_e = 321$ Pa ohne Durchkreuzen der Dampfsättigungskurve nicht möglich. Es wird daher eine Tangente von p_i und p_e an die Dampfsättigungskurve gelegt. Der Tangentenpunkt wird mit p_{sw} benannt.

Glaser-Diagramm: Verdunstungsperiode

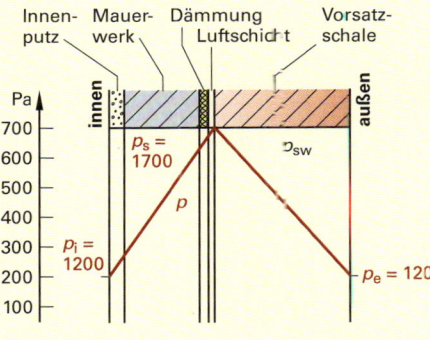

Glaser-Diagramm: Tauperiode

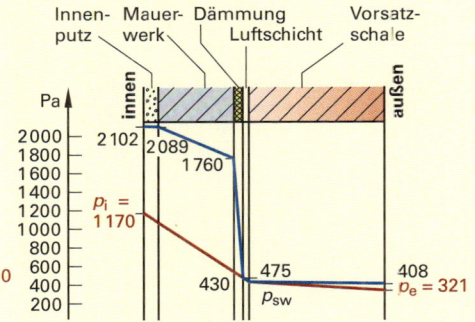

Tauperiode
$m_{W,T} = 0{,}77$ kg/m²
$< 1{,}00$ kg/m²

Verdunstungsperiode
$m_{W,V} = 0{,}60$ kg/m²

1. Bemerkung
Die im Sommer verdunstete Wassermenge $m_{W,V}$ erreicht den Tauwasserausfall $m_{W,T}$ nicht.

- **Bautechnische Beurteilung**

  Eine Tauwasseranreicherung ist nicht zu erwarten, da Tauwasser an der Innenseite der kalten Vorsatzschale und nach unten und durch die Belüftungsschlitze ablaufen bzw. in Dampfform durch die Entlüftungsschlitze entweichen kann. Damit das Abtropfen begrenzt bleibt, darf (eigentlich) der Tauwasserwert je m² nicht größer 1,0 kg sein, wenn das Tauwasser an nicht wasseraufnahmefähigen Schichten auftritt. Die Konstruktion ist nach DIN 4108 als Normalform feuchteschutztechnisch ohne Nachweis zulässig.

Hauptforderung nach DIN 4108
Tauwassermenge < austrocknende Wassermenge $m_{W,T} < m_{W,V}$

5.4 Feuchteschutz und Tauwasserschutz

5.4.5 Schimmelbildung ▶ S. 174, 191

Definition	Vermehrung
Schimmelpilze sind Fadenpilze aus mehreren Pilzgruppen (Zygomycetes, Ascomycetes, Fungi imperfecti), besitzen einen Zellkern, bilden Zellwände aus und pflanzen sich mittels Sporen fort.	Wenn eine Schimmelpilzspore auf ideale Wachstumsbedingungen trifft, keimt sie aus. Sie bildet zunächst einzelne **Hyphen** = fädige Pilzzellen, anschließend das **Mycel** = gesamtes Hyphengeflecht.
Aspergillus (Gießkannenpilz) Quelle: Institut für angewandte Mykologie (IAM)	Erst ab dem Mycelwachstum kann der Schimmelpilz sichtbar sein, in der Wachstumsphase wird kein Fruchtkörper ausgebildet. In der Vermehrungsphase wachsen die Sporenträger, auf denen sich die eigentlichen **Sporen oder Konidien** = asexuelle Sporenform bilden. Ein Schimmelpilz kann in wenigen Minuten Millionen von Sporen in die Luft schleudern (21 Millionen Aspergillussporen in einem Kubikcentimeter Luft). Auch abgetötete Sporen können gesundheitsschädlich sein.

Die häufigsten Schimmelpilze	Bezeichnung der Arten
■ Acremonium ■ Alternaria ■ Aspergillus ■ Cladosporium ■ Mucor ■ Rhizopus ■ Penicillium ■ Stachybotrys chartarum ■ Ulocladium	Aspergillus **sp.**: sp. ist die Abkürzung von Spezies (*Singular*) = „eine (nicht näher bestimmte bzw. bestimmbare) Art der Gattung *Aspergillus*". Cladosporium **spp.**: (*Plural von sp.*) Abkürzung von Spezies (*Plural*) = die Arten. So bedeutet z.B. „*Cladosporium spp.*" „mehrere Arten der Gattung *Cladosporium*". **ssp. subsp.**: Abkürzung für Subspezies = Unterart, Rasse.

Regelwerke für die Schimmelpilzsanierung	Regelwerke zur Probenahme
Biostoffverordnung, Gefahrstoffverordnung Infektionsschutzgesetz, TRGS 400, 524, 540, 710, TRBA (biologische Arbeitsstoffe) 450, 460, 500	DIN EN ISO 16000-19: 2014-12 (Messen von Innenraumluftverunreinigungen, u.a. Schimmelpilzen in Innenräumen)

Biologische Vorraussetzungen des Schimmelwachstums	
Temperatur	Schimmelpilze wachsen bei Temperaturen von 0 °C bis 60 °C , am häufigsten zwischen 20 °C und 25 °C , aber auch in der Arktis und bei – 10 °C und in Kerosintanks mit über 100 °C.
Nahrung	**Zersetzbares organisches Material:** Holz, Spanplatten (Lignin, Zellulose, Wachse); Papier, Pappe, Karton, Gipskarton (eiweiß- und stärkehaltige Substanzen); Tapete, Tapetenkleister (Glucose, Eiweiß- und Ligninanteile); Kunststoffe, Gummi, Silikon, Folien (Weichmacher, Treibmittel, div. Kohlenstoffverbindungen); Teppichböden, Kleber für Fußböden, Farben, Lacke, Leder; auf Beton, Putzen, Natursteinen und sogar Glas mit organischen Ablagerungen (sogenannter Biofilm).
Milieu	pH-Wert: Zwischen 2 und 11. Optimum zwischen 5 bis 7. Manche Pilze können den pH- Wert selbst beeinflussen.
Licht	Schimmel wächst auch ohne Licht.
Sauerstoff	Im Vakuum kann Schimmel nicht existieren. Der Bedarf liegt bei ca. 0,25 % Sauerstoff.
Zeit	Manchmal reichen wenige Stunden unter optimalen Bedingungen, nach ca. 5 Tagen bei jeweils 12 Stunden ausreichender Feuchte kann Schimmelbefall sichtbar sein.
Feuchtigkeit	70 % relative Luftfeuchtigkeit direkt an der Bauteiloberfläche kann ausreichen, optimal für das Schimmelwachstum sind 80 % relative Luftfeuchtigkeit an der Bauteiloberfläche. Mit zunehmender Feuchtigkeit steigt die Wachstumswahrscheinlichkeit.

5.4 Feuchteschutz und Tauwasserschutz

Die häufigsten physikalischen Ursachen der Schimmelpilzschäden	
Wasserschaden/ Rohrbruch	Z.B. wenn die Waschmaschine ausläuft. Sonstige geringe Wasserschäden.
Aufsteigendes Wasser	Wasser steigt in Kapillaren (kleinste Hohlräume im Mauerwerk) nach oben, entgegen der Schwerkraft (kapillar aufsteigende Feuchtigkeit), verursacht z.B. durch das Fehlen einer horizontalen Sperrschicht.
Wärmebrücken (**Beispiele** ▶ S. 174)	■ Auskragende Balkonplatten, anzutreffen in älteren Baukonstruktionen. ■ Rollladenkästen. ■ An seitlichen Fensterleibungen. ■ An Außenecken in der raumseitigen Innenecke oder im Anschluss an die Decke (oft zum ungedämmten Dachboden hin).
Konvektions- schäden	Wenn Wärmetransport durch Wärmemitführung (Konvektion) durch Bauteilfugen stattfindet, entstehen konvektive Wärmebrücken. Dadurch erfolgt ein Wärmeverlust am Bauteil innen, die Temperatur an der Wandoberfläche sinkt und Kondenswasser kann sich niederschlagen.
Innenraum- kondensation	Kondenswasser schlägt an der kalten Innenwand nieder, im Sommer als Sommerkondensation bezeichnet, z.B. wenn schwülwarme Luft tagsüber in den kalten Keller gelüftet wird.
Neubaufeuchte	Der Rohbau ist Wind, Wetter und Regen ausgesetzt, Fenster werden eingebaut, bleiben aber während der Bauphase geschlossen, sodass das eingeschlossene Bauwasser und Regenwasser nicht entweichen können.
Innendämmung	Mit einer Innendämmung wird die Temperatur des Mauerwerks an der Innenseite, hinter der Innendämmschicht, reduziert (die Wärme wird von der Mauer abgehalten), sodass die Feuchtigkeit in der Raumluft durch die Innendämmung diffundiert und in Hohlräumen am kalten Mauerwerk kondensiert. Dieses Tauwasser kann zu Schimmelbildung führen. Die Schäden liegen hinter der Dämmschicht.
Erhöhte Wärme- übergangs- widerstände	Durch Einbauten wie Gardinen, Schränke, Bilder etc. verringert sich der konvektive und strahlungsbedingte Wärmeübergang, dadurch erhöhen sich die inneren Wärmeübergangswiderstände, die Voraussetzungen für Schimmelwachstum sind erleichtert. Bei freistehenden Schränken und bei Einbauschränken wird mit einem äquivalenten R_{si}-Wert von $R_{si,äq}$ gerechnet. Dieser definiert neben dem R_{si}-Wert für das Bauteil aufsummiert auch den Wärmedurchlasswiderstand des Schrankes. ■ Freistehende Schränke $R_{si,äq} = 0{,}50\ m^2 \cdot K/W$ ■ Einbauschränke $R_{si,äq} = 1{,}0\ m^2 \cdot K/W$

Methoden der Probenahme zur Schimmelpilzbestimmung	
Luftpartikel- sammlung/Luft- keimsammlung	Wird bei nicht sichtbarem Schimmelbefall oder zur Freimessung nach einer Sanierung angewendet. Die in der Luft befindlichen Partikel werden mittels einer Pumpe angesaugt und treffen auf einen Objektträger bzw. auf ein Nährmedium. Myzelstücke, Bakterien, Pollen, Haare und Staubpartikel können ebenfalls beurteilt werden. Zusätzlich muss immer eine Außenluftprobe genommen werden.
MVOC- Bestimmung	Diese Methode, mit der man die gasförmigen Stoffwechselprodukte (MVOC = microbial volatile compounds) der Schimmelpilze und Bakterien bestimmen kann, wird ebenfalls bei nicht sichtbarem Befall eingesetzt. Zur Feststellung, ob Schimmelbefall vorhanden ist, werden Grenzwerte zum Vergleich herangezogen.
Klebefilmabriss- präparat	Mittels eines hochtransparenten Klebestreifens werden Schimmelpilze von der befallenen Oberfläche abgenommen, direkt auf einem Objektträger befestigt und im Labor mikroskopiert.
Abklatschprobe	Der Abklatsch, eine spezielle Petrischale, wird auf die Stelle gedrückt, auf der Schimmel sichtbar ist oder vermutet wird.
Abstrichprobe	Mit einem trockenen, sterilen Wattetupfer wird eine Probe von der befallenen Oberfläche entnommen und auf entsprechende Nährmittelplatten aufgetragen, eventuell direkt auf verschiedene Nährmedien.
Materialprobe	Material, auf dem Schimmel sichtbar ist oder vermutet wird, wird in geeigneter Weise mit einem sterilen Handwerkszeug entfernt, in eine sterile Verpackung gegeben und im Labor präpariert und untersucht.
Hausstaub- analyse	Mittels eines Staubsaugers, der zuvor gereinigt und mit einem neuen Staubsaugerbeutel versehen wurde, werden die zuvor 7 Tage nicht gereinigten Räume abgesaugt, der Beutelinhalt wird im Labor analysiert.

5.5 Schallschutz

Der bauordnungsrechtlich geforderte Schallschutz in Gebäuden ist nachzuweisen. Dies sind Maßnahmen gegen die Schallentstehung (Primärmaßnahmen) und gegen die Schallübertragung (Sekundärmaßnahmen). Bei den Sekundärmaßnahmen wird in Schalldämmung und Schallabsorption unterschieden.

Schallschutztechnische Grundbegriffe (DIN 4109)

Schall
Unter Schall versteht man mechanische Schwingungen und Wellen, die sich in festen Körpern, Flüssigkeiten oder Gasen ausbreiten.

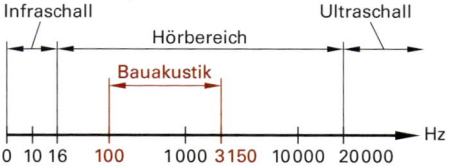

Es werden Längswellen (Longitudinalwellen), Dehnwellen (treten nur in festen Körpern auf, z.B. Platten, Stäben) und Querwellen (Transversalwellen) unterschieden.

Frequenz
Anzahl der Schwingungen in einer Sekunde in Hz (Hertz)

1 Hz = 1 Schwingung/s

Schallausbreitung
Zur Ausbreitung von Schwingungen ist Materie erforderlich (Körperschall).

Aggregatzustände	Materie	Geschwindigkeit
gasförmig	z.B. Luft	340 m/s
flüssig	z.B. Wasser	1400 m/s
fest	z.B. Eisen	4800 m/s
	z.B. Holz	4100 m/s
	z.B. Beton	3800 m/s

Luftschalldämmung
Schwere Wände, große flächenbezogene Massen (biegesteife Schalen) dämmen den Luftschall am besten (Berger'sches Massengesetz).

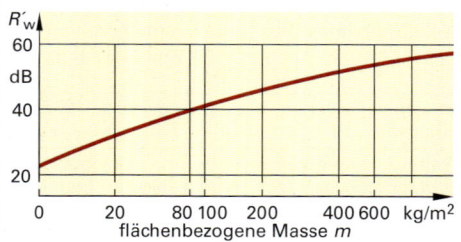

Schallpegel
Der Schallpegel ist ein logarithmisches Maß des gemessenen Schalldrucks p in **Dezibel dB**, bezogen auf einen Ton mit der Frequenz von 1000 Hz.

Schallabsorption
oder Schallschluckung tritt beim Reflexionsvorgang einer Schallwelle an einer Wand- oder Deckenoberfläche auf. Dabei wird je nach Oberflächenbeschaffenheit ein Teil der Schallenergie in Wärme umgewandelt. Der Schall wird teilweise in den Raum zurückgeworfen.

Schalldämmung
Beim Auftreffen von Schallwellen auf ein Bauteil wird das Bauteil in Schwingungen versetzt. Schall gelangt gedämpft in den Nebenraum.

Schalldämm-Maß R (Messung am Bauteil auf dem Prüfstand, Labor-Wert, ohne Nebenwege)

Schalldämm-Maß R' (Messung von Bauteilen mit flankierenden Bauteilen wie Wänden und Decken), Bau-Schalldämm-Maß

Bewertetes Schalldämm-Maß R_w bzw. R'_w
Kennzeichnung der schalldämmenden Eigenschaften eines trennenden Bauteils bzw. die Schalldämmung zwischen Räumen durch einen einzigen Zahlenwert ▶ S. 205

Resultierendes Schalldämm-Maß $R'_{w,res}$ (beschreibt die Schallübertragung von Bauteilen, die aus mehreren Einzelbauteilen bestehen)

Luftschall ist der sich in Luft ausbreitende Schall. Schallbezeichnungen: Ton, Klang, Geräusch.

Luftschall

Trittschall ist der Schall, der beim Begehen oder ähnlicher Anregung als Körperschall entsteht und teilweise als Luftschall abgestrahlt wird.

Körperschall/Trittschall

5.5 Schallschutz

Außenlärmpegel und Baulärm

Schalldruckpegel in fremden schutzbedürftigen Räumen in dB(A) (DIN 4109-1)

Geräuschquelle		Wohn- und Schlafraum	Arbeits- und Unterrichtsraum
Sanitärtechnik, Wasserinstallation, fest installierte Haustechnik		$L_{max,n} \leq 30$)	$L_{max,n} \leq 30$
Gaststätten tagsüber von	06:00 h bis 22:00 h	$L_{max,n} \leq 45$	$L_{max,n} \leq 35$
Gaststätten nachts von	22:00 h bis 06:00 h	$L_{max,n} \leq 25$	$L_{max,n} \leq 35$
Raumlufttechnik (beim Ein- und Ausschalten max. 5 db(A) mehr)		$L_{max,n} \leq 30$	in Küchen $L_{max,n} \leq 33$

Kurzzeitige Geräuschspitzen sind nicht berücksichtigt, der bewertete Schallpegel wird mit L_n benannt. Die Einheit ist dB(A) ist das Maß für die frequenzabhängige Wahrnehmung des Schalls durch das menschliche Ohr.

Luftschalldämmung von Außenbauteilen in dB (4109-1)

Maßgeblicher Lärmpegel in dB		≤ 55	56 bis 60	61 bis 65	66 bis 70	71 bis 75	76 bis 80	≤ 81
Arbeitsräume, Büroräume	R'_w des Außenbauteils	–	30	30	35	40	45	50
Wohnungen, Beherbergungsstätten, Unterrichtsräume		30	30	35	40	45	50	örtlich
Bettenräume in Krankenhäusern, Sanatorien		35	35	40	45	50	örtlich	örtlich
Lärmquellen: Straßen, Schiene, Luftverkehr, Industrie und Gewerbe, Wasseranlagen								

Baulärm

Der durch gewerbliche Bauarbeiten verursachte Lärm wird als Baulärm bezeichnet. Danach ist kein Baulärm, der Lärm, der durch Bauarbeiten von Privatpersonen (Heimwerkern) verursacht wird. Die zulässigen Immissionswerte sind im Bundes Immissionsschutz Gesetz (BImSchG: 2013-05) und in der Verwaltungsvorschrift zum Schutz gegen Baulärm (AVV-Baulärm) benannt.

Zulässige Immisionswerte nach AVV		Emissionsrichtwerte für Baumaschinen im Freien, Abstand 7,00 m von der Maschine		
Kurgebiete, Krankenhäuser u. ä.	≤ 45 dB(A)	Gerät	Leerlauf	Arbeitslast
reine Wohngebiete	≤ 50 dB(A)	Planierraupe, Drehkran	≤ 87 dB(A)	≤ 87 dB(A)
vorwiegend Wohnungen	≤ 55 dB(A)			
Mischgebiete	≤ 60 dB(A)	großer Bagger	≤ 78 dB(A)	≤ 81 dB(A)
vorwiegend gewerbliche Anlagen	≤ 65 dB(A)	Betonmischer	≤ 68 dB(A)	≤ 68 dB(A)
gewerbliche u. industrielle Anlagen	≤ 70 dB(A)	Kompressoren	≤ 70 dB(A)	≤ 76 dB(A)

Zur Gefährdungsbeurteilung können folgende Lärmpegel in dB(A) genutzt werden. Präventionsrichtlinien Gehörschutz sind unter www.dguv.de/fb-psa/ abrufbar. Ist das nebenstehende Gebotszeichen auf auf Geräten und Maschinen, ist davon auszugehen, dass der Lärmpegel (Lärmexpositionspegel dB(A)) bei Benutzung überschritten wird. Gehörschutz ist dann Pflicht.

Bautätigkeit	Lärmpegel
Leitplankenbauer	100 dB(A)
Zimmerer, Asphaltierer, Bauschlosser (Stahlbauarbeten), Einschaler	91 dB(A)
Bauhilfsarbeiter, Bauhelfer, Straßenbauer	89 dB(A)
Bauschlosser (Bauschlosserarbeiten), Heizungsbauer, Sanitärinstallateur, Maurer, Trockenbauer, Parkettleger	88 dB(A)
Bauklempner, Dachdecker, Stahlbetonbauer (Biege- und Verlegearbeiten)	87 dB(A)

Die Angaben können umgebungsbedingt abweichen. Für die o.g. Tätigkeitsbereiche ist der Lärmbereich zu kennzeichnen. Der Gehörschutz muss getragen werden.

5.5 Schallschutz

Schalldämmung bei Fenstern, Fenstertüren und Verglasungen

- Außenfenster haben die wichtige Aufgabe, die Übertragung des Außenlärms wie Verkehrslärm, Fluglärm oder Gewerbelärm von der Straße in die Wohnung zu verhindern.
- Alle schallschutztechnisch wirksamen Konstruktionen sind möglichst dicht auszuführen, da selbst bei geringfügigen Undichtigkeiten sich das Schalldämm-Maß eines Bauteils merklich verringert. Bei schalldämmenden Fenstern sind deshalb sämtliche Fälze mit Gummi- oder Kunststoffprofilen abzudichten und in den Gehrungen zu verkleben oder zu verschweißen.
- Starre Verbindungen zwischen verschiedenen Bauteilen oder zwischen Schalen mehrschichtiger Konstruktionen bewirken eine erhöhte Körperschallübertragung.
- Wandanschlüsse zwischen Blendrahmen und Mauerwerk ermöglichen einen direkten Schalldurchgang und setzen so den Schalldämmwert des Fensters herab.

Schalldämm-Maß von Einfachscheiben in dB

Glasdicke in mm	3,0	4,0	6,0	> 8,0	10,0	12,0
Schalldämm-Maß R_w	28	27	33	≥ 32	35	36

Die Schallübertragung wird durch ein hohes Scheibengewicht reduziert. Ungleich dicke Einzelscheiben, ein großer Scheibenzwischenraum und/oder eine Füllung mit Schwergas wirken schalldämmend.

Schalldämm-Maß R_w für Doppelscheibenverglasungen (DIN 52210 und VDI 2719)

Konstruktionsart	Scheibendicke in mm d_1	d_2	Scheibenzwischenraum in mm	Schalldämm-Maß R_w in dB Luftfüllung/Argonfüllung	Konstruktionsart
Doppelscheiben-	4	4	≥ 12	31	Einfachfenster mit Isolierverglasung
Isolierglas	4	4	≥ 16	32	
(luftdicht	6	4	≥ 12	32	
abgeschlossener	8	6	≥ 16	35	umlaufende Dichtung
Hohlraum)	10	4	≥ 20	37	
	4	4	≥ 30	32	
Verbundfenster	4	4	≥ 40	35	Verbundfenster
(mit Falzdichtung)	6	6/12/4	≥ 40	37	
	8	6/12/4	≥ 50	40	
	4	4/12/4	≥ 100	37	Kastenfenster
Kastenfenster mit	6	4/12/4	≥ 100	40	
Falzdichtung und	8	4/12/4	≥ 100	42	
Randdämpfung	8	6/12/4	≥ 100	45	

Werte aus DIN 4109, Beiblatt 1, DIN EN 12758: 2011-04
Der eingebaute Zustand vor Ort wird in der DIN 4109 nicht beschrieben. Pauschal ist ein Vorhaltemaß von 2 dB berücksichtigt.

In der VDI-Richtlinie 2719 sind Angaben zur Schalldämmung von Fenstern und deren Zusatzeinrichtungen im eingebauten Zustand verfasst. Danach gibt es sechs Schallschutzstufen.

Schallschutzklasse	SSt 1	SSt 2	SSt 3	SSt 4	SSt 5	SSt 6
R'_w [dB]	25 bis 29	30 bis 34	35 bis 39	40 bis 44	45 bis 49	≥ 50

Für die Schallschutzstufen (SSt) 1 und 2 ist es i.d.R. ausreichend, die Anschlüsse des Blendrahmens an den Baukörper mit Schalldämmmaterial dicht auszustopfen oder auszufüllen. Zur Erreichung der SSK 4 und 5 ist zusätzlich zur dichten Hinterfüllung mit Schallschutzmaterial eine beidseitig dauerelastische Abdichtung anzubringen. Zu SSt 6 sind keine allgemeinen Angaben sinnvoll. Die DIN 4109-35 bis 36 benennen Rechenwerte für das bewertete Luftschalldämm-Maß R_w und geben Korrekturwerte für verschiedene Rahmenformen und Rahmenmaterialien vor. Die untenstehende Tabelle gibt Näherungs- und Vergleichswerte an.

Additive Korrekturwerte für vorgegebene Rahmenwerte $R_{w,Rahmen}$

$R_{w,Glas}$	40	42	44	46	48	50	Bei Fenstern sollte die dickere Scheibe auf der lauten Bauteilseite angeordnet werden.
$R_{w,Rahmen}$ mit 46 dB	– 1,0	– 1,5	– 2,1	– 3,0	– 4,1	– 5,5	
$R_{w,Rahmen}$ mit 49 dB	– 0,5	– 0,8	– 1,2	– 1,8	– 2,5	– 3,5	

5.5 Schallschutz

Anforderungen an den baulichen Schallschutz

Zu unterscheiden sind in den Regelwerken, ob sie Anforderungen an den Schallschutz oder Nachweisverfahren enthalten. Anforderungen werden in den (Verein Deutscher Ingenieure e.V.) VDI-Richtlinien und den (Gesellschaft für Akustik e.V.) DEGA-Empfehlungen beschrieben. Die DIN 4109: 2016-07 (geändert 2018-01) legt Anforderungen fest und definiert wie die Erfüllung der Anforderungen nachzuweisen ist. Grundlage für das Berechnungsverfahren ist die DIN EN 12354: 2017-11, auch hinsichtlich definierter Schallübertragungswege.

DIN 4109-1 Mindestanforderungen	DIN 4109-2 Rechnerische Nachweise	DIN 4109 -31 bis 36 Kennwerte, Bauteilkatalog	DIN 4109-4 Bauakustische Prüfungen
DIN 4109:1989-11 Beiblatt 2: Beispiele: Erhöhter Schallschutz	DIN SPEC 91314: 2017 Wohnungen: Erhöhte Anforderungen	VDI-Richtlinie 4100: 2012 bauteil- und nachhallbezogene Kennwerte	VDI-Richtlinie 2719: 1987 Schallschutz von Außenbauteilen

Anforderungsniveau (Mindestanforderungen, DIN 4109-1:2016-07)

Das Bauwerk muss so entworfen und ausgeführt sein, dass der von den Bewohnern wahrgenommene Schall auf einen Pegel gehalten wird, der nicht gesundheitsgefährdend ist. Nachtruhe, Freizeit- und Arbeitsbedingungen müssen sicher gestellt sein.

Bauteil	Anwendungsgebiet schutzbedürftige Aufenthaltsräume		DIN 4109 1987		DIN 4109 2016		erhöhter[1] Schallschutz	
	Kenngrößen [db]		R'_w	$L'_{n,w}$	R'_w	$L'_{n,w}$	R'_w	$L_{n,w}$
Mehrfamilienhäuser und Bürogebäude	Decken unter allgemein nutzbaren Dachräumen, Trockenböden, Abstellräumen		53	≤53	53	≤52	59	≤46
	Wohnungstrenndecken, Treppen		54	≤53	54	≤50	59	
	Trenndecken zwischen fremden Arbeitsräumen, Treppen		54	≤53	54	≤53		≤44
	Decken über Kellern, Hausfluren, Treppenräumen unter Aufenthaltsräumen		52	≤53	52	≤50		
	Decken unter/über Gemeinschaftsräumen, z.B. Spielräumen		55	≤46	55	≤46	56	≤46
	Decken unter Terrassen und Loggien über Aufenthaltsräumen		–	≤53	–	≤50	[1] verschiedene Quellen	
	Decken über Durchfahrten, Einfahrten von Sammelgaragen unter Aufenthaltsräumen		55	≤53	55	≤50		
	Decken unter Laubengängen		–	≤53	–	≤53		
	Treppenläufe und Podeste		–	≤58	–	≤53		
	Wohnungstrennwände		53	–	53	–		
	Treppenraumwände und Wände zu Hausfluren		52	–	53	–		
	Wände neben Durchfahrten und Einfahrten von Sammelgaragen		55	–	55	–		
	Wände zu Gemeinschaftsräumen, z.B. Spielräumen		55	–	55	–		
	Türen, die in Flure und Dielen von Wohnungen führen		27	–	27	–		≤32
	Türen, die in Aufenthaltsräumen von Wohnungen führen		37	–	37	–		≤42
Reihenhäuser und Doppelhäuser	Decken		–	≤48	–	≤41		
	Bodenplatten auf Erdreich bzw. Decken über Kellergeschosse		–	≤48	–	≤46		
	Treppenläufe und Treppenpodeste		–	≤53	–	≤46		
	Haustrennwände zu Aufenthaltsräumen, die im untersten Geschoss liegen		57	–	59	–	62	
	Haustrennwände zu Aufenthaltsräumen, unter denen mindestens ein Geschoss liegt		57	–	62	–	67	

5.5 Schallschutz

Anforderungen an den baulichen Schallschutz

Die DIN 4109-2 definiert die Berechnungsverfahren und berücksichtigt dabei die Schallübertragungswege. Das gesamte bewertete Schalldämm-Maß $R'_{w,ges}$ des zu betrachtenden Außenbauteils ergibt sich aus den auf die Schall übertragene Fläche bezogenen Schalldämm-Maße der direkt beteiligten Bauteile wie Wände, Fenster, Decken, Lüftungsbauteile, Rollladenkästen und den Flankendämm-Maßen für die definierten Flankenwege. Davon abgezogen wird der Sicherheitsbeiwert. Die Graphik zeigt die berücksichtigten Schallübertragungswege.

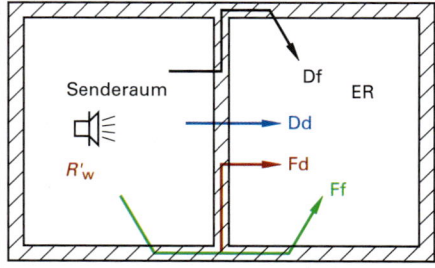
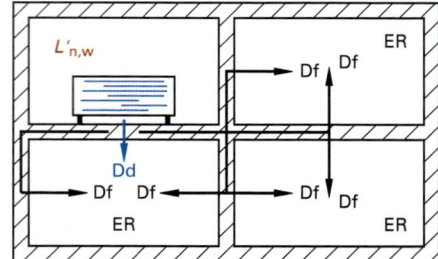

Empfangsraum (**ER**), Senderaum (**SR**), direkte Schallübertragung (**Dd**), Flankenübertragung des Flankenbauteils (**Ff**), Flankenübertragung des Trennbauteils (**Ft**), direkte Flankenübertragung (**Df**), Sicherheitsbeiwert für Außenbauteile 2 dB, $L'_{n,w}$ Trittschallpegel

Bewertetes Schalldämm-Maß $R'_{w,res}$

Einschalige Wände und Decken sind schalltechnisch **biegesteife Schalen**, wenn ihre Grenzfrequenz $f_g \leq 2000$ Hz beträgt (das entspricht ungefähr einer flächenbezogenen Masse $m' \geq 85$ kg/m²), Bauteile mit $f_g > 2000$ Hz sind **biegeweiche Schalen** ($m' < 85$ kg/m²) ▶ S. 208.

m' in kg/m²	85	150	175	210	250	295	350	410	490	580	680
$R'_{w,res}$ in dB	34	41	43	45	47	49	51	53	55	57	59

Schalldämm-Maß $R'_{w,res}$ von Dächern / von geneigten Dächern

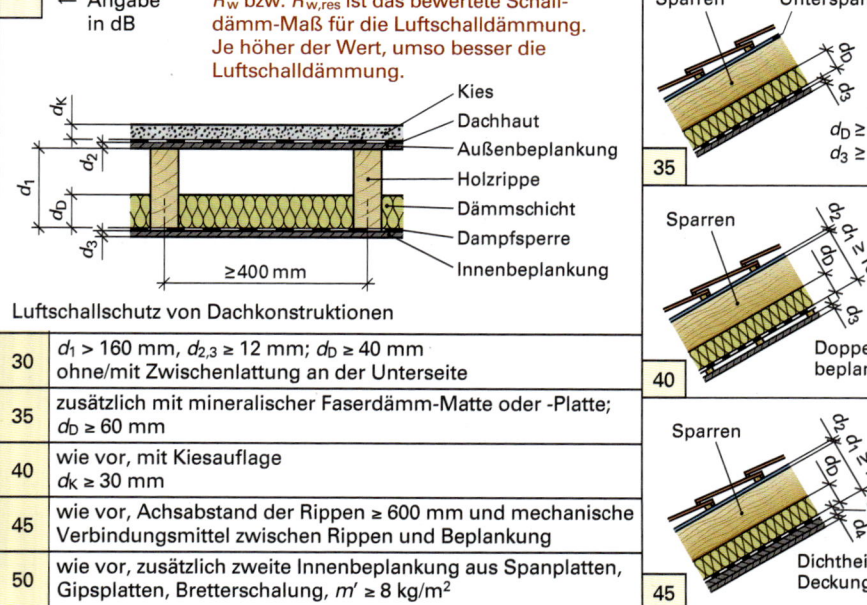

R'_w bzw. $R'_{w,res}$ ist das bewertete Schalldämm-Maß für die Luftschalldämmung. Je höher der Wert, umso besser die Luftschalldämmung.

Luftschutz von Dachkonstruktionen

Angabe in dB	
30	$d_1 > 160$ mm, $d_{2,3} \geq 12$ mm; $d_D \geq 40$ mm ohne/mit Zwischenlattung an der Unterseite
35	zusätzlich mit mineralischer Faserdämm-Matte oder -Platte; $d_D \geq 60$ mm
40	wie vor, mit Kiesauflage $d_K \geq 30$ mm
45	wie vor, Achsabstand der Rippen ≥ 600 mm und mechanische Verbindungsmittel zwischen Rippen und Beplankung
50	wie vor, zusätzlich zweite Innenbeplankung aus Spanplatten, Gipsplatten, Bretterschalung, $m' \geq 8$ kg/m²

5.5 Schallschutz

Schalldämmung bei einschaligen und zweischaligen Bauteilen

Vergleich einschalige/zweischalige Wand

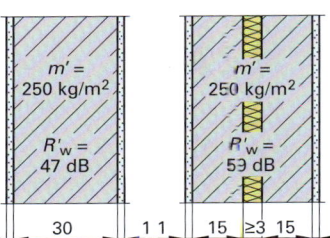

Vergleich Trennwand mit/ohne Hohlraumdämpfung

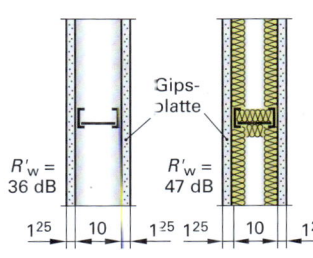

Haustrennwand mit gemeinsamer Bodenplatte

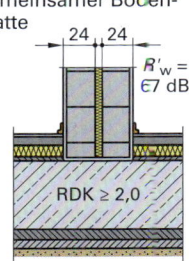

Schalldämm-Maß R'_w für Haustrennwände

R'_w ▶ S. 203, 207

Wandaufbau	RDK	Masse kg/m²	Inkl. $R_{w,TR}$ = + 12 dB ab zweitem Geschoss	Inkl. $R_{w,TR}$ = + 9 dB unterstes Geschoss mit getrennten Fundamenten
2 x 11,5 cm	1,8	≥ 410	65	62
2 x 11,5 cm	2,0	≥ 450	66	63
2 x 15 cm	1,8	≥ 490	67	64
2 x 15 cm	2,0	≥ 530	68	65
2 x 17,5 cm	1,8	≥ 580	69	66
2 x 17,5 cm	2,0	≥ 630	70	67
2 x 20 cm	1,8	≥ 680	71	68
2 x 20 cm	2,0	≥ 740	72	69
2 x 24 cm	1,8	≥ 810	73	70

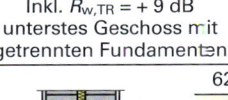
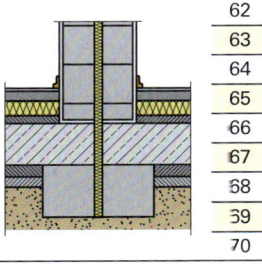

RDK in kg/dm³ Rohdichteklasse, Putz 2 x 10 mm, Trennfuge > 30 mm

Schalldämm-Maß R'_w für Deckenaufbauten (nach Gösele)

ⓐ Einschalige Trenndecken

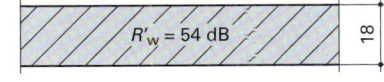

$m'_D = 0{,}18 \text{ m} \cdot 2500 \text{ kg/m}^3 \cong 450 \text{ kg/m}^2$

ⓑ Trenndecken mit schwimmendem Estrich

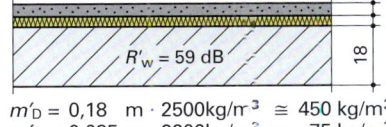

$m'_D = 0{,}18 \text{ m} \cdot 2500 \text{ kg/m}^3 \cong 450 \text{ kg/m}^2$
$m'_E = 0{,}035 \text{ m} \cdot 2200 \text{ kg/m}^3 \cong \underline{75 \text{ kg/m}^2}$
$\phantom{m'_E = 0{,}035 \text{ m} \cdot 2200 \text{ kg/m}^3 \cong\ }525 \text{ kg/m}^2$

ⓒ Trenndecke mit schwimmendem Estrich und biegeweicher Vorsatzschale

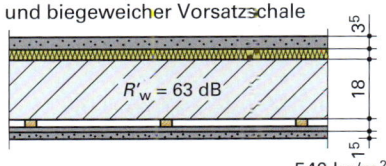

540 kg/m²

Bewertetes Schalldämm-Maß R'_w in Abhängigkeit von der flächenbezogenen Masse m'

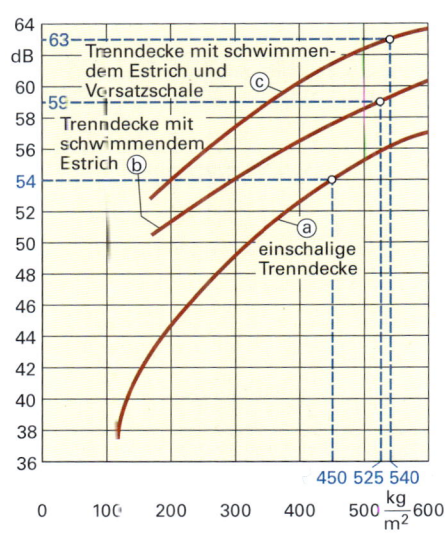

5.5 Schallschutz

Schalldämm-Maß R'_w für verschiedene Wandaufbauten (DIN 4109)

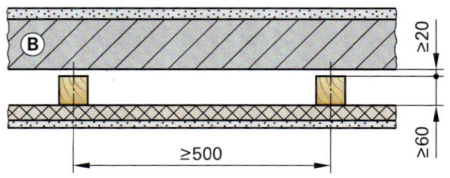

Vorsatzschale aus Holzwolle-Leichtbauplatten, Dicke ≥ 25 mm, verputzt, Holzstiele mit Abstand ≥ 20 mm vor schwerer Schale freistehend

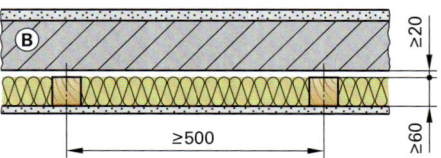

Vorsatzschale aus Gips(karton)platten, Dicke 12,5 mm oder 15 mm, oder aus Spanplatten, Dicke 10 mm bis 16 mm, Holzstiele mit Abstand ≥ 20 mm vor schwerer Schale freistehend mit Hohlraumfüllung zwischen den Holzstielen

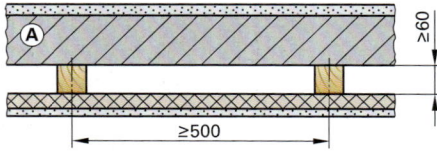

Vorsatzschale aus Holzwolle-Leichtbauplatten, Dicke ≥ 25 mm, verputzt, Holzstiele an schwerer Schale befestigt

Bewertetes Schalldämm-Maß $R'_{w,res}$ von einschaligen, biegesteifen Wänden mit einer biegeweichen Vorsatzschale

Flächenbezogene Masse der Massivwand in kg/m²	$R'_{w,res}$ in dB
Tabelle gilt für flankierende Bauteile mit einer Masse von etwa 300 kg/m². Der Korrekturwert K beträgt ± 1dB je 50 kg Masse des flankierenden Bauteils. () ohne flankierendes Bauteil/ ohne Vorsatzschale	
100	(36) 49
150	(41) 49
200	(44) 50
250	(47) 52
275	(48) 53
300	(49) 54
350	(51) 55
400	(52) 56
450	(54) 57
500	(55) 58

Für die Wandaufbauten nach Bild Ⓑ gilt die Tabelle bezogen auf die flächenbezogene Masse der Massivwand.
Für die Wandaufbauten nach Bild Ⓐ (bei fester Verbindung) sind die Werte um 1 dB abzumindern.

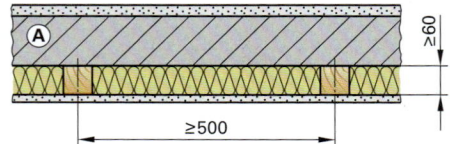

Vorsatzschale aus Gips(karton)platten, Dicke 12,5 mm oder 15 mm, oder aus Spanplatten, Dicke 10 mm bis 16 mm, mit Hohlraumausfüllung, Holzstiele an schwerer Schale befestigt

Leichte Trennwände

Bewertetes Schalldämm-Maß $R'_{w,res}$ von zweischaligen Wänden aus zwei biegeweichen Schalen aus Gips(karton)platten oder Spanplatten (Maße in mm)

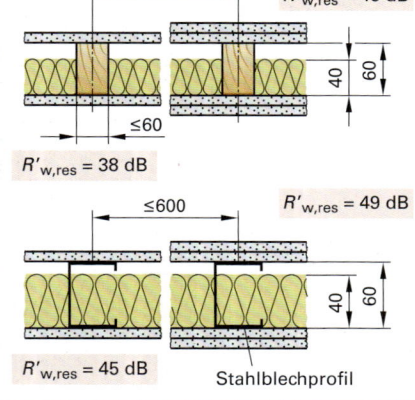

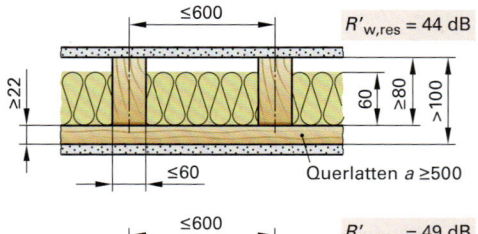

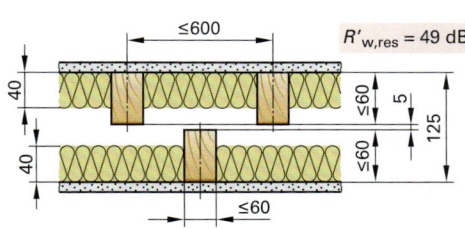

5 BAUPHYSIK/BAUTENSCHUTZ

5.6 Brandschutz

Brandgefahr ist eine Hauptgefahr für Leben, Gesundheit sowie Besitz und Eigentum. Der vorbeugende Brandschutz ist ein wesentlicher Bestandteil der Gebäudesicherung sowie der Nutzersicherheit (Personen- und Sachschutz, Sicherheitsrecht). Brandschutzmaßnahmen sind u.a. in der Musterbauordnung (MBO), und insbesondere in den Bauordnungen der Bundesländer verankert.

- Die nationale Hauptnormreihe für den Brandschutz ist die DIN 4102:2016-05.
- Baustoffe werden nach ihrem Brandverhalten in Baustoffklassen eingeteilt.
- Bauprodukte, für die es keine technischen Regeln gibt (nicht geregelte Bauprodukte), sind nur zugelassen, wenn sie durch eine allgemeine bauaufsichtliche Zulassung, ein allgemeines bauaufsichtliches Prüfzeugnis oder eine Zustimmung im Einzelfall als geeignet ausgewiesen sind.
- Feuerwiderstandsklassen enthalten die Zeitdauer in Minuten, die ein Bauteil beim Brandversuch dem Feuer Widerstand bietet.
- Nach DIN EN 13501 gibt es Hauptklassen und zusätzliche Klassifizierungen. Die DIN EN 13501 bezieht sich auf die Brennbarkeit von Baustoffen und klassifiziert die Rauchentwicklung sowie das brennende Abtropfen.
- Für die deutsche Brandschutznorm DIN 4102 mit dem bisherigen deutschen Klassifizierungssystem und dem europäischen Klassifizierungssystem DIN EN 13501-1 (Brandverhalten) bzw. DIN EN 13501-2 (Feuerwiderstand) ist eine Koexistenzperiode vereinbart worden. In der Übergangszeit kann wahlweise mit der deutschen Norm oder der europäischen Norm gearbeitet werden. In den Anlagen 0.1 und 0.2 zur Bauregelliste A Teil 1 ist die Zuordnung der bauaufsichtlichen Benennungen zu den jeweiligen Klassen und Leistungsstufen aufgeführt. Die Zuordnung in den Konstruktionsnormen nach EC ist so gewählt, dass bei Anwendung des europäischen Klassifizierungssystems die deutschen Sicherheitsniveaus mindestens erfüllt werden.

Übersicht Bauordnungsrecht

Hauptklassen A bis F und Unterklassen (Auszug DIN EN 13 501)

EURO-Klassen für Baustoffe (DIN EN 13501-1)				Baustoffklassen (DIN 4102-1)			
EURO-Hauptklassen	EURO-Unterklassen			Baustoffklasse	Bauaufsichtliche Benennung	Beispiele	
A1	A1			A = Nichtbrennbare Baustoffe	A1	ohne brennbare Bestandteile	Gips, Kalk, Zement, Steine, Beton, Glas, Faserbetonplatten
						mit brennbaren Bestandteilen (< 1 %)	bestimmte Mineralfaser-Feuerschutzplatten, Fiber-Silikat-Platten
A2	A2 – s1, d0				A2	mit brennbaren Bestandteilen	Gipsplatten, Mineralfaser-erzeugnisse
	A2 – s1, d1	A2 – s1, d2					
	A2 – s2, d0	A2 – s2, d1	A2 – s2, d2				
	A2 – s3, d0	A2 – s3, d1	A2 – s3, d2				
B	B – s1, d0	B – s1, d1	B – s1, d2	B = Brennbare Baustoffe	B1	schwer entflammbare Baustoffe	Gipsplatten mit gelochter Oberfläche, Holzwolle-Leichtbauplatten, schwer entflammbare Spanplatten, bestimmte Kunststoff-Hartschaumplatten, bestimmte PVC-Erzeugnisse, Eichenparkett, Gussasphaltestriche
	B – s2, d0	B – s2, d1	B – s2, d2				
	B – s3, d0	B – s3, d1	B – s3, d2				
C	C – s1, d0	C – s1, d1	C – s1, d2				
	C – s2, d0	C – s2, d1	C – s2, d2				
	C – s3, d0	C – s3, d1	C – s3, d2				
D	D – s1, d0	D – s1, d1	D – s1, d2		B2	normal entflammbare Baustoffe	Holz und Holzwerkstoffe, ϱ > 400 kg/m³ und über 2 mm Dicke, genormte Dachpappen und PVC-Bodenbeläge
	D – s2, d0	D – s2, d1	D – s2, d2				
	D – s3, d0	D – s3, d1	D – s3, d2				
E	E – d2				B3	leicht entflammbare Baustoffe	Papier, Holzwolle, Holz bis 2 mm Dicke
F	(F), keine Leistung festgestellt						

5.6 Brandschutz

Gebäudeklassen

Der Brandschutznachweis ist im Rahmen der bauordnungsrechtlichen Genehmigungsfähigkeit unter Bezug auf die MBO nach landesrechtlichen Vorschriften zu führen. Die landesspezifische Prüfung wird als Gesamtbewertung durch die Prüfinstanzen (Bauaufsichtsamt, Prüfingenieur, Prüfsachverständiger, Brandschutzdienststelle) vollzogen. Um die brandschutztechnischen Mindestanforderungen (Schutzziele) für ein Gebäude und seine Nutzung festzulegen, erfolgt die Bewertung in fünf Gebäudeklassen (GKL) und ausgewiesener Sonderbauten.

GKL 1	freistehendes Gebäude, ≤ 7 m Höhe, ≤ 2 Nutzungseinheiten, ≤ 400 m², oder freistehende landwirtschaftlich oder forstwirtschaftliche Gebäude	Die **GKL 4** mit Anforderungen **F 60 hochfeuerhemmend** hat für den Holzbau große Bedeutung. Die Holzbauteile müssen allseitig eine brandschutztechnisch wirksame Bekleidung aus nichtbrennbaren Baustoffen besitzen. Gipsbauplatten F (DF) ▶ S. 213 eignen sich für solche Bekleidung.
GKL 2	Gebäude mit direktem Nachbargebäude (Reihenhaus), ≤ 7 m Höhe, ≤ 2 Nutzungseinheiten, ≤ 400 m²	
GKL 3	sonstige Gebäude bis 7 m Höhe	
GKL 4	Gebäude bis 13 m Höhe, mehrere Nutzungseinheiten mit bis zu 400 m²	
GKL 5	sonstige Gebäude, einschließlich unterirdische Gebäude	

Bauteilanforderungen für GKL 1 und GKL 2

Bauteil	Anforderung in GKL 1	Anforderungen in GKL 2
tragende Wände, Stützen a) Kellergeschoss b) Obergeschoss c) Balkone d) Dachgeschoss	a) feuerhemmend F 30-B b) ohne Anforderung c) ohne Anforderung —	a) feuerhemmend F 30-B b) ohne Anforderung c) ohne Anforderung d) feuerhemmend F 30-B
Außenwände (AW) a) nichttragende AW b) AW mit Hinterlüftung	a) ohne Anforderung b) Vorkehrung gegen Brandausbreitung	a) ohne Anforderung b) Vorkehrung gegen Brandausbreitung
Trennwände (TW) a) in Wohngebäuden b) zwischen Nutzereinheiten c) gegen Explosionsgefahr und erhöhter Brandgefahr d) Öffnungen in TW	a) ohne Anforderung b) wie tragende Wände c) feuerbeständig F 90-AB bis zur Rohdecke d) feuerhemmend F 30	a) ohne Anforderung b) wie tragende Wände c) feuerbeständig F 90-AB bis zur Rohdecke d) feuerhemmend F 30
Brandwände ▶ S. 211	hochfeuerhemmend, mindestens F 60-A und nichtbrennbar, bis unter die Dachhaut führen, Hohlräume vollständig ausfüllen, Öffnungen in Brandwänden sind unzulässig und in inneren Brandwänden nur zulässig, wenn sie auf die für die Nutzung erforderliche Größe und Anzahl beschränkt sind. Diese Öffnungen müssen feuerbeständige, dicht- und selbstschließende Abschlüsse aufweisen.	
Decken a) Kellergeschoss b) Obergeschoss c) gegen Explosionsgefahr und erhöhter Brandgefahr d) Dach nicht ausgebaut e) Dächer	a) feuerhemmend F 30-B b) ohne Anforderung c) außer in Wohngebäuden feuerbeständig F 90-AB d) ohne Anforderung e) harte Bedachung	a) feuerhemmend F 30-B b) feuerhemmend F 30-B c) außer in Wohngebäuden feuerbeständig F 90-AB d) bei Aufenthalt F 30-B e) harte Bedachung
Rettungswege a) notwendige Treppen b) notwendige Treppenräume c) notwendige Flure Wände in Wohngebäuden d) Wände im Kellergeschoss	a) ohne Anforderung b) nicht erforderlich c) ohne Anforderung d) feuerhemmend F 30-B, wenn Wohnung ≥ 200 m²	Bei feuerbeständigen Bauteilen dürfen für tragende und aussteifende Bauteile nur nichtbrennbare Baustoffe A1 und A2 nach DIN 4102-1 verbaut werden.

5.6 Brandschutz

Klassifizierungen (DIN 4102, DIN EN 13501, MBO)

Baustoffklassen und Benennungen

Klasse	Bauaufsichtliche Benennung
A	nichtbrennbare Baustoffe (nbb)
A1	ohne brennbare Bestandteile
A2	überwiegend nbb Bestandteile
B	brennbare Baustoffe
B1	schwerentflammbar
B2	normalentflammbar
B3	leichtentflammbar

Feuerwiderstandsklassen

Klasse (Feuerwiderstandsdauer in min)	Zusatz	Bauteil
30	G	Verglasungen
60	L	Lüftungsleitungen
90	K	Klappen für Lüftungsleitungen
120	R	Rohrleitungen
180	I	Installationsschächte und -kanäle

Beispiel F 30-AB

Bauteil in wesentlichen Teilen aus nichtbrennbaren Stoffen, das mindestens 30 Minuten dem Feuer Widerstand bieten kann. Wesentliche Teile sind alle tragenden Teile.
F 180, W 30, G 90 usw.

Baustoffklassen Rauchverhalten s (smoke)

Klasse	SMOGRA	TSP$_{600s}$ (m²/600 s)
s1	≤ 30 m²/s²	≤ 50 m² Rauchmenge
s2	≤ 180 m²/s²	≤ 200 m² Rauchmenge
s3	Bauprodukt, ohne geprüfte Rauchentwicklung, wenn s1 und s2 nicht erfüllt	

Abtropfverhalten d (droplets)

Klasse	Merkmale
d1	kein Abtropfen in 600 s
d2	Abtropfen ≤ 10 s in 600 s
d3	keine Beschränkung, wenn d1 oder d2 nicht erfüllt

Feuerwiderstandsklassen von Bauteilen nach DIN 4102-2 (Auszug)

Wände, Decken, Stützen, Unterzüge, Treppen	Nichttragende Außenwände, Brüstungen	Feuerschutzabschlüsse, Türen, Tore, Klappen	Bauaufsichtliche Benennungen nach der Landesbauordnung
F 30	W 30	T 30	feuerhemmend
F 60	W 60	T 60	hoch feuerhemmend
F 90	W 90	T 90	feuerbeständig
F 120	W 120	T 120	–
F 180	W 180	T 180	–

Bauteile nach DIN EN 13501-2

Feuerwiderstandsdauer in Minuten:
≥ 15; ≥ 20; ≥ 30;
≥ 45; ≥ 60; ≥ 90;
≥ 120, ≥ 240, ≥ 360

Kriterien für Euro-Feuerwiderstandsklassen: R, I, S, M, E, W, K und C[1]

z.B. REI-M 180

[1] R Erhalt der Tragfähigkeit, I Oberflächen-Grenztemperatur, S Rauchdurchtritt, M Erhöhte mechanische Festigkeit, E Raumabschluss, W Wärmestrahlungsdurchtritt, C Selbstschließend, K Brandschutzfunktion

Brandwände (Anforderungen nach Musterbauordnung, MBO)

Eine Brandwand muss unter zusätzlicher mechanische Beanspruchung feuerbeständig (F 90) sein und aus nicht brennbaren Baustoffen (A) bestehen. Die Brandwand dient zur Trennung oder Abgrenzung von Gebäuden in Brandabschnitten, um einen Übergriff des Brandes auf weitere Gebäude oder Gebäudeteile zu verhindern.

Bauaufsichtliche Anforderungen an Brandwände

Brandwände	Anforderungen (MBO, LBauO)	DIN 4102	DIN EN 13501-2
Brandwände	feuerbeständig + nichtbrennbar + Stoßbeanspruchung 3 x 3000 N·m	Brandwand	REI-M 90 nbb EI-M 90 nbb
Tragende und aussteifende Bauteile	feuerbeständig	F 90-AB	REI 90 überwiegend nbb
Verschluss von Öffnungen	feuerbeständige Feuerschutzabschlüsse Türen, Tore, Förderbahnabschlüsse (selbstschließend)	T 90	EI2 90-C
	feuerbeständige Verglasungen	F 90	EI 90
	feuerbeständige Brandschutzklappen	L 90	EI 90-S
Anordnung von Brandwänden	an der Nachbargrenze, zwischen aneinander gereihten Gebäuden innerhalb ausgedehnter Gebäude in Abhängigkeit von der Gebäudehöhe und Dacheindeckung: ≤ 3 Vollgeschosse bis unter die Dachhaut > 3 Vollgeschosse mindestens 30 cm über Dach weiche Bedachung mindestens 50 cm über Dach		

5.6 Brandschutz

Konstruktionsbeispiele (in Anlehnung an DIN 4102-4)

Brandverhalten klassifizierter Betonbauteile (Auszug DIN 4102-4)

Konstruktionsmerkmale	Feuerwiderstandsklasse-Benennung				
	F 30-A	F 60-A	F 90-A	F 120-A	F 180-A
Mindestdicke d in mm unbekleideter Platten unabhängig von der Anordnung eines Estrichs bei statisch bestimmter Lagerung / statisch unbestimmter Lagerung	$60^{1)2)}$ / $80^{1)2)}$	$80^{2)}$ / $80^{1)2)}$	$100^{1)2)}$ / 100	120 / 120	150 / 150
Mindestdicke d in mm punktförmig gestützter Platten unabhängig von der Anordnung eines Estrichs bei Decken mit Stützenkopfverstärkung / Decken ohne Stützenkopfverstärkung	150 / 150	150 / 200	150 / 200	150 / 200	150 / 200
Mindestdicke d in mm unbekleideter Platten mit nichtbrennbarem Estrich oder Asphaltestrich	50	50	50	60	75
Mindestdicke D in mm $= d + Estrichdicke$ bei statisch bestimmter Lagerung / statisch unbestimmter Lagerung	$60^{1)2)}$ / $80^{1)2)}$	$80^{2)}$ / $80^{1)2)}$	100 / 100	120 / 120	150 / 150
Mindestdicke d in mm unbekleideter Platten mit schwimmendem Estrich bei einer Dämmschicht t bei statisch bestimmter Lagerung / statisch unbestimmter Lagerung	$60^{1)2)}$ / $80^{1)2)}$	$60^{1)2)}$ / $80^{1)2)}$	$60^{1)2)}$ / $80^{1)2)}$	$60^{1)2)}$ / $80^{1)2)}$	$80^{2)1)}$ / $80^{1)2)}$
Mindestestrichdicke d_1 in mm bei Estrichen aus nichtbrennbaren Baustoffen oder Asphalt (F ... AB)	25-AB	25-AB	25-AB	30-AB	40-AB)
Holzwolle-Leichtbauplatten auch ohne Putz bei einer Dicke der Holzwolle-Leichtbauplatten ≥ 25 mm / einer Dicke der Holzwolle-Leichtbauplatten ≥ 50 mm	50 / 50	50 / 50	– / 50	– / 50	– / 50

[1)] Bei Betonfeuchtigkeitsgehalten > 4 Gew.-% sowie bei sehr dichter Bewehrungsanordnung (Stababstände < 100 mm) sind die Mindestdicken d sowie die Mindestdicken D um 20 mm zu vergrößern.

[2)] Bei Platten mit mehrseitiger Brandbeanspruchung – z.B. bei auskragenden Platten – müssen die Mindestdicken d sowie die Mindestdicken D jeweils ≥ 100 mm sein.

Brandverhalten nichttragender raumabschließender Wände (Auszug DIN EN 1996-1-2)

Konstruktionsmerkmale	Feuerwiderstandsklasse-Benennung				
	F 30-A	F 60-A	F 90-A	F 120-A	F 180-A
Mindestdicke t in mm tragender Wände aus Kalksandsteinen nach DIN V 106-1/-2	70 (50)	115 (70)	115 (100)	115 (115)	175 (140)
Hohlbauplatten nach DIN 18148 Hohlblöcke, Vollsteine, Mauersteine aus Leichtbeton	50 (50)	70 (50)	95 (70)	115 (95)	140 (115)
Mauerziegel nach DIN V 105-5 LLZ, LLZ-Ziegelplatten	115 (70)	115 (70)	140 (115)	175 (140)	190 (175)
Mauerziegel nach DIN V 105-1/-2 Vollziegel, HLZ, Wärmedämmziegel	115 (70)	115 (70)	115 (100)	140 (115)	175 (140)
Porenbetonsteine nach DIN V 4165-100 Plansteine und Planelemente	75 (59)	75 (75)	100 (75)	115 (75)	150 (115)

Klammerwerte gelten für Wände mit beidseitigem Putz nach DIN 18550 mit Wärmedämmputzsystemen nach DIN 18550-3 oder Leichtputz nach DIN 18550-4.

5.6 Brandschutz

Konstruktionsbeispiele (in Anlehnung an DIN 4102-4)

Brandverhalten klassifizierter Stahlbauteile

Konstruktionsmerkmale Abmessungen in mm	Profilverhältnis U/A in m^{-1}	Feuerwiderstandsklasse					
		F 30-A	F 60-A	F 90-A	F 30-A	F 60-A	F 90-A
		Mörtelgruppe P II oder P IVc			Mörtelgruppe P IVa oder P IVb		
Putzdicke d über Putzträger aus Rippenstreckmetall, Streckmetall oder Drahtgewebe bei Stahlträgern.		Stahlträger			Stahlträger		
	< 90	5	15	–	5	5	15
	90 bis 119	5	15	–	5	5	15
	120 bis 179	5	15	–	5	15	15
	180 bis 300	5	15	–	5	15	25
Putzdicke d über Putzträgern aus Rippenstreckmetall, Streckmetall oder Drahtgewebe bei Stahlstützen.		Stahlstützen			Stahlstützen		
	< 90	15	25	45	10	10	35
	90 bis 119	15	25	45	10	20	35
	120 bis 179	15	25	45	10	20	45
	180 bis 300	15	25	55	10	20	45
Wandbauplatten Dicke d aus Gips nach DIN 18163	–	60	60	60	evtl. mit Spezial-Brandschutzputz oder Vermiculite-Spritzputz mit Rohdichten bis 850 kg/m³ für F 30-A einschalig		
Gips-Bauplatten (GKF) Dicke d als Bekleidung von Stahlträgern	≤ 300	Stahlträger					
		12,5	12,5	2 x 15,0 + 9,5			
Gips-Bauplatten (GKF) als Bekleidung von Stahlstützen	≤ 300	Stahlstützen			für F 60-A und F 90-A mehrschalig		
		12,5	12,5 + 9,5	3 x 15,0			

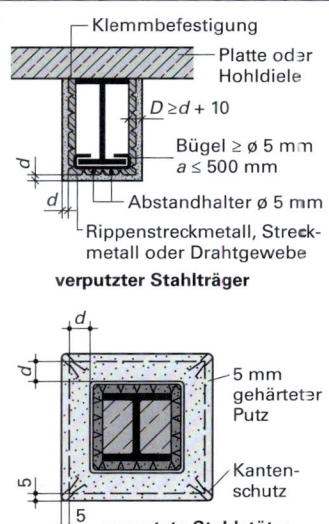

Klemmbefestigung
Platte oder Hohldiele
$D \geq d + 10$
Bügel ≥ ø 5 mm
$a \leq 500$ mm
Abstandhalter ø 5 mm
Rippenstreckmetall, Streckmetall oder Drahtgewebe

verputzter Stahlträger

5 mm gehärteter Putz
Kantenschutz

verputzte Stahlstütze

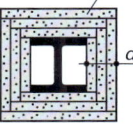

ein- oder mehrlagige Feuerschutzplatten

Beispiel
F 90 – AB
mit $d = 3 \times 15$ mm

bekleidete Stahlstütze
Feuerschutzummantelung mit Stoßüberlappung

Brandverhalten von unbekleideten Holzbalken

Mindestabmessungen Balken aus Vollholz in mm

Biegung σ [N/mm²]	Art der Brandbeanspruchung			
	3-seitig	4-seitig	3-seitig	4-seitig
	F 30-B		F 60-B	
≥ 13	150/260	160/300	300/520	320/600
10	120/200	130/240	240/400	260/480
7	100/160	110/200	200/320	220/400
≤ 3	80/160	90/130	180/240	200/320

Mindestabmessungen Stützen aus Vollholz in mm

Querschnitt d/b $b \geq d$	Knicken σ [N/mm²]	Max. Stützenhöhe [m] für F 30-B mit Mindestdicke d		
	≥ 11	240	260	280
	8,5	200	220	240
	5	160	180	200
	≤ 2	120	140	160

3-seitig

4-seitig

Holzbalken unter Brandbeanspruchung

 $h = d$
 $h \geq 2d$

Stütze aus BSH (Brettschichtholz)

Beispiel F 30 –B
Stütze 8 cm/8 cm
KVH
Gips-Bauplatte F
1,5 cm

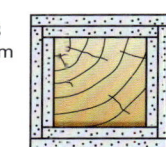

Beispiel F 60 –B
Stütze 16 cm/16 cm
KVH
Gips-Bauplatte F
2 x 1,25 cm

Hinweis: Anforderungen an die Bauausführung ergeben sich ausschließlich aus den LBauO. Die Ausführungsbeispiele nach DIN 4102, Teil 4, dürfen ohne zusätzlichen Nachweis verwendet werden. Ansonsten ist ein Prüfzeugnis erforderlich.

5.6 Brandschutz

Konstruktionsbeispiele (in Anlehnung an DIN 4102-4)

Mindestabmessungen für Holzbalkendecken mit Dämmschicht

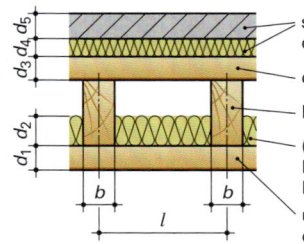

- schwimmender Estrich oder schwimmender Fußboden
- obere Beplankung
- Holzrippe (mind. 40 mm x 80 mm)
- (brandschutztechnisch) notwendige Dämmschicht mit Befestigung Mindestrohdichte $\varrho \geq 30$ kg/m³
- untere Beplankung oder Bekleidung

F 30

Bemessung ▶ S. 367 f

Für Bauteile nach DIN 1052 / DIN EN 1995-1-1 kann der Nachweis im Brandfall nach dem vereinfachten Verfahren, mit dem ideellen Restquerschnitt, bei dem die Abbrandrate berücksichtigt wird, erfolgen.

Abbrandrate Vollholz:
ca. 0,8 mm/min (Nadelholz)
ca. 0,7 mm/min (Laubholz)

Holzrippen	untere Beplankung oder Bekleidung		notwendige Dämmschicht	obere Beplankung	schwimmender Estrich oder schwimmender Fußboden			
	Spanplatten mit $\varrho \geq$ 600 kg/m³	max. zul. Spannweite	aus Mineralfaser-Platten oder -Matten	aus Holzwerkstoffplatten mit $\varrho \geq$ 600 kg/m³	Dämmschicht mit $\varrho \geq$ 30 kg/m³	Mörtel, Gips oder Asphalt	Holzwerkstoffplatten, Bretter oder Parkett	Gipskartonplatten
Mindestbreite in mm	Mindestdicke in mm	in mm	Mindestdicke in mm	Mindestdicke in mm		Mindestdicke in mm	in mm	in mm
b	d_1	l	d_2	d_3	d_4	d_5	d_5	d_5
40	16	625	60	13	15	20		
	16	625	60	13	15		16	
	16	625	60	13	15			9,5

Die Tabelle gilt für Decken mit notwendiger Dämmschicht. Die Dämmschichten müssen aus mineralischen Fasern nach DIN 18165 bestehen, der Baustoffklasse A nach DIN 4102 angehören und einen Schmelzpunkt von $T \geq 1000$ °C besitzen.

Entfällt die Dämmung oder genügt sie nur der Baustoffklasse B2 ohne weitere Bedingungen, so muss gelten:
Spanplatten $d_1 \geq 19$ mm und obere Beplankung $d_3 \geq 16$ mm

Mindestabmessungen Holzbalkendecken mit vollständig freiliegenden Holzbalken

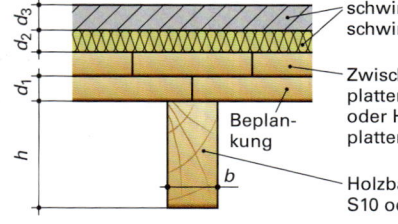

- schwimmender Estrich oder schwimmender Fußboden
- Zwischenschicht aus Betonplatten oder Gipskartonplatten oder Holz oder Holzwerkstoffplatten
- Beplankung
- Holzbalken der Sortierklasse S10 oder MS10

F 30

Brandschutzmaßnahmen
Verwendung von rissefreiem Holz.
Kanten und Ecken sollten gefast sein.
Verkleidung aus schwer entflammbaren oder nichtbrennbaren Baustoffen.

Biegespannung	Holzbalken		Beplankung		schwimmender Estrich	
	bei Verwendung von		Spanplatten mit $\varrho \geq$ 600 kg/m³	Bretter oder Bohlen	Dämmschicht mit $\varrho \geq$ 30 kg/m³	Spanplatten mit $\varrho \geq$ 600 kg/m³
	Vollholz	Brettschichtholz				
N/mm²	b/h in mm	b/h in mm	$d_1 \geq 25$ mm	$d_1 \geq 28$ mm	$d_2 \geq 15$ mm	$d_3 \geq 16$ mm
≥ 14	–	140/260	Es wird zwischen Decken mit		Bei den ausgewiesenen Decken ist die Anordnung an der Deckenunterseite ohne weitere Nachweise erlaubt (Ausnahme: Stahlblech).	
≥ 14	–	130/240	■ verdeckten			
11	130/200	110/200	■ teilweise freiliegenden			
10	120/100	85/190	■ vollständig freiliegenden			
7	100/160	80/150	Holzbalken unterschieden.			

5.6 Brandschutz

Konstruktionsbeispiele (in Anlehnung an DIN 4102-4)
Außenwände in Holztafelbauart

Konstruktions-merkmale (MF Mineralfaserplatten) (HWL Holzwolle-Leichtbauplatten)	Innenbeplankung(en) oder -bekleidung(en)			Dämmschicht			Außenbeplankung oder -bekleidung		
	Holzwerk-stoffplatten (Mindest-rohdichte $\varrho =$ 600 kg/m³)	Gips-Feuer-schutz-platten (GKB-F)		Mineral-faser-platten oder -matten		Holzwolle-Leicht-bau-platten	Bretter oder Holz-werk-stoff-platten	Faser-zement-platten	Putz auf Holzwolle-Leichtbau-platten $d \geq$ 25 mm
	Mindestdicke			dicke	Mindest-roh-dichte	dicke	Mindestdicke		
	d_2 mm	d_2 mm	d_3 mm	D mm	ϱ kg/m³	D mm	d_4 mm	d_4 mm	d_4 mm
F 30-B	13			80	30		13		
	13			40	50		13		
innen MF außen	13					25	13		
		12,5		80	30		13		
		12,5		40	50		13		
		12,5				25	13		
	16			80	100			6	
	16				50			6	
		15		80	100			6	
innen HWL außen		15			50			6	
	13			80	30				15
	13			40	50				15
	13					25			15
		12,5		80	30				15
		12,5		40	50				15
		12,5				25			15
F 60-B	22		12,5	80	100		13		
innen	22		12,5		50		13		
		12,5	12,5	80	100		13		
		12,5	12,5		50		13		
MF außen	22		12,5	80	100			6	
	22		12,5		50			6	
		12,5	12,5	80	100			6	
		12,5	12,5		50			6	
innen	22		12,5	80	30				15
	22		12,5	40	50				15
	22		12,5			25			15
		12,5	12,5	80	30				15
HWL außen		12,5	12,5	40	50				15
		12,5	12,5			25			15
Holzrippen $b_1 \times d_1 \geq$ 40 mm $\times$ 80 mm	19		12,5	80	100				15
	19		12,5		50				15
	15		9,5	80	100				15
	15		9,5		50				15

5.6 Brandschutz

Konstruktionsbeispiele (in Anlehnung an DIN 4102-4)

Mindestdicken nichttragender zweischaliger Wände aus Holzwolle-Leichtbauplatten

Konstruktionsmerkmale	Holzwolle-Leichtbauplatte / Putz / Dämmschicht / Drahtverspannung	Feuerwiderstandsklasse	
		F 30-B bis F 120-B	F 180-B
Mindestdicke d_1 in mm der Holzwolle-Leichtbauplatten nach DIN 1101		50 mm	50 mm
Mindestdicke d_2 in mm des Putzes, gemessen ab Oberkante Holzwolle-Leichtbauplatten		15 mm	20 mm
Mindestdicke d_3 in mm der Dämmschicht (Rohdichte > 30 kg/m³)		40 mm	40 mm

Mindestdicken ein- oder zweischaliger nichttragender Wände aus Gips-Bauplatten F

Mindestbekleidungsdicke d_2 in mm	12,5[1]	2 × 12,5[2]	15 + 12,5	2 × 18[3]	–
Mindestdämmschichtdicke d_3 in mm	40	40	40	40	–
Mindestrohdichte ϱ in kg/m³ der Dämmschicht	40	40	40	40	–
	Holzriegel möglich		Stahlblechprofil		
Mindestbekleidungsdicke d_2 in mm			2 × 12,5[2]	2 × 15	3 × 12,5[4]
Mindestdämmschichtdicke d_3 in mm			80 / 60	80 / 60	80 / 60
Mindestrohdichte ϱ in kg/m³ der Dämmschicht			30 / 50	50 / 100	50 / 100
	F 30-A	F 60-A	F 90-A	F 120-A	F 180-A

[1] Alternativ auch 18 mm GKB oder ≥ 2 × 9,5 mm GKB
[2] Alternativ auch 25 mm
[3] Alternativ auch 3 × 12,5 mm oder 25 mm + 12,5 mm
[4] Alternativ auch 25 mm + 12,5 mm

Der Dämmstoff einer brandschutztechnischen Schicht muss zusätzlich folgende Anforderungen erfüllen:
- Der Dämmstoff ist plattenförmig.
- Der Dämmstoff besteht aus Mineralwolle und weist eine Schmelztemperatur von 1000 °C auf.

Mindestdicken tragender, nicht raumabschließender Wände aus Holztafeln

Konstruktionsmerkmale	Holzrippen		Beplankung(en) und Bekleidung(en)		Feuerwiderstandsklasse
	Mindestabmessungen in mm	zulässige Spannung in N/mm²	Holzwerkstoffplatten (Mindestrohdichte ϱ = 600 kg/m³)	Gipskarton-Bauplatten F (GKF)	
	$b_1 \times d_1$	σ_D	d_2 in mm	d_3	
	50 × 80	2,5	25 oder 2 × 16		
	100 × 100	1,25	16		
	40 × 80	2,5		18	F 30-B
	50 × 80	2,5		15	
	100 × 100	2,5		12,5	
	40 × 80	2,5	8	12,5	
	40 × 80	2,5	13	9,5	
	40 × 80	2,5	12,5	9,5	F 60-B
	40 × 80	2,5	22	15	
	50 × 80	2,5	15	12,5	

5.6 Brandschutz

Feuerschutzabschlüsse und Rauchschutztüren

Feuerschutzabschlüsse sichern Öffnungen gegen Durchtritt von Feuer und Rauch. Die Feuerwiderstandsdauer nach DIN 4102-5 bzw. DIN EN 13501-2 und die Dichtigkeit gegen Rauch nach DIN 18095 bzw. DIN EN 13501-2 sowie der Grad der Vollwandigkeit sind in den jeweiligen Landesbauordnungen geregelt. Bis auf Türen in Wohnungen zu notwendigen Fluren sind Feuerschutzabschlüsse dauerhaft selbstschließend und evtl. nicht abschließbar auszuführen, ggf. sind sie mit Panikverschlüssen zu versehen. Sie benötigen – inklusive ihrer Zubehörteile – eine allgemeine bauaufsichtliche Zulassung durch das DIBt und unterliegen der Kennzeichnungspflicht. Hersteller sind zur Bereitstellung und Aushändigung von eindeutigen, vollständigen Montageanleitungen verpflichtet, diese sind in jedem Fall zu befolgen. Brandschutzanforderungen im Türsystem gelten für:
- Türblatt
- Öffnungsbeschläge
- Schließung
- Verankerungsgrund
- Dichtungen
- Zarge
- Verglasung

Beispiel Dichtungen sind mindestens dreiseitig umlaufend und dauerelastisch auszuführen.

Feuerschutzabschlüsse können nach europäischen Normen auf Brandbeanspruchung von einer oder von zwei Seiten geprüft sein, die deutsche Norm sieht eine beidseitige Prüfung vor.

Anforderungen	Feuerschutz-abschlüsse ohne Rauchschutz	Feuerschutz-abschlüsse mit Rauchschutz
feuerhemmend	EI_2 30-C T 30	EI_2 30-CS_{200} T 60-RS
hoch feuerhemmend	EI_2 60-C T 60	EI_2 60-CS_{200} T 60-RS
feuerbeständig	EI_2 90-C T 90	EI_2 90-CS_{200} T 90-RS
raumdicht und selbstschließend		CS_{200}
Rauchschutzfunktion		RS

Klassifizierung nach DIN EN 14600 Dauerhaftigkeit der Selbstschließung	
Klasse	Zyklenzahl
C0	0
C1	500
C2	10 000
C3	50 000
C4	100 000
C5	200 000

Brandschutztür / Brandschutzschiebetor

T 30 | T 90 | T 90

Die Kriterien E für Raumabschluss, I für Wärmedämmung und C für dauerhafte Selbstschließung müssen bei Feuerschutzabschlüssen erfüllt sein, zusätzlich muss für Rauchschutz bzw. bei Rauchschutztüren das Kriterium S_{200} für eine Begrenzung der Rauchdichtigkeit bei 200 °C eingehalten werden.

Die Rauchleckrate darf innerhalb von 60 Minuten max. 20 m³/h bei 50 Pa = 50 N/m² Druckdifferenz für einflügelige bzw. 30 m³/h für zweiflügelige Türen betragen.

Feuerschutzabschlüsse sowie Rauchschutztüren müssen der Klasse C5 entsprechen. Feststellanlagen müssen jährlich von einem Fachbetrieb gewartet werden.

Folgende Bestandteile sollten bei einer eingebauten Feuerschutztür vorhanden sein:
- Zulassungsschild auf dem Türblatt
- Wartungsanleitung
- Zulassungsbescheid
- Übereinstimmungserklärung der Montagefirma und zulassungskonforme Montage

Rauchschutztüren nach DIN 18095 sind selbstschließend und behindern den Durchtritt von Rauch. Ein allgemeines bauaufsichtliches Prüfzeugnis (bauaufsichtlicher Verwendbarkeitsnachweis) einer neutralen akkreditierten Prüfstelle sowie eine dauerhafte Kennzeichnung sind notwendig. In allgemein zugänglichen notwendigen Fluren dürfen sie keine unteren Anschläge oder Schwellen aufweisen, ausgenommen sind Flachrundschwellen bis 5 mm Dicke. Erlaubte Änderungen an Feuerschutzabschlüssen und Rauchschutztüren teilen sich in bei der Herstellung zulässige und nach der Montage zulässige auf.

Dicht verglaste Türen gelten laut Landesbauordnungen teilweise als vollwandig, sodass hier **Brandschutzverglasungssysteme** (Strahlung wird umgewandelt, eine schützende Schaumschicht entsteht) aus lichtdurchlässigen Elementen, Halterungen sowie Befestigungsmitteln (Kennzeichnung EI) eingesetzt werden können. Sie müssen den gleichen Anforderungen entsprechen wie das Türsystem und benötigen eine allgemeine bauaufsichtliche Zulassung.

Brandschutzverglasung	
Raumabschluss und Dämmung	nur Raumabschluss
EI 30 F 30	E 30 G 30
EI 60 F 60	E 60 G 60
EI 90 F 90	E 90 G 90
EI 120 F 120	E 120 G 120
F und G nach DIN 4201-5 EI und E nach DIN EN 13501-2	

5.6 Brandschutz

Chemischer Brandschutz

Die Entscheidung für oder gegen chemische Holzschutzmaßnahmen erfolgt unter der Berücksichtigung der Konstruktion, der Holzart, der Dauerhaftigkeit (Resistenz) der verarbeiteten Holzart, der geplanten Beanspruchung des Holzes in Abhängigkeit von den Umweltbedingungen sowie der geforderten Gebrauchsdauer. Im trockenen Wohnbereich besteht keine Gefahr von Holzschädigung durch holzzerstörende Organismen. Chemischer Holzschutz ist hier nicht erforderlich.

Dämmschichtbildende (intumeszierende) Baustoffe schäumen im Brandfall auf. Im Bereich von Fugen oder Öffnungen tritt eine Abdichtung ein, dämmschichtbildende Baustoffe und Beschichtungen an Oberflächen von Bauteilen aus Holz oder Holzwerkstoffen bilden eine wärmedämmende Schutzschicht und hemmen zugleich Sauerstoffzufuhr und Rauchgasentwicklung. Durch den Zusatz keramikbildender Komponenten kann sich zusätzlich eine feste Schutzschicht bilden. Bauteile können so gekapselt werden. Brandschutz-Zargendichtungen können mit intumeszierenden Substanzen kombiniert und in einer Dichtungsebene ausgeführt werden. Bei Beschichtungen sind vorgegebene Mindestdicken der zu beschichtenden Baustoffe sowie Schichtdicken der Oberflächensysteme einzuhalten, sie sind auf Oberflächen auszuführen, die einer geringen mechanischen Beanspruchung unterliegen.

Beispiel Baustoffklassifizierung des Brandverhaltens eines intumeszierenden Beschichtungssystems nach DIN EN 13501-1

Brandverhalten B	Rauchentwicklung s1	Brennendes Abtropfen d0

Ablationsbeschichtungen dehnen sich im Brandfall kaum aus, die beschichteten Bauteile werden durch Abzug von Wärmeenergie gekühlt bzw. durch Entwicklung von flammhemmenden Substanzen geschützt. Ablationsbeschichtungen sind mechanisch beanspruchbar und für die Anwendung im Außenbereich geeignet.

Beispiel Zur brandschützenden Imprägnierung von Holzwerkstoffen wird unter anderem Ammoniumpolyphosphat eingesetzt, die bei Naturfaserdämmstoffen bisher eingebrachten Borsalze sind aufgrund einer möglichen fortpflanzungsbeeinträchtigenden Wirkung nach GHS H360 zu kennzeichnen und zum Teil nicht mehr zugelassen.

Flucht- und Rettungswege

Fluchtwege sollen Flucht und Rettung aus einem möglichen Gefährdungsbereich gewährleisten. Nach Arbeitsstättenregel ASR A1.3 sind sie eindeutig und permanent mit gut sichtbaren und richtungsweisenden Kennzeichnungen zu versehen. Beim Vorhandensein von Aufenthaltsräumen sind pro Geschoss zwei unabhängige Fluchtwege vorgeschrieben. Davon muss der erste – auch ohne Aufenthaltsraum vorgeschriebene – Fluchtweg mit einer gefährdungsabhängigen Länge bis 35 Metern zur Bausubstanz gehören. Verkehrswege, Türen, nach Bauordnungsrecht notwendige Flure, Treppenräume sowie Notausgänge bilden den ersten Fluchtweg. Eine lichte Höhe von 2 Metern darf nicht unterschritten werden. Notausgänge sind gegen Verstellen zu sichern und beidseitig zu kennzeichnen. Aufzüge dürfen nicht Teil des Fluchtweges sein. Treppenläufe müssen gerade sein.

Der zweite Fluchtweg kann auch erst im Rettungsfall als Notausstieg hergestellt werden, z.B. über anleiterbare Fenster. Die lichten Maße müssen hier mindestens 0,90 m in der Breite und 1,20 m in der Höhe betragen. Türen sowie Notausstiege in Fluchtwegen müssen im Gefahrenfall ohne Hilfsmittel einfach zu öffnen sein. Manuell betätigte Türen müssen dabei in Fluchtrichtung aufschlagen.

Mindestbreite der Fluchtwege nach Arbeitsstättenregel ASR A2.3	
Anzahl der Personen	Lichte Breite
bis 5	0,875 m
bis 20	1,00 m
bis 200	1,20 m
bis 300	1,80 m

Aktuelle Beschilderung: Grün
Rettung/Hilfe: hier Notausgang nach rechts
(neue Ausführung bestehend aus zwei quadratischen Piktogrammen, Fluchtweg, Sammelstelle)

Rauchwarnmelder (DIN 14676)

In Wohnungen müssen Schlafräume, Kinderzimmer und Flure über die Rettungswege von Aufenthaltsräumen führen, mit jeweils mindestens einem Rauchwarnmelder ausgestattet sein. Pro Wohnung mindestens zwei. Die Rauchmelderpflicht wird in der LBO definiert und gilt spätestens ab 01.01.2016. Wer Rauchmelder in Betrieb genommen hat, sorgt dafür und weist nach, dass jeder Melder mindestens einmal jährlich geprüft worden ist.

Inhaltsverzeichnis

6 TECHNOLOGIE DER BAUSTOFFE

6.1	**Natürliche Gesteine**	**221**
	■ Einteilung	221
	■ Mineralien	221
	■ Eigenschaften	222
6.2	**Künstliche Steine**	**224**
6.2.1	Ziegel und Klinker	224
6.2.2	Kalksandsteine	227
6.2.3	Mauersteine aus Beton / Betonsteine	229
6.2.4	Porenbetonsteine	230
6.2.5	Hüttensteine	230
6.2.6	Gipsplatten	231
6.2.7	Dachsteine und Dachziegel	232
6.3	**Fliesen, Platten und Pflastersteine**	**233**
6.3.1	Keramische Fliesen und Platten	233
6.3.2	Natursteinplatten	234
6.3.3	Betonwerksteinplatten	234
6.3.4	Asphaltplatten	234
6.3.5	Pflastersteine	235
6.3.6	Bordsteine	236
6.3.7	Kanalklinker	236
6.4	**Bindemittel**	**237**
6.4.1	Zemente	237
	■ Übersicht ■ Prüfung	238
6.4.2	Baukalke	240
	■ Übersicht ■ Prüfung	241
6.4.3	Calciumsulfat-Binder	241
6.4.4	Baugipse	242
6.5	**Gesteinskörnungen**	**243**
	■ Begriffe	243
6.5.1	Arten und Anforderungen	244
6.5.2	Eigenschaften und Anforderungen	245
6.5.3	Alkali-Empfindlichkeit von Gesteinskörnungen	246
6.5.4	Kornzusammensetzung für Betone	247
6.5.5	Wasseranspruch	250
6.5.6	Mehlkorngehalt	250
6.6	**Mörtel**	**251**
6.6.1	Mauermörtel	251
6.6.2	Putzmörtel	253
	■ Putzsysteme	254
6.6.3	Estrichmörtel	255
6.6.4	Dünnbettmörtel und Klebstoffe	256
6.6.5	Spezialmörtel	257
6.7	**Beton**	**258**
	■ Begriffe	258
6.7.1	Einteilung des Betons in Klassen	259
6.7.2	Beton nach Expositionsklassen	259
6.7.3	Konsistenzklassen des Frischbetons	261
6.7.4	Druckfestigkeitsklassen des Festbetons	262
6.7.5	Wasserzementwert	262
6.7.6	Feuchtigkeitsklassen und Rohdichteklassen	263
6.7.7	Standardbetonrezepte	263
6.7.8	Betonzusätze	265
6.7.9	Betonzusammensetzung – Mischungsentwurf	266
6.7.10	Betonprüfungen	267
6.7.11	Verantwortlichkeiten	268
6.7.12	Nachbehandlung von Beton	268
6.7.13	Betonüberwachung	269
6.7.14	Transportbeton	270
6.7.15	Betondeckung der Bewehrung	271
6.8	**Stahl, Betonstahl und Baumetalle**	**272**
6.8.1	Eisenwerkstoffe	272
6.8.2	Betonstähle	273
6.8.3	Betonstahlmatten	275
	■ Lager-, Listen-, Vorratsmatten	275
6.8.4	Sondermetalle	277
6.9	**Holz**	**278**
6.9.1	Aufbau des Holzes und Bauholzarten	279
	■ Alte und neue Kurzzeichen	279
	■ Holzfehler	280
6.9.2	Eigenschaften	281
6.9.3	Bauschnittholz und Konstruktionsvollholz	282
	■ Nadelholz	284
	■ Laubholz	285
	■ Konstruktionsvollholz	286
	■ DUO- und TRIO-Balken	287
6.9.4	Holzwerkstoffe	288
	■ Bausperrholz	289
	■ Holzspanwerkstoffe	290
	■ Holzfaserwerkstoffe	291
6.9.5	Holzschutz	293
	■ Holzschädlinge	293
	■ Holzschutzmittel	294
6.10	**Kunststoffe**	**296**
6.11	**Befestigungssysteme**	**298**
6.11.1	Befestigungstechnik	298
6.11.2	Befestigungs-Systemplan	300
6.11.3	Befestigungen am Bauwerk	302
6.12	**Bauglas, Glas**	**304**
6.13	**Ungebundene Schichten im Verkehrswegebau**	**306**
6.14	**Bitumige Stoffe**	**307**
6.14.1	Bitumen	307
6.14.2	Teer und Pech	309
6.14.3	Asphalt	309
6.14.4	Dachpappen, Dachbahnen und Dichtungsbahnen	311
6.15	**Anstrichstoffe**	**312**
6.16	**Gefahrstoffe im Bauwesen**	**314**
	■ Gefahrenpiktogramme	314
	■ Sicherheitskennzeichnung	315
	■ Datensicherheitsblätter	317
	■ Gefahrenhinweise H & R	318
	■ Arbeitsplatzgrenzwerte AGW	318

6 TECHNOLOGIE DER BAUSTOFFE

Literatur und Normen

Vollenschaar, D.: Wendehorst Baustoffkunde, Vieweg und Teubner Verlag

Schättler, Vogel: Baustoffkunde, Buchverlag, Würzburg

Scholz: Baustoffkenntnis, Werner-Verlag, Köln

Pilz u.a.: Technologie der Baustoffe, Technik Verlagsgesellschaft

Enssle: Technologie, Fliesen-, Platten- und Mosaikleger, Handwerk & Technik, Hamburg

Zement-Taschenbuch, Bauverlag, Wiesbaden

Czernin: Zementchemie für Bauingenieure, Bauverlag, Wiesbaden

Betonkalender, Teil I u. II; Bundesverband der Deutschen Zementindustrie

Lohmann, H.: Holz Handbuch, DRW-Verlag, Düsseldorf

DIN	Teile	Titel
		BAUSTEINE
EN 771	1	Mauerziegel
	2	Kalksandsteine
	3	Leicht-, Normalbetonsteine
	4	Porenbetonsteine
	5	Betonwerksteine
	6	Natursteine
20000	viele	Anwendung von Bauprodukten in Bauwerken
105	100,5,6	Mauerziegel
V 106		Kalksandsteine
V 18151	100	Hohlblöcke aus Leichtbeton
V 18153	100	Mauersteine aus Beton
EN 1304		Dachziegel und Formziegel
EN 490		Dach- und Formsteine aus Beton
4160		Ziegel für Decken
18148		Hohlwandplatten aus Leichtbeton
V 18160	1	Abgasanlagen
18151	100	Hohlblöcke aus Leichtbeton
18152	100	Vollsteine und Vollblöcke aus Leichtbeton
18153	100	Mauersteine aus Beton
18162		Wandbauplatten aus Leichtbeton
18163		Wandbauplatten aus Gips
18175		Glasbausteine, zurückgezogen
18180		Gipsplatten, Arten und Anforderungen
18181		Gipsplatten im Hochbau
18184		Gips-Verbundelemente; mit Polystyrol- oder Polyurethan-Hartschaum
V 18500		Betonwerkstein
18515		Außenwandbekleidung
	1, 2	Fassadenbekleidungen aus Naturwerkstein, Betonwerkstein und keramischen Baustoffen
		BINDEMITTEL
1060	1 ... 3	Baukalk
EN 459	1	Baukalke
1164	1, 2, 8	Portland-, Eisenportland-, Hochofen- und Trasszement
	100	Portlandölschieferzement
EN 196	1 ... 7	Prüfverfahren für Zement;
	21	Bestimmung der Festigkeit

DIN	Teile	Titel
EN 197	1	Zement, Zusammensetzung
1168	1 + 2	Baugipse
4208		Anhydritbinder
EN 413	1	Putz- und Mauerbinder
51043		Trass; Anforderungen, Prüfung
		BETON UND MÖRTEL
488	1 ... 6	Betonstahl
EN 206	1	Beton: Festlegungen, Eigenschaften
1045	2	Beton – Festlegung, Eigenschaften
1916		Stahlfaserbeton und Stahlleichtbeton (für Abwasserleitungen und Kanäle)
V 1201		Rohre und Formstücke aus Beton
4219	1 + 2	Leichtbeton und Stahlleichtbeton mit geschlossenem Gefüge
4227	1 + 5	Spannbeton
4164		Poren- und Schaumbeton
4226	100	Gesteinskörnungen für Beton
18540		Abdichten von Außenwandfugen im Hochbau mit Fugendichtstoffen
18550	1 ... 4	Putz; Begriffe und Anforderungen
EN 933	1 ... 9	Prüfverfahren für geometrische Eigenschaften von Gesteinskörnungen
EN 12350		Prüfung von Frischbeton
EN 12390		Prüfung von Festbeton
		GLAS
1259	1, 2	Glas; Glasarten, Glaserzeugnisse
EN 572	1 ... 4	Glas im Bauwesen
		HOLZ
4070	1 + 2	Nadelholz
4071		Ungehobelte Bretter und Bohlen aus Nadelholz; Maße
4072		Gespundete Bretter aus Nadelholz
4074	1	Sortierung von Holz nach Tragfähigkeit, Nadelschnittholz
EN 335	1, 2	Dauerhaftigkeit von Holz und Holzprodukten
68705	1 ... 4	Sperrholz
68750		Holzfaserplatten; poröse und harte
68754	1	Holzfaserplatten; Gütebedingungen Harte und mittelharte Holzfaserplatten
68763		Spanplatten; Flachpressplatten
68764		Spanplatten; Strangpressplatten
1101		Holzwolle-Leichtbauplatten und Mehrschichtbauplatten
52175		Holzschutz; Begriff, Grundlagen
68800	1 ... 3	Holzschutz im Hochbau
EN 336	1	Bauholz für tragende Zwecke
EN 335	1, 2	Dauerhaftigkeit von Holz und Holzprodukten
		KUNSTSTOFFE, BITUMIGE STOFFE
EN 12591		Straßenbaubitumen; Anforderungen
EN 52123		Prüfung von Bitumen- und Polymerbitumenbahnen
EN 13707		Abdichtungsbahnen – Bitumenbahnen mit Trägereinlagen für Dachabdichtungen
EN 13969		Abdichtungsbahnen – Bitumenbahnen für Bauwerksabdichtung gegen Bodenfeuchtigkeit und Wasser
TL Asphalt		Technische Lieferbdingungen für Asphaltmischgut für den Bau von Verkehrsflächenbefestigungen

6 TECHNOLOGIE DER BAUSTOFFE

6.1 Natürliche Gesteine

Einteilung der natürlichen Gesteine

Erstarrungsgesteine oder **magmatische Gesteine** sind aus glutflüssiger Magma in der Tiefe (Tiefengesteine), in Spalten oder Gängen (Ganggesteine) oder an der Erdoberfläche (Ergussgesteine) entstanden. Zu den Erstarrungsgesteinen zählt man auch das aus den Vulkanen herausgeworfene Material (Vulkanauswürfe, Pyroklastite), das sich in der Umgebung der Vulkane abgelagert und eventuell danach verfestigt hat.

Ablagerungs- oder **Sedimentgesteine** sind aus Trümmern anderer Gesteine und nachfolgender Verfestigung (Trümmersedimente) entstanden, aus Lösungen ausgeschieden (chemische Sedimente) oder aus organischen Stoffen, wie Pflanzen- oder Tierresten, aufgebaut (organische Sedimente).

Umwandlungsgesteine oder **metamorphe Gesteine** sind durch Umwandlung infolge von Druck oder Hitze während geologischer Zeiträume aus anderen Gesteinen entstanden.

Gesteinsgruppe	Unterteilung		Gesteinsnamen
Erstarrungs-gesteine	Tiefengesteine		Granit, Syenit, Diorit, Gabbro
	Ganggesteine		Porphyr
	Ergussgesteine		Basalt, Diabas, Rhyolith, Obsidian, Bimsstein
	Vulkanauswürfe		Tuff (Trass), Pyroklastite
Ablagerungs-gesteine	Trümmersedimente		Sandstein, Brekzie, Konglomerat, Grauwacke, Tonstein
	chemische Sedimente		Kalkstein, Dolomit, Gipsstein, Steinsalz, Flint (Feuerstein)
	organische Sedimente		Muschelkalk, Korallenkalk, Kreide, Kohle, Torf
Umwandlungs-gesteine	Ursprungs-gestein	Tiefengesteine (Granit)	Gneis
		Sandstein	Quarzit
		Kalkstein, Dolomit	Marmor
		Tonstein	Schiefer (Glimmerschiefer, Tonschiefer)

Minerale

Die natürlichen Gesteine sind aus unterschiedlichen Mineralen aufgebaut. Minerale sind stofflich einheitliche Bestandteile der Gesteine.

Wichtige gesteinsbildene Minerale und deren Eigenschaften

Mineral	Chemische Formel	Farbe	Dichte g/cm^3	Härte nach Mohs
Quarz	SiO_2	weiß, grau	2,65	7
Orthoklas = roter Feldspat	$K\,Al\,Si_3\,O_8$	rötlich, rot	2,56	6
Plagioklas = heller Feldspat	$Ca\,Al_2\,Si_2\,O_8$; $Na\,Al\,Si_2\,O_8$	grau	2,6 ... 2,7	6
Muskovit = heller Glimmer	$K\,Al_2\,(Al\,Si_3\,O_{10})\,(OH)_2$	silberweiß	2,8 ... 2,9	2,5 ... 3
Biotit = dunkler Glimmer	$K\,(Mg, Fe)_3\,Al\,Si_3\,O_{10}\,(OH)_2$	schwarz	2,8 ... 3,2	2 ... 3
Augit	$Mg\,Si\,O_3$	schwarz	3,3 ... 3,5	6
Hornblende	$(Ca, Na)_2\,(Mg, Fe, Al)_5\,(Si, Al)_8\,O_{22}\,(OH)_2$	schwarz	3,0 ... 3,5	5 ... 6
Olivin	$(Mg, Fe)_2\,Si\,O_4$	dunkelgrün	3,3 ... 3,4	6,5 ... 7
Calcit (Calciumkarbonat)	$Ca\,CO_3$	weiß, grau	2,7	3
Gipsstein	$Ca\,SO_4 \cdot 2\,H_2O$	weiß, grau	2,3	2

Talk	Gips	Calcit	Flussspat	Apatit	Feldspat	Quarz	Topas	Korund	Diamant
1	2	3	4	5	6	7	8	9	10

Mohs'sche Härteskala

6.1 Natürliche Gesteine

Bautechnische Eigenschaften und Verwendung der Gesteine

Gestein	Bestandteile	Gefüge	Farbe	Rohdichte[1] g/cm³
Granit	Feldspat, Quarz und Glimmer	dicht, körnig, Minerale einzeln erkennbar	weißlich grau – rötlich – schwarz gesprenkelt	2,6 … 2,8
Diorit	heller Feldspat, Hornblende, Quarz	dicht, körnig	grau – schwarz gesprenkelt	2,6 … 2,9
Syenit	roter Feldspat, Hornblende, Quarz, dunkler Glimmer	dicht, körnig	dunkelgrau – rötlich – gelblich gesprenkelt	2,6 … 2,8
Gabbro	verschiedene dunkle Minerale, Olivin, heller Feldspat	dicht, körnig	dunkelgrau, schwarz, grünlich	2,8 … 3,1
Porphyr	Feldspat, Quarz, Glimmer	dicht, große Kristalle in feinkristalliner Grundmasse	grau, rot, gelbbraun	2,6 … 2,8
Basalt	verschiedene dunkle Minerale, Plagioklas, Hornblende und Olivin	dicht, feinkörnig	blaugrau, schwarz	2,8 … 3,0
Diabas	wie Basalt, Diabas ist geologisch älter	dicht, fein bis mittelkörnig	dunkelgrau, grünlich	2,8 … 3,0
Bimsstein	unterschiedliche Zusammensetzung	porös, schaumig	grau, braun, schwarz, auch rot	0,2 … 1,3
Tuff (Trass)	unterschiedliche Zusammensetzung	porös	grau, grauschwarz, auch gelblich – weiß	1,3 … 2,0
Sandstein	Quarzkörner mit kalkigem oder tonigem Bindemittel	sandkörnig, geschichtet	hellgrau, braun, rot, gelbbraun	2,0 … 2,6
Grauwacke	Quarz, Feldspat Muskovit und andere Minerale	dicht, körnig	grau, dunkelgrau, (grünlich, rötlich)	2,6 … 2,7
Kalkstein	Calcit $CaCO_3$ und verschiedene Beimengungen	dicht, geschichtet, leicht polierbar	weiß, weißgrau, rötlich, bräunlich	2,4 … 2,8
Travertin	Calcit $CaCO_3$ mit Beimengungen	porös, löchrig	weiß, gelblich, grau, Verfärbungen	2,4 … 2,6
Gipsstein	Gips ($CaSO_4 \cdot 2\,H_2O$) mit Beimengungen	dicht, feinkörnig	grau bis weiß	2,0 … 2,2
Gneis	wie Granit, Syenit oder Diorit	dicht, körnig, gebändert, fleckig	weißlichgrau, rötlich – schwarz	2,6 … 2,9
Marmor	Calcit $CaCO_3$	körnig – kristallin, leicht polierbar	weiß, grau mit streifigen Verfärbungen	2,7 … 2,9
Schiefer (Glimmerschiefer)	Quarz, Muskovit, Biotit und weitere Minerale	schiefrig, glimmerglänzend, leicht spaltbar	hellgrau, dunkelgrau, bläulich	2,5 … 2,7

[1] Die Rohdichte ist der Quotient aus der Masse und dem Volumen einschließlich der vom Gestein umschlossenen Poren.

$$\varrho_R = \frac{m}{V_R}$$

[2] Die Reindichte ist der Quotient aus der Masse und dem Feststoffvolumen (≙ der Dichte).

$$\varrho = \frac{m}{V}$$

6.1 Natürliche Gesteine

Bautechnische Eigenschaften und Verwendung der Gesteine Baustoffe

Reindichte[2] g/cm³	Druckfestigkeit N/mm²	Verwendung	Fundorte in Mitteleuropa	Gestein
2,6 … 2,8	160 … 240	Pflaster-, Bordsteine, Natursteinmauern, Schotter, Betonzuschlag, Werksteine[3]	Harz, Fichtelgebirge, Bayerischer Wald, Spessart, Odenwald, Schwarzwald	Granit
2,7 … 2,9	170 … 300	wie Granit	Odenwald, Hunsrück, Bayerischer Wald	Diorit
2,6 … 2,8	150 … 240	wie Granit	Sachsen	Syenit
2,8 … 3,1	200 … 350	wie Granit	Schwarzwald, Harz, Odenwald	Gabbro
2,6 … 2,8	150 … 240	wie Granit	Erzgebirge, Harz, Sachsen, Thüringer Wald	Porphyr
2,8 … 3,0	250 … 440	Straßen-, Böschungs- und Buhnenpflaster, Schotter	Rhön, Vogelsberg, Eifel, Erzgebirge, Westerwald	Basalt
2,8 … 3,0	180 … 250	wie Basalt	Harz, Thüringen, Sachsen, Westerwald, Fichtelgebirge	Diabas
2,6 … 2,7	5 … 30	Leicht-Mauerwerk, Schleifmittel	Eifel	Bimsstein
2,6 … 2,7	20. … 50	Auskleidungen, Zementherstellung (Trass)	Eifel, Sachsen	Tuff (Trass)
2,6 … 2,7	30 … 180	Fassadensteine, Verblendsteine, Werksteine	Elbsandsteingebirge, Weserbergland, Thüringen, Baden-Württemberg, Pfalz	Sandstein
2,6 … 2,7	150 … 250	Straßenbaustoff, Betonzuschlag	Harz, Weserbergland, Lausitz, Sauerland	Grauwacke
2,7 … 2,9	80 … 150	Rohstoff für Baukalk und Zement, Fassadensteine, Wand- und Bodenplatten	Alpen, Weserbergland, Fränkische u. Schwäbische Alp, Schweizer Jura	Kalkstein
2,7 … 2,9	30 … 80	Werkstein, Verblendungen	Baden-Württemberg, Thüringen	Travertin
≈ 2,3		Rohstoff für Baugips	Südharz, Nordbayern, Thüringen	Gipsstein
2,6 … 2,9	100 … 260	Natursteinmauern, Schotter, Betonzuschlag, Werksteine	Erzgebirge, Böhmerwald, Bayerischer Wald, Odenwald, Vogesen, Zentralalpen	Gneis
2,7 … 2,9	140 … 180	Platten, Verblendsteine, Bildhauergestein	Italien, Erzgebirge	Marmor
2,6 … 2,7	sehr gering	Dachdeckungen, Fassadenbekleidung, Natursteinmauern	Rheinisches Schiefergebirge, Alpen, Thüringen, Riesengebirge, Harz	Schiefer (Glimmerschiefer)

[2] Die Reindichte ist der Quotient aus der Masse und dem Feststoffvolumen (≙ der Dichte).

$$\varrho = \frac{m}{V}$$

[3] Werkstein = bearbeiteter Naturstein

6 TECHNOLOGIE DER BAUSTOFFE

6.2 Künstliche Steine/Mauersteine

6.2.1 Ziegel und Klinker (DIN EN 771-1) Mauerwerksbau ▶ S. 321

Herstellung und Begriffe

Ziegel werden aus einem Gemisch von Lehm, Ton und Sand unter Wasserzugabe geformt, bei ≈ 100 °C getrocknet und bei 900 °C bis 1200 °C gebrannt.

Klinker werden bei Temperaturen bis 1500 °C gebrannt. Dabei schmelzen die Bestandteile zu einer glasartigen Masse (Sinterung).

Wärmedämmziegel mit geringer Scherbenrohdichte bestehen aus einem Rohstoff, dem brennbare Bestandteile (z.B. Sägemehl) zugegeben werden. Nach dem Brennen entstehen Luftporen für eine hohe Wärmedämmung.

U-Ziegel sind Mauerziegel zur Verwendung in
- **u**ngeschütztem Mauerwerk oder
- mit einer Brutto-Trockenrohdichte > 1000 kg/m³ für geschütztes Mauerwerk.

P-Ziegel zur Verwendung im geschützten Mauerwerk, das gegen das Eindringen von Wasser z.B. durch Putzschichten, Verkleidung u.Ä. geschützt ist.

Brutto-(Netto-)Trockenrohdichte

$$\varrho_{\text{Brutto(Netto)}} = \frac{\text{Masse, trocken}}{\text{Brutto-(Netto-)Volumen}}$$

Brutto-(Netto-)Volumen
Volumen errechnet aus Länge, Breite und Höhe abzüglich des Volumens der Lochungen, Löcher, Aussparungen, die mit (nicht mit) Mörtel zu verfüllen sind.

Vollziegel (Mz) haben einen Gesamtlochanteil von ≤ 15 % in der Lagerfläche. Mit Ausnahme von Grifflöchern ist der Einzelquerschnitt der Löcher ≤ 6 cm².

Hochlochziegel haben Löcher senkrecht zur Lagerfläche mit einem Gesamtlochquerschnitt bei HD-Ziegeln von 15 % bis 50 %.

Lochungsarten A, B, C sind Einteilungen hinsichtlich der Einzel-Querschnittsflächen und Abmessungen der Löcher.

Langlochziegel haben Löcher parallel zur Lagerfläche.

Mulde: Vertiefung in der Lagerfläche, die 20 % des Gesamtvolumens des Mauerziegels ($l \times b \times h$) nicht überschreiten darf.

Griffloch: geformtes Loch zur Handhabung des Mauerziegels.

Füllziegel: Mauerziegel mit Lochung zur Verfüllung mit Beton oder Mörtel.

Kammer: Aussparung, die den Mauerstein nicht durchdringt.

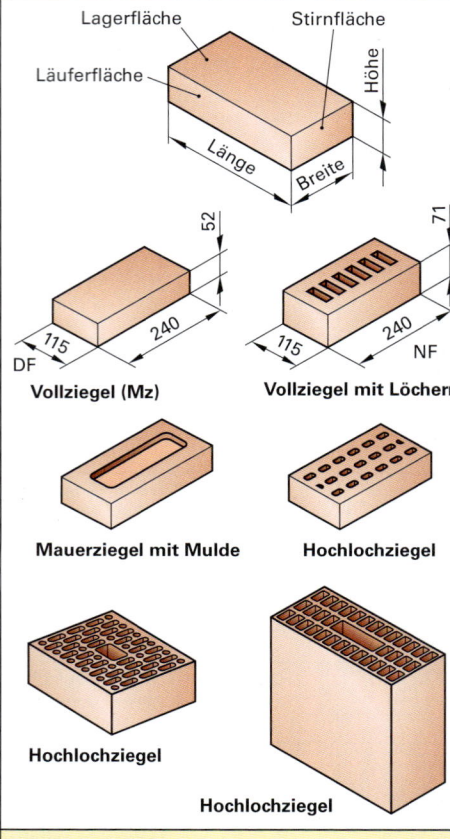

Ziegelarten, Kurzzeichen

Ziegelart	Kurzzeichen	Brutto-Trockenrohdichte kg/dm³
Vollziegel	Mz	1,6 … 2,0
Vormauer-Vollziegel	VMz	1,6 … 2,0
Hochlochziegel	HLz*	1,0 … 1,6
Vormauer-Hochlochz.	VHLz*	1,0 … 1,6
Vollklinker	KMz	1,8 … 2,2
Hochlochklinker	KHLz*	1,0 … 1,8
Keramikvollklinker	KK	1,8 … 2,4
Keramik-Hochlochklinker	KHK	1,6 … 2,2
Wärmedämmziegel	WDz	0,5 … 0,8
Langlochziegel	LLz	0,5 … 1,0

* Hochlochziegel erhalten ggf. zusätzlich entsprechend der Lochungsart die Buchstaben A, B oder C.

6.2 Künstliche Steine/Mauersteine

Steinformate

Format-kurz-zeichen	Maße in mm l	Maße in mm b	Maße in mm h	Maße in am[3]	Wanddicke mm
DF[1]	240	115	52	2 · 1 · 1/2	115/240
NF[2]	240	115	71	2 · 1 · 2/3	115/240
2DF	240	115	113	2 · 1 · 1	115/240
3DF	240	175	113	2 · 1 1/2 · 1	175/240
4DF	240	240	113	2 · 2 · 1	240
5DF	240	300	113	2 · 2 1/2 · 1	240/300
6DF	240	365	113	2 · 3 · 1	240/365
8DF	240	240	238	2 · 2 · 2	240
10DF	240	300	238	2 · 2 1/2 · 2	240/300
12DF	240	365	238	2 · 3 · 2	240/365
14DF	425	240	238	3 1/2 · 2 · 2	240
15DF	365	300	238	3 · 2 1/2 · 2	300/365
16DF	490	240	238	4 · 2 · 2	240
18DF	365	365	238	3 · 3 · 2	365
20DF	490	300	238	4 · 2 1/2 · 2	300
21DF	425	365	238	3 1/2 · 3 · 2	365
24DF	490	365	238	4 · 3 · 2	365

[1] DF Dünnformat
[2] NF Normalformat
[3] am Achtelmeter

Maßtoleranzen für U-Ziegel bezogen auf Mittelwert:
Klasse T1: ± 0,40 · √Sollmaß oder ± 3 mm
Klasse T2: ± 0,25 · √Sollmaß oder ± 2 mm
gesamte Maßspanne:
Klasse R1: 0,6 · √Sollmaß
Klasse R2: 0,3 · √Sollmaß

Druckfestigkeit, Kennzeichnung

Druck-festigkeits-klasse	Kleinster Einzelwert N/mm²	Kennzeichnung der Steine[2]
2	2,0 (2,5)	grün
4	4,0 (5)	blau
6	6,0 (7,5)	rot
8	8,0 (10)	ohne[1]
10	10,0 (12,5)	ohne[1]
12	12,0 (15)	ohne
16	16,0 (20)	ohne
20	20,0 (25)	gelb
28	28,0 (35)	braun
36	36,0 (45)	ein violetter Streifen
48	48,0 (60)	zwei schwarze Streifen
60	60,0 (75)	drei schwarze Streifen

[1] Farbaufdruck der Festigkeitsklasse
[2] Jeder 200. Stein, ab 10 DF jeder 50. Stein oder auf der Verpackung oder auf Beipackzettel

Klammerwert in Rot entspricht der mittl. Druckfestigkeit.

P-Ziegel, LD-Ziegel

(englisch: Low Density) sind Mauerziegel mit niedriger Brutto-Trockenrohdichte für die Verwendung in geschütztem Mauerwerk.
Brutto-Trockenrohdichte <1000 kg/m³

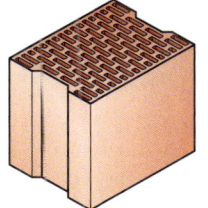
Hochlochziegel mit Mörteltasche

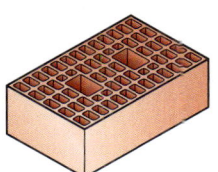
Hochlochziegel mit Grifföffnung

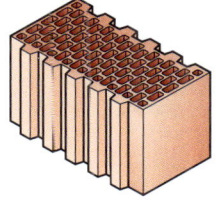
Hochlochziegel mit Nut- und Federsystem

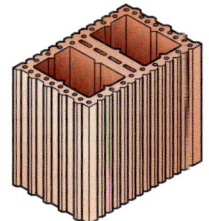
Füllziegel

Langlochziegel

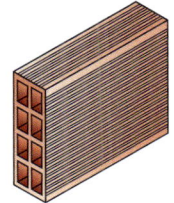
Langlochziegel mit Putzrillen

Langlochziegel mit Mörteltaschen

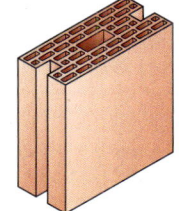
Mauertafelziegel

Hinweis: Die DIN EN 771-1 „Festlegung für Mauersteine – Teil 1: Mauerziegel" enthält nur die Anforderungen für Mauerziegel.

6.2 Künstliche Steine/Mauersteine

CE-Kennzeichnung

Nach der europäischen Norm (DIN EN 771-1) hat der Hersteller ein System der werkseigenen Produktionskontrolle einzurichten. Bei Einhalten der Bedingungen darf das Produkt das **CE-Zeichen** tragen. Das CE-Zeichen soll folgende Angaben enthalten:

- Name, Anschrift, eventuell Bildzeichen des Herstellers
- Nummer der europäischen Norm, für Ziegel EN 771-1
- Art des Produkts, z.B. U-Mauerziegel der Kategorie I
- Grenzabmaße oder Maßtoleranzen, z.B. Klasse R1, R2, T1 oder T2
- Qualitätsniveau:
  Kategorie I: Wahrscheinlichkeit des Nichterreichens der Druckfestigkeit ≤ 5 %
  Kategorie II: Mauerziegel, die das Vertrauensniveau der Kategorie I nicht erreichen
- Weitere Angaben, z.B. Feuchtedehnung mm/m, Gehalt an löslichen Salzen, Wasserdampfdiffusions-Koeffizient, Brutto-Trockenrohdichte, Wärmeleitfähigkeit, Frostwiderstand
- Jahreszahl, z.B. 18 für 2018
- Soll-Abmessungen
- Mittlere Druckfestigkeit

Bezeichnung der Ziegel

Nach der DIN 105 werden die Ziegel mittels Kurzzeichen, Druckfestigkeitsklasse, Rohdichte und Format bezeichnet. Die Restnorm DIN 105-100 ergänzt die europäische Norm so, dass die bisherige Nutzung der Mauerwerksbaustoffe uneingeschränkt möglich ist.

Beispiel

Ziegel DIN 105 – Mz 12 – 1,8 – DF
Vollziegel (Mz) der Druckfestigkeitsklasse 12, der Rohdichteklasse 1,8, der Länge 240 mm, der Breite 115 mm und der Höhe 52 mm ≙ DF
Klinker DIN 105 – KHLz A 20 – 1,4 – 8DF
Hochlochklinker (KHLz) der Lochungsart A mit der Druckfestigkeitsklasse 20, der Rohdichteklasse 1,4, mit der Länge 240 mm, der Breite 240 mm und der Höhe 238 mm ≙ 8DF

Mauertafelziegel

Mauertafelziegel (T) haben Lochkanäle (Länge 50 mm bis 90 mm; Breite 30 mm bis 60 mm, Querschnitt max. 50 cm²) oder Aussparungen. Übliche Steinlängen: 24,7 cm; 30,7 cm; 37,2 cm und 49,7 cm. Die Steine sind so zu vermauern, dass sich senkrechte Lochkanäle ergeben, die als Vergusskanäle dienen. Abbildung ▶ Vorseite.

Ziegelflachstürze

Flachstürze sind auf Biegung beanspruchte Bauteile.

Ziegelflachstürze bestehen aus einem vorgefertigten, bewehrten Zuggurt und erlangen im Zusammenwirken mit einer Druckzone aus Mauerwerk ihre Tragfähigkeit. Die Schalenbreite ist 11,5 cm bzw. 17,5 cm; die Schalenhöhe 7,1 cm (= Schichthöhe) und die Längen ≤ 3,00 m.

Damit der Sturz die statischen Aufgaben erfüllen kann, sind die Fertigteilenden mindestens 11,5 cm im Auflagerbereich satt im Mörtelbett einzubauen.

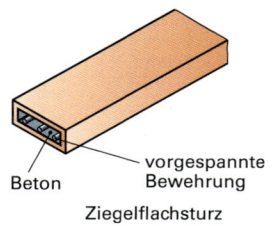

Ziegelflachsturz

Ziegel-U-Schalen

Sie werden schlaff bewehrt und mit Beton C20/25 gefüllt. Ziegel-U-Schalen dienen als verlorene Schalung für einen Stahlbetonbalken oder für einen Ringbalken.

Übliche Breiten: 11,5 cm; 17,5 cm; 24,0 cm;
                 30,0 cm; 36,5 cm
Übliche Höhe: 23,8 cm   Übliche Länge: 25,0 cm

Ziegel-U-Schalen sind aus dem gleichen Material hergestellt wie die Normalsteine. Sie sind mit und ohne Wärmedämmung lieferbar.

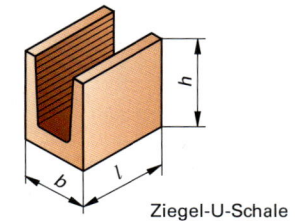

Ziegel-U-Schale

6.2 Künstliche Steine/Mauersteine

6.2.2 Kalksandsteine (DIN EN 771-2)

Herstellung und Begriffe

Für die Herstellung von Kalksandsteinen werden Sand und Branntkalk (CaO) im Massenverhältnis 12 : 1 mit Wasser gemischt, zu Rohlingen gepresst und im Härtekessel unter Dampfdruck von 16 bar bei einer Temperatur von 200 °C innerhalb von 5 bis 8 Stunden gehärtet.

Kalksandsteine sind nach DIN EN 771-2 unterteilt. Die Restnorm DIN V 106 ergänzt die europäische Norm so, dass die bisherige Nutzung der Mauerwerksbaustoffe uneingeschränkt möglich ist.

- Die Formate der üblichen Kalksandsteine entsprechen denen der Ziegel. ▶ S. 225.

Kalksand-Vollsteine (KS) haben keine Löcher oder einen Lochanteil < 15 % senkrecht zur Lagerfläche.
Außer von Grifföffnungen sind die Steine 5-seitig geschlossen. Steinhöhe ≤ 113 mm.

Kalksand-Lochsteine (KS L) haben einen Lochanteil zwischen 15 % und 50 %. Die obere Lagerfläche ist mit Ausnahme von Grifföffnungen geschlossen. Steinhöhe ≤ 113 mm.

Kalksand-Blocksteine (KS) haben die gleichen Eigenschaften wie Vollsteine. Die Steinhöhe ist jedoch > 113 mm.

Kalksand-Hohlblocksteine (KS L) haben die gleichen Eigenschaften wie Lochsteine. Die Steinhöhe ist jedoch > 113 mm.

Kalksand-Vormauersteine (KS Vm) haben mindestens die Druckfestigkeitsklasse 10 und den Nachweis des Frostwiderstandes erbracht.

Kalksand-Verblender (KS Vb) haben mindestens die Druckfestigkeitsklasse 16 und haben höhere Anforderungen hinsichtlich der Grenzabmaße und des Frostwiderstandes als Vormauersteine.

Plansteine (KS-R-Plansteine) haben erhöhte Anforderungen an die Grenzabmaße der Höhe sowie der Planparallelität und eignen sich für Dünnbettmörtel.

Planelemente (KS XL-PE oder KS XL-RE) sind großformatige Vollsteine mit einer Höhe von > 249 mm und einer Länge von ≥ 498 mm, deren Querschnitt durch Lochung bis 15 % der Lagerfläche gemindert sein kann. Sie müssen hinsichtlich der Maßhaltigkeit für Dünnbettmörtel geeignet sein.

Bauplatten (KS-BP) für nichttragende innere Wände haben ein umlaufendes Nut-Feder-System.
Übliche Abmessungen: l = 498 mm
b = 50 mm oder 70 mm
h = 249 mm

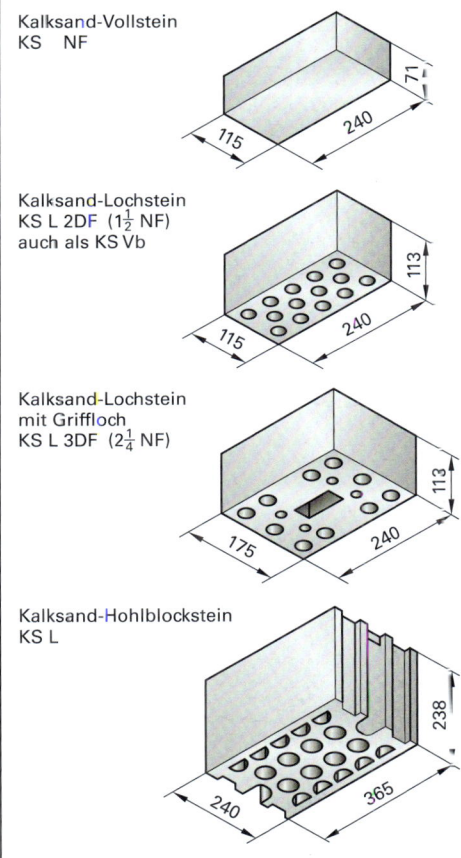

Kalksand-Vollstein
KS NF

Kalksand-Lochstein
KS L 2DF ($1\frac{1}{2}$ NF)
auch als KS Vb

Kalksand-Lochstein mit Griffloch
KS L 3DF ($2\frac{1}{4}$ NF)

Kalksand-Hohlblockstein
KS L

Druckfestigkeit, Kennzeichnung

Druck-festigkeits-klasse	Kennzeichnung außenliegender Steine oder auf Verpackung oder Begleitzettel
4	Stempelaufdruck oder blau
6	Stempelaufdruck oder rot
8	Stempelaufdruck oder rot
10	Stempelaufdruck oder grün
12	keine Kennzeichnung erforderlich
16	Stempelaufdruck oder 2 grüne Streifen
20	Stempelaufdruck oder gelb
28	Stempelaufdruck oder braun
36	Stempelaufdruck oder violett
48	Stempelaufdruck oder 2 schwarze Streifen
60	Stempelaufdruck oder 3 schwarze Streifen

6.2 Künstliche Steine/Mauersteine

Formate von Planelementen (KS-XL-PE) und Rasterelementen (KS-XL-RE)

KS-XL sind großformatige Kalksandsteine, die mit Schichthöhen von 50 cm bzw. 62,5 cm geliefert werden. Die Länge der Regelelemente beträgt je nach System 50 cm (KS-XL-RE) oder 100 cm (KS-XL-PE).	Länge (mm)	(248), (373), 498, 623, 898, 998
	Breite (mm)	100*, 115, 120, 150, 175, 200, 240, 300, 365
	Höhe (mm)	498, 598, 623
	* nur für nichttragende Wände	

Grenzabmaße, Maßtoleranzen in mm

Maß		Steine für Normal- und Leichtmörtel		Steine für Dünnbettmörtel	
Höhe:	Mittelwert der Probe	Sollhöhe	± 2 mm	Sollhöhe	± 1 mm
Länge:	Mittelwert der Probe	Solllänge	± 2 mm	Solllänge	± 2 mm
Breite:	Mittelwert der Probe	Sollbreite	± 2 mm	Sollbreite	± 2 mm
Höhe:	Einzelwert der Probe	Mittelwert	± 2 mm	Sollhöhe	± 1 mm
Länge:	Einzelwert der Probe	Mittelwert	± 2 mm	Solllänge	± 3 mm
Breite:	Einzelwert der Probe	Mittelwert	± 2 mm	Sollbreite	± 3 mm

Bezeichnung der Kalksandsteine

Steinart	Kurzzeichen	Beispiel für Bezeichnungen
Vollsteine, Blocksteine	KS	Kalksandstein DIN 106 – KS L 12 – 1,2 – 2 DF
Lochsteine, Hohlblocksteine	KS L	Kalksandstein mit > 15 % Lochflächenanteil, mit der Druckfestigkeitsklasse 12, mit der Rohdichteklasse 1,2, mit der Länge 240 mm, der Breite 115 mm, der Höhe 113 mm ≙ 2 DF
Vormauersteine	KS Vm	
Verblender	KS Vb	
Plansteine	KS P	
Planelemente		
ohne Längsnut, ohne Lochung	KS XL	Kalksandstein DIN 106 – KS L-R P 12 – 1,2 – 248 x 240 x 248
mit Längsnut, ohne Lochung	KS XL-N	
ohne Längsnut, mit Lochung	KS XL-E	Kalksandstein mit > 15 % Lochflächenanteil, mit Nut- und Feder-System an den Stirnseiten (R) als Plansteine (P), mit der Druckfestigkeitsklasse 12, mit der Rohdichteklasse 1,2, mit der Länge 248 mm, der Breite 240 mm und der Höhe 248 mm ≙ 8 DF
Fasensteine	KS F	
Bauplatten	KS BP	
Nut- und Feder-System an der Stirnseite	-R	

Formsteine

Kalksand-U-Schalen-Steine
Kalksand-U-Schalen werden als Schalungssteine für Stürze und Ringbalken verwendet. Sie erhalten eine schlaffe Bewehrung und werden mit Beton gefüllt.

Formsteine haben eine nicht nur durch Rechtecke begrenzte Form. Sie dienen als Verblender mit schrägen oder runden Ecken.

Abmessungen (l/b/h)		
115/115/240	240/115/240	240/150/240
115/175/175	240/200/240	240/240/240
115/240/240	240/300/240	240/365/240

Kalksand-Flachstürze
KS-Flachstürze sind Fertigteile für die Herstellung von Öffnungen im Verblendmauerwerk. Eine außen offene Fuge ermöglicht eine einheitliche Verfugung.

Sturzbreite mm	Sturzhöhe mm	Länge mm
115	71	1000
175		bis
115		3000
150		in 250 mm
175	113	Schritten
240		

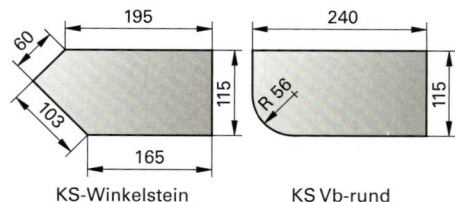

KS-Winkelstein   KS Vb-rund

2DF   U-Schalen

6.2 Künstliche Steine / Mauersteine

6.2.3 Mauersteine aus Beton/Betonsteine (DIN EN 771-3)

Mauersteine aus Beton bestehen aus dichten oder porigen Gesteinskörnungen und Zement als Bindemittel. Sie werden unterteilt in:

Begriffe/DIN	Kurzzeichen	Begriffsfestlegung
Vollstein V 18153-100	Vn	Mauerstein aus Beton ohne Kammern für Normalmörtel, Sollhöhe von 52 mm bis 240 mm, Vollstein (Vn), Vormauerstein (Vm)
Vollblock V 18153-100	Vbn	Mauerstein aus Beton ohne Kammern für Normalmörtel, Sollhöhe ≤ 238 mm, Vollblock (Vbn), Vormauerblock (Vmb)
Hohlblock V 18153-100	Hbn	fünfseitig geschlossener Mauerstein aus Beton mit Kammern senkrecht zur Lagerfläche, Sollhöhe ≤ 238 mm
Hohlblock V 18151-100	Hbl	fünfseitig geschlossener Mauerstein aus Leichtbeton mit Kammern senkrecht zur Lagerfläche, Sollhöhe ≤ 238 mm, Vermauerung in Normal- oder Leichtmauermörtel
Plan-Hohlblock V 18151-100	Hbl-P	fünfseitig geschlossener Mauerstein aus Leichtbeton mit Kammern senkrecht zur Lagerfläche, Sollhöhe ≤ 249 mm, Vermauerung in Dünnbettmörtel

n Beton (Normalbeton),   l Leichtbeton

Außenmaße der Hohlblöcke in mm

Form	Formatkurzzeichen	Systemlänge	Breite ± 3 mm	Höhe Hbl ± 4 mm	Höhe Hbl-P ± 1 mm
1 K Hbl	10 DF	500	150		
1 K Hbl	9 DF	375	175		
2 K Hbl	12 DF	500	175		
2 K Hbl	14 DF	500	200		
2 K Hbl	8 DF	250			
3 K Hbl	12 DF	375	240		
4 K Hbl	16 DF	500			
2 K Hbl	10 DF	250		238	238 oder 248
3 K Hbl	15 DF	375	300		
4 K Hbl	20 DF	500			
5 K Hbl	20 DF	500			
3 K Hbl	12 DF	250			
4 K Hbl	18 DF	375	365		
5 K Hbl	24 DF	500			
6 K Hbl	24 DF	500			
5 K Hbl	14 DF	250	425		
6 K Hbl	16 DF	250	490		

Druckfestigkeitsklasse, Kennzeichnung

Druckfestigkeitsklasse	Druckfestigkeit		Kennzeichnung[1]	
	Mittelwert N/mm²	Mindestwert N/mm²	Anzahl der Nuten	Farbkennzeichnung
2	2,5	2,0	–	grün
4	5,0	4,0	1	blau
6	7,5	6,0	2	rot
8	10,0	8,0	–	„8" in schwarz
12	15,0	12,0	3	schwarz

[1] Jede Lieferung, jeder 50. Stein entweder Nuten oder Farbkennzeichnung.

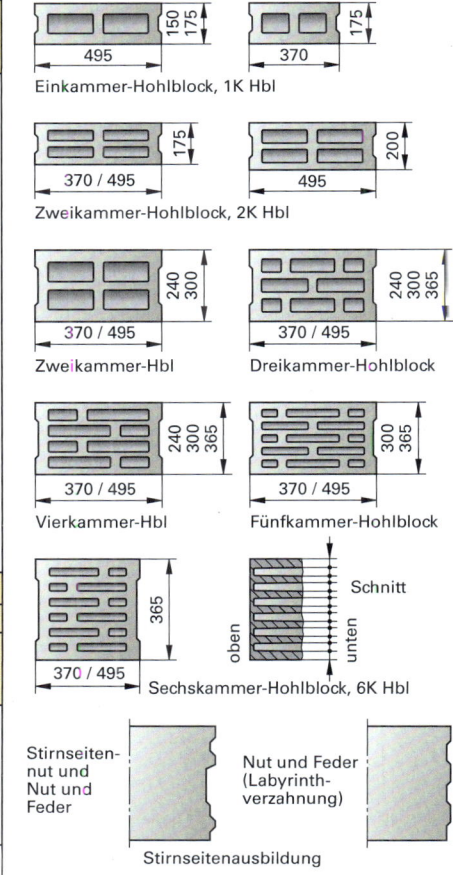

Einkammer-Hohlblock, 1K Hbl
Zweikammer-Hohlblock, 2K Hbl
Zweikammer-Hbl
Dreikammer-Hohlblock
Vierkammer-Hbl
Fünfkammer-Hohlblock
Sechskammer-Hohlblock, 6K Hbl

Stirnseitennut und Nut und Feder
Nut und Feder (Labyrinthverzahnung)
Stirnseitenausbildung

6.2 Künstliche Steine/Mauersteine

6.2.4 Porenbetonsteine (DIN EN 771-4)

Herstellung und Begriffe

Porenbetonsteine werden aus feingemahlenen oder feinkörnigen kieselsandhaltigen Stoffen (z.B. Sand) mit Zement oder Kalk als Bindemittel, Wasser und porenbildenden Zusatzmitteln (z.B. auf Aluminiumbasis) hergestellt und unter Dampfdruck gehärtet. Infolge dieser Poren beträgt die Rohdichte nur 0,3 kg/dm³ … 1,0 kg/dm³ und die Wärmeleitfähigkeit $\lambda = 0{,}2$ W/(m·K).

Planstein PP	Quaderförmiger Vollstein, eventuell mit Griffhilfen oder Hantierlöchern, für Dünnbettmörtel; Steinhöhe ≤ 249 mm
Planelement PPE	Quaderförmiger Vollstein, eventuell mit Griffhilfen oder Hantierlöchern, für Dünnbettmörtel; Steinhöhe > 249 mm, Länge ≥ 499 mm
Blockstein	Großformatiger Vollstein, der in Normal- oder Leichtmauermörtel zu versetzen ist (Die Anwendung dieser Steine geht zurück.)
Bauplatte	Porenbetonstein für nichttragende innere Trennwände mit erhöhten Anforderungen hinsichtlich der Grenzabmaße

Druckfestigkeits-, Rohdichteklassen, Kennzeichnung / Formate/Maße

Druckfestig-keitsklasse-Farbkenn-zeichnung	Druckfestigkeit N/mm²		Roh-dichte-klasse	Mittlere Rohdichte kg/dm³		Länge mm	Breite mm	Höhe mm
	Mittelwert minimal	kleinster Einzelwert						
2 grün	2,5	2,0	0,35 0,40 0,45 0,50	> 0,30 bis 0,35 > 0,35 bis 0,40 > 0,40 bis 0,45 > 0,45 bis 0,50	Porenbeton-Plansteine	249 499	115 120 125 150	124
4 blau	5,0	4,0	0,55 0,60 0,65 0,70 0,80	> 0,50 bis 0,55 > 0,55 bis 0,60 > 0,60 bis 0,65 > 0,65 bis 0,70 > 0,70 bis 0,80		624 499	175 200 240	249 374
6 rot	7,5	6,0	0,65 0,70 0,80	> 0,60 bis 0,65 > 0,65 bis 0,70 > 0,70 bis 0,80	Porenbeton-Planelemente	999	250 300 365	
8 keine[1]	10,0	8,0	0,80 0,90 1,00	> 0,70 bis 0,80 > 0,80 bis 0,90 > 0,90 bis 1,00		1499	375 400 500	624

[1] Keine Farbkennzeichnung – dafür Aufstempelung von Festigkeits- und Rohdichteklassen.

Beispiel Bezeichnung

Porenbeton – Planstein PP2 – 0,45 – 499 x 249 x 249

Porenbeton-Planstein zur Vermauerung mit Dünnbettmörtel, Festigkeitsklasse 2, Rohdichteklasse 0,45, Steinlänge 499 mm, Steinbreite 240 mm, Steinhöhe 249 mm

6.2.5 Hüttensteine

Hüttensteine werden aus schnell gekühlter, granulierter Hochofenschlacke (Hüttensand) und Bindemitteln (Kalk, Zement) hergestellt. Die Rohstoffe werden unter Wasserzugabe gemischt, in Formen gepresst und – je nach dem verwendeten Bindemittel – an der Luft, unter Dampf oder kohlendioxidhaltigem Gas gehärtet. Die Formate und Druckfestigkeiten entsprechen denen von Kalksandsteinen. Das Kurzzeichen von Hüttensteinen ist HS. Hüttensteine gibt es als HSV (Hütten-Vollsteine), HSL (Hütten-Lochsteine) und HHbl (Hütten-Hohlblocksteine).

Eigenschaften von Hüttensteinen

Rohdichte	Druckfestigkeit	Wärmeleitzahl λ
1,0 kg/dm³ … 2,0 kg/dm³	7,5 N/mm² … 35 N/mm²	0,58 W/(m·K) … 0,76 W/(m·K)

6.2 Künstliche Steine

6.2.6 Gipsplatten (Wandbauplatten) (DIN 18180 und DIN EN 520)

Gipsplatten (DIN EN 520)

Typ A	Standard-Gipsplatte
Typ D	Gipsplatte: Dichte ≥ 800 kg/m³
Typ F	Gipsplatte mit verbessertem Gefügezusammenhalt im Brandfall
Typ H	Gipsplatte mit reduzierter Wasseraufnahmefähigkeit (H1 – max. 2,5 % der Trockenmasse, H2 – max. 5 % und H3 – keine Anforderungen)
Typ I	Gipsplatte mit erhöhter Oberflächenhärte
Typ R	Gipsplatte mit erhöhter Biegezugfestigkeit
Typ E	Gipsplatte für die Beplankung von Außenwandelementen

Gegenüberstellung

DIN EN 520	DIN 18180	Kartonfarbe	Aufdruckfarbe
Typ A	GBK	weiß bis gelblich	blau
Typ DF	GKF		rot
Typ H2	GKBI	grünlich	blau
Typ DFH2	GKFI		rot
Typ P	GKP	grau	blau

Mit DIN EN 520 wird das **Brandverhalten** nach DIN EN 13501-1 klassifiziert. In der Regel nicht brennbar: **A2-s1, d0**

A2 nicht brennbar, s1 kein Rauch, d0 kein brennendes Abfallen/Abtropfen

Gipsplatten sind ebene rechteckige Platten, die aus einem Gipskern und einer daran fest haftenden Ummantelung aus festem widerstandsfähigem Karton bestehen. Die Oberfläche kann variieren, der Kern Zusätze enthalten.

Abmessungen (DIN 18 180)

Dicke (mm)	Breite (mm)	Länge (mm)
9,5	1250	2000; 2250;
12,5	(Sonderbreite	2500; 2750;
15,0	1200)	3000; 3500;
18,0		3750; 4000
20,0	600	2500; 2750;
25,0	und 625	3000; 3250; 3500
9,5	400	1500; 2000

Die Verlegung der Gipsplatten erfolgt auf:
senkrechten Bauteilen
- ohne Unterkonstruktion als Wand-Trocken-Putz im Klebeverfahren mit Ansetzgips
- als Wandsysteme auf Metall- oder Holzständerwänden, verschraubt

waagerechten Bauteilen
- als Deckensysteme auf Metall- oder Holzkonstruktionen planeben und schwingungsfrei, verschraubt

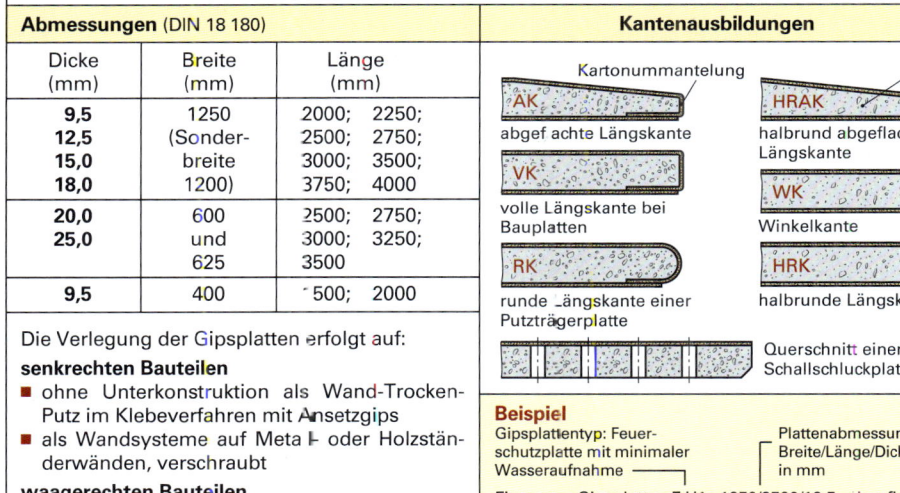

Kantenausbildungen

- AK: abgeflachte Längskante
- VK: volle Längskante bei Bauplatten
- RK: runde Längskante einer Putzträgerplatte
- HRAK: halbrund abgeflachte Längskante
- WK: Winkelkante
- HRK: halbrunde Längskante

Querschnitt einer Schallschluckplatte

Beispiel
Gipsplattentyp: Feuerschutzplatte mit minimaler Wasseraufnahme
Plattenabmessungen: Breite/Länge/Dicke in mm

Firma xy Gipsplatte F H1 1250/2500/12,5 abgeflachte Kante
Werk z DIN EN 520

Plattenbezeichnung — Plattennorm — Kantenausbildung

Wandbauplatten aus Gips (DIN EN 12859)

Wände aus großformatigen Wandbauplatten sind äußerst brandsicher (10 cm dicke Platten sind hoch feuerbeständig (F 180)), ausreichend schalldämmend und durch Zugabe von Bariumsulfat strahlensicher.

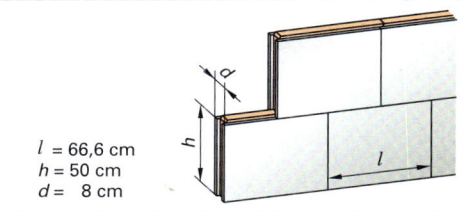

l = 66,6 cm
h = 50 cm
d = 8 cm

Plattenmaße in cm			Plattenrohdichten in kg/dm³		
			0,7	0,9	1,2
l	h	d	Wandgewicht in kg/m²		
66,6	50	6	42	54	72
66,6	50	8	56	72	96
66,6	50	10	70	90	–

6.2 Künstliche Steine

6.2.7 Dachsteine und Dachziegel

Für die Dachdeckung gibt es Pfannen in verschiedenen Formen. Die Formen, die Ausbildung und die Anordnung von Falzen sowie die Art der Oberlappung erfordern eine auf die jeweilige Pfanne abgestimmte Verlegeart. Hinsichtlich der Materialien unterscheidet man Dachziegel, Dachsteine aus Beton sowie Faserzementplatten.
Alle Materialien müssen frostbeständig sein.

Dachziegel/Dachsteine/Dachpfannen Für alle Produkte sind die Angaben der Hersteller zu beachten.			Baustoffbedarf Stück/m^2	Deckbreite mm	Dachlast mit Latten kN/m^2	Regeldachneigung
Frankfurter Pfanne Dachstein mit symmetrischer Mittelwulst [1] mit Unterdach [2] ohne Vermörtelung	Dachziegel mit Falze		10	300	0,50 ... 0,55[2]	≥ 22° (> 10°)[1]
Doppel-S-Pfanne (Hohlpfanne) Dachstein mit unsymmetrischer Mittelwulst [1] mit Unterdach [2] ohne Vermörtelung			10	300	0,50 ... 0,55[2]	≥ 22° (> 10°)[1]
Doppelfalzziegel (Reformfalzziegel) Größe 25 cm × 42 cm [1] mit Unterdach [2] ohne Vermörtelung		Draufsicht	15		0,55[2]	≥ 30° (> 10°)[1]
Mönch und Nonne (Ziegel) Größe 11 cm × 40 cm 21 cm × 40 cm [1] mit Unterdach [2] ohne Vermörtelung					0,90[3]	≥ 40° (> 10°)[1]
Hohlpfanne (Ziegel) Größe 23 cm × 40 cm [1] mit Unterdach [2] ohne Vermörtelung	Dachziegel ohne Falze	Draufsicht Verlegung	15 ... 16		0,45	≥ 35° (> 10°)[1]
Biberschwanzziegel (auch als Dachstein) Format 17 cm × 42 cm 18 cm × 38 cm 15,5 cm × 36,5 cm [2] ohne Vermörtelung		Draufsicht	30 ... 35	**Dachziegel für rechten Ortgang** Dachsystemteil für eine fachgerechte Abdeckung des Ortganges. Mit rechtem oder linken Lappen. Deckt eine Konstruktionshöhe von 4 cm bis 8 cm ab.	0,60[2]	≥ 30°

Eigenlasten, Dachmaterialien ▶ S. 100
Lattweite, Planungsgrundlagen ▶ S. 398 f.

6 TECHNOLOGIE DER BAUSTOFFE

6.3 Fliesen, Platten und Pflastersteine

6.3.1 Keramische Fliesen und Platten

Als Platten werden alle mineralischen Baustoffe bezeichnet, die als Belag für Wände und Böden dienen. Der Begriff Fliese bedeutet ursprünglich kleine Steinplatte (von vliese, mittelniederdeutsch). Die Benennung der Plattenformate richtet sich nach ihren Abmessungen:

- **Fliesen** sind rechteckige Platten mit genormten Abmessungen (alt: Ansichtsfläche ≥ 90 cm^2).
- **Mosaiken** sind kleinformatige, vieleckige oder runde Platten mit einer Ansichtsfläche < 90 cm^2.
- **Riemchen** sind Rechteckplatten mit einem Kantenverhältnis von mindestens 1 : 3 und einer Ansichtsfläche > 90 cm^2.
- **Formplatten** sind speziell profilierte Platten für Sockel, Rinnen usw.

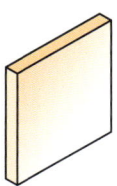 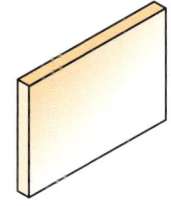 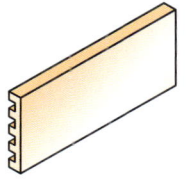 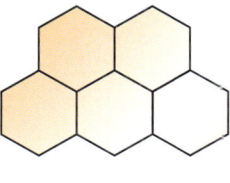

Quadrat, z.B. 15 x 15 / 0,55   Rechteck, z.B. 30 x 15 / 1,2   Sechseckformat
Rechteckformate   **Riemchenformat**   **Mosaikformate** ($A < 90$ cm^2)

Fliesen und Platten bestehen aus Ton und anorganischen Rohstoffen. Sie werden i.d.R. durch Strangpressen (Verfahren A = Gruppe A) oder Trockenpressen (Verfahren B = Gruppe B) geformt und nachfolgend gebrannt. Ihre Unterteilung erfolgt weiter nach der Wasseraufnahme (vgl. Tabelle), für die unterschiedliche Anforderungen gelten. Porzellankeramikfliesen haben Wasseraufnahmen von höchstens 0,5 %.

Als Glasur wird eine gesinterte Deckschicht bezeichnet. Engobierte Oberflächen sind besondere Deckschichten auf Tonbasis.

Klassifizierung (DIN EN 14411)

	Wasseraufnahme E_b					Verlegeart
	< 0,5 %	0,5 % ... 3 %	3 % ... 6 %	6 % ... 10 %	> 10 %	Wandbekleidung Dickbettmörtel $d \approx 15$ mm Mischungsverhältnis 1:4
Stranggepresste Fliesen und Platten	AI$_a$	AII$_a$	AII$_{a-1}$ oder AII$_{a-2}$	AII$_{b-1}$ oder AII$_{b-2}$	AIII	
						Bodenbeläge Dünnbettmörtel $d = 2$ mm bis 4 mm
Trockengepresste Fliesen und Platten	BI$_a$	BI$_b$	BII$_{a-1}$	BII$_{b-1}$	BIII	
Die Fußzeiger unterteilen Fliesen mit verschiedenen Produkteigenschaften. Die häufigsten Fliesen gehören zum Produkt AII$_{a-1}$. **Dünnbettmörtel** ▶ S. 256						Direkt auf der Wärmedämmung Dickbettmörtel $d \approx 50$ mm

Verwendung und Herstellung

Bezeichnung	Gruppe	Verwendung	Herstellung
Steingutfliesen (STG) weißer Scherben, glasiert	B III	Wand- und Bodenbeläge im Innenbereich	Brennen unterhalb der Sintergrenze ($\vartheta < 1150$ °C)
Irdengutfliesen (IG) farbiger Scherben, glasiert	B III	nicht frostbeständig	Porenvolumen > 20 %
Steinzeugfliesen unglasiert / Steinzeugplatten glasiert (STZ)	B I	Innen- und Außenbereich Beanspruchungsgruppen I leicht bis IV stärker (z.B. Schulen)	Brenntemperatur $\vartheta > 1100$ °C Glasfluss durch hohen Feldspatanteil, porenarm
Keramische unglasiert / Spaltplatten glasiert	A I A II a	Innen- und Außenbereich paarweise Herstellung	Strangpressen
Bodenklinkerplatten unglasiert	(DIN 18158)	Bodenbeläge innen und außen	wie Klinker ▶ S. 224

6.3 Fliesen, Platten und Pflastersteine

Abmessungen der Fliesen

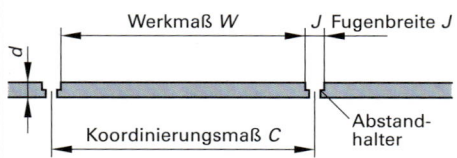

Nennmaß $C = W + J$

für modulare Fliesen, d.h. Fliesen mit Breiten von 100 mm sowie Teilen oder Vielfachen dieses Modulmaßes

Plattendicke d üblicherweise 5 mm bis 18 mm

Modulare Vorzugsmaße
(+ Vorzugsmaß, − kein Vorzugsmaß)

Koordinierungs-maß C cm × cm	Spaltplatten A I	A II a	Fliesen und Platten B I	B II a/b	B III
M 30 × 30	+	+	+	+	+
M 30 × 15	+	+	−	−	+
M 25 × 25	+	+	−	−	+
M 25 × 12,5	+	+	−	−	−
M 25 × 6,25	+	+	−	−	−
M 20 × 20	−	+	+	+	+
M 20 × 15	−	−	+	+	+
M 20 × 10	+	+	+	+	+
M 20 × 5	+	+	−	−	−
M 15 × 15	−	+	+	−	+
M 15 × 7,5	−	−	−	−	+
M 15 × 5	+	−	−	+	−
M 10 × 10	+	+	−	+	−

Vorzugsmaße der Bodenklinkerplatten nach DIN 18158

Koordinierungs-maße C in mm	Werkmaße W in mm		
	Breite b	Länge a	Dicke d
300 × 300	290	290	10, 15, 20, 25, 30, 35 oder 40
250 × 250	240	240	
125 × 250	115	240	
200 × 200	194	194	
100 × 200	94	194	

glatt   genarbt

Bodenklinker-platten

6.3.2 Natursteinplatten

Von den natürlich gewachsenen Gesteinen ▶ S. 221 werden hauptsächlich Granit, Sandstein, Kalkstein (Travertin) und Marmor verwendet. Die bearbeiteten Natursteinplatten nennt man **Naturwerkstein**. Die Plattenoberflächen werden glatt poliert bis rau behauen angeboten (nach DIN EN 1341).

Formate: 15 cm/15 cm bis 100 cm/100 cm oder als Bahnenbeläge bis 20 cm/60 cm oder als polygone Formen. Dicken von 1 cm bis 8 cm.

6.3.3 Betonwerksteinplatten

Betonwerkstein nach **DIN 18500** ist ein Kunststein aus Beton, der besondere Zuschläge und/oder Farbstoffe enthalten kann. Die Platten werden unter hohem Druck gepresst oder in Schalungen betoniert oder aus Blockbeton gesägt. Die Platten werden ein- oder zweischichtig, bewehrt oder unbewehrt hergestellt. Die Plattenoberfläche kann werksteinmäßig behandelt oder ausgewaschen (Waschbetonplatten) sein. Zweischichtige Platten, die gleichkörnigen, farbigen Natursteinsplitt enthalten, nennt man **Terrazzo**.

Abmessungen für Betonwerksteinplatten

Material	Nennmaße, Länge/Breite/Dicke in cm						
Betonwerkstein	15/15/2	20/20/2	25/25/2	30/30/3	40/40/5	50/50/5 und größer	DIN 18500
Gehwegplatten	30/30/4	35/35/5	40/40/5	50/50/6 und 75/50/6			DIN EN 1339

6.3.4 Asphaltplatten

Asphalt ist ein Gemisch aus Bitumen und Gesteinen ▶ S. 309. Man unterscheidet Naturasphalt, z.B. Trinidad-Asphalt, und künstlich hergestellten Asphalt. Die aufbereiteten Rohstoffe werden unter hohem Druck und Hitze zu ein- oder zweischichtigen Platten gepresst, die je nach Ausführung widerstandsfähig sind gegen Benzin, mineralische Öle oder Säuren. Bestimmte Asphaltplatten dürfen nicht mit lösungsmittelhaltigen Putzmitteln gereinigt werden (Herstellerhinweise beachten)!

Arten: Hochdruck- und Terrazzo-Asphaltplatten

Formate: 20 cm × 10 cm; 25 cm × 12,5 cm; 25 cm × 25 cm; Dicken: von 2,0 cm bis 5,0 cm

6.3 Fliesen, Platten und Pflastersteine

6.3.5 Pflastersteine

Betonpflastersteine

Für Betonpflastersteine (DIN EN 1338), für Gehwegplatten (DIN EN 1339) sowie für Bordsteine (DIN EN 1340) enthalten die genannten Normen jeweils mehrere Klassen für Qualitätsmerkmale und die Prüfverfahren. Die TL Pflaster (Technische Lieferbedingungen für Bauprodukte zur Herstellung von Pflasterdecken, Pflasterbelägen und Einfassungen) schreibt für Deutschland die jeweils höchsten Qualitätsklassen für die Maßhaltigkeit, den Frost-Tausalz-Widerstand sowie die Festigkeit vor.

Als Betonziersteine oder Gestaltungspflaster werden Betonpflastersteine in verschiedenen Farben oder mit runden oder gebrochenen Kanten bezeichnet. Die Oberfläche kann strukturiert, gewaschen oder steinsetzmäßig bearbeitet sein.

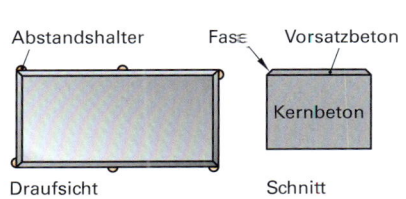

Rastermaße von Betonpflastersteinen	
Länge/Breite [mm/mm]	Dicke [mm]
100/100; 80/80; 60/60	60
200/100; 120/120; 100/100; 300/100	60; 80; 100
240/130; 160/160; 240/240; 160/120	80; 100; 120; 140

Rechteckstein

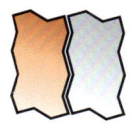
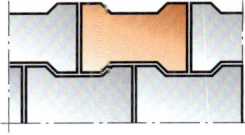

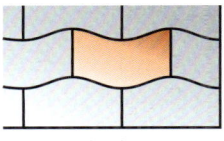

All-Verbundstein
d = 6 cm, 8 cm, 10 cm

H-Verbundstein

SF-Verbundstein
Normal- und Randstein

V-Verbundstein
Normal- und Anfangsstein

Formen von Beton-Verbundpflastersteinen

Zulässige Maßabweichungen von Betonpflastersteinen nach DIN EN 1338	Abmessung	Länge/Breite	Dicke
	< 100 mm	± 2 mm	± 3 mm
	≥ 100 mm	± 3 mm	± 4 mm

Gehwegplatten

Gehwegplatten aus Beton haben Abmessungen von
300 mm × 300 mm × 40 mm, 400 mm × 400 mm × 50 mm und 500 mm × 500 mm × 60 mm.

Naturstein-Pflastersteine

Pflastersteine aus Natursteinen bestehen gemäß **DIN EN 1342** aus witterungsbeständigen Gesteinen wie Granit, Diorit, Basalt, Grauwacke u.a. ▶ S. 222.

Zulässige Abweichungen von den Nennmaßen

Art der Flächen	Abweichungen von den/der		
	Nenn-Flächenmaßen	Nenndicke Klasse 1	Nenndicke Klasse 2
Zwischen zwei spaltrauen Flächen	± 15 mm	± 30 mm	± 15 mm
Zwischen bearbeiteter und spaltrauer Fläche	± 10 mm	± 30 mm	± 10 mm
Zwischen zwei bearbeiteten Flächen	± 5 mm	± 30 mm	± 5 mm

Pflasterklinker, Pflasterziegel

Pflasterziegel nach **DIN EN 1344** werden für die Verwendung in Deutschland aus Lehm oder Ton bis zur Sinterung gebrannt (Pflasterklinker). Die rechteckigen oder quadratischen Grundflächen haben Formate für ein Fugenraster zwischen 100 mm und 300 mm. Man unterscheidet Pflasterklinker für engfugige Verlegung (Kennzeichnung durch Buchstabe E) und für Verlegung mit einer Fuge von ≈ 10 mm (Kennzeichnung Buchstabe F).

6.3 Fliesen, Platten und Pflastersteine

6.3.6 Bordsteine (DIN 483)

Formen von Bordsteinen

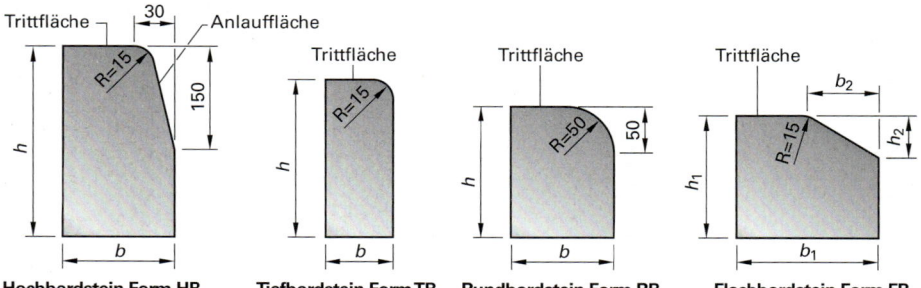

Hochbordstein Form HB Tiefbordstein Form TB Rundbordstein Form RB Flachbordstein Form FB

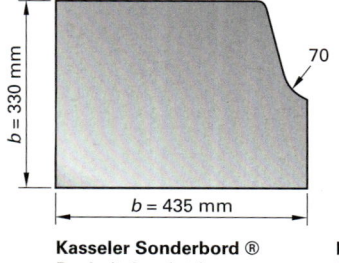 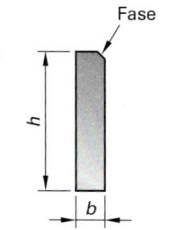 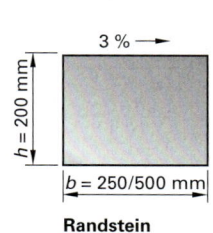 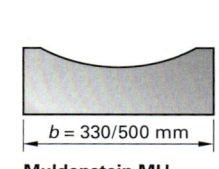

Kasseler Sonderbord ® — Bushaltebordstein
Rasenbordstein — Einfassungsstein EF
Randstein — Inselstein
Muldenstein MU — Muldenrinne

Abmessungen von Beton-Bordsteinen, Vorzugsmaße (DIN 483)

Form	Breite b mm	Höhe h mm	Länge l mm	Form	Breite b mm		Höhe h mm		Länge l mm
Hochbordstein HB	150 180	250 300	1000 (500, 333, 250)	Flachbordstein FB	b_1 100 200 200 300	b_2 50 100 100 100	h_1 200 200 250 250	h_2 50 70 100 150	1000 (500, 333, 250)
Tiefbordstein TB	80 100	200 250 300 400	1000 (500, 333, 250)						
Rundbordstein HB	150 180	220	1000 (500, 333, 250)	Einfassungsstein; Rasenbordstein EF	50 60		200 250		1000 500 (500, 333, 250)

6.3.7 Kanalklinker (DIN 4051)

Für die Herstellung von Schachtbauwerken von Entwässerungsleitungen gibt es speziell geformte bis zur Sinterung gebrannte Kanalklinker.

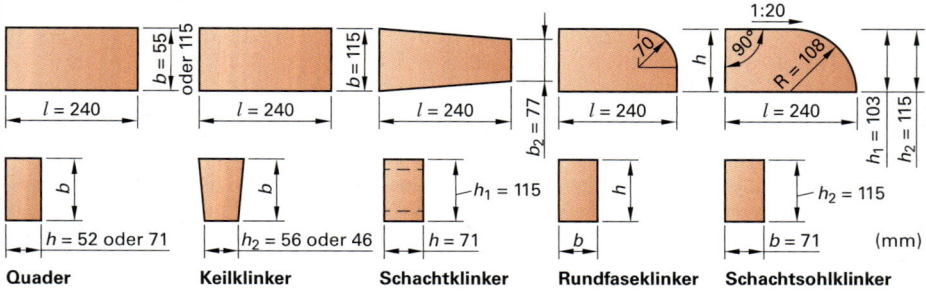

Quader — Keilklinker — Schachtklinker — Rundfaseklinker — Schachtsohlklinker

6 TECHNOLOGIE DER BAUSTOFFE

6.4 Bindemittel

Als Bindemittel bezeichnet man die aufbereiteten (... gebrannten) Stoffe, die natürliche oder künstliche Zuschläge nach Zugabe von Wasser druck- und zum Teil wasserfest miteinander verbinden. Bindemittel erhärten an der Luft (Aufnahme von Kohlendioxid [CO_2] = **Karbonaterhärtung**) oder/und durch die chemische Bindung des Wassers (**hydraulische Erhärtung**).

6.4.1 Zemente (DIN 1164, DIN EN 197-1)   Beton ▶ S. 258

Zement ist ein hydraulisches Bindemittel für Beton, Mauer- und Putzmörtel, das in Verbindung mit Wasser sowohl an der Luft als auch unter Wasser erhärtet und wasserfest bleibt.

- **Rohstoffe:** Kalkstein ($CaCO_3$) sowie Ton als Träger der **Hydraulefaktoren** Siliziumoxid (SiO_2), Aluminiumoxid (Al_2O_3) und Eisenoxid (Fe_2O_3) im Verhältnis 3 : 1.
- **Technologische Merkmale:** Hohe Druckfestigkeit; Raumbeständigkeit.

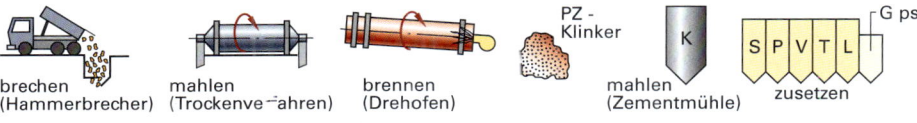

brechen (Hammerbrecher) — mahlen (Trockenverfahren) — brennen (Drehofen) — mahlen (Zementmühle) — zusetzen

- **Betontechnische Eigenschaften der Zementbestandteile**

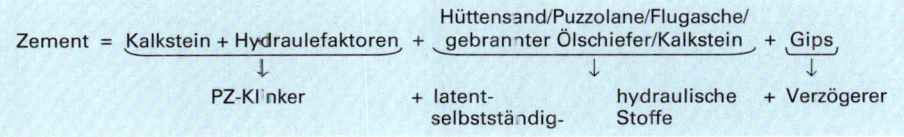

- **Klinkerphasen:** Als Klinkerphasen werden Tricalciumsilikat, Dicalciumsilikat, Tricalciumaluminat und Calciumaluminatferrit bezeichnet ▶ S. 73.

- **Zementbestandteile**

Portlandzementklinker (K) ist ein selbstständig hydraulischer Stoff. Ausgangsmaterialien sind Kalkstein und Ton im Verhältnis 3 : 1, die bei ca. 1450 °C bis zur Sinterung im Drehrohrofen gebrannt werden. Fein gemahlen und mit Wasser angemacht erhärtet der PZ-Klinker i.W. zu Calciumsilikaten.
Hüttensand (S) ist schnell gekühlte, granulierte Hochofenschlacke, feinkörnig und glasig. Er benötigt zum Abbinden einen Anreger (z.B. Kalk im Zementklinker), entwickelt eine niedrige Hydratationswärme und ist sehr widerstandsfähig gegenüber chemischen Angriffen.
Natürliche Puzzolane (P) (Trass, Lava, Phonolith) sind vulkanische Stoffe, die einen hohen Anteil an Kieselsäure und Tonerde aufweisen. In Verbindung mit Wasser und Kalkhydrat entwickeln sie hydraulische Eigenschaften und bilden dann wasserunlösliche Verbindungen. Natürlich getemperte Puzzolane werden mit **Q** gekennzeichnet.
Flugasche (V) ist ein künstliches Puzzolan, das als Verbrennungsrückstand in industriellen Großfiltern bei der Abgasreinigung von Kohlekraftwerken anfällt. Es ist wie das natürliche P erst dann hydraulisch, wenn die reaktionsfähige Kieselsäure mit Wasser und Kalkhydrat in Verbindung kommt. Kalkreiche Flugasche wird mit **W** gekennzeichnet.
Gebrannter Ölschiefer (T) ist ein fein gemahlener bitumenhaltiger, kalkhaltiger Schiefer, der durch Brennen bei ca. 800 °C zum **selbstständig hydraulischen Zusatzstoff** wird.
Kalkstein ist ein Sedimentgestein mit einem definierten Tongehalt (Methylenblau-Adsorption) und einem $CaCO_3$-Anteil von mind. 75 Masse-%.
Silicastaub (D), auch Mikrosilica genannt, ist glasartig erstarrtes Siliziumdioxid (SiO_2), das entsteht, wenn Filterstaub aus der Herstellung von Siliziummetall abkühlt. Dabei bilden sich Kugeln mit einem Durchmesser von etwa 0,1 µm.
Gips, z.B. als Calciumsulfat-Halbhydrat ($CaSO_4 \cdot 1/2 H_2O$), wird in geringen Mengen zugegeben, um den Erstarrungsbeginn hinauszuzögern. Zu viel Gips fördert das Ettringittreiben (Zementbazillus).
Hydratation ist die chemisch-physikalische Reaktion des Wassers mit dem Zementkorn (Wasserbindung). Die dabei entstehende Wärme nennt man **Hydratationswärme** (LH). Das chemische Endprodukt ist ein Silikat.
Die **Mahlfeinheit** bestimmt im Wesentlichen die Frühfestigkeit der Zemente. Je feiner der Zement, desto schneller hydratisiert das wasserbenetzte Zementkorn.

6.4 Bindemittel

Zementarten und Zusammensetzung (DIN EN 197-1 + A1)

Haupt-zementart	Benennung Normal-zementarten	Kurzzeichen	Portland-zementklinker K	Hütten-sand S	Silica-staub D	Puzzolan[1] P	Puzzolan[1] Q	Flugasche[2] V	Flugasche[2] W	Gebrannter Schiefer T	Kalkstein[3] L	Kalkstein[3] LL	Dichte* ϱ kg/dm³
CEM I	Portlandzement	CEM I	95…100	–	–	–	–	–	–	–	–	–	3,10
CEM II	Portland-hüttenzement	CEM II/A-S	80…94	6…20	–	–	–	–	–	–	–	–	3,05
		CEM II/B-S	65…79	21…35	–	–	–	–	–	–	–	–	
	Portland-silicastaub-zement	CEM II/A-D	90…94	–	6…10	–	–	–	–	–	–	–	3,20
	Portland-puzzolan-zement	CEM II/A-P	80…94	–	–	6…20	–	–	–	–	–	–	2,90
		CEM II/B-P	65…79	–	–	21…35	–	–	–	–	–	–	
		CEM II/A-Q	80…94	–	–	–	6…20	–	–	–	–	–	
		CEM II/B-Q	65…79	–	–	–	21…35	–	–	–	–	–	
	Portland-flug-aschezement	CEM II/A-V	80…94	–	–	–	–	6…20	–	–	–	–	2,98
		CEM II/B-V	65…79	–	–	–	–	21…35	–	–	–	–	
		CEM II/A-W	80…94	–	–	–	–	–	6…20	–	–	–	
		CEM II/B-W	65…79	–	–	–	–	–	21…35	–	–	–	
	Portland-schiefer-zement	CEM II/A-T	80…94	–	–	–	–	–	–	6…20	–	–	3,05
		CEM II/B-T	65…79	–	–	–	–	–	–	21…35	–	–	
	Portland-kalkstein-zement	CEM II/A-L	80…94	–	–	–	–	–	–	–	6…20	–	3,05
		CEM II/B-L	65…79	–	–	–	–	–	–	–	21…35	–	
		CEM II/A-LL	80…94	–	–	–	–	–	–	–	–	6…20	
		CEM II/B-LL	65…79	–	–	–	–	–	–	–	–	21…35	
	Portland-komposit-zement	CEM II/A-M	80…94	←—————————————— 6…20 ——————————————→										2,95
		CEM II/B-M	65…79	←—————————————— 21…35 ——————————————→										
CEM III	Hochofen-zement	CEM III/A	35…64	36…65	–	–	–	–	–	–	–	–	3,00
		CEM III/B	20…34	66…80	–	–	–	–	–	–	–	–	
		CEM III/C	5…19	81…95	–	–	–	–	–	–	–	–	
CEM IV	Puzzolan-zement	CEM IV/A	65…89	–	←——————— 11…35 ———————→					–	–	–	2,90
		CEM IV/B	45…64	–	←——————— 36…55 ———————→					–	–	–	
CEM V	Komposit-zement	CEM V/A	40…64	18…30	–	←——— 18…30 ———→				–	–	–	
		CEM V/B	20…58	31…50	–	←——— 31…50 ———→				–	–	–	

[1] **P** natürliches Puzzolan, **Q** getempertes (temperaturbehandeltes) Puzzolan.
[2] **V** kieselsäurereiche Flugasche, **W** kalkreiche Flugasche.
[3] **L** hoher organischer Kohlenstoffgehalt ≤ 0,5 M.-%; **LL** niedriger organischer Kohlenstoffgehalt ≤ 0,2 M.-% TOC.
*) Schüttdichten: lose eingelaufen 0,9 kg/dm³ … 1,2 kg/dm³, eingerüttelt 1,6 kg/dm³ … 1,9 kg/dm³.

Festigkeitsklassen und Kennfarben

Festig-keits-klasse	Norm	Druckfestigkeit in N/mm² bzw. MPa Anfangsfestigkeit 2 Tage	Druckfestigkeit in N/mm² bzw. MPa Anfangsfestigkeit 7 Tage	Normfestigkeit 28 Tage		Kenn-farbe	Erstar-rungs-beginn	Raum-bestän-digkeit
22,5	DIN EN 14 216	–	–	≥ 22,5	≤ 42,5	–	≥ 75 min	≤ 10 mm
32,5 L	DIN EN 197-4	–	≥ 12	≥ 32,5	≤ 52,5	hellbraun	≥ 75 min	≤ 10 mm
32,5 N	DIN EN 197-1	–	≥ 16					
32,5 R	DIN EN 197-1	≥ 10	–					
42,5 L	DIN EN 197-4	–	≥ 16	≥ 42,5	≤ 62,5	grün	≥ 60 min	≤ 10 mm
42,5 N	DIN EN 197-1	≥ 10	–					
42,5 R	DIN EN 197-1	≥ 20	–					
52,5 L	DIN EN 197-4	≥ 10	–	≥ 52,5	–	rot	≥ 45 min	≤ 10 mm
52,5 N	DIN EN 197-1	≥ 20	–					
52,5 R	DIN EN 197-1	≥ 30	–					

R Rapid (schnellhärtende Zemente); **N** Normalhärtende Zemente; **L** langsamhärtende Zemente.

6.4 Bindemittel

Besondere Eigenschaften der Normzemente		
LH Niedrige Hydratationswärme	Wärmemenge nach 7 Tagen ≤ 270 J/g Zement. Kalkarmer Zement reagiert langsamer mit Wasser als kalkreicher.	DIN 197-1 + A1
VLH Sehr niedrige Hydratationswärme	Wärmemenge nach 7 Tagen ≥ 220 J/g Zement Hochofenzement VLH III/B, VLH III/C Puzzolanzement VLH IV/A, VLH IV/B Kompositzement VLH V/A, VLH V/B	DIN 14216
HS Hoher Sulfatwiderstand	Bei CEM I Begrenzung des C_3A auf 3 %, des Al_2O_3 auf 5 % CEM III/B Hüttensandanteil ≥ 66 M.-%	DIN 1164-10
NA Niedrig wirksamer Alkaligehalt	Bei CEM I Begrenzung des Natriumoxids (Na_2O) CEM II mit ≥ 50 M.-% Hüttensand	DIN 1164-10

Bezeichnung der Zemente: Zemente (CEM) sind mindestens nach der Zementart und dem Zahlenwert für die Normfestigkeit zu kennzeichnen, z.B.				
Zement DIN 1164 CEM III/B - 32,5 N - HS	**III:** **B:** **32,5:** **N:**	Hochofenzement mit hohem Anteil an Zumahlstoff (Hüttensand) der Festigkeitsklasse 32,5 (N/mm²) normal erhärtender Zement	**NA-Zement** mit niedrigem wirksamen Alkaligehalt **FE-Zement** mit frühem Erstarren **SE-Zement** mit schnellem Erstarren	
Zement DIN EN 197-1 CEM III/B – 32,5 N – LH	**LH:** **HS:**	Niedrige Hydratationswärme Hoher Sulfatwiderstand	**HO-Zement** mit einem erhöhten Anteil an organischen Bestandteilen	

Zement: Reizt die Augen und die Haut. Sensibilisierung durch Hautkontakt möglich. Berührung mit den Augen und der Haut vermeiden. Geeignete Schutzhandschuhe tragen.
Nach der Gefahrstoffverordnung ist Zement als **reizend (Xi)** und mit dem Gefahrensymbol zu kennzeichnen.

Xi — Reizend

Zementkorn vor Wasserzugabe	Erstarrungsphase		Erhärtungsphase	
	Gelbildung plastisch	Gelbildung erstarrt	Zementstein Anfangsfestigkeit	Zementstein Endfestigkeit

Prüfung der Normzemente (DIN EN 196) Versuchsaufbau ▶ S. 240

Prüfung der Mahlfeinheit mit dem Luftduchlässigkeitsprüfer (nach Blaine)

Grobe Bestandteile durch Siebung (**0,2-mm-Prüfsieb**). Siebrückstand ≤ 3 Masse-%.
Spezifische Oberfläche (Blaine-Wert) mit dem **Luftpyknometer**. Es wird unter festgelegten Bedingungen ein Unterdruck erzeugt. Beim Druckausgleich durchströmt die Luft in einer bestimmten Zeit das Zementbett. Berechnung der spezifischen Oberfläche als Funktion der Durchströmzeit, Reindichte, Porosität: $O_{sp} \geq 2200$ cm²/g.

Prüfung der Erstarrungszeit mit dem Nadelgerät (Vicatgerät)

Der Zementleim wird in einen Hartgummiring gefüllt. Mit dem Tauchstab wird die Normsteife, mit der Nadel der Erstarrungsbeginn (≥ 1 h) und das Erstarrungsende (≤ 12 h) gemessen (Eindringtiefe).

Prüfung der Raumbeständigkeit mit dem Le-Chatelier-Versuch

Ziel ist es, die mögliche Gefahr eines späteren Ausdehnens abzuschätzen. Zwei vorbereitete Zementleime sind in den Le-Chatelier-Ring einzubringen. Die Abstände der Zeiger dürfen in den Phasen nach dem Lagern (a), nach dem Kochen (b) bzw. nach dem Abkühlen (c) ein Maß von 10 mm (nach 7 Tagen 5 mm) (c-a) nicht überschreiten.

Prüfung der Festigkeit mit Form und Presse

Herstellung und Lagerung der **Probekörper** (40 mm × 40 mm × 160 mm) nach Norm.
Biegefestigkeit $R_f = (2{,}34/1000) \cdot F$ in N/mm². Prüfung mit einem Gerät für kleine Belastungen zwischen 600 N und 6000 N (keine Normfestigkeit gefordert).
Druckfestigkeit $R_c = F/1600$ in N/mm². Die Druckpresse muss einen Bereich von 20 kN ... 200 kN abdecken (geforderte Mindestdruckfestigkeit siehe Tabelle Vorseite, „Festigkeitsklassen").

6.4 Bindemittel

Versuchsaufbauten

Luftpyknometer — Tauchkolben, Durchlässigkeitszelle, Zementprobe, Verbindungsschliff, Absperrhahn, Messmarken, Gummiball zur Erzeugung des Unterdrucks, Flüssigkeit, U-Rohr-Manometer

Nadelgerät — Zusatzgewicht, Stange, Hartgummiring, Glasplatte, Nadel

Le-Chatelier-Ring — Einfüllring, ≈0,5; ⌀30; 150, Zeiger, Abstand

Form und Presse — Prisma aus Zementmörtel (40 × 40 × 160 mm), Lastschneide kippbar, Prisma, Auflager fest, Auflager fest oder kippbar, 30 | 50 | 30, 160

6.4.2 Baukalke (DIN EN 459)

Baukalke (Kalk, engl.: lime) sind Bindemittel für Mauer- und Putzmörtel, die je nach Zusammensetzung
① langsam an der Luft erhärten (Aufnahme von CO_2 ⇒ Karbonaterhärtung) ⇒ **Luftkalke** und
② unter Wasser erstarren und erhärten (chemische Bindung des Wassers = hydraulische Erhärtung). Atmosphärisches Kohlendioxid trägt zum Erhärtungsprozess bei ⇒ **hydraulische Kalke**.
- **Rohstoffe**: Kalkstein ($CaCO_3$), Dolomitstein ($CaCO_3$, $MgCO_3$), Kalkmergel (Kalkstein + Hydraulefaktoren) ▶ S. 237.
- **Technologische Merkmale**: gut verarbeitbar; ergiebig; hohes Wasserrückhaltevermögen; geschmeidig; geringere Festigkeit als Zement.
- **Klassifizierung**: Die Ziffer hinter den Luftkalken gibt den Mindestanteil an Calcium und Magnesium in % an (CaO- und MgO-Anteil), die Ziffer hinter den hydraulischen Kalken gibt die Mindest-Druckfestigkeit in N/mm² nach 28 Tagen an ▶ S. 241.

RAL GÜTEZEICHEN Baukalk

Baukalke	Luftkalke	Hydraulische Kalke (HL) und natürliche hydraulische Kalke (NHL)		
	Weißkalke (CL) Dolomitkalke (DL)	HL 2 und NHL 2	HL 3,5 und NHL 3,5	HL 5 und NHL 5
Erhärtung	Karbonaterhärtung (CO_2 aus der Luft)	Diese Kalke erstarren und erhärten unter Wasser (hydraulische Erhärtung). CO_2 trägt zum Erstarrungsprozess bei.		
Zusammensetzung	Kalkstein/ Dolomitstein ≥ 70 % (CaO- und MgO-Anteil)	HL: eine Verbindung aus Calciumhydroxiden, Calciumsilikaten und Calciumaluminaten. Wie Zement, jedoch mit ≥ 3 M.-% freiem CaO (Karbonathärtung) NHL: mehr oder weniger ton- oder kieselsäurehaltiger Kalkstein		
Eigenschaften	nicht feuchtigkeitsbeständig, geringe Festigkeit, kräftiges Löschen	vollständiges, aber träges Löschen, Festigkeit ~ 1 N/mm²; 1,8-fache Ergiebigkeit	unvollständiges Löschverhalten, mittlere Festigkeit	druckfest und wasserfest
Anwendungsbereiche	nichttragendes MW, Innenputz, Zusatz zum Zementmörtel, nicht für dichte Steine	Kellermauerwerk, Innen- und Außenputz, auch für schwach saugende Mauersteine	Kellermauerwerk, stärker belastetes MW, Putz, schwach und nicht saugende Mauersteine	Kellermauerwerk, stark belastetes MW, Putz, Mauerwerk mit hoher Feuchtigkeitsbelastung
Schüttdichte ϱ in kg/dm³	CL 0,3 ... 0,6 DL 0,4 ... 0,6	HL 2 0,4 ... 0,8 NHL 2 0,4 ... 0,8	HL 3,5 0,5 ... 0,9 NHL 3,5 0,5 ... 0,9	HL 5 0,6 ... 1,0 NHL 5 0,6 ... 1,0
Druckfestigkeit f_c in N/mm² bzw. MPa	„... weisen eine Druckfestigkeit auf ..."	7 Tage: – 28 Tage: 2 ... 7	7 Tage: ≥ 1,5 28 Tage: 3,5 ... 10	7 Tage: ≥ 2 28 Tage: 5 ... 15

6.4 Bindemittel

Baukalkarten		Bezeichnung der Baukalke
Benennung	Kurz-zeichen	Baukalke sind mit der Benennung, der DIN-Nummer und dem Kurzzeichen zu bezeichnen
Weißkalk 90[1]	CL 90	**Bezeichnung für Weißkalk 90 (CL 90):**
Weißkalk 80	CL 80	**Weißkalk DIN EN 459 - CL 90 Q[3]**
Weißkalk 70	CL 70	**Bezeichnung für hydraulischen Kalk 5 (HL 5)**
Dolomitkalk 85	DL 85	**Hydraulischer Kalk DIN EN 459 - HL 5**
Dolomitkalk 80	DL 80	**Bezeichnung für natürlichen hydraulischen Kalk 3,5 (NHL 3,5)**
Hydraulischer Kalk 2[2]	HL 2	**Natürlicher hydraulischer Kalk DIN EN 459 - NHL 3,5-Z[4]**
Hydraulischer Kalk 3,5	HL 3,5	[1] Die Ziffer hinter den Luftkalken gibt den (CaO- und MgO-Anteil) in % an.
Hydraulischer Kalk 5	HL 5	[2] Die Ziffer hinter den hydraulischen Kalken gibt die Mindest-Druckfestigkeit in N/mm² an.
Natürlicher hydraulischer Kalk 2	NHL 2	[3] Ungelöschter Kalk.
Natürlicher hydraulischer Kalk 3,5	NHL 3,5	[4] Hydraulischer/puzzolanischer Zusatz.
Natürlicher hydraulischer Kalk 5	NHL 5	

Prüfung der Baukalke	
Prüfung der Kornfeinheit durch Handsiebung	DIN EN 459-2
Siebrückstand auf dem 0,09-mm-Sieb: ≤ 7 M.-% (CL, DL); ≤ 15 M.-% (HL, NHL) Siebrückstand auf dem 0,2-mm-Sieb: ≤ 2 M.-% (CL, DL); ≤ 5 M.-% (HL, NHL)	
Prüfung der Schüttdichte mit dem Einlaufgerät nach Böhme	DIN EN 459-2
Vor dem Versuch den Kalk trocknen und mahlen, Prüfgerät füllen, bis sich über dem Rand der Schüttkegel ausbildet. Verschlussklappe lösen, Prüfgut fällt in ein zylindrisches Litergefäß, Masse nach 2 min wägen.	
Prüfung der Verarbeitbarkeit/Erstarrungszeit	DIN EN 459-2
Gemessen wird das Eindringen eines 90 g schweren Fallkörpers in einen Kalkmörtel aus einer Fallhöhe von 100 mm. Eindringmaß liegt zwischen 12 mm und 60 mm.	
Prüfung der Druckfestigkeit	DIN EN 459-2
Nur bei hydraulischen Kalken; Herstellung und Lagerung nach Norm; 6 Prismenhälften werden abgedrückt, die Ergebnisse gemittelt.	

Einlaufgerät nach Böhme

6.4.3 Calciumsulfat-Binder, Calciumsulfat-Composit-Binder und Calciumsulfat-Werkmörtel

Calciumsulfat-Binder **(CAB)** nach **DIN EN 13454** bestehen aus Calciumsulfat-Komponenten, die durch Hydratation abbinden. Sie können Zusatzmittel und Zusatzstoffe enthalten.

Calciumsulfat-Composit-Binder **(CAC)** nach **DIN EN 13454** bestehen aus Calciumsulfat-Bindern (CAB) und weiteren Zusatzstoffen.

Calciumsulfat-Werkmörtel **(CA)** nach **DIN EN 13454** bestehen aus Bindern oder Compositbindern und Zuschlägen und können Zusatzstoffe und Zusatzmittel enthalten. Estrich ▶ S. 255

Festigkeiten von Bindern (CAB) und Composit-Bindern (CAC)

Festig-keits-klasse	Mindest-biegezugfestigkeit N/mm²		Mindest-druckfestigkeit N/mm²	
	geprüft nach			
	3 Tagen	28 Tagen	3 Tagen	28 Tagen
20	1,5	4,0	8,0	20,0
30	2,0	5,0	12,0	30,0
40	2,5	6,0	16,0	40,0

Druckfestigkeiten von Werkmörtel (CA)

Klasse[1]	C5	C7	C12	C16	C20	C25	C30	C35	C40	C50	C60	C80
Druckfestigkeit in N/mm²	5	7	12	16	20	25	30	35	40	50	60	80

[1] Bei Calciumsulfat werden die Klassen C12 bis C60 empfohlen.

Biegezugfestigkeiten von Werkmörtel (CA)

Klasse[1]	F1	F2	F3	F4	F5	F6	F7	F10	F15	F20	F30	F40	F50
Biegezugfestigkeit in N/mm²	1	2	3	4	5	6	7	10	15	20	30	40	50

[1] Bei Calciumsulfat werden die Klassen F3 bis F20 empfohlen.

6.4 Bindemittel

6.4.4 Baugipse (DIN EN 13279) — Gipsplatten ▶ S. 231

Gipsbinder ist ein nichthydraulisches Bindemittel für Putz- und Mauermörtel. Er erhärtet an der Luft, indem er das „herausgebrannte" Kristallwasser (z.B. **Halbhydrat** $CaSO_4 \cdot {}^{1}/_{2} H_2O$) über das Anmachwasser wieder aufnimmt.

- **Rohstoff**: Gipsstein ($CaSO_4 \cdot 2 H_2O$)
- **Technologische Merkmale**: atmungsaktiv; gut haftend; feuerhemmend; wärmedämmend; schallabsorbierend; nicht raumbeständig; fördert Rostbildung; fault in dauerfeuchten Räumen

Arten von Gipsbindern und Gips-Trockenmörteln (KZ = Kurzzeichen) (DIN EN 13279-1)

Gipsbinder (A)	KZ	Gips-Trockenmörtel (B)	KZ	Gips-Trockenmörtel für besondere Zwecke (C)	KZ
Gipsbinder zur Direktverwendung oder Weiterverarbeitung (Trockenpulver-Produkte)	A1	Gips-Putztrockenmörtel	B 1	Gips-Trockenmörtel für faserverstärkte Gipselemente	C 1
		gipshaltiger Putztrockenmörtel	B 2	Gips-Mauermörtel	C 2
Gipsbinder zur Direktverwendung auf der Baustelle	A2	Gipskalk-Putztrockenmörtel	B 3	Akustikputz-Gips-Trockenmörtel	C 3
		Gipsleicht-Putztrockenmörtel	B 4		
Gipsbinder zur Weiterverarbeitung (z.B. Gips-Wandbauplatten, Gipsplatten, Gipselemete für Unterdecken)	A3	gipshaltiger Leicht-Putztrockenmörtel	B 5	Wärmedämmputz-Gips-Trockenmörtel	C 4
		Gipskalkleicht-Putztrockenmörtel	B 6	Brandschutz-Gips-Trockenmörtel	C 5
		Gips-Trockenmörtel für Putz mit erhöhter Oberflächenhärte	B 7	Dünnlagenputz-Gips-Trockenmörtel	C 6

Anforderungen für Gipsbinder und Gips-Trockenmörtel

Gipsbinder (A)		Der Gehalt an Calciumsulfat muss mind. 50 % betragen. Die Kennwerte sind nach EN 13279-2 zu bestimmen.				

Gips-Trocken-mörtel (B)		$CaSO_4$-Binder	Versteifungsbeginn		Biege-zugfestigkeit	Druck-festigkeit	Oberflächen-härte
			Gipshandputz	Gipsmaschinenputz			
▲ S. 253 Putzmörtel-arten	B 1	> 50 %	> 20 Min.	> 50 Min.	≥ 1,0 N/mm²	≥ 2,0 N/mm²	–
	B 2	< 50 %					
	B 3	a					
	B 4	> 50 %					
	B 5	< 50 %					
	B 6	a					
	B 7	> 50 %			≥ 2,0 N/mm²	≥ 6,0 N/mm²	≥ 2,5 N/mm²

Gipsbinder (A) ist der (bekannte) Stuckgips. Stuckgips wird zur werksmäßigen Herstellung von Gipskartonplatten und Gipsplatten sowie als Innenputz verwendet. Die alten Bezeichnungen der Gipsputze: Hand- und Maschinenputzgips, Fertigputz- und Haftputzgips sind ersetzt durch die Gips-Trockenmörtel (B, C).

Prüfung der Baugipse (DIN EN 13279-2)

Prüfung des Versteifungsbeginns	
Mit dem Messer	Zeitpunkt, bei dem die Ränder eines durch den Gipskuchen geführten Messerschnitts nicht mehr zusammenfließen.
Mit dem Tauchkonus	Dauer, nach der ein Tauchkonus (Vicatgerät) beim Eindringen in eine Gipsprobe bei einer bestimmten Höhe stecken bleibt. Die Dauer wird von Beginn des Einstreuens des Baugipses an gerechnet.

Prüfung der Biegezugfestigkeit, Druckfestigkeit und Härte	
Biegezugfestigkeit	Wie bei der Zementprüfung ▶ S. 239. Mittelwert aus 3 Versuchen bilden. Geforderte Biegezugfestigkeit siehe Tabelle oben.
Druckfestigkeit	Wie bei der Zementprüfung ▶ S. 239. 6 Prismenhälften werden abgedrückt, die Ergebnisse gemittelt. Geforderte Mindestwerte siehe Tabelle oben.
Härte	Die Härte wird über die Eindringtiefe einer definiert belasteten Kugel bestimmt (Brinellhärtebestimmung ⌀ 10 mm, Prüfkraft 200 N).

6 TECHNOLOGIE DER BAUSTOFFE

6.5 Gesteinskörnungen

Gesteinskörnung	Körniges Material für die Verwendung im Bauwesen. Gesteinskörnungen können natürlich, industriell hergestellt oder recycelt sein.
Natürliche Gesteinskörnung	Gesteinskörnung aus mineralischen Vorkommen, die ausschließlich einer mechanischen Aufbereitung unterzogen worden ist
Industriell hergestellte Gesteinskörnung	Gesteinskörnung mineralischen Ursprungs, die in einem industriellen Prozess unter Einfluss einer thermischen oder sonstigen Veränderung entstanden ist
Recycling-Gesteinskörnung	Gesteinskörnung aus aufbereitetem anorganischem Material, das zuvor als Baustoff eingesetzt war
Feine Gesteinskörnung	Bezeichnung für kleinere Korngruppen mit $D \leq 4$ mm
Grobe Gesteinskörnung	Bezeichnung für Korngrößen mit $D \geq 4$ mm und $d \geq 2$ mm
Natürlich zusammengesetzte Gesteinskörnung 0/8	Bezeichnung für natürliche Gesteinskörnung glazialen (während der Eiszeit entstandenes Gestein) und/oder fluvialen (von einem Fließgewässer mitgeführtes zerkleinertes Gestein) Ursprungs mit $D \leq 8$ mm
Korngemisch	Gesteinskörnung, die aus einer Mischung grober Gesteinskörnung und feiner Gesteinskörnung besteht (▶ Kap. 6.5.1)
Größt- und Kleinstkorn	Die obere bzw. untere Korngröße einer Korngruppe bzw. Lieferkörnung
Kornzusammensetzung	Korngrößenverteilung, ausgedrückt durch die Siebdurchgänge als Massenanteil (bzw. Volumenanteil ▶ 6.5.4 Sieblinien) in Prozent durch eine festgelegte Anzahl von Sieben
Korngruppe Lieferkörnung	Bezeichnung einer Gesteinskörnung mittels unterer (d) und oberer (D) Siebgröße, ausgedrückt d/D, jeweils in mm
Kornklasse	Bereich zwischen zwei benachbarten Prüfkorngrößen, z.B. 4 mm bis 8 mm (4/8)
Unter- und Überkorn	Unterkorn ist der Anteil, der bei der Prüfsiebung durch das untere Prüfsieb d der jeweiligen Korngruppe hindurchfällt (max. 20 M.-%); Überkorn der Anteil, der auf einem entsprechenden oberen Sieb D liegen bleibt (max. 20 M.-%).
Füllkorn	Körner mit einer Korngröße, die gerade in die Zwickel zwischen den nächstgrößeren passt
Einkorn	Körner aus nahezu gleicher Korngröße (ca. 33 % Haufwerksporen)
Haufwerk	Aus Einzelkörnern ohne Verkittung bestehendes Kornvolumen (lose geschüttet oder verdichtet)
Füller (Gesteinsmehl)	Gesteinskörnung, deren überwiegender Teil durch das 0,063-mm-Sieb hindurchgeht und den Baustoffen zur Erreichung bestimmter Eigenschaften zugegeben werden kann
Kategorie	Niveau für die Eigenschaft einer Gesteinskörnung, ausgedrückt als eine Bandbreite von Werten oder als Grenzwert, z.B. wird die Eigenschaft der Kornzusammensetzung beschrieben mit G_C 85/20: **G** = Grading (Kornzusammensetzung – **C** = coarse (grobkörnig) – **85** = mind. 85 M.-% Siebdurchgang auf dem oberen Sieb D (Überkorn max. 15 M.-%) – **20** = max. 20 M.-% Unterkorn (Siebdurchgang unteres Sieb d max. 20 M.-%)
Kernfeuchte	Wassermenge, die in den Gesteinsporen enthalten ist, auch Porenfeuchte genannt
Oberflächenfeuchte	Wassermenge, die an der Kornoberfläche haftet. Sie ist beim Zugabewasser des Betons zu berücksichtigen ▶ Kap. 6.5.5 (Zugabewasser + Oberflächenfeuchte = Wasseranspruch des Frischbetons)
Eigenfeuchte	Summe aus Kernfeuchte und Oberflächenfeuchte
Siebsatz	Der Prüfsiebsatz für Gesteinskörnungen besteht i.d.R. aus Einzelsieben mit Maschen oder quadratischen Öffnungen. Der **Grundsiebsatz** umfasst die Siebgrößen: **0,063; 0,125; 0,25; 0,5; 1; 2; 4; 8; 16; 31,5 (32); 63 mm.** Der **Ergänzungssiebsatz 1** enthält zusätzlich zum Grundsiebsatz die Siebgrößen **5,6 (5); 11,2 (11); 22,4 (22) und 45 mm.** Die Zahlen in Klammern können zur vereinfachten Benennung von Lieferkörnungen verwendet werden. Der **Ergänzungssiebsatz 2** enthält zusätzlich zum Grundsiebsatz die Siebgrößen **6,3 (6); 10; 12,5 (12); 14; 20 und 40 mm.**
Mehlkorn	Anteile der Körnung bis max. 0,125 mm, Zement, mineralische Zusatzstoffe
Siebdurchgang/ Siebrückstand	Menge der Gesteinskörnung, die durch das Sieb fällt/ Menge der Gesteinskörnung, die auf dem Sieb liegen bleibt

6.5 Gesteinskörnungen

6.5.1 Arten und Anforderungen

Durch die Vorgabe der Bauproduktenrichtlinie der Europäischen Gemeinschaft gibt es verschiedene Anforderungsklassen für Gesteinskörnungen, die in 5 europäischen Normen enthalten sind. Die Umsetzung dieser Anforderungen in das deutsche Regelwerk ist in den **nationalen Anwendungsdokumenten (NA)** enthalten: **DIN (V) 20000** für den allgemeinen Hochbau, **TL Gestein StB** für den Straßen- und Ingenieurbau.

Europäische Anforderungsnormen DIN EN/(Nationales Anwendungsdokument NA)	
DIN EN 12620	Gesteinskörnungen für Beton/(DIN V 20000-103, TL Gestein-StB)
DIN EN 13043	Gesteinskörnung für Asphalt und Oberflächenbehandlungen für Straßen …/(TL Gestein-StB)
DIN EN 13055-1	Leichte Gesteinskörnungen für Beton, Mörtel und Einpressmörtel/(DIN V 20000-104)
DIN EN 13139	Gesteinskörnungen für Mörtel/(DIN V 20000-103)
DIN EN 13242	Gesteinskörnungen für ungebundene und hydraulisch gebundene Gemische …/(TL Gestein-StB)

Art der Gesteinskörnung		nicht gebrochen	Rohdichte (kg/dm³)	gebrochen	Rohdichte (kg/dm³)
Leichte Gesteinskörnung	$\varrho \leq 2 \, \frac{kg}{dm^3}$	Naturbims Lava Tuff	0,2 … 1,3 1,3 … 2,0	Hüttenbims Blähbeton Blähschiefer	0,5 … 1,5 0,7 … 1,7
Normale Gesteinskörnung	$2 \, \frac{kg}{dm^3} < \varrho \leq 3 \, \frac{kg}{dm^3}$	Quarzit Kalkstein Granit Basalt	2,6 … 2,7 2,4 … 2,8 2,6 … 2,8 2,8 … 3,0	Hochofenschlacke Schmelzgranulat Hüttensand	2,5 … 2,6 2,6 … 2,7 2,5
Schwere Gesteinskörnung	$\varrho > 3 \, \frac{kg}{dm^3}$	Schwerspat Baryt Magnetit Hämatit	4,0 … 4,3 4,6 … 4,8 4,9 … 5,3	Schwermetall- schlacke Sintererz Stahlsand	~ 3,5 4,4 … 5,3 7,5
Rezyklierte Gesteinskörnung		—	—	Betonsplitt Betonbrechsand Mauerwerksbruch	≥ 2,0

Allgemeine Anforderungen an die Kornzusammensetzung (DIN EN 12620)								
Gesteins- körnungen	Korngröße	Durchgang in Massenteil in Prozent[1]					Kategorie G [2]	Korngruppe d/D z.B.
		2 D	1,4 D	D	d	d/2		
Grob (Kies) (Kies-Sand)	D/d ≤ 2 oder D ≤ 11,2 mm	100 100	98 … 100 98 … 100	85 … 99 80 … 99	0 … 20 0 … 20	0 … 5 0 … 5	G$_C$ 85/20 G$_C$ 80/20	4/8 2/4
	D/d > 2 und D > 11,2 mm	100	98 … 100	90 … 99	0 … 15	0 … 5	G$_C$ 90/15	4/16 4/32
Fein (Sand)	D ≤ 4 mm und d = 0	100	95 … 100	85 … 99	–	–	G$_F$ 85	0/4 0/2
natürlich zusammen- gesetzte Gesteins- körnung	D = 8 mm und d = 0	100	98 … 100	90 … 99	–	–	G$_{NG}$ 90	0/8
Korngemisch	D ≤ 45 mm und d = 0	100 100	98 … 100 98 … 100	90 … 99 85 … 99	–	–	G$_A$ 90 G$_A$ 85	0/16 0/32

D Siebweite des oberen Begrenzungssiebes   d Siebweite des unteren Begrenzungssiebes

[1] Erklärung: Bei einer **groben Gesteinskörnung**, Kategorie G$_C$, 85/20, z.B. Korngruppe 4/8, dürfen max. 15 M.-% müssen mind. 1 M.-% auf dem oberen Sieb D als Überkorn liegen bleiben (Siebdurchgang 8 mm: 85 M.-% bis 99 M.-%) und max. 20 M.-% als Unterkorn durch das untere Sieb d hindurchfallen (Siebdurchgang 4 mm: 0 M.-% bis 20 M.-%).

[2] G = Grading ⇒ Kornzusammensetzung/Korngrößenverteilung; C = Coarse ⇒ grobkörnig;
F = Fine ⇒ feinkörnig; NG = Natural Grading ⇒ natürlich zusammengesetzte Gesteinskörnung;
A = All-in ⇒ (Korn-)Gemisch

6.5 Gesteinskörnungen

6.5.2 Eigenschaften und Anforderungen (DIN EN 12620)

Die Eigenschaften von Gesteinskörnungen werden durch Regelanforderungen in den Nationalen Anwendungsdokumenten (DIN V 20000 – 103 und TL Gestein-StB) festgelegt bzw. kategorisiert; die europäischen Normen geben eine „Bandbreite von Werten" an.

Eigenschaft	Einsatzbereich	Beschreibung Prüfung nach Norm ...	Kategorie / Anforderung
Geometrische Anforderungen (HB Hochbau; SIB Straßen- und Ingenieurbau)			
Korngruppe	HB/SIB	Kategorie für die Korngrößenverteilung	$D/d \geq 1,4$
Kornzusammensetzung (G: Grading)	HB/SIB	Zulässige Anteile an Unter- und Überkorn bei nicht gebrochener Gesteinskörnung (▶ S. 244: „Allgemeine Anforderungen ...") DIN EN 933-1	G_C 85/20 ... G_A 85
Anteil an gebrochenen Körnern (C: Coarse)	SIB	1. Indexzahl: Mindest-Anteil der Gesteinskörnung mit vollständig oder überwiegend (> 50 %) gebrochenen Oberflächen; 2. Indexzahl: Maximaler Anteil runder Gesteinskörnungen DIN EN 933-5	$C_{100/0}$ $C_{95/1}$ $C_{90/3}$
Kornform (SI: Shape Index)	HB/SIB	Aus dem Anteil ungünstig geformter Körper (Länge : Dicke > 3 : 1) ergibt sich die **Kornformkennzahl** Anteil $\leq$ 15 M.-%, $\leq$ 20 M.-%, $\leq$ 40 M.-%, $\leq$ 55 (M.-%) $\sin\alpha = 1:3$; $l:d = 3:1$; Kornformmessschieber DIN EN 933-3	SI_{15} SI_{20} SI_{40} SI_{55}
Plattigkeit (Fl: Flakiness Index)	HB/SIB	Stabsieb – bei Stabsiebung $\leq$ 15 M.-% (Fl_{15}), $\leq$ 20 M.-% (Fl_{20}) $\leq$ 35 M.-% (Fl_{35}), $\leq$ 50 M.-% (Fl_{50}) DIN EN 1367-2, DIN EN 933-3	Fl_{15} Fl_{20} Fl_{35} Fl_{50}
Feinanteile (f: fine)	HB/SIB	Gesteinskörnungen, die durch das 0,063-mm-Sieb hindurchgehen: a) grobe Körnung (Kies-Sand-Gemisch); b) feine Körnung (Sand); c) natürlich zusammengesetzte Körnung; d) Korngemisch DIN EN 933-1	a) $f_{1,5} ... f_4$ b) $f_3 ... f_{22}$ c) $f_3 ... f_{16}$ d) $f_3 ... f_{11}$
Physikalische Anforderungen			
Widerstand gegen Zertrümmerung	SIB	Festigkeit von groben Gesteinskörnungen wird angegeben mithilfe – des Los-Angeles-Koeffizienten oder – des Schlagzertrümmerungswertes DIN EN 1097-2	$LA_{15} ... LA_{20}$ $SZ_{18} ... SZ_{32}$
Verschleiß	SIB	Gemessen wird der Micro-Deval-Koeffizient DIN EN 1097-1	$M_{DE}10 ... M_{DE}35$
Abrieb	SIB	Widerstand gegen Polieren/gegen Oberflächenabrieb DIN EN 1097-8	$PSV_{68} ... PSV_{44}$ $AAV_{10} ... AAV_{20}$
Chemische Anforderungen			
Chloride	HB/SIB	Anteil wasserlöslicher Chlorid-Ionen (Cl) muss auf Anfrage angegeben werden. DIN EN 1744-1	z.B. $Cl_{0,02}$
Erstarrungs- und erhärtungsstörende Stoffe	HB/SIB	Stoffe organischen Ursprungs (Humine) wie Zucker oder Kohle stören den Erhärtungsverlauf und führen zu Schäden in der Betonoberfläche (Absprengungen). DIN EN 1744-1	$\leq$ 0,5 M.-%
Säurelösliches Sulfat	HB/SIB	Begrenzung der schwefelhaltigen Bestandteile in Gesteinskörnungen/Hochofenschlacken in M.-% DIN EN 1744-1	$AS_{0,2}$; $AS_{0,8}$; $AS_{1,0}$
Organische Verunreinigungen	HB/SIB	farblos bis gelb / Natronlaugenversuch / rötlich bis schwarz — Sogenannte „leichtgewichtige organische Verunreinigungen" (Eisensulfide) verwendungsfähig / bedenklich DIN EN 1744-1	Farbe der überstehenden Flüssigkeit
Carbonatgehalt	SIB	Soweit gefordert, müssen die Carbonatgehalte für Deckschichten aus Beton angegeben werden. DIN EN 196-21	–
Dauerhaftigkeit			
Frost- und Tauwiderstand	HB/SIB	Masseverlust nach 10 Frost-Tau-Wechsel (FTW) im Wasser: $\leq$ 1 M.-%, $\leq$ 2 M.-%, $\leq$ 4 M.-% DIN EN 1367-1	F 1, F 2, F 4
Magnesium-Sulfat-Widerst.	HB/SIB	Masseverlust nach 5-maligem Eintauchen in gesättigte Magnesiumsulfatlösung: $\leq$ 18 M.-%, $\leq$ 25 M.-%, $\leq$ 35 M.-% DIN EN 1367-2	MS_{18}, MS_{25} MS_{35}
Raumbeständigkeit	HB/SIB	Trocknungsschwinden von Gesteinskörnungen DIN EN 1367-4	$\leq$ 0,075 %

6.5 Gesteinskörnungen

6.5.3 Alkali-Empfindlichkeit von Gesteinskörnungen

Nach DIN 1045-2 ist die Alkali-Richtlinie anzuwenden für die Beurteilung und Verwendung von Gesteinskörnungen, die schädliche Mengen alkalilöslicher Kieselsäure enthalten (z.B. Opal, s. Karte unten). Werden solche reaktionsfähigen Gesteinskörnungen mit alkalireichem Zement verarbeitet, kann die Kieselsäure mit der alkalischen Porenlösung des Betons reagieren. Diese Reaktion ist mit einer Volumenzunahme verbunden und kann zu Treibschäden (Abplatzungen, Risse) im Beton führen. Die Alkali-Empfindlichkeitsklasse ist der Kurzbezeichnung einer Gesteinskörnung nach DIN EN 12620 hinzuzufügen und muss aus dem Sortenverzeichnis und dem Lieferschein hervorgehen.

Alkali-Empfindlichkeitsklassen

Klasse	Gesteinskörnungen G		Einstufung
E I	– Die Gesteinskörnung stammt nicht aus den Gewinnungsgebieten nach der Alkali-Richtlinie (s.u.). – Die Gesteinskörnung enthält keine der in der Richtlinie genannten alkaliempfindlichen Gesteinskörnungen.		unbedenklich
E I – O	– Opalsandstein einschließlich Kieselkreide (über 1 mm)	< 0,5 Gew.-%	unbedenklich
E II – O	– Opalsandstein einschließlich Kieselkreide	≤ 2,0 Gew.-%	bedingt brauchbar
E III – O	– Opalsandstein einschließlich Kieselkreide	> 2,0 Gew.-%	bedenklich
E I – OF	– Opalsandstein einschließlich Kieselkreide – Opalsandstein einschließlich Kieselkreide und Flint – 5 x Opalsandstein einschließlich Kieselkreide + reaktionsfähiger Flint	< 0,5 Gew.-% < 2,0 Gew.-% < 4,0 Gew.-%	unbedenklich
E II – OF	– Opalsandstein einschließlich Kieselkreide und Flint – reaktionsfähiger Flint – 5 x Opalsandstein einschließlich Kieselkreide + reaktionsfähiger Flint	< 2,0 Gew.-% < 10,0 Gew.-% < 15,0 Gew.-%	bedingt brauchbar
E III – OF	– Opalsandstein einschließlich Kieselkreide und Flint – reaktionsfähiger Flint – 5 x Opalsandstein einschließlich Kieselkreide + reaktionsfähiger Flint	> 2,0 Gew.-% > 10,0 Gew.-% > 15,0 Gew.-%	bedenklich
E I – S	– gebrochene Grauwacke – gebrochener Quarzporphyr (Rhyolith) – gebrochener Oberrheinkies – rezyklierte Körnungen		unbedenklich
E III – S	– Kies mit > 10 Gew.-% der vorgenannten Körnungen – andere gebrochene, nicht als unbedenklich eingestufte Gesteinskörnungen – andere gebrochene Gesteinskörnungen ohne baupraktische Erfahrungen		bedenklich

E = Empfindlichkeit, Klassen I, II, III;   O = Opalsandstein;   F = Flint;   S = Splitt

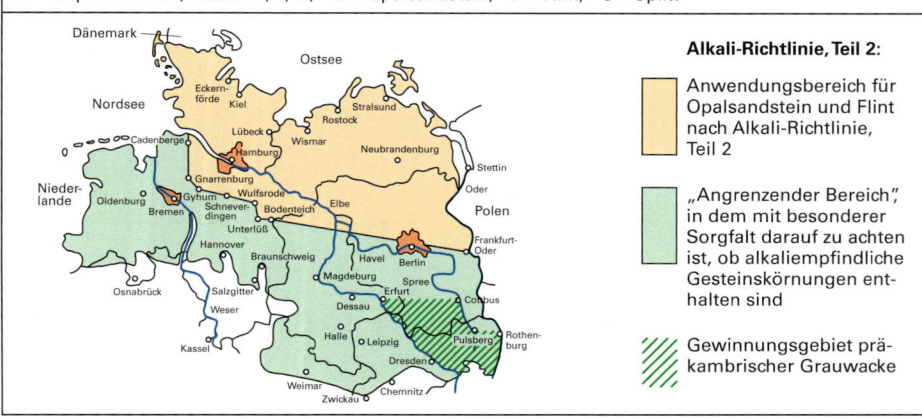

Alkali-Richtlinie, Teil 2:

Anwendungsbereich für Opalsandstein und Flint nach Alkali-Richtlinie, Teil 2

„Angrenzender Bereich", in dem mit besonderer Sorgfalt darauf zu achten ist, ob alkaliempfindliche Gesteinskörnungen enthalten sind

Gewinnungsgebiet präkambrischer Grauwacke

6.5 Gesteinskörnungen

6.5.4 Kornzusammensetzung für Betone

Betontechnologische Forderungen
- Die Gesteinskörnung soll ein dichtes, hohlraumarmes Kornhaufwerk bilden.
- Die Oberfläche des Korngemisches soll klein sein.
- Die Gesteinskörnung soll einen gut verarbeitbaren und gut verdichtbaren Beton ermöglichen.

Konstruktive Forderung
- Der Größtkorndurchmesser soll $\leq \frac{1}{3}$ des kleinsten Bauteilmaßes sein.
- Die Gesteinskörnung soll kleiner sein als der Abstand der Bewehrungsstäbe untereinander und von der Schalung.

Sieblinien[1] nach DIN 1045-2/DIN EN 12620/DIN 1045-2, Entwurf 2014
für Beton und Stahlbeton mit einem Größtkorn von 8 mm, 16 mm, 32 mm, 63 mm

[1] Bei Sand und Kies mit annähernd gleichen Rohdichten ist die Angabe in Massenprozenten üblich und ausreichend.

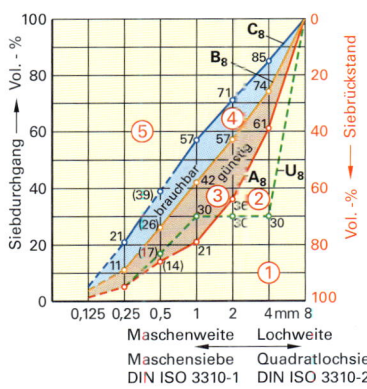

Regelsieblinien für Größtkorn 8 mm

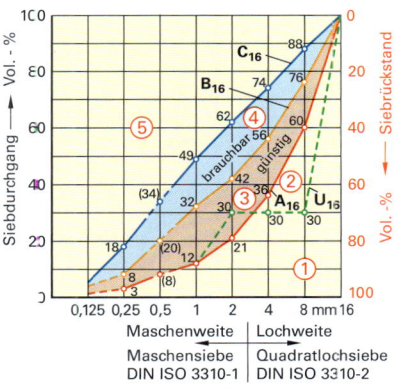

Regelsieblinien für Größtkorn 16 mm

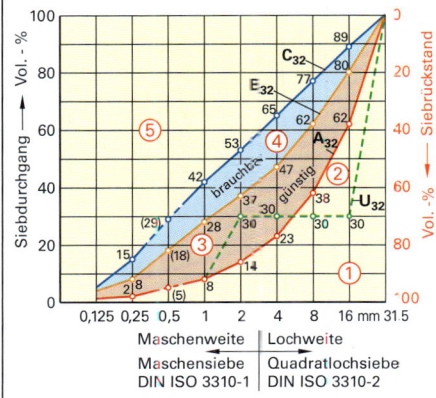

Regelsieblinien für Größtkorn 32 mm

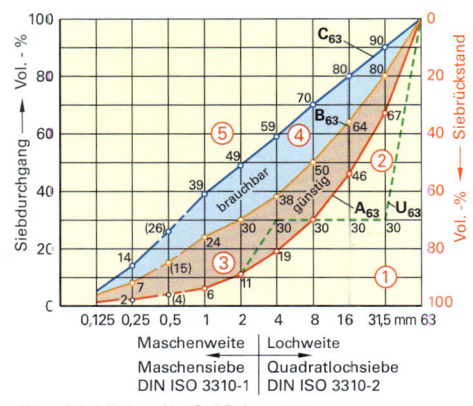

Regelsieblinien für Größtkorn 63 mm

① grobkörnig (zu grob, unterhalb A)
② Ausfallkörnung (günstig für Ausfallkörnung, zwischen U u. B)
③ grob- bis mittelkörnig (günstig, zwischen A und B)
④ mittel- bis feinkörnig (brauchbar, zwischen B u. C)
⑤ feinkörnig (zu fein, oberhalb von C)

Stetige Sieblinien: Eine Sieblinie ist stetig, wenn jede Korngruppe vorhanden ist. Stetige Sieblinien für Beton sollen zwischen den Sieblinien A und C verlaufen.

Unstetige Sieblinie: Eine Sieblinie ist unstetig, wenn einzelne Korngruppen fehlen (**Ausfallkörnung, Sieblinie U**). Unstetige Sieblinien sollen zwischen der unteren Grenzsieblinie U und der Sieblinie C verlaufen.

6.5 Gesteinskörnungen

Beurteilung der Sieblinienbereiche

- Sieblinien oberhalb der Grenzsieblinie **C** sind sehr sandreich und benötigen deshalb (große Oberfläche des Korngemisches) zu viel Wasser und Zement. Damit wird der Beton unwirtschaftlich (hoher Zementgehalt) und betontechnologisch **ungünstig** ⑤ (starkes Schwinden; u.U. auch Festigkeitseinbußen durch zu hohen Feinkornanteil.
- Der Bereich zwischen den Sieblinien **C** und **B** liefert einen **mittel- bis feinkörnigen** ④ Zuschlag. Der Beton ist gut verarbeitbar, jedoch bei gleichem Zementgehalt nicht so druckfest (höherer Wasseranspruch) wie ein Beton, dessen
- Gesteinskörnung im **grob- bis mittelkörnigen** ③ Bereich liegt, begrenzt durch die Sieblinien **A** und **B**. Hinsichtlich der Betoneigenschaften handelt es sich um eine ideale Kornzusammensetzung.
- Unterhalb der Sieblinie **A** besteht das Korngemisch aus zu viel Grobkorn (**ungünstiger** ① Bereich). Das hat zur Folge, dass der Beton schwer zu verarbeiten und zu verdichten ist; außerdem entmischt er sich leicht.

Fuller-Parabel

Die Korngrößenverteilung und die Kornform haben einen entscheidenden Einfluss auf die Festigkeit des Betons. Fuller hat als erster 1907 durch theoretische Überlegungen und praktische Untersuchungen eine Formel (s.u.) für eine stetig verlaufende Korngrößenverteilung gefunden, die bis heute Grundlage für die Kornverteilung des Normalbetons darstellt: Bei einem Exponenten von $n = 0,5$ ergibt sich eine Packungsdichte von ca. 90 % bei einem Hohlraumgehalt von ca. 10 %.

Am Beispiel der **0/32**er-Körnung wird der Verlauf der Fuller-Parabel gezeigt:

$$F_d = \left(\frac{d}{D}\right)^{0,5} \cdot 100 \ [\%]$$

F_d Siebdurchgang bzw. Anteil der Korngruppe 0/d [%]
d beliebiger Korn-/Siebdurchmesser [mm]
D Größtkorndurchmesser [mm]

$$F_{16} = \left(\frac{16}{32}\right)^{0,5} \cdot 100 \ [\%] = 70,7 \ \%$$

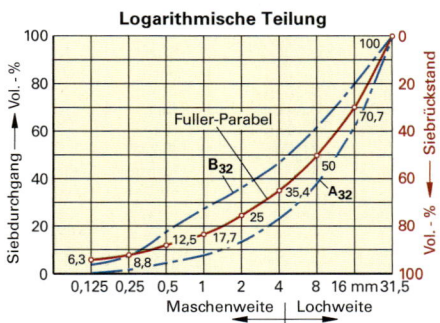

Lineare Teilung

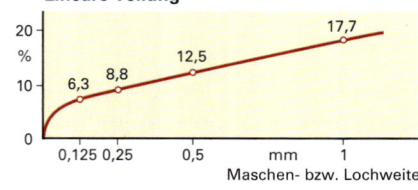

F_{32} = 100 %	F_{16} = 70,7 %	F_8 = 50 %
F_4 = 35,4 %	F_2 = 25 %	F_1 = 17,7 %
$F_{0,5}$ = 12,5 %	$F_{0,25}$ = 8,8 %	$F_{0,125}$ = 6,3 %

Die Regelsieblinien, die oberhalb der Fuller-Parabel liegen, haben einen kleineren Exponenten als $n = 0,5$, die unterhalb liegen einen größeren. Für die Sieblinie B_{32} mit dem Siebdurchgang von 80 % = 0,80 beim 16-mm-Sieb errechnet sich der Exponent zu: $0,80 = \left(\frac{16}{32}\right)^n \Rightarrow n = \frac{\log 0,80}{\log 16/32} = 0,32$ (log a^n = n · log a ▶ S. 17)

Lieferkörnung (DIN EN 12620)

Gesteinskörnung	Korngruppe d/D in mm				
Feine Gesteinskörnung (Sand) $d = 0$ mm und $D \leq 4$ mm	0/1	0/2	0/4		
Grobe Gesteinskörnungen enggestuft $D \leq 11,2$ mm und $D/d \leq 4$ oder $D > 11,2$ mm und $D/d \leq 2$	2/4	2/8	4/8	8/16	16/32
Grobe Gesteinskörnung weitgestuft $D \leq 11,2$ mm und $D/d > 4$ $D > 11,2$ mm und $D/d > 2$	2/16	2/11 4/16	4/32	8/32	

D Siebweite des oberen Begrenzungssiebes; d Siebweite des unteren Begrenzungssiebes

6.5 Gesteinskörnungen

Siebversuch (DIN EN 933-1)

Arbeitsschritte:
- Messproben bei 110 °C = 5 °C trocknen, danach wiegen.
- Messprobe mit Schutzsieb und 0,125-mm-Sieb waschen.
- Waschwasser mit Schlämme trocknen, wiegen.
- Siebprobe trocknen.
- Siebprobe auf das oberste Sieb schütten, gründlich sieben, bei Siebüberlastung teilen und über heller Unterlage von Hand nachsieben.
- Rückstand des obersten Siebes wiegen, Ergebnis eintragen.
- Die weiteren Kornklassen der Reihe nach dazuwiegen oder jede Kornklasse getrennt wiegen (vgl. Beispiel).
- Mit der Menge des Auffangkastens (K) und der getrockneten Schlämme (Schl) darf der Gewichtsunterschied zur Ausgangsmenge (Siebverlust) 1 Masse-% nicht überschreiten.

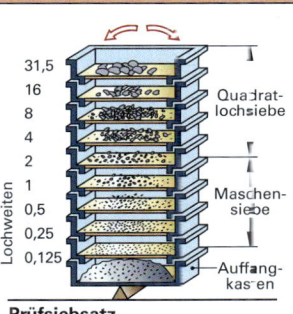

Prüfsiebsatz

Mindestprobenmengen (DIN EN 933-1)				
Größtkorn	32 mm	16 mm	8 mm	≤ 4 mm
Menge normale GK: 2,0 kg/dm³ ≤ ϱ ≤ 3,0 kg/dm³	10,0 kg	2,6 kg	0,6 kg	0,2 kg
Volumen leichte Gesteinskörnung	2,1 l	1,7 l	0,8 l	0,3 l

Maximale Belastung der Siebböden für übliche Gesteine: $A \cdot \sqrt{d}/200$ in g									
Sieböffnungsweite d in mm	63	32	16	8	4	2	1	0,5	0,25	0,125
Siebsatz ⌀ 200 mm, A = 31 416 mm²	1247	889	628	444	314	222	157	111	79	56
Siebsatz ⌀ 300 mm, A = 70 686 mm²	2805	1999	1414	1000	707	500	353	250	177	125
Siebsatz ⌀ 400 mm, A = 125 664 mm²	4987	3554	2513	1777	1256	889	628	444	314	222

Der Siebversuch dient u.a. zur Berechnung des Wasseranspruchs:

Körnungsziffer x: Summe aller prozentualen Siebrückstände (ab Sieb 0,25 mm) dividiert durch 100
(auch Formelzeichen k)

$$x = \frac{\Sigma \text{ Siebrückstände [\%]}}{100}$$

Durchgangssumme D: Summe aller prozentualen Siebdurchgänge vom 63-mm-Sieb bis 0,25-mm-Sieb

Feinheitsziffer F: $F = 30 \cdot x + 25$

Beispiel

Siebnennweite [mm]	63	32	16	8	4	2	1	0,5	0,25	0,125	K	Schl	Σ
Einzelsiebrückstand in g	0	0	2020	1947	1951	1022	978	821	779	340	82	60	10 000
Einzelsiebrückstand in Masse-%	0,0	0,0	20,2	19,5	19,5	10,2	9,8	8,2	7,8	3,4	0,8	0,6	100,0
Σ Siebrückstände in Masse-%	0,0	0,0	20,2	39,7	59,2	69,4	79,2	87,4	95,2	98,6	100,0		
Siebdurchgang in Masse-%	100,0	100,0	79,8	60,3	40,8	30,6	20,8	12,6	4,8	1,4	–	–	

Körnungsziffer $\quad x = \dfrac{20,2 + 39,7 + \ldots + 95,2}{100} = 4,50$

Durchgangssumme $D = 100,0 + 100,0 \ldots + 4,8 = 449,7$

Feinheitsziffer $\quad F = 30 \cdot 4,50 + 25 = 160$

Fortsetzung des Beispiels: ▶ Folgeseite

Je grobkörniger die Gesteinskörnung, desto größer ist die Körnungsziffer und umso geringer ist der Wasseranspruch.

Bei gleicher (jeweiliger) Dichte sind die Siebdurchgänge in Masse-% und Volumen-% gleich.

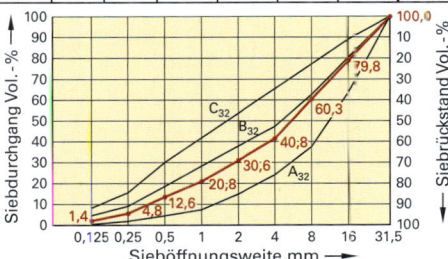

6.5 Gesteinskörnungen

6.5.5 Wasseranspruch

Wasseranspruch w (l) für 1 m³ Frischbeton der Konsistenz

Sieblinie	Körnungsziffer x	F1	F2	F3
A8	3,64	155 l	190 l	210 l
B8	2,89	175 l	205 l	225 l
C8	2,27	200 l	230 l	250 l
U8	3,87			
A16	4,61	140 l	170 l	190 l
B16	3,66	150 l	185 l	205 l
C16	2,75	185 l	215 l	235 l
U16	4,88			
A32	5,48	130 l	155 l	175 l
B32	4,20	140 l	175 l	195 l
C32	3,30	165 l	200 l	220 l
U32	5,65			
A63	6,15	120 l	145 l	160 l
B63	4,91	135 l	160 l	180 l
C63	3,72	145 l	180 l	200 l
U63	6,57			

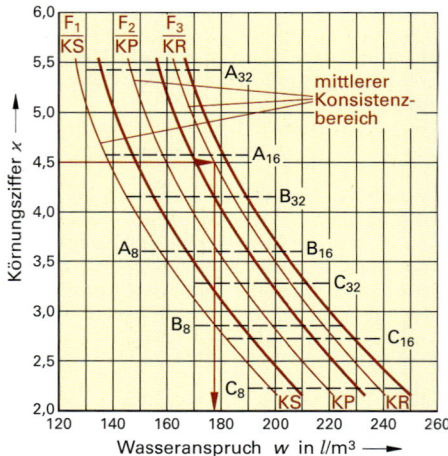

Anhaltswerte für hohen Wasseranspruch
Quelle: Bauberatung Zement

Anhaltswerte für niedrigen Wasseranspruch
Quelle: Transportbeton Unternehmen

Beispiel
Die Körnungsziffer betrage bei einer 0/32-er Körnung $x = 4{,}50$. Der Wasseranspruch w für 1 m³ Frischbeton ist zu bestimmen, wenn die Konsistenz **F3** angestrebt wird.
Lösung nach Kap. 1.1; Interpolation ▶ S. 10 und nach den Richtwerten für hohen Wasseranspruch

$$y = y_0 + \frac{y_1 - y_0}{x_1 - x_0} \cdot (x - x_0)$$

$x_0 = 5{,}48;\quad x_1 = 4{,}20;\quad x = 4{,}50$
$y_0 = 175\ l/m^3;\quad y_1 = 195\ l/m^3;$

$$y = 175 + \frac{195 - 175}{4{,}20 - 5{,}48} \cdot (4{,}50 - 5{,}48) = 190{,}3\ l/m^3$$

Der Wasseranspruch w beträgt **190 l/m³**.

Richtwerte für durchschnittlichen Wasseranspruch nach TIETZE.

$$w = \frac{1100}{x + 3} + a$$

$a = 0$	bei Konsistenz **steif**	F1
$a = 20$	bei Konsistenz **plastisch**	F2
$a = 40$	bei Konsistenz **weich**	F3
x	Körnungsziffer der Gesteinskörnung	

Beispiel
(Aufgabenstellung wie nebenstehendes Beispiel)

$$w = \frac{1100}{4{,}50 + 3} + 40 = 187\ l/m^3$$

6.5.6 Mehlkorngehalt

Mehlkorn fördert die Verarbeitbarkeit des Frischbetons und bewirkt ein dichtes Gefüge des Festbetons: gut und wichtig bei **Pumpbeton, Sichtbeton, wu-Beton** und für **dünnwandige, eng bewehrte Bauteile**. Füller können dem Korngemisch nach DIN 4226-100 zugegeben werden. Für die Zugabe sind vom Hersteller des Korngemisches bestimmte Grenzwerte einzuhalten.

Mehlkorngehalt (Kornanteil ≤ 0,125 mm) aus Gesteinskörnung, Zement und (ggf.) Zusatzstoffen

Zementgehalt[1] (kg/m³)	Höchstzulässiger Mehlkorngehalt (kg/m³)				Betonfestigkeitsklasse (N/mm²)
	Expositionsklassen ▶ Kapitel 6.7.2				
	XF, XM		XO, XC, XD, XS, XA	alle	
	8 mm	16…63 mm	8…63 mm	8…63 mm	
≤ 300	450[2]	400[2]	550	–	≤ C50/60
≥ 350	500[2]	450[2]	550	–	≤ LC50/55
≤ 400	–	–	–	500[3]	
450	–	–	–	550[3]	≥ C55/67
≥ 500	–	–	–	600[3]	≥ LC55/60

[1] Zwischenwerte sind geradlinig zu interpolieren.

[2] Die Werte dürfen insgesamt um max. 50 kg/m³ erhöht werden, wenn
- der Zementgehalt 350 kg/m³ übersteigt, um den über 350 kg/m³ hinausgehenden Zementgehalt,
- ein puzzolanischer Zusatzstoff Typ II (z.B. Flugasche, Silica) verwendet wird, dann um dessen Gehalt.

[3] Bei 8 mm Größtkorn darf der Mehlkorngehalt um zusätzlich 50 kg/m³ erhöht werden.

6 TECHNOLOGIE DER BAUSTOFFE

6.6 Mörtel

Mörtel besteht überwiegend aus mineralischen Bindemitteln, mineralischer feiner Gesteinskörnung (Sand bis 4 mm Korndurchmesser) und Wasser. Er wird auf der Baustelle gemischt oder als Werkmörtel, Werkvormörtel und Werkfrischmörtel angeliefert. Einige Bindemittel können mit anderen gemischt werden, z.B. Kalk mit Zement oder Luftkalk mit Gips. Zement und Gips jedoch sind unverträglich. Baugipse und Anhydritbinder verlangen kein **Magerungsmittel** (Sand).

DIN 1053 (alt)	: Mauerwerk, Teil 1; Berechnung und Ausführung, Anhang A: Mauermörtel
DIN EN 1996	: Mauerwerksbau, Teil 1, NA (2005 + A1: 2012)
DIN EN 998-2	: Festlegungen für Mörtel im Mauerwerk, Teil 2: Mauermörtel (2010-12)
DIN 18550	: Planung, Zubereitung und Ausführung von Innen- und Außenputz, Teil 1 – Ergänzende Festlegungen zur DIN EN 13914-1: 2005 (2015)
DIN E 18580	: Baustellenmauermörtel (2017-03)
DIN V 20000	: Teil 412, Anforderungen an Mauermörtel (Werkmörtel) (2004)

6.6.1 Mauermörtel

Mauermörtel hat die Aufgabe, Mauersteine miteinander zu verbinden und in ihrer Lage festzuhalten sowie Maßabweichungen und Ungenauigkeiten auszugleichen.

Mörtelarten (DIN 1053 und DIN EN 1996-1-1/NA)

Mörtel-art	Kurz-zeichen	Mörtel-gruppen (alt)	Herstellung als	Beschreibung
Normalmauer-mörtel	NM	MG MG II, IIa MG III, IIIa	Baustellenmörtel (BM) Werk-Frischmörtel (WF) Werk-Trockenmörtel (WT) Werk-Vormörtel (WV)	**BM** ⇒ wird nach DIN 1053 Teil 1 auf der Baustelle hergestellt. Hier ist keine Überwachung erforderlich. Dieser Mörtel wird auch Rezeptmörtel genannt. **WF** ⇒ wird gebrauchsfertig in verarbeitbarer Konsistenz auf die Baustelle geliefert. **WT** ⇒ ist ein fertiges Gemisch der Ausgangsstoffe. **WV** ⇒ ist ein Gemisch aus Sand und Kalk, evtl. weiteren Zusätzen. Zugabe Zement und Wasser auf der Baustelle.
Leichtmauer-mörtel	LM	LM 21 LM 36	Werk-Trockenmörtel (WT) Werk-Frischmörtel (WF)	
Dünnbett-mörtel	DM	MG II	Werk-Trockenmörtel (WT)	

Putz- und Mauerbinder (DIN EN 413-1)

Druckfestigkeit von Putz- und Mauerbinder				
Festigkeits-klasse	Druckfestigkeit in N/mm² nach		Luft-poren-bildner	
	7 Tagen	28 Tagen		
		mind.	max.	
MC 5	–	≥ 5	≥ 15	mit
MC 12,5 MC 12,5 X	≥ 7	≥ 12,5	≥ 32,5	mit X ohne
MC 22,5 MC 22,5 X	≥ 10	≥ 22,5	≥ 42,5	mit X ohne

Putz- und Mauerbinder (MC) ist ein werkmäßig hergestelltes, hydraulisches Bindemittel. Es besteht im Wesentlichen aus Portlandzement und anorganischen Stoffen, wie z.B. Gesteinsmehl. Beim Mischen mit Sand und Wasser erhält man einen Mörtel, der für Putz- und Mauerarbeiten geeignet ist. Die Zugabe luftporenbildender Zusatzmittel verbessert die Verarbeitbarkeit und die Dauerhaftigkeit.

Putz- und Mauermörtel DIN EN 413-1 – MC 12,5X
Putz- und Mauermörtel nach DIN EN 413-1 Festigkeitsklasse 12,5; ohne Luftporenbildner

Mörtel- und Fugendruckfestigkeit (zusätzlich in der DIN 18580 gefordert)

Mörtel-art	Kurz-zeichen	Mörtel-gruppen DIN 1053	Mörtelklassen[1)] DIN EN 998-2 DIN V 18550	Fugendruckfestigkeit (N/mm²) nach 28 Tagen		
				Verfahren I	Verfahren II	Verfahren II
Normalmauer-mörtel	NM	MG I MG II MG IIa MG III MG IIIa	M1 M 2,5 M 5 M 10 (M 15) M 20 M d	– 1,25 2,5 5,0 10,0 mit Eignungsprüfung ≥ 25,0 (Stufen von 5 N/mm²)	– 2,5 5,0 10,0 (15,0) 20,0	– 1,75 3,5 7,0 14,0
Leichtmauer-mörtel	LM	LM 21 LM 36	M 5 M 5	2,5 2,5	5,0 5,0	3,5 3,5
Dünnbettmörtel	DM	MG III	M 10			

[1)] Das verwendete Bindemittel hat bei den Mörtelklassen keine einschränkende Bedeutung.

6.6 Mörtel

Anforderungen an die Mörteleigenschaften

Mörtel-gruppen	Trocken-rohdichte kg/m³	Wärmeleit-fähigkeit W/(m·K)	Haftscherfestigkeit[3] Anfangswert	Haftscherfestigkeit[3] Mittelwert N/mm²	Chlorid-gehalt M.-%	Verarbei-tungszeit	Korrigierbar-keitszeit	Brand-verhaltens-klasse
Normalmauermörtel (NM)								
I	≥ 1500	–	–	–	≤ 0,1	(Kalkmörtel)		A1
II		–	≥ 0,04	≥ 0,10		(Kalkzementmörtel)		A1
IIa		–	≥ 0,08	≥ 0,20		(Kalkzementmörtel)		A1
III		–	≥ 0,10	≥ 0,25		(Zementmörtel)		A1
IIIa		–	≥ 0,12	≥ 0,30		(Zementmörtel)		A1
Leichtmauermörtel (LM)								
LM 21	≤ 700	≤ 0,21[1] ≤ 0,18[2]	≥ 0,08	≥ 0,20	≤ 0,1	(Bestandteile: Perlite, Blähton, Zement, Bau-kalk, Zusätze)		A1
LM 36	> 700 ≤ 1000	≤ 0,36[1] ≤ 0,27[2]	≥ 0,08	≥ 0,20				A1
Dünnbettmörtel (DM)								
DM	≥ 1500	–	≥ 0,20	≥ 0,50	≤ 0,1	≥ 4 h	≥ 7 min.	A1

[1] λ_R Rechenwert, [2] $\lambda_{10,tr}$ Messwert bei einer Durchschnittstemperatur von 10 °C in trockenem Zustand.
[3] Prüfung nach DIN EN 1052-3 für die charakteristische Anfangsscherfestigkeit, nach DIN 18555-5 für Mittelwert.

Normalmörtel als Baustellenmörtel (Rezeptmörtel, Mischungsverhältnis in Raumteilen)

Mörtel-gruppe MG	Luftkalk Kalkteig	Luftkalk Kalkhydrat	Hydrau-lischer Kalk (HL2)	Hydrau-lischer Kalk (HL5), MC5[2]	Ze-ment	Sand aus natürlichem Gestein		
I	1	–	–	–	–	4		CE-Kennzeichnung: Angabe von Mörtel-eigenschaften nach der Euronorm; über-wacht und zertifiziert.
	–	1	–	–	–	3	lagerfeuchter Zustand	
	–	–	1	–	–	3		
	–	–	–	1	–	4,5		
II	1,5	–	–	–	1	8		
	–	2	–	–	1	8		
	–	–	2	–	1	8		
	–	–	–	1	1	3		
IIa	–	1	–	–	1	6		
	–	–	–	2	1	8		
III/IIIa[1]	–	–	–	–	1	4		

[1] Höhere Festigkeit durch Auswahl geeigneter Sande.   [2] Putz- und Mauerbinder.

Mörtelfaktor und Mörtelausbeute

3 Eimer Sand und 1 Eimer Bindemittel ergeben   mit Wasser angemischt   statt 4 Eimer nur 2 ½ Eimer Mörtel

Sand   Sand   Sand   Bindemittel   Mörtel   Mörtel   Mörtel

Durch die Zugabe von Wasser „verdichtet" sich der Mörtel und es tritt ein Volumenverlust ein. Dieses „Phänomen" nennt man **Mörtelausbeute (%)** oder **Mörtelfaktor** (ohne Einheit). Der Mörtel wird nach **Raumteilen (RT)** zusammengesetzt.

$$\downarrow MA = \frac{\text{Volumen des angemachten Mörtels}}{\text{Volumen des Trockenmörtels}} \cdot 100\,\%$$

Beispiel
Bestimme das Volumen an Zementmörtel, das sich aus 26 l lagerfeuchtem Sand bei einem Mischungsverhältnis MV in Raumteilen RT von 1 : 4 bei 63 % Mörtelausbeute (MA) herstellen lässt!

Mörtel-ausbeute	Feuchtigkeit des Zuschlags	Mörtel-faktor
71 %	trockener Sand	1,4
63 %	lagerfeuchter Sand	1,6
71 %	nasser Sand	1,4

$$\frac{\text{Volumen des Trockenmörtels}}{\text{Volumen des angemachten Mörtels}} = MF \uparrow$$

Zementmenge: $z = 26\,l \cdot \frac{1}{4} = 6{,}5\,l$
Trockenmörtel: $V = 26\,l + 6{,}5\,l = 32{,}5\,l$
Mörtelmenge:
MA = 63 % $32{,}5\,l \cdot 0{,}63 = \mathbf{20{,}5\,l}$

6.6 Mörtel

6.6.2 Putzmörtel

Putz soll Gebäude von außen vor Witterungseinflüssen schützen, innen Unebenheiten im Mauerwerk ausgleichen und einen glatten Untergrund für Tapeten und Farbanstriche abgeben.

Die Planung und Ausführung von Innen- und Außenputzen ist in der DIN EN 13914 (2005) und ergänzend in der DIN 18550, Teil 1 Außenputze (2014) und Teil 2 Innenputze (2015), geregelt. Die DIN V 18550 (2005), in der der Putz nach seinen Materialien eingeteilt wurde, ist komplett ersetzt worden.

Putzmörtelarten (DIN 18550-1)

Bezeichnung	Beschreibung		Klasse der Druckfestigkeit	DIN V 18550 Putzmörtelgruppe	Anwendungsbeispiele
Mörtel mit Luftkalk (CL)	Putzmörtel mit Luftkalk als Hauptbindemittel (Kalkhydrat)	DIN EN 998-1	CS I	P I	Innenputz, Denkmalpflege
Mörtel mit hydraulischem Kalk (NHL, HL)	Putzmörtel mit hydraulischem Kalk als Hauptbindemittel		CS I/CS II	P I	Außenputz, Innenputz, Denkmalpflege
Kalkzementmörtel	Putzmörtel mit Baukalk (Kalkhydrat) und Zement		CS II/CS III	P II	Außenbereich, Sockelbereich, Innenbereich, Feuchträume
Zementmörtel	Putzmörtel mit Hauptbindemittel Zement		CS III/CS IV	P III	Außenbereich, Sockelbereich, Innenbereich, Feuchträume, Keller
Gips-/Gipskalkmörtel DIN EN 13279-1	Putzmörtel mit Calciumsulfat als Hauptbindemittel		B1 bis B7 GIPSMASCHINENPUTZ-TROCKENMÖRTEL DIN EN 13279-1-B1-50-2	P IV	Innenbereich, Küchen, Bäder Gips ▶ S. 242
Lehmmörtel DIN 18947	Putzmörtel mit Lehm als Bindemittel		S I/S II	—	Innenbereich, Küchen, Bäder
Dispersions-Silikatputz DIN EN 15824	Putz, der als Hauptbindemittel Kali-Wasserglas und Polymerdispersion enthält		Wasseraufnahme W2	P Org 1	Außenbereich (bis starker Schlagregen)
			Wasseraufnahme —	—	Innenbereich
Dispersionsputz DIN EN 15824	Putz, der als Hauptbindemittel Polymerdispersion enthält		Wasseraufnahme W2	F Org 1	Außenbereich (bis starker Schlagregen)
			Wasseraufnahme —	F Org 2	Innenbereich
Silkonharzputz DIN EN 15824	Putz mit Hauptbindemittel Silikonharzdispersion und Polymerdispersion		Wasseraufnahme W2 vgl. Schlagregenbeanspruchung	P Org 1	Außenbereich (bis starker Schlagregen

Klassifizierung der Eigenschaften von Festmörtel

Eigenschaften	Kategorien	Werte (DIN EN 998-1)
Druckfestigkeit nach 28 Tagen	CS I	$0{,}4\ N/mm^2 \ldots 2{,}5\ N/mm^2$
	CS II	$1{,}5\ N/mm^2 \ldots 5{,}0\ N/mm^2$
	CS III	$3{,}5\ N/mm^2 \ldots 7{,}5\ N/mm^2$
	CS IV	$\geq 6\ N/mm^2$
Wasserdurchlässigkeit	W_1	hoch $> 0{,}5\ kg/(m^2 \cdot h^{0{,}5})$
	W_2	mittel
	W_3	niedrig $\leq 0{,}1\ kg/(m^2 \cdot h^{0{,}5})$
Schlagregenbeanspruchung	gering: W0,W1,W2	[nicht festgelegt]
	mittel: W1,W2	$c \leq 0{,}40\ kg/(m^2 \cdot min^{0{,}5})$
	stark: W2	$c \leq 0{,}20\ kg/(m^2 \cdot min^{0{,}5})$

Gips-Trockenmörtel (DIN EN 13279-1)

B1	Gips-Trockenmörtel
B2	Gipshaltiger Putztrockenmörtel
B3	Gips-Kalkputz-Trockenmörtel
B4	Gips-Leichtputz-Trockenmörtel
B5	Gipshaltiger Leichtputz-Trockenmörtel
B6	Gipskalk-Leichtputz-Trockenmörtel
B7	Gips-Trockenmörtel mit erhöhter Oberflächenhärte

als Gipshandputz (Versteifungsbeginn > 20 min) oder Gipsmaschinenputz (Versteifungsbeginn > 50 min), Druckfestigkeit $\geq 2{,}0\ N/mm^2$

6.6 Mörtel

Putzsysteme

DIN 18550-1: Die Lagen eines Putzes, die in ihrer Gesamtheit und in Wechselwirkung mit dem Putzgrund die Anforderungen an den Putz erfüllen, werden als **Putzsystem** bezeichnet. In bestimmten Fällen kann auch ein einlagiger Putz als Putzsystem bezeichnet werden.

Putzsysteme bestehen i.d.R. aus einem wärmedämmenden Unterputz und einem wasserabweisenden Oberputz, der die Wärmeleitfähigkeit $\lambda \leq 0{,}2\,\text{W/(m·K)}$ einhält.

Putzsysteme für Innenputze (DIN 18550-1, Ausschnitt)

Mörtelgruppe bzw. Beschichtungsstoff-Typ für Unterputz	Druckfestigkeitskategorie des Unterputzes	Mörtelgruppe bzw. Beschichtungsstoff-Typ für Oberputz	Druckfestigkeitskategorie des Oberputzes
–	–	P I	CS I
P I	CS II	P I	CS I
–	–	P II	CS II
P II	CS II	P I	CS I
P II	CS II	P II	CS II
P II	CS II	P IV	b
P II	CS II	P Org 1	–
P II	CS II	P Org 2	–
–	–	P III	CS IV
P III	CS II	P I	CS I
P III	CS III	P II	CS II
P III	CS IV	P II	CS III
P III	CS IV	P III	CS IV
P III	CS III	P Org 1	–
P III	C III	P Org 2	–
P IV	b	P I[d]	CS I
P IV	b	P II[d]	CS II
P IV	b	P IV	b
P IV	b	P Org 1	–
P IV	b	P Org 2	–
–	–	P Org 1[c]	–

Die Standzeit des Unterputzes vor dem Aufbringen des wasserabweisenden Oberputzes sollte 1 Tag je mm Putzdicke betragen.

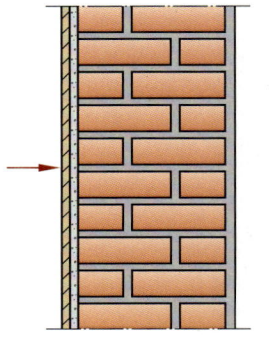

Die Festigkeit des Oberputzes soll nicht größer sein als die Festigkeit des Unterputzes.

$CS_{\text{Oberputz}} \leq CS_{\text{Unterputz}}$

„Stabiler" Putzgrund

Oberputz weicher als Unterputz (Festigkeitsgefälle nach außen)
Druckfestigkeit $\geq 2{,}5\,\text{N/mm}^2$
Diffusionswiderstand $s_d \leq 2{,}0\,\text{m}$

Die Festigkeit des Oberputzes soll bei Leichtmauerwerk gleich oder größer sein als die Festigkeit des Unterputzes.

$CS_{\text{Oberputz}} \geq CS_{\text{Unterputz}}$

Putzsysteme für Außenputze (DIN 18 550-1, Ausschnitt)

Mörtelgruppe für Unterputz	Druckfestigkeitskategorie des Unterputzes	Mörtelgruppe bzw. Beschichtungsstoff-Typ für Oberputz	Druckfestigkeitskategorie des Oberputzes
–	–	P I	CS I
P I	CS I	P I	CS I
–	–	P II	CS II
–	–	P II	CS III
P II	CS II	P I	CS I
P II	CS III	P I	CS I
P II	CS II	P II	CS II
P II	CS III	P II	CS II
P II	CS III	P II	CS II
P II	CS III	P Org 1	–
–	–	P Org 1[a]	–
–	–	P III	CS IV

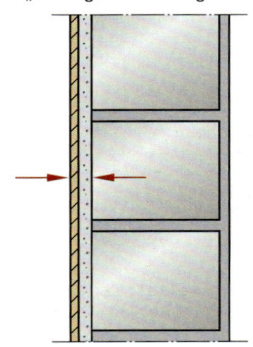

„Beweglicher" Putzgrund

Entkoppeln von Oberputz und Putzgrund durch schubweiche Zwischenschicht.

6.6 Mörtel

6.6.3 Estrichmörtel (DIN 18560, DIN EN 13813)

Estrich ist eine Mörtelschicht, die auf tragendem Untergrund (z.B. Rohdecke/Bodenplatte) entweder
- direkt als **Verbundestrich (V)** aufgebracht oder
- durch eine z.B. PE-Folie mit $d > 0{,}1$ mm getrennt als **Estrich auf Trennschicht (T)** oder
- durch eine elastische Dämmschicht getrennt als **schwimmender Estrich (S)** verlegt wird.

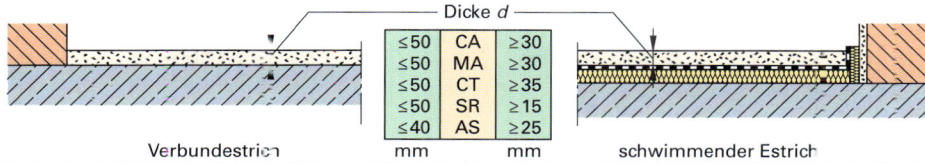

Dicke d

	mm	mm	
	≤50 CA	≥30	
	≤50 MA	≥30	
	≤50 CT	≥35	
	≤50 SR	≥15	
	≤40 AS	≥25	

Verbundestrich — schwimmender Estrich

Estrichart/Kurzzeichen	Eigenschaften und Verwendung
Calciumsulfatestrich CA (Calciumsulfat Screed)	Im Wohnungsbau als Verbund- und schwimmender Estrich. Mindestens 450 kg/m³ Anhydritbinder.
Magnesiaestrich MA (Magnesia Screed)	Im Wohnungs- und Industriebau: angenehme Begehbarkeit, sehr gute Wärmedämmung. Nur von Spezialfirmen auszuführen.
Zementestrich CT (Cement Screed)	Für Böden mit Fußgängerverkehr, Fahrverkehr mit weicher und harter Bereifung, Gütertransporte. Industrieböden mit hohem Verschleißwiderstand.
Gussasphaltestrich AS (Asphalt Screed)	Verbund- und schwimmender Estrich. Feuchtigkeitsfreie Belagunterlage. Estrichdicke 20 mm ... 30 mm.
Kunstharzestrich SR (Synthetic Resin Screed)	Bindemittel: Epoxidharz, Polyesterharz, Polymethacrylharz, Polyurethanharz. Für schwerste mechanische Beanspruchungen, wärmeempfindlich.

Druckfestigkeitsklassen (C ⇒ **C**ompression, engl. = Druck)

Klasse	C5	C7	C12	C16	C20	C25	C30	C35	C40	C50	C60	C70	C80
Druckfestigkeit in N/mm²	5	7	12	16	20	25	30	35	40	50	60	70	80

Biegezugfestigkeitsklassen (F ⇒ **F**lexural, engl. = Biegezug)

Klasse	F1	F2	F3	F4	F5	F6	F7	F10	F15	F20	F30	F40	F50
Biegezugfestigkeit in N/mm²	1	2	3	4	5	6	7	10	15	20	30	40	50

Härteklassen und Biegezugfestigkeitsklassen in N/mm²

Verbundestriche		Estrichmörtelart	Schwimmende Estriche/Heizestriche	
mit Belag	ohne Belag		Härteklasse	Estrichnenndicke (mm)
≥ C20 / F3	≥ C25 / F4	Calciumsulfatestrich CA	F4 / F5 / F6	≥ 45 / ≥ 40 / ≥ 35
		Magnesiaestrich MA	F4 / F5 / F7	≥ 45 / ≥ 40 / ≥ 35
		Zementestrich CT	F4 / F5	≥ 45 / ≥ 40
		Kunstharzestrich SR	F7 / F10	≥ 35 / ≥ 30
IC 15 oder IC 40 für nicht beheizte Räume und im Freien		Gussasphaltestrich AS	IC 10	≥ 25

IC ⇒ **I**ndentation **C**ube (Eindringtiefe Würfel) in 1/10 mm (Härte an Würfeln)

Bezeichnung

Verbundestriche sind angegeben mit der Bezeichnung „Estrich", der DIN-Hauptnummer, dem Kurzzeichen, den Festigkeits-/Härteklassen, dem Verschleißwiderstand nach Böhme (**A**, **A**brasion in cm³/50 cm²), dem Buchstaben **V** (Verbund), der Nenndicke in mm	**Schwimmende Estriche** sind angegeben mit der Bezeichnung „Estrich", der DIN-Hauptnummer, dem Kurzzeichen, den Festigkeits-/Härteklassen, dem Buchstaben „S" (schwimmend), der Nenndicke in mm, H für Heizestrich mit Überdeckung
Estrich DIN 18560 – CT – C30 – F5 – A 15 – V 25	Estrich DIN 18560 – CA – F4 – S 40
Estrich DIN 18560 – SR – C40 – F10 – AR 2 – IR 20 – B 1,5 – V 3	Estrich DIN 18560 – CT – F4 – S 70 – H 45

6.6 Mörtel

6.6.4 Dünnbettmörtel und Klebstoffe (DIN EN 998-2, DIN EN 12004-1)

Dünnbettmörtel sind werkmäßig vorgefertigte Trockenmörtel zur Errichtung von Mauerwerk mit Lager- und Stoßfugen von etwa 1 mm bis 3 mm. Im Hintermauerwerk ist die Verwendung im Dünnbettverfahren das heute überwiegende Mauerverfahren (umgangssprachlich „Kleben").

- Für die Verwendung ist i.d.R. eine allgemeine bauaufsichtliche Zulassung erforderlich.
- Bindemittel Zement nach DIN EN 459 und Kalk nach DIN EN 197 sind zu verwenden.
- Gesteinskörnung, maximal 2 mm; für Fugendicken bis zu 1 mm gelten weitere Anforderungen; das Größtkorn ist vom Hersteller anzugeben.
- Zusatzmittel können u.a. als Luftporenbildner, Plastifizierer und Erstarrungsverzögerer zugegeben werden.

Die Bezeichnung von Mauermörteln ist auf der Verpackung, dem Lieferschein oder in sonstigen Begleitinformationen (Datenblatt, Code) vom Hersteller anzugeben.

Dünnbettverfahren ist ein Verfahren zur Verarbeitung von Fliesen oder Platten aus Naturstein oder Betonwerkstein auf einer ebenen Ansatz- oder Verlegefläche mit Mörtel oder Kunststoff.

Zementhaltige Mörtel (Typ C; Typ C1)
Gemisch aus hydraulischen Bindemitteln, Zuschlägen (Gesteinskörnungen) und organischen Zusätzen (Additive, Kunststoffzusätze), das kurz vor dem Gebrauch mit Wasser oder flüssigen Zusatzmitteln gemischt wird.

Dispersionsklebstoffe (Typ D1, Typ D2)
Gebrauchsfertiges Gemisch aus organischen Bindemitteln in Form wässriger Polymerdispersion, organischen Zusätzen sowie mineralischen Füllstoffen. Die Verwendungsmöglichkeiten in Feuchträumen ist vom Hersteller auszuweisen.

Technische Daten (Herstellerangaben)

Festigkeitsklasse	M 15 gemäß DIN EN 998-2
Druckfestigkeit	≥ 15,0 N/mm²
Haftscherfestigkeit	≥ 0,7 N/mm²
Haftzugfestigkeit	≥ 1,0 N/mm²
Korngröße	0 mm bis 1 mm
Baustoffklasse	A1, nicht brennbar
Wasserzugabe je Sack	ca. 7,0 Liter je nach Verarbeitungskonsistenz
Konsistenz	weich-plastisch
Verarbeitungszeit	ca. 3,5 Stunden
Korrigierbarkeit	ca. 7 Minuten
Umgebungstemperatur	≥ 5° C
Ergiebigkeit	ca. 17,0 l Frischmörtel je Sack
Lagerung	trocken auf Palette 12 Monate
Lieferform	20 kg je Sack

Klassen für Mörtel und Klebstoffe

1 für normale Anforderungen: (Ausgangshaftzugfestigkeit; Haftzugfestigkeit nach Wasserlagerung, Warmlagerung, Frost-Tauwechsel-Lagerung; offene Zeit zur Haftfestigkeit)

Mit den optionalen Merkmalen:
- **T** verringertes Abrutschen
- **E** Verlängerte offene Zeit zur Haftfestigkeit
- **S1** Verformbare Mörtel
- **S2** Stark verformbare Mörtel

2 für erhöhte Anforderungen: Mit den zusätzlichen Merkmalen hinsichtlich der erhöhten Haftfestigkeit

Anwendungsmöglichkeiten von Dünnbettmörtel und Klebstoffen

Bauteil	Zementhaltige Mörtel (Typ C) ( ) bedingt geeignet, Hersteller Angaben		Dispersionsklebstoffe (Typ 1)	Reaktionsharzklebstoffe (Typ R)
Boden, außen	kunststoffvergütet	hochvergütet	–	hart, elastisch
Boden, innen			–	
Zementstrich	kunststoffvergütet	hochvergütet	–	(hart), elastisch
Heizfußboden		hochvergütet	–	(hart), elastisch
alte Fliesen	(kunststoffvergütet)	hochvergütet	–	(hart), elastisch
Dusche	kunststoffvergütet	hochvergütet	–	hart, elastisch
Wände, außen	kunststoffvergütet	hochvergütet	–	elastisch
Wände, innen				
Beton, älter als ½ Jahr	kunststoffvergütet	hochvergütet	grundsätzlich verwendbar	hart, elastisch
Porenbeton	kunststoffvergütet	hochvergütet		hart, elastisch
Gipsplatten	kunststoffvergütet	hochvergütet		(hart), elastisch
Spanplatten	(kunststoffvergütet)	hochvergütet		(hart), elastisch
Dusche	kunststoffvergütet	hochvergütet	–	hart, elastisch

6.6 Mörtel

6.6.5 Spezialmörtel

Einpressmörtel für Spannkanäle	Mörteldruckfestigkeit nach 28 Tagen ≥ 30 N/mm^2; Verwendung von CEM 32,5 R, evtl. Feinsandzusatz; w/z-Wert $\leq 0{,}44$; Zugabe von Einpresshilfen.	
Zementeinpressung (Injektionen)	Verfestigung von Lockergesteinen, Abdichtung gegen Wasser im Tunnelbau. Die Zementsuspension ist ein Zement-Wasser-Gemisch, meist mit Zusätzen, bei größerer Spalten auch mit Sandzusatz.	
Fugenmörtel für Betonfertigteile	Zementfestigkeitsklasse $\geq$ CEM 32,5 R; Zementgehalt ≥ 400 kg/m^3; gemischtkörniger Sand 0/4 mm.	
Fugenmörtel für Mauerwerk	Die Wasserundurchlässigkeit der Fugen setzt eine gemischtkörnige Zusammensetzung des Sandes 0/2 voraus, dem zur Dichtung und verbesserten Geschmeidigkeit **Trass** ▶ S. 222 zugemischt wird.	
Kunststoffmörtel	Setzt sich aus hydraulischen Bindemitteln, abgestuften Sanden und geeigneten **alkaliwiderstandsfähigen Glasfasern** zusammen. 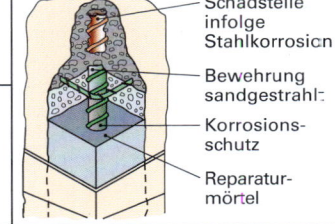	

Kunststoff- und faservergütete Mörtel sind geeignet:
- für wasserundurchlässige, hochbelastbare und schwindrissfreie Putze (Putzdicke ≥ 10 mm)
- im Tunnel-/Stollenbau
- bei der Betoninstandsetzung und -sanierung

Kunstharzmörtel DIN EN 15824	Gegenüber Zementmörteln haben kunstharzgebundene Mörtel (Putze, Betone) i.W. folgende Vorteile: schnelle Erhärtung – hohe Festigkeit – Chemikalienbeständigkeit – Abriebfestigkeit – Haftvermögen

	Druckfestigkeit N/mm^2	Biegezugfestigkeit N/mm^2	Zugfestigkeit N/mm^2	E-Modul N/mm^2
Zement	5 … 50	3 … 6	2 … 4	25 000 … 40 000
Polyesterharz	80 … 140	15 … 35	10 … 20	20 000 … 40 000
Epoxydharz	80 … 130	30 … 50	15 … 30	20 000 … 35 000
Methacrylatharz	100 … 140	25 … 45	10 … 20	18 000 … 38 000

Bitumengebundene Vergussmörtel	Mörtel aus einem Brechsand-Split-Gemisch (0/2, 0/3 oder 0/5 mm), Zement und einer Polymerbitumenemulsion. Die Verarbeitung erfolgt im kalten Zustand. ■ Verarbeitungszeit: 5 … 15 Minuten ■ kein Verdichten erforderlich ■ Einbaudicke: 0,5 cm … 2 cm ■ belastbar nach 20 … 30 Minuten	 Foto: www.hv-kanaltechnik.de

Spezialmörtel und ihre Beanspruchungen (DIN 15873)

Mörtelart	Norm DIN EN	Beanspruchung				
zementgebundene Mörtel		Abwasser	Grundwasser	Boden	Frost	(biologisch, chemisch)
Mauermörtel	998-2	x	x	x	x	x
Beschichtungsmörtel	1504-3	x	x	x	x	x
Dichtungsschlämme	18195-2	x	x	x		
Reparaturmörtel	1504-3	x	x		x	x
Schachtkopfmörtel	998-2			x	x	
Verlegemörtel	12004	x	x			
Injektionsmörtel	1504-5		x	x		

6.7 Beton

Beton nach Eigenschaften	Grundangaben (für die Leistungsbeschreibung) a) Bezug auf die Norm DIN 1045-2:2008-08, b) Druckfestigkeitsklasse, c) Expositionsklasse(n), d) Festigkeitsentwicklung, e) Konsistenzklasse, f) Rohdichteklasse (nur für Leicht- und Schwerbeton).
Beton nach Zusammensetzung	Beton, bei dem die Zusammensetzung des Betons und die verwendeten Ausgangsstoffe dem Hersteller gegenüber festgelegt sind und bei welchem der Hersteller für die Bereitstellung eines Betons mit der festgelegten Zusammensetzung verantwortlich ist.
Erstprüfung	Prüfung, die bei Produktionsbeginn einer neuen Betonsorte oder einer Produktionseinrichtung als erste Prüfung unter Produktionsbedingungen durchgeführt wird, um zu ermitteln, wie ein neuer Beton oder eine neue Betonfamilie zusammengesetzt sein und hergestellt werden müssen, um alle festgelegten Anforderungen im frischen und erhärteten Zustand zu erfüllen.
Expositionsklasse	Klassifizierung der chemischen und physikalischen Umgebungsbedingungen, denen der Beton ausgesetzt werden kann und die auf den Beton, die Bewehrung oder auf metallische Einbauteile einwirken können und die nicht als Lastannahmen in die Tragwerksplanung eingehen.
Festbeton	Beton, der sich in einem festen Zustand befindet und eine bestimmte Festigkeit entwickelt hat.
Fremdüberwachungsprüfung	Prüfung, die unter der Verantwortung einer Zertifizierungsstelle durchgeführt wird, um das Vertrauen in die Prüfungsergebnisse der Produktionslenkung sicherzustellen.
Frischbeton	Beton, der fertig gemischt ist, sich noch in einem verarbeitbaren Zustand befindet und durch das gewählte Verfahren verdichtet werden kann.
hochfester Beton	Beton mit einer Festigkeitsklasse ab C55/67 im Fall von Normalbeton oder Schwerbeton und einer Festigkeitsklasse ab LC55/60 im Fall von Leichtbeton.
Kubikmeter Beton	Verdichteter Frischbeton mit einem Volumen von 1 m^3.
Leichtbeton LC	Beton mit einer Trockenrohdichte von nicht weniger als 800 kg/m^3 und nicht mehr als 2000 kg/m^3. Er wird ganz oder teilweise unter Verwendung von Leichtzuschlag hergestellt. Gesteinskörnung: Blähschiefer, Blähton, Bims.
Normalbeton C	Beton mit einer Trockenrohdichte über 2000 kg/m^3, höchstens aber 2600 kg/m^3. Gesteinkörnung; Quarz, Grauwacke, Basalt, Granit, Kalkstein.
Normalzuschlag	Zuschlag mit einer Kornrohdichte ϱ > 2000 kg/m^3 und ϱ < 3000 kg/m^3, bestimmt nach DIN 4226-3.
Ortbeton	Beton, der als Frischbeton in Bauteile in ihrer endgültigen Lage eingebracht wird und dort erhärtet.
Schwerbeton HC	Beton mit einer Trockenrohdichte über 2600 kg/m^3. Gesteinskörnung: Schwerspat, Eisenerz, Stahlschrott.
Standardbeton	Beton niedriger Festigkeit für eingeschränkte Anwendungsfälle, für den in dieser Norm ein auf der sicheren Seite liegender Mindestzementgehalt vorgeschrieben ist.
Transportbeton	Beton, der im frischen Zustand dem Verwender von einer Person oder Stelle, die nicht der Verwender ist, geliefert wird. Transportbeton im Sinne dieser Norm ist auch: – Beton, der vom Verwender außerhalb der Baustelle hergestellt wird. – Beton, der auf der Baustelle hergestellt wird, jedoch nicht vom Verwender.
Wasserzementwert w/z	Masseverhältnis des wirksamen Wassergehalts zum Zementgehalt im Frischbeton.
äquivalenter w/z-Wert	Massenverhältnis des wirksamen Wassergehalts zum Zementgehalt und zu den anderen anrechenbaren Zusatzstoffen f, z.B. $w/z_{(eq)} = w/(z + 0{,}4 \cdot f)$.
wu-Beton	Wasserundurchlässiger Beton übernimmt neben der tragenden auch eine abdichtende Funktion; XC4 für Bauteildicke $d \leq 40$ cm.
Zertifizierungsstelle	Anerkannte unparteiliche Stelle, die die Übereinstimmung des Betons mit dieser Norm feststellt, die Ergebnisse bewertet und ein Zertifikat erteilt.

6.7 Beton

6.7.1 Einteilung des Betons in Klassen (DIN EN 1992-1/DIN EN 206)

Umweltbedingungen	Frischbeton	Festbeton	Betonkategorien	
7 Expositionsklassen: X0, XC1, XC2, XC3, XC4 XD1, XD2, XD3 XS1, XS2, XS3 XF1, XF2, XF3, XF4 XA1, XA2, XA3 XM1, XM2, XM3	Konsistenzklassen mit 4 Messverfahren ■ Setzmaß ■ Setzzeit ■ Verdichtungsmaß ■ Ausbreitmaß	Druckfestigkeitsklassen: ■ je 16 Klassen für C, HC ■ 14 Klassen für LC	Kategorie 1 X0, XC1,2	$\leq$ C16/20 ■ Normalbeton ■ Standardbeton mit Auflagen
	4 Klassen bezogen auf das Größtkorn des Zuschlags (8, 16, 32, 63 mm)	3 Rohdichteklassen ■ Normalbeton C ■ Leichtbeton LC ■ Schwerbeton HC	Kategorie 2	alle Festigkeitsklassen
				alle Betone
				alle X

X = Umgebungsbedingungen, **C, D, S** = Bewehrungskorrosionen, **F** = Frostangriff,
A = chemischer Angriff a.d. Beton, **M** = Verschleiß; **0 ... 4** = kein ... extremer Angriff

Beton: Definition
Baustoff, erzeugt durch Mischen von Zement, groben und feinen Gesteinskörnungen und Wasser, mit oder ohne Zugabe von Zusatzstoffen oder Zusatzmitteln. Er erhält seine Eigenschaften durch das Erhärten des Zementleims.

Technologische Merkmale
Beton ist sehr druckfest (max. Nennfestigkeit $f_{ck, cube}$ = 115 N/mm²), wasserundurchlässig (wu-Beton), widerstandsfähig gegen chemische/physikalische Angriffe (siehe Expositionsklassen), formbar und gut verarbeitbar.

6.7.2 Beton nach Expositionsklassen

Der Beton muss so zusammengesetzt und hergestellt werden, dass unter Berücksichtigung des gewählten Ausführungsverfahrens für die Betonarbeiten die festgelegten Anforderungen für Frischbeton und Festbeton, einschließlich Konsistenz, Rohdichte, Festigkeit, Dauerhaftigkeit und Schutz des eingebetteten Stahls gegen Korrosion, erfüllt werden.

Klasse	Umgebung	Beispiele	max w/z —	min f_{ck} N/mm²	min z[1)] kg/m³	min z[2)] kg/m³	min p %
\multicolumn{8}{l}{**kein Korrosions- oder Angriffsrisiko:** Bauteile ohne Bewehrung oder eingebettetes Metall in nicht Beton angreifender Umgebung}							
X0	alle Klassen außer XF, XA, XM	Fundamente ohne Bewehrung und ohne Frost; Innenbauteile ohne Bewehrung		C12/15 C8/10	–	–	–
\multicolumn{8}{l}{**Bewehrungskorrosion durch Karbonatisierung:** Beton, der Bewehrung oder anderes eingebettetes Metall enthält und Luft sowie Feuchtigkeit ausgesetzt ist}							
XC1	trocken oder ständig nass	Bauteile in Innenräumen mit üblicher Luftfeuchte (einschl. Küche, Bad und Waschküche in Wohngebäuden); Beton, der ständig unter Wasser ist	0,75	C16/20	240	240	–
XC2	nass, selten trocken	Teile von Wasserbehältern, Gründungsbauteile					
XC3	mäßige Feuchte	Bauteile, zu denen die Außenluft häufig oder ständig Zugang hat; Innenräume mit hoher Luftfeuchtigkeit	0,65	C20/25	260	240	–
XC4	wechselnd nass und trocken	Außenbauteile mit direkter Beregnung; Bauteile in Wasserwechselzonen (Tide)	0,60	C25/30	280	270	–

[1)] Bei 63 mm Größtkorn darf der Zementgehalt (min z) um 30 kg/m³ verringert werden.
[2)] Bei Anrechnung von Zusatzstoffen.
Für Folgeseite: [3)] Besondere Hinweise in der DIN 1045/DIN EN 206-1. [*)] Bei LP wegen XF eine Festigkeitsklasse niedriger
X = Umgebungsbedingungen, **0 ... 4** = kein ... extremer Angriff
C, D, S = Bewehrungskorrosion durch **C**arbonatisierung, **D**eicing-Salt (Streusalz), **S**eawater (Meersalz/salzhaltige Seeluft)
F, A, M = Betonangriff durch **F**reezing (Frost), **C**hemical **A**ttack (chemischen Angriff), **M**echanical Abrasion (Verschleiß)

6.7 Beton

Beton nach Expositionsklassen

Klasse	Umgebung	Beispiele	max w/z –	min f_{ck} N/mm²	min $z^{1)}$ kg/m³	min $z^{2)}$ kg/m³	min p %
	**Bewehrungskorrosion, verursacht durch Chloride außer Meerwasser:** Beton, der Bewehrung oder anderes eingebettetes Metall enthält und chloridhaltigem Wasser einschließlich Taumittel ausgesetzt ist						
XD1	mäßige Feuchte	Bauteile im Sprühnebelbereich von Verkehrsflächen; Einzelgaragen; befahrbare Verkehrsflächen	0,55	C*) 30/37	300	270	–
XD2	nass, selten trocken	Solebäder; Bauteile, die chloridhaltigen Industrieabwässern ausgesetzt sind	0,50	C*) 35/45	320	270	–
XD3	wechselnd nass und trocken	Teile von Brücken mit häufiger Spritzwasserbeanspruchung: Fahrbahndecken; Parkdecks; befahrbare Verkehrsflächen mit rissvermeidenen Bauweisen	0,45	C*) 35/45	320	270	–
	**Bewehrungkorrosion durch Chloride aus Meerwasser:** Beton, der Bewehrung oder anderes eingebettetes Metall enthält, Chloriden aus Meerwasser oder salzhaltiger Seeluft ausgesetzt ist						
XS1	salzhaltige Luft, kein Meerwasserkontakt	Außenbauteile in Küstennähe	0,55	C*) 30/37	300	270	–
XS2	unter Wasser	Bauteile in Häfen, die ständig unter Wasser liegen	0,50	C*) 35/45	320	270	–
XS3	Tidebereiche, Spritzwasser- und Sprühnebelbereiche	Kaimauern in Hafenanlagen	0,45	C*) 35/45	320	270	–
	**Betonangriff durch Frost ohne und mit Taumittel:** durchfeuchteter Beton, der in erheblichem Umfang Frost-Tau-Wechseln ausgesetzt ist						
XF1	mäßige Wassersättigung, ohne Taumittel	Außenbauteile	0,60	C 25/30	280	270	–
XF2	mäßige Wassersättigung mit Taumitteln	Bauteile im Sprühnebelbereich von taumittelbehandelten Verkehrsflächen	0,55	C 25/30	300	–	mit LP³⁾
		Bauteile im Sprühnebelbereich von Meerwasser	0,50	C 35/45	320	–	
XF3	hohe Wassersättigung ohne Taumittel	offene Wasserbehälter	0,55	C 25/30	300	270	mit LP³⁾
		Bauteile in der Wechselzone von Süßwasser	0,50	C 35/45	320	270	
XF4	hohe Wassersättigung mit Taumittel	Verkehrsflächen; Bauteile im Spritzwasserbereich; Räumerlaufbahnen von Kläranlagen; Meerwasserbauteile in der Wasserwechselzone	0,50	C 30/37	320	–	mit LP³⁾
	**Betonangriff durch aggressive chemische Umgebung:** Beton, der chemischem Angriff durch Böden, Grundwasser und Meerwasser ausgesetzt ist						
XA1	chemisch schwach angreifende Umgebung	Behälter von Kläranlagen; Güllebehälter 6,5 ≥ pH-Wert ≥ 5,5	0,60	C 25/30	280	270	–
XA2	chemisch mäßig angreifende Umgebung	Bauteile, die mit Meerwasser in Berührung kommen; Bauteile in stark Beton angreifenden Böden 5,5 > pH-Wert ≥ 4,5	0,50	C*) 35/45	320	270	–
XA3	chemisch stark angreifende Umgebung	Industrieabwasseranlagen mit sehr stark chemisch angreifenden Abwässern 4,5 > pH-Wert ≥ 4,0; Futtertische der Landwirtschaft; Kühltürme mit Rauchgasableitung	0,45	C*) 35/45	320	270	–
	**Betonangriff durch Verschleißbeanspruchung:** Beton, der einer erheblichen mechanischen Beanspruchung ausgesetzt ist						
XM1	mäßige Verschleißbeanspruchung	tragende oder aussteifende Industrieböden mit Beanspruchung durch luft bereifte Fahrzeuge	0,55	C*) 30/37	300	270	–
XM2	starke Verschleißbeanspruchung	tragende o. aussteifende Industrieböden mit Beanspruchung durch luftbereifte und vollgummibereifte Gabelstapler	0,55	C*) 30/37	300	270	–
		Flächen mit schwerem Gabelstapler	0,45	C*) 35/45	320	270	–
XM3	sehr starke Verschleißbeanspruchung	tragende oder aussteifende Industrie böden mit Beanspruchung durch elastomer- oder stahlrollenbereifte Gabelstapler; Oberflächen, die häufig mit Kettenfahrzeugen befahren werden; Wasserbauwerke in geschiebebelasteten Gewässern	0,45	C*) 35/45	320	270	–

¹⁾ Bei 63 mm Größtkorn darf der Zementgehalt (min z) um 30 kg/m³ verringert werden. ²⁾ Bei Anrechnung von Zusatzstoffen.
³⁾ Besondere Hinweise in der DIN 1045/DIN EN 206-1. *) Bei LP wegen XF eine Festigkeitsklasse niedriger.

6.7 Beton

6.7.3 Konsistenzklassen des Frischbetons

Die Konsistenz des Betons kann nach mehreren Verfahren geprüft werden. Die Bezeichnung der Konsistenzklasse des Betons ist an das jeweilige Prüfverfahren gebunden.
Das bevorzugte Prüfverfahren ist die Prüfung des Ausbreitmaßes a.
Hochfester Beton muss eine Konsistenzklasse F3 oder weicher haben.

\multicolumn{3}{c}{Setzmaß-Klassen (Slump)}	\multicolumn{3}{c}{Setzzeit-Klassen (Vébé)}
Klasse	Setzmaß (mm)	Konsistenz-bereich	Klasse	Setzzeit (s)	Konsistenz-bereich
			V0	≥ 31	sehr steif
S1	10 ... 40	plastisch	V1	30 ... 21	steif
S2	50 ... 90	weich	V2	20 ... 11	noch plastisch
S3	100 ... 150	(sehr) weich	V3	10 ... 6	plastisch
S4	160 ... 210	sehr weich	V4	5 ... 3	(eher) weich
S5	≥ 220	fließfähig			

\multicolumn{3}{c}{Verdichtungsmaß-Klassen}	\multicolumn{3}{c}{Ausbreitmaß-Klassen}
Klasse	Verdichtungs-maß v	Konsistenz-bereich	Klasse	Ausbreitmaß a (mm)	Konsistenz-bereich
C0	≥ 1,46	sehr steif	–		
C1	1,45 ... 1,26	steif	F1 (KS)	≤ 340	steif
C2	1,25 ... 1,11	plastisch	F2 (KP)	350 ... 410	plastisch
C3	1,10 ... 1,04	weich	F3 (KR)	420 ... 480	weich
–			F4 (KF)	490 ... 550	sehr weich
–			F5 (KF)	560 ... 620	fließfähig
–			F6	≥ 630	sehr fließfähig

Konsistenzklassen (DIN EN 206)

Beschreibung der Konsistenz nach DIN 1045 (gilt nicht für DIN EN 206)	sehr steif	steif	plastisch	weich	sehr weich	fließ-fähig	sehr fließ-fähig
Ausbreitklasse (Ausbreitversuch)		F1	F2	F3	F4	F5	F6
Ausbreitmaß a (Durchmesser) in mm		≤ 340	350 bis 410	420 bis 480	490 bis 550	560 bis 620	≥ 630
Verdichtungs-Klasse (Verdichtungsprüfung)	C0	C1	C2	C3			
Verdichtungsmaß v	≥ 1,46	1,45 bis 1,26	1,25 bis 1,11	1,10 bis 1,04			
Setzmaß-Klasse (Slump-Versuch)			S1	S2	S3	S4	S5
Setzmaß in mm			10 bis 40	50 bis 90	100 bis 150	160 bis 210	≥ 220
Vebé-Klasse (Vebé-Prüfung)	V0	V1	V2	V3	V4		
Setzzeit in Sekunden	≥ 31	30 bis 21	20 bis 11	10 bis 6	5 bis 3		

Hinweis

- Eine verbindliche Korrelation zwischen den Konsistenzklassen existiert nicht. Die Anwendung der Setzzeit-Klasse ist in Deutschland unüblich.
- Die DIN EN 206 ist eine Stoffnorm und regelt die Festlegung der Eigenschaften, Herstellung und Prüfung von Beton. Die DIN EN 206 ist auf die DIN EN 1992 (EC 2) abgestimmt. Die Betonprüfungen werden nach DIN EN 12350 in Frischbetonprüfungen ▶ S. 267 und nach DIN 12390 in Festbetonprüfungen ▶ S. 269 unterschieden.
- Prüfverfahren ▶ S. 267

6.7 Beton

6.7.4 Druckfestigkeitsklassen des Festbetons

Festigkeitsklassen für Normalbeton [C], Schwerbeton [HC] und Leichtbeton [LC]
$f_{ck,cyl}$ charakteristische Zylinderfestigkeit; $f_{ck,cube}$ charakteristische Würfelfestigkeit;
$f_{c,cube}$ Entwurfsfestigkeit = $f_{ck,cube}$ + Vorhaltemaß (8 N/mm²)

Festigkeitsklassen für C und HC	$f_{ck,cyl}$ in N/mm²	$f_{ck,cube}$ in N/mm²	$f_{c,cube}$ in N/mm²	Festigkeitsklasse für LC	$f_{ck,cyl}$ in N/mm²	$f_{ck,cube}$ in N/mm²
C8/10	8	10	≥ 18	LC8/9	8	9
C12/15	12	15	≥ 23	LC12/13	12	13
C16/20	16	20	≥ 28	LC16/18	16	18
C20/25	20	25	≥ 33	LC20/22	20	22
C25/30	25	30	≥ 38	LC25/28	25	28
C30/37	30	37	≥ 45	LC30/33	30	33
C35/45	35	45	≥ 53	LC35/38	35	38
C40/50	40	50	≥ 58	LC40/44	40	44
C45/55	45	55	≥ 63	LC45/50	45	50
C50/60	50	60	≥ 68	LC50/55	50	55
C55/67	55	67	≥ 75	LC55/60	55	60
C60/75	60	75	≥ 83	LC60/66	60	66
C70/85	70	85	≥ 93	LC70/77	70	77
C80/95	80	95	≥ 103	LC80/88	80	88
C90/105	90	105	≥ 113			
C100/115	100	115	≥ 123			

$f_{ck,cyl}$ = die am Zylinder (d/h = 150 mm/300 mm) bestimmte Festigkeit; sie ist mit der im EC 2 verwendeten charakteristischen Festigkeit (Normfestigkeit) identisch, 28 Tage Wasserlagerung.
$f_{ck,cube}$ = die am 150-mm-Würfel bestimmte Festigkeit

6.7.5 Wasserzementwert

Walz-Diagramm: Zusammenhang zwischen Betondruckfestigkeit, Normfestigkeit des Zementes und Wasserzementwert. Das Diagramm dient im Wesentlichen zum Verständnis der Zusammenhänge, um eine Abschätzung der zu erwartenden Festigkeit vorzunehmen.

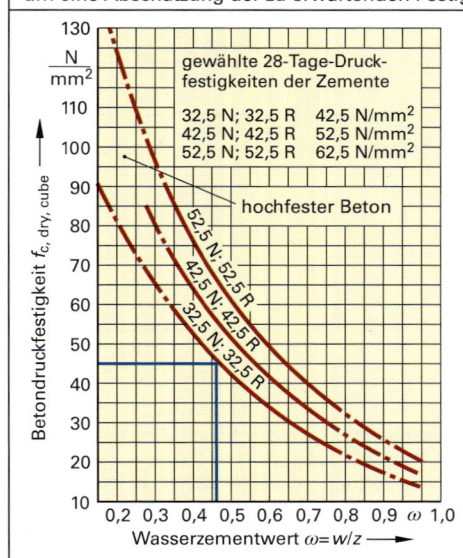

gewählte 28-Tage-Druckfestigkeiten der Zemente

32,5 N; 32,5 R   42,5 N/mm²
42,5 N; 42,5 R   52,5 N/mm²
52,5 N; 52,5 R   62,5 N/mm²

hochfester Beton

Beispiel

Bestimmen Sie die Zementmenge z (CEM 32,5 R) für ein Bauvorhaben (140 m³ Beton der Ausbreitmaß-Klasse F2, Expositionsklasse XS1), wenn die Betondruckfestigkeitsklasse C30/37 angestrebt wird. Körnungsziffer x = 4,20; Sieblinie B₃₂

Erforderliche Druckfestigkeit:
$f_{ck,cube}$ + Vorhaltemaß $f_{c,cube}$ = 45 N/mm²

Wasserzementwert ω
nach Diagramm links w/z = 0,47

Wasseranspruch w
nach Tabelle ▶ S. 250 w = 175 l/m³

Zementmenge z
$z = w/\omega$ = 175/0,47 z = 372,3 kg/m³
für 140 m³ $z \cong$ 52 150 kg

Vergleich mit den Grenzwerten der XS1 ▶ S. 260
ω ≤ 0,55 f_{ck} ≥ C30/37
z ≥ 300 kg/m³   erfüllt!

$f_{c,dry,cube}$: mittlere 28-Tage-Betondruckfestigkeit von 150-mm-Probewürfeln; Lagerung nach DIN EN 12390-2, Nationaler Anhang (1 Tag in Form, 6 Tage in Wasser, 21 Tage an der Luft)

6.7 Beton

6.7.6 Feuchtigkeitsklassen und Rohdichteklassen ▶ S. 258

Einige Gesteinskörnungen ▶ S. 246 enthalten alkaliempfindliche Bestandteile, die in Verbindung mit bestimmten Zementarten zu einer Volumenvergrößerung und damit der Zerstörung des Betongefüges (Alkali-Kieselsäure-Reaktion ▶ S. 73, 246) führen. Die Größe dieses Einflusses hängt unter anderem ab von den das Bauteil umgebenden Feuchtigkeitsbedingungen. DIN 1045-2 legt Feuchtigkeitsklassen (W) fest und beschreibt die Bedingungen, denen ein Bauteil ausgesetzt ist.

Feuchtigkeitsklassen	Abkürzung	Beispiele
trocken Beton, der nach normaler Nachbehandlung nicht längere Zeit feucht und während der Nutzung trocken bleibt	W0	▪ Innenbauteile eines Hochbaus ▪ Bauteile, auf die Außenluft, aber kein Niederschlag, kein Oberflächenwasser, keine Bodenfeuchte einwirken und/oder die nicht ständig einer relativen Luftfeuchte > 80 % ausgesetzt sind
feucht Beton, der während der Nutzung häufig oder längere Zeit feucht ist	WF	▪ ungeschützte Außenbauteile ▪ Innenbauteile des Hochbaus für Feuchträume, in denen die relative Luftfeuchte überwiegend > 80 % ist ▪ Bauteile mit häufiger Taupunktunterschreitung ▪ massige Bauteile, deren kleinstes Maß > 0,50 m ist
feucht + Alkalizufuhr von außen Beton wie **WF**, der jedoch häufiger oder langzeitiger Alkalizufuhr von außen ausgesetzt ist	WA	▪ Bauteile mit Meerwassereinwirkung ▪ Bauteile mit Tausalzeinwirkung ohne zusätzliche hohe dynamische Beanspruchung ▪ Bauteile von Industriebauten und landwirtschaftlichen Bauwerken mit Alkalisalzeinwirkung
feucht + Alkalizufuhr von außen + starke dynamische Beanspruchung	WS	▪ Bauteile unter Tausalzeinwirkung mit zusätzlicher hoher dynamischer Beanspruchung (z.B. Betonfahrbahnen)

Rohdichteklassen (Dichten in kg/m³)

Beton		Trockenrohdichte		Gesteinskörnung	
Leichtbeton (LC)		$800\ kg/m^3 \leq \varrho \leq 2000\ kg/m^3$		Blähschiefer, Blähton, Bims	
D 1,0	D 1,2	D 1,4	D 1,6	D 1,8	D 2,0
$800 < \varrho \leq 1000$	$1000 < \varrho \leq 1200$	$1200 < \varrho \leq 1400$	$1400 < \varrho \leq 1600$	$1600 < \varrho \leq 1800$	$1800 < \varrho \leq 2000$
Normalbeton (C) (Beton)		$2000\ kg/m^3 < \varrho \leq 2600\ kg/m^3$		Quarz, Grauwacke, Basalt, Granit, Kalkstein	
Schwerbeton (HC)		$\varrho > 2600\ kg/m^3$		Schwerspat, Eisenerz, Stahlschrott	

6.7.7 Standardbetonrezepte

Normalbeton ohne Betonzusatzmittel und Betonzusatzstoffe gilt als **Standardbeton**, wenn der Zementgehalt mindestens den Bedingungen der Tabelle entspricht.

Mindestzementgehalt für Standardbeton (DIN 1164-1)
 Größtkorn von 32 mm, Zement der Festigkeitsklasse 32,5, Expositionsklassen X0, XC1, XC2

Festigkeitsklasse des Betons	Mindestzementgehalt in kg je m³ verdichteten Betons für Konsistenzbereich		
	steif	plastisch	weich
C8/10	210	230	260
C12/15	270	300	330
C16/20	290	320	360

Der Zementgehalt **muss vergrößert** werden
- um 10 % bei einem Größtkorn der Gesteinskörnung von 16 mm.
- um 20 % bei einem Größtkorn der Gesteinskörnung von 8 mm.

Der Zementgehalt **darf verringert** werden
- um 10 % bei Zement der Festigkeitsklasse 42,5.
- um 10 % bei einem Größtkorn der Gesteinskörnung von 63 mm.

6.7 Beton

Standardbeton-Betonrezepte

Folgende Annahmen wurden bei der Berechnung der **Betonrezepte** zugrunde gelegt: **Oberflächenfeuchte** der Gesteinskörnung 4,5 Gew.-%, Kornrohdichte ϱ_g = 2,60 kg/dm³, Dichte des Zementes ϱ_z = 3,00 kg/dm³, Luftporengehalt p = 2 Vol.-%.

Betonrezepte für 1 m³ verdichteten Frischbeton der Festigkeitsklasse C8/10

Festigkeitsklasse des Zementes CEM	Größtkorn der Gesteinskörnung (mm)	Konsistenz	Zement z (kg)	Zugabewasser w_z (l)	Gesteinskörnung feucht g (kg)
32,5	16	steif	231	107	1937
		plastisch	253	130	1864
		weich	286	153	1780
	32	steif	210	83	2011
		plastisch	230	107	1937
		weich	260	130	1856
42,5	16	steif	210	106	1956
		plastisch	230	129	1883
		weich	260	152	1802
	32	steif	189	83	2029
		plastisch	207	106	1959
		weich	234	129	1880

Beispiel

Gegeben: CEM 42,5; Größtkorn 16 mm; Konsistenz: steif

Gesucht: z; w_z; g; V_g

Lösung:

z = 210 kg
w_z = 106 l
g = 1956 kg

$$V_g = \frac{m_g}{\varrho_g} = \frac{1956}{2,60} \left[\frac{kg \cdot dm^3}{kg}\right]$$

V_g = **752 dm³ = 0,752 m³**

Betonrezepte für 1 m³ verdichteten Frischbeton der Festigkeitsklasse C12/15

Festigkeitsklasse des Zementes CEM	Größtkorn der Gesteinskörnung (mm)	Konsistenz	Zement z (kg)	Zugabewasser w_z (l)	Gesteinskörnung feucht g (kg)
32,5	16	steif	297	109	1878
		plastisch	330	133	1793
		weich	363	156	1709
	32	steif	270	86	1956
		plastisch	300	109	1875
		weich	330	133	1793
42,5	16	steif	270	108	1902
		plastisch	300	132	1820
		weich	330	155	1739
	32	steif	243	85	1980
		plastisch	270	108	1902
		weich	297	131	1824

Beispiel

Wie groß ist die trockene Masse der Gesteinskörnung für CEM 32,5; Größtkorn 32 mm; Konsistenz: weich?

Lösung:

g_{feucht} = 1793 kg

104,5 % ≙ 1793 kg
100 % ≙ g_{tr}

$$g_{tr} = \frac{1793 \cdot 100}{104,5} = \mathbf{1716\ kg}$$

Die Feuchtigkeitsangabe (4,5 Gew.-%) bezieht sich immer auf die trockene Gesteinskörnung.

Betonrezepte für 1 m³ verdichteten Frischbeton der Festigkeitsklasse C16/20

Festigkeitsklasse des Zementes CEM	Größtkorn der Gesteinskörnung (mm)	Konsistenz	Zement z (kg)	Zugabewasser w_z (l)	Gesteinskörnung feucht g (kg)
32,5	16	steif	319	110	1878
		plastisch	352	134	1774
		weich	396	158	1679
	32	steif	290	87	1937
		plastisch	320	110	1856
		weich	360	134	1766
42,5	16	steif	290	109	1883
		plastisch	320	132	1802
		weich	360	156	1712
	32	steif	261	85	1965
		plastisch	288	109	1885
		weich	324	133	1798

Beispiel

Wie groß ist der Wasser-Zementwert w/z bei der Mischung (CEM 32,5; 32 mm; plastisch)?

Lösung:

$$w_o = \frac{1856 \cdot 4,5}{104,5} = 79,9\ kg$$

$w = w_o + w_z$
  = 79,9 + 110 = 189,9 l

$$\frac{w}{z} = \frac{189,9}{320} = \mathbf{0,59}$$

Der Wassergehalt w setzt sich aus der Oberflächenfeuchte w_o und dem Zugabewasser w_z zusammen.

6.7 Beton

6.7.8 Betonzusätze

■ **Betonzusatzmittel:** Zusatzmittel (i.d.R. flüssige Stoffe) werden dem Beton in geringer Menge zugegeben ($\leq$ 50 g bzw. cm³ je kg Zement), sie haben daher keinen Einfluss auf den **Stoffraum** ▶ S. 266 des Betons. Die Ausführungen sind nach DIN 1045-2 geregelt.

Zusatzmittel und Wirkung	Farben
Betonverflüssiger (BV) vermindern die Oberflächenspannung des Wassers. Bei gleichem Wassergehalt verbessern sie die Verarbeitbarkeit des Frischbetons. Bei gleich guter Verarbeitbarkeit setzen sie den Wasseranspruch herab und erhöhen damit Festigkeit und Dichtigkeit des Festbetons.	Gelb
Fließmittel (FM) vermindern den Wasseranspruch und/oder verbessern die Verarbeitbarkeit zur Herstellung von Beton mit fließfähiger Konsistenz (Fließbeton). Die hohe Verflüssigungswirkung klingt schnell ab (30 min bis 60 min).	Grau
Luftporenbildner (LP) erzeugen gleichmäßig verteilte Luftporen ($\varnothing \leq 0{,}3$ mm), die den Frost- und Frosttauwiderstand erhöhen. 1 Vol.-% Poren ersetzt ungefähr 15 kg/m³ Mehlkorn. ▶ S. 243, 250	Blau
Dichtungsmittel (DM) vermindern die Wasseraufnahme des Festbetons.	Braun
Verzögerer (VZ) verlängern die Verarbeitungszeit, verzögern den Erstarrungsvorgang und verlangsamen die Wärmeentwicklung.	Rot
Beschleuniger (BE) werden auch als Frostschutzmittel angewendet.	Grün
Einpresshilfen (EH): hohe Fließfähigkeit, geringerer Wasseranspruch.	Weiß
Stabilisierer (ST): Zusammenhaltevermögen, Verarbeitbarkeit, Bluten.	Violett
Chromatreduzierer (CR): Reduzierung des wasserlöslichen Chromanteils in zementhaltigen Produkten; dadurch werden allergische Hautreaktionen unterbunden.	Rosa
Recyclinghilfen (RH): Sollen eine Wiederverwendung von Waschwasser, das beim Reinigen von Mischfahrzeugen anfällt, ermöglichen.	Schwarz
Schaumbildner (SB) dienen der Herstellung von Schaumbeton bzw. Beton mit porosiertem Zementleim durch hohen Luftporengehalt.	Orange

Diagramm zum Fließmittel

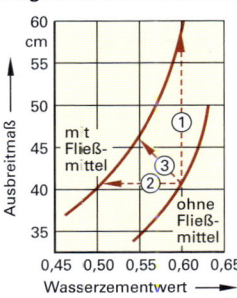

Anwendungsmöglichkeiten von FM

❶ Verflüssigung bis zum Fließbeton bei
  ⇒ filigranen Bauteilen (leichter Betoneinbau mit kürzeren Betonierzeiten)
❷ niedriger Wasserzementwert bei gleicher Konsistenz
  ⇒ Verbesserung der Betonqualität (Dauerhaftigkeit, Festigkeit, Verformungseigenschaften)
  ⇒ Erhöhung der Frühfestigkeit (z.B. in Betonfertigteilen)
  ⇒ Verringerung des Schwindmaßes
❸ Wassereinsparung und gleichzeitig Verflüssigung
  ⇒ einfacher Betoneinbau und gleichzeitige Verbesserung der Betonqualität
  ⇒ breites Anwendungsfeld im konstruktiven Ingenieurbau

■ **Betonzusatzstoffe:** Zusatzstoffe (i.d.R. pulverförmige Stoffe) werden im Gegensatz zu den Zusatzmitteln in größeren Mengen zugegeben und bei der Stoffraumrechnung ▶ S. 266 berücksichtigt. Die Ausführungen sind nach DIN 1045-2 und DIN EN 12620 (Gesteinsmehl), DIN EN 12 878 (Pigmente), DIN EN 450-1 (Flugasche), DIN 51043 (Trass) und DIN EN 13263-1 (Silicastaub) geregelt.

Zusatzstoffart	Typ	Spezifische Oberfläche cm²/g	Dichte kg/dm³	Schüttdichte kg/dm³	Anmerkungen
Quarzmehl		≥ 1000	~ 2,65	1,3 ... 1,5	verbessern die Sieblinie und die Verarbeitbarkeit des Betons
Kalksteinmehl	I[1)]	≥ 3500	2,6 ... 2,7	1,0 ... 1,3	
Pigmente		50 000 ... 200 000	4,0 ... 5,0	–	mineralische Farbstoffe
Flugasche		2000 ... 8000	2,2 ... 2,4	0,9 ... 1,1	künstliches Puzzolan
Trass	II[2)]	≥ 5000	2,4 ... 2,6	0,7 ... 1,0	natürliches Puzzolan, vulkanisches Gesteinsmehl
Silicastaub (SF)		180 000 ... 220 000	~ 2,2	0,3 ... 0,6	künstliches Puzzolan, extrem feinkörniger, mineralischer Zusatz
Silicasuspension		–	~ 1,4	–	wie Silicastaub, nur wässrig

[1)] inaktive Zusatzstoffe   [2)] aktive Zusatzstoffe (selbstständig oder latent hydraulische Stoffe)

6.7 Beton

6.7.9 Betonzusammensetzung – Mischungsentwurf

Der rechnerischen Abschätzung der Betonzusammensetzung liegt die sog. Stoffraumgleichung zugrunde. Sie besagt, dass das Volumen von 1 m³ verdichtetem Frischbeton sich aus der Summe der Volumenanteile an **Zement (z)**, **Wasser (w)**, **Gesteinskörnung (g)**, **Betonzusatzstoffen (f)** und **Luftporen (p)** ergibt. (**z** Zement in kg/m³; **g** Gesteinskörnung in kg/m³; **w** Wasser in kg/m³)

Stoffraumgleichung für 1 m³ Frischbeton

$$1000 = \frac{z}{\varrho_z} + \frac{g}{\varrho_g} + \frac{w}{\varrho_w} + \frac{f}{\varrho_f} + p$$

Menge der Gesteinskörnung

$$g = \varrho_g \cdot \left(1000 - \frac{z}{\varrho_z} - \frac{w}{\varrho_w} - \frac{f}{\varrho_f} - p\right)$$

- Rohdichten der Zemente ▶ Kap. 6.4.1
- Rohdichte der Gesteinskörnung i.M. ϱ_g = 2,60 kg/dm³
- Rohdichte von Flugasche i.M. ϱ_f = 2,45 kg/dm³
- Der Luftporengehalt für 1 m³ Frischbeton beträgt i.M. p = 1,5 % … 2,0 % oder 15 dm³/m³ … 20 dm³/m³

Flugasche f und/oder Silicastaub s dürfen dem Zement z anteilig zugemischt werden:
Äquivalenter Wasserzementwert $(\omega)_{eq}$

Flugasche f	Silicastaub s	Flugasche f + Silicastaub s
$(\omega)_{eq} = w/(z + 0{,}4\,f)$	$(\omega)_{eq} = w/(z + 1{,}0\,s)$	$(\omega)_{eq} = w/(z + 0{,}4\,f + 1{,}0\,s)$
mit $f \leq 0{,}33\,z$	mit $s \leq 0{,}11\,z$	mit $f \leq 0{,}33\,z$ und $s \leq 0{,}11\,z$
$z = \dfrac{w}{\omega \cdot (1 + 0{,}4 \cdot 0{,}33)}$	$z = \dfrac{w}{\omega \cdot (1 + 1{,}0 \cdot 0{,}11)}$	$z = \dfrac{w}{\omega \cdot (1 + 0{,}4 \cdot 0{,}33 + 1{,}0 \cdot 0{,}11)}$

Beispiel

Für eine Kläranlage soll wasserundurchlässiger Beton C30/37 hergestellt werden. Verfügbar sind: CEM 32,5, Gesteinskörnung 0/32 im günstigen Bereich mit der Körnungsziffer x = 5,00 und einer Rohdichte von ϱ_g = 2,60 kg/dm³, Konsistenz F2.

Entwurfsfestigkeit $f_{c,\,cube}$ f_c = 45 N/mm²
charakteristische Festigkeit und Vorhaltemaß
37 N/mm² + 8 N/mm² = 45 N/mm²

Wasserzementwert ω
nach Diagramm ▶ S. 262 ω = 0,47

Der ermittelte Wert ist kleiner als der Grenzwert für Expositionsklasse XA1 (ω – 0,60).

Erforderlicher Wasseranspruch w
nach Tabelle ▶ S. 250   Tabellenwerte
A$_{32}$: x = 5,48 → w = 155 l
B$_{32}$: x = 4,20 → w = 175 l

nach Interpolation w = 162,5 l

Zementmenge z

$z = \dfrac{w}{\omega} = \dfrac{162{,}5\;kg}{0{,}47}$ z = 346 kg

Dichte ϱ_z vom CEM I ϱ_z = 3,1 kg/dm³

Luftporengehalt p   gewählt 1,5 %
Wenn kein Luftporenbildner (LP) zugegeben wird, kann der Luftporengehalt p zwischen 1 … 3 Vol.-% angenommen werden.
1,5 % von 1000 dm³ p = 15 dm³

Gesteinskörnung g

$g = 2{,}6\;kg/dm^3 \cdot \left(1000\;dm^3 - \dfrac{346\;kg}{3{,}1\;kg/dm^3}\right.$

$\left. - 162{,}5\;dm^3 - 15\;dm^3\right)$ g = **1848 kg**

Beispiel

Bei Betonen nach Eigenschaften können zusätzliche Anforderungen nach DIN 1045-2 an die Gesteinskörnung gestellt werden, z.B. Verwendung von 3 abgestuften Korngruppen.

Zuschlag	Anteile	Rohdichte	Feuchte
0/2	20 Vol.-%	2,62 kg/dm³	4,5 %
2/8	25 Vol.-%	2,75 kg/dm³	3,0 %
8/32	55 Vol.-%	2,90 kg/dm³	1,0 %

Aus Lösung des linken Beispiels:
- w = 162,5 kg   ■ z = 346 kg   ■ p = 1,5 %

Zu berechnen sind:
- Rohdichte der Gesteinskörnung
- Stoffraum der Gesteinskörnung
- Stoffraum der einzelnen Korngruppen
- Masse der trockenen und feuchten Gesteinskörnung
- Masse der trockenen und feuchten Korngruppen
- Menge des Zugabewassers

Rohdichte der Gesteinskörnung

$\varrho_g = 0{,}20 \cdot 2{,}62\;\dfrac{kg}{dm^3} + 0{,}25 \cdot 2{,}75\;\dfrac{kg}{dm^3} +$
$\quad + 0{,}55 \cdot 2{,}90\;\dfrac{kg}{dm^3} \qquad = 2{,}81\;\dfrac{kg}{dm^3}$

Tabellarische Auswertung

	Korngruppe 0/2	Korngruppe 2/8	Korngruppe 8/32
Stoffraum	142 dm³	178 dm³	391 dm³
Stoffraum ges.		711 dm³	
Masse trocken	372 kg	490 kg	1134 kg
Masse feucht	389 kg	504 kg	1145 kg
Masse trocken		1996 kg	
Masse feucht		2038 kg	
Wasseranteil	17 kg	14 kg	11 kg
Zugabewasser		120,5 kg	

6.7.10 Betonprüfungen

Prüfung der Konsistenz (DIN EN 12350, DIN EN 206)

Verdichtungsversuch

In einem Blechbehälter mit quadratischer Grundfläche 20 cm × 20 cm und einer Höhe h = 40 cm wird lose über eine Längsseite einer trapezförmigen Kelle Beton eingefüllt. Mit einem Stahllineal soll vorsichtig das Prüfmaterial bündig von der Oberkante abgezogen werden. Der Beton wird nun so lange verdichtet, bis keine Setzungen mehr zu beobachten sind.
Das Abstichmaß s_i wird an allen 4 Ecken festgestellt, um das Mittel s_m zu bilden.

Ausbreitungsversuch

In einem Blechbehälter von der Form eines Kegelstumpfes aufgesetzt auf den „Ausbreittisch", wird der Beton in 2 Schichten eingefüllt und mit einem Stampfer verdichtet. 30 Sekunden nach dem bündigen Abziehen mit einem Stahllineal hebt der Prüfer die Form langsam ab und die Tischplatte 4 cm bis zum Anschlag hoch und lässt sie dann fallen (15-mal innerhalb von 15 sec. ... 45 sec.).
Das Ausbreitmaß ist durch Mittelung der Durchmesser a_1 und a_2 anzugeben.

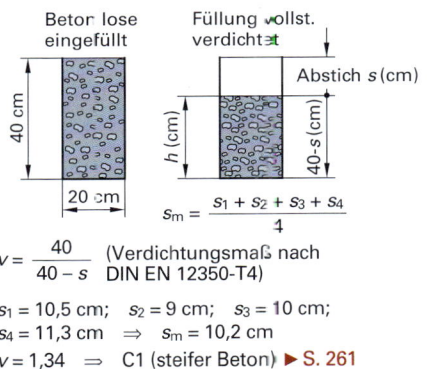

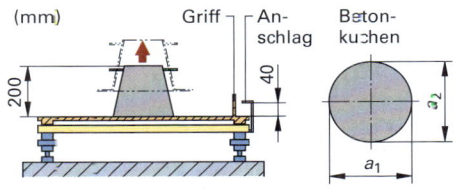

$v = \dfrac{40}{40-s}$ (Verdichtungsmaß nach DIN EN 12350-T4)

s_1 = 10,5 cm; s_2 = 9 cm; s_3 = 10 cm;
s_4 = 11,3 cm $\Rightarrow$ s_m = 10,2 cm
v = 1,34 $\Rightarrow$ C1 (steifer Beton) ▶ S. 261

a_1 = 440 mm; a_2 = 460 mm $\Rightarrow$ a_m = 450 mm
Konsistenz F3 (weicher Beton)
a_m = 420 mm ... 480 mm ▶ S. 261

Ab Ausbreitmaß a > 700 gilt die DAStb-Richtlinie für selbstverdichtenden Beton.

Prüfung auf Druckfestigkeit

Umrechnung der Würfeldruckfestigkeit
Würfelgröße:
$f_{c,dry\,(150\,mm)} = 0{,}97 \cdot f_{c,dry\,(100\,mm)}$

Lagerungsbedingungen:
Normalbeton ≤ C50/60
$f_{c,cube} = 0{,}92 \cdot f_{c,dry}$

hochfester Normalbeton ≥ C55/67
$f_{c,cube} = 0{,}95 \cdot f_{c,dry}$

Würfelgröße und Lagerungsbedingungen:
10er Würfel, C30/37, Luftlagerung
$f_{c,cube\,(150\,mm)} = 0{,}97 \cdot 0{,}92 \cdot f_{c,dry\,(100\,mm)}$

$f_{c,dry}$ $\Rightarrow$ 7 Tage Wasser-, 21 Tage Luftlagerung
$f_{c,cube}$ $\Rightarrow$ 28 Tage Wasserlagerung

Prüfwürfelform
15 cm / 15 cm / 15 cm

Prüfzylinderform
d = 15 cm, h = 30 cm

Beispiel Qualitätsprüfung auf der Baustelle
Die Betonfestigkeitsklasse (C20/25) wird an 3 (oder 4) 10er Würfeln (10 cm/10 cm/10 cm) überprüft:
$f_{c1,dry}$ = 26,3 N/mm², $f_{c2,dry}$ = 29,7 N/mm², $f_{c3,dry}$ = 34,5 N/mm²;
Mittlere Druckfestigkeit $f_{cm,dry}$ = 30,2 N/mm²
Referenzwerte $f_{cm,cube}$ und $f_{c1,cube}$ zur Berücksichtigung der Würfelgröße und „Trockenlagerung":

$f_{cm,cube}$ = 0,97 · 0,92 · 30,2 = **27,0 N/mm²** $f_{cm,cube}$ ≥ f_{ck} + 1 ≥ 25 + 1 = **26 N/mm²**   zulässig!
$f_{c1,cube}$ = 0,97 · 0,92 · 26,3 = **23,5 N/mm²** $f_{c1,cube}$ ≥ f_{ck} − 4 ≥ 25 − 4 = **21 N/mm²**   zulässig!

Beide Kriterien müssen erfüllt sein! ▶ S. 269

6.7 Beton

6.7.11 Verantwortlichkeiten

Die am Bau Beteiligten können während der Planung und Herstellung des Bauwerkes Anforderungen an den Frisch- und Festbeton bestimmen. Als **„Festlegung des Betons"** bezeichnet man die endgültige Zusammenstellung aller Anforderungen. DIN EN 206-1 und DIN 1045-2 regeln die Verantwortlichkeiten des Verfassers der Festlegung, des Betonherstellers und des Betonverwenders.

Beton kann festgelegt werden als **Beton nach Eigenschaften, Beton nach Zusammensetzung** und **Standardbeton**. Bei der Betonbestellung sind grundlegende Anforderungen und ggf. zusätzliche Anforderungen anzugeben.

Verantwortlichkeiten bei Betonbestellung und Herstellung des Betons			
Verantwortlichkeiten	Beton nach Eigenschaften	Beton nach Zusammensetzung	Standardbeton
Verfasser der Festlegung	Festlegen der Frisch-, Festbetoneigenschaften und der Expositionsklassen	■ Einhalten der allgemeinen Anforderungen nach Norm ■ Festlegen der Betonzusammensetzung ■ i.d.R. Erstprüfung	Auswahl von Normalbeton der Festigkeitsklassen C8/10, C12/15 bzw. C16/20 für Expositionsklassen X0, XC1 und XC2
Betonhersteller	■ Einhalten der allgemeinen Anforderungen nach Norm ■ Ermitteln der Betonzusammensetzung ■ Bereitstellen des Betons ■ Erst-, Konformitätsprüfung	■ Einhalten der festgelegten Betonzusammensetzung ■ Bereitstellen des Betons	■ Einhalten der allgemeinen Anforderungen nach Norm ■ Bereitstellen des Betons
Betonverwender	■ Überwachungsprüfung ■ Einbau des Betons	■ Konformitätsprüfung ■ Einbau des Betons	■ Lieferscheinkontrolle ■ Einbau des Betons
Grundlegende Anforderungen	■ Bezug auf DIN EN 206-1 und DIN 1045-2 ■ Druckfestigkeitsklasse ■ Expositionsklassen ■ Nennwert des Größtkorns der Gesteinskörnung ■ Feuchtigkeitsklassen ■ Art der Verwendung des Betons	■ Bezug auf DIN EN 206-1 und DIN 1045-2 ■ Zementgehalt ■ Zementart, Festigkeitsklasse des Zements ■ w/z-Wert oder Konsistenzklasse ■ Nennwert des Größtkorns der Gesteinskörnung ■ Zusatzmittel, Zusatzstoffe	■ Druckfestigkeitsklasse ■ Expositionsklassen ■ Festigkeitsentwicklung ■ Nennwert des Größtkorns der Gesteinskörnung ■ Feuchtigkeitsklassen

6.7.12 Nachbehandlung von Beton

Die Nachbehandlung garantiert in erster Linie die Oberflächenhärte und Dichtigkeit des Betons. Die DIN 1045-3 mit DIN EN 13 670 fordert die Nachbehandlung während der ersten Tage der Hydratation, um das Frühschwinden gering zu halten und eine ausreichende Festigkeit und Dauerhaftigkeit des Betons sicherzustellen.

Zweck der Nachbehandlung Der junge Beton ist zu schützen gegen …	Arten der Nachbehandlung Schutzmaßnahmen gegen vorzeitiges Austrocknen
■ vorzeitiges Austrocknen ■ extreme Temperaturen ■ mechanische Beanspruchungen ■ chemische Angriffe ■ schädliche Erschütterungen	■ Belassen in der Schalung ■ Abdecken mit Kunststofffolien ■ Aufbringen wasserspeichernder Abdeckungen (Jutegewebe, Strohmatte, Sandschichten) ■ Aufbringen flüssiger Nachbehandlungsmittel (Curingmittel) ■ kontinuierliches Besprühen mit Wasser

Mindestdauer der Nachbehandlung in Tagen
Für alle Expositionsklassen außer X0, XC1, XM

Festigkeitsentwicklung von Beton bei 20 °C
(2-Tage-/28-Tage-Festigkeit)

Oberflächen-/morgendliche Lufttemperatur	Festigkeitsentwicklung des Betons $r = f_{cm2}/f_{cm28}$ [1]				Festigkeitsentwicklung	Schätzwert des Festigkeitsverhältnisses $r = f_{cm2}/f_{cm28}$ [1]
ϑ in °C	$r \geq 0{,}50$	$r \geq 0{,}30$	$r \geq 0{,}15$	$r < 0{,}15$	[1] Zwischenwerte dürfen ermittelt werden.	
$\vartheta \geq 25$	1	2	2	3	schnell	$\geq 0{,}5$
$25 > \vartheta \geq 15$	1	2	4	5	mittel	$\geq 0{,}3$ bis $< 0{,}5$
$15 > \vartheta \geq 10$	2	4	7	10	langsam	$\geq 0{,}15$ bis $< 0{,}3$
$10 > \vartheta \geq 5$	3	6	10	15	sehr langsam	$< 0{,}15$

6.7 Beton

6.7.13 Betonüberwachung

Probewürfel und Lagerungsbedingungen

$f_{c, cube (150 mm)}$: Druckfestigkeit von würfelförmigen Probekörpern bei Lagerung nach EN 12390-2
Druckfestigkeit von würfelförmigen Probekörpern nach DIN 1048-5

Probewürfel $f_c \geq f_{ck}$ + Vorhaltemaß Vorhaltemaß zwischen 6 N/mm² und 12 N/mm²	Lagerungsbedingungen nach DIN 1048-5 $f_{c,dry}$	Umrechnung auf das europäische Referenzverfahren EN 12390-2 $f_{c,cube}$
150 mm Kantenlänge	bis zum 7. Tag unter Wasser, dann bis zum 28 Tag trocken (15 °C ... 22 °C)	$\leq$ C50/60: $f_{c,cube} = 0{,}92 \times f_{c,dry,cube}$ $\geq$ C55/67 $f_{c,cube} = 0{,}95 \times f_{c,dry,cube}$
100 mm Kantenlänge	bis zum 7. Tag unter Wasser, dann bis zum 28 Tag trocken (15 °C ... 22 °C)	$\leq$ C50/60 $f_{c,cube} = 0{,}92 \times 0{,}97 \times f_{c,dry,cube}$ $\geq$ C55/67 $f_{c,cube} = 0{,}95 \times 0{,}97 \times f_{c,dry,cube}$

Betonprüfung (Qualitätssicherung)

Prüfungsart	Zeitpunkt	Aufgabe	Anforderungen
Erstprüfung	vor der Verwendung des Betons	Prüfungen vor Herstellungsbeginn, um die geforderten Frisch- und Festbetoneigenschaften eines Betons/ einer Betonfamilie sicherzustellen	$f_c \geq f_{ck}$ + Vorhaltemaß (Vorhaltemaß 6 N/mm² ... 12 N/mm²)
Konformitätskontrolle	während der Produktion des Betons	statistische Produktionskontrolle	**Erstherstellung:** Mittelwert: $f_{cm} \geq f_{ck} + 4$ N/mm² Einzelwert: $f_{ci} \geq f_{ck} - 4$ N/mm² **stetige Herstellung:** Mittelwert: $f_{cm} \geq f_{ck} + 1{,}48 \cdot \sigma$ $\sigma \geq 3$ N/mm² Einzelwert: $f_{ci} \geq f_{ck} - 4$ N/mm²
Im Rahmen der Konformitätskontrolle wird geprüft, ob der Beton den festgelegten Anforderungen nach DIN EN 206-1/DIN 1045-2 entspricht.			
Überwachungsprüfung der Baustelle	während der Bauausführung	Beurteilung der Identität des gelieferten Betons mit der Grundgesamtheit, für die eine Übereinstimmungsbescheinigung (ÜH) erstellt wurde	**3 ... 4 Probewürfel** Mittelwert: $f_{cm} \geq f_{ck} + 1$ N/mm² Einzelwert: $f_{ci} \geq f_{ck} - 4$ N/mm² **5 ... 6 Probewürfel** Mittelwert: $f_{cm} \geq f_{ck} + 2$ N/mm² Einzelwert: $f_{ci} \geq f_{ck} - 4$ N/mm²

Zur Überprüfung der maßgebenden Frisch- und Festbetoneigenschaften wird der Beton in 3 Überwachungsklassen eingeteilt. Bei mehreren zutreffenden Überwachungsklassen ist die höchste maßgebend.

Betonüberwachung (Qualitätssicherung)

Gegenstand	Überwachungsklasse		
	1 Bauunternehmen	2 Bauunternehmen[1]	3 Fremdüberwachung
Festigkeitsklasse für Normal- und Schwerbeton	$\leq$ C25/30	$\geq$ C30/37 und $\leq$ C50/60	$\geq$ C55/67
Festigkeitsklasse für Leichtbeton der Rohdichteklassen			
D1,0 ... D1,4	nicht anwendbar	$\leq$ LC25/28	$\geq$ LC30/33
D1,6 ... D2,0	$\leq$ LC25/28	LC30/33 und LC35/38	$\geq$ LC40/44
Expositionsklassen	X0, XC, XF1	XS, XD, XA, XM, XF2, XF3, XF4	
besondere Betoneigenschaften	Stahlfaserbeton	■ Unterwasserbeton ■ wu-Beton (weiße Wanne) ■ Beton für hohe Gebrauchstemperaturen $\leq$ 250 °C ■ Strahlenschutzbeton (außer Kernkraftwerke)	

[1] ständige Betonprüfstelle, Eigenüberwachung

6.7 Beton

6.7.14 Transportbeton

Transportbeton ist Beton, der „außerhalb der Baustelle", oder Beton, der „auf der Baustelle, aber nicht vom Verwender" hergestellt wird. Er wird im Transportbetonwerk zusammengesetzt, in geeigneten Fahrzeugen zur Baustelle befördert und dort einbaufertig übergeben.

Transport von Beton zur Baustelle und Übergabe

- Frischbeton steifer Konsistenz (F1) darf mit Fahrzeugen ohne Mischer transportiert werden.
- Fahrzeuge mit Mischer sollen 90 Minuten nach der ersten Wasserzugabe vollständig entladen sein!
- Im Allgemeinen ist jede Zugabe von Zusatzmitteln und Wasser bei und nach Lieferung verboten.
- Fahrzeuge ohne Mischer sollen 45 Minuten nach der ersten Wasserzugabe vollständig entladen sein!
- Bei kühler Witterung und bei Frost muss der Transportbeton eine „gewisse Mindesttemperatur" aufweisen.
- Derjenige, der eine „nicht zulässige Zugabe" veranlasst (Wasser, Verflüssiger, ...), ist auf dem Lieferschein zu vermerken!

Auszug aus einem Betonsortenverzeichnis

Beton-sorten-Nr.	Festig-keits-klasse	Kon-sis-tenz	Verwen-dungs-zweck	Festig-keitsent-wicklung	Zement	Gehalt kg/m³ z	w	w/z bzw. $\frac{w}{z+0,3f}$	Gesteins-körnung Be-reich	Gehalt kg/m³	Zusatz-stoff Art	Gehalt kg/m³	Zusatz-mittel Art	% CEM
31230.F	C12/15	F3	b c		CEM I 32,5 R	240	180	0,71	A/B 32	1872	FA	40	BV 1	0,30
41930	C20/25	F3	b d e	m	CEM I 32,5 R	350	190	0,54	A/B 32	1798				
62433	C30/37 NW/HS	F3	b d h	l	CEM III/B 32,5	385	182	0,47	A/B 16	1780			BV 1	0,40

Betonsorten-Nr.: 1. Ziffer: Betonfestigkeit, **2.** Ziffer: Körnung, **3.** Ziffer: Eignung, **4.** Ziffer: Konsistenz, **5.** Ziffer: Zement/Festigkeitsklasse
Verwendungszweck: a unbewehrter Beton, **b** bewehrter Beton, **c** Innenbauteile, **d** Außenbauteile, **e** wu-Beton, **h** starker chem. Angriff
Festigkeitsentwicklung: l langsam, **m** mittel, **s** schnell
Wasserzementwert $w/(z + 0,3 f)$ Die Flugasche FA wird mit 30 % ihres Gewichtes bei der Berechnung des w/z-Wertes berücksichtigt.

Angaben für die Bestellung von Transportbeton

Angaben zum Besteller des Betons	- Name des Bestellers - Name des Rechnungsempfängers mit Anschrift
Angaben zur Baustelle	- Anschrift der Baustelle - Abnahmestelle des Betons - Zufahrtswege - Baustellenverhältnisse, z.B. Hindernisse - Gewichtsbeschränkungen und Rangiermöglichkeiten für Fahrzeuge
Angaben zur Lieferung Der Abnehmer auf der Baustelle erhält vor dem Entladen einen nummerierten Lieferschein. Dieser ist von dem Beauftragten der Lieferfirma und dem Abnehmer zu unterschreiben.	- Liefertermin, Lieferzeit - Betonierbeginn - Betonmenge in m³ verdichteten Frischbetons - Betonsorte aus dem Betonsortenverzeichnis des Transportbetonherstellers, alternativ: festgelegter Beton gemäß Bauausführungs- oder Ausschreibungsunterlagen ▶ S. 268 Verantwortlichkeiten, bei Stahlfaserbeton zusätzlich Faserart und Fasergehalt - Art der Verwendung, z.B. unbewehrter Beton, Stahlbeton, Spannbeton - Nennwert des Größtkorns der Gesteinskörnung - Verarbeitbarkeit des Betons, z.B. Konsistenzklasse - Besondere Anforderungen, z.B. leichtverdichtbar oder selbstverdichtend - Verwendungszweck, z.B. Beton mit erhöhtem Wassereindringwiderstand (wasserundurchlässige Bauteile) - Zusatzmittel - Zusatzstoffe - Zugabewasser, nachträgliche Wasserzugabe - Betoniergeschwindigkeit - Förderart des Betons auf der Baustelle, Fördergerät - Sonderbetoniertechniken, z.B. Unterwasserbeton - Betontemperaturen, wenn Umgebungstemperatur < 5 °C bzw. > 30 °C

6.7 Beton

6.7.15 Betondeckung c der Bewehrung

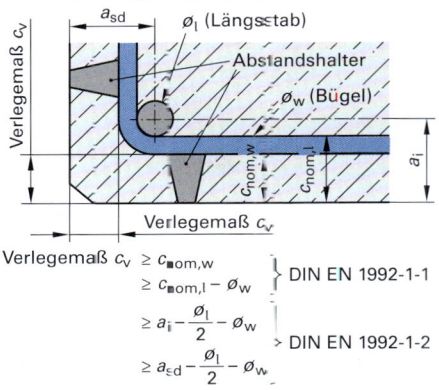

Verlegemaß $c_v \geq c_{nom,w}$
$\geq c_{nom,l} - \varnothing_w$ } DIN EN 1992-1-1
$\geq a_i - \frac{\varnothing_l}{2} - \varnothing_w$
$\geq a_{sd} - \frac{\varnothing_l}{2} - \varnothing_w$ } DIN EN 1992-1-2

Das Verlegemaß c_v ergibt sich als größtes Maß aus den Nennmaßen der Betondeckung für die Längsstäbe und die Querbewehrungen (Bügel) bzw. aus den erforderlichen Betondeckungen für den Brandschutz.

[1] Bei mehreren zutreffenden Expositionsklassen für ein Bauteil ist jeweils die Expositionsklasse mit der höchsten Anforderung maßgebend.

Expositions-klasse[1]	Stabdurch-messer d_s [mm]	Mindest-maße c_{min} [cm]	Nennmaße Verlegemaß c_{nom} [cm]
XC1	bis 10	1,0	2,0
	12, 14	1,5	2,5
	16, 20	2,0	3,0
	25	2,5	3,5
	28	3,0	4,0
	32	3,5	4,5
	40	4,0	5,0
XC2, XC3	bis 20	2,0	3,5
	25	2,5	3,5
	28	3,0	4,0
	32	3,5	4,5
	40	4,0	5,0
XC4	bis 25	2,5	4,0
	28	3,0	4,0
	32	3,5	4,5
	40	4,0	5,0
XD1, XD2, XD3	bis 40	4,0	5,5
XS1, XS2, XS3	bis 40	4,0	5,5

- **Betondeckung:** Abstand zwischen Betonoberfläche und Außenkante Stahl
- **Aufgabe:** Sicherung des Verbundes zwischen Stahl und Beton
  Schutz der Bewehrung gegen Rosten und gegen Brandeinwirkung

Abmessungen: **Nennmaß = Mindestmaß + Vorhaltemaß** $c_{nom} = c_{min} + \Delta c_{dev}$

c_{nom} Nennmaß für die Betondeckung; maßgebend für die Statik zur Berechnung der Nutzhöhe d (statische Höhe)

c_{min} Mindestmaß für die Betondeckung Kontrollmaß für das erhärtete Betonbauteil

Δc_{dev} Vorhaltemaß zur Sicherstellung von c_{nom}
XC1: $\Delta c_{dev} = 1,0$ cm
XC2, XC3 bis 20 mm: $\Delta c_{dev} = 1,5$ cm
XC4 bis 25 mm: $\Delta c_{dev} = 1,5$ cm
XC2, XC3, XC4: $\Delta c_{dev} = 1,0$ cm
XD, XS: $\Delta c_{dev} = 1,5$ cm

Verlegemaß c_V: Ist mindestens gleich c_{nom} und ist in der Bewehrungszeichnung anzugeben.

Vergrößerung der Betondeckung
- Bei Bauteilen aus Leichtbeton (LB):
  $c_{LB,min} = c_{min} + 0,5$ cm
  $c_{LB,min} = d_g + 0,5$ cm
- Betonieren gegen unebene Flächen (z.B. bei architektonischer Gestaltung, Waschbeton und strukturierten Flächen):
  $\Delta c'_{dev} = \Delta c_{dev} + 2,0$ cm

Verminderung der Betondeckung
- Bauteile mit hoher Druckfestigkeit: Wenn f_{ck} um zwei Festigkeitsklassen höher liegt als gefordert: um höchstens 0,5 cm – außer XC1
- Bauteile mit kraftschlüssiger Verbindung von Fertigteil/Ortbeton: Verminderung möglich im Fertigteilbau auf $c_{min} = 0,5$ cm im Ortbeton auf $c_{min} = 1,0$ cm

Beispiel

Gesucht ist das Verlegemaß c_v bei einem Stahlbetonbalken aus C20/25 und einer Expositionsklasse XC1. Längsstäbe $\varnothing_l = 25$ mm, Bügel $\varnothing_w = 3$ mm; $c_v = c_{nom}$

- **für den Bügel:** erf $c_{nom,w} = c_{min} + \Delta c_{dev} = 1,0$ cm + 1,0 cm = **2,0 cm**
  (Tabelle oben, Zeile 1)
- **für den Längsstab:** erf $c_{nom,l} = c_{min} + \Delta c_{dev} = 2,5$ cm + 1,0 cm = **3,5 cm** (Tabelle oben, Zeile 4)
- **vorh $c_{nom,w} =$** erf $c_{nom,l} - \varnothing_w = 3,5$ cm $- 0,8$ cm = **2,7 cm** $\geq$ erf $c_{nom,w} = 2,0$ cm

6.8 Stahl, Betonstahl und Baumetalle

6.8.1 Eisenwerkstoffe

Ausgangsstoff aller Eisenwerkstoffe ist das Roheisen aus dem Hochofen. Durch verschiedenartige Verarbeitungsverfahren entstehen **Gusseisen** und **Stahl**.

Gusseisen, Kohlenstoffgehalt > 2 %			Stahl, Kohlenstoffgehalt ≤ 2 % (nach DIN EN 10020)		
Sorte	Kurzzeichen mit Mindestzugfestigkeit in N/mm²	Verwendung	unlegiert nur Kohlenstoffanteil	niedrig legiert < 5 % Legierungsanteile	hoch legiert > 5 % Legierungsanteile
Gusseisen mit Lamellengrafit DIN EN 1561	EN-GJL-150 EN-GJL-200 EN-GJL-250 EN-GJL-300	Bodeneinläufe, Sinkkästen, Schachtabdeckungen	Baustahl, Betonstahl, Spannstahl, Werkzeugstahl	Baustahl, Spannstahl, Werkzeugstahl	Nichtrostender Stahl, Hochleistungswerkzeugstahl
Gusseisen mit Kugelgrafit	EN-GJS-400 EN-GJS-500 EN-GJS-600 EN-GJS-700	Druckrohre, Ventile, Pumpenteile	Für eine Wärmebehandlung ungeeignet Benennung nach der Zugfestigkeit z.B. St 42	Für eine Wärmebehandlung geeignet	
Temperguss weiß schwarz DIN EN 1562	EN-GJMW-350 bis EN-GJMW-550	Beschläge, Kupplungen, Fittings		**Legierungselemente:** Chrom, Silizium, Nickel, Mangan, Vanadium, Wolfram, Kupfer	

Unlegierte Baustähle für warmgewalzte Flach- und Langerzeugnisse (Auszug DIN EN 10025)							
Kurzname nach DIN EN 10027	Stahlsorte Frühere nationale Bezeichnung		Werkstoffnummer	Desoxidationsart [2]	Stahlart [3]	Streckgrenze R_{eH} in ≥ N/mm²	Zugfestigkeit R_m in N/mm²
	DIN 17100 [1]	Kurzname					
S235JR	St 37-2		1.0037	–	GS	235	–
S235JRG1	USt 37-2		1.0036	FU	GS	225 bis 235	
S235JRG2	RSt 37-2		1.0038	FN	GS	215 bis 235	340 bis 470
S235J0	St 37-3 U		1.0114	FN	QS		
S235J2G3	St 37-3 N		1.0116	FF	QS		
S355J0	St 52-3 U		1.0553	FN	QS	315 bis 355	490 bis 630
S355J2G3	St 52-3 N		1.0570	FF	QS		

[1] zurückgezogen
[2] FU Unberuhigter Stahl;   FN Unberuhigter Stahl nicht zulässig;   FF Vollberuhigter Stahl
[3] GS Grundstahl;   QS Qualitätsstahl

Stahl-Fertigerzeugnisse (Profile, Auswahl) ▶ S. 407

Bleche
DIN EN 10058

Feinbleche
$d ≤ 2{,}75$ mm

Mittelbleche
$3{,}00$ mm $≤ d ≤ 4{,}75$ mm

Grobbleche
$d > 4{,}75$ mm

schmale I-Träger
DIN 1025-1
DIN EN 10034

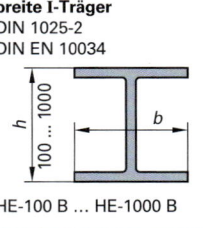

I 80 ... I 600

rundkantiger U-Stahl
DIN 1026-1
DIN EN 10279

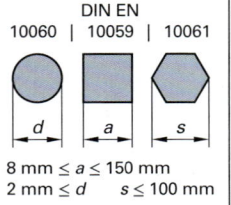

U 30 ... U 400

nahtlose Stahlrohre
DIN EN 10210-1

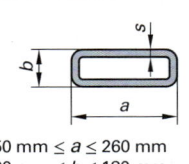

$2{,}3$ mm $≤ s ≤ 25$ mm
$21{,}3$ mm $≤ d ≤ 101{,}6$ mm

Flachstahl
DIN EN 10058

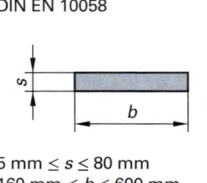

5 mm $≤ s ≤ 80$ mm
160 mm $≤ b ≤ 600$ mm

breite I-Träger
DIN 1025-2
DIN EN 10034

HE-100 B ... HE-1000 B

DIN EN
10060 | 10059 | 10061

8 mm $≤ a ≤ 150$ mm
2 mm $≤ d$ $s ≤ 100$ mm

rechteckige Hohlprofile
DIN EN 10210-2

50 mm $≤ a ≤ 260$ mm
30 mm $≤ b ≤ 180$ mm

6.8 Stahl, Betonstahl und Baumetalle

6.8.2 Betonstähle (DIN 488/DIN EN 1992-1-1/NA)

Betonstahl B ist ein Stahl mit annähernd kreisförmigem Querschnitt zur Bewehrung von Beton. Man unterscheidet nach:

Lieferform	Betonstabstahl, Betonstahlmatten, Betonstahl in Ringen, Bewehrungsdraht
Festigkeit	B500A B = Betonstahl, 500 = Streckgrenze (f_{yk}) in N/mm², A/B = Duktilität B500B
Oberfläche	gerippt (2 Rippen, 3 Rippen, 4 Rippen)
Herstellung	■ warmgewalzt, ohne Nachbehandlung ■ warmgewalzt und wärmebehandelt Das Herstellverfahren bleibt dem Herstel- ■ warmgewalzt und kaltgereckt werk überlassen, sofern die Nachweise nach ■ kaltverformt DIN 488-6 erbracht werden.
Duktilität (Dehnfähigkeit)	Gruppe **A**: normale Duktilität → charakt. Dehnung $\varepsilon_{uk} \geq 25\,‰$ mit $(f_t/f_y)_k \geq 1{,}05$ Gruppe **B**: hohe Duktilität → charakt. Dehnung $\varepsilon_{uk} \geq 50\,‰$ mit $(f_t/f_y)_k \geq 1{,}08$
Bauaufsichtliche Zulassung	Gruppe **C**: Bauaufsichtlich zugelassene (DIBt) Betonstähle erfüllen i.d.R. besondere Anforderungen, z.B.: sehr hohe Duktilität (B500 mit $\varepsilon_{uk} \geq 75\,‰$), Feuerverzinkung, …

Einteilung der Betonstähle (DIN 488 und bauaufsichtliche Zulassung)

Lieferform und Bezeichnung	Darstellung Alle Stähle sind schweißgeeignet (DIN EN 1992-1-1/NA)	Bemessungswert f_{yd}	Streckgrenze f_{yk}	Zugfestigkeit f_t
Betonstabstahl (DIN 488-2) B500A B500B ⌀ mm 6, 8, 10, 12, 14, 16, 20, 25, 28, 32, 40	**Gerippte Stahlsorten** **B500A** (3 Rippenreihen)	435 N/mm²	500 N/mm²	für **A** ≥ 525 N/mm²
Betonstahlmatten (DIN 488-4) B500A B500B ⌀ mm 6, 7, 8, 9, 10	**B500B** (2 Rippenreihen)			für **B** ≥ 540 N/mm²
Betonstahl in Ringen (DIN 488-3) B500A B500B ⌀ mm 4 … 16	**B500B** (4 Rippenreihen)			
Bewehrungsdraht (DIN 488-3) B500A B500B ⌀ mm 4 … 16	**Profilierte oder glatte Stahlsorten** (Ring/Stab) 40° B500A+P B500A+G			für **C** ≥ 575 N/mm²

Kennwerte von geripptem Betonstahl

Durchmesser d_s in mm	6	8	10	12	14	16	20	25	28	32	40
Querschnitt A_s in cm²	0,283	0,503	0,785	1,13	1,54	2,01	3,14	4,91	6,16	8,04	12,57
Gewicht m in kg/m	0,22	0,395	0,617	0,888	1,21	1,58	2,47	3,85	4,83	6,31	9,86

Leserichtung →

Anfang Land 1   Werk 8

Land 1: Deutschland
Werk 8: Baustahlgewebe,
       Produktionsgesellschaft mbH Aalen

6.8 Stahl, Betonstahl und Baumetalle

Idealisierte Spannungs-Dehnungs-Linie (für Betonstahl B500A, DIN EN 1992-1-1)

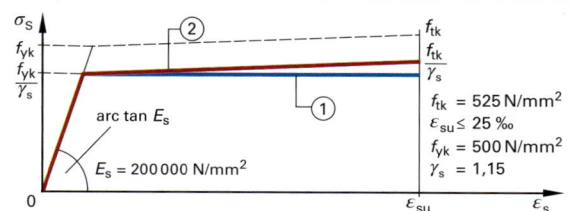

Linie 1: Die Stahlspannung wird auf f_{yk} bzw. f_{yk}/γ begrenzt.

Linie 2: Der Anstieg der Stahlspannung von der Streckgrenze f_{yk} zur Zugfestigkeit f_{tk} wird berücksichtigt.

$f_{tk} = 525$ N/mm²
$\varepsilon_{su} \leq 25$ ‰
$f_{yk} = 500$ N/mm²
$\gamma_s = 1{,}15$

E-Stahl nach EC2

Spannungs-Dehnungs-Diagramm (σ-ε-Diagramm) (DIN EN 10002-1)

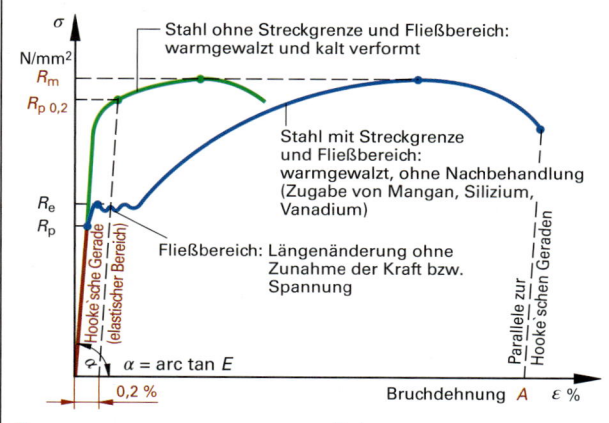

F	Zugkraft
F_m	Höchstzugkraft
L	Messlänge
L_0	Anfangslänge
S_0	Anfangsquerschnitt
ε	Dehnung
A	Bruchdehnung
σ_z	Zugspannung
R_m	Zugfestigkeit (resistance) f_{tk} nach DIN 1992-1-1
R_e	Streckgrenze f_{yk} nach DIN 1992-1-1
$R_{p\,0{,}2}$	Dehngrenze bei 0,2 % Dehnung
E	Elastizitätsmodul
R_p	Proportionalitätsgrenze

Spannung

$$\sigma_z = \frac{F}{S_0}$$

Dehnung

$$\varepsilon = \frac{L - L_0}{L_0} \cdot 100\,\%$$

Hooke'sches Gesetz

$$E = \frac{\sigma_z}{\varepsilon} \cdot 100\,\%$$

Beispiel Zugstab, ges.: R_m, ε

$L_0 = 125$ mm, $d_0 = 25$ mm
$F_m = 340$ kN, $L = 143$ mm

$$S_0 = \frac{\pi \cdot d_0^2}{4} = \frac{\pi \cdot (25\text{ mm})^2}{4} = 490{,}9\text{ mm}^2$$

$$R_m = \frac{F_m}{S_0} = \frac{340\,000\text{ N}}{490{,}9\text{ mm}^2} = 692{,}6\text{ N/mm}^2$$

$$\varepsilon = \frac{L - L_0}{L_0} \cdot 100\,\% = \frac{143\text{ mm} - 125\text{ mm}}{125\text{ mm}} \cdot 100\,\%$$

$\varepsilon = 14{,}4\,\%$ (Bruchdehnung A)

Dehnung ε	Auf die Anfangslänge L_0 bezogene Längenänderung $\Delta L = L - L_0$ in %. Sonderfall: Bruchdehnung A.
Zugfestigkeit R_m	Ist eine Spannung (N/mm²), Höchstzugkraft F_m geteilt durch den Anfangsquerschnitt S_0.
Streckgrenze R_e	Ist eine Spannung (N/mm²); bei zunehmender Verlängerung bleibt die Zugkraft gleich oder fällt ab.
Proportionalitätsgrenze R_p	Bis zu dieser Grenzspannung verhält sich der Stahl ideal elastisch bzw. ist die Spannung der Dehnung proportional: Hooke'sches Gesetz.
Dehngrenze $R_{p0{,}2}$	Festgelegte Dehnung, die der Betonstahl nicht überschreiten darf. Ist wichtig für Baustoffe, bei denen die Streckgrenze nicht ausgeprägt ist (z.B. kalt verformte Stähle).
Elastizitätsmodul E	Entspricht dem Anstieg der Spannungs-Dehnungs-Linie im elastischen Bereich und wird in N/mm² angegeben.

Werkstoffkennwerte von Stahl

Elastizitätsmodul	$E = 210000$ N/mm²
Schubmodul	$G = 81000$ N/mm²
Querdehnzahl	$\nu = 0{,}30$
Dichte	$\varrho = 7850$ kg/m³
Temperaturdehnzahl	$\alpha_\vartheta = 0{,}000012$ K⁻¹

6.8 Stahl, Betonstahl und Baumetalle

6.8.3 Betonstahlmatten

Betonstahlmatten bestehen aus rechtwinklig sich kreuzenden, kalt verformten Einzelstäben, die scherfest miteinander verschweißt sind. Die Durchmesser der Einzelstäbe liegen zwischen 6,0 mm (5,0 mm = Mindest-$\varnothing$) und 14,0 mm (DIN 488-1), Doppelstäbe sind nur in Längsrichtung möglich.

Lagermatten für den schnellen Einsatz	Lagermatten sind standardisierte normalduktile oder hochduktile Betonstahlmatten (B500A) mit festgelegten Abmessungen (B = 2,30 m (2,35 m bei der Q636A); L = 6,00 m) und festgelegtem Aufbau. Das Lieferprogramm umfasst 11 Matten, 6 Q-Matten (quadratische Maschenweiten) und 5 R-Matten (rechteckige Maschenweiten).
Listenmatten punktgenau: Bewehrung nach Bedarf	Listenmatten sind normalduktile oder hochduktile Betonstahlmatten (B500B), die vom Anwender nach dessen individuellen Anforderungen konstruiert werden. Länge L (3,00 m ... 12,00 m), Breite B (1,85 m ... 3,00 m), Stabdurchmesser und Stababstand können nach statischen und konstruktiven Gesichtspunkten frei gewählt werden.
Vorratsmatten Standard (Designmatten)	Vorratsmatten sind standardisierte normalduktile oder hochduktile Betonstahlmatten bis $\varnothing$ 14 mm, die die Vorteile der Lagermatten (schnelle Verfügbarkeit) und Listenmatten (passgenauer Querschnitt) miteinander verknüpfen. Sie werden häufig direkt vom Werk zur Verwendungsstelle geliefert.
Sonderformen aus Mattenstahl	Um die Bewehrungsarbeit zu erleichtern, werden speziell gebogene Formen angeboten: z.B. Unterstützungskörbe für die obere Bewehrung. Bügelkörbe für stabförmige Bauteile. Listenmatten für Randbereiche von Flächentragwerken.
A	Normalduktile, geschweißte Betonstahlmatten aus kaltverformten Stäben.
B	Hochduktile, geschweißte Betonstahlmatten aus warmgewalzten Stäben.

Lagermatten – Aufbauprinzip

150	×	9,0	/	8,0	–	2	/	2	Überstand		250	×	8,0	Überstand
Stababstand		$\varnothing$ innen		$\varnothing$ Rand		links	/	rechts	oben / unten		Stababstand		$\varnothing$	links / rechts
in **Längs-** richtung mm		mm		mm		Anzahl Randstäbe			125 / 125 mm		in **Quer-** richtung mm		mm	25 / 25 mm

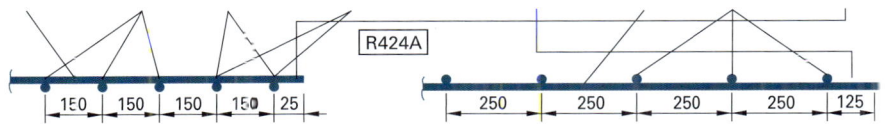

Bestellung: 48 Stück Betonstahlmatten DIN 488 – B500A (Lagermatten)
– 150 × 9,0/8,0 - 2/2   – 125/125: Längsrichtung L = 6,00 m; $ü_L$ = 125 mm
– 250 × 8,0   – 25/25:   Querrichtung B = 2,30 m; $ü_Q$ = 25 mm

		Quer- schnitte längs quer	Länge Breite	Gewicht je Matte	Mattenaufbau in Längs- und Querrichtung				Überstände Anfang/Ende Längsrandstäbe (Randeinsparung)	
	Matten- typ				Stab- ab- stände	Stabdurchmesser Innen- Rand- bereich bereich				
		cm²/m	m	kg	mm	mm			links rechts mm	
Wichtig für Kalkulation und Abrechnung	Q188A	1,88 / 1,88		41,7	150 / 150	6,0 / 6,0			75 / 25	
	Q257A	2,57 / 2,57		56,8	150 / 150	7,0 / 7,0			75 / 25	
Bezeichnung nach 100-fachem Querschnitt	Q335A	3,35 / 3,35	6,00 / 2,30	74,3	150 / 150	8,0 / 8,0			75 / 25	
	Q424A	4,24 / 4,24		84,4	150 / 150	9,0 / 8,0	7,0	4 / 4	75 / 25	
Stahlquerschnitt cm² pro Meter in Längs- richtung a_{sl}	Q524A	5,24 / 5,24		100,9	150 / 150	10,0 / 10,0		4 / 4	75 / 25	
	Q636A	6,36 / 6,23	6,00 / 2,35	132,0	100 / 125	9,0 / 10,0	7,0	4 / 4	62,5 / 25	
Stahlquerschnitt cm² pro Meter in Querrichtung a_{sq}	R188A	1,88 / 1,13		33,6	150 / 250	6,0 / 6,0			125 / 25	
	R257A	2,57 / 1,13		41,2	150 / 250	7,0 / 6,0			125 / 25	
Maschenabstand in • Längsrichtung 15 cm • Querrichtung 25 cm	R335A	3,35 / 1,13	6,00 / 2,30	50,2	150 / 250	8,0 / 6,0			125 / 25	
	R424A	4,24 / 2,0		67,2	150 / 250	9,0 / 8,0	8,0	2 / 2	125 / 25	
Q424A, Q524A, Q636A	R524A	5,24 / 2,0		75,7	150 / 250	10,0 / 8,0	8,0	2 / 2	125 / 25	

Randeinsparung s. u. Randausbildung

$\varnothing$ Längsstab innen
$\varnothing$ Längsstab außen
$\varnothing$ Querstab
Längs- bewehrung a_{sl}
Querbewehrung a_{sc} (Verteilerstäbe)
$\varnothing$ der Randstäbe

R424A, R524A

Q-Matten: Betonstahlmatten des Typs Q mit annähernd gleichem Querschnitt in Längs- und Querrichtung für **zweiachsig** gespannte Platten.

R-Matten: Betonstahlmatten des Typs R mit unterschiedl. Querschnitten in Längs- und Querrichtung ($\geq 1/5 a_{sl}$) für **einachsig** gespannte Platten.

6.8 Stahl, Betonstahl und Baumetalle

Listenmatten – Aufbauprinzip

Listenmatten sind Betonstahlmatten, die vom Statiker nach individuellen Anforderungen konstruiert werden. Länge, Breite, Stabdurchmesser und Stababstand können nach statischen und konstruktiven Erfordernissen frei gewählt werden.

Die Anordnung der Mattenstäbe ist rasterfrei möglich, wodurch sich beliebige Stababstände realisieren lassen und somit jeder Stahlquerschnitt genau umgesetzt werden kann. Als Standardabstände der Längsstäbe können jedoch 100 mm und 150 mm genannt werden. Listenmatten können mit normal- oder hochduktilen Materialeigenschaften geliefert werden.

Beschreibung des Mattenaufbaus von Listenmatten
Angaben sind für die Herstellung von Listenmatten:
- Abstand der Längsstabe (aL)
- Durchmesser der Längsstäbe im Innenbereich (ds1)
- Durchmesser der Längsstäbe im Randbereich (ds2)
- Anzahl der Längs-Randstäbe links (nLinks)
- Anzahl der Längs-Randstäbe rechts (nRechts)
- Mattenlänge in mm (L)
- Längsstab-Überstand am Mattenanfang in mm (Ü1)
- Längsstab-Überstand am Mattenende in mm (Ü2)
- Abstand der Querstäbe (aQ)
- Durchmesser der Querstäbe im Innenbereich (ds3)
- Durchmesser der Querstäbe im Randbereich (ds4)
- Anzahl der Quer-Randstäbe am Mattenanfang (mAnfang)
- Anzahl der Quer-Randstäbe am Mattenende (mEnde)
- Mattenbreite in mm (B)
- Querstab-Überstand am Mattenanfang in mm (Ü3)
- Querstab-Überstand am Mattenende in mm (Ü4)

Mattenaufbau
Längsrichtung: aL · ds1/ds2 – nLinks/nRechts | L | Ü1 | Ü2
Querrichtung: aQ · ds3/ds4 – mAnfang/mEnde | B | Ü3 | Ü4

Betonstahlmatte – DIN 488-4 – B500A

150 · 100/7,0 – 4/4	6,00	75/75
150 · 10,0	2,15	25/25

Vorratsmatten – Aufbauprinzip

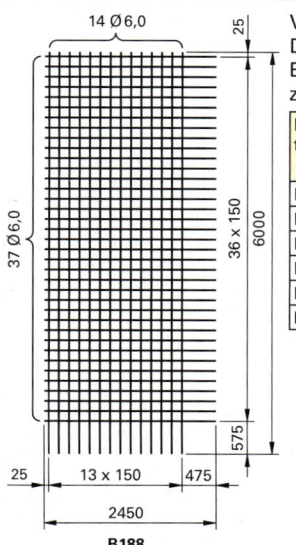

Vorratsmatten vereinen die Vorteile von Lager- und Listenmatten. Durch die seitlichen Überstände an zwei Seiten der Matte ist ein Ein-Ebenen-Stoß möglich. Die Mattenlänge von 6,00 m ist eine Vorzugsgröße, die Mattenbreite beträgt 2,45 m.

Matten-typ	Stababstände in mm	Stabquerschnitte		Anzahl Stäbe mit ø in mm		Masse der Matte
		längs	quer	längs	quer	
B188	längs/quer	1,88 cm²/m	1,88 cm²/m	14 ø 6,0	37 ø 6,0	38,3 kg
B257		2,57 cm²/m	2,57 cm²/m	14 ø 7,0	37 ø 7,0	49,6 kg
B335	150/150	3,35 cm²/m	3,35 cm²/m	14 ø 8,0	37 ø 8,0	64,9 kg
B424		4,24 cm²/m	4,24 cm²/m	14 ø 9,0	37 ø 9,0	82,0 kg
B524		5,24 cm²/m	5,24 cm²/m	13 ø 10,0	37 ø 10,0	101,4 kg
B636	100/125	6,36 cm²/m	6,28 cm²/m	20 ø 9,0	45 ø 10,0	120,2 kg

6.8 Stahl, Betonstahl und Baumetalle

6.8.4 Sondermetalle

COR-TEN-Stahl (auch: Cortenstahl oder Kortenstahl)

COR-TEN-Stahl ist die Handelsbezeichnung für einen wetterfesten Baustahl. Diese Stahllegierung mit den Legierungszusätzen Kupfer, Phosphor, Silizium und Chrom bildet auf der Oberfläche durch Bewitterung, unter der eigentlichen Rostschicht, eine besonders dichte Sperrschicht aus festhaftenden Sulfaten oder Phosphaten, welche das Bauteil vor weiterer Korrosion schützt. Die Bezeichnung wurde aus der ersten Silbe COR für den Rostwiderstand (CORrosion Resistance) und der zweiten Silbe für die Zugfestigkeit (TENsile strength) zusammengesetzt.

Corten A gemäß ASTM A 242, Werkstoff-Nr. 1.8946, EN 10027-1: S355J2WP entspricht einem wetterfesten, phosphorlegiertem Baustahl. Der Dickenbereich ist wegen der schlechten Schweißeignung und schlechter Umformbarkeit auf unter 100 mm begrenzt. Aufgrund seiner Unempfindlichkeit gegenüber Witterungseinflüssen und seiner charakteristischen Patina wird COR-TEN-Stahl u. a. als Fassadenbekleidung in der Architektur eingesetzt.

Corten B gemäß ASTM A 588, Werkstoff-Nr. 1.8965, EN 10027-1: S355J2W ist nicht phosphorlegiert, hat gute Schweißeignung und eine gute Kalt- und Warmumformbarkeit. Der Stahl wird für geschweißte sowie geschraubte Konstruktionen im Stahlhoch- und Brückenbau eingesetzt.

Nichteisenmetalle (NE-Metalle)

NE-Metalle werden nach ihrer Dichte in Schwermetalle ($\varrho \geq 5{,}0$ kg/dm^3) und in Leichtmetalle ($\varrho < 5{,}0$ kg/dm^3) eingeteilt. Die wichtigsten NE-Metalle sind Zink, Zinn, Kupfer und Blei. Von den Leichtmetallen wird im Bauwesen am häufigsten Aluminium verwendet. Außer Kupfer werden alle NE-Schwermetalle von frischem Mörtel und Beton angegriffen. Sie müssen deshalb durch Anstriche oder Abkleben mit Papier oder Folie geschützt werden, bis der Mörtel oder der Beton erhärtet ist.

Name	Dichte	Schmelzpunkt	Eigenschaften	Legierung	Verwendung im Bauwesen
Aluminium Al	2,7 kg/dm^3	660 °C	Silberglänzendes Metall, an der Luft mit mattweißer Oxidschicht überzogen: witterungsbeständig, weich, leicht zu biegen.	Höhere Härte und Festigkeit durch Zusätze	Dacheindeckungen, Bauprofile, Wandverkleidungen, Folien
Zink Zn	7,2 kg/dm^3	420 °C	Bläulichweißes, glänzendes Metall mit grobkörnigem Bruch: witterungsbeständig, hart und spröde, geringe Festigkeit.	Titanzusatz möglich	Verzinkung von Stahlteilen, Korrosionsschutz, Abdeckungen
Zinn Sn	7,3 kg/dm^3	232 °C	Silberweiß, nach längerer Luftlagerung glänzend. Beim Biegen Knirschgeräusche.	Mit Bleizusatz Lötzinn	Leitungsrohre, Folien
Kupfer Cu	8,9 kg/dm^3	1083 °C	Rot glänzendes Metall; an der Luft bildet sich erst eine bräunliche Oxidschicht, dann die grüne Patina.	Höhere Festigkeit durch Zusätze	Rohrleitungen, Dach- und Fassadeneinkleidungen, Folien
Blei Pb	11,3 kg/dm^3	327 °C	Bläulich-hellgraue Farbe; silberglänzender feinkörniger Bruch: korrosionsbeständig, geringe Härte und Elastizität.	Metallzusätze erhöhen die Festigkeit	Abdichtungen; Anschlussblech zw. Dach u. Schornstein

Profile aus Aluminium und Al-Legierungen

L-Profile (mm)	U-Profile (mm)	T-Profile (mm)
scharfkantig oder rundkantig		
DIN 1771[1]	DIN 9713[1]	DIN 9714[1]
$h \times b \times s$	$h \times b \times s \times t$	$h \times b \times s$
20 × 10 × 2	40 × 20 × 3 × 3	25 × 40 × 3
30 × 20 × 3	40 × 40 × 4 × 4	30 × 45 × 4
40 × 20 × 4	40 × 40 × 5 × 5	30 × 60 × 5
50 × 25 × 4	50 × 30 × 4 × 4	40 × 60 × 5
60 × 30 × 4	60 × 30 × 4 × 4	50 × 50 × 4
80 × 40 × 6	80 × 45 × 6 × 8	80 × 80 × 9
$h \leq 200$	$h \leq 160$	$h \leq 100$

[1]) DIN zurückgezogen

Feuerverzinkter Betonstahl (Verwendung)

- bei Gefahr vorzeitiger Karbonatisierung des Betons (bzw. Neutralisation durch andere saure Substanzen) infolge zu geringer Überdeckungen, Einwirkungen von saurer Industrieatmosphäre oder geringer Betongüten,
- bei Einsatz in Meeresluft und Meerwasser (Kühlkanäle, Leuchtturmfundamente, Bohrinseln),
- bei Gefahr der Einwirkung von Halogeniden, insbesondere von Chloriden infolge Streusalzbelastung (Schrammborde, Garagen, deren Zufahrten),
- bei Gefahr von PVC-Bränden,
- bei Sichtbeton zur Verhinderung der Ablauffahnen von Korrosionsprodukten, die den optimalen Eindruck beeinträchtigen,
- bei der Möglichkeit von Korrosionsschäden an erdverlegten Stahlrohren und Behältern, Bandstahlerdern u.Ä. durch Kontakt mit der (edleren) unverzinkten) Bewehrung, um das Potenzial der Bewehrung zu negativeren Werten herabzuziehen,
- um zusätzliche Sicherheit zu gewinnen.

6 TECHNOLOGIE DER BAUSTOFFE

6.9 Holz

6.9.1 Aufbau des Holzes und Bauholzarten

Chemische Zusammensetzung des Holzes

Holz ist ein natürlicher, gewachsener Werkstoff. Es ist grundsätzlich inhomogen, weil es aus unterschiedlichen Zellarten aufgebaut ist. Der Werkstoff ist ausgesprochen anisotrop, da er in Faserrichtung völlig andere Eigenschaften besitzt als quer zur Faser. Auch zwischen der Radial- und der Tangentialrichtung weichen die Eigenschaften voneinander ab.

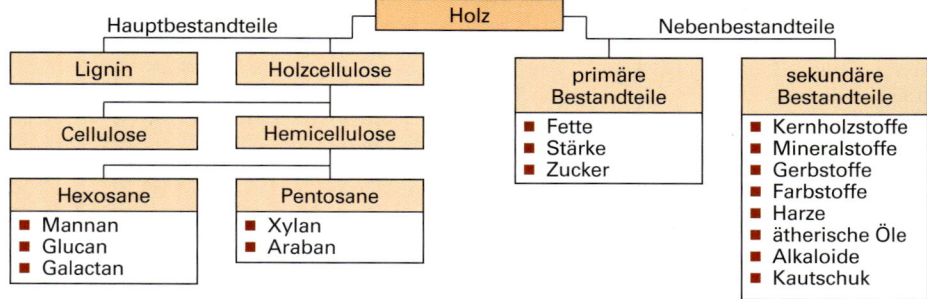

Hauptbestandteile		Nebenbestandteile	
Lignin	Holzcellulose	primäre Bestandteile	sekundäre Bestandteile
Cellulose	Hemicellulose	■ Fette ■ Stärke ■ Zucker	■ Kernholzstoffe ■ Mineralstoffe ■ Gerbstoffe ■ Farbstoffe ■ Harze ■ ätherische Öle ■ Alkaloide ■ Kautschuk
Hexosane	Pentosane		
■ Mannan ■ Glucan ■ Galactan	■ Xylan ■ Araban		

Aufbau und Schnittrichtungen des Holzes

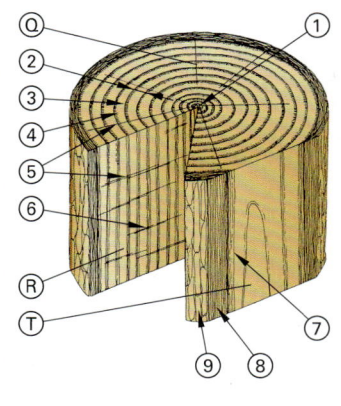

Markröhre	①	für den Baum ohne Bedeutung
Jahrring Frühholz Spätholz	② ③ ④	Zuwachszone einer Vegetationsperiode Beginn der Holzbildung im April Ende der Holzbildung im September
Holzstrahl Primär- holzstrahl Sekundär- holzstrahl	 ⑤ ⑥	Speicherzellen beginnen an der Mark- röhre oder weiter im Radius und enden im Bereich des Bastes (Parenchymzellen)
Kambium	⑦	Wachstumszone, Bereich der Zellbildung
Bast	⑧	Innenrinde
Rinde	⑨	Außenrinde
Querschnitt	Ⓠ	Hirnschnitt, senkrecht zur Stammachse
Radial- schnitt	Ⓡ	Spiegelschnitt, parallel zur Stammachse, in Richtung der Holzstrahlen
Tangential- schnitt	Ⓣ	Flader- oder Sehnenschnitt, parallel zur Stammachse, quer zu den Holzstrahlen

Bestimmungskriterien (Auswahl)

Farbkern	Mit der Verkernung werden die Holzzellen mit Ablagerungsstoffen gefüllt. Die damit einhergehende Farbveränderung beginnt an der Markröhre und schreitet mit der Verkernung nach außen fort. Das übrige Holz ist das Splintholz. Kernholzbaum: Kern- und Splintholz sind deutlich abgegrenzt Splintholzbaum: Holz mit gleicher Farbe und Festigkeit Reifholzbaum: verkernter Innenbereich ohne Farbunterschied
Textur	Zeichnung des Holzes bestimmt durch die Schnittrichtung, angeschnittene Jahrringe (Frühholz, Spätholz, Poren – ringförmig, zerstreut), allgemeiner oder baumtypischer Faserverlauf wie Drehwuchs, Wechseldrehwuchs
Holzstrahl	Auch Markstrahl, radial angeordnete Parenchymzellen, die sich zum Teil farbig und/oder auch glänzend von der Farbe des Holzes absetzen
Dichte	Masse des Holzes bezogen auf sein Volumen
Geruch	Nach der Bearbeitung bei einigen Hölzern typischer Geruch durch eingelagerte Inhaltsstoffe wie Harze, Öle usw.

6.9 Holz

Holzarten

Die Holzarten werden nach ihrer botanischen Gattung in Nadelholz NH oder Laubholz LH unterschieden. Erklärung und Aufbau der Kurzzeichen erfolgt nach DIN EN 13556. Die alten Kurzzeichen nach DIN 4076 sind in Rot in Klammern, die neuen nach DIN EN 13556 in Blau dargestellt.

Nadelholz (Auswahl)

- langfaserig
- leichter Werkstoff und preiswert
- wachsen schnell und gleichmäßig
- typisches Bauholz

	Holzart Kurzzeichen / Botanischer Name / Rohdichte ϱ / Biegefestigkeit σ_B / Druckfestigkeit σ_D	Merkmale	Eigenschaften	Verwendung
1 2 3 4 5	**Fichte (FI)** PCAB **Pic**ea **ab**ies (L.) Karst. $\varrho = 0{,}47$ kg/dm³ $\sigma_B = 86$ N/mm² $\sigma_D = 40$ N/mm²	K: Kernholz S: Splintholz G: Gefäße H: Holzstrahl Reif- und Splintholz ohne farblichen Unterschied S: gelblich – weiß H: unregelmäßig, sehr feine Linien, Harzkanal im Spätholz deutlich	weich gut zu bearbeiten, gute Festigkeits- und Elastizitätswerte bei geringem Gewicht, nicht witterungsfest	Rundholz, Schnittholz, Brettschichtholz, Bau- und Konstruktionsholz Dachstuhl, Dielen, Unterkonstruktionen
1 2 3 4 5	**Kiefer (KI)** PNSY **Pin**us **sy**lvestrris L. $\varrho = 0{,}52$ kg/dm³ $\sigma_B = 80$ N/mm² $\sigma_D = 45$ N/mm²	K: rötlich weiß, stark nachdunkelnd S: gelblichweiß – rötlichweiß H: sehr fein, unregelmäßig, Harzkanäle sehr zahlreich	sehr gut zu bearbeiten, mittelschwer und mäßig hart, bessere Festigkeits- und Elastizitätswerte als PCAB, schwindet mäßig, Kernholz sehr dauerhaft	Rundholz, Schnittholz, Furniere, Bau- und Konstruktionsholz, Wasserbau, Holzwerkstoffe, Dielen, Furnierplatten
1 2 3 4 5	**Lärche (LA)** LADC **La**rix **d**eci**d**ua Mill. $\varrho = 0{,}59$ kg/dm³ $\sigma_B = 93$ N/mm² $\sigma_D = 48$ N/mm²	K: rötlichbraun, nachdunkelnd S: gelblichweiß – gelb H: fein, unregelmäßig, Harzkanäle vorwiegend im Spätholz	gut zu bearbeiten, beste Festigkeits- und Elastizitätswerte, zäh, schwindet mäßig, neigt zum Drehwuchs, Kernholz sehr witterungsbeständig und wasserfest, harzig	Rundholz, Schnittholz, Furniere, Bau- und Konstruktionsholz, Wasserbau, Holzwerkstoffe, Dielen, Furnierplatten
1 2 3 4 5	**Tanne (TA)** ABAL **Ab**ies **al**ba Mill. $\varrho = 0{,}45$ kg/dm³ $\sigma_B = 68$ N/mm² $\sigma_D = 40$ N/mm²	Kern- und Splintholz ohne Farbunterschied S: fast weiß – weißgrau rötlich H: fein, unregelmäßig, keine Harzkanäle	sehr gut zu bearbeiten, spröder, filziger und nicht so harzig wie Fichte, gut geeignet bei wechselnder Feuchtigkeit	Rundholz, Schnittholz, Brettschichtholz, Bau- u. Konstruktionsholz, Dachstuhl, Dielen, Unterkonstruktionen, Erd- und Wasserbau

Laubholz (Auswahl)

- kurzfaserig
- besonders geeignet für Druckbelastungen
- wachsen langsam und nicht immer gleichmäßig
- höheres Eigengewicht und teurer als NH

	Holzart	Merkmale	Eigenschaften	Verwendung
1 2 3 4 5	**Buche (BU)** FASY **Fa**gus **sy**lvatica L. $\varrho = 0{,}72$ kg/dm³ $\sigma_B = 120$ N/mm² $\sigma_D = 60$ N/mm²	K: kein Farbunterschied zum Splint S: gelblich – rötlichbraun G: sehr fein, zerstreut H: breit und sehr fein	Reizungen, gut zu bearbeiten, homogen und schwer, zäh, wenig elastisch, schwindet und arbeitet stark, sehr gute Festigkeitswerte, pilzanfällig, nicht witterungsbeständig	Innenausbauteile, Treppe, Schicht- und sperrhölzer, Span- und Faserplatten, Furniere, Möbel, Parkett
1 2 3 4 5	**Eiche (Ei)** QCXE **Qu**ercus petraea (Matt) $\varrho = 0{,}69$ kg/dm³ $\sigma_B = 105$ N/mm² $\sigma_D = 60$ N/mm²	K: gelblich – hellbraun, stark nachdunkelnd S: gelblich – grauweiß G: sehr groß, ringporig H: sehr breit, daneben sehr fein	Reizungen, gut zu bearbeiten, hart und schwer, ausgezeichnete Festigkeits- und Elastizitätswerte, schwindet nur wenig, Kernholz sehr dauerhaft, unter Wasser unbegrenzt haltbar, Splintholz extrem schnell vergänglich	Rundholz, Schnittholz, Konstruktionsholz, Wasserbau, Möbel, Parkett, Furniere
1 2 3 4 5	**Robinie (ROB)** ROPS **Ro**binia **ps**eudoacacia L. $\varrho = 0{,}76$ kg/dm³ $\sigma_B = 130$ N/mm² $\sigma_D = 65$ N/mm²	K: grünlichbraun – olivgelb, nachdunkelnd S: grünlichweiß – hellgelb G: groß, ringporig, im Spätholz zerstreut H: schmal, unregelmäßig	Reizungen, gut bis mäßig zu bearbeiten, wertvollste einheimische Holzart, sehr hart, sehr zäh, sehr biegsam, überdurchschnittlicher Abnutzungswiderstand	Konstruktionsholz für starke Beanspruchungen im Erd- und Wasserbau, Fenster, Brückenbau

6.9 Holz

Fehler im Holz	
Tierische Holzschädlinge	▶ 6.9.5 Holzschutz
Hautflügler	Holzwespe, sie legt ihre Eier vorzugsweise in saftfrisches Nadelholz. Ihre Entwicklungszeit beträgt 2 Jahre … 4 Jahre, daher schlüpft sie oft erst aus dem verbauten Holz.
Käfer	Hausbock, er legt seine Eier in den Rissen von verbautem Nadelholz. Die Larve frisst ihre Gänge im Splint- oder Reifholz ohne die Holzoberfläche zu zerstören. Die günstigsten Umgebungsbedingungen sind 28 °C … 30 °C bei 30 % Holzfeuchte.
	Gewöhnlicher Nagekäfer (Anobium) auch Klopf- oder Pochkäfer genannt. Die Fraßgänge der Larven sind besonders im Frühholz des Splintes. Bei einer Temperatur um 22 °C und einer Holzfeuchte um 23 % hat er seine günstigsten Bedingungen.
	Brauner Splintholzkäfer auch Parkettkäfer genannt. Er befällt hauptsächlich Laubhölzer mit ausreichender Stärke und Eiweißanteilen im Frühholz.
Pflanzliche Holzschädlinge – Pilze	
Echter Hausschwamm	Das weiße, watteartige Pilzgeflecht (Mycel) wächst auf der Oberfläche und im Holz. Er befällt fast alle Holzarten, vor allem Nadelholz. Die günstigsten Bedingungen sind bei einer Temperatur von 20 °C und 28 % Holzfeuchte. Er ist anzeigepflichtig!
Keller-, Warzenschwamm	Das junge Oberflächenpilzgeflecht ist erst gelblichweiß und wird später schwarzbraun. Die besten Lebensbedingungen sind bei einer Holzfeuchte von 50 % … 60 % und bei 22 °C … 24 °C.
Bläuepilz	Befällt das Splintholz von Kiefer und Fichte, selten Laubholz. Ernährt sich von den Zellinhaltsstoffen, die Zellwände werden kaum zerstört. Eine Minderung der Festigkeit tritt ein, es ist keine Holzfäule. Die optimalen Bedingungen sind bei 15 °C und bei 28 % … 30 % Holzfeuchte. Trockenes Holz verhindert das Wachstum des Pilzes.
Der Einbau von trockenem Holz $u \leq 20\,\%$ schützt weitgehend vor tierischen und pflanzlichen Holzschädlingen. Bei den Arbeiten mit Holzschutzmitteln sind die entsprechenden Vorschriften zu beachten.	

Fehler im Stammquerschnitt und der Stammform

Abholzigkeit	Krummschäftigkeit	Zwieselbildung	Hohlkehligkeit	Spannrückigkeit	Exzentrischer Wuchs

Fehler im anatomischen Aufbau des Holzes

Reaktionsholz – Druckholz	Reaktionsholz – Zugholz	Ästigkeit	Drehwuchs

Gallen	Maserwuchs	Falschkern	Wimmerwuchs

Fehler durch äußere Einflüsse

Frostleiste	Mondringe	Risse	Faserstauchung

6.9 Holz

6.9.2 Eigenschaften

Holzfeuchtigkeit

Der Feuchtigkeitsgehalt u wird auf das Darrgewicht bezogen (Darren im Trockenschrank bei 103 °C).

Berechnung der Holzfeuchte

$$\text{Holzfeuchte } u = \frac{m_u - m_o}{m_o} \cdot 100 \text{ in \%}$$

m_u Masse der feuchten Holzprobe
m_o Masse der darrtrockenen Holzprobe

Beispiel
Die feuchte Holzprobe wiegt 230 g.
Die darrtrockene Holzprobe wiegt 200 g.

$$u = \frac{230 \text{ g} - 200 \text{ g}}{200 \text{ g}} \cdot 100 \% = \frac{30 \text{ g}}{200 \text{ g}} \cdot 100 \%$$

Holzfeuchte $u = 15\ \%$

Schwinden und Quellen (Volumen- und Formänderung durch Abgabe/Aufnahme von Wasser)

Beim Schwinden und Quellen unterhalb des Fasersättigungspunktes ($u \leq 30\ \%$) krümmen sich Bretter und Bohlen vom Kern weg, sodass stets die rechte Seite (dem Kern zugewandt) rund und die linke Seite (dem Kern abgewandt) hohl wird.

Schwind- und Quellrichtungen an typischen Querschnitten

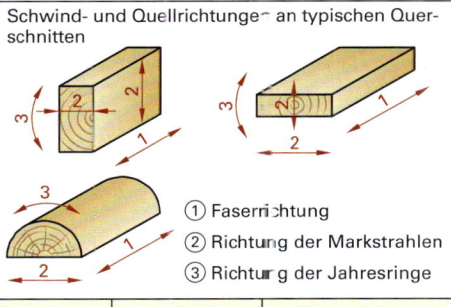

① Faserrichtung
② Richtung der Markstrahlen
③ Richtung der Jahresringe

Ganzholz   Halbholz

Viertelholz (Kranzholz)

Verformung von Kanthölzern

1 Kernriss
2 Seitenriss

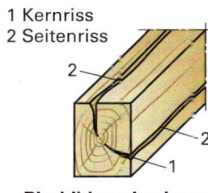

Rissbildung in einem Ganzholzquerschnitt

Verformungserscheinung
1 radial   2 tangential

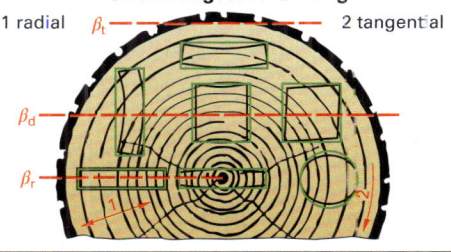

Schwind-richtung	maximales Schwindmaß β in %		differenzielles Schwindmaß q in % pro 1 % Feuchteänderung	
axial	β_l	0,3 %	q_l	0,01 %
radial	β_r	4 %	q_r	0,13 %
tangential	β_t	8 %	q_t	0,27 %
diagonal*	β_d	6 %	q_d	0,20 %

* Mittelwert zwischen radial und tangential

Gleichgewichtsfeuchte

Gleichgewichtsfeuchte ist die aufgrund des hygroskopischen Gleichgewichts mit einem bestimmten Klima entstehende Holzfeuchte u_{gl}. Sie endet bei der Fasersättigung.

Gleichgewichts-Holzfeuchte im Gebrauchszustand (DIN 68100; Auswahl)

allseitig geschlossene Bauwerke						überdeckt, offene Bauwerke	
mit Heizung	Möbel	$(8 \pm 2)\ u_{gl}$	ohne Heizung	Holzwerkstoffe	$(10 \pm 2)\ u_{gl}$	Holzwerkstoffe	$(10 \pm 2)\ u_{gl}$
	Holzwerkstoffe	$(8 \pm 2)\ u_{gl}$		Vollholz	$(12 \pm 3)\ u_{gl}$	Vollholz	$(12 \pm 3)\ u_{gl}$
	Vollholz	$(9 \pm 3)\ u_{gl}$	Holzprodukte, die der Witterung allseitig ausgesetzt sind				$(18 \pm 6)\ u_{gl}$

Feuchtegehalt (DIN 18355 VOB/ATV)		**mittlere Holzfeuchte** (DIN EN 942)	
Verwendung	Holzfeuchte u_{gl}	Einsatzbedingungen	Holzfeuchte u_{gl}
Innenausbau; Bauteile, die nicht der Außenluft ausgesetzt sind	$\leq 10\ \%$	beheizte Gebäude, innen Raumtemperatur 12 °C ... 21 °C Raumtemperatur > 21 °C	9 % ... 13 % 6 % ... 10 %
Bauteile, die ständig der Außenluft ausgesetzt sind	$\leq 15\ \%$	unbeheizte Gebäude, innen	12 % ... 16 %
		Außenbereich	12 % ... 19 %

6.9.3 Bauschnittholz und Konstruktionsvollholz

Rundholz-Einschnittarten

Entsprechend der Holzart, der Dimension und dem Verwendungszweck werden 3 Einschnittarten bzw. Einschnittrichtungen unterschieden: 1. der **Hirnschnitt** oder Querschnitt, 2. der **Spiegelschnitt** oder Radialschnitt, auch als Riftschnitt oder Quartier bezeichnet (Längsschnitt) und 3. der **Fladerschnitt**, Tangential-, Brett- oder Sehnenschnitt genannt (Längsschnitt).

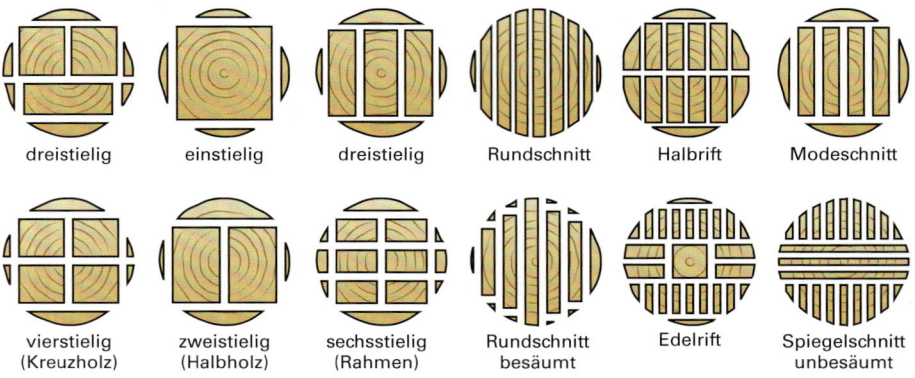

Die im Hirnholz sichtbaren Jahresringe sollten kurz und von gleichmäßiger Länge sein ⇒ vierstieliges herzfreies Kreuzholz mit Kernbohle; einstielige Hölzer neigen zu starker Rissbildung.
Schnittholz ist **herzfrei**, wenn es keine Markröhre enthält; **herzgetrennt** ist das Schnittholz, wenn der Sägeschnitt durch die Markröhre geht und diese ganz oder teilweise sichtbar ist.

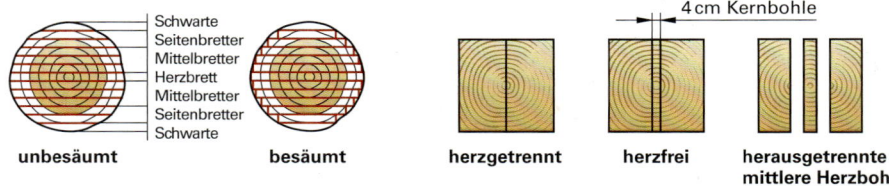

Schnittholzgrößen

Schnittholzart	Schnittholzeinteilung					
	DIN 4074/DIN 68365		TG		DIN 68252	
	Dicke/Höhe	Breite	Dicke/Höhe	Breite	Dicke/Höhe	Breite
Balken	–	–	–	–	Querschnittsfläche > 200 cm²	
Kreuzholz (siehe oben)	–	–	Querschnittsfläche > 32 cm²		Querschnittsfläche > 32 cm² 4 Stück kerngetrennt	
Kantholz	$b \leq h \leq 3\,b$	$b > 40$ mm	–	–	$d \geq 60$ mm	$b \leq 3\,d$
Bohle	$d > 40$ mm	$b > 3\,d$	Querschnittsfläche ≥ 32 cm²	$b > 80$ mm	$d \geq 40$ mm	$b > 2\,d$
Brett	$d \leq 40$ mm	$b \geq 80$ mm	Querschnittsfläche > 32 cm²	$b \geq 80$ mm	8 mm $\leq d \leq 40$ mm	$b > 80$ mm
Latte	$d \leq 40$ mm	$b < 80$ mm	Querschnittsfläche < 32 cm²	$b < 80$ mm	Querschnittsfläche < 32 cm²	$b < 80$ mm

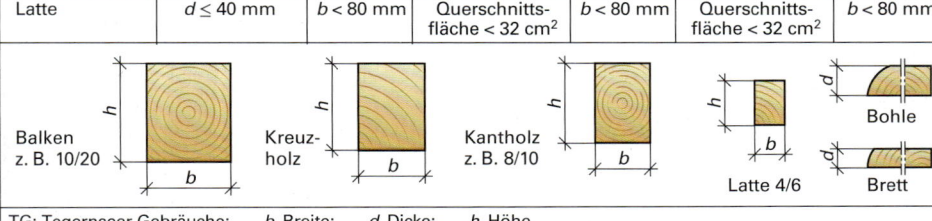

TG: Tegernseer Gebräuche;   *b* Breite;   *d* Dicke;   *h* Höhe

6.9 Holz

Sortierklassen und Festigkeitsklassen

Nach Eurocode 5 werden Festigkeitsklassen für Bauschnittholz nach DIN EN 338, Balkenschichtholz nach BDZ-Vereinbarungen und Brettschichtholz nach DIN EN 1194 eingeführt. Eurocode 5 gestattet, dass das Bauholz auch weiterhin nach nationalen Vorschriften sortiert werden kann. Es ist dann aber nach einheitlichen Regeln in eine der unten aufgeführten Festigkeitsklassen einzustufen.

Sortierklassen (SK)		Festigkeitsklassen (FK)	
3 visuelle SK für NH: Nadelholz[1]	S	NH: Nadelholz	12 FK: C14 ... C50
3 visuelle SK für LH: Laubholz[2]	LS	LH: Laubholz	8 FK: D8 ... D70
Hochkant biegebeanspruchte Bretter/Bohlen	K	KVH: Konstruktionsvollholz	2 FK: C24, C30
Maschinelle SK mit dem Zusatz	M	BSH: Brettschichtholz	4 FK: GL24 ... GL32

[1] Apparativ unterstützte visuelle Sortierung (Eignung nach DIN 4074-1) für **S15**
[2] Apparativ unterstützte visuelle Sortierung (Eignung nach DIN 4074-5) für **LS15**
Die maschinelle Sortierung wird durch die DIN EN 14081 geregelt.

Nadelholz und Pappel: Zuordnung von visuellen Sortierklassen zu den Festigkeitsklassen
(Maschinell sortiertes Holz darf direkt in die Festigkeitsklassen eingestuft werden.)

Holzart	Kurzbezeichnung (DIN 4076-alt)		Sortierklassen DIN 4074-1		Festigkeitsklassen DIN EN 338
Douglasie Tanne Lärche	PSMN ABAL LADC	(DGA) (TA) (LA)	S7 S7 K		C16
Fichte Kiefer	PCAB PNSY	(FI) (KI)	S7 S7 K	Andere Sortierkriterien sind in DIN 68365 und in den Tegernseer Gebräuchen enthalten.	C18
Pappel	POAL	(PA)	LS10 und höher LS10 K und höher		C22
Douglasie Fichte Kiefer Tanne Lärche	PSMN PCAB PNSY ABAL LADC	(DGA) (FI) (KI) (TA) (LA)	S10 S10 K		C24
Pappel	POAL	(PA)	LS13		C27
Douglasie Fichte Kiefer Tanne Lärche	PSMN PCAB PNSY ABAL LADC	(DGA) (FI) (KI) (TA) (LA)	S13 S13 K		C35 C30
Douglasie	PSMN	(DGA)	S13 S13 K		C35

Laubholz: Zuordnung von visuellen Sortierklassen zu den Festigkeitsklassen
(Maschinell sortiertes Holz darf direkt in die Festigkeitsklassen eingestuft werden.)

Holzart	Kurzbezeichnung (DIN 4076-alt)		Sortierklassen DIN 4074-5	Festigkeitsklassen DIN EN 338
Eiche Ahorn	QCXE ACCM	(EI) (AH)	LS10 und höher LS10 K und höher	D30
Buche	FASY	(BU)	LS10 und höher LS10 K und höher	D35
Esche	FXEX	(ES)	LS10 und höher LS10 K und höher	D40
Buche	FASY	(BU)	LS13 und höher LS13 K und höher	D40

Balken und Brettschichtholz: Zuordnung von visuellen Sortierklassen zu den Festigkeitsklassen

Holzart	Kurzbezeichnung	Sortierklassen DIN 4074-1		Festigkeitsklassen DIN EN 1995	
Balkenschichtholz	KVH, MH	S10 TS	trocken	C24	
	Duo-/Triobalken	S13 TS	sortiert (TS)	C30	
Brettschichtholz	BSH	S10 S10 S13 S13		GL24 c GL24 h GL28 c GL32 h	(BS 11) (BS 11) (BS 14) (BS 16)

6.9 Holz

Sortierklassen DIN 4074-1 (Kantholzer und vorwiegend hochkant (K) biegebeanspruchte Bohlen und Bretter) — Nadelholz

Sortiermerkmale (visuelle Sortierung)	Sortierklassen (Nadelschnittholz)		
	S7, S7 K	S10, S10 K	S13, S13 K
Äste	$\leq 3/5$ Ästigkeit	$\leq 2/5$ Ästigkeit	$\leq 1/5$ Ästigkeit
Faserneigung	$\leq 12\%$	$\leq 12\%$	$\leq 7\%$
Markröhre	zulässig	zulässig	nicht zulässig
Jahrringbreite – allgemein – Douglasie	≤ 6 mm ≤ 8 mm	≤ 6 mm ≤ 8 mm	≤ 4 mm ≤ 6 mm
Risse – Schwindrisse – Blitzrisse/Ringschäle	$\leq 1/2$ der kurzen Kante nicht zulässig	$\leq 1/2$ der kurzen Kante nicht zulässig	$\leq 2/5$ der kurzen Kante nicht zulässig
Baumkante K	$\leq 1/4$ der Querschnittsseite	$\leq 1/4$ der Querschnittsseite	$\leq 1/5$ der Querschnittsseite
Krümmung – Längskrümmung – Verdrehung	≤ 8 mm bei 2 m Länge ≤ 1 mm je 25 mm Breite/2 m	≤ 8 mm bei 2 m Länge ≤ 1 mm je 25 mm Breite/2 m	≤ 8 mm bei 2 m Länge ≤ 1 mm je 25 mm Breite/2 m
Verfärbung – Bläue – nagelfeste braune und rote Streifen – Rotfäule/Weißfäule	zulässig $\leq 2/5$ Umfang nicht zulässig	zulässig $\leq 2/5$ Umfang nicht zulässig	zulässig $\leq 1/5$ Umfang nicht zulässig
Druckholz	$\leq 2/5$ Umfang	$\leq 2/5$ Umfang	$\leq 1/5$ Umfang
Insektenfraß	Fraßgänge bis 2 mm von Frischholzinsekten zulässig		
Sonstige Merkmale	sind in Anlehnung an die übrigen Sortiermerkmale sinngemäß zu berücksichtigen		

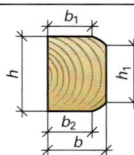

Baumkante K

K wird als Quotient von der Baumkante und der zugehörigen Querschnittseite berechnet.

$$K = \frac{h - h_1}{h} \leq \ldots \quad K = \frac{b - b_1}{b} \leq \ldots \quad K = \frac{b - b_2}{b} \leq \ldots$$

Beispiel

$$K = \frac{h - h_1}{h} = \frac{20\text{ cm} - 16\text{ cm}}{20\text{ cm}} = \frac{1}{5} \leq \frac{1}{3} \text{ bzw. } \frac{1}{4} \Rightarrow \text{zulässig}$$

Sortierklassen DIN 4074-1 (Bohlen, Bretter)

Sortiermerkmale (visuelle Sortierung)	Sortierklassen (Nadelschnittholz)		
	S7	S10	S13
Äste – Einzelast – Astansammlung – Schmalseitenast	$\leq 1/2$ der Breite $\leq 2/3$ der Breite –	$\leq 1/3$ der Breite $\leq 1/2$ der Breite $\leq 2/3$ der Breite	$\leq 1/5$ der Breite $\leq 1/3$ der Breite $\leq 1/3$ der Breite
Faserneigung	$\leq 16\%$	$\leq 12\%$	$\leq 7\%$
Markröhre	zulässig	zulässig	nicht zulässig
Jahrringbreite – allgemein – Douglasie	≤ 6 mm ≤ 8 mm	≤ 6 mm ≤ 8 mm	≤ 4 mm ≤ 6 mm
Risse – Schwindrisse – Blitzrisse/Ringschäle	zulässig nicht zulässig	zulässig nicht zulässig	zulässig nicht zulässig
Baumkante K	$\leq 1/3$ der Querschnittsseite	$\leq 1/3$ der Querschnittsseite	$\leq 1/4$ der Querschnittsseite
Krümmung – Längskrümmung – Verdrehung – Querkrümmung	≤ 12 mm bei 2 m Länge ≤ 2 mm je 25 mm Breite/2 m $\leq 1/20$ der Breite	≤ 8 mm bei 2 m Länge ≤ 1 mm je 25 mm Breite/2 m $\leq 1/30$ der Breite	≤ 8 mm bei 2 m Länge ≤ 1 mm je 25 mm Breite/2 m $\leq 1/50$ der Breite
Alle übrigen Sortiermerkmale wie oben			

Bezeichnung der Hölzer

In der Reihenfolge: Schnittholzart – DIN 4074 – Sortierklasse – trockensortiert (soweit zutreffend) – Holzart (DIN 4076-5)

Bezeichnung eines visuell sortierten Kantholzes
Sortierklasse S10, trockensortiert (TS), aus Fichte (FI): Kantholz DIN 4074 – S10 TS – FI

Bezeichnung einer visuell sortierten Bohle,
als Kantholz sortiert (K) Sortierklasse S13, aus Kiefer (KI): Bohle DIN 4074 – S13 K – KI

Bezeichnung eines maschinell (M) sortierten Brettes
der Festigkeitsklasse C40, aus Lärche (LA): Brett DIN 4074 – C40 M – LA

6.9 Holz

Sortierklassen DIN 4074-5 (Kanthölzer und vorwiegend hochkant (K) biegebeanspruchte Bohlen und Bretter)			Laubholz
Sortiermerkmale (visuelle Sortierung)	Sortierklassen (Laubschnittholz)		
	LS7, LS7 K	LS10, LS10 K	LS13, LS13 K
Äste – allgemein – Eiche	$\leq 3/5$ Ästigkeit $\leq 3/5$ Ästigkeit	$\leq 2/5$ Ästigkeit $\leq 2/5$ Ästigkeit	$\leq 1/5$ Ästigkeit $\leq 1/6$ Ästigkeit
Faserneigung	$\leq 16\,\%$	$\leq 12\,\%$	$\leq 7\,\%$
Markröhre	nicht zulässig	nicht zulässig	nicht zulässig
Jahrringbreite	–	–	–
Risse – Schwindrisse – Blitzrisse/ Frostrisse/Ringschäle	$\leq 3/5$ der kurzen Kante nicht zulässig	$\leq 1/2$ der kurzen Kante nicht zulässig	$\leq 2/5$ der kurzen Kante nicht zulässig
Baumkante K	$\leq 1/2$ der Querschnittsseite	$\leq 1/3$ der Querschnittsseite	$\leq 1/4$ der Querschnittsseite
Krümmung – Längskrümmung – Verdrehung	≤ 12 mm bei 2 m Länge ≤ 2 mm je 25 mm Breite/2 m	bis 8 mm bei 2 m ≤ 1 mm je 25 mm Breite/2 m	bis 8 mm bei 2 m ≤ 1 mm je 25 mm Breite/2 m
Verfärbung, Fäule – nagelfeste braune und rote Streifen – Fäule	$\leq 3/5$ Umfang nicht zulässig	$\leq 2/5$ Umfang nicht zulässig	$\leq 1/5$ Umfang nicht zulässig
Insektenfraß	nicht zulässig		
Sonstige Merkmale	sind in Anlehnung an die übrigen Sortiermerkmale sinngemäß zu berücksichtigen		

Riss R

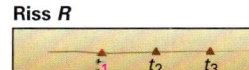

$r = \dfrac{t_1 + t_2 + t_3}{3}$

Die Risstiefen werden mit einer Fühlerlehre in den Dreiviertelpunkten der Risslänge gemessen.

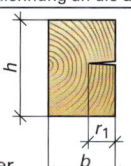

$R = \dfrac{r}{b} \leq \ldots \quad R = \dfrac{r_1 + r_2}{b} \leq \ldots$

Beispiel $R = \dfrac{1\,\text{cm} + 3\,\text{cm}}{12\,\text{cm}} = \dfrac{1}{3} \leq \dfrac{3}{5}$

bzw. $\dfrac{1}{2}$ bzw. $\dfrac{2}{5}$

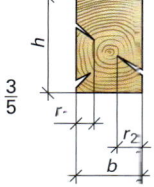

Sortierklassen DIN 4074-5 (Bohlen, Bretter)			
Sortiermerkmale (visuelle Sortierung)	Sortierklassen (Laubschnittholz)		
	LS7	LS10	LS13
Äste – Einzelast – Astansammlung – Schmalseitenast	$\leq 1/2$ der Breite $\leq 2/3$ der Breite –	$\leq 1/3$ der Breite $\leq 1/2$ der Breite $\leq 2/3$ der Breite	$\leq 1/5$ der Breite $\leq 1/3$ der Breite $\leq 1/3$ der Breite
Faserneigung	$\leq 16\,\%$	$\leq 12\,\%$	$\leq 7\,\%$
Markröhre	nicht zulässig	nicht zulässig	nicht zulässig
Jahrringbreite	–	–	–
Risse – Schwindrisse – Blitzrisse/ Frostrisse/Ringschäle[1]	zulässig nicht zulässig	zulässig nicht zulässig	zulässig nicht zulässig
Baumkante K	$\leq 1/3$ der Querschnittsseite	$\leq 1/4$ der Querschnittsseite	$\leq 1/8$ der Querschnittsseite
Krümmung – Längskrümmung – Verdrehung – Querkrümmung	≤ 12 mm bei 2 m Länge ≤ 2 mm je 25 mm Breite/2 m $\leq 1/20$ der Breite	≤ 8 mm bei 2 m Länge ≤ 1 mm je 25 mm Breite/2 m $\leq 1/30$ der Breite	≤ 8 mm bei 2 m Länge ≤ 1 mm je 25 mm Breite/2 m $\leq 1/50$ der Breite

[1] Ringschäle ist ein Riss, der dem Verlauf der Jahresringe folgt.
Alle übrigen Sortiermerkmale wie oben.

Bezeichnung der Hölzer

In der Reihenfolge: Schnittholzart – DIN 4074 – Sortierklasse – trockensortiert (soweit zutreffend) – Holzart (DIN 4076-5)

Bezeichnung eines visuell sortierten Kantholzes
Sortierklasse LS13, trockensortiert (TS), aus Buche (BU): **Kantholz DIN 4074 – LS13 TS – BU**

Bezeichnung einer Bohle,
als Kantholz sortiert (K) Sortierklasse S10, aus Eiche (EI): **Bohle DIN 4074 – LS10 K – EI**

6.9 Holz

Konstruktionsvollholz KVH®/ Massivholz MH®[1)]

aus Fichte, Tanne, Kiefer, Lärche, Douglasie

KVH®/MH®

Bund Deutscher Zimmerer

Sortiermerkmal	Anforderungen an KVH® und MH®			
	Sichtbarer Bereich		NichtSichtbarer Bereich	
	KVH - Si	MH-Plus - Si	KVH - NSi	MH-Fix - NSi
Sortierklasse	DIN 4074-1 Sortierklasse mind. S10 TS		DIN 4074-1 Sortierklasse mind. S10 TS	Die für die Tragfähigkeit maßgebenden Materialeigenschaften ergeben sich aus der DIN EN 1995-1-1/NA.
Holzeinbaufeuchte	$u = 15\% \pm 3\%$		$u = 15\% \pm 3\%$	$u \geq 20\%$ bei Bauschnittholz
Einschnittart/Markröhre auf Wunsch herzfrei	herzgetrennt (auf Wunsch herzfrei) 40 mm		herzgetrennt	**Herzgetrennt:** Bei einem ideal gewachsenen Stamm würde die Markröhre bei zweistieligem Einschnitt durchschnitten. **Herzfrei:** Herzbohle mit $d \geq 40$ mm
Baumkante	nicht zulässig		schräg gemessen ≤ 10 % der kleineren Querschnittseite	$\frac{s}{b} \leq \frac{1}{10}$
Maßhaltigkeit des Querschnitts	DIN EN 336, Maßhaltigkeitsklasse 2 $b \leq 10$ cm = ± 1 mm $b > 10$ cm = ± 1,5 mm			Die Maßhaltigkeit für die Längenabmessungen ist zu vereinbaren.
Äste	S10: $A \leq \frac{2}{5}$ S13: $A \leq \frac{1}{5}$ nicht über 70 mm		S10: $A \leq \frac{2}{5}$ S13: $A \leq \frac{1}{5}$ nicht über 70 mm	Astigkeit wird nach DIN 4074-1 ermittelt. Bei maschineller Sortierung gilt: für **KVH/MH - NSi** bleiben die Astgrößen unberücksichtigt, für **KVH/MH - Si** gilt $A \leq 2/5$
Rindeneinschluss	nicht zulässig		DIN 4074-1	
Risse radiale Schwindrisse (Trockenrisse)	Rissbreite $b \leq 3\%$ der jeweiligen Querschnittsseite, nicht mehr als 6 mm		DIN 4074-1	$\frac{b}{h} \leq 0,03$ $b \leq 6$ mm
Harzgallen	Breite $b \leq 5$ mm		DIN 4074-1	
Verfärbungen	nicht zulässig		DIN 4074-1	
Insektenbefall	nicht zulässig		DIN 4074-1	Borkenkäfer 
Verdrehung	Das zulässige Maß der Verdrehung wird nicht näher definiert, da bei Einhaltung aller anderen Kriterien keine untolerierbaren Verdrehungen zu erwarten sind.			
Längskrümmung	bei herzgetrenntem Einschnitt ≤ 8 mm/2.000 m bei herzfreiem Einschnitt ≤ 4 mm/2.000 m		bei herzgetrenntem Einschnitt ≤ 8 mm/2.000 m	2000
Oberflächenbeschaffenheit	gehobelt und gefast		egalisiert und gefast	egalisieren = Holzoberfläche gleichmäßig machen
Ausschreibungstext von KVH	... m³ Konstruktionsvollholz NSi (Nicht Sichtbar), Festigkeitsklasse C24 nach DIN EN 14081-1 und DIN 20000-5, $u = 15\% + 3\%$, Einschnittart herzgetrennt, Oberfläche egalisiert und gefast, Maßhaltigkeitsklasse 2 nach DIN EN 336			

[1)] Entsprechend den BDZ-Vereinbarungen mit der Überwachungsgemeinschaft Konstruktionsvollholz e.V. (**KVH®**) und der Herstellergemeinschaft MH Massivholz e.V. (**MH®**) vom 11.2003 (Stand 10.2008).

6.9 Holz

DUO- und TRIO-Balken

Die Balken (Balkenschichtholz) bestehen aus 2 oder 3 faserparallel miteinander verklebten Einzelhölzern, um einen formstabilen Querschnitt herzustellen. Die DUO-/TRIO-Balken müssen gemäß DIN EN 14 080 und der bauaufsichtlichen Zulassung gefertigt werden.
Ihre Einsatzbereiche sind die Nutzungsklassen 1 und 2 nach DIN EN 1995-1-1   ▶ S. 288, 374

Merkmale der DUO- und TRIO-Balken

Merkmale	Anforderungen	Anmerkungen
Holzarten	Fichte – auf Anfrage auch Kiefer, Lärche, Douglasie, Tanne	
Sortierklasse	S10TS (S13 auf Anfrage)	Die für die Tragfähigkeit maßgebenden Matrialeigenschaften ergeben sich aus der DIN und der bauaufsichtlichen Zulassung.
Festigkeitsklassen	C24 (C30 bei S13)	11 600 N/mm2 gemäß Zulassung
Holzfeuchte u	≤ 15 %	Formstabil bei Veränderung der Holzfeuchte, verklebungsfähig
Maßhaltigkeit des Querschnitts	DIN EN 336, Maßhaltigkeitsklasse 2 ≤ 10 cm ± 1 mm > 10 cm ± 1,5 mm	Die Maßhaltigkeit für die Längenabmessungen sind zwischen Besteller und Lieferant zu vereinbaren.
Verdrehung	≤ 4 mm auf 2,00 m DIN 4074-1 S10 ≤ 8 mm / 2,00 m	Stichmaß h bzw. Krümmung auf 2000 mm
Längskrümmung	≤ 4 mm auf 2,000 m DIN 4074-1 S10 ≤ 8 mm / 2,00 m	
Bearbeitung der Enden	rechtwinklig gekappt	
Einschnittart	herzgetrennt	Auf Wunsch herzfrei
Keilverzinkung	DIN 68 140-1 bzw. DIN EN 385	
Oberflächenbeschaffenheit	sichtbarer Bereich nicht sichtbarer Bereich	Si gehobelt und gefast NSi egalisiert und gefast
Holzschutz	Einstufung von Bauteilen in Gefährdungsklasse 0 DIN 68 800-2	
Holzfeuchteveränderung	0,24 % Rechenwert der Quell- und Schwindmaße 1 % Holzfeuchteveränderung	
Bauprodukt (KVH)	Verwaltungsvorschrift Technische Bauleistungen und Musterbauordnung (MBO) A 1.2 und A 1.2 (5/1)	Überwachung und Kennzeichnung von Balkenschichtholz (Duobalken®/Trobalken®) nach DIN EN 14080:2013 Der Hersteller hat eine Leistungserklärung auszufertigen. Anwendungstyp: EN 14080:2013 Balkenschichtholz aus Fichte ohne Schutzmittelbehandlung zur Anwendung in Bauwerken und Brücken
Vorzugslängen	5 m und 12 m	

Vorzugsschnittmaße Si/NSi

Breite in cm	Höhe in cm							
	10	12	14	16	18	20	22	24
6	–/NSi	–/NSi	–/NSi	–/NSi	–/NSi	–/NSi	–/NSi	–/NSi
8	–/NSi	–/NSi	–/NSi	Si/NSi	Si/NSi	Si/NSi	–/NSi	–/NSi
10	–/NSi	–/NSi	Si/NSi	Si/NSi	Si/NSi	Si/NSi	Si/NSi	Si/NSi
12	–	Si/NSi	–	Si/NSi	Si/NSi	Si/NSi	Si/NSi	Si/NSi
14	–	–	Si/NSi	Si/NSi	Si/NSi	Si/NSi	Si/NSi	Si/NSi
16	–	–	–	Si/NSi	–	Si/NSi	Si/NSi	Si/NS
18	–	–	–	–	Si/NSi	Si/NSi	Si/NSi	Si/NS
20	–	–	–	–	–	Si/NSi	Si/NSi	Si/NS
24	–	–	–	–	–	–	–	Si/NSi

6.9 Holz

6.9.4 Holzwerkstoffe

Die Holzwerkstoffe nach DIN EN 13986 sind in der Übersicht mit ihren Kurzbezeichnungen nach den verschiedenen Anwendungsbereichen dargestellt. Mechanische Kennwerte sind aus entsprechenden Normen zu entnehmen und werden durch den Hersteller mit dem CE-Kennzeichen deklariert.

		Anwendungs-bereich	Nichttragend				Tragend			Hochbelastbar	
❶ ... ❼ ▶ S. 289 ... 291			Allgem. Zwecke Trockenbereich	Inneneinrichtung Trockenbereich	Feuchtbereich	Außenbereich	Trockenbereich	Feuchtbereich	Außenbereich	Hochbelastbar Trockenbereich	Hochbelastbar Feuchtbereich
Neue Bezeichnung	Lager- und Verbundwerkstoffe	Massivholzplatten DIN EN 12775 ❶	SWP/1		SWP/2	SWP/3	SWP/1	SWP/2	SWP/3		
		Furnierschichtholz DIN EN 14279 ❷	LVL/1 G		LVL/2 G	LVL/3 G	LVL/1 S	LVL/2 S	LVL/3 S		
		Sperrholz DIN EN 313-1 ❸	EN 636-1		EN 636-2	EN 636-3	EN 636-1	EN 636-2	EN 636-3		
	Holzspan-werkstoffe	OSB-Platten DIN EN 300 ❹	OSB/1	OSB/1			OSB/2	OSB/3			OSB/4
		Spanplatten DIN EN 312 ❺	P1	P2	P3		P4	P5		P6	P7
		Zementgebundene Spanplatten DIN EN 633 ❻			EN 634-1	EN 634-2	EN 634-2	EN 634-2			
	Holzfaserwerkstoffe ❼	Harte Holzfaserpl. DIN EN 622-2	HB		HB.H	HB.E LA	HB. HLA1	HB.		HLA2	HB.
		Mittelharte Holz-faserplatten DIN EN 622-3	MBL MBH		MBL.H MBH.H	MBL.E MBH.E	MBH. LA1	MBH. HLS1		MBH. LA2	MBH. HLS2
		Poröse Holzfaserpl. DIN EN 622-4	SB		SB.H	SB.E	SB.LS	SB. HLS			
		Platten nach dem Trockenverfahren DIN 622-5	MDF		MDF.H		MDF. LA	MDF. HLS			
Alte Bezeichnung		Spanplatten DIN 68 761	FPY FPO	FPY FPO							
		Spanplatten DIN 68705-3					V20	V100	V100G		
		Sperrholz DIN 68705-3	IF		AW		IF 20	AW 100	AW 100G		
		Sperrholz DIN 68705-3					BFU 20	BFU 100	BFU 100G		
		Holzfaserplatten DIN 68754-1					HFH/M 20				

Nutzungsklassen (DIN EN 13986)

Trockenbereich	Feuchtbereich	Außenbereich
Nur einige Wochen im Jahr höherer Feuchtegehalt im Material, als sich bei 20 °C und 65 % rel. Luftfeuchte einstellt: nur bei Innenverwendung im Trockenbereich	Nur einige Wochen im Jahr höherer Feuchtegehalt im Material, als sich bei 20 °C und 85 % rel. Luftfeuchte einstellt: bei Innenverwendung oder geschützter Außenverwendung im Feuchtbereich	Klimaverhältnisse, die zu höheren Materialfeuchten führen als in Nutzungsklasse 2: bei konstruktiv geschützter Verwendung im Außenbereich
Nutzungsklasse **1**	Nutzungsklasse **2**	Nutzungsklasse **3**

6.9 Holz

❶ Massivholzplatten (DIN EN 12775) (engl.: solid wood panels)

Massivholzplatten bestehen aus Holzstücken, die an den Schmalseiten und bei mehrlagigen auch an den Breitseiten verklebt sind. Mehrlagige Platten werden für tragende Zwecke verwendet.

Vorzugsmaße

Standardformate
2500 mm × 1200 mm
4000 mm × 1200 mm

Dicken je nach Hersteller
10 mm ... 56 mm

SWP/1	Trockenbereich	Feuchtegehalt	8 % ± 2 %	Innenverwendung ohne Gefahr einer Durchfeuchtung
SWP/2	Feuchtbereich		10 % ± 3 %	Außenklima bei Schutz gegen direkte Bewitterung
SWP/3	Außenbereich		10 % ± 3 %	Ungeschützte Außenverwendung

Einlagige Massivholzplatte mit Symbol „L1". **Mehrlagige** Massivholzplatte mit Buchstaben „L" und Zahl der Lagen. Für **tragende** oder **nichttragende** Zwecke werden bestimmte mechanische Anforderungen an Rohdichte, Biegefestigkeit und Elastizitätsmodul gestellt.

❷ Furnierschichtholz (DIN EN 14279) (engl.: laminated veneer lumber)

Furnierschichtholz besteht aus mehreren Lagen verleimter Furniere. Die Furniere werden mit Phenolharz überwiegend in gleicher Faserrichtung miteinander verklebt, Querverklebungen sind jedoch möglich.

Vorzugsmaße

Standardformate
6000 mm × 1250 mm
12000 mm × 1250 mm

Dicken in 6-mm-Stufen
21 mm ... 89 mm

Typ	Verwendung	Verklebung	Allgemeine Zwecke	Tragende Zwecke
LVL/1	Trockenbereich	Klasse 1		
LVL/2	Feuchtbereich	Klasse 2	Symbol G	Symbol S
LVL/3	Außenbereich	Klasse 3		

❸ Bausperrholz (DIN EN 313-2, DIN EN 636)

Sperrholzterminologie

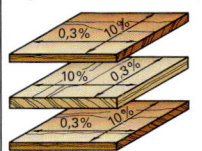

Furniersperrholz EN 636
besteht aus parallel zur Plattenebene liegenden Furnieren (kreuzweise verleimte Schälfurniere)

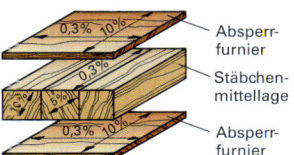

Stabsperrholz EN 636
Mittellage besteht aus verklebten oder nicht verklebten 7 mm bis 30 mm breiten Vollholzstäben

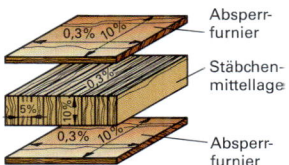

Stäbchensperrholz EN 636
Mittellage besteht aus maximal 7 mm breiten, hochkant angeordneten, verklebten Schälfurnieren

Vorzugsmaße für Sperrholz (für Hersteller nicht bindend)		
Maße in mm	Furniersperrholz	Stab- und Stäbchensperrholz
Dicke	4, 5, 6, 8, 10, 12, 15, 18, 20, 22, 25, 30, 35, 40, 50	13, 16, 19, 22, 25, 28, 30, 38
Länge und Breite	1220, 1250, 1500, 1530, 1700, 1830, 2050, 2200, 2440, 2500, 3050	1220, 1530, 1830, 2050, 2500, 4100, 2440, 2500, 3500, 5100, 5200, 5400

Typ	Verwendung	Verklebung	Allgemeine Zwecke	Tragende Zwecke
EN 636-1	Trockenbereich	Klasse 1		
EN 636-2	Feuchtbereich	Klasse 2	Symbol G	Symbol S
EN 636-3	Außenbereich	Klasse 3		

6.9 Holz

Einteilung von Sperrholz nach Aussehen der Oberfläche (DIN EN 635)					
Kategorie der Fehler	Erscheinungsklasse				
	E	I	II	III	IV
Natürliche, holzeigene Fehler: Äste und Löcher, Risse, Insektenbefall, Pilzbefall, Parasiten, Harzgallen, Harzzonen, eingewachsene Rinde, Verfärbungen, unregelmäßige Holzstruktur **Fertigungsbedingte Fehler:** Offene Fugen, Überlappungen, Kürschner Fehlstellen, Rauigkeit, Fremdpartikel, Durchschliff, Ausbesserungen, Fehler an Plattenkanten	Die zulässigen Fehler und Merkmale sind bzgl. Anzahl, Größe oder Ausdehnung in DIN EN 635-2 **Laubholz** DIN EN 635-3 **Nadelholz** festgelegt. Klasse **E** ist praktisch einwandfrei. Die Klasse beschreibt zuerst die Klasse der Vorderseite. Holzeigene Merkmale sind zulässig, wenn die Verwendbarkeit nicht beeinträchtigt wird.				

Multiplexplatten (nicht genormt)		
Marktübliche Bezeichnung für Sperrholz in Standardqualität		
Ausführung: EN 636-5	Furnierdicken: 2,5 mm … 3 mm mind. 5 Lagen	Dicke: ≥ 12 bis zu 80 mm (viellagig)

❹ OSB-Platten (DIN EN 14279) (Langspanplatten; OSB, engl.: oriented strand board)

OSB-Platten bestehen aus flachen, langen Spänen, die nicht richtungsorientiert verleimt sind. Sie haben einen 3-schichtigen Aufbau. Die Späne in den Außenschichten laufen parallel zu den Spänen in der Plattenlänge oder -breite.

Vorzugsmaße
Standardformate
4100 mm × 1250 mm
2500 mm × 675 mm
Dicken in 2-mm-Stufen von 6 mm bis 12 mm, 15 mm, 18 mm, 22 mm, 25 mm, 28 mm, 30 mm

OSB/1	Für allgemeine Zwecke im Trockenbereich, Innenausbau und Möbel
OSB/2	Für tragende Zwecke im Trockenbereich, Innenwände im Fertighaus
OSB/3	Für tragende Zwecke im Feuchtbereich
OSB/4	Hochbelastbare Platten für tragende Zwecke im Feuchtbereich, Wände

Anforderungen an mechanische Eigenschaften und Quellung												
Dickenbereich in mm	Biegefestigkeit (Hauptachse) in N/mm^2				Querzugfestigkeit in N/mm^2				Dickenquellung (24 h) in %			
	OSB/1	OSB/2	OSB/3	OSB/4	OSB/1	OSB/2	OSB/3	OSB/4	OSB/1	OSB/2	OSB/3	OSB/4
6 … 10	20	22	22	30	0,30	0,34	0,34	0,50				
> 10 < 18	18	20	20	28	0,28	0,32	0,32	0,45	25	20	15	12
18 … 25	16	18	18	26	0,26	0,30	0,30	0,40				

❺ Spanplatten (DIN EN 312)

Spanplatten werden durch Verpressen von kleinen Teilen aus Holz und/oder anderen lignozellulosehaltigen Teilchen mit Klebstoff hergestellt. Die Späne liegen vorzugsweise parallel zur Plattenebene.

Vorzugsmaße
Standardformate
2500 mm × 675 mm
2500 mm × 1250 mm
5600 mm × 2070 mm
Dicken 3 mm bis 30 mm

Typ	P1	P2	P3	P4	P5	P6	P7
Einsatz	allgemeine Zwecke, nichttragend			allgemein belastbar, tragend		hoch belastbar, tragend	
Bereich	trocken	trocken	feucht	trocken	feucht	trocken	feucht

6.9 Holz

Anforderungen an die mechanischen Eigenschaften und an die Quellung
(DIN EN 312) – Ausgesuchte Werte für 2 Plattentypen (P2 und P5)

Platten-typ	Eigen-schaft	Ein-heiten	Dickenbereich (mm, Nennmaß)							
			> 3 bis 4	> 4 bis 6	> 6 bis 13	> 13 bis 20	> 20 bis 25	> 25 bis 32	> 32 bis 40	> 40
P2	Biege-festigkeit	N/mm²	13	14	13	13	11,5	10	8,5	7
P5			20	19	18	16	14	12	10	9
P2	Querzug-festigkeit	N/mm²	0,45	0,45	0,40	0,35	0,30	0,25	0,20	0,20
P5			0,50	0,50	0,45	0,45	0,40	0,35	0,30	0,25
P2	Dicken-quellung	%	–	–	–	–	–	–	–	–
P5			13	12	11	10	10	10	9	9

❻ Zementgebundene Spanplatten (DIN EN 634-1+2)

Zementgebundene Spanplatten werden durch das Verpressen von kleinen Holzteilen (63,5 %), Zement (25 %), Wasser (10 %) und Zusatzstoffen (1,5 %) hergestellt.
Typ: EN 634-1+2

Vorzugsmaße

Standardformate
2600 mm × 1250 mm
3100 mm × 1250 mm

Dicken
8 mm, 10 mm, 12 mm,
16 mm, 18 mm, 20 mm,
24 mm, 28 mm, 32 mm

Klassifizierung (üblich)

Bindemittel	Färbung
Portlandzement	eingefärbt
Magnesiazement	eigenfarbig

Oberflächenbeschaffenheit	Form
roh – eben oder strukturiert	plane Oberfläche
geschliffen	profilierte Oberfläche
beschichtet	profilierte Schmal-
beplankt (z.B. dekoratives Laminat, harzgetränktes Dekorpapier usw.)	flächen

Besondere Eigenschaften

Mindestbiegefestigkeit	9,0 N/mm² (rechtwinklig zur Plattenebene)
Zugfestigkeit	4,0 N/mm² (in Flattenebene)
Querzugfestigkeit	0,4 N/mm²
Dickenquellung	1,0 % ... 2,0 %
Rohdichte	1250 kg/m³
Wärmeleitfähigkeit λ_R	0,35 W/(m·K)
Brandverhalten	B1/A2
witterungsbeständig und verrottungsfest	
beständig gegen Pilz- und Termitenbefall	

Spanplatten für Sonderzwecke im Bauwesen (DIN 68762)

LF	Leichte Flachpressplatte mit höherer Schallabsorption, mit oder ohne Beschichtung oder Beplankung	für akustisch wirksame und/oder dekorative Wand- und Deckenverkleidungen
LRD	Strangpress-Röhrenplatte mit durchbrochener Oberfläche und höherer Schallabsorption, beidseitig beschichtet oder beplankt	Schallabsorptionsgrad
LMD	wie LRD, aber Strangpress-Vollplatte	$\alpha_s = 0$ vollständige Reflexion
LR	Strangpress-Röhrenplatte mit geschlossener Oberfläche, beidseitig beschichtet oder beplankt	$\alpha_s = 1$ vollständige Absorption

Rohdichte und Schallabsorption von Spanplatten für Sonderzwecke

Platten-typ	Rohdichte kg/m³	Schallabsorptionsgrad	
		Hz	α_S
LF	250 ... 500	125 ... 250	0,2[1]
		250 ... 4000	0,5
LRD	300 ... 600		0,5[2]
LMD	550 ... 850		0,2

[1] Mindestwerte der mittleren Schallabsorption im jeweiligen Frequenzbereich.
$\alpha_s = 0,5$ bedeutet, dass 50 % der Schallenergie absorbiert wird.

[2] Schrankenwerte für den Absorptionsgrad dürfen auch von vollflächig aufliegenden Platten in einem wenigstens zwei Oktaven breiten Frequenzbereich nicht unterschritten werden.

6.9 Holz

❼ Holzfaserplatten (DIN EN 622)

Holzfaserplatten werden aus Lignozellulosefasern unter Anwendung von Druck und/oder Hitze hergestellt. Der Holzwerkstoff kann auch als kunststoffbeschichtete Holzfaserplatte im Innenausbau verwendet werden.

Vorzugsmaße

Standardformate
2500 mm × 1250 mm

Dicken
6 mm, 8 mm, 9 mm,
10 mm, 12 mm, 15 mm,
18 mm, 20 mm, 22 mm,
28 mm, 30 mm

Begriffe (DIN EN 316)

Kurz-zeichen	Benennung	Rohdichte in kg/m³	Erklärung	Herstellungs-verfahren
SB	Poröse Faserplatte	< 400	Isolier- oder Dämmplatte	Nassverfahren: Beim Nassverfahren wird der Faserstoff mit Wasser gemahlen und je nach Bedarf verfeinert. Eine Verklebung mit Zusatzmitteln ist je nach gewünschten Eigenschaften möglich, aber nicht zwingend erforderlich.
SB.I	Poröse Faserplatte mit zusätzlichen Eigenschaften		mit Bitumenzusatz	
MB.L	Mittelharte Faserplatte geringer Dichte	400 ... 560	nach dem Nassverfahren hergestellt (ebenfalls die porösen und harten Faserplatten)	
MB.H	Mittelharte Faserplatte hoher Dichte	560 ... 900		
MB.I	Mittelharte Faserplatte; hohe Dichte		z.B. Feuerschutz, Feuchteresistenz	
HB	Harte Faserplatte	≥ 900	Hartplatte	
HB.I	Harte Faserplatte mit zusätzlichen Eigenschaften		z.B. Feuerschutz, Feuchteresistenz, Resistenz gegen biologische Angriffe, besondere Bearbeitbarkeit	
MDF	Mitteldichte Faserplatte	≥ 600	nach dem Trockenverfahren hergestellt	Trockenverfahren: Verklebung der Holzfasern mit Bindemitteln (z. B. Phenolharz).
MDF.I	Mitteldichte Faserplatte mit zusätzlichen Eigenschaften		z.B. Feuerschutz, Feuchteresistenz, Resistenz gegen biologische Angriffe	

Weitere Klassifizierungkriterien für Faserplatten (DIN EN 316)

Anwendungsbedingungen	Kurz-zeichen	Verwendungszweck	Kurz-zeichen
Trockenbereich	–	allgemeine Verwendung	–
Feuchtbereich	H	tragende Verwendung	L
Außenbereich	E	– alle Kategorien der Lasteinwirkungsdauer – nur für Momentan- und Kurzzeitbelastung	A S

Formaldehyd-Klassen (DIN EN 13986)

Werden bei der Herstellung formaldehydhaltige Stoffe verwendet, ist das Produkt zu prüfen und nach den Klassen E1 und E2 zu klassifizieren.
Anforderungen an die Formaldehyd-Klasse E1 (in Deutschland zugelassen)

Holzwerkstoff		
unbeschichtet	unbeschichtet	lackiert, beschichtet o. furniert
Spanplatten OSB MDF	Sperrholz Massivholzplatten Furnierschichtholz	Spannplatten, OSB, MDF, Sperrholz Massivholzplatten, Furnierschichtholz Faserplatten (Nassverfahren) Zementgebundene Spanplatten
Gehalt ≤ 8 mg/100 g atro (absolut trockene Platte)	Abgabe ≤ 3,5 mg/(m²·h) oder ≤ 5 mg/(m²·h) innerhalb von 3 Tagen nach Herstellung	

6.9 Holz

6.9.5 Holzschutz

Maßnahmen zum Schutz von Holz/Holzwerkstoffen gegenüber der zerstörenden Wirkung durch Pilze und Insekten. Pilze befallen nur feuchtes Holz ($u \geq 20\,\%$), Insekten dagegen vorwiegend lufttrockenes Holz ($u \leq 12\,\%$). Gegen Säuren und Salzlösung ist Holz relativ widerstandsfähig, Laugen greifen Hölzer mit extremem pH-Wert ($3 <$ pH < 10) an. Brandschutz ist kein Holzschutz im engeren Sinne.

Übersicht Holzschutz

Schutz vor Insekten	Schutz vor Pilzen	Brandschutz
■ DIN 68800 ■ DIN EN 351 ■ DIN EN 335 ■ DIN EN 460 ■ DIN EN 350 ■ DIN EN 599	■ DIN 68800 ■ DIN EN 351 ■ DIN EN 335 ■ DIN EN 460 ■ DIN EN 350 ■ DIN EN 599	■ DIN 68800 ■ DIN 4102 ■ DIN EN 13 501

Begriffe zum Holzschutz

Holzschutz	Es sind vorbeugende oder bekämpfende, konstruktive und/oder chemische Maßnahmen zur Erhaltung von verbautem Holz.
Natürlicher Holzschutz	Berücksichtigung der Inhaltsstoffe und Eigenschaften von Holzarten
Baulicher Holzschutz vgl. DIN 68 800-2	fachliche Konstruktion und Werkstoffe besonders im Hinblick auf die Feuchtigkeitsbelastung
Physikalischer Holzschutz	hydrophobierende Imprägnierungen und Anstrichstoffe verhindern das Eindringen von Wasser in das Holz. Als bekämpfender Holzschutz: Heißluftverfahren
Chemischer Holzschutz vgl. DIN 68 800-3	die Anwendung von fungiziden (wirksam gegen Pilze) und bioziden (insektiziden) Wirkstoffen sowie Feuerschutzmittel

Holzschädlinge – Pilze und Insekten (Auswahl)

Art	Schadensbild	Temperatur	Holzfeuchte
Bläuepilze	bläuliche Verfärbung des Holzes; keine Minderung der Festigkeit	$\approx 15\,°C$	$\geq 20\,\%$
Holz verfärbende Pilze			
Holz zerstörende Pilze			
Echter Hausschwamm	erzeugt Destruktionsfäule; Holz verfärbt sich braun und zerfällt würfelförmig (Braunfäule); anzeigepflichtig	$\approx 20\,°C$	20 % ... 28 %
Keller-, Warzenschwamm	erzeugt Destruktionsfäule; Farbe des Pilzgeflechts von gelblichweiß bis später schwarzbraun; rasches Wachstum	22 °C ... 24 °C	50 % ... 60 %
Tannen- und Zaunblättling	beginnend mit der Innenfäule bis hin zur Destruktionsfäule, befällt meist im Außenbereich verbautes Nadelholz	29 °C ... 34 °C	40 % ... 60 %
Holz zerstörende Insekten			
Holzwespe	Fraßgänge der Larven, Ausfluglöcher mit 4 mm ... 10 mm Durchmesser		
Borkenkäfer	Fraßgänge in der Kambiumschicht und im Splintholz		
Bockkäfer	Fraßgänge vom Kambium bis zum Kernholz		
Hausbock	Fraßgänge im Splint- oder Reifholz; Ausfluglöcher von 5 mm ...10 mm Durchmesser	28 °C ... 30 °C	
Gewöhnlicher Nagekäfer	Fraßgänge im Früh- und Splintholz; Ausfluglöcher von 1 mm ... 2 mm Durchmesser	$\approx 22\,°C$	$\approx 23\,\%$
Brauner Splintholzkäfer	Fraßgänge im Frühholz; Ausfluglöcher von 1 mm ... 1,5 mm		$> 7\,\%$

Einsatz von Holzschutz gegen Pilze bei den Gefährdungsklassen (DIN EN 460)

| Gebrauchsklasse | Dauerhaftigkeitsklasse | | | | | Symbole | Beschreibung |
	1	2	3	4	5		
1	0	0	0	0	0	0	natürliche Dauerhaftigkeit ausreichend
2	0	0	0	(0)	(0)	(0)	natürliche Dauerhaftigkeit üblicherweise ausreichend, Holzschutz empfehlenswert
3	0	0	(0)	(0)–(X)	(0)–(X)	(0)–(X)	natürliche Dauerhaftigkeit kann ausreichend sein, eine Schutzbehandlung kann notwendig sein
4	0	(0)	(X)	X	X	(X)	eine Schutzbehandlung ist empfehlenswert
5	0	(X)	(X)	X	X	X	Schutzbehandlung notwendig

6.9 Holz

Gebrauchsklassen (DIN 68800 Auszug, Holz und Holzprodukte)

Feuchtebedingungen und Auftreten von Organismen in Gefährdungsklassen bei Vollholz (DIN EN 335)

Gebrauchs-klasse		allgemeine Gebrauchsbedingungen	Exposition	Holzfeuchte u %	Gefährdung durch			Auswasch-beanspruchung
					Insekten	Pilze	Moderfäule	
0		unter Dach, keiner Bewitterung und Feuchtigkeit ausgesetzt, keine Bauschäden durch Insekten	trocken, ⌀ rel. Luftfeuchte ≤ 85 %	≤ 20 %	nein	nein	nein	nein
1		unter Dach, keiner Bewitterung und Feuchtigkeit ausgesetzt	trocken, ⌀ rel. Luftfeuchte ≤ 85 %	≤ 20 %	ja	nein	nein	nein
2		unter Dach, nicht der Bewitterung ausgesetzt, hohe Umgebungsfeuchte, aber keine dauernde Befeuchtung	gelegentlich feucht, ⌀ rel. Luftfeuchte > 85 %, zeitweise Befeuchtung durch Kondensation	> 20 %	ja	ja	nein	nein
3	3.1	nicht unter Dach, mit Bewitterung, ohne ständigen Erd- und Wasserkontakt, rasche Rücktrocknung	gelegentlich feucht, Anreicherung von Wasser im Holz auch begrenzt nicht zu erwarten	> 20 %	ja	ja	nein	ja
	3.2	nicht unter Dach, mit Bewitterung, ohne ständigen Erd- und Wasserkontakt	häufig feucht, Anreicherung von Wasser im Holz begrenzt zu erwarten	> 20 %	ja	ja	nein	ja
4		Kontakt mit Erde oder Süßwasser, vorwiegend bis ständig einer Befeuchtung ausgesetzt	vorwiegend bis ständig feucht	> 20 %	ja	ja	ja	ja
5		Holz oder Holzprodukte, ständig Meerwasser ausgesetzt	ständig feucht	> 20 %	ja	ja	ja	ja

Maßgebend für die Zuordnung von Holzbauteilen zu einer Gebrauchsklasse ist die jeweilige Holzfeuchte. Bauteile, bei denen über längere Zeit Ablagerungen oder Beanspruchung durch Spritzwasser zu erwarten sind, werden in die Gebrauchsklasse 4 eingestuft.

Anforderungen an die Holzschutzmittel (DIN 68800-3)

Gefährdungsklasse	Anforderungen an das Holzschutzmittel	Prüfprädikat	Gefährdungsklasse	Anforderungen an das Holzschutzmittel	Prüfprädikat	Prüfzeichen	Beschreibung
0	nicht erforderlich	–	3.1	insektenvorbeugend pilzwidrig	Iv P W	Iv	insektenvorbeugend wirksam
1	insektenvorbeugend	Iv	3.2	witterungsbeständig		P	gegen Pilze vorbeugend wirksam
2	insektenvorbeugend pilzwidrig	Iv P	4	insektenvorbeugend pilzwidrig witterungsbeständig moderfäulewidrig	Iv P W E	W	gegen Witterung beständig
						E	im Erdkontakt beständig

Bei der Anwendung der DIN-EN-Normen ist z.Z. im Einzelfall zu prüfen ob die baurechtliche Einführung schon erfolgt ist. Die DIN-EN-Normen und die überarbeitete DIN 68800 bilden eine Einheit.

Eindringtiefeanforderungen (DIN EN 351-1)

Eindringtiefeklasse	Mindest-Eindringtiefe	Eindringtiefeklasse	Mindest-Eindringtiefe
NP 1	keine	NP 4	≥ 25 mm seitlich
NP 2	≥ 3 mm seitlich im Splintholz	NP 5	gesamtes Splintholz
NP 3	≥ 6 mm seitlich im Splintholz	NP 6	gesamtes Splintholz und ≥ 6 mm im freiliegenden Kernholz

Begriffe der Holzschutzmittelverteilung (DIN 68800)

Es wird unterschieden nach: Oberflächen-, Rand-, Tief- und Teilschutz. Wenn Splint- und Kernholz nicht zu unterscheiden sind, gilt die für die jeweilige Eindringtiefenklasse festgelegte Splintholzbreite als Eindringtiefenanforderung.

6.9 Holz

Holzschutzmittel

Ölige oder **salzhaltige Holzschutzmittel** sind prüfzeichenpflichtig (Institut für Bautechnik, Berlin), ebenso Feuerschutzmittel. Je nach Wirksamkeit unterscheidet man:

- **P** ≙ wirksam gegen **P**ilze (Fäulnisschutz)
- **Iv** ≙ gegen **I**nsekten **v**orbeugend wirksam
- **Ib** ≙ gegen **I**nsekten **b**ekämpfend wirksam
- **B** ≙ gegen Ver**b**lauung am verarbeiteten Holz wirksam
- **W** ≙ für Holz, das der **W**itterung ausgesetzt ist
- **E** ≙ für Holz, das **e**xtremer Beanspruchung ausgesetzt ist (Erdkontakt, Wasser)
- **M** ≙ **M**ittel zur Bekämpfung von Schwamm im Mauerwerk (Schwammsperrmittel)

Ölige Holzschutzmittel Holzfeuchte $u \leq 30\%$	Wirksamkeit	Salzhaltige Holzschutzmittel Holzfeuchte $u \leq 30\%$	Wirksamkeit
Steinkohlenteeröl: Kreosole dürfen nur bei tränkreifem Holz angewendet werden; i.d.R. $u \leq 30\%$. Außenbau, auch bei Erdfeuchtigkeit und ständigem Kontakt mit Wasser. Heißanstrich bis Kesseldrucktränkung. Starker, penetranter Geruch.	P, Iv, W, E	**B-Salz:** Anorganische Borverbindungen; nicht für Holz, das der Witterung und der Erdfeuchtigkeit ausgesetzt ist.	P, Iv, zum Teil auch M
Bindemittelfreie Präparate: Organische Fungizide und Insektizide in organischen Lösemitteln. Innen- und Außenbau.	P, Iv, W teilweise Ib	**CF-Salz:** Alkalifluoride und Bichromat; für Holz mit geringer Auswaschbeanspruchung, kein dauernder Erdkontakt.	P, Iv, W
Geprüfte Holzschutzmittel für den vorbeugenden Holzschutz von tragenden und aussteifenden Bauteilen sind am Ü-Zeichen oder der CE-Kennzeichnung erkennbar.		**CK-Salz:** Kupfersalz, Bichromat, Arsen-, Bor- oder Fluorverbindungen; nach Anwendung nicht auswaschbar, auch für Hölzer, die in fließendem Wasser oder ständigem Erdkontakt stehen.	P, Iv, W, E, teilweise auch L (Leimverträglichkeit)

Brandschutz für Holzbauteile

Der Brandschutz ist neben dem Schutz vor Insekten und Pilzen ein Teil des Holzschutzes. Er kann auf zweierlei Wegen erfolgen, durch Feuerschutzmittel oder durch Beplankung. Die Einstufung wird in der DIN 1350-1 „Klassifizierung von Bauprodukten und ihr Brandverhalten", der DIN 4102 „Brandverhalten von Baustoffen und Bauteilen" (▶ Kapt. 5.6) und DIN EN 1995-1-2 „Bemessung und Konstruktion von Holzbauteilen – Allgemeine Regeln, Tragwerksbemessung für den Brandfall" geregelt.

Brandschutzmaßnahmen	Verwendung von rissefreiem Holz, Kanten und Ecken sollten gefasst sein. Verkleidungen aus schwer entflammbaren oder nicht brennbaren Baustoffen.
Bemessung	Restquerschnitt, Abbrandrate: ca. 0,8 mm/min Nadelholz, ca. 0,7 mm/min Laubholz

Die Feuerschutzmittel werden in zwei Verarbeitungsverfahren unterschieden

Salzhaltige Feuerschutzmittel	Durch Druckimprägnierung werden das Holz und die Holzwerkstoffe behandelt. Diese bewirkt eine rasche Verkohlung des Holzes und erreicht dadurch einen Schutz vor dem Verbrennen.
Dämmschichtbildende Feuerschutzmittel	Durch die Hitzeeinwirkung schäumt die Oberflächenbeschichtung auf und verhindert so den direkten Kontakt zwischen der Flamme und dem Holz. Die Schutzmittel müssen allseitig auf die Holzwerkstoffe aufgetragen werden, sofern diese nicht vollflächig auf einen massiven mineralischen Untergrund befestigt sind. Vollholz wird nach DIN EN 13501-1 als D-s2, d0 eingestuft; mit D: normal entflammbar, s2: Rauchentwicklungsklasse 2, d0: nicht brennbar abtropfend, s (smoke), d (droplets), 0 nicht zutreffend ▶ S. 211.

Durch Feuerschutzmittel kann das Brandverhalten von Holz und Holzwerkstoffen derart beeinflusst werden, dass sie die Anforderungen der Baustoffklassen B1 bzw. B2 nach DIN 4102 erfüllen (▶ Kapitel 5.6). **Hölzer mit einer geringeren Rohdichte entflammen schneller als Hölzer mit einer höheren Rohdichte.**

$\varrho \leq 300$ kg/m³ sehr gut brennbar

$\varrho > 300$ kg/m³ und $\varrho \leq 1\,000$ kg/m³ mittelmäßig brennbar

$\varrho > 1\,000$ kg/m³ schlecht brennbar

6 TECHNOLOGIE DER BAUSTOFFE

6.10 Kunststoffe

Einteilung und Arten der Kunststoffe

Gruppe	Thermoplaste (Thermomere)	Duroplaste (Duromere)	Elastoplaste (Elastomere)
Molekül-aufbau	fadenförmig	engmaschig vernetzt	weitmaschig vernetzt
Eigenschaften	je nach Temperatur hart, verformbar-weich bis zähflüssig	hart; durch Verbindung von flüssigen Vorprodukten mit Härtern	gummi-elastisch; in großem Temperaturbereich; Bruchdehnung 100 % ... 1000 %
Bearbeitung, Bearbeitungseigenschaften	kalt: Sägen, Hobeln, Bohren warm: Biegen, Ziehen; Strangpressen = Extrudieren heiß: Spritzen, Gießen, Schweißen	Sägen, Feilen, Hobeln klebbar, nicht schweißbar	nicht schmelzbar, nicht schweißbar sie werden bei der Herstellung den spezifischen Anforderungen angepasst

Beispiele für die obere Einteilung

Bezeichnung	Kurzzeichen	Bezeichnung	Kurzzeichen	Bezeichnung	Kurzzeichen
Polyethylen (Polyethen)	PE	Polyester, ungesättigt	UP	Polyurethan-Kautschuk	PUR
Polystyrol (Polyphenylethen)	PS	Polyester, glasfaserverstärkt	GF-UP	Styrol-Butadien-Kautschuk	SBR
Polyvinylchlorid (Polychlorethen)	PVC	Epoxidharz	EP	Nitril-Kautschuk	NBR
Polyisobutylen (Polyisobuthen)	PIB	Polyurethan	PU	Butyl-Kautschuk	BR
Polycarbonat	PC	Phenol-Formaldehydharz	PF	Polysulfid-Kautschuk	SR
Polyamid	PA	Harnstoff-Formaldehydharz	UF	Silikon-Kautschuk	SI
Polypropylen	PP	Melamin-Formaldehydharz	MF	Chloropren-Kautschuk	CR
Polyvinylacetat	PVAC				

Silikone

Silikonöle, Silikonkautschuke, Silikonharze; wasserabstoßend, temperaturbeständig von − 90 °C bis 280 °C; verwendet zum wasserdichten Verschließen von Fugen und zum Abdichten von Glasfälzen im Fensterbau. Bereits geringe Mengen von Silikonöl machen Lacke, Papier und Textilien wasserabstoßend. Silikonharzlösungen werden u.a. als wasserabstoßende Überzüge für Mauerwerk und Beton verwendet.

Vergleich Kunststoffe – Metalle

Merkmale	Metalle	Kunststoffe	Auswirkungen, auf Eigenschaften der Kunststoffe
Kleinste Teilchen	Atome der Metalle	Makromoleküle unterschiedlicher Größe aus Nichtmetallen	niedrige Dichte
Bindungskraft der Teilchen	große gegenseitige Anziehung zwischen Metallionen und freien Elektronen	schwache Bindung zwischen Molekülen, keine freien Elektronen	große Wärmedehnung, geringe Festigkeit, elektrische Nichtleiter
Bindungsart der Teilchen	kristallin (Metallgitter)	amorph (richtungslose Anordnung der Moleküle, wattebauschartig verfilzt) oder teilkristallin räumliche Vernetzung	**Thermoplaste:** bei höherer Temperatur plastisch verformbar, zäh, elastisch, durch Recken höhere Zugfestigkeit, keine definierten Schmelz- und Siedepunkte **Duroplaste:** hart, spröde

6.10 Kunststoffe

Eigenschaften und Anwendungsbereiche von Kunststoffen

Kurz-zeichen DIN 7728	Chemische Bezeichnung	Handels-name ®	Dichte g/cm³	Zugfestigkeit bzw. Streckspannung N/mm²	Anwendungs-Grenztempe-raturen °C	Chemische Beständigkeit bei 20 °C				Anwendungs-beispiele
						Mineralöle	Benzin	verd. Säuren	verd. Laugen	
PE	Polyethylen	Hostalen, Lupolen	0,92 ... 0,96	9 ... 28	100 ... 120	◐	◐	●	●	Rohre, Behälter, Kabelisolierungen, textile Fasern, Folien
PP	Polypropylen	Hostalen PP, Novolen	0,91	33	140	◐	◐	●	●	Rohre, Behälter, textile Fasern, Seile
PS	Polystrol	Hostyren	1,05	56	85	◐	○	▲	●	Beschläge
	Polystrol Hartschaum	Styropor Styrodur	0,01 ... 0,03			◐	○	◐	▲	Wärmedämmung, Trittschalldämmung
PVC hart	Polyvinyl-chlorid, hart	Hostalit, Vinofex	1,38	55	70	●	▲	●	●	Wasserleitungen, Behälter, Dränrohre
PVC schlag-zäh	Polyvinyl-chlorid, schlagzäh	Hostalit Z Vinnol K	1,35	50	70	●	▲	●	●	Fensterrahmen, Dachrinnen
PVC weich	Weich-Poly-vinylchlorid	Dynadur Trodal	1,2 ... 1,3	10 ... 30	40 ... 60	▲	▲	▲	▲	Schläuche, Folien Fußbodenbeläge, Unterspannbahnen, Fugenbänder
PTFE	Polytetra-fluorethylen	Hostaflon TF Teflon	2,1 ... 2,2	20 ... 40	260	●	●	●	●	Gleitbahnenlager, Brückenlager, Beschichtungen
PMMA	Polymethy-methacryl-ester	Plexiglas, Resorit, Degalan	1,18	70	70 ... 90	●	●	◐	◐	Acrylglas, Leuchten, Badewannen
PC	Polycarbonat	Makrolon	1,20	50	90 ... 130	●	●	▲	▲	Schusssichere Verglasungen, Duschkabinenwände
PA	Polyamid	Ultramid	1,01 ... 1,14	50 ... 70	60 ... 140	●	●	◐	●	Schutzhelme, Schläuche
UP	Polyesterharz	Leguval Palatal	1,2 ... 1,3	30	120	●	●	●	●	Bindemittel für Kunstharzmörtel
EP	Epoxidharz	Compacta, Epoxin Epobit	1,2	40 ... 60	120					Zweikomponenten-kleber, Metallkleber, Rostschutz-beschichtung, glas-faserverstärkte Kunststoffe
PU	Polyurethan Ceresit	Baydur Desmodur	1,26		100 ... 130	▲	▲	▲	▲	Zweikomponenten-kleber, Dichtungs-massen, riss-überbrückende Beschichtung
	Polyurethan-schaum	Herathan	0,04		80 ... 100	▲	▲	▲	▲	Wärmedämm-material
UR	Harnstoff-Form-aldehydharz-Ortschaum		0,008 ... 0,015		80 ... 100	▲	▲	▲	▲	Wärmedämm-ortschaum
SI	Silikon-Kautschuk	Baysilon Bostik	1,25		110 ... 150	◐	◐	◐	◐	Dauerelastische Dichtungsmassen

● beständig   ▲ weitgehend beständig   ◐ bedingt beständig   △ wenig beständig   ○ nicht beständig

6 TECHNOLOGIE DER BAUSTOFFE

6.11 Befestigungssysteme

6.11.1 Befestigungstechnik

Baustoff (Ankergrund)

Die Art und Beschaffenheit des Baustoffs, in dem verankert werden soll, bestimmt ganz entscheidend die Auswahl des Dübelsystems.

Beton
Zu Beton gehören die beiden Untergruppen Leichtbeton und Normalbeton.

Mauerwerksbaustoffe
Mauerwerk ist ein Verbundwerkstoff aus Steinen und Mörtel. Dabei ist die Druckfestigkeit der Steine bei Altbaumauerwerk oft höher als die des Mörtels. Eine Verankerung sollte deshalb im Mauerwerksstein erfolgen.

Vollbausteine mit dichtem Gefüge
Diese Baustoffe sind sehr gut zur Verankerung von Dübeln geeignet, da sie überwiegend keine Hohlräume haben und sehr druckfest sind.

Lochbausteine mit dichtem Gefüge (Loch- und Hohlkammersteine)
Sie sind meist aus den gleichen druckfesten Materialien wie die Vollsteine hergestellt, jedoch mit Hohlräumen versehen. Werden höhere Lasten an diesen Baustoffen befestigt, sollten spezielle Dübel verwendet werden, die Hohlräume überbrücken oder ausfüllen können.

Vollbaustoffe aus porigem Gefüge
Diese Baustoffe haben meist eine geringe Druckfestigkeit und sehr viele Poren. Geeignet sind Dübel mit langer Spreizzone oder stoffschlüssige Dübel.

Vollstein aus Leichtbeton (i.A. als Schwemmstein bezeichnet, Vollstein aus Blähton, z.B. „Liapor", Leca")

Porenbeton („Ytong", „Hebel", „Siporex", „Durox", „Greisel")

Lochbaustoffe mit porigem Gefüge (Leichtlochsteine)
Sie haben meist eine geringe Druckfestigkeit, Hohlräume und Poren. Geeignet sind Dübel mit langer Spreizzone oder formschlüssig wirkende Injektionsanker.

Leichthochlochziegel (z.B. „Unipor", „Poroton")

Leichtbetonhohlblockstein (z.B. aus Bims oder Blähton)

Platten und Tafeln (Plattenbauelemente)
Zu dieser Gruppe gehören dünnwandige Baustoffe, die häufig eine geringe Festigkeit aufweisen. Geeignet sind Dübel mit langer Spreizzone oder stoffschlüssige Dübel (Hohlraumdübel).

Bohrverfahren

 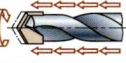 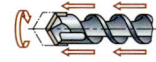

Drehbohren   Schlagbohren   Hammerbohren

Der Baustoff bestimmt das Bohrverfahren. Grundsätzlich gilt: Vollbaustoffe mit dichtem Gefüge → Schlag- und Hammerbohren.
Lochbausteine, Baustoffe mit geringer Festigkeit und Porenbeton nur im Drehgang bohren, damit das Bohrloch nicht zu groß wird und in Lochsteinen die Stege nicht ausbrechen.

Montage

Rand- und Achsabstand, Bauteildicke
Um ein Abplatzen des Baustoffs oder Rissebildung zu vermeiden und um die erforderliche Last mit Dübeln übertragen zu können, müssen Rand- und Achsabstände sowie die erforderliche Bauteilbreite und -dicke nach Vorschrift eingehalten werden. Bei Kunststoffdübeln kann üblicherweise von einem Randabstand $c_3 \geq 2 \cdot h_{ef}$ (h_{ef} Verankerungstiefe) und einem Achsabstand $s \geq 4 \cdot h_{ef}$ ausgegangen werden.

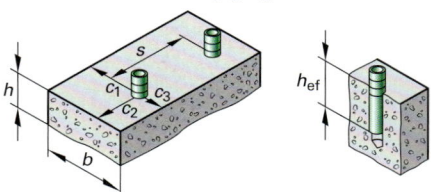

Bohrlochtiefe
Die Bohrlochtiefe muss größer sein als die Verankerungstiefe. Nach dem Bohren muss das Bohrmehl entfernt werden. Ein ungesäubertes Bohrloch reduziert die Haltewerte!

Nutzlänge
Die Nutzlänge d_a (auch üblich: t_{fix} Klemmdicke) entspricht meist der Dicke des befestigten Montagegegenstandes. Ist der Ankergrund mit Putz oder Isoliermaterial verkleidet, müssen Schrauben oder Dübel gewählt werden, deren Nutzlänge mindestens der Putzstärke und der Dicke des Montagegegenstandes entspricht.

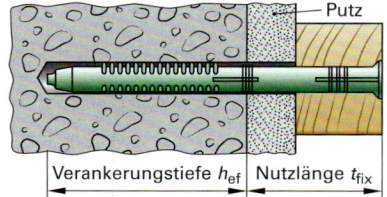

Verankerungstiefe
Die Verankerungstiefe h_{ef} entspricht bei Kunststoff und Stahldübeln der Distanz zwischen Oberkante des tragenden Bauteiles bis zur Unterkante des Spreizteiles.

6.11 Befestigungssysteme

Befestigungstechnik

Belastung

Größe und Art der Belastung

Ebenso wichtig wie die Abmessungen und die Art des Ankergrundes sind für die Dübelauswahl die Lasten bzw. Kräfte, die bei der Befestigung eines Gegenstandes auftreten.
Zur Ermittlung der maximalen Gebrauchslast wird die Bruchkraft durch einen Sicherheitsbeiwert dividiert.

$$\text{max. Gebrauchslast} = \frac{\text{Bruchkraft }(F)}{\text{Sicherheitsfaktor }(\gamma)}$$

Als Sicherheitsfaktor gelten:
gegenüber Bruchkraftmittelwert: Stahldübel $\gamma \geq 4$
Kunststoffdübel $\gamma \geq 7$

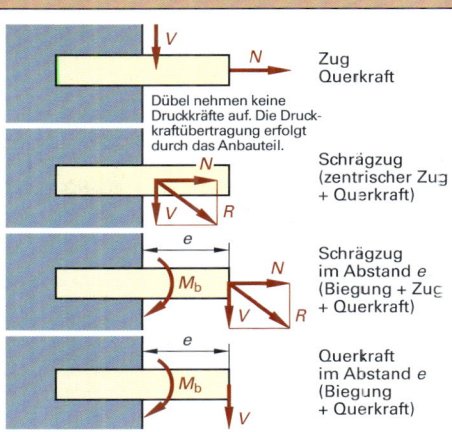

Dübel nehmen keine Druckkräfte auf. Die Druckkraftübertragung erfolgt durch das Anbauteil.

- Zug / Querkraft
- Schrägzug (zentrischer Zug + Querkraft)
- Schrägzug im Abstand e (Biegung + Zug + Querkraft)
- Querkraft im Abstand e (Biegung + Querkraft)

Ankereinteilung und Wirkungsweise

Reibschluss
Das Spreizteil des Dübels wird an die Bohrlochwandung gepresst und trägt durch Reibung die äußeren Zuglasten.

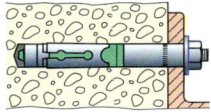 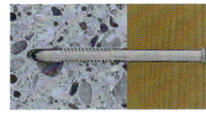

Formschluss
Die Dübelgeometrie passt sich der Form des Untergrundes bzw. des Bohrlochs an.

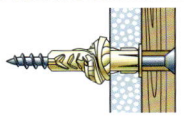 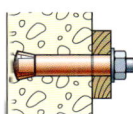

Dübel (Produktinformation)

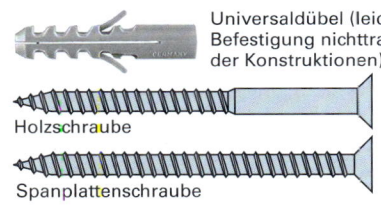

- Universaldübel (leichte Befestigung nichttragender Konstruktionen)
- Holzschraube
- Spanplattenschraube

Charakteristische Versagenslasten in kN

Dübeltyp	S4	S5	S6	S8	S10	S12	S14	S16	S20
Schrauben-$\varnothing$ in mm	3	4	5	6	8	10	12	12	16
Beton $\geq$ C20/25	0,8	1,4	2,0	3,3	6,1	9,0	11,9	11,3	19,4
Vollziegel $\geq$ Mz 12	0,7	1,2	1,9	3,3	–[1]	–[1]	–[1]	–[1]	–[1]
Kalksand-Vollstein $\geq$ KS 12	0,7	1,2	1,9	3,3	–[1]	–[1]	–[1]	–[1]	–[1]
Porenbeton $\geq$ PP4	–	–	0,25	0,35	0,8	1,4	2,0	–[1]	–[1]

[1] Das Versagen des Ankergrundes ist so unterschiedlich, dass keine Werte angegeben werden können.

- Bei der Verwendung von Spanplattenschrauben sind die Werte um 30 % zu reduzieren.
- Auf diese Versagenslasten ist ein Sicherheitsbeiwert zu berücksichtigen (i.d.R. $\gamma \geq 7$).

Stoffschluss
Ein Mörtel verbindet sich mit dem Dübel- und Ankergrund.

 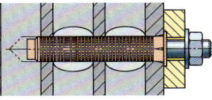

Versagensarten

Überbeanspruchung, falsche Montage und nicht ausreichend tragfähiger Untergrund können zum Versagen von Dübelsystemen führen.

- Bruch des Ankergrundes
  - zu hohe Last N
  - zu geringe Festigkeit des Ankergrundes
  - zu geringe Setztiefe
- Spalten des Bauteils
  - zu geringe Bauteilabmessungen
  - Rand- und Achsabstände nicht eingehalten
  - Spreizdruck zu hoch
- Herausziehen des Dübels
  - Reib- oder Stoffschluss versagt durch zu hohe Last oder fehlerhafte Montage
- Stahlbruch
  - Dübel- oder Schraubenfestigkeit zu gering für angehängte Last

Schraubenlänge

Die Schraubenlänge richtet sich nach
- der Dübellänge A,
- der Dicke des zu befestigenden Bauteils B,
- der Unterkonstruktion und
- dem Schraubendurchmesser C.

z.B. A + B + C = 50 mm + 20 mm + 6 mm = 76 mm
Standardlänge 80 mm ▶ S. 389

6.11 Befestigungssysteme

6.11.2 Befestigungs-Systemplan

▲ = DIBt-Zulassung ■ = ETA-Zulassung ■ gut geeignet

DIBt Deutsches Institut für Bautechnik
ETA European Technical Approval
     (europäische technische Zulassung)

			Zugelassen für		Werkstoff		Verankerungsgrund												
			gerissener Beton	ungerissener Beton	Fassadenbefestigungen	abgehängte Decken	Mauerwerk	Stahl galvanisch verzinkt	Edelstahl A4	hochkorrosionsbeständiger Stahl	Beton	Spannbeton-Hohldeckenplatten	Naturstein dichtes Gefüge	Vollziegel	Kalksand-Vollstein	Vollstein aus Leichtbeton	Porenbeton	Volllgips-Platten	Hochlochziegel	Kalksand-Lochstein	Hohlblockstein aus Leichtbeton	Hohldecken aus Ziegel, Beton o.Ä.	Gipskarton- und Gipsfaserplatten	Spanplatten

Allgemeine Befestigungen

Bezeichnung	Kürzel
Dübel SX	SX
Dübel S (Spreizdübel) (Ø 4, 5, 6, 8, 10, 12, 14, 16, 20)	S
Universaldübel	UX
Porenbetondübel (Ø 8, 10, 14) PB2, PP2, PB4, PP4	
Dämmstoffdübel	FID
Turbo Porenbetonanker	FTP/FTPK
Balkonbefestigung mit Abdeckklappe	BBF
Metallspreizdübel	FMD
Flüssigdübel fill & fix	
Treppenbefestigung	TB/TBB

Porenbetondübel:
Belastung Abmessungen	Dübelbezeichnung UX				
	5	6	8	10	12	14
F_{zul} (C20/25) kN	0,30	0,40	0,60	1,00	1,50	1,80
F_{zul} (VZ) kN	0,20	0,20	0,30	0,50	0,70	0,80
F_{zul} (KS L 12) kN	0,30	0,40	0,50	0,60	0,80	0,80
F_{zul} (Hlz 12) kN	0,20	0,20	0,20	0,20	0,30	0,40
h_{ef} mm	35	40	55	70	80	90

Hohlraum-Befestigungen

Bezeichnung	Kürzel
Hohlraum-Metalldübel	HM
Kippdübel	KD
Plattendübel	PD
Gipskartondübel	GK
Gipskartondübel	GKM

Gipskartondübel GK:
- F_{zul} (Gipsplatte 9,5 mm) 0,07 kN
- F_{zul} (Gipsplatte 12,5 mm) 0,08 kN

Gipskartondübel GKM:
- F_{zul} (2 x 12,5 mm) 0,11 kN
- Dübellänge 31 mm

6.11 Befestigungssysteme

Befestigungs-Systemplan	Zugelassen für		Werkstoff			Verankerungsgrund											
Beispiel: Fixierung von Ankerbolzen, Bolzen, Schwerlastdübel, Einschlaganker	gerissener Beton	ungerissener Beton	Fassadenbefestigungen	abgehängte Decken	Mauerwerk	Stahl galvanisch verzinkt	Edelstahl A4	hochkorrosionsbeständiger Stahl	Beton	Spannbeton-Hohldeckenplatten	Naturstein dichtes Gefüge	Vollziegel	Kalksand-Vollstein	Vollstein aus Leichtbeton	Porenbeton	Vollgips-Platten	Hochlochziegel	Kalksand-Lochstein	Hohlblockstein aus Leichtbeton	Hohldecken aus Ziegel, Beton o.Ä.	Gipsplatten und Gipsfaserplatten	Spanplatten

Schwerlast-Befestigungen – Stahl

Ankerbolzen M6 ... M20	FAZ II	■	■				■	■	■	■		■		M6	M8	M10	M12	M16
													t_{fix}	30	30	50	50	50
Bolzen M6 ... M20	FBN II		■					■	■		■		F_{zul}	2,4	4,3	7,6	13,4	17,1
													t_{fix}	50	50	50	50	60
Schwerlastdübel	TAM		■				■		■		■		t_{fix}	25	25	25	25	25
Einschlaganker M6 ... M20	EA II		■		■		■	■		■			F_{zul}		in kN			
													t_{fix}		in mm			
Nagelanker FNA II				■			■	■		■	■	■	■					
Deckennagel FDN				■			■	■	■	■								
Betonschraube FBS		■	■		▲		■		■	■	■	■		auch mit Sechskantmutter				
Hohldeckenanker FHY					■		■			■	■	■						

Schwerlast-Befestigungen – Chemie

Highbond-Anker	FHB II / FHB II-P / FIS HB	■	■				■	■	■	■				verzinkte Stahlanker, verzinkte Ankerstange aus Stahl; Klebepatrone bestehend aus Reaktionsharz und Härter
Reaktionsanker R (Eurobond)	RM / RG M		■				■	■	■	■			■	Reaktionsanker R mit Vorsteckmontage
Injektions-System für Beton	FIS A / FIS V		■				■	■	■	■				verzinkter Stahlanker, verzinkter Stahlanker mit Sicherheitsmutter
Injektions-System für Porenbeton	PBB / FIS G					▲	■	■						Injektionsmörtel in Zweikomponentenkartusche
Injektions-System für Mauerwerk	FIS V / FIS E / FIS G / FIS H M					▲	■	■		■	■	■	■	■	■	■
									M6	M8	M10	M12	M16
		F_{zul} (≥ HLZ 6)	kN						0,4	0,4	0,4	0,4	0,4
		F_{zul} (≥ KSL 6)	kN						0,6	0,6	0,6	0,6	0,6
		t_{fix}	mm						25	45	45	50	85

6.11 Befestigungssysteme

Befestigungs-Systemplan			Zugelassen für					Werkstoff			Verankerungsgrund												
▲ = DIBt-Zulassung ■ = ETA-Zulassung ■ gut geeignet			gerissener Beton	ungerissener Beton	Fassadenbefestigungen	abgehängte Decken	Mauerwerk	Stahl galvanisch verzinkt	Edelstahl A4	hochkorrosionsbeständiger Stahl	Beton	Spannbeton-Hohldeckenplatten	Naturstein dichtes Gefüge	Vollziegel	Kalksand-Vollstein	Vollstein aus Leichtbeton	Porenbeton	Vollgips-Platten	Hochlochziegel	Kalksand-Lochstein	Hohlblockstein aus Leichtbeton	Hohldecken aus Ziegel, Beton o.Ä.	Gipskarton- und Gipsfaserplatten	Spanplatten
Langschaftdübel																								
Langschaftdübel	SXS		▲			▲		■	■		■		■	■	■	■			■		■			
Universal-Rahmendübel	FUR				▲			■	■		■		■	■	■	■			■	■	■	■		
Rahmendübel	S-H-R				■			■	■		■		■	■	■	■			■	■	■	■		
Nageldübel	N/NU													■					■		■			
Nagelhülse	FNH													■					■		■			
Fensterrahmendübel	F-S						■							■	■	■	■		■	■	■	■		
Metall-Rahmendübel	F-M						■							■	■	■	■		■	■	■	■		
Fensterrahmen-Schraube	FFS/FFSZ						■				■			■	■	■	■		■	■	■	■		
Justierdübel	S 10 J						■							■	■	■	■		■	■	■	■		

6.11.3 Befestigungen am Bauwerk

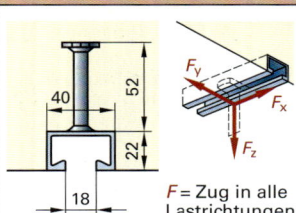

F = Zug in alle Lastrichtungen

Montageschienen zum Einbetonieren (Produktinformation)

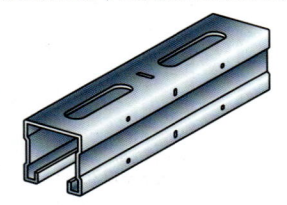

Befestigungslösungen für den Betonfertigteilbau

Durch Einbauteile für Befestigungen können tragfähige, dauerhafte oder demontable Verbindungen hergestellt werden.

Die Einbauteile (Ankerschienen) bestehen aus U-förmigen Stahlprofilen mit angeschweißten Verankerungselementen. Sie werden vor dem Betoniervorgang auf der Schalung befestigt und ausgeschäumt. Für die anzuhängenden Bauteile werden entsprechende Hammer- oder Hakenkopfschrauben befestigt.

Die Verbindungsbauteile und Befestigungen dürfen nur aus korrosionsbeständigen/beschichteten Bauteilen oder nicht rostendem Stahl/Edelstahl A4 eingesetzt werden.

Schienen und Schrauben müssen bauaufsichtlich und für die Brandschutzklasse F90 bzw. F60 zugelassen sein. Eine CE-Kennzeichnung nach DIN EN 1090-1 gilt für warmgewalzte Schienen und Konsolen. Die Bemessungswerte sind in DIN EN 1993-1 geregelt.

Die Rahmensysteme werden für schwere Lasten (System 52), für mittelschwere Lasten (System 41) und für leichte Beanspruchungen im Innenbereich (System 32, System 28) ausgezeichnet.

Einzellasten bis ca. 25 kN Gesamtlast sind möglich.

6.11 Befestigungssysteme

Befestigung am Bauwerk

Die Bauteile können entsprechend zur Verwendung hinsichtlich der zu dimensionierenden Befestigungsmittel vorgerichtet werden. **Ankerschienen** mit systemgebundenen Verbindungsmitteln (Ankerschrauben) können Lasten aus Zug (F_z) und (eingeschränkt) Querzug (F_y) senkrecht zur Schienenachse aufnehmen. **Ankerplatten** dienen zum direkten Anschweißen von Verbindungselementen oder können mit Bohrungen für Schraubverbindungen versehen werden. Montageschienen mit nachträglicher Befestigung durch Schwerlastanker lassen sich unabhängig vom Rohbau montieren.

Montageschienen zum Andübeln/Anschrauben

Breite	mm	27	28	30	38	40	40	Materialstärke
Höhe	mm	18	30	15	40	60	120	1,25 mm bis
Länge	m	2,00 bis 6,00				4,00	6,00	3,00 mm

Metallprofile für Montagewände

Für die Unterkonstruktion von Metallständerwänden/Montagewänden können korrosionsgeschützte dünnwandige Stahlprofile verwendet werden. Die Profile sind leicht, passgenau und formstabil. Die Blechdicken betragen 0,4 mm, 0,5 mm, 0,6 mm, 0,7 mm, 10 mm oder 20 mm.
CD Deckenprofil: Breite 48 mm oder 60 mm. **SW Wandprofil:** Ständerprofile sind für das Aussteifen der Trockenbauwände vorgesehen. **LW Winkelprofile** und **KWi Innenwandeckprofile**.

Profilarten (DIN 18182-1) (Maße in mm)

Regelprofil	Kurzzeichen	Steghöhe	Flanschbreite
	UW 50	50	
	UW 75	75	40
	UW 100	100	
	UW 125	125	
	CW 50	48,8	
	CW 75	73,8	50
	CW 100	98,8	
	CW 125	123,8	
	UA 50	48,8	
	UA 75	73,8	40
	UA 100	98,8	
	UA 125	123,8	
	LWi 60	60	60

Übliche Lieferlängen (in m)

Profil	2,50	2,60	2,75	3,00	3,25	3,50	4,00
UW							
CW 50							
CW 75							
CW 100							
UA							
LWi							

Beispiel Profilbezeichnung
Profil DIN 18182 – CW 100 × 50 × 06 – Z 100
100 mm Steghöhe, 50 mm Flanschbreite
Blechdicke 0,6 mm
Schutzüberzug aus Zink 100 g/m², zweiseitig

Profilquerschnitte (DIN 18182-1: 2015-11, Auszug)

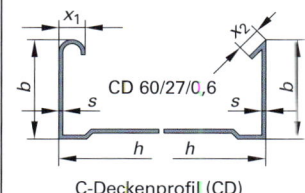

C-Deckenprofil (CD)
mit oder ohne Mittelsicke
CD 60/27/0,6

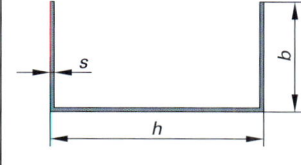

U-Aussteifungsprofil (UA)
Einsatz bei Türpfosten und
freien Wandenden
Verzinktes Stahlblech
h / b / s (Maße in mm)
48 / 40 / 2
73 / 40 / 2   Länge von
98 / 40 / 2   2,50 m bis
125 / 20 / 2   6,00 m gestaffelt
150 / 20 / 2

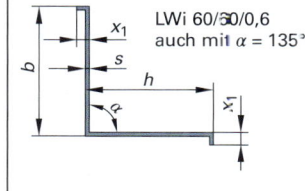

L-Wandinneneckprofil (LWi)
LWi 60/60/0,6
auch mit $\alpha = 135°$

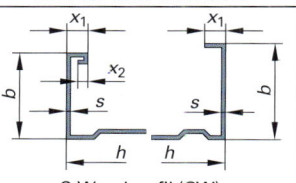

C-Wandprofil (CW)
senkrecht an flankierende Wand
und als Wandständer montiert

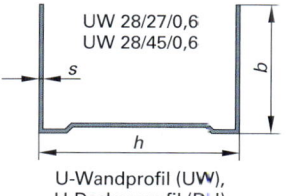

U-Wandprofil (UW),
U-Deckenprofil (DU)
an Boden und Decke befestigt
UW 28/27/0,6
UW 28/45/0,6

6.12 Bauglas, Glas

Fenster ▶ S. 166

Chemische Zusammensetzung und Herstellung

Glas besteht aus etwa 60 % Quarzsand (SiO_2), 20 % Soda (Na_2CO_3) oder Pottasche (K_2CO_3), 10 % Kalkstein ($CaCO_3$) und 10 % Dolomit ($CaCO_3 \cdot MgCO_3$). Diese Rohstoffe werden fein gemahlen, gemischt und bei $\approx$ 1500 °C geschmolzen. Nach Abkühlung auf $\approx$ 1000 °C entsteht eine dickflüssige, formbare Glasschmelze. Durch Zugabe von Metalloxiden kann Glas gefärbt oder getrübt werden. Die Abkühlung auf Normaltemperatur erfolgt ohne Kristallisation.

Herstellungsverfahren

Ziehverfahren	Endloses Glasband wird aus der Schmelzwanne gezogen und nach Abkühlung in Tafeln geschnitten.
Walzverfahren	Die Glasschmelze fließt auf Walzen und wird von diesen auf die gewünschte Dicke gewalzt.
Pressverfahren	Eine abgewogene Menge der Glasschmelze wird zwischen einer Metallform und einer Gegenform gepresst. Verfahren zur Herstellung von Glasbausteinen, Glasdachziegeln, Flaschen usw.
Glasfaserherstellung	Die Glasschmelze wird durch feine Düsen gepresst, gezogen, abgekühlt und auf drehende Trommeln zu dünnen Fäden aufgewickelt.

Begriffe zu Glasarten und Glaserzeugnissen (DIN 1259)

Flachglas		Oberbegriff für alle ebenen und gebogenen Scheiben
Fensterglas		Alte Bezeichnung Tafelglas. Es ist plan und durchsichtig, gleichmäßig dick und beide feuerblanken Oberflächen sind fast eben.
Wärmeschutzglas		Flachglas oder Flachglaskombination. Es bewirkt niedrige bis hohe Transmission im sichtbaren und hohe Reflexion im infraroten Bereich des Spektrums.
Brandschutzglas		Flachglas. Es besteht aus Silikatglasscheiben mit zwischengelagerten Brandschutzschichten. Es ist geeignet zur Herstellung von Verglasungen der Feuerwiderstandsklassen G, F und muss die Anforderungen nach DIN 4102-13 erfüllen. Beim Einbau sind die Zulassungsvorschriften zu beachten.
Sicherheitsglas ist ein Flachglas, das nach Aufbau und Sicherheitswirkung unterschieden wird. **VSG**	Drahtglas D	Durch die Drahtnetzeinlage bleibt im Bruchfall das Scheibengefüge erhalten.
	Einscheibensicherheitsglas ESG	Durch die Vorspannung verfügt es über eine stark erhöhte Schlag- und Biegefestigkeit sowie Temperaturwechselbeständigkeit. Beim Bruch zerfällt es in eine Vielzahl kleiner Krümel.
	Verbundsicherheitsglas VSG	Die Glasscheiben werden durch organische Zwischenfolien, meistens aus Polyvinylbutyral, fest verbunden. Beim Bruch haften die Glasstücke fest an der Folie.
	Angriffhemmende Verglasung	Alte Bezeichnung Panzerglas. Der ein- oder mehrschichtige Aufbau richtet sich nach den Widerstandsklassen der DIN EN 356, DIN EN 1063 und DIN EN 13541: durchwurfhemmende-, durchbruchhemmende-, durchschusshemmende- oder sprengwirkungshemmende Verglasung
Schallschutzglas		In der Regel ein Mehrscheiben-Isolierglas mit abgestimmten Glasdicken und Zwischenräumen, als Verbundglas mit organischer Zwischenschicht. Die Anforderungen aller Schalldämmklassen sind in der DIN 4109 bzw. VDI-Richtlinie 2719 festgelegt. Bei Mehrscheiben-Isolierglas ist die DIN EN 1279 anzuwenden.

Zuschnitt

Eine rechteckig geforderte Scheibe muss von einem Rechteck eingeschlossen sein, dessen Seiten den zulässigen Höchstmaßen entsprechen und ein Rechteck einschließen, dessen Seiten den zulässigen Mindestmaßen entsprechen. Bei Mehrscheiben-Isolierglas ist die DIN EN 1279-1 anzuwenden.

- - - zulässiges Höchstmaß
- - - zulässiges Mindestmaß
—— mögliche Scheibenform

6.12 Bauglas, Glas

Flachglas

Eigenschaften	Zahlenwerte
Dichte ϱ	2500 kg/m³
Dichte ϱ für Gläser mit Drahtnetzeinlage	2600 kg/m³
Ritzhärte nach Mohs	5 ... 6
Knoop-Härtewert 0,1/20	470 HK 0,1/20
Elastizitätsmodul E	$7 \cdot 10^{10}$ Pa
Wärmeleitfähigkeit λ	1,00 W/(m·K) ... 1,05 W/(m·K)
Längenausdehungskoeffizient α zwischen 20 °C und 300 °C	$9 \cdot 10^{-6}$ K^{-1}
Druckfestigkeit σ_{dc}	700 N/mm² ... 900 N/mm²
Biegefestigkeit σ_{db} (je nach Glasart)	45 N/mm² ... 120 N/mm²

Bestimmung der Scheibendicke

Staudruck 0,8 kN/m² $\triangleq$ Gebäudehöhe 8 m ... 20 m
4-seitige Lagerung

(Diagramm: Glasdicke in mm vs. Schmalseite des Fensters in m, Seitenverhältnis ∞:1, 1,5:1, 1:1)

Glasarten – Maße (DIN EN 572, DIN EN ISO 12543)

Glasart	Dicke in mm	Tafelgröße Länge H in mm	Tafelgröße Breite B in mm	zulässige Maßabweichung in mm
Drahtglas (D)	6 10	1650 ... 3820	1980 ... 2540	± 4
Einscheiben-Sicherheits-glas (ESG)	4, 5, 6	entsprechend den Basis-produkten		< 500 ± 1 ... > 3500 ± 5
	8, 10, 12, 15			< 1500 ± 2 ... > 3500 ± 5
Verbund-Sicherheits-glas (VSG)	3, 4, 5, 6, 8 ... 12, 15, 19	entsprechend den Basis-produkten		< 1000 ± 1,0 ... > 2000 ± 2,5

Grenzwerte und Grenzabmaße der Glasdicken

Nenndicke in mm	Grenzwerte/-abmaße der Dicke in mm Floatglas	Grenzwerte/-abmaße der Dicke in mm Ornamentglas	Nenndicke in mm	Poliertes Drahtglas in mm
2	± 0,2		7	–
3	± 0,2	± 0,5	10	± 0,9
4	± 0,2	± 0,5		
5	± 0,2	± 0,5	**Drahtornamentglas**	
6	± 0,2	± 0,5	6	± 0,6
7			7	± 0,7
8	± 0,3	± 0,8	8	± 0,8

Kennwerte von Flachglas (ohne Beschichtung)

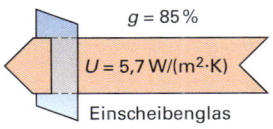

$g = 85\%$
$U = 5,7$ W/(m²·K)
Einscheibenglas

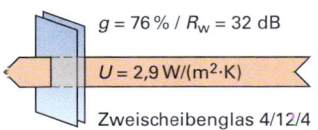

$g = 76\%$ / $R_w = 32$ dB
$U = 2,9$ W/(m²·K)
Zweischeibenglas 4/12/4

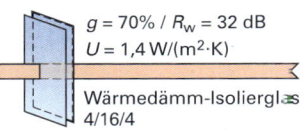

$g = 70\%$ / $R_w = 32$ dB
$U = 1,4$ W/(m²·K)
Wärmedämm-Isolierglas 4/16/4

Pressglas und Profilbausteine (DIN EN 1051-1)

Beschreibung	Vorzugsmaße in mm
Hohlglassteine sind meist quadratische Hohlglaskörper, die aus verschmolzenen Halbschalen bestehen und luftdicht sind. Die Sichtflächen können glatt oder geprägt und in beliebiger Farbe eingefärbt sein. Die schall- und wärmedämmenden sowie feuerbeständigen Hohlglassteine werden für nichttragende Wände genutzt und umgangssprachlich als Glasbausteine bezeichnet.	$l \cdot b \cdot h$ 115 · 115 · 80 190 · 190 · 80 240 · 115 · 80 240 · 240 · 80 300 · 300 · 100

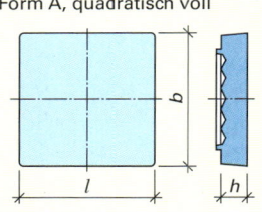

Form A, quadratisch voll

Beschreibung	Vorzugsmaße in mm
Betongläser sind im Pressverfahren erzeugte Glaskörper, welche in einem Stück oder durch das Verschmelzen von zwei Hohlkörpern hergestellt werden. Sie können eine runde oder eckige Form haben. Genutzt werden sie z.B. zur Herstellung von Glasstahlbetonplatten, Glasdecken, Oberlichter oder im Sakralbau. Zulässige Verkehrslast max. 5 kN/m²; nicht für befahrbare Decken.	$l \cdot b \cdot h$ 162 · 162 · 22 262 · 162 · 22 200 · 200 · 22 160 · 160 · 30 runde Betongläser ø 117

6 TECHNOLOGIE DER BAUSTOFFE

6.13 Ungebundene Schichten im Verkehrswegebau

Ungebundene Schichten bilden den volumenmäßig größten Anteil des Oberbaus von Straßen, Wegen und Eisenbahnlinien, aber auch von Terrassen oder Zufahrten. Sie bestehen aus geeigneten Gesteinskörnungen (▶ S. 243 ... 250) gemäß den Technischen Lieferbedingungen für Gesteinskörnungen im Straßenbau (TL Gestein-StB).

Die Anforderungen der zu liefernden Baustoffgemische enthalten die Technischen Lieferbedingungen für Baustoffgemische und Böden zur Herstellung von Schichten ohne Bindemittel im Straßenbau (TL SoB-StB), die Anforderungen der fertigen Schicht die Zusätzlichen Technischen Vertragsbedingungen und Richtlinien für den Bau von Schichten ohne Bindemittel im Straßenbau (ZTV SoB-StB).

Grenzsieblinien nach den ZTV SoB für Schichten ohne Bindemittel

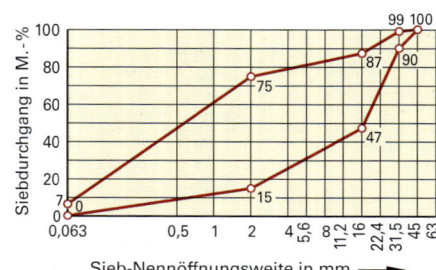

Frostschutzschicht 0/32

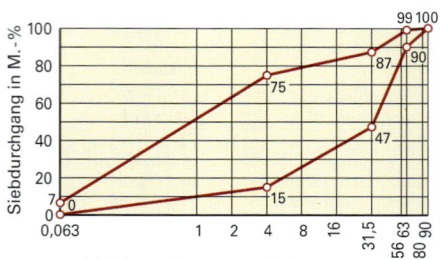

Frostschutzschicht 0/63

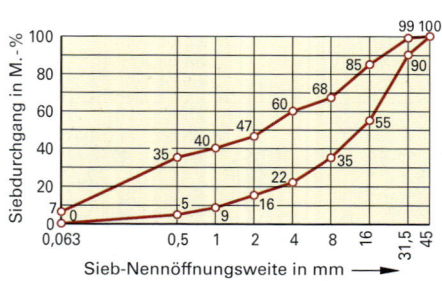

Kies- und Schottertragschicht 0/32

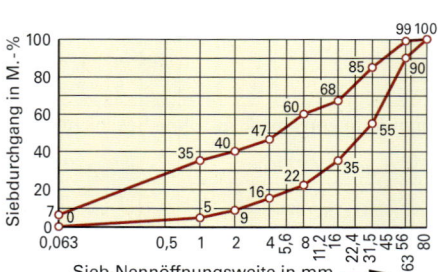

Kies- und Schottertragschicht 0/56

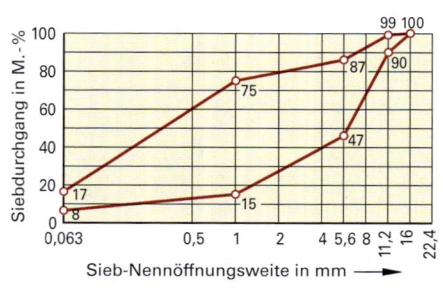

Deckschicht ohne Bindemittel 0/11

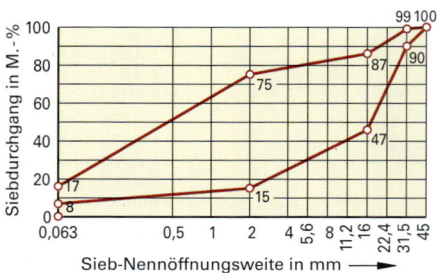

Deckschicht ohne Bindemittel 0/32

Einbaudicken von Tragschichten ohne Bindemittel

Größtkorn	11 mm	16 mm	32 mm	45 mm	56 mm	63 mm
Mindestschichtdicke der verdichteten Schicht	3 cm	5 cm	12 cm	15 cm	18 cm	20 cm

6 TECHNOLOGIE DER BAUSTOFFE

6.14 Bitumige Stoffe

Bitumen, Teer und Pech sind Baustoffe organischen Ursprungs, die schwarz aussehen und deren Eigenschaften stark von der Temperatur abhängen. Alle Stoffe, die Bitumen, Teer oder Pech enthalten, also auch deren Mischung mit Gesteinen und deren Weiterverarbeitung in der Form von Dachbahnen, werden zusammengefasst als bitumige Stoffe bezeichnet. Bitumen und Teer sind organische Stoffe und chemisch gesehen Kohlenwasserstoffe.

6.14.1 Bitumen

Bitumen ist der Rückstand bei der Destillation von Erdöl. Durch die Destillation (= Verdampfung und anschließende Verflüssigung) wird das Erdöl in seine Bestandteile zerlegt. Je höher die Temperatur, je niedriger der Druck und je länger die Destillation gewählt wird, desto mehr flüssige Bestandteile entweichen und desto härter ist das verbleibende Bitumen.

Prüfungen von Bitumen

Bitumen verändern ihre mechanischen Eigenschaften in Abhängigkeit von der Temperatur. Je nach Temperatur sind sie springhart, zähplastisch, weich oder flüssig. Diese thermoplastischen Eigenschaften werden durch spezielle Prüfverfahren bestimmt. Grundunterscheidungsmerkmal der Bitumen ist ihre unterschiedliche Konsistenz. Die drei wichtigsten Konsistenzprüfungen sind Penetration, Erweichungspunkt und Brechpunkt.

Penetration

Als Penetration nach **DIN EN 1426** bezeichnet man die Eindringtiefe einer Nadel von 100 g Gewicht in 25 °C warmes Bitumen während einer Zeitspanne von 5 s.

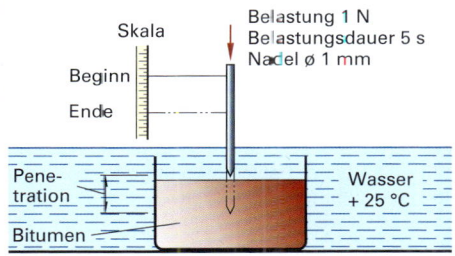

Erweichungspunkt

Als Erweichungspunkt nach **DIN EN 1427** bezeichnet man die Temperatur, bei der ein durch eine Stahlkugel belasteter Bitumenfilm unter definierten Prüfbedingungen 25 mm durchhängt.

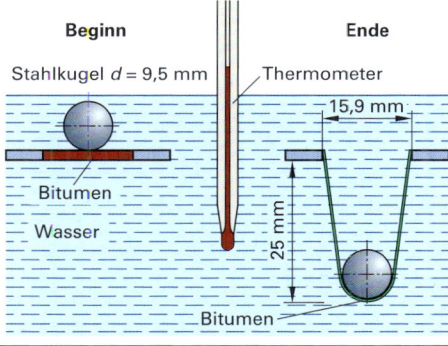

Brechpunkt

Als Brechpunkt nach Fraaß (**DIN EN 12593**) bezeichnet man die Temperatur, bei der ein auf einer Stahlplatte aufgebrachter Bitumenfilm bei wiederholter Biegung und Entlastung der Stahlplatte bricht.

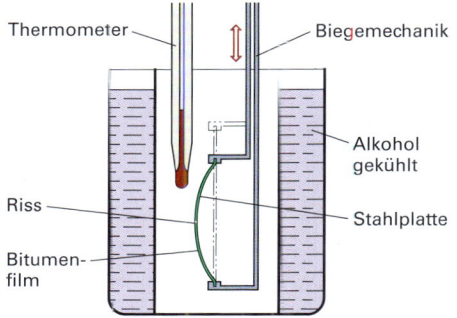

Straßenteer-Ausflussgerät

Mit dem Straßenteer-Ausflussgerät (Straßenteer-Viskosimeter) wird die Viskosität bestimmt, indem die Ausflusszeit einer vorgegebenen Menge (50 ml) bei definierter Temperatur (30 °C .. 50 °C) gemessen wird.

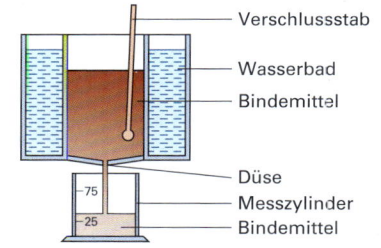

6.14 Bitumige Stoffe

Arten von Bitumen und von Bitumenprodukten	Herstellung und Verarbeitungseigenschaften
Destillations- oder Straßenbaubitumen	Rückstand nach Vakuumdestillation bei hoher Temperatur und geringem Druck ($\approx$ 300 °C, $\approx$ 65 hPa). Destillationsbitumen werden zur Verarbeitung auf 160 °C ... 240 °C erhitzt und flüssig verarbeitet.
Hartbitumen (Hochvakuumbitumen)	Rückstand nach Vakuumdestillation bei hoher Temperatur und geringem Druck ($\approx$ 400 °C, $\approx$ 25 hPa). Verarbeitung flüssig bei ca. 250 °C.
Oxidationsbitumen (geblasene Bitumen)	Oxidationsbitumen entstehen nach Einblasen von Luft in flüssiges, $\approx$ 300 °C heißes Bitumen. Verarbeitung bei ca. 230 °C.
Polymermodifizierte Bitumen (PmB)	Bitumen mit Zusätzen von 3 % ... 30 % Polymere zur Verbesserung der Eigenschaften (Haftung, Erhöhung des Erweichungspunktes).
Fluxbitumen, Weichbitumen	Durch Verschnitt von Bitumen mit dünnflüssigen Ölen erhält man weiches Fluxbitumen. Fluxbitumen braucht zur Verarbeitung nur auf $\approx$ 140 °C erhitzt zu werden.
Kaltbitumen, Bitumenlösungen	Kaltbitumen sind Lösungen von Bitumen in Lösungsmitteln wie Benzin. Kaltbitumen werden kalt verarbeitet. Die Erhärtung erfolgt durch Verdunsten des Lösungsmittels, bei der gesundheitsschädliche Dämpfe entstehen können.
Bitumenemulsionen	Bitumenemulsionen sind Mischungen von 60 % ... 70 % Bitumen, Wasser und ca. 1 % Emulgatoren. Der Emulgator verhindert, dass die Bitumentröpfchen von 1 µm ... 5 µm $\varnothing$ zusammenfließen und sich von Wasser trennen. Bitumenemulsionen binden ab, indem durch Kontakt mit Gestein die Emulgatorwirkung aufgehoben wird und anschließend das Wasser verdunstet. Nach der Zeit und bis zum Zerfall der Bitumenemulsion (Brechen) unterscheidet man 5 Brechklassen. Für die unterschiedlichen Anwendungen, und zwar den Schichtenverbund, für das Anspritzen mit nachfolgendem Absplitten, für die Oberflächenbehandlung, für das Mischgut sowie für die Nachbehandlung hydraulisch gebundener Schichten gibt es unterschiedliche Bitumenemulsionen. Bitumenemulsionen können bei jeder Temperatur > 0 °C verarbeitet werden.
Bituminöse Dickbeschichtung	Ein- oder zweikomponentige Masse aus polymermodifizierter Bitumenemulsion, Füller, Feinsand und Faserstoffen zum Auftrag auf Mauerwerk zum Schutz gegen nichtdrückende Feuchtigkeit.

Anforderungen an Bitumen (DIN EN 12591 und nach Herstellerangaben)

Bitumensorte		Penetration ($^1/_{10}$) mm	Erweichungspunkt Ring und Kugel °C Europa	Erweichungspunkt Ring und Kugel °C Deutschland	Brechpunkt nach Fraaß °C
Straßenbaubitumen	160/220	160 ... 220	35 ... 43	37 ... 43	< – 15
	70/100	70 ... 100	43 ... 51	43 ... 49	< – 10
	50/70	50 ... 70	46 ... 54	48 ... 54	< – 8
	30/45	30 ... 45	52 ... 60	53 ... 59	< – 5
	20/30	20 ... 30	55 ... 63	57 ... 63	–
Hartbitumen	HVB 90/100	3 ... 8	90 ... 100	–	–
Oxidationsbitumen	OB 85/25	20 ... 30	80 ... 90	–	< – 10
	OB 100/25	20 ... 30	95 ... 105	–	< – 15
	OB 120/25	10 ... 20	115 ... 125	–	< – 8
Fluxbitumen	FB 500	$\approx$ 500	–	–	–

6.14 Bitumige Stoffe

6.14.2 Teer und Pech

Während der thermischen Zersetzung von Steinkohle bei etwa 1000 °C unter Luftabschluss entstehen neben Koks auch Gase. Während der Abkühlung der Gase scheidet sich Teer als Destillat ab. Die Trennung des Destillates ergibt flüssige Teeröle, zähflüssige Teerharze und Peche (Teerpeche). Die Begriffe Teer und Pech werden oft nicht genau unterschieden. Teer und Pech enthalten giftige Substanzen, werden seit 1939 nicht mehr hergestellt und sind deshalb als Sondermüll zu entsorgen.

6.14.3 Asphalt

Asphalt ist die Mischung von Gesteinskörnungen (Mineralstoffen) und Bitumen (Bindemittel). Je nach Zusammensetzung unterscheidet man Gussasphalt und Walzasphalt. Beim Gussasphalt ist der Bindemittelanteil so groß, dass alle Hohlräume der Gesteinskörnung mit Bitumen ausgefüllt sind. Beim Walzasphalt verbleiben nach der Mischung der Gesteinskörnungen und dem Bitumen Hohlräume im Mischgut. Dieses Mischgut muss während der Verarbeitung verdichtet werden (Walzen). Durch die neuen europäischen Normen für Asphalt DIN EN 13108 werden die bisherigen deutschen Mischgutsorten für Asphaltbeton, Asphaltbinder, Asphalttragschicht und Asphalttragdeckschicht zusammengefasst unter dem Begriff „Asphaltbeton" (engl. Asphalt-Concrete, AC), der alle Walzasphalte mit kontinuierlicher Sieblinie sowie mit einem geringen Hohlraumgehalt umfasst. Nach wie vor sind jedoch für die verschiedenen Schichten einer Straßenkonstruktion unterschiedliche Mischgutsorten erforderlich. Je nach Einbaudicke haben die einzelnen Sorten angepasste Größtkörner.

Sorte und Anwendung	Abk.	Größtkorn[1]	Anwendung	Abk.	Beanspruchungsart	Abk.
Asphaltbeton	AC	5, 8, 11, 16	Deckschichten	D		
Asphaltbeton	AC	11, 16, 22	Binderschichten	B		
Asphaltbeton	AC	16, 22, 32	Tragschichten	T	besondere	S
Splittmastixasphalt	SMA	5, 8, 11	Deckschichten		normale	N
Gussasphalt, Mastix A.	MA	5, 8, 11	Deckschichten		leichte	L
Asphaltbeton	AC	16	Tragdeckschichten	TD		
Poriger Asphalt	PA	8, 11, 16	Deckschichten			

[1] Das Größtkorn wird gerundet angegeben. Es sind die Quadratlochsiebe 5,6; 8; 11,2; 22,4 und 31,5 (in mm) zu verwenden.

Verdichtungsgrad zur Überprüfung des Einbaus von Walzasphalt

$$k = \frac{\varrho_{BK}}{\varrho_{MPK}} \cdot 100$$

k Verdichtungsgrad in %
ϱ_{BK} Raumdichte Bohrkern
ϱ_{MPK} Raumdichte Marshall-Probekörper (Labor)

Beispiel

AC 32 T S: Asphaltbeton mit dem Größtkorn von 32 mm für Asphalttragschichten von Straßen mit besonderer Belastung

Zusammensetzung von Asphalt (Auswahl nach TL Asphalt 07/2013)

Splittmastixasphalt SMA 8 S

Gesteinskörnung:	$C_{100/0}$; $C_{95/1}$; $C_{90/1}$
	SZ_{18}/LA_{20}
Bindemittelgehalt:	> 7,2 Masse-%
Bindemittelsorte:	PmB 25/55-55
	Bitumen 50/70
Bindemittelträger:	0,3 M.-% bis 1,5 M.-%
Hohlraumgehalt MPK:	2,5 Vol.-% bis 3,0 Vol.-%
Einbaudicke nach ZTV:	3,5 cm bis 4,0 cm
Einbaugewicht nach ZTV:	85 kg/m² bis 100 kg/m²
Verdichtungsgrad:	> 98,0 %
Hohlraumgehalt eingebaut:	< 5,0 Vol.-%
Anwendung:	Deckschichten von stark belasteten Straßen

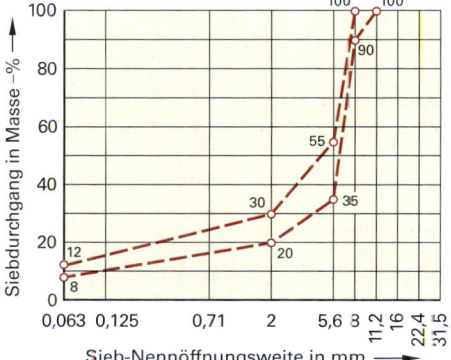

6.14 Bitumige Stoffe

Zusammensetzung von Asphalt (Auswahl, Fortsetzung)

Asphaltbeton für Deckschichten AC 11 D N

Gesteinskörnung:	$C_{90/1}$; SZ_{22}/LA_{25}
Bindemittelgehalt:	> 6,2 Masse-%
Bindemittelsorte:	Bitumen 70/100
	Bitumen 50/70
Hohlraumgehalt MPK:	1,5 Vol.-% bis 3,5 Vol.-%
Einbaudicke nach ZTV:	3,5 cm bis 4,5 cm
Einbaugewicht nach ZTV:	85 kg/m² bis 115 kg/m²
Verdichtungsgrad:	> 98,0 %
Hohlraumgehalt eingebaut:	< 5,5 Vol.-%
Anwendung:	Deckschichten von normal belasteten Straßen

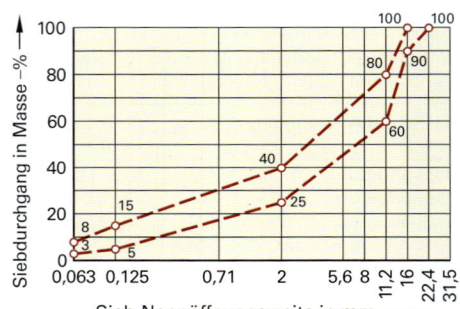

Asphaltbeton für Binderschichten AC 16 B N

Gesteinskörnung:	$C_{90/1}$; SZ_{22}/LA_{25}
Bindemittelgehalt:	> 4,4 Masse-%
Bindemittelsorte:	Bitumen 50/70
	Bitumen 30/45
Hohlraumgehalt MPK:	2,5 Vol.-% bis 5,5 Vol.-%
Einbaudicke nach ZTV:	5,0 cm bis 6,0 cm
Einbaugewicht nach ZTV:	125 kg/m² bis 150 kg/m²
Verdichtungsgrad:	> 98,0 %
Anwendung:	Binderschichten von normal belasteten Straßen

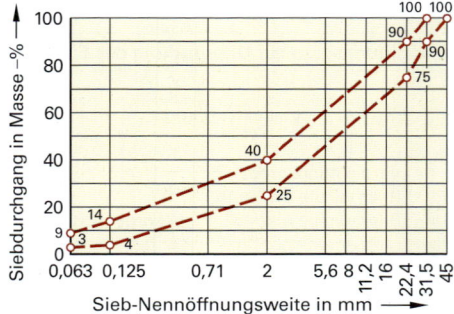

Asphaltbeton für Tragschichten AC 32 T N

Gesteinskörnung:	keine Bruchflächigkeitsanforderungen
Bindemittelgehalt:	> 4,0 Masse-%
Bindemittelsorte:	Bitumen 50/70
	Bitumen 70/100
Hohlraumgehalt MPK:	4,0 Vol.-% bis 7,0 Vol.-%
Einbaudicke nach ZTV:	> 8,0 cm
Einbaugewicht nach ZTV:	> 185 kg/m²
Verdichtungsgrad:	> 98,0 %
Anwendung:	Asphalttragschichten von normal belasteten Straßen

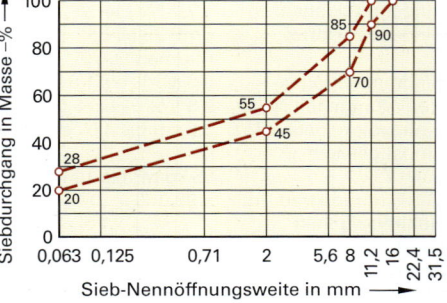

Gussasphalt MA 11 S

Gesteinskörnung:	$C_{90/1}$; SZ_{18}/LA_{20}
Bindemittelgehalt:	> 6,8 Masse-%
Bindemittelsorte:	Bitumen 20/30; 30/45
	PmB 10/40-65
	PmB 25/55-55
Einbaudicke nach ZTV:	3,5 cm bis 4,0 cm
Einbaugewicht nach ZTV:	85 kg/m² bis 100 kg/m²
Anwendung:	Deckschichten von stark belasteten Straßen, Deckschichten auf Brücken

6.14 Bitumige Stoffe

6.14.4 Dachpappen, Dachbahnen und Dichtungsbahnen

Nach der europäischen Norm, der DIN EN 13707, können die Hersteller von Bitumen-Dachdichtungsbahnen verschiedene Eigenschaften ihres Produktes angeben. Dieses sind u.a. das Brandverhalten, das Zug-Dehnungsverhalten, die maximale Dehnung, der Widerstand gegen statische Belastung, das Kaltbiegeverhalten, die Wasserdichtheit sowie der Widerstand gegen Durchwurzelung. Produkte, die den in der Norm beschriebenen Spezifikationen entsprechen, dürfen vom Hersteller mit dem **CE**-Zeichen und in den EU-Staaten in den Verkehr gebracht werden ▶ S. 483.

Durch die Kombination von mechanischen und thermischen Beanspruchungsstufen werden 4 Beanspruchungklassen gebildet: **IA, IIA, IB** und **IIB** ▶ S. 403.

IA hohe thermische Beanspruchung, Stufe A + hohe mechanische Beanspruchung, Stufe I
IIB mäßige thermische Beanspruchung, Stufe B + mäßige mechanische Beanspruchung, Stufe II

Bitumenbahnen

Arten/Bezeichnung		Verarbeitung	Art der Einlage	
Bitumendachbahn	R 333	Gießverfahren	Rohfilzeinlage	333 g/m^2
	R 500	Gießverfahren	Rohfilzeinlage	500 g/m^2
Nackte Bitumenbahn	R 333 N	Gießverfahren	Rohfilzeinlage	333 g/m^2
	R 500 N	Gießverfahren	Rohfilzeinlage	500 g/m^2
Bitumen-Dachdichtungsbahn	G 200	Gießverfahren	Glasgewebe	200 g/m^2
	J 300	Gießverfahren	Jutegewebe	300 g/m^2
	PV 200	Gießverfahren	Polyestervlies	200 g/m^2
Bitumen-Schweißbahn	V 60 S	Schweißverfahren	Glasvlies	60 g/m^2
	G 200	Schweißverfahren	Glasgewebe	200 g/m^2
	J 300	Schweißverfahren	Jutegewebe	300 g/m^2
	PV 200	Schweißverfahren	Polyestervlies	200 g/m^2
Bitumendachbahn	V 13	Gießverfahren	Glasvlies Bitumenmenge	1300 g/m^2
Polymerbitumen-Dachdichtungsbahn	PYE-G 200	Gießverfahren	Glasgewebe	200 g/m^2
	PYE-PV 200	Gießverfahren	Polyestervlies	200 g/m^2
Polymerbitumen-Schweißbahn	PYE-G 200 S4	Schweißverfahren	GW 200 g/m^2,	$d = 4$ mm
	PYE-PV 200 S4	Schweißverfahren	PV 200 g/m^2,	$d = 4$ mm

Kunststoff-/Elastomerbahnen

Art/Bezeichnung		Verbindung	Dicke, Aufbau
Polyvinylchlorid-Dachbahn	PVC-P-NE-V-PW	Quell-, Warmgasschweißen	verstärkt mit PW; Dicken 1,2 mm; 1,5 mm; 2,0 mm
Polyvinylchlorid-Dachbahn	PVC-P	Quell-, Warmgasschweißen	nicht verstärkt; Dicken 1,2 mm; 1,5 mm; 2,0 mm
Polyvinylchlorid-Dichtungsbahn	PVC-P-BV	Quell-, Warmgasschweißen	Dicken 1,2 mm; 1,5 mm; 2,0 mm
Polyvinylchlorid-Dichtungsbahn	PVC-P-NB	Quell-, Warmgasschweißen	
Polyisobutylen-Dichtungsbahn	PIB	Quellschweißen, Kleben	Dicke > 1,5 mm
Polyisobutylen-Dachbahn	PIB	Quellschweißen, Kleben	Dicke > 1,5 mm
Polyethylen-Dachbahn	PE-C-E-PW	Schweißen, Kleben	Dicken 1,2 mm; 1,5 mm; 2,0 mm kaschiert, mit Gewebeeinlage

Kurzzeichen:					
		N	nackte Bahn, d.h. keine Abstreuung mit Sand oder ähnlichen Stoffen		
K	kaschiert	V	verstärkt	NB	nicht bitumenverträglich
BV	bitumenverträglich	GV	Glasvlies	GW	Glasgewebe
PV	Polyestervlies	FW	Polyestergewebe	J	Jutegewebe

6 TECHNOLOGIE DER BAUSTOFFE

6.15 Anstrichstoffe

Anstrich- und Beschichtungsstoffe sind flüssige Stoffe, die gleichmäßig durch Streichen, Spritzen oder Tauchen auf Bauteile aufgetragen werden. Nach der Lichtdurchlässigkeit unterscheidet man zwischen deckenden, durchscheinenden (lasierenden) und durchsichtigen Anstrichen. Die Farben sind nach **RAL 840 HR** bzw. nach der **DIN-Farbkarte 6164** genormt.

Arten, Eigenschaften, Anwendungsgebiete	
Öle	Transparente, schwach pigmentierte Beschichtungsstoffe für Holz. Sie dringen ca. 1 mm … 3 mm in das Holz ein und intensivieren die Holzfarbe und die Textur. Verwendung: Innen und Außen Geringer Schutz bei farbloser Beschichtung Verbrauch: 0,03 l/m² … 0,10 l/m² Sorten: Normale Öle, Hartöle, Teaköl, Leinölfirnis
Wachse	Beschichtungsstoffe für Holz im Innenbereich. Sorten: Bienenwachs, Karnaubawachs auf Pflanzenbasis, synthetische Wachse

Lasuren	Transparente, schwach pigmentierte Beschichtungsstoffe für Holz. Sie dringen ca. 1 mm … 3 mm in das Holz ein.
	Verwendung: Innen und Außen
	Sorten: Lösemittelhaltige Lasuren
	                                Basis: Naturharze, Alkydharze,
	                                lösemittelarme, wasserverdünnbare Lasuren
	                                Basis: Acrylate, Alkydharze
	Unterschiede: Dünnschicht-Lasur: ~ 0,005 mm je Auftrag
	                                Dickschicht-Lasur: ~ 0,020 mm je Auftrag

Lacke	Transparente, schwach oder stark pigmentierte oder farbstoffhaltige Beschichtungsstoffe. Sie bestehen aus den schichtbildenden Harzen sowie den Löse- und/oder Verdünnungsmitteln. Verwendung: Innen und Außen Untergrund: Holz, Metall, fast alle Untergrunde Verbrauch: 0,08 l/m² bis 0,25 l/m² pro Arbeitsgang Schichtdicke: 0,08 mm bis 0,20 mm Sorten: ■ Alkydlack ■ Acryllack ■ Polyurethanlack ■ Celluloselack
Reaktionslack 2-Komponenten- Lack	Besteht aus Stammlack und Härter. Mischungsverhältnis: 10 … 20 : 1 Verbrauch: 0,06 l/m² bis 0,12 l/m² Erhärtungszeit: 2 h … 3 h Anwendung: Normale und hochbeanspruchte Flächen
Kunststoff- dispersionsfarbe KD-Farbe Binderfarben	Diese Anstrichstoffe enthalten in Wasser dispergierte Polymerisationsharze, Weichmacher, Füllstoffe oder Pigmente. Eigenschaft: Wasserverdünnbar Anwendung: Fast alle Untergründe Verdünnungsmittel: Wasser Untergrund: Mauerwerk, Putz, Beton, Stahl nach Rostschutzanstrich
Kalkfarbe	Weißkalkhydrat mit Wasser. Untergrund: Putz, Beton, Mauerwerk Anwendung: Innen und Außen
Kaltbitumen	Bitumen und Lösemittel (Testbenzin, Terpentin). Untergrund: Beton, Mauerwerk, Putz Anwendung: Sperranstriche, Voranstriche, Korrosionsschutz
Bitumenemulsion	Bitumen und Wasser und Emulgator. Untergrund: Beton, Mauerwerk, Putz Anwendung: Sperranstriche, Voranstriche, Korrosionsschutz

6.15 Anstrichstoffe

Begriffe zu Anstrichstoffen	
Lösemittel	Leichtflüchtige Flüssigkeiten zum Auflösen von Harzen, Wachsen und Ölen (physikalischer Vorgang)
Verdünnungsmittel	Leichtflüchtige Flüssigkeiten, die mit dem Anstrichstoff mischbar sind, diese aber nicht lösen.
Imprägnierung	Imprägnierungen dringen tief in einen porösen Untergrund. Sie schützen Holz vor Fäulnis oder wirken wasserabweisend auf Putz und Mauerwerksflächen.
Versiegelung	Versiegelungen dringen in die Poren des Untergrundes ein und verschließen sie, z.B. Parkettfußböden.

VOC-Richtlinie hat den Zweck, bei Farben und Lacken die Lösemittelemission zu reduzieren.

Produktkategorie	Typ	max VOC	
Beschichtungsstoffe für Holz- Metall- oder Kunststoffe, innen und außen	Wb Lb	130 g/l 300 g/l	Die Lackmischungen geben flüchtige Lösemittel ab, diese werden in g/l gemessen.
Klarlacke und Lasuren einschließlich sogenannter deckender Lasuren, innen und außen	Wb Lb	130 g/l 400 g/l	Die Grenzwerte in g VOC pro Liter Beschichtungsstoff gelten für die gebrauchsfertige Mischung.
minimal filmbildende Lasuren (Lasuren mit einer Trockenschichtdicke < 5 µm)	Wb Lb	130 g/l 700 g/l	
absperrende Grundbeschichtungsstoffe (Stoffe mit Versiegelungs- oder absperrenden Eigenschaften)	Wb Lb	30 g/l 350 g/l	Der gesamte VOC-Gehalt eines Produktes darf den festgesetzten Grenzwert nicht überschreiten.
verfestigende Grundbeschichtungsstoffe (z.B. zum Schutz des Holzes vor Bläuepilzbefall)	Wb Lb	30 g/l 750 g/l	Lacke mit einem höheren Gehalt an organischen Lösemitteln dürfen für fest eingebaute Bauteile (Fenster, Türen, Zargen, Treppen, Fußböden und fest eingebaute Vertäfelungen) in oder an Gebäuden nicht mehr verwendet werden.
Einkomponenten-Speziallack (filmbildender Beschichtungsstoff)	Wb Lb	140 g/l 500 g/l	
Zweikomponenten-Speziallack für bestimmte Verwendungszwecke, z.B. Bodenbehandlung	Wb Lb	140 g/l 500 g/l	

Wb: Wasserbasis (Viskosität mit Wasser eingestellt)
Lb: Lösemittelbasis (Viskosität mit Lösemittel eingestellt)
VOC: volatile organic compounds, flüchtige organische Verbindungen

Lagerung von Lacken und Lösemitteln

Die flüssigen Beschichtungsstoffe werden nach ihren Flammpunkten in unterschiedliche Gruppen eingeteilt:
- hochentzündlich (Flammpunkt unter 0 °C, Siedepunkt bis 35 °C)
- leichtentzündlich (Flammpunkt 0 °C ... < 21 °C)
- entzündlich (Flammpunkt > 21 °C ... < 55 °C)

Diese müssen in besonderen Räumen gelagert werden. Die Räume müssen gegen Auslaufen und Brand mit Baustoffen der Baustoffklasse DIN 4102-A gesichert sein.

Eine Lagerung in Arbeitsräumen, Durchgängen, Durchfahrten, Treppenräumen, Fluren, Dächern oder Dachräumen ist nicht zulässig. Lager mit mehr als 10 000 l Beschichtungsstoffen sind erlaubnisbedürftig. In Lackierräumen und gesonderten Bereichen (Vorraum) darf höchstens der Bedarf einer Arbeitsschicht gelagert werden.

Die Lager- und Arbeitsräume müssen den Brand- und Explosionsschutz-Bestimmungen entsprechen. Die Lagerräume müssen ausreichend be- und entlüftet werden. Rettungswege müssen gekennzeichnet sein.

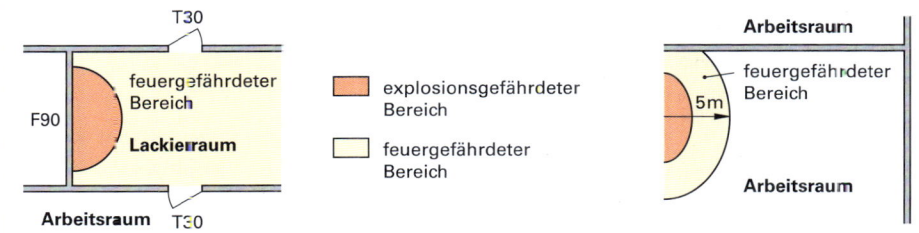

6 TECHNOLOGIE DER BAUSTOFFE

6.16 Gefahrstoffe im Bauwesen

Der Umgang mit Gefahrstoffen ist auf der Grundlage des Chemikaliengesetzes durch die Gefahrstoffverordnung (GefStoffV), der Liste über die maximal am Arbeitsplatz zulässige Arbeitsplatzgrenzwerte sowie in einer Reihe von Unfallverhütungsvorschriften der Berufsgenossenschaften geregelt. Die folgende Tabelle ist nicht vollständig. Weitere Informationen über die Gefährdung und den sachgerechten Umgang erteilen die Berufsgenossenschaften sowie die Gewerbeaufsichtsämter.

Sicherheitskennzeichnung für Gefahrstoffe

Gefahrenpiktogramme nach EU-GHS-Verordnung

Piktogramm	Gefahrenklasse	Piktogramm	Gefahrenklasse
	Instabile explosive Stoffe, Gemische und Erzeugnisse mit Explosivstoffen, selbstzersetzliche Stoffe und Gemische Explosionsgefährlich E E: engl. explosive		Auf Metalle korrosiv wirkend, hautätzend, schwere Augenschädigung Ätzende Chemikalie C C: engl. corrosive
	Entzündbar, selbsterhitzungsfähig, selbstzersetzlich, pyrophor, Organische Peroxide Hochentzündlich F+ Leichtentzündlich F F: engl. flammable		Akute Toxizität Sehr giftig T+ Giftig T T: engl. toxic
	Entzündend (oxidierend) wirkend Brandfördernd O O: engl. oxidizing		Div. Gesundheitsgefahren
	Gase unter Druck, verdichtete; verflüssigte, tiefgekühlt; verflüssigte, gelöste Gase		Gewässergefährdend (Umwelt)

Gefahrensymbole und Gefahrenbezeichnungen (GefStoffV: 2013-07)

6.16 Gefahrstoffe im Bauwesen

Sicherheitskennzeichnung am Arbeitsplatz (DIN EN ISO 7010, DIN 4844-1)

Sicherheitsfarben und geometrische Formen (DIN ISO 3864-1: 2012-06)

Verbotszeichen	Verbot	Rot	Kreis mit Diagonalbalken		 keine offene Flamme, Feuer, offene Zündquelle
Gebotszeichen	Gebot	Blau	Kreis		 Gehörschutz benutzen, weitere: Augenschutz benutzen
Warnzeichen	Warnung	Gelb	gleichseitiges Dreieck mit gerundeten Ecken		 Warnung vor explosionsgefährlichen Stoffen
Rettungszeichen	Gefahrlosigkeit	Grün	Quadrat		 Sammelstelle, weitere: Notausgang, Erste Hilfe
Brandschutzzeichen	Brandschutz	Rot	Quadrat		 Feuerlöscher, weitere: Brandmeldetelefon

Verbotszeichen (Prohibition Signs, P)

- Allgemeines Verbotszeichen
- Rauchen verboten 
- Für Fußgänger verboten 
- kein Trinkwasser 
- Für Flurförderzeuge verboten 
- Berühren verboten 
- Mit Wasser löschen verboten 
- Eingeschaltete Mobiltelefone verboten 
- Hineinfassen verboten 
- Abstellen oder Lagern verboten 

Gebotszeichen (Mandatory Action Signs, M)

- Allgemeines Gebotszeichen
- Augenschutz benutzen 
- Schutzschuhe tragen 
- Handschutz benutzen 
- Hände waschen 
- Handlauf benutzen 
- Gesichtsschutz benutzen 
- Kopfschutz benutzen 
- Atemschutz benutzen 
- Hautschutzmittel benutzen

6.16 Gefahrstoffe im Bauwesen

Warnzeichen (Warning Signs, W)

 Allgemeines Warnzeichen
 Warnung vor explosionsgefährlichen Stoffen
 Warnung vor Absturzgefahr
 Warnung vor Flurförderungen

 Warnung vor giftigen Stoffen
 Warnung vor feuergefährlichen Stoffen
 Warnung vor ätzenden Stoffen
 Warnung vor Handverletzungen

Signalwörter

Signalwörter sind Kennzeichnungselemente, die Auskunft über den relativen Gefährdungsgrad der Stoffe und Gemische geben und auf potenzielle Gefahren für die Menschen aufmerksam machen.

GEFAHR	Für die schwerwiegenden Gefahrenkategorien
ACHTUNG	Für die weniger schwerwiegenden Gefahrenkategorien

Rettungszeichen (Safe Condition Signs, E)

 Rettungsweg/Notausgang (links)
 Erste Hilfe
 Notruftelefon
 Augenspüleinrichtung
 Krankentrage

Brandschutzzeichen (Fire Safety Signs, F)

 Feuerlöscher
 Löschschlauch
 Feuerleiter
 Brandmelder
 Brandmeldetelefon

Prüfzeichen und Kennzeichen bei Faserstäuben und Staubabsaugung

Das Produkt entspricht den festgelegten Sicherheits- und Gesundheitsanforderungen.

(bis 06/2010 – BG-Zeichen)

Kennzeichnung von Staubsaugern in zündquellenfreier Bauart

Gefahrenkennzeichen Asbest Typ B

6.16 Gefahrstoffe im Bauwesen

Sicherheitsdatenblätter, H-Sätze und P-Sätze

Das **Sicherheitsdatenblatt** hat für den Arbeitsschutz, in der Anlagen- und Transportsicherheit sowie bei der Beurteilung von Umweltschutzfragen eine große Bedeutung. Seit dem 1. Juni 2013 ist die Erstellung, Weitergabe und Aufbewahrung von Sicherheitsdatenblättern für alle EU-Mitgliedstaaten in der REACH-Verordnung (EG) Nr. 1907/2006 detailliert geregelt.
Nationale Anforderungen sind in der Bekanntmachung zu Gefahrstoffen (BekGS) 220 „Sicherheitsdatenblatt" (ehemals TRGS 220) beschrieben.

Das Sicherheitsdatenblatt muss die folgenden 16 Abschnitte enthalten:

1 ... 3: vgl. Muster	9: Physikalische und chemische Eigenschaften
4: Erste-Hilfe-Maßnahmen	10: Stabilität und Reaktivität
5: Maßnahmen zur Brandbekämpfung	11: Toxikologische Angaben
6: Maßnahmen bei unbeabsichtigter Freisetzung	12: Umweltbezogene Angaben
	13: Hinweise zur Entsorgung
7: Handhabung und Lagerung	14: Angaben zum Transport
8: Begrenzung und Überwachung der Exposition/Persönliche Schutzausrüstungen	15: Rechtsvorschriften
	16: Sonstige Angaben

Werden Gefahrstoffe in Betrieben verwendet, müssen **Betriebsanweisungen** erstellt werden und für die betroffenen Mitarbeiter jederzeit einsehbar sein.

Muster eines Sicherheitsdatenblattes (Auszug)

SICHERHEITSDATENBLATT
gemäß Verordnung (EG) Nr. 1907/2006

Capacryl Lack

Version 1.0   Überarbeitet am: 21.02.2012   Druckdatum 21.02.2012

1   Bezeichnung des Stoffs bzw. des Gemischs und des Unternehmens
1.1   Produktidentifikation:
Handelsname: Capacryl Lack
1.2   Relevante identifizierte Verwendung des Stoffs oder Gemischs und Verwendungen, von denen abgeraten wird:
Verwendung des Stoffs/des Gemisches: Beschichtungsstoff
1.3   Einzelheiten zum Lieferanten, der das Sicherheitsdatenblatt bereitstellt:
Firma:

2   Mögliche Gefahren
2.1   Einstufung des Stoffs oder Gemischs (67/548/EWG. 1999/45/EG)
Keine gefährliche Substanz oder kein gefährliches Gemisch im Sinne der EG-Richtlinien 67/548/EWG oder 1999/45/EG
2.2   Kennzeichnungselemente
Besondere Kennzeichnung bestimmter Gemische   Sicherheitsdatenblatt auf Anfrage für berufsmäßige Verwender erhältlich.
2.3   Sonstige Gefahren
Für Kinder unzugänglich aufbewahren. Bei Schleifarbeiten Staubfilter P2 verwenden. Während der Verarbeitung und Trocknung für gründliche Belüftung sorgen, Essen, Trinken und ...

3.   Zusammensetzung/Angaben zu Bestandteilen
3.2   Gemische
Chemische Charakterisierung: Gemisch

Das **GHS** (**G**lobal **H**armonisiertes **S**ystem) ist ein weltweit einheitliches System zur Einstufung und Kennzeichnung von Chemikalien auf Verpackungen und in Sicherheitsdatenblättern ▶ **Folgeseite**.
In der EU ist das GHS ab 2010 umzusetzen und damit werden die R- und S-Sätze durch die **H-** und **P-Sätze** sowie die bisher bei den Gefahrstoffen verwendeten Piktogramme ersetzt.
Kennzeichnung durch Gefahrenpiktogramm, Signalwort, Gefahrenhinweis und Sicherheitshinweis.

6.16 Gefahrstoffe im Bauwesen

Gefahrenhinweise H-Sätze *(Hazard Statements)* – Auswahl

Die erste Ziffer der dreistelligen Nummer (z.B. H200) bezieht sich auf die Gefahrengruppe.
Die letzten beiden Stellen sind fortlaufende Nummern entsprechend der Gefahrenklasse.

2	**Physikalisch-chemische Gefahren**	**4**	**Umweltgefahren**
H200	Instabil, explosiv.	H400	Sehr giftig für Wasserorganismen.
H228	Entzündbarer Feststoff.	H412	Schädlich für Wasserorganismen.
H220	Extrem entzündbares Gas.		
H240	Erwärmung kann Explosion verursachen.		**Ergänzende Gefahrenmerkmale der EU**
H251	Kann sich selbst erhitzen; kann in Brand geraten.	EUH006	Mit und ohne Luft explosionsfähig.
		EUH014	Reagiert heftig mit Wasser.
H272	Kann Brand verstärken; Oxidationsmittel.	EUH019	Kann explosionsfähige Peroxide bilden.
H290	Kann Metalle korrodieren.	EUH070	Giftig bei Kontakt mit den Augen.
		EUH071	Ätzend für die Atemwege.
3	**Gesundheitsgefahren**	EUH059	Schädigt die Ozonschicht.
H300	Lebensgefahr bei Verschlucken.		
H301	Giftig bei Verschlucken.		**Ergänzende Kennzeichnungselemente der EU**
H312	Gesundheitsschädlich bei Hautkontakt.		**Informationen über bestimmte Stoffe und Gemische**
H314	Verursacht schwere Verätzungen der Haut und Augenschäden.	EUH203	Enthält Chrom (VI). Kann allergische Reaktionen hervorrufen.
H315	Verursacht Hautreizungen.	EUH204	Enthält Isocyanate. Hinweise des Herstellers beachten.
H318	Verursacht schwere Augenschäden.		
H331	Giftig beim Einatmen.	EUH205	Enthält epoxidhaltige Verbindungen. Hinweise des Herstellers beachten.
H335	Kann Atemwege reizen.		

Gefahrenhinweise P-Sätze *(Precautionary Statements)* – Auswahl

1	**Allgemeine Hinweise**	**3**	**Gegenmaßnahmen**
P102	Darf nicht in die Hände von Kindern gelangen.	P301	Bei Verschlucken:
		P304	Bei Einatmen:
P103	Vor Gebrauch Etikett lesen.	P310	Sofort GIFTINFORMATIONSZENTRUM oder Arzt anrufen.
2	**Vorbeugung**		
P201	Vor Gebrauch besondere Anweisungen einholen.	P332	Bei Hautreizung:
		P334	In kaltes Wasser tauchen/nassen Verband anlegen.
P211	Nicht in offene Flamme oder andere Zündquelle sprühen.		
		4	**Lagerung**
P222	Berührung mit Luft vermeiden.	P403	An einem gut belüfteten Ort aufbewahren.
P232	Vor Feuchtigkeit schützen.	P405	Unter Verschluss aufbewahren.
P233	Behälter dicht verschlossen halten.		
P242	Nur funkenfreies Werkzeug verwenden.	**5**	**Abfall**
P250	Nicht schleifen/stoßen/.../reiben.	P501	Inhalt/Behälter ... zuführen.

Arbeitsplatzgrenzwerte AGW   (TRGS 900: 2014-04)

Die Konzentration (C) eines Stoffes in der Luft ist die in der Einheit des Luftvolumens befindliche Menge dieses Stoffes. Sie wird angegeben als Masse pro Volumeneinheit oder bei Gasen und Dämpfen auch als Volumen pro Volumeneinheit. Die Konzentration für Schwebstoffe wird in mg/m^3 für die am Arbeitsplatz herrschenden Betriebsbedingungen angegeben.

Bezeichnung	Arbeitsplatzgrenzwert		Spitzenbegr.	Begründungspapiere	Verwendete Abkürzungen	
E einatembare Fraktion A alveolengängige Fraktion	(ml/m^3) (ppm)	(mg/m^3)	Überschreitungsfaktor			
Aceton	500	1200	2(I)	DFG, EU	"Spitzenbegrenzung"	1 bis 8 Überschreitungsfaktoren und
Ammoniak	20	14	2(I)	DFG, EU, Y	( )	Kategorie für Kurzzeitwerte
Butan	1000	2400	4(II)	DFG		
Calciumcyanamid		1 E	2(II)	DFG, H, Y	I	lokale Wirkung
Calciumsulfat		6A		DFG	II	resorptiv wirksame Stoffe
Chlor		0,5	1,5	1(I)	DFG, EU, Y	"Bemerkungen"
Chrom u. anorganische Chrom(II)- u. (III)-Verbind.		2E	1(I)	10, EU	H	hautresorptiv
Ethanol	500	960	2(II)	DFG, Y	X	kanzerogener Stoff der Kat. 1A/1B. Gefahrstoffverordnung § 10 beachten.
Fluor	1	1,6	2(I)	EU, 13		
Nitrobenzol		1	2(I)	EU, H	Y	kein Risiko der Fruchtschädigung bei Einhaltung des Arbeitsplatzgrenzwertes
Quecksilber		0,02	8(I)	EU, DFG, H, Sh		
Schwefelsäure		0,1 E	1(I)	DFG, EU, Y		

7 BAUTECHNIK UND BAUKONSTRUKTION

- Literatur und Normen 320
- **7.1 Mauerwerksbau** **321**
- 7.1.1 Maßordnung im Hochbau 321
- 7.1.2 Gemauerte Wände 322
- 7.1.3 Charakteristische Druckfestigkeiten .. 323
- 7.1.4 Vereinfachte Bemessungsmethode .. 324
- 7.1.5 Kelleraußenwände 327
- 7.1.6 Nichttragende innere Trennwände .. 328
  - Innenwände
- 7.1.7 Statische und konstruktive Maßnahmen 329
  - Ringanker ■ Ringbalken 329
  - Dehnungsfugen ■ Ausfachungen .. 330
  - Umweltbedingungen 331
- 7.1.8 Außenmauerwerk 332
- 7.1.9 Sonderbauteile aus Mauerwerk 334
  - Mauerbögen 334
  - Freistehende Mauern 335
- 7.1.10 Mauerwerk aus Naturstein 336
- 7.1.11 Mauerwerksverbände 337
- 7.1.12 Ziegeldecken – Deckensysteme 339
- 7.1.13 Hausschornsteine 341
- **7.2 Betonbau, Stahlbetonbau und Spannbetonbau** **342**
- 7.2.1 Übersicht und Zuordnung 342
- 7.2.2 Bemessung auf Druck 343
- 7.2.3 Bemessung für Biegung 344
- 7.2.4 Bemessung für Querkraft 346
- 7.2.5 Allgemeine Bewehrungsregeln 348
- 7.2.6 Querschnittstafeln 357
- 7.2.7 Konstruktionshinweise für Balken und Platten 359
- 7.2.8 Bemessen und Bewehren 362
  - Balken 362
  - Plattenbalken 363
  - Vollplatten 364
  - Zweifeldplatten 365
  - Treppen 369
  - Stützen 370
  - Wände 371
  - Fundamente 372
- 7.2.9 Spannbetonbau 373
- **7.3 Holzbau** **374**
- 7.3.1 Einstufungen im Holzbau 374
- 7.3.2 Festigkeitswerte 376
- 7.3.3 Bemessungsregeln 377
  - Knicken 377
  - Beispiele 378
- 7.3.4 Querschnittswerte 379
- 7.3.5 Versatze 380
- 7.3.6 Zimmermannsmäßige Holzverbindungen 381
- 7.3.7 Holzkonstruktionen 383
  - Holzbalkendecke 383
  - Dachkonstruktionen 384
  - Fachwerkwand 386
  - Holzliste 387
  - Holzrahmenbau 388
- 7.3.8 Verbindungsmittel 389
  - Nägel 390
  - Holzschrauben 392
- Holzverbinder, Blechformteile 394
- Dübel besonderer Art 395
- Bolzen, Passbolzen, Stabdübel 396
- **7.4 Dächer/Flachdächer** **397**
- 7.4.1 Planungsgrundlagen für Dachdeckungen 398
- 7.4.2 Dachflächenfenster 400
- 7.4.3 Dachabdichtungen 401
- 7.4.4 Dachrinnen und Regenfallrohre 404
- **7.5 Stahlbau** **405**
- 7.5.1 Rechenverfahren 405
- 7.5.2 Profiltabellen 406
- 7.5.3 Schraubenverbindungen 408
- 7.5.4 Schweißverbindungen 410
- 7.5.5 Knicken 411
- **7.6 Fertigteilbau** **412**
  - Modulordnung 412
  - Großtafelbauweise 412
  - Stahlbetonskelettbau 413
- **7.7 Rohrleitungsbau** **414**
- 7.7.1 Versorgung 414
  - Wasserversorgung 414
  - Gasversorgung 415
  - Fernwärme 417
  - Leitungsteile 418
- 7.7.2 Entsorgung 420
  - Formstücke 424
  - Schächte 426
- **7.8 Geotechnik, Bodenmechanik und Grundbau** **427**
- 7.8.1 Baugrunderkundung/Feldmethoden 427
- 7.8.2 Bodenklassifikation 430
- 7.8.3 Bodenkennwerte 434
- 7.8.4 Korngrößenverteilung durch Siebung und Sedimentation 436
- 7.8.5 Verdichtungsprüfungen 439
- 7.8.6 Flächengründungen 440
- 7.8.7 Gebäudesicherung, Bodenaushubgrenzen, Unterfangung 442
- 7.8.8 Erddruck 443
- **7.9 Straßenbau** **444**
- 7.9.1 Einteilung der Straßen 444
- 7.9.2 Linienführung 445
- 7.9.3 Querschnitte 446
- 7.9.4 Höhenplan 448
- 7.9.5 Querneigung 449
- 7.9.6 Straßenoberbau und Fahrbahnaufbau 450
- 7.9.7 Mengenberechnung im Erdbau 455
- **7.10 Wasserbau und Hydraulik** **456**
- 7.10.1 Hydrostatik 456
- 7.10.2 Hydrodynamik 457
- 7.10.3 Flüssigkeitsbewegung in vollen Rohren 458
- 7.10.4 Gerinnehydraulik 459
- 7.10.5 Bemessung von Rohren für Freigefälleleitungen 460

7 BAUTECHNIK UND BAUKONSTRUKTION

Literatur
DIBt, Deutsches Institut für Bautechnik, Berlin: Technische Baubestimmungen
Frey u.a.: Fachkunde Bau, Verlag Europa-Lehrmittel
Ziegel-Dokumentation, Ziegel-Bauberatung, Bonn
Kalksandstein, Planung, Konstruktion, Ausführung: Verlag Bau + Technik, Düsseldorf
Brand u.a.: Hbl-Handbuch, Beton-Verlag GmbH
Styropor-Information: Information BASF, Ludwigshafen
Fachregeln des Dachdeckerhandwerks: Zentralverband
Frick, Knöll, Neumann: Baukonstruktionslehre, Teil 1 u. 2, Vieweg + Teubner (SpringerVieweg)
Stahl im Hochbau, Band I u. II, Stahleisen-Verlag
Kohlmeyer: Stahlbau nach DIN 18800, Werner-Verlag
Lohmeyer: Stahlbetonbau, Vieweg + Teubner
Wagner u.a.: Stahlbetonbau, Werner-Verlag,
Goris: Stahlbeton-Praxis nach EC 2, Beuth Verlag
Bemessungstafeln für Biegung, Betonstahlinstitut, Düsseldorf
Simmer: Grundbau, Teubner-Verlag
Velske, Mentlein, Eymann: Straßenbautechnik, Werner-Verlag
Peschel, u.a.: Bautechnik, Straßen- und Tiefbau, Verlag Europa-Lehrmittel, 14. Auflage
Tabellenbuch für Metallbautechnik, Verlag Europa-Lehrmittel, 10. Auflage
BMF-Holzverbinder, Stahlblech-Holz Nagelverbindungen, Eigenverlag
Lohmann: Holzhandbuch, Bruderverlag

DIN	Teile	Titel
		MAUERWERKS- UND STAHLBETONBAU
EN 1996	1-1/NA	Mauerwerksbauten EC 6
1053	1	Mauerwerk, Berechnung und Ausführung (zurückgezogen)
1056		Freistehende Schornsteine in Massivbauart
1057		Baustoffe für freistehende Schornsteine
EN 490		Dach- und Formsteine aus Beton
4158		Zwischenteile aus Beton für Stahlbeton- und Spannbetondecken
4159		Ziegel für Decken und Vergusstafeln, statisch mitwirkend
4160		Ziegel für Decken
4172		Maßordnung im Hochbau
18148		Hohlwandplatten aus Leichtbeton
18000		Modulordnung im Bauwesen
18160	1 +2	Abgasanlagen
18530		Massive Deckenkonstruktionen für Dächer
488	1 ... 6	Betonstahl
EN 1992	1-1/NA	Bemessung von Stahlbeton- und Spannbetonbau, EC 2
1045	4	Herstellung von Fertigteilen
EN 206	1	Beton: Festlegungen, Eigenschaften

DIN	Teile	Titel
		HOLZBAU
EN 1995	1	Eurocode 5 (Holzbau)
EN 1995	1-1/NA	Nationaler Anhang zum Eurocode 5 (Holzbau)
1052	10	Restnorm zur DIN 1052 (Holzbau)
		ERDBAU UND GRUNDBAU
EN 1997		Entwurf, Berechnung und Bemessung in der Geo-Technik, EC 7
1054	101	Baugrund; Sicherheitsnachweis
4017		Berechnung des Grundbruchwiderstandes von Flachgründungen
4018		Berechnung der Sohldruckverteilung unter Flächengründungen
4019		Baugrund; Setzungsberechnungen
4023		Geotechnische Erkundung und Untersuchung – Darstellungen
4107		Geotechnische Messungen
4123		Gebäudesicherung im Bereich von Ausschachtungen, Gründungen und Unterfangungen
4124		Baugruben und Gräben; Böschungen, Arbeitsraumbreiten, Verbau, UVV
18196		Erd- und Grundbau, Bodenklassifikation
EN ISO 14688		Benennung, Beschreibung und Klassifizierung von Boden
		STAHLBAU
EN 1993	1	Bemessung und Konstruktion von Stahlbauten EC 3
18800	1 ... 4	Stahlbauten
4113		Aluminium im Hochbau
		ROHRLEITUNGSBAU
EN 476		Anforderungen an Abwasserleitungen
EN 1717		Ergänzungen zu DIN 1988
2000/2001		Anforderungen an Trinkwasser
1988	1 ... 8	Trinkwasser-Leitungsanlagen in Grundstücken
EN 752	1 ... 7	Entwässerungssysteme
EN 805		Wasserversorgungssysteme
EN 1610		Abwasserleitungen
EN 12007		Gasversorgungssysteme
		STRASSENBAU
EN 1338		Pflastersteine aus Beton
EN 1339		Platten aus Beton
EN 1341		Platten aus Naturstein
EN 1342		Pflastersteine aus Naturstein
EN 1344		Pflasterziegel
RAL		Richtlinien für die Anlage von Landstraßen
RASt		Richtlinien für die Anlage von Stadtstraßen
RStO		Richtlinien für die Standardisierung des Oberbaus von Verkehrsflächen
RAA		Richtlinie für die Anlage von Autobahnen

7 BAUTECHNIK UND BAUKONSTRUKTION

7.1 Mauerwerksbau

Die folgenden Ausführungen basieren auf der **DIN EN 1996** „Bemessung und Konstruktion von Mauerwerksbauten" (EC 6) mit
Teil 1-1: Allgemeine Regeln für bewehrtes und unbewehrtes Mauerwerk
Teil 1-2: Allgemeine Regeln – Tragwerksbemessung für den Brandfall
Teil 2: Planung, Auswahl der Baustoffe und Ausführung von Mauerwerk
Teil 3: Vereinfachte Berechnungsmethoden für unbewehrte Mauerwerksbauten
und dem jeweiligen **Nationalen Anhang (NA)** in der geänderten und konsolidierten Fassung von Juli 2013 in Verbindung mit DIN EN 1960 (EC 0) und DIN EN 1961 (EC 1) ▶ Kapitel 3.
Die Bemessungsregeln der DIN EN 1996 mit Nationalem Anhang dürfen innerhalb eines Bauwerks nicht mit den Bemessungsregeln der DIN 1053-1 kombiniert werden. Die DIN 1053-100 ist zurückgezogen.

7.1.1 Maßordnung im Hochbau

Rohbaurichtmaße sind in der **DIN 4172** festgelegt, wobei **1 am** (Achtelmeter) 12,5 cm entspricht. **Rohbaurichtmaße** sind Maße aus den Steinmaßen plus den Fugenmaßen.

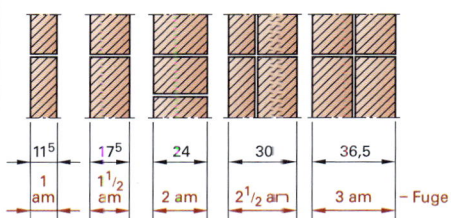

Wanddicken in cm und als am-Maß

Gegenseitige Abhängigkeit der Steinhöhen

Steinhöhe cm	5,2	7,1	11,3	23,8	17,5	11,3
Schichthöhe cm	6,25	8,33	12,5	25,0	18,75	12,5
Schichten pro m	16	12	8	4	–	8

Rohbaunennmaße sind reale Maße der Bauteile. Diese Maße werden aus den Rohbaurichtmaßen durch Zuzählen von 1 cm bei **Innenwänden** (lichten Maßen) oder durch Abziehen von 1 cm bei Außenwänden (Pfeilermaßen) errechnet. **Anbaumaße** (anstoßendes Mauerwerk) entsprechen genau den Rohbaurichtmaßen.

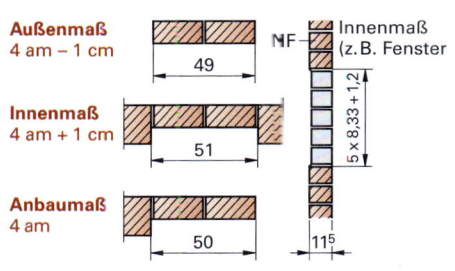

Errechnung der Rohbaunennmaße

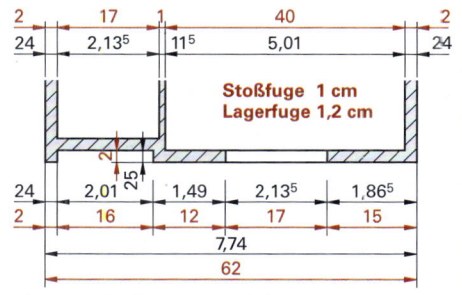

Mauermaße (Rohbaumaße)

Rohbaurichtmaße in cm													
100/16	6,25	12,5	18,75	25	31,25	37,5	43,75	50	56,25	62,5	68,75	75	81,25	87,5	93,75	100
100/12		8,33	16,67	25		33,33	41,67	50		58,33	66,67	75		83,33	91,67	100
100/8		12,5		25		37,5		50		62,5		75		87,5		100
100/4				25				50				75				100

7.1 Mauerwerksbau

7.1.2 Gemauerte Wände

Wandarten und Wanddicken

Mauerwerk besteht aus natürlichen Steinen ▶ S. 221 oder künstlichen Steinen ▶ S. 224, die in einem bestimmten Verband ▶ S. 337 verlegt und mit Mauermörtel ▶ S. 251 zusammengefügt sind. Mörtelarten werden nach ihren Eigenschaften und/oder ihrem Verwendungszweck unterschieden in Dünnbettmörtel (DM) und Normalmörtel (NM). Es dürfen nur Baustoffe verwendet werden, die den Normen entsprechen. Zahlreiche Produkte für den Mauerwerksbau werden nach bauaufsichtlichen Zulassungen verwendet. Die bauaufsichtlichen Zulassungen erweitern die Regelungen der Norm. Für diese Produkte dürfen die gleichen verbindlichen Regeln der DIN EN angewendet werden.

> Innerhalb einer Geschosswand sollte zur Vereinfachung der Ausführung und der Überwachung das Wechseln von Steinarten und Mörtelgruppen ausgeschlossen werden.

Wänden kommen neben der raumabschließenden Funktion und den bauphysikalischen Funktionen ▶ S. 170 insbesondere statisch-konstruktive Funktionen zu. Bei leichten Trennwänden ist die DIN 4103 zu beachten. Bei Außenwänden aus nicht frostbeständigen Steinen ist ein Außenputz nach DIN 18550, eine Fassadenverkleidung nach DIN 18515 oder DIN 18516 oder ein anderer Wetterschutz ▶ S. 332 vorzusehen. Bei Wänden unterscheidet man nach:

- Lage (z.B. Außenwände, Innenwände, freistehende Wände)
- Geschosszugehörigkeit (z.B. Kellerwände, Dachgeschosswände, Erdgeschosswände)
- raum- und wohnungsbezogenen Funktionen (z.B. Treppenhauswände, Wohnungstrennwände)
- Schutzfunktionen (z.B. Brandschutzwände, Schallschutzwände, Außenwände, Vorsatzschalen)
- statischen Funktionen (tragende Wände, aussteifende Wände, nichttragende Wände)

Aussteifung tragender Wände

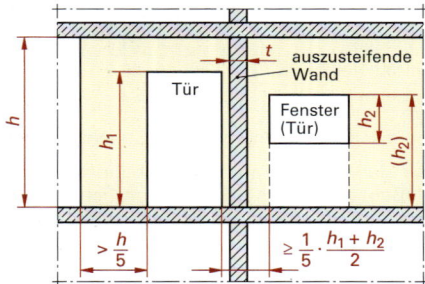

Mindestbreite der aussteifenden Wand im Bereich einer oder mehrerer Öffnungen

Tragende Wände sind ausgesteift, wenn sie rechtwinklig zur Wandfläche durch aussteifende Wände und Decken unverschiebbar gehalten werden. Dabei sollen **aussteifende Wände** mit auszusteifenden Wänden gleichzeitig im Verband gemauert werden. **Anschlüsse** von Wänden an Massivdecken sind durch Haftung und Reibung sichergestellt, wenn Hauptbewehrung und Querbewehrung der Massivdecke bis zur halben Wanddicke durchgeführt sind und das aufgehende Mauerwerk über die Massivdecke weitergeführt wird.

Zweiseitig gehaltene Wände
Es wird empfohlen bei mehrseitig gehaltenen Wänden die Knicklänge für 2-seitig gehaltene Wände anzuweisen. Dies ermöglicht eine spätere Umnutzung.

Nischen, Aussparungen und Schlitze

Nischen sind Schwächungen in der Dicke des Mauerwerks; **Vorlagen** sind Verstärkungen. Der Abstand (Empfehlung) von Regelfuge und Nische beträgt **0,5 am** (6,25 cm) und bei 3 DF auch **1 am**.
Aussparungen und Schlitze sind nur zulässig, wenn die Standsicherheit der Wand nicht beeinträchtigt wird. Aussparungen und Schlitze sind im Mauerwerk herzustellen oder nachträglich zu fräsen.

Wand-dicke t mm	Horizontale und schräge Schlitze nachträglich hergestellt		Vertikale Schlitze und Aussparungen nachträglich hergestellt			in gemauerten Verbänden	
	Schlitzlänge $t_{ch,v}$		Tiefe mm	Einzel-schlitz-breite mm	Abstand der Schlitze und Aussparungen	Schlitz-breite mm	Restwand-dicke mm
	unbeschränkt Tiefe mm	≤ 1,25 m lang Tiefe mm					
≥ 115	–	–	≤ 10	≤ 100	untereinander ≥ Schlitzbreite; von Öffnungen ≥ 240 mm	–	–
≥ 150	–	≤ 10	≤ 20	≤ 100		–	–
≥ 175	0	≤ 25	≤ 30	≤ 100		≤ 260	≥ 115
≥ 240	≤ 15	≤ 25	≤ 30	≤ 150		≤ 385	≥ 115
≥ 300	≤ 20	≤ 30	≤ 30	≤ 200		≤ 385	≥ 175
≥ 365	≤ 20	≤ 30	≤ 30	≤ 200		≤ 385	≥ 240

7.1 Mauerwerksbau

7.1.3 Charakteristische Druckfestigkeiten von Mauerwerk (DIN EN 1996-3/NA)

Charakteristische Druckfestigkeiten f_k für Mauerwerk ausgewiesen in Abhängigkeit der Druckfestigkeitsklassen der Mauersteine und Planelemente, der Mauerstein- und der Mörtelarten.

- Die Verwendung von Normalmauermörtel der Mörtelgruppen II, IIa und III, von Leichtmauermörtel LM 21 und LM 36 und Dünnbettmörtel DM ist zulässig.
- Die charakteristischen Festigkeiten f_{k2} für **Verbandsmauerwerk mit Normalmörtel** sind durch Multiplikation des Tabellenwertes mit $f_{k2} = f_k \cdot 0{,}8$ zu ermitteln. Verbandsmauerwerk entspricht einem Mauerwerk mit mehr als einem Stein in Richtung der Wanddicke.
- ( ) nicht in der DIN EN 1996-3/NA/A1

$$f_d = \zeta \cdot \frac{f_k}{\gamma_M} \quad \text{mit} \quad \begin{array}{l} \zeta = 0{,}85 \text{ (Allgemein)} \\ \zeta = 1{,}00 \text{ (Kurzzeitbelastung)} \end{array}$$

Einsteinmauerwerk aus Hochlochziegeln HLzA, HLzB und HLzB-T1, Kalksand-Loch- und Hohlblocksteinen KS L mit Normalmörtel

Steinfestigkeitsklasse	Charakteristische Druckfestigkeiten f_k in N/mm²			
	Mörtelgruppe			
	NM II	NM IIa	NM III	NM IIIa
4	2,1	2,4	2,9	(3,3)
6	2,7	3,1	3,7	(4,2)
8	3,1	3,9	4,4	(4,9)
10	3,5	4,5	5,0	5,6
12	3,9	5,0	5,6	6,3
16	4,6	5,9	6,6	7,4
20	5,3	6,7	7,5	8,4
28	5,3	6,7	9,2	10,3
36	5,3	6,7	10,2	11,9
48	5,3	6,7	12,2	14,1
60	5,3	6,7	14,3	16,0

Einsteinmauerwerk mit Normalmörtel aus Vollziegeln Mz, VMz, Kalksandstein-Vollsteinen und Kalksandstein-Blocksteinen KS

Einsteinmauerwerk mit Normalmörtel aus Leichtbetonsteinen und Betonsteinen

Steinfestigkeitsklasse	f_k in N/mm²				f_k in N/mm²					
	Mörtelgruppe				Mörtelgruppe			Mörtelgruppe		
	NM II	NM IIa	NM III	NM IIIa	II	IIa	III	II	IIa	III
2	–	–	–	–	1,4	1,5	1,7	1,5	1,6	1,8
4	2,8	(3,2)	(3,5)	(4,0)	2,2	2,4	2,6	2,5	2,7	3,0
6	3,6	4,0	(4,5)	(5,0)	2,9	3,1	3,3	3,4	3,7	4,0
8	4,2	4,7	(5,3)	(5,9)	2,9	3,7	4,0	3,4	4,5	5,0
10	4,8	5,4	6,0	(6,8)	2,9	4,3	4,6	3,4	5,4	5,9
12	5,4	6,0	6,7	7,5	2,9	4,8	5,1	3,4	6,1	6,7
16	6,4	7,1	8,0	8,9	–	–	–	3,4	6,1	8,3
20	7,2	8,1	9,1	10,1	–	–	–	3,4	6,1	9,8
28	8,8	9,9	11,0	12,4	–	–	–	–	–	–
36	10,2	11,4	12,6	14,3	–	–	–	–	–	–
48	10,2	11,4	14,4	16,9	Hbl, Hbn			V, Vbl		
60	10,2	11,4	14,4	16,9						

Einsteinmauerwerk mit Normalmörtel aus Hochlochziegeln HlzW, Tafelmauerziegeln T2, T3 und T4, Leichtlochziegeln LLz

Einsteinmauerwerk mit Normalmörtel aus Leichtbeton-Vollblöcken mit Schlitzen VbL S, VbL SW

Steinfestigkeitsklasse	f_k in N/mm²				f_k in N/mm²			
	Mörtelgruppe				Mörtelgruppe			
	NM II	NM IIa	NM III	NM IIIa	II	IIa	III und IIIa	
2	–	–	–	–	1,4	1,6	1,8	
4	1,7	2,0	2,4	2,6	2,1	2,4	2,9	
6	2,2	2,5	2,9	3,3	2,7	3,1	3,7	
8	2,5	3,2	3,5	4,0	2,7	3,9	4,4	
10	2,8	3,6	4,0	4,5	2,7	4,5	5,0	
12	3,1	4,0	4,5	5,0	2,7	5,0	5,6	
16	3,7 [3,1]	4,7 [4,0]	5,3 [4,5]	5,9 [5,0]	Werte in [...] gelten für Mauerwerk aus Hochlochziegeln mit Lochung W (HLzW) und Mauertafelziegeln T4			
20	4,2 [3,1]	5,5 [4,0]	6,0 [4,5]	6,7 [5,0]				

7.1 Mauerwerksbau

Charakteristische Druckfestigkeiten von Mauerwerk Einsteinmauerwerk Stein-Mörtelkombinationen					Kalksand-Plansteine und Kalksandsteinelemente		
	f_k in N/mm²				f_k in N/mm²		
Steinfestigkeitsklasse	Mauerziegel und Kalksandsteine		Voll- u. Lochsteine aus Leichtbeton	Porenbetonsteine	Elemente	Plansteine	
	LM 21	LM 36	LM 21 und LM 36	Dünnbettmörtel	KS XL	KS P	KS L-P
					Dünnbettmörtel		
2	1,2	1,3	1,4	1,8	–	–	–
4	1,6	2,2	2,3	3,0	2,9	2,9	2,9
6	2,2	2,9	3,0	4,1	4,0	4,0	3,7
8	2,5	3,3	3,6	5,1	5,0	5,0	4,4
10	2,8	3,3	–	–	6,0	6,0	5,0
12	3,0	3,3	–	–	9,4	7,0	5,6
16	3,0	3,3	–	–	11,2	8,8	6,6
20	3,0	3,3	–	–	12,9	10,5	7,6
28	3,0	3,3	–	–	16,0	13,8	7,6
≥ 38	3,0	3,3	–	–	16,0	16,8	7,6

7.1.4 Vereinfachte Bemessungsmethode für tragende Mauerwände

In der heutigen Mauerwerkspraxis ist es zumeist ausreichend, unbewehrte Mauerwerksbauten nach den vereinfachten Berechnungsmethoden (DIN EN 1996-3/NA) nachzuweisen. Es gelten die folgenden Anwendungsbedingungen:

- vertikal und durch Windlast beanspruchte Wände
- Wandscheiben
- Kellerwände, beansprucht durch horizontalen Erddruck und vertikale Lasten
- Wände unter Einzellasten
- horizontal beanspruchte Wände

Anwendungsbedingungen

Bauteil	Wanddicke t in mm	lichte Wandhöhe h in m	Nutzlast[1]) der Decke q_k in kN/m²
tragende Innenwände	≥ 115 < 240	≤ 2,75	≤ 5
	≥ 240	–	
tragende Außenwände und zweischalige Haustrennwände	≥ 115[2]) < 150[2])		≤ 3[3])
	≥ 115[3]) < 175[3])	≤ 2,75	
	≥ 175 < 240		≤ 5
	≥ 240	≤ 12 · t	

Teilsicherheitsbeiwerte:
Mauerwerk (Material) $\gamma_M = 1,5$
Einwirkungen ständig $\gamma_G = 1,35$
veränderliche $\gamma_Q = 1,5$

Folgende Voraussetzungen müssen erfüllt sein:
- Gebäudehöhe ≤ 20,00 m
- mittiger Lastangriff
- Deckenstützlänge $l_{ef} \leq 6,00$ m
- lichte Wandhöhe h, laut Tabelle links, max. 3 Vollgeschosse
- Überbindemaß $l_{ol} \geq 45$ mm
- vollfugiges Vermauern
- Wanddicke t
- Einwirkung q_k

[1]) Einschließlich Zuschlag für nichttragende innere Trennwände.
[2]) Als einschalige Außenwand nur bei eingeschossigen Garagen und Bauwerken, die nicht zum dauerhaften Aufenthalt von Menschen vorgesehen sind.
Als Tragschale zweischaliger Außenwände und bei zweischaligen Haustrennwänden bis maximal zwei Vollgeschosse zuzüglich ausgebautes Dachgeschoss; aussteifende Querwände im Abstand ≤ 4,50 m bzw. Randabstand von einer Öffnung ≤ 2,00 m.
[3]) Bei charakteristischen Mauerwerksdruckfestigkeiten $f_k < 1,8$ N/mm² gilt zusätzlich Fußnote [2]).

Knicklänge von Mauerwerkswänden

- Bei der Berechnung der Knicklänge einer Wand ist die relative Steifigkeit der mit der Wand verbundenen Bauteile zu berücksichtigen. Traglastbeiwert Knicken.
- Wände dürfen durch Decken oder Dächer, Querwände oder steife Bauteile (die nicht mit der Wand verbunden sind) ausgesteift werden.
- Wenn die aussteifende Wand durch Öffnungen unterbrochen ist, sind die Vorgaben für die Mindestbreite der aussteifenden Wand gemäß Abbildung ▶ S. 322 zu beachten.
- Die effektive Wanddicke t_{ef} entspricht der Dicke der inneren, tragende Schale t_2.
- Als Schlankheit wird der Quotient aus effektiver Höhe h_{ef} und der effektiven Wanddicke t_{ef} (t) bezeichnet. Die Schlankheit darf nicht größer als 27 sein. Beim stark vereinfachten Nachweis muss die Schlankheit kleiner 21 sein.

$h_{ef}/t_{ef} < 27$
$h_{ef}/t_{ef} < 21$

7.1 Mauerwerksbau

Knicklängenberechnung für zweiseitig gehaltene Wände

h_{ef} Knicklänge der Wand
h lichte Geschosshöhe
p_n Abminderungsfaktor ohne große Ausmitten, vgl. Abb. unten und bei Einhaltung des Überbindemaßes $ü$ ▶ S. 337

$$h_{ef} = p_n \cdot h$$

$p_n = 1{,}00$	bei $t_{ef} > 250$ mm und bei Beachtung der Mindestauflagertiefe	
$p_n = 0{,}90$	bei 175 mm $< t_{ef} \leq 250$ mm	bei $t_{ef} \geq 240$ mm und $a > 175$ mm
$p_n = 0{,}75$	bei $t_{ef} \leq 175$ mm	oder $t_{ef} < 240$ mm und $a = t$

Mindestauflagertiefe und Stützlänge

Die Deckenauflagertiefe a ist so zu wählen, dass die zulässigen Pressungen in der Auflagerfläche nicht überschritten werden und die Verankerungslängen der Bewehrung der Stahlbetondecke untergebracht werden kann. Die Deckenauflagertiefe a muss mindestens die halbe Wanddicke t betragen.

Mindestauflagerdicke a in Abhängigkeit der Wanddicke t

t in mm	a in mm
115	100
200	100
240	120
300	150
365	165[1]
425	213
490	245

$a \geq t/2 \geq 100$ mm

[1] Reduzierung auf $0{,}45 \cdot t$

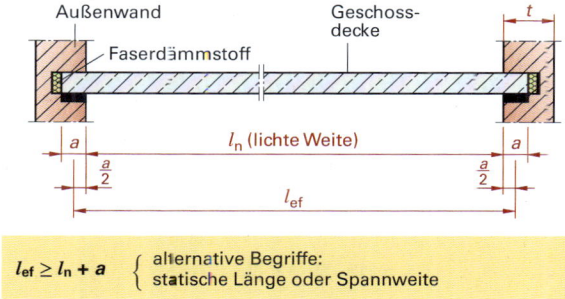

$l_{ef} \geq l_n + a$ alternative Begriffe: statische Länge oder Spannweite

Wandnachweis

Im Grenzzustand der Tragfähigkeit muss der Bemessungswert der angreifenden Last N_{Ed} einer vertikal belasteten Mauer kleiner oder gleich dem Bemessungswert des Tragwiderstandes N_{Rd} sein.

$$N_{Ed} \leq N_{Rd}$$

$$R_d = R_k / \gamma_M$$

$$f_d = \zeta \cdot f_k / \gamma_M$$

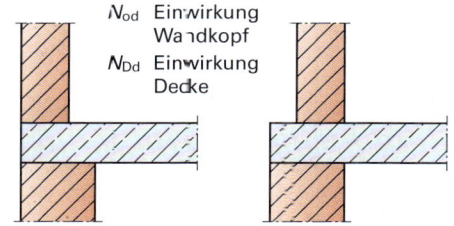

Die Versätze der Wandachsen gelten nicht als größere Ausmitten, da die dicke Wand die schmalere umschreibt (DIN EN 1996-3/NA).

N_{od} Einwirkung Wandkopf
N_{Dd} Einwirkung Decke

$N_{Ed} = 1{,}35 \cdot N_{Gk} + 1{,}5 \cdot N_{Qk}$ | min $N_{Ec} = 1{,}0 \, N_{Gk}$

Im üblichen Hochbau mit Decken aus Stahlbeton und $N_{Qk} \leq 3{,}0$ kN/m² gilt vereinfacht:

$$N_{Ed} = 1{,}4 \, (N_{Gk} + N_{Qk})$$

$$N_{Rd} = \Phi \cdot A \cdot f_d$$

mit $f_d = \zeta \cdot \dfrac{f_k}{\gamma_M}$ und $\zeta = 0{,}85$

mit $\gamma_M \geq 1{,}5$ und $A = t \cdot l_{Wand}$

Bei einer Wandquerschnittsfläche von $A < 0{,}10$ m² ist f_d mit 0,8 zu multiplizieren.

Bei geschosshohen Wänden des üblichen Hochbaues und bei Einhaltung der Anwendungsbedingungen darf die Traglastminderung infolge der Lastausmitte bei Endauflagern abgeschätzt werden.

Wände als einseitiges Endauflager

$$\Phi_1 = \begin{cases} 0{,}33 \text{ bei Dachdecken} \\ 0{,}9 \cdot a/t \text{ wenn } l_{ef} \leq 4{,}20 \\ 1{,}6 - l_{ef}/6 \leq 0{,}9 \cdot a/t \text{ wenn } f_k \geq 1{,}8 \text{ N/mm}^2 \\ 1{,}6 - l_{ef}/5 \leq 0{,}9 \cdot a/t \text{ wenn } f_k < 1{,}8 \text{ N/mm}^2 \end{cases}$$

Traglastbeiwert Φ_2 (Knickbeiwert)

$$\Phi_2 = 0{,}85 \cdot a/t - 0{,}0011 \cdot (h_{ef}/t)^2$$

mit f_k charakteristische Druckfestigkeit
l_e Stützweite der Geschossdecke
a Deckenauflagertiefe t Dicke der Wand
$h_{ef}/t = \lambda$ (Schlankheit)

Maßgebend ist der kleinere Wert Φ.

7.1 Mauerwerksbau

Beispiel — Vereinfachte Berechnungsmethode für vertikal beanspruchte Wände

Bemessungsschnittgrößen für die Nachweisführung (kalte Bemessung)

Wohnhaus mit 3 Vollgeschossen, Gebäudehöhe < 20,00 m. Die einachsig gespannten Geschossdecken aus C20/25 mit einer Gesamthöhe von 19 cm haben eine Spannweite von 5,10 m (l_{ef} darf maximal 6,00 m sein, Schlankheit h_{ef}/t_{ef} < 21 erfüllt). Das vereinfachte Verfahren darf angewandt werden.

Wandaufbau: HLz 12, NM II mit f_k = 3,9 N/mm² = 3,9 MN/m², lichte Geschosshöhe h = 2,55 m, Wanddicke t_{ef} = 0,24 m, Auflagertiefe a = 0,12 m

Lastannahme: aus ständiger Last N_{Gk} = 57 kN/m, aus veränderlicher Last N_{Qk} = 25 kN/m, am Wandfuß insgesamt N_{Ek} = 82 kN/m

zu zeigen: $N_{Ed} < N_{Rd}$

N_{Ed} = 1,35 · 57 kN/m + 1,5 · 25 kN/m = 114,4 kN/m ▶ S. 324

vereinfacht N_{Ed} ≈ 1,4 · 82 kN/m = 115 kN/m

$N_{Rd} = \Phi \cdot A \cdot f_d$ mit Schlankheit h_{ef}/t_{ef} = 2,55 m/0,24 m ≈ 11 < 21 ▶ S. 324 dort h_{ef}/t_{ef} < 27

$N_{Rd} = \Phi \cdot$ (0,12 m · 1,00 m) · 0,85 · 3,9 MN/m/1,5

$N_{Rd} = \Phi \cdot$ 0,265 MN/m mit Φ = 1,6 − 5,10/6 = 0,75 > 0,9 = a/t = 0,45

(Mit dem Abminderungsfaktor 0,8 ist der Bemessungswert nur dann zu multiplizieren, wenn der Wandquerschnitt A < 0,10 m² beträgt. Nachweis mit A = 0,24 m · 1,00 m nicht erforderlich.)

N_{Rd} = 0,45 · 0,265 MN/m = 0,119 MN/m = 119 kN/m

Nachweis: N_{Ed} = 115 kN/m < N_{Rd} = 119 kN/m (erfüllt)

Hinweis
Eine Abminderung der rechnerischen Knicklänge setzt eine Mindestauflagertiefe a > 175 mm voraus.

Allgemein ist der Nachweis am Wandkopf, in Wandmitte und am Wandfuß zu führen.

Hinweis
Bei einer Deckenauflagertiefe $a = t$ darf mit Φ = 0,5 gerechnet werden (gemäß DIN EN 1996-3 Anhang A).

Brandschutz im Mauerwerksbau

Der Brandschutz wird in den europäischen Bemessungsnormen zukünftig nicht mehr für alle Bauteilarten gemeinsam in der DIN 4102 ▶ S. 209, sondern in den jeweiligen Normen geregelt. Die DIN EN 1996-1-2/NA enthält für Mauerwerk aus genormten Mauersteinen (wie die DIN 4102-4) nach der Wandart gestaffelte Tabellenwerte.

[1] Rohdichte $\varrho \geq$ 0,9
[2] Rohdichte $\varrho \geq$ 1,2
Klammerwerte für Wände mit beidseitigem Putz
Teilsicherheitsbeiwert γ_M im Brandfall: γ_M = 1,3

Wandart	Einstufung	erforderliche Wanddicke
Nichttragend, raumabschließend	EI 90	115 (100)
Tragend, raumabschließend	REI 90	175[1] (115)
Tragend, nicht raumabschließend	R 90	240[2] (115)
Tragende Pfeiler	R 90	240 × 615[2] (175 × 365 bzw. 240 × 240)
Brandwände	REI-M 90	300[1] (175)[1]

Feuerwiderstandsklassen von Bauteilen (DIN EN 13501-2)   Brandschutz ▶ Kapitel 5.6

Bauaufsichtliche Anforderung	Tragende Bauteile		Nichttragende Innenwände	Nichttragende Außenwände
	ohne Raumabschluss	mit Raumabschluss		
Feuerhemmend	R 30	REI 30	EI 30	E 30/EI 30
Hochfeuerhemmend	R 60	REI 60	EI 60	E 60/EI 60
Feuerbeständig	R 90	REI 90	EI 90	E 90/EI 90
Feuerwiderstandsfähigkeit 120	R 120	REI 120	−	−
Brandwand	−	REI 90-M	EI 90-M	−

R Erhalt der Tragfähigkeit
I Oberflächen-Grenztemperatur
E Raumabschluss
M erhöhte mechanische Festigkeit
Zahlenwert Zeit in Minuten

Für tragende Wände ist ein Ausnutzungsfaktor α zu definieren. Die Tabellen des Nationalen Anhangs können bei einer Wanddicke $t \geq$ 175 mm für die Einstufung des Feuerwiderstands bei voller statischer Ausnutzung angewendet werden. Für die vereinfachte Bemessungsmethode ist die „**kalte Bemessung**" für die Festlegung der Wanddicke maßgebend.

7.1 Mauerwerksbau

7.1.5 Kelleraußenwände

Außenwände des Kellergeschosses und Sockel bis mindestens 50 cm über OK Gelände sollen mindestens aus Mauerwerk mit der Steinfestigkeitsklasse 6 N/mm² und Mauermörtel der Gruppe III, IIa oder II erstellt werden (Empfehlung, verschiedene Quellen). Die waagerechte Abdeckung (Querschnittsabdeckung) in oder unter Wänden muss nach DIN EN 1996-1-1/NA aus
- besandeter Bitumendachbahn R500 oder
- mineralischer Dichtungsschlämme nach DIN 18195-2 oder gleichwertigen Materialien bestehen.

Kelleraußenwände werden durch die lotrechten Lasten auf Druck und durch den Erddruck auf Biegung belastet. Der Erddruck wirkt sich besonders ungünstig aus, wenn die vertikale Belastung durch die Geschosse gering ist und wenn in unmittelbarer Nähe des Gebäudes eine Straße verläuft.

Nach DIN EN 1996-3 darf ein Nachweis entfallen, wenn gilt:
- lichte Höhe des Kellergeschosses $h \leq 2{,}60$ m
- Anschütthöhe $h_e \leq h$, laut NA $h_e \leq 1{,}15 \cdot h$ möglich
- Kellerdecke wirkt als Scheibe
- Verkehrslast $q \leq 5{,}0$ kN/m²
- keine Einzellast $F_k \geq 15$ kN im Abstand von 1,50 m
- Mindestwanddicke $t_{ef} \geq 20$ cm, laut NA besser 24 cm

Vereinfachter Nachweis
(auf halber Anschütthöhe, oben und unten gehalten)
Kellerwände müssen bei Erdanschüttung einerseits eine minimale Auflast $N_{Ed,min}$ haben und andererseits muss die vorhandene Normalkraft $N_{Ed} \leq N_{Rd}$ sein.

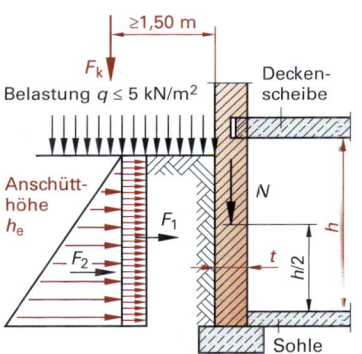

$$N_{Ed} \leq N_{Rd}$$
$$N_{Rd} = 0{,}33 \cdot f_d \cdot t_{ef} \cdot b$$
$$N_{Ed,min} \geq \frac{\gamma \cdot h_e^2 \cdot h \cdot b}{\beta \cdot t}$$

- γ Wichte der Anschüttung
- h_e Anschütthöhe
- b Wandlänge (hier 1,00 m)
- h lichte Kellerhöhe
- $\beta = 20$ (vereinfachter Nachweis)

Minimale Auflast $N_{Ed,min}$ in kN/m für Kellerwände bei $h = 2{,}50$ m und $\gamma = 18$ kN/m³						
Wanddicke t	$h_e = 1{,}00$ m	$h_e = 1{,}50$ m	$h_e = 2{,}00$ m	$h_e = 2{,}50$ m	$h_e = 2{,}75$ m	$h_e = 2{,}875$ m
24 cm	9	21	38	59	71	77
30 cm	8	17	30	47	57	62
36,5 cm	6	14	25	39	47	51
49 cm	5	10	18	29	35	38

Kellerwände müssen bei Erdanschüttungen eine minimale Auflast haben, damit der Lastabtrag rechnerisch angesetzt werden kann. Je nach Wichte γ der Anschüttung, gestaffelt nach der Wanddicke t und der Anschütthöhe h_e kann an den Diagrammen die Mindestauflast $N_{Ed,min}$ annähernd abgelesen werden. Die oben gerechnete Tabelle und die untere Grafik stellen Anhaltswerte dar.

Erforderliche minimale Auflast für Kellerwände bei gegebener Wichte und Anschütthöhe

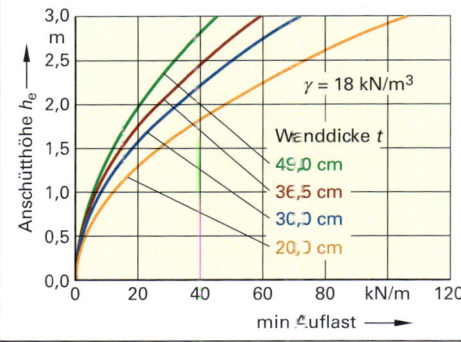
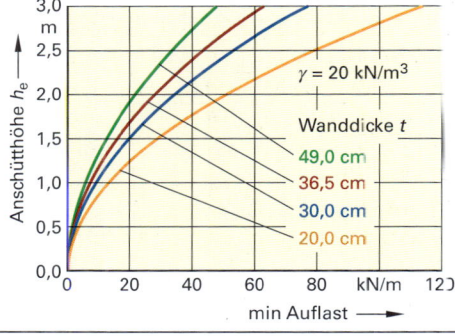

7.1 Mauerwerksbau

7.1.6 Nichttragende innere Trennwände

Trennwände dienen der Raumtrennung. Sie dürfen für die Gebäudeaussteifung nicht genutzt werden. Nach DIN 4103-1 (07/1984) werden folgende Einbaubereiche unterschieden:

- **Bereich I** mit geringer Menschenansammlung (Wohnungen, Büros, Flure, Hotels)
- **Bereich II** mit großer Menschenansammlung (Schulen, Hörsäle, Ausstellungsräume, Kaufhäuser)

Maximale Wandlängen   Trennwandzuschlag ▶ S. 103; Brandschutz ▶ S. 209

Anschluss durch Metallwinkel und geeignete U- oder I-Profile, Anschlussschienen, Einlegen von Ankern, Türzargen, Verzahnung; am Fußende sollte immer eine Trennlage angeordnet werden.

Grenzmaße für dreiseitig gehaltene Wände ohne Auflast (der obere Rand ist frei)

Wanddicke	Wandhöhe in m								
	2,0	2,25	2,5	3,0	3,5	4,0	4,5	≤ 6,0	
5,0 cm	3,0 1,5	3,5 2,0	4,0 2,5	5,0 –	6,0 –	– –	– –	– –	Blauer Wert für Einbaubereich I, roter Wert für Einbaubereich II.
6,0 cm	5,0 2,5	5,5 2,5	6,0 3,0	7,0 3,5	8,0 4,0	9,0 –	– –	– –	Die Werte gelten allgemein bei Verwendung von Normalmauermörtel der Mörtelgruppe III oder Dünnbettmörtel, bei Verwendung von Kalksandsteinen und Wanddicke $t \geq 11{,}5$ cm darf Mörtelgruppe IIa verwendet werden.
7,0 cm	7,0 3,5	7,5 3,5	8,0 4,0	9,0 4,5	10,0 5,0	10,0 6,0	10,0 7,0	– –	
9,0 cm	8,0 4,0	8,5 4,0	9,0 5,0	10,0 6,0	10,0 7,0	12,0 8,0	12,0 9,0	– –	
10,0 cm	8,0 5,0	9,0 5,0	10,0 6,0	12,0 7,0	12,0 8,0	12,0 9,0	12,0 10,0	– –	
11,5 cm	8,0 6,0	9,0 6,0	10,0 7,0	12,0 8,0	12,0 9,0	12,0 10,0	12,0 10,0	– –	
≥ 17,5 cm	12,0 8,0	12,0 9,0	12,0 10,0	12,0 12,0	12,0 12,0	12,0 12,0	12,0 12,0	12,0 12,0	

Grenzmaße für vierseitig gehaltene Wände ohne Auflast

Wanddicke	Wandhöhe in m						
	2,5	3,0	3,5	4,0	4,5	≤ 6,0	
5,0 cm	3,0 1,5	3,5 2,0	4,0 2,5	– –	– –	– –	Blauer Wert für Einbaubereich I, roter Wert für Einbaubereich II.
6,0 cm	4,0 2,5	4,5 3,0	5,0 3,5	5,5 –	– –	– –	Die Werte gelten allgemein bei Verwendung von Normalmauermörtel der Mörtelgruppe III oder Dünnbettmörtel, bei Verwendung von Kalksandsteinen und Wanddicke $t \geq 11{,}5$ cm darf Mörtelgruppe IIa verwendet werden.
7,0 cm	5,0 3,0	5,5 3,5	6,0 4,0	6,5 4,5	7,0 5,0	– –	
9,0 cm	6,0 3,5	6,5 4,0	7,0 4,5	7,5 5,0	8,0 5,0	– –	**Bei dreiseitiger Halterung (ein freier vertikaler Rand) sind die Tabellenwerte zu halbieren.**
10,0 cm	7,0 5,0	7,5 5,5	8,0 6,0	8,5 6,5	9,0 7,0	– –	
11,5 cm	10,0 6,0	10,0 6,5	10,0 7,0	10,0 7,5	10,0 8,0	– –	
≥ 17,5 cm	12,0 12,0	12,0 12,0	12,0 12,0	12,0 12,0	12,0 12,0	12,0 12,0	

Grenzmaße für vierseitig gehaltene Wände mit Auflast

Wanddicke	Wandhöhe in m						
	2,5	3,0	3,5	4,0	4,5	≤ 6,0	
7,0 cm	8,0 5,5	8,5 6,0	9,0 6,5	9,5 7,0	– 7,5	– –	Blauer Wert für Einbaubereich I, roter Wert für Einbaubereich II.
9,0 cm	12,0 7,0	12,0 7,5	12,0 8,0	12,0 8,5	12,0 9,0	– –	Die Werte gelten allgemein bei Verwendung von Normalmauermörtel der Mörtelgruppe III oder Dünnbettmörtel, bei Verwendung von Kalksandsteinen sowie Porenbetonsteinen und Wanddicke $t \geq 11{,}5$ cm darf Mörtelgruppe IIa verwendet werden.
10,0 cm	12,0 8,0	12,0 8,5	12,0 9,0	12,0 9,5	12,0 10,0	– –	
11,5 cm	12,0 8,0	12,0 8,5	12,0 9,0	12,0 9,5	12,0 10,0	– –	**Bei dreiseitiger Halterung (ein freier vertikaler Rand) sind die Tabellenwerte zu halbieren.**
≥ 17,5 cm	12,0 12,0	12,0 12,0	12,0 12,0	12,0 12,0	12,0 12,0	12,0 12,0	

7.1 Mauerwerksbau

7.1.7 Statische und konstruktive Maßnahmen

Ringanker und Ringbalken (DIN EN 1996-1, DIN 1045)

Ringanker sind in allen Außenwänden und Querwänden mit statischer Aufgabe (Aufnahme von Zugkräften) zu verlegen:

- bei Bauten, die insgesamt länger als 18 m sind oder mehr als zwei Vollgeschosse haben
- bei Wänden mit vielen oder besonders großen Öffnungen
- wenn die Baugrundverhältnisse es erfordern
- zur Sicherstellung der horizontalen Steifigkeit der Wand (z.B. bei Decken ohne ausreichende Scheibentragwirkung)

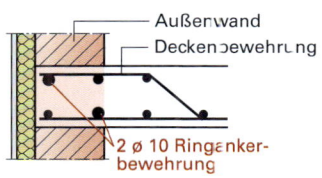

Die Ringanker sind mit zwei durchlaufenden Rundstäben mit $A \geq 150\ mm^2$ Querschnittsfläche zu bewehren und können im Bereich der Massivdecke, der Tür- oder Fensterstürze mit diesen vereinigt werden, aber in Wänden max. 50 cm über oder unter der Deckenplatte liegen. Ringanker müssen mindestens eine Zugkraft mit dem Bemessungswert von 45 kN übertragen (nach DIN EN 70 kN). Ringanker können in vorgefertigten U-Schalen (Sonderbauteile der Ziegel- und Mauersteinindustrie ▶ S. 224) hergestellt werden.

Ringbalken sind in einer Wandebene liegende horizontale Balken, die Biegebeanspruchungen aufnehmen können. Ringbalken können auch Ringankerfunktionen übernehmen. Voraussetzung ist ein geschlossener Ring um das Gebäude.

Bewehrtes Mauerwerk (in DIN EN 1996-1-1/NA nicht bearbeitet)

Die Bewehrung aus Stahl nach DIN 488 wird angeordnet, um die Biegefestigkeit des Baukörpers zu steigern. Bei genormten Mauersteinen kann die Lagerfuge bewehrt werden.

Formsteine ▶ S. 224, 226 wie z.B. **U-Schalen** sind für die horizontale Bewehrungsführung gut einsetzbar. Die Konstruktion und Ausführung eines **Ringankers** aus bewehrtem Mauerwerk erfordert in zwei Lagerfugen insgesamt 4 ⌀ 6 B500. Folgende Anforderungen sind einzuhalten:

- Die Wanddicke darf 11,5 cm nicht unterschreiten.
- Die Steinfestigkeit darf 15 N/mm² nicht unterschreiten.
- Die Fugen dürfen mit Bewehrung nicht dicker als 2 cm sein.
- Der Durchmesser der Stäbe darf 8 mm nicht überschreiten.
- Der Mauerverband darf nicht zerstört werden.
- Die Stahleinlagen sind satt in Mörtel MG III, IIIa zu verlegen.

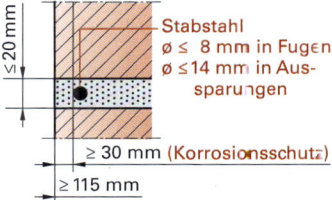

Füllziegel/Hohlkammersteine eignen sich für senkrecht bewehrtes Mauerwerk. Hier ist ein Beton $\geq$ C12/15 notwendig. Das Größtkorn darf 8 mm nicht überschreiten.

Ausfachungen

Ausfachungswände von Fachwerk-, Skelett- und Schottensystemen sind nichttragende Außenwände, bei denen auf einen Nachweis verzichtet werden kann, wenn

- die Wände vierseitig gehalten sind (z.B. durch Verzahnung, Versatz, Anker)
- die zulässigen Größtwerte der Ausfachungsfläche nicht überschritten werden
- Mörtel der Mörtelgruppe IIa, III oder IIIa verwendet werden

$$\varepsilon = \frac{l_i}{h_i}$$

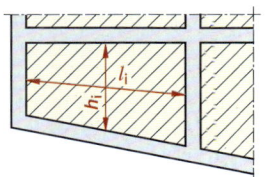

Zulässige Größtwerte der Ausfachungsfläche von nichttragenden Außenwänden in m²

Wanddicke t	Zulässiger Größtwert der Ausfachungsfläche bei einer Höhe über Gelände von				
	0 m bis 8 m		8 m bis 20 m[2])		
	$\varepsilon = 1,0$	$\varepsilon \geq 2,0$	$\varepsilon = 1,0$	$\varepsilon \geq 2,0$	
11,5 cm[1])	12 m²	8 m²	–	–	[1]) Bei Verwendung von Steinen der Festigkeitsklasse 12 N/mm² und höher dürfen die Werte dieser Zeile um $1/3$ vergrößert werden.
17,5 cm[1])	20 m²	14 m²	13 m²	9 m²	
24 cm[1])	36 m²	25 m²	23 m²	16 m²	[2]) In Windlastzone 4 nur im Binnenland.
$\geq$ 30 cm	50 m²	33 m²	35 m²	23 m²	

7.1 Mauerwerksbau

Dehnungsfugen

Dehnungsfugen sind geplante Risse, die sonst wegen der behinderten Verformung unkontrolliert entstehen würden. Gebäudetrenn- und Dehnfugen sollen Ausdehnungen der Baukörper infolge Setzungen, Schwinden, Spannungen und Temperaturbelastungen ermöglichen. Trennfugen sind durchgehend anzuordnen. Wegen der vielfältigen Einflüsse zeigt die nachfolgende Tabelle nur grobe Anhaltspunkte für den maximalen Dehnungsfugenabstand (unterschiedliche Quellen, nicht genormt).

Gebäude aus Mauerwerk mit	Abstand	Gebäude aus Mauerwerk mit	Abstand
gebrannten Voll- und Hochlochziegeln	72 m	Porenbeton, Stahlbeton-Scheiben	48 m
Kalksandsteinen, Stahlbeton-Stützen	36 m	natürlichen Steinen	24 m
Leichtbeton-Hohlblock-Steinen	36 m	bei Auflagerung von Decken	24 m

Empfohlene maximale Abstände l_m zwischen Dehnungsfugen in nichttragenden Wänden (DIN EN 1996-2)

Art des Mauerwerks	l_m in m	Art des Mauerwerks	l_m in m
Ziegelmauerwerk	12	Betonsteinmauerwerk	6
Kalksandsteinmauerwerk	8	Porenbetonmauerwerk	6
Mauerwerk aus Betonsteinen	6	Natursteinmauerwerk	12

Fugen müssen schlagregendicht und winddicht ausgeführt werden. Die **DIN 18540** gibt Vorschläge für die Fugenbreite b in Abhängigkeit vom Fugenabstand. Elastoplastische Dichtungen werden nach DIN 18540, mit imprägniertem Dichtungsband aus Schaumstoff nach DIN 18542, ausgeführt.

Bezeichnung von Dichtstoffen (D)
- Dehnspannung
  L für low, max. 0,20 N/mm² bei 25 % Dehnung
  H für high, max. 30 N/mm² bei 25 % Dehnung
- **RS** für raumseitig verwendbar
- Außen- und Innenanwendung
  La und **Ha** für außen, **Li** und **Hi** für innen
- **N** für Verträglichkeit mit Natursteinen
- **A1, A2** und **A3** für Anstrichverträglichkeit

Grundanforderungen (DIN EN 15651-1)
① Mechanische Festigkeit und Standsicherheit
② Brandschutz
③ Hygiene, Gesundheit und Umweltschutz
④ Sicherheit u. Barrierefreiheit bei der Nutzung
⑤ Schallschutz
⑥ Energieeinsparung und Wärmeschutz
⑦ Nachhaltige Nutzung natürlicher Ressourcen

Abdichtungsstoffe ▶ Kapitel 5.1 und 6.14.4
- spritzbare Dichtstoffe aus Silikon, Polysulfid, Polyurethan, Polyether, Acryldispersion
- imprägnierte Dichtungsbänder aus Schaumkunststoff, vorkomprimierbar
- Dichtungsbahnen aus Bitumenfolien, Polyisobutylen
- Dichtungsbänder aus Butyl, Polyisobutylen
- Elastomer-Fugenbänder aus Polysulfid, Silikon, Polyurethan

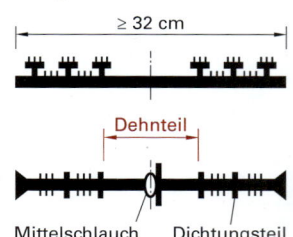

Arten der Dichtstoffe				Bauteil/ Bauwerk
Form	Bezeichnung	Werkstoff	Fugenarten	
Elementdichtstoffe	Folie	Metall		Brücken Terrassen
	Profile	Kautschuk oder Kunststoff		Fertigteile Verblendungen
	Bänder	Kunststoff		Brücken Behälter
Massendichtstoffe	gussförmige Stoffe	Heißvergussmassen Bitumen + Füller		Betonfahrbahn
	elastische Fugenvergussmasse	Silikon-Kautschuk Polyurethan Polysulfid-Kautschuk	Schnur (Gummi)	Fertigteile

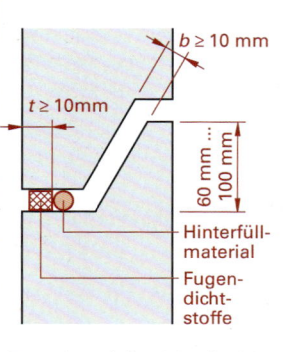

Fugenabstand	≤ 3,5 m	< 8,0 m
Fugenbreite b	~15 mm	30 mm
Fugentiefe t	~10 mm	15 mm

7.1 Mauerwerksbau

Umweltbedingungen des Mauerwerks (DIN EN 1996-2) ▶ S. 189

Klasse	Mikrobedingungen des Mauerwerks	Beispiele für Mauerwerk in diesem Zustand
MX1	In trockener Umgebung	Klasse MX1: Innenmauerwerk für normale Wohn- und Bürohäuser, einschließlich der Innenschale von zweischaligen Außenwänden, die i.d.R. nicht durchfeuchtet werden. Verputztes Mauerwerk, das keinem mittleren oder starken Schlagregen ausgesetzt ist. ▶ S. 189, Kapitel 5.4, Schlagregen, ▶ S. 332, Kapitel 7.1.8, Außenmauerwerk, und von Feuchte in angrenzenden Bauteilen getrennt ist.
MX2	Feuchte oder Durchnässung ausgesetzt	Innenmauerwerk, das großen Mengen an Wasserdampf ausgesetzt ist.
MX2.1	Feuchte, aber keinen Frost-Tau-Wechselbedingungen oder Sulfattreiben oder angreifenden Chemikalien ausgesetzt.	Außenwände, die von einem Dachüberstand oder einer Mauerabdeckung geschützt und keinem starken Schlagregen oder Frost ausgesetzt sind ▶ S. 190. Abdichtung gegen nicht drückendes Wasser. Mauerwerk frostfrei gegründet und in gut entwässerten Böden.
MX2.2	Durchnässung, aber keinen Frost-Tau-Wechselbedingungen oder Sulfattreiben oder angreifenden Chemikalien ausgesetzt.	Mauerwerk, das weder Frost noch angreifenden Chemikalien ausgesetzt ist, z. B in Außenwänden mit Mauerkronen oder mit Dachüberstand, in Brüstungsmauern, freistehenden Mauern, im Boden, unter Wasser.
MX3	Feuchte oder Durchnässung und Frost-Tau-Wechseln ausgesetzt	
MX3.1	Feuchte oder Durchnässung und Frost-Tau-Wechselbedingungen, aber keinem Sulfattreiben oder angreifenden Chemikalien ausgesetzt. Wie Klasse MX2.1, aber zusätzlich Frost-Tau-Wechsel ausgesetzt	
MX3.2	Starker Durchnässung und Frost-Tau-Wechselbedingungen, aber keinem Sulfattreiben oder angreifenden Chemikalien ausgesetzt. Wie Klasse MX2.2, aber zusätzlich Frost-Tau-Wechsel ausgesetzt.	Kerndämmung — nichtsaugfähiges Material — versickerungsfähige Verfüllung — Entwässerungsöffnung
MX4	Der Einwirkung von salzhaltiger Luft, Meerwasser oder Tausalzen ausgesetzt.	Mauerwerk im Küstenbereich. Mauerwerk an Straßen, auf denen im Winter Tausalz gestreut wird.
MX5	In einer Umgebung mit stark angreifenden Chemikalien.	Mauerwerk in Berührung mit gewachsenen oder aufgefüllten Böden oder Grundwasser, wobei Feuchte und Sulfate vorhanden sind.
Feuchtebeanspruchung	geschützt — stark beansprucht	Mauerwerk in Berührung mit stark sauren Böden, kontaminiertem Boden oder Grundwasser. Mauerwerk in der Nähe von Industriegebieten.

ANMERKUNG Bei der Überlegung, welchen Umweltbedingungen das Mauerwerk ausgesetzt ist, sollten die aufgebrachten Oberflächenbehandlungen und Schutzbekleidungen berücksichtigt werden.

Allgemein sind Brüstungsmauern, freistehende Mauern ▶ S. 335, Stützmauern und Außenmauerwerk bei fehlendem Dachüberstand stark beansprucht.

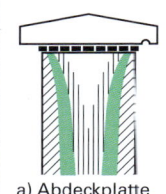
a) Abdeckplatte mit Überstand

b) Abdeckplatte ohne Überstand (einfache Abdeckung)

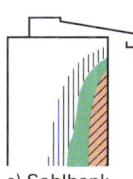
c) Sohlbank mit Überstand

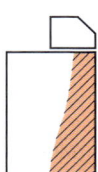
d) Sohlbank ohne Überstand (bündige Sohlbank)

7.1 Mauerwerksbau

7.1.8 Außenmauerwerk

Einschaliges Verblendmauerwerk

Verblendmauerwerk, das mit der Hintermauerung im Verband ausgeführt wird, wird als Sichtmauerwerk bezeichnet. Werden Vormauersteine oder Klinker einer Steinsorte und einer Steinhöhe verwendet, bildet das Mauerwerk eine homogene Konstruktion. Diese kann als ein- oder beidseitiges Sichtmauerwerk ausgeführt werden. Nach DIN EN 1996-2 muss es aus Gründen der **Schlagregensicherheit** für Wohngebäude je Mauerschicht mindestens zwei Steinreihen aufweisen, zwischen denen eine durchgehende – schichtenweise versetzte – hohlraumfreie, vermörtelte **2 cm dicke Längsfuge** verläuft. Die gesamte Wandkonstruktion bildet den statisch wirksamen Querschnitt. Für die zulässige Beanspruchung ist die im Querschnitt verwendete niedrigste Steinfestigkeitsklasse maßgebend zu berücksichtigen. **Mindestwanddicke 31 cm** für geringe Schlagregenbeanspruchung; für mittlere Schlagregenbeanspruchung 37,5 cm.

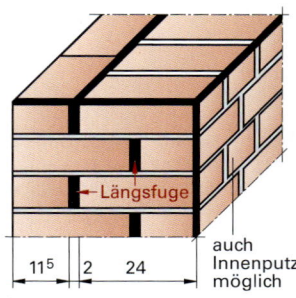

37^5-er Verblendmauerwerk mit 2 cm Längsfuge

Einschalige verputzte Außenwände

Einschalige Außenwände sind aus konstruktiven Gründen mit einer Mindestdicke von 24 cm auszuführen. Der nicht frostbeständige Hintermauerstein wird durch einen zweilagigen wasserhemmenden oder wasserabweisenden Außenputz nach DIN EN 998 und DIN 18550 oder einem Kunstharzputz vor Witterungseinflüssen geschützt. Die erhöhten Anforderungen des Wärmeschutzes werden nicht erfüllt; ein Wärmedämmaußenputz oder eine Thermohaut (verputzte Dämmschicht) bietet ein einwandfreies Außendämmsystem. Zusätzlich ist durch eine differenzierte Farbgebung eine architektonische Gestaltung möglich.   x mindestens 100 mm, maximal 300 mm

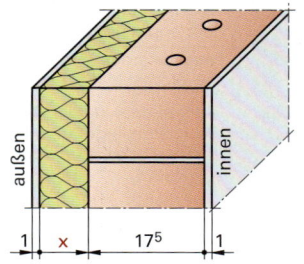

Außenwand mit Thermohaut

Einschalige Außenwände mit wetterbeständiger Fassadenbekleidung

Einschalige Außenwände müssen entweder **DIN 18515** „Fassadenbekleidung aus Naturstein, Betonwerkstein und keramischen Baustoffen" oder **DIN 18516** „Außenverkleidungen, hinterlüftet" entsprechen. Bei der Planung und Ausführung ist eine Mindestporigkeit zum Atmen der Außenwand, die Regenschutzwirkung und eine sichere Verbindung mit dem Hintermauerwerk zu beachten. Wandkonstruktionen für starke Schlagregenbeanspruchung sind nach DIN 4108-3 auszuführen ▶ S. 189. Um Schäden am Sichtmauerwerk im Bereich des Sockels zu vermeiden, müssen Steinmaterial und Mörtelfugen in der Sockelzone nicht saugfähig ausgeführt werden (vgl. COR-TEN-Stahl ▶ S. 277).

Hinterlüftete Fassadenbekleidung

Naturstein, Betonwerkstein, Spaltplatten, kleinformatiger Dachschiefer, kleinformatige Dachplatten, großformatige Fassadenplatten.

Luftschicht ≥ 2 cm; die Ausführung muss wegen des notwendigen Ableitens des Niederschlagswassers sorgfältig überwacht werden.

Plattengröße ≤ 0,1 m² und ≤ 3 cm dick.

Angemauerte, angemörtelte oder verankerte Fassadenbekleidung:

keramische Platten, Sparverblender, Spaltklinker. Die Platten werden in vorgefertigte Rahmen gesetzt und mit einer verdeckten Befestigung anmontiert oder auf einer Polymerbetonplatte aufgeklebt. Fugen sollten möglichst mit Hinterschneidung und 5 mm Schwellenhöhe ausgeführt werden.

Brandwände, Komplexwände

Brandwände sind bei aneinandergereihten Wohngebäuden (z.B. Reihenhäusern, Kettenhäusern) als zwei- oder einschalige Trennwände auszuführen. Die Trennung der Wandschalen lässt sich durch den Einbau **weicher** Faserdämmplatten bewerkstelligen. Die Trennfuge sollte eine **Dicke von 2 cm** aufweisen. Offene Längsfugen können auch ausgeführt werden, starre Verbindungen zwischen den Wandscheiben sind unzulässig. Tragende und aussteifende **Brandwände** sind einschalig mindestens 17,5 cm und zweischalig mindestens 2 × 15,0 cm dick und müssen F 90-A entsprechen. Tragende und aussteifende **Komplexwände** sind einschalig mindestens 36,5 cm und zweischalig 2 × 24,0 cm dick und müssen F 180-A bzw. REI-M90 ▶ S. 211, 326 entsprechen.

7.1 Mauerwerksbau

Zweischaliges Mauerwerk für Außenwände

Statisch wirksam und für den Spannungsnachweis ist nur die Dicke der Innenschale anzunehmen. Die Außenschalen müssen mindestens 90 mm dick sein.

Die Mauerschalen sind durch Drahtanker aus nichtrostendem Stahl ⌀ 4 mm zu verbinden. An allen freien Rändern (z.B. Gebäudeecken, Fensteröffnungen, Türöffnungen, Dehnungsfugen, Gebäudeabschluss) sind zusätzlich mindestens 3 Drahtanker je m freier Rand einzubauen.

Der lotrechte Abstand der Drahtanker soll 50 cm, der waagerechte Abstand 75 cm nicht überschreiten.

Mindestanzahl von Drahtankern je m² Wandfläche

Windzonen DIN EN 1991-1-4/NA	Gebäudehöhe		
	$h \leq 10$ m	10 m $< h$ $h \leq 18$ m	18 m $< h$ $h \leq 25$ m
I bis III, IV im Binnenland	7 (5 bei I, II Binnen)	7 (5 bei I)	7
IV an Nord- und Ostsee, Ostseeinseln	7	8	8
IV Nordseeinseln	8	9	–

Zweischaliges Mauerwerk
- Ⓐ mit Putzschicht ohne Luftschicht
- Ⓑ mit Luftschicht und Wärmedämmung
- Ⓒ mit Luftschicht
- Ⓓ mit Wärmedämmung ohne Luftschicht

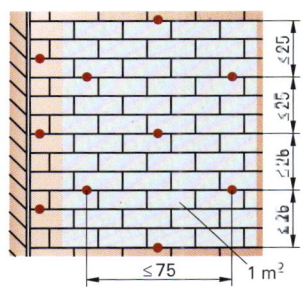
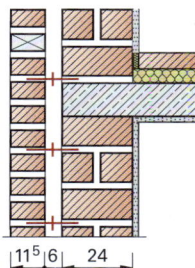
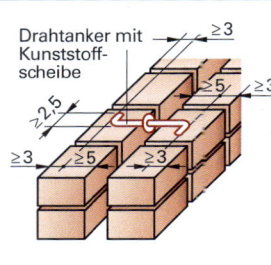

Verankerung der Außenschale mit der Innenschale

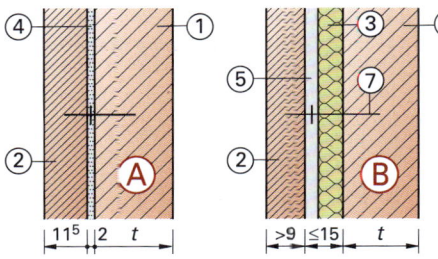
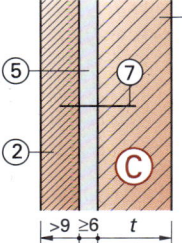
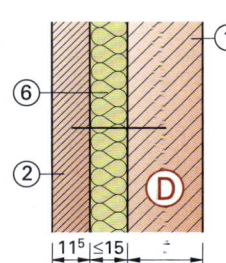

Zweischaliges Mauerwerk für Außenwände

① Innenschale t
zusätzliche Bedingung, wenn $t = 11{,}5$ cm:
a) maximal 2 Vollgeschosse zuzüglich ausgebautem Dachgeschoss
b) Verkehrslast einschließlich Zuschlag für unbelastete Trennwände $q \leq 3$ kN/m²
c) Abstand der aussteifenden Querwände $e \leq 4{,}50$ m bzw. Randabstand $\leq 2{,}0$ m

② Außenschale aus Vormauersteinen bzw. Hintermauersteinen mit Außenputz

③ Dämmplatten, Luftschicht ≥ 4 cm für Ⓑ, wenn Mauermörtel einseitig abgestrichen

④ 2 cm Putzschicht in Mörtelgruppe II oder II a

⑤ Luftschicht 6 cm $\leq t \leq 15$ cm, vgl. auch ③

⑥ Kerndämmung nach bauaufsichtlicher Zulassung, Außenschale ≥ 115 mm

⑦ Drahtanker mit und ohne Klemm- und Abtropfscheibe, Verankerung in Leichtmörtel mit LM 36 möglich

Die Luftschicht darf 10 cm über dem Gelände beginnen und muss von dort bis zum Dach ohne Unterbrechung hochgeführt werden. Die Außenschalen sind jeweils unten und oben mit Lüftungsöffnungen zu versehen: für 20 m² Wandfläche jeweils unten und oben mindestens 7500 mm² (bei Kerndämmung unten 5000 mm²) Öffnungsfläche als offene Stoßfugen oder Lüftungssteine.

7.1 Mauerwerksbau

7.1.9 Sonderbauteile aus Mauerwerk

Waagerechte Überdeckungen

Waagerechte Überdeckungen wie Stahlträger, Stahlbetonbalken oder vorgefertigte Flachstürze aus Ziegel oder Kalksandstein sind statisch nachzuweisen. Bei Überschreitung des Bemessungswertes des Tragwiderstands N_{Rd} im Auflager kann eine Verstärkung des Auflagers aus

- Mauerwerk mit einer höheren Steinfestigkeit ▶ S. 227
- Beton und Stahlbeton ▶ S. 261

vorgenommen werden, um durch den Lastausbreitungswinkel von 60° die Auflagerlasten auf einen größeren Mauerquerschnitt zu verteilen. Unter Einzellasten darf eine geichmäßig verteilte Auflagerpressung angenommen werden.

Wände mit Teilflächenlasten

Im Grenzzustand der Tragfähigkeit muss der Bemessungswert der vertikalen Einzellast N_{Ed} kleiner oder gleich dem Bemessungswert des Tragwiderstandes N_{Rd} sein. Lastaußermittigkeit $\leq 0{,}25 \cdot t$.

$N_{Ed} \leq N_{Rd}$ mit $N_{Rd} = \beta \cdot A_b \cdot f_d$ bei Regelanwendung $\beta = 1{,}0$

Flachstürze

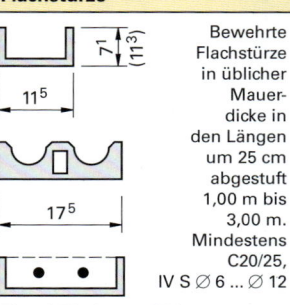

Bewehrte Flachstürze in üblicher Mauerdicke in den Längen um 25 cm abgestuft 1,00 m bis 3,00 m. Mindestens C20/25, IV S ⌀ 6 ... ⌀ 12

Ziegel-Flachsturz DIA
lichte Weite bis 2,76 m

KS-Flachsturz SM oder HM
für Sicht- oder Hintermauerwerk
lichte Weite bis 2,76 m

Beton-Flachsturz
lichte Weite 0,885 m

Porenbeton-Stürze
lichte Weite bis 1,76 m
z.B. P4,4 – 0,6

Stahlbeton-Flachsturz
lichte Weite bis 2,76 m
Ober- bzw. Unterseite sind gekennzeichnet.

Vorgefertigte Stürze müssen die Anforderungen der DIN EN 845-2 erfüllen.

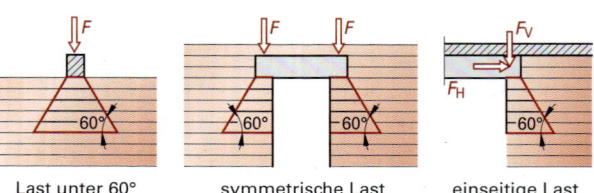

Last unter 60° | symmetrische Last | einseitige Last

Mauerbögen

Mauerbögen bzw. Bogenkonstruktionen haben die Aufgabe, Öffnungen zu überdecken und die vorhandenen Einzellasten, Deckenlasten und Wandlasten des Einzugsbereiches auf das angrenzende Mauerwerk zu übertragen.

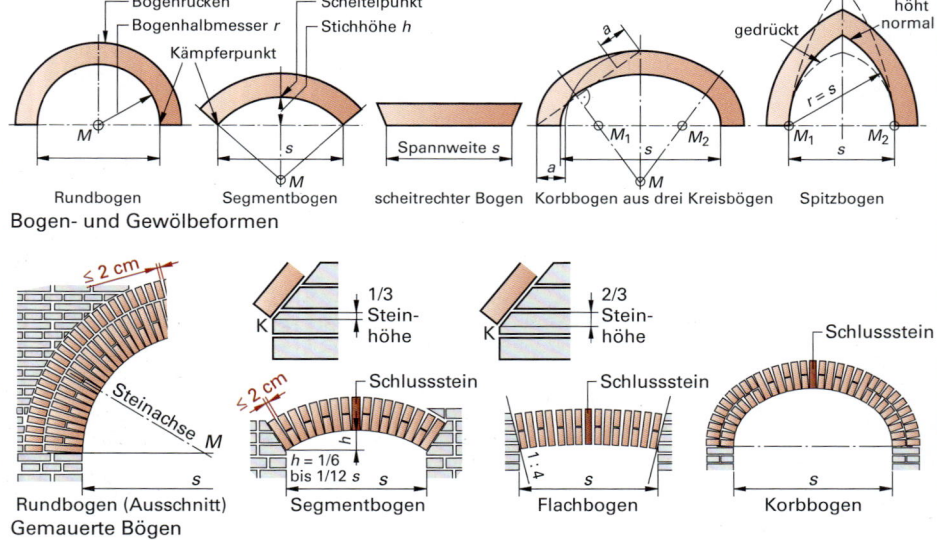

Bogen- und Gewölbeformen: Rundbogen, Segmentbogen, scheitrechter Bogen, Korbbogen aus drei Kreisbögen, Spitzbogen

Gemauerte Bögen: Rundbogen (Ausschnitt), Segmentbogen, Flachbogen, Korbbogen

7.1 Mauerwerksbau

Mauerbögen ▶ S. 12, 140

Der **Rundbogen** ist die optimale Lösung für die Überdeckung, da die Druckkräfte lotrecht zum Auflagermauerwerk übertragen werden. Andere Bogenformen bewirken am Auflager aus der Stützlinie abzuleitende Schubkräfte, die rechnerisch in Vertikalkräfte und Horizontalkräfte zerlegt werden.

Der **Segmentbogen** ist ein flacher Bogen, der am Widerlager Horizontalkräfte bewirkt, bei gleicher Stützweite wie der Rundbogen wesentlich niedriger ist und eine optisch gelungene Schichteinteilung zulässt.

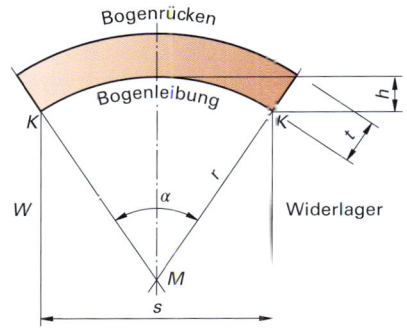

W Widerlager, Wandbereich
s Spannweite, lichte Weite
r Bogenradius ▶ S. 12
b_a Bogenrückenlänge (außen)
b_i Bogenleibungslänge (innen)
K Kämpferpunkt, Bogenanfang
h Stichhöhe, Bogenhöhe ▶ S. 12
t Bogendicke

Anfängerstein, der erste Stein an den Widerlagern.

Schlussstein, der zuletzt gesetzte Stein im Scheitel.

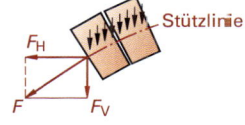

Stoßfugen am Bogenrücken ≤ 2 cm.

Stoßfugen an der Bogenleibung ≥ 0,5 cm, aber ≤ 2 cm.

$$r = \frac{h}{2} + \frac{s^2}{8h}$$

$$b_i = \frac{2 \cdot r \cdot \pi \cdot \alpha}{360°}$$

$$\sin \frac{\alpha}{2} = \frac{s}{2 \cdot r}$$

s	1,01 m	1,51 m	1,76 m	2,01 m	2,51 m	3,01 m
h	0,15 m	0,15 m	$\frac{1}{8}s$	$\frac{1}{10}s$	$\frac{1}{12}s$	1,505 m
r	0,926 m	1,975 m	1,87 m	2,62 m	3,855 m	1,505 m
α	~66°	~45°	~56°	~45°	~38°	180°

Freistehende Mauern

Freistehende Mauern werden als Abgrenzungen für Gärten, Parkplätze, Freiplätze und als Lärmschutzwände erstellt. Diese Wände werden durch Querwände oder Stützen gehalten. Sie werden vorwiegend durch Windkräfte belastet. Ihre Kippsicherheit muss durch die Bemessung der Fundamente, Mauerdicke und Mauerhöhe gewährleistet werden. Es sind frostbeständige Steine und Mörtel mindestens der Mörtelgruppe II zu verwenden.

Zu beachten sind:
- Frostfreie Gründung, mindestens 80 cm tief, besser 1,00 m bis 1,20 m
- Betonsockel mindestens bis 30 cm über Gelände, evtl. Sperrmörtel
- Sperrschicht zwischen Betonsockel und Mauerwerk
- Mauerabdeckung, z.B. Betonwerkstein oder Ziegelrollschicht
- Längen der Mauerabschnitte 3 m bis maximal 8 m

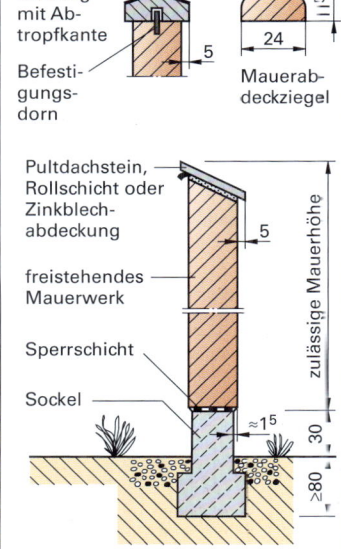

Eigenlast γ in kN/m³	Zulässige Mauerhöhe h in m bei Wanddicken t in m			
	0,365	0,30	0,24	0,175
20	2,73	1,85	1,18	0,63
18	2,45	1,66	1,03	0,57
15	2,05	1,57	0,86	
12	1,64	1,11	0,69	
10	1,36	0,92	0,59	

Faustformel für die Berechnung der Mauerhöhe in m bis 8 m Höhe über Gelände:

$$h = 1{,}05 \cdot \gamma \cdot t^2$$

7.1 Mauerwerksbau

7.1.10 Mauerwerk aus Naturstein

Natursteinmauerwerk gehört zu den ältesten Bauweisen für massive Bauwerke. Der heutige Anwendungsbereich liegt vorwiegend in der architektonischen Gestaltung. Natursteine ▶ S. 222 für Mauerwerk dürfen nur aus fehlerfreiem Gestein gewonnen werden. Gemäß DIN EN 1996-1-1/NA muss Natursteinmauerwerk im gesamten Querschnitt handwerksgerecht ausgeführt werden:
- Es dürfen nirgends mehr als drei Fugen zusammenstoßen.
- Es dürfen keine Stoßfugen durch mehr als zwei Schichten verlaufen.
- Läuferschichten und Binderschichten müssen abwechseln oder auf zwei Läufer muss mindestens ein Binder kommen.
- Die Dicke der Binder muss mindestens 30 cm betragen und möglichst das 1,5-Fache der Schichthöhe betragen.
- Die Dicke der Läufer soll etwa gleich der Schichthöhe sein.
- An den Ecken sind die größeren Steine einzubauen.
- Die Überdeckung der Stoßfugen muss mindestens 10 cm beim Schichtenmauerwerk und 15 cm beim Quadermauerwerk betragen.
- Zwischenräume oder weite Fugen sind zu vermeiden, ansonsten mit allseits ummörtelten Steinstücken auszufüllen.
- Sichtflächen sind nachträglich zu verfugen.

Bruchsteinmauerwerk

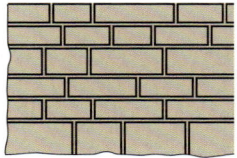

Quadermauerwerk

Man unterscheidet Natursteinmauerwerk nach Art der Ausführung und Behandlung der Steine.

Feldsteinmauerwerk	unbearbeitete Steine, steifer Mörtel	Unregelmäßiges Schichtenmauerwerk N3	mindestens 15 cm Tiefe der Steine der Sichtfläche bearbeitet, Lager- und Stoßfugen ungefähr rechtwinklig zueinander, Fugendicke maximal 3 cm, die Steinhöhe darf innerhalb einer Schicht mäßig wechseln
Trockenmauerwerk (nicht genormt)	geringe Bearbeitung der Steine, ohne Mörtel, im Verband		
Zyklopenmauerwerk und Bruchsteinmauerwerk N1	geringe Bearbeitung der Steine, satt im Mörtel, im Verband, verschiedene Höhen, Ausgleich alle 1,50 m	Quadermauerwerk N4	Steine sind nach angegebenen Maßen bearbeitet, nummeriert und nach Setzplänen vermauert
Hammergerechtes Schichtenmauerwerk N2	Mindesttiefe der Steine 12 cm, verschiedene Steinhöhen, Ausgleich alle 1,50 m	Mischmauerwerk oder Verblendmauerwerk	mittragendes Verblendmauerwerk, Hintermauerung aus künstlichen Steinen, Beton oder Leichtbeton, Verzahnung durch Einbindung von mindestens 30 % der Bindersteine

Die Güteklassen **N1** bis **N4** unterteilen das Natursteinmauerwerk nach Ausführungsart, Lagerfugenneigung α, dem Verhältnis „Fugenhöhe zu Steinlänge" und einem Verhältniswert „Natursteinfläche zu Wandquerschnitt im Grundriss". Die charakteristischen Werte f_k der Druckfestigkeit ergeben sich in Abhängigkeit von der Güteklasse, der Steinfestigkeit und der Mörtelgruppe.

Wände der Schlankheit $h_{ef}/t > 20$ sind unzulässig, bei $h_{ef}/t > 10$ sind nur die Güteklassen N3 oder N4 zu verwenden. Bei Fugendicken über 40 mm sind die Werte f_k um 20 % zu vermindern.

Güteklasse	Grundeinstufung	Fugenhöhe/ Steinlänge	Neigung der Lagerfuge $\tan \alpha$	Steinfestigkeit f_{bk} N/mm²	Werte der Druckfestigkeit f_k unter Beachtung der DIN V 18580			
					I N/mm²	II N/mm²	II a N/mm²	III N/mm²
N1	Bruchsteinmauerwerk	≤ 0,25	≤ 0,30	≥ 20	0,6	1,4	2,2	3,3
				≥ 50	0,8	1,7	2,5	3,9
N2	Hammerrechtes Schichtmauerwerk	≤ 0,20	≤ 0,15	≥ 20	1,1	2,5	3,9	5,0
				≥ 50	1,7	3,0	4,4	5,5
N3	Schichtenmauerwerk	≤ 0,13	≤ 0,10	≥ 20	1,4	4,2	5,5	6,9
				≥ 50	1,9	5,5	6,9	9,7
				≥ 100	2,8	6,9	8,3	11,1
N4	Quadermauerwerk	≥ 0,07	≥ 0,05	≥ 20	3,3	5,5	6,9	8,3
				≥ 50	5,5	9,7	11,1	13,9
				≥ 100	8,3	12,5	15,2	19,4

7.1 Mauerwerksbau

7.1.11 Mauerwerksverbände

Nach DIN EN 1996 muss im Verband gemauert werden, d.h. die Stoßfugen und die Längsfugen übereinanderliegender Schichten müssen versetzt sein. Für das **Überbindemaß** l_{ol} gilt:

Steinformate	Überbindemaße
DF NF 2 DF 3 DF 5 DF	≥ 4,5 cm
7,5 DF 9 DF	≥ 7,0 cm
10 DF 12 DF 16 DF	≥ 9,5 cm
z.B. **Steinhöhe** 23,8 cm ⇒	l_{ol} = 9,52 cm

Die Überbindung sollte möglichst nach der Baumaßordnung mit **0,5 am** (6,25 cm) oder **1 am** (12,5 cm) erfolgen, um so ein entsprechend gutes Fugenbild zu erhalten.

mit $h_u \triangleq$ Steinhöhe

$$l_{ol} \geq 0{,}4\, h_u \geq 4{,}5 \text{ cm}$$

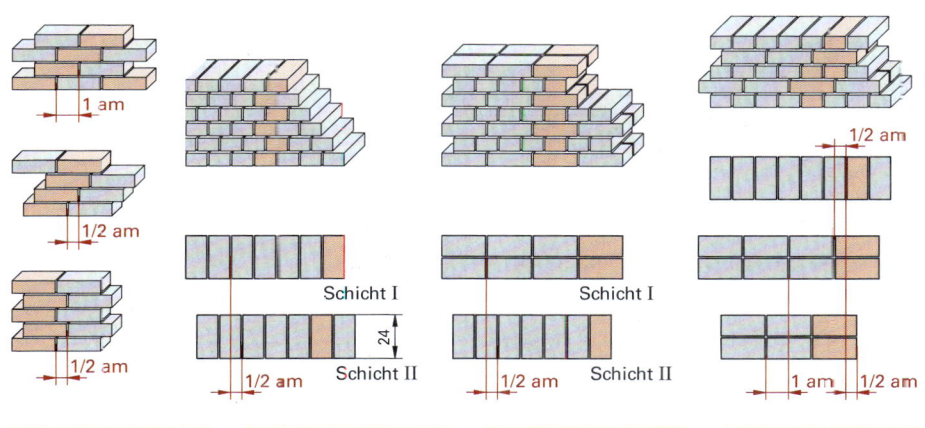

Läuferverbände · Binderverband · Blockverband · Kreuzverband

Dreiviertelsteinverbände

Läuferverband mit ungerader Kopfanzahl

Umgeworfene Verbände

Mauerenden und Mauerpfeiler sind meist sehr hoch, daher sind unnötige Teilsteine zu vermeiden!

Maueranschlüsse und Mauerkreuzungen sind gleichzeitig oder mit Abtreppungen hochzumauern. Man unterscheidet:
- liegende Verzahnung
- stehende Verzahnung
- Verzahnung mit Vorlage

Die liegende Verzahnung (Abtreppung) ist der beste vorläufige Mauerabschluss, da später die Anschlussfugen regelgerecht vermörtelt werden können.

Stehende Verzahnung (Lochverzahnung) und Verzahnung mit Vorlage sind für tragende und aussteifende Wände nicht zugelassen.

Anschläge (auch Tür- und Fensterleibungen) werden als gerade oder abgesetzte Mauerenden ausgeführt. Die häufigsten Anschlagtiefen betragen **0,5 am** und **1 am**.

7.1 Mauerwerksbau

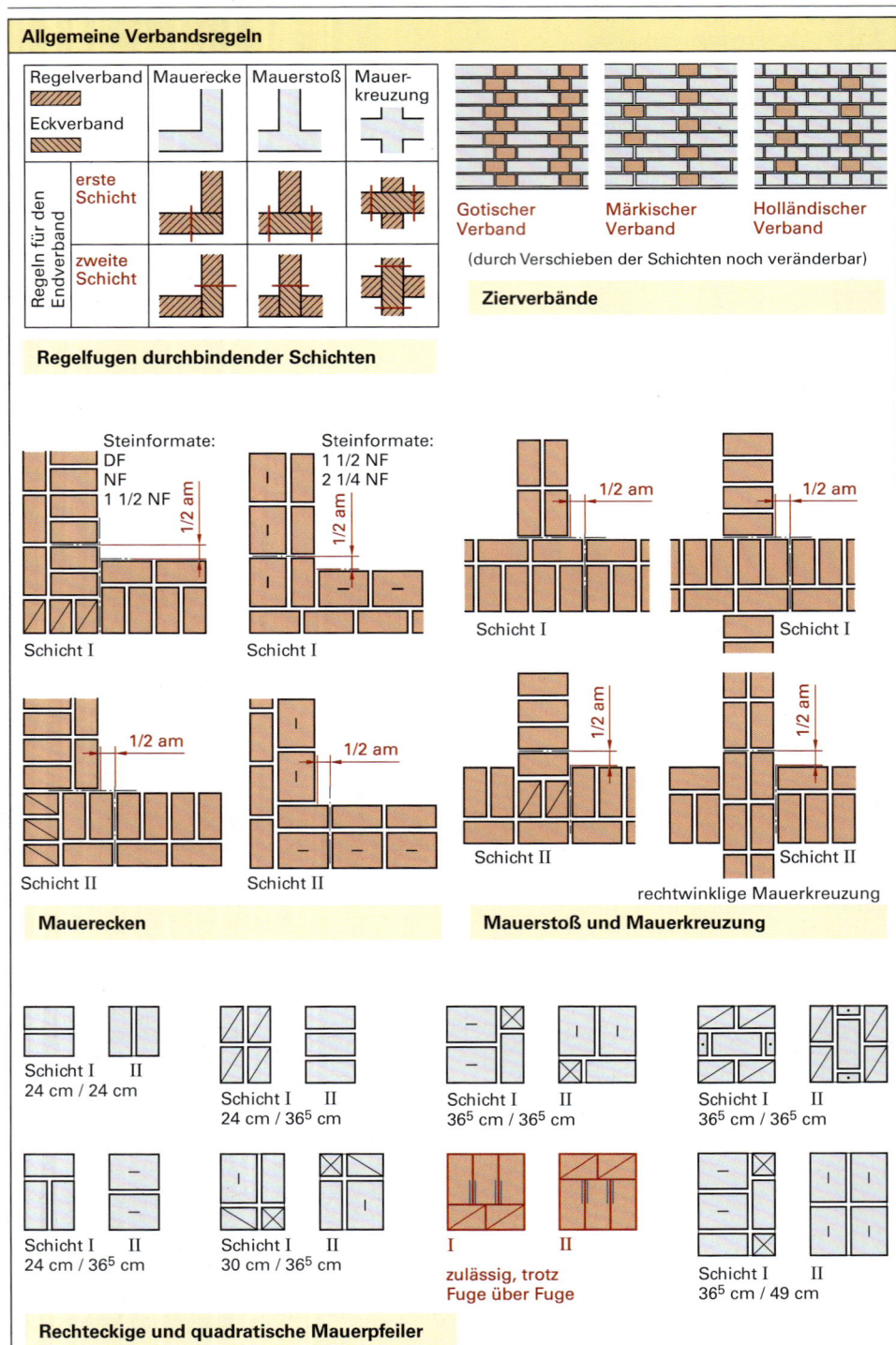

7.1 Mauerwerksbau

Mauerwerksverbände

Bei **schiefwinkligen Maueranschlüssen** unterscheidet man:
- schiefwinklige Mauerstöße
- schiefwinklige Mauerkreuzungen
- spitz- und stumpfwinklige Mauerecken

Fugenüberdeckungen werden vermieden, wenn die jeweilige Regelfuge der durchgehenden Schicht um mindestens **0,5 am** von der Innenecke versetzt angeordnet wird.

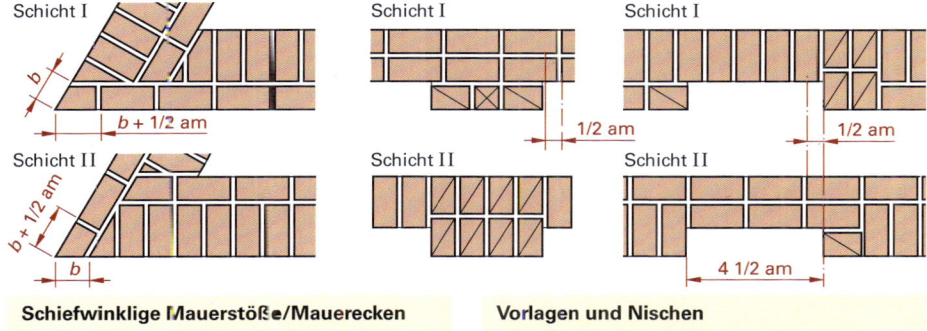

Schiefwinklige Mauerstöße/Mauerecken **Vorlagen und Nischen**

7.1.12 Ziegeldecken – Deckensysteme

Ziegeldecken sparen Beton, mindern das Deckengewicht und verbessern die Wärmedämmeigenschaften der Geschossdecke. Im Bauwerk werden sie verwendet als:
- **Stahlbetonrippendecke** mit nichttragenden Deckenziegeln (**DIN 4160**)
- **Stahlsteindecken** mit mittragenden Deckenziegeln (**DIN 4159**)
- **vorgefertigte Deckenplatten** aus Ziegeln

Folgende Voraussetzungen sind zwingend:
- lichter Abstand der Rippen $e \leq 70$ cm
- maximale Verkehrslast von $q = 5$ kN/m^2
- Auflagertiefe $a \geq 10$ cm
  Die Bewehrung der Deckenplatte ist mindestens bis zur Mitte des Auflagers zu führen und im Ringanker zu verankern

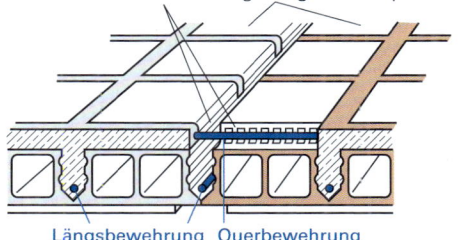

Verbindung zweier **Deckenplatten aus Ziegeln**

Ziegelrippendecke

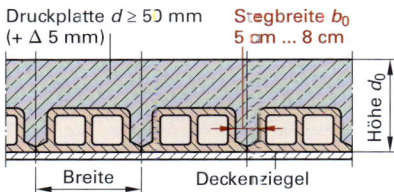

Ziegel als Zwischenbauteil nach DIN 4160, ohne Querstege, statisch nicht mitwirkend
Rohdichte der Ziegel 0,8 kg/dm^3 bis 1,2 kg/dm^3

Breite	333/500 mm	Tiefe	250/333 mm
Höhe	165/190/215/240/265/290/315/340 mm		

Stahlsteindecke

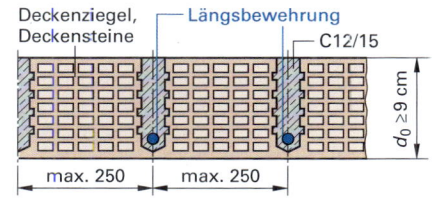

Ziegel für vollvermörtelte Stoßfugen nach DIN 4159, Fugenbeton mindestens C12/15
Rohdichte der Ziegel 0,6 kg/dm^3 bis 1,0 kg/dm^3

Breite	250 mm	Tiefe	166/250/333/500 mm
Höhe	115/165/190/215/240/265/290 mm		

7.1 Mauerwerksbau

Deckensysteme (Auswahl)

Massivdecken		Rippendecken und Balkendecken
Vollplatte aus Stahlbeton nach DIN EN 1992-1-1/NA Auflagertiefe a = 10 cm, mindestens $t/2$ Plattendicke $h \geq 7$ cm; i.d.R. 14 ... 18 cm; Faustformel $h = l_{ef}/35 + 0{,}03$ cm l_{ef} in m, d in cm, h statische Höhe ein- oder zweiachsig gespannt	ohne Hohlkörper	**Stahlbetonrippendecke** mit Zwischenbauteilen nach DIN 4160 lichter Rippenabstand e = 70 cm, $p \leq 5$ kN/m² Aufbeton d = 5 cm bzw. 1/10 e; Rippenbreite $b \geq 5$ cm als Kassettendecke längs und quer gespannt, Stützlänge $\leq 9{,}00$ m Füllkörper aus Ziegel, Leichtbeton, Profil- bzw. Schalblech oder Trapezprofil nach DIN 18807
Vollplatte aus Leichtbeton nach DIN 4219 oder DIN EN 1992-1-1/NA $h \geq 7$ cm		**Gitterträgerdecke** als vorgefertigte Gitterträgerplatten aus dünnen Fertigteilplatten mit Ortbetonschicht (teilweise auch als *Massivdecke* bekannt), Elementbreite i.d.R. 2,50 m
Vollplatte aus Porenbeton nach DIN 4223 Stützlänge $l_{ef} < 5{,}90$ m gilt DIN 4223 Plattendicke h = 15 cm bis 30 cm Schlankheit $l_{ef}/h < 30$ beachten		**Gitterträgerdecke** als Balkendecke aus Gitterträgerbalken mit Zwischenbauteilen als statisch nicht wirksame Füllkörper (als *Filigran-D-Träger* bekannt); Elementbreite i.d.R. 2,50 m teilweise mit Tonhohlkörper als Zwischenbauteil Deckendicke h = 6 cm bis 20 cm (variabel) Stützlänge l_{ef} nach Herstellerangaben (variabel)
Stahlbeton-Hohlplatte (als *Röhbau-Decke* bekannt) Plattendicke h in cm	23 | 28 | 33 | 38 | 43 | 48 | 53 Plattenbreite b in cm	18 | 21 | 28 | 33 | 38 | 45 | 50 mit Vergussbeton bzw. Ortbeton	mit Hohlkörper	**Stahlbeton-Balkendecken** nach DIN EN 1992-1-1/NA aus aneinandergereihten Fertigteilbalken (als *Raab-Balkendecke* bekannt oder komplett als *Filigran-Unterplatte* bekannt) Plattendicke h in cm	18 | 20 | 22 | vereinzelt bis 30 Plattenbreite b in cm	25 | 33,3 | 50 | 62,5 | 75 Stützlänge l_{ef} = 6,00 m; als Unterplatte großflächig 6,00 m × 2,50 m
Stahlbeton-Hohldielenplatte (auch als Balkendecke bekannt) (als *Hourdis-Platte, Raab-Hohlbalkenplatte* bekannt) Plattendicke h in cm	6 | 18 | 20 | 22 Plattenbreite b in cm	25 | 33,3 | 50 Auflagertiefe a = 5 cm (Stahl), a = 7 cm mindestens $t/2$ mit Vergussbeton		**Fertigteildecken** ▶ S. 413 Trogplattenbreite 2,40 m bis 2,50 m, Gesamthöhe 0,40 m ... 0,80 m Aufbeton d = 4 cm; $h_0 \geq 10$ cm (aus Transportgründen) Stützlänge $l_{ef} \leq 20{,}00$ m (als *TT-Platte* oder *π-Platte* oder *System Kaiser* bekannt)
Spannbeton-Hohlplattendecke nach DIN 4227 (teilweise auch als *Balkendecke* bekannt) Stützlänge l = 7,20 m bis 12,40 m Plattendicke h in cm, in Klammern (l)	12 (7,20) | 15 (8,10) | 18 (9,00) | 20 (12,40) mit Vergussbeton, einachsig gespannt		**Stahlbeton-Plattenbalkendecken** nach DIN EN 1992-1-1/NA Plattendicke $h \geq 7$ cm ▶ S. 359 lichter Balkenabstand $e \geq 70$ cm: i.d.R. 2,50 m bis 3,00 m als Fertigteil mit einer Plattenbreite von 2,50 m
Stahlsteindecken mit Zwischenbauteilen nach DIN 4159 (teilweise auch als *Rippendecke; Bimsbeton-Balkendecke RAAB, Hohlziegelbalkendecke ESTO; Leichtziegeldecke Klimaton* oder *System Schätz* bekannt) 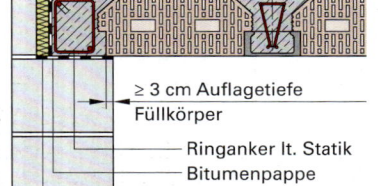 ≥ 3 cm Auflagetiefe — Füllkörper — Ringanker lt. Statik — Bitumenpappe — Dämmung		**Stahlbeton-Pilzdecke** (Pilzkopfdecke) nach DIN EN 1992-1-1/NA Deckendicke $h \geq 15$ cm Achsabstand der Stützen bzw. Rundsäulen 6,00 m (Erfahrungswert); großer Schalungsbedarf **Dach- und Deckenplatten** aus Bimsbeton oder Porenbeton Stützlänge Dachplatten $l_{ef} < 4{,}90$ m, es gilt DIN 4223, sonst der Zulassungsbescheid Stützlänge Deckenplatten $l_{ef} < 5{,}90$ m, es gilt DIN 4223, sonst der Zulassungsbescheid Plattendicke h = 10 cm bis 30 cm; Schlankheit $l/h < 30$ beachten **Holzbalkendecke** nach DIN EN 1995-1-1 ▶ S. 383 oder klassifiziert nach DIN 4102 Holzbalken 18 cm/26 cm (Erfahrungswert) Balkenachsabstand (häufig) 80 cm; Durchbiegung $f < l_{ef}/300$ beachten; Faustformel $d_f \approx l_{ef}/200$

7.1 Mauerwerksbau

7.1.13 Hausschornsteine

Hausschornsteine sind Schächte in oder an Gebäuden, die Abgase von Feuerstätten für feste, flüssige oder gasförmige Brennstoffe über das Dach ins Freie ableiten (**DIN 18160-1**). Es gibt:
- Rauchschornsteine für Kohle-, Koks- und Ölfeuerung
- Abgasschornsteine für Gasfeuerstätten
- offene Kamine

Einflüsse hemmen bzw. fördern den Schornsteinzug:
- Querschnittsform
- Querschnittsgröße
- Schornsteinhöhe
- Höhe des Schornsteinkopfes
- Lage des Schornsteins im Gebäude, Dachdurchführung möglichst in Firstnähe, Schornsteine dürfen nur einmal schräg bis zu 60° Neigung gezogen werden
- Windeinwirkung auf den Schornsteinkopf
- Art und Anzahl der angeschlossenen Feuerstätten
- Ausführungsqualität (undichte Fugen, raue Innenfläche)
- Richtungsänderung (gezogener Schornstein)

Ein Schornstein zieht, weil die heißen Verbrennungsgase im Schornstein leichter sind als die Außenluft. Die warme Luft steigt nach oben, während der Unterdruck im Schornstein die schwerere Frischluft zur Brennstelle nachströmen lässt.

Lichter Querschnitt	Höhe des Schornsteins	Zusätzliche Anforderungen
■ Mindestquerschnitt 100 cm² ■ kreisförmig oder rechteckig ■ kleinste Seitenlänge 10 cm ■ bei gemauerten Schornsteinen kleinste Seitenlänge 13,5 cm ■ Seitenverhältnis ≥ 1 : 1,5 ■ Die richtige Querschnittsgröße richtet sich nach der planmäßigen Wärmeleistung der angeschlossenen Feuerstätten.	■ Mindesthöhe 4 m ■ Maximalhöhe richtet sich nach dem lichten Querschnitt. ■ Schornsteinmündungen dürfen nicht in unmittelbarer Nähe von Fenstern und Balkonen liegen. ■ mindestens 40 cm über den höchsten Kanten des Daches von mehr als 20° Dachneigung	■ Abstand zu Bauteilen aus brennbaren Stoffen ≥ 5 cm, im Ausnahmefall ≥ 2 cm ■ Reinigungsöffnungen mindestens 20 cm tiefer als der unterste Feuerstättenanschluss, 10 cm/18 cm ■ Standsicher auf tragfähigen Fundamenten errichten ■ Schornsteinkopf dämmen

Mindesthöhen von Schornsteinen am Dach

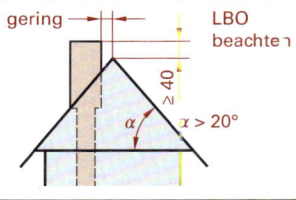
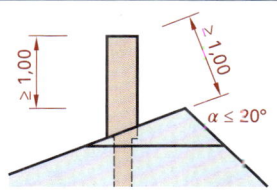
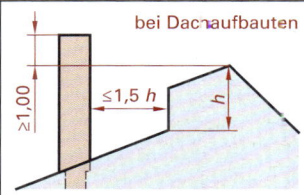

Schornsteine aus Formsteinen

Mehrschalige Montagegeschornsteine mit Dämmstoffschicht und beweglicher Innenschale sind komplett gleichzeitig hochzuziehen.

Die Schornsteine bestehen aus einer Innenschale (Innenrohr aus Schamotte 2 cm ... 3 cm dick; glasierte Schamotte oder Edelstahl nach DIN 18147), einer nicht brennbaren Dämmstoffschicht und einer Außenschale (aus künstlichen Steinen, Leichtbeton oder Edelstahl).

Schamottesteine sind feuerfeste Steine, hergestellt aus Ton und Quarzsand. Höhen 24,3 cm, 32,6 cm oder 49,3 cm plus jeweils Fuge von 7 mm ergeben das Raster der Rohbaurichtmaße.

Die Außenschale muss einen niedrigeren Wasserdampfdiffusionswiderstand haben als das Innenrohr, um Kondensatausfall zwischen den Schichten zu verhindern.

Ein- und zweizügige Schornsteine

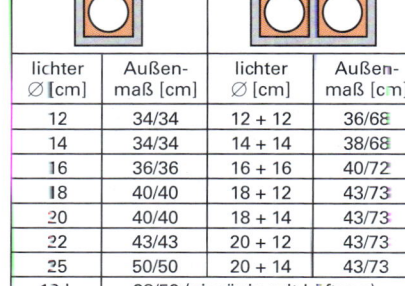

lichter ⌀ [cm]	Außenmaß [cm]	lichter ⌀ [cm]	Außenmaß [cm]
12	34/34	12 + 12	36/68
14	34/34	14 + 14	38/68
16	36/36	16 + 16	40/72
18	40/40	18 + 12	43/73
20	40/40	18 + 14	43/73
22	43/43	20 + 12	43/73
25	50/50	20 + 14	43/73
12 L	38/52 (einzügig mit Lüftung)		

7 BAUTECHNIK UND BAUKONSTRUKTION

7.2 Betonbau, Stahlbetonbau und Spannbetonbau

Die folgenden Ausführungen basieren auf der DIN EN 1992 „Bemessung und Konstruktion von Stahlbeton- und Spannbetontragwerken" (EC 2) mit:
Teil 1-1: Allgemeine Bemessungsregeln für den Hochbau und dem jeweiligen Nationalen Anhang (NA) in Verbindung mit DIN EN 1990 (EC 0), DIN EN 1991 (EC 1) sowie **Beton** nach DIN EN 206-1/A1 + A2 und DIN 1045-2 sowie **Betonstahl** nach DIN 488-T2 +T4 oder bauaufsichtlicher Zulassung.

Beton und Stahl verbinden sich auf physikalische Weise zu Stahlbeton:
- Zement und Wasser hydratisieren zu Calciumhydroxid, das den Stahl dauerhaft vor Korrosion schützt, wenn der Beton ausreichend dicht und die Betondeckung genügend dick ist.
- Die Haftung zwischen Beton und Stahl ist ausreichend groß (gerippte Oberfläche).
- Die Wärmedehnungszahlen (α_ϑ) beider Baustoffe sind annähernd gleich groß:
  Stahl bei Erwärmung um 1 Kelvin: 0,010 mm/(m·K)
  Beton bei Erwärmung um 1 Kelvin: 0,010 mm/(m·K)

7.2.1 Übersicht und Zuordnung

Baustoff Beton ▶ Kap. 6.7

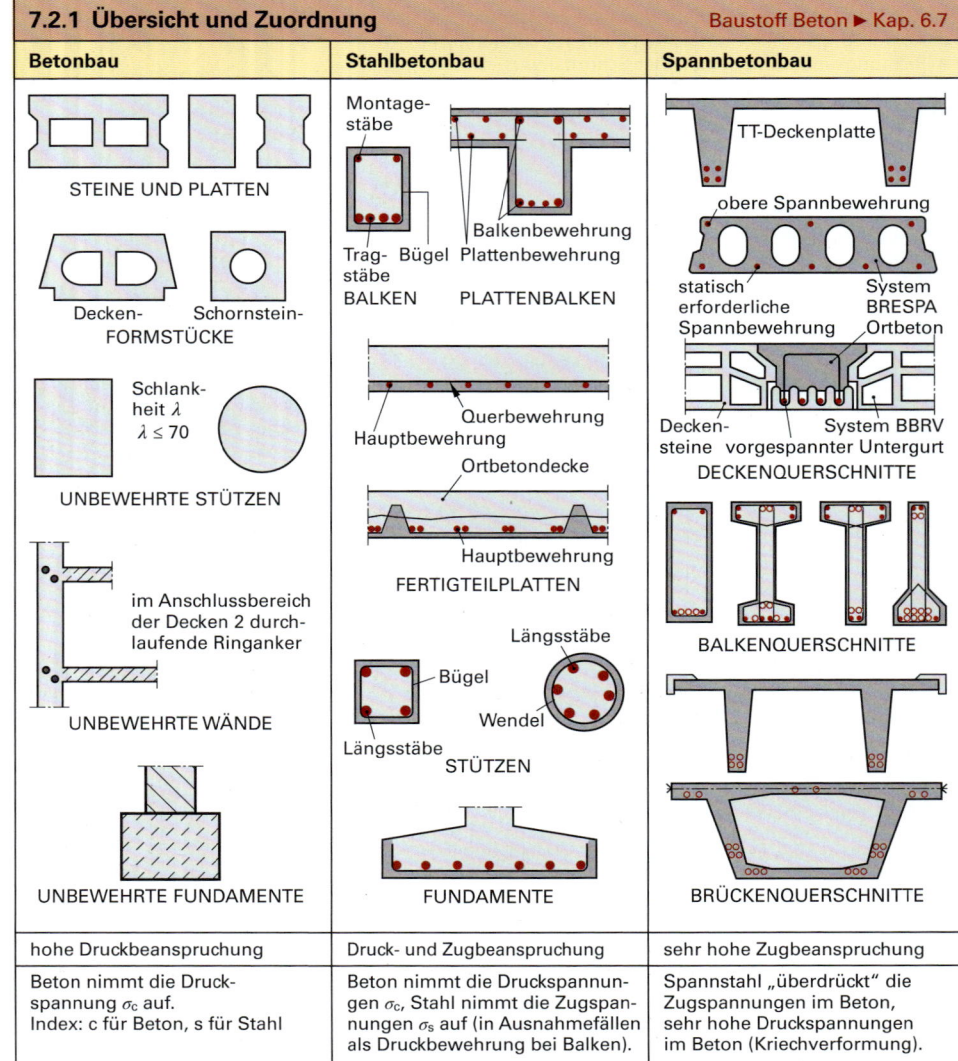

Betonbau	Stahlbetonbau	Spannbetonbau
hohe Druckbeanspruchung	Druck- und Zugbeanspruchung	sehr hohe Zugbeanspruchung
Beton nimmt die Druckspannung σ_c auf. Index: c für Beton, s für Stahl	Beton nimmt die Druckspannungen σ_c, Stahl nimmt die Zugspannungen σ_s auf (in Ausnahmefällen als Druckbewehrung bei Balken).	Spannstahl „überdrückt" die Zugspannungen im Beton, sehr hohe Druckspannungen im Beton (Kriechverformung).

7.2 Betonbau, Stahlbetonbau und Spannbetonbau

7.2.2 Bemessung auf Druck – unbewehrter Beton

Festigkeitswerte des Betons in N/mm² (DIN EN 1992-1-1/NA)

Kenngröße		Festigkeitsklasse C								Erläuterungen
		12/15	16/20	20/25	25/30	30/37	35/45	40/50	45/55	50/60	
Druckfestig- keit[1]	$f_{ck,cyl}$ f_{cm}	12 20	16 24	20 28	25 33	30 38	35 43	40 48	45 53	50 58	charakteristischer Wert (Zylinderdruckfestigkeit) mittlere Druckfestigkeit $f_{cm} = f_{ck} + 8$ (n N/mm²)
Bemessungs- wert	$f_{cd,pl}$	5,6	7,5	9,3	11,7	14,0	16,3	16,3	16,3	16,3	unbewehrter Beton $f_{cd,pl} = \alpha_{cc,pl} \cdot f_{ck}/\gamma_c$ mit $\alpha_{cc,pl} = 0,7$ und $\gamma_c = 1,5$
Bemessungs- wert	f_{cd}	6,8	9,1	11,3	14,2	17,0	19,8	22,7	25,5	28,3	bewehrter Beton $f_{cd} = \alpha \cdot f_{ck}/\gamma_c$ mit $\alpha = 0,85$ und $\gamma_c = 1,5$
Zugfestig- keit	f_{ctm}	1,6	1,9	2,2	2,6	2,9	3,2	3,5	3,8	4,1	$f_{ctm} = 0,30 \cdot f_{ck}^{2/3}$
Bemessungs- wert	f_{ctd}	0,6	0,7	0,9	1,0	1,1	1,2	1,4	1,5	1,6	$f_{ctd} = 0,7 \cdot f_{ctm}/1,8$
E-Modul	E_{cm}	25 800	27 400	28 800	30 500	31 900	33 300	34 500	35 700	36 800	$E_{cm} = 9500 \cdot (f_{ck} + 8)^{1/3}$

[1] Der maßgebende Festigkeitswert für die rechnerischen Nachweise ist allein die Zylinderdruckfestigkeit $f_{ck,cyl}$, da diese der vorhandenen einachsigen Druckfestigkeit im Bauwerk am ehesten entspricht.

Beispiel

Welche Last (Bemessungswert) F_{Ed} darf eine Stütze (30 cm/30 cm) auf ein Fundament aus C12/15 ableiten?

C12/15 $\Rightarrow$ zul $\sigma_c = f_{cd,pl} = 5,6 \frac{N}{mm^2}$

Fläche (300/300) $\Rightarrow$ $A = 90\,000$ mm²

maßgebend für den Spannungsnachweis: Fuge I – I

zul $\sigma_c = \frac{F_{Ed}}{A}$ $\Rightarrow$ $F_{Ed} =$ zul $\sigma_c \cdot A$

$F_{Ed} = 5,6 \frac{N}{mm^2} \cdot 90\,000$ mm²

$= 504\,000$ N $= \mathbf{504}$ **kN**

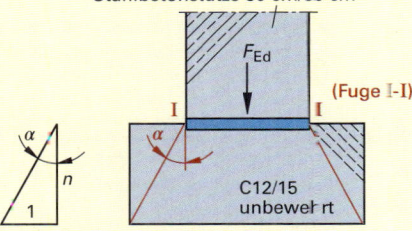

Stahlbetonstütze 30 cm/30 cm
(Fuge I–I)
C12/15 unbewehrt
Lastausbreitung: $\alpha \leq 26,5°$; DIN EN 1992-1-1; Fundamente, $F_{Ed} \leq F_{Rdu}$

Bauteile aus unbewehrtem Beton

- Eine klaffende Fuge darf höchstens bis zum Schwerpunkt des Querschnittes entstehen ▶ S. 440.
- Die Lastverteilung kann bis zu einem Winkel von 26,5° in Rechnung gestellt werden.
- Die Lastverteilung entspricht einer Neigung von 1 : $n = 1 : 2$ zur Lastrichtung.
- Die Lastverteilung bei unbewehrten Fundamenten darf mit 1 : n in Rechnung gestellt werden, die n-Werte sind von der Betonfestigkeit und der Bodenpressung abhängig ▶ S. 441.

Teilflächenbelastung bei Fundamenten ▶ S. 440

Wird nur eine Teilfläche eines Querschnittes belastet, darf mit einer größeren zulässigen Teilflächenbelastung F_{Rdu} gerechnet werden, wenn im Beton unterhalb der Belastungsfläche A_1 die Spaltzugkräfte z.B. durch Bewehrung aufgenommen werden. Die Maße der rechnerischen Lastverteilungsfläche A dürfen maximal das Dreifache der Belastungsfläche sein.
Bei einer örtlichen Krafteinleitung darf die aufnehmbare Teilflächenbelastung F_{Rdu} für Normalbeton ermittelt werden aus:

$$F_{Rdu} = A_1 \cdot f_{cd} \cdot \sqrt{\frac{A_2}{A_1}} \leq 3,0 \cdot f_{cd} \cdot A_1$$

f_{cd} siehe Tabelle oben

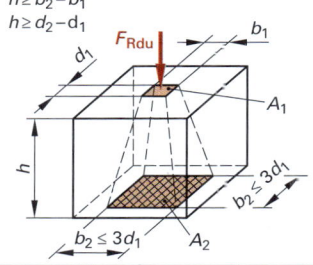

$h \geq b_2 - b_1$
$h \geq d_2 - d_1$
$b_2 \leq 3 d_1$
$b_2 \leq 3 d_1$

7.2 Betonbau, Stahlbetonbau und Spannbetonbau

7.2.3 Bemessung für Biegung (M) mit/ohne Längskraft (N)

$E_d \leq R_d$

($M_{Ed} \leq M_{Rd}$ und $N_{Ed} \leq N_{Rd}$)
Beanspruchung $E_d \leq$ Widerstand R_d

Es ist nachzuweisen, dass der Bemessungswert der äußeren Beanspruchung E_d (hier M_{Ed}, N_{Ed}) den Bemessungswert des Bauteilwiderstands (aufnehmbare Momente M_{Rd} und Längskräfte N_{Rd}) nicht überschreitet.

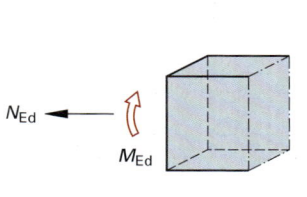
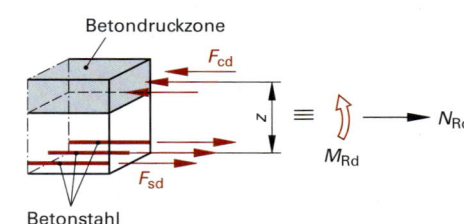

Die Beanspruchung E_d

erhält man durch Multiplikation der Lasten (z.B. ständige Einwirkung G_k, g_k, ▶ S. 97 Eigenlasten und veränderliche Einwirkung Q_k, q_k ▶ S. 101 Verkehrslasten) mit **lastabhängigen Teilsicherheitsbeiwerten** γ_F (▶ S. 90 Sicherheitskonzept).

⇒ Verkehrslast von Decken: $q_d = q_k \cdot \gamma_k = 5{,}0 \cdot 1{,}5 = 7{,}5$ kN/m²

Die Tragfähigkeit des Bauteils oder der Bauteilwiderstand R_d

ergibt sich durch Division der Baustofffestigkeit (z.B. Streckgrenze des Betonstahls $f_{yk} = 500$ N/mm²) mit **materialabhängigen Teilsicherheitsbeiwerten** γ_M (z.B. $\gamma_s = 1{,}15$ ▶ S. 275f. Betonstähle).

⇒ $f_{yd} = f_{yk}/\gamma_s = 500/1{,}15 = 435$ N/mm²)

Werkstoffgesetz für Betone der Festigkeitsklassen C12/15 bis C50/60

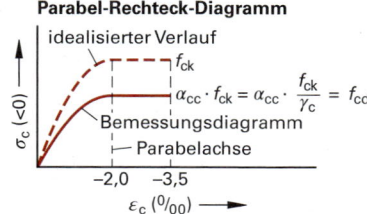

Spannungs-Dehnungs-Kennlinie für die Querschnittsbemessung

idealisierte Darstellung des Verformungsverhaltens von Beton; min. Stauchung $\varepsilon_{cu} = -3{,}5$ ‰

α_{cc} = 0,85 (Abminderungsfaktor für Dauerbelastung)
f_{ck} charakteristische Betonfestigkeit
γ_c = 1,5 (Teilsicherheitsbeiwert)
f_{cd} zul. Druckspannung für die Bemessung (σ_c)
ε_c Betondehnung bzw. -stauchung

Werkstoffgesetz für Betonstahl B500

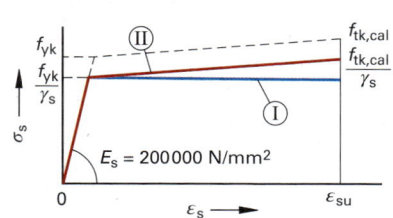

Spannungs-Dehnungs-Kennlinie für die Querschnittsbemessung

f_{yk} = 500 N/mm² (Streckgrenze)
f_{tk} = 550 N/mm² (max. Zugfestigkeit)
$f_{tk,cal}$ = 525 N/mm²
γ_s = 1,15 (Teilsicherheitsbeiwert)

(I) ⇒ Begrenzung auf 435 N/mm² (f_{yk}/γ_s)
(II) ⇒ max. Anstieg auf 457 N/mm² bei $\varepsilon_{su} = 25$ ‰

ε_{su} = 25 ‰ für normalduktilen Betonstahl (A)
ε_{su} = 50 ‰ für hochduktilen Betonstahl (B)

7.2 Betonbau, Stahlbetonbau und Spannbetonbau

Bemessungstafel – k_d-Verfahren

Dimensionsgebundene Bemessungstafel für Rechteckquerschnitte ohne Druckbewehrung; C12/15 bis C50/60 und B500A/B500B mit $\gamma_s = 1{,}15$

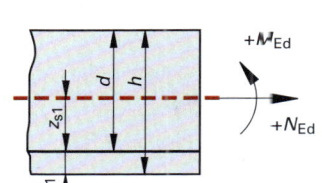 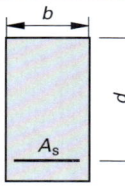 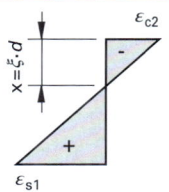 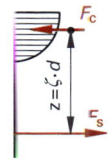

Balken im Längsschnitt	Balken im Querschnitt	Stauchung/Dehnung	Spannungen
h Höhe des Balkens d statische Höhe von OK Balken bis Achse Stahl z_{s1} Hebelarm; Achse Stahl bis zur 0-Linie M_{Ed} Bemessungsmoment N_{Ed} Bemessungsnormalkraft	b Breite des Balkens (1,00 m bei Decken) d statische Höhe von OK Balken bis Achse Stahl A_s Stahlquerschnitt (cm²)	ε_{c2} Betonstauchung am oberen Rand ε_{s1} Stahldehnung in der Schwerachse des Stahls x Höhe der Betondruckzone	F_c resultierende Betondruckkraft F_s resultierende Stahlzugkraft z Hebelarm der inneren Kräfte

$$k_d = \frac{d}{\sqrt{\frac{M_{Eds}}{b}}}$$

b in m
d in cm
A in cm²
mit $z_{s1} = d - h/2$
N_{Ed} ist als Druckkraft negativ einzusetzen

M in kN·m
N in kN

$$A_s = k_s \cdot \frac{M_{Eds}}{d} - \frac{N_{Ed}}{43{,}5}$$

$$M_{Eds} = M_{Ed} - N_{Ed} \cdot z_{s1}$$

Dimensionsgebundene Bemessungstafel (k_d-Verfahren) Biegung mit/ohne Längskraft

k_d für Betonfestigkeitsklasse Normalbeton C								k_s	ξ	ζ	ε_{c2} ‰	ε_s ‰
12/15	16/20	20/25	25/30	30/37	35/45	40/50	45/55	50/60				
14,37	12,44	11,13	9,95	9,09	8,41	7,87	7,42	7,04	2,32	0,025	0,991	−0,64	25,00
7,90	6,84	6,12	5,47	5,00	4,63	4,33	4,08	3,87	2,34	0,048	0,983	−1,26	25,00
5,87	5,08	4,55	4,07	3,71	3,44	3,22	3,03	2,88	2,36	0,069	0,975	−1,84	25,00
4,94	4,27	3,82	3,42	3,12	2,89	2,70	2,55	2,42	2,38	0,087	0,966	−2,38	25,00
4,38	3,80	3,40	3,04	2,77	2,57	2,40	2,26	2,15	2,40	0,104	0,958	−2,89	25,00
4,00	3,47	3,10	2,78	2,53	2,35	2,20	2,07	1,96	2,42	0,120	0,950	−3,40	25,00
3,63	3,14	2,81	2,51	2,29	2,12	1,99	1,87	1,78	2,45	0,147	0,939	−3,50	20,29
3,35	2,90	2,60	2,32	2,12	1,96	1,84	1,73	1,64	2,48	0,174	0,927	−3,50	16,56
3,14	2,72	2,43	2,18	1,99	1,84	1,72	1,62	1,54	2,51	0,201	0,916	−3,50	13,90
2,97	2,57	2,30	2,06	1,88	1,74	1,63	1,53	1,46	2,54	0,227	0,906	−3,50	11,91
2,85	2,47	2,21	1,97	1,80	1,67	1,56	1,47	1,40	2,57	0,250	0,896	−3,50	10,52
2,72	2,36	2,11	1,89	1,72	1,59	1,49	1,41	1,33	2,60	0,277	0,885	−3,50	9,12
2,62	2,27	2,03	1,82	1,66	1,54	1,44	1,36	1,29	2,63	0,302	0,875	−3,50	8,10
2,54	2,20	1,97	1,76	1,61	1,49	1,39	1,31	1,24	2,66	0,325	0,865	−3,50	7,26
2,47	2,14	1,91	1,71	1,56	1,44	1,35	1,27	1,21	2,69	0,350	0,854	−3,50	6,50
2,41	2,08	1,86	1,67	1,52	1,41	1,32	1,24	1,18	2,72	0,371	0,846	−3,50	5,93
2,35	2,03	1,82	1,63	1,49	1,38	1,29	1,21	1,15	2,75	0,393	0,836	−3,50	5,40
2,28	1,98	1,77	1,58	1,44	1,34	1,25	1,18	1,12	2,79	0,422	0,824	−3,50	4,79
2,23	1,93	1,73	1,54	1,41	1,30	1,22	1,15	1,09	2,83	0,450	0,813	−3,50	4,27
2,18	1,89	1,69	1,51	1,38	1,28	1,19	1,13	1,07	2,87	0,477	0,801	−3,50	3,83
2,14	1,85	1,65	1,48	1,35	1,25	1,17	1,10	1,05	2,91	0,504	0,790	−3,50	3,44
2,10	1,82	1,62	1,45	1,33	1,23	1,15	1,08	1,03	2,95	0,530	0,780	−3,50	3,11
2,06	1,79	1,60	1,43	1,30	1,21	1,13	1,07	1,01	2,99	0,555	0,759	−3,50	2,81
2,03	1,75	1,57	1,40	1,28	1,19	1,11	1,05	0,99	3,04	0,585	0,757	−3,50	2,48
1,99	1,72	1,54	1,38	1,26	1,17	1,09	1,03	0,98	3,09	0,617	0,743	−3,50	2,17

7.2.4 Bemessung für Querkraft

Beanspruchung $V_{Ed} \leq$ Widerstand V_{Rd}

Es ist nachzuweisen, dass der **Bemessungswert** der einwirkenden **Querkraft** V_{Ed} den **Bemessungswert** der aufnehmbaren **Querkraft** V_{Rd} (Bauteilwiderstand) nicht überschreitet.

Vereinfachtes Stabwerkmodell zur Erklärung des Kräfteverlaufs

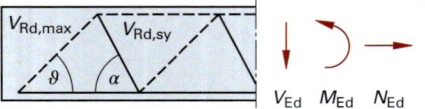

$V_{Rd,max}$ ⇒ idealisierte Betondruckstrebe unter dem Winkel ϑ (höchster Bauteilwiderstand)

$V_{Rd,sy}$ ⇒ idealisierte Zugstrebe; Kraft, die durch die Bewehrung aufgenommen werden muss ($45° \leq \alpha \leq 90°$)

V_{Ed} ⇒ die am aktuellen statischen System auftretende Querkraft

M_{Ed} ⇒ das am aktuellen statischen System auftretende Biegemoment

N_{Ed} ⇒ die am aktuellen statischen System auftretende Normalkraft (hier Längszugkraft)

- - - - - Druckstreben ——— Zugstreben
ϑ Winkel der Betondruckstrebe
α Winkel der Querkraftbewehrung (α = 90° bei Bügeln, α = 45° bei aufgebogenen Längsstäben)

Maßgebender Schnitt für die Bemessungsquerkraft V_{Ed}

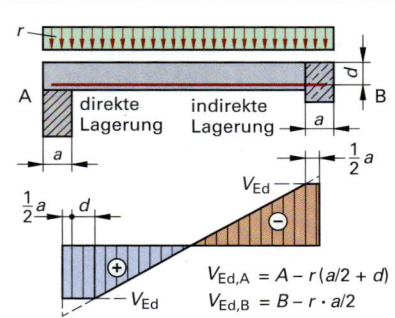

$V_{Ed,A} = A - r(a/2 + d)$
$V_{Ed,B} = B - r \cdot a/2$

Die von der Querkraft V verursachte Schubspannung τ im Querschnitt hat ihr Maximum im Bereich der Nulllinie. Diese Spannung wird durch Querkraftbewehrung aufgenommen.

Grundwert τ_0 der Schubspannung

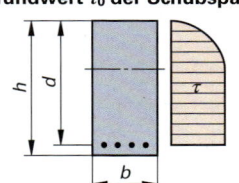

$$\tau_0 = \frac{V}{b \cdot z}$$

V Querkraft ohne Vorzeichen
b Breite des Bauteils
z Hebelarm der inneren Kräfte

Direkte Lagerung (▶ S. 351): V_{Ed} wird im Abstand d vom Auflagerrand ermittelt.
Indirekte Lagerung (▶ S. 351): V_{Ed} wird am Auflagerrand ermittelt.

Erforderliche Querkraftbewehrung $a_{sw, erf}$

$$a_{sw,erf} = 0{,}019 \, \frac{V_{Ed}}{z} \geq a_{sw, min} \quad \blacktriangleright \text{S. 347}$$

⇒ gilt für reine Biegung ϑ = 40°
⇒ gilt für Biegung mit Längsdruck ϑ = 40°

$$a_{sw,erf} = 0{,}023 \, \frac{V_{Ed}}{z} \geq a_{sw, min} \quad \blacktriangleright \text{S. 347}$$

⇒ gilt für Biegung mit Längszug ϑ = 45°
⇒ V in kN, z in m, a_s in cm²/m

Im Allgemeinen darf näherungsweise der Wert $z = 0{,}9 \cdot d$ angenommen werden. Eine exakte Berechnung ergibt sich aus $z = \zeta \cdot d$, darin ist ζ ein Bemessungsbeiwert laut Tabelle ▶ Vorseite und d die statische Höhe des Querschnittes von OK Balken bis Achse Stahl.

Beispiel
Bei direkter Lagerung eines Balkens (b/h = 20 cm/40 cm und $d \approx 36{,}5$ cm) sei die Bemessungsquerkraft V_{Ed} = 100 kN groß. Wie groß (cm²/m) ist die erforderliche Querkraftbewehrung?
Lösung: $a_{sw, erf} = 0{,}019 \cdot 100/0{,}33 =$ **5,76 cm²/m**

Beispiel
Derselbe Balken wie im linken Beispiel sei indirekt gelagert. Dadurch ist die Reduzierung der Auflagerkraft V_B nicht so groß: V_{Ed} = 110 kN
Lösung: $a_{sw, erf} = 0{,}019 \cdot \frac{100}{0{,}9 \cdot 36{,}5} =$ **6,33 cm²/m**

7.2 Betonbau, Stahlbetonbau und Spannbetonbau

Mindestquerkraftbewehrung bei Balken

Die errechnete Querkraftbewehrung $a_{sw,erf}$ ▶ Vorseite muss mit der nach DIN EN 1992-1-1/NA1 vorgesehenen Mindestquerkraftbewehrung $a_{sw,min}$ verglichen und ggf. erhöht werden.
In **Balken** ist immer eine **Mindestquerkraftbewehrung** $a_{sw,min}$ anzuordnen! Die erforderliche Größe dieser Bewehrung steigt mit wachsender Betonfestigkeit an.

Mindestbewehrung $a_{sw,min}$ in cm² für lotrechte Bügel ($\alpha = 90°$)

Beton	C12/15	C16/20	C20/25	C25/30	C30/37	C35/45	C40/50	C45/55	C50/60
$\frac{a_{sw,min}}{b}$	0,051 cm/m	0,061 cm/m	0,070 cm/m	0,083 cm/m	0,093 cm/m	0,102 cm/m	0,112 cm/m	0,121 cm/m	0,131 cm/m

Mindestbewehrung $a_{sw,min}$ in cm² für aufgebogene Längsstäbe ($\alpha = 45°$)

Beton	C12/15	C16/20	C20/25	C25/30	C30/37	C35/45	C40/50	C45/55	C50/60
$\frac{a_{sw,min}}{b}$	0,036 cm/m	0,043 cm/m	0,049 cm/m	0,059 cm/m	0,066 cm/m	0,072 cm/m	0,079 cm/m	0,086 cm/m	0,093 cm/m

50 % der erforderlichen Querkraftbewehrung müssen aus Bügeln bestehen. b in cm.

Beispiel

Bestimme den Mindeststahlquerschnitt $a_{sw,min}$ für einen Stahlbetonbalken $b/h = 20$ cm/40 cm aus C20/25.

$a_{sw,min} = 0{,}070 \cdot b = 0{,}070 \cdot 20 = 1{,}40$ cm²/m

gewählt: Bügel $\varnothing$ 6, 2-schnittig
$s_i = 30$ cm mit $\quad a_{sw,vorh} = 1{,}89$ cm²/m

Beispiel

Bestimme den Mindeststahlquerschnitt $a_{sw,min}$ aufgebogener Längsstäbe für einen Stahlbetonbalken $b/h = 40$ cm/80 cm aus C50/60.

$a_{sw,min} = 0{,}093 \cdot b = 0{,}093 \cdot 40 = 3{,}72$ cm²/m

gewählt: 2 $\varnothing$ 16 mm mit $\quad a_{sw,vorh} = 4{,}02$ cm²/m

Bewehrungsbereiche für Mindest- ($a_{sw,min}$) und erforderliche Querkraftbewehrung ($a_{sw,erf}$)

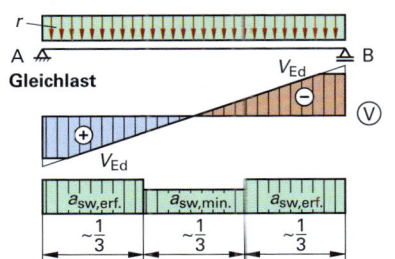
Gleichlast

Bewehrungsbereiche für Mindest- ($a_{sw,min}$) und erforderliche Querkraftbewehrung ($a_{sw,erf}$)

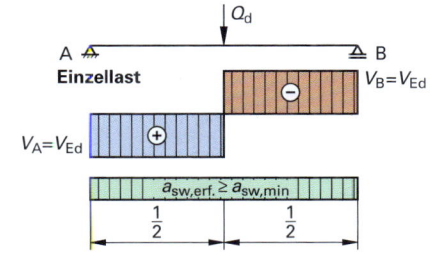
Einzellast

Beispiel

Das nebenstehende System $F_1 = F_2 = 341$ kN) soll für die Querkraft (Bügel) bemessen werden. Das Eigengewicht wird vernachlässigt.

$V_A = V_{Ed} = 341$ kN

Erforderliche Querkraftbewehrung

$a_{sw,erf} = 0{,}019 \, V_{Ed}/z = 0{,}019 \cdot 341/(0{,}9 \cdot 0{,}70)$
$\qquad = 10{,}3$ cm²/m

gewählt: Bügel $\varnothing$ 10, $s = 15$ cm $\leq 0{,}5 \, h$
$\qquad a_{sw,vorh} = 10{,}5$ cm²/m

Mindestbewehrung

C30/37: $a_{sw,min} = 0{,}093 \cdot b = 0{,}093 \cdot 40$
$\qquad = 3{,}72$ cm²/m $< 10{,}5$ cm²/m

gewählt: Bügel $\varnothing$ 8, $s = 25{,}0$ cm ≤ 30 cm

Baustoffe: C30/37; B500A
Stützweite: $l_{eff} = 7{,}80 + 2 \cdot 0{,}30/3 = 8{,}00$ m
Bauteilhöhe: $h = 76$ cm
Statische Höhe: $d = 70$ cm (OK Bauteil ... Schwerachse Stahl)

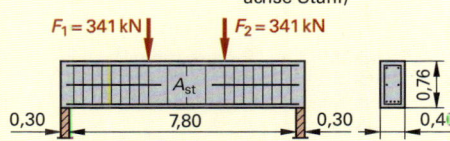

Bewehrungsführung

Die Mindestbewehrung $a_{sw,min}$ in der Mitte zwischen den Kräften F_1 und F_2 ($V = 0$) anordnen, die erf. Querkraftbewehrung $a_{sw,erf}$ links und rechts der Kräfte bis zum Auflager ($V = 341$ kN).

7.2.5 Allgemeine Bewehrungsregeln

Betondeckung c und Expositionsklassen

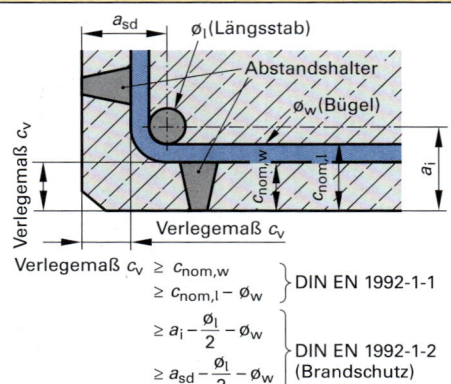

Verlegemaß $c_V \geq c_{nom,w}$
$\geq c_{nom,l} - \emptyset_w$ } DIN EN 1992-1-1

$\geq a_i - \dfrac{\emptyset_l}{2} - \emptyset_w$
$\geq a_{sd} - \dfrac{\emptyset_l}{2} - \emptyset_w$ } DIN EN 1992-1-2 (Brandschutz)

Das Verlegemaß c_V ergibt sich als größtes Maß aus den Nennmaßen c_{nom} der Betondeckung für die Längsstäbe l und für die Querbewehrungen (Bügel, w) bzw. aus den erforderlichen Betondeckungen für den Brandschutz.

Expositionsklasse[1]	Stabdurchmesser d_s [mm]	Mindestmaße c_{min}	Nennmaße Verlegemaß c_{nom} (c_V)
XC1	bis 10	1,0 cm	2,0 cm
	12, 14	1,5 cm	2,5 cm
	16, 20	2,0 cm	3,0 cm
	25	2,5 cm	3,5 cm
	28	3,0 cm	4,0 cm
	40	4,0 cm	5,0 cm
XC2, XC3	bis 20	2,0 cm	3,5 cm
	25	2,5 cm	3,5 cm
	28	3,0 cm	4,0 cm
	40	4,0 cm	5,0 cm
XC4	bis 25	2,5 cm	4,0 cm
	28	3,0 cm	4,0 cm
	32	3,5 cm	4,5 cm
	40	4,0 cm	5,0 cm
XD1, XD2, XD3	bis 40	4,0 cm	5,5 cm
XS1, XS2, XS3	bis 40	4,0 cm	5,5 cm

[1] Bei mehreren zutreffenden Expositionsklassen ist die höchste Anforderung maßgebend.

Stababstände s für Einzelstäbe und Stabbündel

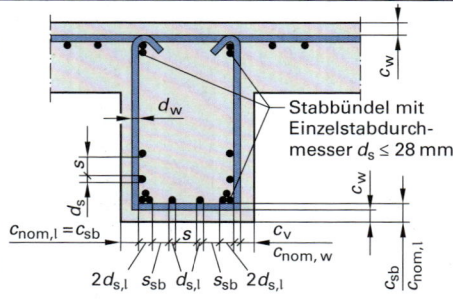

Betondeckung c und gegenseitiger Abstand s der Bewehrung.

$s \geq 2\,cm \geq d_{s,l}$ $s \geq d_g + 5\,mm$

$d_{s,w}$ Bügeldurchmesser
$d_{s,l}$ Durchmesser des Tragstabs
s Abstand der Stäbe untereinander
c_w Betondeckung Bügel
c Betondeckung Tragstab

Stabbündel (sb)

Nach DIN bestehen Stabbündel aus zwei bis drei Einzelstäben, die auf der Baustelle zusammengerödelt werden können.

Einzelstabdurchmesser $d_{s,l} \leq 28\,mm$
Vergleichsdurchmesser $d_{sn} = d_s \cdot \sqrt{n_b} \leq 55\,mm$

n Anzahl der Einzelstäbe

$d_{s,l} = 20\,mm$
$d_{sn} = 20\,mm \cdot \sqrt{3}$
$= 34,6\,mm$

n_b Anzahl der Bewehrungsstäbe

Bei allen Nachweisen wird der Vergleichsdurchmesser d_{sn} eingesetzt, auch bei der Begrenzung des Mindestabstandes.

$s_{sb} \geq 2\,cm \geq d_{sn}$

s_{sb} Abstand der Stabbündel untereinander
c_{sb} Betondeckung des Stabbündels wie bei Einzelstäben (siehe Bild links)
d_g Größtkorndurchmesser > 16 mm

Stoßausbildung und Übergreifungslänge

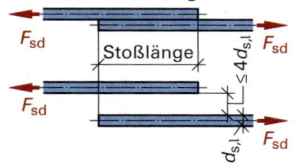

dicht aneinanderliegende Stäbe

Direkte Stöße werden durch Schweißen oder durch mechanische Verbindungen hergestellt.
Indirekte Stöße werden durch Übergreifstoß gemäß nebenstehender Zeichnung hergestellt. Stäbe sollen im Stoßbereich möglichst dicht aneinanderliegen. Der Größtabstand darf $4 \cdot d_{s,l}$ nicht überschreiten.

7.2 Betonbau, Stahlbetonbau und Spannbetonbau

Biegen von Betonstählen

Haken, Winkelhaken, Schlaufen und Bügel haben wegen der gekrümmten Stabenden den Vorteil, dass bei Zugstäben die Verankerungslänge gegenüber geraden Stabenden verkürzt werden darf. Um beim Biegen Risse im Stahl und Abplatzungen im Beton zu vermeiden, müssen untenstehende Mindestwerte eingehalten werden.

wenn $a \geq 4 \cdot d_s$ ⇒ Tabellenwert unten
wenn $a < 4 \cdot d_s$ ⇒ $D_{min} \geq 20 \cdot d_s$

Neue Kurzzeichen:
d_{br} (nach DIN 1045) ≙ D_{min} (nach EC 2)

Biegungen an geschweißten Bewehrungen

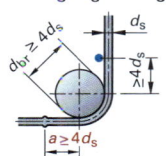
Schweißstoß bei Betonstabstahl

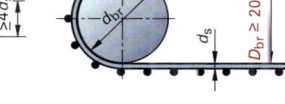
Schweißung innerhalb des Biegebereiches

a = Abstand zwischen Schweißstelle und Biegeanfang

Mindestwerte der Biegerollendurchmesser D_{min}

Bei Leichtbeton LC sind die Werte um 50 % zu erhöhen!	Haken, Winkelhaken, Schlaufen, Bügel		Schrägstäbe oder andere gebogene Stäbe		
	Stabdurchmesser		Mindestwerte der Betondeckung rechtwinklig zur Biegeebene		
	$d_s < 20$ mm	$d_s \geq 20$ mm	> 100 mm > 7 d_s	> 50 mm > 3 d_s	≤ 50 mm ≤ 3 d_s
Mindestwerte der Biegerollendurchmesser D_{min}	4 d_s	7 d_s	10 d_s	15 d_s	20 d_s

Hin- und Rückbiegen von Betonstählen bedeutet zusätzliche Gefügeschädigung für den Betonstahl. Beim Kaltbiegen sind folgende Bedingungen zu beachten:

- Stabdurchmesser $d_s \leq 14$ mm
- Rollendurchmesser $D_{min} \geq 6 \, d_s$ bei vorwiegend ruhender Einwirkung
- mehrfaches Hin- und Herbiegen unzulässig

Beispiel

Beton C und LC. Ein B500 mit $d_s = 20$ mm soll mit einem Winkelhaken ausgebildet werden.
Normalbeton C: $D \geq 7 \cdot d_s = 7 \cdot 20$ mm = 140 mm
Leichtbeton LC: $D \geq 7 \cdot d_s = 7 \cdot 20$ mm = 140 mm; Erhöhung um 50 %: $D = 1{,}5 \cdot 140$ mm = 210 mm

Verbundbedingungen und Verbundspannungen f_{bd}

Die Qualität des Verbundes hängt von der Oberfläche des Betonstahls, den Abmessungen des Bauteils und der Lage und dem Neigungswinkel der Bewehrung während des Betonierens ab.

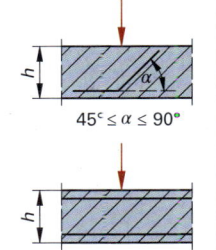

gute Verbundbedingungen I

alle Stäbe im schraffierten Bereich
- mit Neigung zwischen 45° und 90°
- mit Neigung zwischen 0° und 45°, wenn $h \leq 30$ cm $h > 30$ cm (s. rechte Abbildung)

mäßige Verbundbedingungen II

alle Stäbe im nicht schraffierten Bereich
- für alle Stäbe von Bauteilen, die im Gleitverfahren hergestellt werden

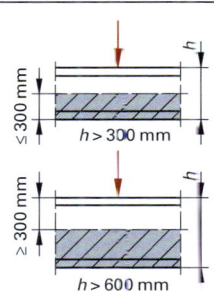

Bemessungswerte der Verbundspannung f_{bd} für Betonstahl bei guten Verbundbedingungen

	charakteristische Betondruckfestigkeit f_{ck} in N/mm²							$d_s \leq 32$ mm	
Beton C	12/15	16/20	20/25	25/30	30/37	35/45	40/50	45/55	50/60
f_{bd} N/mm²	1,65	2,00	2,32	2,69	3,04	3,37	3,68	3,99	4,28
	Für **mäßige Verbundbedingungen** sind die oberen Werte mit dem Faktor 0,7 zu multiplizieren.								
	1,16	1,40	1,62	1,88	2,11	2,36	2,58	2,79	3,00

7.2 Betonbau, Stahlbetonbau und Spannbetonbau

Verankerung von Längsbewehrung

Das Grundmaß der Verankerungslänge ist die gerade Verankerungslänge, die für die Verankerung der Stabkraft $F_{sd} = A_s \cdot f_{yd}$ (mit $f_{yd} = f_{yk}/\gamma_s$) bei Annahme einer über die Verankerung und den Stabumfang konstanten Verbundspannung f_{bd} erforderlich ist.

Vereinfachte Berechnung der Verankerungslänge l_{bd} (DIN EN 1992-1-1)

Grundwert der Verankerungslänge $l_{b,rqd}$ in cm für B500

$$l_{b,rqd} = \frac{d_s}{4} \cdot \frac{\sigma_{sd}}{f_{bd}} \quad \text{mit } \sigma_{sd} = \frac{F_d}{A_s}$$

Bemessungswert der Verankerungslänge
$l_{b,eq} = l_{bd}$

$$l_{bd} = \alpha_1 \cdot \alpha_4 \cdot l_{b,rqd} \cdot \frac{A_{s,erf}}{A_{s,vorh}} \geq l_{b,min}$$

- d_s Durchmesser/Vergleichsdurchmesser $d_{sn} = d_s \cdot \sqrt{2}$ des Einzelstabs/Doppelstabs bei Matten
- σ_{sd} vorhandene Stahlspannung (angenommen $\sigma_{sd} = f_{yd} = 435$ N/mm²) ▶ S. 343
- f_{bd} Bemessungswert der Verbundspannung in Abhängigkeit vom Beton ▶ S. 349
- F_{Sd} Stabkraft
- A_s Querschnitt des verankerten Stabes

- α_1 Beiwert zur Berücksichtigung der Verankerungsart der Stäbe bei ausreichender Betondeckung ▶ S. 351
- α_4 Beiwert zur Berücksichtigung angeschweißter Querstäbe
- $l_{b,min}$ Mindestwert der Verankerungslänge
  - bei Zugstäben $l_{b,min} = \max \begin{Bmatrix} 0{,}3 \cdot \alpha_1 \cdot \alpha_4 \cdot l_{b,rqd} \\ 10 \cdot d_s \end{Bmatrix}$
  - bei Druckstäben $l_{b,min} = \max \begin{Bmatrix} 0{,}6 \cdot l_{b,rqd} \\ 10 \cdot d_s \end{Bmatrix}$

Grundwert der Verankerungslänge $l_{b,rqd}$ in cm

Betonfestigkeitsklasse	Verbundbedingung		Stabdurchmesser d_s in mm								
			6	8	10	12	14	16	20	25	28	32
C12/15	gut	I	40	53	66	79	92	105	132	165	184	217
	mäßig	II	56	75	94	113	132	150	188	235	263	311
C16/20	gut	I	33	43	54	65	76	87	109	136	152	174
	mäßig	II	47	62	78	93	109	124	155	194	217	248
C20/25	gut	I	28	37	47	56	66	75	94	117	131	151
	mäßig	II	40	54	67	80	94	107	134	167	187	216
C25/30	gut	I	24	32	40	48	57	65	81	101	113	129
	mäßig	II	35	46	58	69	81	92	115	144	161	184
C30/37	gut	I	21	29	36	43	50	57	71	89	100	116
	mäßig	II	31	41	51	61	71	82	102	128	143	184
C35/45	gut	I	19	26	32	39	45	52	64	81	90	102
	mäßig	II	28	37	46	55	64	74	92	115	129	146
C40/50	gut	I	18	24	30	35	41	47	59	74	83	92
	mäßig	II	25	34	42	51	59	67	84	105	118	134
C45/55	gut	I	16	22	27	33	38	44	55	68	76	87
	mäßig	II	23	31	39	47	55	62	78	97	109	124
C50/60	gut	I	15	20	25	31	36	41	51	64	71	81
	mäßig	II	22	29	36	44	51	58	73	91	102	116

Beispiel

Zu bestimmen ist die Verankerungslänge l_{bd} für einen geraden Zugstab aus B500, $d_s = 16$ mm im Verbundbereich I (gut).

$A_{s,erf} = 1{,}77$ cm², $A_{s,vorh} = 2{,}01$ cm², Beton C30/37 $\Rightarrow$ $l_{b,rqd} = 57$ cm

$l_{bd} = \alpha_1 \cdot \alpha_4 \cdot l_{b,rqd}$ mit $\alpha_1 = 1{,}0$ $\alpha_4 = 1{,}0$ $l_{b,rqd} = 57$ cm

$l_{bd} = 1{,}0 \cdot 1{,}0 \cdot 57 \cdot \dfrac{1{,}77}{2{,}01} = 50{,}2$ cm

$l_{b,min\,1} = 0{,}3 \cdot l_{b,qrd} = 0{,}3 \cdot 57 = 17{,}1$ cm

$l_{b,min\,2} = 10 \cdot d_s = 10 \cdot 1{,}6 = 16$ cm

$l_{bd} = \mathbf{50{,}2\ cm} \geq l_{b,min\,1} \geq l_{b,min\,2}$

7.2 Betonbau, Stahlbetonbau und Spannbetonbau

Zulässige Verankerungsarten von Betonstahl

Beiwerte α_1 (Form) und α_4 (angeschweißter Querstab) zur Berechnung der Verankerungslänge l_{bd}

Art und Ausbildung der Verankerung				Zugstäbe[1]		Druckstäbe	
				α_1	α_4	α_1	α_4
Gerade Stabenden ohne Querstab	mit 1 Querstab (angeschweißt)	mit 2 Querstäben (angeschweißt)	$a < 10$ cm und $\geq 5 \cdot d_s$ und ≥ 5 cm	1,0		1,0	
			$d_s \leq 16$ mm (12 mm bei Doppelstäben)	1,0	0,7	1,0	0,7
					0,5		0,5
Haken ohne Querstab $\alpha \geq 150°$	**Winkelhaken** $150° > \alpha \geq 90°$	**Schlaufen** (Draufsicht)		0,7[2] (1,0)	1,0	0,7	nz[3] (0)
Haken mit jeweils mind. 1 Querstab (angeschweißt) $\alpha \geq 150°$	**Winkelhaken** $150° > \alpha \geq 90°$	**Schlaufen** (Draufsicht)		0,7[2] (1,0)	1,0 (0,7)	0,7	nz[3] (0)

[1] Die in dieser Spalte in Klammern angegebenen Werte gelten, wenn im Krümmungsbereich rechtwinklig zur Krümmungsebene die Betondeckung weniger als $3 \cdot d_s$ beträgt bzw. wenn kein Querdruck oder keine enge Verbündelung vorhanden ist.
[2] Bei Schlaufenverankerung mit $D \geq 15 \cdot d_s$ darf α_1 auf 0,5 reduziert werden.   [3] nz = nicht zulässig.

Verankerungsbereiche und Verankerungslängen

Verankerungsbereiche	Verankerungslängen $l_{bd}, l_{b,min}$
außerhalb von Auflagern	$l_b \geq l_{bd}$ vom rechnerischen Endpunkt E
direktes Auflager / **indirektes Auflager** Ein Bauteil gilt als indirekt gelagert, wenn es seitlich in das Last abtragende Bauteil einbindet.	bei **dir**ekter/**indir**ekter Auflagerung $l_{bd,dir} = \max \left\{ \begin{array}{l} \frac{2}{3} \cdot l_{bd} \\ 6,7 \cdot d_s \end{array} \right\}$ $l_{bd,indir} = \max \left\{ \begin{array}{l} l_{bd} \\ 10 \cdot d_s \end{array} \right\}$ Die Bewehrung ist in allen Fällen mindestens über die rechnerische Auflagerlinie zu führen.
Zwischenauflager	$l_{bd} \geq 6 \cdot d_s$ Die unten liegende Bewehrung sollte durchgehen, um evtl. Auflagersetzungen aufzunehmen.

Beispiel

Die Mattenbewehrung (R335A mit $d_s = 8{,}0$ mm) einer Zweifeldplatte soll auf dem Zwischenlager gestoßen werden. Gesucht ist die Auflagerlänge l_{bd}.

$l_{bd} = 6 \cdot d_s = 6 \cdot 8 =$ **48 mm** (gerundet 50 mm)

7.2 Betonbau, Stahlbetonbau und Spannbetonbau

Übergreifungsstöße von zugbeanspruchten Stabstählen

- Übergreifungsstöße sollen **versetzt** angeordnet werden!
- Stöße/Übergangsstöße (indirekte Stöße) sollen nach Möglichkeit vermieden werden; i.d.R. bei einer Stablänge zwischen 12,00 m und 14,00 m möglich.
- Randabstand c_1 ist einzuhalten, damit der Beton nicht abplatzt!

Längsversatz und Querabstand

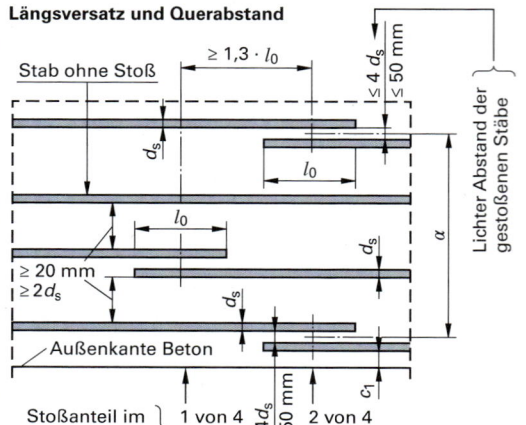

Die Übergreifungslänge l_s darf folgenden Wert nicht unterschreiten:

$l_{bd} = \alpha_1 \cdot \alpha_4 \cdot l_{b,rqd}$

$\alpha_1 = 1,0 \qquad \alpha_4 = 1,0$

$l_{b,rqd}$ Grundwert der Verankerungslänge ▶ S. 350

α_6 Beiwert für die Übergreifungslänge (siehe Tabelle unten)

$$l_0 = \alpha_6 \cdot l_{bd} \geq l_{0,min}$$

Mindestwert der Übergreifungslänge

$$l_{0,min} = 0,3 \cdot \alpha_1 \cdot \alpha_6 \cdot l_{b,rqd} \geq \begin{cases} 15 \cdot d_s \\ 200 \text{ mm} \end{cases}$$

Abstände a und c_1

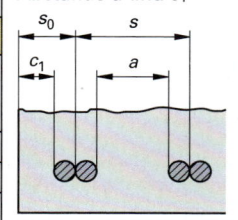

Beiwerte α_6 für die Übergreifungslänge

Längsversatz ⇒ wenn der Stoßmittenabstand ≥ 1,3 l_0		Anteil der ohne Längsversatz gestoßenen Stäbe am Querschnitt einer Bewehrungslage	
		≤ 33 %	> 33 %
Zugstoß	d_s < 16 mm	1,2[a]	1,4[a]
	d_s ≥ 16 mm	1,4[a]	2,0[b]

[a] Falls $a \geq 8 \cdot d_s$ und $c_1 \geq 4 \cdot d_s$, gilt $\alpha_6 = 1,0$ [b] Falls $a \geq 8 \cdot d_s$ und $c_1 \geq 4 \cdot d_s$, gilt $\alpha_6 = 1,4$

Querbewehrung im Übergreifungsbereich (ist stets anzuordnen)

Auf zusätzliche Querbewehrung (A_{st}) kann verzichtet werden, wenn
- der Anteil der gestoßenen Stäbe ≤ 25 % ist,
- die Stabdurchmesser d_s < 20 mm sind.

Es ist eine Querbewehrung A_{st} anzuordnen, wenn
- die Stabdurchmesser d_s ≥ 20 mm sind,
- die Querschnittsfläche A_{st} der Querbewehrung muss mindestens so groß sein wie die Querschnittsfläche A_s eines gestoßenen Stabes.

Zugstoß

Beispiel

Die Tragbewehrung eines Balkens (erf A_s = 8,0 cm², vorh A_s = 9,4 cm² (3 ⌀ 20 mm)) wird durch Übergreifung (Stoßanteil > 33 %) gestoßen. Gesucht ist die Übergreifungslänge l_0.

$l_0 = \alpha_6 \cdot l_{bd} = \alpha_6 \cdot \alpha_1 \cdot \alpha_4 \cdot l_{b,rqd} \cdot A_{s,erf}/A_{s,vorh}$
$ = 2,0 \cdot 1,0 \cdot 1,0 \cdot 71 \cdot 8,0/9,4 = 121 \text{ cm} \geq l_{0,min}$
$l_{0,min} = 0,3 \cdot \alpha_1 \cdot \alpha_6 \cdot l_{b,rqd} = 42,6 \text{ cm}$

$l_0 = \textbf{121 cm} \geq 42,6 \text{ cm}$

C30/37
B500A
guter Verbundbereich

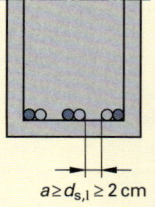

7.2 Betonbau, Stahlbetonbau und Spannbetonbau

Übergreifungsstöße von Matten

Der Regelstoß ist der **Zwei-Ebenen-Stoß**:
- Stöße sollten **nicht** in hoch beanspruchten Bereichen (z.B. dem max. Biegemoment) liegen.
- **Q-Matten** haben Tragstöße in Längs- und Querrichtung, **R-Matten** nur in Längsrichtung.
- **Mattenquerschnitt** in Trag-/Längsrichtung $a_{s,l}$ und Querrichtung $a_{s,q}$ in **cm²/m**
- Matten mit Bewehrungsquerschnitten $a_s \leq 12$ cm²/m dürfen ohne Längsversatz gestoßen werden.
- Bei mehrlagiger Bewehrung sind die Stöße der einzelnen Lagen mindestens um die 1,3-fache Übergreifungslänge in Längsrichtung versetzt anzuordnen.

Tragstoß (Übergreifungsstoß in Längsrichtung)

$l_{b,rqd}$	das Grundmaß der Verankerungslänge
α_7	der Beiwert zur Berücksichtigung des Mattenquerschnitts mit $\alpha_7 = 0{,}4 + a_{s,vorh}/8$ mit $1{,}0 \leq \alpha_7 \leq 2{,}0$
$a_{s,erf}$	die erforderliche Querschnittsfläche der Bewehrung in cm²/m
$a_{s,vorh}$	die vorhandene Querschnittsfläche der Bewehrung in cm²/m
$l_{0,min}$	der Mindestwert der Übergreifungslänge mit $l_{0,min} = 0{,}3 \cdot \alpha_7 \cdot l_{b,rqd} \geq s_q \geq 200$ mm
s_q	der Abstand der geschweißten Querstäbe

Die Übergreifungslänge l_0 darf folgenden Wert nicht unterschreiten.

$$l_0 = l_{b,rqd} \cdot \alpha_7 \cdot \frac{a_{s,erf}}{a_{s,vorh}} \geq l_{0,min}$$

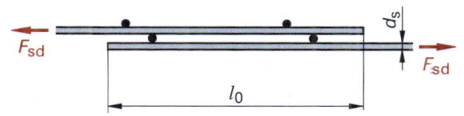

Übergreifungsstoß in Längsrichtung

Verteilerstoß (Übergreifungsstoß in Querrichtung)

Stab-∅ $d_{s,q}$	≤ 6 mm	> 6 mm ≤ 8,5 mm	> 8,5 mm ≤ 12 mm	> 12 mm
Übergreifungslänge $l_{0,q}$	≥ 1,0 · s_1 ≥ 150 mm	≥ 2,0 · s_1 ≥ 250 mm	≥ 2,0 · s_1 ≥ 350 mm	≥ 2,0 · s_1 ≥ 500 mm

s_l Stababstand der Längsstäbe

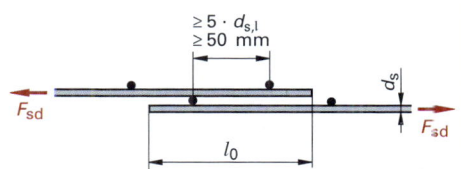

Übergreifungsstoß in Querrichtung

Maschenregel für den Zwei-Ebenen-Stoß
Die Übergreifungslänge l_0 in cm ist rot gesetzt

Q-Matten	Maschenanzahl im **guten** Verbundbereich I						Maschenanzahl im **mäßigen** Verbundbereich II					
	Tragstoß Längsrichtung			Tragstoß Querrichtung			Tragstoß Längsrichtung			Tragstoß Querrichtung		
	20/25	25/30	30/37	20/25	25/30	30/37	20/25	25/30	30/37	20/25	25/30	30/37
Q 188 A	1 – 29	1 – 25	1 – 22	2 – 29	2 – 25	2 – 22	2 – 41	2 – 35	2 – 32	3 – 41	2 – 35	2 – 32
Q 257 A	2 – 34	1 – 29	1 – 26	2 – 34	2 – 29	2 – 26	3 – 48	2 – 41	2 – 37	3 – 48	3 – 41	3 – 37
Q 335 A	2 – 38	2 – 33	1 – 29	3 – 38	2 – 33	2 – 29	3 – 55	3 – 47	2 – 42	4 – 55	3 – 47	3 – 42
Q 424 A	2 – 43	2 – 37	2 – 33	3 – 50	3 – 50	3 – 50	4 – 61	3 – 52	3 – 47	4 – 61	4 – 52	3 – 50
Q 524 A	3 – 50	2 – 43	2 – 39	3 – 50	3 – 50	3 – 50	4 – 72	4 – 61	3 – 55	5 – 72	4 – 61	4 – 55
Q 636 A	4 – 51	3 – 44	3 – 39	6 – 57	5 – 48	4 – 43	5 – 73	4 – 62	4 – 56	8 – 81	7 – 69	6 – 62

R-Matten	Maschenanzahl im **guten** Verbundbereich I						Maschenanzahl im **mäßigen** Verbundbereich II					
	Tragstoß Längsrichtung			Verteilerstoß Querrichtung			Tragstoß Längsrichtung			Verteilerstoß Querrichtung		
	20/25	25/30	30/37	20/25	25/30	30/37	20/25	25/30	30/37	20/25	25/30	30/37
R 188 A	1 – 29	1 – 25	1 – 25	1 – 15	1 – 15	1 – 15	1 – 41	1 – 35	1 – 32	1 – 15	1 – 15	1 – 15
R 257 A	1 – 34	1 – 29	1 – 26	1 – 15	1 – 15	1 – 15	1 – 48	1 – 41	1 – 37	1 – 15	1 – 15	1 – 15
R 335 A	1 – 38	1 – 33	1 – 29	1 – 15	1 – 15	1 – 15	2 – 55	1 – 47	1 – 42	1 – 15	1 – 15	1 – 15
R 424 A	1 – 43	1 – 37	1 – 33	2 – 25	2 – 25	2 – 25	2 – 61	2 – 52	1 – 47	2 – 25	2 – 25	2 – 25
R 524 A	1 – 50	1 – 43	1 – 39	2 – 25	2 – 25	2 – 25	2 – 72	2 – 61	2 – 55	2 – 25	2 – 25	2 – 25

7.2 Betonbau, Stahlbetonbau und Spannbetonbau

Querkraftbewehrung

- Die Querkraftbewehrung sollte mit der Bauteilachse einen Winkel von **45°** $\leq \alpha \leq$ **90°** bilden.
- Sie kann aus **Bügeln** (mind. 50 %), **Schrägstäben** und **angeschweißten Querstäben** bestehen.
- Die Verankerung muss in der **Druckzone** erfolgen.
- Bügel müssen die **Zugbewehrung** umfassen.

Das freie Hakenende muss mind. **5 d_s** lang sein; der Winkelhaken beim Bügel sogar **10 d_s**. Damit der Stahlbetonbauer an der Biegemaschine nicht jede Hakenlänge berechnen muss, wird dem Außenmaß des Bewehrungsstabes l die Hakenlänge l_H zugegeben.

Haken, allgemein und für Bügel	Winkelhaken, allgemein	Winkelhaken, für Bügel
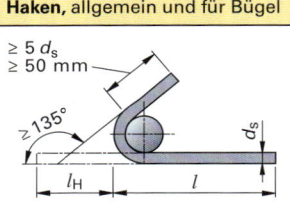	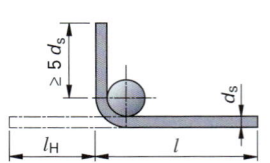	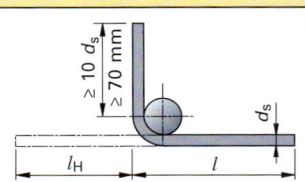

Längenzugaben l_H für Betonstahl B500A und B500B					
10 d_s	**13 d_s**	**7 d_s**	**8 d_s**	**12 d_s**	**13 d_s**
$\varnothing < 20$	$20 \leq \varnothing \leq 32$	$\varnothing < 20$	$20 \leq \varnothing \leq 32$	$\varnothing < 20$	$20 \leq \varnothing \leq 32$

Schnittlängen bei Aufbiegungen

Biegemaße sind Außenmaße.
Ausnahme: schräge Aufbiegungen sind Achsmaße.

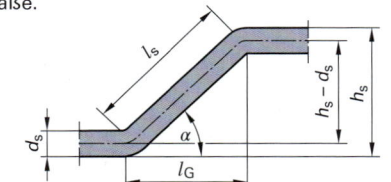

Geometrie der schrägen Aufbiegung
Berechnung der schrägen Aufbiegung l_S (Schmiege) und des Grundmaßes l_G

α	l_S	l_G
45°	$1{,}414 \cdot (h_s - d_s)$	$1{,}000 \cdot (h_s - d_s)$
60°	$1{,}154 \cdot (h_s - d_s)$	$0{,}577 \cdot (h_s - d_s)$

Beispiel

Auszuweisen sind: • Endhaken $ü$ • Schmiege l_s • Grundmaß l_G • Länge l bis zum Schnitt

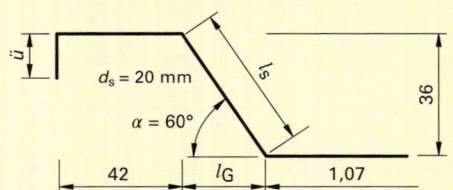

Hakenlänge $ü = 8 \cdot d_s = 8 \cdot 2{,}0$ cm $= $ **16 cm**

Schmiege $\quad l_s = 1{,}154 \; (h_s - d_s)$
$\qquad\qquad\quad = 1{,}154 \; (36{,}0 - 2{,}0) \quad = $ **39,2 cm**

Grundmaß $l_G = 0{,}577 \; (h_s - d_s)$
$\qquad\qquad\quad = 0{,}577 \; (36{,}0 - 2{,}0) \quad = $ **19,6 cm**

Länge $\quad l = 0{,}16$ m $+ 0{,}42$ m
$\qquad\qquad + 0{,}392$ m $+ 1{,}07$ m $= $ **2,04 m**

Beispiel

Ein Stahlbetonbalken 25 cm/60 cm erhält für die Aufnahme der Querkräfte eine Bügelbewehrung $d_{sw} = 8$ mm. Auf welche Länge muss der Stabstahl geschnitten werden, damit bei einer Verankerung durch Winkelhaken eine Betondeckung von $c_V = 3$ cm eingehalten wird?

Winkelhaken: $\quad l_H = 12 \cdot d_s$
$\qquad\qquad\quad$ da $d_{sw} < 20$ mm $\Rightarrow l_H = 12 \cdot 8$ mm $= 96$ mm $= 9{,}6$ cm
Breite des Bügels: $b_{bü} = 25 - 2 \cdot 3 = 19$ cm
Höhe des Bügels: $h_{bü} = 60 - 2 \cdot 3 = 54$ cm
Länge des Stahls: $l_{bü} = 2 \cdot 54 + 2 \cdot 19 + 2 \cdot 9{,}6 = 165{,}2 \Rightarrow$
$\qquad\qquad\qquad\qquad = 165$ cm (gerundet) $= $ **1,65 m**

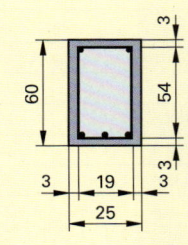

7.2 Betonbau, Stahlbetonbau und Spannbetonbau

Querkraftbewehrung/Bügel

Querschnittswerte $a_{sbü}$ für zweischnittige Bügel je Längeneinheit in cm²/m

Bügelabstand $s_{bü}$	⌀ 6	⌀ 8	⌀ 10	⌀ 12	⌀ 14	⌀ 16	Bügel pro Meter ≙ 1,0 m/$s_{bü}$
10 cm	5,65	10,05	15,71	22,62	30,79	40,21	10,0
15 cm	3,77	6,70	10,47	15,08	20,53	26,81	6,7
20 cm	2,83	5,03	7,85	11,31	15,39	20,11	5,0
25 cm	2,26	4,02	6,28	9,05	12,32	16,08	4,0
30 cm	1,89	3,35	5,24	7,54	10,26	13,40	3,3

Größte Längs- und Querabstände s_{max} von Bügelschenkeln und Querkraftzulagen

	Querkraftausnutzung Festigkeitsklasse des Betons	≤ C50/60 ≤ LC50/55	> C50/60 > LC50/55	≤ C50/60 ≤ LC50/55	> C50/60 > LC50/55
		Längsabstand		Querabstand	
1	$V_{Ed} \leq 0{,}30\ V_{Rd,\,max}$	0,7 h bzw. 300 mm	0,7 h bzw. 200 mm	h bzw. 800 mm	h bzw. 600 mm
2	$0{,}30\ V_{Rd,\,max} < V_{Ed} \leq 0{,}60\ V_{Fd,\,max}$	0,5 h bzw. 300 mm	0,5 h bzw. 200 mm	h bzw. 600 mm	h bzw. 400 mm
3	$V_{Ed} > 0{,}60\ V_{Fd,\,max}$	0,25 h bzw. 200 mm			

Der Längsabstand von Schrägstäben darf folgenden Wert nicht überschreiten: $s_{max} = 0{,}5\ h \cdot (1 + \cot\alpha)$
Mit guter Näherung kann die Zeile 2 für s_{max} verwendet werden ⇒ Berechnung von $V_{Rd,\,max}$ dann entbehrlich.

Längsrichtung — Querrichtung — Bügel / Zulage
Bügelabstände s_w und s'_w — b
Bügelschnittigkeit n_s: $n_s = 2$, $n_s = 3$, $n_s = 4$

Bewehrungsbereiche $a_{sw,\,min}$ und $a_{sw,\,erf}$ unter Gleichlast (genäherte Angaben)

$V_{Rd,c} \approx 40$ kN; $V_{Ed,red} = 110$ kN
$a_{sw,erf}$ | $a_{sw,min}$ | $a_{sw,erf}$ — je 1/3

Bewehrungsbereiche $a_{sw,\,min}$ und $a_{sw,\,erf}$ unter mittiger Einzellast

$V_{Ed} = 120$ kN
$a_{sw,erf} \geq a_{sw,min}$ — je 1/2

Beispiel

Bei einem Einfeldträger unter Gleichlast sei der Bemessungswert der einwirkenden Querkraft, die Auflagerkraft $V_{Ed} = 120$ kN, die reduzierte Querkraft $V_{Ed,red} = 110$ kN. Der Balken ist für die Querkraft zu bewehren.

Balken $b/h = 20$ cm/60 cm
$d = 53$ cm
C35/45 $z = 53$ cm $\cdot$ 0,9 = 48 cm

1. Bereich für die Mindestquerkraftbewehrung
   $a_{sw,min} = 0{,}102 \cdot 20 = 2{,}04$ cm²/m
   gewählt: Bügel ⌀ 6, 2-schnittig
   $s_w = 25$ cm (< 30 cm)
   $a_{sw,vorh} = 2{,}26$ cm²/m > 2,04 cm²/m ▶ S. 347

2. Bereich der erforderlichen Bewehrung
   $a_{sw,erf} = 0{,}019 \cdot V_{Ed}/z$
   $= 0{,}019 \cdot 110/0{,}48 = 4{,}35$ cm²/m ▶ S. 346
   gewählt: Bügel ⌀ 8, 2-schnittig, $s_w = 22{,}5$ cm (< 0,5 $\cdot$ 60 = 30 cm); $a_{sw,vorh} = 4{,}47$ cm²/m > 4,35 cm²/m

120 kN / 110 kN
$a_{sw,erf}$ | $a_{sw,min}$ | $a_{sw,erf}$ — 9,00

7.2 Betonbau, Stahlbetonbau und Spannbetonbau

Sonstige Bewehrungsregeln und Konstruktionsregeln

Mindestbewehrung in der Biegezugzone

- als Feldbewehrung von Auflager zu Auflager
- bei Kragarmen über die gesamte Kragarmlänge
- als Stützbewehrung über Innenauflagern in die benachbarten Felder zu je $1/4 \cdot l_{eff}$

$$\min A_s = \frac{f_{ctm} \cdot W}{z \cdot f_{yk}}$$

- f_{ctm} Mittelwert der Betonzugfestigkeit nach Tabelle ▶ S. 343
- W Widerstandsmoment (▶ S. 88) des Betonquerschnitts
- z Hebelarm der inneren Kräfte ▶ S. 345
- f_{yk} Streckgrenze des Betonstahls B500 f_{yk} = 500 N/mm² ▶ S. 344

Höchstbewehrung: $\max A_s = 0{,}08 \cdot A_c$ mit A_c Betonquerschnitt

Stababstand s_l der **Hauptbewehrung**/Längsbewehrung/Biegezugbewehrung in **Plattentragrichtung**

15 cm $\leq s_l = h \leq$ 25 cm h Plattendicke

Querbewehrung ist eine rechtwinklig zur Tragrichtung angeordnete konstruktive Bewehrung.

$\min a_{s,q} = 0{,}20 \cdot a_{s,l}$

- $d_{s,q}$ Mindestdurchmesser der Querstäbe $d_{s,q}$ = 5 mm
- s_q Abstand der Querstäbe $s_q \leq$ 25 cm

Randbewehrung (rechnerisch nicht berücksichtigte Einspannungen am Auflager)

$a_{s,Rand} \geq 0{,}25 \ldots 0{,}30 \cdot \text{erf } a_{s,Feld}$

$l_{e,Feld} \geq 0{,}20 \cdot l$ bis $0{,}25 \cdot l$

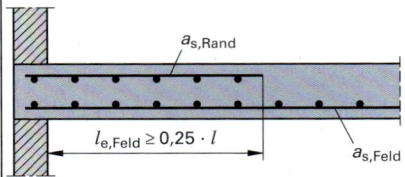

(auch als konstruktive Abreißbewehrung bei Endauflagern bezeichnet)

Abreißbewehrung bei nicht berücksichtigter Plattenstützung **parallel** zur Spannrichtung

$a_s = 0{,}60 \cdot \text{erf } a_{s,Feld}$
mindestens 5 ⌀ 6 mm

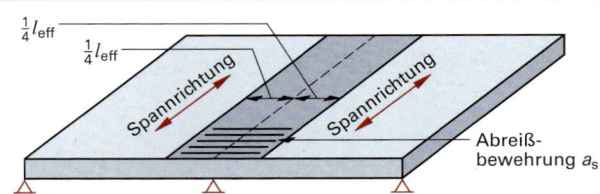

Randbewehrung an freien (ungestützten) Rändern

$a_{Steckbügel}$
gewählt
z.B. d_s = 6 … 8 mm,
s = 20 cm
Empfehlung bei
$h \leq$ 30 cm $\Rightarrow a_s \geq$ 1,25 cm²/m

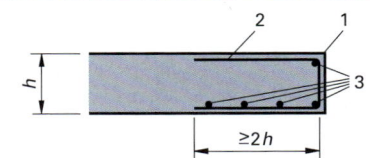

1 freier Rand
2 Steckbügel
3 Längsbewehrung

Unterstützung für die untere Bewehrungslage, Abstandshalter

Radform, aus Kunststoff	Punktförmig, nicht befestigt, aus Beton oder Faserbeton 	Flächenförmig, nicht befestigt, aus Stahl mit Kunststofffüßen 
Linienförmig, nicht befestigt, aus Kunststoff 	Punktförmig befestigt, aus Beton oder Faserbeton 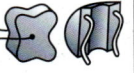	Flächenförmig, nicht befestigt, aus Stahl mit Kunststofffüßen

7.2 Betonbau, Stahlbetonbau und Spannbetonbau

7.2.6 Querschnittstafeln für Balken- und Plattenbewehrung

Querschnitte von Balkenbewehrungen A_s in cm²

Durch-messer d_s (mm)	Stabanzahl n									
	1	2	3	4	5	6	7	8	9	10
6	0,28	0,57	0,85	1,13	1,41	1,70	1,98	2,26	2,54	2,83
8	0,50	1,01	1,51	2,01	2,51	3,02	3,52	4,02	4,52	5,03
10	0,79	1,57	2,36	3,14	3,93	4,71	5,50	6,28	7,07	7,85
12	1,13	2,26	3,39	4,52	5,65	6,79	7,92	9,05	10,2	11,3
14	1,54	3,08	4,62	6,16	7,7	9,24	10,8	12,3	13,9	15,4
16	2,01	4,02	6,03	8,04	10,1	12,1	14,1	16,1	18,1	20,1
20	3,14	6,28	9,42	12,6	15,7	18,8	22,0	25,1	28,3	31,4
25	4,91	9,82	14,7	19,6	24,5	29,5	34,4	39,3	44,2	49,1
28	6,16	12,3	18,5	24,6	30,8	36,9	43,1	49,3	55,4	61,6

Größte Anzahl der Stahleinlagen in einer Lage

Balkenbreite b_0 in cm	Durchmesser der Stahleinlagen d_s in mm						
	10	12	14	16	20	25	28
10	2	2	1	1	1	1	1
15	3	3	3	3	2	2	2
20	5	5	(5)	4	4	3	3
25	7	6	6	(6)	5	4	3
30	(9)	8	7	7	6	5	4
35	10	(10)	9	8	(8)	6	5
40	12	11	10	10	9	7	6
45	(14)	(13)	12	11	10	8	7
50	15	14	13	(13)	11	9	8
60	(19)	17	16	15	14	11	10
Bügel-Ø $d_{sbü}$	$d_{stü} = 8$ mm				$d_{sbü} = 10$ mm		

Betondeckung der Bügel: $c_{bü} = 2,0$ cm. Bei den Werten in ( ) werden die geforderten Abstände geringfügig unterschritten.

Kennwerte von Betonstahl

Durch-messer d_s mm	Quer-schnitt A_s cm²	Gewicht m kg/m
6	0,283	0,222
8	0,503	0,395
10	0,785	0,617
12	1,13	0,888
14	1,54	1,21
16	2,01	1,58
20	3,14	2,47
25	4,91	3,85
28	6,16	4,83
32	8,04	6,31
40	12,57	9,86

Querschnitte von Plattenbewehrungen a_s in cm²/m

Stabab-stand s cm	Stabdurchmesser in mm									Stäbe n pro m
	6	8	10	12	14	16	20	25	28	
6,0	4,71	8,38	13,09	18,85	25,66	33,52	53,36	81,83	102,67	16,7
6,5	4,35	7,73	12,08	17,40	23,68	30,95	48,33	75,54	94,77	15,4
7,0	4,04	7,18	11,22	16,16	21,99	28,73	44,87	70,14	88,00	14,3
7,5	3,77	6,70	10,47	15,08	20,52	26,81	41,88	65,47	82,13	13,4
8,0	3,53	6,28	9,82	14,14	19,24	25,14	39,26	61,38	77,00	12,5
8,5	3,33	5,91	9,24	13,31	18,11	23,66	36,95	57,76	72,47	11,8
9,0	3,14	5,59	8,73	12,57	17,10	22,34	34,90	54,56	68,44	11,1
9,5	2,98	5,29	8,27	11,90	16,20	21,17	33,06	51,68	64,84	10,5
10,0	2,83	5,00	7,85	11,31	15,39	20,11	31,41	49,10	61,60	10,0
10,5	2,69	4,79	7,48	10,77	14,66	19,15	29,91	46,76	58,67	9,5
11,0	2,57	4,57	7,14	10,28	13,99	18,28	28,55	44,64	56,00	9,1
11,5	2,46	4,37	6,83	9,84	13,39	17,49	27,31	42,70	53,57	8,7
12,0	2,36	4,19	6,54	9,42	12,83	16,76	26,17	40,92	51,33	8,3
12,5	2,26	4,02	6,28	9,05	12,32	16,09	25,13	39,28	49,28	8,0
15,0	1,89	3,35	5,24	7,54	10,26	13,41	20,94	32,73	41,07	6,7
17,5	1,62	2,87	4,49	6,46	8,79	11,49	17,95	28,06	35,20	5,7
20,0	1,41	2,51	3,93	5,65	7,69	10,05	15,71	24,55	30,80	5,0

Abstand s_l der Längsbewehrung:
max $s_l ≤ 150$ mm bei Plattendicke $h ≤ 15$ cm
150 mm $≤ s_l ≤ 250$ bei Plattendicke 15 cm $≤ h ≤ 25$ cm
max $s_l ≤ 250$ mm bei Plattendicke $h ≥ 25$ cm

Querbewehrung:
$a_{sq} ≥ 0,20 · a_s$ ($≥ 20$ % der Längsbewehrung)
max $s_q ≤ 250$ mm
$d_{sq} ≥ 5$ mm

7.2 Betonbau, Stahlbetonbau und Spannbetonbau

Betonstahlmatten ► S. 275

Für Betonstahlmatten gelten die Bestimmungen und Anwendungsregeln nach DIN EN 1992-1-1/NA.

Lagermattenprogramm

Matten-typ	Querschnitt längs quer cm²/m	Länge Breite m	Gewicht je Matte je m² kg	Mattenaufbau in Längs- und Querrichtung					Überstände Anfang/Ende links/rechts mm
				Stab-abstände mm	Stabdurchmesser Innen-/Randbereich mm	Anzahl der Längsrandstäbe links		rechts	
Q188A	1,88 / 1,88		41,7 / 3,02	150 / 150	6,0 / 6,0				75 / 25
Q257A	2,57 / 2,57		56,8 / 4,12	150 / 150	7,0 / 7,0				75 / 25
Q335A	3,35 / 3,35	6,00 / 2,30	74,3 / 5,38	150 / 150	8,0 / 8,0				75 / 25
Q424A	4,24 / 4,24		84,4 / 6,12	150 / 150	9,0 / 9,0	/ 7,0	– 4	/ 4	75 / 25
Q524A	5,24 / 5,24		100,9 / 7,31	150 / 150	10,0 / 10,0	/ 7,0	– 4	/ 4	75 / 25
Q636A	6,36 / 6,28	6,00 / 2,35	132,0 / 9,36	100 / 125	9,0 / 10,0	/ 7,0	– 4	/ 4	62,5 / 25
R188A	1,88 / 1,13		33,6 / 2,43	150 / 250	6,0 / 6,0				125 / 25
R257A	2,57 / 1,13		41,2 / 2,99	150 / 250	7,0 / 6,0				125 / 25
R335A	3,35 / 1,13	6,00 / 2,30	50,2 / 3,64	150 / 250	8,0 / 6,0				125 / 25
R424A	4,24 / 2,01		67,2 / 4,87	150 / 250	9,0 / 8,0	/ 8,0	– 2	/ 2	125 / 25
R524A	5,24 / 2,01		75,7 / 5,49	150 / 250	10,0 / 8,0	/ 8,0	– 2	/ 2	125 / 25

Unterstützung für die obere Bewehrung

SCHLANGE [2] auf der unteren Bewehrung stehend	Typ U [1] auf der Schalung (mit Kunststofffüßen)	Typ SBA [1] auf der unteren Bewehrung stehend
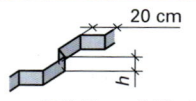 Stützlänge 2,00 m h = Unterstützungsabstand (cm)	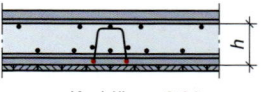 Korblänge 2,00 m h = Unterstützungshöhe (cm)	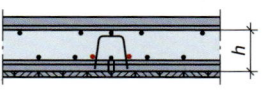 Korblänge 2,00 m h = Unterstützungsabstand (cm)

Typenbezeichnung S				Typenbezeichnung U				Typenbezeichnung SBA	
Typ h	Gewicht je Korb	Typ h	Gewicht je Korb	Typ h	Gewicht je Korb	Typ h	Gewicht je Korb	Typ h	Gewicht je Korb
S 2	0,421	S 11	0,613	U 8	0,658	U 17	1,017	SBA 5	0,650	SBA 14	0,882
S 3	0,436	S 12	0,670	U 9	0,762	U 18	1,046	SBA 6	0,676	SBA 15	0,953
S 4	0,452	S 13	0,687	U 10	0,788	U 19	1,074	SBA 7	0,702	SBA 16	1,034
S 5	0,468	S 14	0,705	U 11	0,845	U 20	1,103	SBA 8	0,728	SBA 17	1,063
S 6	0,484	S 15	0,723	U 12	0,874	U 21	1,259	SBA 9	0,753	SBA 18	1,091
S 7	0,567	S 16	0,862	U 13	0,903	U 22	1,292	SBA 10	0,779	SBA 19	1,120
S 8	0,583	S 18	0,898	U 14	0,931	U 23	1,325	SBA 11	0,804	SBA 20	1,148
S 9	0,599	S 20	1,212	U 15	0,960	U 24	1,359	SBA 12	0,831	SBA 21	1,284
S 10	0,615	S 22	1,248	U 16	0,988	U 25	1,392	SBA 13	0,857	SBA 22	1,317

[1] Typ U auch als BK, Typ SBA auch als BT bekannt.   [2] Auch als BS bekannt.
Das Merkblatt „Unterstützungen" des Deutschen Beton- und Bautechnik Vereins e. V. (DBV) ist als Stand der Technik anzusehen und erfüllt die Bedingungen der DIN EN 1992-1-1 (www.best-gmbh.net).

7.2 Betonbau, Stahlbetonbau und Spannbetonbau

7.2.7 Konstruktionshinweise für Balken und Platten

Auflagerungsarten und Stützweiten l_{eff} bei Balken und Platten

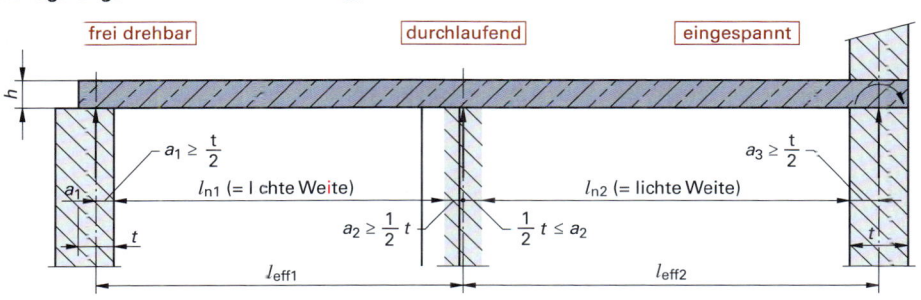

Balken $b/h \leq 5$ und $l_{eff}/h \geq 3$

- Auflagertiefe $a \geq 10$ cm
- $A_{s,Auflager} \geq \frac{1}{4} A_{s,Feld}$ als konstruktive Randbewehrung
- Eine Querkraftbemessung ist durchzuführen.
- $A_{s,max} = A_{s1} + A_{s2} = 0{,}08 \, A_c$
- $A_{s,max} = \frac{f_{ctm}}{f_{yk}} \cdot \frac{b \cdot h^2}{6 \cdot 0{,}9 \cdot d}$ f_{ctm} ▶ S. 343 f_{yk} ▶ S. 344
- Druckbewehrung A_{s2} bei hochbelasteten Querschnitten möglich (A_{s1} Zugbewehrung, A_{s2} Druckbewehrung)

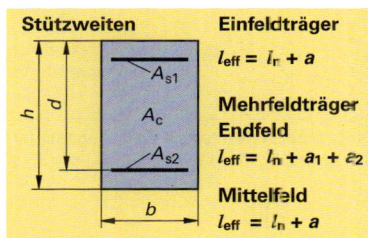

Stützweiten

Einfeldträger
$l_{eff} = l_r + a$

Mehrfeldträger Endfeld
$l_{eff} = l_n + a_1 + a_2$

Mittelfeld
$l_{eff} = l_n + a$

Platten $b/h \geq 5$ und $l_{eff} \geq 5\,h;\ b \geq 5\,h$

- Auflagertiefe
  - $a \geq 7$ cm auf Mauerwerk oder Beton C8/10
  - $a \geq 5$ cm auf Beton C12/15 ... C50/60 oder Stahl
  - $a \geq 3$ cm auf Stahlbeton oder Stahlträgern

  Empfehlung $a = h$

- Mindestdicke $h \geq 7$ cm Deckenhöhe; im Wohnungsbau i.d.R. $h \geq 16$ cm (Schallschutz)
- Lastabtragung: einachsig ($l_y/l_x > 2$) → Hauptbewehrung a_{sl} in Längsrichtung
  Querbewehrung $a_{sq} = 1/5\ a_{sl}$ mit $d_s \geq 6$ mm (B500) und $d_s \geq 5$ mm (B500)
  zweiachsig ($l_y/l_x \leq 2$) → Tragbewehrung in Längs- und Querrichtung (Q-Matten)

- Biegeschlankheit (Faustformel nach DIN 1045)

  Biegeschlankheit nach DIN EN 1992-1-1/NA ▶ S. 360

  $l_i = \alpha \cdot l_{eff}$ allgemein   erf $d = \dfrac{l_i}{35}$

- Bewehrung
  Betonstahlmatten, R- und Q-Matten
  Stabstahl 6 mm $\leq d_s \leq h/10$
- $a_{s,Auflager} \geq \frac{1}{2}\ a_{s,Feld}$
- $a_{s,max} \leq 0{,}8\ A_c$ | $a_{s,min} = \dfrac{f_{ctm} \cdot W_c}{f_{ctm} \cdot z}$
- Eine Querkraftbemessung ist i.d.R. nicht erforderlich.
- Versatzmaß $a_1 = z \cdot (\cot \vartheta - \cot \alpha)$
- Verankerungskraft F_{sd}

  $F_{sd} = V_{Ed} \cdot \dfrac{a_1}{z} + N_{Ed} \geq \dfrac{V_{Ed}}{z}$

  $F_{Ed},\ V_{Ed},\ N_{Ed}$ in kN/m F_{sd} in kN/m
  $a,\ z$ in cm f_{yd} in N/mm²
  $\vartheta,\ \alpha$ Winkel ▶ S. 346

- Erforderliche Bewehrung am Auflager

  erf $A_{s,End} = F_{sd} \cdot \dfrac{10}{f_{yd}}$ $A_{s,End}$ für Balken
  $a_{s,End}$ für Decken

erforderliche Plattendicke d	bei Mehrfeldplatten min $l_{eff} \geq 0{,}8 \cdot$ max l_{eff}		allgemein	trennwand-tragend
	$\alpha = 2{,}5$ (l_{eff}, l_k)		$\geq l_{eff}/35$	$\geq l_{eff}^2/150$
			$\geq l_k/15$	$\geq l_k^2/26$
	($l_{eff,1}$, $l_{eff,2}$)		$\geq l_{eff,1}/44$	$\geq l_{eff,1}^2/234$
			$\geq l_{eff,2}/44$	$\geq l_{eff,2}^2/234$
	$\alpha = 0{,}8\quad \alpha = 0{,}6\quad \alpha = 0{,}8$ ($l_{eff,1}$, $l_{eff,2}$, $l_{eff,3}$)		$\geq l_{eff,1,3}/44$	$\geq l_{eff,1,3}^2/234$
			$\geq l_{eff,2}/58$	$\geq l_{eff,2}^2/417$

7.2 Betonbau, Stahlbetonbau und Spannbetonbau

Biegeschlankheit (l_i/d) für Balken und Platten (DIN EN 1992-1-1/NA)

Statische Systeme l_i = ideale Stützweite → $l_i = (1/K) \cdot l_{eff}$

Bezeichnung	Einfeldträger	Endfeld eines Durchlaufträgers	Mittelfeld eines Durchlaufträgers	Kragträger	Flachdecke $l_{eff} > l$
Symbol					
K	1,0	1,3	1,5	0,4	1,2
$1/K = l_i/l_{eff}$	1/1,0 = 1,00	1/1,3 = 0,77	1/1,5 = 0,67	1/0,4 = 2,50	1/1,2 = 0,83

Statt einer Durchbiegungsberechnung erfolgt der Nachweis der Begrenzung der Verformungen durch eine Begrenzung der Biegeschlankheit.

Zulässige Biegeschlankheit nach EC 2

wenn
$$\varrho \leq \varrho_0 \Rightarrow l/d \leq K \cdot \left[11 + 1,5 \cdot \sqrt{f_{ck}} \cdot \frac{\varrho_0}{\varrho} + 3,2 \cdot \sqrt{f_{ck}} \cdot \left(\frac{\varrho_0}{\varrho} - 1\right)^{3/2}\right]$$

wenn
$$\varrho > \varrho_0 \Rightarrow l/d \leq K \cdot \left[11 + 1,5 \cdot \sqrt{f_{ck}} \cdot \frac{\varrho_0}{\varrho}\right]$$

l_{eff}/d	Biegeschlankheit	f_{ck} charakteristische Betonfestigkeit	$\varrho_0 = \sqrt{f_{ck}}/1000$ Referenzbewehrungsgrad	$\varrho_{erf} = A_s/(b \cdot d)$ erf. Bewehrungsgrad (aus Bemessung)	K Beiwert (statisches System)
l_{eff}	Stützweite			
d	Nutzhöhe			

Diagramm: Grenzwerte der Biegeschlankheit l_i/d in Abhängigkeit von den Betonfestigkeitsklassen C (Auswertung der Gleichung ($l_{eff}/d = K \cdot [11,0 + ...]$) bis zum Bewehrungsgrad $\varrho = 2,5$ %).

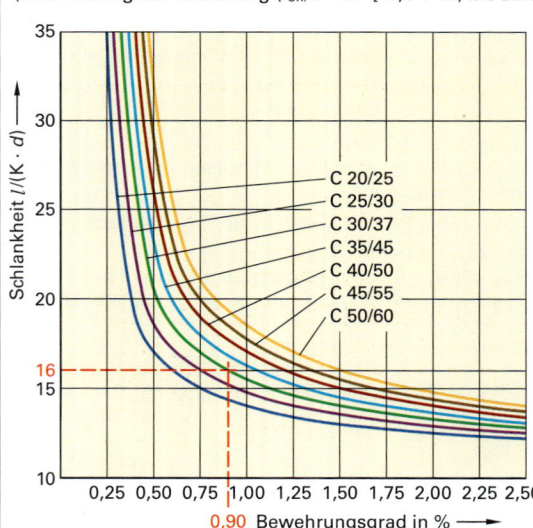

Zulässige Biegeschlankheit

$$(l_i/d)_{zul} = \alpha_s \cdot K \cdot \left(\frac{l}{K \cdot d}\right)_{Diagr}$$

α_s Bewehrungsverhältnis $A_{s,vorh}/A_{s,erf}$
K   Beiwert für das stat. System
$[l/(K \cdot d)]_{Diagr}$ Wert der Biegeschlankheit aus Diagramm

Erforderliche statische Nutzhöhe d

$$d_{erf} \geq \frac{l_{eff}}{35 \cdot K}$$ allgemein ▶ S. 345

$$d_{erf} \geq \frac{l^2_{eff}}{150 \cdot K^2}$$ bei verformungsempfindlichen Bauteilen

Beispiel

Balken: Abmessung b/h = 20 cm/35 cm, Nutzhöhe d = 30 cm, l_{eff} = 5,00 m, Betonfestigkeitsklasse C30/37, statisches System: Endfeldträger Durchlaufträger K = 1,3; aus Biegebemessung: $A_{s,erf}$ = 6,12 cm², gewählt $A_{s,vorh}$ = 7,70 cm²

→ Bewehrungsverhältnis $\alpha_s = A_{s,vorh}/A_{s,erf}$ = 7,70/6,12 = 1,26
→ Referenzbewehrungsgrad $\varrho_0 = \sqrt{f_{ck}}/100 \Rightarrow \varrho_0 = \sqrt{30}/1000 = 0,0055 = 0,55$ %
→ Erf. Bewehrungsgrad $\varrho_{erf} = A_s/(b \cdot d) \Rightarrow \varrho_{erf} = 6,12/(20 \cdot 35) = 0,0087 = 0,9$ %
→ Biegeschlankheit aus Diagramm $(l_i/d)_{Diagr}$ = 16
→ $(l_i/d)_{zul} = \alpha_s \cdot K \cdot [l/(K \cdot d)_{Diagr}] = 1,26 \cdot 1,3 \cdot 16 = 26,2$
→ $(l_i/d)_{vorh} = 5,00/1,3 \cdot 0,30 = 12,8 < (l_i/d)_{zul} = 26,2$
→ Der Verformungsnachweis ist erbracht.

Faustformel nach DIN 1045
$d_{erf} = l_i/35$
$d_{erf} = 11,5$ cm
zu gering, da höhere Ausnutzung

7.2 Betonbau, Stahlbetonbau und Spannbetonbau

Beispiel Stahlbetondecke

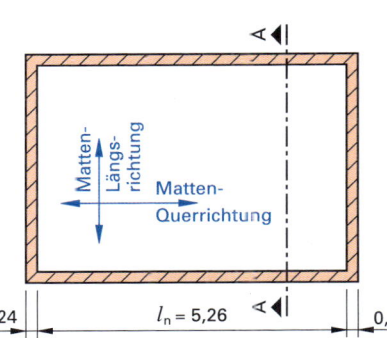
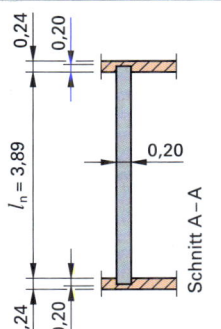

Baustoffe

Lagermatten
Q 335 A, $d_{sl} = 8{,}0$; $d_{sq} = 3{,}0$
R 188 A, $d_{sl} = 6{,}0$; $d_{sq} = 6{,}0$

Beton   Stahl
C20/25   B500

Umgebungsbedingung
Trockene Innenräume
Betondeckung
$c_{nom} = c_v = 2{,}0$ cm

Einbindetiefe in die Wand

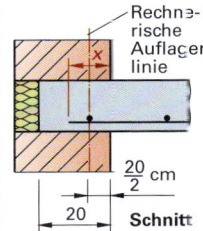

gewählte Einbindetiefe der Mattenbewehrung
$x = 12$ cm

Gesamtbreite für Mattenbewehrung
$b_M = l_T + 2 \cdot x$

$b_M = 5{,}26\ m + 2 \cdot 0{,}12\ m$
$= 5{,}50\ m$

Konstruktive Randbewehrung

Rechnerisch nicht erfasste Einspannwirkungen müssen berücksichtigt werden:

25 % der Feldbewehrung (0,25 $a_{s,Feld}$) ▶ S. 356

über $\frac{1}{4}$ der Länge des Endfeldes (0,25 l_{eff})

$a_{sR} = 0{,}25 \cdot a_{s,Feld} = 0{,}25 \cdot 3{,}35\ cm^2 = 0{,}84\ cm^2/m$

gewählt: R 188 A

$l_E = 0{,}25 \cdot (3{,}89 + 2 \cdot 0{,}20/2) = 1{,}02$ m

Aus 2 Matten R 188 A wird die Randbewehrung geschnitten und positioniert.

erf $l_{s,q} \geq 15$ cm

Übergreifungslänge $l_{s,q}$ in Querrichtung

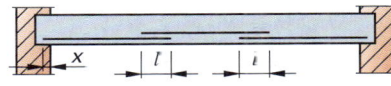

gewählt: $n = 3$ Matten

vorh $l_{s,q} = \dfrac{n \cdot B - b_M}{n - 1} = \dfrac{3 \cdot 2{,}30\ m - 5{,}50\ m}{3 - 1}$

$= 0{,}70$ m $> 0{,}38$ m oder 3 Maschen ▶ S. 353

Verankerung am Auflager

$l_{b,dir} \geq \dfrac{2}{3} \cdot l_{bd} \geq 6 \cdot d_s$ ▶ S. 351

$l_{bd} \geq \alpha_a \cdot l_{b,rqd} \cdot \dfrac{\text{erf } a_s}{\text{vorh } a_s} \geq l_{b,min}$

$\alpha_a = 0{,}7$ (Querstab im Auflagerbereich)

$l_{b,rqd} = 37$ cm ▶ S. 350

erf $a_s = 1{,}67\ cm^2/m$; vorh $a_s = 3{,}35\ cm^2/m$

$l_{bd} \geq l_{b,min} \geq 10\ d_s = 8{,}0$ cm

$l_{b,min} = 0{,}3 \cdot 0{,}7 \cdot 37 = 7{,}8$ cm $< 8{,}0$ cm

$l_{bd} \geq 0{,}7 \cdot 37 \cdot \dfrac{1{,}67}{3{,}35} = 12{,}9$ cm

$l_{b,dir} \geq \dfrac{2}{3} \cdot 12{,}9 = 8{,}6$ cm $> 6 \cdot d_s$ gew.: $l_{b,dir} = 12$ cm

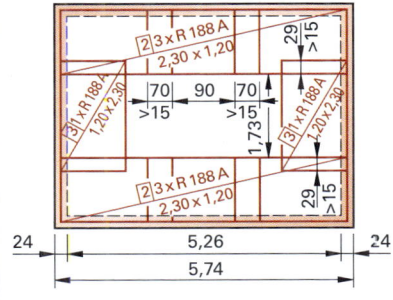

▲ Obere Bewehrung   ▼ Untere Bewehrung

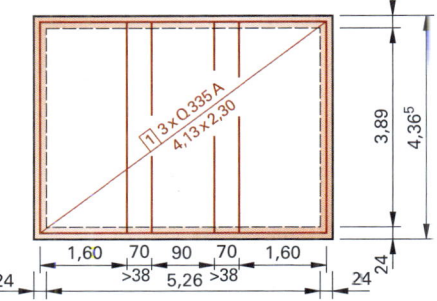

Schlankheit

Empfehlung $l/d \leq 28$

hier: $W l_{eff} = 3{,}89\ m + 2 \times 0{,}10\ m = 4{,}09\ m$

$4{,}09\ m/0{,}175\ m = 23{,}4 < 28$

Die Verformung gilt damit als ausreichend begrenzt.

7.2 Betonbau, Stahlbetonbau und Spannbetonbau

7.2.8 Bemessen und Bewehren

Balken

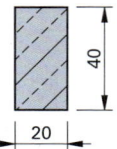

Schnittgrößen:
M_{Ed} = + 147,2 kN·m
N_{Ed} = − 11,3 kN
V_A = 104,0 kN

Baustoffe:
C30/37
B500

Expositionsklasse XC1
Bauteil in geschlossenen Räumen
gewählt: c_w = 2,0 cm
Stabdurchmesser d_s
gewählt: d_{sl} = 20 mm
$d_{s,w}$ = 10 mm

Konstruktives und statisches System

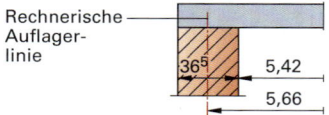

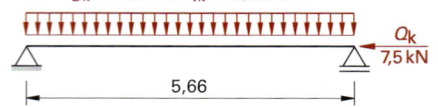

g_k = 10 kN/m q_k = 15,5 kN/m

Q_k = 7,5 kN

Biegebemessung

Statische Höhe d

$d = h - c_{bü} - d_{sbü} - \dfrac{d_s}{2}$

$d = 40 \text{ cm} - 2,0 \text{ cm} - 1,0 \text{ cm} - \dfrac{2,0 \text{ cm}}{2} = 36,0 \text{ cm}$

Bemessungsmoment

$M_s = M - N \cdot z_s$ $z_s = d - \dfrac{h}{2}$

$z_s = 36,0 \text{ cm} - \dfrac{40 \text{ cm}}{2} = 16,0 \text{ cm}$

$M_{Eds} = 147,2 - (-11,3 \cdot 0,16) = 149$ kN·m

k_d-Wert ▶ S. 345

$k_d = \dfrac{d}{\sqrt{\dfrac{M_{Eds}}{b}}}$ $k_d = \dfrac{36,20}{\sqrt{\dfrac{149}{0,20}}} = 1,32$ $k_s = 2,99$

Erf. Stahlquerschnitt A_s

erf $A_s = k_s \cdot \dfrac{M_{Eds}}{d} + \dfrac{N_{Ed}}{43,5}$

erf $A_s = 2,99 \cdot \dfrac{149}{36,0} + \dfrac{-11,3}{43,5} = 12,1$ cm²

Vorh. Stahlquerschnitt $A_{s,vorh}$

gewählt: 4 ⌀ 20 mm
vorh A_s = 12,6 cm² > erf A_s = 12,1 cm²

Querkraftbemessung

Maßgebende Querkraft

$V_{Ed} = V_A - (g_k \cdot \gamma_G + q_k \cdot \gamma_Q) \cdot r$ mit $r = \dfrac{a}{3} + d$

$V_{Ed} = 104 - (10,0 \cdot 1,35 + 15,5 \cdot 1,5) \cdot 0,48 = 86,4$ kN

Erforderliche Querkraftbewehrung $a_{sw,erf}$ ▶ S. 346

$a_{sw,erf} = 0,019 \cdot \dfrac{V_{ED}}{z} = 0,019 \cdot \dfrac{86,4}{0,9 \cdot 0,36} = 5,1$ cm²

gewählt: Bügel ⌀ 8, 2-schnittig, s = 17,5 cm
mit $a_{sw,vorh}$ = 5,7 cm²/m

Mindestquerkraftbewehrung $a_{sw,min}$ ▶ S. 347

$a_{sw,min} = 0,093 \cdot b_w = 0,093 \cdot 20 = 1,86$ cm²/m

gewählt: Bügel ⌀ 6, 2-schnittig, s = 25 cm ($\leq 0,7 \cdot h$)
mit $a_{sw,vorh}$ = 2,26 cm²/m

Der angenommene Bügel-⌀ $d_{s,w}$ = 10 mm liegt auf der sicheren Seite.

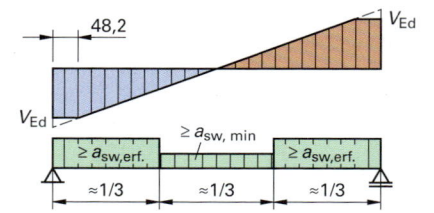

Bewehrungsführung

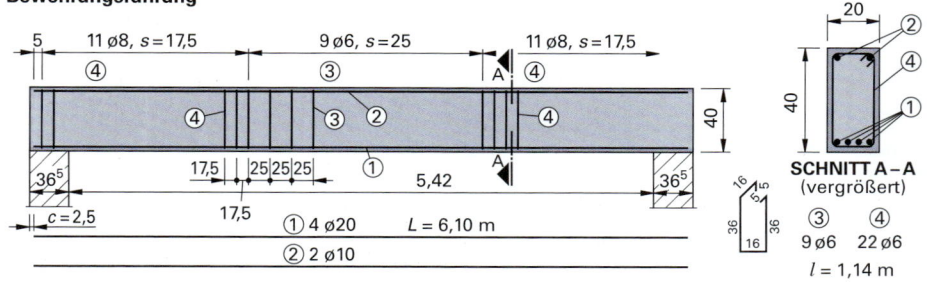

7.2 Betonbau, Stahlbetonbau und Spannbetonbau

Plattenbalken

Plattenbalken bilden aus Balkensteg und Deckenflansch den (idealen) T-förmigen Querschnitt.

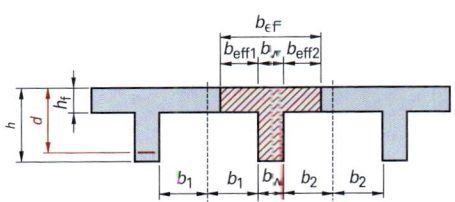

Mitwirkende Plattenbreite

$b_{eff} = b_{eff1} + b_w + b_{eff2}$
$b_{eff,i} = 0,2 \cdot b_i + 0,1 \cdot l_0 \leq 0,2 \cdot l_0 \leq b_i$
b_i = Abstand von Vorderkante Steg bis zur Mittelachse

Statische Länge l_0

$l_{0\text{-Einfeldträger}}$ = statische Länge l_i (effektive Stützweite)
$l_{0\text{-Mehrfeldträger}} = 0,85 \cdot$ statische Länge l_i im Endfeld
$l_{0\text{-Mehrfeldträger}} = 0,70 \cdot$ statische Länge l_i im Mittelfeld
$l_{0\text{-Mehrfeldträger}} = 1,5 \cdot$ statische Länge im Kragfeld
$l_{0\text{-Mehrfeldträger}} = 0,15 \cdot$ statische Länge am Auflager $l_{li,re}$

Statische Länge l_0 in Abhängigkeit vom statischen System

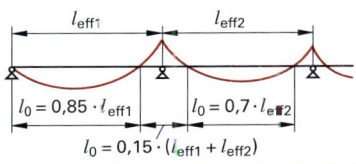
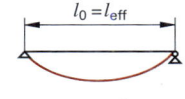
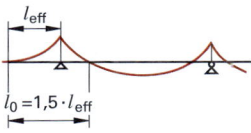

Bemessungsfall A ⇒ schlanker Querschnitt: Nulllinie in der Platte

vereinfachte Bemessung

$\dfrac{b_{eff}}{b_w} > 5 \qquad A_s = \dfrac{1}{43,5}\left[\dfrac{M_{Eds}}{d - h_f/2} + N_{Ed}\right]$

M in kN·m; N in kN, d und h_f in m

Die Nulllinie in der Platte ermöglicht die Vernachlässigung des Steges. Die resultierende F_C der Betondruckspannung wird im Abstand $h/2$ vom OK Rand angenommen. Die Bemessung erfolgt nach der allgemeinen Spannungsformel:

$\sigma = F/A$ bzw. $f_{yd} = M/(z \cdot A)$

Beispiel

Der dargestellte Plattenbalken ist zu bemessen.

$M_{e,d} = 1000$ kN·m
$N_{e,d} = 0$ kN

$\dfrac{b_{eff}}{b_w} = \dfrac{1,50}{0,25} = 6 > 5$

$A_{s,erf} = \dfrac{1}{43,5}\left[\dfrac{1000}{0,90 - 0,20/2} + 0\right] = 28,8$ cm²

gewählt: 10 ⌀ 20 mm mit $A_{s,vorh} = 31,4$ cm².
2-lagig eingebaut ▶ S. 347

Bemessungsfall B ⇒ gedrungener Querschnitt: Nulllinie im Steg

$\dfrac{b_{eff}}{b_w} \leq 5$

Ersatzbalken mit der Breite b und der Höhe x berechnen

$b_i = b_{eff} \cdot k$

Beiwerte k

$\dfrac{h_f}{d}$	b_{eff}/b_w					
	1,5	2	2,5	3	3,5	4	5
0,05	0,71	0,56	0,47	0,42	0,37	0,34	0,30
0,1	0,75	0,62	0,55	0,50	0,46	0,44	0,40
0,2	0,83	0,76	0,70	0,66	0,64	0,62	0,60
0,3	0,91	0,87	0,84	0,82	0,81	0,80	0,79
0,4	0,97	0,96	0,95	0,95	0,95	0,94	0,94
0,5	1,00	1,00	1,00	1,00	1,00	1,00	1,00

① Beiwert k bestimmen
② Breite b_i des Ersatzbalkens berechnen
③ Bemessungsquerschnitt $b_i/h/d$ festlegen
④ Bemessungsbeiwerte k_d und k_s bestimmen

$k_d = \dfrac{d}{\sqrt{M_{Ed}/b}} = ... \Rightarrow$ Tabellenwert k_s

⑤ Erf. Stahlquerschnitt $A_s = k_s \dfrac{M_{Ec}}{d} + \dfrac{N}{43,5}$ berechnen

⑥ Anzahl und Durchmesser der Betonstähle wählen. Bedingung: $A_{s,vorh} \geq A_{s,erf}$

Beispiel

Der dargestellte Plattenbalken aus C35/45 ist zu bemessen.

$\dfrac{b_{eff}}{b_w} = \dfrac{1,50}{0,40} = 3,75 < 5$

Beiwert k

$\dfrac{h_f}{d} = \dfrac{0,20}{0,90} = 0,22$

$\dfrac{b_{eff}}{b_w} = \dfrac{1,50}{0,40} = 3,75$

$M_{e,d} = 1000$ kN·m
$N_{e,d} = 0$ kN
k (nach Interpolation) = 0,67

Breite b_i des Ersatzbalkens
$b_i = b_{eff} \cdot k = 1,50 \cdot 0,67 = 1,00$ m
Damit ergibt sich der Bemessungsquerschnitt:
$b_i/h/d = 1,00$ m/1,00 m/0,90 m

Bemessungsbeiwerte k_d und k_s ▶ S. 345

$k_d = \dfrac{d}{\sqrt{M_{Ed}/b}} = \dfrac{90}{\sqrt{1000/1,00}} = 2,85 \Rightarrow k_s = 2,38$

$A_{s,erf} = k_s \cdot \dfrac{M_{Ed}}{d} = 2,38 \cdot \dfrac{1000}{90} = 26,4$ cm²

gewählt: 9 ⌀ 20 mm mit $A_{s,vorh} = 28,3$ cm² > 26,4 cm²

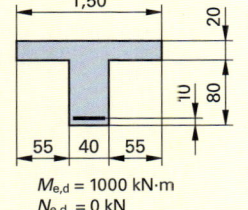

7.2 Betonbau, Stahlbetonbau und Spannbetonbau

Vollplatten

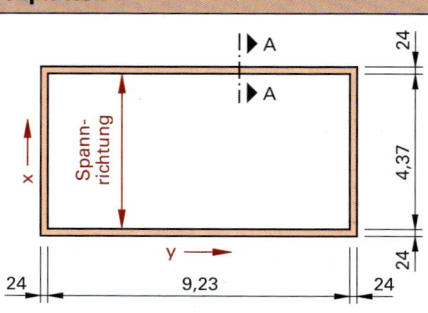
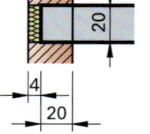

Baustoffe: C20/25
B500A
Expositionsklasse XC1
gewählt: $c_{nom} = 2{,}0$ cm

Schnittgrößen
max M_{Ed} = 32,29 kN·m/m
max V_{Ed} = 28,64 kN/m

Bewehrung
$A_{s,erf}$ aus Biegebemessung = 4,47 cm²/m
gewählt: d_s = 8 mm; s = 10 cm mit $A_{s,vorh}$ = 5,03 cm²/m
$d = h - c_{nom} - d_s/2 = 20 - 2{,}0 - 0{,}8/2 \approx 17{,}5$ cm

Deckung der Zugkraftlinie

Versatzmaß a_1 bei Platte ohne Schubbewehrung

$a_1 = 1{,}0 \cdot d = 17{,}5$ cm

$F_{sd,vorh} = \dfrac{M_{Eds}}{z} + N_{Ed} = \dfrac{32{,}29}{0{,}95 \cdot 0{,}175} + 0 =$ **194 kN/m** mit $z = \zeta \cdot d$

$F_{sd,aufn} = A_s \cdot f_{yd} = 5{,}03 \cdot 435 \cdot 10^{-1}$ = **219 kN/m** mit $f_{yd} = 435$ N/mm²

Zugkraftdeckung
Verankerung am Endauflager
Randzugkraft $F_{sd,R}$ $F_{sd,R} = V_{Ed} \cdot \dfrac{a_1}{z} + N_{Ed} = 28{,}6 \cdot \dfrac{1{,}0 \cdot d}{0{,}95 \cdot d} + 0 = 30{,}1$ kN/m

$A_{s,erf} = \dfrac{F_{sd,R}}{f_y} \cdot 10 = \dfrac{30{,}1 \cdot 10}{435}$ = 0,69 cm²/m

Auflagerbewehrung $A_{s,min} = 0{,}5 \cdot A_{s,Feld} = 0{,}5 \cdot 4{,}47$ = 2,24 cm²/m
$A_{s,vorh} = 0{,}5 \cdot 5{,}03$ = 2,51 cm²/m (> $A_{s,min}$ und > $A_{s,erf}$)

Verankerungslänge $l_{bd,dir} = \dfrac{2}{3} \cdot l_{bd} = \dfrac{2}{3} \cdot \alpha_1 \cdot \dfrac{A_{s,erf}}{A_{s,vorh}} \cdot l_{b,rqd} \geq l_{b,min}$

$l_{b,rqd} = \dfrac{d_s}{4} \cdot \dfrac{f_{yd}}{f_{bd}} = \dfrac{0{,}8}{4} \cdot \dfrac{435}{2{,}3} = 38$ cm

$l_{bd,dir} = \dfrac{2}{3} \cdot 1{,}0 \cdot \dfrac{0{,}69}{2{,}51} \cdot 38 \approx 7$ cm

$l_{b,min} = 0{,}3 \cdot \alpha_1 \cdot l_{b,rqd} = 0{,}3 \cdot 1{,}0 \cdot 38 = 11{,}4$ cm > $6 \cdot d_s$

im Auflagerbereich $6 \cdot d_s = 6 \cdot 0{,}8 = 4{,}8$ cm **gewählt: 15 cm**
außerhalb von Auflagern **gewählt:** $l_{b,net}$ = 20 cm

An jeder Stelle des Balkens oder der Platte ist so viel Bewehrung anzuordnen, dass die Zugkraftdeckungslinie ③ nicht in die Zugkraftlinie ② einschneidet.

Bewehrungsstäbe, die zur Zugkraftdeckung nicht mehr benötigt werden, dürfen aufgebogen werden. Durch die Aufbiegung verkürzt sich die Verankerungslänge. Sie dürfen auch gerade enden.

Der rechnerische Endpunkt E der Bewehrung gibt den Punkt an, von dem aus die Bewehrung nicht mehr erforderlich ist.
Von E aus muss die Bewehrung noch die erforderliche Verankerungslänge $l_{b,net}$ aufweisen.

Die Zugkraft F_{sd} berechnet sich aus der Normalkraft, dem Bemessungsmoment und einem Zugkraftanteil aus der Querkraftabtragung. Dieser Zugkraftanteil wird durch das Versatzmaß ausgedrückt. Vereinfacht ergibt sich das Versatzmaß a_1 zu:

ohne Querbewehrung
$a_1 = \alpha$ (Regelfall)

mit Querbewehrung
$a_1 = 0{,}5 \cdot 0{,}9 \, d \cdot 1{,}2$
$= 0{,}54 \, d$

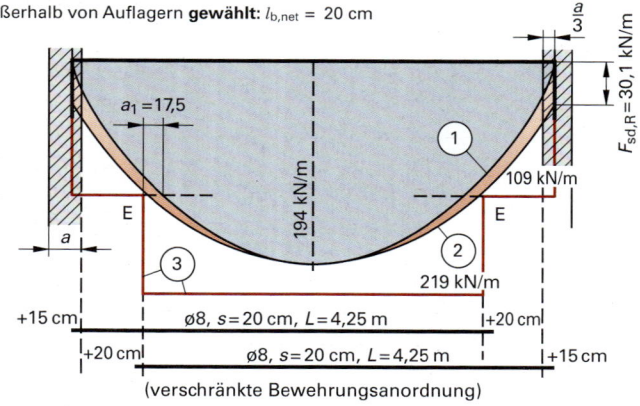

① $\left[\dfrac{M_{Eds}}{z} + N_{Ed}\right]$ – Linie   ② Zugkraftlinie   ③ Zugkraftdeckungslinie

7.2 Betonbau, Stahlbetonbau und Spannbetonbau

Beispiel Einachsig gespannte Durchlaufplatte

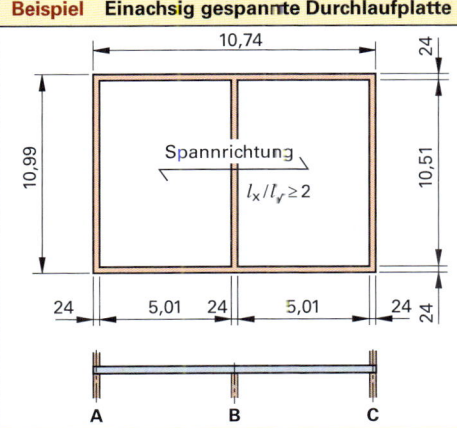

- **Innenbauteil:** Expositionsklasse XC 1
- XC1 ⇒ C16/20 (Mindestbetonfestigkeitsklasse)
  gewählt: **C20/25**
- **Betondeckung** $c_{nom} = c_{min} + \Delta c_{dev}$
  $d_s \leq 1{,}0$ cm (angenommen)
  $c_{min} = 1{,}0$ cm
  $\Delta c_{dev} = 1{,}0$ cm
  $c_{nom} = 1{,}0 + 1{,}0 = 2{,}0$ cm
- **Betonstahl B500A** mit normaler Duktilität
  $\delta \geq 0{,}85$ für Momentenumlagerung

① **Effektive Stützweite** l_{eff}

$$l_1 = l_{eff} = \frac{0{,}24\ m}{2} + 5{,}01\ m + \frac{0{,}24\ m}{2} = 5{,}25\ m$$

② **Begrenzung der Durchbiegung (Biegeschlankheit)**

Beiwert K	K = 1,3	▶ S. 360	
Referenzbewehrungsgrad	$\varrho_0 = 10^{-3} \cdot \sqrt{f_{ck}} = 10^{-3} \cdot \sqrt{20} = 0{,}0045 = 0{,}45$ %	($l/d = K \cdot 17{,}8$)	▶ S. 360
Grenzbewehrungsgrad	$\varrho_{lim} = 0{,}24$ %	(oberer Grenzwert $l/d = K \cdot 35$)	

Da der Bewehrungsgrad noch nicht bekannt ist, wird ein Wert zwischen ϱ_{lim} und ϱ angenommen: $\varrho = 0{,}28$ % → $l/d = K \cdot 28$ (aus Diagramm) ▶ S. 360

Statische Höhe   erf $d \geq l/(K \cdot 28)$ $\geq 525/(1{,}3 \cdot 28) = 14{,}4$ cm
Erf. Plattendicke   erf $h \geq d + c_v + d_s/2 \geq 14{,}4 + 2{,}0 + 1{,}0/2 = 16{,}9$ cm
Gewählte Plattendicke $h_{gew} = 17$ cm

③ **Einwirkungen (Lasten)**

- **Unabhängige ständige Einwirkungen g (Eigenlasten)**
  Platte: 0,17 m · 25 kN/m³ ▶ Kap. 3.7.1   = 4,25 kN/m²
  Schwimmender Estrich und Belag   ≅ 1,25 kN/m²
                                              $g_k = 5{,}50$ kN/m²
  Teilsicherheitsbeiwert $\gamma_g = 1{,}35$ $g_d = 7{,}43$ kN/m² ▶ Kap. 3.9

- **Unabhängige veränderliche Einwirkungen q** ▶ Kap. 3.7.3
  Verkehrslast: Kategorie B1 $q_k = 2{,}00$ kN/m²
  Teilsicherheitsbeiwert $\gamma_q = 1{,}5$ $q_d = 3{,}00$ kN/m² ▶ Kap. 3.9

Die in der unten abgebildeten Tabelle rot unterlegten Tabellenwerte gelten allgemein in der Statik, wenn min $l \geq 0{,}8$ max l ist.

Die Ergebnisse LF1 und LF2 beziehen sich auf das oben ausgeführte Beispiel.

④ **Schnittgrößenermittlung und Bemessungsmomente**

- **Schnittgrößen unter Gebrauchslast** (Elastizitätstheorie)   (g Eigenlast, q Verkehrslast)

Lastfälle LF und statisches System (mit ca. gleichen Stützlängen) ▶ S. 82	LF	Kraftgrößen	Tafelwert k	Lastfälle LF und statisches System (mit ca. gleichen Stützlängen)	LF	Kraftgrößen	Tafelwert k
g_k, A—1—B—2—C	LF1	m_1	0,070	g_k, A—1—B—2—C	LF2	m_1	0,096
		m_B	–0,125			m_B	–0,063
		v_A	0,375			v_A	0,438
		v_{Bli}	–0,625			v_{Bli}	–0,563

Wegen der Symmetrie werden nur 2 Lastfälle unterschieden.							
Lastfälle LF		g_d	q_d	$m_{Ed,F1}$	$m_{Ed,B}$	$v_{Ed,A}$	$v_{Ed,Bli}$
LF1		7,43	3,00	20,20	–35,92	20,52	–34,21
LF2				20,19	–30,75	21,51	–33,22

7.2 Betonbau, Stahlbetonbau und Spannbetonbau

Fortsetzung Beispiel

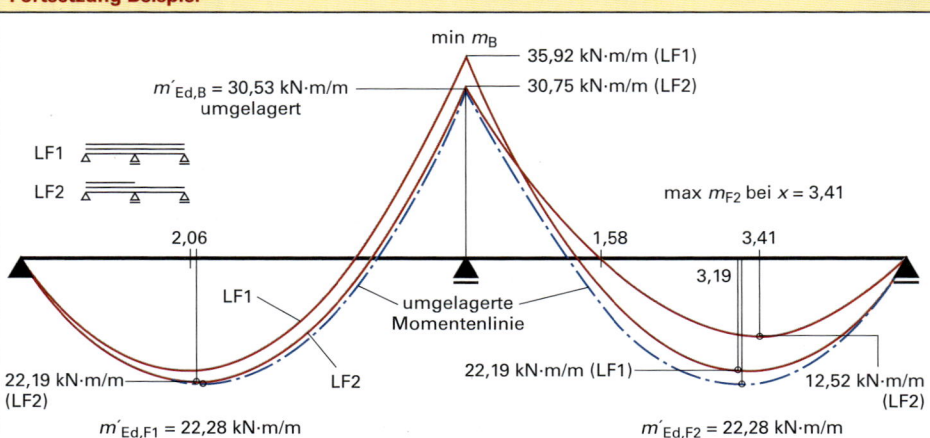

Momentenumlagerungen	$m'_{Eb,B} = m_{Ed,B} \cdot \delta = 35{,}92 \cdot 0{,}85 = -30{,}53$ kN·m/m
mit $\delta = 0{,}85$	$V'_{Ed} = 21{,}56$ kN/m; $V'_{Ed,Bli} = 33{,}15$ kN/m
Gleichgewichtsbedingung	$m'_{Ed,LF\,1} = +\,22{,}28$ kN·m/m $> 22{,}19$ kN·m/m (LF 2)

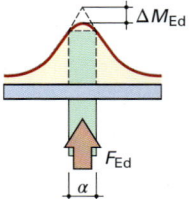

Momentenausrundungen $\Delta M_{Ed} = F_{Ed} \cdot a/8$
aus Gleichgewichtsbedingungen $V'_{Ed,Bli} = V'_{Ed,Bre} = 66{,}30$ kN/m
Momentendifferenz $\Delta M_{Ed} = 66{,}30 \cdot 0{,}24/8 = 1{,}99$ kN·m/m
Ausgerundetes Stützmoment = Bemessungsmoment $m'_{Ed,b,red}$
$m'_{Ed,B,red} = -30{,}53 + 1{,}99 = -28{,}54$ kN·m/m

Maximales Feldmoment (nach Umlagerung) $m'_{Ed,F1} = m'_{Ed,F2} = +\,22{,}28$ kN·m/m
Minimales Stützmoment (nach Umlagerung und Ausrundung) $m'_{Ed,B,red} = -28{,}54$ kN·m/m

⑤ Bemessung in den Grenzzuständen der Tragfähigkeit

■ **Bemessung im Stützbereich nach dem k_d-Verfahren**
Vorhandene statische Nutzhöhe d

$d = h - c - \dfrac{d_s}{2} = 17$ cm $- 2$ cm $- \dfrac{1{,}0\text{ cm}}{2} = 14{,}5$ cm k_d–Rechenwert $\Rightarrow k_s$–Tabellenwert, ζ–Tabellenwert

$k_d = \dfrac{d}{\sqrt{\dfrac{M}{b}}} = \dfrac{14{,}5}{\sqrt{\dfrac{28{,}54}{1{,}00}}}$ (mit $b = 1{,}000$ m Plattenbreite) $= 2{,}71 \Rightarrow k_s = 2{,}48 \Rightarrow \zeta = 0{,}927$

erforderlicher Stahlquerschnitt erf a_s erf $a_s = \dfrac{m_{Ed,B}}{d} \cdot k_s = \dfrac{28{,}54}{14{,}5} \cdot 2{,}48 = 4{,}88$ cm²/m

gewählt: $\boxed{\text{R 524 A}}$ mit vorh $a_s = 5{,}24$ cm²/m $>$ erf $a_s = 4{,}88$ cm²/m

■ **Bemessung im Feldbereich nach den k_d-Verfahren**

$k_d = \dfrac{d}{\sqrt{\dfrac{M}{b}}} = \dfrac{14{,}5}{\sqrt{\dfrac{22{,}28}{1{,}00}}}$ (mit $b = 1{,}000$ m Plattenbreite) $= 3{,}07 \Rightarrow k_s = 2{,}45 \Rightarrow \zeta = 0{,}939$

erforderlicher Stahlquerschnitt   erf $a_s = \dfrac{m_{Ed,Feld}}{d} \cdot k_s = \dfrac{22{,}28}{14{,}5} \cdot 2{,}45 = 3{,}77$ cm²/m

gewählt: $\boxed{\text{R 424 A}}$ mit vorh $a_s = 4{,}24$ cm²/m $>$ erf $a_s = 3{,}77$ cm²/m

⑥ Nachweise in den Grenzen der Gebrauchstauglichkeit

■ **Begrenzung der Betondruckspannungen**
$\sigma_c \leq 0{,}6 \cdot f_{ck} \Rightarrow$ Nachweis nicht erforderlich, da **XC1**

■ **Begrenzung der Betonstahlspannungen**
$\sigma_s \leq 0{,}8 \cdot f_{yk} = 0{,}8 \cdot 500 = 400$ N/mm²
$\sigma_s = m_{Ed,F}/(z \cdot a_s) = 22{,}28 \cdot 10^3/(0{,}939 \cdot 0{,}145 \cdot 424)$
$ = 386$ N/mm² ≤ 400 N/mm²

7.2 Betonbau, Stahlbetonbau und Spannbetonbau

Fortsetzung Beispiel

- **Begrenzung der Durchbiegung**

  Ausgangswerte: l_{eff} = 5,25 m, K = 1,3 (Endfeld), d = 14,5 cm,
  ϱ_0 = 0,45 % (sollte für C20/25 nicht überschritten werden)

  erf. Bewehrungsgrad ϱ_{erf} = $a_{s,erf}/(b \cdot d)$ = 3,77/(100 · 14,5) = 0,26 %

  vorh. Bewehrungsgrad ϱ_{vorh} = $a_s/(b \cdot d)$ = 4,24/(100 · 14,5) = 0,0029 = 0,29 % > ϱ_{erf} = 0,26 %
  < ϱ_0 = 0,45 %

  Bewehrungsverhältnis α_s = $a_{s,vorh}/a_{s,erf}$ = 4,24/3,77 = 1,126

  zul./vorh. Biegeschlankheit l/c' $l/(K \cdot d)$ für ϱ_{erf} = 0,26 % und C20/25 nach Diagramm → $l/(K \cdot d)$ = 31,3

  $(l/d)_{zul}$ = $\alpha_s \cdot K \cdot [l/(K \cdot d)]_{Diagramm}$ = 1,126 · 1,3 · 31,3 = 45,8

  $(l/d)_{vorh}$ = 525/14,5 = 36,2   < 45,8   Nachweis erfüllt! (siehe auch Vorbemessung) ▶ S. 365

- **⑤ Allgemeine Bewehrungs- und Konstruktionsregeln** ▶ S. 350

- **Grundwert der Verankerungslänge $l_{b,rqd}$**

  $l_{b,rqd} = \frac{d_s}{4} \cdot \frac{\sigma_{sd}}{f_{bd}} = \frac{0,9}{4} \cdot \frac{435}{2,32} = 42{,}2$ cm $l_{b,min} = 0{,}3 \cdot \alpha_1 \cdot \alpha_4 \cdot l_{b,rqd}$ mit α_1 = 1,0 und α_4 = 0,7

  $l_{b,min}$ = 0,3 m · 1,0 · 0,7 · 42,2 = 8,9 cm < 10 d_s = 10 · 0,9 = 9,0 cm

  $l_{b,eq} = \alpha_4 \cdot l_{b,rqd} \cdot \frac{a_{s,erf}}{a_{s,vorh}} \geq l_{b,min}$ $l_{b,eq}$ = 0,7 · 42,6 · $\frac{3{,}77}{4{,}24}$ = 26,5 cm ≥ 9,0 cm

- **Verankerung der Feldbewehrung am Endauflager** ▶ S. 360

  Mindestens die Hälfte der erforderlichen Feldbewehrung ist über das Auflager zu führen und dort zu verankern. Die gesamte Feldbewehrung wird über das Endauflager geführt und dort verankert.

  zu verankernde Zugkraft am Auflager A:

  $F_{Ed,A} = |v_{Ed,A}| \cdot \frac{a_l}{z} + N_{Ed}$ mit Versatzmaß a_l = d $z = 0{,}9 \cdot d$ und N_{Ed} = 0

  $F_{Ed,A} = 27{,}56 \cdot \frac{14{,}5}{0{,}9 \cdot 14{,}5} = 23{,}93$ kN/m $a_{s,erf} = \frac{F_{Ed,A}}{f_{yd}} = \frac{23{,}96}{43{,}5} = 0{,}55$ cm²/m

  $a_{s,vorh}$ = 4,24 cm²/m ≥ 0,55 cm²/m

  erforderliche Verankerungslänge $l_{b,dir}$ am (direkten) Auflager A:

  $l_{bd,dir} = \alpha_E \cdot l_{b,eq} \geq 6{,}7 \cdot d_s$ $l_{bd,dir} = \frac{2}{5} \cdot 26{,}5 = 17{,}7$ cm

  vorhandene Verankerungslänge vorh $l_{bd,dir}$ = $t - c_{nom}$ = 24,0 – 2,5 = 21,5 cm ≥ 17,7 cm

- **Verankerung der Stützenbewehrung im Feld** ▶ S. 349

  umhüllende Momentenlinie

  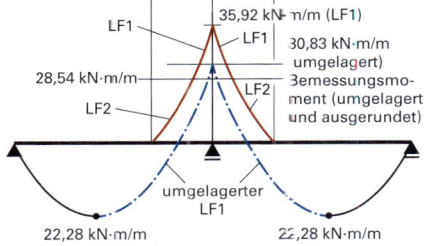

  Mindestens die Hälfte der erforderlichen Feldbewehrung ist über das Auflager zu führen und dort zu verankern.

  Momentennullpunkte vom Auflager B:

  nach rechts $x_{re} = l_{eff} - 2 \cdot v_{Ed,C}/g_d$

  x_{re} = 1,58 m   LF2

  nach links x_{li} = 1,58 m   LF2

  Versatzmaß $a_l = 1{,}0 \cdot d$ = 0,145 m

  erforderliche Verankerungslänge (R524A mit d_s = 1,0 cm und f_{bd} = 2,32 N/mm²) ▶ S. 349 für die im Feld endende Stützbewehrung (ab dem rechnerischen Endpunkt E)

  $l_{b,rqd} = \frac{d_s}{4} \cdot \frac{\sigma_{sd}}{f_{bd}} = \frac{1{,}0}{4} \cdot \frac{435}{2{,}32} = 46{,}9$ cm $l_{b,min} = 0{,}3 \cdot \alpha_1 \cdot \alpha_4 \cdot l_{b,rqd}$ mit α_1 = 1,0 und α_4 = 0,7

  $l_{b,min}$ = 0,3 m · 1,0 · 0,7 · 46,9 = 9,8 cm < 10 d_s = 10 · 1,0 = 10 cm

  $l_{b,eq} = \alpha_4 \cdot l_{b,rqd} \geq l_{b,min}$ $l_{b,eq}$ = 0,7 · 46,9 = 32,8 m ≥ $l_{b,min}$ = 10

  erforderliche Mattenlänge:

  $l_{Matte} = x_{li} + x_{re} + 2 \cdot a_l + 2 \cdot l_{b,eq}$ = 1,58 + 1,58 + 2 · 0,145 + 2 · 0,328 = 4,11   gew. l_{Matte} = 4,15 m

7.2 Betonbau, Stahlbetonbau und Spannbetonbau

Fortsetzung Beispiel

- **Randbewehrung – ungewollte Einspannung am Endauflager**
  Bei rechnerisch nicht erfassten Einspannwirkungen sind mind. 25 % der erforderlichen Feldbewehrung als Stützbewehrung auf einer Länge von $0{,}2 \cdot l_{eff}$ anzuordnen ▶ S. 356.

  $a_{s,E,erf} = 0{,}25 \cdot \text{erf } a_{s,Feld}$ $\qquad a_{s,E,erf} = 0{,}25 \cdot 3{,}77 = 0{,}94 \text{ cm}^2/\text{m}$

  $l_e = 0{,}20 \cdot 5{,}25 = 1{,}05$ m von der Vorderkante Auflager

  gewählt: R188A quergelegt mit vorh $a_{s,E} = 1{,}13 \text{ cm}^2/\text{m} > 0{,}94 \text{ cm}^2/\text{m}$ (Einbindetiefe $t = 10$ cm)

⑧ **Bewehrungsführung**

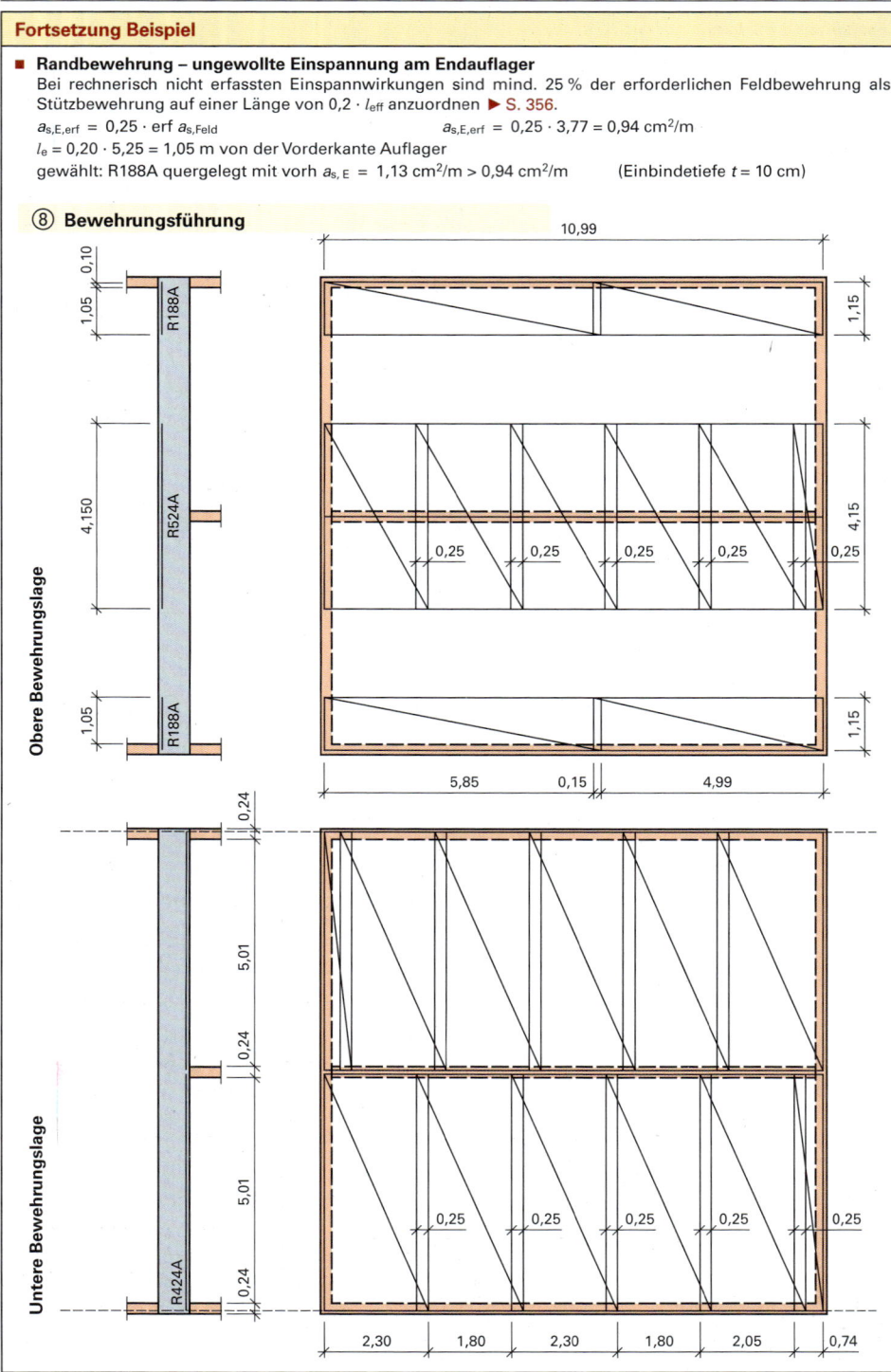

7.2 Betonbau, Stahlbetonbau und Spannbetonbau

Beispiel — Bewehrungsplan einer Treppe

Längsschnitt/M 1 : 20 – cm (verkleinert)

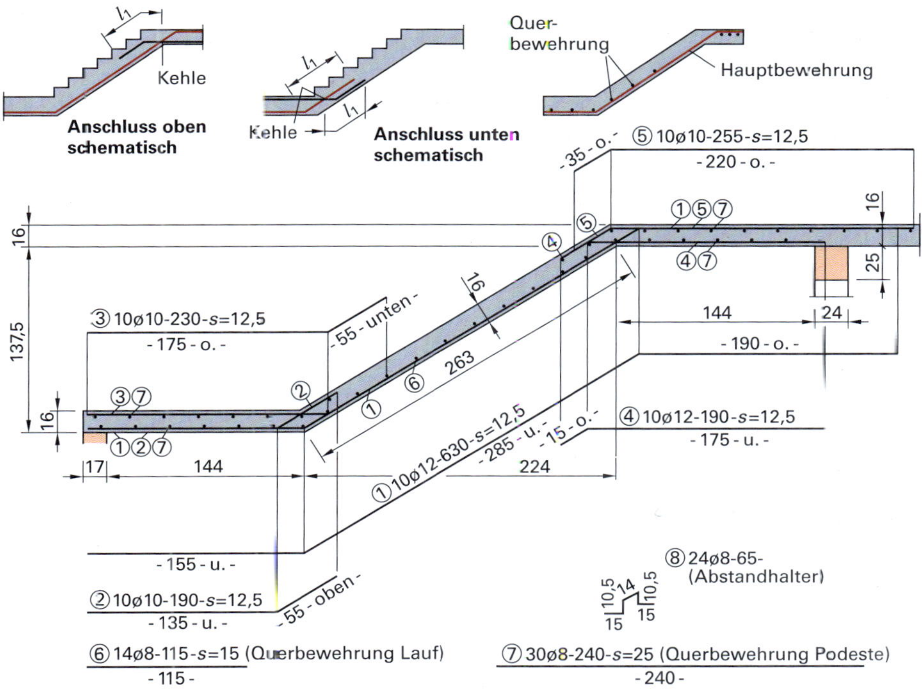

Anschluss oben schematisch — Kehle
Anschluss unten schematisch — Kehle
Querbewehrung — Hauptbewehrung

③ 10ø10-230-s=12,5 — -175- o.-
⑤ 10ø10-255-s=12,5 — -220- o.-
① 10ø12-630-s=12,5 — -285- u.-
④ 10ø12-190-s=12,5 — -175- u.-
② 10ø10-190-s=12,5 — -135- u.-
-155- u.-
-115-
⑥ 14ø8-115-s=15 (Querbewehrung Lauf) — -115-
⑦ 30ø8-240-s=25 (Querbewehrung Podeste) — -240-
⑧ 24ø8-65- (Abstandhalter)

In der Regel werden nach DIN EN ISO 3766 bemaßt:
- die Bauteillängen in m, cm
- die Stablängen als Gesamtlänge in m
- die Stablängen als Teillängen in mm (neu), in der Praxis in cm
- die Stabdurchmesser in mm
- die Stababstände in mm (neu), in der Praxis in cm

Legende
C20/25
B500A
CEM I 32,5
Betondeckung 2,5 cm

Stahlliste

Pos.	Anzahl	ø mm	Einzellänge m	Gesamtlänge in m		
				ø 8	ø 10	ø 12
1	10	12	6,30			63,00
2	10	10	1,90		19,00	
3	10	10	2,30		23,00	
4	10	12	1,90			19,00
5	10	10	2,55		25,50	
6	14	8	1,15	16,10		
7	30	8	2,40	72,00		
8	24	8	0,65	15,60		
Gesamtlänge in m je ø				103,70	67,50	82,00
Gewicht je ø in kg/m				0,395	0,617	0,888
Gesamtgewicht in kg je ø				40,96	41,65	72,82
Gesamtgewicht in kg					155,43	

Statische und konstruktive Grundlagen

Längsgespannte Platte: Die Treppe bildet eine geknickte Einfeldplatte, die am Podestranc aufgelagert wird. Große Spannweiten l erfordern große Plattendicken (Höhe) h.

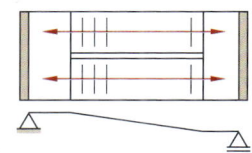

7.2 Betonbau, Stahlbetonbau und Spannbetonbau

Stützen

Die Längsstäbe eines „stabförmigen Druckgliedes" (Stütze mit $b/h \leq 4$) müssen gehalten werden, damit sie infolge einer Druckkraft nicht ausknicken. Bei rechteckförmigen Querschnitten geschieht das durch Bügel, bei runden Querschnitten durch Wendel.

Druckglieder 1) stehend hergestellte Stützen aus Ortbeton 2) liegend hergestellte Stützen und Fertigteile	Bügelbewehrte Stützen		Umschnürte Stützen	
	Vollquerschnitt	Aufgelöster Querschnitt	Vollquerschnitt	Hohlquerschnitt
Mindestabmessungen	$h \geq 20$ cm[1)] $h \geq 12$ cm[2)]	h ist die kleinere Abmessung.	$d_k \geq 20$ cm[1)] $d_k \geq 12$ cm[2)]	
Anzahl und Abstände der Längsstäbe Jeder Längsstab ist durch einen Bügel zu sichern.	Bügel werden i.d.R. mit einem 150°-Haken verankert ▶ S. 351			
	mind. 4 Stäbe, Zusatzbügel[4)] $a \leq 30$ cm[3)]	max. 5 Stäbe	mind. 6 Stäbe	
Mindestdurchmesser der Längsstäbe	$d_{sl} \geq 12$ mm mit max. Abstand $a \leq 30$ cm		3) Bei $b \leq 40$ cm u. $h \leq b$ genügt ein Stab je Ecke. 4) Zusatzbügel mit max. doppeltem Abstand a.	
Bügel-$\varnothing$ d_{sw} Wendel-$\varnothing$ d_{sw}	$d_{sq} = d_{sw} \geq 5$ mm für Matten $d_{sq} = d_{sw} \geq 6$ mm für Stäbe		$d_{sq} \geq 1/4 \cdot \max d_{sl}$ $d_{sq} \geq 12$ mm, wenn $d_{sl} \geq 28$ mm	
Bügelabstände s_w Wendelabstände s_w	$s_{bü}$ $\begin{cases} \leq 12\,d_{sl} \\ \leq h_{min} \\ \leq 30 \text{ cm} \end{cases}$		s_w $\begin{cases} \leq 12\,d_{sl} \\ \leq h_{min} \\ \leq 30 \text{ cm} \end{cases}$ Ganghöhe s_w	

Beispiel

Eine quadratische Stütze (20 cm/20 cm) ist zu bewehren; die Länge der Anschlussbewehrung l_0 soll berechnet werden (erf. $A_s = 7{,}61$ cm²).

Anzahl n der Längsstäbe
Mind. 4 Stäbe gewählt 4 $\varnothing$ 16 mm (> $\varnothing$ 12 mm)
 vorh $A_s = 8{,}04$ cm² > erf $A_s = 7{,}61$ cm²

Bügel
Bügeldurchmesser gewählt $d_{sw} = 8$ mm > 6 mm
Bügelabstand s_w gewählt $s_w = 18$ cm
 $\leq 12\,d_{sl} = 12 \cdot 1{,}6$
 $= 19{,}2$ cm $\leq h = 20$ cm

Übergreifungslänge l_0 Anschlussbewehrung
Verbundbereich I, weil die Stäbe beim Betonieren 90° gegenüber der Waagerechten geneigt sind

$l_0 = l_{b,eq} \cdot \alpha_6$ $l_{b,eq} = \alpha_1 \cdot \alpha_4 \cdot l_{b,rqd} \cdot \dfrac{A_{s,erf}}{A_{s,vor}}$ ▶ S. 350

$\alpha_1 = 1{,}0$ ▶ S. 351 $\alpha_4 = 1{,}0$; $l_{b,rqd} = 57$ cm; $\dfrac{A_{s,erf}}{A_{s,vor}} = 0{,}95$

$l_0 = 1{,}0 \cdot 1{,}0 \cdot 57 \cdot 0{,}95 = 54{,}2$ cm **gewählt $l_0 = 65$ cm**

Bügelabstand im Stoßbereich (60 % ≙ 0,6 · Bügelabstand)
$s_{w,Stoß} = 0{,}6 \cdot s_w$
$s_{w,Stoß} = 0{,}6 \cdot 18 = \mathbf{10{,}8}$ cm   gewählt $s_w = \mathbf{10{,}5}$ cm

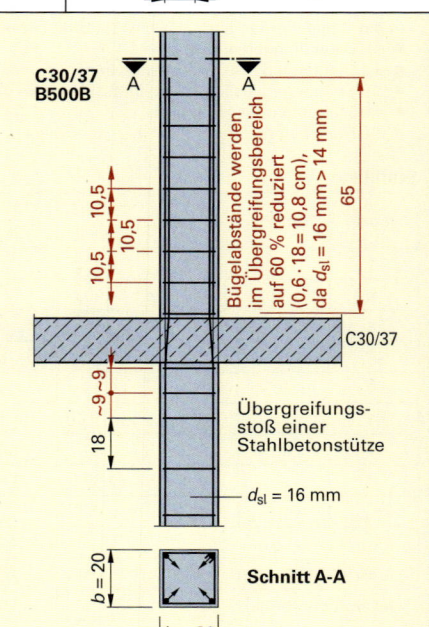

Übergreifungsstoß einer Stahlbetonstütze

Schnitt A-A

7.2 Betonbau, Stahlbetonbau und Spannbetonbau

Wände ($b/h > 4$)

Lotrechte und waagerechte Bewehrung

- Der Bewehrungsgehalt sollte an beiden Seiten im Allgemeinen gleich groß sein.
- $d_{sq} \geq 0{,}25 \cdot d_{sl}$
- $a_{sq} \geq 0{,}5 \cdot a_{sl}$
- Abstand der waagerechten Stäbe ≤ 35 cm

Steckbügel sind im Innern der Wand mit $0{,}75 \cdot l_{b,rqd}$ zu verankern.

Stababstände der Wandbewehrung

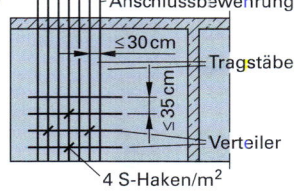

Längsschnitt

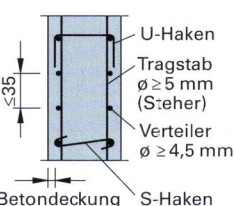

Mindestwanddicken für tragende Wände (in cm)

Mindestwanddicken in cm		unbewehrte Wände		Stahlbetonwände	
		Decken nicht durchlaufend	Decken durchlaufend	Decken nicht durchlaufend	Decken durchlaufend
C12/15 oder LC12/13	Ortbeton	20	14	–	–
ab C16/20 oder LC16/18	Ortbeton	14	12	12	10
	Fertigteil	12	10	10	8

Beispiel Stützwand

C30/37
B500B
CEM I 32,5
Betondeckung 2,5 cm

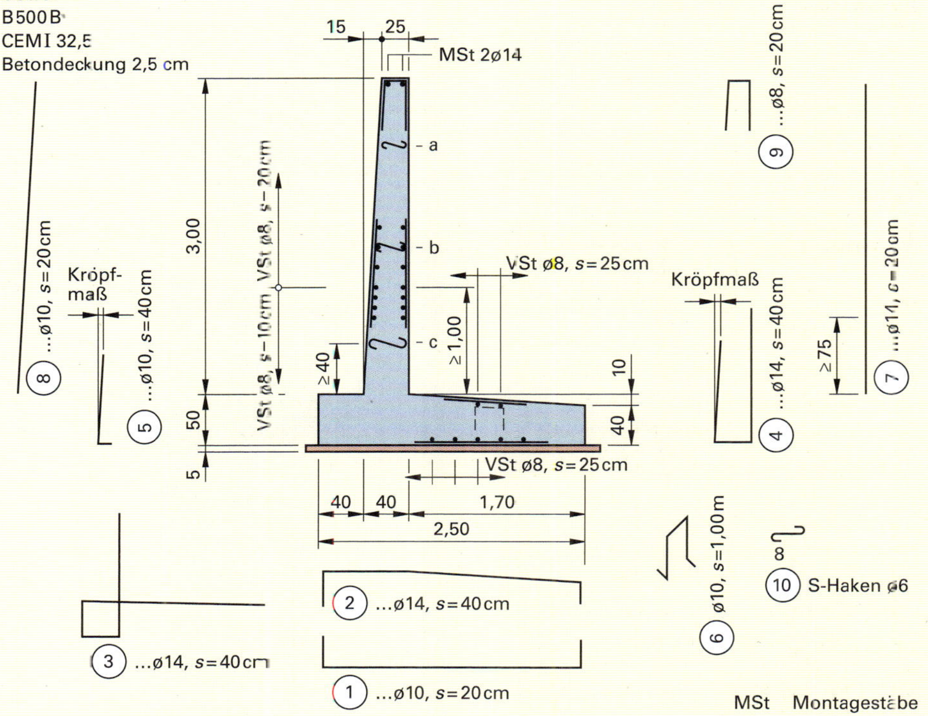

① …ø10, $s = 20$ cm
② …ø14, $s = 40$ cm
③ …ø14, $s = 40$ cm
④ …ø14, $s = 40$ cm
⑤ …ø10, $s = 40$ cm
⑥ ø10, $s = 1{,}00$ m
⑦ …ø14, $s = 20$ cm
⑧ …ø10, $s = 20$ cm
⑨ …ø8, $s = 20$ cm
⑩ S-Haken ø6

MSt Montagestäbe
VSt Verteilerstäbe

7.2 Betonbau, Stahlbetonbau und Spannbetonbau

Bewehrte Einzel- und Streifenfundamente
unbewehrte Fundamente, Flachgründungen ▶ Kap. 7.8

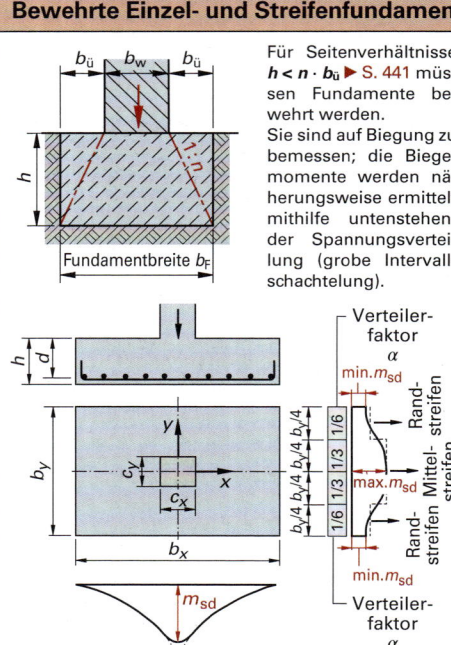

Fundamentbreite b_F

Für Seitenverhältnisse $h < n \cdot b_ü$ ▶ S. 441 müssen Fundamente bewehrt werden.

Sie sind auf Biegung zu bemessen; die Biegemomente werden näherungsweise ermittelt mithilfe untenstehender Spannungsverteilung (grobe Intervallschachtelung).

Momente M_{Sd} aus Stützenlast N_{Sd}

$$M_{Sd,x} = N_{Sd}(b_x - c_x)/8 \qquad M_{Sd,y} = N_{Sd}(b_y - c_y)/8$$

Bemessungsmomente m_{Sd}

$$m_{Sd,x} = \frac{1}{3} M_{Sd,x} \qquad m_{Sd,y} = \frac{1}{3} M_{Sd,y}$$

Bemessung

$$k_d = \frac{d}{\sqrt{\frac{m_{Sd}}{b/8}}} \qquad A_s = k_s \frac{m_{Sd}}{d}$$

Beispiel
Gegeben: $b_x = 2{,}25$ m, $b_y = 1{,}50$ m, $c_x = 0{,}45$ m, $c_y = 0{,}30$ m, $d = 0{,}50$ m, $h \approx 0{,}45$ m, $N = -1100$ kN, C20/25, B500A, erf $A_{sx} = 13{,}5$ cm², erf $A_{sy} = 11{,}9$ cm²

Gesucht: Bewehrungsanordnung

Gewählt: 12 ⌀ 12 mm mit vorh $A_s = 13{,}56$ cm² > erf $A_s = 13{,}48$ cm² je Bewehrungsrichtung

Bewehrung 2-fach gestaffelt

Mittelstreifen: 2/3 · 12 = 8 Stäbe ⌀ 12 mm

Randstreifen: 2 · 1/6 · 12 = 4 Stäbe → je 2 ⌀ 12 mm

Bewehrungsgrundsätze
- Ein Einzelfundament trägt zweiachsig ab.
- Tragbewehrung ist rechtwinklig zueinander anzuordnen und mit Haken/Winkelhaken zu verankern.
- Die Bewehrung wird gestaffelt angeordnet ⇒ halber Abstand (doppelter Stahlquerschnitt) im mittleren Bereich.
- Bei großen Lasten ist eine Ringbewehrung (siehe Abbildung unten links) vorzunehmen.
- Die Anschlussbewehrung ist im Fundament zu verankern.
- Im Übergreifungsbereich ist der Bügelabstand auf 60 % zu reduzieren.

Quadratisches Einzelfundament (Schnitt und Draufsicht)

Die Bewehrung wird zur Feldmitte konzentriert. Die Bemessung erfolgt zunächst näherungsweise für eine über die Fundamentbreite gleichmäßige Beanspruchung. Die Verteilung der Längsbewehrung wird konstruktiv berücksichtigt.

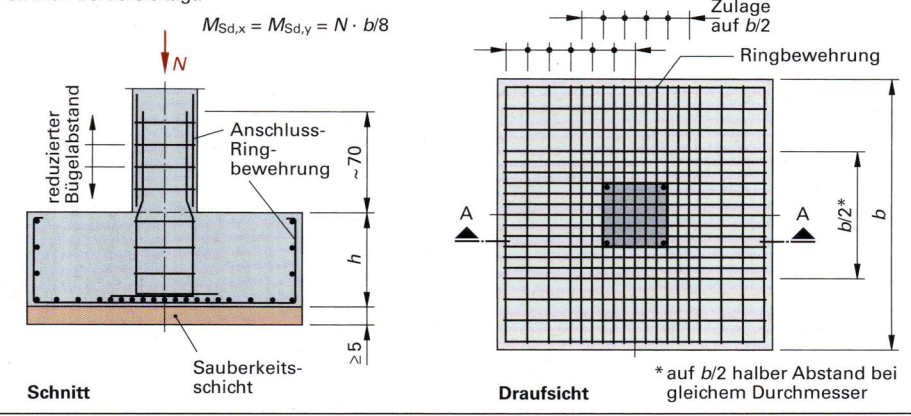

$M_{Sd,x} = M_{Sd,y} = N \cdot b/8$

Schnitt Draufsicht

* auf $b/2$ halber Abstand bei gleichem Durchmesser

7.2 Betonbau, Stahlbetonbau und Spannbetonbau

7.2.9 Spannbetonbau

Spannbeton nach **DIN EN 1992-1-1/NA** ist Beton, der über hochfeste Stähle vorgespannt und unter Druck gesetzt wird. Je nach Verfahren werden die Stähle vor dem Erhärten des Betons (**sofortiger Verbund**) oder nach dem Erhärten des Betons gespannt (**nachträglicher Verbund**).

- Das Spannbetonbauteil wird vollständig von den Zugspannungen befreit (**volle Vorspannung**).
- Geringe Zugspannungen werden zugelassen (**beschränkte Vorspannung**).

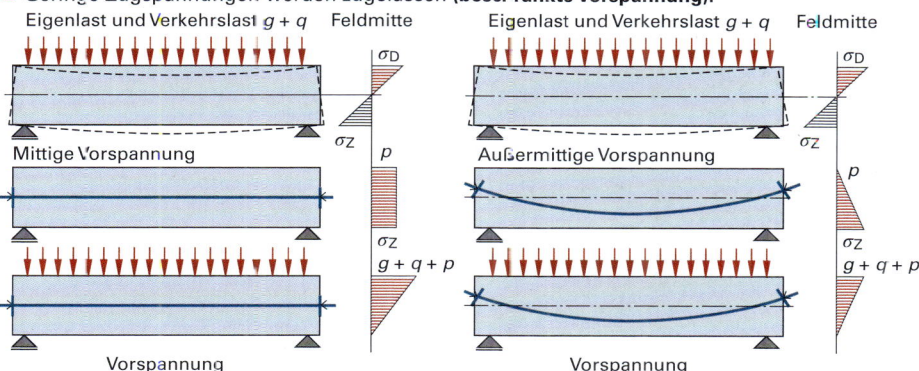

Beton	Spannstahl (Auszug)		Hüllrohre
C25/30 ... C100/115 LC25/38 ... LC60/66	**Stabstähle** St 1050 ... 1350 N/mm² Ø 15 ... 36 mm rund	2200 N/mm² 1800 1600 ST 1600/1800 1400 ST 1400/1600 1200 ST 1250/1400 1000 800 ST 600/900 600 400 B500 200 0 4 8 12 16 % 24 Dehnung →	gerieffelt oder gewellt; ausreichend steif und biegsam aus Blech oder Kunststoff
Arten der Vorspannung	**Drähte** St 1500 ... 1800 N/mm² Ø 5 ... 16 mm rund; oval; rechteckig		**Einpressmörtel**
■ Vorspannung mit sofortigem Verbund ■ Vorspannung mit nachträglichem Verbund ■ Vorspannung ohne Verbund intern oder extern geführt			■ $w/z = 0{,}35 ... 0{,}40$ ■ Druckfestigkeit $\sigma_D = 30$ N/mm² ■ geringe Volumenverminderung; ausreichendes Fließvermögen ■ Zusatzmittel müssen für Spannbeton zugelassen sein.
	Litzen St 1600 ... 1800 N/mm² Ø 5,2 ... 7,5 mm 3 Drähte verlitzt		
■ Streckgrenze (R_e) 835 bis 1570 N/mm² ■ Zugfestigkeit (R_m) 1030 bis 1770 N/mm² z.B. St 335/1030	Ø 7,0 ... 18,0 mm 7 Drähte verlitzt		
	Europäische Sortenbezeichnung Y Spannstahl, Q vergütet, C kaltgezogen; z.B. Y 835 C		

Art des Verbundes	Spannverfahren	Zulassungsinhaber	Zulassungs-Nummer
nachträglicher Verbund	SUSPA – Litzenspannverfahren 150 mm²	DYWIDAG-Systeme International GmbH	Z-13.1-82
	SPANTEC – Litzenspannverfahren	Spantec Spann- und Ankertechnik GmbH	Z-13.1-145
ohne Verbund (intern)	VBT – Monolitzenspannverfahren	VBT Vorspann- und Brückentechnologie GmbH	Z-13.2-124
	BBV Litzenspannverfahren ohne Verbund Typ L1 P	BBV Systems GmbH	Z-13.2-132
ohne Verbund (extern)	BBV Externes Spannverfahren Typ E	BBV Systems GmbH	Z-13.3-131
	SUSPA-Monolitzenspannverfahren	DYWIDAG-Systeme International GmbH	Z-13.3-135

Art des Verbundes	Bauteile	Zulassungsinhaber	Zulassungs-Nummer
sofortiger Verbund	Spannbeton-Hohlplatte	Forschungsgesellschaft VMM-Spannbetonplatten GbR	Z-15.10-300
	vorgespannte Elementdecke	Max Bögl Fertigteilwerke GmbH & Co. KG	Z-15.11-302

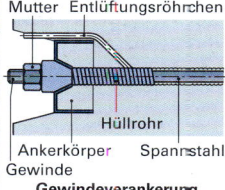

7 BAUTECHNIK UND BAUKONSTRUKTION

7.3 Holzbau

7.3.1 Einstufungen im Holzbau

Die folgenden Ausführungen basieren auf der DIN EN 1995 „Bemessung und Konstruktion von Holzbauten" (EC 5) mit
- Teil 1-1: Allgemeine Regeln für den Hochbau und dem Nationalen Anhang (NA) in Verbindung mit DIN EN 1990 (EC 0) und DIN EN 1990 (EC 1) ▶ Kapitel 3.
- Einwirkungen werden nach ihrer zeitlichen Dauer eingeteilt.
- Die Einbaufeuchte des Holzes darf in den Nutzungsklassen (NKL) 1 und 2 höchstens 20 %, in der Nutzungsklasse 3 höchstens 25 % betragen.

Nutzungsklassen NKL von Holzbaustoffen

Nutzungsklasse	NKL 1	NKL 2	NKL 3
Ausgleichsholzfeuchte	5 % … 15 %	10 % … 20 %	12 % … 24 %
Nutzungsart	beheizte Innenräume	überdachte Tragwerke	frei der Witterung ausgesetzte Bauwerke

Klassen der Lasteinwirkungsdauer KLED

Klasse	Dauer der Einwirkung	Beispiele für Einwirkung
ständig	länger als 10 Jahre	Eigenlasten
lang	6 Monate bis 10 Jahre	Verkehrslasten in Lagerräumen
mittel	1 Woche bis 6 Monate	Verkehrslasten, Spitzböden, Wohn-, Aufenthalts-, Büroräume und Flure
		Regelschneelast $s_0 > 2{,}0$ kN/m²
kurz	kürzer als 1 Woche	Regelschneelast $s_0 \leq 2{,}0$ kN/m²
Bei Wind darf für k_{mod} das Mittel aus kurz und sehr kurz verwendet werden		Windlast
sehr kurz	kürzer als 1 Minute	Anprallasten

Faktoren zum Nachweis der Tragfähigkeit k_{mod} (Modifikationsbeiwert) und der Gebrauchstauglichkeit k_{def} (Verformungsbeiwert) für Vollholz (VH) und Brettschichtholz (BSH)

Klasse der Lasteinwirkungsdauer	k_{mod} für die Nutzungsklassen			k_{def} für die Nutzungsklassen		
	NKL 1	NKL 2	NKL 3	NKL 1	NKL 2	NKL 3
ständig	0,60	0,60	0,50	0,60	0,80	2,00
lang	0,70	0,70	0,55	Vollholz[2]), Brettschichtholz, Furnierschichtholz, Balkenschichtholz[1]), Brettsperrholz[1]), Massivholzplatten[1]) [1]) nur für NKL 1 und NKL 2 [2]) VH mit einer Einbaufeuchte ≥ 30 %: k_{def} um 1 erhöhen		
mittel	0,80	0,80	0,65			
kurz	0,90	0,90	0,70			
sehr kurz	1,10	1,10	0,90			

Bei Kombination mehrerer Einwirkungen wird für k_{mod} die Einwirkungszeit mit der kürzesten Lasteinwirkungsdauer für die gesamte Kombination angesetzt.

Teilsicherheitsbeiwerte γ_M für Baustoffe

Bemessungssituation	γ_M
Holzbauteile allgemein im Tragfähigkeitsnachweis	1,3
Stahl in Verbindungen auf Biegung	1,1
auf Zug oder Scheren beanspruchte Stahlteile	1,25
außergewöhnliche Beanspruchung	1,0
alle Baustoffe im Gebrauchstauglichkeitsnachweis	1,0

Nutzungsklasse 1
Regeltemperatur 20 °C
Luftfeuchtigkeit i.d.R. 65 %

Nutzungsklasse 2
Regeltemperatur 20 °C
Luftfeuchtigkeit i.d.R. 85 %

Nutzungsklasse 3
Konstruktionen sind der Witterung ausgesetzt.

Regelfall

Im **Tragfähigkeitsnachweis** werden die Bauteile und Verbindungsmittel auf Versagen infolge Spannungsüberschreitung oder mangelnder Stabilität untersucht.

Im **Gebrauchstauglichkeitsnachweis** wird untersucht, ob die Bauteile sich in den Grenzen zulässiger Werte verformen. Wegen der aufwendigen Rechenverfahren wird nachfolgend im **Tragfähigkeitsnachweis** nur der **Regelfall** behandelt. Dabei wird die Nutzungsklasse 1 oder 2 (NKL = 1 oder 2) und die Klasse der Lasteinwirkungsdauer mit mittel (KLED = mittel) angesetzt. Damit sind $\gamma_M = 1{,}3$ und $k_{mod} = 0{,}8$ berücksichtigt.

7.3 Holzbau

Charakteristische Rechenwerte für Vollholz in N/mm² (DIN EN 338, DIN EN 1194)

Art der Klassifizierung und Beanspruchung		Vollhölzer (Nadelhölzer)											Vollholz (Laubhölzer)					
		Douglasie Tanne Lärche	Fichte Kiefer	Pappel	Pappel	Douglasie Fichte Kiefer Tanne Lärche	Pappel	Fichte Kiefer Lärche	Douglasie				Eiche Ahorn	Buche	Esche	Buche		
Sortierklasse nach DIN 4074-1 DIN 4074-5		S7 S7K	S7 S7K	LS10 LS10K und besser	LS10 LS10K und besser	S10 S10K	LS13	S13 S13K	S13 S13K				LS10K LS10K und besser	LS10 LS10K und besser	LS10 LS10K und besser	S13 S13K und besser		
Festigkeitsklassen		C14	C16	C18	C20	C22	C24	C27	C30	C35	C40	C45	C50	D18	D24	D30	D35	D40	D40	D50	D60
Biegung	$f_{m,k}$	14	16	18	20	22	24	27	30	35	40	45	50	18	24	30	35	40	40	50	60
Zug in Faserrichtung	$f_{t,0,k}$	7,2	8,5	10	11,5	13	14,5	16,5	19	21,5	26	30	33,5	11	14	18	21	24	24	30	36
Zug rechtwinklig zur Faserrichtung	$f_{t,90,k}$	0,4	0,4	0,4	0,4	0,4	0,4	0,4	0,4	0,4	0,4	0,4	0,4	0,6	0,6	0,6	0,6	0,6	0,6	0,6	0,6
Druck in Faserrichtung	$f_{c,0,k}$	16	17	18	19	20	21	22	24	25	27	29	30	18	21	24	25	27	27	30	33
Druck rechtwinklig zur Faserrichtung	$f_{c,90,k}$	2,0	2,2	2,2	2,3	2,4	2,5	2,5	2,7	2,7	2,8	2,9	3,0	4,8	4,9	5,3	5,4	5,5	5,5	6,2	10,5
Schub	$f_{v,k}$	3,0	3,2	3,4	3,6	3,8	4,0	4,0	4,0	4,0	4,0	4,0	4,0	3,5	3,7	3,9	4,1	4,2	4,2	4,5	4,8
Schubmodul	G_{mean}	440	500	560	590	630	690	720	750	810	880	940	1000	590	630	690	750	810	810	880	1060
Rohdichte kg/m³	ϱ_k	290	310	320	330	340	350	360	380	390	400	410	430	475	485	530	540	550	550	620	700
Rohdichte kg/m³	ϱ_{mean}	350	370	380	400	410	420	430	460	470	480	490	520	570	580	640	650	660	740	750	840

▲ Bemessungswerte für den Regelfall $f_{m,d}$ (mit dem Fußzeiger d statt k) folgen auf den nächsten Seiten.

Die tabellierten Eigenschaften gelten für Hölzer mit einem Feuchtegehalt bei u_F = 20 °C und 65 % relativer Luftfeuchtigkeit (u = 12 %)
S Sortierklassen für Kantholzer, Bretter und Bohlen   f Festigkeit   G Schubmodul   ϱ Rohdichte   c Druck,
SxK Sortierklassen für überwiegend hochkant biegebeanspruchte Bretter und Bohlen (wie Kantholzer sortiert)
Indizes: m Biegung,   k charakteristischer Wert,   t Zug,   0 Parallel zur Faser,   90 rechtwinklig zur Faser,   v Schub,   mean Mittelwert
g Eigenschaft von Brettschichtholz,   r Rollschub,   l Eigenschaften von Lamellen,

7.3 Holzbau

7.3.2 Festigkeitswerte (DIN EN 338, DIN EN 1194 und DIN EN 14080)

Bemessungswerte im Regelfall[1] für Vollholz VH in N/mm²

Art der Beanspruchung		Festigkeitsklasse für Nadelholz NH				Festigkeitsklasse für Laubholz LH			
		C24	C30	C35	C40	D30	D35	D40	D60
Biegung	$f_{m,d}$	14,8	18,5	21,5	24,6	18,5	21,5	24,6	36,9
Zug ∥	$f_{t,0,d}$	8,62	11,1	12,9	14,8	11,1	12,9	14,8	22,2
Zug ⊥	$f_{t,90,d}$	0,246				0,308			
Druck ∥	$f_{c,0,d}$	12,9	14,2	15,4	16,0	14,2	15,4	16,0	19,7
Druck ⊥	$f_{c,90,d}$	1,54	1,66	1,72	1,78	4,92	5,17	5,42	6,46
Schub und Torsion	$f_{v,d}$	1,23*)				1,85	2,09	2,34	3,26
Rollschub	$f_{R,d}$	0,615							
Rohdichte in kg/m³	ϱ_k	350	380	400	420	530	560	590	700

Bemessungswerte im Regelfall[1] für homogenes Brettschichtholz BSH, NH in N/mm²

Art der Beanspruchung		Festigkeitsklasse			
		GL 24 h	GL 28 h	GL 32 h	GL 36 h
Biegung	$f_{m,d}$	14,8	17,2	19,7	22,2
Zug ∥	$f_{t,0,d}$	10,2	12,0	13,8	16,0
Zug ⊥	$f_{t,90,d}$	0,308			
Druck ∥	$f_{c,0,d}$	14,8	16,3	17,8	19,1
Druck ⊥	$f_{c,90,d}$	1,66	1,85	2,03	2,22
Schub und Torsion	$f_{v,d}$	1,54*)			
Rollschub	$f_{R,d}$	0,615			
Rohdichte in kg/m³	ϱ_k	380	410	430	450

*) Bei $f_{v,d}$ handelt es sich um die mit $k_{c,r}$ entsprechend dem nationalen Anhang (NDP 6.1.7(2)) reduzierte Schubfestigkeit.

[1] Sollte der Regelfall ▶ S. 374 nicht vorliegen, so kann auf charakteristische Werte f_k für Vollholz VH und Brettschichtholz BSH zurückgerechnet werden, wenn die Tabellenwerte mit 1,625 multipliziert werden. Es gilt dann:

$$f_d = \frac{k_{mod} \cdot f_k}{\gamma_M}$$

Bemessungswerte im Regelfall[1] für Druckfestigkeiten bei schrägem Kraftangriff in N/mm² Material VH NH C24

Kraft-Faser-Winkel α	0°	30°	45°	60°	90°
		– Zwischenwerte interpolierbar –			
Druck $f_{c,\alpha,d}$	12,9	4,36	2,68	1,94	1,54

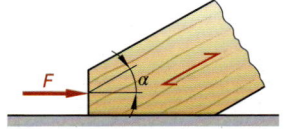

Elastizitäts- und Schubmodule in N/mm²

Vollholz	$E_{0,mean}$	$E_{90,mean}$	G_{mean}	Brettschichtholz	$E_{0,mean}$	$E_{90,mean}$	G_{mean}
NH C24	11 000	370	690	BSH GL24h/GL24c	11 600	390/320	720/590
NH C30	12 000	400	750	BSH GL28h/GL28c	12 600	420/390	780/720
NH C35	13 000	430	810	BSH GL32h/GL32c	13 700	460/420	850/780
NH C40	14 000	470	880	BSH GL36h/GL36c	14 700	490/460	910/850
LH D30	10 000	640	600	GK II ≙ S10 ≙ C24; GK I ≙ S13 ≙ C30;			
LH D35	10 000	690	650	LS 10 ≙ D30 (Eiche); LS ≙ D35 (Buche);			
LH D40	11 000	750	700	LS 13 ≙ D40 (Buche); BS 11 ≙ GL24;			
LH D60	17 000	1130	1060	BS 14 ≙ GL28; BS 16 ≙ GL32; BS 18 ≙ GL36			

Bemessungssituation

■ **Grenzzustand der Tragfähigkeit**
Teilsicherheitsbeiwerte $\gamma_G = 1,35$ und $\gamma_Q = 1,5$
Folgende Nachweise sind zu führen (vgl. ▶ Kap. 7.3.4):
Zug in Faserrichtung; Zug unter einem Winkel α und Druck in Faserrichtung; Druck rechtwinklig zur Faserrichtung; Druck unter einem Winkel α; Biegung; Biegung und Zug; Biegung und Druck; mittiger Druck (Knicken mit Ersatzstabverfahren).

■ **Grenzzustand der Gebrauchstauglichkeit**
Für den Nachweis (vgl. ▶ Kap. 7.3.4) sind die charakteristischen Werte der Einwirkung zu verwenden ($\gamma = 1,0$).

Erläuterung der Bezeichnungen

C Coniferous Tree, Nadelholz
D Decidous Tree, Laubholz
GL Glued Laminated, Brettschichtholz
h homogenes BSH
(c combinated BSH)

Bei homogenem BSH sind alle Bretter von gleicher Qualität.
Bei kombiniertem BSH sind die äußeren drei Bretter (mind. h/5) von benannter Qualität, die inneren eine Qualitätsstufe niedriger.

7.3 Holzbau

7.3.3 Bemessungsregeln

Tragfähigkeitsnachweise

Zug parallel zur Faser	Druck mit Knicken parallel zur Faser	Schub am Rechteckquerschnitt	Biegung	N_d Normalkraft $V_{z,d}$ Querkraft M_d Biegemoment A_n Netto-Querschnitt
$\dfrac{N_d/A_n}{f_{t,0,d}} \leq 1$	$\dfrac{N_d/A}{k_c \cdot f_{c,0,d}} \leq 1$	$\dfrac{1{,}5 \cdot V_{d,z}/A}{f_{v,d}} \leq 1$	$\dfrac{M_{y,d}/W_y}{f_{m,d}} \leq 1$	
Druck und Biegung bzw. Knicken mit Biegung	$\dfrac{N_d/A_n}{k_{c,y} \cdot f_{c,d}} + k_m \cdot \dfrac{M_{y,d}/W_y}{f_{m,d}} \leq 1$		Druck und Biegung ohne Knicken	$\left(\dfrac{N_d/A_n}{f_{c,0,d}}\right)^2 + \dfrac{M_{y,d}/W_y}{f_{m,d}} \leq 1$

Gebrauchstauglichkeit (Nachweis der Durchbiegung)[1]

Anfangsverformung: Elastische Durchbiegung (charakteristische Kombination)

$w_{inst} \leq l/300$ bis $l/500$ (Empfehlung $l/300$, keine starre Begrenzung)

$w_{inst} = w_{G\,inst} + w_{Q,1,inst} + \sum_{i > 1} \psi_{0,i} \cdot w_{Q,i,inst} \leq l/300$

Vereinfachter Nachweis für Einfeldträger[3]

$w_{inst} = g_k \cdot \dfrac{5 \cdot l^4}{384 \cdot E \cdot I} + q_k \cdot \dfrac{5 \cdot l^4}{384 \cdot E \cdot I}$

Endverformung: Charakteristische Kombination

$w_{fin} \leq l/150$ bis $l/300$ (Empfehlung $l/200$, keine starre Begrenzung)[2]

$w_{fin} = w_{inst} + w_{inst,G} \cdot k_{def} + \sum_{i > 1} w_{inst,Q,i} \cdot \psi_{2,i} \cdot k_{def} \leq l/150$

Vereinfachter Nachweis für Einfeldträger[3]

$w_{fin} = w_{inst} + g_k \cdot k_{def} \cdot \dfrac{5 \cdot l^4}{384 \cdot E \cdot I} + q_k \cdot \psi_2 \cdot k_{def} \cdot \dfrac{5 \cdot l^4}{384 \cdot E \cdot I}$

[1] Für die Nachweise der Gebrauchstauglichkeit sind die charakteristischen Werte der Einwirkungen ($\gamma_G = \gamma_Q = 1$) zu verwenden.

[2] Bei Kragarmen dürfen die Durchbiegungen doppelt so groß sein, die Grenzwerte also halbiert werden (z.B. $l/150$ statt $l/300$).

[3] Für einen Einfeldträger mit einer ständigen und einer veränderlichen Last.

Biegeknicken und Biegedrillknicken

Biegeknicken ist der plötzliche Übergang der ursprünglich geraden Achse eines schlanken stabförmigen Körpers in eine gekrümmte Form unter dem Einfluss einer Druckkraft. Um einen knickgefährdeten Druckstab zu bemessen, ist die Schlankheit λ des Stabes für beide Richtungen (y und z) zu bestimmen. Mit der größeren Schlankheit kann der nachfolgenden Tabelle der Knickbeiwert k_c als Abminderungsfaktor für $f_{c,0,d}$ entnommen werden. Bei Knicken mit Biegung beträgt $k_m = 0{,}7$.

Knickbeiwerte k_c (Zwischenwerte dürfen linear interpoliert werden)

Schlankheit λ	Vollholz NH C24 … C40	Vollholz LH D30 … D40	Vollholz LH D60	Brettschichtholz GL24h … GL36h	Schlankheit l_{ef} ▶ S. 94
10	1,000	1,000	1,000	1,000	$\lambda_y = \dfrac{l_{ef,y}}{i_y}$
30	0,946	0,943	0,963	0,977	
50	0,792	0,781	0,849	0,894	$\lambda_z = \dfrac{l_{ef,z}}{i_z}$
70	0,547	0,532	0,645	0,664	
90	0,363	0,351	0,447	0,437	$\lambda = \max\{\lambda_y;\lambda_z\}$
110	0,252	0,244	0,316	0,301	**Nachweis**
130	0,185	0,178	0,232	0,219	
150	0,141	0,136	0,178	0,166	$\dfrac{N_d/A}{k_c \cdot f_{c,0,d}} \leq 1$
170	0,111	0,107	0,140	0,130	
190	0,089	0,086	0,113	0,104	k_c nach Tabelle
210	0,073	0,071	0,093	0,086	
230	0,062	0,059	0,078	0,072	[4] k_c-Werte gerundet
250	0,052	0,050	0,066	0,061	

Biegedrillknicken (früher: Kippen) ist das seitliche Ausweichen der Druckzone eines Biegebalkens. Auf einen Biegedrillknicknachweis (Kippnachweis) kann verzichtet werden, wenn die Bedingung $l_{ef} \leq 140 \cdot b^2/h$ erfüllt ist. l_{ef} ist dabei der Abstand der Kipphalterungen (z.B. der Auflager).

7.3 Holzbau

Beispiel Einfeld-Holzbalken

Ein Einfeld-Holzbalken mit einer Stützweite von $l = 3{,}60$ m ist durch eine Gleichstreckenlast auf Biegung beansprucht. Die Last setzt sich aus einer ständigen Einwirkung $g_k = 1{,}70$ kN/m und einer veränderlichen Einwirkung $q_k = 2{,}00$ kN/m (Verkehrslast, Wohnraum) zusammen. Der Regelfall liegt vor (NKL 1, KLED mittel).

Tragfähigkeitsnachweis

$E_d = 1{,}35 \cdot 1{,}70 + 1{,}50 \cdot 2{,}00 = 5{,}30$ kN/m (Bemessungseinwirkung)
$M_d = 5{,}30 \cdot 3{,}60^2 / 8 = 8{,}59$ kNm = 859 kNcm
$V_d = 530 \cdot 3{,}6 / 2 = 9{,}54$ kN

Bemessung

Gewählt: 80 × 240 KVH NH C24 mit $W_y = 768$ cm³, $A = 192$ cm² und $I_y = 9216$ cm⁴
$\sigma_{m,d} = M_d / W_y = 859/768 = 1{,}12$ kN/cm² = 11,2 N/mm² (Beanspruchung)
$f_{m,d} = 14{,}8$ N/mm² = 1,48 kN/cm² (Beanspruchbarkeit) $f_{v,d} = 1{,}23$ N/mm² = 0,123 kN/cm²

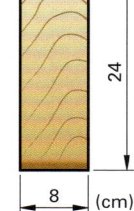

Biegespannungsnachweis

$$\frac{M_{y,d}/W_y}{f_{m,d}} \leq 1{,}0 \Rightarrow \frac{859/768}{1{,}48} = 0{,}76 \leq 1{,}0$$

Schubnachweis

$$\frac{1{,}5 \cdot V_d / A}{f_{v,d}} \leq 1{,}0 \Rightarrow \frac{1{,}5 \cdot 9{,}54 / 192}{0{,}123} = 0{,}64 \leq 1{,}0$$

Gebrauchstauglichkeitsnachweis
Charakteristische Kombination (Anfangsverformung)

$w_{inst} = w_{inst,G} + w_{inst,Q} \leq l/300$ mit $w = \dfrac{5 \, q \cdot l^4}{384 \cdot E \cdot I}$

$w_{inst,G} = \dfrac{5 \cdot 0{,}017 \cdot 360^4}{384 \cdot 1100 \cdot 9216} = 0{,}37$ cm

$w_{inst,Q} = \dfrac{5 \cdot 0{,}02 \cdot 360^4}{384 \cdot 1100 \cdot 9216} = 0{,}43$ cm

$w_{inst} = 0{,}37 + 0{,}43 = 0{,}8$ cm ≤ 360 cm/300 = 1,2 cm

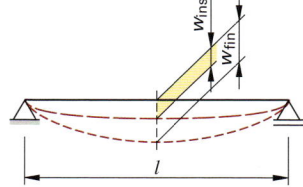

w_{inst}: Anfangsdurchbiegung, direkt nach dem Aufbringen der Last
w_{fin}: Enddurchbiegung, stellt sich im Laufe der Zeit ein und berücksichtigt die Kriechverformung

Quasi ständige Kombination (Endverformung)

Durchbiegung mit Einfluss des Kriechens: ständige Einwirkung NKL 1; KLED ständig → $k_{def} = 0{,}60$
Beiwert $\psi_2 = 0{,}3$ Kategorie A
$w_{fin} = w_{inst} + w_{inst,G} \cdot k_{def} + w_{inst,Q} \cdot \psi_2 \cdot k_{def} \leq l/150$
$w_{fin} = 0{,}8 + 0{,}37 \cdot 0{,}6 + 0{,}43 \cdot 0{,}3 \cdot 0{,}6 = 1{,}1$ cm ≤ 360 cm/150 = 2,4 cm

Beispiel Druckstütze

Eine Druckstütze aus Brettschichtholz GL 24h mit $b/h = 160$ mm/160 mm wird mit einer ständigen Einzellast $G_k = 160$ kN und einer veränderlichen Einzellast $Q_k = 60$ kN belastet. Die Ersatzstablänge beträgt $l_{ef} = 2{,}60$ m. Es liegt der Regelfall vor.

Tragfähigkeitsnachweis

$E_d = N_d = 1{,}35 \cdot 160 + 1{,}50 \cdot 60 = 306$ kN (Bemessungseinwirkung)

$\sigma_{c,0,d} = \dfrac{N_d}{A} = \dfrac{306 \cdot 10^3}{160^2} = 12{,}0$ N/mm² (Beanspruchung)

Regelfall $f_{c,0,d} = 14{,}8$ N/mm²   Schlankheit $\lambda = \dfrac{l_{ef}}{i} = \dfrac{2600}{46{,}2} = 56{,}3$

Knickbeiwert interpoliert: $k_c = 0{,}894 + (0{,}664 - 0{,}894) \cdot \dfrac{(56{,}3 - 50)}{(70 - 50)} = 0{,}822$

$k_c \cdot f_{c,0,d} = 0{,}822 \cdot 14{,}8 = 12{,}2$ N/mm² (Beanspruchbarkeit)

Nachweis $\dfrac{\sigma_{c,0,d}}{k_c \cdot f_{c,0,d}} = \dfrac{12{,}0}{12{,}2} = 0{,}984 \leq 1$

▶▶ Ab der Proportionalitätsgrenze ($\lambda = 100$) erfolgt der Knicknachweis nach den Euler'schen Berechnungsansätzen unter Berücksichtigung eines Sicherheitsbeiwertes für Knicken von $^{3,5}/_{1,3} = 2{,}69$; bei kleineren Schlankheiten wird zwischen Materialfestigkeit und Euler-Formel interpoliert. Dies ist in dem Nachweis nach dem EC 5 (Beispiel Druckstütze) in dem Faktor k_c berücksichtigt.

7.3 Holzbau

7.3.4 Querschnittswerte

Widerstandsmomente (cm³)
$$W_y = \frac{b \cdot h^2}{6}$$
$$W_z = \frac{h \cdot b^2}{6}$$

Flächenmomente 2. Grades (cm⁴)
$$I_y = \frac{b \cdot h^3}{12}$$
$$I_z = \frac{h \cdot b^3}{12}$$

Trägheitsradien (cm)
$$i_y = \sqrt{\frac{I_y}{A}}$$
$$i_z = \sqrt{\frac{I_z}{A}}$$

Kanthölzer und Balken (Auszug, DIN 4074-1:2012-06)

Querschnitt b/h cm/cm	Fläche A cm²	Gewicht pro Meter[1] kg/m	Widerstandsmoment W_y cm³	Widerstandsmoment W_z cm³	Flächenmoment I_y cm⁴	Flächenmoment I_z cm⁴	Trägheitsradius i_y cm	Trägheitsradius i_z cm
6/6 *	36	2,16	36	36	108	108	1,73	1,73
6/8 *	48	2,88	64	48	256	144	2,31	1,73
6/10*	60	3,60	100	60	500	180	2,89	1,73
6/12*	72	4,32	144	72	864	216	3,46	1,73
6/14	84	5,04	196	84	1372	252	4,04	1,73
6/16	96	5,76	256	96	2048	288	4,62	1,73
6/18	108	6,48	324	108	2916	324	5,20	1,73
7/7	49	2,94	57	57	200	200	2,02	2,02
7/10	70	4,20	117	82	583	286	2,89	2,02
7/12	84	5,04	168	98	1008	343	3,46	2,02
7/14	98	5,88	229	114	1601	400	4,04	2,02
7/16	112	6,72	299	131	2385	457	4,62	2,02
7/18	126	7,56	378	147	3402	514	5,20	2,02
8/8 *	64	3,84	85	85	341	341	2,31	2,31
8/10*	80	4,80	133	107	667	427	2,89	2,31
8/12*	96	5,76	192	128	1152	512	3,46	2,31
8/14	112	6,72	261	149	1829	597	4,04	2,31
8/16*	128	7,68	341	171	2731	683	4,62	2,31
8/18	144	8,64	432	192	3888	768	5,20	2,31
8/20	160	9,60	533	213	5333	853	5,77	2,31
8/24	192	11,5	768	256	9216	1024	6,93	2,31
10/10*	100	6,0	167	167	833	833	2,89	2,89
10/12*	120	7,2	240	200	1440	1000	3,46	2,89
10/18	180	10,8	540	300	4860	1500	5,20	2,89
10/20*	200	12,0	667	333	6667	1667	5,77	2,89
10/22*	220	13,2	807	367	8873	1833	6,35	2,89
10/24	240	14,4	960	400	11520	2000	6,93	2,89
10/26	260	15,6	1127	433	14647	2167	7,51	2,89
12/12*	144	8,64	288	288	1728	1728	3,46	3,46
12/14*	168	10,1	392	336	2744	2016	4,04	3,46
12/16*	192	11,5	512	384	4096	2304	4,62	3,46
12/20*	240	14,4	800	480	8000	2880	5,77	3,46
12/24*	288	17,3	1152	576	13824	3456	6,93	3,46
14/14*	196	11,8	457	457	3201	3201	4,04	4,04
14/16*	224	13,4	597	523	4779	3659	4,62	4,04
14/20*	280	16,8	933	652	9333	4573	5,77	4,04
14/22	308	18,5	1129	719	12422	5031	6,35	4,04
16/16*	256	15,4	683	683	5461	5461	4,62	4,62
16/18*	288	17,3	864	768	7776	6144	5,20	4,62
16/20*	320	19,2	1067	853	10667	6827	5,77	4,62
16/22	352	21,1	1291	939	14197	7509	6,35	4,62
18/18	324	19,4	972	972	8748	8748	5,20	5,20
18/20	360	21,6	1200	1080	12000	9720	5,78	5,20
18/22*	396	23,8	1452	1188	15972	10692	6,35	5,20
20/20*	400	24,0	1333	1333	13333	13333	5,77	5,77
20/22	440	26,4	1613	1467	17747	14667	6,35	5,77
20/24*	480	28,8	1920	1600	23040	16000	6,93	5,77
22/22	484	29,0	1775	1775	19520	19520	6,35	6,35
22/26	572	34,3	2480	2097	32223	23071	7,51	6,35
22/30	660	39,6	3300	2420	49500	26620	8,66	6,35

[1] bei ϱ = 600 kg/m³;   * Vorratshölzer;   Alle fettgedruckten Querschnitte sind als KVH erhältlich.

7.3 Holzbau

7.3.5 Versatze

Für die Ausbildung von Versatzen gilt der EC 5:
- Verbindungen sind möglichst symmetrisch zur Stabachse anzuordnen.
- Die erforderliche seitliche Lagesicherung erfolgt durch Zapfen oder durch seitlich aufgenagelte Laschen oder durch Bolzen oder durch Sondernägel.

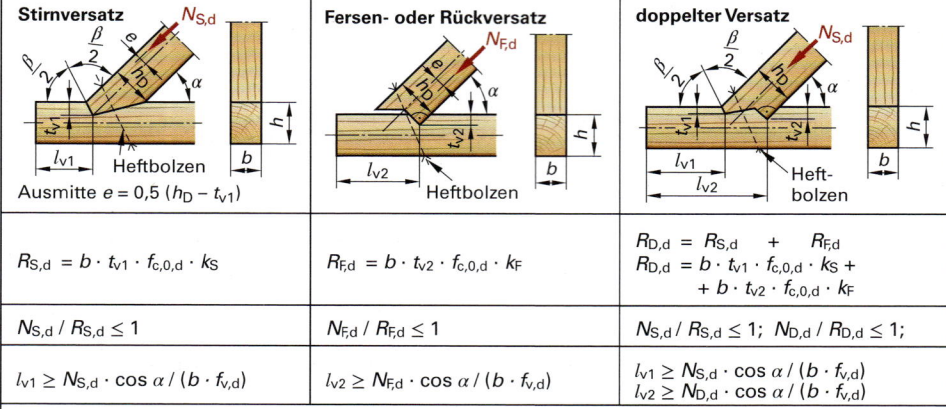

Stirnversatz	Fersen- oder Rückversatz	doppelter Versatz
Ausmitte $e = 0{,}5 \, (h_D - t_{v1})$		
$R_{S,d} = b \cdot t_{v1} \cdot f_{c,0,d} \cdot k_S$	$R_{F,d} = b \cdot t_{v2} \cdot f_{c,0,d} \cdot k_F$	$R_{D,d} = R_{S,d} + R_{F,d}$ $R_{D,d} = b \cdot t_{v1} \cdot f_{c,0,d} \cdot k_S +$ $+ b \cdot t_{v2} \cdot f_{c,0,d} \cdot k_F$
$N_{S,d} / R_{S,d} \leq 1$	$N_{F,d} / R_{F,d} \leq 1$	$N_{S,d} / R_{S,d} \leq 1$; $N_{D,d} / R_{D,d} \leq 1$;
$l_{v1} \geq N_{S,d} \cdot \cos\alpha / (b \cdot f_{v,d})$	$l_{v2} \geq N_{F,d} \cdot \cos\alpha / (b \cdot f_{v,d})$	$l_{v1} \geq N_{S,d} \cdot \cos\alpha / (b \cdot f_{v,d})$ $l_{v2} \geq N_{D,d} \cdot \cos\alpha / (b \cdot f_{v,d})$

Versatztiefe $t_v = t_{v2} \leq h/6$ bis $h/4$ nach Tabelle; $t_{v1} = 0{,}8 \cdot t_{v2} \leq t_{v2} - 10$ mm
Versatztiefe bei zweiseitigem Einschnitt je Seite $t_v \leq h/6$
Vorholzlänge $l_v = l_{v1} \geq 200$ mm; höchst anrechenbare Vorholzlänge $l_v = 8 \cdot t_v$; $l_{v1} = 8 \cdot t_{v1}$

Zulässige Versatztiefen t_v bzw. t_{v2} (Strebenneigung α)

α	≤ 50°	51°	52°	53°	54°	55°	56°	57°	58°	59°	≥ 60°
t_v/h	0,250	0,242	0,233	0,225	0,217	0,209	0,200	0,192	0,184	0,175	0,167

Versatzbeiwerte k_S und k_F für C24

α	15°	20°	25°	30°	35°	40°	45°	50°	55°	60°	65°
k_S	0,976	0,958	0,937	0,912	0,886	0,860	0,835	0,812	0,792	0,775	0,763
k_F	0,881	0,808	0,736	0,671	0,620	0,582	0,560	0,553	0,564	0,596	0,658

Beispiel

Der Sparren eines Sparrendaches mit der Abmessung $b \times h_D = 60 \text{ mm} \times 200 \text{ mm}$ hat eine Neigung von 55°. Die Sparrendruckkraft $N_d = 30$ kN ist durch doppelten Versatz aufzunehmen.
Dabei sollten Stirn- und Fersenversatz jeweils die Hälte der Sparrendruckkraft aufnehmen.
Der zugehörige Deckenbalken hat die Abmessung $b \times h = 60 \text{ mm} \times 240 \text{ m}$. Die Hölzer sind aus KVH NH C24. Zu bestimmen sind die Einschnitttiefen (Versatztiefen) sowie die Vorholzlängen. Der Anschlussnachweis ist durchzuführen. Es liegt der Regelfall vor.

Größte Versatztiefen bei 55° Dachneigung $t_{v2} = 0{,}209 \cdot 240 = \mathbf{50 \text{ mm}}$
$t_{v1} = 0{,}8 \cdot t_{v2} = 0{,}8 \cdot 50 = 38 \text{ mm} \leq t_{v2} - 10 = \mathbf{40 \text{ mm}}$

$R_{S,d} = 60 \cdot 40 \cdot 12{,}9 \cdot 0{,}792 = 24\,520 \text{ N} \hat{=} 24{,}5 \text{ kN} \geq N_{D,d}/2 = 30/2 = 15 \text{ kN} = N_{S,d}$
$R_{F,d} = 60 \cdot 50 \cdot 12{,}9 \cdot 0{,}564 = 21\,827 \text{ N} \hat{=} 21{,}8 \text{ kN} \geq N_{D,d}/2 = 30/2 = 15 \text{ kN}$
$R_{D,d} = 24{,}5 + 21{,}8 = 46{,}3 \text{ kN}$ (Beanspruchbarkeit); $N_{D,d} = 30$ kN (Beanspruchung)
Anschlussnachweise: $N_{S,d}/R_{S,d} = 15/24{,}5 = 0{,}61 \leq 1$; $N_{D,d}/R_{D,d} = 30/46{,}3 = 0{,}65 \leq 1$

Vorholzlänge: erf $l_{v1} = N_{S,d} \cdot \cos\alpha / (b \cdot f_{v,d})^* = 15\,000 \cdot \cos 55° / (60 \cdot 1{,}23) = 116{,}6$ mm
erf $l_{v2} = N_{D,d} \cdot \cos\alpha / (b \cdot f_{v,d})^* = 30\,000 \cdot \cos 55° / (60 \cdot 1{,}23) = 233{,}2$ mm

Auszuführen $l_{v1} = \mathbf{200 \text{ mm}} \geq 200$ mm (Mindestforderung)
Rechnerisch berücksichtigt $l_{v1} = 116{,}6 \text{ mm} \leq 8 \cdot t_{v1} = 8 \cdot 40 = \mathbf{320 \text{ mm}}$

*) ▶ S. 375

7.3.6 Zimmermannsmäßige Holzverbindungen

Stoß

Stöße sind nur dort anzuordnen, wo die Hölzer unter der Stoßstelle unterstützt werden können. Sie sollten durch Klammern oder Laschen gesichert werden.

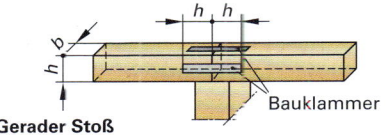

Gerader Stoß

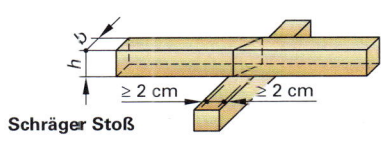

Schräger Stoß

Blatt

Das Blatt greift beiderseits durch die halbe Holzhöhe, Ober- und Unterseite der verblatteten Hölzer liegen bündig.

Längsverblattungen

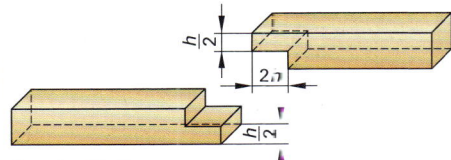

Gerades Blatt

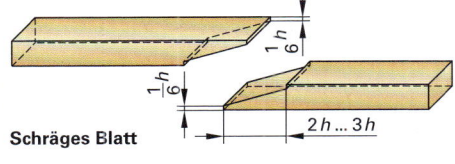

Schräges Blatt

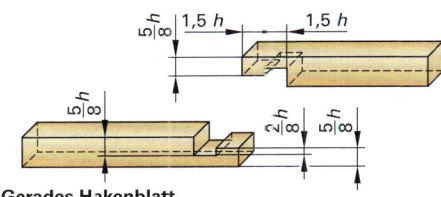

Gerades Hakenblatt

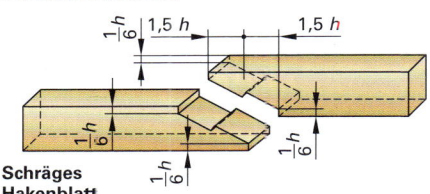

Schräges Hakenblatt

Querverblattungen

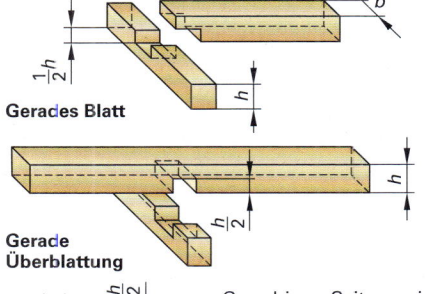

Gerades Blatt

Gerade Überblattung

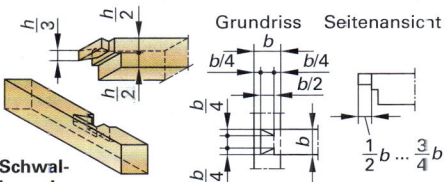

Schwalbenschwanz

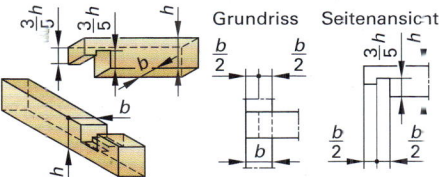

Hakenblatt

Eckverblattungen

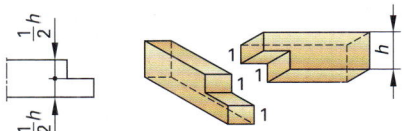

Gerades Eckblatt

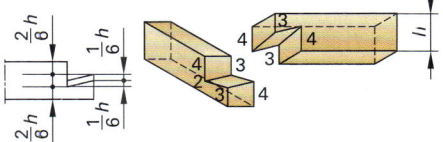

Schräges Eckblatt (Druckblatt)

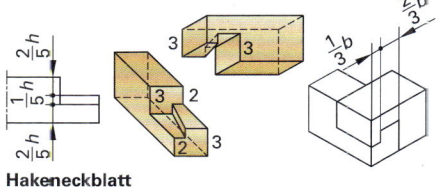

Hakeneckblatt

7.3 Holzbau

Zimmermannsmäßige Holzverbindungen

Kamm
Der Kamm sichert Hölzer, deren Achsen sich rechtwinklig kreuzen, in horizontaler Ebene gegen Verschieben.

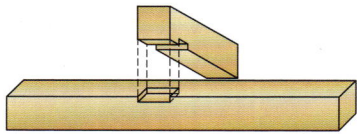

Gerader Kamm mit einseitigem Versatz (Stufenkamm oder einfache Verkämmung)

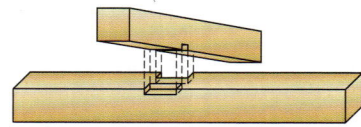

Gerader Kamm mit zweiseitigem Versatz (doppelte Verkämmung)

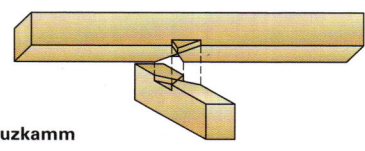

Kreuzkamm

Zapfen
Wenn Hölzer im Kreuzungspunkt enden (Pfosten-Rähm/Schwelle), werden sie mit einem Zapfen in ihrer Lage gesichert.

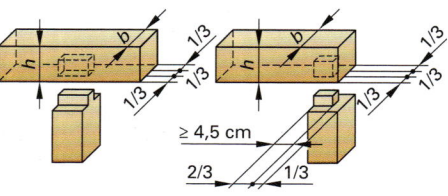

Gerader Zapfen   **Geächselter Zapfen** (abgesteckter Zapfen)

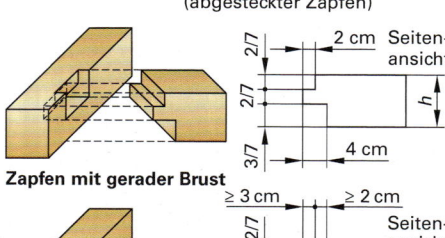

Zapfen mit gerader Brust

Zapfen mit schräger Brust

Versatz
Wenn zwei Hölzer in schräger Richtung aufeinander treffen, dann erfolgt ihre Verbindung durch Versatze.

$t_v \approx \dfrac{h}{6} \ldots \dfrac{h}{4}$

$l_v \geq 20$ cm

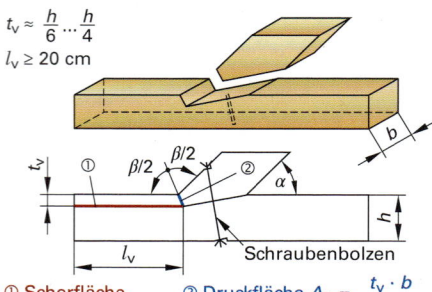

① Scherfläche   ② Druckfläche $A_D = \dfrac{t_v \cdot b}{\cos \alpha/2}$
$A_S = l_v \cdot b$

Stirnversatz

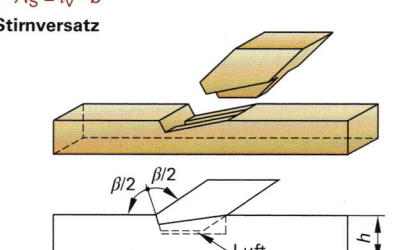

Strebenzapfen mit Versatz

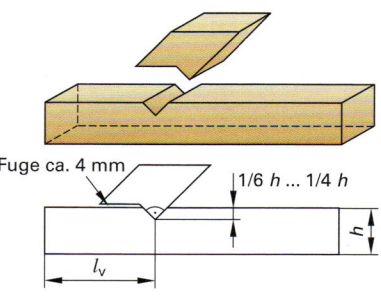

Fersenversatz

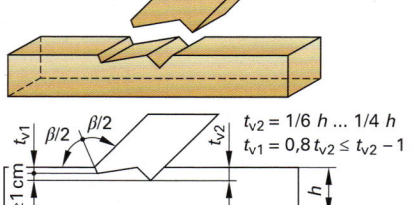

$t_{v2} = 1/6\ h \ldots 1/4\ h$
$t_{v1} = 0{,}8\ t_{v2} \leq t_{v2} - 1$ cm

Doppelter Versatz

7.3 Holzbau

7.3.7 Holzkonstruktionen

Holzbalkendecke

Die Balken einer Holzdecke werden vorwiegend auf Biegung beansprucht und nach ihrer Anordnung und Auflagerung benannt. Sind die Zwischenwände des Geschosses < 20 cm, werden die Balken seitlich gestoßen. Benennung der Balken nach:

- **Anordnung:** Ort- oder Giebelbalken, Wandbalken, Streichbalken (streicht an der Wand entlang), Zwischen- oder eere Balken
- **Auflagerung:** Ganzbalken, Stoßbalken, Wechsel, Stichbalken

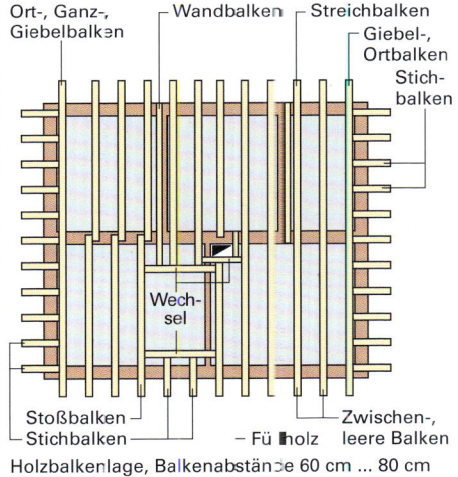
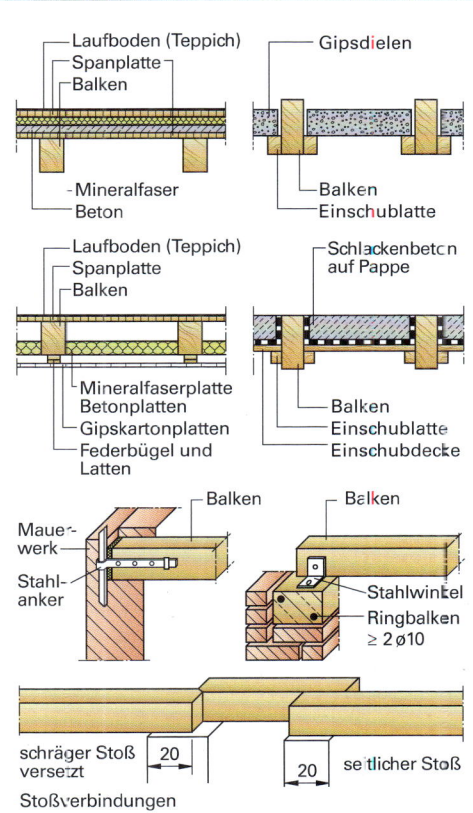

Holzbalkenlage, Balkenabstände 60 cm ... 80 cm

Bei Ein- und Zweifamilienhäusern sollte die Holzbalkendecke in einen Ringbalken eingebunden werden, der das Gebäude horizontal aussteift. Anschlüsse von Wänden an Holzbalkendecken sind durch Zuganker zu sichern. Die Zuganker sollen i.A. einen Abstand von 2,00 m haben und mindestens 1,00 m ins Feld hineinreichen bzw. drei Balken erfassen.

Deckenbalkenquerschnitte für Einfeldträger ⌷ b/h C24 (S10)											
Nutzlast q_k	2,0 kN/m²		2,8 kN/m²		2,0 kN/m²		2,8 kN/m²		2,0 kN/m²		2,8 kN/m²	
Bemessungs-kriterium	A (cm)	B (cm)	A (cm)	B (cm)	A (cm)	B (cm)	A (cm)	B (cm)	A (cm)	B (cm)	A (cm)	B (cm)
$l = 3,00$ m	6/18 8/16	6/20 8/18	6/18 8/16	6/20 8/18	6/18 8/16	6/20 8/18	6/20 8/18	6/20 8/18	6/20 8/18	6/20 8/18	6/22 8/18	6/22 8/18
$l = 3,50$ m	6/20 8/18	6/22 8/20	6/22 8/20	6/22 8/20	6/22 8/20	6/24 8/22	6/24 8/22	6/24 8/22	6/22 8/20	6/22 8/20	6/24 8/22	6/24 8/22
$l = 4,00$ m	8/20 10/20	8/24 10/22	8/22 10/20	8/24 10/22	8/22 10/20	8/24 10/22	8/24 10/22	8/24 10/22	8/22 10/22	8/24 10/22	8/24 10/22	8/24 10/22
$l = 4,50$ m	8/24 10/22	10/24 12/22	8/24 10/22	8/26 10/24	10/24 12/22	10/26 12/24	10/24 12/22	10/26 12/24	8/26 10/24	8/28 10/26	10/26 12/24	10/26 12/26
$g_k = 1,75$ kN/m²	$e = 62,5$ cm				$e = 75$ cm				$e = 83,3$ cm			
A) ohne Schwingungsnachweis				B) mit vereinfachtem Schwingungsnachweis								

7.3 Holzbau

Dachkonstruktionen

Das Sparren- und das Kehlbalkendach stellen ein Rahmentragwerk dar (Dreigelenkrahmen beim Sparrendach, beim Kehlbalkendach ein statisch unbestimmtes System). Die Sparren erhalten hierbei eine Biege- und Druckbelastung. Beim Pfettendach hingegen werden die Sparren überwiegend auf Biegung belastet (statisches System Ein- oder Mehrfeldträger).

Sparrendach

Die Sparren werden paarig angeordnet und stützen sich im First gegenseitg ab. Hohe Druckkräfte beanspruchen den Sparren auf Knicken, geringere Querkräfte auf Biegung. Je flacher die Dachneigung, desto größer die Horizontalkomponente am Fußpunkt.

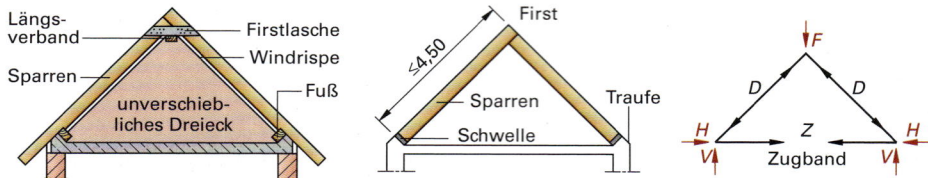

Queraussteifung: unverschiebliches Dreieck aus Sparren – Decke – Sparren
Längsaussteifung: Windrispen diagonal über die Dachfläche angeordnet

Konstruktive Durchbildung
Sparrenfuß
① Stirn- oder Fersenversatz bei Holzbalkendecke
② Schwelle (durch Anker gesichert), bei Stahlbetondecke (Widerlager)
Firstpunkt
③ Scherzapfen/Überblattung
④ stumpfer Stoß

Statisches System

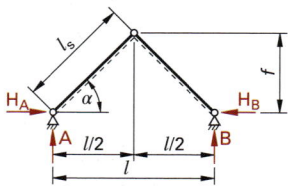

Kehlbalkendach

Das Kehlbalkendach entspricht von der Konstruktion dem Sparrendach, bei etwa 2/3 der Sparrenlänge wird ein horizontaler Balken hinzugefügt. Dieser Kehlbalken reduziert die Momentenbelastung im Sparren. Weiterhin wird in der Praxis der Raum oberhalb des Kehlbalkens als Spitzboden genutzt, dies führt zu einer zusätzlichen Biegebelastung des Kehlbalkens. Die Horizontalaussteifung erfolgt über Windrispen, die entweder unterhalb der Sparren angeordnet sind oder als Windrispenbänder oberhalb der Sparren angebracht werden.

Statisches System   **Konstruktive Vorgaben**

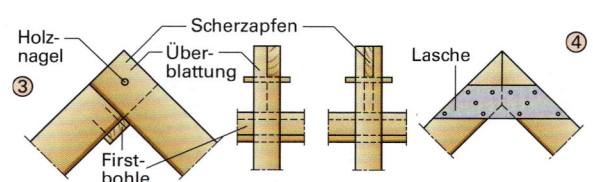

7.3 Holzbau

Pfettendach

Das Pfettendach kann vereinfacht immer als Balken auf zwei oder mehreren Stützen angesehen werden. Hierbei sind die Pfetten die Auflager und die Sparren die aufliegenden Biegebalken. Die Sparren erhalten beim Pfettendach überwiegend eine Biegebelastung, die Normalkräfte sind im Vergleich zum Sparren- oder Kehlbalkendach gering.

Die in den Bildern dargestellten Angaben zu den Geometrien dienen als Orientierung für sinnvolle Konstruktionen, meist ergibt sich heutzutage der Sparrenquerschnitt aufgrund der Dämmstoffstärke, also aus bauphysikalischen Anforderungen. Bei den meisten Neubauten werden keine Stühle mit Streben und Kopfbändern mehr ausgeführt. Die Pfetten liegen im Dachgeschoss auf massiven Mauerwerksverbänden auf, welche die Horizontalaussteifung gewährleisten.

Statisches Prinzip
- mit 1-fach stehendem Stuhl
- mit 2-fach stehendem Stuhl
- mit 3-fach stehendem Stuhl

Biegebeanspruchung durch Querkräfte; geringe Längskräfte

Queraussteifung
Unverschiebliches Dreieck aus Sparren – Stiel – Decke
Pfetten unterstützt durch Kopfbänder

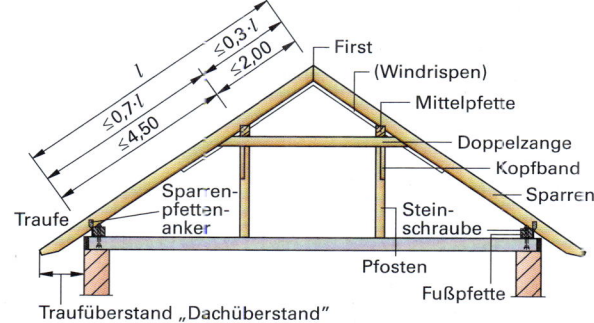

Statisches System in Querrichtung

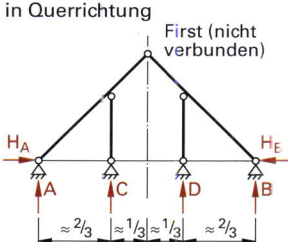

Statisches System in Längsrichtung

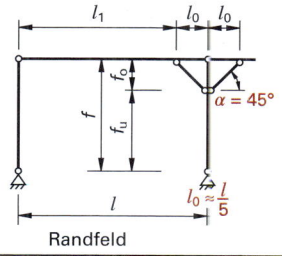
Randfeld

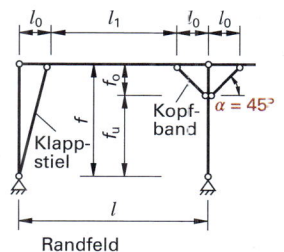
Randfeld

Sparrenquerschnitte b/d in cm — Anhaltswerte für ein Pfettendach mit Fuß- und Mittelpfette

α	Sparrenlänge [m]	Hausbreite [m]	Trägerabstand 1,25 m	Trägerabstand 2,50 m	α	Sparrenlänge [m]	Hausbreite [m]	Trägerabstand 1,25 m	Trägerabstand 2,50 m
10°	5,0	10,2	10/20	10/26	30°	5,0	11,5	10/23	10/29
	6,0	12,2	10/26	10/29		6,0	13,8	10/26	10/32
	8,0	16,2	10/32	10/44		8,0	18,5	10/38	12/44
	9,0	18,3	10/38	10/44		9,0	20,8	10/44	10/50
	10,0	20,3	10/44	12,50		10,0	23,1	10/44	12/50

Näherungswerte für Eigenlasten g_k von Dachbindern

Konstruktion einschließlich Pfetten und Verbände		Last
Holzbinder	Stehender oder liegender Dachstuhl, max. 10 m Spannweite	0,25 kN/m² Df
	Einfaches Hänge- oder Sprengwerk, max. 18 m Spannweite	0,30 kN/m² Df
	Zusammengesetzte Dachkonstruktion	0,40 kN/m² Df
Stahlbinder	Einfache Pultdächer bis 10 m Spannweite	0,25 kN/m² Df
	Dachkonstruktion über 10 m Spannweite	0,35 kN/m² Df
	Dachkonstruktion einschl. Stahltrapezblech	0,50 kN/m² Df

Pfetten aus Holz
bis 8 m Spannweite als Kantholz

l (in m)	h/l
< 5	1/25
$5 \leq l \leq 7,5$	1/30

Pfetten aus Brettschichtholz
über 8 m Spannweite

$5 \leq l \leq 12$	1/18 ... 1/20
$4 \leq l \leq 15$	1/30 ... 1/20

7.3 Holzbau

Fachwerkwand

- **Schwellen**   z.B. 16 cm/12 cm übertragen die Lasten auf das Fundament/den Sockel und liegen außen bündig. Übliche Verbindungen sind: gerades/schräges Blatt.
- **Pfosten**   Stiele werden eingezapft (Zapfenloch > Zapfen). Im Wandeck abgesteckte (geächselte) Zapfen.
- **Streben**   steifen das Gebäude aus (Wind) und werden paarweise in den Endgefachen der Wand angeordnet. Strebenstellung: im Rähm außen – in der Schwelle innen, über Eck die Streben gegeneinander stellen.
- **Rähme**   (Rahmenhölzer) bilden die obere Begrenzung der Wand, sie werden hochkant aufgelegt.
- **Riegel**   Waagerechte Hölzer zwischen den Stielen, die das Ausknicken verhindern sollen.

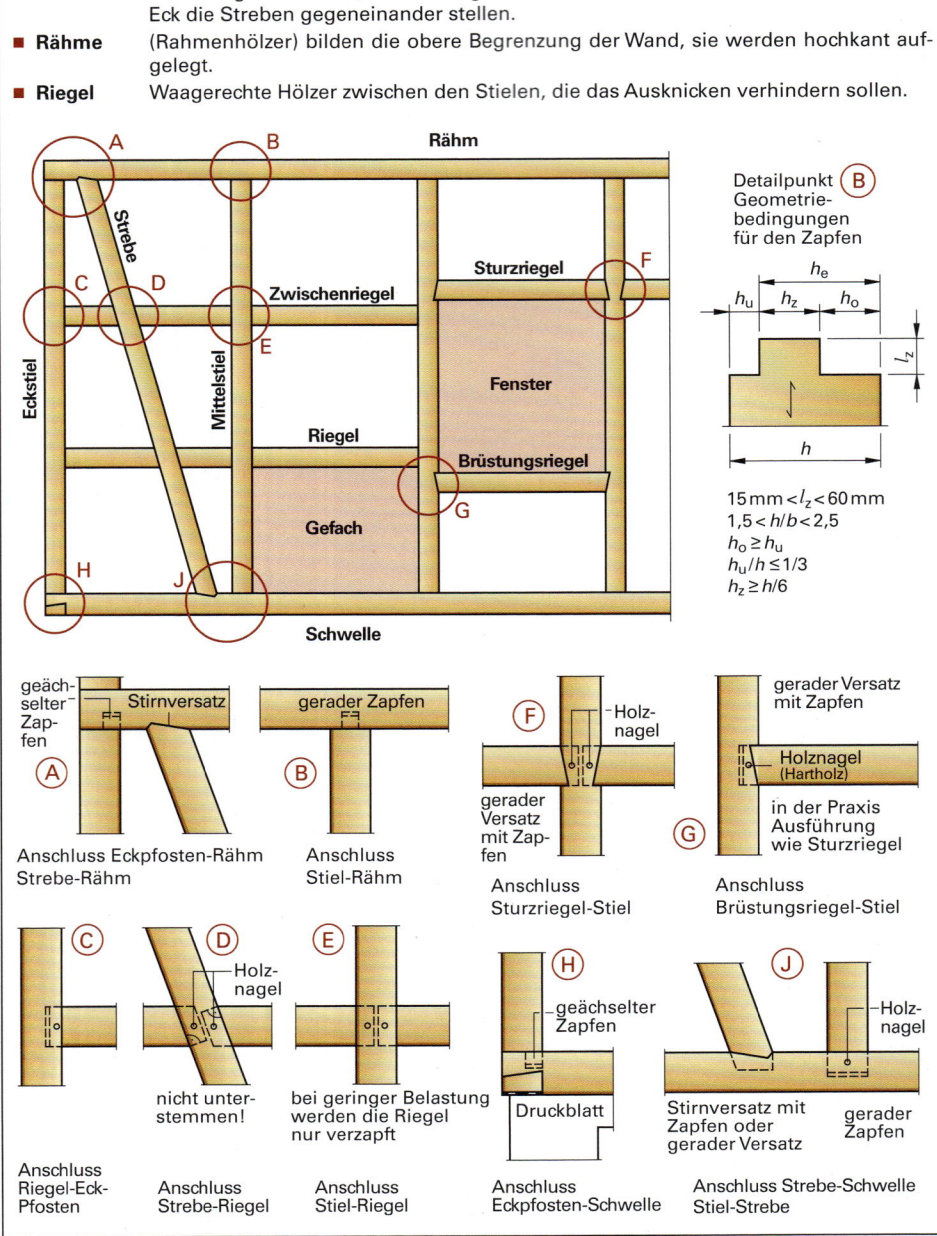

Detailpunkt B Geometriebedingungen für den Zapfen

$15\,mm < l_z < 60\,mm$
$1{,}5 < h/b < 2{,}5$
$h_o \geq h_u$
$h_u/h \leq 1/3$
$h_z \geq h/6$

A — Anschluss Eckpfosten-Rähm Strebe-Rähm (geächselter Zapfen, Stirnversatz)
B — Anschluss Stiel-Rähm (gerader Zapfen)
F — Anschluss Sturzriegel-Stiel (gerader Versatz mit Zapfen, Holznagel)
G — Anschluss Brüstungsriegel-Stiel (gerader Versatz mit Zapfen, Holznagel (Hartholz), in der Praxis Ausführung wie Sturzriegel)
C — Anschluss Riegel-Eck-Pfosten
D — Anschluss Strebe-Riegel (Holznagel, nicht unterstemmen!)
E — Anschluss Stiel-Riegel (bei geringer Belastung werden die Riegel nur verzapft)
H — Anschluss Eckpfosten-Schwelle (geächselter Zapfen, Druckblatt)
J — Anschluss Strebe-Schwelle Stiel-Strebe (Stirnversatz mit Zapfen oder gerader Versatz, gerader Zapfen, Holznagel)

7.3 Holzbau

Holzliste

Eine Holzliste beschreibt bei Zimmerern eine tabellarische Zusammenstellung der zu erstellenden Holzbauteile inkl. Angabe über Anzahl, Einzellängen, Gesamtlängen, Breite, Höhe und Volumen (m^3), Oberfläche (m^2) und Schnittklasse (SKL).

Zimmerei Mustermann GmbH			Bauherr: Felix Müller			Bauteil: Fachwerkwand		

Holzliste — Bauvorhaben: Wochenendhaus — Sortierklasse: S10

Nr.	Bezeichnung	Stück	Quer-schnitt	Länge [m] einzel	Länge [m] zus.	\multicolumn{4}{Länge [m] nach Querschnitten [cm]}

Nr.	Bezeichnung	Stück	Querschnitt	Länge einzel	Länge zus.	12/12	12/14	14/14	12/16
1	Schwelle	1	12/14	5,03	5,03		5,03		
2	Rähm	2	12/16	6,03	12,06				12,06
3									

Setzt ein Zimmereibetrieb ein CAD-System ein, werden Holzlisten durch das CAD-Programm erstellt, mit welchem das Dach konstruiert wurde. Ist kein CAD-System vorhanden, wird das Bauteil manuell konstruiert. Die manuell ermittelten Maße der benötigten Bauteile werden in die Holzliste eingetragen, welche zum einen Grundlage für die Holzbestellung und Fertigung der einzelnen Bauteile ist, und zum anderen ergibt das Gesamtvolumen aller Bauteile die Kalkulationsgrundlage für das z.B. zu liefernde Konstruktionsvollholz (KVH) oder Bauholz.

Zimmerei Mustermann GmbH   Datum: 18.02.2017

Holzliste

Bauvorhaben: Wohnhaus mit Garage — Ort: 73760 Ostfildern
Bauvorhaben Nr.: 57 — Kundenname: Felix Müller

STK	Bezeichnung	SKL	Breite (cm)	Höhe (cm)	Länge (m)	GesamtL (m)	GesamtV (m^3)
2	Kehlschifter links	A	8,0	18,0	0,860	1,720	0,025
2	Kehlschifter links	A	8,0	18,0	1,693	3,386	0,049
10	Sparren	A	8,0	18,0	5,533	55,330	0,797
1	Kehlschifter links	A	8,0	18,0	5,588	5,588	0,080
1	Kehlschifter rechts	A	8,0	18,0	5,832	5,832	0,084
1	Kehlschifter rechts	A	8,0	18,0	6,677	6,677	0,096
1	Kehlschifter links	A	8,0	18,0	7,278	7,278	0,105
Zwischensumme:	STK: 35		GesamtL (m): 151,212	GesamtV (m^3): 2,177	GesamtF (m^2): 78,630		

STK	Bezeichnung	SKL	Breite (cm)	Höhe (cm)	Länge (m)	GesamtL (m)	GesamtV (m^3)
1	Pfette	BSH	16,0	20,0	7,540	7,540	0,241
1	Pfette	BSH	16,0	20,0	16,040	16,040	0,513
2	Pfette	BSH	16,0	22,0	16,040	32,080	1,129
Zwischensumme:	STK: 4		GesamtL (m): 55,660	GesamtV (m^3): 1,884	GesamtF (m^2): 41,358		

STK	Bezeichnung	SKL	Breite (cm)	Höhe (cm)	Länge (m)	GesamtL (m)	GesamtV (m^3)
2	Pfette	KVH	16,0	16,0	4,040	8,080	0,207
1	Pfette	KVH	16,0	16,0	4,713	4,713	0,121
1	Pfette	KVH	16,0	16,0	4,913	4,913	0,126
1	Pfette	KVH	16,0	16,0	16,040	16,040	0,411
Zwischensumme:	STK: 5		GesamtL (m): 33,746	GesamtV (m^3): 0,864	GesamtF (m^2):		

STK	Bezeichnung	SKL	Breite (cm)	Höhe (cm)	Länge (m)	GesamtL (m)	GesamtV (m^3)
2	Sparren	S	8,0	18,0	6,144	12,288	0,177
35	Sparren	S	8,0	18,0	7,365	157,775	3,712
Zwischensumme:	STK: 37		GesamtL (m): 207,063	GesamtV (m^3): 3,889	GesamtF (m^2): 140,433		
Gesamtsumme:	STK: 83		GesamtL (m): 525,143	GesamtV (m^3): 9,277	GesamtF (m^2): 292,431		

7.3 Holzbau

Holzrahmenbau

Holzrahmen werden nach EC 5 bemessen und sind von Fachwerkwänden ▶ S. 386, Holzskelettbauten und Holztafelbauweisen zu unterscheiden.

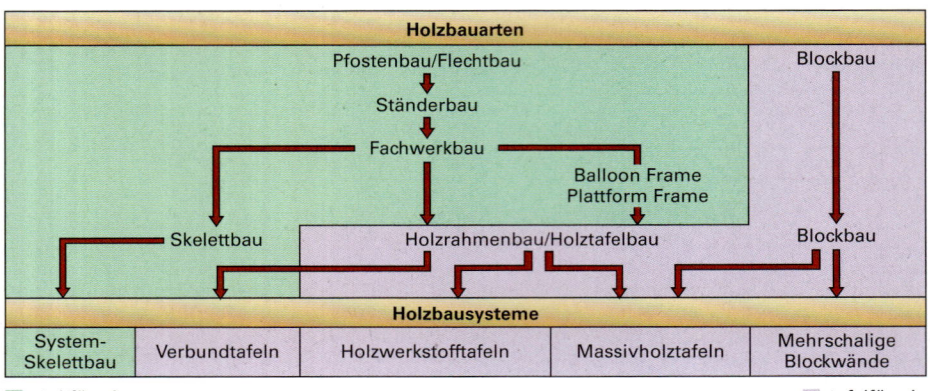

Holzbauarten
Pfostenbau/Flechtbau → Ständerbau → Fachwerkbau → Balloon Frame / Plattform Frame; Blockbau
↓ Skelettbau — Holzrahmenbau/Holztafelbau — Blockbau

Holzbausysteme				
System-Skelettbau	Verbundtafeln	Holzwerkstofftafeln	Massivholztafeln	Mehrschalige Blockwände

■ stabförmig   ■ tafelförmig

Holzrahmenbau
- auch als Gerippe- oder Rippenkonstruktion benannt, Rippenabstand 62,5 cm
- □ 6 cm/12 cm … 6 cm/16 cm
- in Nordamerika seit ca. 150 Jahren bekannt
- weiterentwickelt u.a. von Walter Gropius ab 1941 (General Panel System)
- Beplankungswerkstoffe statisch notwendig, i.d.R. 1,25 m breit (2 · 62,5 cm)

Einschalige Holzrahmenwand
- Außenbekleidung (Holz)
- Lattung
- Holzwerkstoffplatte 13 mm
- Holzständer 6 cm/12 cm Abstand 62,5 cm
- Wärmedämmung WL G035 über Ständertiefe 12 cm
- Dampfsperre
- Gipskartonplatte 12,5 mm
- $U = 0{,}29\,W/(m^2{\cdot}K)$; F 30B;
- $R'_w = 35\,dB$
- Achsabstand 62,5 cm

Holzskelettbau
- mit Stützen (Ständern, Stiele) und Trägern
- Stiele gehen u.a. über zwei Geschosse
- tragende Bauteile aus Vollholz, Konstruktionsvollholz und Brettschichtholz (BSH)
- Verbindungsmittel wie Stabdübel, Metalldübel, Schrauben, Winkelstäbe, Nagelsysteme, Stahlblechformteile, Hakenplatten, Befestigungssysteme

Kräfteverlauf Holzrahmenbau
- Horizontallast
- Rähm überträgt Horizontallast, steift Beplankung aus
- Beplankung bildet schubfestes Feld (Diagonal-Wirkung)
- Vertikallast
- Windlast
- Ständer verhindert Knicken, Beulen
- Beplankung verhindert Knicken
- Beplankung überträgt Windlast
- Ständer tragen Vertikalkräfte ab

Zweischalige Holzrahmenwand
- Außenbekleidung (Holz, Putz)
- Lattung
- Windsperre
- Holzwerkstoffplatte 13 mm
- Holzständer 6 cm/12 cm
- Wärmedämmung WL G035 über Ständertiefe 12 cm
- Dampfsperre
- Holzwerkstoffplatte 13 mm
- Lattung (Installationsebene) 60 mm
- Gipskartonplatte 12,5 mm
- $U = 0{,}28\,W/(m^2{\cdot}K)$; F 30B;
- $R'_w = 38\,dB \ldots 40\,dB$

Installationswand (innen)
- Gipskartonplatte
- Holzständer 6 cm/6 cm
- Wärmedämmung 40 mm
- ruhender Luftraum 60 mm
- Holzständer 6 cm/12 cm
- Wärmedämmung 40 mm
- Gipskartonplatte 2 · 12,5 cm
- $U = 0{,}45\,W/(m^2{\cdot}K)$; F 30B;
- $R'_w = 53\,dB$

Holzbalkendecke
- Bodenbelag
- Holzwerkstoffplatte 22 mm
- Trittschalldämmung 25 mm
- Betonsteine 45 mm
- Trennlage
- Holzwerkstoffplatte 25 mm
- Holzbalken 8 cm/22 cm
- $U = 0{,}79\,W/(m^2{\cdot}K)$; F 30B;
- $R'_w = 54\,dB$

Holz-Beton-Verbunddecke
- Bodenbelag
- Estrich 50 mm
- Trennlage
- Trittschalldämmung 15 mm
- Wärmedämmung 25 mm
- Stahlbetonplatte 12 cm
- Trennlage
- Holzwerkstoffplatte 25 mm
- BSH 8 cm/14 cm

Holztafelbau
- raumhohe, großformatige Platten
- Holzrahmen mit Wärmedämmung
- werksmäßig verbunden
- Verbindungsmittel wie Sondernägel, Sechskantschrauben
- Fugenbildung problematisch

7.3 Holzbau

7.3.8 Verbindungsmittel

Nägel (DIN EN 10230)

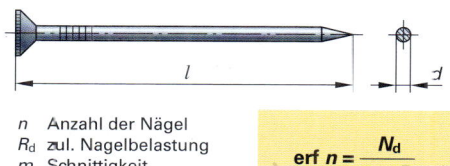

Nägel mit Querschnitt und mit glatter, gerauter, angerollter oder gerillter Schaftform, Flachkopf oder flachem Senkkopf mit oder ohne Einsenkung. Die Nägel werden rechtwinklig zum Schaft auf Abscheren beansprucht. Hierfür sind mindestens 2 Nägel je Anschluss erforderlich.

In der Tabelle ist der Normalfall Holz-Holz-Verbindung **Nadelholz C24**, **Brettschichtholz GL 24c** mit $k_{mod} = 0{,}8$ und $\gamma_M = 1{,}1$ ausgewiesen.

n Anzahl der Nägel
R_d zul. Nagelbelastung
m Schnittigkeit
N_d Beanspruchung

$$\mathrm{erf}\, n = \frac{N_d}{m \cdot R_d}$$

Der Durchmesser vorgebohrter Löcher für Nägel soll etwa $0{,}9 \cdot d$ sein. Bei Stahlblech-Holz-Verbindungen darf der Lochdurchmesser im Stahlblech bis 1 mm größer sein als der Nageldurchmesser. Bei Holzwerkstoff-Verbindungen dürfen Nägel nicht mehr als 2 mm versenkt werden.

Bei Rundholzverbindungen ohne passende Bearbeitung der Berührungsflächen sind die Tabellenwerte zu 2/3 in Rechnung zu stellen. Bei Holzwerkstoff-Holz-Verbindungen und Gipswerkstoff-Holz-Verbindungen sind geeignete Maßnahmen zur Vermeidung von Abplatzungen zu treffen, u.a. muss der Mindestabstand $a_1 = 20 \cdot d$ gemäß Tabelle ▶ S. 390 betragen.

Bemessungswert der Nageltragfähigkeit pro Scherfuge (DIN EN 1995-1-1/NA)

Nagel-abmessung	Mindest-einschlag-tiefe	Mindestholzdicke bei Randabständen		Trag-fähigkeit	Mindest-holz-dicke	Trag-fähigkeit	l, l_n Nagellänge d, d_n Nageldurchmesser
		$a_{3,t(c)} < 10 \cdot d$	$a_{3,t(c)} \geq 10 \cdot d \geq 14 \cdot d$				
	$t_{E\,req}$	t_{req}	t_{req}	R_d	t_{req}	R_d	nvb nicht vorge-bohrt
$d \times l$		NH (nvb)	NH + KI (nvb)	(nvb)	(vb)	(vb)	vb vorgebohrt
mm × mm	mm	mm	mm	N	mm	N	NH Nadelholz
2,0 × 30/40/45	18	28	24	233	24	255	KI Kiefer
2,2 × 30/40/50	20	31	24	273	24	302	R_d Bemessungs-wert der Tragfähig-keit von einschnitt-igen Holznägeln
2,4 × 30/40/50	22	34	24	313	24	353	
2,7 × 40/50/60	24	38	24	380	24	436	
3,0 × 50/60/70/80	27	42	24	453	27	532	Für andere Nadelholz-Festigkeitsklassen sind die Werte entsprechend umzurechnen.
3,4 × 60/70/80/90	31	48	24	557	31	657	
3,8 × 70/80/100	34	53	27	669	34	801	
4,2 × 90/100/110	38	59	29	789	38	958	
4,6 × 90/100/120	41	64	32	917	41	1125	Rohdichte $\varrho_k > 350$ kg/m³ und Stahlzugfestigkeit $f_{u,k} = 600$ N/mm² dann $R_{d\,(\varrho_k > 350)} = R_d \cdot k_R$ $k_R = \sqrt{\varrho_k / 350}$
5,0 × 100/120/140	45	70	35	1052	45	1305	
5,5 × 140	50	77	39	1231	50	1545	
6,0 × 150/160/180	54	84	42	1422	54	1803	
7,0 × 200	63	107	53	1833	63	2367	
8,0 × 280	72	130	65	2285	72	2994	

Übergreifende Nägel (ohne Abstand) sind zulässig, wenn die Nagelspitze weit genug ($> 4 \cdot d$) von der gegenüberliegenden Scherfuge entfernt ist (linkes Bild).

Minderung der Beanspruchbarkeit um 1/3 für Zugstöße mit außen liegenden Laschen (EC 5-NA). ▶ S. 390 Beispiel
Statt der Minderung wird i.d.R. die Übertragungskraft mit 1,5 multipliziert.
D Materialdicke
d Nageldurchmesser
t_E Höchsteinschlagtiefe

Einschnittige Verbindung

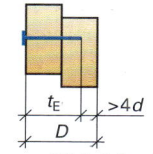

Zweischnittige Verbindung

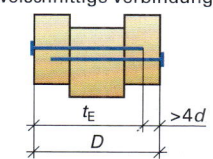

Höchsteinschlagtiefe $t_E = D - (> 4d)$
Übergreifende Nägel sind wie einschnittige Verbindungen zu bemessen.

7.3 Holzbau

Kleinste Nagelabstände[1] für Hölzer $\varrho \leq 420$ kg/m³

Beschreibung	Abstand	nicht vorgebohrt (nvb)	vorgebohrt
untereinander II der Kraftrichtung	a_1 II	2) $10 \cdot d$ 3) $12 \cdot d$	$5 \cdot d$
	a_2 ⊥	$5 \cdot d$	$4 \cdot d$
vom beanspruchten Rand II der Kraftrichtung	$a_{3,t}$ II	$15 \cdot d$	$12 \cdot d$
	$a_{4,t}$ ⊥	2) $7 \cdot d$ 3) $10 \cdot d$	2) $5 \cdot d$ 3) $7 \cdot d$
vom unbeanspruchten Rand II der Kraftrichtung	$a_{3,c}$ II	$10 \cdot d$	$7 \cdot d$
	$a_{4,c}$ ⊥	$5 \cdot d$	$3 \cdot d$

Verbindungsmittelabstände
(Nägel, Schrauben, Dübel besonderer Art)

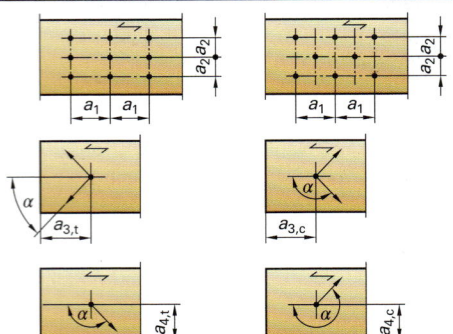

Tabellenwerte
2) $d < 5$ mm Nageldurchmesser
3) $d \geq 5$ mm Nageldurchmesser
II parallel in Faserrichtung
⊥ rechtwinklig zur Faserrichtung

Schreibweise II, ⊥ in der EC5 nicht mehr vorgesehen, dort Index c,0,d oder c,90,d.

α Winkel zwischen Kraft- und Faserrichtung
d Durchmesser des Nagels
a_1 parallel zur Faserrichtung
a_2 rechtwinklig zur Faserrichtung
$a_{3,t}$ beanspruchtes Hirnholzende
$a_{3,c}$ unbeanspruchtes Hirnholzende
$a_{4,t}$ beanspruchter Rand
$a_{4,c}$ unbeanspruchter Rand

Für BSH aus Nadelholz darf $\varrho \leq 420$ kg/m³ zugrunde gelegt werden.

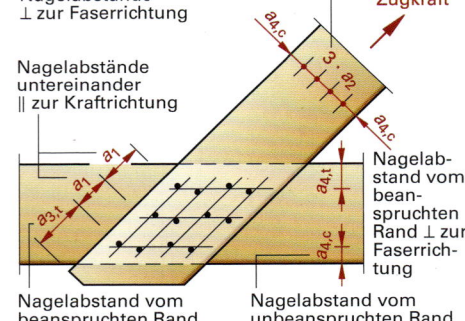

Beispiel
Der dargestellte Zugstoß ist zu bemessen.

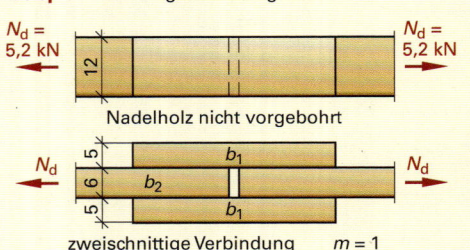

$N_d = 5,2$ kN

Nadelholz nicht vorgebohrt

zweischnittige Verbindung $m = 1$

Mindestholzdicke a
$b = 50$ mm > 48 mm $= t_{req}$ ▶ Tabelle Vorseite

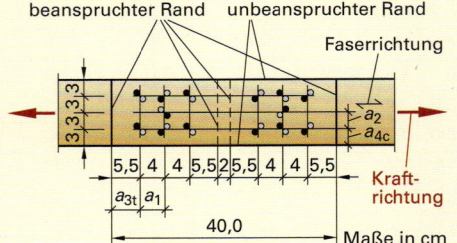

Maße in cm

Größe der Nägel
Gewählt: 3,4 mm × 90 mm mit $N_1 = 557$ N (nvb)

Erforderliche Anzahl n **der Nägel**
erf $n = \dfrac{1,5 \cdot 5200 \text{ N}}{557 \text{ N}} = 14$ gewählt: $n = 14$ Nägel

1,5 ▶ S. 375 bei Minderung um 1/3

Einschlagtiefe im Mittelholz t:
$s = 40$ mm > 31 mm $= t_{E,req}$
$b_2 - s = 60 - 40 = 20 \geq 4d = 4 \cdot 3,4 = 13,6$ (mm)
Es ist eine Übergreifung ohne Abstand zulässig.

Nagelabstände nicht vorgebohrt
vom unbelasteten Rand ($a_{4,c}$):
$5 \cdot d = 5 \cdot 3,4$ mm $= 17,0$ mm   gewählt: 30 mm
vom belasteten Rand ($a_{3,t}$):
$12 \cdot d = 12 \cdot 3,4$ mm $= 40,8$ mm   gewählt: 55 mm
untereinander parallel (a_1):
$10 \cdot d = 10 \cdot 3,4$ mm $= 34,0$ mm   gewählt: 40 mm
untereinander senkrecht (a_2):
$5 \cdot d = 5 \cdot 3,4$ mm $= 17,0$ mm   gewählt: 30 mm

7.3 Holzbau

Nägel, Drahtstifte und Klammern

DIN EN 10230-1	Nagel	3,8 · 100	Senkkopf	glatter Schaft	Diamantspitze	unbeschichtet
DIN EN 10230-1	Art	Nennmaß (charakteristisch) in mm	Länge in mm	Kopf Art / Oberfläche	Schaft Form	Spitze Art/Form	Oberflächenüberzug

Kopfform (Auswahl)
- Flachkopf rund
- Senkkopf
- Senkkopf flach
- Stauchkopf rund
- Stauchkopf oval

Spitzen
- Diamant
- Diamant versetzt
- Rundspitze
- Meisselspitze
- Glatter Abschnitt

Bezeichnung am Nagel (DIN EN 10230-1: 2000-01)
① Kopf d_h
② Schaft
③ Länge l_n
④ Durchmesser d
Nennmaß (charakteristisch)

Ausführung	Darstellung	Länge in mm	Ausführung	Darstellung	Länge in mm
Nagel Schaft glatt Flachkopf rund Senkkopf rund Senkkopf mit Einsenkung DIN EN 10230-1		10/15/20/25 30/40/45/50 60/70/80/90 100/110/120 140/150/160 180/200/280	Nagel Schaft gerillt Flachkopf rund Senkkopf rund DIN EN 10230-1		20/25/30/40/50 60/70/80/90/100 110/120/130/140 150/160/170 180/200/220 250/280/200
Nagel Vierkantschaft Flachkopf rund Senkkopf rund DIN EN 10230-1		15/20/25/30/35 40/45/50/55/60 65/75/80/90/95 100/125/130/150 160/175/180/190 200/210/260	Nagel Schaft glatt Stauchkopf rund DIN EN 10230-1		10/15/20/25 30/40/45/50 60/70/80/90 100/110/120 140
Nagel Schaft gerillt Stauchkopf rund DIN EN 10230-1		20/25/30/35/40 50/60/70/80/90 100/110/120 130/140/150	Nagel Vierkantschaft Stauchkopf rund DIN EN 10230-1		15/20/25/30/35 40/45/50/55/60 65/75/80/90 95/100/125
Nagel Flachkopf extra groß DIN EN 10230-1		20/25/30 35/40/50 60	Nagel Schaft glatt Senkkopf 32° DIN EN 10230-1		15/20/25 30/40
Federkopf- Schraubnagel DIN EN 10230-1		50/60/70 75/80/80 100	Nagel Schaft glatt, oval Stauchkopf oval flach, angeschrägt		20/25/30/40 45/50/60/65 75/90/100 125/150
Leichtbauplatten- Stifte Schaft glatt DIN EN 10230-1		20/25/30/35 40/45/50/65 75/100	Gipsplattennagel Schaft glatt DIN EN 10230-1		40/50/60 70/80 90/100
Nagel (Gipskartonplatte) DIN 18182 glatt		37 ... 70	Nagel (Gipskartonplatte) DIN 18182 gerillt		28 ... 70
Maschinenstift		35/40/45/50 55/60/65/70 80/90	Tapezierstifte DIN 1157		10/13/16 20/25
			Antispalt- Schraubnagel DIN 68163		38/70 90 Form A
Konvexringnagel DIN 68163 Form Kt		38/70 90	Hakenstift DIN 1158		30/35/50 65/80
Schlaufe (Krampe) DIN 1159		16/20/25 31/34/38 42/46	Klammer (nicht genormt)		$b = 1,8 ... 25$ $l = 3 ... 100$

Nägel in den Ausführungen nach DIN EN 10230-1 werden in verschiedenen Durchmessern bei gleicher Länge hergestellt.

7.3 Holzbau

Holzschrauben

Holzschraube DIN 7996 – 4 × 40 – St – H

- Benennung
- DIN-Nummer
- Gewinde-$\varnothing$ d in mm
- Nennlänge l in mm
- Material Oberfläche
- Kreuzschlitz-form

St Stahl; CuZn Kupfer-Zink-Legierung; Al-Leg Aluminium-Legierung; A Edelstahl-Rostfrei

Antriebsfläche: Schlitz, Kreuzschlitz Form H, Kreuzschlitz Form Z, Sechskant, Innensechskant, Innenstern (Torx)

Oberfläche: blank, verzinkt, vernickelt, brüniert, galvanisiert

Gewinde, Schraubenspitze

Bezeichnung an der Schraube
① Kopf-$\varnothing$
② Länge
③ Gewinde-$\varnothing$
④ Schaft-$\varnothing$

Arten und Durchmesser (Vorzugsgrößen)

Ausführung	Länge in mm	\multicolumn{6}{c} Gewinde-$\varnothing$ d in mm
		2,5	3,0	3,5	4,0	4,5	5,0	6,0
mit Schlitz DIN 95 DIN 96 DIN 97 mit Kreuzschlitz DIN 7995 DIN 7996 DIN 7997 [1] nur Senkkopf	10	•						
	12	•	•	•	•			
	16	•	•	•	•	•		
	20	•	•	•	•	•	•	•[1]
	25	•	•	•	•	•	•	•[1]
	30	•	•	•	•	•	•	•[1]
	35		•	•	•	•	•	
	40		•	•	•	•	•	•
	45			•	•	•	•	•
	50			•	•	•	•	•
	60			•	•	•	•	•
	70						•	•
	80						•	•

Schraubenpaketaufkleber: DIN 96 Eisen 4.5 200 Stück 20 VERZINKT

Ausführung	Länge in mm	\multicolumn{7}{c} Gewinde-$\varnothing$ d in mm
		4,0	5,0	6,0	8,0	10	12	16	20
Sechskantholzschraube DIN 571 (Schlüsselschrauben)	016	•	•						
	020	•	•	•					
	025	•	•	•	•				
	030	•	•	•	•				
	035	•	•	•	•	•			
	040	•	•	•	•	•			
	045		•	•	•	•			
	050		•	•	•	•	•		
	055			•	•	•	•		
	060			•	•	•	•	•	
	065				•	•	•	•	
	070				•	•	•	•	
	075				•	•	•	•	
	080				•	•	•	•	
	090				•	•	•	•	
	100					•	•	•	
	110						•	•	
	120						•	•	
	130							•	•
	140							•	•
	150							•	•
	160							•	•
	170								•
	180								•
	190								•
	200								•

Kopfform	mit Schlitz	mit Kreuzschlitz
Linsensenkkopf	DIN 95	DIN 7995
Halbrundkopf	DIN 96	DIN 7996
Senkkopf	DIN 97	DIN 7997

Kopfdurchmesser ≈ 2 · d
Gewindekerndurchmesser ≈ 0,7 · d

7.3 Holzbau

Holzschrauben

Wenn Holzverbindungen (oder Holzwerkstoffe/Stahlbleche auf Holz) später wieder abgelöst werden müssen, kommen vorzugsweise Holzschrauben nach **DIN 96, DIN 97 und DIN 571** zur Anwendung. Sie werden einschnittig auf Abscheren (Druckkräfte rechtwinklig zum Schaft) beansprucht und setzen dem Zug in Schaftrichtung (Ausziehkraft) großen Widerstand entgegen (▶ S. 392).

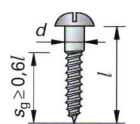

Halbrundholzschraube DIN 96   Senkholzschraube DIN 97   Sechskantholzschraube DIN 571

Als stiftförmige metallische Verbindungsmittel werden unterschieden: Passbolzen, Stabdübel, Gewindestangen, Gewindebolzen, Bolzen, Nägel, Klammern und Holzschrauben.
Alle Verbindungen werden rechtwinklig zu ihrer (Stift-)Achse auf Abscheren, einige auch in Richtung der Längsachse auf Herausziehen beansprucht.

Zulässige Belastung rechtwinklig zur Schraubenachse
- wie Nägel für $d \leq 8$ mm
- wie Stabdübel für $d > 8$ mm

Zulässige Belastung in Achsrichtung (Zug) im Regelfall
$Z_d \leq 4{,}52 \cdot d_z \cdot l_{ef}$ (Gewinde)
$Z_d \leq 4{,}52 \cdot d_K$ (Kopf)

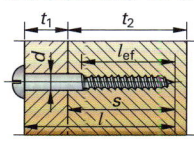

Wenn die Einschraubtiefe $s \geq 8 \cdot d$, dann ist die Schraubenbelastung **zul N** einzusetzen.

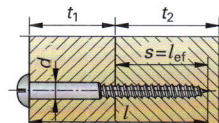

Abmessungen von Holzschrauben

Schaftdurchmesser d in mm	Herstellungslänge in mm		
	Halbrundkopf	Senkkopf	Sechskantkopf
4	10 bis 80	10 bis 70	–
5	13 bis 100	13 bis 100	–
6	20 bis 130	20 bis 130	20 bis 60
8	30 bis 130	30 bis 150	25 bis 100
10	–	40 bis 150	30 bis 140
12	–	–	40 bis 200
16	–	–	60 bis 200
20	–	–	80 bis 200

Abmessungen von Holzschraubenverbindungen
- Schraubendurchmesser $d \geq 4$ mm
- bei $d < 10$ mm, Vorbohrung zulässig; je Verbindung mindestens 4 Schrauben
- bei $d \geq 10$ mm, Vorbohrung erforderlich; je Verbindung mindestens 2 Schrauben
- Bohrlochdurchmesser
  glatter Schaft: d; Gewindeteil: $0{,}7 \cdot d$
- Schraubenabstand bei $d \leq 8$ mm wie bei Nagelverbindungen, bei $d > 8$ mm wie bei Stabdübeln
- Einschraubtiefe $\geq 4 \cdot d$

Spanplattenschrauben (nicht genormt, Auszug)

Länge in mm	Senkkopf Vollgewinde						Teilgewinde						Linsensenkkopf						Rundkopf Pan Head					
	3,0	3,5	4,0	4,5	5,0	6,0	3,0	3,5	4,0	4,5	5,0	6,0	3,0	3,5	4,0	4,5	5,0	6,0	3,0	3,5	4,0	4,5	5,0	6,0
20 und 25	•	•	•	•	•		•	•	•					•	•	•			•	•	•	•	•	•
30 und 35	•	•	•	•	•		•	•	•					•	•	•			•	•	•	•	•	•
40 und 45	•	•	•	•	•		•	•	•	•			•	•	•	•	•		•	•	•	•	•	•
50 und 55		•	•	•	•		•	•	•	•				•	•	•	•		•	•	•	•	•	•
60			•	•	•	•			•	•	•				•	•	•	•			•	•	•	•
70			•	•	•	•				•	•				•	•	•	•			•	•	•	•
80			•	•	•	•					•	•				•	•	•				•	•	•
90				•	•	•										•	•	•					•	•
100				•	•	•										•	•	•					•	•
110 bis 140													•	•										

7.3 Holzbau

Holzverbinder, Blechformteile

Für die mechanischen Verbindungsmittel ist eine bauaufsichtliche (baurechtliche) Zulassung (BAZ) erforderlich. Holzverbinder aus feuerverzinktem Stahlblech/Edelstahl sind an folgende Materialgüten gebunden:
- Vollholz ab C24/D30, Brettschichtholz oder Sperrholz (Brettfurnierholz, BFU)
- Kammnägel (Rillennägel) mit ringförmig angeordneten parallelen Widerhaken
- Holzverbinder mit einer Plattenstärke 2 mm ≤ t ≤ 4 mm nach BAZ
  Plattenstärke t > 4 mm aus Stahl St37 (S235JR)

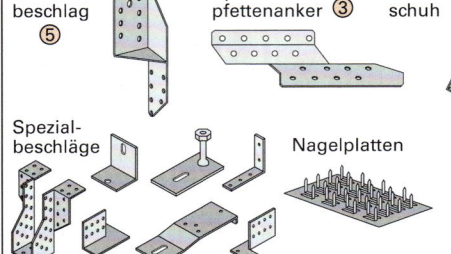

Universalbeschlag ⑤   Sparrenpfettenanker ③   Balkenschuh   Balkenschuh mit eingebogenen Schenkeln ①   Winkelverbinder ②

Spezialbeschläge   Nagelplatten

Darstellung auf Ingenieurplänen
Anzahl, Kurzbezeichnung NaPl, Abmessungen $b \times l$ in mm, (Plattentyp, Fabrikat)

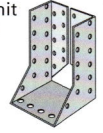

2 NaPl 114×200 (HN 200)

Verbinder – Abmessungen und Nagelanzahl (Auswahl)

Darstellung	Bezeichnung	Abmessung mm Breite	Abmessung mm Höhe	Nagelzahl n_H	Nagelzahl n_N	⌀ mm	Dübelzahl
①	Balkenschuh	40 … 200	100 … 320	8 … 60	8 … 30	10	4 … 6
②	Winkelverbinder	40 … 100	40 … 100	4 … 22	4 … 22		
③	Sparrenpfettenanker	32,5	170 … 370	5 … 16	4 … 16	–	
4	Balkenträger	46	90 … 240	8 … 22	–	8 … 12	2 … 6
⑤	Universalverbinder	45 …	190 …	7 …	8 …	7	1
6	Lochbleche/Platten	40 … 120	120 … 300	9 … 83	–	–	
7	Zuganker	40 … 80	120 … 520	4 … 225	–	14 … 22	–
8	Dübel besonderer Bauart (unterschiedlicher Bauart)	⌀ außen 48 … 95	⌀ innen 12 … 60	–	–	12 … 60	
9	Stabdübel	⌀ 8 … 24	Länge 40 … 510	n_H: Nägel Hauptträger	n_N: Nägel Nebenträger		

Balkenschuhe – Beispiele für Nagelgröße 4,0 × 40 ($d_n \times l_n$ in mm, LF H)

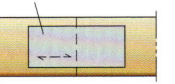

	Balkenschuhe Vollausnagelung (Auswahl)				Lastaufnahme		
	Nagelanzahl		Formfaktor c	A_W cm²	F_1 in kN $a/H_B \geq 0{,}7$	F_2 in kN $a/H_H < 0{,}7$	
	Hauptträger n_H	Nebenträger n_N					
80 × 120	20	10	0,4	55,5	7,1	2,2 × f	
80 × 150	24	12	–	55,5	8,6	2,2 × f	
80 × 180	26	14	–	57,0	10,0	2,3 × f	
80 × 210	30	16	–	54,7	11,4	2,2 × f	
100 × 140	24	12	0,4	63,1	8,6	2,5 × f	
100 × 170	26	14	0,4	64,6	10,0	2,6 × f	
100 × 200	30	16	–	62,3	11,4	2,5 × f	
120 × 160	26	14	0,4	72,2	10,0	2,9 × f	
120 × 190	30	16	0,4	69,9	11,4	2,8 × f	
140 × 180	30	16	0,4	77,5	11,4	3,1 × f	
140 × 200	36	18	0,4	76,9	12,9	3,1 × f	
140 × 240	44	22	0,4	76,9	15,7	3,1 × f	

$F_1 = n_H \cdot$ zul N_1
$F_2 = c \cdot F_1 \cdot H_B/H_H$
H_B Höhe Balkenschuh
H_H Höhe Hauptträger
H_N Höhe Nebenträger
a Abstand zum oberen Nagelloch (parallel | senkrecht)

7.3 Holzbau

Dübel besonderer Bauart   Symbole ▶ S. 125

Die heute gebräuchlichen Dübel besonderer Bauart unterscheiden sich nach **Einlassdübeln**, die in vorbereitete Vertiefungen eingelegt werden, und **Einpressdübeln**, die aus runden oder eckigen Scheiben mit aufgebogenen oder gegossenen zacken- oder stiftförmigen Krallen bestehen und in das Holz eingepresst werden. Eine Mischung aus beiden Arten sind **Einlass-/Einpressdübel**, bei denen die Grundplatte eingelassen und die Krallen eingepresst werden.

Einlassdübel EL	Einpressdübel EP	EL/EP-Dübel	Ausführung von Dübelverbindungen
Typ A1 Zweiseitiger Ringkeildübel: System Appel Leichtmetallguss	Typ C1 Runder Verbinder: System Bulldog Temperguss	Typ C10 (D) Zweiseitiger Verbinder: System Geka Temperguss	■ Dübel dürfen nur für Nadelhölzer der Festigkeitsklassen ab C24 und GL24, Einlassdübel auch für Laubhölzer verwendet werden. ■ Alle Dübel müssen durch Bolzen und Unterlegscheiben zusammengehalten werden. ■ Rechteckige Hartholzdübel (z.B. fehlerfreies Eichenholz als EL-Dübel) müssen so eingelegt werden, dass ihre Fasern und die der zu verbindenden Hölzer gleichgerichtet sind. ■ Verbindungen mit Dübeln, deren $\varnothing \geq 13$ cm sind, müssen an den Enden der Außenhölzer bzw. Außenlaschen Schrauben als Klemmbolzen erhalten.

Tragfähigkeit der Dübel besonderer Bauart (Auswahl)

Dübeltyp (Dübelart)	Außendurchmesser d_c	Dicke (Ring bzw. Platte) t	Einlass-/ Einpresstiefe h_e	Dübelfehlfläche ΔA	Bolzendurchmesser d_b	Tragfähigkeit im Regelfall $R_{c,\alpha,d}$ für α			Holzdicke	
						0°	45°	90°	t_1	t_2
	mm	mm	mm	mm²	mm	kN	kN	kN	mm	mm
zweiseitig Holz/Holz A1	65	5	15	980	12 … 24	11,3	9,55	8,27	45	75
	80	6	15	1200		15,4	13,0	11,2	45	75
einseitig Holz/Stahl B1 (Appel)	95	6	15	1430		19,9	16,7	14,3	45	75
	126	6	15	1890		30,5	25,1	21,4	45	75
	128	8	22,5	2880		31,2	25,7	21,8	67,5	112,5
zweiseitig Holz/Holz C1	50	1,00	6,0	170	12	3,92			22	30
	62	1,20	7,4	300		5,41			23	37
einseitig Holz/Stahl C2 (Bulldog)	75	1,25	9,1	420	16	7,19			27	46
	95	1,35	11,3	670		10,3			34	57
	117	1,50	14,3	1000	20	14,0			43	72
	140	1,65	14,7	1240	24	18,3			44	74
zweiseitig Holz/Holz C10	50	3	12	460	12	5,44			36	60
	65	3	12	590	16	8,06			36	60
einseitig Holz/Stahl C11 (Geka)	80	3	12	750	20	11,0			36	60
	95	3	12	900	24	14,2			36	60
	115	3	12	1040		19,0			36	60

Rechnerische Anzahl n_{ef} in Kraftrichtung hintereinander liegender Dübel besonderer Bauart

Dübelanzahl n	2	3	4	5	6	7	8	9	≤ 10
$\alpha = 0°$	2,00	2,85	3,60	4,25	4,80	5,25	5,60	5,86	6,00
$\alpha = 45°$	2,00	2,93	3,80	4,63	5,40	6,13	6,80	7,43	8,00
$\alpha = 90°$	2,00	3,00	4,00	5,00	6,00	7,00	8,00	9,00	10,00

Mindestabstände (Achsabstände) der Dübel besonderer Bauart für $\alpha = 0°$ Achsabstände ▶ S. 390

Dübeltyp	Untereinander a_1	Untereinander a_2	Belasteter Rand $a_{3,t}$	Unbelasteter Rand $a_{3,c}$	Ränder $a_{4,t}$ bzw. $a_{4,c}$
A1/B1	$2 \cdot d_c$	$1,2 \cdot d_c$	$2 \cdot d_c$	$1,2 \cdot d_c$	$0,6 \cdot d_c$
C1/C2	$1,5 \cdot d_c$	$1,2 \cdot d_c$	$1,5 \cdot d_c$	$1,2 \cdot d_c$	$0,6 \cdot d_c$
C10/C11	$2 \cdot d_c$	$1,2 \cdot d_c$	$2 \cdot d_c$	$1,2 \cdot d_c$	$0,6 \cdot d_c$

7.3 Holzbau

Bolzen, Passbolzen und Stabdübel

Bolzen sind wie Metallschrauben mit Gewinde, Kopf und Mutter versehen. Bolzenverbindungen lassen relativ große Verschiebungen (Schlupf) zu, deshalb werden sie nur in untergeordneten Bauten (fliegende Bauten) und als Heftbolzen zur Lagesicherung von Bauteilen verwendet. Bolzenlöcher dürfen bis zu 1 mm größer sein als der Bolzennenndurchmesser M12, M16, M20, M24 (Lochspiel ≤ 1 mm).

Passbolzen sind wie Bolzen ausgebildet. Sie werden wie Stabdübel gerechnet. Der Lochdurchmesser im Holz ist – wie auch bei Stabdübeln – gleich dem Nenndurchmesser (Lochspiel = 0 mm).

Stabdübel sind runde Stahlstifte mit d = 10 mm, 12 mm, 16 mm, 20 mm und 24 mm Durchmesser. Tragende Verbindungen mit Stabdübeln und/oder Passbolzen sollten mindestens 4 Scherflächen aufweisen.

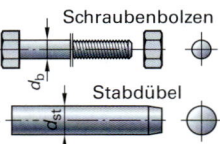
Schraubenbolzen
Stabdübel

Tragfähigkeit $F_{v,Rk}$ [kN] – Mindestholzdicken t_{req} [mm] — Holz-Holz

Berechnung des Bemessungsgrundwertes
$F_{v,Rd} = k_{mod} \cdot \dfrac{F_{v,Rk}}{\gamma_M}$ mit $\gamma_M = 1{,}1$

Werte gelten für C24, S235 und einen Winkel zwischen Kraft und Faserrichtung $\alpha = 0°$; Standardfall mit $k_{mod} = 0{,}8$, $t_{2,req}$ gilt für Mittelhölzer.

d [mm]	6	8	10	12	16	20	24	30
$F_{v,Rk}$	1,92	3,19	4,71	6,47	10,61	15,47	20,94	30,03
$t_{1,req}$			33	42	51	60	77	94	112	139
$t_{2,req}$			28	35	42	50	64	78	92	115
a_1					60	80	100	120	150
a_2					36	48	60	72	90
$a_{3,c}$					36	48	60	72	90
$a_{3,t}$					84	112	148	168	210
$a_{4,c}$					36	48	60	72	90
$a_{4,t}$					48	64	80	96	120

Erläuterung der Mindestabstände

Umrechnungsfaktoren (Die im Stoßbereich miteinander verbundenen Hölzer haben gleiche Festigkeiten).

Holzsorte	C24 GI24c	C30 GI24h GI28c	C35	GL28h GI32c	C40	GL32h GI36c	GL36h
Rohdichte ϱ_k in kg/m³	350	380	400	410	420	430	450
Faktor = $\sqrt{\varrho_k/350}$ für $F_{v,Rk}$	1,000	1,042	1,069	1,082	1,095	1,108	1,134
Faktor = $\sqrt{350/\varrho_k}$ für t_{req}	1,000	0,960	0,935	0,924	0,913	0,902	0,882

Stahlsorte	Stabdübel			Bolzen/Passbolzen		
	S235	S275	S355	4.6	5.6	8.8
Zugfestigkeit f_u in N/mm²	360	430	490	400	500	800
Faktor = $\sqrt{f_u/360}$ für $F_{v,Rk}$ für t_{req}	1,000	1,093	1,167	1,054	1,179	1,491

Liegen mehrere Stabdübel (Passbolzen) in einer Reihe in Kraft- und Faserrichtung hintereinander, so ist mit einer verminderten Anzahl n_{ef} je Reihe zu rechnen.

Anzahl n	2	3	4	5	6	7	8	9	10	11	12
n_{ef}	1,57	2,26	2,93	3,58	4,22	4,85	5,46	6,08	6,68	7,28	7,87

Beispiel Der dargestellte Anschluss mit Stabdübeln ist in den Abmessungen für die Tragfähigkeit nachzuweisen. Konstruktionsvollholz NH C24, horizontal 2 Seitenhölzer 2×80 mm/180 mm, vertikal 1 Mittelholz (Zugstab) 80 mm/120 mm. Stabdübel Stahl S235 12 mm, 240 mm lang. Vertikale Zugkraft F_d = 28 kN. Standardfall. Maße in mm.

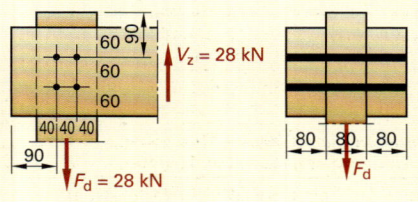

Abstände
a_1 = 60 mm ≥ 60 mm
$a_{3,t}$ = 90 mm ≥ 84 mm
$a_{4,c}$ = 40 mm ≥ 36 mm
t_1 = 80 mm ≥ 60 mm
t_2 = 80 mm ≥ 50 mm
$a_{3,c}$ = 60 mm ≥ 36 mm

Nachweise
- Anschlussnachweis
  Vertikalstab
  Horizontalstab
- Bauteilnachweis
  Vertikalstab auf Zug
  Horizontalstab auf Zug

$F_{v,Rd} = 6{,}47 \cdot \dfrac{0{,}8}{1{,}1} \cdot 1{,}57 \cdot 2 \cdot 2 = 29{,}55$ kN ≥ 28 kN

7 BAUTECHNIK UND BAUKONSTRUKTION

7.4 Dächer / Flachdächer

Dächer prägen durch Vielfalt und Gestaltung den Gesamteindruck eines Gebäudes. Die Ausbildung des Daches wird bestimmt durch das Klima, die Region, die gelebte Tradition, die verwendeten Baustoffe und die Nutzart des Gebäudes.
Die folgenden Ausführungen basieren auf dem Regelwerk des Deutschen Dachdeckerhandwerks (Zentralverband des deutschen Dachdeckerhandwerks e.V. in Zusammenarbeit mit dem Hauptverband der Deutschen Bauindustrie e.V.) unter Beachtung der erforderlichen Anforderungen aus Gründen der europäischen Normung.

Anforderungen und Beanspruchungen ▶ S. 167 ff., Bauphysik, Statik
- Feuchteschutz
- Wärmeschutz
- Schallschutz
- Brandschutz
- Eigengewicht
- Verkehrslasten
- Schneelasten
- Windlasten (Sog, Stau)

Bestandteile und Kennzeichung des Daches
- Dachform ▶ S. 148
- Dachgrundriss ▶ S. 151
- Dachneigung
- Dachtragwerk ▶ S. 384
- Dachdeckungart
- Dachflächenfenster
- Dachdeckungsmaterialien (Dachhaut) ▶ S. 232, 311
- Dachentwässerung

Baustoff Holz ▶ S. 282 ff., Holz
- Bauholz (Vollholz, Nadelholz)
- Konstruktionsvollholz (KVH)
- Brettschichtholz (BSH)
- Duobalken oder Triobalken
- Holzwerkstoffe

Dachdeckungen aus geschuppten mit Fugen verlegten Materialien erfordern eine deutlich geneigte Dachfläche von mehr als 5° bzw. rd. 9 %, die i.d.R. von einem Dachtragwerk aus Holz getragen werden. Alternativ können Dachtragwerke aus Stahl, aus Massivdachkonstruktionen oder als textile Flächentragwerke ausgebildet werden (hier nicht dargestellt).
Dachabdichtungen aus geschlossenen, fugenlosen verlegten Bahnen können ohne oder mit geringer Dachneigung von 0° bis 5° bzw. rd. 9 % auf Tragwerken bzw. direkt auf Bauteile oder Bauwerke flächig aufgelegt werden.

Dachneigung

Benennung	Dachneigung in %	Dachneigung in Grad	Materialien
Steildach	150	60 / 55 / 50 / 45	Schieferdeckungen, Faserzement, Metalldeckungen, Reetdeckungen, Dachpappe
Steildach	125		
Steildach	100		
mäßiges Steildach	75	40 / 35 / 30	Falzziegel, Hohlpfannen, Betonsteine
mäßiges Steildach	50	25 / 20 (22°)	
flach geneigtes Dach	25	15	
Flachdach	10 / 5	10 / 5	

Regeldachneigung (RDN)

Deckungsart	Schiefer	Faserzement
Deutsche Deckung	≥ 25°	≥ 25°
Bogenschnitt	≥ 25°	≥ 25°
Altdeutsche Deckung	≥ 25°	
Schuppendeckung	≥ 25°	
Rhombusdeckung		≥ 30°
Doppeldeckung		≥ 25°
Rechteckdoppeldeckung	≥ 22°	
Waagerechte Deckung		≥ 30°
Spitzwinkeldeckung	≥ 30°	
Spitzschablonendeckung		≥ 30°
Flachdachsteine, Flachkremper, Flachdachziegel		≥ 22°
Dachsteine (tief liegender Längsfalz) Doppelmuldenziegel, Glattziegel		≥ 25°
Doppelmuldenfalz-, Reform-, Verschiebziegel, Biberschwanzziegel, Dachsteine in Biberform, Reformziegel I		≥ 30°
Strangfalzziegel, Krempziegel, Aufschnittdeckung mit Hohlpfannen		≥ 35°
Vorschnittdeckung mit Hohlpfannen, Einfachdeckung Mönch und Nonne		≥ 40°
Regeldachneigung ≙ Mindestdachneigung		

7.4 Dächer / Flachdächer

7.4.1 Planungsgrundlagen für Dachdeckungen

Dachlattenquerschnitte in mm

Sparrenabstand (Achsmaß)	profilierte Dachsteine	ebene Dachsteine	Biber Doppeldeckung	Biber Kronendeckung
≤ 70 cm	24 × 48		24 × 48	30 × 50
≤ 75 cm		30 × 50		
≤ 80 cm	30 × 50		30 × 50	40 × 60
≤ 90 cm		40 × 60		
≤ 100 cm	40 × 60		40 × 60	

Höhenüberdeckung und Lattabstand profilierter Dachsteine in mm

Dachneigung Grad	%	Höhenüberdeckung	Lattabstand	Materialbedarf	Lastannahme
< 22°	< 40	100 … 108	320 … 312		
≥ 22°	≥ 40	85 … 108	335 … 312	10 St./m²	0,50 kN/m²
≥ 30°	≥ 57	75 … 108	345 … 312	11 St./m²	0,55 kN/m²

Höhenüberdeckung und Lattabstand ebener Dachsteine in mm

Dachneigung Grad	%	Höhenüberdeckung	Lattabstand	Materialbedarf	Lastannahme
< 25°	< 46	105 … 108			
≥ 25°	≥ 46	95 … 108	333 … 340	10 St./m²	0,60 kN/m²
≥ 35°	≥ 70	80 … 108	312 … 332	11 St./m²	0,65 kN/m²

Höhenüberdeckung und Lattabstand für Biberschwanzziegel in mm

Dachneigung Grad	%	Höhenüberdeckung	Lattabstand Doppel	Lattabstand Kronen	Materialbedarf	Lastannahme
≤ 35°	< 70	90	165	333	37,7 St./m²	0,80 kN/m²
> 35°	> 70	80	170	340	34,6 St./m²	0,785 kN/m²
> 45°	> 83	70	175	350	33,6 St./m²	0,768 kN/m²
> 40°	> 100	60	180	360	32,7 St./m²	0,75 kN/m²

Dachsteine

Profilierte Pfannen
- Frankfurter Pfanne,
- Doppel-S,
- Harzer Pfanne,
- Taunus-Pfanne,
- Altdeutsche Pfanne,
- Tessiner Pfanne

Dachsteine bestehen aus Beton, d.h. Gesteinskörnungen, Zement und Wasser sowie Zusätzen (u.a. Farbpigmente

Dachziegel

Dachziegel sind grobkeramische Dachwerkstoffe aus gebranntem Ton.

Querschnittswerte für Dachlatten (Sortierklassen mind. S10, CE-Kennzeichnung)

d/b mm/mm	A mm²	g kN/m	W_y mm³	W_x mm³	I_y mm⁴	I_x mm⁴	i_y mm	i_x mm
24/48	1159	0,0069	9220	4610	221000	55300	13,9	6,94
30/50	1500	0,0090	12500	7500	313000	113000	14,5	8,67
40/60	2400	0,0144	24000	16000	720000	320000	17,3	11,6

[1] nur in Ausnahmefällen, z. B. Vorgaben zum Denkmalschutz, Sortierklasse dann S13

Rechteckquerschnitte aus Brettschichtholz mit b = 100 mm

h mm	A 10² mm²	g kN/m	W_y 10³ mm³	I_y 10⁴ mm⁴	i_y mm	h mm	A 10² mm²	g kN/m	W_y 10³ mm³	I_y 10⁴ mm⁴	i_y mm
300	300	0,15	500	22500	86,7	900	900	0,45	13500	607500	260
400	400	0,20	2670	53300	116	1000	1000	0,50	16670	833300	289
500	500	0,25	4170	104200	144	1100	1100	0,55	20170	1109000	318
600	600	0,30	6000	180000	173	1200	1200	0,60	24000	1440000	346
700	700	0,35	8170	285000	202	1300	1300	0,65	28170	1831000	375
800	800	0,40	10680	426700	231	1400	1400	0,70	32670	2287000	404

7.4 Dächer/Flachdächer

Deckung mit Dachziegeln / Dachsteinen / Dachpfannen

Ermittlung des Lattenabstands l_a bei Dachziegeln mit Kopffalz

Das **Lattmaß** (Lattweite oder Lattenabstand) ist der Abstand von Oberkante Dachlatte bis Oberkante Dachlatte ▶ S. 282. Damit die Kopfverfalzungen der Pfannen sauber ineinander greifen, muss der Lattenabstand/die mittlere Decklänge gemessen und berechnet werden:

- Mittlere Decklänge
  1. 2 x 12 Ziegel auslegen
  2. Ziegel ziehen und dann stoßen
  3. Jeweils von der Nasenunterseite des 1. Ziegels bis zur Nasenunterkante des 11. Ziegels messen. (Länge von 10 Ziegeln)

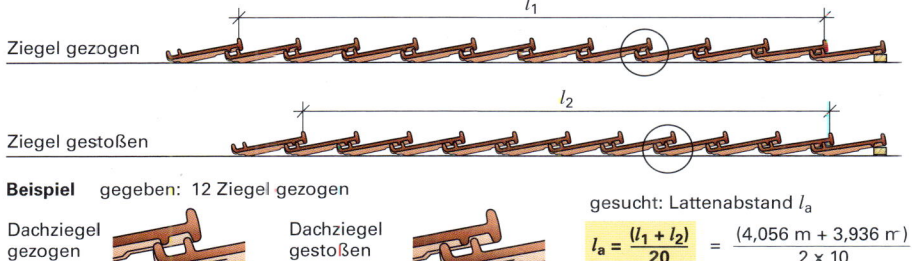

Ziegel gezogen

Ziegel gestoßen

Beispiel gegeben: 12 Ziegel gezogen gesucht: Lattenabstand l_a

Dachziegel gezogen

Dachziegel gestoßen
$l_1 - 12 \times 1$ cm ⇒

$l_1 = 4{,}056$ m $l_2 = 3{,}936$ m

$$l_a = \frac{(l_1 + l_2)}{20} = \frac{(4{,}056 \text{ m} + 3{,}936 \text{ m})}{2 \times 10}$$

$l_a = 0{,}333$ m $= 33{,}3$ cm

Ermittlung des Lattenabstands l_a bei Dachziegeln ohne Kopffalz

Bei Dachziegeln ohne Kopffalz richtet sich der Lattenabstand nach der Ziegellänge und der festgelegten Höhenüberdeckung in Abhängigkeit von der Dachneigung (s. Tabelle).

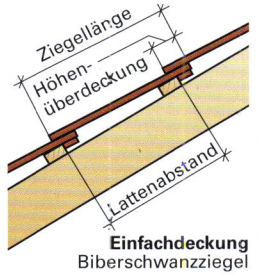

Einfachdeckung
Biberschwanzziegel

Dachsteinart Herstellerangaben beachten	Dachneigung	Höhenüberdeckung
Profilierter Dachstein mit hoch liegendem Seitenfalz	< 22°	≥ 10,0 cm
	≥ 22°	≥ 8,5 cm
	> 30°	> 7,5 cm
Ebener Dachstein mit tief liegendem Seitenfalz	< 25°	≥ 10,5 cm
	≥ 25°	≥ 9,5 cm
	> 35°	≥ 8,0 cm

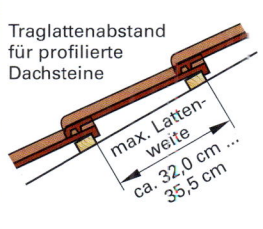

Traglattenabstand für profilierte Dachsteine

Ermittlung der Deckbreite bei Dachsteinen

Die Deckbreite beträgt meistens 30 cm, der linke Ortgangstein bzw. Schlussstein hat dann eine Deckbreite von 33 cm. Die First- bzw. Trauflänge entspricht bei ganzen Dachsteinen einem Vielfachen von 30 cm zuzüglich 33 cm. Die Länge bei 41 Steinen beträgt: 40 × 0,30 m + 0,33 m = 12,33 m.

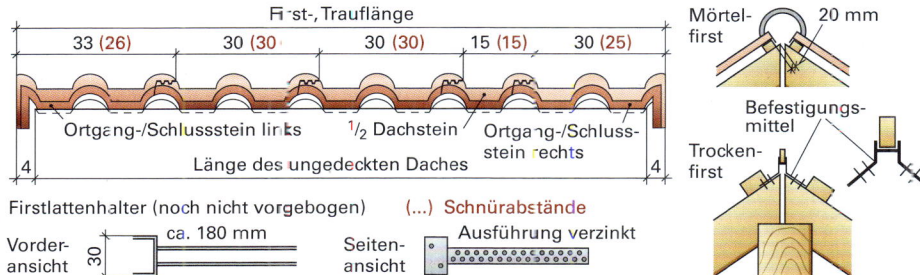

7.4 Dächer / Flachdächer

7.4.2 Dachflächenfenster

Größenraster für Dachflächenfenster

Außenmaße Breite × Länge in cm, Herstellerangaben

55 × 78	55 × 84	94 × 118	93 × 124
55 × 98	55 × 104	94 × 140	93 × 144
66 × 98	65 × 104	94 × 160	
66 × 118	65 × 124	114 × 118	113 × 144
66 × 140		114 × 140	113 × 164
78 × 98	75 × 104	114 × 160	
78 × 118	75 × 124	134 × 98	
78 × 140	75 × 144	134 × 140	
78 × 160		134 × 160	
94 × 98		Fixelement Länge 93 Breite 66, 76, 94, 104	

Beim **Einbau** ist zu beachten: außen winddicht, innen dampf- und luftdicht, ausreichende Wärmedämmung

Ermittlung der Fensterlänge

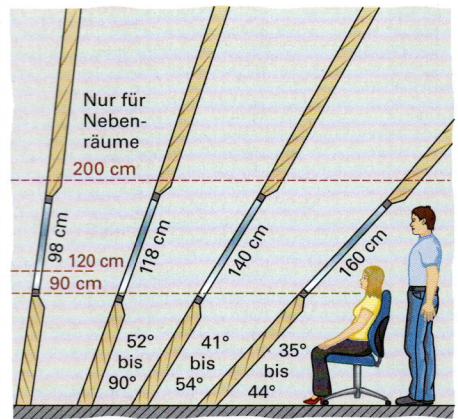

Blickbereich (Höhe im Sitzen oder Stehen) Fensterlänge bei Veränderung der Dachschräge

Ermittlung der Fenstergröße

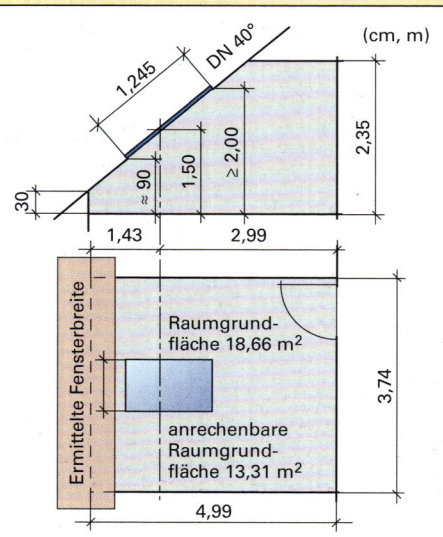

Anordnung der Sparren bei Dachflächenform

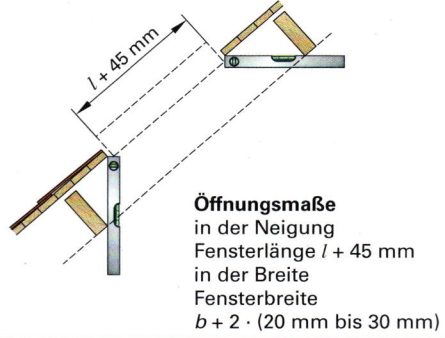

Öffnungsmaße
in der Neigung
Fensterlänge l + 45 mm
in der Breite
Fensterbreite
$b + 2 \cdot (20$ mm bis 30 mm$)$

Nach den Landesbauordnungen soll die Rohbauöffnung für ein Dachflächenfenster in Aufenthaltsräumen 1/8 bis 1/10 der anrechenbaren Grundfläche sein. Nach der DIN Reihe 5034 soll die durchsichtige Breite des Dachflächenfensters ca. 55 % der anrechenbaren Raumbreite betragen.

Durch den Einbau von Dachflächenfenstern ist es möglich Räume im Dachgeschoss ausreichend mit Tageslicht und Frischluft zu versorgen. Die Fenstergröße richtet sich nach der Nutzung des Raumes. Dachflächenfenster werden in verschiedenen, auf die üblichen Sparrenabstände und Dachneigungen abgestimmten Formaten geliefert. Die Einzellänge der Fenster sollte 1,60 m nicht überschreiten.

Es werden verschiedene Formen der Öffnungsmöglichkeiten angeboten.
- Schwingfenster
- Klappfenster
- Klapp-Schiebe-Fenster
- Klapp- Schwingfenster
- Zweiflügeliges Dachflächenfenster

Der Wärmedurchgangskoeffizient für Fenster neuerer Bauart liegt zwischen U_w = 1,0 W/(m²·K) und U_w = 1,4 W/(m²·K).

Das Schalldämmmaß für Fenster neuerer Bauart liegt zwischen R_w = 32 dB und R_w = 42 dB.

7.4 Dächer / Flachdächer

7.4.3 Dachabdichtungen

Die folgenden Ausführungen basieren auf dem Regelwerk des Deutschen Dachdeckerhandwerks unter Beachtung der Angleichungen an die DIN 18531 (Dachabdichtungen) und die DIN 18195-2 (Bauwerksabdichtungen; Abdichtung gegen nicht drückendes Wasser auf Deckenflächen).

Dachabdichtungen DIN 18531
- Planung und Ausführung nicht genutzter Dächer
- bahnenförmige Stoffe für Neubauten, Instandhaltung und Dacherneuerung
- Abdichtung bei begrünten Dachflächen

Bauwerksabdichtungen DIN 18195
Abdichtung von nicht wasserdichten Bauwerken und Bauteilen
- Bodenfeuchte
- von außen drückendes Wasser

Dächer mit Abdichtungen
Flachdachrichtlinien (FDR) für Planung und Ausführung von Abdichtungen auf
- flachen und geneigten Dachflächen
- genutzten Flächen, wie Balkone, Dachterrasser
- nicht genutzten und/oder extensiv begrünten Dachflächen
- FDR 2016: kein Unterschied mehr in nicht genutzte und genutzte Dächer

Begriffliche Unterteilung

Dachdeckungen werden bei Dächern mit einer Neigung von mehr als 5° bzw. ~ 9 % durchgeführt.

Dachabdichtungen werden bei Dächern mit einer Neigung von 0° bis 5° bzw. ~ 9 % durchgeführt.

Flachdächer

- belüftetes/zweischaliges Flachdach
  Kaltdach
  - geringe Gebäudetiefe
  - ungehinderte Belüftung an den Dachseiten
  - geschlossene Deckenverkleidung
    - schwere Ausführung (z. B. Massivdecke)
    - leichte Ausführung (z. B. Holzkonstruktion)

- unbelüftetes/einschaliges Flachdach
  Warmdach
  - große Gebäudetiefe
  - eingeschränkte Belüftungsmöglichkeit
  - Betonung des sichtbar bleibenden Tragwerks
    - schwere Ausführung (z. B. Massivdecke)
    - Umkehrdach oder IRMA-Dach (Insulated Roof Membrane Assembly)
    - Duo-Dach und Plus-Dach

- Flachdachsonderformen
    - Terrassendach – als Sonderform des schweren einschaligen Flachdaches
    - **begrüntes Flachdach**
      - intensive Begrünung (einfache oder aufwendige Form)
      - extensive Begrünung (naturnah angelegte Begrünung)
    - begehbares Flachdach
    - befahrbares Flachdach

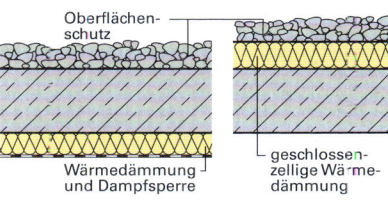

Oberflächenschutz (Schiefersplitt)
Abdichtung
Wärmedämmung
Dampfsperre
Haftbrücke
kunststoffbeschichtetes Trapezprofil

Leichtdach aus Stahltrapezprofilen

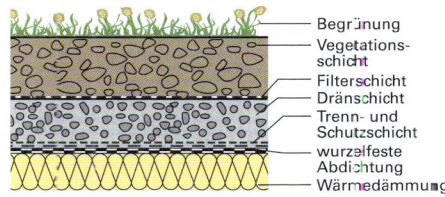

Oberflächenschutz
Wärmedämmung und Dampfsperre
geschlossenzellige Wärmedämmung

Stahlbetondächer aus wasserdichtem Beton

Begrünung
Vegetationsschicht
Filterschicht
Dränschicht
Trenn- und Schutzschicht
wurzelfeste Abdichtung
Wärmedämmung

Aufbau von Gründächern

Die **Sicherung** von Dachabdichtungen und den dazugehörigen Schichten **gegen Abheben** durch Windlasten erfolgt durch:
- Auflast (mindestens 5 cm Kiesschüttung/ Kies 16/32)
- Verklebung (evtl. Voranstrich notwendig)
- mechanische Befestigung (hohe Haftfestigkeit der Dachabdichtung notwendig)

7.4 Dächer/Flachdächer

Flachdachkonstuktionen

Unbelüftetes Flachdach

Bei einem unbelüfteten Flachdach sind dichtende, wärmedämmende und tragende Funktion des Daches in einer Schale vereint. Bei relativ geringer Konstruktionshöhe kann das unbelüftete Flachdach für beliebige Abmessungen und Grundrissformen konstruiert werden. Der prinzipielle Aufbau:

unbelüftetes Flachdach ohne Gefälle
- Oberflächenschutz
- Dachhaut (2-lagig)
- Dampfdruckausgleichsschicht
- Wärmedämmschicht
- Dampfsperrschicht
- Ausgleichsschicht/Trenn- bzw. Voranstrich
- Tragkonstruktion

oben ↕ unten

unbelüftetes Flachdach mit Gefälle
- Oberflächenschutz
- Dachhaut
- Dampfdruckausgleichsschicht
- Wärmedämmschicht
- Dampfsperrschicht
- Voranstrich
- Gefälleschicht/Ausgleichsschicht
- Tragkonstruktion

außen ↕ innen

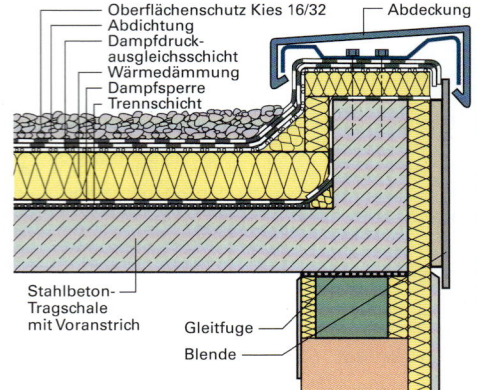

Umkehrdach

Das Umkehrdach ist bauphysikalisch mit dem unbelüfteten Flachdach zu vergleichen. Die Wärmedämmung liegt auf der Dachhaut. Dampfsperrschicht und Dampfdruckausgleichsschicht entfallen.

Belüftetes Flachdach

Für die Funktionsfähigkeit eines Kaltdaches ist die Belüftung zwischen der Wärmedämmschicht und der oberen Schale des Daches ausschlaggebend. Der Belüftungsraum wird durch Leichtbetonsteine, Holzbalken oder Verbundträger mit Gitterstegen konstruiert, die Dacheindeckung erfolgt mittels Dachschalung, Gleitschicht, Dachhaut und Kiesschicht.
- Der belüftete Zwischenraum muss mindestens 5 cm hoch sein.
- Der Querschnitt der Öffnungen an den gegenüberliegenden Seiten muss mindestens 1/500 der gesamten Dachfläche betragen.

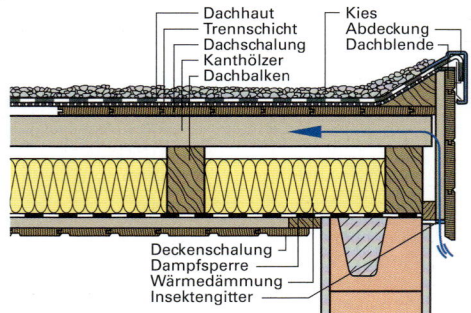

Dachdetails

Die Höhe der **Abdichtung D** soll
- bei Dachneigung bis 5° (≈ 9 %) mindestens 15 cm betragen
- bei Dachneigungen über 5° mindestens 10 cm betragen

Die Höhe der **Abdichtung C** soll
- bei Dachneigungen bis 5° (≈ 9 %) mindestens 10 cm betragen
- bei Dachneigungen über 5° mindestens 5 cm betragen

Die **Abkantung B** soll bei Gebäudehöhen
- bis 8 m mindestens 5 cm betragen
- von 8 m bis 20 m mindestens 8 cm
- über 20 m Gebäudehöhe mindestens 4 cm.

Der **Mindestabstand A** soll 2 cm betragen
- von 8 m bis 20 m Gebäudehöhe 3 cm
- über 20 m mindestens 10 cm betragen

Die hochgezogenen Abdichtungen werden mit aufgedübelten Klemmschienen befestigt und zusätzlich durch Fugendichtungsmassen oder Dichtstofffasern abgedichtet.

7.4 Dächer / Flachdächer

Flachdachkonstuktionen

Begriffsbestimmungen

Ausgleichsschicht/Trennschicht
- Verwendet werden bituminöse unterseitig grob bestreute Dachbahnen.
- Trockene Unterlage für den Dachaufbau.
- Wirkt als Verschiebeschicht und überbrückt geringfügige Schwind- und Spannungsrisse.
- Ist keine Dampfsperre.
- Sollte auf einer sauberen Tragkonstruktion oder Gefälleschicht ausgeführt werden, wobei ein Voranstrich den Staub bindet und die Haftfähigkeit der Klebemittel verbessert.

Dampfsperre
- Verhindert, dass Wasserdampf in die Wärmedämmschicht eindringt.
- Kann lose aufgelegt werden.
- Kann punktweise, streifenweise oder vollflächig aufgeklebt werden.
- Verwendet werden z. B. Bitumendachdichtungsbahnen nach DIN 52130 oder Bitumenschweißbahnen nach DIN 52131 oder Glasvlies-Bitumendichtungsbahnen nach DIN 52143 oder Bitumenschweißbahnen mit Einlagen.

Wärmedämmschicht
- Verhindert temperaturbedingte Bewegungen der Tragkonstruktion.
- Soll den Wärmestrom durch den Dachaufbau nach außen vermindern.
- Muss temperaturbeständig, unverrottbar, trittfest, formbeständig und maßhaltig sein.
- Verwendet werden z. B. Wärmedämmstoffe mit erhöhter Druckbelastbarkeit WS/WDS oder WDH sowie druckbeanspruchbare Wärmedämmstoffe WD.

Dampfdruckausgleichsschicht
- Soll Eigenfeuchte, Restfeuchte oder vorhandenen Wasserdampf druckmäßig ausgleichen.
- Verhindert Blasenbildung.
- Verwendet werden z. B. gelochte Glasvlies-Bitumendachbahnen oder punktförmig aufgeklebte unterseitig grob bestreute Dachbahnen.

Dachhaut
- Soll die Dachkonstruktion vor von außen einwirkender Feuchtigkeit schützen.
- Ist einlagig/mehrlagig auszuführen, wobei die Bahnen untereinander vollflächig zu verkleben sind.
- Verwendet werden Bitumendachdichtungsbahnen, Bitumenschweißbahnen, Dachdichtungen aus hochpolymeren Dachbahnen (Kunststoffdachbahnen) oder einlagige Dachdichtungen.

Oberflächenschutz, z. B. Kiesschicht
- Vermindert Eindringen von UV-Strahlen und Aufheizen der Dachhaut.
- Verbessert Beständigkeit gegen Witterungseinflüsse.
- Vermindert Gefahr der Entzündung durch Funkenflug und durch Gewichtserhöhung die Gefahr des Abhebens des Daches durch Windsog.

Tragkonstruktion
- Liegt im warmen Bereich des Gebäudes.
- Muss so bemessen sein, dass die Durchbiegung nicht zu unverträglichen Beanspruchungen des Daches durch Windsog führt.

Beanspruchungs- und Eigenschaftsklassen

Abdichtungssystem ⇒ Beanspruchungsart				Abdichtungsbahn[1] ⇒ Eigenschaftsklassen			
thermisch		mechanisch		thermisch		mechanisch	
A: hoch	B: mäßig	I: hoch	II: mäßig	h_{th} hoch	m_{th} mäßig	h_{me} hoch	m_{me} mäßig

Beanspruchungsklassen / Beispiele				Eigenschaftsklassen / Beispiele			
IA	IIA	IB	IIB	E1: h_{th}/h_{me}	E2: h_{th}/m_{me}	E3: m_{th}/h_{me}	E4: m_{th}/m_{me}
Industriedach	Wohnungsbau	Gründach	Wohnungsbau	PYE PV 200 S5	G200 S4	PYE V60 S4	V60 S4

[1] Bei **Abdichtungsbahnen** werden 4 **Anwendungstypen** unterschieden: **DE** ⇒ für einlagige Dachabdichtung, **DO** ⇒ für die Oberlage einer mehrlagigen Dachabdichtung, **DU** ⇒ für die untere Lage einer mehrlagigen Dachabdichtung, **DZ** ⇒ für die Zwischenlage einer mehrlagigen Dachabdichtung

Kurzzeichen

DD	Dachdichtungsbahnen	**PV 200**	Polyestervlies mit FG: 200 g/m²
CU01	Kupferbandträgereinlage aus Kupferband 0,1 mm	**PYE**	Elastomerbitumen (Bitumen modifiziert mit thermoplastischen Elastomeren)
G 200	Glasvlieseinlage mit einem Flächengewicht (FG) von 200 g/m²	**PYP**	Plastomerbitumen (Bitumen modifiziert mit thermoplastischen Kunststoffen)
KSP	Kaltselbstklebende Polymerbitumenbahn	**S** (Zahl)	Schweißbahn (Dicke der unbestreuten Bahn in mm)
KTG	Kombinationsträgereinlage mit überwiegendem Glasanteil	**V** (Zahl)	Glasvlies (Zahl bei V60 = Flächengewicht in g/m²; bei V13 = Gehalt an Löslichem in 1/1000 des Gehaltes in g/m²)
KTP	Kombinationsträgereinlage mit überwiegendem Polyesteranteil		

7.4 Dächer / Flachdächer

7.4.4 Dachrinnen und Regenfallrohre

Niederschlagswasser, das über die geneigte Dachflächen abfließt, wird gesammelt in Kehlen und Dachrinnen und durch Fallrohre abgeleitet. Dabei sind Entwässerungsanlagen auf besonders schützenswerten Gebäuden großzügiger zu dimensionieren als bei Einfamilienhäusern.
Die DIN EN 12056-3 listet Situationen der Schutzbedürftigkeit auf und ordnet diesen folgende Sicherheitsfaktoren (SF) zu:
- vorgehängte Dachrinne   1,0
- vorgehängte Dachrinne, überfließendes Wasser   1,5
- innenliegende Rinnen   2,0
- Gefahr von Wassereinbruch bei Verstopfungen bzw. ungewöhnlichem Starkregen   2,0
- innenliegende Rinne, außergewöhnlicher Schutz erforderlich (Museum, Krankenhaus)   3,0

Der Regenwasserabfluss Q eines Daches berechnet sich damit nach folgender Gleichung:

$$Q = (r/10\,000) \cdot C \cdot A \cdot SF$$

mit
Q Regenwasserabfluss in Liter/Sekunde (l/s)
r Regenspende in l/(s · ha)
C Abflussbeiwert (Dachflächen $C = 1{,}00$)
A wirksame Dachfläche in m²
SF Sicherheitsfaktor

Dachrinnen werden in innen oder außen liegende Rinnen eingeteilt. Außenliegende Rinnen können als Hängerinne, Liegerinne oder Standrinne halbrunde oder kastenförmige ausgeführt werden. Je nach Material, Einbausituation und Nenngröße sind Bewegungsausgleiche einzuplanen. Z. B. ist bei halbrunden kastenförmigen außenliegenden Metallrinnen (NW < 500 mm) nach DIN EN 612 alle 15,00 m eine überlappende Bewegungsfuge vorzusehen.

Die Befestigung der Rinne erfolgt mit vorgefertigten Rinnenhaltern nach DIN EN 1462. Diese werden auf der Traufbohle, dem Sparren oder an der Wand befestigt. Die Halter müssen ausreichend dimensioniert werden, um den Anforderungen zu entsprechen. Die DIN EN 1462/DIN 612 gliedert die Rinnenhalter in vier Beanspruchungsarten und gibt dafür die maximal zulässigen Abstände an.

Rinnenhalterabstand		
< 74 cm	übliche Beanspruchung	1
< 74 cm	hohe Beanspruchung schneereiche Gegend	3
< 84 cm	übliche Beanspruchung	2
< 84 cm	hohe Beanspruchung schneereiche Gegend	

Halbrunde Dachrinne						Maße in cm
+1 / −2	Nenngröße					
	200	250	280	333	400	500
A	25	43	63	92	145	245
d_1	16	18	18	20	22	22
d_2	80	105	127	153	192	250
e_1	5	7	7	9	9	9
f_1	≥ 8	≥ 10	≥ 11	≥ 11	≥ 11	≥ 21
g	5	5	6	6	6	6
Nenndicke des Materials s_1				Maße in mm		
Al	0,70	0,70	0,70	0,70	0,80	0,80
Cu	0,60	0,60	0,60	0,60	0,70	0,70
VSt	0,60	0,60	0,60	0,60	0,70	0,70
Zn	0,65	0,65	0,70	0,70	0,70	0,80
VA	0,50	0,50	0,50	0,50	0,60	0,60

Kastenförmige Dachrinne					Maße in cm
+1 / −2	Nenngröße				
	200	250	280	333	400
A	29	47	90	135	220
a_1	42	55	75	90	110
b_1	70	85	120	150	200
c_1	16	18	20	22	22
e_1	5	7	9	9	9
f_1	≥ 8	≥ 10	≥ 10	≥ 10	≥ 20
g_1	5	5	6	6	6
Al	0,70	0,70	0,70	0,80	0,80
Cu	0,60	0,60	0,60	0,70	0,70
VSt	0,60	0,60	0,60	0,70	0,70
Zn	0,65	0,65	0,70	0,70	0,80
VA	0,50	0,50	0,50	0,60	0,60

Die Nenngröße gibt die Zuschnittsbreite in cm an. Die Querschnittsfläche A der Dachrinne ist in cm² angegeben. Bei der maximalen Abflussmenge wird von einem Füllungsgrad von 33 % ausgegangen.

Kreisförmige Regenfallrohre

Nenngrößen (Innendurchmesser)
60 mm, 76 mm, 80 mm, 87 mm, 100 mm, 120 mm und 150 mm

Materialien
Al Aluminium, Cu Kupfer, Zn Zink, VSt verzinkter Stahl, VA Edelstahl

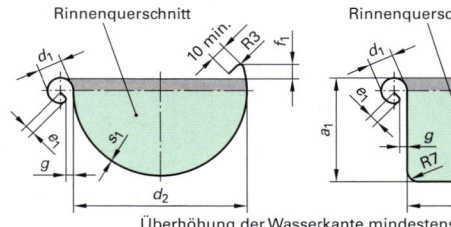

Rinnenquerschnitt

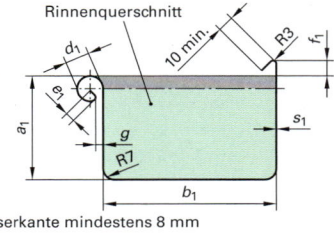

Rinnenquerschnitt

Überhöhung der Wasserkante mindestens 8 mm

7 BAUTECHNIK UND BAUKONSTRUKTION

7.5 Stahlbau

- **Stahl** ist alles ohne Nachbehandlung schmiedbare **Eisen** mit höchstens 2 % Kohlenstoffgehalt.
- **Stahlbau** umfasst die Konstruktion von Bauwerken sowie die Berechnung von Bauteilen und Verbindungsmitteln aus Stahl nach EC 3, DIN EN 1993-1-1/NA.
- **Verbindungsmittel** aus Stahl sind Niete, Schrauben, Muttern, Unterlegscheiben, Bolzen und Schweißnähte.

7.5.1 Rechenverfahren

- **Beanspruchungen** (Oberbegriff S_d) sind Schnittgrößen und Spannungen, die sich infolge der Bemessungseinwirkungen am statischen System oder am Querschnitt ergeben.
- Für ebene Stabwerke, die in ihrer Ebene beansprucht sind, treten als Schnittgrößen die **Normalkraft** N_d. Die **Querkraft** $V_{z,d}$ und das **Biegemoment** $M_{y,d}$ auf.
- Aus den **Schnittgrößen** ergeben sich am Querschnitt bei elastischer Rechnung die **Normalspannung** σ_d. Die **Schubspannung** τ_d und die **Vergleichsspannung** $\sigma_{v,d}$.
- **Beanspruchbarkeiten** (Oberbegriff R_d) sind die vom Querschnitt aufnehmbaren Schnittgrößen oder Spannungen.
- Nenngröße für die Spannungen ist i.d.R. der **charakteristische Wert der Streckgrenze** $f_{y,k}$.
- Die Bemessungsstreckgrenze $\sigma_{R,d}$ ergibt sich durch Division des charakteristischen Wertes durch den **Teilsicherheitsbeiwert** γ_M der Widerstandsgrößen (Material γ_s für Stahl im Stahlbeton).
- Der Nachweis der Gebrauchstauglichkeit ist i.d.R. ein Nachweis der Größe der Verformung. Die maximale Durchbiegung wird berechnet mit:
  $\delta_{max} = \delta_G + \delta_Q - \delta_o$ $\qquad \delta_Q$ Durchbiegung unter veränderlicher Einwirkung
  δ_o Überhöhung $\qquad \delta_G$ Durchbiegung unter ständiger Einwirkung

Bemessungswerte der Beanspruchbarkeiten

Normalspannung	Schubspannung	Elastizitätsmodul	Schubmodul
$\sigma_{R,d} = f_{y,k} / \gamma_M$	$\tau_{R,d} = f_{y,k} / (\sqrt{3} \cdot \gamma_M)$	$E_d = E_k / \gamma_M$	$G_d = G_k / \gamma_M$

Teilsicherheitsbeiwerte der Widerstandsgrößen		Charakteristische Werte der Baustähle				
Anwendung	γ_M	Stahlsorte	S235	S355	S235	S355
Tragwiderstand kein Stabilitätsversagen	$\gamma_{M0} = 1{,}00$	Erzeugnisdicke t in mm	≤ 40		> 40 und ≤ 80	
Tragwiderstand bei Stabilitätsversagen und Theorie II. Ordnung	$\gamma_{M1} = 1{,}10$	Streckgrenze $f_{y,k}$ in N/mm²	235	355	215	335
Tragwiderstand bei Anschlüssen	$\gamma_{M2} = 1{,}25$	Zugfestigkeit $f_{u,k}$ in N/mm²	360	490	360	490
Tragwiderstand bei Zugbeanspruchung	$\gamma_{M2} = 1{,}25$	Elastizitätsmodul E_k	210 000 N/mm²			
Knotenanschlüsse in Fachwerken mit Hohlprofilen	$\gamma_{M5} = 1{,}00$	Schubmodul G_k	81 000 N/mm²			
		Temperaturdehnzahl α_ϑ	$12 \cdot 10^{-6}$ K^{-1}			
Vorspannung hochfester Schrauben	$\gamma_{M7} = 1{,}10$	St 37 entspricht S235 JR bzw. Fe 360 B St 52 entspricht S355 J0 bzw. Fe 510 C				

- Es werden hier ausschließlich ebene Stabtragwerke mit Einwirkungen in der Ebene betrachtet.
- Nachfolgende Betrachtungen beschränken sich auf das **Rechenverfahren elastisch – elastisch**.
- Die Rechenverfahren **elastisch – plastisch** und **plastisch – plastisch** werden hier nicht behandelt.
- Mit den **Bemessungseinwirkungen** werden am statischen System im gewählten Rechenverfahren die Bemessungsschnittgrößen Normalkraft N_d, Querkraft $V_{z,d}$ und Biegemoment $M_{y,d}$ errechnet.
- Die **Bemessungsschnittgrößen** ergeben mit den gewählten Stahlquerschnitten die **Bemessungsspannungen** σ_d, $\sigma_{v,d}$ und τ_d als Beanspruchungen.

7.5 Stahlbau

Beanspruchungen

Ermittlung der Beanspruchungen (Spannungen)

Schnittgröße	Spannungsart	Spannungsformel	Spannungsart	Spannungsformel
Längskraft	Druck	$\sigma_{d,N} = N_d / A$	Zug	$\sigma_{d,N} = N_d / A_N$
Biegemoment	Biegedruck	$\sigma_{d,M} = M_{y,d} \cdot z / I_y$	Biegezug	$\sigma_{d,M} = M_{y,d} \cdot z / I_{y,N}$
Querkraft $V_{z,d}$	Schub	$\tau_d = V_{z,d} \cdot S_y / (I_y \cdot t)$	Schub (I-Träger)	$\tau_{md} = V_{z,d} / A_{Steg}$
Kombination	Vergleichswert	$\sigma_{v,d} = \sqrt{(\sigma_d^2 + 3\,\tau_d^2)}$	mit	$\sigma = \sigma_{d,N} + \sigma_{d,M}$
$A_N = A - \Delta A$		$I_{y,N} = I_y - \Delta I_y$	$W_y = I_y / z_R$	$W_{y,N} = I_{y,N} / z_R$	$A_{Steg} = s \cdot (h - 2t)$

ΔA Lochabzug im Zugbereich h, t, s Maße aus Profiltabellen ▶ S. 407
ΔI_y Abzugsflächenmoment 2. Grades für Löcher im Zugbereich des Querschnitts bezogen auf die Schwerpunktachsen des ungeschwächten Querschnitts
A_{Steg} Querschnittsfläche des Steges (Nachweisverfahren elastisch – elastisch)
z_R Abstand der Randfaser vom Schwerpunkt des Querschnitts

Nachweis der Tragfähigkeit

Nachweisform	Allgemein	Normal- spannungen	Schub- spannungen	Vergleichs- spannungen
Nachweis	$S_d / R_d \leq 1$	$\sigma_d / \sigma_{R,d} \leq 1$	$\tau_d / \tau_{R,d} \leq 1$	$\sigma_{V,d} / \sigma_{R,d} \leq 1$

Vergleichsspannungen werden nur aus Normal- und Schubspannungen ermittelt, die an derselben Querschnittstelle wirken. In Sonderfällen sind günstigere Nachweise möglich.

7.5.2 Profiltabellen

T-Stahl

nach DIN EN 10055
$r_1 = s$
$r_2 = \frac{s}{2}$

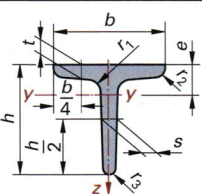

Scharfkantiger T-Stahl

nach DIN EN 59051
A Querschnittsfläche
I Flächenmoment 2. Grades
W axiales Widerstandsmoment
g längenbezogene Masse

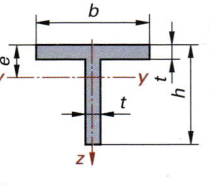

	Abmessungen		Statistische Werte				Abmessungen			Statistische Werte		
T	$b = h$	$s = t$	A cm²	g kg/m	W_y cm³	W_z cm³	TPS	$b = h$ mm	$s = t$ mm	A cm²	g kg/m	W_y cm³	W_z cm³
30	30	4	2,66	1,77	0,80	0,58	20	20	3	1,11	0,871	0,29	0,20
35	35	4,5	2,97	2,33	1,23	0,90	25	25	3,5	1,63	1,28	0,53	0,37
40	40	5	3,77	2,96	1,84	1,29	30	30	4	2,24	1,76	0,88	0,61
50	50	6	5,66	4,44	3,36	2,42	35	35	4,5	2,95	2,31	1,36	0,93
60	60	7	7,94	6,23	5,48	4,07	40	40	5	3,75	2,94	1,97	1,35
70	70	8	10,6	8,23	8,79	6,32							
80	80	9	13,6	10,7	12,8	9,25							
100	100	11	20,9	16,4	24,6	17,7							
120	120	13	29,6	23,2	42,0	29,7							
140	140	15	39,9	31,3	64,7	47,2							

Bezeichnung für gleichschenkligen, scharfkantigen T-Stahl mit 30 mm Höhe aus S275JR **T-Profil DIN 59 051 – S275JR**

Bezeichnung für T-Stahl mit 50 mm Höhe aus S235JR nach DIN EN 10025: **T-Profil DIN EN 10 055 – T50 – S235JR**

Gleichschenkliger, scharfkantiger L-Stahl

LS	a mm	t mm	A cm²	g kg/m	e cm	$W_y = W_z$ cm³
35 × 4	35	4	2,64	2,07	1,02	1,22
40 × 4	40	4	3,04	2,39	1,15	1,62
40 × 5	40	5	3,75	2,94	1,18	1,97
45 × 5	45	5	4,25	3,34	1,31	2,53
50 × 5	50	5	4,75	3,73	1,43	3,15

L-Stahl nach DIN 1028: 1994-03 (zurückgezogen) und DIN EN 10025: 2005-04

$a \leq 80$ mm
$t \leq 6$ mm
$L \leq 6000$ mm

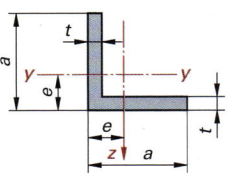

7.5 Stahlbau

Schmale I-Träger

nach DIN 1025-1
und Euronorm 19-57
$r_1 = s$
$h_1 \approx h - 2{,}4\,t - 2\,s$
(Steghöhe)

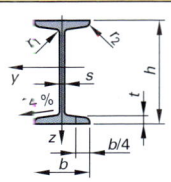

I	Abmessungen				Statische Werte					
	h	b	s	t	A	I_y	W_y	I_z	W_z	g
	mm	mm	mm	mm	cm²	cm⁴	cm³	cm⁴	cm³	kN/m
80	80	42	3,9	5,9	7,57	77,3	19,5	6,29	3,00	0,059
100	100	50	4,5	6,8	10,6	171	34,2	12,2	4,88	0,083
120	120	58	5,1	7,7	14,2	323	54,7	21,5	7,41	0,111
140	140	66	5,7	8,6	18,2	573	81,9	35,2	10,7	0,143
160	160	74	6,3	9,5	22,8	935	117	54,7	14,8	0,179
180	180	82	6,9	10,4	27,9	1450	161	81,3	19,8	0,219
200	200	90	7,5	11,3	33,4	2140	214	117	26,0	0,262
220	220	98	8,1	12,2	39,5	3060	278	162	33,1	0,311
240	240	106	8,7	13,1	46,1	4250	354	221	41,7	0,362
260	260	113	9,4	14,1	53,3	5740	442	288	51,0	0,419
280	280	119	10,1	15,2	61,0	7590	542	364	61,2	0,479
300	300	125	10,8	16,2	69,0	9800	653	451	72,2	0,542
320	320	131	11,5	17,3	77,7	12510	782	555	84,7	0,610
340	340	137	12,2	18,3	86,7	15700	923	674	98,4	0,680
360	360	143	13,0	19,5	97,0	19610	1090	818	114	0,761
400	400	155	14,4	21,6	118	29210	1460	1160	149	0,924
450	450	170	16,2	24,3	147	45850	2040	1730	203	1,15
500	500	185	18,0	27,0	179	68740	2750	2480	268	1,41

Mittelbreite I-Träger

IPE-Reihe
nach DIN 1025-5
und Euronorm 19-57
$r_1 \approx 1{,}5\,t$
$h_1 \approx h - 5\,t$

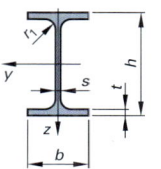

IPE	Abmessungen				Statische Werte					
	h	b	s	t	A	I_y	W_y	I_z	W_z	g
	mm	mm	mm	mm	cm²	cm⁴	cm³	cm⁴	cm³	kN/m
80	80	46	3,8	5,2	7,64	80,1	20,0	8,49	3,69	0,060
100	100	55	4,1	5,7	10,3	171	34,2	15,9	5,79	0,081
120	120	64	4,4	6,3	13,2	318	53,0	27,7	8,65	0,104
140	140	73	4,7	6,9	16,4	541	77,3	44,9	12,3	0,129
160	160	82	5,0	7,4	20,1	869	109	68,3	16,7	0,158
180	180	91	5,3	8,0	23,9	1320	146	101	22,2	0,188
200	200	100	5,6	8,5	28,5	1940	194	142	28,5	0,224
220	220	110	5,9	9,2	33,4	2770	252	205	37,3	0,262
240	240	120	6,2	9,8	39,1	3890	324	284	47,3	0,307
270	270	135	6,6	10,2	45,9	5790	429	420	62,2	0,361
300	300	150	7,1	10,7	53,8	8360	557	604	80,5	0,422
330	330	160	7,5	11,5	62,6	11770	713	788	98,5	0,491
360	360	170	8,0	12,7	72,7	16270	904	1040	123	0,571
400	400	180	8,6	13,5	84,5	23130	1160	1320	146	0,653
450	450	190	9,4	14,6	98,8	33740	1500	1680	176	0,776
500	500	200	10,2	16,0	116	48200	1930	2140	214	0,907
550	550	210	17,2	134	106	67120	2440	2670	254	1,06
600	600	220	12,0	19,0	156	92080	3070	3390	308	1,22

Breite I-Träger

IPB-Reihe nach DIN 1025
und Euronorm 19-57
$r_1 \approx 2\,s$ bis IPB240
$r_1 = 24$ mm bis IPB280
$r_1 = 27$ mm bis IPB700
$r_1 = 30$ mm bis IPB800

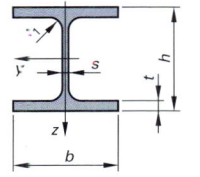

IPB HE-B	Abmessungen				Statische Werte					
	h	b	s	t	A	I_y	W_y	I_z	W_z	g
	mm	mm	mm	mm	cm²	cm⁴	cm³	cm⁴	cm³	kN/m
100	100	100	6	10	26,0	450	89,9	167	33,5	0,204
120	120	120	6,5	11	34,0	864	144	318	52,9	0,267
140	140	140	7	12	43,0	1510	216	550	78,5	0,337
160	160	160	8	13	54,3	2490	311	889	111	0,426
180	180	180	8,5	14	65,3	3830	426	1360	151	0,512
200	200	200	9	15	78,1	5700	570	2000	200	0,613
220	220	220	9,5	16	91,0	8090	736	2840	258	0,715
240	240	240	10	17	106	11260	938	3290	327	0,832
260	260	260	10	17,5	118	14920	1150	5130	395	0,930
280	280	280	10,5	18	131	19270	1380	6590	471	1,03
300	300	300	11	19	149	25170	1680	8560	571	1,17
320	320	300	11,5	20,5	161	30820	1930	9240	616	1,27
340	340	300	12	21,5	171	36660	2160	9690	646	1,34
360	360	300	12,5	22,5	181	43190	2400	10140	676	1,42
400	400	300	13,5	24	198	57680	2880	10820	721	1,55
450	450	300	14	26	218	79890	3550	11720	781	1,71

U-Stahl

nach DIN 1026-2
(gekürzte Reihe)
$r_1 = t$
$r_2 \approx 0{,}5\,t$
$h_1 \approx h - 4{,}4\,t$

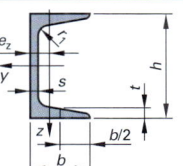

U	Abmessungen				Statische Werte					
	h	b	s	t	A	I_y	W_y	I_z	W_z	g	e_z
	mm	mm	mm	mm	cm²	cm⁴	cm³	cm⁴	cm³	kN/m	cm
80	80	45	6	8	11,0	106	26,5	19,4	6,36	0,086	1,45
100	100	50	6	8,5	13,5	206	41,2	29,3	8,49	0,106	1,55
120	120	55	7	9	17,0	364	60,7	43,2	11,1	0,134	1,60
140	140	60	7	10	20,4	605	86,4	62,7	14,8	0,160	1,75
160	160	65	7,5	10,5	24,0	925	116	85,3	18,3	0,188	1,84
180	180	70	8	11	28,0	1350	150	114	22,4	0,220	1,92
200	200	75	8,5	11,5	32,2	1910	191	148	27,0	0,253	2,01
220	220	80	9	12,5	37,4	2690	245	197	33,6	0,294	2,14
240	240	85	9,5	13	42,3	3600	300	248	39,6	0,332	2,23
260	260	90	10	14	48,3	4820	371	317	47,7	0,379	2,36
280	280	95	10	15	53,3	6280	448	399	57,2	0,418	2,53
300	300	100	10	16	58,8	8030	535	495	67,8	0,462	2,70
320	320	100	14	17,5	75,8	10870	697	597	80,6	0,595	2,60
350	350	100	14	16	77,3	12840	734	570	75,0	0,606	2,40
380	380	102	13,5	19	80,4	15760	829	615	78,7	0,631	2,38
400	400	110	14	18	91,5	20350	1020	846	102	0,718	2,65

7.5 Stahlbau

Gleichschenkliger Winkelstahl

nach DIN EN 10056-1
gekürzte Reihe
w_1, w_2 Wurzelmaße
d_1 Lochdurchmesser
min i kleinster Trägheitsradius
$r_2 \approx 0{,}5\, r_1$

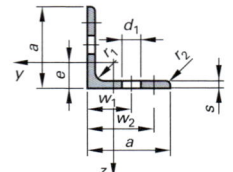

Ungleichschenkliger Winkelstahl

nach DIN EN 10056-1
gekürzte Reihe
w_1, w_2 Wurzelmaße im langen Schenkel
w_3 Wurzelmaß im kurzen Schenkel
d_1 (d_2) Lochdurchmesser im langen (kurzen) Schenkel
$r_2 \approx 0{,}5\, r_1$

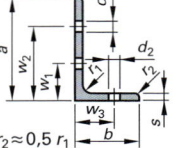

Abmessungen				Statische Werte		
$a \times s$	r_1	e	d_1	w_1/w_2	A	$I_y = I_z$	min i
mm	mm	cm	mm	mm	cm²	cm⁴	cm
30× 3	5	0,84	–	–	1,74	1,41	0,57
40× 4	6	1,12	–	–	3,08	4,48	0,78
50× 5	7	1,40	13	30/–	4,8	11,0	0,98
60× 6	8	1,69	17	35/–	6,91	22,8	1,17
70× 7	9	1,97	21	40/–	9,4	42,4	1,37
75× 8	10	2,13	23	40/–	11,5	58,9	1,46
80× 8	10	2,26	23	45/–	12,3	72,3	1,55
90× 9	11	2,54	25	50/–	15,5	116	1,76
100×10	12	2,82	25	55/–	19,2	177	1,95
110×10	12	3,07	25	45/70	21,2	239	2,16
120×12	13	3,40	25	50/80	27,5	368	2,35
130×12	14	3,64	25	50/90	30	472	2,54

Abmessungen					Statische Werte	
$a \times b \times s$	r_1	e	d_1	w_1/w_2	w_3	A	min i
mm	mm	mm	mm	mm	mm	cm²	cm
50×40× 5	4	13	30/–	–	–	4,27	0,84
60×30× 5	6	17	35/–	–	–	4,29	0,63
60×40× 6	6	17	35/–	–	–	5,68	0,85
70×50× 6	6	23	40/–	13	30	6,88	1,07
75×50× 7	6,5	23	40/–	13	30	8,30	1,07
80×40× 8	7	23	45/–	–	–	9,01	0,84
80×65× 8	8	23	45/–	21	35	11,0	1,36
90×60× 8	7	25	50/–	17	35	11,4	1,29
100×50× 8	9	25	55/–	13	30	11,5	1,05
100×65× 9	10	25	55/–	17	35	14,2	1,39
120×80×10	11	25	50/80	23	45	19,1	1,71
130×65×10	11	25	50/90	17	35	18,6	1,37
150×75×11	10,5	28	60/105	21	40	23,6	1,59

7.5.3 Schraubenverbindungen

Symbole ▶ S. 125

Scher-/Lochleibungsverbindungen

Schrauben der Festigkeitsklasse 4.6 bis 10.9

$$\frac{F_{v,Ed}}{F_{v,Rd}} \leq 1 \quad \text{und} \quad \frac{F_{v,Ed}}{F_{b,Rd}} \leq 1$$

$F_{v,Ed}$ Bemessungswert der einwirkenden Scherkraft
$F_{v,Rd}$ Grenzabscherkraft
$F_{b,Rd}$ Grenzlochleibungskraft

Zug und Abscheren

$$\frac{F_{v,Ed}}{F_{v,Rd}} + \frac{F_{t,Ed}}{1{,}4 \cdot F_{t,Rd}} \leq 1$$

Schrauben auf Zug

Nicht vorgespannte Schrauben der Festigkeitsklasse 4.6 bis 10.9 sind nicht für Ermüdungsfestigkeit geeignet.
Für vorgespannte Schrauben auf Zug der Festigkeitsklasse 8.8 und 10.9 ist eine kontrollierte Vorspannung erforderlich.

$$\frac{F_{t,Ed}}{F_{t,Rd}} \leq 1 \quad \text{und} \quad \frac{F_{t,Ed}}{B_{p,Rd}} \leq 1$$

$F_{t,Ed}$ Bemessungswert der einwirkenden Zugkraft
$F_{t,Rd}$ Grenzzugkraft; $B_{p,Rd}$ Grenzdurchstanzkraft

Normales Nennlochspiel $\Delta d = d_0 - d$ von Schrauben

| M12 | 1 mm | M16 bis M24 | 2 mm | M27 bis M36 | 3 mm |

Rand- und Lochabstände

Rand- und Lochabstände	Minimum	Maximum t Dicke des dünnsten außen liegenden Bleches	Volle Grenzlochleibungskraft
p_1	$\geq 2{,}2\, d_0$	$\leq 14\, t$; ≤ 200 mm; bei Beulgefahr $\leq 9\, t \cdot \varepsilon$	$\geq 3{,}75\, d_0$
e_1	$\geq 1{,}2\, d_0$	Korrosionsschutz $\leq 4\, t + 40$ mm	$\geq 3{,}00\, d_0$
e_2	$\geq 1{,}2\, d_0$	Korrosionsschutz $\leq 4\, t + 40$ mm; bei Beulgefahr $\leq 9\, t \cdot \varepsilon$	$\geq 1{,}50\, d_0$
p_2	$\geq 2{,}4\, d_0$	$\leq 14\, t$; ≤ 200 mm	$\geq 3{,}00\, d_0$

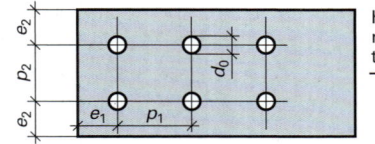

Kraftrichtung

Charakteristische Werte für Schraubenwerkstoffe in N/mm²

Festigkeitsklasse	4.6	5.6	8.8	10.9
Zugfestigkeit $f_{u,b,k}$	400	500	800	1000
Streckgrenze $f_{y,b,k}$	240	300	640	900

7.5 Stahlbau

Schraubenverbindungen

Grenzzugkräfte $F_{t,Rd}$ je Schraube in kN

Schraubenart	Stahlgüte	\multicolumn{8}{c}{Schraubengröße}
		M12	M16	M20	M22	M24	M27	M30	M36
alle Schrauben (außer Senkschrauben)	4.6	24,3	45,2	70,6	87,3	102	132	162	235
	5.6	30,3	56,5	88,2	109	127	165	202	294
	8.8	48,6	90,4	141	175	203	264	323	471
	10.9	60,7	113	176	218	254	331	404	588

Grenzabscherkräfte $F_{v,Rd}$ je Schraube und Scherfuge in kN

Schraubenart	Stahlgüte	M12	M16	M20	M22	M24	M27	M30	M36
rohe Schrauben-Scherfuge im Schaft	4.6	21,7	38,6	60,3	73,0	86,8	110	136	195
	5.6	27,1	48,2	75,4	91,0	108	138	170	244
	8.8	43,4	77,2	121	146	174	220	271	391
	10.9	54,2	96,5	151	182	217	275	339	489
rohe Schrauben-Scherfuge im Gewinde	4.6	16,2	30,1	47,0	58,2	67,8	88	108	157
	5.6	20,2	37,7	58,8	72,7	84,7	110	135	196
	8.8	32,4	60,3	94,0	116	136	176	215	314
	10.9	33,7	62,8	98,0	121	141	184	224	327

Grenzdurchstanzkräfte $B_{p,Rd}$ je Schraube in kN bezogen auf die Blechdicke $t = 10$ mm

Schraubenart	Stahlgüte	M12	M16	M20	M22	M24	M27	M30	M36
Sechskantschrauben DIN 7990 u. DIN 7968	S 235	103	136	171	194	205	234	263	314
	S 275	123	163	204	231	245	280	314	375
	S 355	140	185	233	263	279	319	358	428
HV-Schrauben DIN EN 14399-4 und -8	S 235	125	154	182	205	234	263	286	343
	S 275	149	183	217	245	280	314	342	410
	S 355	170	209	248	279	319	358	389	467

Grenzlochleibungskräfte $F_{b,Rd}$ für Scher-Lochleibungsverbindungen in kN

mit normalem Lochspiel bezogen auf die Dicke $t = 10$ mm; Werkstoff S235; 3 mm $\leq t \leq$ 40 mm; Voraussetzung; $e_2 \geq 1{,}5\, d_0$ und $p_2 \geq 3\, d_0$; für den Werkstoff S355 (Festigkeitsklasse ab 5.6) muss der Tabellenwert mit 1,36 multipliziert werden.

d [mm]	\multicolumn{2}{c}{M12}	\multicolumn{2}{c}{M16}	\multicolumn{2}{c}{M20}	\multicolumn{2}{c}{M22}	\multicolumn{2}{c}{M24}	\multicolumn{2}{c}{M27}	\multicolumn{2}{c}{M30}	\multicolumn{2}{c}{M36}
	p_1	e_1	p_1	e_1	p_1	e_1	p_1	e_1	p_1	e_1	p_1	e_1	p_1	e_1	p_1	e_1
20		44,3														
25		55,4		53,3												
30	44,9	66,5		64,0		65,5		66,0								
35	55,9	77,5		74,7		76,4		77,0		77,5						
40	67,0	86,4	56,5	85,3		87,3		88,0		88,6		86,4		87,3		
45	78,1		67,2	96,0		98,2		99,0		99,7		97,2		98,2		
50	86,4		77,9	107	73,1	109		110		111		108		109		111
55			88,5	115	84,0	120	81,4	121		122		119		120		122
60			99,1		94,9	131	92,4	132	89,7	133		130		131		133
65			110		106	142	103	143	101	144		140		142		144
70			115		117	144	114	154	112	155	103	151		153		155
75					128		125	158	123	166	113	162	110	164		166
80					139		136		134	173	124	184	121	175		177
85					144		147		145		135	194	132	186		188
90							158		156		146		142	196	135	199
95									167		157		153	207	146	211
100									173		167		164	216	157	222
105											178		175		168	233
110											189		186		179	244
115											194		197		190	255
120	\multicolumn{14}{l}{bei größeren Abständen gleicher Wert}	208		201	259
125													216		212	
130															223	

Abstände ▶ S. 408

7.5 Stahlbau

7.5.4 Schweißverbindungen Stahl

Rechnerische Schweißnahtdicken a ▶ S. 127, Sinnbilder

Nahtart	Stumpfnaht	D(oppel)-HV-Naht	D(oppel)-HY-Naht	Doppelkehlnaht	Dreiblechnaht
Bild					
rechnerische Nahtdicke	$a = t_1$, wenn $t_1 \leq t_2$	$a = t_1$	$a = t_1$ $c \leq 1/5 \cdot t_1$, jedoch $c \leq 3$ mm	min $a = 2$ mm min $a = \sqrt{\max t} - 0{,}5$ max $a = 0{,}7$ min t (a und t in mm)	Kraftübertragung von t_2 nach t_3: $a = t_2 \leq t_3$ Kraftübertragung von t_1 nach t_2: $a = t_1$

Mit a wird die rechnerische Schweißnahtdicke und mit l die rechnerische Länge einer Naht bezeichnet. $A_w = \Sigma (a \cdot l)$ ist die rechnerische Schweißnahtfläche, die sich aus mehreren Nähten verschiedener Länge und Dicke zusammensetzen kann. Bei konstanter Schweißnahtdicke a ist Σl die rechnerische Länge aller in einem Anschluss wirksamen Schweißnähte.

Vereinfachtes Nachweisverfahren

Beim vereinfachten Nachweisverfahren wird die Tragfähigkeit je Längeneinheit unabhängig von der Orientierung der einwirkenden Kräfte zur wirksamen Kehlnahtfläche ermittelt.

$$\frac{F_{w,Ed}}{F_{w,Rd}} \leq 1 \qquad F_{w,Rd} = f_{yw,d} \cdot a \qquad \text{mit} \qquad f_{vw,d} = \frac{f_{u,k}}{\sqrt{3} \cdot \beta_w \cdot \gamma_{M2}}$$

$f_{u,k}$ ▶ S. 405
β_w ▶ Tabelle unten
$\gamma_{M2} = 1{,}25$

Stahlsorte	Nahtdicke a [mm]	Tragfähigkeiten $F_{w,Rd}$ [kN/cm]								
	3	4	5	6	7	8	9	10	12	14
S235	6,24	8,31	10,39	12,47	14,55	16,63	18,71	20,78	24,94	29,10
S275	7,01	9,35	11,68	14,02	16,36	18,69	21,03	23,37	28,04	32,71
S355	7,54	10,06	12,57	15,09	17,60	20,12	22,63	25,15	30,18	35,21
S420	8,19	10,92	13,65	16,38	19,10	21,83	24,57	27,30	32,75	38,20
S460	8,80	11,74	14,67	17,60	20,54	23,47	26,41	29,34	35,71	41,08

Winkelanschlüsse

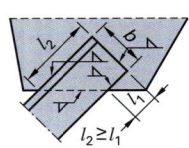

nur Flankenkehlnähte:
$\Sigma l = l_1 + l_2$

Stirn- und Flankenkehlnähte:
$\Sigma l = l_1 + l_2 + b$

umlaufende Naht:
$\Sigma l = l_1 + l_2 + 2b$

Scherfestigkeiten $f_{yw,d}$ der Schweißnähte

Stahlsorte	S235	S275	S355
$f_{vw,d} = \dfrac{f_u}{\sqrt{3} \cdot \beta_w \cdot \gamma_{M2}}$	208 N/mm²	234 N/mm²	251 N/mm²
Beiwert β_w	0,8	0,85	0,9
Zugfestigkeit $f_{u,k}$	360	430	510

Beispiel

Ein Winkel L 90 × 60 × 6 aus S235 wird gemäß Skizze an ein Blech mit $t = 8$ mm angeschweißt. Der Anschlussnachweis für eine Zugkraft $F_d = 80$ kN ist zu führen.

min $a = 2$ mm bzw. min $a = \sqrt{8} - 0{,}5 = 2{,}3$ mm
max $a = 0{,}7 \cdot 6 = 4{,}2$ mm; **gewählt: $a = 3$ mm**
min $l = 30$ mm bzw. min $l = 6 \cdot a = 18$ mm; max $l = 150$ mm
gewählt: $l_1 = 40 - 2 \cdot 3 = 34$ mm (Endkrater abgezogen)
$\qquad\quad\;\; l_2 = 100 - 2 \cdot 3 = 96$ mm (Endkrater abgezogen)
$\Sigma l = 96 + 34 = 130$ mm = 13 cm
$F_{w,Rd} = 13$ cm $\cdot$ 6,24 kN/cm = 81,12 kN
$\dfrac{F_{w,Ed}}{F_{w,Rd}} = \dfrac{80 \text{ kN}}{81{,}12 \text{ kN}} = 0{,}99 \leq 1{,}0$

L 90 × 60 × 6   nur Flankenkehlnähte

7.5 Stahlbau

7.5.5 Knicken

Die Nachweise beschränken sich auf das Biegeknicken von Walzträgern (Druckstützen) mit I- und H-Querschnitten. Knicklängen ▶ S. 94.
In Abhängigkeit vom Profil und von der Knickrichtung wird nach der Tabelle die **Knicklinie** KSL a, b oder c bestimmt. Mit der Schlankheit und der von der Stahlgüte (S235 bzw. S355) abhängigen Bezugsschlankheit λ_1 wird die bezogene Schlankheit $\bar{\lambda}_K = \lambda_K/\lambda_1$ berechnet. Die Knicklinien sind hier nicht als Diagramm, sondern mit den Funktionswerten (χ-Werten) in einer Tabelle zusammengefasst. Die χ-Werte der Tabelle können linear interpoliert werden. Sie heißen Abminderungsfaktoren. Die Knicklänge wird mit L_{cr} ▶ S. 94 bezeichnet.

Biegeknicken

$i_y = \sqrt{(I_y/A)}$ $i_z = \sqrt{(I_z/A)}$

$\bar{\lambda}_{K,y} = L_{cr,y}/(i_y \cdot \lambda_1)$
$\bar{\lambda}_{K,z} = L_{cr,z}/(i_z \cdot \lambda_1)$ $\lambda_1 = \pi\sqrt{\dfrac{E}{f_y}}$

Knicklänge $L_{cr} = l \cdot \beta$
β nach Euler-Fall   früher $s_k = L_{cr}$

Mit $\lambda_a = 93{,}9$ für S235 und $\lambda_e = 76{,}4$ für S355. Maßgebende Knickspannungslinie KSL a bis c und Abminderungsfaktoren χ nach nebenstehenden Tabellen (mit Interpolation).

Nachweis: $N_{pl,d} = \dfrac{A \cdot f_{y,k}}{\gamma_{M1}}$

$S_d/R_d = \dfrac{N_d}{\chi \cdot N_{pl,d}} < 1$

Profil mit Knicken um Achse		KSL
Profil	Knicken um	KSL
I und IPE	y-Achse	a
	z-Achse	b
HE-B ab 360	y-Achse	a
	z-Achse	b
HE-B bis 340	y-Achse	b
	z-Achse	c
Winkel	allgemein	c

$\bar{\lambda}_K$	χ-Werte für KSL		
	a	b	c
0,2	1,00	1,00	1,00
0,7	0,85	0,78	0,72
1,2	0,53	0,49	0,43
1,7	0,30	0,28	0,26
2,2	0,19	0,18	0,17
2,7	0,12	0,12	0,11

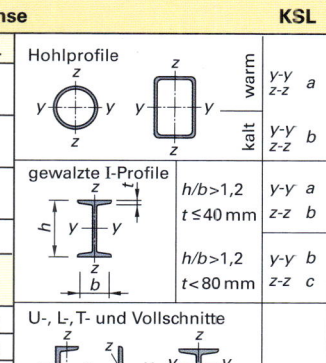

Hohlprofile: warm y-y a, z-z a; kalt y-y b, z-z b
gewalzte I-Profile: h/b>1,2 t≤40 mm y-y a, z-z b; h/b>1,2 t<80 mm y-y b, z-z c
U-, L-, T- und Vollschnitte: c

Beispiel

Eine Druckstütze HE-300B aus S235 mit einer Knicklänge von $L_{cr,y} = L_{cr,z} = 400$ cm wird mit einer Druckkraft von $N_d = F_d = 2500$ kN beansprucht. Der Nachweis auf Biegeknicken ist zu führen.

Tabellenwerte: HE-B 300
$A = 149$ cm² $I_y = 25170$ cm⁴ $I_z = 8560$ cm⁴ $f_{y,k} = 235 \dfrac{N}{mm²}$ $\gamma_{M1} = 1{,}1$

Nachweis um die y-Achse und die z-Achse
$\dfrac{S_d}{R_d} = \dfrac{N_d}{\chi \cdot N_{pl,d}} \leq 1{,}0$ $N_d = 2500$ kN χ aus der Tabelle ablesen und Zwischenwerte interpolieren

berechnete Kennwerte:

$i_y = \sqrt{\dfrac{I_y}{A}} = \sqrt{\dfrac{25170}{149}} = 13{,}0$ cm

$i_z = \sqrt{\dfrac{I_z}{A}} = \sqrt{\dfrac{8560}{149}} = 7{,}75$ cm

$\lambda_1 = \pi\sqrt{\dfrac{E}{f_y}} = \pi \cdot \sqrt{\dfrac{210000}{235}} = 93{,}9$ cm

$N_{pl,d} = \dfrac{A \cdot f_{y,k}}{\gamma_{M1}} = \dfrac{149 \cdot 23{,}5}{1{,}1} = 3183$ kN

$\bar{\lambda}_y = \dfrac{L_{cr,y}}{i_y \cdot \lambda_1} = \dfrac{400}{13{,}0 \cdot 93{,}9} = 0{,}327$

$\bar{\lambda}_z = \dfrac{L_{cr,z}}{i_z \cdot \lambda_1} = \dfrac{400}{7{,}75 \cdot 93{,}9} = 0{,}56$

HE-B 300 um die y-Achse → KSL = b   um die z-Achse → KSL = c

$\bar{\lambda}_y = 0{,}327 \approx 0{,}33$ aus der Tabelle Spalte b zwischen λ_K: 0,2 = 1,0 und λ_K: 0,7 = 0,78 interpolieren
$\chi_y = 1 - \dfrac{(1-0{,}78) \cdot (0{,}33 - 0{,}2)}{0{,}7 - 0{,}2} = 0{,}94$ $\chi_z = 1 - \dfrac{(1-0{,}72) \cdot (0{,}56 - 0{,}2)}{0{,}7 - 0{,}2} = 0{,}80$

$\bar{\lambda}_z = 0{,}56$ aus der Tabelle Spalte c zwischen λ_K: 0,2 = 1,0 und λ_K: 0,7 = 0,72 interpolieren

Nachweis um die y-Achse   **Nachweis um die z-Achse**
$S_d = N_d = 2500$ kN $S_d = N_d = 2500$ kN
$R_d = \chi_y \cdot N_{pl,d} = 0{,}94 \cdot 3183 = 2992$ kN $R_d = \chi_z \cdot N_{pl,d} = 0{,}80 \cdot 3183 = 2546$ kN
$\dfrac{S_d}{R_d} = \dfrac{2500}{2992} = 0{,}84 \leq 1{,}0$ $\dfrac{S_d}{R_d} = \dfrac{2500}{2546} = 0{,}98 \leq 1{,}0$

7 BAUTECHNIK UND BAUKONSTRUKTION

7.6 Fertigteilbau

Im Baubereich werden immer häufiger vorgefertigte Bauelemente wie Stützen, Balken, Decken, Wände und Treppen aus Stahlbeton, Stahl und Holz hergestellt. Die Richtlinien für Stahlbetonfertigteile enthält die DIN EN 1992, für Holzbauteile die DIN EN 1995 und für Stahlfertigteile die DIN EN 1993. Im Fertigteilbau wird zunehmend die Maßvorgabe nach der Modulordnung gemäß **DIN 18000** angestrebt; das **Grundmodul M = 10 cm** ist der größte gemeinsame Teiler modularer Bauweise. Unterschieden wird zwischen geschlossenen und offenen Bausystemen. Als Konstruktionssysteme sind die Großtafelbauweise und der Skelett-(Gerippe-)Bau ausgewiesen.

Modulordnung

Die Modulordnung nach DIN 18000 wurde mit dem Ziel entwickelt, vorgefertigte Bauteile des Rohbaus (des industriellen Bauens) miteinander kombinieren zu können.

Dies ist auch im Mauerwerksbau durch die Einführung der 17,5 cm und 30,0 cm dicken Wände möglich. Entscheidend für das Kombinieren vorgefertigter Bauteile ist das Einhalten der Grenzmaße, Winkel- und Ebenheitstoleranzen.

Die in der DIN 18001 definierten Toleranzbegriffe werden in DIN 18002 auf den gesamten Hochbau übertragen.

Die Grundriss-Koordinationsraster werden in verschiedenen Bezugsarten nach DIN 18000 vorgegeben. Das **Grundmaßmodul M = 100 mm** ist das kleinste modulare Baumaß. Multimodula sind ganzzahlige Vielfache des Grundmoduls.

Grenzabweichungen in mm (DIN 18 202)

Bezug zum Bauwerk	Nennmaße in m				
	≤ 3 ≤ 6	> 3 ≤ 15	> 6 ≤ 30	> 15	> 30
Maße im Grundriss, z. B. Längen, Breiten, Achs- und Rastermaß	± 12	± 16	± 20	± 24	± 30
Maße im Aufriss, z. B. Geschosshöhen	± 16	± 16	± 20	± 30	± 30
Lichte Maße im Grundriss, z. B. zwischen Stützen	± 16	± 20	± 24	± 30	–
Lichte Maße im Aufriss z. B. unter Decken	± 20	± 20	± 20	–	–
Öffnungen mit nicht oberflächenfertigen Leibungen	± 12	± 16	–	–	–
Öffnungen mit oberflächenfertigen Leibungen	± 10	± 12	–	–	–

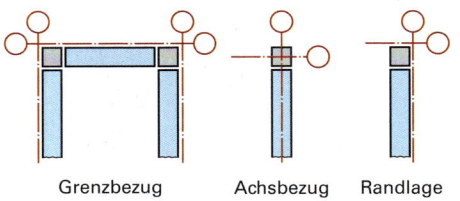

Grenzbezug   Achsbezug   Randlage

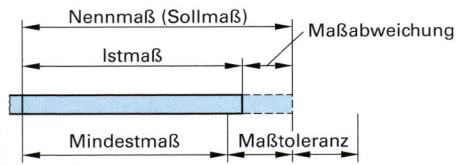

Großtafelbauweise

Bei der Großtafelbauweise werden Wandtafeln und Deckenplatten zu Räumen zusammengesetzt. Die Bauelemente haben neben der tragenden und aussteifenden Funktion zugleich eine raumabgrenzende Aufgabe. Die Elemente werden an den Stößen durch Anker, Dübel, Schrauben oder Nutfedern, Bolzenschlösser, mit und ohne Fugenverguss verbunden. Die Raumzelle ist ein Sondersystem, bei dem Wand- und Deckenplatten eine Zelle mit tragender und raumabschließender Funktion bilden.

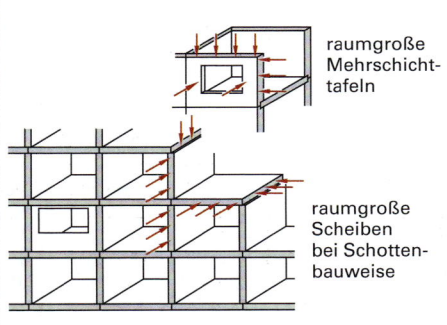

raumgroße Mehrschichttafeln

raumgroße Scheiben bei Schottenbauweise

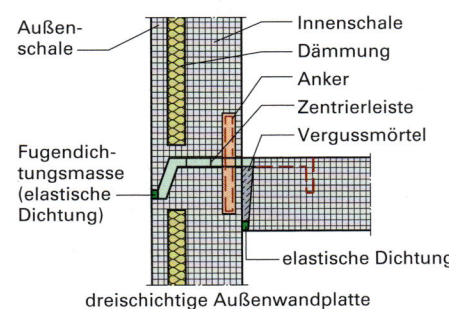

dreischichtige Außenwandplatte

7.6 Fertigteilbau

Stahlbetonskelettbau

Im Skelettbau übernehmen stabförmige Bauteile die tragende Funktion. Das vertikale Tragsystem kann aus durchgehenden Stützen, Pendelstützen, zweistieligen Rahmen, T-Rahmenteilen oder aus Pilzkopfelementen bestehen, die übereinander gestapelt werden. Stützen stellt man in vorgefertigte Köcherfundamente; sie werden zentriert, fixiert und mit Vergussbeton ummantelt. Stützenkonsolen oder Aussparungen im Stützenkopf schaffen die nötigen Auflager für Balken und Plattenbalken (TT-Platte, Trogplatte, Doppelstegplatte). Ein System von Ankerbolzen (Dollen) und Ankerlöchern sichert die Skelettelemente schon beim Aufbau gegen ein Kippen oder Abrutschen. Nach dem Vergießen der Löcher und Fugen mit Beton entstehen unverschiebliche Verbindungen zwischen Stützen und Balken. Für die Auflagerung der Fertigteile werden je nach Beanspruchung verschiedene Auflagerelemente (z. B. Elastomerlager) eingebaut. Auch eine trockene Auflagerung oder eine Mörtelfuge kann ausgeführt werden.

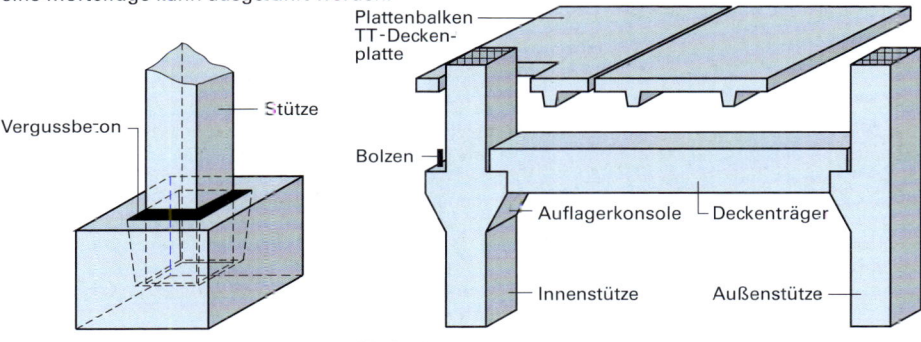

Blockfundament
mit ausgespartem Köcher

Skelettbausystem

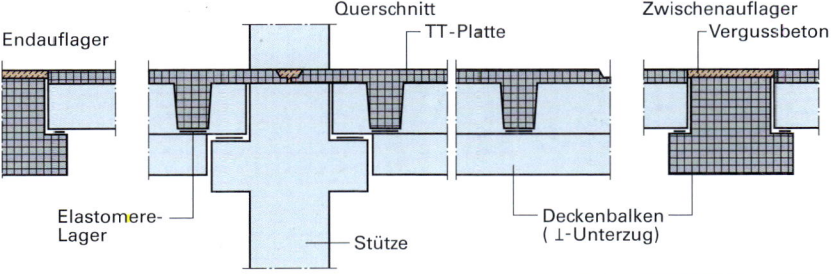

Auflagertiefe bei Platten $a \geq 5$ cm
Auflagertiefe bei Balken $a \geq 10$ cm

Fertigteilquerschnitte (Typenprogramm Skelettbau)

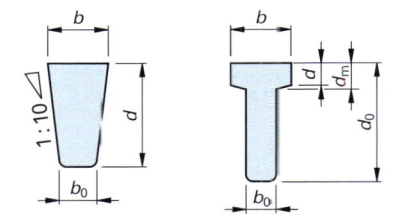
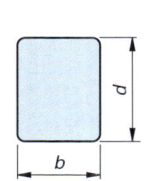
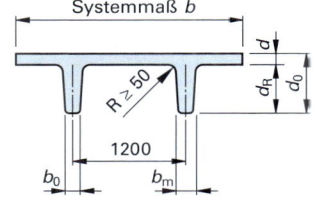

	V-Pfetten (Maße in mm)		T-Binder (Maße in mm)		Stützenriegel (Maße in mm)		TT-Deckenplatten
d	350	500	150	150	300	400	$b = 2400$ mm
b	150/190	180/260	370	400	400	400	$d \geq 60$ mm (F 30)
b_0	80/150	80/160	120	150	d 300 ... (+ 100) ... 600		$d_R = 300$ mm (bis 700 mm)
d_0	–	–	600 ... (+ 200) ... 1800		b 300 ... (+ 100) ... 800		$b_0 = 190$ mm (bis 230 mm)

7 BAUTECHNIK UND BAUKONSTRUKTION

7.7 Rohrleitungsbau

Definition: Der erdverlegte Rohrleitungsbau umfasst alle Tätigkeiten zur Herstellung und Instandhaltung einer dauerhaft funktionstüchtigen im Erdboden verlegten Rohrleitung zum Transport von Flüssigkeiten, Gasen und Feststoffen für die Ver- und Entsorgung der Abnehmer und Verbraucher.

Anordnungen des Rohrleitungsbaus werden in zahlreichen Normen aufgeführt. Die wichtigsten übergeordneten Normen für die Versorgung sind die DIN EN 805 (Anforderungen an Wasserversorgungssysteme und deren Bauteile außerhalb von Gebäuden), die DIN EN 12007 (Gasversorgungssysteme – Rohrleitungen mit einem maximal zulässigen Betriebsdruck bis einschl. 16 bar) sowie für die Entsorgung die DIN EN 1610 (Verlegung und Prüfung von Abwasserleitungen und -kanälen). Ergänzt wird das Regelwerk von zahlreichen Arbeitsblättern des DVGW (Deutsche Vereinigung des Gas- und Wasserfaches) und der DWA (Deutsche Vereinigung für Wasserwirtschaft, Abwasser und Abfall e. V.). Außerdem gilt es immer die berufsgenossenschaftlichen Vorschriften (BGV) zu beachten.

7.7.1 Versorgung

Wasserversorgung (DIN EN 805)

Die Wasserversorgung umfasst die Wassergewinnung, die Wasserförderung, die Wasseraufbereitung, die Wasserspeicherung und die Wasserverteilung. Sie muss hygienisch einwandfrei und langfristig wirtschaftlich sein, sodass das Wasser mit ausreichendem Druck und mit ausreichenden Reserven zu Löschzwecken in die Versorgungsgebiete eingespeist wird.

Trinkwasser muss gesund, keimfrei, geruchlos, farblos, klar, wohlschmeckend und kühl sein. Das Trinkwasser sollte in genügender Menge und ausreichendem Druck bereitgestellt werden. Die Temperatur des Trinkwassers sollte zwischen 5 °C und 15 °C liegen, der Härtebereich mittel bis hart sein, sodass der Geschmack gut ist. Wasser sollte im Leitungsmaterial keine Korrosionsschäden hervorrufen.

Wasserhärtebereiche ▶ S. 69

°dH	mval/Liter	Bezeichnung	Beurteilung	Geschmack	Bemerkung	
0 bis 4	0 bis 1,4	sehr weich	geeignet	fade	WM 1	
4 bis 8	1,4 bis 2,9	weich	gut geeignet	gut	WM 2	ungefähre Angaben
8 bis 12	2,9 bis 4,2	mittelhart	gut geeignet	gut	WM 3	
12 bis 18	4,3 bis 6,4	ziemlich hart	tragbar	gut	WM 4	
19 bis 30	6,4 bis 10,7	hart	tragbar	gut	WM = Waschmittelgesetz	
über 30	über 10,7	sehr hart	ungeeignet	bleiig		

Für die Dimensionierung von Wasserversorgungseinrichtungen für Trinkwasser in Wohngebäuden, Verwaltungsgebäuden, Schulen, Hotels, Krankenhäusern und landwirtschaftlichen Anlagen ist das Arbeitsblatt W 410 (Wasserbedarfszahlen) vom DVGW heranzuziehen. Die Herstellung oder Änderung einer Trinkwasserversorgungsanlage ist durch das Wasserversorgungsunternehmen (WVU) zu genehmigen. Im Einzelfall wird für eine Wohnung mit Bad und WC ein täglicher Verbrauch von 125 Liter (⌀) bis 220 Liter (Höchstwert) angesetzt. Die Anforderungen an Trinkwasser sind in DIN 2000/ DIN 2001, an den Bau einer Trinkwasserversorgung in DIN 1988 sowie in DIN EN 1717 benannt.

Täglicher Wasserverbrauch pro Einwohner (ungefähre Angaben)

Essen/Trinken	5 l	Industrieverbrauch	Summe persönlicher Bedarf 125 l
Wäsche	20 l	umgerechnet	Industrieverbrauch 40 l
Toilette und Körperpflege	30 l und 40 l	pro Kopf 40 l	**Gesamtsumme** **165 l**
Sonstiges (Spülen, Garten, …)	30 l		

Um tägliche Schwankungen und Verbrauchsspitzen auszugleichen, muss das Wasser in Sammelbehältern (Wassertürmen) zwischengespeichert werden; die Größe der Speicher entspricht 30 % bis 50 % des höchsten Tagesbedarfs. Zur Bestimmung der Nennweite von Wasserleitungen sind entscheidend: der Förderstrom [Q], die Zahl der Abnehmer [EW], die Verbrauchsmenge [VB], die tägliche Betriebsdauer [BD] sowie die Fließgeschwindigkeit [v].

$$d_i = \sqrt{\frac{Q \cdot 4}{v \cdot \pi}} \quad \text{mit} \quad Q = \frac{EW \cdot VB}{BD}$$

Q Förderstrom l/s	BD tägliche Betriebsdauer s/d
VB täglicher Verbrauch l/(EW·d)	v Fließgeschwindigkeit dm/s
EW Einwohnerzahl	d_i Innendurchmesser dm

7.7 Rohrleitungsbau

Beispielrechnung zur Dimensionierung

Randbedinungen
Fließgeschwindigkeit $v = 18$ dm/s
Einwohnerzahl $EW = 40\,000$
tägl. Verbrauch $VB = 125$ l/(EW·d)
tägl. Betriebsdauer $BD = 64\,800$ s/d (= 18 h)

Durch die Rechnung wird der Mindestinnendurchmesser (im Beispiel 234 mm) ermittelt. Das gewählte Rohr muss innen größer als der errechnete Wert sein.

gew.: PE 100, d_a 315, SDR 11 (d_i = 258 mm)

$$Q = \frac{40\,000 \; EW \cdot 125 \; l/EW \cdot d}{64\,800 \; s/d} = 77{,}16 \; l/s$$

$$d_i = \sqrt{\frac{77{,}16 \; l/s \cdot 4}{18 \; dm/s \cdot \pi}} = 2{,}34 \; dm = 234 \; mm$$

PE	Polyethylenrohre ▶ S. 416
d_a	Außendurchmesser in mm; auch OD (Outer Diameter)
d_i	Innendurchmesser in mm; auch ID (Inner Diameter)
s	Wanddicke 28,5 mm ▶ S. 416, $s = 28{,}6$ mm
SDR	Wanddickenverhältnis; SDR 11; 11 × 28,6 ≈ 315

Gasversorgung

Die Gasversorgung umfasst das Aufkommen, die Verwendung und Abgabe von leitungsgebundenem Erdgas an den Endabnehmer durch das Gasversorgungsunternehmen. Gase, die sich brenntechnisch ähnlich verhalten, werden in Gasfamilien zusammengefasst.

Nachdem das Erdgas mit hohem Druck aus den unterirdischen Lagerstätten gefördert worden ist, wird es getrocknet und gereinigt. Im Fernleitungsnetz wird das Erdgas unter Hochdruck (in Deutschland bis 84 bar) zu den Übernahme- und Netzstationen transportiert. Dort wird der Druck reduziert, das Erdgas gefiltert und vorgewärmt, die Gasmenge gemessen, die wichtigsten Parameter registriert sowie die Odorierung (Riechbarmachung) realisiert, ehe es über ein Mitteldrucknetz zu den Endverbrauchern verteilt wird. Der Druckabfall durch Reibung wird in Verdichterstationen aufgefangen, die alle 100 km bis 200 km angeordnet sind.

1. Gasfamilie	wasserstoffreiche Gase
2. Gasfamilie	Naturgase (Erdgas)
3. Gasfamilie	Flüssiggase
4. Gasfamilie	Gas-Luft-Gemische

Eigenschaften von Erdgas H

Erdgas ist ungiftig, farb- und geruchlos	
Dichte	0,7 kg/m³
Siedepunkt	− 161 °C
Zündbereich	4 Vol.-% bis 17 Vol.-%
Brennwert	ca. 11 kWh/m³
Methananteil	87 Vol.-% bis 99 Vol.-%

Druckbereiche in der Gasversorgung

Niederdruckbereich	< 100 mbar
Mitteldruckbereich	100 mbar bis 1000 mbar
Hochdruckbereich	> 1 bar

Wichtige Abkürzungen und Begrifflichkeiten

Druckbegriffe (DIN EN 805)

Abkürzung	Deutsch	Englisch
DP	Systembetriebsdruck (höchster festgelegter Betriebsdruck ohne Druckstöße)	Design Pressure
MDP (früher PN)	höchster Systembetriebsdruck (höchster festgelegter Betriebsdruck unter Berücksichtigung von zukünftigen Entwicklungen und Druckstößen)	Maximum Design Pressure
PMA	höchster zul. Bauteilbetriebsdruck bauteilbezogen (d.h. das Pendant zum MDP, der sich auf das Gesamtsystem bezieht), auf ein einzelnes Bauteil bezogen	Allowable Maximum Operating Pressure (franz.: **P**ression **M**aximale **A**dmissible)
STP	Systemprüfdruck (MDP · 1,5 bei Drücken unter 10 bar; MDP + 5 bei Drücken über 10 bar)	System Test Pressure
OP	Betriebsdruck (Innendruck an einer bestimmten Stelle zu einem bestimmten Zeitpunkt)	Operation Pressure
SP	Versorgungsdruck (Innendruck an der Übergabestelle zu einem bestimmten Zeitpunkt)	Service Pressure

Leitungsarten (DIN EN 805, DIN 2425)

ZW	Zubringerleitung für **W**asser		ZG	Zubringerleitung für **G**as
HW	Hauptleitung für **W**asser		HG	Hauptleitung für **G**as
VW	Versorgungsleitung für **W**asser		VG	Versorgungsleitung für **G**as
AW	Anschlussleitung für **W**asser		AG	Anschlussleitung für **G**as

7.7 Rohrleitungsbau

Werkstoffe (DIN 2425)

GJL	(früher GGL) Grauguss (mit Lamellengraphit, **G**uss **I**ron **L**amellar)	
St	**St**ahl	
PE	(PE-HD) **P**oly**e**thylen (HD = High Density)	
GJS	(früher GGG) duktiles Gusseisen (mit Kugelgraphit, **G**uss **I**ron **S**pheric)	
GFK	**G**lasfaserverstärkter **K**unststoff	
PVC	**P**oly**v**inyl**c**hlorid	

Verbindungsarten (DIN 2425)

Sr	**S**chraub-Muffen-Ve**r**bindung	Kl	**Kl**ebemuffe
Sm	**S**teck-**M**uffen-Verbindung	Km	**K**le**m**m-Verbindung
Sw	**S**ch**w**eiß-Verbindung	Fl	**Fl**ansch-Verbindung

Korrosionsschutz (DIN 2425)

Außenschutz:
- Ba bituminöse Umhüllung
- Ka Kunststoffumhüllung
- Zma Zementmörtelumhüllung

Innenschutz:
- Ki Kunststoffauskleidung
- Bi bituminöse Auskleidung
- Zm (Zmi) **Z**ement**m**örtelauskleidung

Syntax der Leitungsbeschreibung (DIN 2425)

Die Angaben werden in Bestandsplänen in folgender Reihenfolge über die Leitung geschrieben: Leitungsart – Dimension – Werkstoff – zusätzliche Angaben wie Verbindungsart, Korrosionsschutz, ... – Verlegejahr

Beispiel: VW 300 St Sm Zm (1,20) 2014 (Versorgungsleitung Wasser, DN 300 aus Stahl/mit Steckmuffenverbindung, Zementmörtelauskleidung und 1,20 m Überdeckung, Verlegejahr 2014)

Rohrwerkstoffe in der Wasser- und Gasversorgung

Im Rohrleitungsbau werden sowohl die Kunststoffe Polyethylen (PE), Polyvinylchlorid (PVC) und vereinzelt glasfaserverstärker Kunststoff (GFK), als auch die metallischen Werkstoffe Duktilguss (GJS) und Stahl (St) als Rohrwerkstoffe verwendet. Jeder dieser Werkstoffe hat dabei spezielle Vorzüge, aber auch Nachteile, sodass es keinen optimalen Rohrwerkstoff für alle Situationen gibt. Vielmehr müssen immer wieder neu situationsbezogen die speziellen Anforderungen analysiert werden, ehe in Abhängigkeit von den äußeren Gegebenheiten, dem Medium, den Drücken, den Nennweiten, den Verlegtiefen etc., der jeweils beste Rohrwerkstoff ausgewählt werden kann.

Werkstoffkennwerte der gängigen Werkstoffe im Rohrleitungsbau (Durchschnittswerte)

Eigenschaften	Einheit	PE	PVC	GJG	St	
Dichte	g/cm^3	0,96	1,4	7,25	7,85	Das **Arbeitsvermögen** ist ein Kennwert für die Arbeit, die aufgewendet werden muss, um ein Rohr unbrauchbar zu machen.
Zugfestigkeit	N/mm^2	20	55	440	400	
Druckfestigkeit	N/mm^2	10	80	900	400	
Arbeitsvermögen	N·m	10	1000	10 000	7500	
Wärmeleitzahl	W/(m·K)	0,12	0,42	35	55	
Wärmedehnzahl	mm/(m·°C)	0,2	0,08	0,012	0,012	
Elastizitätsmodul	N/mm^2	1750	4000	180 000	210 000	
Bruchdehnung	%	300	25	16	35	

Polyethylenrohre (PE)

PE-Rohre werden vorrangig in kleinen Nennweiten (bis ca. DN 300) eingesetzt, da sie aufgrund des geringen Gewichts einfach zu verlegen sind. Zudem werden sie neben der klassischen Stangenware bis ca. d_a 180 auch in Ringbunden geliefert, was eine schnelle Verlegung mit wenigen Verbindungsstellen ermöglicht. Als Standardrohre werden PE 80 (Mindestfestigkeit 8,0 N/mm^2) und PE 100 (10,0 N/mm^2) eingesetzt, wobei PE 80 i.d.R. nur noch bei Hausanschlüssen eingesetzt wird. Für die grabenlose Verlegung sowie für spezielle Anforderungen stehen zahlreiche spezielle Alternativen wie Mantel- oder PE-X-Rohre zur Verfügung. Bei den Standardrohren sind Drücke bei Gas bis 10 bar und bei Wasser bis 20 bar zugelassen.

SDR Wanddickenverhältnis,   MDP Druckstufe,
d_a Außendurchmesser,   s   Wandstärke

Typische PE-Rohre (mittlerer Sicherheitsfaktor SF)

SDR	17	11	7,4
PE 80 SF = 1,6	MDP 6,2	MDP 10,0	MDP 15,2
PE 100 SF = 1,6	MDP 7,8	MDP 12,5	MDP 19,2
d_a [mm]	s [mm]	s [mm]	s [mm]
25	1,8	2,3	3,5
32	1,9	2,9	4,4
40	2,4	3,7	5,5
50	3,0	4,6	6,9
110	6,6	10,0	15,1
160	9,5	14,6	21,9
225	13,4	20,5	30,8
315	18,7	28,6	43,1

7.7 Rohrleitungsbau

Polyvinylchloridrohre (PVC) (DIN EN 1452)

PVC-Rohre kommen vorrangig in kleineren Nennweiten bis ca. DN 300 zum Einsatz.
In der Rohrleitungsbau-Praxis werden PVC-Rohre neben der Verwendung als Produktrohr aufgrund des geringen Gewichts, der sehr einfachen Verlegung und des geringen Preises vielfach auch als Schutzrohre eingesetzt. Darüber hinaus finden sie im Garten- und Landschaftsbau verstärkt Verwendung.

DN Nennweite, d_a Außendurchmesser, s Wandstärke, SDR Wanddickenverhältnis, MDP Druckstufe

SDR		21	13,6
PVC		MDP 10	MDP 16
DN	d_a [mm]	s [mm]	s [mm]
25	32		2,4
40	50		3,7
100	110	5,3	8,2
150	160	7,7	11,9
200	225	10,8	16,7
300	315	15,0	23,4

Duktilgussrohre (GJS) (DIN EN 545)

Die guten mechanischen Eigenschaften erlauben den Einsatz von duktilen Gussrohren (GJS) unter schwierigen Verlegebedingungen, z. B. in Bergsenkungsgebieten, bei großen Überdeckungshöhen oder felsigem Boden; ebenso überall dort, wo große Sicherheitsreserven erforderlich sind. Generell werden Duktilgussrohre vorrangig bei größeren Nennweiten und bei hohen Drücken eingesetzt.
Zur Optimierung der Wanddicken (Einsparpotenzial) wird traditionell nach Wanddickenklassen, neuerdings nach Druckklassen (C-Klassen) eingeteilt.

DN Nennweite, d_a Außendurchmesser, PFA Druckstufe [bar], e_{min} Mindestwanddicke [mm]

Typische Duktilgussrohre ▶ S. 424

DN	d_a	C-Klasse (PFA) 40	50	Wanddickenklasse K 9	
		e_{min}	e_{min}	PFA	e_{min}
100	118	3,0	3,5	116,2	4,7
150	170	3,0	3,5	79,6	4,7
200	222	3,1	3,9	61,9	4,8
300	326	4,6	5,7	48,9	5,6
400	429	6,0	7,5	42,4	6,4
500	532	7,5	9,3	38,4	7,8
600	635	8,9	11,1	35,7	8,0
700	738	10,4	13,0	33,8	8,8
800	842	11,9	14,8	32,3	9,6

Stahlrohre (St) (DIN EN 2460)

Stahlrohre werden eingesetzt, wo große Drücke herrschen, d.h. im Anlagenbau und bei großen Transport- und Zubringerleitungen. In der Gasversorgung sind sie unersetzlich, da bei Überlandleitungen und Pipelines Drücke über 100 bar gefahren werden. Durch geringere Wanddicken haben sie im Verhältnis zum Duktilgussrohr ein geringeres Gewicht. Außerdem werden sie vielfach bei schwierigen Bodenverhältnissen und der grabenlosen Verlegung eingesetzt.

DN Nennweite, d_a Außendurchmesser, s Wandstärke, Inch ≙ Zoll, PMA Druckstufe, ZmU Zm-Umhüllung

Typische Stahlrohre (für Stumpfschweißungen)

DN	d_a	Inch	PMA	s	ZmU
100	114,3	$4^{1}/_{2}$	95	3,6	5
150	168,3	$6^{5}/_{8}$	73	4,0	5
200	219,1	$4^{5}/_{8}$	64	4,5	6
250	273,0	$10^{3}/_{4}$	57	5,0	6
300	323,9	$12^{3}/_{4}$	54	5,6	6
350	355,6	14	50	5,6	7
400	406,4	16	49	6,3	7
500	508,0	20	39	6,3	7
600	610,0	24	30	6,3	7

Fernwärme

Die Fernwärmeversorgung umfasst die Versorgung ausgehend von einer zentralen Heizanlage für die Heizung und die Warmwasserversorgung. Die Erzeugung der Wärme ist umweltfreundlich und flexibel, da jede Art von Brennstoffen (z. B. auch Müll oder Biogas) sowie die Vorteile der Kraft-Wärme-Kopplung (gleichzeitige Produktion von Strom und Wärme) genutzt werden können. Der Transport der thermischen Energie erfolgt in wärmegedämmten Rohrsystemen, bei denen in einem Kreislauf das heiße Medium (Heizwasser oder Wasserdampf) vom Heizwerk zum Verbraucher hin und das ausgekühlte Wasser parallel dazu wieder zurück transportiert wird. Zum Transport von Fernwärme bedarf es komplexer Rohrsysteme, da durch die Temperaturunterschiede extreme Spannungen (Kompensation durch Dehnungsausgleicher ▶ S. 419 Kompensatoren) auftreten und aus wirtschaftlicher Sicht der Wärmeverlust (durch Einbau einer Wärmedämmung) minimiert werden muss. Um Undichtigkeiten schnell erkennen zu können, sind Fernwärmerohre vielfach mit einem integrierten elektrisch leitenden Überwachungs- und Ortungssystem ausgerüstet.

7.7 Rohrleitungsbau

Rohre für die Fernwärmeversorgung

Kunststoffmantelrohre (KMR) (DIN EN 253)

Heutzutage werden zum größten Teil Kunststoffmantelrohre (KMR) mit Stahlmedienrohren in Verbundbauweise verwendet. Sie haben durch die weitgehende Standardisierung, die große Robustheit und den relativ günstigen Preis einen Verlegeanteil von ca. 75 %. Darüber hinaus kommen insbesondere bei schwierigen Verlegebedingungen sowie bei hohen Drücken und Medientemperaturen Stahlmantelrohre (Medienrohr Stahl, Wärmedämmung aus PUR, Mantelrohr aus Stahl) zum Einsatz.

DN	Stahlmedienrohr		PE-Mantelrohr	
	d_a	s	d_a	s
25	33,7	2,6	110	3,0
40	48,3	2,6	125	3,0
50	60,3	2,9	140	3,0
65	76,1	2,9	160	3,0
100	114,3	3,6	225	3,4
150	168,3	4,0	280	3,9
200	219,1	4,5	355	4,5
250	273	5,0	450	5,2

Leitungsteile für den Rohrleitungsbau – Versorgung

Formstücke (DIN EN 545)

Formstücke (oder Formteile) sind Leitungsteile, die im Rohrleitungsbau dazu dienen, den Leitungsverlauf entsprechend der vorgegebenen Richtung anzupassen, Armaturen zu integrieren, die Nennweite zu verändern oder Einbindungen (Abzweige) herzustellen.

Flanschformstücke			Muffenformstücke		
Abk.	Verwendung	Symbol	Abk.	Verwendung	Symbol
ALK	Sicherung von Entleerungsleitungen (Anschluss Flansch (o. Muffe))		MMA	Einbindung eines Flanschrohres oder -formstücks an Muffenrohre (90°)	
EN	Anschluss eines Hydranten mit Flansch an ein Muffenrohr		MMB	Einbindung eines Muffenrohres oder -formstücks an Muffenrohre (90°)	
EU	Übergang von Flanschverbindung auf Muffenverbindung		MMC	Einbindung eines Muffenrohres oder -formstücks an Muffenrohre (45°)	
F	Einstecken des Spitzendes in eine Muffe zum Anschluss eines Flansches		MMK	Richtungsänderung 11 1/4 bis 45° zwischen zwei Muffen	
FF	Verbindung zweier Flansche		MMQ	Richtungsänderung 90° zwischen zwei Muffen	
FFK	Richtungsänderung 11 1/4 bis 45° zwischen zwei Flanschen		MMR	Reduzierung der Nennweite zwischen zwei Muffen	
FFQ	Richtungsänderung 90° zwischen zwei Flanschen		MUPA	Längenanpassung bei Muffenrohren (Muffenpassstück)	
FFR	Reduzierung der Nennweite zwischen zwei Flanschen		O	Abschluss der Leitung durch eine Kappe auf dem Spitzende	
N	Anschluss eines Hydranten mit Flansch an ein Flanschrohr		P	Abschluss der Leitung durch einen Stopfen auf dem Muffenende	
T	Einbindung eines Flanschrohres oder -formstücks an Flanschrohre		RRK	Rohrreinigungskästen (Anschluss Muffe (oder Flansch))	
TT	Doppelte Einbindung von Flanschrohren- oder Formstücken an Flanschrohre		U	Muffe zum Überschieben	
X	Abschluss der Leitung durch Flansch				

Absperrarmaturen

Armatur	Eigenschaften des Abschlusskörpers	Einsatz
Schieber	■ geradlinige Bewegung ■ nicht im Medienstrom, molchbar	■ Gas- und Wasserversorgung ■ kleine DN (bis ca. DN 300)
Klappe	■ dreht um Achse ■ im Medienstrom, nicht molchbar	■ Wasserversorgung ■ große DN (ab ca. DN 300)
Kugelhahn	■ dreht um Achse ■ nicht im Medienstrom, molchbar	■ vorrangig in der Gasversorgung

7.7 Rohrleitungsbau

Hydranten (DIN EN 3321)

Hydranten werden zur Wasserentnahme in Wasserleitungen eingebaut. Dabei kommen Unter- und Überflurhydranten zum Einsatz. Die jeweiligen Vorteile beider Hydrantenarten sind in der Tabelle zusammengefasst (gleichzeitig Nachteile bei der anderen Bauart).

Unterflurhydranten	Überflurhydranten
geringere Anschaffungskosten	höherer Durchfluss
geringere Einbaukosten	jederzeit schneller Zugriff
geringere Wartungs- und Instandsetzungskosten	können nicht zugeparkt werden
keine Behinderung des Verkehrs	leichtes Auffinden auch bei Schnee oder Dunkelheit
keine Gefahr der Beschädigung durch den Straßenverkehr oder durch Vandalismus	weniger Verschmutzungsgefahr durch Straßenschmutz
können auf in der Fahrbahn liegenden Leitungen direkt eingesetzt werden	ohne Montage von Zusatzteilen verfügbar (kein Standrohr erforderlich)
stören nicht das Landschaftsbild	historischer Anblick (Nostalgiehydranten)

Sonstige Armaturen und deren Verwendung/Anforderungen im Rohrleitungsbau

Name	Verwendung/Anforderungen
Regelventile	■ meist Ringkolbenventile ■ zur Druck- und Durchflussregelung ■ zur Steuerung und Regelung von Behältereinläufen ■ als Messringkolbenschieber auch zur Messung des Durchflusses
Rückflussverhindernde Armaturen	■ meist Rückschlagklappen ■ zum Verhindern des Rückflusses nach Ausfall der sie öffnenden Kraft
Be- und Entlüftungsventile	■ meist Ventile mit Schwimmkörper als Einkammer-, Zweikammer- oder Doppelkammerventile ■ Einbau an Hochpunkten ■ Ablassen kleinerer Luftmengen infolge ungelöster Luft, die durch Temperatur- und Druckänderungen laufend ausgeschieden werden ■ Ablassen größerer Luftmengen nach betrieblichen Störungen oder Entleerungen
Spülauslässe und Entleerungen	■ Einbau an Tiefpunkten ■ Ablassen des Spülwassers, welches der drei- bis fünffachen normalen Wassermenge entspricht ■ Entleeren der Rohrleitung zur Reparatur oder zum Auswechseln
Behältereinlaufarmaturen	■ sichere und zuverlässige Einleitung des Wassers aus der Zubringerleitung ■ schadfreie Ableitung der Überschussenergie aus der Leitung ■ möglichst geringe Druckstöße beim Öffnen und Schließen
Siebe	■ gegen das Eindringen von groben Verunreinigungen ■ an Saugleitungen und am Beginn von Behälterentnahmeeinrichtungen

Kompensatoren

Kompensatoren dienen dem Ausgleich von Bewegungen, die infolge von Wärmedehnungen (▶ S. 417 Fernwärme), Druckverformungen, Montageversätzen, Fundamentverschiebungen und Massenkräften in Rohrleitungen auftreten können. Als natürlicher Dehnungsausgleich muss die Trassenwahl so ausgelegt sein, dass z. B. durch L-Schenkel betriebssichere und wartungsfreie Möglichkeiten zur Veränderung bestehen. Falls dies nicht ausreicht, muss auf industriell gefertigte Kompensatoren oder Gelenkstücke zurückgegriffen werden. Sämtliche Alternativen dürfen weder die Betriebsparameter (Druck, Temperatur) noch die Betriebssicherheit (Korrosion, Riss-, Bruchgefahr) negativ beeinflussen.

Grundsätzliche Kompensationsarten	
Ausnutzung der Rohrelastizität	■ Einbau von Werkstoffen mit hoher Elastizität ■ natürliche Bögen ■ abgewinkelte Systeme (L-Schenkel, Z-Bögen)
Industriell gefertigte, unverankerte Kompensatoren (axial angeordnet)	■ Balgkompensatoren ■ Gleitkompensatoren
Gelenkstücke, verankerte Kompensatoren (zwei- oder dreigelenkig im Winkel angeordnet)	■ Konstruktionen aus zwei Balgkompensatoren, Rohrzwischenstücken und gelenkigen Zugankern, Kardangelenke

7.7 Rohrleitungsbau

7.7.2 Entsorgung (DIN EN 1610)

Alle bebauten Grundstücke müssen entsprechend den behördlichen Bestimmungen entwässert werden, d.h. Abwasser muss in das öffentliche Kanalnetz eingeleitet werden. Das Schmutz- und Regenwasser bezeichnet man ebenso wie alles andere duch den Gebrauch veränderte Wasser als Abwasser. Alle Abwässer werden durch die Kanalisation gesammelt und abgeleitet, in Kläranlagen aufbereitet und in Vorfluter (offene Gewässer) eingeleitet. Als Entwässerungssysteme kommen Trenn- und Mischsysteme zum Einsatz, wobei Mischsysteme fast nur noch bei der Erweiterung bestehender Anlagen eingesetzt werden, während bei Neuanlagen i.d.R. das Trennsystem verwendet wird.

Vor- und Nachteile von Trenn- und Mischsystemen

Trennsystem		Mischsystem	
Vorteile	Nachteile	Vorteile	Nachteile
Regenwasser gelangt direkt zum Vorfluter	höhere Herstellungskosten (zwei Rohrleitungen)	nur ein übersichtliches Netz	Kanalentlastungsbauwerke sind notwendig
Kanalentlastungsbauwerke nicht erforderlich	Anschlüsse können falsch zugeordnet werden	geringe Bau- und Betriebskosten	große Belastung der Kläranlagen
gleichmäßige Belastung der Kläranlagen	höherer Platzbedarf im Straßenquerschnitt	weniger Platzbedarf im Straßenquerschnitt	Rückstaugefahr bei großem Regen

Trockenwetterabfluss (Schmutzwasser) Q_T

häuslicher Schmutzwasserabfluss Q_H

$$Q_H = q_H \cdot ED \cdot A_{E,k} \quad [l/s]$$

- q_H einwohnerspezifischer, häuslicher Spitzen-Schmutzwasserabfluss mit $q_H = 0{,}004$ [l/(s · EW)]
- ED Einwohnerdichte [EW/ha]; EW Einwohnerzahl
- $A_{E,k}$ Fläche des kanalisierten Einzugsgebietes [ha]

betrieblicher Schmutzwasserabfluss Q_G

$$Q_G = q_G \cdot A_{E,k} \quad [l/s]$$

- q_G betrieblicher Schmutzwasserabfluss mit q_G zwischen 0,2 [l/(s · ha)] (Betriebe mit geringem Wasserverbrauch) und 1,0 [l/(s · ha)] (Betriebe mit großem Wasserverbrauch)
- $A_{E,k}$ Fläche des kanalisierten Einzugsgebietes [ha]

Fremdwasserabfluss bei Trockenwetter Q_F

$$Q_F = q_F \cdot A_{E,k} \quad [l/s]$$

- q_F Fremdwasserspende [l/(s · ha)]
- $A_{E,k}$ Fläche des kanalisierten Einzugsgebietes [ha]

Trockenwetterabfluss Q_T

$$Q_T = Q_H + Q_G + Q_F$$

Regenwasserabfluss Q_R

Regenwasserabfluss Q_R

$$Q_R = r_{(D,T)} \cdot A \cdot C \cdot 1/10\,000 \quad [l/s]$$

- $r_{(D,T)}$ Berechnungsregenspende [l/(s·ha)]
- D Regendauer (Dauer in min); C Abflussbeiwert
- T Jährlichkeit (Anzahl der Tage)
- A wirksame Niederschlagsfläche [m²]

Näherungswerte für die Berechnungsregenspende r

Region	D in min	$D = 5$	$D = 10$	$D = 15$
Norddeutschland	r in l/(s·ha)	140	110	100
Westdeutschland		150	125	100
Ostdeutschland		160	125	100
Süddeutschland		195	145	120

Anhaltswerte für Abflussbeiwerte C

wasserundurchlässige Flächen	1,0
Betonsteinpflaster	0,7
wassergebundene Wegedecken	0,5
Kiesschüttungen	0,5
Rasenflächen	0,3

Planung der Entwässerung

Da Entsorgungsleitungen i.d.R. drucklos als Freispiegelleitungen ▶ S. 460 verlegt werden, sind Gefälle und Fließgeschwindigkeit von entscheidender Bedeutung, um einen einwandfreien Abfluss des Abwassers zu gewährleisten. Bei großem Gefälle ist auch der Abrieb groß und das ablaufende Wasser fließt schneller als die Rückstände im Rohr, sodass diese im Rohr bleiben. Ebenso bleiben aber auch Abfallstoffe bei zu kleinem Gefälle im Rohr liegen, da dann die Schleppkraft des Wassers nicht ausreicht.

Mindestgefälle von Leitungen (DIN 1986-100, DIN EN 12056, DIN EN 752)

DN	innerhalb von Gebäuden		außerhalb von Gebäuden	
	Schmutz- und Mischwasserleitungen	Regenwasserleitungen	Schmutz-, Regen- und Mischwasserleitungen	
bis 100	1 : 50 (2 %)	1 : 100 (1 %)	1 : DN	Die Mindestfließgeschwindigkeit muss bei 0,5 m/s (innerhalb) bzw. 0,7 m/s (außerhalb von Gebäuden) liegen.
125	1 : 66,7 (1,5 %)	1 : 100 (1 %)	1 : DN	
150	1 : 66,7 (1,5 %)	1 : 100 (1 %)	1 : DN	
ab 200	1 : 0,5 · DN	1 : 0,5 · DN	1 : DN	

7.7 Rohrleitungsbau

Dimensionierung von Entwässerungsleitungen ▶ S. 460

In Abhängigkeit der abzuführenden Wassermengen (beim Trennsystem jeweils Q_T für den Trockenwetterabfluss und Q_R für den Regenwetterabfluss, beim Mischsystem $Q_{Ges.} = Q_T + Q_R$) und des Gefälles kann die Nennweite aus Tabellen abgelesen werden. Dabei muss beachtet werden, dass bei einer zu großen gewählten Nennweite kein zügiger Abfluss möglich ist und somit Ablagerungen im Rohr verbleiben. Ist die Nennweite zu klein, kann die Leitung schnell vollaufen und unter Druck stehen, sodass sich das Abwasser auf Straßen und in Kellern zurückstaut. Ebenso hat die Fließgeschwindigkeit einen entscheidenden Einfluss auf die Funktionstüchtigkeit; sie sollte immer zwischen 0,7 m/s (sonst zu wenig Schleppkraft) und 2,5 m/s (sonst zu viel Abrieb) liegen.

Kanalbemessung vgl. Prandtl-Colebrook (einheitliche Wandrauigkeit für genormte Rohre k_b = 1,0 mm)

Gefälle 1 : n	mm Höhendifferenz pro lfd. m	DN 200		DN 300		DN 400		DN 500		DN 600	
		v [m/s]	Q [l/s]	v [m/s]	Q [l/s]	v [m/s]	Q [l/s]	v [m/s]	Q [l/s]	v [m/s]	Q [l/s]
200	5,00	0,79	24,9	1,04	73,2	1,25	157	1,44	282	1,61	456
300	3,33	0,65	20,3	0,84	59,6	1,02	127	1,17	230	1,32	372
400	2,50	0,56	17,5	0,73	51,5	0,88	110	1,01	199	1,14	322
500	2,00	0,50	15,7	0,65	46,0	0,78	98,6	0,91	178	1,02	288
600	1,67	0,45	14,3	0,59	42,0	0,72	89,9	0,83	162	0,93	262

Entwässerungspläne ▶ S. 122f.

Die Planung der Entwässerung obliegt einem Architekten oder einem Bauingenieur. Die Anlagen zur Beseitigung der Abwässer müssen in einem Entwässerungsplan (Maßstab mindestens 1 : 500) dargestellt werden. Falls erforderlich, müssen zusätzliche Erläuterungen in Baubeschreibungen und Bauzeichnungen im Maßstab 1 : 1000, in Grundrissen und/oder Schnitten ergänzt werden. Notwendige Angaben sind:

Lagepläne	▪ die Kennzeichnung von Trenn- oder Mischsystem durch entsprechende Linien ▪ Leitungen und Kanäle mit Gefälleangaben außerhalb des Gebäudes ▪ die Lage der vorhandenen und geplanten Brunnen und Sammelgruben ▪ die Sohlenhöhe für die Anschlussstelle an die Sammelkanalisation und deren Abmessungen ▪ alle erforderlichen Höhenkoten (-angaben) bezogen auf NHN (früher NN)
Grundrisse und Schnitte	▪ die Lage, die Querschnitte und das Gefälle der Grund-, Fall- und Anschlussleitungen ▪ die Höhen der Grundleitungen im Profil bis zur Kanalisation ▪ die Lüftungen der Fallleitungen, die Reinigungsöffnungen, Schächte etc. ▪ Sinnbilder und Zeichen für Entwässerungsanlagen (DIN 1986-100) ▪ die vorgesehenen Baustoffe mit farblicher Kennzeichnung

Rohrwerkstoffe für Entsorgungsleitungen

Überblick über Werkstoffe und deren Haupteinsatzgebiete

Werkstoff	Haupteinsatzgebiet
Stzg	Hauptwerkstoff bei der Schmutzwasserkanalisation durch hohe Korrosionsbeständigkeit mit Steckmuffe L (System F) ≤ DN 200 und Steckmuffe K (System C) > DN 200
B	für Mischwasser- und Oberflächenwasserleitungen bei chemisch schwach angreifender Umgebung (Typ 1) oder bei erhöhten Anforderungen gegen chemische Angriffe und Abrieb (Typ 2)
FZ	für das nachträgliche Herstellen von Anschlüssen durch gute Bearbeitbarkeit und geringe Masse
PVC	in Erschließungsgebieten für Kanal-Grundleitungen (KG-Rohre) mit einfach zu verlegender Steckmuffenverbindung und sehr geringem Gewicht
PE	in Erschließungsgebieten vor allem bei der Sanierung durch verschweißte Spitzenden
GFK	für Freispiegel- und Druckleitungen im offenen Leitungsgraben sowie für geschlossene Bauweisen durch geringe Masse bei hoher Festigkeit
GJS	für Abwasserdruckleitungen vor allem in schwierigem Gelände (z. B. Steilhänge, Schutzgebiete)
St	für Abwasserdruckleitungen bei besonderen Anforderungen (z. B. Düker, Rohrbrücken)

Allgemeine Anforderungen an Abwasserleitungen (DIN EN 476)

▪ chemische Beständigkeit gegen Angriffe von innen und außen
▪ Dichtheit von Rohren, Verbindungen und Formstücken bis zu einem Druck von 0,5 bar (5 N/cm^2)
▪ mechanische Festigkeit (Mindestscheiteldruckfestigkeit)
▪ Abriebfestigkeit und Temperaturbeständigkeit
▪ Unempfindlichkeit gegen Beanspruchung bei Transport und Einbau

7.7 Rohrleitungsbau

Steinzeugrohre (Stzg) (DIN EN 295) ▶ S. 425

Steinzeug ist traditionell ein sehr häufig verwendeter Werkstoff für Freispiegelleitungen. Sie werden aus Tonen gemischt, in Tonrohr-Rohlingen in Form gebracht und mit Schamotten (ein gesteinsähnliches, künstlich hergestelltes Material) versetzt. Anschließend wird mit einem Tauchbad eine Glasur aufgebracht und die beschichteten Rohlinge werden bis zur Sinterung bei etwa 1250 °C gebrannt. Auf den fertigen Rohren kennzeichnet ein Farbpunkt die (durch den Herstellungsprozess) unebenste Stelle und damit den Rohrscheitel nach dem Einbau (die Fließsohle ist somit der ebenste Bereich).

Einsatzbereiche	Vorteile	Nachteile
■ Freispiegelleitungen ■ Abwasserdruckleitungen bis 0,5 bar ■ Baulängen bis 2,50 m ■ DN 100 bis DN 1400	■ lange Lebensdauer ■ sehr gute Fließeigenschaften ■ chemische Beständigkeit ■ große Härte	■ bruchempfindlich ■ wenig schlagfest ■ biegesteif („starr") ■ relativ teuer

Gruppe	DN	Steck-muffe	Rohrdurchmesser Innen [mm]	Rohrdurchmesser Außen	Muffenmaße Innen [mm]	Muffenmaße Außen	Masse pro m	Regel-baulänge
gebrannte Rohr-werkstoffe	100	L	100 ± 4	131 ± 3	–	max. 200	15 kg	1,00 m
	150	L	151 ± 5	184 ± 4	–	max. 260	24 kg	1,00 m
	200	K	200 ± 5	242 ± 5	260,0 ± 0,5	max. 340	37 kg	1,00 m
	300	K	300 ± 7	351 ± 7	371,5 ± 0,5	max. 460	72 kg	2,00 m
	400	K	404 ± 8	484 ± 8	507,5 ± 0,5	max. 620	136 kg	2,50 m
	500	K	496 ± 9	581 ± 9	605,0 ± 0,5	max. 730	174 kg	2,50 m

DN Nennweite,   Steckmuffe L nach Verbindungssystem F,   Steckmuffe K nach Verbindungssystem C

Betonrohre (B) (DIN EN 1916) ▶ S. 425

Beton und Stahlbeton sind Werkstoffe, mit denen seit langer Zeit gute Erfahrungen bei Entsorgungsleitungen gemacht worden sind. Die Rohre aus diesen Werkstoffen werden im Rüttelpressverfahren mit senkrechter Achse hergestellt, sodass sich bei niedrigem Wasserzementwert und einer homogenen Verdichtung durch Vibration sowie zusätzlichem Druck eine hohe Betonfestigkeit bei kurzen Taktzeiten ergibt. Es gibt bzgl. Werkstoff, Formen und Verbindungsmöglichkeiten zahlreiche Alternativen.

Unterscheidung nach Betongüte und unterschiedlicher Benennung von Betonrohren		
Betongüte Typ 1	**Betongüte Typ 2**	**Betongüte Typ 0**
für chemisch schwach angreifende Umgebung mit einer Mindestfestigkeit C35/45	für erhöhte Anforderungen an Abrieb und chemische Angriffe mit der Mindestfestigkeit C40/50	Stahlfaserbetonrohre mit einem festgelegten Mindestgehalt an Stahlfasern
… nach der Ausführung	**… nach der Querschnittsform**	**… nach der Rohrverbindung**
Betonrohr (B) Stahlbetonrohr (Sb) Vortriebsrohr (Vt)	Kreisquerschnitt ohne Fuß (K) Kreisquerschnitt mit Fuß (KF) Eiquerschnitt mit Fuß (EF)	Glockenmuffe (GM) Falzmuffe (FM) Muffe von Vortriebsrohren (VM)

Einsatzbereiche, Vor- und Nachteile von Betonrohren		
Einsatzbereiche	**Vorteile**	**Nachteile**
■ Misch-/Regenwasserleitungen ■ unbewehrt DN 100 bis DN 1800 bei Baulängen von 1,00 m bis 2,50 m ■ bewehrt DN 100 bis DN 4000 bei Baulängen von 2,00 m bis 3,00 m	■ hohe mechanische Festigkeit ■ relativ preiswert ■ leichter Einbau durch vielfältige Querschnittsformen	■ nicht so widerstandsfähig gegen chemische Angriffe ■ relativ raue Oberfläche (Fließeigenschaften) ■ höherer Abrieb

Gruppe	DN	Kreisförmige Betonrohre			Eiförmige Betonrohre		
		Fußbreite [mm]	s [mm]	d_i und Grenzabmaße [mm]	Fußbreite [mm]	s [mm]	$b \times h$ Innen [mm]
binde-mittel-gebundene Rohr-werkstoffe	100	80	≥ 22	100 ± 2	320	≥ 64	500 × 750
	150	120	≥ 24	150 ± 2	375	≥ 74	600 × 900
	200	160	≥ 26	200 ± 3	430	≥ 84	700 × 1050
	300	240	≥ 40	300 ± 3	540	≥ 102	1900 × 1350
	400	320	≥ 45	400 ± 4	600	≥ 110	1000 × 1500
	500	400	≥ 50	500 ± 4	720	≥ 122	1200 × 1800

s Wanddicke, d_i Innendurchmesser; übliche Baulängen 1,00 m; 1,50 m; 2,00 m; 2,50 m; 3,00 m

7.7 Rohrleitungsbau

Faserzementrohre (FZ) (DIN EN 583)

Faserzementrohre haben sich wegen ihrer geringen Masse und der guten Bearbeitbarkeit besonders für das nachträgliche Herstellen von Anschlüssen etabliert. Bei der maschinellen Herstellung wird eine homogene Mischung aus Normzementen unter Zusatz von Synthetik- und Zellstofffasern sowie Wasser um einen Stahlkern gewickelt.

Einsatzbereiche, Vor- und Nachteile von Faserzementrohren

Einsatzbereiche	Vorteile	Nachteile
■ Abwasserkanäle ■ Baulängen 2,50 m; 4,00 m; 5,00 m ■ DN 100 bis DN 1500	■ gute Bearbeitbarkeit ■ geringe Masse (dünnwandig) ■ hohe Schlagunempfindlichkeit	■ Verbindungsmöglichkeiten ■ Widerstandsfähigkeit gegen chemische Angriffe

Gruppe	DN	Rohrdurchmesser [mm]		Muffenmaße [mm]		s [mm]
		Innen	Außen	Außen	Länge	Wanddicke
bindemittelgebundene Rohrwerkstoffe	50	50	64	92	46	7
	100	100	116	150	61	8
	125	125	141	177	61	8
	150	150	168	206	66	9
	200	200	220	266	71	10

DN Nennweite, s Wanddicke

Kunststoffrohre (DIN EN 1452, DIN EN 12201, DIN EN 1636)

In der Entsorgung werden Kunststoffrohre aus den Thermoplasten Polyvinylchlorid und Polyethylen sowie aus glasfaserverstärktem Kunststoff (Duroplast) eingesetzt. Die Thermoplasten werden im Extruderverfahren durch Erwärmung von Kunststoffgranulat plastifiziert und unter Druck durch eine formgebende Öffnung (Endlosproduktion) gepresst, wobei die Rohre über eine Kalibrierhülse bis zur Abkühlung röhrenförmig gehalten werden.
Die duroplastischen GFK-Rohre werden aus den Komponenten Kunstharz und Glasfasern unter Zugabe von Füllstoffen (Quarzsand) im Wickelverfahren mit anschließender Heißerhärtung hergestellt.

Einsatzbereiche, Vor- und Nachteile von Kunststoffrohren

Einsatzbereiche	Vorteile	Nachteile
■ KG-Rohre, Sanierungen, Freispiegel- und Druckleitungen ■ variable Baulängen, bis DN 2000	■ geringes Gewicht ■ große Vielfalt ■ besonders glatte Innenwände	■ Temperaturempfindlichkeit ■ mechanische Festigkeit ■ teuer in großen DN

Polyvinylchloridrohre (PVC)

Gruppe	DN	d_a [mm]	d_a Muffe [mm]	s [mm]	t_{Muffe} [mm]	Masse pro m	Baulänge [mm]
Kunststoffrohre	100	110	128,4	3,4	72	0,9 kg	500
	150	160	186,6	4,9	95	2,0 kg	500
	200	225	236,0	6,2	123	3,3 kg	500
t_{Muffe} Muffentiefe	300	315	358,8	9,7	155	14,3 kg	1000
	400	400	449,9	12,3	180	26,4 kg	1000

Polyethylenrohre (PE)

Gruppe	Werkstoff		SDR 33		SDR 26		SDR 17,6	
Kunststoffrohre	PE 80	SF 1,6	3,1		4,0		6,0	
		SF 1,25	4,0		5,0		7,5	
	PE 100	SF 1,6	3,9		5,0		7,5	
SDR Wanddickenverhältnis		SF 1,25	5,0		6,3		9,6	
		d_a [mm]	s [mm]	Lieferform	s [mm]	Lieferform	s [mm]	Lieferform
SF Sicherheitsfaktor		110		S	4,2	S	6,3	S/R
		160		S	6,2	S	9,1	S/R
d_a Außendurchmesser		225		S	8,6	S	12,8	S
S Stangen		315	9,7	S	12,1	S	17,9	S
R Ringbunde		400	12,3	S	15,3	S	22,7	S
		500	15,3	S	19,1	S	28,4	S

7.7 Rohrleitungsbau

Rohre aus glasfaserverstärktem Kunststoff (GFK) (DIN EN 1636)

Gruppe	DN	d_a [mm]	SN 5000		SN 10000	
			s [mm]	Masse [kg/m]	s [mm]	Masse [kg/m]
Kunststoff-rohre	300	325,0	5,5	11,0	6,9	13,0
	500	530,6	8,7	27,0	11,0	34,0
	700	719,5	11,8	50,0	14,5	61,0
	900	923,5	14,9	81,0	18,7	102,0

DN Nennweite, d_a Außendurchmesser, SN Steifigkeitsklasse, s Mindestwanddicke

Metallische Rohre (DIN EN 545, DIN 2460)

Duktilguss

Duktile Gussrohre werden in der Abwasserentsorgung vorrangig aufgrund der großen Verformbarkeit und der hohen Festigkeit bei schwierigen Bedingungen (steiniger Boden, hohe Verkehrslasten, Steilhangleitungen, außergewöhnlich große oder kleine Überdeckungen, ...) eingesetzt. Schon bei der Herstellung werden dem flüssigen Roheisen kleine Mengen Magnesium zugegeben, so dass sich der Kohlenstoff (Graphit) globular ausbildet. Anschließend wird das flüssige Metall in eine um ihre Mittelachse rotierende Gussform (Kokille) gefüllt und das Rohr ausgeschleudert, indem durch die Zentrifugalkräfte die Schmelze an die Kokilleninnenwand gepresst wird.

Einsatzbereiche	Vorteile	Nachteile
■ Freispiegelleitungen ■ Abwasserdruckleitungen ■ Baulängen i.d.R. 6 m ■ DN 80 bis DN 2000	■ lange Lebensdauer ■ mechanische Eigenschaften ■ einfache Verbindungstechnik ■ Abwinkelbarkeit in der Muffe	■ hohes Gewicht ■ korrosionsempfindlich ■ relativ teuer

Duktilgussrohre (GJS)

Gruppe	DN	PFA	Maße [mm]			Masse [kg]	
			d_a	$s_{Duktilguss}$	ZmA	1 m Rohr	ein Rohr (6 m)
metallische Rohre	200	40	222	4,9	4	35,5	212
	300	35	326	5,6	4	56	334
	400	30	429	6,3	5	86,5	517
	500	28	532	7,0	5	118	705

PFA Bauteilbetriebsdruck, $s_{Duktilguss}$ Wanddicke, ZmA Zementmörtelauskleidung

Stahl

Stahlrohre kommen in der Entwässerung nur bei besonderen Anforderungen infrage, also z. B. bei Leitungen mit hohem Druck, Dükerungen, Rohrbrücken. Nach der Herstellung wird unterschieden in nahtlose und geschweißte Rohre. Bei nahtlosen Rohren wird das Vollmaterial zunächst gelocht und anschließend ausgewalzt. Im Gegensatz dazu wird bei den geschweißten Rohren mit Stahlstreifen und Stahlblechen gearbeitet, die durch Kaltbiegen erst zum Rohrkörper geformt werden, ehe in Längsrichtung die Bandkanten miteinander verschweißt werden (längsnahtgeschweißt). Darüber hinaus gibt es auch spiralnahtgeschweißte Rohre, bei denen die Stahlstreifen schraublinienförmig gewickelt werden und die Bandkanten dann entlang der Naht verschweißt werden.

Einsatzbereiche	Vorteile	Nachteile
■ Speziallleitungen ■ Abwasserdruckleitungen ■ Baulängen 6 m bis 18 m ■ DN 50 bis DN 2000	■ lange Lebensdauer ■ hohe Elastizität ■ hohe Zug- und Druckfestigkeit ■ Schweißbarkeit	■ hohes Gewicht ■ korrosionsempfindlich ■ relativ teuer

Stahlrohre (St)

Gruppe	DN	Rohrdurchmesser [mm]		Muffenmaße [mm]		Länge	Wanddicke
		Innen	Außen	Innen	Außen		s [mm]
metallische Rohre	50	50	53	56	–	Rohrlängen bis 3,0 m	1,4
	100	100	102	106	–		1,75
	150	154	159	164	–		2,5
	200	213,2	219	224	–		2,9

7.7 Rohrleitungsbau

Leitungsteile für den Rohrleitungsbau – Entsorgung

Betonrohre – Querschnittsformen (DIN EN 1916)

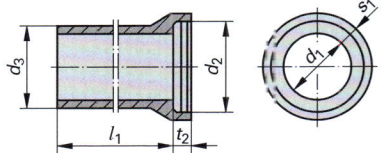

Kreisförmiges Rohr mit Muffe ohne Fuß
Typ 1-B-K-GM

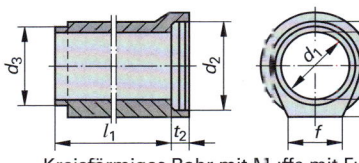

Kreisförmiges Rohr mit Muffe mit Fuß
Typ 1-B-KF-GM

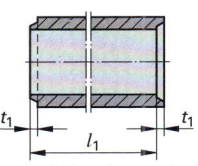 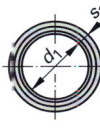

Kreisförmiges Rohr mit Falz ohne Fuß
Typ 1-B-K-FM

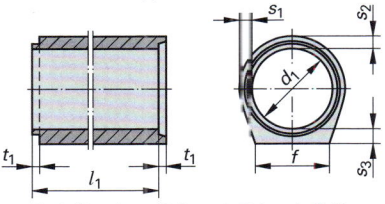

Kreisförmiges Rohr mit Falz mit Fuß
Typ 1-B-KF-FM

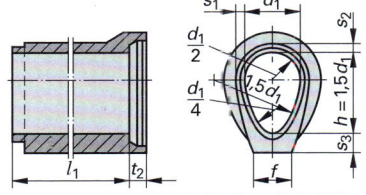

Eiförmiges Rohr mit Muffe, Typ 1-B-E-GM

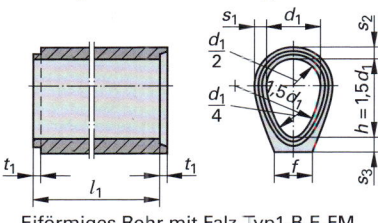

Eiförmiges Rohr mit Falz, Typ 1-B-E-FM

Formstücke aus Steinzeug (DIN EN 295-1)

Formstücke werden bei Entsorgungsleitungen zum Übergang der Nennweite, zum Zusammenführen zweier Leitungen oder zur Richtungsänderung eingesetzt.

Übergangsstücke (Baulänge 25 cm)

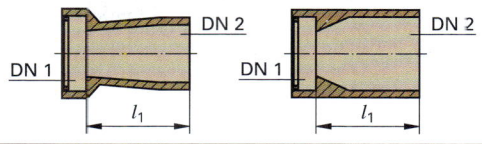

DN 1	DN 2	Steck-muffe	Verbindungs-system	Masse [kg/St]
100	125	L	F	6
100	150	L	F	7
125	150	L	F	8
150	200	L	F	11
150	200	LK	FC	11
200	250	LK	CC	15
200	250	KK	CC	15
250	300	KK	CC	21

Abschlussstück/Abzweige
(45° und 90° am Beispiel DN 150)

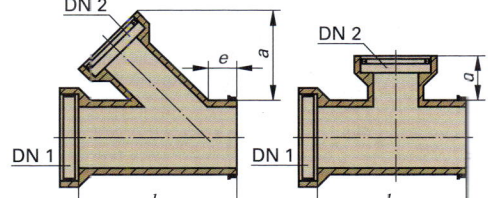

DN 1	Winkel	DN 2	Baulänge [cm]	Masse [kg/St]
150	45°	100	40	16
150	45°	125	40	18
150	45°	150	50	20
150	90°	150	50	18

Krümmer/Bögen (15° und 90° am Beispiel DN 150)

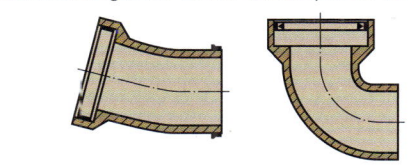

DN	Winkel	Steck-muffe	Verbindungs-system	Masse [kg/St]
150	15° ± 3°	L	F	10
150	30° ± 4°	L	F	10
150	45° ± 5°	L	F	10
150	90° ± 5°	L	F	10

7.7 Rohrleitungsbau

Leitungsteile für den Rohrleitungsbau – Entsorgung

Formstücke (DIN EN 295-1)

Formstück	Symbol	Funktion
Übergangsstück		für die Veränderung der Nennweite von Leitungen
Abzweig		für die Zusammenführung zweier Leitungen mit gleicher oder unterschiedlicher Nennweite im Winkel von 45° und 87,5°/90°
Bögen		für die Richtungsänderung von Leitungen im Winkel von 15°, 30°, 45°, 87,5°/90°

Schächte (DIN EN 752)

Schächte ermöglichen den Zugang zur Überwachung und Reinigung; ab etwa DN 600 gelten sie als besteigbar. Bei geraden Rohrstrecken sind sie bei DN ≤ 1200 in einem Abstand von 50 m bis 100 m, bei DN > 1200 alle 70 m bis 100 m einzubauen. Darüber hinaus sind sie an allen Richtungs-, Gefälle- und Querschnittsänderungen sowie an Straßenbögen und -kreuzungen, an Kanalzusammenführungen sowie an Leitungsendpunkten anzuordnen.

Für Einsteig- und Kontrollschächte werden zumeist Stahlbetonfertigteile mit kreisförmigem Querschnitt verwendet. Standardmäßig werden sie mit den Durchmessern DN 1000, DN 1200 und DN 1500 als Normschächte angefertigt. Darüber hinaus werden auch Sonderschächte in größeren Dimensionen bis DN 3000 als Fertigteile hergestellt, benötigen allerdings im Einzelfall immer einen statischen Nachweis. Sonderformen von Einsteigschächten sind Absturzschächte (zum Überwinden von Höhendifferenzen), Ortbetonschächte sowie zunehmend Regenstaubecken, um die Kanäle bei extremen Niederschlägen zu entlasten.

Schachtteil	Informationen
Abdeckung	mit Schmutzfänger, ⌀ 62,5 cm oder 80 cm
Ausgleichsring	zur Anpassung an die Straßenhöhe
Schachtkonus	verjüngt sich konusförmig, ⌀ unten 1 m
Schachtunterteil (Ortbeton)	Anschluss der Leitungen und Abläufe, Standfläche, zur Aufnahme der Fertigteilschachtringe
Schachtring	Höhe zwischen 25 cm und 100 cm, Anzahl richtet sich nach Straßeneinbautiefe

Anforderungen an Schächte

- hohe chemische Beständigkeit
- hohe Standsicherheit
- nicht verformbar
- langlebig
- korrosionssicher
- wasserdicht
- kostengünstig
- umweltverträglich
- gute Anschlussmöglichkeiten

Weitere Schachtalternativen, falls standardisierte Schachtteile keine Alternative sind

Schächte aus Ortbeton	■ gute Anpassungsmöglichkeit an örtliche Gegebenheiten ■ kurzfristig und flexibel ohne Planungs- und Herstellungsverlauf ■ gute Reaktionsmöglichkeit auf unvorhergesehene Zwangspunkte (z. B. Fremdleitungen) ■ Kombination mit Stahlbetonfertigteilen möglich (Mischbauweise) ■ nachteilig ist der hohe Platzbedarf für die Schalung ■ nachteilig sind ebenso die hohen Herstellungskosten
Schächte aus Kunststoff	■ leichtes Gewicht durch geringe Dichte, dadurch einfacher, kostengünstiger Einbau ■ monolithische (komplett als ein Stück) und modulare (einzeln vorgefertigte Elemente, die auf der Baustelle zusammengefügt werden können) Bauweise erhältlich ■ glatte Oberfläche, die Ablagerungen und Inkrustationen vorbeugt ■ hohe Beständigkeit gegen aggressive Abwässer ■ hohe Schlagzähigkeit und große Bruchdehnung ■ einfache Verbindungstechnik, vor allem im Bereich der Hausanschlüsse
Schächte aus Mauerwerk	■ beliebige Anpassungen an unterschiedlichste Bedingungen möglich ■ handwerkliches Können ist gefordert ■ sehr hoher Zeitaufwand bei der Herstellung, dadurch sehr kostenintensiv ■ dauerhafte Dichtheit oft nur mit Dichtungsschlämmen (zement- oder bitumengebunden)

7.8 Geotechnik, Bodenmechanik und Grundbau

7.8.1 Baugrunderkundung/Feldmethoden

Während der Baugrunderkundung werden die Bodenproben sofort mithilfe visueller und manueller Techniken beschrieben. Mit den unten aufgelisteten Abkürzungen sind diese zu benennen und in das Schichtenverzeichnis aufzunehmen.

Korngrößenfraktionen

Korngrößen mm	Benennung	Kurzzeichen alt DIN 4022-1	Kurzzeichen neu DIN EN 14688-1
> 200	Blöcke	Y	Bo
> 63 bis 200	Steine	X	Co
> 2 bis 63	Kieskorn	G	Gr
> 20 bis 63	Grobkies	gG	CGr
> 6,3 bis 20	Mittelkies	mG	MGr
> 2,0 bis 6,3	Feinkies	fG	FGr
> 0,06 bis 2,0	Sandkorn	S	Sa
> 0,63 bis 2,0	Grobsand	gS	CSa
> 0,2 bis 0,63	Mittelsand	mS	MSa
> 0,063 bis 0,2	Feinsand	fS	FSa
> 0,002 bis 0,063	Schluffkorn	U	Si
> 0,02 bis 0,063	Grobschluff	gU	CSi
> 0,0063 bis 0,02	Mittelschluff	mU	MSi
> 0,002 bis 0,0063	Feinschluff	fU	FSi
< 0,002	Tonkorn	T	Cl

Schichtenverzeichnis

Oberboden
Sand
Schluff
Geschiebelehm

Schichtenfolge (DIN 4023)

Zeichenerklärung

Deutsch	Englisch	alt	neu
Kies	Gravel	G	Gr
Sand	Sand	S	Sa
Schluff	Silt	U	Si
Ton	Clay	T	Cl
grob	coarse	g	C
mittel	medium	m	M
fein	fine	f	F

Beispiele

Bezeichnung von Bodenarten mit Hauptbestandteilen (große Buchstaben) und Nebenbestandteilen (kleine Buchstaben)

sa Gr
Hauptbestandteil: Gr Kies
Nebenbestandteil: sa Sand

fgr csa Si
Hauptbestandteil: Si Schluff
Nebenbestandteile:
fgr Feinkies
csa Grobsand

Sondierdiagramm (DIN 4094)

Feldversuche zur Abschätzung der Zustandsform bindiger Böden

Zustandsform	Bodeneigenschaft
breiig	Boden, der beim Pressen in der Faust zwischen den Fingern hindurchquillt
weich	Boden, der sich leicht kneten lässt
steif	Boden, der sich schwer kneten lässt, aber zu 3 mm dicken Walzen ausrollen lässt, ohne zu reißen oder zu zerbröckeln
halbfest	Boden, der beim Ausrollen zu 3 mm dicken Walzen bröckelt und reißt, aber noch feucht genug zur Formung eines Klumpens ist
hart/fest	Boden, der sich nicht mehr kneten, sondern nur noch zerbrechen lässt. Ein nachträgliches Zusammenballen der Teile ist nicht mehr möglich. Meist heller als im halbfesten Zustand

1 Rammbär
2 Führungsstange
3 Anschlagstück
4 Gestänge, verlängerbar
5 Grundplatte
6 Spitze
Rammsonde

7.8 Geotechnik, Bodenmechanik und Grundbau

Bodenklassifizierung; Gruppeneinteilung der Böden für bautechnische Zwecke

Hauptgruppen	Definition und Bezeichnung				Kurzzeichen Gruppensymbol	bindig / nichtbindig[1]	Erkennungsmerkmale	Beispiele
	Korngrößenanteile in Masse-%		Bodengruppen					
	≤ 0,06 mm	> 2 mm						
Grobkörnige Böden	≤ 5	> 40	Kies/Grant	enggestufte Kiese	GE	nb	steile Körnungslinie infolge Vorherrschens eines Korngrößenbereichs	Fluss- und Strandkies, Terrassenschotter, Moränenkies, vulkanische Schlacke
				weitgestufte Kies-Sand-Gemische	GW	nb	über mehrere Korngrößenbereiche kontinuierlich verlaufende Körnungslinie	
				intermittierend gestufte Kies-Sand-Gemische	GI	nb	treppenartig verlaufende Körnungslinie infolge Fehlens eines oder mehrerer Korngrößenbereiche	
		≤ 40	Sand	enggestufte Sande	SE	nb	steile Körnungslinie infolge Vorherrschens eines Korngrößenbereiches	Dünen- und Flugsand, Fließsand, Berliner Sand, Beckensand, Tertiärsand
				weitgestufte Sand-Kies-Gemische	SW	nb	über mehrere Korngrößenbereiche kontinuierlich verlaufende Körnungslinie	Moränensand, Terrassensand
				intermittierend gestufte Sand-Kies-Gemische	SI	nb	treppenartig verlaufende Körnungslinie infolge Fehlens eines oder mehrerer Korngrößenbereiche	Granitgrus
Gemischtkörnige Böden	5 bis 40	> 40	Kies-Schluff-Gemische	5 bis 15 Masse-% ≤ 0,06 mm	GU	nb(b)	weit oder intermittierend gestufte Körnungslinie Feinkornanteil ist schluffig	Moränenkies, Verwitterungskies
				15 bis 40 Masse-% ≤ 0,06 mm	G̅U̅	b		
			Kies-Ton-Gemische	5 bis 15 Masse-% ≤ 0,06 mm	GT	nb(b)	weit oder intermittierend gestufte Körnungslinie Feinkornanteil ist tonig	Hangschutt lehmiger Kies, Lehm
				15 bis 40 Masse-% ≤ 0,06 mm	G̅T̅	b		Geschiebelehm
		≤ 40	Sand-Schluff-Gemische	5 bis 15 Masse-% ≤ 0,06 mm	SU	nb(b)	weit oder intermittierend gestufte Körnungslinie Feinkornanteil ist schluffig	Tertiärsand, Schleichsand
				15 bis 40 Masse-% ≤ 0,06 mm	S̅U̅	b		Auelehm, Sandlöss
			Sand-Ton-Gemische	5 bis 15 Masse-% ≤ 0,06 mm	ST	nb(b)	weit oder intermittierend gestufte Körnungslinie Feinkornanteil ist tonig	lehmiger Sand, Schleichsand
				15 bis 40 Masse-% ≤ 0,06 mm	S̅T̅	b		Geschiebelehm, Geschiebemergel

[1] Böden mit einem Anteil von Körnern < 0,06 mm Durchmesser von > 15 Masse-% haben einen gewissen inneren Zusammenhalt und werden als **bindig** (b) bezeichnet. Böden, die weniger als 15 Masse-% von Körnern < 0,06 mm Durchmesser enthalten, haben diesen Zusammenhalt i.d.R. nicht und werden als **nichtbindig** (nb) oder rollig bezeichnet.

7.8 Geotechnik, Bodenmechanik und Grundbau

Bodenklassifizierung; Gruppeneinteilung der Böden für bautechnische Zwecke

Hauptgruppen	Feinkornanteile in Masse-% ≤ 0,06 mm	Lage zur A-Linie ▶ S. 430	Bodengruppen		w_L in Masse-%	Kurzzeichen Gruppensymbol	bindig[1]	Trockenfestigkeit	Reaktion beim Schüttelversuch	Plastizität beim Knetversuch	**Beispiele**
Feinkörnige Böden	> 40	$I_P ≤ 4$ Masse-% oder unterhalb der A-Linie	Schluff	leicht plastische Schluffe	≤ 35	UL	b	niedrige	schnelle	keine bis leichte	Löss, Hochflutlehm
				mittelplastische Schluffe	35 bis 50	UM	b	niedrige bis mittlere	langsame	leichte bis mittlere	Seeton, Beckenschluff, Letten
		$I_P ≥ 7$ Masse-% und oberhalb der A-Linie	Ton	leicht plastische Tone	≤ 35	TL	b	mittlere bis hohe	keine bis langsame	leichte	Geschiebemergel, Bänderton
				mittelplastische Tone	35 bis 50	TM	b	hohe	keine	mittlere	Lösslehm, Beckenton, Keuperton
				ausgeprägt plastische Tone	> 50	TA	b	sehr hohe	keine	ausgeprägte	Tarras, Lauenburger Ton
Organogene[2] u. Böden mit organischen Beimengungen	> 40	$I_P ≥ 7$ Masse-% und unterhalb der A-Linie	nicht brenn- oder nicht schwelbar	Schluffe mit organischen Beimengungen und organogene[2] Schluffe	35 bis 50	OU	b	mittlere	langsame bis sehr schnelle	mittlere	Seekreide, Kieselgur, Mutterboden
				Tone mit organischen Beimengungen und organogene[2] Tone	> 50	OT	b	hohe	keine	ausgeprägte	Schlick, Klei, Kohleton
	≤ 40			grob- bis gemischtkörnige Böden mit Beimengungen humoser Art		OH		Beimengungen pflanzlicher Art, meist dunkle Färbung, Modergeruch, Glühverlust bis 20 %-Massenanteil			Mutterboden, Oberboden
				grob- bis gemischtkörnige Böden mit kalkigen, kieseligen Bildungen		OK		Beimengungen nicht pflanzlicher Art, meist helle Färbung, leichtes Gewicht, große Porosität			Kalksand, Tuffsand, Wiesenkalk
Organische Böden			brenn- oder schwelbar	nicht bis mäßig zersetzte Torfe		HN		an Ort und Stelle aufgewachsene (sedimentäre) Humusbildungen	faserig, holzreich, hellbraun bis braun		Niedermoortorf, Hochmoortorf, Bruchwaldtorf
				zersetzte Torfe		HZ			schwarzbraun bis schwarz		
				Schlamme als Sammelbegriff für Faulschlamm, Mudde, Gytja, Dy, Sapropel		F		unter Wasser abgesetzte (sedimentäre) Schlamme aus Pflanzenresten, Kot und Mikroorganismen, oft von Sand, Ton und Kalk durchsetzt, blauschwarz oder grünlich bis gelbbraun, gelegentlich dunkelgraublau bis blauschwarz, federnd, weichschwammig			Mudde, Faulschlamm
Auffüllungen				Auffüllung aus natürlichen Böden; jeweiliges Gruppensymbol in eckigen Klammern		[ ]					
				Auffüllung aus Fremdstoffen		A					Müll, Schlacke, Bauschutt

[1] vgl. Seite 410;   [2] unter Mitwirkung von Organismen gebildete Böden

7.8 Geotechnik, Bodenmechanik und Grundbau

7.8.2 Bodenklassifikation

Die Einteilung der Bodenarten (Lockergesteine) erfolgt nach folgenden Merkmalen (DIN 18196):
- Korngrößenbereich
- Korngrößenverteilung
- plastische Eigenschaften
- organische Bestandteile

Korngrößenbereiche

- Feinstkorn oder Ton ≤ 0,002 mm
- Schluffkorn > 0,002 mm bis 0,06 mm
- Sandkorn > 0,06 mm bis 2 mm
- Kieskorn (Grant) > 2 mm bis 63 mm
- Steine > 63 mm

Korngrößenverteilung

Die Korngrößenverteilung wird grafisch dargestellt, indem man die Masseanteile über die Korngröße aufträgt, wobei für die Korngröße ein logarithmischer Maßstab gewählt wird.
Charakteristische Werte der Korngrößenverteilung werden mit dem Korndurchmesser d bei 10 %, 30 % bzw. 60 % des Masseanteiles der Gesamtmenge bestimmt.

Ungleichförmigkeitszahl $\quad C_U = \dfrac{d_{60}}{d_{10}}$

Krümmungszahl $\quad C_C = \dfrac{(d_{30})^2}{d_{10} \cdot d_{60}}$

Weitgestufte Korngrößenverteilung:
$C_U \geq 6 \qquad C_C = 1 \ldots 3$

Enggestufte Korngrößenverteilung:
$C_U < 6 \qquad C_C$ beliebig

Intermittierende Korngrößenverteilung: treppenartiger Verlauf der Sieblinie.
$C_U \geq 6 \qquad C_C < 1$ oder $C_C > 3$

Plastische Eigenschaften

Die plastischen Eigenschaften von feinkörnigen Böden werden durch den Wassergehalt an der Fließgrenze w_L (≙ Übergang vom flüssigen Zustand in den plastischen Zustand) und an der Ausrollgrenze w_P (Übergang vom plastischen Zustand zum halbfesten Zustand) definiert:

- leicht plastisch $\qquad w_L \leq 35$ Masse-%
- mittelplastisch $\qquad 35 < w_L \leq 50$ Masse-%
- ausgeprägt plastisch $\qquad w_L > 50$ Masse-%

Plastizitätszahl $I_P = w_L - w_P$

Definitionen der Fließgrenze und der Ausrollgrenze ▶ S. 434

Organische Bestandteile

Organische Bestandteile sind Beimengungen von Pflanzen, die dem Boden meist eine dunkle Farbe geben.

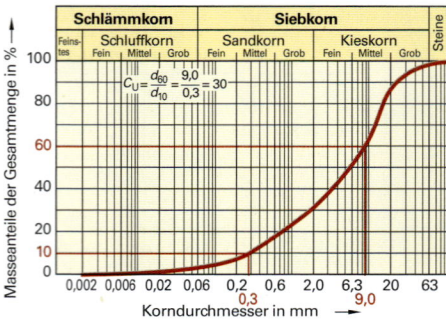

Weitgestufte Korngrößenverteilung

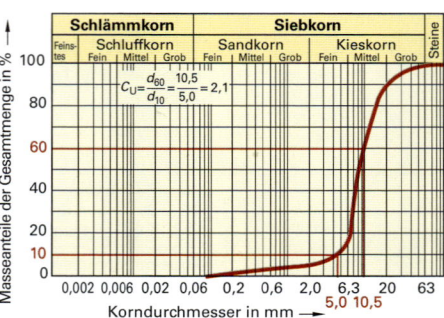

Enggestufte Korngrößenverteilung

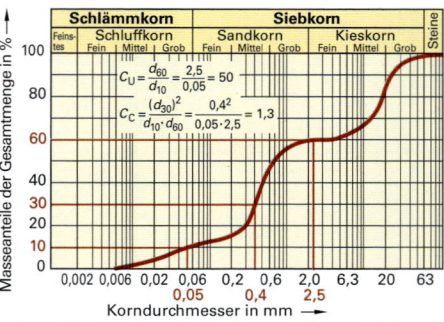

Intermittierend gestufte Korngrößenverteilung

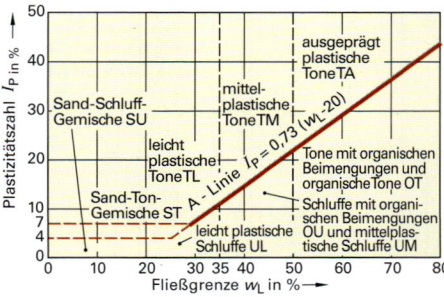

Plastizitätsdiagramm für feinkörnige Böden

7.8 Geotechnik, Bodenmechanik und Grundbau

Homogenbereiche nach VOB/C und ZTV E

Homogenbereiche sind begrenzte Bodenbereiche aus einzelnen oder mehreren Bodenschichten, die für einsetzbare Erdbaugeräte gleichartige Eigenschaften aufweisen. Dabei sind alle Erdbauprozesse einzubeziehen, und zwar Lösen, Laden, Fördern, Behandeln, Einbauen und Verdichten. Maßgebend für die Beurteilung sind die Eigenschaften vor dem Lösen.

Folgendes ist zu bedenken:

- Für Erdarbeiten sind – möglichst in der Baubeschreibung – die in der folgenden Tabelle aufgeführten Eigenschaften und Kennwerte anzugeben.
- Der Ausschreibende sollte diese Kennwerte als Spanne angeben, und zwar mit Grenzwerten, die die Werte der vorangegangenen bodenmechanischen Untersuchungen etwas über- bzw. unterschreiten, denn diese basieren nur auf kleinen Stichproben.
- Um den Abrechnungsaufwand zu begrenzen, sollten die Homogenbereiche augenscheinlich erkennbar sein.
- In einzelnen Leistungspositionen können mehrere Homogenbereiche zusammengefasst werden.
- Oberboden bildet stets mindestens einen eigenen Homogenbereich.

Eigenschaft / Kennwert Boden für Erdarbeiten	Untersuchungsverfahren	Beispiele	
		Boden 1	Boden 2
Ortsübliche Bezeichnung	–	Lehm	Sand
Kornverteilung	DIN 18123	siehe unten	siehe unten
Massenanteile Steine, Blöcke	DIN EN 14688-1	<3%	<3%
Dichte feucht, ϱ	DIN 18125-2	1,85 g/cm³ ... 2,05 g/cm³	1,70 g/cm³ ... 1,90 g/cm³
Wassergehalt w	DIN EN 17892-1	9% ... 14%	6% ... 11%
Undränierte Scherfestigkeit c_u	DIN 18137-2, 18136	40 kN/m² ... 80 kN/m²	nicht relevant
Fließgrenze w_L	DIN 18122	22% ... 40%	nicht relevant
Ausrollgrenze w_P	DIN 18122	15% ... 20%	nicht relevant
Plastizitätszahl	$I_P = w_L - w_P$	7% ... 20%	nicht relevant
Konsistenz, Konsistenzzahl	$I_C = (w_L - w)/I_P$	halbfest, $I_C > 1$	nicht relevant
Lagerungsdichte D	DIN 18126	nicht relevant	0,35% ... 0,45%
organischer Anteil	DIN 18128	<1%	<1%
Bodengruppe	DIN 18196 ▶ S. 428	GU, $\overline{GU}$, GT, $\overline{GT}$	SE

Für Boden ist in der VOB/C für jeden Homogenbereich die Darstellung der Korngrößenverteilungen mit Körnungsbändern gefordert. Die Körnungsbänder ergeben sich im Körnungslinien-Diagramm aus den äußeren Bereichen mehrerer Körnungslinien. Sie können daher relativ breit und somit unpräzise sein.

Körnungsbänder Boden 1

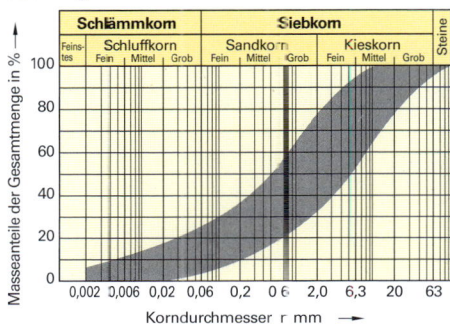

Körnungsbänder Boden 2

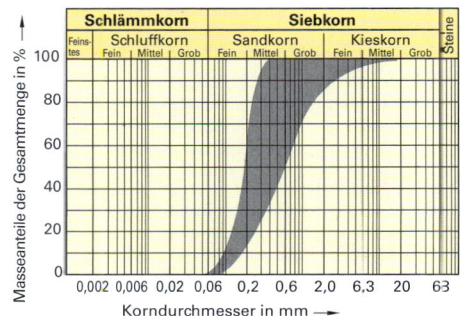

Eigenschaften / Kennwerte von Fels für Erdarbeiten

ortsübliche Bezeichnung	Benennung nach DIN EN ISO 14689-1
Dichte	einaxiale Druckfestigkeit
Trennflächenabstand, -Richtung	Verwitterung, Veränderungen

7.8 Geotechnik, Bodenmechanik und Grundbau

Boden- und Felsklassen

Wegen der häufigen Verwendung der alten Bezeichnungen „Boden- und Felsklassen" werden diese zur Information aufgeführt. Durch die Ergänzung der VOB/C (nach ATV DIN 18300: 2015-08) wurden die Bodenklassen durch Homogenbereiche ersetzt.

	Bezeichnung	Beispiele	Kurzzeichen ▶ S. 428, 429
1	**Oberboden (Mutterboden)** Oberboden ist die oberste Schicht des Bodens, die neben anorganischen Stoffen, z. B. Kies-, Sand-, Schluff- und Tongemischen, auch Humus und Bodenlebewesen enthält.	Oberboden	
2	**Fließende Bodenarten** Bodenarten, die von flüssiger bis breiiger Beschaffenheit sind und die das Wasser schwer abgeben.	Feinkörnige Böden der Gruppen UL, UM, UA, TL, TM, TA mit breiiger oder flüssiger Konsistenz ($I_C < 0{,}5$). Gemischtkörnige Böden der Gruppen $S\overline{U}$, $S\overline{T}$, $G\overline{U}$, $G\overline{T}$ mit breiiger und flüssiger Konsistenz ($I_C < 0{,}5$). Organische Böden der Gruppen HN, HZ und F mit hohem Wassergehalt. Böden mit organischen Beimengungen der Gruppen OU, OT, OH, OK mit breiiger oder flüssiger Konsistenz.	
3	**Leicht lösbare Bodenarten** Nichtbindige bis schwachbindige Sande, Kiese und Sand-Kies-Gemische mit bis zu 15 Masse-% Beimengungen an Schluff und Ton (Korngröße < 0,06 mm) und mit höchstens 30 Masse-% Steinen von über 63 mm Korngröße und bis zu 0,01 m³ Rauminhalt[1]. Organische Böden mit geringem Wassergehalt.	Grobkörnige Böden der Gruppen SW, SI, SE, GW, GI, GE. Gemischtkörnige Böden der Gruppen SU, ST, GU, GT. Feste Torfe.	
4	**Mittelschwer lösbare Bodenarten** Gemische von Sand, Kies, Schluff und Ton mit einem Anteil von mehr als 15 Masse-% Korngröße kleiner als 0,06 mm. Bindige Bodenarten von leichter bis mittlerer Plastizität, die je nach Wassergehalt weich bis fest sind und die höchstens 30 Masse-% Steine von über 63 mm Korngröße bis zu 0,01 m³ Rauminhalt[1] enthalten.	Feinkörnige Böden der Gruppen UL, UM, UA, TL, TM mit harter, halbfester, steifer und weicher Konsistenz ($I_C > 0{,}5$). Gemischtkörnige Böden der Gruppen $S\overline{U}$, $S\overline{T}$, $G\overline{U}$, $G\overline{T}$ mit harter, halbfester, steifer und weicher Konsistenz ($I_C > 0{,}5$).	
5	**Schwer lösbare Bodenarten** Bodenarten nach den Klassen 3 und 4, jedoch mit mehr als 30 Masse-% Steinen von über 63 mm Korngröße bis zu 0,01 m³ Rauminhalt. Nichtbindige und bindige Bodenarten mit höchstens 30 Masse-% Steinen von über 0,01 m³ bis 0,1 m³ Rauminhalt[1][2]. Ausgeprägt plastische Tone, die je nach Wassergehalt weich bis fest sind.	Böden mit entsprechenden Anteilen von Steinen. Ausgeprägt plastischer Ton TA und Tone mit organischen Beimengungen OT von weicher bis halbfester Konsistenz.	
6	**Leicht lösbarer Fels und vergleichbare Bodenarten** Felsarten, die einen inneren, mineralisch gebundenen Zusammenhalt haben, jedoch stark klüftig, brüchig, bröckelig, schiefrig, weich oder verwittert sind, sowie vergleichbare verfestigte bindige oder nichtbindige Bodenarten, z. B. durch Austrocknung, Gefrieren, chemische Bindungen. Nichtbindige und bindige Bodenarten mit mehr als 30 Masse-% Steinen von über 0,01 m³ bis 0,1 m³ Rauminhalt[1][2].	Fels der links beschriebenen Art. Verfestigte Böden. Böden mit entsprechenden Anteilen von Steinen.	
7	**Schwer lösbarer Fels** Felsarten, die einen inneren, mineralisch gebundenen Zusammenhalt und hohe Gefügefestigkeit haben und die nur wenig klüftig oder verwittert sind. Festgelagerter, unverwitterter Tonschiefer, Nagelfluhschichten, Schlackenhalden der Hüttenwerke und dergleichen. Steine von über 0,1 m³ Rauminhalt[2].	Fels der links beschriebenen Art. Verfestigte Schlackenhalden.	

[1] 0,01 m³ Rauminhalt entspricht einer Kugel mit einem Durchmesser von etwa 0,30 m.
[2] 0,1 m³ Rauminhalt entspricht einer Kugel mit einem Durchmesser von etwa 0,60 m.

7.8 Geotechnik, Bodenmechanik und Grundbau

Kornverteilungskurven typischer Bodenarten

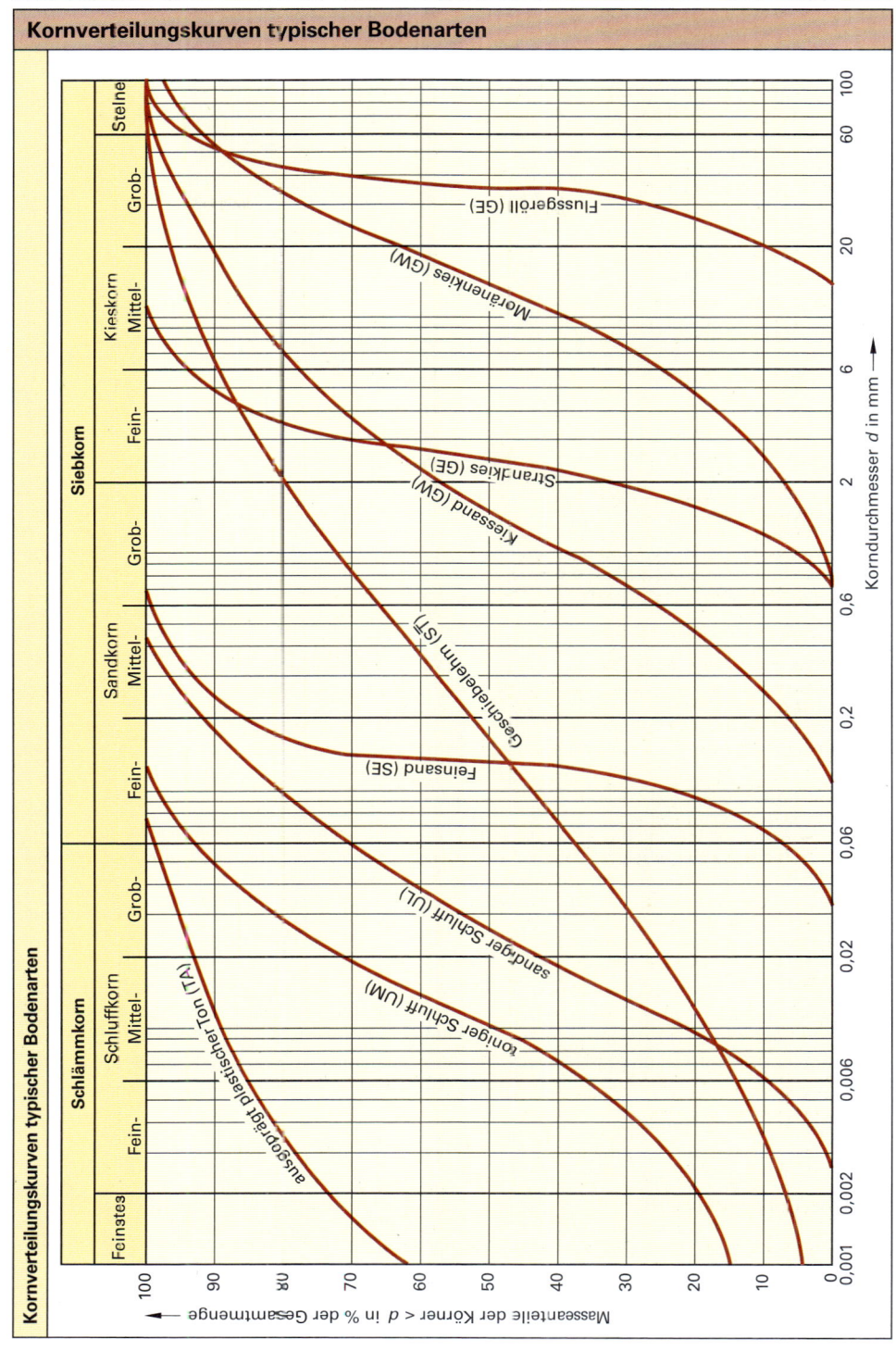

7.8.3 Bodenkennwerte

Wichte γ, Dichte ϱ

Dichte des feuchten Bodens	ϱ	$= \dfrac{m}{V}$
Dichte des trockenen Bodens	ϱ_d	$= \dfrac{m_d}{V}$
Wichte des feuchten Bodens	γ	$= \dfrac{F_G}{V}$
Wichte des trockenen Bodens	γ_d	$= \dfrac{F_{Gd}}{V}$
Wichte unter Auftrieb	γ'	$= \dfrac{F_G{'}}{V}$

F_G Gewichtskraft, d trocken (englisch: dry)

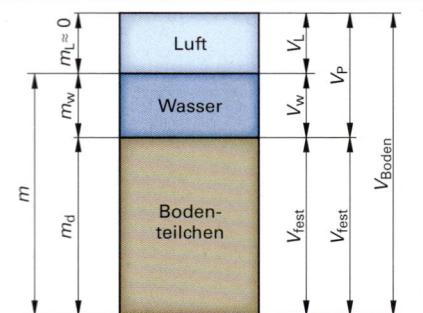

Korndichte

Dichte der Körner, d.h. der festen Bodenteilchen. Entspricht der mittleren Dichte der Minerale.
▶ S. 221

$$\varrho_S = \dfrac{m_d}{V_{fest}}$$

Lagerungsdichte D

Die Lagerungsdichte D ist ein Kriterium, das die Tragfähigkeit nichtbindiger Böden beeinflusst.

$$D = \dfrac{\max n - n}{\max n - \min n}$$

max n Porenanteil bei lockerster Lagerung
min n Porenanteil bei dichtester Lagerung
n Porenanteil bei natürlicher Lagerung, vgl. DIN 18126

Porenanteil $n \triangleq$ Hohlraumgehalt H

Der Porenanteil n ist das Volumen der Poren V_P eines Bodens bezogen auf das Volumen der gesamten Probe V.

$$n = H = \dfrac{V_P}{V} = \dfrac{V - V_{fest}}{V} = \dfrac{\varrho_S - \varrho_d}{\varrho_S} = 1 - \dfrac{\varrho_d}{\varrho_S}$$

Verdichtungsgrad D_{pr}	Porenzahl e
$D_{pr} = \dfrac{\varrho_d}{\varrho_{pr}} \cdot 100\ [\%]$	$e = \dfrac{\varrho_S}{\varrho_d} - 1$

Wassergehalt w

Der Wassergehalt w wird auf die Masse des trockenen Bodens bezogen.

$$w = \dfrac{m - m_d}{m_d} = \dfrac{m_w}{m_d}$$

Zustandsform/Konsistenz

Das Verhalten und die Tragfähigkeit bindiger (feinkörniger oder gemischtkörniger) Böden wird entscheidend vom Wassergehalt bestimmt. Als Maßstab dient der Vergleich des natürlichen Wassergehaltes w mit dem Wassergehalt an bestimmten Zustandsgrenzen.

Wassergehalt an der **Fließgrenze** w_L: Wassergehalt am Übergang von der flüssigen zur plastischen Zustandsform. Ermittlung mit dem Casagrandegerät nach DIN 18122 (englisch: liquid, L).

Wassergehalt an der **Ausrollgrenze** w_P: Wassergehalt am Übergang von der plastischen zur halbfesten Zustandsform. Ermittlung durch Ausrollen zu 3 mm dicken Walzen (P = Plastizitätsgrenze).

Wassergehalt an der **Schrumpfgrenze** w_S: Wassergehalt am Übergang vom halbfesten zum harten/festen Zustand. Ermittlung im Trockenofen.

Abhängigkeit der Zustandsform vom Wassergehalt

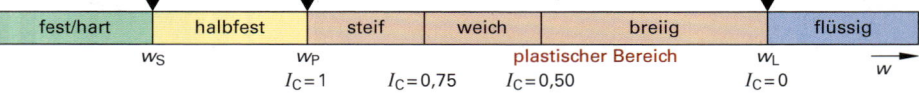

Plastizitätszahl: $I_P = w_L - w_P$ **Konsistenzzahl** $I_C = \dfrac{w_L - w}{w_L - w_P}$

7.8 Geotechnik, Bodenmechanik und Grundbau

Erfahrungswerte für Bodenkenngrößen (DIN 1055-2)

Nichtbindige Bodenarten

Bodenart	Kurz-zeichen ▶S. 428	Lagerungs-dichte[1]	Wichte erdfeucht γ [kN/m³]	Wichte gesättigt γ_r [kN/m³]	Wichte unter Auftrieb γ' [kN/m³]	Reibungs-winkel φ' [°]
Kies, Sand, eng gestuft	GE, SE mit $C_U < 6$	locker mitteldicht dicht	16,0 17,0 18,0	18,5 19,5 20,5	8,5 9,5 10,5	30,0 32,5 35,0
Kies, Sand, weit oder intermittierend gestuft	GW, GI SW, SI $6 \leq C_U \leq 15$	locker mitteldicht dicht	16,5 18,0 19,5	19,0 20,5 22,0	9,0 10,5 12,0	30,0 32,5 35,0
Kies, Sand, weit- oder intermittierend gestuft	GW, GI SW, SI $C_U > 15$	locker mitteldicht dicht	17,0 19,0 21,0	19,5 21,0 22,5	9,5 11,0 12,5	30,0 32,5 35,0

[1] Lagerungsdichte $D = \dfrac{\max n - n}{\max n - \min n}$ Ungleichförmigkeitszahl $C_U = \dfrac{d_{60}}{d_{10}}$

locker: $0{,}15 < D \leq 0{,}30$;   mitteldicht: $0{,}30 < D \leq 0{,}50$;   dicht: $0{,}50 < D < 0{,}75$

Bindige und organische Bodenarten (Auswahl)

Bodenart	Kurz-zeichen ▶S. 429	Zustands-form[2] ▶S. 434	Wichte erdfeucht γ [kN/m³]	Wichte gesättigt γ_r [kN/m³]	Wichte unter Auftrieb γ' [kN/m³]	Reibungs-winkel φ' [°]	Kohäsion c' [kN/m²]	Kohäsion c_u [kN/m²]
Leicht plastische Schluffe	UL	weich steif halbfest	17,5 18,5 19,5	19,0 20,0 21,0	9,0 10,0 11,0	27,5	0 2 5	0 15 40
Mittelplastische Schluffe	UM	weich steif halbfest	16,5 18,0 19,5	18,5 19,5 20,5	8,5 9,5 10,5	22,5	0 5 10	5 25 60
Leicht plastische Tone	TL	weich steif halbfest	19,0 20,0 21,0	19,0 20,0 21,0	9,0 10,0 11,0	22,5	0 5 10	0 15 40
Mittelplastische Tone	TM	weich steif halbfest	18,5 19,5 20,5	18,5 19,5 20,5	8,5 9,5 10,5	17,5	5 10 15	5 25 60
Ausgeprägt plastische Tone	TA	weich steif halbfest	17,5 18,5 19,5	17,5 18,5 19,5	7,5 8,5 9,5	15,0	5 10 15	15 35 75
Organischer Schluff, organischer Ton	OU OT	breiig weich steif	14,0 15,5 17,0	14,0 15,5 17,0	4,0 5,5 7,0	17,5	0 2 5	0 10 20

[2] Konsistenzzahl $I_C = (w_L - w)/(w_L - w_P)$;
breiig: $0{,}00 < I_C \leq 0{,}50$;   weich: $0{,}50 < I_C \leq 0{,}75$;   steif: $0{,}75 < I_C \leq 1{,}00$;   halbfest: $I_C > 1{,}00$

Scherfestigkeit

Die Scherfestigkeit eines Bodens kann man in der Scherbüchse bestimmen. Die Auswertung mehrerer Versuche ergibt einen annähernd linearen Zusammenhang zwischen der Druckspannung σ und der Schubspannung τ.

Coulomb'sches Gesetz $\tau = \sigma \cdot \tan \varphi' + c'$

φ' Reibungswinkel
c' Kohäsion (wirksame)
Bei nichtbindigen Böden ist $c' \cong 0$.
Bei nicht entwässerten bindigen Böden gilt:
$\varphi' \cong 0$, $c' = c_u$

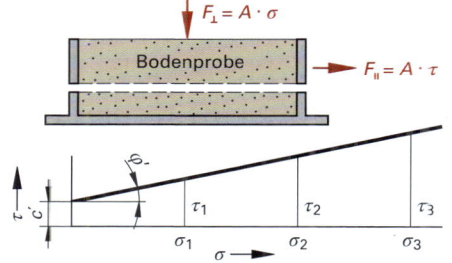

Bestimmung der Scherfestigkeit

7.8 Geotechnik, Bodenmechanik und Grundbau

7.8.4 Korngrößenverteilung durch Siebung und Sedimentation

Die Grenze für die Bestimmung der Korngrößenverteilung durch Siebung liegt bei 0,063 mm. Die Bestimmung von Korndurchmessern von 0,001 mm bis 0,125 mm erfolgt über Sedimentation unter Anwendung des Gesetzes von Stokes. Weil größere Bodenteilchen schneller als kleine Bodenteilchen absinken, verändert sich entsprechend die Dichte der Suspension.

Arbeitsverfahren

- Bodenprobe für die Sedimentation nicht trocknen, anderenfalls werden die Tonteilchen verändert.
- Wegen der erforderlichen Mindest- oder Höchstmengen wird i.d.R. die Bodenprobe in eine Siebprobe (A) und eine Sedimentationsprobe (B) geteilt.
- Mit der Siebprobe werden mittels Nasssiebung der Siebdurchgang durch das 0,125-mm-Sieb und die Siebrückstände auf den größeren Sieben bestimmt.
  Die relativen Korngrößen < 0,125 mm werden später mit $m_{dA < 0,125}/m_{dA}$ multipliziert.
- Bodenteilchen < 0,125 mm durch Nasssiebung oder durch nasses Abtrennen der Feinteile herauswaschen (Sedimentationsprobe B).
- Die Menge der abgeschlämmten Bodenteilchen soll etwa 30 g bis 50 g betragen.
- Bodenteilchen mit Wasser zu einer Suspension aufrühren und in Standglas füllen.
- Zur Verhinderung der Koagulation (Flockenbildung) ist dem Wasser ein Antikoagulationsmittel, beispielsweise Natriumpyrophosphat $Na_4P_2O_7$ in einer Konzentration von 0,5 g je 1000 cm^3, zuzugeben. Eine Flockenbildung würde das Ergebnis verfälschen.
- Die Dichte der Suspension wird i.d.R. vom vollständigen Umrühren beginnend nach 30 s, 1 min, 2 min, 5 min, 15 min, 45 min, 2 h, 6 h und 24 h mithilfe eines Aräometers bestimmt.
- Bestimmung der Trockenmasse m_{dB} der zur Sedimentation verwendeten Probe.
- Bestimmung der Korndichte ϱ_s, falls nicht bekannt.
- Ermittlung der relativen Anteile a_{rel} für die Korndurchmesser zwischen 0,001 mm und 0,063 mm oder 0,125 mm mithilfe des Nomogramms (▶ S. 438).
- Ermittlung der gesamten Korngrößenverteilung mit den Trockenmassen der Siebdurchgänge der groben Bodenteilchen = m_{dA}.

$$R' = (\varrho - 1) \cdot 10^3 \quad \text{Hilfswert}$$

$$R = R' + C_m \quad \text{Verbesserter Hilfswert}$$

$$a_{rel} = \frac{100}{m_{dB}} \cdot \frac{\varrho_s}{\varrho_s - 1} \cdot (R + C_T) \quad \text{Anteil des Korndurchmessers } d, \text{ Sedimentationsprobe}$$

$$a_{ges} = a_{rel} \cdot m_{dA < 0,125}/m_{dA} \quad \text{Anteil des Korndurchmessers } d, \text{ Bodenprobe}$$

$$h_\varrho = h_1 + \frac{1}{2} \cdot \left(h - \frac{V_A}{A_z}\right)$$

Korrigierte Eintauchtiefe des Aräometers
Berücksichtigung des Volumens des Aräometers V_A und des Querschnittes des Standzylindes A_z
Umrechnung zur Herstellung der Dichteskala ϱ

ϱ Dichte der Suspension ϱ_s Korndichte, im Beispiel gewählt 2,70 g/cm³
C_m Korrekturwert der Aräometerablesung (Meniskus ≈ 1,5)
d Korndurchmesser [aus Nomogramm übernächste Seite]
ϑ Temperatur in °C C_ϑ Temperaturverbesserung Aräometer
m_{dB} Masse der zur Sedimentation verwendeten Probe < 0,125 mm, trocken, im Beispiel: 48,7 g
m_{dA} Masse der getrockneten Sieb-Teilprobe

Beispiel   Korngrößenverteilung durch Siebung (Fortsetzung nächste Seite) m_{dA} = 10 914,5 g

Siebweite in mm	45,0	31,5	16,0	8,0	4,0	2,0	1,0	0,500	0,250	0,125	< 0,125
Siebrückstand in g	0,0	215,3	364,5	608,3	910,4	911,3	890,8	861,5	890,5	503,2	4758,7
Siebrückstand in %	0,0	2,0	3,3	5,6	8,3	8,3	8,2	7,9	8,2	4,6	43,6
Siebdurchgang in %	100,0	98,0	94,7	89,1	80,8	72,5	64,3	56,4	48,2	43,6	

7.8 Geotechnik, Bodenmechanik und Grundbau

Beispiel Korngrößenverteilung durch Sedimentation (Nomogramm siehe nächste Seite)

Datum	Uhrzeit	Zeit ab Versuchsbeginn	Dichte ϱ g/cm³	$R' = (\varrho - 1) \cdot 10^3$	$R = R' + C_m$	d mm	ϑ °C	C_ϑ	$R' + C_\vartheta$	a_{rel} %	a_{ges} %
24.6.	8.40	30 s	1,0290	29,0	30,5	0,056	20	0	30,5	99,4	43,4
	8.41	1 min	1,0250	25,0	26,5	0,042			26,5	86,4	37,7
	8.42	2 min	1,0225	22,5	24,0	0,030			24,0	78,3	34,1
	8.45	5 min	1,0185	18,5	20,0	0,021			20,0	65,2	28,4
	8.55	15 min	1,0145	14,5	16,0	0,013			16,0	52,2	22,8
	9.25	45 min	1,0090	9,0	10,5	0,008			10,5	34,2	14,9
	10.40	2 h	1,0025	2,5	4,0	0,005			4,0	1,0	5,7
	16.40	6 h	0,9990	–1,0	0,5	0,003			0,5	1,6	0,7
25.6.	8.40	24 h	0,9985	–1,5	0,0	0,001	20	0	0,0	0,0	0,0

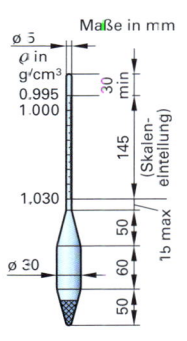

Aräometer

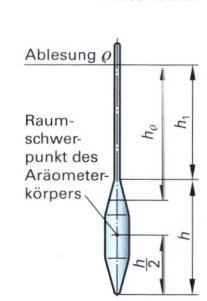

Kennwertermittlung ($V_A = 76$ cm³)

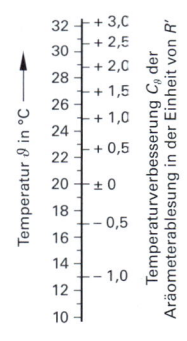

Temperaturverbesserung C_ϑ für bei 20 °C geeichte Aräometer

Beispiel Korngrößenverteilung
Sieblinie mit den Zahlenwerten Siebung (Vorseite) und Sedimentation nach Tabelle oben

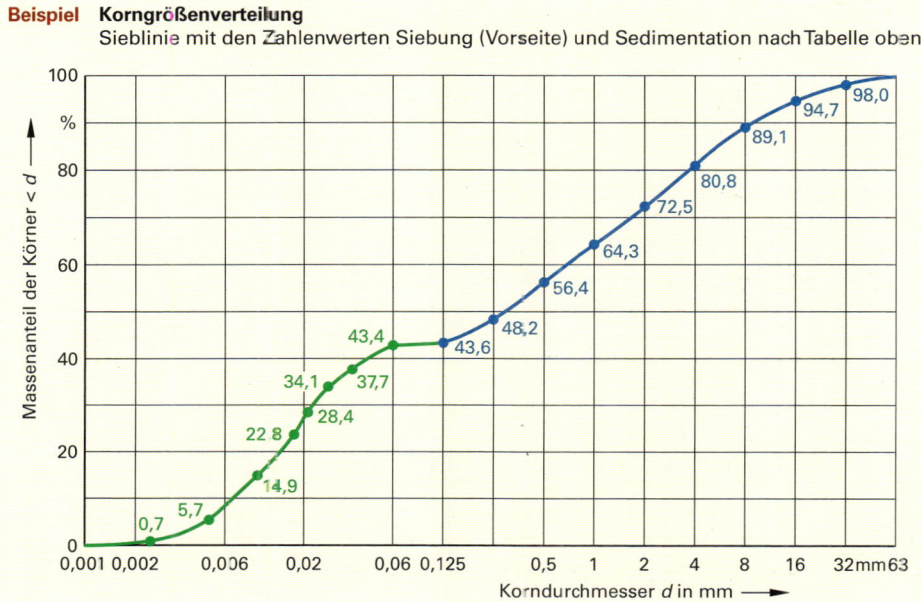

7.8 Geotechnik, Bodenmechanik und Grundbau

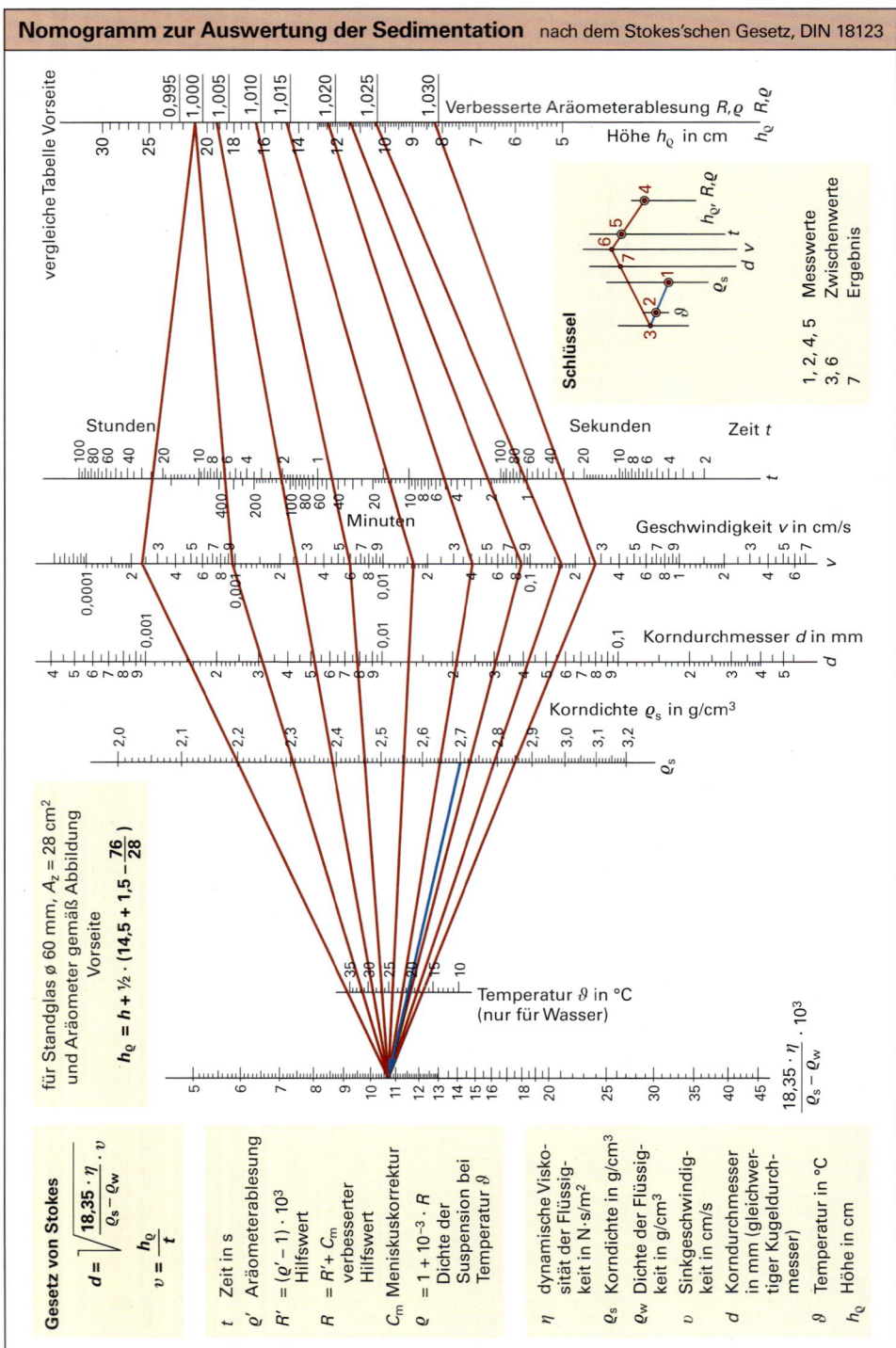

7.8 Geotechnik, Bodenmechanik und Grundbau

7.8.5 Verdichtungsprüfungen

$$D_{Pr} = \frac{\varrho_d}{\varrho_{Pr}} \cdot 100 \quad [\%]$$

D_{Pr} Verdichtungsgrad
ϱ_{Pr} Proctordichte
ϱ_d Trockendichte des Bodens

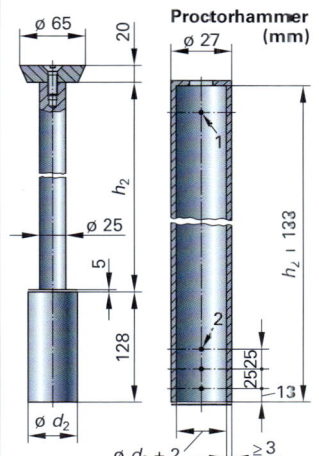

Proctorhammer (mm)

Der Verdichtungsgrad D_{Pr} gibt für einen Boden das Maß der Verdichtung an. Der Bezugswert im Nenner ist die durch den Proctorversuch nach DIN EN 13286 im Labor ermittelte Trockendichte ϱ_{Pr}. Da die Trockendichte bei vorgegebener Verdichtungsarbeit vom Wassergehalt abhängt, wird diese während des Versuches systematisch verändert, um das Maximum der Trockendichte zu erhalten.

Abmessungen Proctortopf			Abmessungen Proctorhammer			
Art	Durchmesser	Höhe h_1	Art	Masse	Fallhöhe	Durchmesser Grundfläche
A	100 mm	120 mm	A	2,50 kg	305 mm	50 mm
B	150 mm	120 mm	B	4,50 kg	457 mm	50 mm
C	250 mm	200 mm	C	15,00 kg	600 mm	125 mm

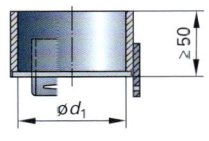
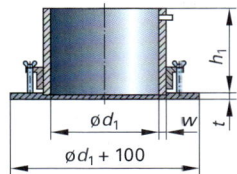
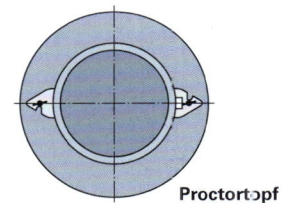

(mm)

Proctortopf

Proctordichten und optimale Wassergehalte einzelner Bodenarten

Bodenart Korndichte ϱ_s = 2,65 g/cm³	Kurzzeichen	Proctordichte ϱ_{Pr} in g/cm³	Wassergehalt w_{Pr} in %
Kies-Sand-Gemisch (weitgestuft)	GW	2,00 ... 2,25	4,0 ... 7,0
Kies-Sand-Gemisch (enggestuft)	GE	1,90 ... 2,10	6,0 ... 11
Sand (weitgestuft)	SW	1,70 ... 1,90	8,0 ... 12
Sand (enggestuft)	SE	1,65 ... 1,85	6,5 ... 13
Kies-Sand-Schluff-Ton-Gemisch	GU, ST	1,75 ... 1,95	10 ... 16
Kies-Sand-Schluff-Ton-Gemisch, Lehm	GŪ, SŌT	1,65 ... 1,85	15 ... 20
Ton (leicht, mittel plastisch)	TL, TM	1,45 ... 1,70	18 ... 30
Ton (ausgeprägt plastisch)	TA	1,40 ... 1,55	25 ... 35

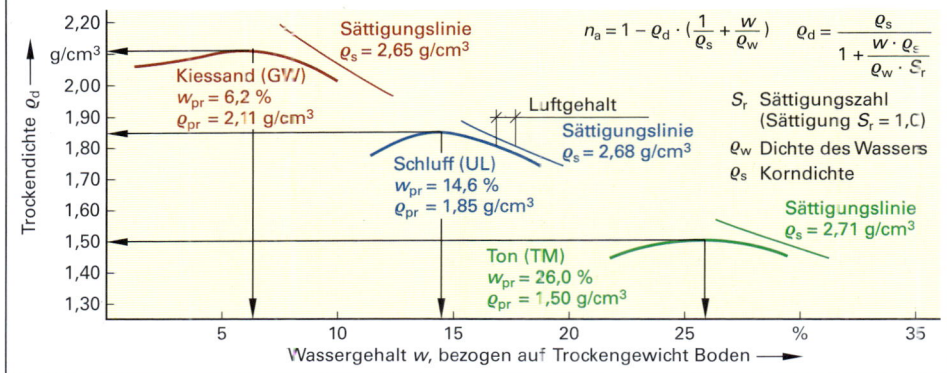

$$n_a = 1 - \varrho_d \cdot \left(\frac{1}{\varrho_s} + \frac{w}{\varrho_w}\right) \quad \varrho_d = \frac{\varrho_s}{1 + \frac{w \cdot \varrho_s}{\varrho_w \cdot S_r}}$$

S_r Sättigungszahl (Sättigung S_r = 1,0)
ϱ_w Dichte des Wassers
ϱ_s Korndichte

7.8 Geotechnik, Bodenmechanik und Grundbau

7.8.6 Flächengründungen

Bei Flächengründungen werden die Bauwerkslasten über Streifen- oder Einzelfundamente in den Baugrund geleitet. Die Sohle muss in frostfreier Tiefe mindestens 0,80 m unter dem Gelände liegen.

Für den Nachweis der Fundamente darf der Bemessungswert der Einwirkungen/Beanspruchungen – also die um einen Sicherheitsbeiwert vergrößerten Kräfte – die Bemessungswerte des Sohlwiderstandes nicht überschreiten $\sigma_{Ed} < \sigma_{Rd}$. Dabei sind die unterschiedlichen geotechnischen Kategorien für unterschiedlich schwierige Bauwerke, verschiedene Bemessungssituationen für veränderliche Einwirkungen sowie verschiedene Versagensfälle zu beachten.

Im Folgenden werden nur einfache Fälle behandelt, und zwar Fall STR (inneres Versagen von Bauteilen) und GEO-2 (Bauteilabmessungen).

Der Bemessungswert der Einwirkungen ergibt sich aus den charakteristischen Einwirkungen/Beanspruchungen multipliziert mit dem Teilsicherheitsbeiwerten γ.

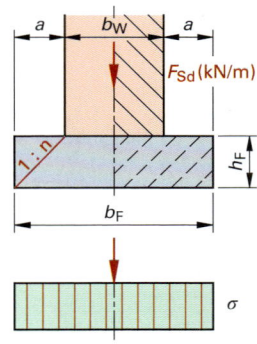

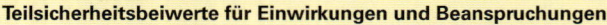

$$\text{erf } b_F = \frac{F_{Sd}}{\sigma_{Ed}}$$

$$\text{erf } h_F = \frac{b_F - b_W}{2} \cdot n$$

$$\sigma_{Ed} \leq \sigma_{Rd}$$

Teilsicherheitsbeiwerte für Einwirkungen und Beanspruchungen

	Bemessungssituation BS-P (regelmäßige Bemessungssituation)	
Ständige Einwirkungen, Allgemein	γ_G	= 1,35
Ständige Einwirkungen aus Erdruhedruck	$\gamma_{G,E0}$	= 1,20
Günstige ständige Einwirkungen	$\gamma_{G,inf}$	= 1,00
Ungünstige veränderliche Einwirkungen	γ_Q	= 1,50

Streifenfundamente

Bemessungswert bei mittiger Belastung

$$\sigma_{Ed} = \frac{F_{Sd}}{b_F}$$

F_{Sd} vertikale Bemessungslast je m Fundament in kN/m (tatsächliche Last mal Teilsicherheitsbeiwert)
b_F Fundamentbreite (gewählt) in m
σ_{Ed} Bemessungsspannung in kN/m²
1 : n Lastausbreitungswinkel ▶ S. 343, 441

Die Mindesthöhe ergibt sich mit dem Lastausbreitungswinkel zu $h_F = 1/2 \cdot (b_f - b_w) \cdot n$.

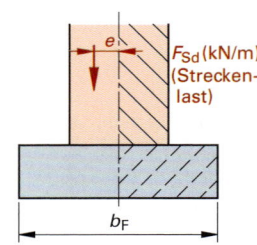

Bemessungswert bei außermittiger Belastung

Da zwischen Fundament und Boden keine Zugspannungen übertragen werden können, muss zwischen Lastangriff im Kern (d. h. überall Druckspannungen, $e \leq b_F/6$) und Lastangriff außerhalb des Kernes (d.h. klaffende Sohlfuge, $e > b_F/6$) unterschieden werden.

$$\sigma_R = \frac{F_{Sd}}{b_F}\left(1 + \frac{6 \cdot e}{b_F}\right) \quad \text{für } e \leq \frac{b_F}{6} \quad \text{für } e = \frac{b_F}{6} \Rightarrow \sigma_R = \frac{2 \cdot F_{Sd}}{b_{Sd}}$$

$$\sigma_R = \frac{4 \cdot F_{Sd}}{3 \cdot (b_F - 2 \cdot e)} \quad \text{für } \frac{b_F}{6} < e < \frac{b_F}{2}$$

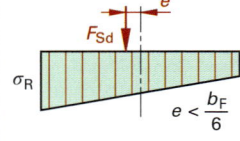

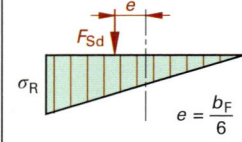

Die aus ständigen Lasten resultierende Kraft muss die Sohlfläche im Kern schneiden, d.h. $e < b_F/6$. Die aus der Gesamtlast resultierende Kraft darf ein Klaffen der Sohlfuge höchstens bis zum Schwerpunkt der Sohlfläche verursachen, d.h. $e < b_F/3$.

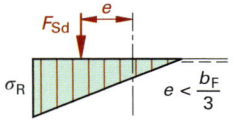

Einzelfundamente, mittige Belastung

$$\sigma_{Ed} = \frac{F_d}{A} = \frac{F_d}{a_F \cdot b_F}$$

F_d mittige vertikale Bemessungslast in kN
a_F, b_F Fundamentabmessungen in m
σ_{Ed} Bemessungsspannung in kN/m²

klaffende Sohlfuge

7.8 Geotechnik, Bodenmechanik und Grundbau

Bemessungswerte des Sohlwiderstandes $\sigma_{R,d}$ in kN/m² für Streifenfundamente
(DIN 1054) (keine aufnehmbaren Sohldrücke)

Nichtbindiger und schwach feinkörniger Baugrund (GE, GW, GI, SE, SW, SI, GU, GT, SU ▶ S. 423f.)

Einbinde-tiefe t des Fundaments	Fundamentbreite b_F in m										
	Setzung bis etwa 2 cm							stärkere Setzung als 2 cm			
	0,30	0,50	1,00	1,50	2,00	2,50	3,00	1,50	2,00	2,50	3,00
≥ 0,30 m	210										
≥ 0,50 m		280	420	560	390	350	310	560	700	700	700
≥ 1,00 m		380	520	660	430	380	340	660	800	800	800
≥ 1,50 m		480	620	760	480	410	360	760	900	900	900
≥ 2,00 m		560	700	840	500	430	390	840	980	980	980

Bindiger und gemischtkörniger Baugrund ▶ S. 428f.

Einbinde-tiefe t des Fundaments	Fundamentbreite b_F bis 2,00 m									
	Schluff UL steif	gemischtkörnige Böden SU, ST, ST, GU, GT			tonig-schluffige Böden UM, TL, TM			fetter Ton TA		
	steif	steif	halbfest	fest	steif	halbfest	fest	steif	halbfest	fest
≥ 0,5 m	180	210	310	460	170	240	390	130	200	230
≥ 1,0 m	250	250	390	530	200	290	450	150	250	340
≥ 1,5 m	310	310	460	620	220	350	500	180	290	330
≥ 2,0 m	350	350	520	700	250	390	560	210	320	420

Anwendungsvoraussetzungen für die Bemessungswerte

1. Die Werte gelten nur für starre Gründungskörper, bei denen die Annahme der geradlinigen Sohldruck-verteilung annähernd zutrifft. Die Fundamentsohle ist waagerecht, die Geländeoberfläche sowie die Schichtgrenzen verlaufen annähernd waagerecht.
2. Die Gründungssohle muss frostfrei liegen und gegen Auswaschen gesichert sein.
3. Die Lagerungsdichte enggestufter ($C_U \leq 3$) nichtbindiger Böden SE, GE, GU, GT und SU muss $D \geq 0,3$, der Verdichtungsgrad $D_{Pr} \geq 95\%$ sein. Die Lagerungsdichte aller übrigen nichtbindigen und schwach bindigen Böden muss $D \geq 0,45$, der Verdichtungsgrad $D_{Fr} \geq 98\%$ sein.
4. Die Baugrundverhältnisse müssen bis in eine Tiefe $t > 2 \cdot b_F$, mindestens $t > 2$ m unter Grün-dungssohle annähernd gleichmäßig sein.
5. Die Neigung der charakteristischen Sohl-druckresultierenden hält die Bedingung $\tan \varrho = H/V \leq 0,2$ ein.
6. Die Werte für nicht- und schwach bindige Böden sind bei Abständen des Grundwassers von der Gründungssohle kleiner als b_F um bis zu 40 % zu verringern.
7. Die Werte dürfen nicht oder nur bedingt bei dynamisch belasteten Fundamenten angesetzt werden.

Lastausbreitungswinkel 1 : n bei unbewehrten Betonfundamenten

Beton-festigkeits-klasse	Werte n nach DIN EN 1992-1-1 bei Bemessungswert des Sohlwiderstandes [kN/m²] von				
	140	280	420	560	700
C12/15	1,0	1,3	1,6	1,8	2,0
C16/20	1,0	1,2	1,4	1,6	1,8
C20/25	1,0	1,1	1,3	1,5	1,7
C30/37	1,0	1,0	1,2	1,4	1,6

Beispiel
Berechnung eines unbewehrten Streifenfundamentes
Wanddicke b_W = 0,49 m; Beton C12/15;
Einbindetiefe t = 1,00 m; Bodenart: Ton TA fest

Belastung aus Eigengewicht: $F_{s,1}$ = 160 kN/m
Belastung aus Verkehrslasten: $F_{s,2}$ = 40 kN/m

Bemessungslast der Einwirkungen:
$F_d = F_{s,1} \cdot \gamma_G + F_{s,2} \cdot \gamma_Q$
$F_d = 160 \cdot 1,35 + 40 \cdot 1,50 = 276$ kN/m
Fundamentbreite b_F gewählt: 0,85 m

$\sigma_{Ed} = \dfrac{F_d}{b_F} = \dfrac{276}{85} = 325$ kN/m² $< \sigma_{Rd}$ = 340 kN/m²

Beanspruchbarkeit und Bemessungszustand

Fundamentüberstand a:
$a = 1/2 \cdot (b_F - b_W)$
$a = 1/2 \cdot (0,85 - 0,49)$
$a = 0,18$ m
$n = 1,4$
(interpoliert aus Tabelle)

Mindest-Fundamenthöhe
$h_F = a \cdot n = 0,18 \cdot 1,4 = 0,25$ m
gewählt: $h = 0,30$ m

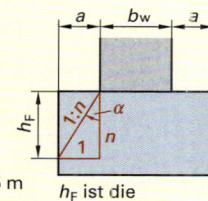

h_F ist die Mindest-Höhe

7.8 Geotechnik, Bodenmechanik und Grundbau

7.8.7 Gebäudesicherung, Bodenaushubgrenzen, Unterfangung

Gründungsarbeiten neben bestehenden Gebäuden sowie Unterfangungen von Gebäuden erfordern eine sorgfältige Vorbereitung und dürfen nur nach bauaufsichtlich genehmigten Plänen ausgeführt werden.

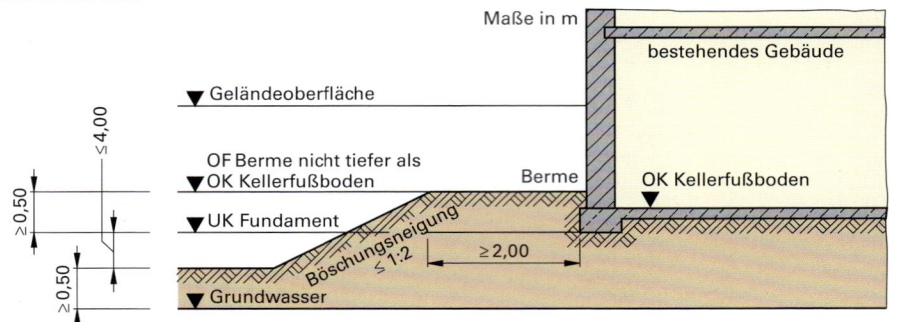

Bodenaushubgrenzen

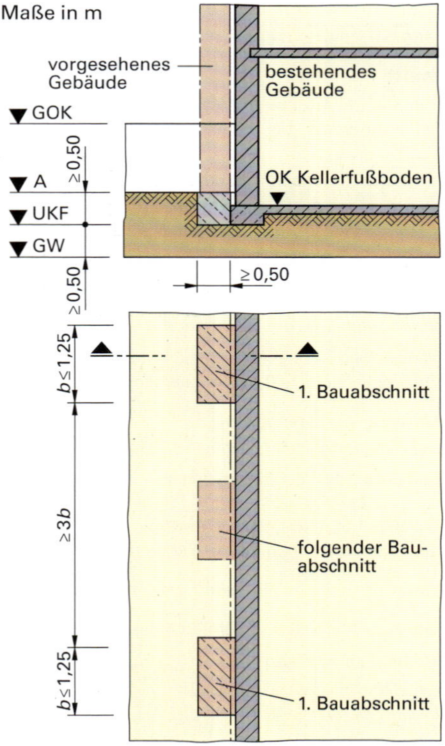

Gründung nebeneinanderliegender Gebäude

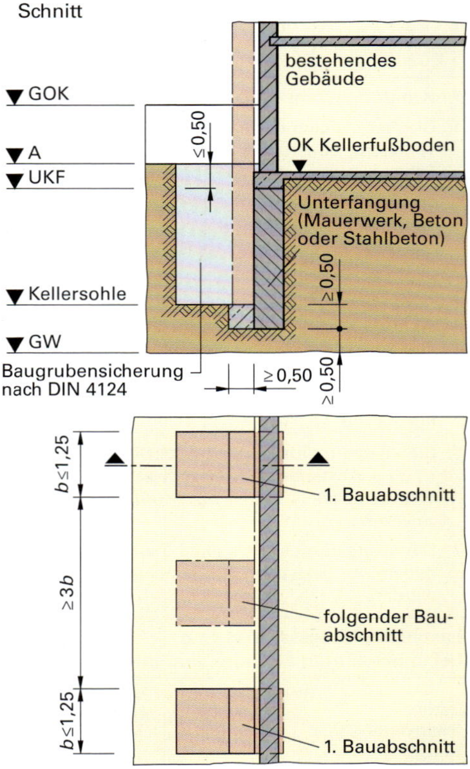

Draufsicht
GOK Geländeoberkante
GW Grundwasser

Unterfangung

Draufsicht
UKF Unterkante Fundament
A Bodenaushubgrenze

7.8 Geotechnik, Bodenmechanik und Grundbau

7.8.8 Erddruck

Bei der Berechnung des Erddrucks auf senkrecht oder schwach geneigte Stützwände geht man davon aus, dass sich die Wand geringfügig bewegt und sich hinter der Wand ebene Gleitflächen ausbilden (Coulomb'sche Erddrucktheorie).

Aktiver Erddruck auf senkrechte Stützwände bei waagerechtem Gelände

E_a Resultierende des aktiven Erddrucks kN/m
E_{ah} Horizontalkomponente des aktiven Erddrucks kN/m
e_{ah} horizontale Komponente der Flächenbelastung des aktiven Erddruckes kN/m²
K_a Erddruckbeiwert
K_{ah} horizontale Komponente
K_{ac} Erddruckbeiwert infolge Kohäsion bindiger Böden
K_{ach} horizontale Komponente von K_{ac}
γ Wichte, φ Reibungswinkel
c Kohäsion

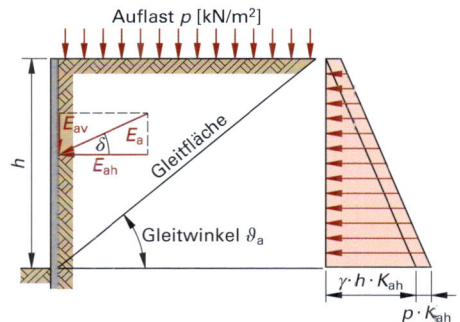

Wandreibungswinkel
Glatte Wände $\delta = 0$
Raue Wände $\delta = \frac{2}{3}$

Erddruckverteilung horizontale Komponente (ohne Kohäsion)

$e_{ah} = (\gamma \cdot h + p) \cdot K_{ah} - c \cdot K_{ach}$

$E_{ah} = \frac{1}{2} \cdot \gamma \cdot h^2 \cdot K_{ah} + p \cdot h \cdot K_{ah} - c \cdot h \cdot K_{ach}$

$E_{av} = E_{ah} \cdot \tan \delta$

Erdruhedruck

Der Erdruhedruck wirkt auf Stützwände, bei denen keine Bewegungen möglich sind (z. B. bei Aussteifungen), oder auf steife, alle Bewegungen ausschließende Wände.
Der Erdruhedruckbeiwert bei waagerechtem Gelände beträgt:

$K_a \approx 1 - \sin \varphi$

Erddruckbeiwerte
(Gelände horizontal, Stützwand senkrecht)

	φ	15°	22,5°	30°	37,5°
K_{ah}	$\delta = 0°$	0,60	0,45	0,33	0,24
	$\delta = \frac{2}{3}\varphi$	0,53	0,38	0,28	0,20
K_{ach}	$\delta = 0°$	1,52	1,34	1,15	0,99
	$\delta = \frac{2}{3}\varphi$	1,33	1,11	0,91	0,75

Beispiel Schwergewichtsmauer

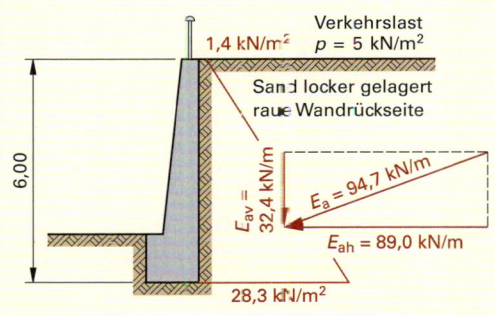

Erddruck auf die abgebildete Schwergewichtsmauer

Bestimmung der Bodenkennwerte:
Sand, locker gelagert:
$\gamma = 16$ kN/m³
$\varphi = 30°$ ▶ S. 439
$c = 0$
$\delta = \frac{2}{3} \cdot \varphi = \frac{2}{3} \cdot 30° = 20°$
$K_{ah} = 0,28$

$e_{ah_o} = (\gamma \cdot h + p) \cdot K_{ah} - c \cdot K_{ah} = (16 \cdot 0 + 5) \cdot 0,28 - 0 = 1,4$ kN/m²

$e_{ah_u} = (\gamma \cdot h + p) \cdot K_{ah} - c \cdot K_{ah} = (16 \cdot 6,00 + 5) \cdot 0,28 - 0 = 28,28$ kN/m² $\approx 28,3$ kN/m²

$E_{ah} = \frac{1}{2} \cdot \gamma \cdot h^2 \cdot K_{ah} + p \cdot h \cdot K_{ah} - 0 = \frac{1}{2} \cdot 16 \cdot 6,00^2 \cdot 0,28 + 5 \cdot 6,00 \cdot 0,28 = 89,04$ kN/m $\approx 89,0$ kN/m

$E_{av} = E_{ah} \cdot \tan \delta = 89,0 \cdot \tan 20° = 32,4$ kN/m $E_a = \sqrt{E_{ah}^2 + E_{av}^2} = \sqrt{89,0^2 + 32,4^2} = $ **94,7 kN/m**

7 BAUTECHNIK UND BAUKONSTRUKTION

7.9 Straßenbau

7.9.1 Einteilung der Straßen

▶ S. 512f., Baustellenabsicherung

Unsere Straßen werden nach mehreren Gesichtspunkten untergliedert. Die wichtigsten Unterteilungen sind die nach den Baulastträgern (Zuständigkeit für den Bau und die Unterhaltung) sowie die nach der Funktion.

Für die Entwurfsgestaltung gibt es folgende **R**ichtlinien für die **A**nlage von:

Autobahnen   RAA
Landstraßen   RAL
Stadtstraßen   RASt

Einteilung nach Straßenbaulastträgern

Straßenart	Baulastträger
Bundesautobahnen	Bundesrepublik
Bundesfernstraßen	Bundesrep., Städte[1]
Landes-/Staatsstraßen	Länder, Städte[2]
Kreisstraßen	Kreise, Städte[2]
Gemeindestraßen	Städte, Gemeinden

[1] bei > 80000 Einwohnern für die Ortsdurchfahrten
[2] bei > 20000 Einwohnern für die Ortsdurchfahrten

Kategoriengruppe		Autobahnen	Landstraßen	anbaufreie Hauptverkehrsstraßen	angebaute Hauptverkehrsstraßen	Erschließungsstraßen
Verbindungsfunktionsstufe		AS	LS	VS	HS	ES
kontinental	0	AS 0	./.	–	–	–
großräumig	I	AS I	LS I	./.	–	–
überregional	II	AS II	LS II	VS II	./.	–
regional	III	–	LS III	VS III	HS III	./.
nahräumig	IV	–	LS IV	VS IV	HS IV	ES IV
kleinräumig	V	–	LS V	–	–	ES V

– nicht vertretbar, nicht vorkommend
./. problematisch
anbaufrei = keine Erschließung und Zufahrten zu benachbarten Grundstücken
angebaut = Erschließung und Zufahrten zu den benachbarten Grundstücken

Einteilung von Landstraßen nach RAL

Kategorie	Entwurfsklasse	Betriebsform	v [1] [km/h]	Querschnitt	empfohlener Radius R [m]	Längsneigung max s [%]
LS I	EKL 1	Kfz	110	RQ 15,5	≥ 500	4,5
LS II	EKL 2	allg. Verkehr	100	RQ 11,5 + [2]	400 ... 900	5,5
LS III	EKL 3	allg. Verkehr	90	RQ 11	300 ... 600	6,5
LS IV	EKL 4	allg. Verkehr	70	RQ 9	200 ... 400	8,0

[1] planerisch angemessene Geschwindigkeit
[2] mit Überholfahrstreifen = RQ 15,5

Einteilung von Stadtstraßen nach RASt

typische Entwurfssituation	Straßenkategorie	typische Entwurfssituation	Straßenkategorie
Wohnweg	ES V	örtliche Geschäftsstraße	HS IV, ES IV
Wohnstraße	ES V	Hauptgeschäftsstraße	HS IV, ES IV
Sammelstraße	ES IV	Gewerbestraße	ES IV, ES V, (HS IV)
Quartiersstraße	ES IV, HS IV	Industriestraße	ES IV, ES V, (HS IV)
dörfliche Hauptstraße	HS IV, ES IV	Verbindungsstraße	HS III, HS IV
örtliche Einfahrtsstraße	HS III, HS IV	anbaufreie Straße	VS II, VS III

7.9 Straßenbau

7.9.2 Linienführung

Der Lageplan von Straßen soll sich aus folgenden Trassierungselementen zusammensetzen:
- Gerade
- Kreisbogen
- Übergangsbogen

Gerade

Geraden haben wesentliche Nachteile. Zum einen lassen sich die Entfernungen und Geschwindigkeiten anderer Fahrzeuge nur schwer abschätzen und zum anderen erhöht sich die Blendgefahr. Geraden haben Vorteile im Bereich von Knotenpunkten, auf Brücken und für die Anpassung an andere Verkehrswege oder bei städtebaulichen Vorgaben.

Höchstlänge: max L = 1500 m (Landstraßen)
Mindestlänge zwischen gleichgerichteten Kreisbögen: min L = 600 m (EKL 4: min L = 400 m)

Kreisbogen

Für die Kreisbögen von Straßen sind möglichst große Radien zu verwenden. Einerseits müssen für die Radien Mindestwerte eingehalten, andererseits sollen die Radien auf die Länge benachbarter Geraden oder die Radien benachbarter Kreisbögen abgestimmt werden.

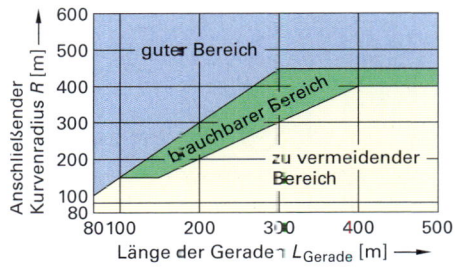

Radien von Kreisbögen vor und nach Geraden

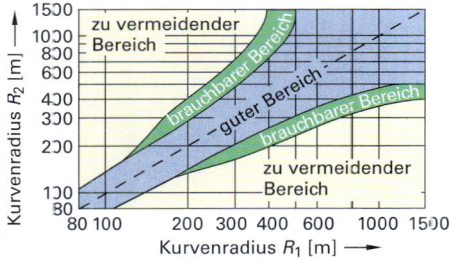

Verhältnis aufeinanderfolgender Radien
(EKL 1 bis EKL 3: guter Bereich gefordert)

Übergangsbogen (Klothoide)

Übergangsbögen sollen eine allmähliche Änderung der Zentrifugalbeschleunigung ermöglichen, die Fahrbahnverwindung aufnehmen und zur besseren optischen Linienführung beitragen. Im Straßenbau wird als Übergangsbogen die Klothoide angewandt, bei der die Krümmung linear mit der Bogenlänge wächst.

Das Bildungsgesetz der Klothoide lautet:

$$A^2 = R \cdot L$$

- A Parameter der Klothoide [m]
- R Radius am Klothoidenende = Kreisbogenradius [m]
- L Länge der Klothoide [m] vom Wendepunkt bis Radius R

Kurvenmindestradien

Entwurfsklasse	Radienbereich R [m]	Mindestlänge des Kreisbogens $_{min}L$ [m]
EKL 1	≥ 500	70
EKL 2	400 ... 900	60
EKL 3	300 ... 600	50
EKL 4	200 ... 400	40

Klothoidenmindestparameter

$$\frac{R}{3} \leq A \leq R$$

$A = \dfrac{R}{3} \Rightarrow \tau = 3{,}537^{gon}$

$A = R \Rightarrow \tau = 31{,}831^{gon}$

τ Richtungsänderung

Erforderliche Haltesichtweiten S_h

Entwurfs-klasse	Längsneigung s				
	−4 %	−2 %	0 %	2 %	4 %
EKL 1	203 m	194 m	187 m	181 m	176 m
EKL 2	172 m	166 m	160 m	155 m	150 m
EKL 3	145 m	140 m	135 m	130 m	128 m
EKL 4	97 m	93 m	90 m	88 m	86 m

7.9 Straßenbau

7.9.3 Querschnitte

Ausgangsgrößen für die Festlegung der Querschnittsabmessungen von Straßen sind die höchstzulässigen Fahrzeugabmessungen nach der Straßenverkehrszulassungsordnung (StVZO). Danach beträgt für Kraftfahrzeuge die maximale Breite 2,55 m (landwirtschaftliche Fahrzeuge 3,00 m) und die maximale Höhe 4,00 m.

Der Verkehrsraum und der lichte Straßenquerschnitt setzen sich zusammen aus (vgl. Abbildung):

- Fahrzeugabmessungen
- seitlichen Bewegungsräumen für Spiegel und Lenkungenauigkeiten, bei Landstraßen 0,95 m
  bei Stadtstraßen 0,25 m
- oberem Bewegungsspielraum von 0,25 m
- seitlichem Sicherheitsraum, bei Landstraßen 1,25 m (bei $v \leq 70$ km/h: 1,00 m)
  bei Stadtstraßen 0,25 m bis 0,50 m
  Kfz zu Radfahrern 0,75 m
- oberem Sicherheitsraum von 0,25 m

Bestandteile des Straßenquerschnittes

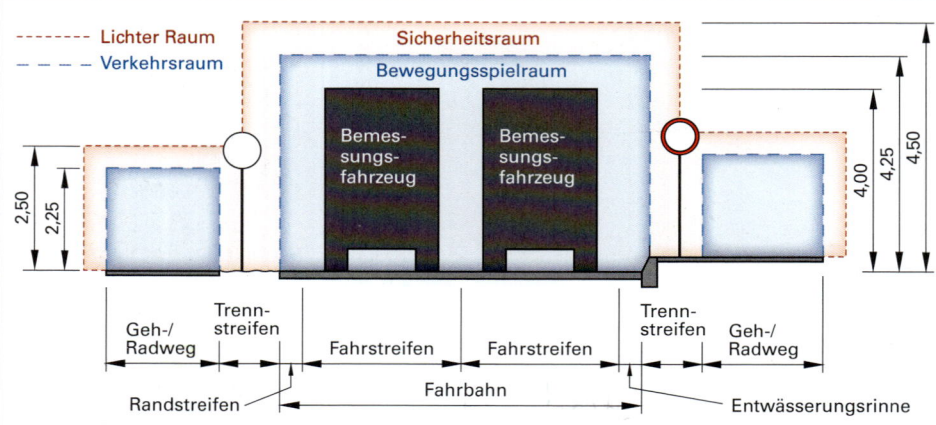

Regelquerschnitte für Autobahnen nach den RAA

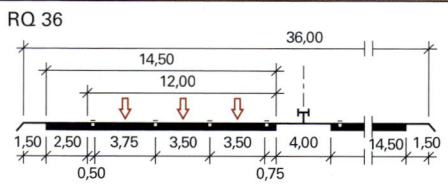

Entwurfsklasse AS 0
Verkehrsstärke 62 000 ... 105 000 Kfz/24 h

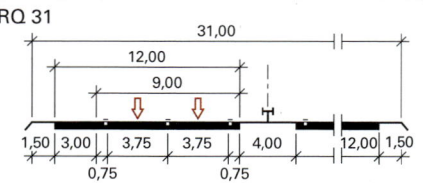

Entwurfsklasse AS 0
Verkehrsstärke 18 000 ... 67 000 Kfz/24 h

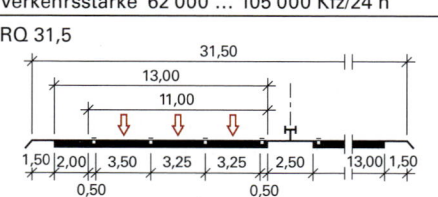

Entwurfsklasse AS II
Verkehrsstärke 60 000 ... 105 000 Kfz/24 h

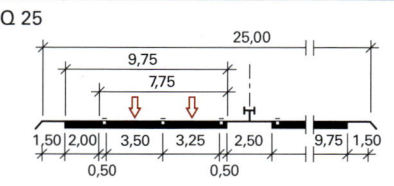

Entwurfsklasse AS II
Verkehrsstärke 20 000 ... 73 000 Kfz/24 h

7.9 Straßenbau

Regelquerschnitte für Landstraßen nach den RAL

RQ 15,5

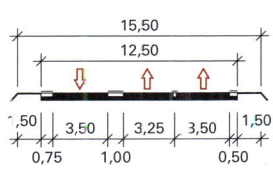

Kategorie LS I, Entwurfsklasse EKL 1

RQ 11,5

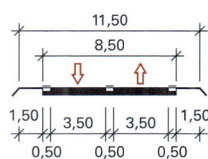

Kategorie LS II, Entwurfsklasse EKL 2 mit doppelter Fahrstreifenbegrenzungs- oder Leitlinie

RQ 11

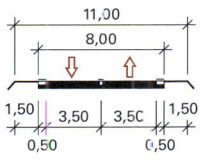

Kategorie LS III, Entwurfsklasse EKL 3

RQ 9

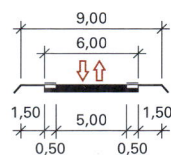

Kategorie LS IV, Entwurfsklasse EKL 4
Verkehrsstärke bis 3 000 Kfz/24 h,
Schwerverkehr (SV) bis 150 Lkw/24 h

Querschnittsvorschläge für innerörtliche Hauptverkehrs- und Erschließungsstraßen

Hauptverkehrsstraße

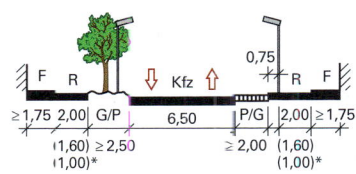

Begegnungsfall Bus/Bus
Verkehrsstärke bis 1000 Kfz/h

Sammelstraße

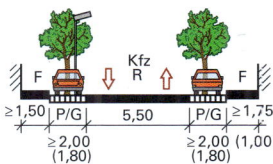

Begegnungsfall Lkw/Lkw
Verkehrsstärke Sammelstraße bis 800 Kfz/h
Anliegerstraße bis 400 Kfz/h

Anliegerstraße

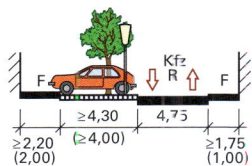

Begegnungsfall Lkw/Pkw, Lkw/Rad
Verkehrsstärke bis 200 Kfz/h
Geschwindigkeit ≤ 20 km/h

Anliegerstraße

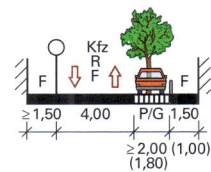

Begegnungsfall Pkw/Pkw, Lkw/Rad
Verkehrsstärke bis 150 Kfz/h
Geschwindigkeit ≤ 20 km/h

Kfz = Kraftfahrzeuge, R = Radfahrer, F = Fußgänger, P/G = Parkstreifen/Grünstreifen
(Klammerwerte = Ausnahmewerte bei beengten Verhältnissen)   * Breite für einspurigen Radweg

7.9 Straßenbau

7.9.4 Höhenplan

Die Achse der Straße im Höhenplan (Gradiente) wird zur Verdeutlichung der Höhenunterschiede meist in einer 10-fach überhöhten Darstellung gezeichnet. Die Gradiente besteht aus konstanten Längsneigungen sowie Ausrundungen in der Form von Kuppen und Wannen. Letztere erhalten die Form eines flachen Kreisbogens, der sich wegen der geringen Längsneigungen als quadratische Parabel berechnen lässt.

Konstante Längsneigung

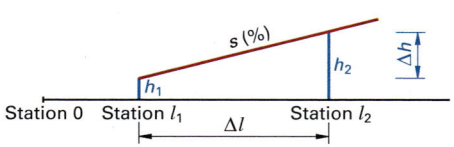

$$s = \frac{h_2 - h_1}{l_2 - l_1} \cdot 100\% = \frac{\Delta h}{\Delta l} \cdot 100\%$$

$$h_2 = h_1 + \Delta h = h_1 + \frac{s}{100} \cdot (l_2 - l_1)$$

Kuppen- und Wannenausrundung

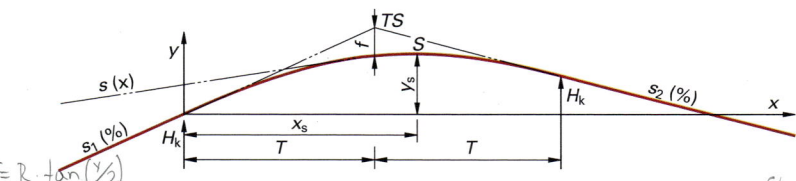

$T = R \cdot \tan(\gamma/2)$

$$T = \frac{H}{2} \cdot \frac{s_2 - s_1}{100} \qquad f = \frac{T^2}{2 \cdot H} = \frac{T}{4} \cdot \frac{s_2 - s_1}{100} = \frac{H}{8} \cdot \left(\frac{s_2 - s_1}{100}\right)^2 \qquad x_s = -\frac{s_1 \cdot H}{100}$$

$$y(x) = \frac{s_1}{100} \cdot x + \frac{x^2}{2H} \qquad s(x) = s_1 + \frac{x}{H} \cdot 100\% \qquad y(x) = \frac{x^2}{2H}$$

$Y = R - \sqrt{R^2 - x^2}$

H_k, H_w	Ausrundungshalbmesser in m, Wanne + H_w, Kuppe – H_k
s_1, s_2	Längsneigung der Gradiente in %, Steigung + s_1, + s_2, Gefälle – s_1, – s_2
$y(x)$	Ordinate eines beliebigen Punktes in m
TS	Tangentenschnittpunkt
T	Tangentenlänge in m
f	Bogenstich in m
x_s	Abszisse des Scheitelpunktes in m
$s(x)$	Längsneigung der Gradiente in einem beliebigen Punkt
S	Scheitelpunkt

Grenzwerte Höhenplan

Entwurfs-klasse	Höchst-längs-neigung max s [%]	empfohlener Kuppen-halbmesser H_k [m]	empfohlener Wannen-halbmesser H_w [m]	Mindest-tangenten-länge min T [m]
EKL 1	4,5	≥ 8000	≥ 4000	100
EKL 2	5,5	≥ 6000	≥ 3500	85
EKL 3	6,5	≥ 5000	≥ 3000	70
EKL 4	8,0	≥ 3000	≥ 2000	55

Mindestlängsneigung im Verwindungsbereich:	s = 1 % (besser: 1,5 %) $s - \Delta s \geq 0{,}2\%$
Höchstlängsneigungen in Knotenpunkten:	$s < 4\%$
Maximale Schrägneigung:	$p = \sqrt{s^2 + q^2} = 10\%$

7.9 Straßenbau

7.9.5 Querneigung

Zur Entwässerung werden die Straßen geneigt gebaut. Die Mindest- oder Regelquerneigung min q in Geraden oder in Bögen mit sehr großem Radius beträgt:

min q = 2,5 %

In Kurven ist die Querneigung zur Kurveninnenseite anzulegen, damit ein Teil der Zentrifugalkraft von der Querneigung aufgenommen werden kann.

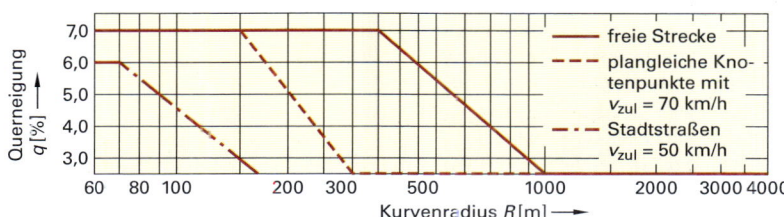

Querneigung in Abhängigkeit von den Kurvenradien

Berechnung von Höhenunterschieden bei geneigten Fahrbahnflächen

$$\Delta h = \frac{q(\%)}{100} \cdot \Delta l$$

mit Δh Höhenunterschied
Δl Längenunterschied
q Querneigung in %

Beispiel Berechnung eines Querprofiles

Für eine Stadtstraße mit der Gradientenhöhe von 10,000 m NHN und den angegebenen Breiten sowie Querneigungen ist das Querprofil zu berechnen und darzustellen.

$\Delta h = 12,0$ cm
$q = 3,0$ %
$\Delta h = \frac{+2,5}{100} \cdot (-3,00)$
$\Delta h = -7,5$ cm
$q = 2,5$ %
$\Delta h = \frac{+2,5}{100} \cdot 3,00$
$\Delta h = 7,5$ cm
$\Delta h = 12,0$ cm
$q = 2,5$ %

Höhe über NHN	10,090	10,045	9,925	10,000	10,075	10,195	10,245
Abstand zur Achse	-4,50	-3,00		0,00	3,00		5,00

Anrampung und Verwindung

Im Verwindungsbereich ändert sich die Querneigung der Fahrbahnfläche, und zwar entweder zu größeren/kleineren Werten vor/nach Kurven oder für den Wechsel von Links- zu Rechtsneigung.

Anrampungsneigung

$$\Delta s = \frac{q_e - q_a}{L_v} \cdot a$$

mit q_a, q_e Querneigungen am Anfang und Ende der Verwindungsstrecke
L_v Länge der Verwindungsstrecke
a Abstand Fahrbahnrand – Drehachse

In den Verwindungsbereichen infolge wechselnder Querneigungen zwischen Bögen mit entgegengesetzter Krümmung muss die Entwässerung über eine ausreichende Längsneigung s sichergestellt werden.

Mindestlängsneigung
$s \geq \Delta s + 0,2$ % besser: $s \geq \Delta s + 0,5$ %

in Verwindungsbereichen:
$s \geq 1,0$ % besser: $s \geq 1,5$ %

Grenzwerte der Anrampungsneigung

EKL 1, EKL 2	EKL 3	EKL 4
max $\Delta s = 0,8$ %	max $\Delta s = 1,0$ %	max $\Delta s = 1,5$ %
min Δs [%] bei $q < 1,5$ % = 0,10 · a		mit a in m

7.9.6 Straßenoberbau und Fahrbahnaufbau

Belastungsklasse, dimensionierungsrelevante Beanspruchung, RStO

Grundlage für die Bestimmung der Dicken der einzelnen Schichten des Fahrbahnaufbaus ist die Verkehrsbelastung mit schweren Lastkraftwagen (> 3,5 t zulässiges Gesamtgewicht) und Bussen. Weil die Schädigung einer Straße mit der 4. Potenz der Achslast ansteigt, werden die Achslasten der schweren Lastkraftwagen in äquivalente 10-t-Achslasten umgerechnet. Die dimensionierungsrelevante Beanspruchung soll die Anzahl der Schädigungen infolge der äquivalenten 10-t-Achslasten innerhalb des Nutzungszeitraumes berechnen. Die Anwendung der RStO hat folgende Voraussetzungen:

- eine dauerhaft funktionierende Entwässerung eines frostempfindlichen Untergrundes durch ein geneigtes Planum sowie eine Sickerrohrleitung,
- eine Mindesttragfähigkeit des Untergrundes von $E_{v2} > 45$ MPa = 45 MN/m^2,
- die Ausbildung aller Schichten nach den Qualitätsanforderungen der technischen Regelwerke (TL, ZTV).

Im Folgenden wird die Methode 1.2 der RStO 12 mit konstanten Faktoren dargestellt.

$$B = N \cdot DTV^{(SV)} \cdot f_A \cdot q_{Bm} \cdot f_1 \cdot f_2 \cdot f_3 \cdot f_z \cdot 365$$

B	Äquivalente 10-t-Achsübergänge im zugrunde gelegten Nutzungszeitraum
N	Anzahl der Jahre i des zugrunde gelegten Nutzungszeitraumes; i.d.R. 30 Jahre
$DTV^{(SV)}_{i-1}$	Durchschnittliche tägliche Verkehrsstärke des Schwerverkehrs (SV) (> 3,5 t) im Nutzungsjahr i-1, also meist im Jahr vor dem Bau [Fz/24h]
f_A	Durchschnittliche Achszahl pro Fahrzeug des Schwerverkehrs [A/Fz]
q_{Bm}	Zugeordneter Lastkollektivquotient; Quotient aus der Summe der tatsächlichen Achsübergänge zu der Summe der äquivalenten 10-t-Achsübergänge unter Beachtung der 4. Potenz
f_1	Fahrstreifenfaktor
f_2	Fahrstreifenbreitenfaktor
f_3	Steigungsfaktor
f_z	Mittlerer Zuwachsfaktor des Schwerverkehrs
p	Mittlere jährliche Zunahme des Schwerverkehrs
k	Lastklasse, als Gruppe von Einzelachslasten definiert
L_k	Mittlere Achslast in der Lastklasse k
L_0	Bezugsachslast 10 t

Straßengruppe	Achszahlfaktor f_A	Lastkollektivquotient q_{Bm}	Zunahme Schwerverkehr p
Bundesautobahnen, kommunale Straßen mit > 6 % SV-Anteil	4,5	0,33	0,03
Bundesstraßen, kommunale Straßen mit 3 bis 6 % SV-Anteil	4,0	0,25	0,02
Landes- und Kreisstraßen, kommunale Straßen mit < 3 % SV-Anteil	3,3	0,23	0,01

Mittlerer zeitlicher Zuwachsfaktor des Schwerverkehrs f_z

Jahre N	Mittlere jährliche Zunahme des Schwerverkehrs p			Berechnungsformel
	0,01	0,02	0,03	
5	1,020	1,041	1,062	
10	1,046	1,095	1,146	
15	1,073	1,153	1,240	$f_z = \dfrac{(1+p)^N - 1}{p \cdot N}$
20	1,101	1,215	1,344	
25	1,130	1,281	1,458	
30	1,159	1,352	1,586	

f_1 Fahrstreifenfaktor, abhängig von der Erfassung des $DTV^{(SV)}$

Fahrstreifenanzahl im Querschnitt	1	2	3	4	5	6
Verkehr je Richtung getrennt gezählt f_1	1,0	0,90	0,80	0,80	0,80	–
Verkehr in beiden Richtungen gezählt f_1	–	0,50	0,50	0,45	0,45	0,40

f_2 Fahrstreifenbreitenfaktor

Fahrstreifenbreite [m]	< 2,50	2,50 … 2,74	2,75 … 3,24	3,25 … 3,74	> 3,75
f_2	2,00	1,80	1,40	1,10	1,00

f_3 Steigungsfaktor

Höchstlängsneigung [%]	< 2	2 … < 4	4 … < 5	5 … < 6	6 … < 7
f_3	1,00	1,02	1,05	1,09	1,14

Höchstlängsneigung [%]	7 … < 8	8 … < 9	9 … < 10	10	
f_3	1,20	1,27	1,35	1,45	

7.9 Straßenbau

Erfahrungswerte für Belastungsklassen

Belastungs-klasse	Dimensionierungsrelevante Beanspruchung B Mio. äquiv. 10-t-Achsen	Straßentypen, Busverkehrsflächen, Parkflächen
Bk100	> 32	Autobahnen, Schnellverkehrs-, Industriesammelstraßen
Bk32	> 10 bis 32	Autobahnen, Schnellverkehrs-, Industriesammelstraßen
Bk10	> 3,2 bis 10	Landstraßen bis ≈1200 Lkw/Tag, Hauptverkehrsstraßen, Industriestraßen, Busfahrstreifen 425 Busse/Tag
Bk3,2	> 1,8 bis 3,2	Landstraßen bis ≈ 370 Lkw/Tag, Hauptverkehrsstraßen, Wohnsammelstraßen, Busfahrstreifen < 130 Busse/Tag Industriestraßen, Parkflächen für Schwerverkehr, Anschlussstellen von Autobahnen (auch höher)
Bk1,8	> 1,0 bis 1,8	Landstraßen bis ≈ 150 Lkw/Tag, Wohnsammelstraßen, Fußgängerzonen mit Ladeverkehr (auch Bk3,2), Parkflächen für Schwerverkehr, Straßen < 65 Busse/Tag
Bk1,0	> 0,3 bis 1,0	Anliegerstraßen, befahrbare Wohnwege, Pkw-Parkflächen mit geringem Schwerverkehr
Bk0,3	≤ 0,3	befahrbare Wohnwege, Pkw-Parkflächen

Beispiel

Für eine Bundesstraße mit einem RQ 11, einer maximalen Längsneigung von 4,5 % sowie einem durchschnittlichen täglichen Schwerverkehr im Vorjahr von 500 Fahrzeugen soll die Belastungsklasse ermittelt werden.

RQ 11 → Fahrstreifenbreite b = 3,50 m → f_2 = 1,10 ▶ S. 450
Zählungen in beiden Richtungen → f_1 = 0,5
Steigung s_{max} = 4,5 % → f_3 = 1,05
Bundesstraße → p = 0,02, N = 30 Jahre → f_z = 1,352
B = 30 · 500 · 4,0 · 0,25 · 0,50 · 1,10 · 1,05 · 1,352 · 365 = **4 275 000**

4 275 000 äquivalente Achsübergänge → Belastungsklasse Bk10

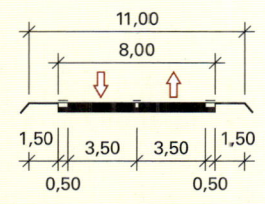

Gesamtdicke des Straßenoberbaus

Die Gesamtdicke des frostsicheren Straßenoberbaus T (Abstand Planum bis OK Straßendecke) ergibt sich aus dem Ausgangswert (abhängig von der Belastungsklasse und der Frostempfindlichkeit des Untergrundes ▶Tabelle unten) und Zu- oder Abschlägen infolge örtlicher Verhältnisse ▶ S. 452.

T = Ausgangswert + Wert A − Wert B + Wert C + Wert D + Wert E

Ausgangswerte für die Bestimmung der Mindestdicke des frostsicheren Straßenaufbaus nach der RStO bei frostempfindlichem Untergrund (Böden F 2 und F 3) ▶ S. 452

Frostempfindlich-keitsklasse	Belastungsklasse Straßen			Rad- und Gehwege
	Bk100 bis Bk10 bisher SV, I, II	Bk3,2 bis Bk1,0 bisher III, IV, V	Bk0,3 bisher VI	
F 2	55 cm	50 cm	40 cm	30 cm
F 3	65 cm	60 cm	50 cm	30 cm

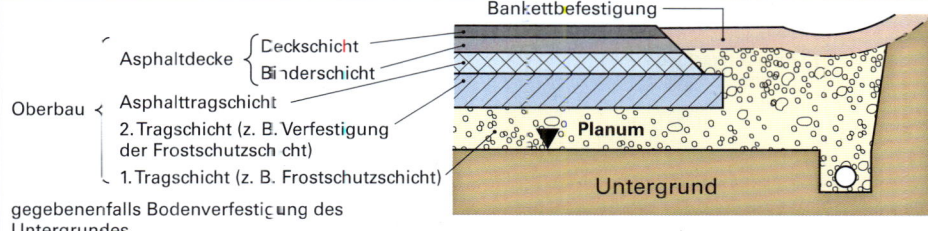

Prinzipieller Straßenaufbau Einschnitt, Asphaltbauweise

7.9 Straßenbau

Gesamtdicke des Straßenoberbaus (Fortsetzung)

Frostempfindlichkeit	Frosteinwirkungszonen
Die Frostempfindlichkeit des Untergrundes hängt von der Bodenart (▶ S. 428) ab.	
nicht frostempfindlich **Frostempfindlichkeitsklasse F1** GW, GI, GE, SW, SI, SE	
gering bis mittel frostempfindlich **Frostempfindlichkeitsklasse F2** ST[1], GT[1], SU[1], GU[1], TA, OT, OH, OK, TM	
sehr frostempfindlich **Frostempfindlichkeitsklasse F3** $\overline{ST}$, $\overline{GT}$, $\overline{SU}$, $\overline{GU}$, TL, UL, UM, OU	
[1] Falls die Anteile der Korngröße < 0,063 mm von 5 Masse-% bei $C_U \geq 15$ oder von 15 Masse-% bei $C_U < 6$ unterschritten werden, sind diese Bodenarten nach den zusätzlichen technischen Vorschriften für Erdarbeiten nicht frostempfindlich. Zwischenwerte können linear interpoliert werden.	Frosteinwirkungszonen: I, II, III
Die Karte ist gut detailliert auf der Homepage der Bundesanstalt für Straßenwesen (www.bast.de) abrufbar.	

Mehr- oder Minderdicken für einen frostsicheren Straßenaufbau
(Werte nach RStO 12, verkürzte Darstellung)

Örtliche Verhältnisse		Örtliche Verhältnisse	
Wert A **Frosteinwirkungszone** Zone I Zone II Zone III	± 0 cm + 5 cm + 15 cm	**Wert D** **Lage der Gradiente** Einschnitt, Anschnitt Geländehöhe bis Damm < 2 m Damm > 2 m	+ 5 cm ± 0 cm – 5 cm
Wert B **Kleinräumige Klimaunterschiede** ungünstig, z. B. Nordhang, Kammlage keine Besonderheiten günstig, z. B. geschl. seitl. Bebauung	+ 5 cm ± 0 cm – 5 cm	**Wert E** **Fahrbahnentwässerung, Ausführung der Randbereiche** Bankett u. Mulde/Böschung Rinnen und Abläufe	± 0 cm – 5 cm
Wert C **Wasserverhältnisse im Untergrund** kein Wasser bis 1,5 m unter Planum Wasser bis 1,5 m unter Planum	± 0 cm + 5 cm		

Gesamtdicke des Straßenoberbaus T = Ausgangswert + Wert A + Wert B + Wert C + Wert D + Wert E

7.9 Straßenbau

Fahrbahnaufbau nach den Richtlinien für die Standardisierung des Straßenoberbaus RStO (Auszug)

Bauweisen mit Asphaltdecke für Fahrbahnen
(Dickenangaben in cm, erforderlicher Verformungsmodul E_{v2} in MN/m² oder MPa ▼___)

Belastungsklasse		Bk100	Bk32	Bk10	Bk3,2	Bk1,8	Bk1,0	Bk0,3
Äquivalente 10-t-Achsübergänge in Mio.	B	> 32	> 10 … 32	> 3,2 … 10	> 1,8 … 3,2	> 1,0 … 1,8	> 0,3 … 1,0	≤ 0,3
Dicke des frostsicheren Oberbaues		55 65 75 85	55 65 75 85	55 65 75 85	45 55 65 75	45 55 65 75	35 45 55 65	35 45 55 65
Asphaltdecke[0] / Asphalttragschicht / Frostschutzschicht		12 / 22 / 34	12 / 18 / 30	12 / 14 / 26	10 / 12 / 22	4 / 16 / 20	4 / 14 / 18	4 / 10 / 14
Dicke der Frostschutzschicht		– 31[1] 41 51	25[2] 35 45 55	29[2] 39 49 59	– 33[1] 43 53	25[2] 35 45 55	27 37 47 57	21 31 41 51
Asphaltdecke[0] / Asphalttragschicht / Hydraulisch gebundene Tragschicht / Frostschutzschicht		12 / 14 / 15 / 41	12 / 10 / 15 / 37	12 / 8 / 15 / 35				
Dicke der Frostschutzschicht		– 34[1] 44	– 28[1] 38 48	– 30[2] 40 50				
Asphaltdecke[0] / Asphalttragschicht / Verfestigung / frostunempfindliches Material		12 / 18 / 20 / 50	12 / 14 / 20 / 46	12 / 10 / 20 / 42	10 / 10 / 20 / 40	4 / 12 / 15 / 31	4 / 10 / 15 / 29	4 / 10 / 15 / 29
Dicke des frostunempf. Materials		5[3] 15[3] 25 35	9[3] 19[3] 29 39	13[3] 23 33 43	5[3] 15[3] 25 35	14[3] 24 34 44	16[3] 26 36 46	6[3] 16[3] 26 36
Asphaltdecke[0] / Asphalttragschicht / Schottertragschicht / Frostschutzschicht		12 / 18 / 15 / 45	12 / 14 / 15 / 41	12 / 10 / 15 / 37	10 / 10 / 15 / 35	4 / 12 / 15 / 31	4 / 10 / 15 / 29	4 / 8 / 15 / 27
Dicke der Frostschutzschicht		– 30[1] 40	– 34[1] 44	– 28[2] 38 48	– 32[1] 42	– 24[2] 34 44	16[2] 26 36 46	– 18[2] 28 38
Asphaltdecke[0] / Asphalttragschicht / Kiestragschicht / Frostschutzschicht		12 / 18 / 20 / 50	12 / 14 / 20 / 46	12 / 10 / 20 / 42	10 / 10 / 20 / 40	4 / 12 / 20 / 36	4 / 10 / 20 / 34	4 / 8 / 20 / 32
Dicke der Frostschutzschicht		– 25[1] 35	– 29[1] 39	– 23[1] 43	– 25[2] 35	– 29[1] 39	31[1] 41 51	– 23[1] 33
Asphaltdecke[0] / Asphalttragschicht / Schotter- oder Kiestragschicht / Schicht aus frostunempfindlichem Material		12 / 18 / 30 / 60	12 / 14 / 30 / 56	12 / 10 / 30 / 52	10 / 10 / 30 / 50	4 / 12 / 30 / 46	4 / 10 / 30 / 44	4 / 8 / 25 / 37
Dicke der Schicht aus frostunempfindlichem Material		Ab 12 cm aus frostunempfindlichem Material, geringe Restdicke ist mit dem darüberliegenden Material auszugleichen.						

[0] Die Asphaltdecke der Belastungsklassen Bk100 bis Bk3,2 besteht aus einer Deckschicht und einer Binderschicht, deren Dicken sich nach den Bauverfahren richten.
Die verschiedenen Bauweisen unterscheiden sich durch die Wahl der Tragschichten und sind nach wirtschaftlichen Gesichtspunkten auszuwählen.

[1] Mit rundkörnigen Gesteinskörnungen nur bei örtlicher Bewährung anwendbar.

[2] Nur mit gebrochenen Gesteinskörnungen und bei örtlicher Bewährung anwendbar.

[3] Nur bei Bodenverfestigung im Baumischverfahren ausführbar.

7.9 Straßenbau

Fahrbahnaufbau nach den Richtlinien für die Standardisierung des Straßenoberbaus RStO (Auszug)

Bauweisen mit Betondecke für Fahrbahnen auf F2- und F3-Untergrund/-bau
(Dickenangaben in cm, erforderlicher Verformungsmodul E_{v2} in MN/m² oder MPa ▼___)

Belastungsklasse	Bk100	Bk32	Bk10	Bk3,2	Bk1,8	Bk1,0	Bk0,3
B [Mio.]	> 32	> 10 … 32	> 3,2 … 10	> 1,8 … 3,2	> 1,0 … 1,8	> 0,3 … 1,0	≤ 0,3
Dicke des frostsicheren Oberbaues[1]	55 65 75 85	55 65 75 85	55 65 75 85	45 55 65 75	45 55 65 75	35 45 55 65	

Tragschicht mit hydraulischen Bindemitteln auf Frostschutzschicht

Betondecke / Vliesstoff[4] / Hydraulisch gebundene Tragschicht (HGT) / Frostschutzschicht

| Dicke der Frostschutzschicht | – – 33[2] 43 | – 24[3] 34 44 | – 25[3] 35 45 | – – 26[3] 36 | – – 27[3] 37 | |

Schottertragschicht auf Frostschutzschicht

Betondecke / Schottertragschicht / Frostschutzschicht

| Dicke der Frostschutzschicht | – 26[1] 36 | – 27[1] 37 | – – 28[1] 38 | – – 19[1] 29 | – – 21[1] 31 | |

[1] Bei abweichenden Werten sind die Dicken der Frostschutzschicht bzw. des frostunempfindlichen Materials durch Differenzbildung zu bestimmen.
[2] Mit rundkörnigen Gesteinskörnungen nur bei örtlicher Bewährung anwendbar.
[3] Nur mit gebrochenen Gesteinskörnungen und bei örtlicher Bewährung anwendbar.
[4] Anstelle des Vliesstoffes kann eine Asphaltzwischenschicht gewählt werden.

Bauweisen mit Pflasterdecke auf F2- und F3-Untergrund/-bau
(Dickenangaben in cm, erforderlicher Verformungsmodul E_{v2} in MPa ▼___)

Bauweisen für Rad- und Gehwege

Belastungsklasse	Bk3,2	Bk1,8	Bk1,0	Bk0,3	ohne Kfz-Belastung
B [Mio.]	> 1,8 … 3,2	> 1,0 … 1,8	> 0,3 … 1,0	≤ 0,3	Vorschläge in Anlehnung an die RStO
Dicke des frostsicheren Oberbaues[1]	45 55 65 75	45 55 65 75	45 55 65 75	35 45 55 65	30 35 40 45

Schottertragschicht auf Frostschutzschicht
Pflasterdecke[4] / Schottertragschicht / Frostschutzschicht

Pflaster/Plattenbelag: Steine oder Platten / Pflasterbettung / Schotter- oder Kiestragschicht / Schicht aus frostunempfindlichem Material (SfM)

| Dicke der Frostschutzschicht | – – 26[3] 36 | – – 26[3] 36 | – – 33[2] 43 | – 18[3] 28 38 | Dicke SfM – – 13 18 |

Kiestragschicht auf Frostschutzschicht
Pflasterdecke[4] / Kiestragschicht / Frostschutzschicht

Asphalt: Asphaltdeckschicht AC 8 DL / Asphalttragschicht AC 16 TL / Schotter- oder Kiestragschicht / Schicht aus frostunempfindlichem Material (SfM)

| Dicke der Frostschutzschicht | – – 31[2] | – – 28[3] 38 | – – 23[2] 33 | Dicke SfM – 10 15 20 |

Dränbetontragschicht auf Frostschutzschicht
Pflasterdecke[4] / Dränbetontragschicht (DBT)[5] / Frostschutzschicht

Erdweg: Deckschicht ohne Bindemittel 0/11 (0/16 dann d = 5 cm) / Schotter- oder Kiestragschicht

| Dicke der Frostschutzschicht | – – 31[2] 41 | – – 31[3] 41 | 18[3] 28 38 48 | – 18[3] 28 38 | Dicke STS/KTS 26 31 36 41 |

[1] Bei abweichenden Werten sind die Dicken der Frostschutzschicht bzw. des frostunempfindlichen Materials durch Differenzbildung zu bestimmen.
[2] Mit rundkörnigen Gesteinskörnungen nur bei örtlicher Bewährung anwendbar.
[3] Nur mit gebrochenen Gesteinskörnungen und bei örtlicher Bewährung anwendbar.
[4] Größere Steindicke möglich.
[5] Siehe ZTV Pflaster-StB.
[6] Mit $E_{v2} ≥ 150$ MPa bei bewährten regionalen Bauweisen anwendbar.

7.9 Straßenbau

7.9.7 Mengenberechnung im Erdbau

Straßendämme und Einschnitte, aber auch Erddämme oder Kanalquerschnitte, sind wegen des natürlichen Geländes unregelmäßige Körper, für die keine genauen Berechnungsformeln existieren. Nach der VOB Teil C ≙ DIN 18300 dürfen übliche Näherungsverfahren angewendet werden, wenn darüber sonst nichts vorgeschrieben ist.

Für die Berechnung der Volumina werden in regelmäßigen Abständen l (20 m, 25 m, 50 m, 100 m) Querprofile gezeichnet, die als Grundlage für den Bau und die Mengenberechnung dienen. Die Flächen der einzelnen Querprofile werden nach der Formel von Gauß ▶ S. 23 berechnet.

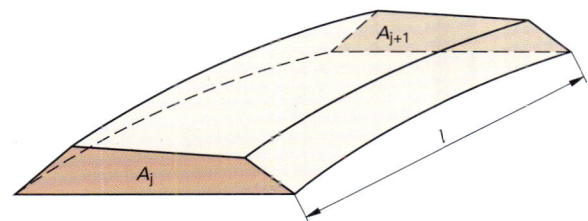

$$V = \frac{A_j + A_{j+1}}{2} \cdot l$$

$$A_j = \frac{1}{2} \cdot \Sigma\, y_i \cdot (x_{i-1} - x_{i+1})$$

Beispiel

Querprofil Station 0 + 100

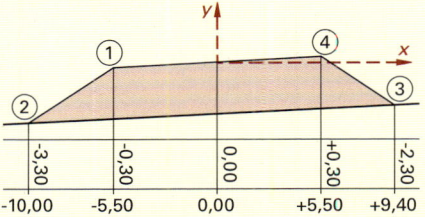

Querprofil 0 + 120

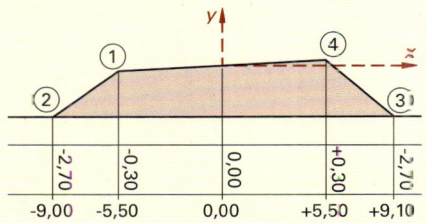

Falls keine elektronischen Rechenprogramme benutzt werden, wird die Berechnung in einer Tabelle durchgeführt. Nach der ersten Spalte mit der gewählten Punktnummer werden in den folgenden 2 Spalten die aus dem Querprofil berechneten Koordinaten eingetragen. Die eigentliche Berechnung erfolgt dann zweckmäßigerweise in einer Tabelle oder mit Computer.

Querprofil Station 0 + 100	Punkt Nr.	Koordinaten		$x_{i-1} - x_{i+1}$ in m	$y_i \cdot (x_{i-1} - x_{i+1})$ in m
		x_i in m	y_i in m		
	1	− 5,50	− 0,30	+ 5,50 − (− 10,00) = + 15,50	− 4,65
	2	− 10,00	− 3,30	− 5,50 − 9,40 = − 14,90	+ 49,17
	3	+ 9,40	− 2,30	− 10,00 − 5,50 = − 15,50	+ 35,65
	4	+ 5,50	+ 0,30	9,40 − (− 5,50) = + 14,90	+ 4,47
Σ				0,00	+ 84,64

$A_j = \frac{1}{2} \cdot \Sigma\, y_i \cdot (x_{i-1} - x_{i+1})$ $\qquad A_j = \frac{1}{2} \cdot 84{,}64 = 42{,}32\ m^2$

Querprofil Station 0 + 120	Punkt Nr.	Koordinaten		$x_{i-1} - x_{i+1}$ in m	$y_i \cdot (x_{i-1} - x_{i+1})$ in m
		x_i in m	y_i in m		
	1	− 5,50	− 0,30	+ 5,50 − (− 9,00) = + 14,50	− 4,35
	2	− 9,00	− 2,70	− 5,50 − 9,10 = − 14,60	+ 39,42
	3	+ 9,10	− 2,70	− 9,00 − 5,50 = − 14,50	+ 39,15
	4	+ 5,50	+ 0,30	+ 9,10 − (− 5,50) = + 14,60	+ 4,38
Σ				0,00	+ 78,60

$A_{j+1} = \frac{1}{2} \cdot \Sigma\, y_i \cdot (x_{i-1} - x_{i+1})$ $\qquad A_{j+1} = \frac{1}{2} \cdot 78{,}60 = 39{,}30\ m^2$

Volumen zwischen Station 0 + 100 und Station 0 + 120:

$V = \frac{A_j + A_{j+1}}{2} \cdot l \qquad V = \frac{42{,}32 + 39{,}30}{2} \cdot 20{,}00 = 816{,}2\ m^3 \approx 816\ m^3$

7 BAUTECHNIK UND BAUKONSTRUKTION

7.10 Wasserbau und Hydraulik

7.10.1 Hydrostatik

Flüssigkeitsdruck (Wasserdruck) infolge des Gewichtes der Flüssigkeit

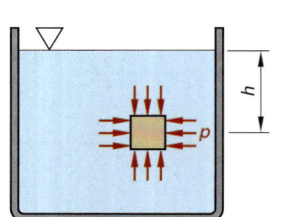

Die Hydrostatik ist die Lehre von ruhenden Flüssigkeiten.
Der Flüssigkeitsdruck ist unabhängig von der Richtung.

$$p = \varrho \cdot g \cdot h$$

mit ϱ Dichte der Flüssigkeit
g Erdbeschleunigung

Beispiel
Druck in einem Wassergefäß in 6,00 m Tiefe, $\varrho = 1000$ kg/m³

$p = 1000 \frac{kg}{m^3} \cdot 10 \frac{m}{s^2} \cdot 6{,}00$ m

$p = 60\,000 \frac{kg}{m \cdot s^2} = 60000 \frac{N}{m^2}$

$p = 0{,}60$ bar

Verbundene Gefäße (kommunizierende Röhren)

In verbundenen Gefäßen steht der Flüssigkeitsspiegel überall auf gleicher Höhe.

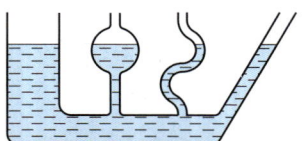

Schlauchwaage

Druckkraft auf lotrechte Wand

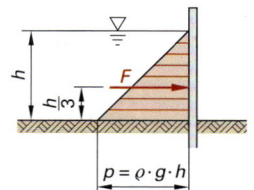

$$F = \frac{1}{2} \cdot \varrho \cdot g \cdot h^2$$

vereinfacht wird

$g = \frac{9{,}81 \text{ m}}{s^2} \approx 10 \frac{m}{s^2}$

Beispiel
Druckkraft auf eine Spundwand mit einer Höhe $h = 5{,}00$ m

$F = \frac{1}{2} \cdot 1000 \frac{kg}{m^3} \cdot 10 \frac{m}{s^2} \cdot (5{,}00 \text{ m})^2$

$= 125 \cdot 10^3 \frac{kg \cdot m}{s^2 \cdot m}$

$F = 125$ kN/m

Druckkraft auf geneigte Wand

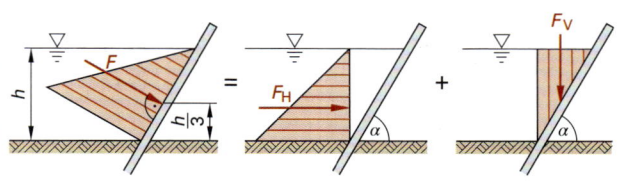

$F_H = \frac{1}{2} \cdot \varrho \cdot g \cdot h^2$

$F_V = \frac{1}{2} \cdot \varrho \cdot g \cdot \frac{h^2}{\tan \alpha}$

$F = \sqrt{F_H^2 + F_V^2}$

$$F = \frac{1}{2} \cdot \varrho \cdot g \cdot h^2 \cdot \frac{1}{\sin \alpha}$$

Druckfortpflanzung in Flüssigkeiten/Hydraulische Pressen

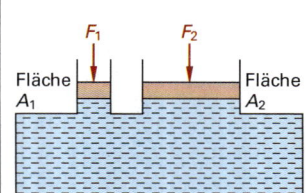

Der Flüssigkeitsdruck infolge Eigengewicht wird vernachlässigt.

$$p = \frac{F_1}{A_1} = \frac{F_2}{A_2}$$

F_1, F_2 Kolbenkräfte
A_1, A_2 Kolbenflächen

Beispiel
$F_1 = 120$ N; $A_1 = 8$ cm²;
$A_2 = 400$ cm²

$F_2 = \frac{F_1 \cdot A_2}{A_1} = \frac{120 \text{ N} \cdot 400 \text{ cm}^2}{8 \text{ cm}^2}$

$F_2 = 6\,000$ N $= 0{,}006$ MN

7.10 Wasserbau und Hydraulik

Auftrieb und Schwimmen

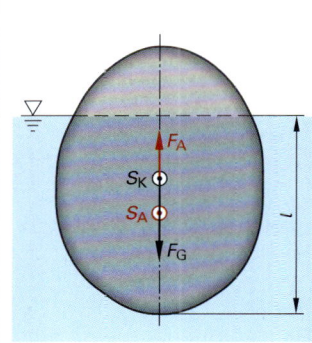

Archimedisches Prinzip
Der Auftrieb F_A entspricht dem Gewicht der verdrängten Flüssigkeit und wirkt senkrecht nach oben.

$$F_A = V_F \cdot \varrho_F \cdot g$$

Schwimmbedingung
Bei schwimmenden Körpern stimmt der Auftrieb mit dem Gewicht des Körpers überein.

$$F_G = F_A$$

- F_A Auftrieb, Auftriebskraft
- F_G Gewicht, Gewichtskraft
- V_K Volumen des Körpers
- V_F verdrängtes Volumen
- S_K Schwerpunkt des Körpers = Angriffspunkt der Gewichtskraft F_G
- S_A Schwerpunkt der verdrängten Flüssigkeit = Angriffspunkt des Auftriebes F_A
- g Erdbeschleunigung
- t Eintauchtiefe
- ϱ_F Dichte der Flüssigkeit
- ϱ_K Dichte des Körpers
- $g = 9{,}81 \text{ m/s}^2 \approx 10 \text{ m/s}^2$

Schwimmstabilität

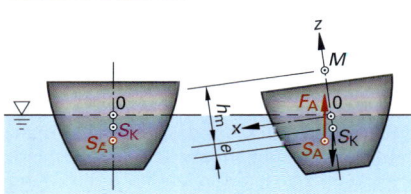

- 0 Drehachse in der Schwimmfläche
- I_y Flächenmoment 2. Grades der Schwimmfläche bezogen auf die y-Achse (= Längsachse) ▶ S. 88 f.
- M Metazentrum
- e Abstand $S_K - S_A$
- h_m metazentrische Höhe

Stabile Schwimmlage

$$h_m = \frac{I_y}{V_F} - e > 0$$

Beispiel Berechnung der Eintauchtiefe, Nachweis der Schwimmstabilität

Holzquader $a = 2{,}00$ m, $b = 2{,}00$ m, $l = 4{,}00$ m
$\varrho_K = 0{,}800$ kg/dm³ $= 800$ kg/m³, $\varrho_F = 1{,}000$ kg/dm³ $= 1000$ kg/m³
$F_G = V_K \cdot \varrho_K = 2{,}00 \text{ m} \cdot 2{,}00 \text{ m} \cdot 4{,}00 \text{ m} \cdot 800 \text{ kg/m}^3 \cdot 10 \text{ m/s}^2 = 128 \cdot 10^3 \frac{\text{kg} \cdot \text{m}}{\text{s}^2} = 128$ kN

Schwimmlage 1
$V_F = a \cdot l \cdot t_1$ $F_A = V_F \cdot \varrho_F \cdot g = a \cdot l \cdot t_1 \cdot \varrho_F \cdot g$
$F_A = F_G \Rightarrow$

$t_1 = \frac{a \cdot b \cdot l \cdot \varrho_K \cdot g}{a \cdot l \cdot \varrho_F \cdot g} = b \cdot \frac{\varrho_K}{\varrho_F} = 2{,}00 \text{ m} \cdot \frac{0{,}800 \text{ kg/dm}^3}{1{,}000 \text{ kg/dm}^3} = 1{,}60$ m

$V_F = a \cdot l \cdot t_1$ $V_F = 2{,}00 \text{ m} \cdot 4{,}00 \text{ m} \cdot 1{,}60 \text{ m} = 12{,}8 \text{ m}^3$

$e_1 = \frac{1}{2}(a - t_1)$ $e_1 = \frac{1}{2} \cdot (2{,}00 \text{ m} - 1{,}60 \text{ m}) = 0{,}20$ m

$I_y = \frac{l \cdot a^3}{12}$ $I_y = \frac{4{,}00 \text{ m} \cdot (2{,}00 \text{ m})^3}{12} = 2{,}67 \text{ m}^4$

$h_m = \frac{I_y}{V_F} - e_1$ $h_m = \frac{2{,}67 \text{ m}^4}{12{,}8 \text{ m}^3} - 0{,}20 \text{ m} = 0{,}01 \text{ m} > 0 \Rightarrow$ stabile Schwimmlage

Schwimmlage 2
$V_F = a \cdot b \cdot t_2$ $F_A = V_F \cdot \varrho_F \cdot g = a \cdot b \cdot t_2 \cdot \varrho_F \cdot g$

$F_A = F_G \Rightarrow t_2 = l \cdot \frac{\varrho_K}{\varrho_F}$ $t_2 = 4{,}00 \text{ m} \cdot \frac{0{,}800 \text{ kg/dm}^3}{1{,}000 \text{ kg/dm}^3} = 3{,}20$ m

$e_2 = \frac{1}{2}(l - t_2)$ $e_2 = \frac{1}{2} \cdot (4{,}00 \text{ m} - 3{,}20 \text{ m}) = 0{,}40$ m

$I_y = \frac{a \cdot b^3}{12}$ $I_y = \frac{2{,}00 \text{ m} \cdot (2{,}00 \text{ m})^3}{12} = 1{,}33 \text{ m}^4$

$h_m = \frac{I_y}{V_F} - e_2$ $h_m = \frac{1{,}33 \text{ m}^4}{12{,}8 \text{ m}^3} - 0{,}40 \text{ m} = -0{,}30 \text{ m} \Rightarrow$ labile Schwimmlage

Der Holzquader dreht sich also aus der labilen Schwimmlage in die stabile Schwimmlage.

7.10 Wasserbau und Hydraulik

7.10.2 Hydrodynamik

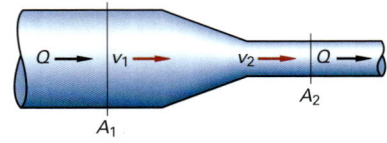

Die Hydrodynamik ist die Lehre von strömenden Flüssigkeiten.

Durchflussgleichung/Kontinuitätsbedingung
für stationäre Rohrströmung

$$Q = A_1 \cdot v_1 = A_2 \cdot v_2 = \text{const}$$

mit A Durchflussquerschnitt in m²
 v mittlere Durchflussgeschwindigkeit in m/s
 Q Durchfluss in m³/s

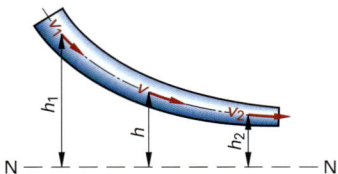

Bernoulli'sche Gleichung
für reibungsfreie Flüssigkeit

$$\frac{v^2}{2 \cdot g} + \frac{p}{\varrho \cdot g} + h = \text{const}$$

mit p Flüssigkeitsdruck ϱ Dichte des Wassers
 h geodätische Höhe g Erdbeschleunigung

Bewegungsarten

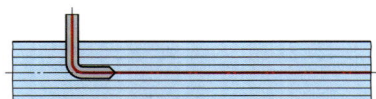

Laminare Flüssigkeitsströmung

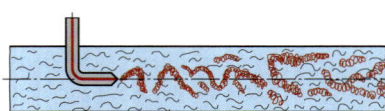

Turbulente Flüssigkeitsströmung

Bei der Bewegung von Flüssigkeiten unterscheidet man die laminare Strömung und die turbulente Strömung. Bei beiden Strömungsformen entstehen Reibungsverluste, die unterschiedlich berechnet werden. Die laminare Strömung tritt nur bei sehr geringen Geschwindigkeiten, z. B. Grundwasserströmung, auf. In Wasserleitungen, Abwasserrohren, Flüssen usw. ist die Strömung meist turbulent.

Flüssigkeitsreibung bei laminarer Strömung

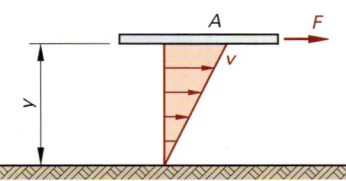

Newton'sches Gesetz $F = \nu \cdot \varrho \cdot A \cdot \dfrac{v}{y}$

ν kinematische Viskosität (Zähigkeit) z. B.
Wasser $\vartheta = 0\ °C$ $\nu = 1{,}078 \cdot 10^{-6}$ m²/s
 $\vartheta = 20\ °C$ $\nu = 1{,}01\ \cdot 10^{-6}$ m²/s

7.10.3 Flüssigkeitsbewegung in vollen Rohren

Reibungsverlusthöhe h_r	
$h_r = \lambda \cdot \dfrac{l}{d} \cdot \dfrac{v^2}{2 \cdot g}$	für gerade Rohre

mit λ Widerstandsbeiwert l Rohrlänge
 d Rohrdurchmesser v Geschwindigkeit
 g Erdbeschleunigung

Widerstandsbeiwerte λ

für laminare Strömung $\lambda = \dfrac{64}{R_e}$

Eine laminare Strömung liegt vor, wenn die
Reynolds-Zahl $R_e = \dfrac{v \cdot d}{\nu} < 2300$ beträgt.

Rauigkeit für Rohre und Gerinne	
Rohr- bzw. Gerinnematerial	absolute Rauigkeit k [mm]
Stahl neue Rohre	0,01 … 0,1
gering verrostet	0,1 … 0,4
stark verkrustet	1 … 4
Kunststoff neu	0,001 … 0,1
Drainrohre gewellt	2,0
Steinzeug Abwasserkanäle	0,3 … 1,5
Beton neu, glatte Oberfläche	0,3 … 1,5
alt	10 … 20

7.10 Wasserbau und Hydraulik

Widerstandsbeiwerte λ für turbulente Strömung ($R_e > 2300$)

[Diagram: Widerstandsbeiwert λ vs. Reynolds-Zahl $Re = \frac{v \cdot d}{\nu}$, with curves for $\frac{d}{k} = 30, 50, 100, 200, 500, 1000$ and laminar region]

Beispiel
Berechnung des Reibungsverlustes in einer 200 m langen, geraden Wasserrohrleitung aus Stahl von 100 mm Durchmesser für einen Durchfluss Q von 6,0 l/s.

Rohrquerschnitt $\quad A = \frac{\pi \cdot d^2}{4} \quad A = \frac{\pi \cdot (0{,}100 \text{ m})^2}{4} = 0{,}00785 \text{ m}^2$

Fließgeschwindigkeit $\quad v = \frac{Q}{A} \quad v = \frac{0{,}0060 \text{ m}^3/\text{s}}{0{,}00785 \text{ m}^2} = 0{,}76 \frac{\text{m}}{\text{s}}$

Reynolds-Zahl $\quad R_e = \frac{v \cdot d}{\nu} \quad R_e = \frac{0{,}76 \frac{\text{m}}{\text{s}} \cdot 0{,}100 \text{ m}}{1{,}01 \cdot 10^{-6} \frac{\text{m}^2}{\text{s}}} = 75000 > 2300 \Rightarrow$ turbulente Strömung

Wandrauigkeit aus Tabelle ▶ Vorseite $\quad k \approx 0{,}1 \text{ mm} \quad \frac{d}{k} = \frac{100 \text{ mm}}{0{,}1 \text{ mm}} = 1000$

Widerstandsbeiwert aus Diagramm $\quad \lambda = 0{,}019$

Reibungsverlusthöhe $\quad h_r = \lambda \cdot \frac{l}{d} \cdot \frac{v^2}{2 \cdot g} \quad h_r = 0{,}019 \cdot \frac{200 \text{ m}}{0{,}100 \text{ m}} \cdot \frac{\left(0{,}76 \frac{\text{m}}{\text{s}}\right)^2}{2 \cdot 9{,}81 \frac{\text{m}}{\text{s}^2}} = 1{,}12 \text{ m}$

7.10.4 Gerinnehydraulik

Für Gerinneströmungen liefert die Berechnung der Geschwindigkeit nach der empirischen Formel von **Manning-Strickler** eine gute Näherung. Die Formel ist einheitengebunden.

$$v \approx k_{St} \cdot r_{hy}^{\frac{2}{3}} \cdot J^{\frac{1}{2}}$$

$n_{hy} = \frac{A}{l_u}$

$Q = v \cdot A$

- v Fließgeschwindigkeit in m/s
- k_{St} Beiwert
- r_{hy} hydraulischer Radius in m
- l_u benetzter Umfang in m
- A Gerinnequerschnitt in m²
- J Gefälle (absolut)
- Q Abflussleistung in m³/s

Werkstoff	k_{St}
Stahl	60 ... 100
Beton	65 ... 100
Felsausbruch	20 ... 60
Erde	35 ... 50
Flussbett	30 ... 40

Beispiel
Berechnung der Abflussleistung eines Grabens mit einem Gefälle von $J = 1\text{‰} = 0{,}001$.

Fließquerschnitt
$A = \frac{1}{2} \cdot (b_w + b_s) \cdot t = \frac{1}{2} \cdot (1{,}00 \text{ m} + 0{,}40 \text{ m}) \cdot 0{,}20 \text{ m} = 0{,}14 \text{ m}^2$

Böschungslänge
$l_b = \sqrt{t^2 + a^2} \quad l_b = \sqrt{(0{,}20 \text{ m})^2 + (0{,}30 \text{ m})^2} = 0{,}36 \text{ m}$

hydraulischer Radius
$n_{hy} = \frac{A}{l_u} \quad n_{hy} = \frac{0{,}14 \text{ m}^2}{0{,}36 \text{ m} + 0{,}40 \text{ m} + 0{,}36 \text{ m}} = 0{,}12 \text{ m}$

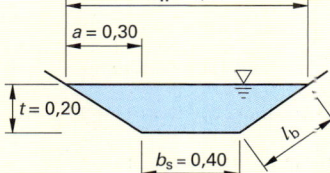

Beiwert aus Tabelle Flussbett $\quad k_{St} = 30 \ldots 40$, gewählt: $k_{St} = 35$

Fließgeschwindigkeit $\quad v \approx k_{St} \cdot r_{hy}^{\frac{2}{3}} \cdot J^{\frac{1}{2}} \Rightarrow v \approx 35 \cdot 0{,}12^{\frac{2}{3}} \cdot 0{,}001^{\frac{1}{2}} = 0{,}27 \text{ m/s}$

Abflussleistung $\quad Q = v \cdot A \quad Q = 0{,}27 \text{ m/s} \cdot 0{,}14 \text{ m}^2 = 0{,}038 \text{ m}^3/\text{s}$

7.10.5 Bemessung von Rohren für Freigefälleleitungen

Schmutz- und Regenwasserleitungen sind als Freigefälleleitungen nur teilweise mit Wasser gefüllt. Die Berechnung dieser Leitungen kann mithilfe der Formel von Manning-Strickler oder mithilfe von Tabellen erfolgen.

Bemessungstabelle für voll gefüllte kreisförmige Rohre,
Rauigkeit k_B = 0,75 mm

Gefälle			Nennweite DN = Innendurchmesser							
			DN 150		DN 250		DN 300		DN 400	
J [%]	J [‰]	1 : n	Q_{voll} l/s	v_{voll} m/s	Q_{voll} l/s	v_{voll} m/s	Q_{voll} l/s	v_{voll} m/s	Q_{voll} l/s	v_{voll} m/s
10,00	100,0	1 : 10	54,8	3,09	212	4,31	343	4,84	732	5,82
5,00	50,0	1 : 20	38,7	2,17	150	3,05	241	3,42	515	4,10
2,00	20,0	1 : 50	24,2	1,38	94,4	1,92	153	2,16	326	2,60
1,00	10,0	1 : 100	17,2	0,97	66,5	1,35	108	1,52	230	1,83
0,75	7,5	1 : 133	14,9	0,83	52,7	1,16	94,2	1,31	199	1,58
0,50	5,0	1 : 200	12,1	0,68	46,8	0,95	75,8	1,07	162	1,28
0,40	4,0	1 : 250	10,8	0,61	41,9	0,85	67,8	0,96	144	1,14
0,30	3,0	1 : 333	9,2	0,52	36,1	0,73	58,7	0,82	125	0,99
0,20	2,0	1 : 500	7,6	0,43[1]	29,4	0,60	47,7	0,67	102	0,81
0,10	1,0	1 : 1000	5,3	0,30[1]	20,6	0,42[1]	33,5	0,47[1]	71,8	0,57

[1] Die Fließgeschwindigkeit ist sehr gering, sodass die Gefahr von Ablagerungen und Verstopfungen besteht.

Q_{voll} Abflussleistung bei Vollfüllung v_{voll} Fließgeschwindigkeit bei Vollfüllung
Q_T Abflussleistung bei Teilfüllung v_T Fließgeschwindigkeit bei Teilfüllung

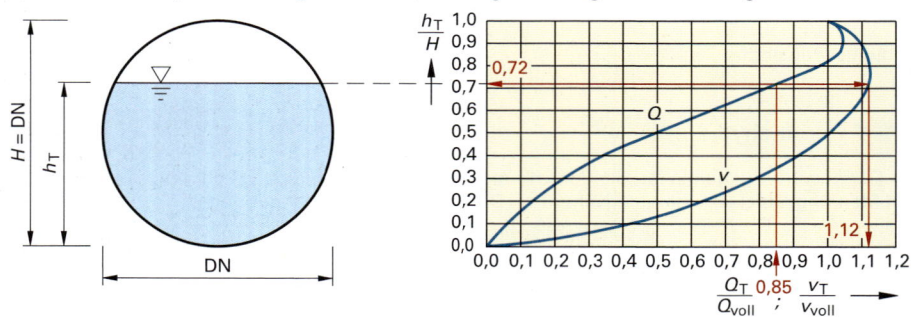

Beispiel

Welche Rohrleitung ist erforderlich, um eine Regenwassermenge von Q = 170 l/s mit einem Rohrgefälle von 0,75 % = 7,5 ‰ abzuleiten?
Wie groß ist die Füllhöhe und die Fließgeschwindigkeit?

① Aus der obigen Tabelle in der Zeile für das angegebene Gefälle von 0,75 % eine Abflussleistung heraussuchen, die die vorgegebene Regenwassermenge übersteigt
   Ablesungen: DN = 400 mm, Q_{voll} = 199 l/s, v_{voll} = 1,58 m/s

② Ermitteln des Quotienten $\dfrac{Q_T}{Q_{voll}} = \dfrac{170}{199} = 0{,}85$

③ Mithilfe des Diagramms, und zwar der Q-Linie, die Füllhöhe bestimmen
   $\dfrac{h_T}{H} = 0{,}72$ aus Diagramm $\Rightarrow$ h_T = 0,72 · H = 0,72 · 400 = 288 mm

④ Mithilfe des Diagramms, und zwar der v-Linie, die Fließgeschwindigkeit ermitteln
   $\dfrac{v_T}{v_{voll}} = 1{,}12$ v_T = 1,12 · v_{voll} = 1,12 · 1,58 = 1,77 m/s

8 BAUBETRIEB

8.1	**Vermessung und Bauabsteckung**	**462**		8.3.3	Landesbauordnungen	484
8.1.1	Vermessungsgeräte	462		8.3.4	Baunutzungsverordnung	
8.1.2	Grundlagen	463			und Planzeichenverordnung	484
8.1.3	Lagemessung	464		8.3.5	Kataster und Grundbuch	486
	■ Fläche nach Gauß ■ Beispiel	464		8.3.6	Auswahl wichtiger Rechtsbegriffe	486
8.1.4	Zeichen im Vermessungswesen	465		**8.4**	**Baustoffbedarf und**	
8.1.5	Höhenmessungen	467			**Arbeitszeitbedarf**	**487**
	■ Nivellement ■ Feldbuch	467		**8.5**	**Kalkulation**	**489**
	■ Beispiel	468			■ Kostenarten	489
8.1.6	Koordinatenberechnungen	469			■ Lohnkosten	490
8.1.7	Polygonzugberechnung	469			■ Lohntabellen	491
8.1.8	Gebäudeabsteckung	470		**8.6**	**Bauvertragsrecht**	**492**
8.1.9	Bogenabsteckung	471			■ Vertragsarten nach VOB	492
8.2	**Kostengliederung, Grundflächen**				■ Abrechnung nach VOB	493
	und Rauminhalte	**473**			■ Beton- und Stahlbetonarbeiten	494
8.2.1	Kosten von Hochbauten	473			■ Maurerarbeiten	495
	■ Kostengruppen	474			■ Erdbauarbeiten	496
	■ Kostenermittlung	474		**8.7**	**Bauplanung**	**497**
	■ Kostenschätzung	475			■ Bauvorlagen	497
8.2.2	Grundflächen und Rauminhalte	476			■ Arbeitsvorbereitung	497
8.2.3	Wohnungen und Wohnflächen	479			■ Bauablaufsplanung	498
8.2.4	Wohnflächenverordnung	480			■ Netzplantechnik	499
8.3	**Baurecht**	**481**			■ Baustelleneinrichtung	500
8.3.1	Baugesetzbuch	481		**8.8**	**Schalungsbau und Gerüstbau**	**501**
	■ Bauleitplanung	481		8.8.1	Schalungsbau	501
	■ Flächennutzungsplan	481			■ Ausschalungsfristen	502
8.3.2	Elemente des Baurechts	482		8.8.2	Gerüstbau	505
	■ Baurecht (privates/öffentliches)	482		**8.9**	**Baugruben**	**509**
	■ Bauregelliste	483		**8.10**	**Baustellenabsicherung**	
	■ EU-Bauproduktenverordnung	483			**für Straßenbauarbeiten**	**512**

Literatur	DIN	Teile	Titel
Witte/Sparla: Vermessungskunde und Grundlagen der Statistik für das Bauwesen, Wichmann-Verlag	276		Kosten im Hochbau
	277	1	Grundflächen und Rauminhalte im Bauwesen
Hoffmann, Krause: Zahlentafeln für den Baubetrieb, Springer Vieweg	1960		VOB, Teil A
	1961		VOB, Teil B
Bläsi: Technische Mathematik für Bauberufe, Holland + Josenhans-Verlag, Stuttgart	18299		VOB, Teil C ≙ ATV Allgemeine technische
Beck-Texte Baugesetze, Deutscher Taschenbuch-Verlag, München	... 18451		Vertragsbedingungen
	4420	1…3	Schutz- und Arbeitsgerüste (vgl. auch DIN EN 12811-1)
Blumenbach/Groschupf: Baurecht in Niedersachsen, R. Boorberg-Verlag, Stuttgart	4124		Baugruben und Gräben – Böschungen, Arbeitsraumbreiten, UVV
Rau/Braune: Der Altbau, Verlagsanstalt A. Koch, Tübingen			
	18702		Zeichen für Vermessungsrisse
Fritz: Die Bauzeitplanung, Das Baugewerbe, Ausgabe A 6/67	2. BV		Berechnungsverordnung
	Gefahrstoffe		4. Verordnung zur Novellierung der Gefahrstoffverordnung
Arbeitstechnische Merkblätter für den Bauvertrieb: REFA e.V.	RSA		Richtlinien für die Sicherung von Arbeitsstellen an Straßen
Hambusch-Schmalohr: Organisationslehre und Datenverarbeitung für Berufsschulen, Winklers-Verlag, Gebrüder Grimm, Wiesbaden	PlanzV		Planzeichenverordnung
	69900	1 + 2	Netzplantechnik
BG Bau – Berufsgenossenschaft der Bauwirtschaft e-mail: info@bgbau.de	EN ISO 9000		Qualitätsmanagementsysteme

8 BAUBETRIEB

8.1 Vermessung und Bauabsteckung

8.1.1 Vermessungsgeräte

Fluchtstäbe
Fluchtstäbe bestehen aus kreisrunden Holzstäben mit einem Durchmesser von 2,8 cm und einer Stahlspitze. Sie sind 2,00 m lang und in 0,50 m lange, rote und weiße Felder geteilt. Fluchtstangen dienen zur vorübergehenden Markierung von Punkten im Felde.

Lot
Lote sind Metallstücke, die spitz geformt sind und an einem Faden aufgehängt werden. Sie dienen der Bestimmung der Lotrechten.

Rollbandmaß (Bandmaß)
Rollbandmaße sind 20 m, 25 m oder 50 m lange Bänder aus Stahl oder Kunststoff mit einer eingeätzten cm-Teilung.

Winkelprismen
Winkelprismen sind Glasprismen, bei denen durch Brechung und Spiegelung Lichtstrahlen rechtwinklig abgelenkt werden. Doppelpentagonprismen bestehen aus übereinander angeordneten Winkelprismen. Beide Winkelprismen dienen der Absteckung von rechten Winkeln.

Nivellierinstrumente, Laser
Nivellierinstrumente bestehen aus einem Fernrohr mit Fadenkreuz, dem Fernrohrträger und dem Nivellierunterbau und werden mithilfe einer Anzugschraube fest auf ein Stativ geschraubt. Zur Scharfeinstellung von Fadenkreuz und Ziel dienen das Okular und die Entfernungsschraube. Je nach Bauart wird das Nivellierinstrument entweder durch 3 Fußschrauben (Norddeutsches Nivellier), durch die Kippschraube (Süddeutsches Nivellier) oder automatisch nach vorheriger Grobeinstellung (automatisch horizontierendes Nivellier) horizontiert. Laser-Nivelliere senden einen Lichtstrahl im sichtbaren oder unsichtbaren Bereich aus, und zwar entweder längs einer Linie (Richtlaser) oder drehend (Rotationslaser).

Nivellierlatten
Nivellierlatten sind 3 m ... 4 m lang, haben eine rot-weiße/schwarz-weiße Zentimeterteilung und werden mithilfe eines Lattenrichters lotrecht über die einzumessenden Punkte gestellt.

Theodolite
Theodolite dienen der Messung von Horizontal- und von Vertikalwinkeln bzw. den Zenitwinkeln.

GPS-Messgeräte
Die DGPS (Differential Global Positioning System)-Messgeräte umfassen eine ortsfeste Basisstation, die vorher koordinatenmäßig eingemessen wird, und ein bewegliches Messgerät (Rover). Mithilfe der Funksignale von Satelliten bestimmen die Messgeräte Lage und Höhe von Punkten auf cm-Genauigkeit.

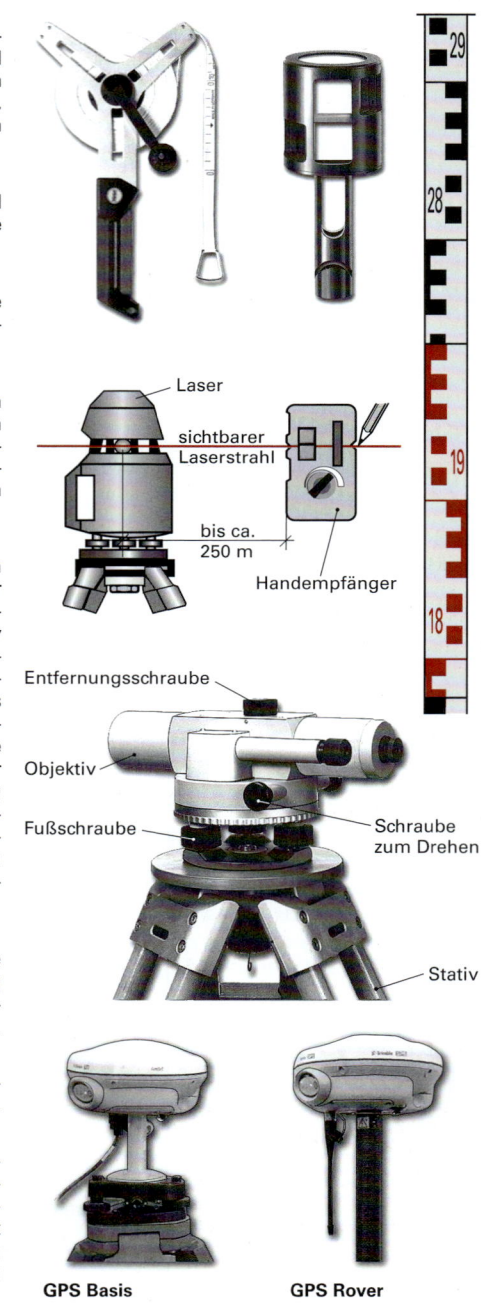

8.1 Vermessung und Bauabsteckung

8.1.2 Grundlagen

Koordinatensysteme

Abweichend von den Definitionen der Mathematik wird im Vermessungswesen ein rechtsdrehendes Koordinatensystem mit der x-Achse nach Norden verwendet.

ν Richtungswinkel
x_P, y_P Koordinaten

Längenmessungen

Als Entfernung s zwischen 2 Punkten wird ihr horizontaler Abstand verstanden. Aus diesem Grund muss je nach Messart das in den Zeichnungen Dargestellte beachtet werden.

Messungen mit Rollbandmaßen

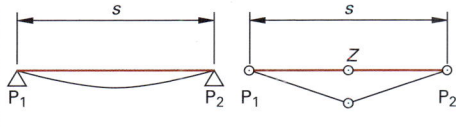

Messband straff halten	Einfluchten von Zwischenpunkten bei langen Strecken	Staffelmessung bei geneigtem Gelände	
Längsschnitt	Draufsicht	Längsschnitt	

Messungen mit elektrooptischen Distanzmessern, Tachymeter

Mit elektrooptischen Distanzmessern wird stets der schräge Abstand zwischen Gerät und Reflektor gemessen. Die Umrechnung auf den horizontalen Abstand s erfolgt elektronisch durch das Gerät oder nach der zusätzlichen Messung des Vertikalwinkels α bzw. des Zenitwinkels ζ. Eine gleichzeitige Ablesung auf dem Horizontalkreis ermöglicht tachymetrische Geländeaufnahmen.

Winkelmessungen

Als Horizontalwinkel β zwischen dem Standpunkt S und zwei beliebig hohen Geländepunkten P_1 und P_2 wird der Winkel in der horizontalen Projektionsebene durch S verstanden. Die Messung erfolgt mithilfe eines Theodoliten, dessen Teilkreis horizontal gestellt ist.

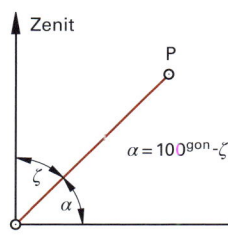

Der Vertikalwinkel α liegt zwischen der Verbindung vom Standpunkt S zum Geländepunkt P und der Horizontalen. Mit dem Theodoliten wird i.d.R. der Zenitwinkel ζ gemessen.

$\alpha = 100^{gon} - \zeta$

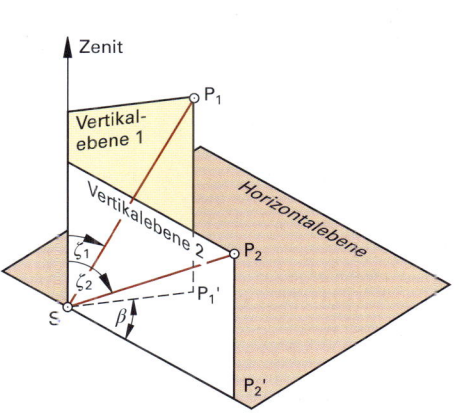

Vermessungswesen: Mathematische Grundlagen: ▶ S. 7 ff.	Winkelmessung in gon	$90° = 100^{gon}$ $360° = 400^{gon}$

8.1 Vermessung und Bauabsteckung

Absteckung von rechten Winkeln

Die Absteckung (= Übertragung in das Gelände) von rechten Winkeln im vorgegebenen Punkt A kann mit verschiedenen Methoden erfolgen.

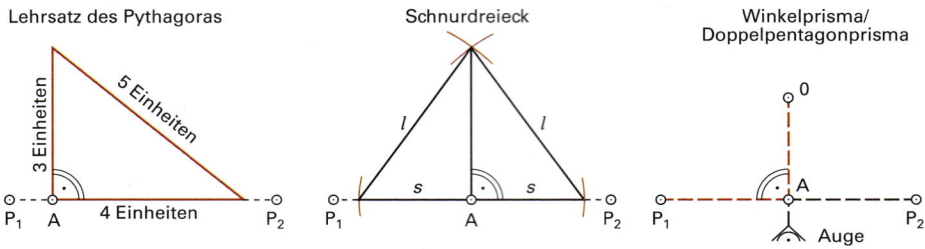

8.1.3 Lagemessung

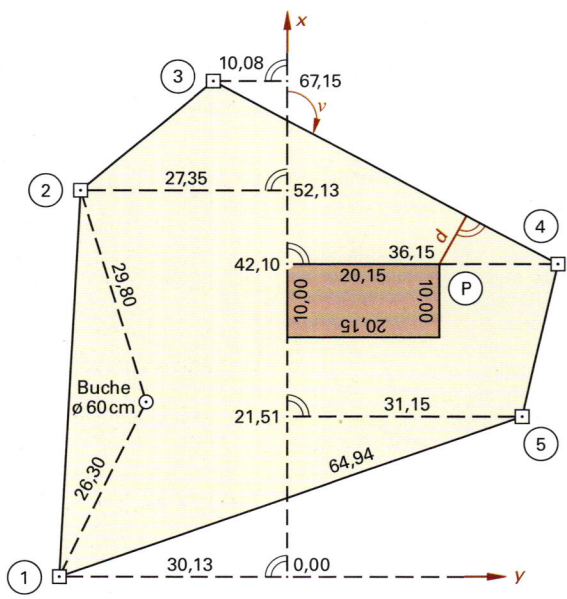

Das Ausmessen unregelmäßig begrenzter Flächen erfolgt vorzugsweise im Orthogonal- oder Koordinatenverfahren. Diese Art der Aufnahme vereinfacht die Kartierung maßstäblicher Zeichnungen sowie die Berechnung der Flächen. Die Basislinie kann frei oder längs gerader Grenzen oder Linien verlaufen; sie sollte möglichst in der Mitte der Aufnahmefläche liegen. Einzelne Punkte, z.B. Bäume, Masten, Hausecken usw., können auch mit dem Dreiecksverfahren, d.h. durch Abstandsmessung zu 2 bekannten Punkten, aufgenommen werden.

Anmerkung:
Im Vermessungswesen wird ein rechtsdrehendes Koordinatensystem mit der x-Achse nach Norden, der y-Achse nach Osten und dem Richtungswinkel v rechtsdrehend von Norden verwendet. Die Punktnummerierung der Fläche erfolgt rechtsdrehend oder im Uhrzeigersinn. Bei Verwendung des mathematischen Koordinatensystems (x-Achse nach rechts, y-Achse nach oben) ist die Nummerierung linksdrehend, Rechenweg und Ergebnisse sind identisch.

Berechnung der Fläche nach Gauß

$$A = \frac{1}{2} \cdot \sum_{i=1}^{i=n} y_i \cdot (x_{i-1} - x_{i+1}) = \frac{1}{2} \cdot \sum_{i=1}^{i=n} x_i \cdot (y_{i+1} - y_{i-1})$$

Punkt	Koordinaten x [m]	y [m]	$x_{i-1} - x_{i+1}$ [m]	$y_i \cdot (x_{i-1} - x_{i+1})$ [m²]	$y_{i+1} - y_{i-1}$ [m]	$x_i \cdot (y_{i+1} - y_{i-1})$ [m²]
1	0,00	−30,13	21,51 − 52,13 = −30,62	+ 922,58	−27,35 − 31,15 = −58,50	0,00
2	+52,13	−27,35	0,00 − 67,15 = −67,15	+1 836,55	−10,08 − (−30,13) = +20,05	+1 045,21
3	+67,15	−10,08	52,13 − 42,10 = +10,03	− 101,10	36,15 − (−27,35) = +63,50	+4 264,03
4	+42,10	+36,15	67,15 − 21,51 = +45,64	+1 649,89	31,15 − (−10,08) = +41,23	+1 735,78
5	+21,51	+31,15	42,10 − 0,00 = +42,10	+1 311,42	−30,13 − 36,15 = −66,28	−1 425,68
Σ				0,00	+5 619,34	0,00	+5 619,34

Fläche $A = \frac{1}{2} \cdot 5\,619,34 = 2\,809,67$ m² ≈ 2810 m²

8.1 Vermessung und Bauabsteckung

Kontrolle der Strecken

Rechenprobe/Kontrolle der Strecke ① – ⑤ (▶ Vorseite) (Pythagoras-Probe ▶ S. 469)

$s = \sqrt{\Delta x^2 + \Delta y^2} = \sqrt{(x_5 - x_1)^2 + (y_5 - y_1)^2} = \sqrt{(21,51 - 0,00)^2 + (31,15 - (-30,13))^2}$
$= \sqrt{21,51^2 + 61,28^2} = 64,95$ ⏋ s gemessen = 64,94 m;

s berechnet = 64,95 m; vorh $D = |\,64,95 - 64,94\,| = 0,01$ m (zulässiger Messfehler)

Berechnung des kürzesten Abstandes eines Punktes von einer Grenze/Geraden

$d = (x_G - x_P) \cdot \sin \nu - (y_G - y_P) \cdot \cos \nu$

Richtungswinkel der Geraden ③ – ④

$\tan \nu = \dfrac{\Delta y}{\Delta x} = \dfrac{y_4 - y_3}{x_4 - x_3} = \dfrac{36,15 - (-10,08)}{42,10 - 67,15} = \dfrac{46,23}{-25,05} = -1,846 \qquad \nu = 118,45° = 131,61^{gon}$

Koordinaten des Punktes P, hier Hausecke: $x_P = 42,10$ m, $y_P = 20,15$ m
Koordinaten eines Punktes auf der Geraden, z.B. Punkt 3: $x_G = 67,15$ m, $y_G = -10,08$ m

$d = (67,15 - 42,10) \cdot \sin 131,61^{gon} - (-10,08 - 20,15) \cdot \cos 131,61^{gon}$
$= 22,02 - 14,40 = +7,62$ m (rechts der Geraden von Punkt 3 nach Punkt 4)

8.1.4 Zeichen im Vermessungswesen (Auswahl, DIN 18702)

Messpunkte		Topografie	
Trigonometrischer Punkt[1] (mit Nummer 10)	△ 10	Böschung	oben / unten
Polygonpunkt[2] (mit Nummer 10)	⊙ 10	Einschnitt	
Kleinpunkt (Vermarkung R = Rohr, N = Nagel)	○ R ○ N	Damm (mit Höhen)	·11,5 ·12,0 ·12,5
Nivellementpunkt, Mauerbolzen		Baum	⊙ Eiche, ø 50 cm
Pegel	◎	Höhenlinien	21 / 20 / 19 / 18
Grenzstein	⊡		
Messlinien			
Polygonseite	—··—··—	Teich	(oval)
Messlinie	— — — —		
Senkrechte durch Messgerät			
durch Augenmaß			

[1] vom Landesvermessungsamt koordinatenmäßig festgelegter Punkt großräumiger Dreiecke
[2] koordinatenmäßig festgelegter und vermarkter Punkt von Vieleckzügen (Polygonzügen)

8.1 Vermessung und Bauabsteckung

Zeichen im Vermessungswesen (Auswahl, DIN 18702, Fortsetzung)

Nutzungsart		Bebauung	
Ackerland	(in der Praxis)	Öffentliche Gebäude	Rathaus
Grünland		Wohnhäuser (mit Haus-Nr.)	10
Wiese (nass)		Hecke	
Gartenland		Zaun	
Obstanlagen		Mauer	
Baumschule		Stützmauer	
Weingarten		**Versorgungseinrichtungen**	
Korbweiden		Leitungen unterirdisch (hier Wasserleitung mit 80 mm Durchmesser)	W (0,18) ø 80 mm
Laubwald		Leitungen oberirdisch (hier Niederspannungsleitung)	E (0,18)
Nadelwald		(A = Abwasser; W = Wasser; G = Gas; Ö = Öl; H = Heizung; E = Niederspannung; ⚡ = Hochspannung)	
Mischwald		Stahlgittermast	⊠
		Stahlbetonmast	◗
Moor		Brunnen	⊕
Heide		Schacht	⊗
Hof- und Gebäudefläche	HF	Schieber	⌀W
Friedhof		Pumpe	
		Hydrant, oberirdisch	
Park		Hydrant, unterirdisch	⊜
		Straßenbeleuchtung	☼
Nutzungsgrenze		Briefkasten, freistehend	✉

8.1 Vermessung und Bauabsteckung

8.1.5 Höhenmessungen

Eine Höhenmessung (Nivellement) dient der Bestimmung des Höhenunterschiedes zweier Punkte oder der Bestimmung der Höhenlage (bezogen auf Normalhöhennull NHN) eines neuen Punktes.

Arbeitsablauf bei Höhenmessungen:
① Lotrechtes Aufstellen der Nivellierlatte über dem Ausgangspunkt (Höhenfestpunkt)
② Aufstellen des Nivellierinstrumentes im Standpunkt S_1 (Zielweite ≤ 50 m)
③ Horizontieren des Fernrohres
④ Ablesen des Rückblickes R_1 auf der Nivellierlatte
⑤ Lotrechtes Aufstellen der Nivellierlatte auf einem geeigneten Wechselpunkt (Nivellierlattenuntersatz)
⑥ Ablesen des Vorblickes V_1 auf der Nivellierlatte
⑦ Umsetzen des Nivellierinstrumentes zum Standpunkt S_2 usw.

Beispiel für ein Nivellement

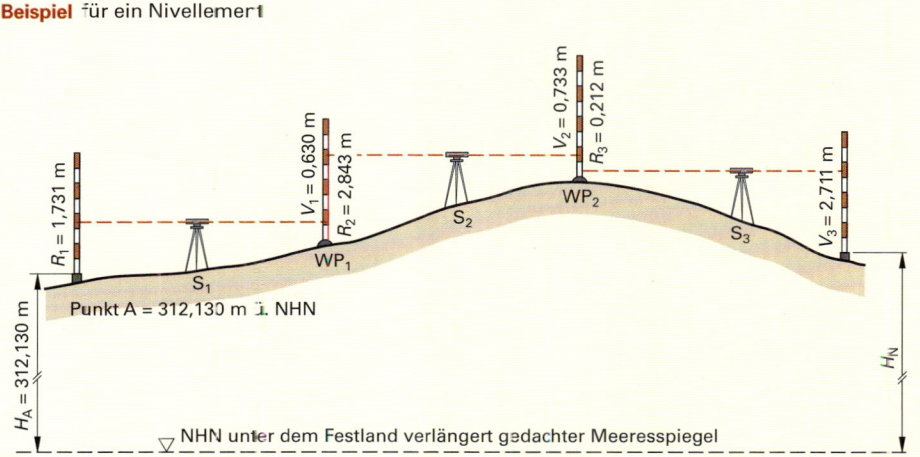

$$H_N = H_A + \underbrace{R_1 - V_1}_{\Delta h_1} + \underbrace{R_2 - V_2}_{\Delta h_2} - \ldots + \underbrace{R_n - V_n}_{\Delta h_n} = H_A + \sum_{i=1}^{n} R_i - \sum_{i=1}^{n} V_i = H_A + \sum_{i=1}^{n} \Delta h_i$$

Höhenunterschied Δh = **Rückblick** R – **Vorblick** V

Feldbuch (ohne Kontrolle und Fehlerausgleich)

Ziel-punkt	Ziel-weite s m	Ablesungen Rückblick R m	Vorblick V m	Höhenunterschied $\Delta h_i = R_i - V_i$ + Steigen m	– Fallen m	Instrumenten-horizont m	Höhe der Punkte m NHN	Bemerkungen
A	50	1,731				313,861	312,130	Höhenfestpunkt
WP1	47		0,630	1,101			313,231	Wechselpunkt 1
WP1	45	2,843				316,074		Wechselpunkt 1
WP2	43		0,733	2,110			315,341	Wechselpunkt 2
WP2	42	0,212				315,553		Wechselpunkt 2
N	47		2,711		2,499		312,842	Neupunkt N
Σ	274	4,786	4,074	3,211	2,499			

$\Delta H = \Sigma R - \Sigma V$
$\Delta H = 4,786 - 4,074 = 0,712$ m

$\Delta H = \Sigma \Delta h_i$
$\Sigma H = 3,211 - 2,499 = 0,712$ m

$\Delta H = H_N - H_A$
$\Delta H = 312,842 - 312,130 = 0,712$ m

8.1 Vermessung und Bauabsteckung

Kontrolle und Fehlerausgleich bei Höhenmessungen

Höhenmessungen sollten stets kontrolliert werden. Das geschieht, indem man entweder die Höhenmessung bei einem bekannten Höhenpunkt A beginnt und bei einem anderen bekannten Höhenpunkt B endet (Anschlussnivellement soll $\Delta H = H_B - H_A$) oder zum Ausgangshöhenpunkt zurücknivelliert (Schleifennivellement soll $\Delta H = 0$). Die auftretende Abweichung oder der Fehler vorh f muss kleiner sein als der zulässige Fehler zul f und wird proportional zu den Zielweiten s_i ausgeglichen.

zulässiger Fehler $\quad$ zul $f = 0{,}002 + 0{,}006 \cdot \sqrt{\dfrac{\Sigma s}{1000}} \quad$ in m

vorhandener Fehler $\quad$ vorh $f =$ soll $\Delta H -$ gemessen $\Delta H =$ soll $\Delta H - (\Sigma R - \Sigma V)$

Fehlerausgleich $\quad \Delta f_i = \dfrac{\text{vorh } f}{\Sigma s} \cdot [s_i] \quad$ mit $[s_i]$ als Summe der Zielweiten des Standpunktes

Beispiel für ein Feldbuch einschließlich Kontrolle und Fehlerausgleich

Das folgende Beispiel lehnt sich an das auf der vorherigen Seite dargestellte Nivellement an. Neben dem Nivellement vom Höhenfestpunkt A zum Neupunkt N ist zur Kontrolle auf einem anderen Weg zurücknivelliert worden.

Ziel-punkt	Ziel-weite s m	Ablesungen Rückblick R m	Ablesungen Vorblick V m	Höhenunterschied $\Delta h_i = R_i - V_i$ $+ =$ Steigen m	$- =$ Fallen m	Fehler-ausgleich Δf m	Höhe der Punkte m NHN	Bemerkungen
A	50	1,731					312,130	Höhenfestpunkt
WP1	47		0,630	1,101		+ 0,001	313,232	Wechselpunkt 1
WP1	45	2,843						Wechselpunkt 1
WP2	43		0,733	2,110		+ 0,001	315,343	Wechselpunkt 2
WP2	42	0,212						Wechselpunkt 2
N	47		2,711		2,499	+ 0,001	312,845	Neupunkt N
N	50	2,582						Neupunkt N
WP3	49		0,351	2,231		+ 0,001	315,077	Wechselpunkt 3
WP3	38	0,849						Wechselpunkt 3
WP4	39		2,651		1,802	0,000	313,275	Wechselpunkt 4
WP4	49	0,519						Wechselpunkt 4
A	50		1,665		1,146	+ 0,001	312,130	Höhenfestpunkt
Σ	549	8,736	8,741	5,442	5,447	+ 0,005		

gemessen $\Delta H = \Sigma R - \Sigma V = 8{,}736 - 8{,}741 = -0{,}005$ m $\quad$ gemessen $\Delta H = \Sigma h_i = 5{,}442 - 5{,}447 = -0{,}005$ m
soll $\Delta H = H_A - H_A = 312{,}130 - 312{,}130 = 0{,}000$ m

zul $f = 0{,}002 + 0{,}006 \cdot \sqrt{\dfrac{\Sigma s}{1000}}$ in m $\qquad$ vorh $f =$ soll $\Delta H -$ gemessen ΔH
$ = 0{,}002 + 0{,}006 \cdot \sqrt{\dfrac{549}{1000}}$ in m $\qquad = 0{,}000 - (-0{,}005$ m$)$
$ = 0{,}006$ m $\qquad\qquad\qquad\qquad\qquad = +0{,}005$ m
$\qquad\qquad\qquad\qquad\qquad\qquad\qquad\qquad$ vorh $f \leq$ zul $f \quad \Rightarrow \quad$ Messung einwandfrei

Berechnung der Fehlerausgleichsbeträge Δf

$\Delta f_1 = \dfrac{\text{vorh } f}{\Sigma s} \cdot [s_1] \qquad\qquad \Delta f_3 = \dfrac{\text{vorh } f}{\Sigma s} \cdot [s_3] \qquad\qquad \Delta f_5 = \dfrac{\text{vorh } f}{\Sigma s} \cdot [s_5]$

$ = \dfrac{+0{,}005}{549} \cdot [50 + 47] \qquad\qquad = \dfrac{0{,}005}{549} \cdot [42 + 47] \qquad\qquad = \dfrac{0{,}005}{549} \cdot [38 + 39]$

$ = +0{,}000\,88 \approx +0{,}001$ m $\qquad\qquad = 0{,}000\,81 \approx 0{,}001$ m $\qquad\qquad = 0{,}000\,70 \approx 0$ m

Δf_5 als kleinster Wert wird abgerundet, damit $\Sigma \Delta f_i =$ vorh f wird.

$\Delta f_2 = \dfrac{\text{vorh } f}{\Sigma s} \cdot [s_2] \qquad\qquad \Delta f_4 = \dfrac{\text{vorh } f}{\Sigma s} \cdot [s_4] \qquad\qquad \Delta f_6 = \dfrac{\text{vorh } f}{\Sigma s} \cdot [s_6]$

$ = \dfrac{+0{,}005}{549} \cdot [45 + 43] \qquad\qquad = \dfrac{0{,}005}{549} \cdot [50 + 49] \qquad\qquad = \dfrac{0{,}005}{549} \cdot [49 + 50]$

$ = +0{,}000\,80 \approx 0{,}001$ m $\qquad\qquad = 0{,}000\,90 \approx 0{,}001$ m $\qquad\qquad = 0{,}000\,90 \approx 0{,}001$ m

8.1 Vermessung und Bauabsteckung

8.1.6 Koordinatenberechnungen

Berechnung der Entfernung $s_{A,E}$ zwischen zwei Punkten und des Richtungswinkels der Strecke aus ihren Koordinaten mithilfe des Lehrsatzes von Pythagoras ▶ S. 26 bzw. mit trigonometrischen Funktionen/Winkelfunktionen ▶ S. 27.

Strecke

$$s_{A,E} = \sqrt{(x_E - x_A)^2 + (y_E - y_A)^2} = \sqrt{\Delta x^2 + \Delta y^2}$$

Richtungswinkel

$$\tan \nu_{A,E} = \frac{y_E - y_A}{x_E - x_A} = \frac{\Delta y}{\Delta x}$$

Berechnung der Koordinaten des Punktes E aus den Koordinaten des Punktes A, dem Richtungswinkel $\nu_{A,E}$ und der Strecke $s_{A,E}$

$x_E = x_A + s_{A,E} \cdot \cos \nu_{A,E}$
$y_E = y_A + s_{A,E} \cdot \sin \nu_{A,E}$

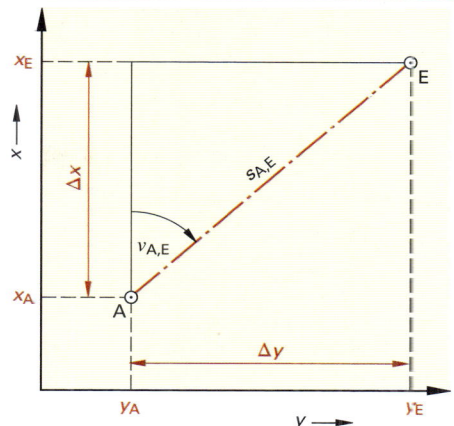

Beispiel

Gegeben: Koordinaten der Punkte A und E
$x_A = 70\,148{,}39$ m; $y_A = 11\,495{,}80$ m
$x_E = 70\,545{,}28$ m; $y_E = 11\,426{,}10$ m

Gesucht: Entfernung $s_{A,E}$ und Richtungswinkel $\nu_{A,E}$

$s_{A,E} = \sqrt{(70\,545{,}28 - 70\,148{,}39)^2 - (11\,426{,}10 - 11\,495{,}80)^2}$

$s_{A,E} = \sqrt{(396{,}89)^2 + (-69{,}70)^2}$

$s_{A,E} = 402{,}96$ m

$\tan \nu_{A,E} = \dfrac{11\,426{,}10 - 11\,495{,}80 \text{ m}}{70\,545{,}28 - 70\,148{,}39 \text{ m}} = \dfrac{-69{,}70 \text{ m}}{+396{,}89 \text{ m}} =$
$= -0{,}1756$

$\tan \nu_{A,E} = 388{,}933^{gon}$ IV. Quadrant

Beispiel

Gegeben: Koordinaten des Punktes A
$x_A = 70\,148{,}39$ m; $y_A = 11\,495{,}80$ m

Strecke $s_{A,E} = 402{,}96$ m

Richtungswinkel $\nu_{A,E} = 388{,}933^{gon}$

Gesucht: Koordinaten des Punktes E

$x_E = 70\,148{,}39$ m $+ 402{,}96$ m $\cdot \cos 388{,}933^{gon} =$
$\quad = 70\,545{,}28$ m

$y_E = 11\,495{,}80$ m $+ 402{,}96$ m $\cdot \sin 388{,}933^{gon} =$
$\quad = 11\,426{,}10$ m

8.1.7 Polygonzugberechnung

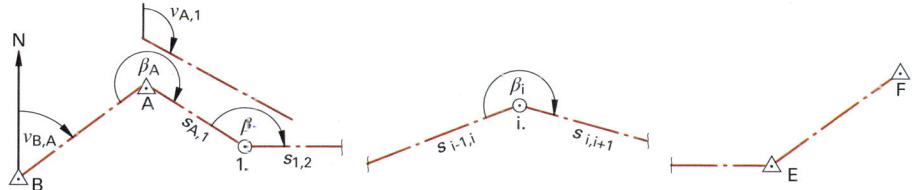

Bekannt: Koordinaten des Anfangspunktes A, Anfangsrichtung $\nu_{B,A}$ z.B. über Koordinaten
Gemessen: Strecken $s_{A,1}$; $s_{1,2}$; ...   Brechungswinkel β_A; β_1; β_2; ...
Gesucht: Richtungswinkel der Strecken, Koordinaten der Polygonpunkte

Formeln für den Polygonpunkt 1:   Allgemeine Formeln:

$\{\nu_{A,1}\} = \nu_{B,A} + \beta_A - 200^{gon}$ $\{\nu_{i,i+1}\} = \nu_{i-1,i} + \beta_i - 200^{gon}$ mit $\{\nu\} = \begin{cases} \nu - 400^{gon} \text{ für } \nu > 400^{gon} \\ \nu \text{ für } 0 < \nu < 400^{gon} \\ \nu + 400^{gon} \text{ für } \nu < 0^{gon} \end{cases}$

$x_1 = x_A + s_{A,1} \cdot \cos \nu_{A,1}$ $x_{i+1} = x_i + s_{i,i+1} \cdot \cos \nu_{i,i+1}$

$y_1 = y_A + s_{A,1} \cdot \sin \nu_{A,1}$ $y_{i+1} = y_i + s_{i,i+1} \cdot \sin \nu_{i,i+1}$

Falls – wie bei wichtigen Messungen üblich – der Endpunkt E und die Anschlussrichtung nach F bekannt sind, ist vor der endgültigen Berechnung ein Fehlerausgleich erforderlich.

8.1 Vermessung und Bauabsteckung

8.1.8 Gebäudeabsteckung

Bei einer Gebäudeabsteckung werden die Ecken eines zu erstellenden Bauwerkes aus dem Lageplan in das Baugelände übertragen. Die Gebäudeecken A, B, C, D werden durch Pflöcke markiert, durch Diagonalenmessung kontrolliert und vor dem Ausschachten durch weitere Pflöcke A′, A″ usw. gesichert.

Nach dem Ausschachten der Baugrube werden die Gebäudeecken und Mauerfluchten durch Schnurgerüste außerhalb des Arbeitsraumes markiert. Zusätzlich wird durch Nivellement ▶ S. 467 unmittelbar neben dem Arbeitsraum ein Höhenpunkt oder die Erdgeschossfußbodenhöhe eingemessen.

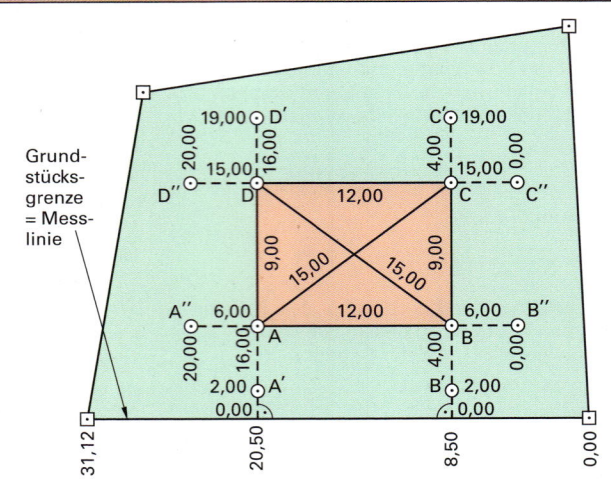

Bauabsteckungsplan

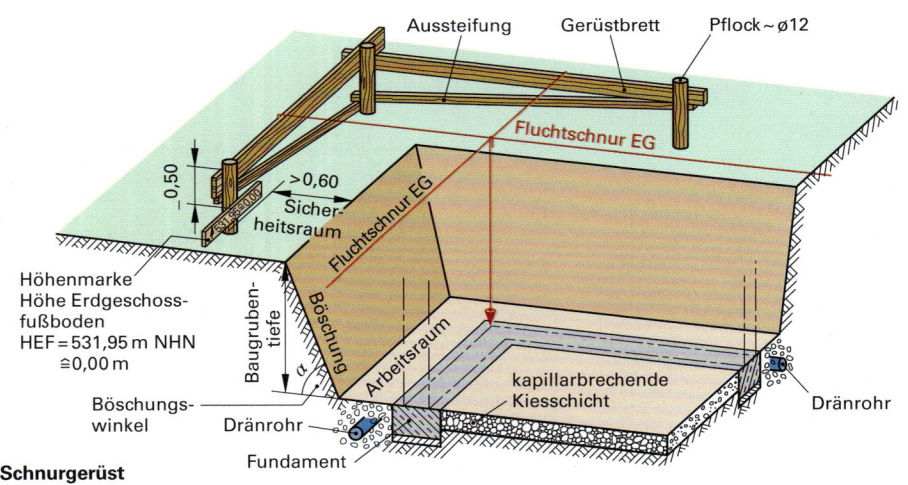

Schnurgerüst

Die Höhe H der Baugrubensohle, der Fundamentsohle, der Bodenplatte usw. wird durch Nivellieren vom Höhenpunkt HP (Ablesung Rückblick R) zu mehreren Standpunkten (Ablesungen Zwischenblicke Z) bestimmt.

$H = HP + R - Z$

$H_{Instr.} = HP + R$

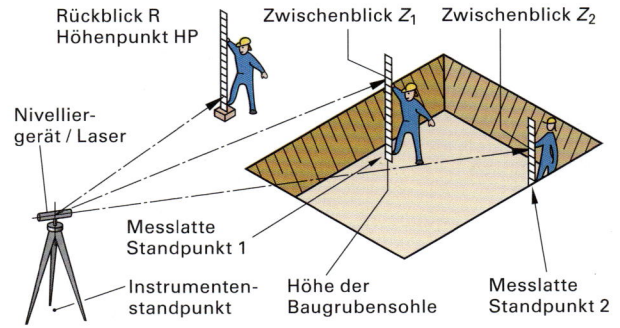

Einmessung der Baugrubentiefe

8.1 Vermessung und Bauabsteckung

8.1.9 Bogenabsteckung

Grundlagen der Kreisbogenabsteckung

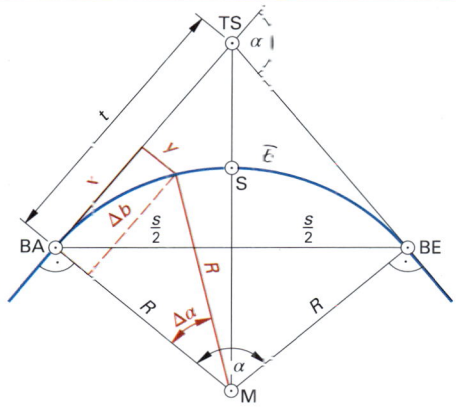

M   Mittelpunkt
TS   Tangentenschnittpunkt
BA   Bogenanfang
BE   Bogenende
S   Bogenscheitel
α Mittelpunktswinkel
R   Radius
t   Tangentenlänge
s   Sehnenlänge
$\widehat{b}$ Bogenlänge von BA bis BE
$\Delta\alpha$ Winkeländerung
$\widehat{\Delta b}$ Bogenabschnitt
x, y $\begin{cases} \text{Koordinaten bezogen auf BA} \\ \text{Absteckwerte} \end{cases}$

$t = R \cdot \tan \dfrac{\alpha}{2}$

$s = 2 \cdot R \, \sin \dfrac{\alpha}{2}$

$\widehat{b} = \dfrac{\pi \cdot R \cdot \alpha^{gon}}{200^{gon}} = \dfrac{\pi \cdot R \cdot \alpha°}{180°}$

Absteckwerte für vorgegebene Abszissen

$y = R - \sqrt{R^2 - x^2}$

Absteckwerte für vorgegebene Bogenabschnitte

$x = R \cdot \sin \Delta\alpha \quad y = R \cdot (1 - \cos \Delta\alpha)$

$\Delta\alpha^{gon} = \dfrac{\widehat{\Delta b}}{\pi \cdot R} \cdot 200^{gon}$

Absteckung von der Tangente mit vorgegebenen Abszissen (Koordinaten in x-Richtung)

Beispiel

Abstecken von Bogenkleinpunkten von der Tangente mit gleichen Abständen auf der Tangente

$R = 12,00$ m, $\alpha = 90^{gon} = 81°$

Tangentenlänge t

$t = 12,00 \text{ m} \cdot \tan \dfrac{90^{gon}}{2}$

$t = 12,00 \text{ m} \cdot \tan \dfrac{81°}{2}$

$t = 10,25$ m

Berechnung der Ordinaten y

$y = R - \sqrt{R^2 - x^2}$

$y = 12,00 - \sqrt{12,00^2 - x^2}$

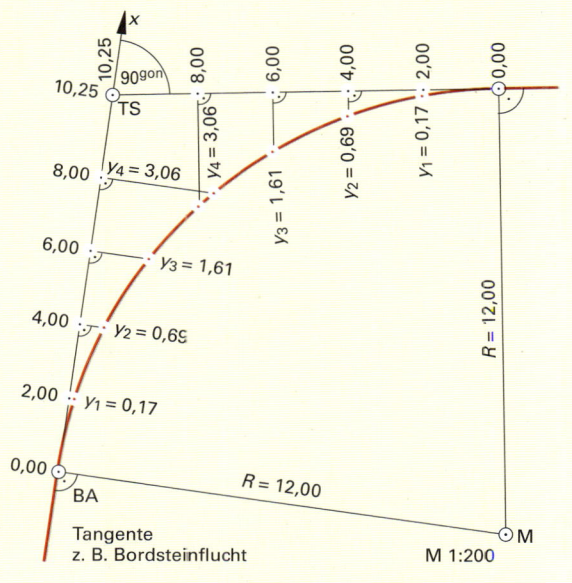

Absteckung für einen zugänglichen oder nicht zugänglichen Mittelpunkt

Punkt	Abszisse x m	Ordinate y m
0	0,00	0,00
1	2,00	0,17
2	4,00	0,69
3	6,00	1,61
4	8,00	3,06

8.1 Vermessung und Bauabsteckung

Absteckung von der Tangente für gleiche Bogenabschnitte $\Delta \widehat{b}$

Beispiel

Gegeben: Kreisbogen $R = 450$ m, Schnittwinkel der Tangenten bzw. der Anschlussgeraden
$\alpha = 30^{gon} = 27°$

Gesucht: Bogenlänge, Tangentenlänge, Absteckwerte für Bogenabschnitte $\Delta \widehat{b} = 20$ m

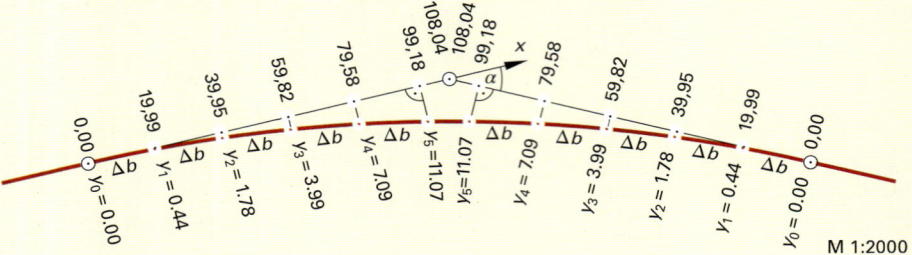

Bogenlänge

$$\widehat{b} = \frac{\pi \cdot R \cdot \alpha^{gon}}{200^{gon}} = \frac{\pi \cdot 450 \text{ m} \cdot 30^{gon}}{200^{gon}} = 212{,}06 \text{ m}$$

Tangentenlänge

$$t = R \cdot \tan \frac{\alpha}{2} = 450 \text{ m} \cdot \tan \frac{30^{gon}}{2} = 108{,}04 \text{ m}$$

Winkeländerung

$$\Delta \alpha = \frac{\Delta \widehat{b}}{\pi \cdot R} \cdot 200^{gon} = \frac{20 \text{ m}}{\pi \cdot 450 \text{ m}} \cdot 200^{gon}$$
$$= 2{,}8294^{gon}$$

Absteckwerte

$x_1 = R \cdot \sin \Delta \alpha \qquad y_1 = R \cdot (1 - \cos \Delta \alpha)$

$x_n = R \cdot \sin n \cdot \Delta \alpha \qquad y_n = R \cdot (1 - \cos n \cdot \Delta \alpha)$

Punkt	Bogenabschnitt	Winkel	Absteckwerte	
n	$n \cdot 20{,}00$ m	$n \cdot \Delta \alpha^{gon}$	x in m	y in m
0	0,00	0,000	0,00	0,00
1	20,00	2,829	19,99	0,44
2	40,00	5,659	39,95	1,78
3	60,00	8,488	59,82	3,99
4	80,00	11,318	79,58	7,09
5	100,00	14,147	99,18	11,07

Absteckung nach dem Sehnen-Winkel-Verfahren

Die Absteckung nach dem Sehnen-Winkel-Verfahren erfolgt mittels eines Theodoliten (Standpunkt BA), eines Messbandes (Länge s) und mehrerer Fluchtstäbe. Grundlage ist folgender Lehrsatz:

- Für den gleichen Bogenabschnitt $\Delta \widehat{b}$ bzw. die gleiche Sehne s beträgt der Mittelpunktswinkel α das Doppelte des Umfangswinkels φ.

$$\widehat{b} = \frac{\pi \cdot R \cdot \alpha^{gon}}{200^{gon}} \qquad \varphi^{gon} = \frac{\Delta \widehat{b}}{\pi \cdot R} \cdot 100^{gon} \qquad s \cong \Delta \widehat{b} \text{ für } \Delta \widehat{b} \leq \frac{R}{10}$$

$$\widehat{b}_R = \widehat{b} - n \cdot \Delta \widehat{b} \qquad \varphi_R^{gon} = \frac{\widehat{b}_R}{\pi \cdot R} \cdot 100^{gon}$$

Beispiel

Gegeben: Kreisbogen $R = 450$ m, Schnittwinkel der Tangenten bzw. Anschlussgeraden
$\alpha = 30^{gon} = 27°$

Gesucht: Absteckzeichnung für $\Delta b \cong s = 20$ m, Länge des Reststückes $b_R \cong s_R$

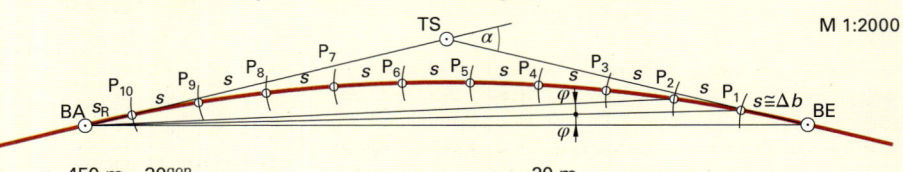

$$\widehat{b} = \frac{\pi \cdot 450 \text{ m} \cdot 30^{gon}}{200^{gon}} = 212{,}06 \text{ m} \qquad \varphi^{gon} = \frac{20 \text{ m}}{\pi \cdot 450 \text{ m}} \cdot 100^{gon} = 1{,}4147^{gon}$$

$$s_R \cong b_R = 212{,}06 \text{ m} - 10 \cdot 20{,}00 \text{ m} = 12{,}06 \text{ m} \qquad \varphi_R = \frac{12{,}06 \text{ m}}{\pi \cdot 450 \text{ m}} \cdot 100^{gon} = 0{,}8531^{gon}$$

8 BAUBETRIEB

8.2 Kostengliederung, Grundflächen und Rauminhalte

Kostenermittlung und Kostenüberprüfung sind im Bauwesen von großer Bedeutung. Als eine allgemein gültige Grundlage dienen die Kostengliederung nach DIN 276 und die Berechnungsgrundlagen für die Grundflächen und Rauminhalte von Hochbauten nach DIN 277. Beide DIN-Normen sind grundsätzlich miteinander verknüpft und schaffen einheitliche Begriffe, die mit der Neufassung der Wohnflächenverordnung von 11/2003 vergleichbar sind. Mengen und Bezugseinheiten sind nach DIN 276 (Entwurf DIN 276: 2017-07) geregelt. Die DIN 283 „Wohnungen" wurde ersatzlos gestrichen. Die Berechnung der Flächen für den öffentlich geförderten Wohnungsbau muss nach der WoFlV durchgeführt werden. Privatrechtlich kann DIN 283 zugrunde gelegt werden ▶ S. 479.

8.2.1 Kosten von Hochbauten (DIN 276)

- Kosten sind die Aufwendungen für Güter (z.B. Materialien, Gegenstände, Einbauteile) und Leistungen (z.B. des Architekten, der Ingenieure, der Bauschaffenden und die Spesen) einschließlich Mehrwertsteuern.
- Hochbauten sind alle aus Baustoffen und Bauteilen hergestellten und fest mit dem Baugrund verbundenen Anlagen.
- Baugrundstücke sind Flächen nach öffentlich-rechtlichen Vorschriften bebauter oder bebaubarer Grundstücke.
- Erschließung ist die Gesamtheit aller Maßnahmen, die zur baulichen Nutzung führen (z.B. Anschluss für Gas-, Wasser- und Stromversorgung, Verkehrsanschlüsse, Ausbau von Park-, Abstell- und Grünflächen).

Straßen- und Tiefbauvorhaben sind hier nicht erfasst.

Zuständig für die Aufgaben, die mit dem Bau, der Erneuerung oder der Unterhaltung der Straßen zusammenhängen, sind die Straßenbaulastträger – Bund, Länder, Landkreise, Städte, Gemeinden.

Kostengruppen
1 Grunderwerb
2 Untergrund, Unterbau, Entwässerung
3 Oberbau
4 Brücken
5 Stützwände
6 Tunnel
7 sonstige Bauwerke
8 Ausstattung
9 sonstige Anlagen und Kosten

Ingenieurbauten sind hier nicht erfasst.

Bauwerke
Brücken, Schächte, Tunnel, Klärbecken, Kaimauern

Bauteile
Widerlager, Flügelmauern, Gründungen, z.B. Pfähle

Bauelemente – wie Hochbau
Balken, Stützen, Pfeiler, Platten, Wandteile, Elemente

Baustoffe nach Bauregelliste

Kostengruppen

Kosten des Baugrundstückes (Gruppe 100: Grundstück)

- Wert des Grundstückes
richtet sich nach dem Verkehrswert zum Zeitpunkt der Kostenermittlung; ist abhängig von der Lage, der Grundstücksgröße, der Bebaubarkeit, der Verkehrslage, der Wohnlage, der Nachbarschaft, von Gewerbefläche und Geschäftshäusern, den Umwelteinflüssen, der Erschließung.
- Erwerb (Kauf) des Grundstückes ⇒ ⇒ ⇒ ⇒ ⇒
beinhaltet auch alle Nebenkosten wie Maklergebühr, Gutachtergebühren, Grunderwerbssteuer, Gebühren für notarielle Beurkundungen, Kosten für Vermessungs- und Katasterunterlagen.
- Freimachen des Grundstückes (rechtlicher, finanzieller Aspekt) bedingt Kosten für Miet- oder Pachtablösungen, Abfindungszahlungen, Beschränkung wie Wegerecht.

Kosten der Erschließung (Gruppe 200: Herrichten)

- Herrichten des Grundstückes (sächlicher Aspekt, Dienstleistungen) bedingt Kosten für die Tätigkeiten wie Roden, Abtrennen von Versorgungsleitungen, genehmigte Abbrucharbeiten.
- Öffentliche Erschließung bedingt anteilige Kosten für die Herstellung von Wegen, Straßen, Versorgungsleitungen, Grünflächen und öffentliche Anlagen.
- Nicht öffentliche Erschließung bedingt Kosten, auch wenn ohne öffentlich-rechtliche Verpflichtung oder ohne Beauftragung Maßnahmen durchgeführt werden, um diese zu einem späteren Zeitpunkt in den Gebrauch der Allgemeinheit zu überführen.

120 Grundstücksnebenkosten
121	Vermessungsgebühren
122	Gerichtsgebühren
123	Notariatsgebühren
124	Grunderwerbssteuer
125	Untersuchungen
126	Wertermittlungen
127	Genehmigungsgebühren
128	Bodenordnung
129	sonstiges

8.2 Kostengliederung, Grundflächen und Rauminhalte

Kostengruppen

Kosten des Bauwerks (Gruppe 300: Baukonstruktionen)
- Baukonstruktionen bedingen Kosten für die Bauleistungen der gesamten Rohbau- und Ausbaumaßnahmen des Bauwerks einschließlich der Baustelleneinrichtung.
- Besondere Bauausführungen bedingen Kosten z.B. für Aufwendungen für besondere Gründungen, Gebäudeabdichtungen und Luftschutzanlagen.

Bauwerk-Technische Anlagen (Gruppe 400: Technische Anlagen)
- für alle beweglichen oder festen technischen Anlagen, die zur Ingebrauchnahme des Bauwerks erforderlich sind.
- Installationen bedingen Kosten hinsichtlich lüftungstechnischer Anlagen, Heizungs- und Brauchwasseranlagen, Blitzschutzanlagen, elektrischer Kabel und Leitungsanlagen, Gas-, Wasser- und Abwasseranlagen, Fernmeldetechniken, sofern diese in das Objekt eingebaut werden.
- Zentrale Betriebstechnik bedingt Kosten für die Teile technischer Anlagen, die zum Betrieb der Installationen erforderlich sind, z.B. Behälter, Pumpen, Filter, Regeltechnik, Aufbereitungsanlagen, Rauchgasentstauber, Wärmetauscher, Raumlufttechnik, Abfallbeseitigungsanlagen.
- Betriebliche Einbauten bedingen Kosten für alle mit dem Bauwerk fest verbundenen Einbauten, z.B. feste Kücheneinrichtungen, Laboreinrichtungen und Einbauten im Zusammenhang mit den Installationen und der Betriebstechnik.

Kosten der Außenanlagen (Gruppe 500: Außenanlagen)
- z.B. Einfriedungen, Geländegestaltung, Geländeaufbereitung, Versorgungsanlagen auf dem Grundstück, Baukunst im Freien, Gartenzonen, Tiergehege, Verkehrsanlagen, Grünanlagen.

Kosten für zusätzliche Maßnahmen (Gruppe 600: Ausstattung und Kunstwerke)
- die bei der Herstellung des Bauwerks verursacht werden, für besondere Sicherheitsmaßnahmen, Schutzmaßnahmen und Witterungseinflüsse, Kosten für besondere Ausstattung und Kunstwerke.

Baunebenkosten (Gruppe 700: Baunebenkosten)
- für die Planung, Durchführung und Bauaufsicht gemäß Vergütungsgrundlage bzw. Baugebührenordnung sowie Gutachten, Beratung, Kunst am Bau, Finanzierung.

Finanzierung (Gruppe 800: Kosten für die Finanzierungsplanung)

Kostenermittlung

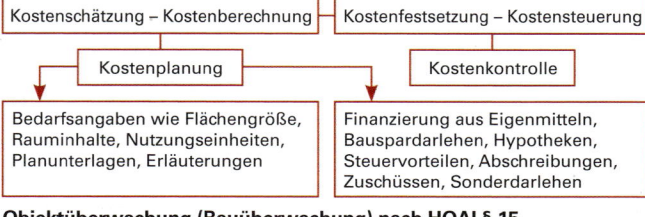

Objektüberwachung (Bauüberwachung) nach HOAI § 15
(1) **Überwachen der Ausführung des Objektes** auf Übereinstimmung mit der Baugenehmigung
(2) **Überwachen der Ausführung von Tragwerken** auf Übereinstimmung mit dem Standsicherheitsnachweis
(3) **Koordinieren** der an der Objektüberwachung fachlich Beteiligten
(4) Überwachen und Detailkorrektur von Fertigteilen
(5) Aufstellen und Überwachen eines Zeitplanes (**Balkendiagramm**)
(6) Führen eines **Bautagebuches**
(7) **Gemeinsames Aufmaß** mit den bauausführenden Unternehmern
(8) **Abnahme der Bauleistungen** ... unter Feststellung von Mängeln
(9) **Rechnungsprüfung**
(10) **Kostenfeststellung** nach DIN 276 oder nach Wohnungsrecht
(11) Antrag auf **behördliche Abnahme** und Teilnahme daran
(12) **Übergabe des Objektes** einschließlich Zusammenstellung und Übergabe der erforderlichen Unterlagen
(13) Auflisten der **Gewährleistungsfristen**
(14) Überwachen der Beseitigung der **festgestellten Mängel**
(15) **Kostenkontrolle** durch Überprüfung der Leistungsabrechnung

8.2 Kostengliederung, Grundflächen und Rauminhalte

Kostenschätzung (Formblattmuster)

Baumaßnahme: __Einfamilienwohnhaus__
Bauweise: __2-geschossig freistehend__
Bauherr: _____
Bauart: _____
Grundstücksfläche: __1 200__ m²
Bebaute Fläche: __160__ m²

	Nutzfläche	__280__ m²	Brutto-Rauminhalt	__1000__ m³
	Wohnfläche	___ m²	Umbauter Raum	___ m³
	Nutzfläche	___ m²	Umbauter Raum	___ m³

hierzu: __ __ Blatt Skizzen, Zeichnungen, Planunterlagen; __ __ Blatt Einzelberechnungen

Kostenschätzung

Kostengruppe		Teilbetrag (€)	Gesamtbetrag (€)	€ / _____
100	**Kosten des Baugrundstücks**		97.500,00	
110	Wert (30 €/m²) × 1 200 m²	96.000,00		
120	u. a. Erwerb	1.500,00		
130	u. a. Freimachen			
200	**Kosten der Erschließung** Summe	———	16.500,00	
210	Herrichten	3.500,00		
220	Öffentliche Erschließung	8.000,00		
230	Nichtöffentliche Erschließung	5.000,00		
240	Ausgleichsmaßnahmen			
	Summe			
nachrichtlich:	Summe			
Kosten pro m² Grundstück				

300 Kosten des Bauwerkes

Bauleistungen für Baukörper	Menge	Einheit	Einzelbetrag	Betrag
A _____	1 000	m³	150,00	150.000,00
B _____				
C _____				
Summe				150.000,00

Gesamtbetrag: 150.000,00

	Baukörper				
Davon entfallen auf	A	B	C		
Baukonstruktionen	105.000,00			105,00 €/m³	
Installationen	15.000,00			15,00 €/m³	
Zentr. Betr ebstechn.	–				
Betriebl. Einbauten	26.000,00			26,00 €/m³	

Besondere Bauausführungen
_____ €
_____ €
Summe _____

| **400** | **Technische Anlagen** | Summe | – |
| **500** | **Kosten der Außenanlagen** | Summe | 5.000,00 |

Davon entfallen auf:
- Abwasser u. Versorgungsanlagen __3.000,00__ €
- Verkehrsanlagen __–__ €
- Grünflächen __2.000,00__ €
- Übrige Außenanlagen __–__ €

| **600** | **Kosten für zusätzliche Maßnahmen** | Summe | 1.500,00 |
| **700** | **Baunebenkosten** | Summe | 16.500,00 |

Davon entfallen auf:
- Architekten- u. Ingenieurleistungen __14.000,00__ €
- Verwaltungsleistungen __1.500,00__ €
- Behördliche Prüfungen __1.000,00__ €
- Übrige Baunebenkosten _____ €

800 Finanzierungskosten

Aufgestellt am _____   **Gesamtsumme**

8.2 Kostengliederung, Grundflächen und Rauminhalte

8.2.2 Grundflächen und Rauminhalte (DIN 277)

Grundflächen

Die DIN 277: 2016-01 regelt die Berechnung von Grundflächen und Rauminhalten von Bauwerken. Diese Flächen- und Rauminhalte dienen der Ermittlung der Herstellungskosten und der Ermittlung von Miet- bzw. Kaufpreisen.

- Die Größe der Flächen ist in m^2 anzugeben. Waagerechte Flächen werden in ihren tatsächlichen Abmessungen gemessen. Schräg liegende Flächen werden in ihrer lotrechten Projektion auf eine gedachte waagerechte Ebene gemessen.
- Die Fläche des Baugrundstückes kann in bebaute und unbebaute Fläche aufgegliedert werden ($UF = GF - BF$).
- Als bebaute Fläche gilt die von Hochbauten bedeckte Grundstücksfläche, die sich aus der lotrechten Projektion der äußeren Abmessungen des Bauwerks auf die Grundstücksfläche ergibt.
- Brutto-Grundfläche eines Bauwerks ist die Summe der Grundfläche aller Grundrissebenen. Dabei wird die Berechnung für jede Grundrissebene getrennt durchgeführt. Für die Ermittlung der Brutto-Grundfläche jeder Grundrissebene sind die jeweiligen äußeren Abmessungen in Fußbodenhöhe maßgebend. Konstruktive und gestalterische Vor- und Rücksprünge bleiben unberücksichtigt.
- Grundflächen (sowohl Brutto- wie Netto-Grundflächen) werden nach Merkmalen der unterschiedlichen Raumumschließung getrennt ermittelt.
- Netto-Raumfläche ist die nutzbare Grundfläche zwischen begrenzenden Bauteilen. Sie errechnet sich aus den lichten Fertigmaßen in Höhe des Fußbodens ohne Berücksichtigung von Fußleisten, Sockelleisten o.Ä. Die Grundflächen von Fensteröffnungen, Türöffnungen, Nischen und Aussparungen sind bei der Ermittlung der Grundrissfläche nicht einzubeziehen.
- Konstruktionsgrundfläche KGF ist die Grundfläche der begrenzenden Bauteile sowie Stützen, Pfeiler, Schornsteine, Lichtschächte o.Ä. Die Grundflächen von Fensteröffnungen, Türöffnungen, Nischen und Aussparungen gehören zur Konstruktionsfläche.
- Die Grundflächen von Installations- und Aufzugsschächten mit einem lichten Querschnitt von über $1m^2$ werden den jeweiligen Ebenen der NRF zugeordnet, auf denen sie begehbar sind. Ansonsten werden diese der KGF zugerechnet.
- Nutzungsflächen werden nach Zweckbestimmung und Nutzung unterteilt (z.B. als Kellerfläche, Wohnfläche, Bürofläche).
- Technikfläche ist die Netto-Grundfläche von Räumen der betrieblichen Anlagen wie Abwasseraufbereitungsanlagen, Abwasserbeseitigungsanlagen, Wasserversorgungsanlagen, Heizungsanlage, Anlagen für Lüftungen o.Ä.
- Verkehrsfläche ist die Netto-Grundfläche, die der Verkehrserschließung im Gebäude dient, z.B. Flächen von Treppenräumen, Fluren, Rampen, Dielen o.Ä.

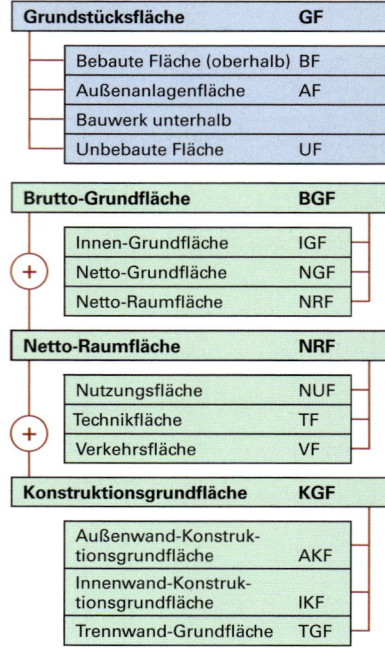

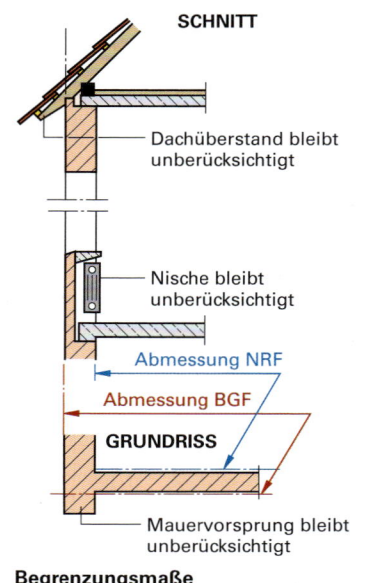

Grundflächen nach DIN 277

8.2 Kostengliederung, Grundflächen und Rauminhalte

Grundflächen und Rauminhalte

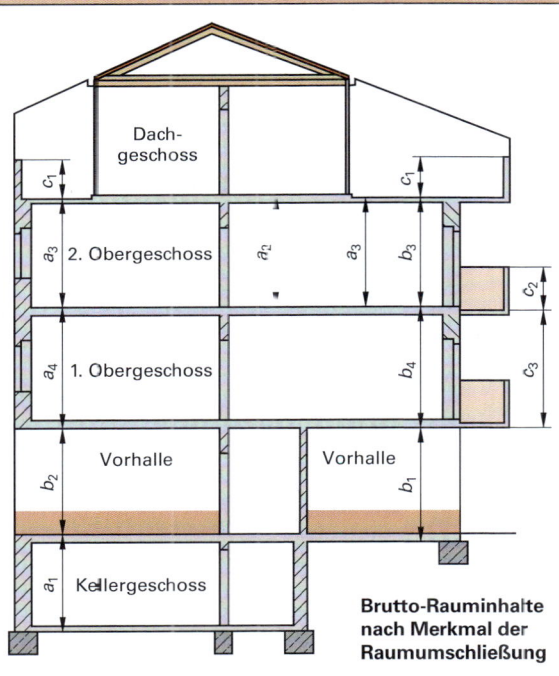

Brutto-Rauminhalte nach Merkmal der Raumumschließung

Das Baurecht kennt verschiedene Bauwerksflächen, deren Berechnung für die unterschiedlichsten Verwendungen eingesetzt werden.

- zur Berechnung für das Maß der baulichen Nutzung (BauNVO)
- für die Energieeinsparverordnung (EnEV)
- für den Nachweis der öffentlich-rechtlichen Zulässigkeit (WoFlV)
- für die Wertermittlung (DIN 277)
- für die Flächenkennwerte zur Kostenermittlung (DIN 277)
- als Grundlage für die Berechnung der Wirtschaftlichkeit (DIN 18960)
- für die Betreibung, Vermietung und Veräußerung des Gebäudes (gewerblicher Raum MF/G-gif).

DIN 277: 2016-01

Grundflächen und Rauminhalte im Bauwesen (Hochbau)
Diese Norm dient sowohl der Ermittlung von Herstellungskosten wie auch der Ermittlung von Verkaufs- und Mietpreisen.

MF/G-Richtlinie

Für die Vermietung gewerblicher Räume ist die gif-Richtlinie zur Berechnung der Mietfläche maßgebend (Gesellschaft für immobilienwirtschaftliche Forschung e. V., gif).

DIN 18960: 2008-02

Nutzung im Hochbau
Neben den Kosten aus der Bereitstellung des Objektes werden auch Nutzungskosten (Verwaltungs-, Betriebs- und Instandsetzungskosten) ausgewiesen.

DIN EN 15221-6: 2011-12

Die neue DIN 277 ist der europäischen Norm „Facility Management" angeglichen worden. Diese betrachtet den gesamten Lebenszyklus eines Bauwerks.

II BV: 2007-11

Für den öffentlich geförderten Wohnungsbau regelt bis zum 31.01.2003 die Verordnung über die wohnwirtschaftliche Berechnung die Berechnung der Wohn-(Miet-)Fläche.

WoFlV: 2003-11

Für Wohnbauten, die nach dem 01.01.2004 errichtet wurden, und bei baulichen Änderungen älterer Wohnungen.

DIN 283: 1951-03

Die DIN 283 ist ganz zurückgezogen. Einvernehmen vorausgesetzt, privatwirtschaftlich möglich.

Datenverarbeitungsprogramme in der Bautechnik

Büro- und Planungsarbeiten in den Bereichen Hochbau, Ingenieurbau sowie Straßen- und Tiefbau werden überwiegend EDV-programmgestützt durchgeführt. Befinden sich die Programme (tools) auf einem zentralen Rechner (Server), so ist der Zugriff vom Arbeitsplatzrechner (Client) möglich.

Standard-programme	Textverarbeitung, Tabellenkalkulation, Präsentation, Bildbearbeitung, Graphik
CAD computer aided design	CAD-Programme ermöglichen das Erstellen von Grundrissen mit Bemaßung, Schraffur und ergänzenden Informationen. Mit Hilfe einer 3-D-Software wird die Bearbeitung umfassend digital gestützt. Die Berechnung der Flächen- und Rauminhalte nach DIN 277 für die Bauvorlage ist möglich.
AVA Ausschreibung, Vergabe und Abrechnung	Programm für die Vergabe und Abrechnung ermöglichen die elektronische Weitergabe des Leistungsverzeichnisses und werden zur Kalkulation eingesetzt.

BIM Eine spezielle Art des Projektmanagement ist das Building Information Modelling. Darunter wird die umfassende digitale Abbildung eines Bauwerks verstanden. Ziel ist es sämtliche Dokumentationen vom Entwurf, über die Planung, Kostenrechnung, Ausführung, Bewirtschaftung bis zum Rück- bzw. Umbau digital zu erfassen und zu verknüpfen.
Je nach Umfang der BIM-Nutzung sind 4 Niveaustufen zu unterscheiden. Die **Niveaustufe I** beschreibt den Stufenplan „Digitales Planen und Bauen" und orientiert sich an den Leistungsphasen der HOAI. Die Weiterentwicklung zur Niveaustufe II ist in DIN ISO EN 19650-1 geregelt. Das Bundesministerium für Verkehr und digitale Infrastruktur hat einen Stufenplan veröffentlicht.

8.2 Kostengliederung, Grundflächen und Rauminhalte

Rauminhalte

Getrennte Ermittlung nach Raumumschließung
- Regelfall **R** Umschließung a
- Sonderfall **S** Umschließung b und c

- Der Rauminhalt ist in m³ anzugeben. Grundlage für die Berechnung der Rauminhalte sind die ermittelten Grundflächen. Der Brutto-Rauminhalt (BRI) von Bauwerken ergibt sich durch deren äußere Bezugsflächen als das Produkt der Brutto-Raumflächen mit der maßgeblichen Höhe. Die Höhe ist aus der nebenstehenden Tabelle zu entnehmen.

- Der Netto-Rauminhalt (NRI) ergibt sich aus den inneren Bezugsflächen. Für die Beurteilung der Gebäudekosten reicht i.d.R. die Angabe des Brutto-Rauminhaltes aus. Konstruktive und gestalterische Vorsprünge und Rücksprünge sowie untergeordnete Bauteile bleiben unberücksichtigt. Merkmale der Umschließung sind nur gemäß Regelfall (R) oder Sonderfall (S) zu untergliedern.

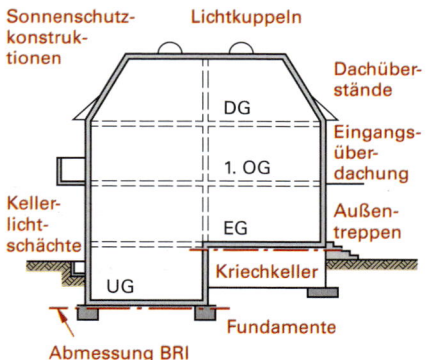

Festlegung der untergeordneten Bauteile zur Bestimmung des Brutto-Rauminhaltes

Kommt es bei der Berechnung und Ausweisung von Flächen, im Rahmen eines Genehmigungsverfahrens, zu Sonder- und Einzelfällen, die nicht allgemein beantwortet werden können, empfiehlt sich die frühzeitige Kontaktaufnahme mit der unteren Bauaufsichtsbehörde.

Im Gegensatz zur BauNVO ▶ S. 485 werden nach DIN 277 alle vorhandenen Grundflächen erfasst, einschließlich der unterhalb der Geländeoberfläche. Im Bebauungsplan können Festsetzungen für das Maß der baulichen Nutzung für Teile baulicher Anlagen oberhalb und unterhalb der Geländeoberfläche getroffen werden.

	Merkmale der Umschließung	
R	Regelfall der Raumumschließung	
a	Brutto-Rauminhalte von allseitig umschlossenen und überdeckten Bauwerken	
S	Sonderfall der Raumumschließung	
b	Brutto-Rauminhalte von nicht allseitig in voller Höhe umschlossenen, jedoch überdeckten Bauwerken	
c	Brutto-Rauminhalte von Bauwerken, die umschlossen, jedoch nicht überdeckt sind	
	Als Höhe wird angesetzt	
a_1	im untersten Geschoss	Höhe = Raumhöhe + Dicke der begrenzenden unteren und oberen Bauteile
a_2	im Normalgeschoss	Höhe = Raumhöhe + Dicke des begrenzenden oberen Bauteils
a_3	im Dachgeschoss	Höhe = Raumhöhe + Dicke der begrenzenden unteren und oberen Bauteile
a_4	in Geschossen, deren Unterfläche zugleich Außenfläche ist	Höhe = Raumhöhe + Dicke der begrenzenden unteren und oberen Bauteile
b_1	im untersten Geschoss	Höhe = Raumhöhe + Dicke des unteren Bauteils (Decke/Sohle)
b_2	zwischen allseitig umschlossenen und überdeckten Geschossen	Höhe = Raumhöhe
b_3	in Geschossen, unter nicht allseitig umschlossenen Geschossen, und in Geschossen, deren Unterfläche zugleich Außenfläche ist	Höhe = Raumhöhe des oberen Bauteils (Decke/Dach)
b_4	in Geschossen, unter nicht allseitig umschlossenen Geschossen	Höhe = Raumhöhe + Dicke der begrenzenden unteren und oberen Bauteile (Decken)
b_5	in eingeschossigen Bauwerken	Höhe = Raumhöhe + Dicke der begrenzenden unteren und oberen Bauteile
c_1	über einem Geschoss	Höhe = lichte Höhe des umschließenden Bauteils
c_2	auskragende Teile	Höhe = Gesamthöhe des umschließenden Bauteils
c_3	unterer Balkon	Höhe = Raumhöhe + Dicke der begrenzenden Bauteile

8.2 Kostengliederung, Grundflächen und Rauminhalte

8.2.3 Wohnungen und Wohnflächen

Eine Wohnung ist die Summe der Räume, die zur Erfüllung eines Haushaltes gehören. Unterschieden werden:
- Wohn- und Schlafräume mit mindestens 10 m²
- Küchen oder Wohnküchen, letztere mit mindestens 12 m²
- Diele, Windfang, Vorraum, Flur, beheizte Wintergärten mit höchstens 6 m²

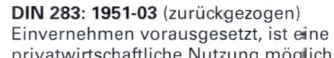

DIN 283: 1951-03 (zurückgezogen)
Einvernehmen vorausgesetzt, ist eine privatwirtschaftliche Nutzung möglich.

Berechnet werden:
- die Grundflächen von Wohnräumen, Schlafräumen, Küchen und Nebenräumen für jeden einzelnen Raum oder
- die Grundflächen aus den Rohbaumaßen unter Berücksichtigung von 3 % Abzug

Einzubeziehen sind:
- Nischen, die bis zum Fußboden herunterreichen und mehr als 13 cm tief sind
- Erker und Wandschränke mit mehr als 0,5 m² Grundfläche
- Raumteile unter Treppen, soweit die lichte Höhe mindestens 2 m beträgt

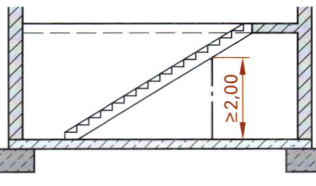

Treppenraum

Nicht einzubeziehen sind:
- Türnischen
- Schornstein- und Mauervorlagen mit mehr als 0,1 m² Grundfläche
- Stützen und Streben, Öfen und Heizkörper
- Fenster- und Türöffnungen, Umrahmungen, Scheuerleisten

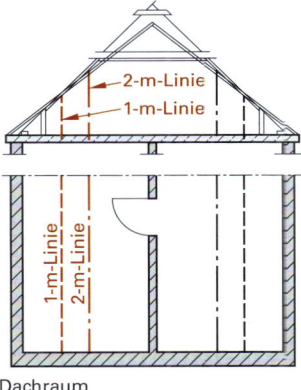

Dachraum

Problempunkte Dach- und Treppenraum

Die Grundflächen sind anzurechnen:	
VOLL	Grundflächen mit einer lichten Höhe von mehr als 2,00 m
ZUR HÄLFTE	Grundflächen mit einer lichten Höhe zwischen 1,00 m und 2,00 m sowie nicht beheizte Wintergärten
ZU EINEM VIERTEL	Grundflächen von Balkonen, Loggien und gedeckten Freisitzen
NICHT	Grundflächen mit einer lichten Höhe unter 1,00 m und nicht gedeckte Freisitze

Beispiel zur Wohnraumberechnung (Vergleichsrechnung nach zurückgezogener DIN 283)

	Rohbaumaße m	Rohbaufläche m²	Fertigmaße		Grundfläche m²	
			Rohbaumaß – Putzdicke m			
Wohnzimmer	4,125 · 5,310	21,90	4,095 · 5,280		21,62	
Schlafzimmer	4,125 · 4,400	18,15	4,095 · 4,370		17,90	
Kinderzimmer	4,125 · 4,265	17,55	4,095 · 4,225		17,30	
Küche	2,885 · 1,950	5,63	2,825 · 1,920		5,42	
Bad	2,300 · 1,600	3,68	2,270 · 1,570		3,56	
Flur	0,550 · 1,600 + 1,200 · 3,620	0,88 4,34	0,525 · 1,570 1,170 · 3,590		0,82 4,20	
Schornstein (Abzug) beim betr. Raum	0,290 · 0,800 0,290 · 1,550 ⇒	72,13 – 0,68	71,45	0,290 · 0,800 0,290 · 1,550	70,82 – 0,68	70,14
davon 97 %	0,97 · 71,45	69,31	Alternativrechnung 100 %		70,14	
Unterschiedsbetrag	▶▶▶ 0,83 m²					

Die Gegenüberstellung der Rechnungen mit Rohbaumaßen abzüglich 3 % und der Rechnung mit Fertigmaßen (rechter Teil des Beispiels) zeigt, dass sich eine kleinere Summe bei der Rechnung mit den Rohbaumaßen abzüglich 3 % ergeben hat. Dieses Rechnungsverfahren ergibt stets den kleineren Betrag für die Grundfläche.

8.2 Kostengliederung, Grundflächen und Rauminhalte

8.2.4 Wohnflächenverordnung

Die Wohnflächenverordnung (WoFIV) lässt dem Bauherrn mehrere Möglichkeiten der Flächenberechnung. Das gewählte Verfahren ist für den Rechtsnachfolger verbindlich. Im öffentlich geförderten Wohnungsbau ist die wohnungswirtschaftliche Berechnung nach der WoFIV durchzuführen, in anderen Fällen ist wahlweise nach **DIN 277** oder **DIN 283** (obwohl ersatzlos zurückgezogen) oder nach der WoFIV zu verfahren. In Zweifelsfällen sollte von der Bewilligungsbehörde für den öffentlich geförderten Wohnungsbau Auskunft darüber eingeholt werden, welche Berechnungsgrundlage zu verwenden ist.

In einigen Kommunen wird bereits die neue Wohnflächenverordnung als Grundlage der Berechnung vorgegeben. Informationen sind i.d.R. unter http://www.Name der Kommune.de mit Link Hochbauamt o.Ä. abzurufen.

Auszug Wohnflächenverordnung 11/2003

§ 1 Anwendungsbereich, Berechnung der Wohnfläche

(1) Wird nach dem Wohnraumförderungsgesetz die Wohnfläche berechnet, sind die Vorschriften dieser Verordnung anzuwenden.

(2) Zur Berechnung der Wohnfläche sind die nach § 2 zur Wohnfläche gehörenden Grundflächen nach § 3 zu ermitteln und nach § 4 auf die Wohnfläche anzurechnen.

§ 2 Zur Wohnfläche gehörende Grundflächen

(1) Die Wohnfläche einer Wohnung umfasst die Grundflächen der Räume, die ausschließlich zu dieser Wohnung gehören. Die Wohnfläche eines Wohnheims umfasst die Grundfläche der Räume.

(2) Zur Wohnfläche gehören auch die Grundflächen von
1. Wintergärten, Schwimmbädern und ähnlichen nach allen Seiten geschlossenen Räumen sowie
2. Balkonen, Loggien, Dachgärten und Terrassen, wenn sie aussschließlich zu der Wohnung oder dem Wohnheim gehören.

(3) Zur Wohnfläche gehören **nicht** die Grundflächen folgender Räume:
1. Zubehörräume, insbesondere:
   a) Kellerräume,
   b) Abstellräume und Kellerersatzräume außerhalb der Wohnung,
   c) Waschküchen,
   d) Bodenräume,
   e) Trockenräume,
   f) Heizungsräume und
   g) Garagen
2. Räume, die nicht den an ihre Nutzung zu stellenden Anforderungen des Bauordnungsrechts der Länder genügen, sowie
3. Geschäftsräume.

§ 3 Ermittlung der Grundfläche

(1) Die Grundfläche ist nach den lichten Maßen zwischen den Bauteilen zu ermitteln; dabei ist von der Vorderkante der Bekleidung der Bauteile auszugehen. Bei fehlenden begrenzenden Bauteilen ist der bauliche Abschluss zugrunde zu legen.

(2) Bei der Ermittlung der Grundfläche sind einzubeziehen die Grundflächen von
1. Tür- und Fensterbekleidungen sowie Tür- und Fensterumrahmungen,
2. Fuß-, Sockel- und Schrammleisten,
3. fest eingebauten Gegenständen, wie z.B. Öfen, Heiz- und Klimageräten, Herden, Bade- oder Duschwannen,
4. freiliegenden Installationen,
5. Einbaumöbeln und
6. nicht ortsgebundenen, versetzbaren Raumteilern.

(3) Bei der Ermittlung der Grundflächen bleiben **außer Betracht** die Grundflächen von
1. Schornsteinen, Vormauerungen, Bekleidungen, freistehenden Pfeilern und Säulen, wenn sie eine Höhe von mehr als 1,50 m aufweisen und ihre Grundfläche mehr als 0,1 m² beträgt,
2. Treppen mit über drei Steigungen und deren Treppenabsätze,
3. Türnischen und
4. Fenster- und offenen Wandnischen, die nicht bis zum Fußboden herunterreichen und 0,13 m oder weniger tief sind.

(4) Die Grundfläche ist durch Ausmessung im fertiggestellten Wohnraum oder aufgrund einer Bauzeichnung zu ermitteln. Wird die Grundfläche aufgrund einer Bauzeichnung ermittelt, muss diese die Ermittlung der lichten Maße zwischen den Bauteilen im Sinne des Absatzes 1 ermöglichen.

Ist die Grundfläche nach einer Bauzeichnung ermittelt worden und ist abweichend von dieser Bauzeichnung gebaut worden, ist die Grundfläche durch Ausmessung im fertiggestellten Wohnraum oder aufgrund einer berichtigten Bauzeichnung neu zu ermitteln.

§ 4 Anrechnung der Grundflächen

Die Grundflächen
1. von Räumen und Raumteilen mit einer lichten Höhe von mindestens zwei Metern sind **vollständig**
2. von Räumen und Raumteilen mit einer lichten Höhe von mindestens einem Meter und weniger als zwei Metern sind **zur Hälfte**
3. von unbeheizbaren Wintergärten, Schwimmbädern und ähnlichen nach allen Seiten geschlossenen Räumen sind **zur Hälfte**
4. von Balkonen, Loggien, Dachgärten und Terrassen sind i.d.R. **zu einem Viertel** höchstens jedoch zur Hälfte

anzurechnen.

Kommentar

- Fertigmaße sind die lichten Maße zwischen den Wänden einschließlich der Bekleidung (z.B. Putz) ohne Berücksichtigung von Wandgliederungen, Scheuerleisten, Öfen, Heizkörper, Herden und dergleichen.
- Die Berechnung nach der Zweiten Berechnungsverordnung nach Rohbaumaßen – 3 % für Putz und Fliesen gibt es nicht mehr.
- Raumteile unter Treppen sind bis zu 2 Meter lichte Höhe der Grundfläche zugerechnet (§ 3 (3) 2.)
- Häufigste Anwendung unter Dachschrägen ist, die Grundfläche bis zur lichten Höhe von 1,50 m zu ermitteln. Das Ergebnis ist rechnerisch das Gleiche (zu § 4 (2)).

8 BAUBETRIEB

8.3 Baurecht

Öffentlich-rechtliche Regelungen über die Zulässigkeit des Bauens bilden den Rechtsrahmen, um die Sicherheit und Ordnung bei der Nutzung von Grund und Boden und bei der Errichtung und Nutzung von Bauten zu gewährleisten.

Übersicht und Abkürzungsverzeichnis			
Baugesetzbuch einschl. Städtebauförderungsgesetz	BauGB	Landesbauordnungen	LBO
		Bauvorlagenverordnung	BauVorlVO
Baunutzungsverordnung	BauNVO	Garagenverordnung	GarVO
Planzeichenverordnung	PlanzV	Allgemeine Durchführungsverordnung zur Landesbauordnung	DVBauO
Raumordnungsgesetz	ROG		
Bürgerliches Gesetzbuch	BGB	Denkmalschutzgesetz	DSchG

8.3.1 Baugesetzbuch

Die städtebauliche Entwicklung ist zentraler Inhalt des BauGB, die insbesondere durch die **Bauleitplanung** gesichert wird.

Bauleitplanung

§ 1 Aufgabe, Begriff und Grundsätze der Bauleitplanung
(1) Aufgabe der Bauleitplanung ist es, die bauliche und sonstige Nutzung der Grundstücke in der Gemeinde nach Maßgabe dieses Gesetzes vorzubereiten und zu leiten.
(2) Bauleitpläne sind der Flächennutzungsplan (vorbereitender Bauleitplan) und der Bebauungsplan (verbindlicher Bauleitplan).
(3) Die Gemeinde hat die Bauleitpläne aufzustellen, soweit es ... erforderlich ist.
(6) Bei der Aufstellung der Bauleitpläne sind öffentliche und private Belange gegeneinander und untereinander gerecht abzuwägen.

§ 2 Aufstellung der Bauleitpläne, Verordnungsermächtigung
(1) Die Bauleitpläne sind von der Gemeinde in eigener Verantwortung aufzustellen. Die Gemeinde hat den Beschluss, einen Bauleitplan aufzustellen, ortsüblich bekannt zu machen.

ZWEITER ABSCHNITT, Vorbereitender Bauleitplan
§ 5 Inhalt des Flächennutzungsplans (Auszug aus BauGB)

Flächennutzungsplan

(2) Im Flächennutzungsplan können insbesondere dargestellt werden:
1. die für die Bebauung vorgesehenen Flächen nach der allgemeinen Art ihrer baulichen Nutzung (Bauflächen), nach der besonderen Art ihrer baulichen Nutzung (Baugebiete) sowie nach dem allgemeinen Maß der baulichen Nutzung; Bauflächen, für die eine zentrale Abwasserbeseitigung nicht vorgesehen ist, sind zu kennzeichnen;
2. die Ausstattung des Gemeindegebiets mit Einrichtungen und Anlagen zur Versorgung mit Gütern und Dienstleistungen des öffentlichen und privaten Bereichs, insbesondere mit den der Allgemeinheit dienenden baulichen Anlagen und Einrichtungen des Gemeinbedarfs, wie mit Schulen und Kirchen sowie mit sonstigen kirchlichen und sozialen, gesundheitlichen und kulturellen Zwecken dienenden Gebäuden und Einrichtungen, sowie die Flächen für Sport- und Spielanlagen;
3. die Flächen für den überörtlichen Verkehr und für die örtlichen Hauptverkehrszüge;
4. die Flächen für Versorgungsanlagen, für die Abfallentsorgung und Abwasserbeseitigung, für Ablagerungen sowie für Hauptversorgungs- und Hauptwasserleitungen;
5. die Grünflächen, wie Parkanlagen, Kleingärten, Sport-, Spiel-, Zelt- und Badeplätze, Friedhöfe;
6. die Flächen für Nutzungsbeschränkungen oder für Vorkehrungen zum Schutz gegen schädliche Umwelteinwirkungen im Sinne des Bundes-Immissionsschutzgesetzes;
7. die Wasserflächen, Häfen und die für die Wasserwirtschaft vorgesehenen Flächen sowie die Flächen, die im Interesse des Hochwasserschutzes und der Regelung des Wasserabflusses freizuhalten sind;
8. die Flächen für Aufschüttungen, Abgrabungen oder für die Gewinnung von Steinen, Erden und anderen Bodenschätzen;
9. a) die Flächen für die Landwirtschaft und b) Wald;
10. die Flächen zum Schutz, zur Pflege und zur Entwicklung von Natur und Landschaft.

(3) Im Flächennutzungsplan sollen gekennzeichnet werden:
1. Flächen, bei deren Bebauung besondere bauliche Vorkehrungen gegen äußere Einwirkungen oder bei denen besondere bauliche Sicherungsmaßnahmen gegen Naturgewalten erforderlich sind;
2. Flächen, unter denen der Bergbau umgeht oder die für den Abbau von Mineralien bestimmt sind;
3. für bauliche Nutzungen vorgesehene Flächen, deren Böden erheblich mit umweltgefährdenden Stoffen belastet sind.

8.3 Baurecht

8.3.2 Elemente des Baurechts

Baurecht

Privates Baurecht
Werkvertrag: Haftung und Gewährleistung nach BGB oder nach VOB Teil B

Öffentliches Baurecht
1. Bauplanungsrecht = Wo darf gebaut werden?
2. Bauordnungsrecht = Sicherheit für Menschen, Formalien

Bauvertrag nach BGB oder nach VOB — Ingenieurvertrag / Architektenvertrag — HOAI — Bauleitplanung — Bauordnungsrecht

Baufirmen ↔ Bauherr ↔ Bauingenieur / Baumeister ↔ Bauaufsichtsbehörden

Bauausführung — Baukosten — Bauplanung — Bauaufsicht

Bauwerk
Neu-, Um-, Aus-, Wiederaufbau

Bauberufe	Bauteile	Baustoffe	Baukosten	9 Leistungsphasen nach der HOAI	Öffentliches Baurecht
Maurer/-in	1. Baugrund, Baugrube	Boden, Fels	Kostenüberschlag	1. Grundlagenermittlung	Bebauungsplan
Schornsteinbauer/-in	2. Fundamente	Beton, Stahlbeton	Kostenschätzung nach DIN 276	2. Vorentwurfsplanung	Bauvoranfrage Bauvorbescheid
Betonbauer/-in	3. Wände, Stützen	Mauerwerk, Beton Stahlbeton, Holz		3. Entwurfsplanung	Bauantrag Teilbau-, Baugenehmigung
Zimmerer/-in	4. Decken		Kostenberechnung nach DIN 276	4. Genehmigungsplanung	Baubeginnanzeige
Fliesenleger/-in	5. Treppen	Stahlbeton, Holz		5. Ausführungsplanung	Rohbauabnahme
Estrichleger/-in	6. Schornstein	Stahl	Kostenplan	6. Vorbereitung der Vergabe	Schlussabnahme
Stuckateur/-in	7. Dachtragwerk	Mauerwerk		7. Mitwirkung b.d. Vergabe	**Privates Baurecht**
Isoliermonteur/-in	8. Dachdichtung Dachabdichtung	Holz, Stahl Kunststoff, Metall	Kostenanschlag nach DIN 276	8. Objektüberwachung Bauüberwachung	Leistungsverzeichnis für alle Bauarbeiten (VOB Teil C; ATV)
Trockenbaumonteur/-in	9. Ausbau (Fenster, Türen)	Stein, Holz, Bitumen	Kostenfeststellung nach DIN 276	9. Objektbetreuung Dokumentation	Wahl der Baufirma/-en
Betonsteinhersteller/-in	10. Entwässerung	Beton			
Dachdecker/-in		**Bauregelliste**	Kostenkontrolle		
Bauzeichner/-in					

Musterliste der Technischen Baubestimmungen (M-Liste)

Die **Musterliste der Technischen Baubestimmungen (M-Liste)**, sie enthält alle eingeführten Regelwerke (DIN oder Richtlinien), die für die Planung, Bemessung und Konstruktion notwendig sind. Sie sind mit ihrem Ausgabedatum und mit ergänzenden Hinweisen zu den geforderten Nachweisen aufgeführt. Technische Baubestimmungen sind allgemein verbindlich. Bei wesentlichen Abweichungen von den technischen Regeln ist der Verwendbarkeitsnachweis durch eine allgemeine bauaufsichtliche Zulassung (**Z**) oder an deren Stelle durch ein allgemeines bauaufsichtliches Prüfzeugnis (**P**) zu führen. Die Festlegungen der Bauregelliste betreffen die Voraussetzungen für die Verwendung von Bauprodukten (und die Anwendung von Bauarten im Falle der Bauregelliste A Teil 3).

8.3 Baurecht

Baugregelliste

Die Baugregelliste enthält geregelte und bauaufsichtlich zugelassene Bauprodukte. Sie wird vom Deutschen Institut für Bautechnik (DIBt) erstellt und mit den obersten Bauaufsichtsbehörden herausgegeben. Grundlage sind die Landesbauordnungen. Die Verwendbarkeit von Produkten ergibt sich aus der Übereinstimmung mit den bekannt gemachten technischen Regeln, der bauaufsichtlichen Zulassung, den bauaufsichtlichen Prüfzeugnissen und der Prüfung im Einzelfall.

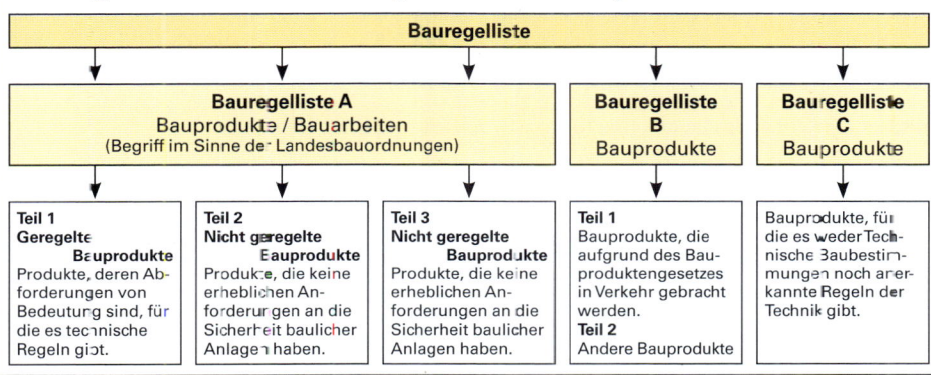

Musterbauordnung

Die Musterbauordnung ist für Deutschland der wesentliche Bestandteil des öffentlicher Baurechts. Es unterteilt sich in sechs Teile. Teil 3 behandelt Bauprodukte (bauaufsichtliche Zulassung), Bauteile (Brandverhalten, Wände, Decken) und Rettungswege (Treppen, Fenster, Türen)

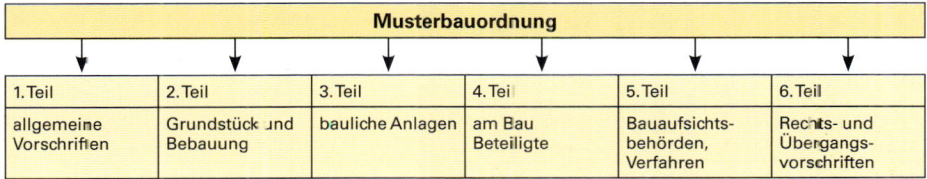

Die Baugregelliste wird durch die **Verwaltungsvorschrift Technische Baubestimmungen (VV TB)** ersetzt. Die Umsetzung ist noch nicht erfolgt (Sie steht im Zusammenhang mit der Musterbauordnung). Die VV TB gliedert sich in die Teile A, B, C und D.
A) Technische Baubestimmungen, die bei der Erfüllung der Grundanforderungen an Bauwerken zu beachten sind (Auszug)
B) Technische Baubestimmungen für Bauteile und Sonderkonstruktionen, die zusätzlich zu den in Abschnitt A aufgeführten technische Baubestimmungen zu beachten sind
C) Technische Baubestimmungen für Bauprodukte, die nicht die CE-Kennzeichnung tragen
D) Bauprodukte, die keinen Verwendungsnachweis bedürfen (Auszug)

EU-Bauproduktenverordnung

Die Bauproduktenverordnung (Eu-BauPVO) beschreibt die Voraussetzungen für das Inverkehrbringen sowie den freien Warenverkehr von Bauprodukten im Sinne der Bauproduktenverordnung. Sie gewährleistet damit ein einheitliches Qualitätsniveau bei der Bewertung und Überprüfung der Leistungsbeständigkeit und regelt die Angaben der Leistungen in Bezug auf ihre wesentlichen Merkmale und die Verwendung der CE-Kennzeichnung. Sie ersetzt die bisherige Bauproduktrichtlinie.

CE-Kennzeichnung Die geforderte Prüfung kann als Musterprüfung oder als Einzelprüfung erfolgen. Die Leistungserklärung enthält die Beschreibung der Leistungsfähigkeit eines Bauproduktes und ist die Grundlage der CE-Kennzeichnung (Communautés Européennes). Ohne Leistungserklärung erfolgt keine CE-Kennzeichnung. Die Kennzeichen ist sichtbar an den Bauprodukten oder der Verpackung anzubringen oder in den Begleitpapieren mit zu übergeben.

8.3 Baurecht

8.3.3 Landesbauordnungen

Die Landesgesetzgebung regelt in der Landesbauordnung LBO das Bauordnungsrecht. Die Vorschriften beziehen sich auf das Grundstück und die einschlägige Bebauung, auf die Sicherheit und Ordnung, auf die Grenzen des Baugrundstückes, auf einzelne Baustoffe, Bauteile und Bauarten, auf den Brandschutz, den Schallschutz, auf die am Bau Beteiligten und das bauaufsichtliche Genehmigungsverfahren. **Wichtig**: Die Baugenehmigung erfolgt ausschließlich in der Schriftform. Die einzelnen Landesbauordnungen, z. B. die Niedersächsische Bauordnung, die Hessische Bauordnung die Bauordnung für das Land Nordrhein-Westfalen, weisen Unterschiede auf, auch wenn sie im Wesentlichen Aufbau der Musterbauordnung entsprechen. Die Musterbauordnung ist vom Bundesministerium für Wohnungsbau und den zuständigen Landesministerien erörtert worden.

Gliederung der Landesbauordnung (Beispiel LBO Baden-Württemberg)

1. Allgemeine Vorschriften
2. Das Grundstück und seine Bebauung
3. Allg. Anforderungen an die Bauausführung
4. Bauprodukte und Bauarten
5. Der Bau und seine Teile
6. Einzelne Räume, Wohnungen und besondere Anlagen
7. Am Bau Beteiligte, Baurechtsbehörden
8. Verwaltungsverfahren, Baulasten
9. Rechtsvorschriften, Ordnungswidrigkeiten

Beispiel Niedersächsische Bauordnung (NBauO) / Durchführungsverordnung (DVNBauO)

Bauteile	NBauO §§	DVN BauO §§	Bauteile	NBauO §§	DVN BauO §§
Tragende und aussteifende Wände u. Unterstützungen (Pfeiler, Stützen und Unterzüge)	30	5 + 9	Treppen	34	15
			Treppenräume Generell: an der Außenwand oder innenliegend, im Brandfall mind. so sicher wie an der Außenwand. Unmittelbarer Ausgang ins Freie. Mittelbarer Ausgang zulässig, wenn § 17, Abs. 8, Ziffer 1–5, DVNBauO, erfüllt ist. Treppenräume nicht notwendiger Treppen sind wie die nicht wendigen zu behandeln.	34	17 5
Außenwände nichttragend und nichtaussteifend	30	6			
Trennwände	30	7			
Brandwände	30	8			
Decken	31	10			

Erforderlich zur Trennung von Wohn- und Betriebsgebäuden, wenn der umbaute Raum des Betriebsgebäudes größer als 2000 m³ ist. DVN: Brandabschnittsgröße von 3500 m³ nicht überschreiten.

§ 16 Anforderung an Treppen (7) Die lichte Durchgangshöhe von Treppen muss senkrecht gemessen mindestens 2 m betragen. Die Stufenhöhe von Treppen darf nicht mehr als 19 cm, die Auftrittsbreite in der Lauflinie nicht weniger als 26 cm betragen. Die Auftrittsbreite gewendelter Stufen darf an der schmalsten Stelle nicht kleiner als 10 cm sein.

Beispiel Landesbauordnung von Baden-Württemberg (LBO)   5. Teil: Der Bau und seine Teile

- Regelungen zum Brandschutz von Wänden, Decken, Stützen und Dächern
- Aussagen über die Verkehrs-, Betriebs- und Brandsicherheit von Treppen, Fluren, Gängen, Rampen und Aufzugsanlagen
- Aussagen über die Betriebs- und Brandsicherheit von Feuerungsanlagen
- Wände, Decken, Stützen und Dächer müssen entsprechend den Erfordernissen des Brandschutzes widerstandsfähig gegen Feuer sein.
- Brandwände müssen so beschaffen und angeordnet sein, dass sie bei einem Brand ihre Standsicherheit nicht verlieren und der Verbreitung von Feuer entgegenwirken.

8.3.4 Baunutzungsverordnung und Planzeichenverordnung

Die Baunutzungsverordnung (BauNVO) regelt Art und Umfang der **baulichen Nutzung**. Es werden im Flächennutzungsplan die für die Bebauung vorgesehenen Flächen wie unten ausgewiesen. Reine Wohngebiete dienen ausschließlich dem Wohnen. Ausnahmsweise können Läden und nicht störende Handwerksbetriebe, die zur Deckung des täglichen Bedarfs dienen, sowie kleine Betriebe des Beherbergungsgewerbes zugelassen werden.

1 Wohnbauflächen	W	5 Kleinsiedlungsgebiete	WS	10 Mischgebiete	MI
2 gemischte Bauflächen	M	6 reine Wohngebiete	WR	11 Kerngebiete	MK
3 gewerbliche Bauflächen	G	7 allgemeine Wohngebiete	WA	12 Gewerbegebiete	GE
4 Sonderbauflächen	S	8 besondere Wohngebiete	WB	13 Industriegebiete	GI
		9 Dorfgebiete	MD	14 Sondergebiete	SO
allgemeine Art der baulichen Nutzung (Bauflächen)		besondere Art der baulichen Nutzung (Baugebiete)			

8.3 Baurecht

Maß der baulichen Nutzung (BauNVO)

Bei der Bestimmung des Maßes der baulichen Nutzung dürfen, auch wenn eine Geschossflächenzahl oder eine Baumassenzahl nicht dargestellt wird, folgende Obergrenzen nicht überschritten werden.

Zulässiges Maß der baulichen Nutzung (Auszug)			
Baugebiet	GRZ	GFZ	BMZ
in Kleinsiedlungsgebieten (WS)	0,2	0,4	–
in reinen Wohngebieten (WR) allgemeinen Wohngebieten (WA) Ferienhausgebieten	0,4	1,2	–
in besonderen Wohngebieten (WB)	0,6	1,6	–
in Dorfgebieten (MD) Mischgebieten (MI)	0,6	1,2	–
in Kerngebieten (MK)	1,0	3,0	–
in Gewerbegebieten (GE) Industriegebieten (GI) sonstigen Sondergebieten	0,8	2,4	10,0
in Wochenendhausgebieten	0,2	0,2	–

Soweit es erforderlich ist, wird das Maß der baulichen Nutzung durch folgende Angaben festgelegt:

⇒ **Geschossflächenzahl (GFZ)** oder Größe der Geschossfläche, der Baumassenzahl oder der Baumasse
⇒ **Grundflächenzahl (GRZ)** oder Größe der Grundflächen der baulichen Anlagen
⇒ Zahl der Vollgeschosse (**Z**)

- **Vollgeschosse**
  Geschosse, die nach landesrechtlichen Vorschriften als Vollgeschosse angerechnet werden.
- **Grundflächenzahl**
  Eine dimensionslose Zahl, die angibt, wie viel m² Grundfläche je m² Grundstücksfläche zulässig sind.

$$GRZ = \frac{Grundfläche}{Grundstücksfläche}$$

- **Geschossflächenzahl**
  Eine dimensionslose Zahl, die angibt, wie viel m² Geschossfläche je m² Grundstücksfläche zulässig sind.

$$GFZ = \frac{Geschossfläche}{Grundstücksfläche}$$

- **Baumassenzahl**
  Eine dimensionslose Zahl, die angibt, wie viel m³ Baumasse je m² Grundstücksfläche zulässig sind.
- **Bauweisen**
  Im Bebauungsplan wird, soweit es erforderlich ist, die Bauweise als offene oder geschlossene festgesetzt. In offener Bauweise werden die Gebäude mit Bauwich (seitlicher Abstand) als Einzelhäuser, Doppelhäuser oder Hausgruppen errichtet. In geschlossener Bauweise werden die Gebäude ohne seitlichen Grenzabstand errichtet. Auf die **Baulinie** muss, auf die **Baugrenze** darf gebaut werden.

 Kleinsiedlungsgebiete
§ 2 BauNVO (farbig: Rot)

 reine Wohngebiete
§ 3 BauNVO (farbig: Rot)

 allgemeine Wohngebiete
§ 4 BauNVO (farbig: Rot)

 besondere Wohngebiete
§ 4a BauNVO (farbig: Rot)

 Dorfgebiete
§ 5 BauNVO (farbig: Braun)

 Mischgebiete
§ 6 BauNVO (farbig: Braun)

 Kerngebiete
§ 7 BauNVO (farbig: Braun)

 Gewerbegebiete
§ 8 BauNVO (farbig: Grau)

 Industriegebiete
§ 9 BauNVO (farbig: Grau)

Planzeichen (BauNVO)

Zahl der Vollgeschosse (Z)
als Höchstgrenze	römische Ziffer z.B. IV
zwingend	römische Ziffer im Kreis, z.B. Ⓘ𝐕

Grundflächenzahl GRZ
als Dezimalzahl	z.B. 0,4
als Dezimalzahl mit GRZ	z.B. GRZ 0,4

Geschossflächenzahl GFZ
als Dezimalzahl im Kreis	z.B. ⓪,⑥
als Dezimalzahl mit GFZ	z.B. GFZ 0,6

Baumassenzahl BMZ
als Dezimalzahl im Rechteck	z.B. 2,5
als Dezimalzahl mit BMZ	z.B. BMZ 2,5

Baulinie — zinnoberrot
Baugrenze — ultramarinblau

Bauweisen
o offen
g geschlossen
⟨H⟩ in Reihe, d.h. nur Hausgruppen zugelassen
⟨E/D⟩ nur Einzel- oder Doppelhäuser zugelassen

8.3 Baurecht

8.3.5 Kataster und Grundbuch

Nach Artikel 70, 72 und 74 des Grundgesetzes unterliegt das amtliche (öffentliche) Vermessungswesen der Gesetzgebung der Bundesländer. Die daraus erwachsenden Aufgaben werden von den Behörden der Vermessungsverwaltung und der Katasterverwaltung (Ämter) sowie den öffentlich bestellten Vermessungsingenieuren und anderen behördlichen Vermessungsstellen wie Flurbereinigungsbehörden, Stadtvermessungsämtern, Straßenbauämtern wahrgenommen.

Die **Landesvermessung** betreibt die Grundlagenvermessung, die topografische Landesaufnahme sowie die Landeskartenwerke. Bei den heutigen Anforderungen bzgl. der Genauigkeit und Aktualität werden die topografische Karten über die Fotogrammetrie erfasst, d.h., ein ausgewähltes Landesgebiet wird vom Flugzeug aus mit der Luftbildkamera fotografiert.

Topografische Landeskarten zeigen die unterschiedlichsten Landschaftsformen mit ihrer Besiedlung, Verkehrserschließung, der Vegetation, der Bodennutzung sowie verwaltungsmäßiger Aufgliederung. Die Deutsche Grundkarte gehört mit dem Maßstab 1 : 5000 zu großmaßstäbigen Karten. Topografische Karten haben den Maßstab 1 : 25 000, 1 : 50 000 oder 1 : 100 000. Die topografischen Übersichtskarten haben den Maßstab 1 : 200 000 oder 1 : 500 000 und sind kleinmaßstäbige Karten.

Im **Liegenschaftskataster** sind sämtliche Liegenschaften (Grundeigentum) in Karten und Büchern vollständig und aktuell dargestellt und beschrieben. Diese Daten sind schutzwürdig, sodass nur Eigentümer, Erbbauberechtigte und Personen und Stellen mit berechtigtem Interesse Auskunft und Auszüge erhalten. Das Kataster enthält folgende Nachweise:

- Eigentümer und Erbbauberechtigte
- Flurstücksbezeichnungen (Gemeinde, Gemarkung, Flur, Flurstücksnummer)
- Straße, Hausnummer ■ Gebäudebestand ■ Größe der Fläche
- Bestandsangaben des Grundbuches
- rechtliche Besonderheiten wie Baulast oder Naturschutzgebiet

> Auskunft
> Auszüge
> Einblick

Das **Grundbuch** wird vom Grundbuchamt beim **Amtsgericht** geführt. Für jedes Grundstück wird ein gesondertes Grundbuchblatt unter Eintragung aller verbundenen Rechte angefertigt. Das Grundbuchblatt besteht aus mehreren Teilen:

- Bestandsverzeichnis
- Abteilung I, Eintragungen des Eigentümers oder Erbbauberechtigten mit Einzelheiten über den Erwerb
- Abteilung II, Eintragungen über auf dem Grundstück ruhende Lasten und Beschränkungen, z.B. Wegerecht für den Nachbarn, Grunddienstbarkeiten
- Abteilung III, Eintragungen über Hypotheken, Grund- und Rentenschulden

Der Besitzwechsel eines Grundstückes durch Kauf-, Tausch-, Erbschafts- oder Schenkungsvertrag bedarf immer einer notariellen oder gerichtlichen Beurkundung.

8.3.6 Auswahl wichtiger Rechtsbegriffe

Amtshaftung § 839 BGB und Art. 34 GG Der Staat oder die zuständige öffentliche Körperschaft haftet für Amtspflichtverletzung der Bediensteten.	**Besitz – § 854 ff BGB** Besitz ist die tatsächliche Gewalt über die Sache.	**Bewegliche Sachen** sind alle körperlichen Sachen, die nicht unbeweglich sind. Unbewegliche Sachen sind z.B. Grundstücke (Immobilien) und deren Bestandteile.
Bürgschaft – § 765 BGB Der Bürge verpflichtet sich gegenüber dem Gläubiger eines Dritten, für die Erfüllung der Verbindlichkeiten dieses Dritten einzustehen.	**Duldung – § 1004** Grundstückseigentümer müssen bestimmte Einwirkungen vom und Vertiefungen des Nachbargrundstücks sowie evtl. Überbauungen dulden.	**Eigentum – § 903** Der Eigentümer kann grundsätzlich mit der Sache nach belieben verfahren. Einschränkungen sind insbesondere durch die Rechte Dritter zu beachten.
Höhere Gewalt Äußeres oder betriebsfremdes, unvorhersehbares Ereignis. VOB/B § 7 und § 644 BGB sind zu beachten.	**Minderung – §§ 634, 638** bedeutet Herabsetzung der Vergütung wegen nicht beseitigter Mängel.	**Wandlung** wird die Rückgängigmachung eines Vertrages genannt, z.B. bei Mangelhaftigkeit der Ware.
Verjährungsfristen sind nach BGB § 195, 199 und VOB/B § 13 zu unterscheiden.		
Formvorschriften für Rechtsgeschäfte – § 125 BGB ■ formlos, also auch mündlich, z.B. Kaufvertrag ■ öffentlich beglaubigt, z.B. Vereinsregister	■ schriftlich; auch elektronisch; § 126 a BGB ■ notariell beurkundet, z.B. Grundstückskauf	

8 BAUBETRIEB

8.4 Baustoffbedarf und Arbeitszeitbedarf

Die genannten Werte sind Mittelwerte unter Beachtung der aufgeführten Randbedingungen. Sie dienen als Grundlage der Arbeitsvorbereitung, Kalkulation und zur Baustoffbestellung.

Mauerwerk

Steinart	Formate	Maße cm	Wanddicke	je m³ Mauerwerk Steine[1] Stück	je m³ Mauerwerk Mörtel[2] l	je m³ Mauerwerk Arbeitszeit h	je m² Mauerwerk Steine[1] Stück	je m² Mauerwerk Mörtel[2] l	je m² Mauerwerk Arbeitszeit h
Verblendschale	DF	24 × 11,5 × 5,2	11,5	–	–	–	66	28	2,3
Vollsteine	DF	24 × 11,5 × 5,2	11,5	573	241	8,3	66	28	1,0
			24	549	284	7,9	132	68	1,9
Vollsteine	NF	24 × 11,5 × 7,1	11,5	430	224	7,2	49	26	0,8
			24	412	263	6,8	99	63	1,6
			36,5	407	274	6,5	148	100	2,4
Porenziegel Hochlochziegel Lochsteine	2 DF	24 × 11,5 × 11,3	24	275	203	5,8	66	49	1,4
			36,5	271	218	5,5	99	79	2,0
	3 DF	24 × 17,5 × 11,3	17,5	188	160	5,6	33	28	1,0
			24	185	174	5,4	45	42	1,3
Porenziegel	12 DF	36,5 × 24 × 23,8	24	46	110	4,1	12	26	1,0
Porenbeton-Planblöcke	16 DF	49,9 × 24 × 24,9	24	34,3	14	2,0	8,2	3,0	0,45
	20 DF	49,9 × 30 × 24,9	30	27,5	13	1,8	8,2	3,6	0,48
Kalksand-Planelemente	(48 DF)	100,0 × 17,5 × 49,9	17,5	11,3	13	2,3	2	2,2	0,40
	(64 DF)	100,0 × 24,0 × 49,9	24	8,6	13	1,9	2	3,0	0,45

[1] Einschließlich eines Bruchanteils von 3 %   [2] Einschließlich eines Verlustanteiles von 20 %
Bei unvermörtelten Stoßfugen bis 40 % geringerer Mörtelbedarf, bei verfüllten Mörteltaschen bis 25 % höherer Mörtelbedarf. Je nach Steingröße ist Normal- oder Dünnbettmörtel zu verwenden.

Putzarbeiten

Putzart	Bauteil	Dicke cm	je m² Putz Mörtel	je m² Putz Arbeitszeit[1]
Spritzbewurf	Wand/Decke	–	6 l	0,10 h
geriebener Putz	Wand	1,5	17 l	0,68 h
	Wand	2,0	22 l	0,78 h
geglätteter Putz	Wand	1,5	17 l	0,85 h
	Decke	1,5	22 l	0,97 h
Rappputz	Wand	–	11 l	0,27 h
	Decke	–	11 l	0,30 h

[1] Werte einschließlich Mischen von angeliefertem Trockenmörtel

Estricharbeiten

Estrichart	Nutzboden gerieben	Nutzboden geglättet
Dicke (cm)	2,5	3,5
	3,5	
Mörtel (l/m²)	27	37
	37	
Arbeitszeit (h/m²)[1]	0,50	0,70
	0,60	

[1] Werte einschließlich Mischen von angeliefertem Trockenmörtel

Betonarbeiten

Bauteil	Arbeitszeit für Einbau (h/m³) mit Kran	Arbeitszeit für Einbau (h/m³) mit Pumpe	Arbeitszeit (h/m²) Abziehen	Arbeitszeit (h/m²) Abreiben
Sauberkeitsschicht	0,7 … 1,0	0,5 … 0,6	0,15 … 0,25	
Fundamente	0,7 … 0,9	0,5 … 0,6	0,05 … 0,15	
Platten, Decken	0,7 … 0,9	0,5 … 0,6	0,10 … 0,15	0,15 … 0,25
Unterzüge, Stürze	0,8 … 1,0	0,6 … 0,7		
Stützen	2,0 … 2,5	1,7 … 2,1		
Wände $d = 15 … 25$ cm	2,0 … 2,6	2,0 … 2,2		
$d = 25 … 50$ cm	1,1 … 1,8	1,0 … 1,6		

Bewehrungsarbeiten

Durchmesser	Abladen	Schneiden/Biegen	Verlegen Decke	Verlegen Balken
bis ⌀ 10 mm	0,8 h/t	13,5 h/t	35 h/t	39 h/t
bis ⌀ 16 mm	0,7 h/t	7,5 h/t	22 h/t	27 h/t

8.4 Baustoffbedarf und Arbeitszeitbedarf

Anhaltswerte für konventionelle, systemlose Schalung

Schalung für	Holzbedarf in m³ je m² geschalte Fläche			Holzverlust je Einsatz in %	Arbeitszeit h/m²
	Bretter	Kantholz	Rundholz		
Fundamente	0,03	0,025	–	20 … 30	0,8 … 1,2
Wände bis 4 m Höhe	0,03	0,025	–	20 … 30	0,6 … 0,9
Wände bis 8 m Höhe	0,03	0,040	–	20 … 30	1,0 … 1,3
Volldecken in 3 m Höhe	0,03	0,025	0,025	20 … 25	0,5 … 0,7
Volldecken in 5 m Höhe	0,03	0,025	0,050	20 … 25	0,7 … 0,9
Treppenläufe, gerade	0,03	0,035	0,050	30 … 40	1,4 … 2,4
Treppenläufe, gewendelt	0,04	0,050	0,070	50 … 100	2,5 … 1,5
Balken in 3 m Höhe	0,04	0,030	0,035	40 … 60	1,2 … 1,5
Balken in 5 m Höhe	0,04	0,030	0,060	40 … 60	1,3 … 1,6
Stützen	0,04	0,040	–	40 … 60	1,1 … 1,6

Der Nagelbedarf in kg/m² systemloser Schalung bei einmaligem Holzeinsatz liegt bei Fundamenten, Wänden und Decken bei ~ 0,10 kg/m²; bei Treppen, Balken und Stützen bei 0,25 kg/m².

Erdarbeiten

Art der Arbeit	Bodenart	Grabentiefe	Arbeitszeit
Graben mit Hand ausheben	leicht lösbare Bodenarten	< 1,50 m 1,50 m … 2,50 m	0,8 h/m³ … 1,2 h/m³ 1,6 h/m³ … 2,0 h/m³
Boden lösen und bis 0,60 m vom Grabenrand werfen	mittelschwer lösbare Bodenarten	< 1,50 m 1,50 m … 2,50 m	1,6 h/m³ … 1,9 h/m³ 2,5 h/m³ … 2,8 h/m³
	schwer lösbare Bodenarten	< 1,50 m 1,50 m … 2,50 m	3,2 h/m³ … 3,5 h/m³ 4,3 h/m³ … 4,6 h/m³
Ein- und Aussteifen von waagerechtem Normverbau	leicht lösbare Bodenarten	< 2,00 m 2,00 m … 3,00 m	0,4 h/m² … 0,6 h/m² 0,5 h/m² … 0,8 h/m²
	schwer lösbare Bodenarten	< 2,00 m 2,00 m … 3,00 m	0,5 h/m² … 0,7 h/m² 0,6 h/m² … 1,0 h/m²

Rohrverlegungsarbeiten

Rohrdurchmesser mm	Arbeitszeit (h/m)[1]			
	Kunststoffrohre	Steinzeugrohre	Betonmuffenrohre	Stahlbetonrohre
150	0,3 … 0,5	0,7 … 0,9	0,6 … 0,8	
250	0,5 … 0,7	0,9 … 1,2	0,8 … 1,1	
300	0,7 … 0,9	1,2 … 1,4	1,1 … 1,3	
400		1,5 … 1,7	1,3 … 1,6	5,0 … 6,0
500		1,9 … 2,3	1,7 … 2,2	6,0 … 7,0
800				10,0 … 13,0

[1] Arbeitsvorgänge: Abladen, Transport im Baustellenbereich bis Grabensohle, Verlegen, Dichten der Rohre

Beispiel

Berechnung des Baustoffbedarfes und der Arbeitszeit für eine Gartenmauer:
Länge l = 7,99 m, Breite b = 0,24 m, Höhe h = 1,25 m, Vollsteine NF

Methode I
Volumen V = 7,99 m · 0,24 m · 1,25 m = 2,40 m³

Methode II
Ansichtsfläche A = 7,99 · 1,25 = 9,99 m²

Baustoffbedarf und Arbeitszeit aus Tabelle Seite 487 Mauerwerk Zeile 4

Steine	412 Stück/m³ · 2,40 m³ = 989 Stück	Steine	99 Stück/m² · 9,99 m² = 989 Stück
Mörtel	263 l/m³ · 2,40 m³ = 631 l	Mörtel	63 l/m² · 9,99 m² = 629 l
Arbeitszeit	6,8 h/m³ · 2,40 m³ = 16,3 h	Arbeitszeit	1,6 h/m² · 9,99 m² = 16,0 h

Die geringfügigen Differenzen erklären sich aus Rundungsabweichungen der Ausgangswerte.

8 BAUBETRIEB

8.5 Kalkulation

Eine Aufgabe der Kalkulation besteht darin, vor der Ausführung von Bauarbeiten die Kosten zu bestimmen, um auf dieser Grundlage ein Angebot abgeben zu können.

Die Kosten der Erstellung eines Bauwerkes gliedert man in:

    Einzelkosten der Teilleistungen
+ Gemeinkosten der Baustelle

= Herstellungskosten
+ Allgemeine Geschäftskosten

= Selbstkosten des Unternehmens
+ Wagnis und Gewinn

= Netto-Angebotssumme
+ Mehrwertsteuer

= Brutto-Angebotssumme

Mehrwertsteuer
Die Mehrwertsteuer beträgt 19 % der Netto-Angebotssumme.

Beispiel
Zum Aushub einer Baugrube ist ein Hydraulikbagger vorgesehen. Das Gerät löst und lädt stündlich 25 m³ Boden. Die Gerätekosten je Betriebsstunde betragen 75,00 €, die Zuschläge für die Gemeinkosten der Baustelle betragen 15 %, die der allgemeinen Geschäftskosten 10 % und die für Wagnis und Gewinn 3 %.

Berechnung des Einheitspreises:
Einzelkosten der Teilleistung lösen und laden von
1 m³ Aushub   75,00 €/h: 25 m³/h = **3,00 €/m³**
Zuschlag für Gemeinkosten der Baustelle
     3,00 €/m³ · 0,15 = **0,45 €/m³**
Herstellungskosten   = **3,45 €/m³**
Allgemeine Geschäftskosten   3,45 €/m³ · 0,10 = **0,35 €/m³**
Selbstkosten   = **3,80 €/m³**
Wagnis und Gewinn   3,80 €/m³ · 0,03 = **0,11 €/m³**
Einheitspreis (Netto)   = **3,91 €/m³**

Einzelkosten der Teilleistungen (EKT)
sind alle einer Teilleistung direkt zuzuordnenden Kosten, und zwar:

Lohnkosten	Lohn, Soziallöhne, Sozialabgaben des Arbeitgebers, Fahrtkostenerstattung usw.	
	Zeitlohn	Zeitlohn (€) = Stunden (h) × Stundenlohn (€/h)
	Zeitakkord	Einzelvorgabezeit × Geldfaktor × Produktionsmenge
	Prämienlohn	Zeit- oder Akkordlohn + Prämie
Gerätekosten	Gerätevorhaltung	Abschreibung und Verzinsung, Reparaturkosten
	Gerätebetrieb	Kosten der Bedienung, Betriebskosten, Wartung
	Gerätebereitstellung	An- und Abtransport, Um- und Aufbau
Materialkosten	Baustoffe, Bauhilfsstoffe (Rüst- und Schalmaterial), Baubetriebsstoffe	

Gemeinkosten der Baustelle
sind alle Kosten der Baustelle, die nicht einer Leistung allein zugeordnet werden können, sondern einer Vielzahl von Leistungen zugeordnet werden müssen, und zwar:

Baustelleneinrichtungskosten	Bauunterkunft, Strom- und Wasseranschluss usw.
Gerätekosten	Turmdrehkran, Kleingerät und Werkzeug (Bereitstellungsgeräte)
Personalkosten	Bauleiter, Polier, Planbearbeitung, Abrechnung
Sonstige Kosten	Baustellenversicherung, Bauzinsen

Allgemeine Geschäftskosten (AGK)
sind alle im Gesamtunternehmen anfallenden Kosten, die nicht einzelnen Baustellen zugeordnet werden können.

Verwaltung	Gehälter, Unternehmereinkommen, Büromiete, Porto, Telefon, Pkw, Reisekosten
Bauhof	Löhne, Miete, Betrieb
Abgaben	Steuern, Beiträge zu Berufsverbänden, freiwillige soziale Aufwendungen

Der allgemeine Gemeinkostensatz kann nach folgender Formel ermittelt werden: $\text{Gemeinkosten \%} = \dfrac{\text{Jahresgemeinkosten (€)} \times 100 \%}{\text{Jahresfertigungslöhne (€)}}$

Wagnis und Gewinn
Der kalkulatorische Ansatz für Wagnis und Gewinn soll nicht erkennbare Unwägbarkeiten abdecken und dem Unternehmen einen Gewinn ermöglichen. Die Ansätze betragen wenige Prozent und sind stark von der Konjunkturlage abhängig.

8.5 Kalkulation

Kostenkurve und Erlöskurve

Aufgrund der oben genannten Kostenarten lässt sich eine Abhängigkeit zwischen den Kosten des Unternehmens und der erbrachten Leistungsmenge darstellen. Der Erlös ist bei dem üblichen Einheitspreisvertrag im Baugewerbe proportional zur erbrachten Leistung.
(Gesamtpreis = ausgeführte Menge × Einheitspreis)

Fixe Kosten sind Kosten, die von der erbrachten Leistung unabhängig sind, wie z.B.:
- Gerätevorhaltungskosten
- Gerätebereitstellungskosten
- Gemeinkosten der Baustelle
- Allgemeine Geschäftskosten
- Fixe Kosten sind alle Kosten, die dem Betrieb durch die Installation der Maschinen und Geräte entstehen, gleich ob Maschinen sehr häufig oder gar nicht benutzt werden.

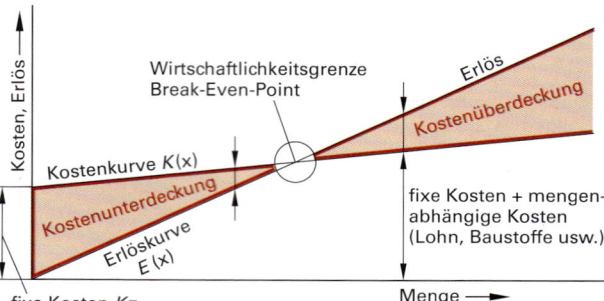

Gesamte Lohnkosten im Bauunternehmen (angenäherte Werte)

Grundlohn		Stundenlohn × geleistete Arbeitsstunden		% des Grundlohnes	100,0 %	Gesamtlohn 143,3 %
Gesetzliche und tarifliche Soziallöhne	Sozialkosten	Feiertage Ausfalltage Krankheitstage Weihnachtsgeld Urlaub, Urlaubsgeld		4,5 3,9 6,6 7,2 21,1	43,3 %	
Sozialabgaben des Arbeitgebers (2013)		Krankenversicherung Rentenversicherung Arbeitslosenversicherung Pflegeversicherung Unfallversicherung sonstige	% Gesamtlohn 7,3 9,45 1,5 1,025 6,1 5,0	10,0 14,2 2,0 1,3 8,7 7,1	43,3 %	
Lohngebundene Kosten		Haftpflicht usw.	3,0	4,3	4,3 %	
Lohnnebenkosten		Fahrgeld, Auslösung usw.		5 … 30	~16,0 %	

Nettolohn des Arbeitnehmers

Bruttolohn			100,0 %
Arbeitnehmeranteil zur Sozialversicherung	Krankenversicherung Rentenversicherung Arbeitslosenversicherung Pflegeversicherung	8,2 % 9,45 % 1,5 % 1,025 %	20,175 %
Steuern	je nach Steuerklasse und Verdienst	0 % bis max. 50 %	~14,5 %
Nettolohn des Arbeitnehmers			~65,0 %

Beispiel

Nettolohn eines Arbeiters
Lohnsteuerklasse 1, Kinderfreibetrag 0, Zuschlag zur Pflegeversicherung, Brutto 2000,00 €/Monat

Brutto	2000,00 €
Krankenversicherung	164,00 €
Pflegeversicherung	20,50 €
Rentenversicherung	189,00 €
Arbeitslosenversicherung	30,00 €
Lohnsteuer	245,41 €
Kirchensteuer	19,63 €
Solidaritätszuschlag	13,49 €
Netto	**1317,97 €**

Beispiel

Sozialversicherungsbeiträge von Arbeitnehmer und Arbeitgeber

	Arbeitnehmer	Arbeitgeber	Gesamt
Brutto 2000,00 €			
Krankenversicherung	164,00 €	146,00 €	310,00 €
Pflegeversicherung	20,50 €	20,50 €	41,00 €
Rentenversicherung	189,00 €	189,00 €	378,00 €
Arbeitslosenversicherung	30,00 €	30,00 €	60,00 €
Beiträge gesamt	403,50 €	385,50 €	789,00 €

8.5 Kalkulation

Lohntabellen für das Baugewerbe (auszugsweise für das **Land Baden-Württemberg**)

Kontaktadressen

Zentralverband des	Hauptverband der	Industriegewerkschaft
Deutschen Baugewerbes e. V.	Deutschen Bauindustrie e. V.	Bauen – Agrar – Umwelt
Kronenstraße 55–58	Kurfürstenstraße 129	Olof-Palme-Straße 19
10171 Berlin	10785 Berlin	60429 Frankfurt a. M.

Aufgrund des Tarifvertrages zur Regelung der Löhne, Gehälter und Ausbildungsvergütungen für das Baugewerbe gelten ab 01.05.2018 die nachstehenden Vergütungen. Die durchschnittliche regelmäßige Wochenarbeitszeit im Kalenderjahr beträgt 39 Stunden. Für die Abrechnung von Akkord-Lohnarbeiten ist als Zeitfaktor der Tarifstundenlohn zugrunde zu legen. Für die tatsächlich geleisteten Stunden innerhalb der Akkordarbeit ist der Bauzuschlag zu gewähren.

Lohnzuschläge für
- Überstunden — 25 %
- Nachtarbeit (in der Zeit von 20.00 Uhr bis 5.00 Uhr) — 20 %
- Sonn- und Feiertage — 75 %
- Sonstige Feiertage (1. Weihnachtsfeiertag, 1. Mai, Ostersonntag, Pfingstsonntag) — 200 %

Berufsbezeichnung	Lohngruppe	Tarifstundenlohn TL	Bauzuschlag BZ	Gesamtstundenlohn GTL
Werkpolier	6 (ab 01.05.2018)	22,38 €	1,32 €	23,70 €
Vorarbeiter	5 (ab 01.05.2018)	20,44 €	1,21 €	21,35 €
Spezial-Baufacharbeiter Sonderregelung	4 (ab 01.05.2018)	19,48 €	1,15 €	20,33 €
Baufacharbeiter (Geselle)	3 (ab 01.05.2018)	17,38 €	1,05 €	18,43 €
Mindestlöhne (Bauwerker)		**Lohngruppe 1 (GTL) = Mindestlohn 1**		**Lohngruppe 2 (GTL) = Mindestlohn 2**
bis 28. Februar 2019		11,75 €		14,95 €
ab 01.03.2019 bis 31.12.2019		12,20 €		15,20 €
Auszubildende	1. Ausbildungsjahr 2. Ausbildungsjahr 3. Ausbildungsjahr	850,00 € 1200,00 € 1475,00 €		Ecklohn = Tarifstundenlohn (TL)

Werkpoliere, Berufsgruppe 1

Arbeitnehmer, die die Werkpolierprüfung vor dem zuständigen Prüfungsausschuss gemäß den geltenden Prüfungsvorschriften abgelegt haben, vom Arbeitgeber als Werkpolier eingestellt und im Rahmen der aufgeführten Tätigkeitsmerkmale beschäftigt werden.

Tätigkeitsmerkmale: Führung, Anleitung und Mitarbeit in einer Gruppe von Arbeitnehmern und Auszubildenden in Teilbereichen der Bauausführung und Wartung; Verteilung und Überwachung der Arbeiten; Anfertigung von Notizen für Aufmaß und Abrechnung für die übertragenen Arbeiten; Unterstützung des Poliers bzw. Schachtmeisters in dessen Aufgabenbereich; zeitweilige Stellvertretung für den Polier bzw. Schachtmeister.

- **Erschwerniszulagen** (Werte aus Juni 2012)

Arbeiten mit Schutzkleidung	0,40 €/h bzw.	0,90 €/h bzw. 4,10 €/h
Arbeiten mit Atemschutzgerät	0,65 €/h bzw. bis zu	2,05 €/h
Schmutzarbeiten	0,80 €/h bzw. bis zu	3,70 €/h
hohe Arbeiten über 20 m/30 m/50 m	1,45 €/h bzw.	1,70 €/h bzw. 2,00 €/h
heiße Arbeiten	1,10 €/h bzw. bis zu	1,70 €/h
Druckluftarbeiten 100 kPa/370 kPa	1,70 €/h bis	12,05 €/h

- **Fahrtkostenabgeltung**
Ab 10 km 0,30 €/km, max. 15,00 € für eine Entfernung oder die notwendigen Kosten bei der Benutzung öffentlicher Verkehrsmittel. Die eventuell bereitgestellte kostenlose Beförderung durch den Arbeitgeber ist in Anspruch zu nehmen.

- **Beginn und Ende der Arbeitszeit an der Arbeitsstelle**
Die Arbeitszeit beginnt und endet an der Arbeitsstelle, sofern zwischen Arbeitgeber und Arbeitnehmer keine andere Vereinbarung getroffen wird. Bei Baustellen von größerer Ausdehnung beginnt und endet die Arbeitszeit an der vom Arbeitgeber im Einvernehmen mit dem Betriebsrat zu bestimmenden Sammelstelle.

- **Freistellung zur Ausführung von Ehrenämtern (nach der HW-Ordnung)**
Der Arbeitnehmer ist für die notwendig ausfallende Arbeitszeit ohne Fortzahlung des Lohnes und ohne Anrechnung auf den Urlaub freizustellen.

8.6 Bauvertragsrecht

Der Bauvertrag zwischen einem Bauherrn und einem Bauunternehmer unterliegt gesetzlichen und vertraglichen Regelungen. Falls zwischen beiden keine weitergehenden Abmachungen getroffen werden, gelten das Werkvertragsrecht des Bürgerlichen Gesetzbuches (§§ 631–651 BGB), insbesondere seit dem 01.01.2018 § 650a bis s und die allgemeinen Grundsätze des BGB. Das Werkvertragsrecht des BGB ist für die Abwicklung von Bauvorhaben nicht oder nur bedingt geeignet. Deshalb hat man für Bauverträge die Vergabe- und Vertragsordnung für Bauleistungen VOB entwickelt, deren Anwendung stets ausdrücklich vereinbart werden muss. Die Regelungen der VOB gehen dann vor denen des BGB.

Gliederung der Vergabe- und Vertragsordnung für Bauleistungen VOB

Allgemeine Bestimmungen für die Vergabe von Bauleistungen VOB Teil A = DIN 1960 amtl. Schreibweise VOB/A	Allgemeine Vertragsbedingungen für die Ausführung von Bauleistungen VOB Teil B = DIN 1961	Allgemeine Technische Vertragsbedingungen für Bauleistungen VOB Teil C = ATV = DIN 18299 ... DIN 18451

Arten der Ausschreibung und Vergabe

Öffentliche Ausschreibung	Beschränkte Ausschreibung	Freihändige Vergabe
Öffentliche Ankündigung der Ausschreibung	Aufforderung einer beschränkten Anzahl (3 ... 8) von Unternehmern durch Übersendung der Ausschreibungsunterlagen	Aufforderung eines oder mehrerer Unternehmer zur Abgabe eines Angebotes
Anforderung der Unterlagen durch Unternehmer		
Übersendung der Ausschreibungsunterlagen		
Abgabe des Angebotes	Abgabe des Angebotes	
Öffnung der Angebote (Submissionstermin)	Öffnung der Angebote (Submissionstermin)	
Prüfung und Wertung der Angebote	Prüfung und Wertung der Angebote	Prüfung und Wertung der Angebote, ggf. Verhandlung über deren Inhalt
ggf. Verhandlungen über Inhalt		
Vergabeankündigung	Vergabeankündigung	
Auftragserteilung innerhalb der Zuschlagsfrist	Auftragserteilung innerhalb der Zuschlagsfrist	Erteilung des Auftrages

Vertragsarten nach der VOB

Leistungsverträge

Pauschalvertrag	Einheitspreisvertrag
Vertragsgrundlage: Baubeschreibung und Leistungsprogramm	Vertragsgrundlage: Baubeschreibung und Leistungsverzeichnis
Abrechnung: Pauschalsumme für die gesamte Bauleistung	Abrechnung: Einheitspreis × ausgeführte Menge

Nachweisverträge

Stundenlohnvertrag	Selbstkostenerstattungsvertrag
Für Bauleistungen geringeren Umfanges mit vorwiegendem Lohnkostenanteil	Für Bauleistungen, die vor der Vergabe nicht eindeutig bestimmt werden können, sodass auch keine eindeutige Preisermittlung vorher möglich ist

Der **Einheitspreisvertrag** ist die häufigste Vertragsart im Baugewerbe. Die VOB enthält eine Vielzahl genauer Regelungen für die Abrechnung und über die Gültigkeit des Einheitspreises bei großen Abweichungen zwischen der ausgeschriebenen und der ausgeführten Menge (± 10 %-Regelung).

8.6 Bauvertragsrecht

Leistungsverzeichnis (LV)

Ordnungs-zahl (OZ)	Menge Abrechnungs-einheit	Teilleistung	Einheitspreis in €	Gesamtpreis der Ordnungszahl
4.1	68 m²	Abschnitt 4: Mauerarbeiten Mauerwerk für das Kellergeschoss der Dicke von 36,5 cm nach DIN EN 1996-1-1/NA herstellen, Kalksand-Lochsteine: DIN 106 – KS L 12-1,4-2 DF Mörtelgruppe II	75,00	5100,00
4.2	10 m²	Mauerwerk für das Kellergeschoss in der Dicke von 11,5 cm, sonst wie OZ 4.1	26,10	261,00

Zeitlicher Ablauf der Bauarbeiten

Ausschreibung → Ausführung der Bauarbeiten → Mängelansprüche →
Vergabe   Abnahme

Ausführung:
Der Auftragnehmer (Bauunternehmer) hat die Bauleistung nach den anerkannten Regeln der Technik sowie den gesetzlichen und behördlichen Bestimmungen in eigener Verantwortung durchzuführen.
Die Abnahme ist die Entgegennahme der fertigen Bauleistung durch den Bauherrn. Die Abnahme erfolgt förmlich während einer Abnahmeverhandlung oder 12 Werktage nach schriftlicher Mitteilung des Auftragnehmers oder 6 Werktage nach Benutzung durch den Auftraggeber.
Mit der Abnahme beginnt die Verjährungsfrist für Mängelansprüche. Sie beträgt für Bauwerke nach VOB 4 Jahre (BGB 5 Jahre), für Reparaturen u.Ä. 2 Jahre. Während dieser Frist hat der Auftraggeber alle hervortretenden Mängel, die auf eine vertragswidrige Leistung zurückzuführen sind, auf seine Kosten zu beseitigen.

Allgemeine Technische Vertragsbedingungen (ATV), VOB/C

Für jedes Gewerk (Zimmerer- und Holzbauarbeiten, Maurerarbeiten, Tischlerarbeiten, Putzarbeiten usw.) enthält die VOB allgemeine technische Vertragsbedingungen, die dem Bauherrn eine einwandfreie Ausführung nach dem neuesten Stand der Technik sichern soll.

Die ATV haben fast alle die gleiche Gliederung:

ATV
0 Hinweise für die Leistungsbeschreibung (kein Vertragsbestandteil)
1. Geltungsbereich
2 Stoffe, Bauteile/Boden, Fels
3 Ausführung
4 Nebenleistungen, besondere Leistungen
5 Abrechnung

zu 1. Geltungsbereich	Hier wird die Gültigkeit der verschiedenen technischen Vorschriften gegeneinander genau abgegrenzt.
zu 2. Stoffe und Bauteile	In diesem Abschnitt werden die zu verwendenden Stoffe vorgeschrieben. Meist werden die entsprechenden DIN-Normen genannt.
zu 3. Ausführung	Der Abschnitt Ausführung beinhaltet die Grundsätze der Ausführung oft unter Bezug auf bestehende DIN-Normen.
zu 4. Nebenleistungen, besondere Leistungen	Hier werden für jedes Gewerk Leistungen genannt, die auch ohne Erwähnung im Leistungsverzeichnis zur vertragsgemäßen Leistung (= Nebenleistungen) gehören, z.B. Messungen für die Ausführung und Abrechnung, Schutz- und Sicherheitsmaßnahmen nach den Unfallverhütungsvorschriften. Besondere Leistungen müssen gesondert vergütet werden.
zu 5. Abrechnung	Der Abschnitt Abrechnung beinhaltet für jedes Gewerk Regelungen, die eine praktische Abrechnung ermöglichen sollen ▶ S. 494, 495.

8.6 Bauvertragsrecht

Abrechnungsgrundsätze für alle Gewerke	
Aufmaß	Das Aufmaß soll auf der Grundlage der Zeichnungen erfolgen. Nur wenn keine Zeichnungen vorliegen (Renovierungsarbeiten) oder die Leistung in den Zeichnungen nicht dargestellt ist, wird die ausgeführte Arbeit vom AN und AG gemeinsam örtlich aufgemessen.
Konstruktionsmaße	Konstruktionsmaße sind die in den Bauzeichnungen angegebenen Maße für den Rohbau. Die Abrechnung für die Ausbaugewerke (Putz-, Estrich-, Fußbodenbelags-, Malerarbeiten usw.) erfolgt nach diesen Maßen, obwohl die Längen und Flächen beispielsweise durch den Putz kleiner sind.
Abrechnungseinheiten	Im Leistungsverzeichnis sind die Abrechnungseinheiten für die jeweiligen Positionen gemäß Abschnitt 0.5 der jeweiligen ATV anzugeben.
VOB Teil C	Verbindlich ist z.Z. die Ausgabe VOB 2019.

Abrechnung von Beton- und Stahlbetonarbeiten nach VOB/C		
Bauteil	Abrechnungseinheiten	Abrechnungsgrundsätze (Auswahl, DIN 18331)
Massige Bauteile, z.B. Fundamente, Stützwände	m³	Abrechnung getrennt nach Bauart und Maßen Volumen aus tatsächlichen Abmessungen errechnen
Wände	m²	
Wanddurchdringungen	m²	Es wird nur eine Wand, und zwar die dickere, durchgehend abgerechnet.
Stützen	m Stück	Längen von OF Decke bis UF Decke (bis UF Balken, falls Balken breiter als Stütze); tatsächliche Abmessungen
Balken	m Stück	Längen bis zu den Stützen (vgl. Zeichnung unten), falls die Balken breiter als die Stützen sind, wird über die Stützen durchgemessen; tatsächliche Abmessungen
Deckenplatten	m²	Tatsächliche Abmessungen, äußere Begrenzungen
Durchdringungen von Stütze, Balken, Decke Breite Stütze = Breite Balken		Der Beton wird nur einmal abgerechnet, und zwar bei gleicher Betongüte gemäß der Zeichnung: — Decke --- Balken, Unterzug ······ Stütze Decke, Fundament
Öffnungen Einbindungen Durchdringungen	m³ m²	Abzug bei Einzelgröße über 0,5 m³ Abzug bei Einzelgröße über 2,5 m² Die Herstellung von Öffnungen ist eine besondere Leistung.
Schalung falls getrennt ausgeschrieben	m²	Abwicklung der geschalten Fläche einschließlich der Außenfläche von Öffnungen, Öffnungen in den geschalten Flächen > 2,5 m² werden abgezogen.
Betonstahl stets getrennt ausschreiben	kg, t	Gewicht nach den Ausführungszeichnungen (Stahlliste), Bindedraht und Verschnitt werden nicht abgerechnet, jedoch Verschnitt > 10 % bei Betonstahlmatten

8.6 Bauvertragsrecht

Abrechnung von Mauerarbeiten nach VOB/C

Bauteil	Abrechnungs-einheiten	Abrechnungsgrundsätze (Auswahl, DIN 18330)
Mauerwerk (Hintermauerwerk)	m^2	Maße der Fläche getrennt nach Bauarten und Dicken
Verblendmauerwerk (Dämmschicht)	m^2	Maße der Außenseite der Außenschale
Nachträgliche Verfugung	m^2	Maße der Fläche
Höhe des Mauerwerks	m^2	Durchgehendes Mauerwerk mit einbindender Decke / Stahlbetondecke unterbricht Mauerwerk — Höhe bis OF Rohdecke / Höhe bis UF Rohdecke — Abzurechnendes Mauerwerk — **Schnitt**
Durchdringungen	m^2	Die dickere Wand geht durch — **Grundriss**
Öffnungen		über 2,5 m² Einzelfläche werden abgezogen.
Stützen, Vorlagen, Unterzüge, Fachwerkteile		über 30 cm Einzelbreite werden abgezogen, d.h. Wandmauerwerk wird bei Breiten dieser Bauteile bis einschließlich 30 cm durchgehend abgerechnet.
Pfeiler	Stück, m	Pfeiler < 50 cm Breite werden gesondert abgerechnet, wenn die beidseitig liegenden Öffnungen abgezogen werden. Anderenfalls gelten sie als Wandmauerwerk, wenn sie mit der Mauerwerksart übereinstimmen. Öffnung > 2,5 m² / < 50 cm / Öffnung > 2,5 m²
Herstellung und Schließen von Öffnungen, Aussparungen, Schlitzen u.Ä.	Stück	Besondere Leistungen, d.h. gesondert abrechnen
Leibungen von Sicht- und Verblendmauerwerk	m	Abrechnung nach größter Länge
Sohlbänke, Stürze, Rollschichten, gemauerte Stufen	m	Abrechnung nach größter Länge

8.6 Bauvertragsrecht

Abrechnung von Erdarbeiten nach VOB/C

Bei der Mengenberechnung von Baugruben und Gräben nach DIN 18300 = VOB/C sind zusätzlich zu den Abmessungen des Bauwerkes die notwendigen Arbeitsräume nach DIN 4124 sowie die Böschungen ▶ S. 509 zu beachten.

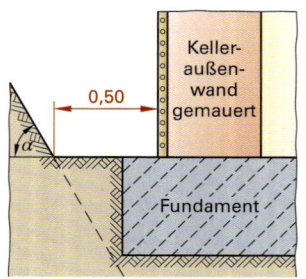
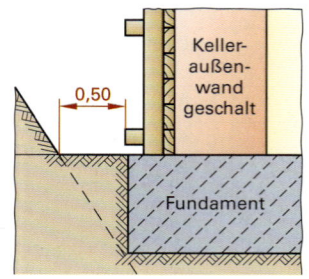
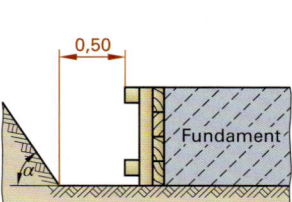

Fundamente gegen das Erdreich betoniert
Böschungslinie darf Fundament nicht schneiden.

Fundament geschalt

Waagerechte Sohle, waagerechtes Gelände

Die Baugrube eines rechteckigen Gebäudes hat die Form eines umgedrehten Obelisken ▶ S. 25.

Die Berechnung erfolgt üblicherweise näherungsweise. Das Berechnungsergebnis ist stets größer als das mit der genauen Formel.

A_u Fläche der Baugrubensohle

$$V = \frac{A_u + A_o}{2} \cdot t$$

A_o Fläche der Bodenöffnung, berechnet aus waagerecht gemessenen Längen

Waagerechte oder geneigte Sohle, geneigtes oder kuppiertes Gelände

Das Volumen von Baugruben mit unregelmäßigen Formen lässt sich nur näherungsweise berechnen. Dieses erfolgt üblicherweise mit der nebenstehenden Formel.

$$V \approx A_m \cdot t_m = \frac{A_u + A_o}{2} \cdot t_m$$

t_m = Σ Baugrubentiefen an den unteren Baugrubenecken/Anzahl der Ecken

Beispiel Mengenberechnung für eine Baugrube im geneigten Gelände

Abmessungen Bauwerk: 10,00 m x 20,00 m
Abmessungen Baugrubensohle: b_u = 10,00 m + 2 · 0,50 m = 11,00 m
l_u = 20,00 m + 2 · 0,50 m = 21,00 m

Geländeneigung vgl. Abbildung

$$\tan \alpha = \frac{6,00 \text{ m} - 3,00 \text{ m}}{6,00 \text{ m} + 21,00 \text{ m} + 3,00 \text{ m}} = 0,100$$

$\alpha = 5,7°$

t_1 = 6,00 − (6,00 · tan α) = 5,40 m

t_2 = 3,00 + (3,00 · tan α) = 3,30 m

t_m = 1/4 · (5,40 + 5,40 + 3,30 + 3,30) = 4,35 m

A_u = 11,00 · 21,00 = 231,00 m²

A_o = 1/2 · (17,00 + 23,00) · 30,00 = 600,00 m²

$$V \approx \frac{A_u + A_o}{2} \cdot t_m = \frac{231,00 + 600,00}{2} \cdot 4,35 = 1807,425 \text{ m}^3$$

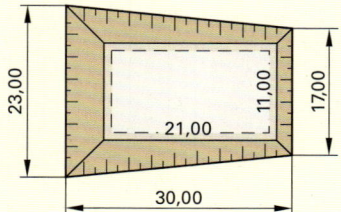
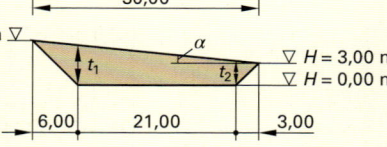

Zum Vergleich:
Die exakte Berechnung über Obelisk und schiefen Keil ergibt: 1786,500 m³.
Gelegentlich werden für die Tiefen der Baugrube auch die Differenzhöhen zwischen der Baugrubensohle und den oberen Ecken angesetzt. Dieses ergibt größere Volumina, lässt sich aber nicht rechtfertigen.

8 BAUBETRIEB

8.7 Bauplanung

Bauvorhaben müssen sorgfältig geplant werden. Die Planung wird von Architekten, Ingenieuren und Bautechnikern auf der Grundlage der behördlichen Vorschriften (Bundesverordnungen, Landesbauordnungen, örtliche Bauvorschriften) und der einschlägigen DIN-Normen unter Beteiligung des Bauherrn durchgeführt. Man unterscheidet: Planvorlagen, Arbeitsvorbereitung, Ausführung.

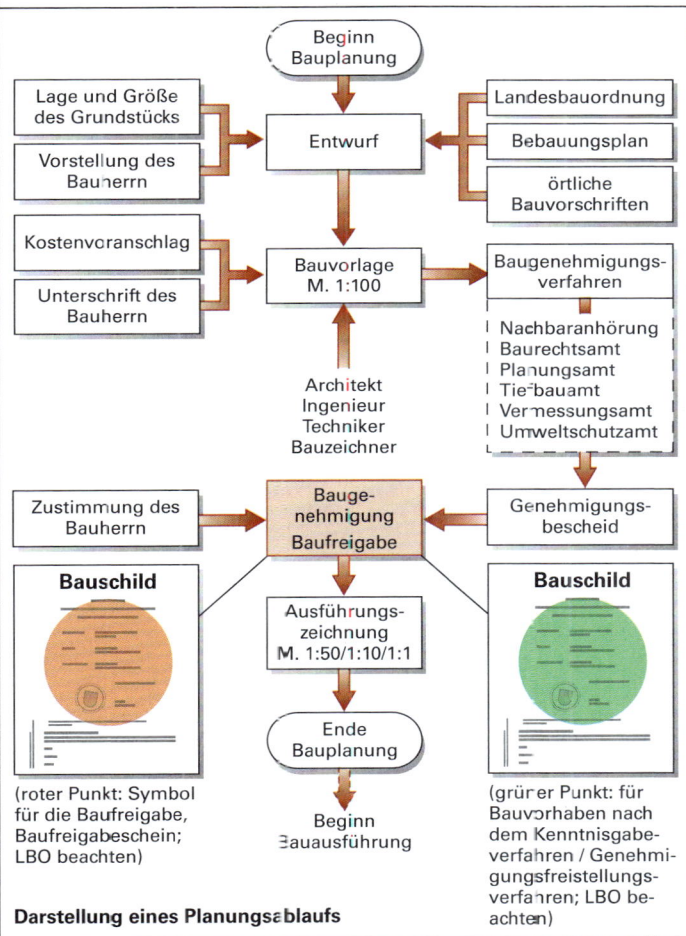

Darstellung eines Planungsablaufs

Planvorlagen

- Das Planungsbüro erstellt einen Vorentwurf M. 1 : 200.
- Nach Zustimmung des Bauherrn stellt dieser den Bauantrag.
- Zur Genehmigung ist für jedes Bauwerk einzureichen:
  a) amtlich geprüfter Lageplan mit dem neuen Bauvorhaben
  b) Entwurf M. 1 : 100 mit Grundrissen, Schnitten, Ansichten
  c) Standsicherheitsnachweis (Statik)
  d) Grundstücksentwässerungsplan
  e) Wärmeschutzberechnung
  f) Wohn- und Nutzflächenberechnung DIN 277
  g) Berechnung des umbauten Raumes
  h) Kostenschätzung nach DIN 276
  i) Baubeschreibung (z.B. auf Formblatt)
  j) Erhebungsbogen zur Statistik
- Im Baugenehmigungsverfahren wird von der Bauaufsichtsbehörde geprüft, ob alle notwendigen Vorschriften eingehalten wurden.
- Nachdem ein schriftlicher Genehmigungsbescheid (Baugenehmigung) vorliegt, können vom Architektur- oder Ingenieurbüro die Ausführungszeichnungen M. 1 : 50 – m, cm, Teil- und Sonderzeichnungen erstellt werden.
- Erstellung des Leistungsverzeichnisses.

Arbeitsvorbereitung

- beinhaltet die Auswahl des optimalen Bauverfahrens hinsichtlich der Betriebsmittel unter Berücksichtigung der innerbetrieblichen Bedingungen
- beinhaltet die Planung des Arbeitsablaufes hinsichtlich des Einsatzes von Material, Arbeitsgeräten, Maschinen und Arbeitskräften
- beinhaltet die Planung der Baustelleneinrichtung unter Berücksichtigung der örtlichen Verhältnisse bzgl. Zufahrt, Vorflut, Wasser- und Stromanschluss, Telefon, Verkehrssicherheit, Verkehrsführung und Verkehrsbedingungen, Baustellenabsperrung
- beinhaltet die Planung und Aufstellung einer Baustellenerstausstattung (Magazin)
- beinhaltet die Bereitstellung der Sicherheitsdatenblätter ▶ S. 317 und Betriebsanweisungen nach GefStoffV.

8.7 Bauplanung

Bauablaufsplanung

Darstellung der Bauabläufe (BIM, Building Information Modeling ▶ S. 477)
- Balkendiagramm mit Angabe der Arbeitstage oder Arbeitswochen, IST- und SOLL-Spalte
- Liniendiagramm oder Geschwindigkeitsplan-Methode (auch Zeit-Weg-Diagramm genannt)
- Netzplantechnik unter Verwendung von Datenverarbeitungsanlagen

Balkendiagramme (Gantt-Diagramme) sind besonders anschaulich und eignen sich bei fast allen Einsatzplanungen von Arbeitskräften und Maschinen zur Grobplanung und zur Feinplanung.

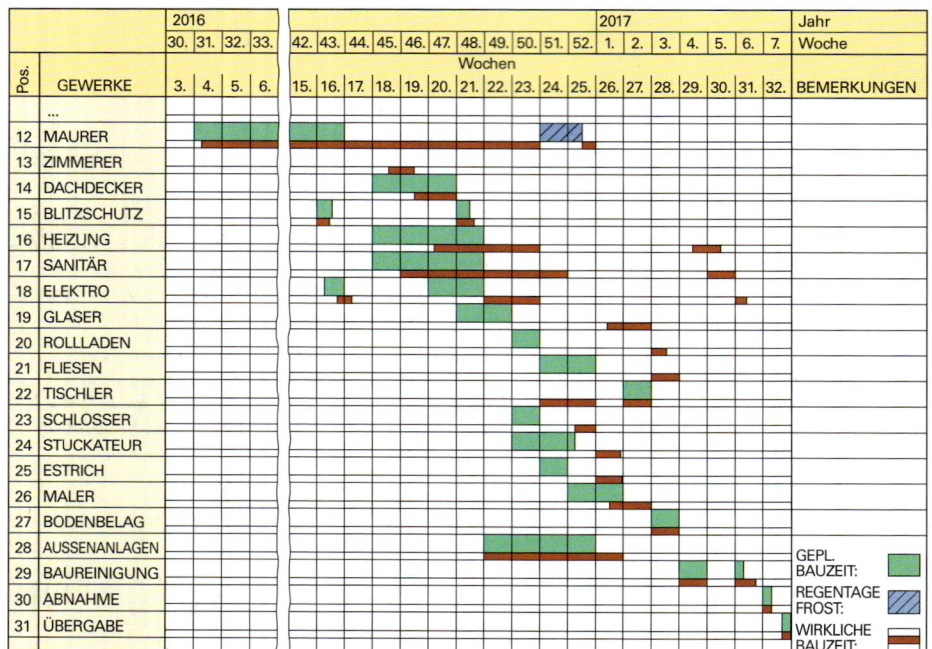

Liniendiagramme werden insbesondere bei Bauvorhaben mit eindeutiger Fertigungsrichtung verwendet, z.B. im Straßenbau, Stollenbau, Rohrleitungsbau und Gleisbau. Dabei ist die Neigung der Geraden ein Maß für die Baugeschwindigkeit.

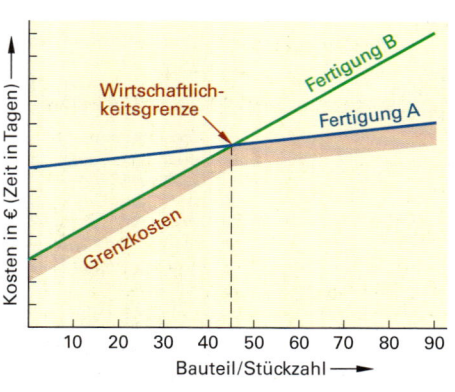

Diagramm zur Auswahl des optimalen Bauverfahrens, z.B. im Fertigteilbau

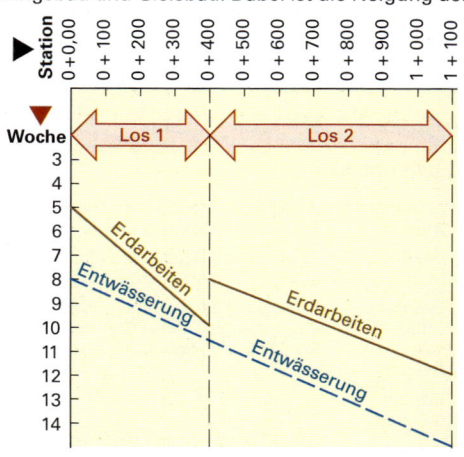

Liniendiagramm für eine Straßenbaustelle

8.7 Bauplanung

Netzplantechnik (DIN 69900:2009-01)

Netzplantechnik wird eingesetzt, um komplexe Projekte zu planen, zu steuern und zu analysieren (z.B. Bau einer städtischen Kläranlage, Bau eines Industriewerkes). Zwei Verfahren sind zu unterscheiden. Zulässig sind Mischformen aus grafischer NPT und ergänzender Tabellenform (z.B. mittels EDV). Die Arbeitsschritte der Netzplantechnik sind:

ein **Projektstrukturplan**,	d.h. die Auflistung der Tätigkeiten bei einem Projekt
eine **Vorgangsliste**,	d.h. eine Kontrollliste, damit alle Tätigkeiten erfasst werden
eine **Netzplanzeichnung**,	d.h. die zeichnerische Verbindung der Vorgänge
die **Zeitplanung**,	d.h. eine aussagefähige Zeitrechnung

Vorgangsknotenmethode/MPM (Metra Potential Method)

- Jeder **Vorgang** wird durch einen sogenannten Vorgangsknoten dargestellt.
- Die Verbindungspfeile bestimmen die Reihenfolge der Vorgänge.
- Die Darstellung durch Kreise oder Rechtecke ist äquivalent.

FAZ   FEZ

Nr.	Bezeichnung	
D	GP	FP

SAZ   SEZ

D	Dauer des Vorgangs	SAZ	Spätester Anfangszeitpunkt
FAZ	Frühester Anfangszeitpunkt	SEZ	Spätester Endzeitpunkt
FEZ	Frühester Endzeitpunkt	GP	Gesamtpuffer
		FP	Freier Puffer ≙ Zeitreserve

Vorgangspfeilmethode/CPM (Critical Path Method)

- Ein **Netzplan** besteht aus Vorgängen (Aufgaben, Tätigkeiten, Maschineneinsatz) und Ereignissen (Anfang bzw. Ende eines Vorgangs). Der zeitliche Ablauf lässt sich von links nach rechts darstellen, dabei haben nachfolgende Ereignisse eine höhere Nummer als vorhergehende Ereignisse.

Fehlerquellen

Schleife: Die Ereignisse hängen voneinander ab.

Offene Maschen: Ein Vorgang bleibt ohne Ereignis.

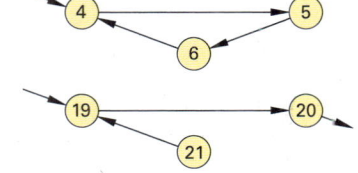

- Die **Dauer** eines Vorgangs wird am Pfeil vermerkt. Dabei wird für jedes Ereignis der früheste Zeitpunkt in den linken Quadranten eingetragen. Führen verschiedene Vorgänge zu einem Ereignis, wird immer die Summe der längsten Kette eingetragen. Ausgehend vom spätesten Zeitpunkt des Projektendes wird zurückgerechnet, indem im rechten Quadranten das spätestzulässige Eintreffen eines Ereignisses notiert wird.
- Die **Pufferzeit** zeigt die Zeitreserve in einem Projekt an.
  Pufferzeit = spätester Anfangszeitpunkt − frühester Anfangszeitpunkt
- **Kritischer Weg** ist der Weg, der im gesamten Projekt die geringste Pufferzeit hat.
- **Projektdauer** ist die Differenz zwischen dem Startzeitpunkt und dem frühesten Eintreffen des Ereignisses.

Beispiel

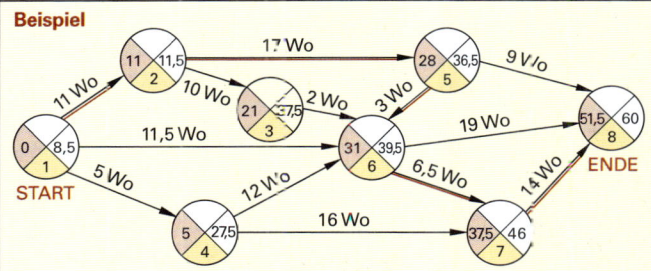

Kritischer Weg: 1-2-5-6-7-8
Gesamtzeit: 51,5 Wo

Im Ereignis 1 (START) wird mit 8,5 Wochen ein verspäteter Anfang gesetzt.

Das Ereignis 4 hat einen freien Puffer von 14 Wochen
31 − 12 − 5 = **14**.

8.7 Bauplanung

Baustelleneinrichtung

Der Baustelleneinrichtungsplanung kommt besondere Bedeutung zu:
- Eine Veränderung der Einrichtung während der Bauzeit kann mit Mehrkosten verbunden sein.
- Einrichtungsfehler können sich auf die Herstellungskosten auswirken.

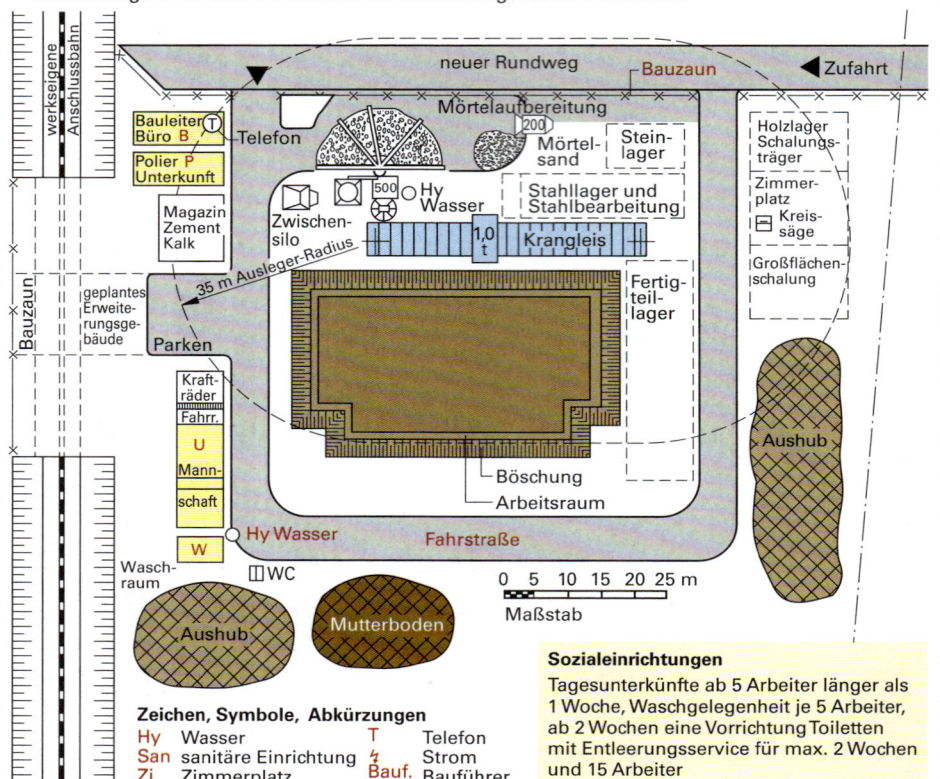

Sozialeinrichtungen
Tagesunterkünfte ab 5 Arbeiter länger als 1 Woche, Waschgelegenheit je 5 Arbeiter, ab 2 Wochen eine Vorrichtung Toiletten mit Entleerungsservice für max. 2 Wochen und 15 Arbeiter

Beispiel für einen Baustelleneinrichtungsplan

Der Baustelleneinrichtungsplan wird i.d.R. im Maßstab 1 : 200 gezeichnet. Die Bezeichnung erfolgt nach festgelegten Sinnbildern, Zeichen und Abkürzungen. Der Einrichtungsplan ist für die Baustelle verbindlich. Auf größeren Baustellen ist ein Sanitätsraum einzurichten. Die Einrichtung der Tagesunterkünfte für die Beschäftigten, Aborte und Waschanlagen, Bauwagen und Polierbude unterliegen besonderen Bestimmungen, insbesondere ist die Baustellenrichtlinie der EG zu beachten.

Baustellenverordnung

Bauherrenpflicht: Der Bauherr trägt als Veranlasser eines Bauvorhabens die Verantwortung für das Vorhaben. Er muss die in der Baustellenverordnung verankerten Schutzmaßnahmen vorsehen.

Vorankündigung: Die Vorankündigung muss der zuständigen Behörde (Gewerbeaufsichtsamt) übermittelt werden. Ort der Baustelle, Bauherr, Art des Bauvorhabens, Koordinator, Beginn und Dauer der Arbeiten, Höchstzahl der Beschäftigten, Zahl der Unternehmer sind anzugeben.

UVV – BGV C 22: Standsicherheit und Tragfähigkeit, Arbeitsplätze auf Gerüsten, Verkehrsflächen und Absturzsicherung, Schutz gegen herabfallende Gegenstände.

Arbeitsstättenverordnung

Arbeitsstättenrichtlinie (ArbStättV; 2016-03) mit A4.3: 2014-04

Mittel und Einrichtungen zur Ersten Hilfe (▶▶ www.bge.de)

(1) Erste-Hilfe-Räume müssen an ihren Zugängen gekennzeichnet und mit Rettungstransportmitteln leicht zugänglich sein.

(2) Sie sind mit erforderlichen Einrichtungen und Materialien zur Ersten Hilfe auszustatten.

8 BAUBETRIEB

8.8 Schalungsbau und Gerüstbau

8.8.1 Schalungsbau

Die Schalung ist ein Bauhilfsmittel, das dem Beton seine spätere, gewünschte Form und Oberflächenstruktur verleiht. Die Schalkonstruktion muss maßgenau, standfest, dicht und wiederverwendbar sein; sie muss beim Einfüllen und Verdichten des Frischbetons den auftretenden Druck (ca. 0,03 MN/m² bis 0,4 MN/m²) standhalten und muss sich nach dem Erhärten leicht und erschütterungsfrei entfernen lassen (**DIN 18218**). Die Schalung besteht aus Schalhaut und Tragkonstruktion.

Frischbetondruck σ_b auf lotrechte Schalung

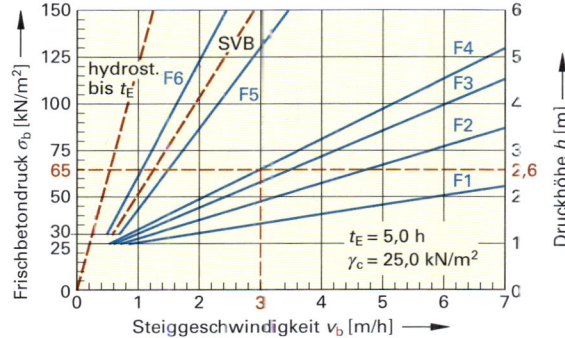

- Abhängigkeit von der Steiggeschwindigkeit v_b und der Konsistenzklasse des Betons
- andere Rohwichten als 25 kN/m³
  → Umrechnung von σ_b mit $\gamma_b/25$
- andere Frischbetontemperaturen
  < 15 °C: → σ_b um 3% erhöhen
  für 1 °C Temperaturunterschied
  > 15 °C: → σ_b um 3% vermindern
  für 1 °C Temperaturunterschied,
  Verminderung von σ_b jedoch maximal um 30 %
- **Beispiel**
  Steigungsgeschwindigkeit
  $v = 3$ m/h; Konsistenzklasse F3
  Frischbetondruck $\sigma_b \approx 65$ kN/m²
  max. Druckhöhe $h \approx 2,6$ m

Die **Schalhaut** (**DIN 18217**) bestimmt die Sichtfläche des Betons (glatt, rau, profiliert). Als Material kommen Bretter, Schaltafeln aus kunstharzbeschichteten Voll- oder Sperrholz oder Metall (50 cm × 100 cm ... 200 cm) in Betracht. Kunststoffbeschichtete Hartfaser- und Furnierplatten (d = 4 mm ... 10 mm) benutzt man als Vorsatzschalung, die vor eine Tragkonstruktion gestellt wird ▶ S.502, Schalungsarten. Wird die Schalhaut später nicht mehr entfernt (z.B. bei Kassettendecken), nennt man dies eine **verlorene Schalung**.

Die **Tragkonstruktion** überträgt sämtliche Lasten bis zum Ausschalen des Betonteils auf den Untergrund. Man verwendet Träger, Stützen, Zwingen und Zargen aus Holz, Stahl oder Aluminium. Die Verspannung hält die Schalung in der geplanten Form und Lage. Art und Anzahl der Verspannungen richten sich nach dem Schalungsdruck und der Schalungskonstruktion. Als Verspannung eignen sich Drähte ⌀ < 8 mm, Spanndrähte ⌀ ≥ 8 mm mit Spannschlössern, spannbare Ketten und Spannanker mit Schraubenbolzen. Kunststoffhülsen dienen als Abstandshalter und ermöglichen beim Ausschalen das Herausziehen der Spannstäbe.

Trennmittel werden vor dem Einbau der Bewehrung auf die Schalhaut ganzflächig aufgetragen; sie vermindern die Haftung (Adhäsion) zwischen Frischbeton und Schalhaut. Trennmittel sind Schalungsöle, Pasten, Wachse und Beschichtungen bei vorgefertigten Schalelementen. Öle werden meist als **Emulsionen** verwendet, deshalb dürfen sie nicht bei niedrigen Temperaturen und Frost verarbeitet werden. Die Bewehrung darf nicht mit dem Trennmittel in Berührung kommen (Verringerung der Haftung).

Schalkonsolen und Geländerpfosten werden bei der Herstellung von auskragenden Decken als Deckenrandschalung verwendet. Der Geländerpfosten sorgt mit Seitenschutzbrettern für den geforderten Schutz gegen Absturz.

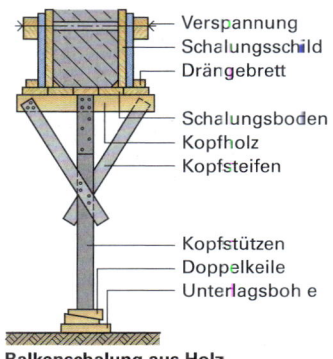

Balkenschalung aus Holz

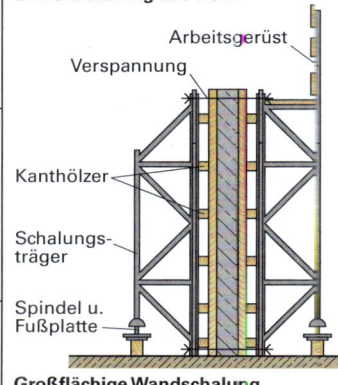

Großflächige Wandschalung

8.8 Schalungsbau und Gerüstbau

Schalungsbau

Schalungsträger unterstützen die Schalhaut und tragen zur Stabilität und Aussteifung bei. Als Schalungsträger aus Holz werden Kanthölzer der Sortierklasse S10 eingesetzt. Häufiger werden Vollwand-, Fachwerk- oder Holzschalungsträger mit massivem Steg eingesetzt. Schalungsträger aus Metall gibt es als Stahl- oder Aluminiumträger. Stahlschalungsträger weisen eine besondere Profilierung aus und werden für Wandschalungen eingesetzt. Schalungsträger aus Aluminium sind leichte, profilierte Träger ausschließlich für Decken.

Schalungssysteme (Auswahl)
Spannankersystem (Dywidag)
Wandschalungssystem (Hünnebeck)
Rahmenschalung (PERI-Domino)
Trägerschalung (DOKA-TOP50)
Trägerschalung (PERI Vario GT24)
Rundschalung (DOKA-H20)
Anschlussprofile (HALFEN)
Fahrschalung (System PERI)
Stützenschalung (DOKA)
Rundstützenschalung (PERI SRS)
Deckenschalung (PERI Skydeck)
Baustützen (müba)
Plattendecken (Kaiser-OMNIA)

Kenndaten von Schalungsträgern

Trägerart ⇒	Stahlträger	Holzträger	Aluminiumträger
Bauhöhe in cm	10 … 27	16 … 36	12 … 22
Masse in kg	7 … 14	3 … 9	3 … 15
zul M in kN·m	2 … 17	3 … 17	3 … 64
zul Q in kN	27 … 47	8 … 23	17 … 270

Einsatzbereiche von Schalungsarten

Schalungsart	Schalungsmaterial	Einsatzbereich	Schalungsart	Schalungsmaterial	Einsatzbereich
Schwarten	Tanne bzw. Fichte	Sichtbeton mit unregelmäßiger Struktur	Schichtstoffplatten	Melamin- bzw. Phenolbeschichtung auf Stab- bzw. Stäbchenmittellage	Glatter Beton
Brettschalung, rau	Tanne bzw. Fichte mit sägerauer Oberfläche	Beton ohne besondere Anforderung an seine Sichtfläche	Polysulfid-Schalung	Polysulfid	Strukturierter Sichtbeton
Brettschalung, einseitig gehobelt	Tanne bzw. Fichte einseitig sandgestrahlt oder abgeflammt	Sichtbeton mit Holzstruktur	Gummischalung	Polypropylen-Silikonkautschuk	Strukturierter Sichtbeton Rohrherstellung
Plattenschalung (Schaltafeln)	Tanne bzw. Fichte imprägniert mit Standardmaß 150 cm × 50 cm	Beton ohne besondere Anforderung an seine Sichtfläche	Stahlschalung	Stahl	Beton ohne besondere Anforderung an seine Sichtfläche
Sperrholz, beharzt	Tischlerplatte beharzt aus Nadelholz	Beton ohne besondere Anforderung an seine Sichtfläche	Stahlblechwickelrohre	Bandstahl mit spiralförmig verlaufenden Falznähten	Sichtbeton
Sperrholz, polyesterbeschichtet	Tischlerplatte aus Nadelholz mit Polyesterbeschichtung	Glatter Beton	Polystyrol-Schalung	Polystyrol-Hartschaum	Strukturierter Sichtbeton, Verdrängungskörper für Aussparungen

Anhaltswerte für Ausschalfristen

Die DIN EN 1992-1-1 gibt keine Ausschalungsfristen mehr vor. Insbesondere sind Erhärtungs- oder Reifegradprüfungen vorzunehmen (vgl. DIN 1045-3, Anhang NA.2 und DBV-Merkblatt). Der Bauleiter darf das Ausschalen nur anordnen, wenn er sich von der ausreichenden Festigkeitsentwicklung $r = f_{cm2}/f_{cm28}$ des Betons überzeugt hat.
Die Ausschalungsfristen sind gegenüber den Anhaltswerten zu verdoppeln, wenn die Betontemperatur in der Erhärtungszeit unter + 5 °C lag. Bei Verwendung von Gleitschalungen kann i.d.R. von kürzeren Fristen ausgegangen werden.

Betontemperatur °C	Festigkeitsentwicklung r			Zementfestigkeitsklassen MN/m²	Wände, Stützen und die seitliche Schalung von Balken	Deckenplatten	Weitgespannte Deckenplatten und Bodenplatten von Balken und Rahmen
	$r \geq 0{,}50$ schnell	$r \geq 0{,}30$ normal	$r \geq 0{,}15$ langsam	32,5	3 Tage	8 Tage	20 Tage
				32,5 R	2 Tage	5 Tage	10 Tage
				42,5	2 Tage	5 Tage	10 Tage
≥ 5 °C … < 15 °C	6 Tage	12 Tage	14 Tage	42,5 R + 52,5	1 Tag	3 Tage	6 Tage
≥ 15 °C	4 Tage	8 Tage	14 Tage				

8.8 Schalungsbau und Gerüstbau

Schalung von Sichtbetonflächen

Zur Festlegung einer Sichtbetonfläche sind folgende Anforderungen zu beschreiben (Hinweise im Merkblatt Sichtbeton vom DBZ, Deutscher Beton- und Bautechnik Verein e.V., und BDZ, Bundesverband der Deutschen Zementindustrie e.V.):

- Sichtbetonklasse (SB1, SB2, SB3, SB4)
- Oberflächenbearbeitung der Schalhaut
- Anker und Ankerlöcher
- Ausbildung der Kanten und Ecken
- Fugen (Lage, Verlauf, Breite)
- Schalungs- und Schalungssysteme ▶ S. 502
- Ausbildung von Schalungsstößen
- geometrische Oberflächengliederung
- Farbtongebung (mit und ohne Anstrich)
- Oberfläche der angrenzenden Bauteile

Anforderung an geschalte Sichtbetonflächen

Sichtbetonklasse		Beispiel	Anforderungen an geschalte Sichtbetonflächen							Weitere Anforderungen	
		1) saugende Schalhaut 2) nicht saugende Schalhaut	Textur	Porigkeit		Farbtongleichmäßigkeit		Ebenheit	Schalhautfugen	Erprobungsfläche	Schalhautklasse
				s[1]	ns[2]	s[1]	ns[2]				
Anforderungen an Sichtbeton	geringe	SB1	Betonflächen mit geringen gestalterischen Anforderungen, z. B.: Kellerwände oder Bereiche mit vorwiegend gewerbl. Nutzung	T1	P1		FT1	FT1	E1	AF1	freigestellt	SHK1
	normale	SB2	Betonflächen mit normalen gestalterischen Anforderungen, z. B.: Treppenhausräume, Stützwände	T2	P2	P1	FT2	FT2	E1	AF2	empfohlen	SHK2
	besondere	SB3	Betonflächen mit hohen gestalterischen Anforderungen, z. B.: Fassaden im Hochbau	T2	P3	P2	FT2	FT2	E2	AF3	dring. empfohlen	SHK2
		SB4	Betonflächen mit besonders hoher gestalterischer Bedeutung, repräsentative Bauteile im Hochbau	T3	P4	P3	FT3	FT2	E3	AF4	erforderlich	SHK3

T1	Weitgehend geschlossene Zementleim- bzw. Mörtelfläche. In den Schalelementstößen ausgetretener Zementleim/Feinmörtel bis ca. 20 mm Breite und ca. 10 mm Tiefe zulässig. Rahmenabdruck des Schalelements zulassen.
T2	Geschlossene und weitgehend einheitliche Betonfläche. In den Schalelementstößen ausgetretener Zementleim/Feinmörtel bis ca. 10 mm Breite und ca. 5 mm Tiefe zulässig. Versatz der Elementstöße bis ca. 5 mm Tiefe zulässig, Höhe verbleibender Grate bis ca. 5 mm zulässig. Rahmenabdruck des Schalelements zulassen.
T3	Glatte, geschlossene und weitgehend einheitliche Betonfläche. In den Schalelementstößen ausgetretener Zementleim/Feinmörtel bis ca. 3 mm zulässig. Feine, technisch unvermeidbare Grate bis ca. 3 mm zulässig. Weitere Anforderungen sind detailliert festzulegen.

SHK1 SB1	■ Bohrlöcher → Mit Kunststoffstöpsel zu verschließen ■ Nagel- und Schraublöcher, Kratzer → Zulässig ■ Beschädigung der Schalhaut durch Innenrüttler → Zulässig ■ Betonreste → In Vertiefungen (Nagellöchern, Kratern etc.) zulässig ■ Zementschleier, Reparaturstellen, Aufquellen der Schalhaut → Zulässig
SHK2 SB2 SB3	■ Bohrlöcher, Kratzer → Als Reparaturstellen zulässig ■ Nagel- und Schraublöcher → Ohne Absplitterungen zulässig ■ Beschädigung der Schalhaut durch Innenrüttler → Nicht zulässig, nach Absprache mit dem Auftraggeber ggf. zulässig ■ Kratzer → Nicht zulässig ■ Betonreste → Zulässig ■ Zementschleier, Reparaturstellen, Aufquellen der Schalhaut im Schraub- bzw. Nagelbereich → Nicht zulässig, nach Absprache mit dem Auftraggeber ggf. zulässig
SHK3 SB4	■ Bohrlöcher, Betonreste → Nicht zulässig ■ Nagel- und Schraublöcher, Kratzer → Als Reparaturstellen in Abstimmung mit dem Auftraggeber ■ Zementschleier, Reparaturstellen, Aufquellen der Schalhaut im Schraub- bzw. Nagelbereich → Nicht zulässig

8.8 Schalungsbau und Gerüstbau

Schalungsstützen/Baustützen

Schalungsstützen dienen der Unterstützung und sind in der Höhe verstellbar. Schalungsstützen aus Metall bestehen aus zwei Metallrohren, die in sich ausgesteift sind.

Baustützen nach DIN EN 1065 werden in fünf Klassen (z.B. **A30, B40, B35, B25, C, D** und **E**) eingeteilt.

Die Stützenklassen A, B und C besitzen längenabhängige nominelle charakteristische Tragfähigkeiten $R_{y,k}$ auf unterschiedlichem Niveau. Für die Klassen D und E gilt die Tragfähigkeit $R_{y,k}$ für jede Länge. Die maximale Ausziehlänge ist durch die Ziffer nach dem Buchstaben angegeben, z.B. A35, d.h. 3,50 m maximale Ausziehlänge.

Tragfähigkeit
$$R_B = \frac{R_{y,k}}{1,7}$$

Baustützen aus Aluminium mit Ausziehvorrichtung werden nach DIN EN 16 031 beschrieben und in elf Stützenklassen definiert und beziehen sich in den wesentlichen Entwurfs- und Berechnungsgrundlagen auf die DIN EN 1065.

Beschriftungen der Stütze:
- Loch für Anschlüsse
- Mittelloch
- Endplatte
- Bolzenloch
- Innenrohr
- Unverlierbarer Bolzen
- Längenverstelleinrichtung
- Außenrohr
- Endplatte
- Loch für Anschlüsse

Tragfähigkeit R_B/Bemessungswert in kN (Auswahl)

Auszugs-länge in m	C55 Gewicht ca. 31 kg	Auszugs-länge in m	B40	B35	B30	B25 Gewicht ca. 16 kg bis 32 kg	Auszugs-länge in m	A30 Gewicht ca. 15 kg
5,5	10,9	3,6	12,3					
5,4	11,3	3,5	13,1	11,4				
5,3	11,7	3,4	13,8	12,1				
5,0	13,2	3,2	15,6	13,7				
4,9	13,7	3,1	16,6	14,6				
4,8	14,3							
4,5	16,3	3,0	17,8	15,6	13,3			
4,4	17,0	2,9	19,0	16,6	14,3			
4,2	18,7	2,7	21,9	19,2	16,5			
4,0	20,6	2,6	23,7	20,7	17,8			
3,9	21,7	2,5	25,6	22,4	19,2	16,0	3,0	10,0
3,8	22,9	2,4	27,8	24,3	20,8	17,4	2,9	10,7
3,7	24,1	2,3	30,0	26,5	22,7	18,9	2,7	12,3
3,5	26,9	2,2	30,0	28,9	24,8	20,7	2,5	12,3
3,4	28,5	2,1		30,0	27,2	22,7	2,3	17,0
3,3	30,3	2,0		30,0	30,0	25,5	2,1	20,4
3,2	32,2	1,9			30,0	27,7	2,0	22,5
3,0	35,0	≤ 1,8			30,0	30,0	1,9	24,9
							≤ 1,8	25,9

Klassifizierung von Baustützen

Bauklasse	Tragfähigkeit $R_{y,k}$ Teilsicherheitsbeiwert $\gamma = 1,7$	Auszugslängen Gewicht der Baustütze
A25, A30, A35, A40	$R_{y,k} = 51,0$ kN · $l_{max}/l^2 \leq 44,0$ kN	2,50 m bis 4,00 m
B25, B30, B35, B40, B45, B50, B55	$R_{y,k} = 68,0$ kN · $l_{max}/l^2 \leq 51,0$ kN	2,50 m bis 5,50 m Gewicht: 15,5 kg bis 31,4 kg
C25, C30, C35, C40, C45, C50, C55	$R_{y,k} = 102,0$ kN · $l_{max}/l^2 \leq 59,5$ kN	2,50 m bis 5,50 m
D25, D30, D35, D40, D45, D50, D55	$R_{y,k} = 34,0$ kN	2,50 m bis 5,50 m Gewicht: 15,5 kg bis 31,4 kg
E25, E30, E35, E40, E45, E50, E55	$R_{y,k} = 51,0$ kN	2,50 m bis 5,50 m

Die Belastbarkeit der Stütze ist hauptsächlich abhängig von der Profildicke des Innen- und Außenrohres der Stütze und der Auszugslänge. Auszugslänge um jeweils 100 mm variabel.
Z.B. Innenrohr   B/D 25 und 30 ∅ 51 mm   B/D 35 und 40 ∅ 60,3 mm   B/D 55 ∅ 76,3 mm
     Außenrohr   B/D 25 und 30 ∅ 60,3 mm   B/D 35 und 40 ∅ 70 mm   B/D 55 ∅ 88,9 mm

8.8 Schalungsbau und Gerüstbau

8.8.2 Gerüstbau

Die DIN 4420 Teil 1 ... 4 in der Fassung von Dezember 1990 ist in der bekannten Form nicht mehr gültig. Grundsätzlich müssen für Gerüste, wenn diese nicht nach den unten aufgeführten Normen ausgeführt werden, eine statische Berechnung aufgestellt bzw. ein Nachweis der Brauchbarkeit erbracht werden. Nach der Verwendung werden unterschieden:

- **Arbeitsgerüste** (temporäre Konstruktionen für Bauarbeiten), DIN EN 12811-1: 2004-03
- **Schutzgerüste** (Ergänzung zur DIN EN 12811), DIN 4420-1 neu: 2004-03
- **Leitergerüste** (mit Gefährdungsbeurteilung nach BetrSichV), DIN 4420-2: 1990-12
- **Traggerüste**, DIN EN 12811: 2004-09
- Kupplungen, Setzbolzen, Fußplatten, Entwurf DIN EN 74
- Fahrbare **Arbeitsgerüste**, DIN EN 1004 (hier nicht weiter ausgeführt)

Arbeitsgerüste

Die DIN EN 12811-1 unterscheidet nach Breitenklassen, Klassen der lichten Höhe und Lastklassen. Die Kennzeichnungen der fertiggestellten Gerüste sind vorgeschrieben.

Gerüst EN 12811 – 4D – SW09/250 – H1 – B – LS

Arbeitsgerüst (AG) der Lastklasse 4; bemessen mit Fallversuch für den Belag (D), ohne (N); Systembreitenklasse SW09; Feldlänge 250 cm; Durchgangshöhe H1; mit Bekleidung (B), ohne (A); mit Leiter (LA), mit Treppe (ST), mit Leiter- und Treppenzugang (LS)

Breitenklassen W der Gerüstlagen

Breitenklasse	w in m	Beispiel
W06	$0,6 \leq w < 0,9$	Breitenklasse W09
W09	$0,9 \leq w < 1,2$	Lastklasse 4 ... 6
W12	$1,2 \leq w < 1,5$	geeignet für
W15	$1,5 \leq w < 1,8$	Arbeiten, bei de-
W18	$1,8 \leq w < 2,1$	nen Materialien in
W21	$2,1 \leq w < 2,4$	größeren Mengen
W24	$2,4 \leq w$	gelagert werden

(Breite w = Breite der Gerüstlage einschl. Bordbrett)

Klassen der lichten Höhe H

Klasse	Zwischen Gerüstlagen h_3	Zwischen Gerüstlagen und Querriegeln ohne Gerüsthaltern h_{1a} und h_{1b}	Schulterhöhe h_2
H1	$\geq 1,90$ m	$1,75\,m \leq h_{1a} < 1,90\,m$ $1,75\,m \leq h_{1b} < 1,90\,m$	$\geq 1,60$ m
H2	$\geq 1,90$ m	$h_{1a} < 1,90$ m $h_{1b} < 1,90$ m	$\geq 1,75$ m

Lichte Höhen und Breiten

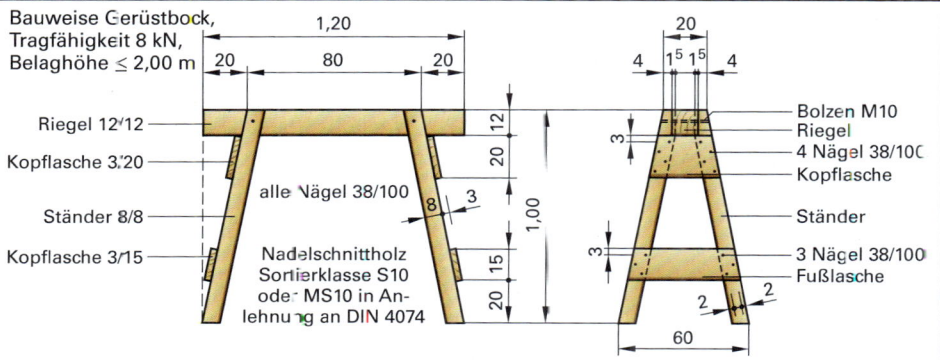

Gerüstbock aus Holz

Bauweise Gerüstbock, Tragfähigkeit 8 kN, Belaghöhe $\leq 2,00$ m

Riegel 12/12
Kopflasche 3/20
Ständer 8/8
Kopflasche 3/15

Nadelschnittholz Sortierklasse S10 oder MS10 in Anlehnung an DIN 4074

alle Nägel 38/100

Bolzen M10
Riegel
4 Nägel 38/100
Kopflasche
Ständer
3 Nägel 38/100
Fußlasche

8.8 Schalungsbau und Gerüstbau

Gerüstbauteile

Tragende Gerüstbauteile sind die konstruktiven Elemente des Gerüstes; miteinander fest verbunden steifen sie das Gerüst in alle Richtungen aus und geben dadurch dem Gerüst die geforderte Standsicherheit. Rundholzstangen und Holzleitern, die hierfür verwendet werden können, werden zunehmend durch korrosionsgeschützte Stahlrohre (Stahlrohrkupplungsgerüst), Rahmengerüste und Modulsysteme ersetzt.

Verbindungsmittel sind Bauteile, die Ständer, Riegel und Verstrebungen unverschieblich miteinander verbinden. Für Gerüstbauteile aus Holz sind dies Rüstdrähte, Gerüstketten und Gerüstklammern. Für die Stahlrohre verwendet man genormte Drehkupplungen und Zugkupplungen, Stahlbolzen und Konsolen.

Verankerungen sind Verbindungsteile zwischen dem Gerüst und dem Gebäude; sie verhindern das Kippen des Gerüstes. Alle nicht freistehenden Gerüste müssen verankert sein. Anzahl, Anordnung und Art der Verankerungen müssen nach den einschlägigen DIN-Vorschriften ausgeführt werden. Die Verankerung darf am Gebäude nur an ausreichend festen Bauteilen befestigt werden.

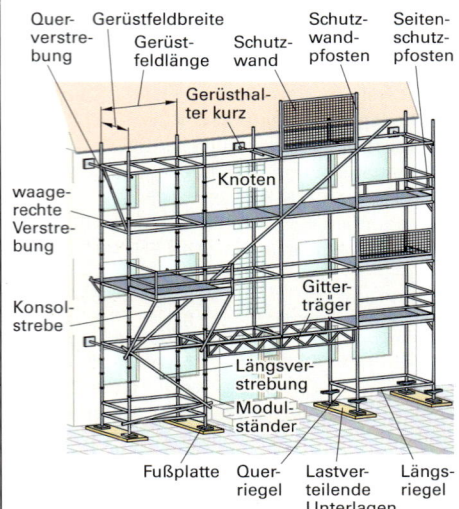

Bauzeichnung von Bauteilen eines Fassadengerüstes als Standardgerüst nach DIN 12811-1

Der **Gerüstbelag**, z.B. Gerüstbretter und Bohlen, muss dicht verlegt werden und darf weder ausweichen noch wippen. Die Belagsabmessungen richten sich nach der Stützweite der Querriegel und nach der zu erwartenden Belastung.

Stützweiten für Gerüstbretter und -bohlen

Brett- bzw. Bohlenbreite in cm	Gerüstgruppe	Brett- oder Bohlendicke in cm				
		3	3,5	4	4,5	5
		Stützweite in m				
20	1, 2, 3	1,25	1,50	1,75	2,25	2,50
24, 28	1, 2, 3	1,25	1,75	2,25	2,50	2,75
20	4	1,25	1,50	1,75	2,25	2,50
24, 28		1,25	1,75	2,00	2,25	2,50
20, 24, 28	5	1,25	1,25	1,50	1,75	2,00
20, 24, 28	6	1,00	1,25	1,25	1,50	1,75

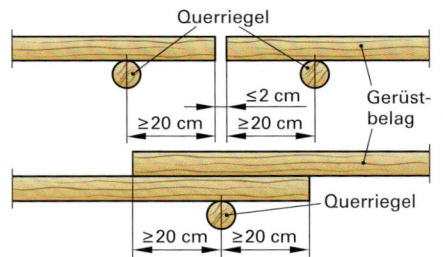

Stoß des Gerüstbelages

Leitern bestehen aus zwei Holmen und Sprossen. Das Material, Holz, Stahl oder Aluminium, muss unbedingt fehlerfrei sein; schadhafte Leitern sind nicht mehr begehbar, sie müssen ausgewechselt werden. Leitern sind standsicher aufzustellen und entsprechend zu sichern. Im Gerüst müssen Leitern ≥ 1 m über den Austritt hinausragen.

Stahlrohr-Kupplungsgerüste bestehen aus Stahl-Rohren.
S235 $\varnothing$ 48,3 mm, Mindestwanddicke 3,2 mm für alle Gerüstklassen
S185 $\varnothing$ 48,3 mm, Mindestwanddicke 4,05 mm nur für die Gerüstklassen 1 bis 4, bis 20 m Höhe
Ständerabstände Lastklasse 1 und 2: $l = 2{,}50$ m
Lastklasse 3 und 4: $l = 2{,}00$ m
Lastklasse 5: $l = 1{,}50$ m, Lastklasse 6: $l = 1{,}20$ m

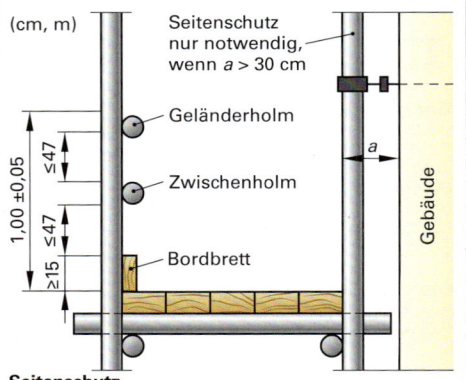

Seitenschutz
Der **Seitenschutz** ist erforderlich, wenn der Gerüstbelag mehr als 2 m über dem Boden liegt; er ist umlaufend an der Außenseite des Gerüstes, auch an den Stirnseiten, anzubringen.

8.8 Schalungsbau und Gerüstbau

Schutz- und Fanggerüste (DIN EN 12811, DIN 4420-1)

Die DIN 4420-1 unterscheidet Arbeitsgerüste mit Bekleidung (AGB), Fanggerüste (FG) und Dachfanggerüste (DG). Die Kennzeichnungen der fertiggestellten Gerüste sind vorgeschrieben.

Schutzgerüst DIN 4420-1 – DG – FL2 – SWD 1

Dachfanggerüst (DG) mit Fanglage (FL2) bei einer Absturzhöhe kleiner gleich 3,00 m, (FL1 Absturzhöhe kleiner gleich 2,00 m); mit Schutzwandhöhe (SWD1) bis 2,00 m Höhe, (SWD2 größer 2,00 m Höhe)

Zulässige Stützweiten in m
von Gerüstbrettern und -bohlen aus Holz als Belagteile in Fanggerüsten

Bohlen-breite	Absturz-höhe	Größte zulässige Stützweite in m							Materialien
		Für doppelt gelegte Bretter oder Bohlen mit einer Dicke von				Für einfach gelegte Bretter oder Bohlen mit einer Dicke von			Korrosions-geschützter Stahl nach DIN 4427
cm	m	3,5 cm	4,0 cm	4,5 cm	5,0 cm	3,5 cm	4,0 cm	4,5 cm	5,0 cm	
20	1,00	1,5	1,8	2,1	2,6	–	1,1	1,2	1,4	Aluminium nach DIN EN 128-11-1
	1,50	1,3	1,6	1,9	2,2	–	1,0	1,1	1,3	
	2,00	1,2	1,5	1,7	2,0	–	–	1,0	1,2	
24	1,00	2,1	2,5	2,5	2,7	1,0	1,2	1,4	1,6	Gerüstbohlen aus Holz nach DIN 4420-3 mindestens 3 cm dick, vollkantig, nicht aufgesplittert, max. Lücke 25 mm
	1,50	1,5	1,8	2,2	2,5	–	1,1	1,2	1,4	
	2,00	1,4	1,6	2,0	2,2	–	1,0	1,2	1,3	
	2,50	1,3	1,5	1,9	2,1	–	1,0	1,1	1,2	
	3,00	1,2	1,4	1,8	1,9	–	–	1,0	1,2	
28	2,00	1,5	1,8	2,2	2,5	1,0	1,1	1,3	1,4	
	2,50	1,4	1,7	2,0	2,3	–	1,0	1,2	1,4	
	3,00	1,3	1,6	2,0	2,1	–	1,0	1,1	1,3	

Die Gerüstlage muss die Last q_1 aufnehmen, bei geringerer Breite als 0,50 m die konzentrierte Last F_1. Für die Lastklassen 4, 5 und 6 ist eine Berechnung mit höherer Teilflächenlast und Teilflächenfaktor (Klammerwert) durchzuführen. Die Belastungsarten ständige Lasten, veränderliche Lasten und außergewöhnliche Lasten sind zu berücksichtigen.

Verkehrslasten auf Gerüstlagen

Last-klasse	Gleichmäßig verteilte Last q_1 in kN/m²	Last auf Fläche 500 mm x 500 mm F_1 in kN	Last auf Fläche 200 mm x 200 mm F_2 in kN	Teilflächenlast (Teilflächenfaktor) kN/m²
1	0,75	1,50	1,00	–
2	1,50	1,50	1,00	–
3	2,00	1,50	1,00	–
4	3,00	3,00	1,00	5,00 (0,4)
5	4,50	3,00	1,00	7,50 (0,4)
6	6,00	3,00	1,00	10,00 (0,5)

Beispiel

Vorhandene Belastung	
Gewicht einer Person	1,00 kN
Gewicht des Steinpakets	4,00 kN
Gewicht des Mörtelkübels	0,80 kN
Zuschlag Krantransport	1,00 kN
Werkzeug	0,30 kN
	7,10 kN

Schutzgerüste dienen als Fanggerüste oder Schutzdächer gegen das Herabfallen von Personen und Gegenständen; sie dürfen nicht als Arbeitsplattform benutzt werden! Fanggerüste sind erforderlich, wenn die Arbeitshöhe (von OK Gelände bis OK zu fertigendes Bauteil) > 5 m beträgt. Fanggerüste können durch Fangnetze mit einer Maschenweite < 5 cm ersetzt werden.

Fanggerüstbreiten

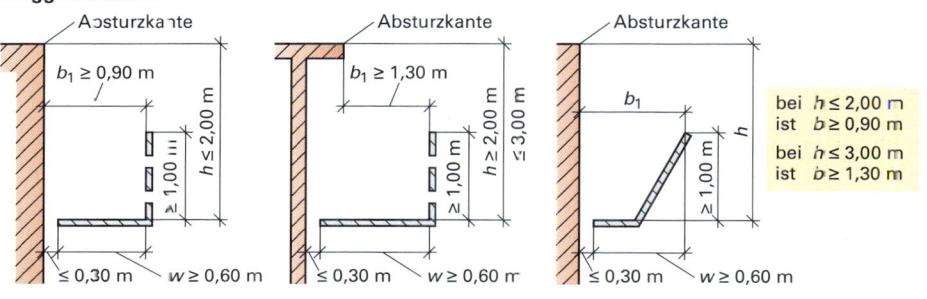

8.8 Schalungsbau und Gerüstbau

Dachfanggerüste

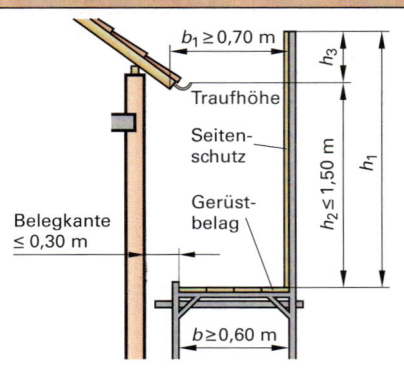

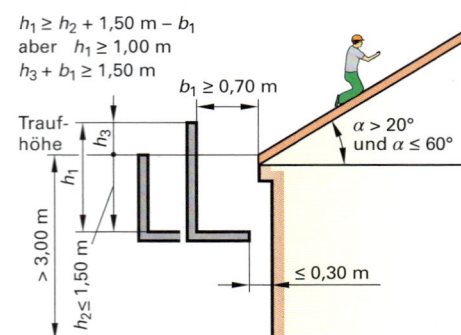

- Schutzwände müssen die zu sichernden Arbeitsplätze seitlich um mind. 1,00 m überragen.
- Schutzwände nur bei Dachneigungen bis 60° einsetzen.
- Bei Dachneigungen von mehr als 45° lotrechter Abstand zwischen Arbeitsplatz und Fußpunkt der Schutzwand nicht mehr als 5,00 m.

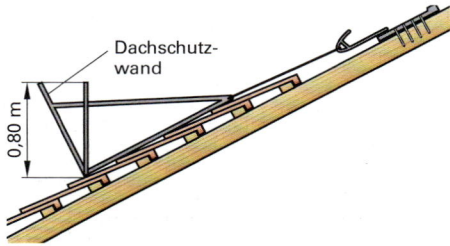

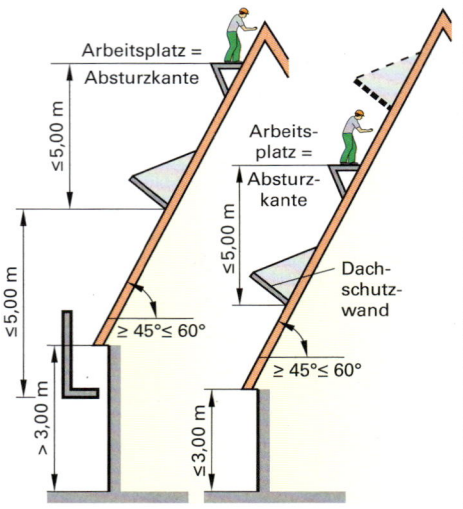

- Schutzwände mit einer Bauhöhe von mind. 1,00 m verwenden und so anbringen, dass sich die Oberkante der Schutzwand nicht weniger als 0,80 m über der Dachfläche befindet.

Netzverformungen f_{max} in m

Absturzhöhe H	≤ 1,00 m		≤ 3,00 m	≤ 6,00 m	bei ≤ 20° Neigung
Auffangbreite b	≥ 2,00 m		≥ 2,50 m	≥ 3,00 m	≥ 3,00 m

Absturzhöhe h	f_{max} für Spannweite des Netzes l in m				
	5,00	9,00	12,00	15,00	20,00
1,00 m	2,60	3,30	4,20	5,40	6,40
2,00 m	2,80	3,50	4,50	5,60	6,70
3,00 m	2,90	3,70	4,70	5,80	6,80
4,00 m	3,00	3,80	4,80	5,90	6,90
5,00 m	3,10	3,90			

- Absturzhöhe im Randbereich ≤ 3,0 m
- Absturzhöhe im übrigen Bereich ≤ 6,0 m
- Schutznetze nur an tragfähigen Bauteilen befestigen. Jeder Punkt muss eine charakteristische Last von mindestens 6 kN aufnehmen können.

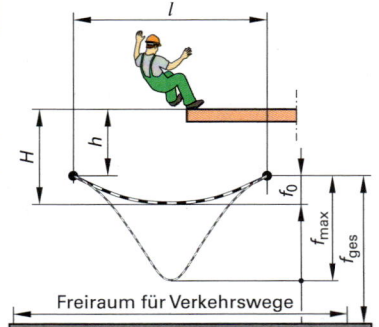

8 BAUBETRIEB

8.9 Baugruben

Die in den folgenden Bildern dargestellten Baugrubensicherungen können nach **DIN 4124**, für Baugruben und Gräben, und den Unfallverhütungsvorschriften UVV „Bauarbeiten" unter den genannten Randbedingungen ausgeführt werden. Zusätzliche Nachweise und Maßnahmen erfordern:
- Störungen des Bodengefüges, wie Klüfte, Verwerfungen, einfallende Schichtung, Schieferung
- nicht oder nur wenig verdichtete Verfüllungen oder Aufschüttungen
- erhebliche Anteile weicher Böden (Seeton, Beckenschluff, organische Böden u.Ä.)
- Grundwasserabsenkung durch offene Wasserhaltung
- Zufluss von Schichtenwasser, nicht entwässerte Fließsandböden
- Verlust der Kapillarkohäsion bei nichtbindigen Böden durch Austrocknen

Böschungsausbildung, Arbeitsraum

Bodenart ▶ S. 428 f.	Böschungswinkel β	Neigungsverhältnis
nichtbindig (Sand, Kies)	$\leq 45°$	1 : 1
bindig, weich	$\leq 45°$	1 : 1
bindig, steif bis halbfest	$\leq 60°$	1 : 0,58
leichter Fels	$\leq 80°$	1 : 0,18

Bei einer Tiefe $t > 3,00$ m ist eine Berme mit einer Breite $\geq 1,50$ m anzulegen.

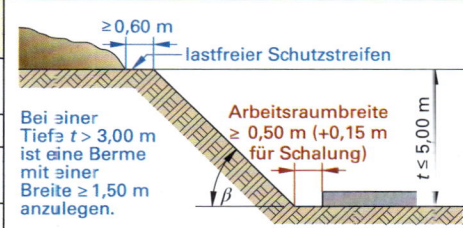

Sicherung von Grabenwänden

Tiefe (m)	Boden	Ausbildung der Graben- und Baugrubenwände (DIN 4124)
bis 1,25	standfest angrenzende Geländeneigung < 1 : 10 bei nichtbindigen Böden < 1 : 2 bei steifen bindigen Böden	

Tiefe t des Grabens, i.d.R. verbaut	Lichte Mindestbreite b
bis 1,75 m, geböscht	0,60 m
bis 1,75 m	0,70 m
1,75 m $\geq t \leq 4,00$ m	0,80 m
über 4,00 m	1,00 m

| 1,25 m bis 1,75 m | steifer bindiger Boden ▶ S. 438 |
| über 1,75 m stets Grabenverbau | |

Mindestgrabenbreiten nach DIN 4124, für Abwasserleitungen nach DIN EN 1610

Äußerer Leitungs- bzw. Rohrschaftdurchmesser d_A [m] DIN 4124	Abwasserkanäle DN [mm] DIN EN 1610	Lichte Mindestbreite b [m]				
		Verbauter Graben		Geböschter Graben		
		Regelfall	Umsteifung	$\beta \leq 60°$	$\beta > 60°$ (DIN 4124)	$\beta > 60°$ (DIN EN 1610)
bis 0,40 m (nur DIN EN 1610)	< 225	$b = d_A + 0,40$	$b = d_A + 0,70$	$b = d_A + 0,40$	$b = d_A + 0,40$	$b = d_A + 0,40$
	225 bis 350	$b = d_A + 0,50$		$b = d_A + 0,40$		$b = d_A + 0,50$
> 0,40 m bis 0,80 m	350 bis 700	$b = d_A + 0,70$		$b = d_A + 0,40$	$b = d_A + 0,70$	$b = d_A + 0,70$
> 0,80 m bis 1,40 m	700 bis 1200	$b = d_A + 0,85$		$b = d_A + 0,40$	$b = d_A + 0,70$	$b = d_A + 0,85$
> 1,40 m	> 1200	$b = d_A + 1,00$		$b = d_A + 0,40$	$b = d_A + 0,70$	$b = d_A + 1,00$

8.9 Baugruben

Waagerechter Grabenverbau

Hinweise für die Anwendung
Bohlen müssen mit dem Aushub fortschreitend eingebaut werden. Boden muss wenigstens auf Bohlenbreite frei stehen.
Besondere Sicherungen sind bei gleichkörnigen nichtbindigen Böden (Feinsand, Schluffböden) durchzuführen, z.B. 2 m lange Brusthölzer.
Der dargestellte waagerechte Normverbau nach DIN 4124 bzw. den Unfallverhütungsvorschriften UVV kann ohne statischen Nachweis verwendet werden, wenn alle folgenden Bedingungen eingehalten sind:
- Die Geländeoberfläche verläuft annähernd waagerecht.
- Es steht ein nichtbindiger Boden oder ein bindiger Boden ▶ S. 428f. an, der von Natur aus mindestens eine steife Konsistenz ▶ S. 434 aufweist oder durch eine geeignete Wasserhaltung, z.B. durch eine Vakuumanlage, in einen solchen Zustand versetzt wird.
- Bauwerkslasten üben keinen Einfluss auf Größe und Verteilung des Erddrucks aus.
- Fahrzeuge, Baumaschinen und Baugeräte halten einen ausreichend großen Abstand vom Verbau ein.
  Regelabstände von der Hinterkante der Bohlen bei festem Straßenoberbau von > 15 cm Dicke:

übliche Straßenfahrzeuge	0,60 m
Bagger, Hebezeuge bis 12 t Gesamtgewicht	0,60 m
Bagger, Hebezeuge bis 18 t Gesamtgewicht	1,00 m

Checkliste
Sicherung von Baugruben und Gräben
- Lage des Grundstückes
- Zufahrtswege
- vorhandene Bebauung
- vorhandene Versorgungs- und Entsorgungsleitungen
- Abmessungen des Bauwerks
- Kommunikationseinrichtungen
- Lagerplätze für Materialien
- Einrichtungen für das Personal
- Platz für Hebezeuge (z.B. Kran)
- Baugrubenverhältnisse, Bodenarten, Bodenkennwerte
- Grundwasserverhältnisse
- archäologische Ausgrabungen

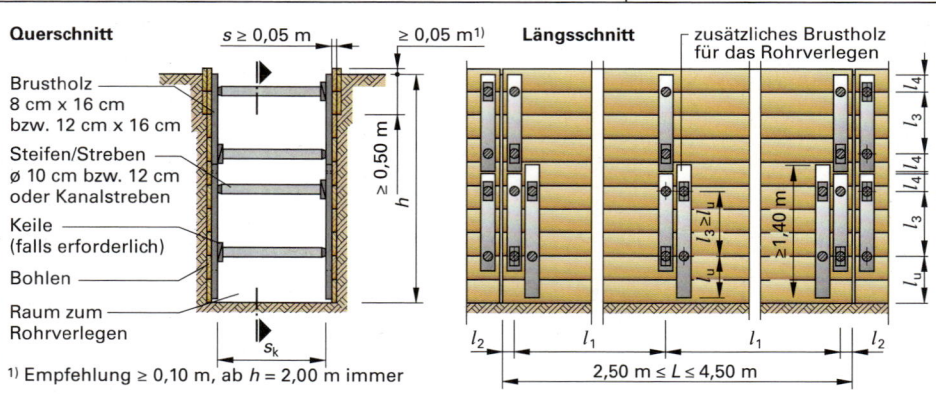

1) Empfehlung ≥ 0,10 m, ab h = 2,00 m immer

Waagerechter Normverbau

Abmessungen der Verbauteile		Brusthölzer 8 cm × 16 cm			Brusthölzer 12 cm × 16 cm		
Holz S10 oder MS10 bzw. $f_{m,k}$ = 24 N/mm²		Bohlendicke s			Bohlendicke s		
Bemessungsgröße		5 cm	6 cm	7 cm	5 cm	6 cm	7 cm
Größte Wandhöhe h	in m	3,00 3,00 4,00 5,00			5,00 3,00 3,00 4,00		5,00 5,00
Größte Stützweite l_1 der Bohlen	in m	1,90 2,10 2,00 1,90			2,10 1,90 2,10 2,00		1,90 2,10
Größte Kraglänge l_2 der Bohlen	in m	0,50 0,50 0,50 0,50			0,50 0,50 0,50 0,50		0,50 0,50
Größte Stützweite l_3 der Brusthölzer	in m	0,70 0,70 0,65 0,60			0,60 1,10 1,10 1,00		0,90 0,90
Größte Kraglänge l_4 der Brusthölzer	in m	0,30 0,30 0,30 0,30			0,30 0,40 0,40 0,40		0,40 0,40
Größte Kraglänge l_u der Brusthölzer	in m	0,60 0,60 0,55 0,50			0,50 0,80 0,80 0,75		0,70 0,70
Größte Knicklänge s_k der Steifen	in m	1,65 1,55 1,50 1,45			1,35 1,95 1,85 1,80		1,75 1,65
Größte Steifenkraft F	in kN	31 34 37 40			43 49 54 57		59 64

8.9 Baugruben

Senkrechter Grabenverbau

Bei sehr losen, rolligen, weichen und anderen schlecht stehenden Bodenarten, die nur auf wenige Zentimeter abgeschachtet werden können oder sofort abgefangen werden müssen, kommen nur senkrechte Verbauarten in Betracht. Man unterscheidet: senkrechter Verbau mit Holzbohlen oder senkrechter Verbau mit Kanaldielen (Kölner Verbau).

Senkrechter Normverbau mit Holzbohlen

Beim senkrechten Verbau mit Holzbohlen muss der Boden vorübergehend so standfest sein, dass die Bohlen dem Aushub nachfolgen können. Außer bei steifen bindigen Böden darf der Aushub höchstens um 0,50 m auf einer Länge von höchstens 5 m vorauseilen. Bei vorübergehend standfesten nichtbindigen oder weichen bindigen Böden ist die Vorauseilung auf 0,25 m und höchstens drei Bohlen nebeneinander zu begrenzen. Wenn einerseits die genannten Bedingungen für den waagerechten Grabenverbau eingehalten werden und andererseits Straßenfahrzeuge sowie unbelastete Bagger und Hebezeuge einen Abstand von mindestens 60 cm von der Bohlenkante einhalten, darf der dargestellte Normverbau ohne statischen Nachweis verwendet werden.

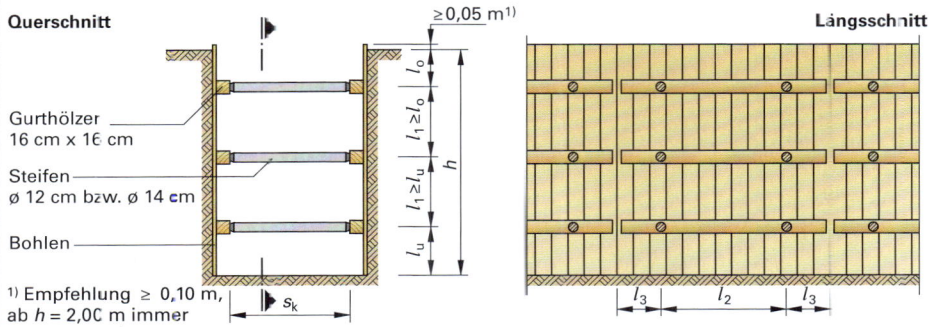

Senkrechter Normverbau, Verbauteile aus Holz ohne Darstellung der Befestigungsmittel

1) Empfehlung $\geq 0{,}10$ m, ab $h = 2{,}00$ m immer

Verbauteile aus Holz	Bohlendicke s					Kanaldielen					
Bemessungsgröße in m	5 cm	6 cm			7 cm	Hersteller/Profil	b	h	d	Gewicht	Widerstandsmoment
							mm	mm	mm	kg/m²	cm³/m
Größte Wandhöhe h	3,00	3,00	4,00	5,00	5,00						
Größte Kraglänge l_o der Bohlen	0,50	0,60	0,60	0,60	0,70	Krupp/KD III S; Krings/KD 3 MGF/FKD 375/6,5; ABI/KD 300/6,5	375	40	6,5	62,0	80
Größte Stützweite l_1 der Bohlen	1,80	2,00	1,90	1,80	2,00						
Größte Kraglänge l_u der Bohlen	1,20	1,40	1,30	1,20	1,40	Hoesch/HKD VI/6; Krupp/KD VI6,0; MGF/FDK 600/6	600	80	6,0	62,0	182
Größte Stützweite l_2 der Gurthölzer	1,60	1,50	1,40	1,30	1,20						
Größte Kraglänge l_3 der Gurthölzer	0,80	0,75	0,70	0,65	0,60	Hoesch/HKD VI/8; Krupp/KD VI/8,0; Krings/KD 6-8; MGF/FKD 600/8	600	80	8,0	83,0	242
Größte Knicklänge s_k von Rundholzsteifen $\varnothing$ 12 cm	1,70	1,65	1,50	1,30	1,25	MGF/FKD 750/8; ABI/KD 750/8,0; Krings/KD 750/8,0; SBH/KD 750/8	750	92	8,0	74,5	260

Kanaldielenverbau

Kanaldielen halten den Boden noch sicherer, weil sie vor dem Aushub eingerammt werden. Bei großen Tiefen kann der Holzbohlen- oder Kanaldielenverbau in Abschnitten eingebracht werden. Die Überdeckungen müssen im Bereich der Gurthölzer liegen und mindestens 20 cm betragen.

ABI Anlagetechnik · Baumaschinen · Industriebedarf Maschinenfabrik und Vertriebsgesellschaft
MGF Maschinen- und Geräte-Fabrik   SBH Tiefbautechnik

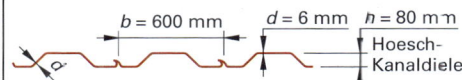

$b = 600$ mm $d = 6$ mm $h = 80$ mm
Hoesch-Kanaldiele

8 BAUBETRIEB

8.10 Baustellenabsicherung für Straßenbauarbeiten

Verkehrssicherung der Baustelle

Für Baustellen an der Straße selbst, für Arbeiten an Leitungen und für Vermessungsarbeiten sowie für Arbeiten neben oder über der Straße müssen Verkehrsflächen vorübergehend abgesperrt werden. Für die Verkehrssicherung ist vom Bauunternehmen ein schriftlicher Antrag mit **Verkehrszeichenplan** anzufertigen und bei der zuständigen Verkehrsbehörde, der Straßenverkehrsbehörde oder der Straßenbaubehörde zur Genehmigung vorzulegen.

Verkehrszeichen und Verkehrseinrichtungen aus der StVO

Der **Verkehrzeichenplan** soll zeichnerisch darstellen, welches Verkehrsschild an welcher Stelle aufgestellt wird.

- Verkehrszeichen sind fortlaufend in Fahrtrichtung aufzustellen.
- An einem Pfosten sollen nur zwei Schilder befestigt werden.
- Die Aufstellung erfolgt am rechten Fahrbahnrand.
- Das Zeichen Nr. 123 „Baustelle" ist zwingend erforderlich.
- **Leiteinrichtungen** sind Leitbaken (Nr. 605) und Leitkegel (Nr. 610). Leitbaken sind i.d.R. 1,00 m hoch und 0,25 m breit und mit einem Abstand von 0,25 m zur Fahrbahnbegrenzung aufzustellen.

Aufstellentfernung von Verkehrszeichen

Zeichen	mit zwei und mehr Fahrstreifen in einer Richtung	Straßen mit zwei Fahrstreifen	in geschwindigkeitsreduzierten Bereichen
123	70 m bis 100 m	50 m bis 70 m	30 m bis 50 m
120, 121	–	30 m bis 50 m	–
274, 276	30 m bis 50 m	50 m bis 70 m	–
131	–	30 m bis 50 m	30 m bis 50 m
112	30 m bis 50 m	10 m bis 30 m	10 m bis 30 m
208, 308	–	0 m bis 10 m	0 m bis 10 m
274, 280, 282	10 m bis 20 m	0 m bis 10 m	–

8.10 Baustellenabsicherung für Straßenbauarbeiten

Baustellenabsicherung für Straßenbauarbeiten

Regelplan 2-streifige Verkehrsführung für Ortsstraßen

Regelplan 1-streifige Verkehrsführung für Ortsstraßen

[1] VZ 131 innerorts nur erforderlich, wenn Lichtsignalanlage nicht sichtbar

Quellen – Anschriften – Internetadressen

Verlag und Autoren danken den einschlägigen Organisationen, Verbänden und Gesellschaften für die Unterstützung der aktuellen Gestaltung des Tabellenbuches.

Quellen und Anschriften

Arbeitsgemeinschaft Ziegeldach e. V., Bonn

Baustahlgewebe GmbH, Düsseldorf

Betonkalender, Verlag Wilhelm Ernst und Sohn, Berlin

Beton (Zeitschrift), Verlag Bau + Technik GmbH, Düsseldorf

Bundesinstitut für Berufsbildung, Lehrgang Tiefbau, Berlin

Carl Zeiss AG, Oberkochen

Heidelberger Zement AG, Leimen

DIN-Normen: Deutsches Institut für Normung e. V.
Burggrafenstr. 6, 10787 Berlin

Deutsche Gesellschaft für Mauerwerksbau e. V.
DGfM, Kochstr. 5–7, 10969 Berlin

Beuth-Verlag,
Burggrafenstr. 6, 10787 Berlin

Bundesverband der Deutschen Ziegelindustrie e. V.
Schaumburg-Lippe-Str. 4, 53113 Bonn

Kalksandstein-Information GmbH & Co. KG
Entenfangweg 15, 30419 Hannover

Arbeitsgemeinschaft Holz e. V.
Füllenbachstr. 6, 40474 Düsseldorf

Zentralverband des Deutschen Dachdeckerhandwerks
Fritz-Reuter-Str. 8, 50968 Köln

Beratungsstelle für Stahlverwendung
Kasernenstr. 36, 40213 Düsseldorf

Aluminium-Zentrale e. V.
Am Bonneshof 5, 40474 Düsseldorf

Zinkberatung e. V.
Fr.-Ebert-Str. 37, 40210 Düsseldorf

Hoesch AG, Dortmund

Bodenbeläge für nassbelastete Barfußbereiche
(BG I/GUV-I 8527)

Beton, Prüfung nach Norm,
Hrsg.: Beton Marketing Deutschland GmbH, Erkrath

Walz: Herstellung von Beton,
Betonverlag Düsseldorf

Ziegel-Bauberatung Bd. 2, Bundesverband
der Ziegelindustrie e.V., Bonn

Zimmermeister-Kalender, Bruderverlag, Köln

Arbeitsgemeinschaft Bitumen Industrie (ARBIT)
Steindamm 55, 20099 Hamburg

Deutsche Vereinigung für Wasserwirtschaft,
Abwasser und Abfall e. V. (DWA)
Theodor-Heuss-Allee 17, 53773 Hennef

Fa. Braas & Co. GmbH, Postfach 1630,
61440 Oberursel

BASF-Informationen
Carl Bosch-Straße 38, 67063 Ludwigshafen

Arbeitsgemeinschaft Deutsche Kunststoffindustrie
Kunststoff FORUM (Aki), Karlstr. 21, 60329 Frankfurt

Fliesen-Beratungsstelle e. V.
Postfach 1254, 30938 Burgwedel

Bau-Berufsgenossenschaft Hannover
Hildesheimer Str. 309, 30519 Hannover

Presse- und Informationsamt der Bundesregierung
Welckerstr. 11, 53113 Bonn

Forschungsgesellschaft für das Straßen-
und Verkehrswesen e.V.
An Lyskirchen 14, 50676 Köln

FGSV Verlag GmbH, Wesselinger Str. 17, 50999 Köln

Internetadressen

Adresse	Erklärung – Infomaterial
http://www.wienerberger.de	Verordnung über energiesparenden Wärmeschutz
http://www.poroton.org	Mauerwerksbau, Baustoffe
http://www.ks-original.de	Kalksandsteine, Baustoffe
http://www.delta-draht.de	Betonstahlmatten
http://www.betonstahlmatten.de	Neue ausführliche Bemessungshilfen
http://www.isb-ev.de	Institut für Stahlbetonbewehrung e.V.
http://www.isbcad.de	Software für Bemessung und Bewehrungspläne
http://www.betonverein.de	Planung und Ausführung von Betonbauwerken
http://www.beton.org	Betonguide auf CD-ROM, Transportbeton
http://www.ivd-ev.de	Industrie Verband Dichtstoff
http://www.dvgw.de	Deutscher Verein des Gas- und Wasserfaches
http://www.dwa.de	Deutsche Vereinigung für Wasserwirtschaft
http://www.beuth.de	DIN-Normen
http://www.vdz-online.de	Broschüren Beton
http://www.bdzement.de	Merkblätter der Zementberatung
http://www.dafstb.de	Deutscher Ausschuss für Stahlbeton
http://www.infoholz.de	Informationsdienst Holz
http://www.heidelbergercement.de	Betontechnische Daten
http://www.bosch.com	Holzbearbeitungsmaschinen
http://www.halfen.com	Befestigungen im Beton
http://www.juris.de	Gesetze und Verordnungen

Sachwortverzeichnis

A

Abdichtungen 125, 188–189
Abdichtungsmaterialien .. 163–164
Abdichtungsstoffe 166, 193
Abflussbeiwert 420
Abgasschornsteine 341
Abkürzungen (Hochbau) 125
Abkürzungen in der Wasser-
 und Gasversorgung 415
Ablagerungsgesteine 221
Ableitungsregeln 44
Abminderungsfaktor 325, 326
Abrechnung 494
 → Betonarbeiten 494
 → Erdarbeiten 496
 → Mauerarbeiten 495
Abrechnungszeichnungen 116
Abreißbewehrung 356
Abrieb 245
Abrissdarstellung 129
Abrunden 10
Abschlämmbare Bestandteile
 → Nasssiebung 436
 → Schlämme 249
 → Sedimentation 436
Absolute Luftfeuchte 105
Absperrarmaturen 418
Abstandshalter 356
Absteckung 464, 470, 471
Absturzsicherung
 → Schutzgerüst 507–508
Abszisse 40, 471
Abwasser 420
Abwasserleitungen
 (Anforderungen) 421
Abwicklung 145–146
Abzweige 418, 426
AC (Asphaltbeton) 309–311
Achsbemaßung 115
Achsen 117
Achteck 136
Achtelmeter 321
 → Maßordnung 321
Acrylglas 297
Addition 4
Adhäsion 53
Aggregatzustände 60
AGK (Allgemeine Geschäfts-
 kosten) 489
AGW-Werte 318
Ähnlichkeiten 33
Ahorn 283
Alkali-Empfindlich-
 keitsklassen 246
Alkaligehalt 239
Alkali-Kieselsäure-Reaktion ... 73
Alkali-Richtlinie 246
Alkydlack 312
Allgemeine Geschäftskosten
 (AGK) 489, 490
Allgemeine Vertrags-
 bedingungen (ATV) 492

Alphabet 8
Alternierende Folge 47
Alternierende Reihe 47
Aluminium 66, 277
Ampere 50
Amtlicher Lageplan 121
Analyse (Chemie) 65
Anbaumaß 113, 321
Anfallspunkt 148
Anfängerstein 335
Anhydritestrich
 → Calciumsulfatestrich 255
Anionen 69
Ankathete 28
Ankereinteilung 298–300
Ankergrund 298
Anlagenaufwandszahl ... 179, 180
Anode 71
Anrampung 449
Anschlussbewehrung ... 370, 372
Anschlüsse 322
Anschütthöhe 327
Anstrichstoffe 312
Äquivalente Luftschicht 199
Äquivalentgewicht 69
Äquivalenz WZ-Wert
Äquivalenzumformungen 34
Aräometer 437
Arbeit 50, 56
Arbeitsgerüste 505
Arbeitsplatzgrenzwerte AGW . 318
Arbeitsraum 509
Arbeitsstättenverordnung 500
Arbeitsvermögen 416
Arbeitsvorbereitung 497
Arbeitszeitbedarf 487, 488
Archimedisches Prinzip 457
Arkusfunktionen 42
Armaturen 418, 419
Asphalt 309–310
Asphaltbeton 309
Asphalt-Concrete, AC 309
Asphaltdecke 453
Asphaltplatten 234
Asphalttragschichten ... 310, 453
Atmosphäre (Einheit) 51
Atom 65
Atomaufbau 66
Atommasse 67
ATS (Asphalttragschicht). 310, 453
ATV (Allgemeine Technische
 Vertragsbedingungen) . 492, 493
Aufbaumatten 276
Aufbiegungen 354
Auflagerbewehrung 364
Auflagerkräfte
 → Auflagerreaktion 79
Auflagerlinie 351
Auflagerpressung 325
Auflagertiefe 325, 359
Auflagerungsarten 359
Auflast 327
Aufmaß 494

Aufrunden 10
Auftrieb 457
Auftritt 156
Ausblühungen 71
Ausbreitmaß-Klassen 261
Ausbreitversuch 261
Ausfachung 331
Ausfallkörnung 247
Ausführungszeichnung 116
Ausgleichsschicht 402
Ausrollgrenze 434
Aussagen (Mathematik) 18
Ausschalfristen 268, 501, 502
Ausschreibung 492
Außenanlagen 474
Außendruckbeiwert 104
Außenlärmpegel 203
Außenmaß 321, 354
Außenputz 253
 → Putzmörtel 253
Außenwände 170, 332
Außenwasser 188
Außermittigkeit 325
Aussparungen 128
Aussteifende Wände 322
Avogadro'sche Zahl 74

B

Balken 80, 282, 342
 → Holz 378, 379
 → Stahlbeton 345
 → Statik 80
Balkendiagramme 498
Balkenschichtholz 283
Balkenschuhe 394
Bandmaß 462
Baryt 244
Basalt 97, 221, 222
Basen 65
Bast 278
Bauablaufplanung 498
Bauabsteckung 462, 470
Bauabsteckungsplan 470
Bauaufnahmezeichnung 129
Bauaufsicht 482
Baufurniersperrholz 97
Baugenehmigung 497
Baugenehmigungsverfahren . 497
Baugesetzbuch 481
Baugipse 242
Bauglas (Glas) 304
Baugrenze 121, 485
Baugruben 509
Baugrunderkundungen 423
Baugrund (Grundbau) 423
Baugrundstück 473, 475
Bauherr 482
Bauholzarten 283
Baukalkarten 241
Baukalke 240
Bauklasse (Straßen)

515

Sachwortverzeichnis

→ Belastungsklasse 450, 453, 454
Baulärm 203
Bauleitplanung 481
Bauliche Nutzung 485
Baulinie 121, 485
Baumarten 279
Baumassenzahl 485
Baumetalle 272
Baunebenkosten 474
Baunutzungsverordnung 484
Bauphysik 161
Bauplanung 497
Bauplatten 227, 230
Bauproduktenverordnung 483
Baurecht 482
Bauregelliste 482
Bauschnittholz 282
Bausperrholz 289
Baustähle 272
Baustellenabsicherung 512
Baustelleneinrichtung 500
Baustellenmörtel 251
Baustoffbedarf 487
Baustoffe 98, 100, 118, 219–319
→ Brandschutz 162
→ Lastannahmen 97
→ Wärmeschutz 162, 165–167
Bauteilanforderungen 210
Bauteile 97, 118
Bauteilverfahren 181
Bauüberwachung 482
Bauvertragsrecht 492
Bauvorlage 116
Bauvorlagenverordnung 481
Bauweisen 485
Bauwerksabdichtungen 189
Bauzeichnungen 116
Bauzuschlag 491
Beanspruchung 406
→ Beton 342
→ Holz 365
→ Mauerwerk 323–324
Bebaute Fläche 476, 477
Bebauungsplan 481
Befestigungen 298–300
Befestigungs-Systemplan 300
Begrenzung der Durchbiegung 365
Begriffe
→ Beton 258
→ Gesteinskörnungen 243
→ Zement 237
Behaglichkeit 162
Beheiztes Volumen 176, 181
Belastung 82
Belastungsklasse (Straßen) 450, 453, 454
Beleuchtungsstärke 50
Belüftetes Flachdach 402
Bemaßung 113
Bemessung
→ Beton 343, 344
→ Holz 376, 377
→ Stahl 408, 411
→ Stahlbeton 344, 345

Bemessungsmoment 345, 365
Bemessungsnormalkraft 345
Bemessungsquerkraft 346
Bemessungstafel 345
Bequemlichkeitsregel 154
Berechnungsregenspende 420
Bernoulli'sche Gleichung 458
Beschichtungsstoffe 312
Beschleuniger 263, 264
Beschleunigung 50, 55
Beschränkte Vorspannung 373
Bestandszeichnungen 116
Bestimmte Integrale 45
Bestimmungsgleichungen 34
Beton 258–268
→ Ausschalfristen 502
→ Expositionsklassen 259
→ Festigkeitsentwicklung 267
→ Feuchtigkeitsklassen 263
→ Kornzusammensetzung 247
→ Lastannahmen 98
→ Mischungsentwurf 266
→ Nachbehandlung 267–268
→ nach Eigenschaften . 258–260, 267
→ nach Zusammensetzung 258–260
→ Rohdichteklassen 262
→ Schalungsbau 501
→ Schraffur 118
→ Überwachungsklasse 269
→ Umgebungsbedingung 259
Betonarbeiten
→ Arbeitszeiten 487
→ VOB 494
→ Ausschalungsfristen 502
Betonbau 342
Betonbrechsand 244
Betondecke (Straßenbau) 454
Betondeckung 271, 348
Betondruckspannungen 366
Betondruckzone 345
Betoninstandsetzung 257
Betonpflastersteine 235
Betonprüfungen 267
→ Qualitätssicherung 269
Betonrezepte 264
Betonrohre 422, 425
Betonsortenverzeichnis 270
Betonsplitt 244
Betonstabstahl 273
Betonstahl 273
Betonstahlmatten 130, 275
Betonstauchung 345
Betonsteine 229
Betonüberwachung 269
Betonwerksteinplatten 233
Betonzusammensetzung 266
Betonzusatzmittel 265
Betonzusatzstoffe 265
Beträge (Mathematik) 34
Bewegung 54
Bewehrtes Mauerwerk 329
Bewehrung 130, 348
Bewehrungsbereiche 349
Bewehrungsdraht 273

Bewehrungsführung 349
Bewehrungskorrosion 259
Bewehrungsregeln 348, 356
Bewehrungsstäbe 130
Bewehrungszeichnungen
→ Beispiel Balken 362
→ Beispiel Durchlaufplatte .. 368
→ Beispiel Stützwand 371
→ Beispiel Treppe 369
→ Grundlagen 130
Bewertetes Schalldämm-Maß 202
Bezugsgrößen (EnEV) 176
Biberschwanzziegel 100, 232
Biegebemessung 344, 360–363
Biegefestigkeit 291
Biegeknicken 377
Biegemaße 354
Biegemoment 82, 86, 92
Biegerollendurchmesser 349
Biegeschlankheit 359
Biegesteife Schalen 206, 208
Biegesteifigkeit 94
Biegeweiche Schalen 206, 208
Biegung (Bemessung) 344
Biegung (Balken) 94
BIM 477
Bims 244
Bimsstein 221, 222
Bindemittel 237–242
Binder 81
Binderschicht (Straßenbau) 451
Binderverband 337
Bindige Böden 428
Binomialkoeffizient 17
Binomische Formeln 17
Biotit 221
Bitumen 68, 307
Bitumen-Dachabdichtung 100
Bitumendachbahn 311
Bitumen-Dachdichtungsbahn . 311
Bitumenemulsion 308
Blähbeton 244
Blähschiefer 97, 244
Blähton 97
Blaine 239
Blatt (Holzbau) 381
Bläuepilz 280
Bläuepilze 293
Blechformteile (Holzbau) 394
Blei 66, 277
Bleiradierer 111
Bleistifte 111
Blockfundament 413
Blocksteine 227
Blockverband 337
Boden
– bindiger 428
– Frostempfindlichkeit 450
– Kornverteilungskurven 433
– nichtbindiger 428
– Zeichen 120
Bodenablauf 122
Bodenarten 428–429
Bodenarten (-gruppen) 120
Bodenaushubgrenzen 442
Bodenkennwerte 434

516

Sachwortverzeichnis

Bodenklassifikation 430
Bodenmechanik 427–443
Bogen 12, 23, 334, 445
→ Mathematik 23, 335, 445
→ Mauerwerk 334
→ Straßenbau 445
Bogenabsteckung 471–472
Bogenlänge (Integral) 46
Bogenmaß 12, 13
Bohle 282
Bohrtiefe 238
Bohrverfahren 238
Bolzen 125
Bordsteine 236
Borke 278
Böschungsausbildung 509
Brandgefahr 209
Brandschutz 162, 209, 213
Brandschutzglas 304
Brandschutz (Holzbauteile) 295
Brandverhalten 209
Brandwände 211
Branntkalk 70
Brechpunkt 307
Breite Linie 117
Bretter 282
Brettschichtholz 283
Bruchrechnung 5
Bruchsteinmauerwerk 336
Brutto-Angebotssumme 489
Brutto-Grundfläche 476
Brutto-Rauminhalt 477
B-Salz 295
Buche 279, 283
Bügel 271
Bügelabstand 355, 370
Bügelbewehrte Stützen 370
Bügelbewehrung 348, 349
Bügelschnittigkeit 355
Bürgerliches Gesetzbuch 481
Burmestersatz 441
Bushaltebordstein 236

C

Calcit 221
Calcium 66
Calciumsulfat-Binder 241
Candela 50, 51
Carbonat 245
Carbonatausblühung 71
CE-Kennzeichnung 226
→ Zeichen 433
→ Ziegel 226
Celsius (°C) 50
CEM 238
CF-Salz/CK-Salz 295
Charakteristischer Wert 75
Chemie 65–74
Chemische
– Berechnungen 74
– Reaktionen 73
– Umgebung 260
Chemischer Brandschutz 213
Chemische Umgebung 260
Chemische Verbindungen 63

Chlor 66
Chloride 70, 245, 260
Chromatreduzierer 265
CK-Salz 295
Computer 39
COR-TEN-Stahl 277
cos 11, 28
cot 11, 28
Coulomb'sches Gesetz 52
→ Bodenmechanik 435
→ Reibung 52
Cremona-Plan 83

D

Dach 102, 148
→ Berechnungen 106
→ Flachdächer 397
→ Schornsteine 331
Dachabdichtungen 403
Dachaufbau 403
Dachausmittlung 149–151
Dachbahnen 311
Dachbinder 100, 277
Dachdeckung 232, 401
Dächer 100, 148, 384
Dachfanggerüste 507
Dachflächenfenster 400
Dachformen 148
Dachhaut 401, 403
Dachkonstruktionen 384
Dachlinie 148–150
Dachpappen 311
Dachpfannen 232
Dachpunkt 148
Dachrinnen 404
Dachsteine 232
Dachteil 148
Dach- und Deckenplatten 340
Dämm-Maß 202
Dämmstoffe 100, 125, 163
Dampfdruck-
  ausgleichsschicht 163, 403
Dampfsperre 167, 403
Darstellungsweise 141
Deckbreite 232
Decken
→ Auflager 325
→ Deckensysteme 339
→ Holzbalkendecke 340, 383
→ Massivdecke 340
→ Rippendecke 340
→ Stahlbetondecke 340, 358–360
→ Ziegelrippen 339
Deckenlasten 325
Deckenöffnungen 128, 334
Deckensysteme 340
Deckschichten (Straßen) 453
Deckschicht ohne Bindemittel 303
Definitionen (SI-Einheiten) 51
Dehngrenze 274
Dehnung 274, 342, 345
Dehnungsfugen 330
Deka 50
Deutsches Alphabet 8
Dezi 50

Diabas 221, 222
Diagramme 43
Dichte (Definition) 52
→ Boden 434
→ Gesteine 222
→ Minerale 221
→ Porenbetonsteine 230
→ Rohrwerkstoffe 416
→ Werte 97, 98
→ Ziegel 224
→ Zusatzstoffe 265
Dichtungsbahnen 311
Dichtungsmittel 265
Differenzialrechnung 44
Diffusionswiderstands-
  zahl 191–193
Dimensionierungsrelevante
  Beanspruchung 450
Dimetrie 142
DIN-Formate 111
Diorit 221, 222
Direktes Auflager 351
Dispersion 65, 312
Dispersionsklebstoffe 256
Dolomit 221
Dolomitkalk 241
Doppelfalzziegel 232
Doppelkehlnaht 410
Doppel-S-Pfanne 232
Doppelter Versatz 380
Douglasie 283
Drahtanker 333
Drähte 273
Drahtglas 304
Drainage 191
Dränung 191
Draufsicht 141
Drehbewegung 54
Drehstromsteckvorrichtung 64
Drehwuchs 280
Drehzahl 54
Dreidimensionale Raumecke 141
Dreieck 21, 22, 27, 29, 30
Dreieck mit Koordinaten 23
Dreisatzrechnung 16
Dreitafelprojektion 141
Dreiviertelsteinverbände 337
Drückendes Wasser 188
Druckfestigkeit
→ Baukalke 240
→ Beton 261
→ Betonsteine 228
→ Estrichmörtel 255
→ Holz 278, 376
→ Holzwerkstoffe 291
→ Kalksandsteine 227
→ Mauerwerk 323–325
→ Mörtel 251
→ Porenbetonsteine 230
→ Putzmörtel 253
→ Rohrwerkstoffe 416
→ Zemente 238
→ Ziegel 223
Druckfestigkeitsklassen 262
Druckstreben 346
Druckstütze 378

517

Sachwortverzeichnis

Druckzone 354
Dübel 125, 299
Duktilgussrohre 417, 424
Duktilität 273
Dünnbettmörtel 251, 256
DUO-Balken 287
Durchbiegung 86, 95
Durchdringungen 147
Durchflussgleichung 458
Durchführungsverordnung ... 481
Durchgangssumme 249
Durchlaufplatte 359, 365
Duroplaste 296
DV-Grundlagen 37–39

E

Ebene 141
EC Eurocode 76, 108
Ecken abrunden 138
Eckperspektive 144
Eckverblattung 381
Eiche 279, 283
Eigenfeuchte 243
Eigenlasten 97
Einbindetiefe 359
Einfassungsstein 236
Einfeldplatte 364
Einfeldträger 364
Einfeldträger (Statik) 86
Einheiten (SI) 10, 50
Einheiten (Vorsätze) 10
Einheitskreis 28
Einheitspreisvertrag 492
Einhüftiges Satteldach 148
Einkorn 243
Einlaufgerät nach Böhme ... 241
Einläufige Treppen 155
Einläufig gerade Treppe ... 157
Einpresshilfen 265
Einpressmörtel 257, 373
Einschalige Holzrahmenwand 388
Einschalige Wände 207
Einschnitte 455
Einspannung, ungewollte .. 368
Einspannwirkung 368
Einwirkungen 76, 91
Einwirkungskombinationen 90, 91
Einzelfundamente 372
Einzelkosten 489
Einzelmatten 131
Einzelquerschnitte 89
Einzelstäbe 357
Eisen 66
Eisenwerkstoffe 272
EKT (Einzelkosten der Teilleistungen) 489
Elastizitätsmodul 94, 96
→ Bauglas 305
→ Beton 343
→ Holz 289, 376
→ Holzfaserwerkstoffe 289, 376
→ Rohrwerkstoffe 416
→ Stahl 274
Elastoplaste 296
Elektrolyse 71

Elektron 66
Elektrotechnik 62
Element (PSE) 65–67
Ellipse 23, 137
Ellipsenkonstruktion 137
E-Modul 94, 376
Empfindlichkeitsklassen ... 246
Emulsionen 308
Energie 56
Energieausweis 184
Energiebilanzverfahren 183
Energieeffizienzklassen 187
Energieeinsparverordnung 184
EnEV 176
Entwässerungsgrundriss .. 123
Entwässerungspläne 421
Entwässerungsschnitt 124
Entwurfsfestigkeit 262
Entwurfsklasse 448
Entzündungstemperatur ... 61
Epoxidharz 297
Erdarbeiten
→ Arbeitszeiten 488
→ Mengenberechnung .. 496
Erdbeschleunigung
→ Fallbeschleunigung 55
Erddruck 97, 443
Erdgas 415
Ersatzbalken 362
Erschließung 473
Erschließungsstraßen 447
Erstarrungsgesteine 221
Erstprüfung 269
Erweichungspunkt 307
Esche 283
Estrichmörtel 255
Ethylen 68
Euklid, Satz d. 27
Euler-Gerade 29
Euler'sche Knicklast 94
Eurocode 75, 76, 108
EURO-Klassen 209
Europäische Normen .. 76, 108
Exponentialfunktionen 41
Expositionsklassen 259–261

F

Fachwerke 80, 81
Fahrbahnaufbau 453
Fahrenheit (°F) 60
Fakultät 17
Fallleitung 122, 124
Fallminenstifte 111
Faltung 112
Fanggerüste 507
Farben (Anstrichstoffe) 312
Faserrichtung 281
Fasersättigung 281
Faserzementrohre 423
Fass 26
Faulschlamm 429
Fehlerausgleich 467, 468
Feinanteile 245
Feinheitsziffer 249
Feinkörnige Böden 429

Feinminenstifte 111
Feldspat 221
Feldversuche (Boden) 427
Felsklasse 432
Fenster 128, 172
Fensterglas 304
Fensterleibung 115
Fernwärme 417–419
Fersenversatz 382
Fertigbaumaß 114
Fertigteilbau 412
Fertigteildecken 340
Fertigteilsystem 412–414
Festbeton 258
Feste Rolle 58
Festigkeit 93
→ Beton 262, 342
→ Boden 441
→ Holz 376
→ Mauerwerk 323, 324
→ Stahl 403
→ Stahlbeton 342
→ statische 93
→ Stein 225, 323
→ Zement 238
Festigkeitsklassen
→ Beton 261
→ Holz 283, 376
→ Stahl 272–274
→ Stein 225, 323
→ Zement 238
Feuchteschutztechnische Berechnungen 193
→ Größen 191–195
Feuchtigkeitsschäden 188–193
Feuchtigkeitsschutz 191
Feuerschutzabschlüsse ... 217
Feuerverzinkter Betonstahl .. 277
Feuerwiderstandsklassen 210, 211
Fichte 279, 283
First 148
Firstlinie 150
fischer-Dübel 299
Flachbordstein 236
Flachdachdetails 401, 402
Flächen 21, 22, 88, 464
Flächenberechnung
→ Beispiel Dreiecke 30
→ Dreiecke 21
→ Formeln 21–23
→ Gauß 464
→ Kreis 23
→ Vielecke 464
Flächenbezogene Masse .. 169
Flächenformel 21
Flächengründungen 440
Flächenmoment 88
Flächennutzungsplan 481
Flachglas 304
Flachkopf (Schrauben) 389
Flachpressplatte 290
Flachstahl 272
Flachstürze 226, 228
Fladerschnitt 278
Flaschenzug 58
Fliesen 233

518

Sachwortverzeichnis

Fließgeschwindigkeit............414
Fließgrenze (Boden)...............434
Fließmittel..............................265
Flint...246
Fluchtpunktperspektive........143
Fluchtstäbe............................462
Fluchtwege............................218
Flugasche....................238, 265
Flüssigkeiten (Physik)............53
Flüssigkeitsbewegung..........458
Folge, Reihe.............................47
Folien......................................111
Formaldehyd-Klassen...........292
Formate.........................225, 322
Formelzeichen........................50
Formschluss..........................299
Formstähle............................272
Formsteine (Schornsteine)...341
Formstücke (Rohre)......418, 425
Fraaß, Brechpunkt nach......307
Frankfurter Pfanne................252
Freier Fall.................................55
Freigefälleleitungen..............460
Freimachen..............................82
Freistehende Mauern...........331, 334–335
Frequenz........................50, 202
Frischbeton...........................258
Frischbetondruck..................501
Frischmörtel..........................251
Frost.......................................230
Frosteinwirkungszonen........452
Frostempfind-
 lichkeit (Straßen)................452
Frostschutzschicht.......306, 453
Frühholz.................................278
Fugen.....................................330
Fugenmörtel..........................257
Füller......................................243
Fuller-Parabel........................248
Füllkorn..................................243
Füllstoffe................................100
Füllziegel...............................224
Fundamente.........342–344, 440
Fünfeck..................................135
Funktionen..............................40
Furnierschichtholz................289
Furniersperrholz...................289
Fußbodenbeläge.....................93

G

Gabbro............................221, 222
Ganzholz................................273
Garagenverordnung.............481
Gasbetonsteine
 → Porenbetonsteine..........230
Gasfamilie.............................415
Gasversorgung.....................415
Gauß, Flächenformel............464
Gauß..23
Gebäudeabsteckung............470
Gebäudegeometrie...............177
Gebäudeklassen...................210
Gebäudenutzfläche......176, 177
Gebäudesicherung...............442

Gebäudevolumen (Wärme)....176
Gebotszeichen......................315
Gebrannter Schiefer.............238
Gebrauchsklassen................294
Gebrauchstauglichkeit.....90, 366
Gedrungener Querschnitt....363
Gefache.................................171
Gefachebereich.....171, 173, 329
Gefährdungsklassen............293
Gefahrenhinweise.........317, 318
Gefahrenpiktogramme...314–316
Gefahrensymbole.................314
Gefahrstoffe...................316–317
Gefälle.....................................32
 → Dach (Flachdach)..........397
 → Entwässerung........420, 421
 → Mathematik.......................32
 → Straßen............................448
Gegenkathete.........................28
Gehsicherheitsformel..........154
Gehwege...............................454
Gehwegplatten.....................234
Geknickte Einfeldplatte.......369
Geländerfüllung...................160
Gelenkfachwerk.....................80
Gemeinkosten der Baustelle..489
Gemenge................................72
Gemische...............................72
Geometrische Grund-
 konstruktionen..................133
Geotechnik....................427–443
Gerade...................................133
Geradengleichung.................40
Gerade Stabenden...............351
Gerade Treppe............154–156
Gerätekosten........................489
Gerinnehydraulik.................459
Gerüstbau.............................505
Gerüstbauteile......................506
Gerüstbelag..........................506
Gerüstbock...........................505
Gesamtenergiedurchlassgrad 182
Gesamtmasse......................169
Geschäftskosten..................489
Geschiebelehm............428, 433
Geschossflächenzahl (GFZ)..485
Geschosshöhe.....................156
Geschütztes Mauerwerk.....224
Geschweißte Bewehrungen..349
Geschwindigkeit............50, 54
Gesetz
 → Coulomb'sches......52, 435
 → Hooke'sches........94, 274
 → Newton'sches......52, 458
Gesteine........................221–224
Gesteinskörnung........243–250
Gewichtskraft........................52
Gewindeverankerung..........373
Gewinn..................................489
Gewölbeformen...................334
Gips...............................68, 242
Gipsbinder............................242
Gipsmörtel............................253
Gipsplatten...........................231
Gipsstein..............................222
Gips-Trockenmörtel............242

Gitterträgerdecke................340
Glas.......................................304
Glaseigenschaften..............305
Glaser-Diagramm........197–198
Glasfaserverstärkter
 Kunststoff..................416, 424
Gleich geneigtes
 Walmdach..................148, 149
Gleichgewichtsbedingungen...79
Gleichgewichtsfeuchte......281
Gleichschenkliges Dreieck...22
Gleichseitiges Dreieck..........22
Gleichungen..........................34
 → chemische (Reaktion)....73
 → mathematische........34, 35
Glimmer................................221
Glockenkurve........................48
Gneis....................................222
Goldener Schnitt..........33, 134
Gon..13
Gotischer Verband..............338
GPS-Messgeräte.................462
Gräben.................................509
Grabenverbau............510, 511
Grad.......................................13
Grad Celsius (°C)..................60
Gradiente.............................448
Grafikfähiger Taschenrechner...38
Granit..........................221, 222
Graph.....................................40
Grat......................................148
Gratgrundlinie.....................151
Gratlinie...............................151
Gratprofil.............................151
Gratsparren.........................151
Gratwinkel...........................151
Grauwacke..........................222
Grenzabscherkraft..............408
Grenzlochleibungskräfte....409
Grenzpunkt..........................121
Grenzsieblinien....................306
Grenzwert..............................47
Grenzzugkraft.....................408
Grenzzustände.....................90
 → Gebrauchstauglichkeit...90
 → Tragfähigkeit....................90
Griechisches Alphabet..........8
Griffloch.......................224, 227
Große Zahlen.........................8
Großtafelbauweise.............412
Größtkorndurchmesser......348
Grundbau............................427
Grundbuch..........................486
Grundflächenzahl (GRZ)....485
Grundmaß (Verankerung)..350
Grundrechenarten................14
Grundstücksentwässerung..123
Grundstücksfläche.............476
Grundstücksgrenze............121
Gründungen........................440
Guldin'sche Formel.............26
Gussasphalt...............309, 310
Gussasphaltestrich............255
Gusseisen..........................272

519

Sachwortverzeichnis

H

Haftreibung	52
Haken	349
Hakenblatt	381
Halbgewendelte Treppe	157
Halbholz	278
Halbhydrat	242
Hämatit	244
Hammergerechtes Schichtenmauerwerk	336
Handlauf	159
Härte	
→ Glas	305
→ Mineralien	221
→ Mohs	221
→ Ritz	221
→ Wasser	69
Härteklassen, Estrich	255
Haufwerk	243
Hauptähnlichkeitssatz	33
Hauptbewehrung	342
Hausanschlussraum	63
Hausbock	293
Hausschornsteine	341
Hausschwamm	293
Hautflügler	280
Hebel	57
Heizgradtage	182
Heizwärmebedarf	179
Hekto	50
Heron'sche Formel	21, 29
Hertz	50, 202
Hochbordstein	236
Hochlochziegel	224
Hochofenschlacke	244
Hochofenzement	238
Höchstbewehrung	356
Höhenangabe	114
Höhenlinie	149
Höhenmaße	114
Höhenmessungen	467
Höhenplan	448
Höhensatz (Kathete)	27
Höhenunterschied	467
Hohlblocksteine	227, 229
Hohlpfanne	232
Hohlprofile	272
Hohlraum-Befestigungen	300
Hohlzylinder	24
Holländischer Verband	337
Holz	278–295
Holzbalkendecke	340, 383
Holzfaserplatten	163–168, 194, 292
Holzfehler	280
Holzfeuchte	281
Holzliste	386
Holzrahmenbau	388
Holzschädlinge	293
Holzschrauben	392
Holzschutz	293
Holzskelettbau	388
Holzstrahl	278
Holztafelbau	388
Holzverbindungen	381
Holzwerkstoffe	119, 288
Holzwolle-Leichtbauplatten	208
Homogenbereiche (Boden)	431
Honorarordnung (HOAI)	474
Hooke'sches Gesetz	94, 274
Horizontallasten	101
Hornblende	221
Hüllrohre	373
Hüttensand	237
Hüttensteine	230
HV-Naht, HY-Naht	410
Hydranten	419
Hydratation	237
Hydratationswärme	237, 239
Hydraulefaktoren	237
Hydraulische Erhärtung	237
Hydraulische Kalke	240
Hydraulisches Bindemittel	237
Hydrodynamik	458
Hydrostatik	456
Hyperbelfunktionen	42
Hypotenuse	27, 28

I

Imprägnierung	313
Impuls	50
Indirektes Auflager	346
Indizes (Statik)	91
Innenmaß	321
Innenschale	332
Innentemperaturen	177
Innenwände	328
Innenwasser	188
Installationszonen	62
Integralrechnung	45
Interne Wärmegewinne	182
Interpolation	10
Ion	69
IPE	407
IP-Schutzarten	64
Irdengut	233
Isolierglas (Wärmeschutzglas)	304
Isometrie	142

J

Jahres-Heizwärmebedarf	181
Jahresringe	278
Joule	50

K

Käfer	280
Kalium	66
Kalk	
→ Baukalk	240
Kalkhydrat	68
Kalklauge	70
Kalkmergel	240
Kalksandsteine	227
Kalkstein	68, 222, 240
Kalksteinmehl	265
Kalkulation	489
Kalorie (Einheit)	51
Kaltbitumen	308
Kaltdach	401
Kalzium (Calcium)	66
Kambium	278
Kamine	341
Kamm	382
Kammer	224
Kanalbemessung	421
Kanaldielen	511
Kanaldielenverbau	511
Kanalklinker	236
Kanthölzer	282, 379
Kapillarität	53
Karbonate	70
Karbonaterhärtung	237
Karbonatisierung (Beton)	73, 237
Karniesform	138
Kasseler Sonderbord	236
Kataster	486
Kathetensatz	27
Kathode	71
Kationen	69
Kavalierprojektion	142
kd-Verfahren	345
Kegel	24, 146
Kegelstumpf	25
Kehlbalkendach	384
Kehle	148, 369
Keil	25, 59
Keilverankerung	373
Kellerablauf (Symbole)	122
Kelleraußenwand	327
Kelvin (K)	50, 60
Kennwerte	
→ Betonstahl	357
→ Gesteinskörnung	244
→ Wärme	61
Kennzeichnung (Ziegel)	225
Kennzeichnung (Symbole)	113
Kepler'sche Fassregel	26
Keramikklinker	224
Kerndämmung	333
Kernfeuchte	243
Kernholz	279
Kiefer	283
Kies	244, 428
Kiessand	428
Kiestragschicht	306
Kilogramm	50
Kinetische Energie	56
Klammern (Holz)	391
Klammerregeln	14
Klebstoffe (Mauerwerk)	256
Klei	429
Klimazonen	175
Klinker	224
Klinker (Pflaster)	236
Klinkerphasen	237
Klothoide	445
Knicken	94, 411
Knicklänge	370
Knoten	80
Kohäsion	53
Kohlendioxid	68
Kohlensäure	68–70
Kohlenstoff	66
Kölner Verbau	511
Kombinationsbeiwerte	90
Kommunizierende Röhren	456

Sachwortverzeichnis

Kompensatoren ... 419
Kompositzement ... 238
Konsistenz
→ Beton ... 261
→ Boden ... 434
Konsistenzklassen ... 261
Konstanten ... 13
Konstruktionsgrundfläche ... 476
Konstruktionsregeln ... 356
Konstruktionsvollholz ... 286
Kontinuitätsbedingung ... 458
Koordinatenbemaßung ... 115
Koordinatenberechnungen
→ Vermessung ... 469
Koordinatensysteme ... 463
Korbbogen ... 139, 334
Korndichte ... 434
Kornform ... 245
Korngemisch ... 243, 247
Korngröße ... 244
Korngrößenbereiche ... 430
Korngrößenfraktionen ... 427
Korngrößenklassen ... 427
Korngrößenverteilung ... 430, 436
Korngruppe ... 244
Kornrohdichte ... 244
Körnungsziffer ... 249
Kornverteilungskurven ... 433
→ Sieblinien ... 247, 309, 327
Kornzusammensetzung ... 245, 247
Körper (Mathematik) ... 24–25
Körperschall ... 202
Kosinussatz ... 29
Kostenberechnung ... 474
Kostenermittlung ... 474
Kostengruppen ... 474
Kostenplanung ... 474
Kostenschätzung ... 474
Kraft ... 50, 52, 77
Kräftemaßstab ... 77
Kräftepaar ... 73
Kraftstoß ... 50
Kreisabschnitt ... 12, 23
Kreisausschnitt ... 23
Kreisbewegung ... 54
Kreisbögen ... 138, 472
Kreisbogenabsteckung ... 471
Kreisbogenverbindung ... 138
Kreisdiagramm ... 43
Kreis/Kreisring ... 23
Kreisschablonen ... 111
Kreuzverband ... 337
Kröpfmaß ... 371
Krümmungsradien (Treppen) ... 159
Krümmungszahl ... 430
Krüppelwalmdach ... 148
Kugel ... 25
Künstliche Steine ... 224
Kürzen ... 15
Kunststoffdichtungsbahnen ... 311
Kunststoffe ... 297
Kunststoffmörtel ... 257
Kunststoffrohre ... 423
Kupfer ... 66, 277
Kuppenausrundung ... 448
Kurvendiskussion ... 44

Kurvenmindestradien ... 445
Kurvenschablone ... 111
Kurzzeichen
→ Kalksandsteine ... 228
→ Mauersteine ... 225–230
→ Steine aus Beton ... 229
→ Ziegel ... 224

L

Lacke ... 312
Lagemessungen ... 464
Lageplan ... 116, 121
Lagermatte ... 275
Lagerstoffe ... 97
Lagerungsarten ... 79
Lagerungsbedingungen ... 269
Lagerungsdichte (Boden) ... 434
Lagerungssymbole ... 79
Lagesicherheit ... 91
Laminare Strömung ... 458
Landesbauordnungen ... 484
Landesvermessung ... 486
Längenänderungen ... 60
Längenausdehnungskoeffizient ... 60, 61
Längenteilung ... 20
Langlochziegel ... 224
Längsbewehrung ... 357
Langschaftdübel ... 301
Längsneigung ... 448
Längsstab ... 271, 348
Lärche ... 279, 283
Laser ... 462
Lastannahmen ... 97
Lastausbreitungswinkel ... 441
Lasteinwirkungsdauer ... 374
Lastfälle ... 365
Lasuren ... 312
Latte ... 282
Lattenabstände ... 399
Laubholz ... 279
Laubschnittholz ... 285
Laufbreiten ... 159
Läuferverbände ... 337
Lauflinie ... 159
Laugen ... 70
Lava ... 237, 244
LD-Ziegel ... 225
Le-Chatelier-Versuch ... 239
Legierungen ... 65, 277
Lehm
→ Auelehm ... 428
→ Geschiebelehm ... 428
→ Kornverteilung ... 428
→ Zeichen ... 120
→ Ziegelrohstoff ... 224
Leibung ... 115, 335, 495
Leichtbeton ... 258, 262
Leichtbetonsteine ... 229
Leichtputzmörtel ... 253
Leistung ... 50, 56
Leistungsverzeichnis ... 493
Leitungen ... 414–426
Leitungsteile ... 425
Lichte Weite ... 359

Lichtstärke ... 50
Lichtstrom ... 50
Lieferform, Betonstahl ... 273
Lieferkörnung ... 243, 248
Liegenschaftskataster ... 486
Lineal ... 111
Lineare Funktion ... 40
Lineare Gleichungen ... 35
Lineare Gleichungssysteme (LGS) ... 36
Linien ... 117
Linienbreite ... 117
Liniendiagramme ... 498
Linienführung (Straßen) ... 445
Linien gleicher Höhe ... 150
Liniengruppe ... 117
Linke Seite (Holzbau) ... 281
Listenmatten ... 276
Litzen ... 373
Lochbausteine ... 228, 298
Lochungsarten ... 224
Logarithmen ... 17
Logarithmusfunktionen ... 42
Lohngruppe ... 491
Lohnkosten ... 489
Longitudinalwellen ... 202
Lösbarkeit (von Böden) ... 432
Lösemittel ... 313
Lose Rollen ... 58
Lösungen ... 65, 72, 74
Lösungskonzentrationsangaben ... 74
Lot ... 462
Lotrechte Nutzlasten ... 101
Luft am Arbeitsplatz ... 318
Luftfeuchte ... 192
Luftkalk ... 240, 252
Luftporenbildner ... 265
Luftporengehalt ... 266
Luftpyknometer ... 240
Luftschall ... 202
Luftschalldämmung ... 202
Luftschichtdicke ... 193
Luftschichten ... 170
Lüftungswärmeverlust ... 182
LV (Leistungsverzeichnis) ... 493

M

Magerungsmittel ... 251
Magnesiaestrich ... 255
Magnesium ... 66
Magnetit ... 244
MA (Gussasphalt) ... 309
Mahlfeinheit ... 237, 239
Manning-Strickler ... 459
Mansarddach ... 148
Mantelfläche ... 145, 146
Mantellinien ... 146
Märkischer Verband ... 337
Markröhre ... 278
Marmor ... 222
Maschenregel ... 353
Maßangaben ... 114
Maßbegrenzungen ... 114
Masse ... 52

Sachwortverzeichnis

Maßgebliche Querkraft ... 359–364
Maßhilfslinie ... 113
mäßiges Steildach ... 397
Massivholzplatten ... 289
Maßkette ... 115
Maßlinien ... 114
Maßordnung ... 321
Maßstäbe ... 116
Maßzahlen ... 114, 117
Materialkosten ... 489
Mathematische Zeichen ... 8
Mattengruppen ... 132
Mattenquerschnitt ... 358
Mattentyp ... 358
Mauer
  → -arbeiten (VOB) ... 495
  → -steine ... 224–230
  → -ziegel ... 224
Maueranschlüsse ... 337
Mauerbinder ... 251
Mauerbögen ... 334
Mauerecken ... 338
Mauerkreuzung ... 338
Mauermaße ... 321
Mauermörtel ... 252
Mauersteine ... 224–230
Mauerstoß ... 338
Mauerwerk (Lastannahme) ... 98
Mauerwerksbau ... 321
Mauerwerksverbände ... 337
MDF ... 292
Mehlkorngehalt ... 250
Mehrfeldplatten ... 359
Mehrwertsteuer ... 489
Mengenberechnung ... 455, 496
Messungen (Vermessung) ...
  ... 462–470
Metallrohre ... 424
Meter ... 50
Mindestanforderungen
  → Wärme ... 169
Mindestbewehrung ... 356
Mindestdicke ... 359
Mindestgrabenbreiten ... 509
Mindestmaß ... 271
Mindestprobenmengen ... 249
Mindestquerbewehrung ... 357
Mindestüberbindemaß ... 337
Mindestwanddicke ... 324
Mindestzementgehalt ... 259, 260
Minenspitzdose ... 111
Minerale ... 221
Mischsysteme ... 420
Mittelsenkrechten ... 29
Mittelwert ... 48
Mitwirkende Plattenbreite ... 363
Modulordnung ... 412
Mohs'sche Härteskala ... 221
Mol ... 50, 51, 65, 74
Molare Masse ... 74
Molekül ... 65, 66
Molekülmasse ... 74
Moment ... 57, 78
Momentenumlagerungen ... 366
Monatsbilanz-Verfahren ... 181
Mönch und Nonne ... 232

Montage ... 298
Montageschienen ... 303
Montagestäbe ... 342
Mörtel
  → Baustellen- ... 251
  → Estrich- ... 255
  → Frisch- ... 251
  → Mauer- ... 251–252
  → Putz- ... 253–254
  → Spezial- ... 257
  → Trocken ... 251
  → Werk- ... 251
Mörtelarten ... 251
Mörtelausbeute ... 252
Mörteleigenschaften ... 252
Mörtelfaktor ... 252
Mosaiken ... 233
Mudde ... 429
Muldenstein ... 236
Multiplexplatten ... 290
Muskovit ... 221
Musterbauordnung ... 483
Mutterboden ... 432

N

Nachbehandlung ... 268
Nachträglicher Verbund ... 373
Nadelgerät ... 240
Nadelholz ... 279
Nagekäfer ... 293
Nägel
  → Abmessungen ... 389
  → Abstände ... 390
  → Arten ... 391
  → Berechnung ... 389
  → Symbole ... 125
  → Tragfähigkeit ... 389
Nageldübel ... 302
Natrium ... 66
Natronlauge ... 68
Naturbims ... 244
Natürliche Gesteine ... 221
Natürliche Puzzolane ... 236
Natursteine ... 221, 336
n-Ecke ... 22
Neigung (Mathematik) ... 32
  → Dach ... 397–398
  → Straßen ... 448
Nennmaße ... 321
Nennweite ... 417–425
Nettolohn ... 490
Netto-Raumfläche ... 476
Netto-Trockenrohdichte ... 224
Netz ... 117
Netzplantechnik ... 499
Neutron ... 66
Newton'sches Gesetz
  → Hydromechanik ... 458
  → Mechanik ... 52
Nichtbindige Böden ... 428
Nichtdrückendes Wasser ... 188
Nichteisenmetalle ... 277
Nicht ständige Lasten ... 97
Nickel ... 66
Niedrigtemperaturkessel ... 179

Nischen ... 322
Nitratausblühung ... 71
Nitrate ... 70
Nivellierinstrumente ... 462
Nivellierlatte ... 462, 467
Nonne ... 232
Normalbeton ... 258
Normalbetonsteine ... 229
Normalformat ... 225
Normalhöhennull NHN ... 467
Normalkraft ... 82
Normalnull NN ... 467
Normalprofil ... 151
Normalputzmörtel ... 253
Normalverteilung ... 13, 48
Normfestigkeit ... 262
Normschrift ... 109
Normverbau ... 510
Nullenzirkel ... 111
Null-Linie ... 345
Nullstellenberechnung ... 41
Nutzbare Treppenlaufbreiten ... 159
Nutzlänge ... 298
Nutzlasten ... 101
Nutzungsflächen ... 476
Nutzungsklassen ... 288

O

Obelisk ... 25
Oberbau (Straßen) ... 450
Oberboden ... 432
Obere Bewehrung ... 361
Oberflächenfeuchte ... 243, 264
Oberflächenschutzschicht ... 403
Oberflächenspannung ... 53
Oberflächentemperatur ... 168
Oberputz ... 254
Objektüberwachung ... 474
Öffnungsmaß ... 113
Ohm ... 50
Ohm'sches Gesetz ... 62
Oktaeder ... 26
Olivin ... 221
Opal ... 246
Ordinate ... 40, 471
Organische Böden ... 429
Originalmaß ... 116
Ortbeton ... 258
Ortgang ... 148, 232
Orthoklas ... 221
Ortsdurchfahrten ... 444
OSB-Platten ... 290
Oxidation ... 65
Oxidationsbitumen ... 308

P

Papierformate ... 111
Pappel ... 283
Parabel ... 23
Parallelogramm ... 21
Parallelprojektion ... 141
Pascal ... 50
Passbolzen ... 396
Pauschalvertrag ... 492
Pech ... 309

Sachwortverzeichnis

Penetration ... 307
PE (Polyethylen) ... 296
Periodensystem ... 67
Personalkosten ... 489
Pfeilermaß ... 113
Pfettendach ... 84, 385
Pflasterdecke ... 454
Pflastersteine ... 235
Pfosten ... 386
Pfund (Einheit) ... 51
Phonolith ... 237
Phosphor ... 66
pH-Wert ... 65, 69, 74
Physik ... 50–51
Physikalische Grundgrößen ... 50
Pigmente ... 235
Pilze ... 230
Pi, π ... 13
Plagioklas ... 221
Planelemente ... 227, 230
Plansteine ... 227, 230
Planum ... 451
Planungsablauf ... 497
Planvorlagen ... 497
Planzeichen ... 485
Planzeichenverordnung ... 481, 484
Plastizitätszahl (Boden) ... 434
Platte ... 342
→ Stahlbeton ... 342, 359
→ Statik ... 80
Platten ... 233
Plattenbalken ... 363
Plattenbewehrung ... 357
Plattigkeit ... 245
PmB ... 308
Podestflächen ... 156
Polyeder ... 26
Polyethylen ... 296, 297
Polygonzugberechnung ... 469
Polymermodifizierte Bitumen ... 308
Polynomfunktionen ... 41
Polypropylen ... 296, 297
Polystyrol ... 296, 297
Polyvinylchlorid ... 296, 297
Porenanteil ... 434
Porenbetonsteine ... 230
Porphyr ... 222
Portlandzementklinker ... 237
Positionsangabe ... 130
Positionspläne ... 129
Potenzen ... 17
Potenzielle Energie ... 56
Präzisionsmaßstab ... 111
Pressglas ... 305
Prisma ... 24
Prismatoid ... 25
Probewürfel ... 267, 269
Proctordichte (Boden) ... 439
Profilbausteine ... 305
Profil (Dach) ... 149
Profiltabellen (Stahl) ... 406, 407
Projektionsebene ... 141
Projektstrukturplan ... 493
Proportionalitätsfaktor ... 94
Proportionen ... 13
Proton ... 66

Prozentrechnung ... 19
Prüfung der Baugipse ... 242
Prüfung der Baukalke ... 241
Prüfung von Beton ... 267
Prüfung von Zement ... 239
PSE ... 67
Pultdach ... 148
Pultdächer ... 104
→ Windlast ... 104
Punkt ... 133
Punktlinie ... 117
→ Windlast ... 104
Putzarbeiten (Arbeitszeit) ... 487
Putzbinder ... 251
Putzsysteme ... 254
Puzzolane ... 237
Puzzolanzement ... 238
PVC (Polyvinylchlorid) ... 296, 297
Pyramide ... 24, 145
Pyramidenschnitt ... 145
Pyramidenstumpf ... 25, 145
Pythagoras, Satz d. ... 27
P-Ziegel ... 224–225

Q

Q-Matten ... 353
Quader ... 24
Quadrat ... 21
Quadratische Funktion ... 40
Quadratische Gleichungen ... 35
Quadratische Parabel ... 23
Quarz ... 221
Quarzit ... 244
Quarzmehl ... 265
Quarzsand ... 304
Quellen (Holz) ... 281
Queraussteifung ... 385
Querbewehrung ... 346, 357
Querkraft ... 82
Querkraftbemessung ... 346
Querkraft (Beton) ... 346
Querneigung ... 449
Querprofil ... 449, 455
Querschnitte ... 281
→ Holz ... 379
→ Stahl ... 408, 411–412
→ statische ... 88
→ Straßen ... 446–447
Querschnittsform ... 379
Querschnittsgröße ... 379
Querschnittstafeln ... 357
Querschnittswerte ... 379
Querverblattung ... 381

R

Rad (Bogenmaß) ... 13
Radialschnitt ... 278
Radienbestimmung ... 29
Radwege ... 454
Rahmen (Fenster) ... 172
RAL ... 444
Rampe ... 25
Randabstand ... 352
Randbewehrung ... 356, 361
Randeinsparung ... 275

Randzugkraft ... 364
Rasenbordstein ... 236
Rationale Funktionen ... 41
Rauchschornsteine ... 341
Rauchschutztüren ... 217
Rauchwarnmelder ... 218
Rauigkeit ... 458
Raumdichte ... 52
Rauminhalt ... 478
→ Gebäude ... 478
→ Volumen von Körpern ... 24, 25
Raumordnungsgesetz ... 481
Raumtemperatur ... 168
Raute ... 21
Rechenarten ... 14
Rechteck ... 21
Rechter Winkel (Absteckung) ... 464
Rechter Winkel (Konstruktion) ... 133
Rechte Seite (Holzbau) ... 281
Rechtwinklige
  Parallelprojektion ... 141
Recyclinghilfen ... 265
Referenzgebäude ... 176
Regeldachneigung ... 232, 396
Regelmäßige Vielecke ... 22, 135
Regelquerschnitte ... 446–447
Regelsieblinien (Beton) ... 247
Regenspende ... 420
Regenwasserabfluss ... 420
Regenwasserleitung ... 123
Reibschluss ... 299
Reibung
  → Gleit-/Haftreibung ... 52
Reibungswinkel ... 97
Reibungszahl ... 52
Reifholz ... 278
Reindichte ... 52
Reine Stoffe ... 65
Reinigungsschacht ... 122
Reißschiene ... 111
Relative Luftfeuchte ... 195
Resultierende ... 78
→ Betondruckkraft ... 395
→ Stahlzugkraft ... 395
→ Statik ... 78
Rettungswege ... 218
Rettungszeichen ... 315–316
Reynolds-Zahl ... 458
Rezeptbeton ... 263
Rezeptmörtel ... 252
Riegel ... 386
Riemann-Integral ... 45
Rinde ... 278
Ringanker/-balken ... 329
Ringschäle ... 285
Rippen ... 171
Rippenbereich ... 171, 173
Ritzhärte (Mohshärte) ... 221
R-Matten ... 353, 358
Robinie ... 279
Rohbaumaß ... 114
Rohbaumaße ... 113, 321
Rohbaunennmaße ... 321
Rohbaurichtmaße ... 321
Rohdichte ... 52
→ Baukalke ... 240

523

Sachwortverzeichnis

→ Baustoffe ... 97
→ Definition ... 52
→ Flugasche ... 238
→ Gesteine ... 222
→ Gesteinskörnung ... 243
→ Grundgleichungen ... 52
→ Zusatzstoffe ... 265
Rohdichteklassen ... 263
→ Beton ... 262
→ Porenbetonsteine ... 230
Rohre ... 123
Rohrleitungsbau ... 414
Rohr-Nennweiten ... 123
Rohrverlegungsarbeiten ... 488
Rohrwerkstoffe ... 416–419
→ Entsorgungsleitungen ... 422
→ Fernwärme ... 418
→ Gasversorgung ... 416–419
→ Wasserversorgung ... 416–419
Rollbandmaß ... 462, 463
Rollendurchmesser ... 349
Rollen, feste und lose ... 58
Römische Zahlen ... 8
Rost ... 68
Rostschutz ... 73
→ Betondeckung ... 271
Rotationskörper ... 26
Rotbuche ... 279
RStO ... 450, 452
Ruck ... 50
Rückblick ... 467
Rückversatz ... 380
Rundbogen ... 139
Rundbordstein ... 236

S

Salze ... 70
Salzsäure ... 69, 70
Sand
→ Gesteinskörnung ... 244, 428
→ Kornverteilungskurve ... 433
→ Zeichen (Schraffur) ... 120
Sandstein ... 222
Sanierputz ... 253
Satteldach ... 148
Sättigungsmenge ... 194, 195
Satz des ... 27
→ Euklid ... 27
→ Pythagoras ... 27
→ Steiner ... 46, 89
→ Thales ... 27
Sauerstoff ... 66
Säulendiagramm ... 43
Säure ... 69, 70
Schablone ... 109
Schächte ... 426
→ Klinker ... 236
Schadensschlüssel ... 129
Schalen ... 80
Schall ... 202
Schallabsorption ... 202
Schalldämmung ... 202
Schallmaß ... 206
Schallpegel ... 202
Schaltzeichen (Elektro) ... 62

Schalungsarten ... 502
Schalungsbau ... 501–504
Schalungsstützen ... 504
Schalungssysteme ... 502
Schalungsträger ... 502
Schaumbildner ... 265
Scheibendicke (Glas) ... 305
Scheitrechter Bogen ... 334
Scherfestigkeit (Boden) ... 435
Schichtenmauerwerk ... 336
Schiefe Ebene ... 59
Schiefwinklige axonometrische
  Projektion ... 142
Schiefwinklige Dreiecke ... 30
Schienen ... 302
Schiften (Dachausmittlung) ... 153
Schimmelbildung ... 200
Schlagregensicherheit ... 189
Schlaufen ... 349
Schlankheit ... 94
→ Beton ... 359
→ Holz ... 377
→ Mauerwerk ... 324
→ Stahl ... 411
Schlick ... 429
Schlitze ... 322
Schluff ... 429, 433, 435, 441
→ Kornverteilungskurven ... 433
→ Sohlwiderstand ... 441
→ Schraffur ... 120
Schlussstein ... 334, 335
Schmale Linie ... 117
Schmelzgranulat ... 244
Schmelzpunkt ... 60
Schmelzwärme ... 61
Schmutzwasser-
  leitungen ... 122, 418–423
Schnee ... 106
Schneezonenkarte ... 105
Schnellverstellzirkel ... 111
Schnittebene ... 117, 142
Schnittfläche ... 145
Schnittgrößen ... 82
Schnittgrößenermittlung ... 346
Schnittholzgrößen ... 282
Schnittlängen ... 354
Schnittspannungen ... 92
Schnurgerüst ... 470
Schornsteinhöhe ... 341
Schottertragschicht ... 306
Schraffur ... 118
Schrägstäbe ... 354
Schraube
→ Befestigung ... 285
→ für Holz ... 392, 393
→ für Spanplatten ... 285, 393
→ für Stahl/Gewinde ... 409
→ Länge ... 393
→ Mechanik ... 59
→ Symbole (Zeichen) ... 125
→ Verbindungen ... 393
Schraubenabstände
→ Nagelabstände ... 390
Schraubenlänge ... 392
Schraubenverbindungen ... 393
Schriftbild, -form ... 110

Schriftfeld ... 112
Schriftmuster ... 110
Schriftschablone ... 109
Schrittlänge ... 154
Schrittmaßformel ... 154
Schubspannung ... 92, 346
Schüttdichte ... 52
→ Baukalke ... 97, 240
→ Zement ... 238
→ Zusatzstoffe ... 265
Schutzgerüste ... 507
Schutzklassen (elektr.) ... 64
Schutzmaßnahmen ... 188
Schwarte ... 282
Schwefelsäure ... 68–70
Schweißnähte ... 126, 127
Schweißverbindungen ... 410
Schwerbeton ... 262
Schwergewichtsmauer ... 443
Schwerlastbefestigung ... 299
Schwermetallschlacke ... 244
Schwerpunkt ... 88, 89
Schwerspat ... 244
Schwimmender Estrich ... 255
Schwimmlage ... 458
Schwinden (Holz) ... 281
Schwindmaße ... 279
Sechseck ... 22, 135
Sechseck-Pyramide ... 145
Sedimentgesteine ... 221
Segmentbogen ... 139, 334
Sehnenschnitt ... 278
Sehnen-Winkel-Verfahren ... 472
Seilwinde ... 58
Seitenansicht ... 141
Seitenhalbierende ... 29
Seitenschutz ... 506
Sekunde ... 51
Selbstkosten-
  erstattungsvertrag ... 492
Senkrechter Normverbau ... 511
Setzmaß-Klassen ... 261
Setzzeit-Klassen ... 261
Sheddach ... 148
Sicherheits-
  beiwert ... 94, 324, 374, 405
Sicherheitsdatenblätter ... 317
Sicherheitsfaktor ... 90
Sicherheitsfarben ... 315
Sicherheitsglas ... 304
Sicherheitskonzept ... 90, 91
Sicherheitsratschläge ... 318
Sicherheit (Treppen) ... 154
Sichtbare Kanten ... 117
Sichtbeton ... 503
Siebdurchgang ... 248
Sieblinie (Ermittlung) ... 249
Sieblinien ... 243
→ Asphalt ... 309–310
→ Beton ... 247
→ Boden ... 433
→ Gesteinskörnungen ... 243, 247
→ ungebundene Schichten ... 305
→ Zuschlag ... 247
Siebrückstand ... 243, 249
Siebsatz ... 243, 249

Sachwortverzeichnis

Siebung 436
Siebversuch 249
Siedepunkt 60
Siedlungsentwässerung 420
SI-Einheiten 50
Signifikante Stellen 10
Silicastaub 238, 265
Silikate 70
Silikone 296
Silizium 66
Sinus
  → Definition 28
  → Kurve 28
  → Werte 11
Sintererz 244
Sinussatz 29
SI-Vorsätze 50
Skelettbau 388, 413
Skelettbauarten 413
Slump 261
SMA (Splittmastixasphalt) 309
Sofortiger Verbund 373
Sohldruck, Sohlwiderstand 441
Solare Wärmegewinne 182
Sortierklassen/-merkmale 284
Sozialabgaben 490
Spannbeton 373
Spannbeton-Hohlplatten-
  decke 340
Spannstahl 373
Spannungen 92
  → Beton 343
  → Böden 440, 441
  → elektrische 62
  → Mauerwerk 323
  → Stahl 405
  → Stahlbeton 342
Spannungs-Dehnungs-Dia-
  gramm 344
Spannweite 325
Spanplatten 290
  → Schrauben 333
  → Sonderzwecke 291
  → zementgebundene 291
Sparren (Bemessung) 96
Sparrendach 334
Spätholz 278
Sperrholz 289
Sperrstoffe 100, 311
Spezialmörtel 253
Spezifischer flächenbezogener
  Transmissionswärmeverlust 179
Spezifische Wärmekapazität 50,
                                    61, 182
Spiegelschnitt 273
Spitzbogen 139, 334
Splintholz 273
Splintholzkäfer 293
Splitt 246
Splittmastixasphalt 309
Stababstände 348, 356
Stabbündel 348
Stäbchensperrholz 289
Stabdübel 396
Stabdurchmesser 348, 357
Stäbe 80

Stabilisierer (Beton) 265
Stabilität 93
Stabilitätsnachweise 406
Stabsperrholz 289
Stabstähle 357
Stabwerke 80
Stabwerkmodell 346, 384
Städtebauförderungsgesetz ... 481
Stahl 405
  → Profiltabellen 407, 408
Stahlbau 405–411
Stahlbeton 342
–, Abrechnung (VOB) 494
–, bau 405–411
–, Decke 365
–, Hohldielenplatte 340
–, Hohlplatte 340
–, Pilzdecke 340
–, Plattenbalkendecken 340, 363
–, Rippendecke 340
–, Wände 371
Stahldehnung 274, 344
Stahlliste 369
Stahlquerschnitt 357
Stahlrohre 424
Stahlsteindecke 339
Standardabweichung 48
Standardbeton 258
Ständige Lasten 97
Stapelgüter 97
Statik 76, 77
Statische Festigkeit 93
Statische Höhe 345
Statische Systeme 80
Statistik 48
Statistische Sicherheit 13, 48
Stauchung 344
Stechzirkel 111
Steckbügel 356
Steifigkeiten 94
Steigung 32, 154
Steigungshöhe 154
Steigungsverhältnis 154
Steildach 401
Steine 221–232
Steinformate 225
Steingutfliesen 233
Steinhöhen 225, 229
Steinkohlenteeröl 295
Steinzeugrohre 422–424
Stichprobe 48
Stickstoff 66
Stiele 386
Stirnversatz 382
Stoffraumgleichung 266
Stoffschluss 299
Stoß 348
  → Betonstahl 348, 410
  → Holz 381
  → Stahl 410
Stoßbereich 370
Stoßfugen 337
Strahlensätze 33
Straßenbau 444–453
Straßenbaulastträger 444
Straßenoberbau 450

Straßenquerschnitt 446
Streben 386
Streckenteilung 133
Streckgrenze 274
Streifenfundamente 440, 441
Strichlinie 117
Strichpunktlinie 117
Stromkreise 63
Stromkreisverteiler 63
Stromstärke 50, 62
Strömung 458
Stromversorgung 64
Stuckgips 242
Stumpfnaht 410
Stundenlohnvertrag 492
Stützbewehrung 368
Stützen 370, 378, 413
Stützlänge 325, 359
Stützweiten 359
Sulfatausblühung 71
Sulfate 70
Sulfatwiderstand 239
Syenit 222
Symbole 122, 126, 315, 465
Synthese 65

T

Tachymeter 463
Tangens
  → Definition 28
  → Werte 11
Tangente 471, 472
Tangentenlänge 448
Tangentialschnitt 278
Tanne 279, 283
Tannenblättling 293
Tarifstundenlohn (TL) 491
Taschenrechner 37, 38
Taumittel 260
Tauperiode 196
Taupunkttemperatur 194
Tauwasser 193
Teer 309
Tegernseer Gebräuche 282
Teilflächenbelastung 343
Teilkräfte 78
Teilsicherheitsbeiwerte .. 324, 374,
                                              405
Temperatur 60, 168
Temperaturdehnzahl 60
  → Längenausdehnungs-
     koeffizient 60
Temperaturkorrekturfaktoren 182
Temperaturverlauf 168, 171
Terrazzo 234
Tetraeder 24, 26
Textur 278
Thales, Satz d. 27
Theodolite 462
Thermoplaste 296
Tiefbau (Schraffur) 120
Tiefbordstein 236
Toleranzen 156
Ton 237, 429
Topografie 465

525

Sachwortverzeichnis

Torus ... 26
Torx (Schraube) ... 125
Tragbalken
 → Dachlatten ... 398
Tragende Wände ... 322
Träger ... 80
Tragfähigkeit ... 91
 → Beton ... 342
 → Boden ... 441
 → Holz ... 376
 → Mauerwerk ... 322
Tragfähigkeitsnachweis ... 374
Traggerüste ... 505
Trägheitsmomente ... 88
Trägheitsradien ... 379
Tragkonstruktion ... 388
Tragrichtung ... 130
Tragschichten ... 453
Tragstab ... 342, 348
Tragstoß ... 348
Transmissionswärmeverlust ... 182
Transportbeton ... 270
Transversalwellen ... 202
Trapez ... 21
Trass ... 222, 237
Trasse (Linienführung) ... 445
Traufe ... 148
Travertin ... 222
Trennfuge ... 330, 332
Trennmittel ... 501
Trennsystem ... 420
Trennwände ... 328
Trennwandzuschlag ... 103
Treppen ... 154–159, 155
Treppenbewehrung ... 369
Treppendurchgangshöhe ... 156
Treppengeländer ... 160
Treppen-Lichtraumprofil ... 159
Trigonometrische
 Funktionen ... 11, 28, 42
TRIO-Balken ... 287
Trockenmörtel ... 251
Trockenrohdichte ... 224
Tuff ... 221
Turbulente Strömung ... 458
Türen ... 128
Türnischen ... 479
Tuschefüller ... 111
Tuscheradierer ... 111
t-Verteilung ... 13

U

Überbindung ... 337
Übergangsbogen ... 445
Übergangsstück ... 423
Übergreifungslänge ... 352
Überkorn ... 243
Überwachungsklasse ... 269
Umfassungsfläche ... 178
Umgebungsbedingungen ... 259
Umgeworfene Verbände ... 337
Umkehrdach ... 402
Umklappung ... 147
Umrechnung physikalischer
 Größen ... 51
Umschnürte Stützen ... 370
Umwandlungsgesteine ... 221
Umwandlungstabellen ... 9
Umweltbedingungen ... 331
Unbebaute Fläche ... 476
Unbelüftetes Flachdach ... 402
Unbestimmte Integrale ... 45
Unbewehrte
 Fundamente ... 440, 441
Unbewehrte Wände ... 371
Unfallverhütungsvorschriften 509
Ungebundene Schichten ... 306
Ungleichförmigkeitszahl ... 430
Ungleich geneigtes Walmdach 149
Ungleich hohe Traufen ... 150
Ungleichungen ... 34
Unregelmäßiges Vieleck ... 22
Untere Bewehrung ... 368
Unterfangung ... 442
Unterkorn ... 243
Unterputz ... 254
Unterschneidung ... 156
Unterstützung
 → Abstandshalter ... 358
U-Schalen ... 226, 228
UVV ... 509

V

Vébé ... 261
Verankerung (Gerüste) ... 350, 506
Verankerungsbereich ... 349
Verankerungskraft ... 350
Verankerungstiefe ... 298
Verbindungsmittel ... 125, 389
Verblattungen ... 381
Verblender (Mauerziegel) ... 224
Verbotszeichen ... 315
Verbund ... 373
Verbundbedingungen ... 349
Verbundbereich ... 349
Verbundene Gefäße ... 456
Verbundestrich ... 255
Verbundpflastersteine ... 235
Verbundplatten (Schraffur) ... 119
Verbundspannungen ... 349
Verdampfungswärme ... 61
Verdeckte Kanten ... 117
Verdichtungsgrad ... 309, 439
Verdichtungsprüfung ... 267, 439
Verdichtungsmaßklassen ... 261
Verdunstungsperiode ... 196
Verfallung ... 148, 150
Vergabeordnung (VOB) ... 492
Vergleichsdurchmesser ... 348
Vergütungsgrundlage
 (HOAI) ... 474, 482
Verhältnisgleichung ... 16
Verkehrsfläche ... 476
Verkehrsführung ... 513
Verkehrslasten ... 97
Verklebung ... 290
Verknüpfung (Mathematik) ... 18
Verlegemaß
 → Sparren ... 151, 271, 348
Vermessung ... 462–472
Vermessungszeichen ... 465
Versagensarten ... 299
Versatze ... 380
Versatzmaß ... 359
Verschleißbean-
 spruchung ... 259, 260
Verschränkte Bewehrungs-
 anordnung ... 364
Versiegelung ... 312, 313
Versorgung (Wasser, Gas) ...
 ... 414–419
Verteilerstoß ... 353
Vertragsarten ... 492
Vertragsordnung ... 492
Vertrauensgrenze ... 13
Verwaltungsvorschriften ... 483
Verwindung ... 449
Verziehen von Treppen ... 157
Verzögerer ... 235
Vicatgerät ... 239, 242
Vieleckkonstruktion ... 136
Viertelgewendelte Treppe ... 157
Viertelholz ... 279
Viskosität ... 53
Viskosität (Zähigkeit) ... 458
VOB ... 492–497
VOC-Richtlinien ... 313
Volle Vorspannung ... 373
Vollgelenk ... 80
Vollgeschosse ... 485
Vollholz ... 375
Volllinie ... 117
Vollplatte ... 340
Vollziegel ... 224
Volt ... 62
Volumenänderungen ... 60
Volumen-
 ausdehnungskoeffizient ... 61
Volumenberechnung
 → Beispiel Baugrube ... 496
 → Beispiel Erdbau ... 455
 → Formeln ... 24, 25
Vorblick ... 467
Vorderansicht ... 141
Vorgangsknotenmethode ... 499
Vorgangspfeilmethode ... 499
Vorhaltemaß ... 262, 269
Vorspannarten ... 373

W

Waagerechte Nutzlasten ... 101
Waagerechter Grabenverbau ... 510
Waagerechte Überdeckung ... 334
Wachse ... 312
Wagnis ... 489
Wahre Größe ... 145
Wahrheitstafel ... 18
Walmdach ... 148
Windlasten ... 104
Walz-Diagramm ... 262
Wandarten ... 322
Wandbauplatten ... 98, 231
Wandbeläge ... 99
Wandbewehrung ... 371
Wanddicke ... 322, 324

Sachwortverzeichnis

Wände 321–322
→ Beton 371
→ Fachwerk 386
→ gemauerte 322
→ Rechenwerte 323
→ Schall 207
→ Stahlbeton 371
→ Stützwände 443, 449
Wandnachweis 325
Wannenausrundung 448
Warmdach 401
Wärmeausdehnungszahlen ... 342
→ Längenausdehnungs-
koeffizient 61
→ Wärmedehnzahlen 416
Wärmebrücke 172, 174
Wärmedämmstoffe 163–168
Wärmedämmziegel 224
Wärmedurchgangskoeffizient. 168
Wärmedurchlasswiderstand .. 168
Wärmekapazität 61
Wärmeleitfähigkeit .. 165, 167, 168
Wärmeleitzahl 165, 416
Wärmemenge 60, 61
Wärmeputzmörtel 253
Wärmeschutz 168
Wärmeschutzglas 204
Wärmestrom 50
Wärmeübergangs-
widerstände 168
Wärme/Wärmelehre 60–61
Warnzeichen 316
Warzenschwamm 293
Wasseranspruch . 10, 250, 262, 266
Wasserbau 456–460
Wasserbedarf
→ Wasseranspruch 262
Wasser (Chemie, Härte) 69
Wasserdampf 192, 193
Wasserdampfsättigungsdruck 194
Wassergehalt 434
Wasserhärtebereiche 414
Wasserverbrauch 414
Wasserversorgung 414
Wasserzementwert 262, 266
→ äquivalenter 266
Watt 50, 62
Weicher Boden 434
Weißkalk 241
Wendeltreppe 129
Werk-Frischmörtel 251
Werkpolierte 491
Werkputzmörtel 253
Werkstoffgesetz 272–274, 344
Werkstoffkennwerte (Rohre) .. 416
Werk-Trockenmörtel 251
Werkvertrag 492
Werkvertragsrecht 492
Werk-Vormörtel 251
Wichte
→ Boden 435
→ Definition 52, 434
→ Werte 97–100
Widerstand (elektrischer) 62
Widerstandsbeiwert 458–460
Winddruck 103
Windlast 102
Windzonen 105
Winkel 20, 134
Winkelanschlüsse 410
Winkeleinheiten 9
Winkelfunktionen 28, 42
Winkelhaken 349
Winkelhalbierenden 29
Winkelhebel 57
Winkelkonstruktion 134
Winkelmessungen 463
Winkelprismen 462
Winkel (rechter) 133, 464
Winkel (Stahl) 464
Winkelsumme (Dreieck) 29
Wirkungsgrad 56
Wirtschaftlichkeitsgrenze 490
WoFIV (Bauplanung) 477
Wohlbefinden 162
Wohnfläche 479
Wohnflächenverordnung 480
Wohnhaustreppen 484
Wohnraumberechnung 479
Wohntrennwände 328
Wohnungen 479
wu-Beton 258
Würfel 24
Würfelfestigkeit 262
Wurzeln 17

Z

Zähigkeit 53, 458
Zahl der Vollgeschosse 485
Zahlenmengen 18
Zählernische 64
Zapfen 382, 386
Zaunblättling 293
Zehneck 136
Zehnerpotenzen 10
Zeichen 62, 120
→ Schaltzeichen (Elektro) 62
→ Symbole Entwässerung . 122
→ Tiefbau 120
→ Vermessung 464, 465
Zeichenebene 141
Zeichenmaterialien 111
Zeichennormen 108
Zeichnungsmaß 116
Zeichnungsnormen 108
Zeltdach 148
Zement 237–239
→ CEM 238
→ Chemie 73
→ Festigkeitsklassen 238
→ Zementgehalt 262
→ Zementmenge 262
Zementestrich 255
Zementgebundene
Spanplatte 291
Zentralperspektive 143
Zentralprojektion 143
Zentrifugalkraft 54
Zertifizierungsstelle 258
Zertrümmerung 245
Ziegel 224
Ziegeldecke 365
Ziegelflachstürze 226
Zierverbände 338
Zink/Zinn 66, 277
Zinsrechnung 19
Zugfestigkeit 92
→ Beton 343
→ Holz 376
→ Rohrwerkstoffe 416
→ Stahl 272
Zugkraft 364
Zugkraftdeckung 364
Zugspannung 92
Zugstoß 352
Zugstreben 384
Zulässige Spannungen 92
→ Baugrund 441
→ Beton 343
→ Mauerwerk 323
→ Naturstein 336
→ Stahl 272
→ Stahlbeton 343
Zündtemperatur 61
Zusammensetzung des
Zementes 73
Zusatzmittel 265
Zusatzstoffe 265
Zuschläge 243
Zustandsformen (Boden) 434–435
Zustandslinien 82
Zwei-Ebenen-Stoß 353
Zweifeldträger (Statik) 87
Zweischalige
Holzrahmenwand 388
Zweischalige Wände 197
Zwischenauflager 359
Zwischenpodest 156
Zwölfeck 136
Zyklopenmauerwerk 336
Zylinder 24
Zylinderfestigkeit 262

527